长江设计集团改革发展20年

重大工程科技创新

重大水利水电

长江设计集团有限公司 编著

长江出版社
CHANGJIANG PRESS

编委会

重大水利水电

编　写（按姓氏笔画排序）

丁建新	万云辉	上官江	马祺瑞	王小毛	王　可
王志宏	王改会	王　莉	王维浩	王　辉	王曙东
毛文耀	孔凡辉	邓润兴	田子勤	代开锋	朱世洪
向友国	向岳峰	刘小江	刘文韬	刘权庆	刘咏弟
刘清明	刘　惟	刘　琨	刘　磊	孙海清	杜申伟
杜　威	杜俊慧	李月伟	李世平	李安斌	李肖男
李国勇	李建贺	李雪松	李　麒	杨启贵	杨哲江
杨晓红	肖　伟	肖浩波	吴　刚	吴树良	吴俊东
吴效红	吴　超	何子杰	余剑平	邹德兵	汪庆元
沈晓明	张文传	张传健	张志坚	张志胜	张国强
张玲丽	张　超	陈小虎	陈玉婷	陈东斌	陈鸿丽
邵建雄	果　鹏	罗进红	罗承昌	周　华	周良景
周　涛	郑光俊	赵鲲鹏	胡中平	胡田清	胡清义
段　凯	饶光辉	姜　瑶	桂绍波	夏叶青	夏传星
徐文林	徐永涛	徐年丰	徐慧娟	殷先松	殷　鸣
翁永红	翁建良	高　力	唐　山	职承杰	勒浮兵
黄　元	黄　永	黄红飞	黄　炜	黄　毅	龚道勇
崔玉柱	梁　波	彭　兴	蒋筱民	韩前龙	童　迪
曾令华	曾绍茹	游万敏	鄢双红	雷长海	廖仁强
廖亚新	廖远志	漆天奇	漆祖芳	熊泽斌	熊　堃
樊少鹏	黎贤访	颜天佑	颜家军		

序

自2002年改企以来，长江设计集团有限公司（原长江勘测规划设计研究院）始终坚持工程科技创新，取得了一大批国际领先的重大科技成果，助推"中国水利""中国大坝"享誉全球，为"中国创造""中国标准"走向世界贡献了长江设计智慧，铸就了熠熠生辉的"长江设计"金字招牌。

20年以来，长江设计集团负责规划勘察设计的三峡水利枢纽、南水北调中线一期工程、乌东德水电站等举世瞩目的国家重大工程相继全面建成，社会效益、经济效益十分显著，是助力中华民族实现伟大复兴的"大国重器"和重要标志。

20年以来，在竭力服务国家战略和提供水利事业技术支撑的同时，长江设计集团不断巩固水利水电勘察设计核心业务，加快水生态水环境、绿色建筑交通、新能源开发利用等新兴业务发展，取得了一系列重大成就，塑造了独具"长江设计"特色的优秀工程品牌，沉淀出深厚的文化底蕴，更为国家培养了一支具有国际水准的"工程师、科学家、战略家"三位一体的创新人才队伍。

20年以来，长江设计集团在重大工程科技创新、人才培养等领域硕果累累，成就非凡。今年恰逢集团改革发展20周年，组织编撰这部涵盖水利水电建设、生态环境治理、绿色建筑交通、新能源开发利用等领域的工程科技创新成果集，是对20年来科技创新成果系统梳理、总结凝练的重要举措，凝聚着长江设计人集体智慧的结晶，具有十分珍贵的史料价值和重要的实用价值。本书的出版，将为我们践行生态文明思想，技术支撑国家"江河战略"落地，创建人与自然和谐共生的环境，助力2030年前我国碳达峰目标实现提供有益的参考借鉴。

进入新发展阶段，经济社会高质量发展对水安全保障、绿色清洁能源有效供给、绿水青山般的优良生态环境等提出了更新更高的要求。站在“两个一百年”奋斗目标的历史交会点，长江设计集团将胸怀“国之大者”，锚定“国际一流工程咨询公司”战略目标，精准把握集团“勘测设计咨询、科技创新研发、高端战略智库”三大定位，坚持创新驱动发展理念，秉承大国工匠精神，弘扬科学家精神，聚焦大江大河保护与治理，立足实践，开拓创新，为绘制一幅人民富裕、国家强盛、中国美丽的多彩画卷持续贡献长江设计力量。

是为序。

钮新强

中国工程院院士

2022 年 9 月

前 言

长江设计集团有限公司(简称长江设计集团)前身为长江勘测规划设计研究院,是由水利部长江水利委员会(简称长江委)出资设立的国有独资企业。2002 年 3 月,长江委所属勘测设计单位合并组建成立了长江勘测规划设计研究院,并由事业性质改制成为全民所有制企业。2021 年 6 月,长江勘测规划设计研究院完成公司制改制,更名为长江设计集团有限公司,踏上全面实施市场化运作和创新发展新征程。长江设计集团总部位于武汉,下设长江勘测规划设计研究有限责任公司等 12 家子公司。

改企以来,长江设计集团紧抓发展机遇,发挥人才资源优势,传承科技创新基因,激发科技创新活力,高质量完成长江三峡水利枢纽、南水北调中线一期工程、乌东德水电站、清江水布垭水电站、乌江构皮滩水电站、马来西亚沐若水电站、巴基斯坦卡洛特水电站等一座座享誉国内外的重大工程的勘察设计与科研工作,为经济社会高质量发展和生态环境保护作出了重要贡献,创造了彪炳水利水电史册的辉煌业绩!

长江设计集团通过重大工程科技创新实践,掌握了大型江河流域水资源综合规划利用、工程地质勘察可视化、复杂条件下高坝大库建设、大型跨流域长距离调水、巨型水力发电厂建造、超大容量百万千瓦级水轮发电机组、高水头巨型连续多级船闸、超大型升船机建造等一批处于国际领先水平或处于领跑地位的核心技术,自主研发了大坝深水渗漏检测与加固、通江湖泊生境修复与综合调控、仿自然生态大型鱼道、超高坝大型升鱼机、城市地下空间综合利用、漂浮式水面光伏、风光水储集成开发等一批高新技术。这些重大科技成果不仅成功应用于数个项目和地区,破解重大工程关键技术难题,且打造出享誉世界的"长江设计"金字品牌,丰富了企业文化的核心内涵。

在集团改革发展 20 周年之际,总结重大工程科技创新实践中积累的宝贵经验,编辑出版本书,以回顾长江设计人忠诚奉献、求真务实、坚持创新的光辉岁月,传承发扬克难攻坚、勇攀高峰的科学创新精神,从走过的发展道路中汲取智慧、增添力量,激发长江设计人胸怀“国之大者”、守护江河安澜。

2021年5月，组建编委会并启动该书编撰工作，组织各工程项目负责人、项目总工程师和项目一线主要参与者等技术专家主笔撰写。2021年9月，完成初稿，编委会专家对初稿内容进行修改完善。2022年3月，审稿专家对各篇文章进行仔细认真的审核。2022年4月，组织编委会专家和出版社编辑进行总校、统稿和全面审定。

本书分三册，共127篇：

第一册为水利规划与水网，共31篇，涵盖以长江流域综合规划（2012—2030年）、长江流域防洪规划、长江经济带发展水利专项规划、长江三角洲区域一体化发展水安全保障规划等为代表的大型流域综合规划、专业规划、专项规划的规划思路、规划理念和创新成果，如首次完整地提出长江治理与开发保护分区体系和长江流域干支流重要控制断面的指标体系，首次按防洪减灾、水资源综合利用、水资源与水生态环境保护、流域综合管理四大体系对长江流域进行系统规划。

第二册为重大水利水电，共49篇，集结三峡水利枢纽，南水北调中线一期工程，乌东德水电站，水布垭水电站，构皮滩水电站，拉洛水利枢纽，三峡水利枢纽升船机，巴基斯坦卡洛特水电站，缅甸密松、其培、孟东水电站等一批重大工程技术创新成果，如高水头超大泄量泄洪消能技术、巨型水轮机蜗壳组合埋设技术、大坝混凝土高强度快速施工及温控防裂技术、浅埋超大地下洞室围岩稳定控制技术、复杂条件下超大型齿轮齿条爬升式升船机成套技术、大型重力坝加高加固成套技术、超大型预应力渡槽设计施工技术、深厚粉细砂基闸坝建造技术、高拱坝生态保障新技术。

第三册为移民、生态环境、市政交通、电力与新能源，共47篇，总结三峡水利枢纽、南水北调中线一期工程、乌东德水电站等大型水利水电工程建设过程中移民工作技术创新成果，如建立移民安置环境容量理论及分析方法，以及完整的建设征地移民安置规划技术体系，创立并不断研发移民信息化产品，实现移民“一张图”数据管

前言

理和应用，补充和丰富传统移民安置规划设计成果表达与交付方式；介绍了武汉市东湖水环境提升、安庆市水系综合治理、湖北国际物流核心枢纽花马湖水系综合治理等水生态水环境治理工程典型技术创新成果，如构建的灰色、绿色、蓝色基础设施体系，提出的排水系统雨污混接快速识别与精准定量技术、变化环境下城市水系优化布局与调度技术，研发的城市硬质河道生态化改造技术、城市河湖内源污染治理技术与装备；选取白鹤梁水下博物馆、福建三峡海上风电产业园、武汉江北快速路等绿色建筑、市政交通工程亮点创新成果，如创建性提出“无压容器”保护原理、平压净水系统及深水照明与遥控观察系统，首创一种楼板大开洞条件下的抗侧向水土压力结构体系，创新性提出城市道路与堤防结合设计的新理念；汇集河南安阳华润内黄400MW风电场、安徽淮南漂浮式水面光伏电站、汉口滨江国际商务区江水源可再生能源站、安徽石台抽水蓄能电站、湖北大冶毛铺抽水蓄能电站、科特迪瓦电网、乌拉圭500kV输变电环网等电力以及风能、太阳能、江水热能、地热能等可再生能源高效利用的技术创新成果，如大型低风速高风切变风电场设计、三维精细化复杂坡地条件下光伏阵列布置设计、倾角可调插拔式水面光伏系统。

本书是众多长江设计人集体劳动的重要成果，在编写和出版过程中，得到了各级领导、专家的悉心指导和无私帮助，各位作者、审稿和统稿专家、责任编辑在紧张繁忙工作之余，不计报酬热心参与编著工作，付出了辛勤劳动。在即将成书付梓之际，谨向他们致以最衷心感谢和崇高敬意。

由于本书涉及专业众多，受水平和经验所限，书中疏漏之处在所难免，敬请读者批评指正。

编　者

2022年9月

目 录

三峡水利枢纽 …… 1
三峡水利枢纽五级船闸 …… 23
三峡水利枢纽升船机 …… 38
南水北调中线一期工程 …… 63
南水北调中线丹江口大坝加高工程 …… 97
南水北调中线一期汉江兴隆水利枢纽 …… 110
南水北调中线穿黄工程 …… 128
西藏拉洛水利枢纽工程 …… 147
西藏玉曲河扎拉水电站 …… 160
金沙江旭龙水电站 …… 173
金沙江金沙水电站 …… 183
金沙江银江水电站 …… 193
金沙江乌东德水电站 …… 203
观音岩引水工程 …… 219
嘉陵江亭子口水利枢纽 …… 227
乌江构皮滩水电站 …… 239
乌江彭水水电站 …… 258
乌江银盘水电站 …… 276
乌江白马航电枢纽 …… 291
清江水布垭水电站 …… 304
云龙河三级水电站 …… 321
溇水皂市水利枢纽 …… 336
引汉济渭黄金峡水利枢纽 …… 356
汉江白河(夹河)水电站 …… 370
汉江孤山航电枢纽 …… 382

目录

汉江王甫洲水利枢纽 …… 395
三里坪水利枢纽 …… 416
保康寺坪水电站 …… 431
赣江井冈山航电枢纽 …… 447
滇中引水工程 …… 463
丽江市南瓜坪水库工程 …… 478
新疆和田玉龙喀什水利枢纽 …… 490
青海引大济湟调水总干渠工程 …… 505
重庆市向阳水库工程 …… 526
黄盖湖防洪治理工程 …… 536
洪湖东分块蓄滞洪区蓄洪工程 …… 545
洞庭湖区三垸蓄洪工程 …… 556
洞庭湖四口水系综合整治工程 …… 567
华阳河蓄滞洪区建设工程 …… 575
安庆市下浒山水库 …… 592
滁河防洪治理工程 …… 609
巴基斯坦卡洛特水电站 …… 629
马来西亚沐若水电站 …… 641
缅甸密松水电站 …… 656
缅甸其培水电站 …… 667
缅甸孟东水电站 …… 680
缅甸道耶坎二级水电站 …… 693
刚果(金)大英加水电站 …… 708
安哥拉凯古路凯巴萨水电站 …… 721

三峡水利枢纽

▲ 三峡水利枢纽

三峡工程规模和综合效益巨大，枢纽工程技术复杂，在工程设计和建设中面对诸多重大技术挑战。三峡工程设计研究和建设始终走科技创新之路，坚持跨行业科技协同创新，坚持原始创新与引进、消化、吸收再创新，坚持面向解决工程建设重大问题的技术创新，取得了高水头超大泄量泄水重力坝、巨型机组水电站、高水头大型连续多级船闸和升船机等世界领先的水工建筑物科技创新成果。

1 工程概况

1.1 工程简述

三峡工程是综合治理长江水患和开发利用长江水资源的关键性工程，开发任务主要是防洪、发电、航运和水资源利用。三峡工程包括枢纽工程、移民工程及输变电工程，采用“一级开发、一次建成，分期蓄水，连续移民”建设方案，建设总工期为16年。三峡水库正常蓄水位175m(资用吴淞高程，下同)，相应水库库容为393亿m^3，其中防洪库容221.5亿m^3。

三峡水利枢纽工程坝址位于长江干流西陵峡河段、湖北省宜昌市三斗坪镇，距下游葛洲坝水利枢纽约40km，控制流域面积约100万km^2，多年平均年径流量4510亿m^3，多年平均流量14300m^3/s。

三峡水利枢纽工程由大坝、电站厂房、船闸、升船机、茅坪溪防护坝和右岸地下电站等主要建筑物组成。大坝为混凝土重力坝，坝顶高程185m，最大坝高181m，坝轴线全长2309.5m。三峡左、右岸坝后电站共安装26台700MW水轮发电机组，连同右岸地下电站6台700MW和电源电站2台50MW的水轮发电机组，三峡电站总装机容量为22500MW，多年平均年发电量为950亿kW·h。通航建筑物包括船闸和升船机，其中船闸为双线五级连续船闸，可通过万吨级船队；升船机为单线一级垂直升船机，最大提升高度113m，设计过船规模为3000吨级。茅坪溪防护坝为沥青混凝土心墙土石坝，坝顶高程185m，坝轴线长889m，最大坝高104m。三峡水利枢纽工程特性见表1。

表1　三峡水利枢纽工程特性

序号	项目名称	数量及特性
1	地点	湖北省宜昌市
2	河流	长江
3	准备/正式开工时间	1993/1994年
4	计划/实际完工时间	2009/2008年
5	工程等别	Ⅰ等大(1)型
6	大坝级别	1级
7	坝址以上流域面积(万km^2)	100
8	多年平均年径流量(亿m^3)	4510
9	多年平均流量(m^3/s)	14300

续表

序号	项目名称	数量及特性
10	设计标准洪水流量(P=0.1%,m^3/s)	98800
11	校核标准洪水流量(P=0.01%加10%,m^3/s)	124300
12	多年平均悬移质年输沙量(万 t)	53000
13	多年平均推移质年输沙量(万 t)	704
14	校核洪水位(m)	180.4
15	设计洪水位(m)	175
16	正常蓄水位(m)	175
17	防洪限制水位(m)	145
18	枯季消落低水位(m)	155
19	总库容(亿 m^3)	450.4
20	正常蓄水位以下库容(亿 m^3)	393
21	防洪库容(亿 m^3)	221.5
22	兴利调节库容(亿 m^3)	165
23	调节性能	季调节
24	装机容量(MW)	22500
25	保证出力(MW)	5300
26	多年平均年发电量(亿 kW·h)	950
27	发电年利用小时数(h)	4220
28	坝型	混凝土重力坝
29	地震基本烈度/设防烈度(度)	Ⅵ/Ⅶ
30	最大坝高(m)	181
31	大坝坝轴线长度(m)	2309.5
32	溢流表孔孔数/孔口尺寸(个/m×m)	22/8×17
33	设计单宽流量(m^3/(s·m))	133.5
34	泄洪深孔孔数/孔口尺寸(个/m×m)	23/7×9
35	设计单宽流量(m^3/(s·m))	302.4
36	消能方式	挑流
37	设计泄洪流量(深孔+表孔)(m^3/s)	72200
38	导流底孔孔数/孔口尺寸(个/m×m)	22/6.0×8.5
39	设计单宽流量(m^3/(s·m))	281
40	消能方式	挑面流
41	泄洪排漂孔孔数/孔口尺寸(个/m×m)	3/10×12 和 7×12
42	电站厂房	坝后式
43	压力管道型式	钢衬钢筋混凝土管
44	管道内径/条数(m/ 条)	12.4/26
45	坝后电站排沙孔孔数/孔口尺寸(个/m×m)	7/2.8×4
46	地下电站进水口型式	岸塔式

续表

序号	项目名称	数量及特性
47	地下电站压力管道	钢衬钢筋混凝土管
48	管道内径/条数(m/条)	13.5/6
49	水轮机型式/台数	混流式/32
50	船闸型式	双线连续五级船闸
51	船闸有效尺寸 (长×宽×最小槛上水深,m×m×m)	280×34×5
52	过闸船队吨位	万吨级船队
53	年单向通过能力(万 t)	5000
54	垂直升船机型式	单线一级
55	承船厢有效水域尺寸(长×宽×水深,m×m×m)	120×18×3.5
56	最大过船吨位	3000 吨级客货轮
57	茅坪溪防护坝型式	沥青混凝土心墙土石坝
58	最大坝高(m)	104
59	坝顶长(m)	1840

三峡工程项目法人为中国长江三峡集团有限公司,设计单位为水利部长江水利委员会,主要施工单位有葛洲坝水利水电工程集团有限公司、湖北宜昌三峡工程建设三七八联营总公司(责任方为中国水利水电第八工程局)、青云水利水电联营公司(责任方为中国水利水电第四工程局)、中国人民武装警察水电部队三峡工程指挥部、宜昌三峡三联总公司、中国水利水电第十四工程局等。

1.2 工程建设意义

三峡工程开发任务是防洪、发电、航运和水资源利用。工程建设不仅为我国带来了防洪、发电和航运等巨大的社会效益和经济效益,对建设长江经济带、加快我国经济发展的步伐、提高我国的综合国力有着十分重大的战略意义。

(1)防洪方面

三峡水库有 221.5 亿 m^3 防洪库容,可有效地控制长江上游洪水,使荆江河段防洪标准从不足 10 年一遇提高到 100 年一遇洪水;遇 100 年以上至 1000 年一遇洪水或 1870 年型特大洪水,配合运用荆江分洪区,可防止荆江两岸发生干堤溃决的毁灭性灾害,减轻中下游地区遭受的洪水淹没损失和对武汉市的洪水威胁;减少进入洞庭湖的泥沙,延长湖泊寿命,为洞庭湖的根本治理创造条件。三峡水库还可以对中游洪水进行补偿调节,可减少分蓄洪的损失。三峡工程发挥防洪作用,可防止洪水灾害给人民群众生活和生产环境造成破坏,避免疾病流行以及灾民安置等一系列社会问题的发生和受灾地区环境与生态的恶化。

(2)发电方面

三峡工程总装机容量 22500MW,多年平均年发电量 950 亿 kW·h。发电效益大,稳定性能好，且地理位置适中，供电华中、华东、川东、广东地区，为全国各地区电网联成跨区的大电力系统和在“西电东送”及长江上游干支流水能开发中发挥重要作用。三峡水电站的发电量替代燃煤发电，每年可减少煤炭消耗 5000 万 t，少排放二氧化碳 1 亿多吨、二氧化硫 200 万 t、一氧化碳 1 万 t、氮氧化合物 37 万 t 等，有利于改善环境与生态。

(3)航运方面

双线五级船闸总水头 113.0m，最大水头 45.2m，是当今世界上已建船闸规模最大、水头最高的内河航运船闸；升船机最大提升高度 113.0m，是当今世界上已建升船机水位变幅最大、提升船舶重量最大的升船机。2011 年过闸货运量首次突破 1 亿 t，提前 19 年达到并超过了 2030 年的规划运量。三峡工程建成使川江 600 多千米河段变为优良的深水航道，对促进西南与华中、华东地区的物资交流和发展长江航运事业具有积极作用。经三峡水库的调节，下游河道枯水期最小流量可由 $3000m^3/s$ 增加至 $5000m^3/s$，可显著改善长江中下游枯水期航运条件。

此外，还具有水资源调配、压咸、改善中下游水质、养殖、旅游等效益。

1.3　枢纽工程布置

三峡坝址河谷开阔，基岩为坚硬完整的花岗岩体，具有修建大型水利枢纽的优越地形、地质和施工条件。

三峡枢纽工程由拦河大坝、电站厂房、船闸、升船机和茅坪溪防护工程等主要建筑物组成。枢纽布置总体方案为：泄洪坝段位于河床中部，两侧为厂房坝段和非溢流坝段，左、右岸电站厂房位于坝后，后期扩建的地下电站位于右岸白岩尖山体内，双线五级船闸和升船机均布置在左岸，茅坪溪防护工程位于大坝上游长江右岸，是对水库右岸支流茅坪溪流域淹没区进行保护的工程，防护坝为沥青混凝土心墙土石坝（图 1）。

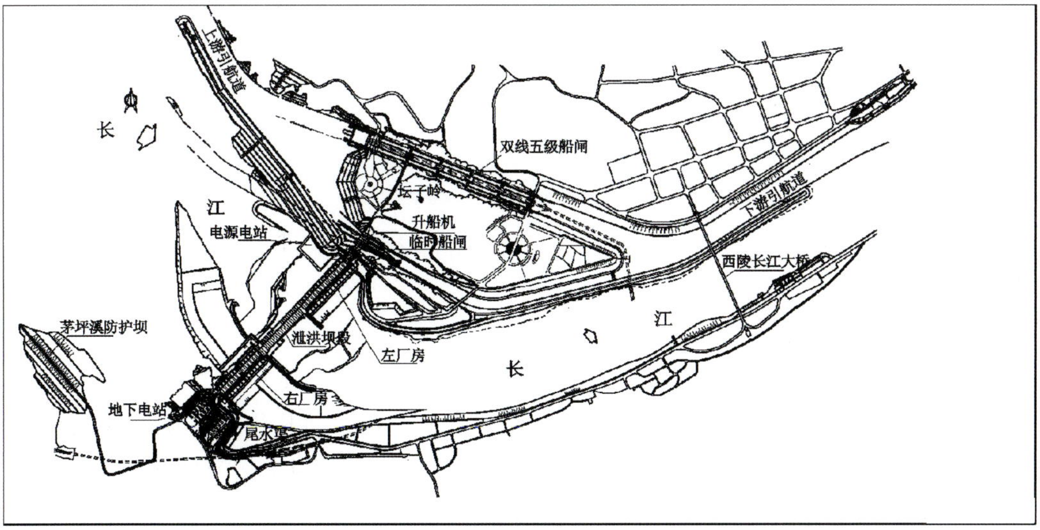

图 1　三峡枢纽总体布置

2 勘测设计方案

2.1 勘测设计概况

三峡河段水能蕴藏丰富，开发条件优越，地理位置适中，因此早就为有识之士所瞩目。新中国成立后，长江水利委员会作为三峡工程的规划论证和设计总成单位，对三峡工程进行了大量的勘测、科研和规划设计工作。1986年水利电力部组织各方面专家论证三峡工程，根据论证结果，于1989年提出《长江三峡水利枢纽可行性研究报告》，国务院审查后，提请第七届全国人民代表大会审议并于1992年4月3日通过《关于兴建长江三峡工程的决议》，将兴建长江三峡工程列入国民经济和社会发展十年规划。历经70余年的审慎研究论证和中华民族几代人的不懈努力，三峡工程于1994年12月14日正式开工。

2.2 工程建设历程

根据1993年5月获国家批准的初步设计报告，三峡枢纽工程按计划分三期施工，总工期17年。1993—1997年为施工准备和一期工程施工期，主要任务是修建右岸导流明渠和临时船闸，一期工程完成以实现大江截流为标志；1998—2003年为二期工程施工期，主要任务是修建泄洪坝段、左岸厂房坝段、左岸坝后式厂房和双线五级船闸，二期工程完成以水库蓄水至135m、首批机组投产和船闸试通航为标志；2004—2008年为三期工程施工期，主要任务是修建右岸大坝及右岸坝后式厂房，三期工程完成以右岸电站机组全部投产发电为标志。枢纽工程建设主要节点如下：

1994年12月14日，三峡主体工程正式开工建设。

1997年11月8日，实现大江截流。

2003年6月，实现135m蓄水、双线五级船闸试通航、首批机组发电的三大目标。

2006年5月20日，大坝全线达到高程185m；10月，进入初期水位156m运行。

2008年10月，左、右岸坝后电站26台700MW机组全部投入运行，开始正常蓄水位175m试验性蓄水，提前一年完成三峡工程初步设计建设任务。

2010年10月26日，三峡工程首次实现175m正常蓄水位。

2012年7月，地下电站6台机组全部投产发电。

2015年9月，三峡水利枢纽工程（除升船机外）完成竣工验收。

2016年9月18日；三峡升船机进入试通航阶段。

2019年10月，三峡水库连续10年圆满完成175m试验性蓄水目标。

2019年12月，三峡升船机工程通过了通航及竣工验收。

2020年11月1日，三峡工程完成整体竣工验收。

三峡枢纽工程实际总工期16年，提前一年完成初步设计建设任务（除批准缓建的升船机外)。2015 年 9 月,除升船机外的三峡枢纽工程通过了国务院长江三峡工程整体竣工验收委员会枢纽工程验收组的验收;2020 年 11 月 1 日,水利部、国家发改委公布,三峡工程完成整体竣工验收全部程序。

根据验收结论:“三峡工程已全部完成批准的建设任务;工程质量满足规范和设计要求;经过正常蓄水位 175m 试验性蓄水检验,工程运行安全;防洪、发电、航运、水资源利用和生态环境保护等综合效益全面发挥;移民搬迁安置规划目标全部实现,库区社会稳定,经济持续、健康发展。”三峡工程兴建决策是正确的、建设是成功的、质量是优良的、效益是巨大的。

2.3 枢纽工程主要建筑物

(1)三峡大坝

三峡大坝坝顶高程 185m,最大坝高 181m,大坝坝轴线全长 2309.5m,大坝由泄洪坝段、左右厂房坝段和非溢流坝段组成。三峡泄洪建筑物具有防洪任务重,泄洪流量大,运行水头高,需兼顾工程防护、水库排沙和排漂多目标任务等特点;大坝最大泄洪流量超过 10 万 m^3/s,泄洪功率 1 亿 kW;泄洪孔口数量多达 72 个,泄洪坝段布置三层孔口,坝体开孔率高、孔口尺寸大、作用水头高、运用频繁、运用水位变化大、结构型式复杂。大坝泄洪规模和技术难度远超当今世界上已建大坝工程。大坝布置及泄洪见图 2。

图 2 大坝布置及泄洪

(2)电站建筑物

三峡水电站是世界上规模最大的水电站。它由左岸电站、右岸电站、右岸地下电站和电源电站组成。三峡左、右岸电站位于坝后,共安装26台700MW水轮发电机组,加上电源电站2台50MW的水轮发电机组和右岸地下电站6台700MW,三峡水电站的最终总装机容量为22500MW,多年平均年发电量为950亿kW·h。2020年的发电量达1118亿kW·h,创造单座电站年发电量的世界纪录。左岸电站厂房和右岸地下电站布置见图3。

图3　左岸电站厂房和右岸地下电站布置

(3)通航建筑物

通航建筑物包括双线五级船闸和垂直升船机。三峡双线五级船闸以级数最多(5级)、上下游水位落差最大113m、输水系统水头最大(45.2m)等指标傲视全球,作为目前世界上最大的内河船闸,可满足万吨级船队通过三峡大坝,设计年单向通过能力达到5000万t。船闸主体结构段总长1621m,单个船闸有效尺寸为长280m、宽34m、最小槛上水深5m。三峡垂直升船机是船舶来往于大坝上下游的快速通道,是世界上规模与技术难度最大的垂直升船机;提升高度113m、提升重量达15500t,设计过船规模为3000吨级,承船厢有效尺寸120m×18m×3.5m(长×宽×水深)。船闸和升船机布置见图4。

图4　船闸和升船机布置

(4)茅坪溪防护工程

茅坪溪防护工程包括茅坪溪防护坝和泄水建筑物。茅坪溪防护坝为沥青混凝土心墙土石坝，坝轴线长 889m，坝顶高程 185m，最大坝高 104m。泄水建筑物由泄水隧洞和泄水箱涵组成，全长 3104m。

3 工程特点与科技创新

三峡工程规模巨大、技术复杂，规划设计及运行调度难度超出了世界上已建水利水电工程，在三峡工程设计、建设和运行调度中面临诸多重大技术挑战。长江水利委员会长江勘测规划设计研究院作为三峡工程的规划论证和设计总成单位以及运行调度重要技术支撑单位，在三峡工程设计、建设及调度运行中始终走科技创新之路，攻克了高水头超大泄量重力坝、巨型机组水电站、高水头大型连续多级船闸、施工导截流及混凝土施工、水库综合利用调度等一系列关键技术难题，取得了世界领先的水工建筑物设计建造及水库群联合调度运行的科技创新成果。

3.1 大流量河道深水截流技术

三峡工程下游为葛洲坝水库，主河道截流最大水深达 60m，居世界上已建水利水电工程河道截流之最。截流设计流量 19400～14000m^3/s，落差 1.24～0.8m。截流施工与合龙时机必须考虑明渠通航水流条件，不允许造成长江航运中断。截流河床地形地质条件复杂，花岗岩质河床上部全强风化层和覆盖层厚，葛洲坝水库新淤沙在深槽处厚 5～10m，深槽左侧呈陡峭岩壁，通过大量水工模型试验和多种方案的分析对比，采用上游戗堤立堵截流方案，采取预先对龙口河床平抛石渣块石料及砂砾石料垫底，减小龙口水深的技术措施，有利于防止合龙过程中戗堤坍塌，减少合龙抛投工程量，降低合龙抛投强度。实测截流流量 11600～8400m^3/s，居世界截流工程之冠，创造了截流戗堤日抛投强度 19.4 万 m^3 的世界纪录，安全、优质、高效地实现截流龙口合龙。在截流过程中，用实测资料与水工模型实时试验配合，保证了截流成功。大江截流研究了深水截流堤头坍塌机理，拓展了截流水力学领域；采取平抛垫底措施，有效地缓解了深水截流难度。设计围绕深水截流堤头坍塌的成因机理和防范措施，进行了物理模型试验研究并辅以理论分析及数学模型计算。研究成果表明：截流堤头坍塌成因复杂，其中水深大(即戗堤高)是影响坍塌规模的主要因素，从而提出“龙口深水河床预平抛垫底”的措施，截流实践证明防止堤头坍塌效果良好。为实施平抛垫底方案，研究解决了石渣、块石及砂砾石料在深水动水中抛投到位成型及漂移特性问题，其研究成果丰富并完善了施工水力学内容。为解决大江截流施工期间的通航问题，通过通航水力学及船模试验，研究了明渠和截流戗堤口门的通航水流条件，优化了截流施工程序，保证了大江截流期间长江航运的正常畅通。大江截流的成功，表明我国大流量深水截流技术已达到国际先进水平，其中深动水中平抛垫底、堤头坍塌机理研究，以及截流过程中确保航运畅通等主要研究成果达到了国际领先水平。

三峡水利枢纽大江截流见图5。

图5　三峡水利枢纽大江截流

3.2　大流量、高落差双戗截流技术

明渠截流（图6）是我国第三次在长江上截流，江水由泄洪坝段设置的22个导流底孔宣泄。明渠截流设计流量10300m^3/s，截流落差4.06m，采用双向进占（上游戗堤以右岸为主，下游戗堤从右岸单向进占）、上下游双戗立堵方案，上游戗堤承担2/3落差，下游戗堤承担1/3落差，控制上下游戗堤口门进占宽度。明渠截流具有施工工期紧迫、合龙工程量大、抛投块体尺寸大、双戗进占配合要求高、进占抛投受水文条件影响显著、截流前准备工作（垫底加糙等）受通航条件限制等施工特性。与国内外同类截流工程相比，明渠截流各项水力学指标均较高，最大单宽能量高于一般截流工程，单堤头抛投强度高，制约因素复杂，存在许多关键技术难题，是当今世界上截流综合难度最大的截流工程。设计采取降低截流难度的技术措施：上下游戗堤龙口分别设置钢架块石笼拦石坎和合金钢网石兜拦石坎；特大块石串、混凝土四面体串、合金钢网石兜串及混凝土四面体内埋废钢铁块，以提高抛投块体稳定性；加强信息跟踪，动态决策。实际截流流量10300～8600m^3/s，上游戗堤承担最大落差1.73m，下游戗堤承担最大落差1.12m。明渠截流在国内首次成功采用双戗堤截流，真正实现了科学化、信息化截流。明渠截流成功，表明我国水利水电工程在双戗堤截流试验研究、理论分析、截流施工控制技术等方面处于国际领先水平。

图6　三峡水利枢纽导流明渠截流

3.3　高坝、超大泄量泄洪消能技术

三峡大坝坝顶高程185m，最大坝高181m，设计流量98800m³/s、校核标准洪水流量124300m³/s，具有泄洪流量大、运行水头高、目标任务多等特点，同时因电站装机容量大，机组台数多，需尽量缩短泄洪坝段长度。经多年研究论证，对泄洪孔口体型结构和闸门设备布置进行优化，创新提出泄洪坝段布置三层泄洪孔（22个表孔、23个深孔和22个导流底孔）、表孔与深孔相间布置、底孔在表孔正下方的立体交错布置方案。最终确定泄洪坝段前缘长度为483m，分为23个坝段，23个深孔布置在坝段中间，进口底高程90m，孔口尺寸7m×9m；22个表孔跨横缝布置，堰顶高程158m，孔宽8m；22个导流底孔跨横缝布置在表孔正下方，进口底高程56m或57m，孔口尺寸6.0m×8.5m。创新布置，不仅很好地满足了三期截流、围堰挡水发电期度汛，以及永久运行期泄洪排沙和降低库水位等多目标运行的要求，并且大大缩短了泄洪坝段长度，减小两岸岸坡开挖，节省了工程投资。

泄洪深孔运行水头高（90.4m）、水位变幅大（35m）、运用时间长，导流底孔高程低、运行水头高（85m）、孔口跨缝布置。由于泄洪流速大、水中挟带泥沙，泄洪孔口过流面的空蚀空化、磨损问题突出。经多方案比较研究，首次提出坝身泄洪深孔采用有压短管、跌坎掺气方案；导流底孔首次采用有压长管、跨缝布置、设控制闸门的布置方案，创新提出进口前预留拦沙槽、孔内设置跨缝板等减小泥沙磨损的综合措施。泄洪坝段的表孔和深孔采用挑流消能，挑流鼻坎大差动布置，水舌落点前后错开，极大地减小了冲刷深度。导流底孔运行水位变幅近70m，采用挑面流消能，22个底孔采用不同的进口高程与鼻坎体型的最优组合，并在消能区右侧设置隔流墩，各种运行条件下均获得了良好的水流流态和消能效果，坝下冲淤形态得到有效控制。

泄洪坝段，坝体开孔率高、作用水头高、结构受力复杂。创新提出横缝止水后移、横缝灌浆等综合措施，显著减小了孔口应力和裂缝宽度，首次采用钢筋混凝土非线性配筋设计方法，使钢筋配置更加合理，成功解决了三峡泄洪大孔口结构设计难题。

泄洪坝段下游立视及典型断面分别见图 7、图 8。

图 7　泄洪坝段下游立视

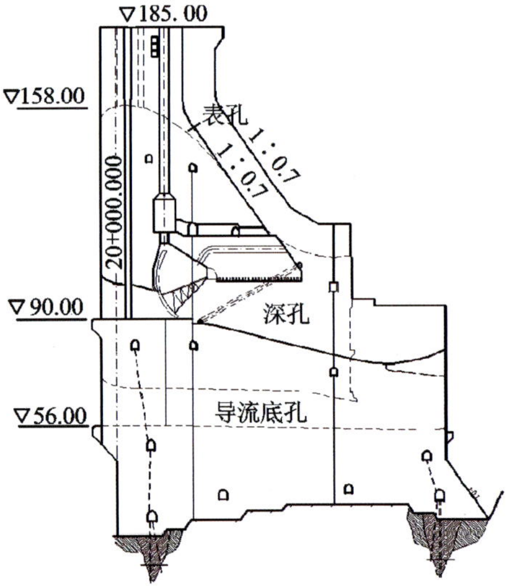

图 8　泄洪坝段典型断面(单位:m)

3.4　岸坡坝段深层抗滑稳定设计技术

三峡左岸厂房 1～5 号坝段位于左岸临江岸坡上，建基岩体为闪云斜长花岗岩，缓倾角裂隙相对发育区。由于坝后式厂房布置需要，大坝建基面高程 85～90m，厂房最低建基面高程 22.2m，致使大坝基岩下游边坡开挖形成坡度约 54°，临时坡高约 68m，永久坡高 39m 的高陡边坡，坝基存在内倾向下游缓倾角结构面，最大裂隙连通率达到 83.2%，上述因素构成了岸坡厂房坝段沿缓倾角结构面深层滑动的稳定性问题。

针对左厂1～5号坝段深层抗滑稳定问题，采用系统精细的特殊勘察技术（包括改进的金刚石小口径钻孔取芯工艺、岩芯定位、钻孔彩色录像等）查明了坝基长大缓倾角结构面的空间位置、产状、分布范围和组合方式。鉴于工程的重要性、地基的复杂性，为确保岸坡厂房坝段的安全，创新提出“坝踵设齿槽、帷幕前移、封闭抽牌、设深层排水洞和厂坝联合作用、预应力锚索”等十大综合措施，成功解决了复杂岩基边坡条件下左厂1～5号坝段的深层抗滑稳定问题。左厂1～5号坝段三维模型及加固措施布置见图9。

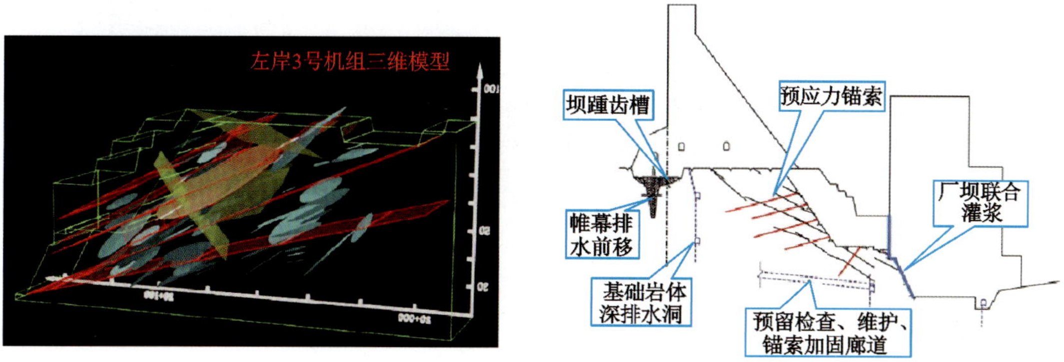

图9　左厂1～5号坝段三维模型及加固措施布置

3.5　临时船闸坝段大孔口改建封堵技术

临时船闸2号坝段在二期施工期间与导流明渠共同承担临时通航任务，临时船闸停止使用后再封堵并改建为2孔冲沙孔坝段。临时船闸坝段封堵孔口宽度24m，最大水头78.5m，总水压力为74500t，相邻坝段宽度仅19m且位于高陡边坡上，孔口封堵技术难度居世界之首；同时临时船闸2号坝段上块需在50天左右完成高约30m混凝土浇筑，常规的混凝土浇筑及温控手段无法满足工程总工期要求，将影响水库按期蓄水和发电，延长长江断航时间。故临时船闸坝段面临着封堵期的稳定及应力，大荷载条件下封堵门槽结构，高水头、大跨度封堵门技术，混凝土快速施工技术等一系列复杂技术问题。临时船闸坝段大孔口结构布置见图10。

首次在坝体内使用微膨胀混凝土，采用4.5m特高浇筑层厚连续浇筑方式，辅以键槽、拉筋、锚索等措施，成功地解决了高陡边坡坝段的坝基应力与变形问题；首次在门槽二期混凝土采用CF60硅粉钢纤维混凝土并配置加强钢筋，解决了封堵门门槽结构局部应力巨大的技术难题。

首次采用弧形轨头上堆焊不锈钢和涂抹润滑脂、激光定位配钻吊耳孔、在自重挠度状态下对面板顶底缘进行机加工等新工艺，创新采用可旋转吊耳和液压自动调整重心的挂钩梁，成功解决了埋件在大荷载条件下降低摩擦系数和多节叠梁安装及转运问题。

图 10　临时船闸坝段大孔口结构布置

3.6　大坝混凝土高强度快速施工及温控防裂技术

三峡大坝混凝土工程量达 1600 万 m^3，大坝浇筑高峰年平均每年浇筑 400 万 m^3 以上的混凝土，混凝土浇筑量大，高峰期持续时间长，施工难度大。以二期大坝工程施工(图 11)工期最为紧张，工程施工面临着如皮带供料线和塔带机运输混凝土、大量新浇混凝土越冬、温度控制、防裂等新问题。通过研究创新大坝采用多种机械联合浇筑方案及一系列创新配套措施，实现了混凝土工厂化、高质量、高强度连续浇筑的施工目标。

首次提出以塔带机为主，辅以高架门机、缆机和胎带机的综合施工方案；创新提出大坝非约束区混凝土全年采用 3m 浇筑层厚，浇筑坯层内埋设软冷却水管取代传统铸铁水管；形成一整套保证质量的高强度混凝土快速施工配套技术，实现大体积混凝土连续快速浇筑。1999—2001 年连续三年破混凝土浇筑的世界纪录，并创造了年最高浇筑混凝土 548 万 m^3、月 55.35 万 m^3、日 2.2 万 m^3 的世界纪录。

研发并创新大体积混凝土温度控制及防裂措施技术，首次采用二次风冷骨料技术生产 7℃低温混凝土，实现连续稳定生产低温混凝土；创新采用混凝土“个性化通水冷却”方案，有效地控制了混凝土内部最高温度；首次研究在大坝混凝土表面使用聚苯乙烯泡沫板等定型的混凝土表面保温材料，大坝混凝土温控防裂效果显著，创造了三期右岸大坝 416 万 m^3 混凝土无裂缝的奇迹。

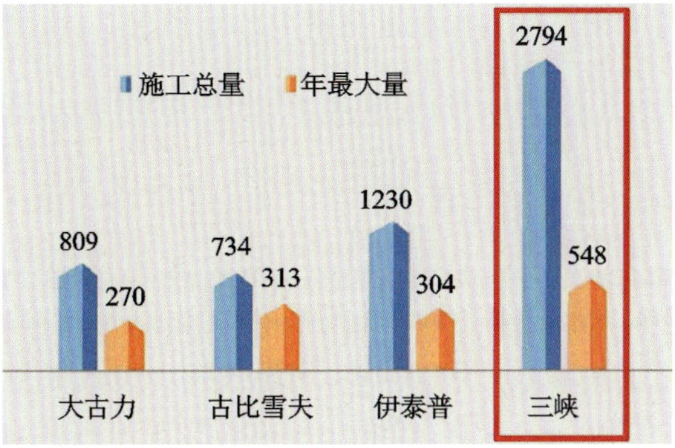

国内外大型水利工程混凝土施工强度对比（单位：万m^3）

图 11　二期大坝工程施工

3.7　巨型水轮机蜗壳埋设技术

三峡电站安装 32 台 700MW 水轮发电机组，水轮机蜗壳平面最大宽度为 34.325m，钢蜗壳进口压力管道直径达 12.4m，*HD* 值达 1730m^2，均为世界同期最大，而蜗壳外围混凝土相对较薄。三峡之前，世界上已建单机容量 700MW 级的电站仅大古力Ⅱ和伊泰普，其蜗壳埋设均采用保压方式，该方法具有工艺复杂、工期长、投资大等技术缺陷。

针对三峡电站水位、水温变幅大、传统保压蜗壳难以适应工程需求的技术难题，对巨型水力发电机组蜗壳采用垫层、保温保压和组合埋设三种方式进行了全面系统的研究与实践，首次在 700MW 级水力发电机组提出并成功应用"直埋＋垫层"的蜗壳组合埋设方式，解决了巨型机组蜗壳直埋方式外围混凝土开裂对结构刚度的影响和下机架基础变形过大等技术难题；首次在 700MW 级水力发电机组蜗壳中采用垫层埋设方式，研究解决了巨型机组蜗壳垫层敷设范围、刚度、厚度及材料性能等问题及技术标准；针对三峡电站机组蜗壳内水压力变幅大、水温随季节变化温差大的特殊性，首次提出并成功应用了蜗壳不设垫层采用充水保温保压浇筑外围混凝土的新技术。坝后式电站及蜗壳充水保压埋设布置见图 12。

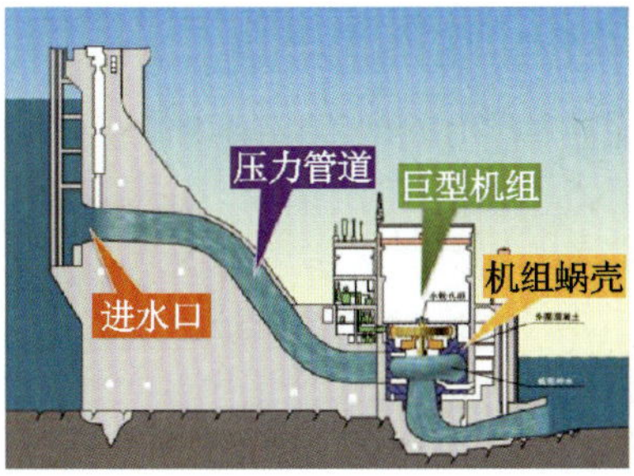

图 12　坝后式电站及蜗壳充水保压埋设布置

三峡巨型机组蜗壳不同埋入方式的成功实施、完整设计技术体系与相关技术标准的形成，不仅保证了电站建筑物及机组安全稳定运行，而且为制定巨型机组相关技术标准奠定基础，提高了我国水电行业走向世界的竞争力。

3.8 浅埋超大地下洞室围岩稳定控制和机组调节保证技术

三峡地下电站布置于右岸白岩尖山体中。由于其额定水头低、单机容量大，蜗壳平面尺寸巨大、HD值高。为满足发电设备安装及必要的运行通道，地下厂房顶拱以上跨度需32.6m，高度需87.3m，主厂房跨度达同期最高水平。而主厂房洞室上覆岩体一般埋深50～75m，最薄处仅为32.0m，不足厂房跨度的1倍。针对地下电站山体单薄、挖空率高、洞室埋深浅、块体强发育、洞室群规模大及起吊设备容量大等工程特点，研究提出了“单一主洞室布置”和地下洞室“岩体稳定拱”洞室稳定控制和巨型机组调节保证研究新技术。

首次提出大型地下电站主洞室“单一主洞室布置”新技术，攻克了山体单薄条件布置大型地下电站的洞室稳定难题。研发自动调压尾水洞，实现了竖向调压向横向调压的转变，取消了尾水调压室；采用超长超高大电流离相封闭母线新技术，实现主变压器布置在地面，取消了主变洞。将大型地下电站主洞室布置由传统的“三洞型”(即地下厂房、主变洞、尾水调压室)变为“单洞型”(仅地下厂房)，减少了洞室群规模，降低了山体挖空率及对岩体的扰动，规避了工程技术风险，并节约工程投资，解决了单薄山体大型地下电站洞室群整体稳定难题。

首次提出大型地下电站主洞室“岩体稳定拱”设计理论；研发了“高边墙倒悬”结构、“结构面真实应力法”块体加固、全程可调重载岩锚吊车梁等多项洞室稳定控制新技术。

由于巨型机组尾水系统长、调节保证设计复杂，为解决巨型尾水系统明满流过渡过程仿真计算存在的技术难题，对传统的Perissmann虚设狭缝法数学模型进行了改进，开发了基于一维瞬变流理论和CFD技术的一维、三维耦合计算的水电站过渡过程数值模拟技术，为解决地下电站复杂引水发电系统设计、机组大小波动控制参数合理及运行稳定提供了理论依据。通过将仿真计算和模型试验研究结果进行对比，现场验证和反演计算相结合的研究方法，为巨型机组调节保证设计提供了全新的研究模式，丰富了机组调节保证的设计理论。

地下电站浅埋超大地下洞室围岩稳定控制关键技术和巨型机组调节保证研究技术的成功运用，降低了工程技术难度，节约了工程投资，研究成果纳入了国家标准、行业规范及设计手册中，对推动我国水利水电行业科技进步具有积极作用。

三峡地下电站单洞型布置见图13。

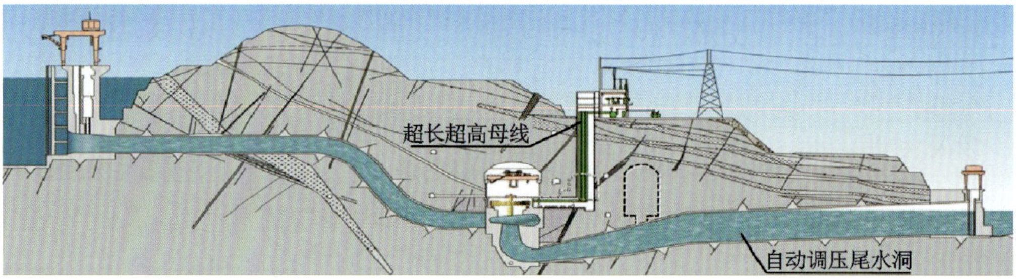

图13　三峡地下电站单洞型布置

3.9 700MW 级巨型水轮发电机组国产化关键技术

三峡电站额定容量 700MW(最大容量 840MVA),是当时世界上单机容量最大的水轮发电机组,具有单机容量大、水头变幅大、过机水流含有一定泥沙和负荷变化大、启停频繁等特点。

经过二十几项重大科技联合攻关,通过"引进、消化、吸收、再创新",三峡 700MW 水轮发电机从左岸电站到右岸电站,再到地下电站,在水轮机选型和额定水头、转速等参数优化、水力稳定性设计、发电机冷却方式、大负荷推力轴承、新材料研究生产等关键技术的自主创新和应用方面取得了重大突破。

与世界同行相比,我们用 5~7 年时间追赶了世界 30 年的水平,巨型水轮发电机组设备的研究和制造的国产化取得了举世瞩目的成绩。

通过优化水力设计,经模型试验验证,成功降低了三峡右岸电站水轮机压力脉动幅值,基本消除了高水头高部分负荷区压力脉动峰值带这一世界难题,提高了机组运行稳定性。在国内首次提出了按水头、负荷分区对水轮机尾水管、无叶区等各测量部位压力脉动幅值的量化考核稳定性指标;为拓宽高水头工况机组稳定运行区域,发电机设置了 8%(额定容量)的最大容量,发电机最大容量达 840MVA。

通过国产化关键技术应用,在三峡右岸电站发电机首次采用 700MW 级全空冷方式,在三峡地下电站又首次采用了 700MW 级发电机定子绕组蒸发冷却方式;同时三峡右岸及地下电站全国产水轮发电机推力轴承推力负荷达到 6000t 等级。这些研究成果和创新应用为国内自主开发 700MW 级巨型水轮发电机组奠定了基础,促进了行业的技术进步。

三峡左岸电站厂房混流式水轮发电机组见图 14,三峡电站混流式水轮发电机组总体结构立面剖视见图 15。

图 14　三峡左岸电站厂房混流式水轮发电机组

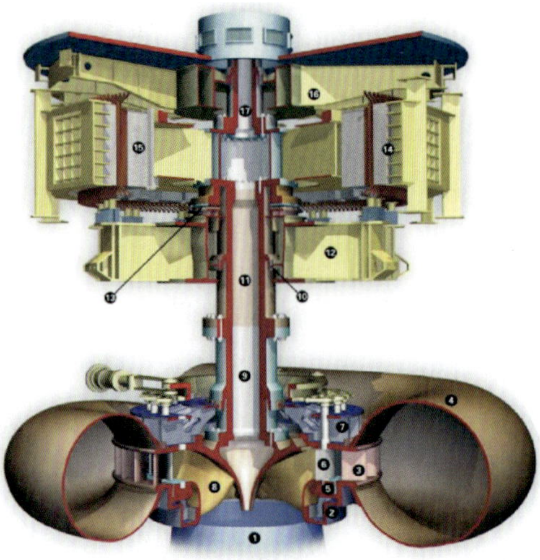

图 15　三峡电站混流式水轮发电机组总体结构立面剖视

3.10　水库综合利用调度技术

作为治理开发与保护长江的关键性工程，三峡工程承担着防洪、发电、航运、水资源利用等综合利用任务。在论证、设计阶段通过大量的规划工作和综合利用调度初步研究，确定了工程的规模和运用效益。随着长江流域梯级开发的进一步推进，水库调度运行的水文条件和外部环境发生较大变化，社会经济发展与生态保护对用水需求的不断提高，对三峡水库调度提出了更高要求，面对多区域防洪要求和多维度用水需求，通过系统的综合利用调度技术研究，有效地协调了多目标综合利用任务。

(1)创新提出了多区域协同防洪调度技术

作为长江中下游防洪工程体系的重要组成部分，三峡工程的首要任务是防洪。三峡工程防洪保护对象分布范围广，涉及荆江河段、城陵矶附近地区、武汉河段和松澧地区。初步设计阶段，研究了荆江补偿和城陵矶补偿两种防洪调度方式，并探讨了对不同区域的防洪作用，最终确定了对荆江河段的防洪补偿调度方式。随着工程建成投入运行，为科学协调不同区域的防洪需求，创新提出了多区域协同防洪调度技术，在保证枢纽大坝安全和不降低荆江防洪标准的前提下，兼顾对城陵矶防洪补偿调度的水位可按 158m 控制，极大减少城陵矶附近地区的超额洪量，工程防洪效益得到进一步发挥。试验性蓄水以来，为减轻中游河段遭遇中小洪水的防汛压力，研究了三峡工程防御中小洪水调度方式，在充分利用设计预留的防洪库容的同时，深化了工程对不同量级洪水、不同防洪区域的协同调度技术，平均每年减少 1～2 次防汛巡堤，有效保障了安澜长江建设。

(2)研发了汛期运行水位动态控制运用技术

主汛期弃水较多、洪水资源利用水平不高是三峡水库调度运行中面临的突出问题，直接影响着工程综合效益的发挥；同时，随着流域梯级水库群的建成运行，汛末竞争性蓄水矛盾愈发突出。为此，在充分利用气象水文预报水平的基础上，研究提出了风险可控的汛期运行水位动态控制技术、汛期末段防洪库容分期释放技术、水库动态蓄水调度技术，依托相关技术支撑了三峡水库汛期运行水位上浮和汛末提前蓄水等优化调度实践和调度规程的编制。根据《三峡(正常运行期)—葛洲坝水利枢纽梯级调度规程(2019 年修订版)》，在下游控制站水位和三峡入库流量满足一定条件下，三峡水库汛期 8 月 21 日前库水位可浮动至 148m 运行，8 月下旬水位可按 150m 控制，9 月上旬水位可按 150～155m 控制，9 月底水位可按 162～165m 控制，极大提高了三峡水库的洪水资源利用率和蓄满率。

(3)研发了促进“四大家鱼”繁殖的生态调度技术

作为适应长江中下游江湖复合生态系统的代表物种，“四大家鱼”的资源禀赋是长江流域水生态系统健康状况的重要表征。在 1992 年国家环保总局正式批准的《长江三峡水利枢纽环境影响报告书》中指出：“三峡工程将会对‘四大家鱼’的自然繁殖带来不利影响”，同时报告提出“通过运用水库调度产生人造洪峰促使‘四大家鱼’繁殖”的应对策略。三峡工程建设以来，为响应环境影响报告书中关于“人造洪峰”以刺激“四大家鱼”繁殖的建议，有关各方通过理论研究与调度试验相结合的方式从水文、水温和水力条件，辨识了“四大家鱼”自然繁殖的生态调度需求，提取了持续涨水时间、初始水位、水位日上涨率等影响鱼类自然繁殖的关键要素，提出了满足长江中游“四大家鱼”自然繁殖的调度指标和“人造洪峰”的蓄泄调度方式，持续支撑了生态调度试验的开展。根据沙市断面的监测数据分析，10 多年来，“四大家鱼”鱼卵年径流量呈现波动上升，其中 2019 年达到 6.68 亿粒，2020 年达到 20.22 亿粒，生态调度的涨水过程对促进“四大家鱼”繁殖具有明显效果。在此基础上，三峡水库在 2020 年 5 月还首次开展了针对库区产黏沉性卵鱼类繁殖的生态调度试验。

(4)创建了水库群多目标调度技术

随着长江上游梯级水库群逐步投入运行，面对多工程、多对象、多目标的复杂调度格局，依托三峡工程调度运行积累的核心技术，发展提出了面向多区域防洪的水库群协同防洪策略，构建了具有“时—空—量—序—效”多维度属性的水库群多区域协同防洪调度技术，建立了“全周期—自适应—嵌套式”水库群多目标协调调度模式和以三峡为核心的长江上游水库群多目标综合调度平台。相关成果已纳入长江流域水工程联合调度运行计划和多座水库的调度规程，促进了长江流域防洪、供水、生态、发电、航运等多方面效益的发挥。面对 2020 年长江流域发生的新中国成立以来仅次于 1954 年和 1998 年的流域性大洪水，以三峡为核心的梯级水库群共拦蓄洪水约 500 亿 m^3，避免了荆江河段、城陵矶附近地区、武汉河段蓄滞洪区的运用，发挥了巨大的防洪减灾效益。在发挥防洪作用的同时，充分兼顾了汛期洪水资源利用和水库群汛末蓄水。

4 工程运行及荣誉

4.1 工程综合效益全面发挥

三峡工程正常蓄水位175m蓄水运行以来，全面发挥防洪、发电、航运、水资源利用等综合效益。

(1)防洪方面

截至2021年底，水库累计拦洪总量超过2000余亿m^3。工程经受住了2010年、2012年和2020年入库洪峰达7万m^3/s以上的考验。经过水库拦蓄，削减洪峰约40%，极大减轻了长江中下游地区防洪压力。

(2)发电和节能减排方面

截至2021年底，三峡电厂累计发电量1.5万亿kW·h，有力支持了华东、华中、广东等地区电力供应，优质清洁电力能源相当于节约标准煤4.7亿t、减少二氧化碳排放12.9亿t。

(3)改善航道条件方面

三峡船闸自2003年试通航以来，过闸货运量快速增长，2011年首次突破1亿t，2019年达1.46亿t，截至2021年底累计过闸货运量16.8亿t，有力推动了长江经济带发展。

(4)水资源利用

三峡水库每年枯水季节提高下泄流量，为长江中下游补水200多亿m^3，充分发挥保障流域供水安全、维护生态、改善枯水季水质等水资源配置作用和重大事件的应急调度作用。

4.2 工程运行安全

三峡工程于2003年6月实现了蓄水135m、双线五级船闸试通航和首批机组发电三大目标，工程进入围堰发电期运用。2006年汛后蓄水至156m水位，工程较初步设计提前一年进入了初期运行期。自2008年开始汛后进行175m水位试验性蓄水，最高蓄水至172.8m；2009年蓄水期间为应对湖北、湖南出现的严重旱情，三峡水库向长江中游补水，最高蓄水至171.4m；2010年10月26日三峡工程首次成功蓄水至正常蓄水位175m，至2021年汛后，三峡工程已连续12年蓄水至175m水位运行。三峡水库蓄水运用以来，枢纽工程各建筑物运行正常，各部位金属结构设备运行情况良好。电站机组及机电设备运行正常，电站多次实现22500MW满负荷发电。双线五级船闸持续保持安全、高效、稳定运行。

自2003年开始水库蓄水以来，拦河大坝工程经受了正常蓄水位175m的运行检验，运行性态正常。大坝运行监测表明，大坝坝基变形均较小，相邻坝段间无不均匀沉降；大坝上下游主排水幕扬压力折减系数均小于设计值，坝基总渗漏量远小于设计预测值；大坝各孔口及闸墩等部位钢筋应力均在设计允许范围内。泄洪设施自 2003 年投入运用，至今已投入运行十多年，其中经受了 2020 年最大入库洪峰流量 75000m^3/s 的考验，泄洪建筑物运行调度正常。泄洪设施水力学监测和汛后检查表明，过流面动水压力特性正常，未发现空蚀破坏，下游主流消能区消能充分，下游冲刷安全。

坝后式电站 2003 年 7 月首台机组投产发电，至 2008 年 10 月 26 台机组全部投产。电站机组及各设备经受了各种工况的运行检验，各台机组能够满功率运行，运行正常。电站工程监测表明，左右岸厂房基础变形均较小，没有不均匀沉降现象。基础渗控及排水系统运行良好，坝后电站封闭抽排区下游主排水幕实测扬压力折减系数均小于设计值。坝后电站 15 号机组和地下电站 27 号机组已安全稳定运行 13 年和 9 年。175m 库水位运行监测表明，垫层、保温保压和组合埋设三种埋设方式的蜗壳结构运行正常。蜗壳结构的各项控制指标均在设计控制范围内，且均有较大的安全裕度，结构运行期的安全可以得到保证。

地下电站 2012 年 7 月 6 台机组全部投产发电，电站机组及各设备经受了各种工况的运行检验，各台机组能够满功率运行，运行正常。175m 库水位地下电站运行监测表明，地下厂房整体稳定，厂房岩锚梁预应力锚杆和结构钢筋应力值较小，各监测值趋于稳定，岩锚梁运行正常。主厂房周边排水幕以内围岩基本处于疏干状态。地下电站洞室围岩变形、结构受力等满足设计要求，地下厂房顶拱围岩是稳定安全的。

4.3 工程荣誉

三峡工程荣获新中国成立 60 周年“十佳感动中国设计工程大奖”和“百项经典暨精品工程”。

1999 年三峡工程大江截流工程设计获全国优秀工程勘察设计奖金质奖。

1999 年长江三峡工程大江截流设计及施工技术研究与工程实践获国家科技进步奖一等奖。

2005 年三峡工程明渠导流及通航研究与运行实践获国家科技进步奖二等奖。

2005 年长江三峡二期工程船闸关键技术研究与实践获国家科技进步奖二等奖。

2007 年混凝土预冷二次风冷骨料技术研究与应用获国家技术发明奖二等奖。

2008 年三峡双线五级船闸获全国优秀工程勘察设计奖金质奖。

2008 年三峡三期碾压混凝土围堰设计、施工及拆除关键技术研究与实践获国家科技进步奖二等奖。

2013 年巨型机组水电站建筑结构关键技术获国家科技进步奖二等奖。

2020 年 1 月长江三峡枢纽工程获国家科技进步奖特等奖。

2011 年长江三峡工程获混凝土坝国际里程碑奖；2013 年三峡工程在巴塞罗那获 FIDIC

国际咨询工程项目奖百年重大土木工程杰出项目奖，是全球百年来唯一入选的水利枢纽工程；2019 年三峡水利枢纽升船机工程获 FIDIC 国际咨询工程项目优秀奖。

百年追梦，盛世梦圆，三峡是中华民族伟大复兴进程中的标志性工程。2018 年习近平总书记视察三峡工程并发表重要讲话，给予三峡工程“一个标志、三个典范”的高度评价：三峡工程成为改革开放以来我国发展的重要标志，是我国社会主义制度能够集中力量办大事优越性的典范，是中国人民富于智慧和创造性的典范，是中华民族日益走向繁荣富强的典范。三峡工程，功在当代，利在千秋！

撰稿/陈鸿丽、熊堃、孙海清、饶光辉、李肖男、漆祖芳、田子勤、梁波、吴刚、廖仁强、邵建雄

三峡水利枢纽五级船闸

▲ 三峡双线五级船闸

三峡双线五级船闸有效尺寸 280×34×5m(长×宽×最小槛上水深),总水头 113m,设计年单向通过能力 5000 万 t。三峡船闸规模、总设计水头、上下游需适应的水位变幅、水沙条件、输水技术及结构设计等方面的技术难度,均大大超过了世界上已建船闸的水平,是目前世界上已建规模最大、技术条件最复杂的内河多级船闸。三峡船闸一系列技术难题,在世界上尚无实践经验可循,通过大量设计研究工作,在关键技术问题上,做出了多项水利科技创新,经运行实践检验,所采用的技术先进、合理、可靠。三峡船闸设计使世界船闸技术取得了突破性的发展,三峡水库蓄水,船闸投入运行,充分发挥了三峡工程促进长江航运和沿岸经济全面发展的巨大效益。

1 建设背景和设计历程

1.1 建设背景

长江是我国内河航运的大动脉，在国民经济发展中占有及其重要的地位。三峡工程的建设，在治理水害、开发水能资源的同时，从根本上改善了长江上中游的通航条件，对长江航运的发展起到了十分突出的作用，使长江“黄金水道”在全国交通运输网中起到联系东西、带动南北的重要作用，为沿江地区经济的稳定和持续发展做出了重大贡献。

三峡水利枢纽主体建筑物包括拦河大坝、水电站厂房、通航建筑物及茅坪溪防护坝。通航建筑物由船闸和垂直升船机组成，位于枢纽左岸。枢纽总体布置见图1。船闸为双线连续五级船闸，总水头113m，级间水头45.2m，船闸有效尺寸为280m×34m×5m(长×宽×最小槛上水深，下同)，设计年单向通过能力5000万t。

三峡船闸从方案论证、设计和建设经历了近五十年，于2003年6月双线五级船闸开始试通航，航运效益逐渐显现。

图1　三峡水利枢纽总体布置

1.2 设计历程

三峡水利枢纽通航建筑物是枢纽工程的重要组成部分，航运是工程的主要效益之一。长江水利委员会自20世纪50年代起，在三峡水利枢纽的前期研究论证过程中，对作为通航建筑物之一的船闸，从规模、线路布置、水力学及结构设计等方面开展了全面的设计研究。

1986年6月根据党中央、国务院《关于三峡工程论证有关问题的通知》要求，对三峡工程重新进行论证，编制了《长江三峡水利枢纽可行性研究报告》。可研报告中提出，三峡工程采用“一级开发，一次建成，分期蓄水，连续移民”的开发原则，枢纽选定正常蓄水位 175m，初期蓄水位 156m，通航建筑物布置在左岸，采用双线连续五级船闸和一线一级垂直升船机，其中船闸有效尺寸为 280m×34m×5m。可研报告经国务院三峡审查委员会审查通过后，于 1991 年 9 月编制了《长江三峡水利枢纽初步设计永久船闸布置方案选择专题报告》，主要对连续五级船闸及分散三级船闸的布置、水力设计、结构设计、设备布置、泥沙、施工、运行等进行设计并综合比较，推荐采用连续五级船闸方案。1992 年 1 月在有水利部、能源部、交通部等单位参加的技术讨论会上，建议按连续五级船闸方案进行初步设计。据此于 1992 年 2 月开展了初步设计，对连续五级船闸深入进行了船闸水力学和坝区泥沙模型的试验以及计算分析工作，对船闸线路布置进行了优化。

1992 年 4 月，全国人民代表大会第七届五次会议通过了《国务院关于报请审议兴建长江三峡工程的决议案》，三峡船闸的各个重大技术问题正式开展立项研究，编制的初步设计报告于 1993 年 5 月获国家批准，同年国务院决定开始进行三峡工程的施工准备。这标志着三峡工程经过 40 多年的设计、研究和反复论证，已开始转入实施阶段。

为适应枢纽不同时期运行的需要，船闸一、二闸首的底槛和人字门采用分两次建设的方案。对应于初期运行水位(135～156m)，一闸首和二闸首人字门底槛高程为 131m，一闸首人字门按后期要求安装，锁定在门龛内，不安装启闭机，也不投入运行；二闸首人字门及启闭机按初期运行水位安装，并投入运行。对应于后期运行水位(145～175m)，需逐线对一、二闸首进行完建：一闸首和二闸首人字门底槛由高程 131m 加高至 139m，一闸首人字门的启闭机安装就位；二闸首人字门及其启闭机均相应抬高 8m 后重新安装就位。

船闸工程自 1994 年 4 月开工建设，于 2003 年 5 月通过了国务院长江三峡二期工程验收委员会的试通航前验收，同年 6 月开始了双线五级船闸试通航。试通航一年后，于 2004 年 7 月通过长江三峡二期工程船闸通航验收委员会验收，在 135～139m 水位下船闸由试通航转为正式通航。

船闸按照既定分期建设方案，于 2006 年 9 月开始先后进行了南线、北线船闸一、二闸首完建工程施工。南线、北线船闸完建工程分别于 2007 年 1 月和 5 月通过国务院长江三峡三期工程验收委员会验收。至此双线五级船闸已按批准的设计内容全面建成，进入后期 145～175m 水位运行阶段。

2 船闸设计中关键技术及科技创新

三峡船闸有效尺寸 280m×34m×5m，总设计水头 113m。三峡船闸具有船闸规模大、总设计水头高、水位变幅大的特点。长江勘测规划设计研究院在三峡船闸的设计和建设中，走科技创新之路，攻克了保证船闸在复杂水流和泥沙条件下长期使用的总体布置、船闸的输水技术、结构、工作闸门及启闭机、运行监控等一系列当时在世界上尚无现成经验可循的关键技术难题，取得了世界领先水平的船闸科技创新成果，把我国的高坝通航技术推向了世界前列。三峡船闸的建设，使世界船闸建设实现了一个大跨越。

2.1 多沙河流上船闸工程长期使用技术

三峡枢纽坝址的河势接近直角急弯，船闸线路与长江主河道大角度相交，易在引航道口门区形成远大于通航标准的流速、流态；汛期水流中大量含沙，工程运行一定年限后，泥沙淤积将导致引航道的通航尺度不能满足通航要求，同时淤积改变了水下地形和水深，又进一步导致水流条件向不利于通航的方向发展。

针对三峡工程的地形、地质和水沙特点，通过对船闸主体段的位置进行大范围、多方案比较研究，确定采用能够满足船闸主体段和闸前直线段布置需要的位于坛子岭左侧的线路位置，以更好适应水库淤积平衡后的口门区水流条件；通过在上、下游引航道右侧，分别修建防淤隔流堤，形成独立的人工引航道，调整引航道口门轴线与主河道水流之间夹角，减少引航道内的泥沙淤积，优化引航道口门的位置，保证通航安全；根据引航道口门内淤积量少、口门外淤积量多、淤积主要发生在汛期的特点，采用合适的清淤技术，同时将临时船闸改建成2孔冲沙闸，并考虑在必要时可进一步采取工程措施加大冲淤能力的预案，以保证航道尺度满足通航要求。通过这些综合措施，创造性地解决了要求船闸总体布置，直至水库淤积平衡后，仍能够满足通航水流条件和通航尺度要求的问题，保证了工程的长期使用。

三峡船闸为双线五级连续船闸，布置在枢纽左岸坛子岭北侧，距离左岸电站厂房约1200m。每线船闸由5个闸室和6个闸首组成，船闸闸首和闸室均建在山体深切开挖形成的岩石深槽中，双线船闸平行布置，中心线相距94m，中间保留底宽为57m的岩石中隔墩。船闸线路总长6442m，其中船闸主体结构段（从一闸首上游面到六闸首下游面）全长1621m，上游引航道中心线全长2113m，下游引航道中心线全长2708m。三峡船闸总体布置见图2，双线连续五级船闸主体建筑物布置见图3。

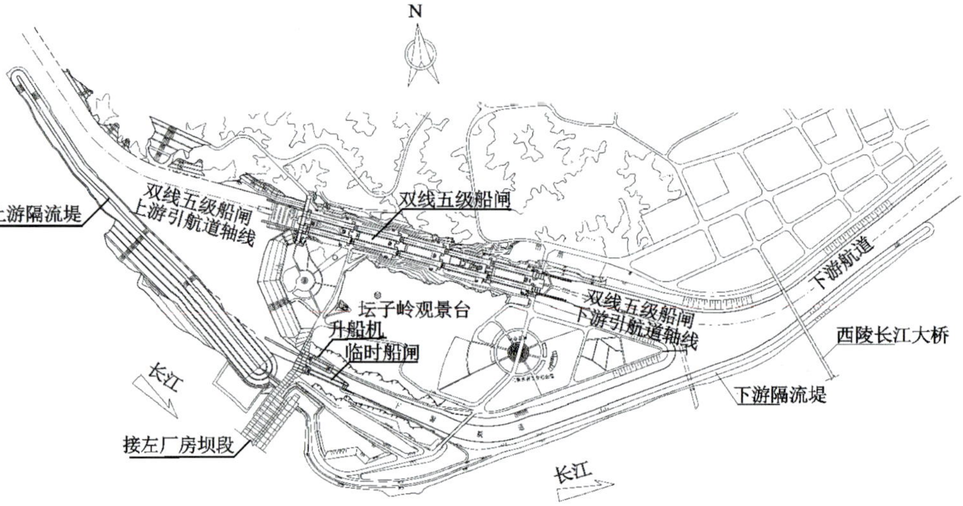

图2 三峡船闸总体布置

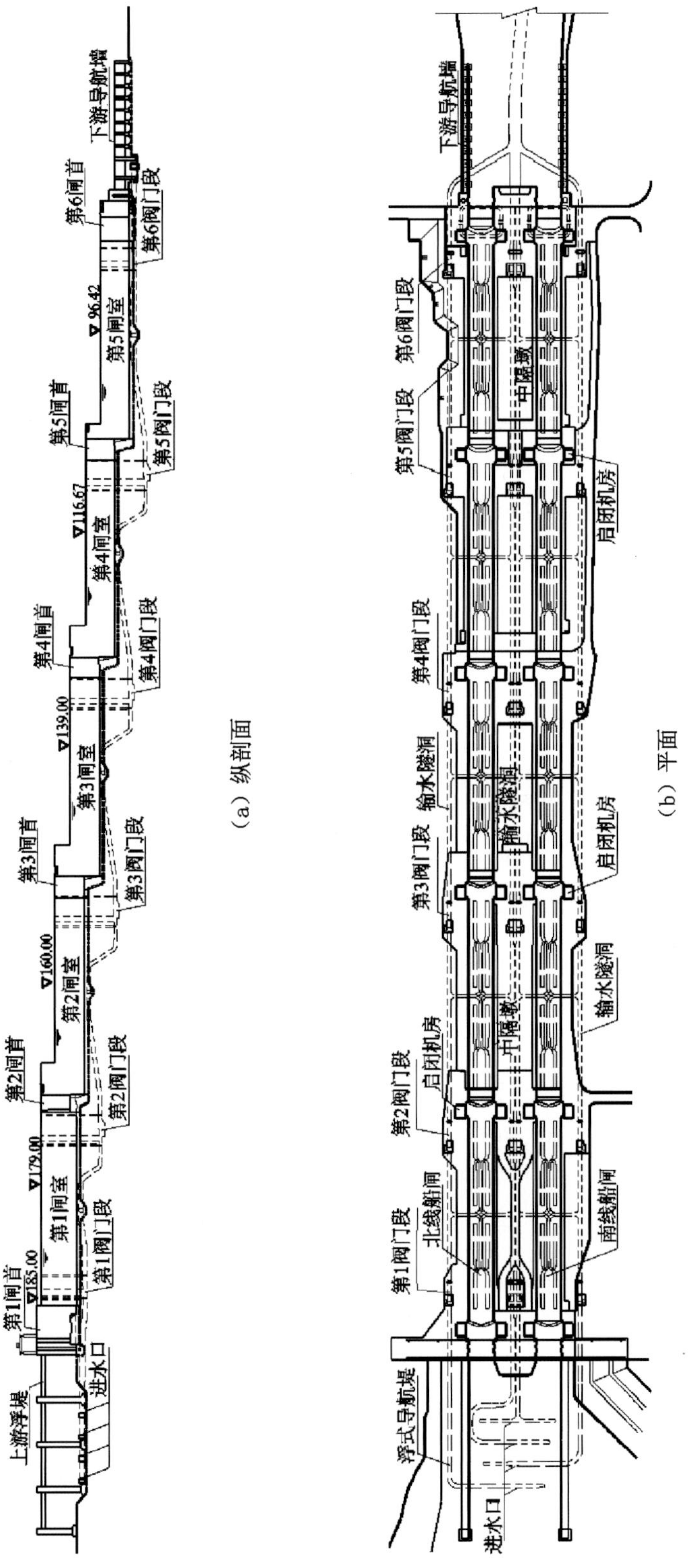

（a）纵剖面

（b）平面

图3 三峡双线连续五级船闸主体建筑物布置（单位：m）

2.2 超高水头大型船闸的输水方式及快速、安全输水技术

2.2.1 船闸输水方式

三峡船闸113 m总设计水头的输水方式，关系到船闸在枢纽中的布置，解决船闸水力学问题的难度和运行管理的条件、通过能力、工程量和造价，以及船闸工程的可行性和技术的先进性。根据三峡水库水位运行的特点，首先考虑的问题是必须对船闸的总设计水头进行合理分级，三峡船闸先后研究了三级船闸分开布置、四级和五级船闸连续布置，以及连续布置的三级省水船闸等多种方案。对船闸总水头的分级主要考虑了坝址的地形、地质条件和船闸上、下游水位组合等，并考虑了当时船闸输水技术的水平，按分级水头明显高于已建的世界上高水头船闸，但通过努力在技术上确有一定把握的原则，创造性地采用了将总设计水头等分为五级，双线船闸并列连续五级布置，在中间级的最大工作水头45.2 m时，船闸最大一次充、泄水水体为23.7万m^3，充、泄水时间控制在12min以内的分级方式，解决了三峡船闸超高水头输水问题。

2.2.2 船闸快速、安全输水技术

双线五级船闸级间最大输水水头45.2m，远超过了世界上已建大型船闸的最高水头，且充、泄水体大，要求的输水时间短、闸室水面上升速度快，导致解决闸室输水问题的难度大。为解决闸室快速平稳充、泄水的问题，结合主体建筑物的地质条件，通过自主创新，将船闸输水系统的主廊道与船闸的闸首、闸墙结构分开布置，采用以增加阀门顶部淹没水深至26m为主，辅以其他较先进的技术措施，如在阀门后廊道采用顶部逐渐扩大与底部突然扩大相结合的体型、采用2min快速开启阀门、在阀门的门楣和在阀门后底槛上进行通气，以及采用全包式阀门和不锈钢阀门面板等，提高了阀门及阀门段廊道整体抗空化性能；船闸输水系统在闸室内布置与闸室水体中心轴对称的4区段8条分支廊道等惯性分散出水孔，并在出水孔上设消能盖板，保证了船舶在闸室内的泊稳条件；采用提前关闭输水阀门措施，控制了闸室的超灌、超泄；每线船闸的主廊道，创造性地采用均在上游引航道内全断面分散取水的方式、在下游采用侧向泄水与六闸首设置短泄水廊道相结合的泄水方式，实现了超高水头大型船闸的安全、高效、快速输水，船闸输水系统的各项技术指标达到了世界先进水平，且较好地解决了一线船闸充、泄水，影响另一线船闸和共用引航道的升船机运行的问题。船闸中间级闸室输水系统布置见图4，船闸上游进水口布置见图5，船闸下游泄水口布置见图6，船闸快速平稳充水见图7。

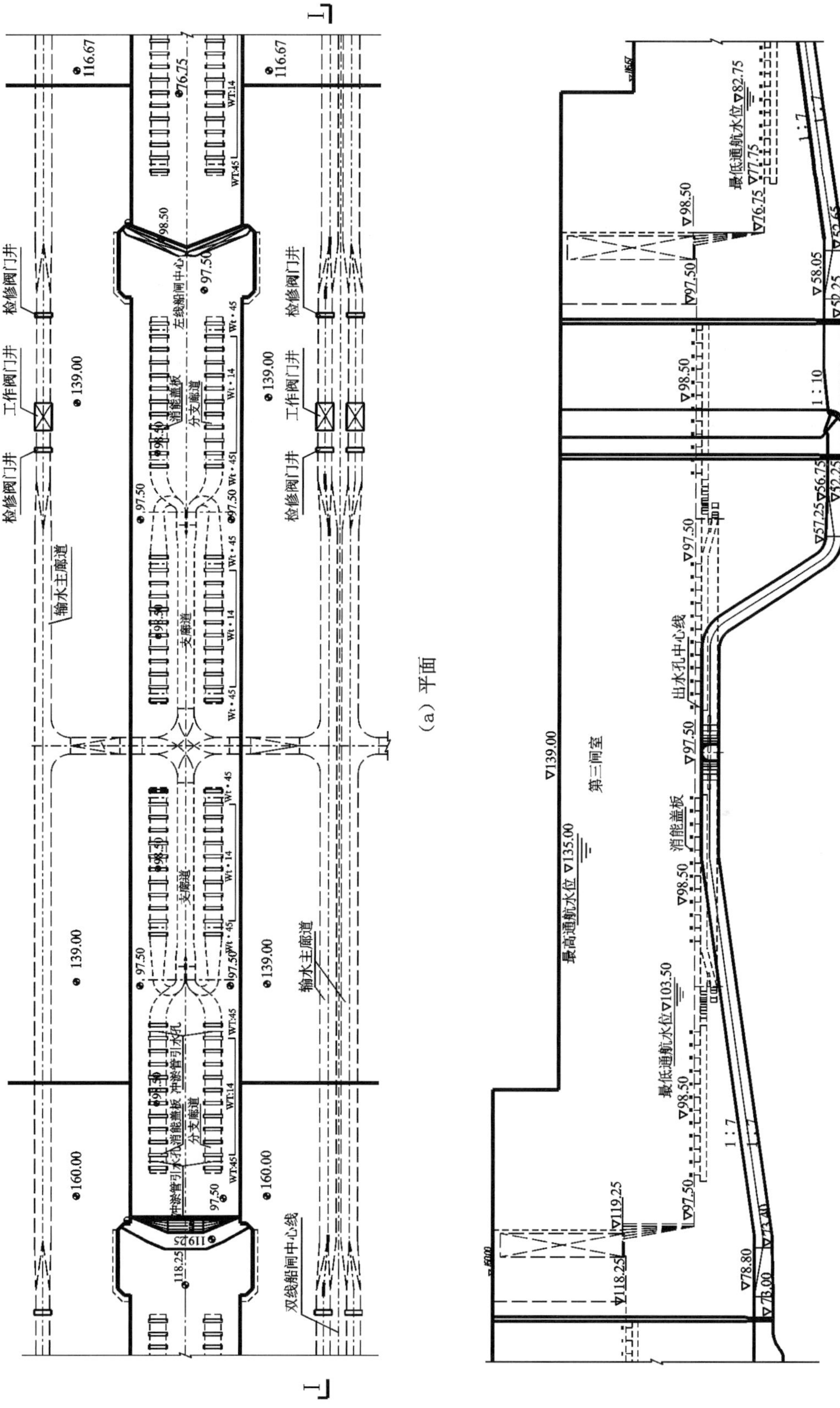

（a）平面

（b）I-I纵剖面

图4 船闸中间级闸室输水系统布置（高程单位：m，尺寸单位：cm）

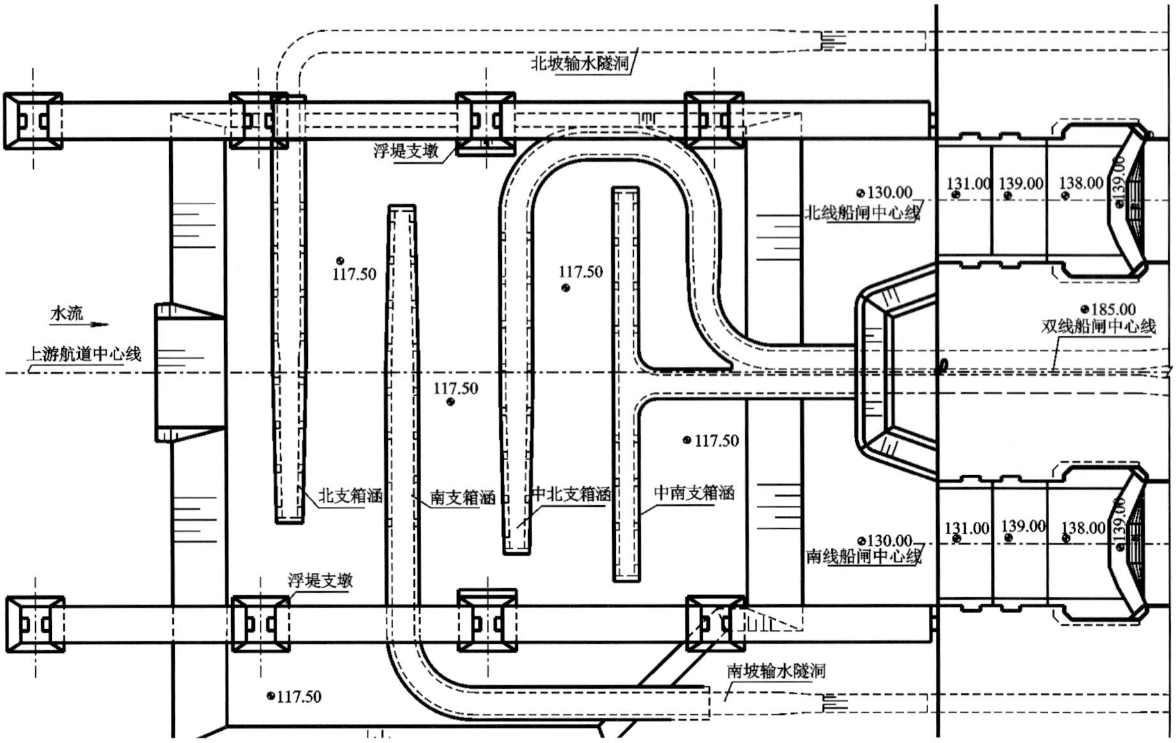

图 5　船闸上游进水口布置(单位:m)

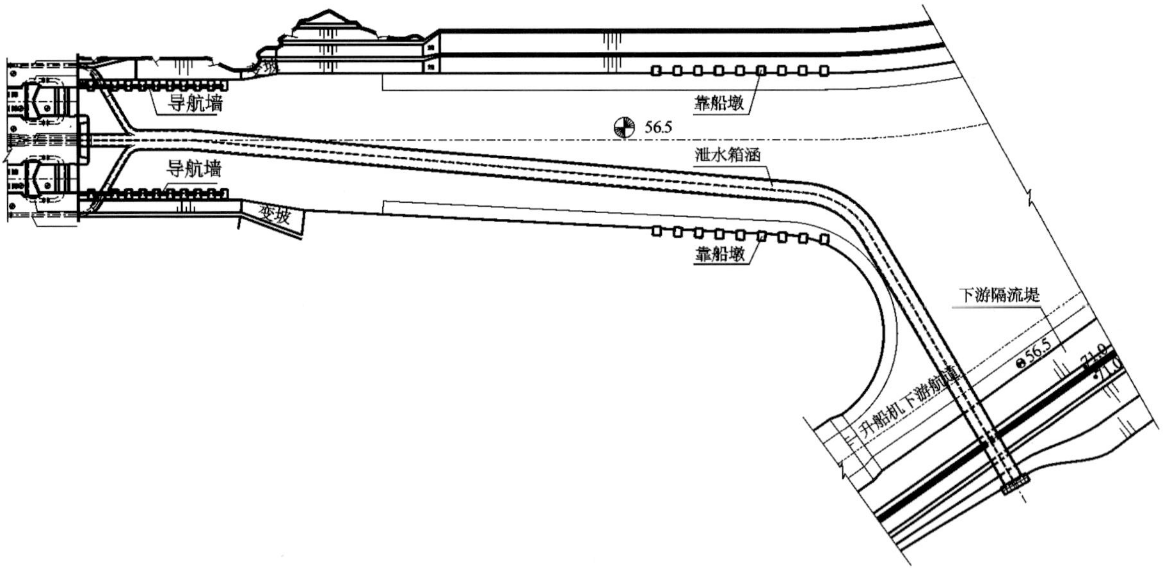

图 6　船闸下游泄水口布置(单位:m)

图 7　船闸快速平稳充水

2.3　“全衬砌船闸”设计技术

按照选定的船闸线路，闸槽需在山体深切开挖形成，船闸结构采用不同的型式，对工程造价有显著的影响。船闸结构按常规采用分离重力式或整体式，在技术上相对比较简单，也有丰富的经验，但岩石开挖和混凝土浇筑的工程量大、造价高。三峡船闸基岩为闪云斜长花岗岩，比较完整，湿抗压强度高，具备承受荷载的能力，但必须保证岩体与闸墙间能联合受力和控制岩坡变形。通过对岩体采用加固支护、边坡表面封闭、地下水疏排和开挖爆破控制等综合技术研究以及衬砌闸墙与岩体联合受力的机理研究，采取保证闸墙与墙后岩体可靠联合工作和控制变形的工程技术措施，作出了保留双线船闸间的岩体隔墩，主体建筑物在世界上首次采用全衬砌式结构的重要决策。全衬砌船闸是闸首和闸室墙全部采用钢筋混凝土薄衬砌结构，通过高强结构锚杆，将衬砌体与岩体形成联合受力体，共同工作，以减少开挖和混凝土量的船闸结构型式。三峡船闸衬砌闸墙的高度 48.0～68.5m，厚 1.5m。通过双线船闸采用全衬砌式结构并列连续五级布置，船闸的线路与枢纽其他工程和施工总布置的矛盾较小，船闸运行管理集中、方便，为工程明显地节省了工程量和投资。据粗略估计，船闸约可节省石方开挖 300 万 m^3，混凝土浇筑 200 万 m^3，大大节省了船闸造价，保证了船闸目标工期的实现。全衬砌式船闸与重力式船闸开挖断面对比见图 8。

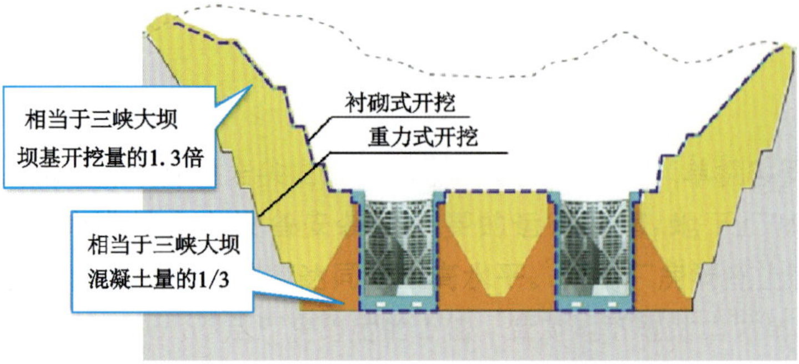

图 8　全衬砌式船闸与重力式船闸开挖断面对比

通过研究，系统地提出了闸首和闸室衬砌结构与岩体联合工作的理论和方法，即形成衬砌—锚杆—岩体联合受力的全衬砌船闸结构体系，提出了对衬砌结构的直立岩坡处理、保证衬砌结构与岩体间可靠联合工作的锚固和排水技术，突破了高水头大型船闸的闸首，通常采用整体式结构和只在高度较小的岩基船闸闸墙上采用衬砌结构的做法，为岩基上高水头大型船闸的结构设计拓宽了道路。全衬砌式船闸结构见图 9，衬砌墙背“井”字形排水设施见图 10，船闸闸室典型剖面见图 11。

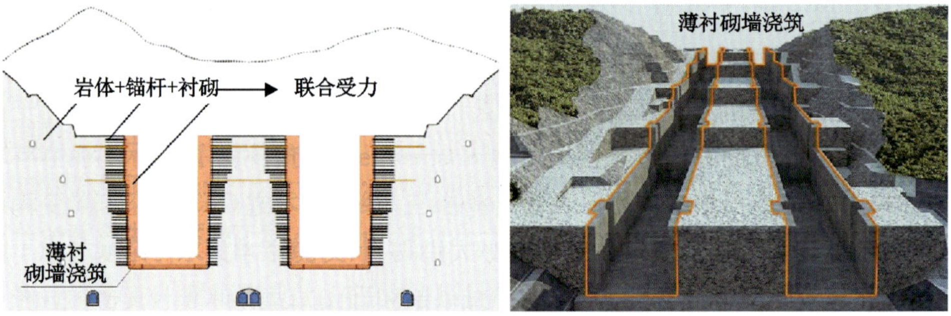

图 9　全衬砌结构

图 10　衬砌墙背“井”字形排水设施

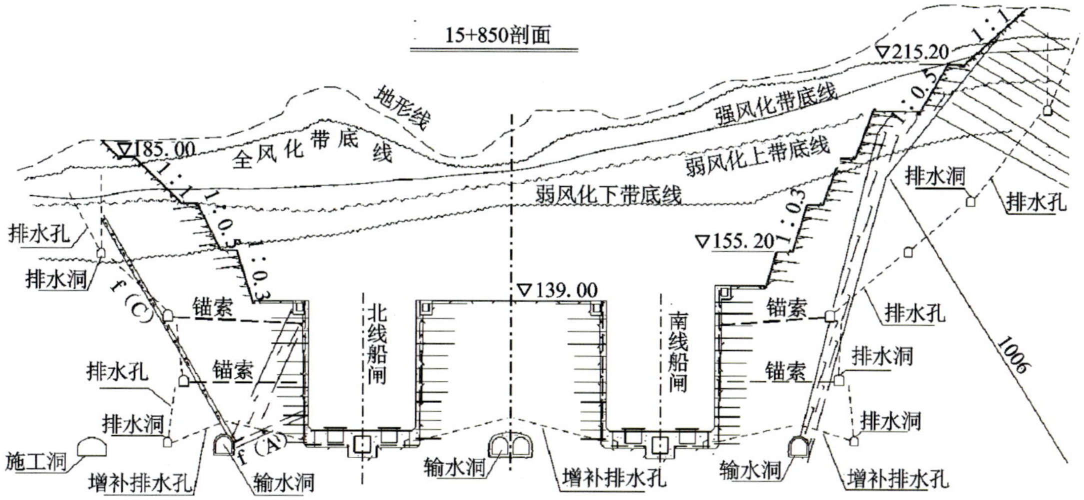

图 11　三峡船闸闸室典型剖面(单位:m)

2.4　高陡开挖岩坡的稳定和变形控制技术

基于三峡船闸最大开挖深度为 170m,形成的边坡最高达 160m,其中直立坡高 40～70m 的边界条件,设计采用在闸顶以上按照岩体不同风化程度以不同坡比开挖,闸顶以下依结构轮廓基本垂直开挖,使岩体整体稳定基本达到自稳;地表设截、防、排水系统,岩体内部设置 7 层排水平洞加强排水;坡面进行喷锚支护,局部地段施加系统预应力锚索等加固措施,使船闸高边坡满足稳定安全要求;施工中明确开挖顺序和采用控制爆破,对边坡实行动态设计等一系列技术措施,较好地解决了高边坡的稳定和变形控制问题。船闸高陡边坡开挖见图 12,闸室开挖岩槽见图 13。

图 12　船闸高边坡开挖

图 13　闸室开挖岩槽

2.5　闸门阀门及启闭机技术

三峡船闸人字门的最大高度 38.5m，最大单扇门重 850t，最大淹没水深 36m，最大启闭力 2700 kN，人字门设计需考虑防撞荷载、岩体后期变形、闸门受水压力作用引起的变形和门格内淤沙荷载等因素。闸门既要求有足够的刚度，又要求能适应闸首的变形；巨大的门体自重，加大了人字门底枢润滑的难度；人字门启闭机由于扇形大齿轮节圆直径和模数超过了世界规模，无法采用已往常用的轮盘式启闭机，合理解决闸门的启闭设备，是保证船闸正常运行的重要条件。

通过深入研究，在三峡船闸高大人字门梁系结构与背拉杆上，首次采用了具有良好的冲击韧性、水下耐腐蚀性强、表面质量好和较高强度的船用钢板；人字门主梁设计采用等应力分组荷载法代替过去习惯上采用的等荷载法，并采用人字闸门合力线确定主梁高度和截面形心位置。为研究结构疲劳开裂现象，人字门结构分析首次引进了低周—高应变疲劳的概念；为改善支、枕垫块挤卡对顶枢产生的不利载荷，支、枕垫块首次采用了以大曲率半径对小曲率半径的线接触型式；人字门底枢在世界上首次采用自润滑新材料，代替以往通常采用的被动润滑方式，从而显著提高了人字闸门结构的工作性能和运行的安全可靠性。

船闸人字门采用直联卧缸式液压启闭机进行启闭，突破了有关国家对大型船闸上使用直联式液压启闭机的限制。液压启闭机具备无级变速运行能力，降低了运行阻力，使阻力矩曲线坦化，减小了启闭机的规模。提出的大型卧式细长油缸稳定性计算新方法，较真实地反映了油缸的连接和支承方式；在细长油缸尾部增设的弹性支承，保证了启闭机的安全、可靠运行。

人字门启闭机的液压系统，以高压大流量比例变量油泵为核心元件，采用二通插阀构成容积式无级调速液压传动系统，保证了人字门启闭机的液压传动系统具有良好的静态和动态响应特性、系统运行的平稳。

船闸的输水反弧门的面板和支臂采用全包式结构，面板采用不锈钢复合板，保证了门叶结构的强度及刚度，提高了阀门面板抗空化气蚀的能力；阀门底止水采用了新型刚性止水，代替了传统的橡皮止水，提高了底止水的抗冲耐磨能力，延长了其使用寿命。阀门支铰轴瓦同样选用了新型的润滑轴瓦，保证了支铰可靠的润滑条件。反向弧形门的吊杆最大长度达

71.86m，首次采用了连续铰接传动方式技术，减小超长吊杆在高频振动作用下产生的异响。

2.6 分布式集散结构的监控技术

三峡船闸具有双向运行、换向运行、变级数运行、补水/不补水运行、控制闸室灌、泄水的超灌、超泄等多种运行工况，以及事故工况和突发意外事件应急处理等多种控制要求。为保证船闸设备的正常运行，要求具有高度准确性和可靠性的监控设备。

针对五级船闸复杂的运行工况，首次研究采用了适应五级船闸安全、可靠运行的按“硬件冗余、软件容错”原则进行配置，采取“集中管理、分散控制”的分布式集散结构的监控系统，自主研发的船闸运行级数及闸室补水自动判断数学模型等监控专用软件，填补了五级船闸复杂多变的运行方式和连续自动运行控制的空白，保证了在复杂工况下安全、可靠、灵活地对船闸进行监控，为船闸集中自动监控技术的推广应用打下了坚实基础。

3 船闸运行情况

三峡船闸自 2003 年 6 月投入试运行以来，已安全、稳定运行 10 多年，并在 135m 水位施工通航期、156m 水位初期运行和 175m 水位试验蓄水期各个阶段中，经历了包括单向运行、双向运行、换向运行、四级不补水及补水运行、五级不补水及补水运行、船闸检修等各种工况的检验。

运行情况表明，船闸设备、设施各项运行指标已达到或超过设计参数，输水系统的工作性态也比预期要好，上下游引航道及连接段适航性能良好。在此期间对船闸高边坡及水工建筑物持续进行了应力、变形和渗流监测，对船闸输水系统进行了水力学监测，未见危害工程安全的异常测值；船闸历次排干检查中也未发现影响安全的明显缺陷。

3.1 输水系统

1）船闸运行中，输水系统已达到最高工作水头 45.2m，输水系统运行正常，输水时间满足要求。船闸充、泄水过程中，出水均匀，闸室水面平稳，船泊系缆力满足要求。通过在输水末期提前动水关闭阀门，均可以有效控制闸室的超灌、超泄。

2）设计水头下，无论阀门双边或单边运行，门楣均能持续、稳定通气，充分抑制了门楣缝隙空化和阀门底缘空化，阀门动水开启和关闭过程中启闭系统运行平稳。

3）船闸在高水位区进行补水运行时，阀门运行采用间歇开启方式后，船闸输水最大流量得到有效控制，间歇期间门楣进气稳定通畅，输水全过程阀门运行平稳。

3.2 船闸高边坡及水工建筑物

船闸各项安全监测成果表明，船闸边坡变形已基本稳定，边坡地下水及墙背渗压、闸墙变形、高强结构锚杆应力等均在设计允许范围内。水库蓄水对边坡地下水、船闸基底渗流、船闸变形等没有明显影响。

3.3 金结及机械设备

人字闸门结构未发现异常现象，人字门启闭机运行正常。输水反弧门底止水运行效果良好，门楣结构在开启过程中无空化气蚀发生；阀门启闭机的超长吊杆运行稳定。

4 航运效益

航运是三峡工程的主要开发任务之一，三峡工程的航运效益主要体现在以下几个方面：

4.1 库区航道条件得到根本性改善

三峡水库蓄水后，库区航道尺度大幅增加，消除了三峡坝址至重庆之间的131处滩险，45处单行控制河段，23处需绞滩通行航段。库区600多千米“窄、弯、浅、险”的自然航道条件得到根本改善，大型船舶可直达重庆，川江河段实现全线夜航。

4.2 显著改善了长江中游通航条件

三峡下游宜昌至武汉长626km长江中游河道，有碍航浅滩18处，天然情况下枯水期通航水深严重不足，影响航运发展。三峡工程建成后，通过流量调节，将葛洲坝以下最小流量由3000m^3/s提高到5000m^3/s以上，有效改善了中下游航道航行条件。

4.3 航运安全显著提高

三峡水库蓄水后，库区运输船舶海损事故大大减少。据统计，蓄水后平均每年水上交通事故下降了2/3，重大交通事故仅为蓄水前的1/17。

4.4 船舶运输效率提高，运输成本降低

据测算，库区船舶单位千瓦的拖带能力较成库前提高3倍以上，每千吨公里的平均油耗下降60%以上，库区航线单位运输成本下降了37%左右。

4.5 库区航运量大幅提高

船闸自2003年6月18日进入试通航、2004年正式通航以来，已安全、高效、稳定运行了10多年，2011年过闸货运量突破1亿t，提前19年达到设计水平年2030年的规划运量5000万t。2014年以后，过闸货运量均大于1.09亿t，至2019年货运量达1.46亿t。

三峡船闸逐年过闸货运量见图14。

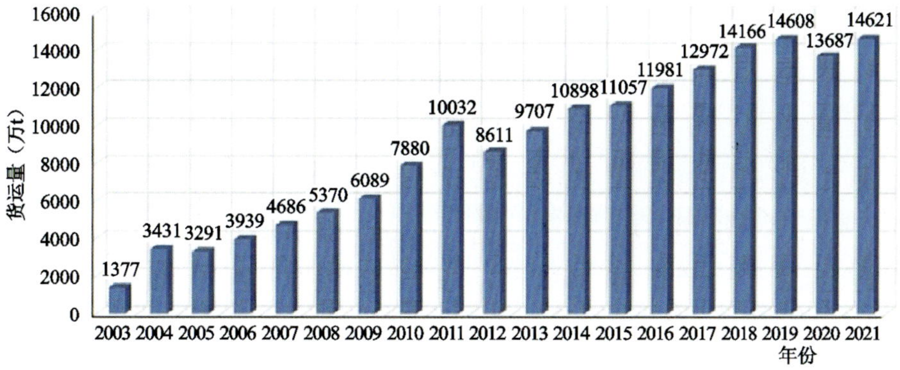

图 14　三峡船闸逐年过闸运量

5 主要设计成就

5.1 科技奖励

三峡五级船闸工程的创新研究成果获得了多项省部级和行业协会的科技奖励，主要包括：国家科学技术进步奖二等奖，全国优秀工程设计金奖，詹天佑土木工程大奖优秀奖，交通部水运工程优秀设计奖一等奖，湖北省科学技术进步奖一等奖。

5.2 专著

依托本项目编著出版了 4 部专著，分别是：《水工设计手册（第 2 版）》第 7 卷《泄水与过坝建筑物（中国水利水电出版社，2014 年）；《全衬砌船闸设计》（长江出版社，2011 年）；《船闸与升船机设计》（中国水利水电出版社，2007 年）；《三峡工程永久通航建筑物研究》（湖北科学技术出版社，1997 年）。

撰稿/蒋筱民、童迪

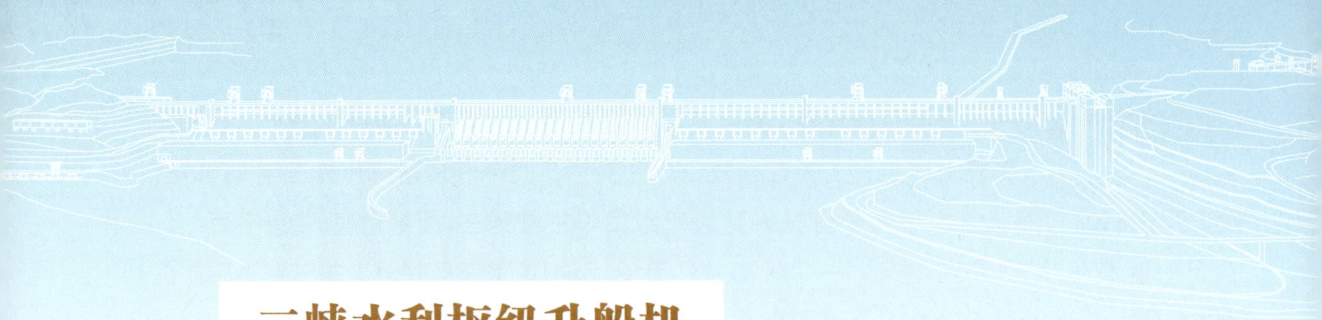

三峡水利枢纽升船机

▲ 三峡升船机

三峡升船机是三峡通航建筑物的重要组成部分，其过船规模为 3000t，提升高度 113m，船厢总重 15500t，上、下游通航水位变幅分别为 30m 和 11.8m，下游水位变率为±0.5m/h，采用了高安全性的齿轮齿条爬升、螺杆螺母柱保安的型式，其工程规模和技术难度位居世界之首。

1 建设背景和设计历程

1.1 建设背景

长江是我国最重要的内河水运交通干线，是我国的黄金水道。三峡升船机是枢纽的永久通航设施之一，主要是为客货轮和特种船舶过坝提供快速通道，且与双线五级船闸联合运行，加大枢纽的通航能力和保障枢纽的通航质量。

三峡升船机最大提升高度113m，通航3000吨级船舶，上游通航水位变幅30m，下游通航水位变幅11.8m，具有提升行程大、提升重量大、上游水位变幅大和下游水位变率快等特点，是世界上规模和技术难度最大的升船机。

三峡升船机方案论证、设计和建设历经60余年，最终于2019年12月通过了国务院长江三峡工程整体竣工验收委员会组织的通航暨竣工验收，标志着三峡水利枢纽工程的全面建成。

1.2 设计历程

自20世纪50年代起，长江水利委员会就开始牵头对三峡升船机的设计、施工、制造、安装的可行性、可能性等进行全面论证，研究过的主要型式有平衡重式、浮筒式、水压式、液压式、水力式及半水力式垂直升船机等，同时吸收丹江口等国内升船机的设计经验。20世纪70年代，提出“借鉴国外、立足国内”思路，继续开展升船机设计工作。

1983年10月，为慎重确定三峡升船机的方案，由国家科委牵头组成的“二委三部”（“二委”是指国家科委、国家计委，“三部”是指机械部、交通部、水电部（长江委代表））联合考察组赴德国、比利时和法国实地考察了各种类型升船机。该考察报告认为全平衡钢丝绳卷扬式垂直升船机较为适合我国的国情，建议列为三峡升船机的重点方案。

1985年，长江水利委员会在《长江三峡水利枢纽初步设计（150m方案）》中，建议三峡升船机采用全平衡钢丝绳卷扬式垂直升船机方案，认为该方案适应三峡升船机所处的客观环境特点，具有通过能力大、运转费用低、对塔柱施工及机械设备制造要求相对较低等优点，特别是我国卷扬提升设备的设计、制造、维修保养等方面都具有一定的实践经验与能力，技术比较成熟。

在“七五”“八五”科研攻关课题中，长江勘测规划设计研究院（以下简称“长江设计院”）

联合国内多家科研单位，针对全平衡垂直升船机的钢丝绳卷扬和齿轮齿条爬升两种型式，进行了系统的对比研究。研究结果表明，齿轮齿条爬升式由于制造、安装的要求精度高，相对当时国内机械制造水平尚有较大差距，不适合我国的国情。

1986—1988年，在三峡工程可行性论证阶段专家论证的基础上，长江设计院推荐三峡升船机采用全平衡钢丝绳卷扬一级垂直升船机方案，并初步确定了升船机线路位置及总体布置。

1993年5月，国家审查通过了初步设计报告，审查意见认为方案是合适的，升船机的总体技术合理，主要技术问题基本得到妥善处理，主机系统、电力系统和控制系统可以满足安全运行的需要。

1995年4月，国务院三峡工程委员会研究决定三峡升船机缓建，但工程缓建并没有影响设计研究工作。相反，为了全面检验三峡升船机的前期科研成果，不断完善技术方案，这一期间进行了大量的中间试验机和模型试验工作。为进一步提高升船机运行的安全可靠性，专家们经过多方案比选，认为钢丝绳卷扬提升式和齿轮齿条爬升式在技术上都是可行的，但齿轮齿条爬升式在安全可靠性上高于前者。随着我国在关键设备制造、安装水平和施工技术水平等方面的提高，我国已经具备齿轮齿条爬升式升船机建设的技术、装备和施工条件，因此建议三峡升船机的型式由钢丝绳卷扬提升式改为齿轮齿条爬升式。

2000年后，长江设计院启动齿轮齿条爬升式"长螺母—短螺杆"方案的研究。在德国BAW为三峡升船机所做的"长螺母柱安全保障齿轮齿条驱动全平衡垂直升船机方案可行性研究"成果的基础上，长江设计院根据相关考察、调研资料以及三峡升船机的施工现状，对升船机关键设备的性能、参数、结构型式，以及由各种因素引起的影响升船机运行的综合变形和误差进行深入分析研究，落实并完善该方案的主要技术问题和相应的解决措施，提出了《三峡工程采用长螺母柱安全保障齿轮齿条驱动全平衡垂直升船机方案设计研究报告》。2003年3月中国长江三峡工程开发总公司组织国内专家对该报告进行了审查。

2003年9月，国务院三峡建委第十三次会议同意选用"全平衡、齿轮齿条爬升、长螺母柱短螺杆安全系统的一级垂直升船机"技术方案，并恢复项目建设。

2007年7月11日是一个值得永远铭记的日子。这一天，作为三峡升船机总成设计单位，长江设计院提交的《长江三峡水利枢纽升船机总体设计报告》通过了三峡建委办公室组织的审查(图1)。

在审查会闭幕时，著名水电专家潘家铮院士对长江设计院在三峡升船机设计中所做的工作给予了充分肯定。他说，三峡升船机规模之大，升程之高，技术之复杂和困难，在全世界的升船机工程中绝对是没有前例的。这样一项复杂工程的总体设计，能在一星期内得到专家们的认可，顺利完成审查任务，这不是偶然的。其中重要的一点是设计和科研单位多年来的努力，反复研究，不断修改，吸取以往经验加以改进，从总体布局到每一项具体细节，都研究得很深，依靠科学分析试验，攻克了一系列难题，做出了先进和可靠的设计。提交的设计报告是一份高质量的报告。

图 1　钮新强院长汇报总体设计报告

2008 年 4 月，三峡建委印发《关于对三峡水利枢纽升船机主体部分开工的批复》(国三峡委发办字〔2008〕8 号)，同意三峡水利枢纽升船机主体部分开工建设。至此，三峡升船机续建工程正式启动。

三峡升船机续建工程自开工以来进展顺利，2012 年 8 月塔柱混凝土浇筑到顶，2012 年 10 月承船厢结构开始进场分段安装，2016 年 3 月升船机设备安装及调试基本完成，2016 年 5 月通过了试通航前验收，2019 年 12 月通过了工程通航暨竣工验收。

2　设计方案

2.1　全平衡钢丝绳卷扬式垂直升船机

该方案为三峡建委于 1993 年 5 月审查通过的初步设计方案。根据初步设计方案，三峡升船机过船吨位 3000 吨级，最大提升高度 113m，升降速度 12m/min，承船厢有效水域尺寸 120m×18m×3.5m(长×宽×水深)。

按照当时三峡建设工期的安排，升船机将先完成基础开挖和基础处理等工程，在初期挡水发电前完成上闸首全部混凝土施工。

2.1.1　升船机总体布置

升船机布置在枢纽左岸，位于永久船闸右侧、厂房坝段以左的非溢流坝段上，右侧紧邻临时船闸(现已改造为冲沙闸)，其中心线与主坝轴线成 80°交角，由上游引航道、上闸首、升船机主体、下闸首及下游引航道等主要部分组成，全线总长约5000m。

升船机主体部分由主提升设备、平衡重系统、承船厢、混凝土塔柱及电力拖动与控制设备等组成。船舶过坝时，自引航道驶入装有水体的钢结构承船厢内，船厢位于4个混凝土塔柱中间，由塔顶机房内卷扬提升设备驱动，沿埋设于塔柱上的导轨垂直升降。为减小主机提升功率，船厢总重量由与之等重的平衡重块完全平衡。

在与上下游水域相接处，分别设置上、下闸首，闸首与塔柱在建基面以上分离布置，闸首设工作门挡水，使上、下闸首间形成无水的船厢室，以保证船厢在全平衡状态下运行。

为改善上下游的通航水流条件，分设上、下游引航道。引航道内设导航设施和船舶停靠设施，为防风浪和电站进、出水流及永久船闸充泄水等对船舶航行的影响，在上游还设导航浮堤，下游筑有堆石隔流堤。

三峡升船机主体部分纵剖面见图2。

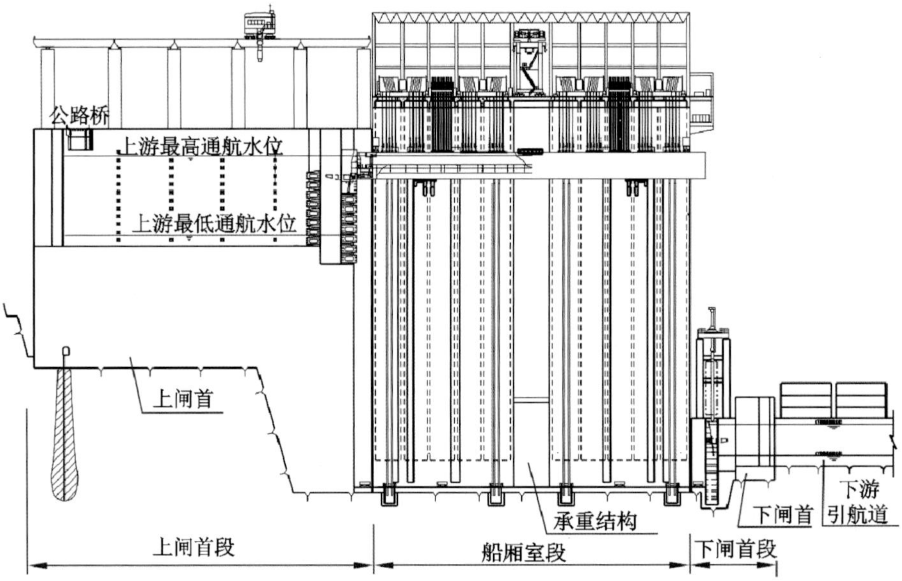

图2　三峡升船机主体部分纵剖面

2.1.2　主要建筑物的布置

升船机上闸首垂直水流方向宽62.0m，其中中间航槽净宽18.0m，两边侧墙各宽22.0m；顺水流方向长90.0m，建基面高程上游110.0～95.0m，下游坝址端下降至48.0m，与升船机主机室基础高程一致，沿航槽自上游至下游分别设临时封堵门槽、辅助门槽及工作门槽；在靠近上游侧设有单悬臂钢结构公路桥，桥宽9.0m；航槽底坎高程在初期(135.0～156.0m水位)运行期间为131.0m，后期(145.0～175.0m水位)运行时，回填加高至141.0m，闸面高程为185.0m。

船厢室承重塔柱由4组完全对称布置的薄壁筒体结构组成，每个筒体平面尺寸53.2m×16.0m，内设3道分隔墙，断面呈双“日”字形。塔柱建筑物总平面尺寸120.0m×

57.8m，其中船厢室宽 25.8m，塔柱柱基高程 48.0m，船厢室底板高程 50.0m，塔柱柱顶高程 197.0m，塔柱与上、下闸首之间设净宽为 0.5m 的宽缝。

柱顶机房采用大型平板网架作为屋架结构，属于大型高空厂房，屋架基础坐落在塔柱柱帽顶面(197.0m 高程)上，机房平面尺寸 57.8m×120.0m，机房顶面高程 229.0m。

下闸首顺水流方向长 32.5m，垂直水流方向宽 58.4m，中间航槽净宽 18.0m，分别设工作大门和辅助检修门槽，下闸首建基面高程 42.0～50.0m，航槽底坎高程 58.0m，闸顶高程 76.0～84.0m。

升船机上游引航道右侧设浮式导航堤，兼有隔流及挡浪消波功能，浮堤长 250m，宽 12m，吃水 3.0m，干舷高 1.5m，型高 4.5m。在上闸首上游 300m 处设有趸船作为浮式靠船码头。上游航道宽 70.0m，航道底面高程 130.0m。

下游引航道与临时船闸下游引航道部分共用，主导墙设于左侧，长 100m，墙顶高 75.5m，靠船结构设于下闸首下游 300.0m 以外的左侧，下游引航道总长约 4400m，分为两段，自口门至升船机与永久船闸引航道分叉部位约 1800m，底宽为 180.0m，口门拓宽为 200.00m，航道底面高程为 56.5m，分叉部分再上溯至升船机下闸首长度约 2600m，航道底宽为 80.0～90.0m，航道底面高程为 58.0m，引航道右侧设有长约 3550.0m 的隔流堤，以阻隔主流，使引航道水流条件满足通航要求。

2.1.3 基础防渗排水布置

升船机基础防渗排水结合枢纽防渗排水的布置，形成封闭系统，可满足船厢室正常运行期疏干条件。主体建筑物左侧的高边坡疏干区岩体中设置有两条平行于升船机轴线方向的排水廊道，改善高边坡整体稳定条件，降低坡面渗压。上闸首基础防渗帷幕也是挡水建筑物基础防渗帷幕的组成部分，其下游侧设排水孔幕，基础防渗排水廊道高程 113m，利用左侧边坡岩体 54.0m 高程排水廊道作为辅助排水廊道，并与升船机下闸首排水廊道相连接。船厢室与临时船闸(现已改造为冲沙闸)之间于 84.0m 高程以下保留有宽 30m 的岩体隔墩。基础渗水凡位于下游水位以上者，均通过自流排至下游，而位于下游水位以下者，均导排至设于升船机机室的集水坑，再抽排至下游引航道。

2.1.4 对外交通布置

升船机对外交通由 185.0m 高程和 84.0m 高程两个系统组成。上闸首对外交通主要满足上闸首大件金属结构及机械设备的运输需要，由坝面交通干线结合左岸上坝公路沟通对外联系。为承运船厢结构、机房及下闸首大型机械设备，于升船机左侧边坡 84.0m 高程设路宽为 10m 的公路，该公路直接接下游公路实现对外联系。

2.1.5 设备布置

(1)上闸首设备

上闸首位于非溢流坝段，既是大坝挡水前沿的一部分，又是船舶进出升船机的上游口门。在正常运行工况下，能适应库水位30m的水位变化。为满足通航及防洪挡水的需要，在闸首上沿水流方向自上而下布置有闸首检修门槽、活动公路桥、辅助门、泄水系统、工作门和闸门启闭机等设备。

工作门设在闸首下游端，是升船机通航的上游挡水门，上层设一扇带有卧倒小门的双扉式平板式工作大门，下层设7节叠梁门，最大挡水高41.25m。闸门支承跨度26.8m，采用铸钢块作为闸门支承。止水及面板设在上游面，侧止水跨度19.2m。工作门在无水条件下由一台2×2500kN单向桥机通过液压自动抓梁操作，卧倒小门由2×1000kN液压启闭机操作。

辅助门设在工作门上游，距工作门8m，其功能主要是根据通航水位的变化，辅助工作门在无水状态下调整门位，并兼起事故检修门作用，可动水下落。辅助门由上层平板门和下层叠梁门组成，按承挡180.4m非常洪水位布置并核算强度，门槽底坎高程141m，闸门总高41.5m。辅助门由一台2×1250kN单向桥机操作，与工作门桥机共用大车轨道。

泄水系统布置在工作门和辅助门之间，当上游水位变化达到或超过3.75m，工作门需加、减一节叠梁以适应水位时，由辅助门挡水，通过泄水系统泄掉两道闸门间的部分水体，使工作门在无水状态下调整。每次调整闸门的泄水量约3000m^3，最大泄水水头91m，泄水时间8～10min，两条泄水钢管直径均为800mm。泄水系统由泄水钢管、蝶形阀门、伸缩节和消能设施等组成。由于水头较大，采取消能措施降低钢管出口流速。

当上游水位涨至卧倒小门的最高挡水水位或下降至卧倒小门门坎以上3.7m水深时，需增、减一节工作叠梁调整工作大门的门位。以上游水位降低，需减去一根工作叠梁为例：辅助门桥机吊运辅助大门入门槽挡水，抓梁与闸门脱钩后提出坝面，然后该桥机向上游退让一定距离后停机，泄水系统阀门打开泄水，直至最上面一节工作叠梁的底缘露出水面，工作门桥机将工作大门提出门槽，放置在闸门堆放平台上，将工作大门下放就位，由辅助门桥机提辅助大门进行节间充水，至辅助门上、下游水位齐平，平压后将辅助大门提出门槽放置于平台原存放位置，至此减一节工作叠梁的过程结束。增加一节工作叠梁的过程与之相似。增、减一节工作叠梁平均耗时120min左右。根据枢纽水库调度分析计算，在145～175m水位运行期，库水位变率约为0.5m/d，按工作叠梁高3.75m计，工作门每隔7～8天需调整一次门位。

(2)主提升设备

主提升设备按4个区域对称布置在塔柱顶部的机房内。每个区域内的主机设备包括两套由电机、减速器、卷筒等组成的卷扬提升机构和两组平衡滑轮组。8套卷扬提升机构间通过机械轴相连接，构成封闭的传动系统，以确保各提升机构的同步运行。主机设备的安装、检修由设在机房内的1500kN门式起重机承担。

钢丝绳卷扬提升式升船机主提升设备布置效果见图3。

图3 钢丝绳卷扬提升式升船机主提升设备布置效果图

卷扬提升机的提升力计算时考虑0.2m深的船厢误载水体重、对应于船厢总质量和平衡重总质量的惯性力和主提升机卷筒和滑轮的摩擦阻力以及钢丝绳僵硬阻力等载荷，总计6800kN。

升船机的8套提升主机由机械轴刚性同步，为减小同步轴系统的扭矩，要求各驱动电机的出力基本均衡。主提升机根据给定的加(减)速度、高低速度构成的五阶段速度图运行，随着上下游水位变化，自动寻找合适的减速点和准确的停位点，安全、平稳、可靠地停靠。据此特点和要求，主提升机的拖动和控制系统是一个多电机机械同步并具有出力均衡和位置控制功能的自动调速系统。主拖动传动装置采用交流传动变频调速方案。为确保升船机可靠运行及实现工作的自动化，升船机系统配置了监控系统、检测系统、广播指挥系统、通航指挥信号系统及工业电视系统。

(3)平衡重系统

平衡重系统由平衡重组、钢丝绳、锁定装置、平衡链及导向装置等组成。平衡重有两种：一种是9300t的重力平衡重，由144根绕过平衡滑轮与船厢直接相连的重力平衡钢丝绳悬吊；另一种是总重量2500t的转矩平衡重，由48根缠绕并固定于16台卷筒上的转矩平衡钢丝绳悬吊。16台卷筒上另有48根提升绳与转矩平衡绳相间布置且出绳方向相反，其一端固定在卷筒上，另一端经液压均衡油缸与船厢相连。平衡重在塔柱内腔沿两条竖向轨道运行，在相应高程设有安装、检修平台，平台上设有锁定装置。

8组重力平衡重组底部各悬挂两条平衡链，平衡链另一端绕过塔柱底部的导向轮后悬挂在船厢底部，以克服船厢运行时因钢丝绳长度变化而产生的不平衡载荷。

平衡重组由平衡重块、调整块、安全梁、导向装置、吊杆及连接件等组成。平衡重块采用高炉铸铁块，由吊杆悬吊并通过调节件与钢丝绳锥套连接。每组内相互独立的重块由两根安全梁框成一体，钢梁上设导向装置和平衡重块缓冲装置。在钢丝绳锥套与调节连接处设防钢丝绳旋转装置。

(4)船厢结构及设备

船厢整体为钢质槽形结构,用以装载船舶湿运过坝。船厢上设置卧倒门启闭机、“U”形活动密封框、充泄水设备、顶紧机构、夹紧机构、钢丝绳液压均衡装置、疏散设备以及液压油泵站等设备,以满足船厢正常运转的各种工作需要。

船厢有效水域尺寸为120m×18m×3.5m(长×宽×水深),最大水域尺寸为132m×18.4m×3.5m,干舷高1.0m,船厢结构外形尺寸132m×23.4m×10m。结构、设备总重约2800t,水体重约9000t。

船厢结构采用梁格体系,由主纵梁、主横梁、小纵梁和底铺等承重构件组成,为保证结构的稳定性及整体刚度,还布置有横隔板和水平支撑。结构主材采用16Mn(等同于现在的Q355)。

船厢卧倒门底部设铰轴,止水设在船厢头外侧,闸门卧倒后面板低于船厢底铺板0.1m。启闭机采用两台液压摆缸,容量为2×500kN。

防撞装置由防撞梁、缓冲装置和升降设备组成,防撞梁强度按设计船型以0.5m/s的速度撞击力设计,通过带弹簧的液压油缸吸收船舶动能,防撞梁的升降由两台伸缩式油缸操作。

密封机构用以在船厢与闸首对接时,封住船厢门与闸首门间的水体。由密封框、驱动设备及导向装置等构成,共两套。密封框为一“U”形结构,可在船厢头相应的“U”形槽中水平移动,其端部设两道止水橡皮。另外在密封框内侧与船厢“U”形槽间设“C”形止水橡皮板,形成对“U”形框槽的止水。驱动机构采用直推式液压油缸,每套12台。驱动油缸分两种:一种为主动缸,用以驱动密封框推出和退回并在密封时段施压;另一种为施压缸,仅与主动缸联合施压。

顶紧机构共4套,布置在船厢中部两侧,用以在船厢门与闸首门间的“U”形间隙充水后,向塔柱传递船厢所承受的沿水流方向的水平推力。水平推力由水压力和密封机构的反作用力两部分构成,总计约10000kN。顶紧机构由承载轮、楔形块及驱动油缸组成。工作时,竖向布置的油缸顶推楔形块沿垂直方向下降,迫使另一楔形块沿水平方向运动,并将承载轮压紧于设在塔柱上的顶紧轨道上。

船厢上设夹紧式沿程锁定装置(简称夹紧机构)8套。在船厢与闸首对接过程中,夹紧机构钳块通过油缸压力夹持设在塔柱上的轨道,从而凭借静摩擦力将船厢沿竖直方向锁定。当船厢升降过程中出现较大不平衡载荷时,夹紧机构可随时投入工作,将船厢制动。

充泄水设备布置在船厢两头部的机房内,每端设两套,用以对船厢门与闸首门间的间隙充水或排水,亦可用于调节船厢水位。充泄水设备由可逆水泵、控制阀和管路组成。

钢丝绳液压均衡系统由提升绳与船厢连接处的48只液缸及控制阀组等构成,用于调节船厢的水平状态,并实现各吊点区内提升绳初始张力的均衡。油缸有效调节行程±500mm。船厢在下锁定位置调整时,由液压泵站操作48只液压缸,将装有正常水深的船厢提起,并在此提升过程中将船厢调平，同时使每组 12 只油缸的压力均衡。船厢运转时，闭锁各缸间的油路，以确保安全。

(5)下闸首设备

下闸首是升船机下游的挡水建筑物。最高通航水位 73.8m，最低通航水位 62.0m，防洪挡水位 80.9m。下游引航道的水位变化受电站日调节及永久船闸泄水等因素的影响较大，采取若干工程措施后，其变率仍有 0.8m/h 左右，水涌波周期 20～40min。为适应下闸首的工作特点，采用了可快速调整门位的下沉式工作门方案。下闸首除设有工作门外，还设置了与之相配套的工作门液压启闭机和检修叠梁门等设备。

工作门采用带卧倒小门的下沉式双扉平板门，卧倒小门孔口净宽 18m，小门高 6.7m，除满足 3.5m 的正常通航水深外，可适应 2m 的水位变化。卧倒小门由两台 2×800kN 的液压启闭机操作，工作大门由两台 2×7000kN 液压启闭机操作。闸门采用台车支承，有压操作。外形尺寸为 28m×19.6m×4.2m(宽×高×门厚)，为双面板多主梁结构，上游面板采用不锈钢板并加工成良好的工作面，用以与船厢密封框对接，下游面板为止水面板，2×7000kN 启闭力包括闸门自重、支承台车和止水及导承的运行阻力、卧倒小门门龛的最大水体重量等部分。闸门止水设在迎水面，底、侧止水均设置两道。内侧采用常规“P”形止水，外侧为充气式活动止水，活动止水在闸门调整门位时退出工作，以避免磨损，闸门定位锁定后再充压工作，确保止水效果。工作闸门设有级锁定，两套液压摆动式锁定装置设在门体端柱外侧，将闸门支承在两侧门槽埋件上。锁定埋件间距 2m，当需要调整闸门门位时，锁定位置由液压缸操作收回。

工作门的两台液压启闭机分别布置在两侧闸墩混凝土排架上。油缸采用中部球面支承，活塞杆与闸门间通过吊杆连接。每台油缸分别由一台液压泵站操作，两液压系统间无管路连接，由行程检测与控制装置保证闸门的同步运行。油缸内径 900mm，活塞杆直径 360mm，工作行程 11.5m，工作油压 14.0MPa。

下闸首检修门用以在工作门检修或遇下游洪水时截断下游水体。下闸首检修门采用桁架叠梁门，门顶高程 82m，工作水头 16m，校核水头 24m。叠梁共 6 节，每节门高均为 4m。平时检修叠梁存放在下游航道左岸的导航墙上，墙顶高程 75.5m，工作时由汽车吊或浮吊操作。

2.2 齿轮齿条爬升式全平衡垂直升船机方案

2.2.1 升船机总体布置

齿轮齿条爬升式全平衡垂直升船机是三峡升船机最终确定的型式，过船规模、提升高度、提升速度和船厢水域尺寸等主要技术指标与钢丝绳卷扬式升船机方案相同，上下游引航道和闸首等建筑物也未作改变。该方案的最大特点是驱动方式采用齿轮沿固定齿条爬升的型式，安全保证方式采用“长螺母柱—短螺杆”。三峡水利枢纽通航建筑物平面总体布置见图 4。三峡升船机总体布置三维效果见图 5。

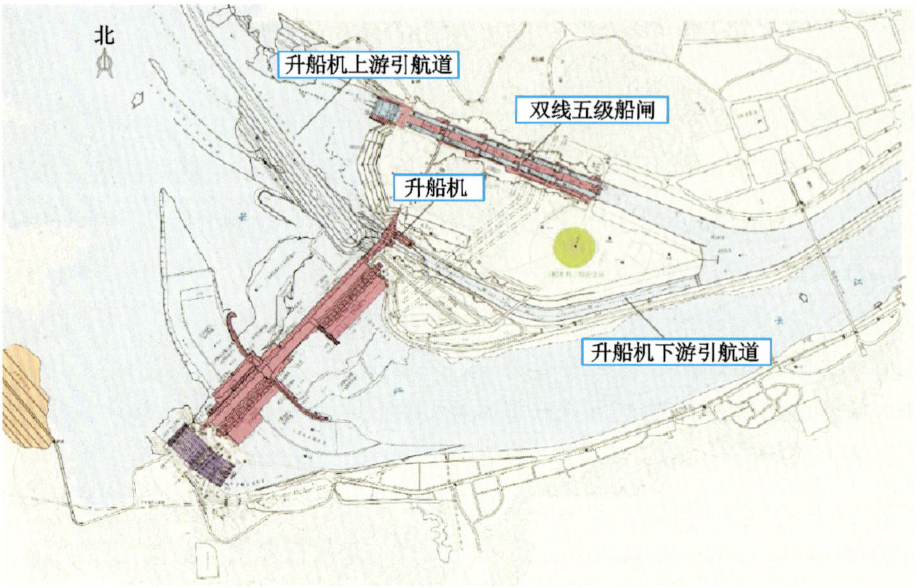

图 4　三峡水利枢纽通航建筑物平面总体布置图

图 5　三峡升船机总体布置三维效果

2.2.2　船厢室段结构和设备布置

船厢室段是升船机船厢垂直升降的区域，由塔柱和顶部机房、船厢及机械设备、平衡重系统，以及电气控制和通信、消防等部分组成，塔柱和顶部机房将为设备的运输、安装、调试、运行和检修维护提供场所。

船厢室段建筑物的平面尺寸为 121.0m×59.8m，底板厚 2.5m，顶高程 50.0m，建基面高程 47.5m。高程 50.0～196.0m 为船厢室段塔柱结构，由墙—筒体—墙—筒体—墙组成，长 119.0m，每侧宽 16.0m，每侧的墙与筒体之间由纵向联系梁连接，对称布置在升船机中心线两侧，左、右侧塔柱在顶部高程 196.0m 处由 7 根横梁和 2 个平台连接，与上、下闸首净距 1.0m。左、右侧塔柱之间的距离为 25.8m，为升船机船厢室的宽度。驱动系统齿条和安全机构螺母柱均安装在塔柱筒体部分凹槽内的墙壁上。左、右侧塔柱内设有8个用于容纳平衡重组升降运行的平衡重井。高程196.0m以上左、右侧各布置1个长119m、宽21.7m、高约21m的顶部机房。三峡升船机船厢室段平面示意图见图6。

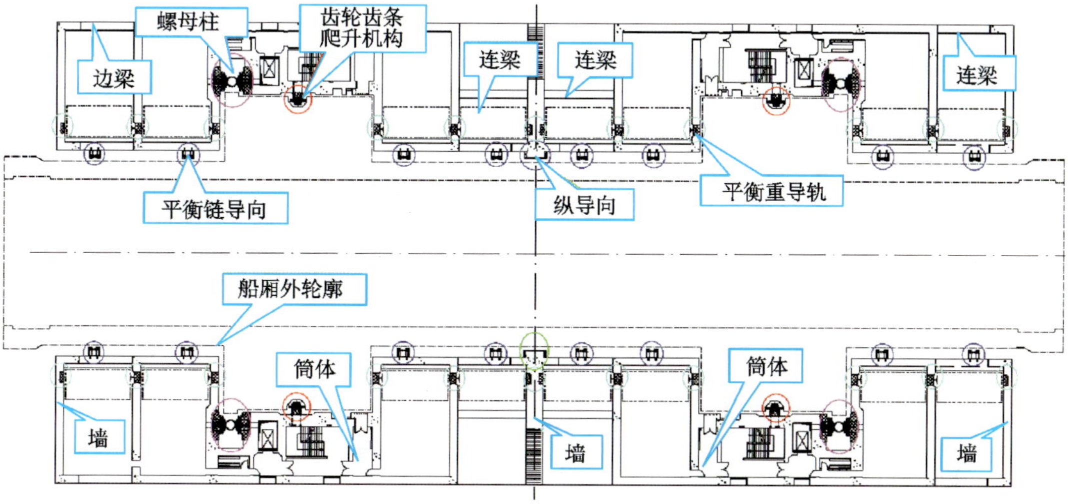

图6　三峡升船机船厢室段平面示意图

船厢布置在船厢室内，两端分别伸进上、下闸首5.5m，由钢丝绳悬吊连接平衡重，沿塔柱上的齿条竖直升降。船厢采用盛水结构与承载结构合为一体的自承式结构型式，有效尺寸为120m×18m×3.5m，外轮廓总长132m、标准段宽23m、高10.5m。船厢结构、设备和标准水深的水体总重量约为15500t。

船厢通过驱动机构小齿轮沿齿条的运转，实现船厢的垂直升降。船厢升降时，与驱动机构同步运行的安全机构螺杆在螺母柱内空转，遇事故时可将船厢锁定在塔柱结构上。船厢由256根ϕ74mm的钢丝绳悬吊，钢丝绳分成16组对称布置在船厢两侧，钢丝绳的一端与船厢连接，另一端绕过塔柱顶部机房内的平衡滑轮后，与平衡重块连接，平衡重总重量与船厢总重相等，约为15500t。

船厢两侧对称布置4个侧翼结构，在每个结构平台上分别设一个驱动室，驱动室内布置有船厢驱动机构、事故安全机构，以及相应的电气和液压设备。每个侧翼结构顺水流向长18.1m，垂直水流向宽8.2m，伸入4个塔柱的凹槽内。4套驱动机构通过机械轴连接，形成机械同步系统。安全机构的旋转螺杆通过机械传动轴与相邻的驱动系统连接，二者同步运行。驱动系统的齿条和安全机构的螺母柱通过二期埋件安装在塔柱凹槽的混凝土墙壁上，齿条和螺母柱距船厢室横向中心线尺寸分别为29.60m和37.74m，螺母柱距升船机轴线21.5m。

2.2.3　船厢设备布置

(1)设备基本组成

船厢用于运载船舶垂直升降，是升船机的核心设备。船厢上布置有驱动系统、安全机

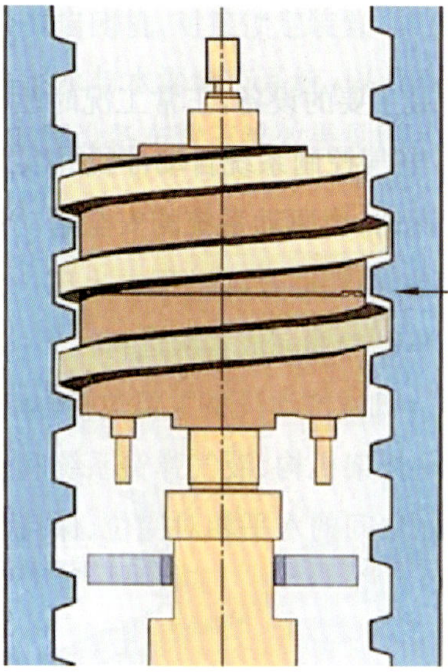

(a)船厢正常下降时

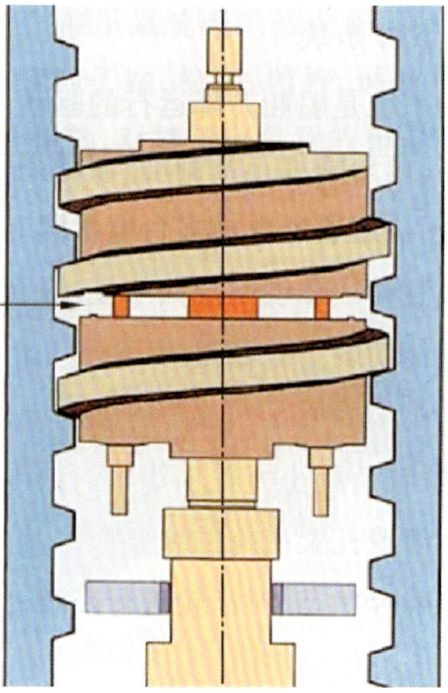

(b)船厢对接时

图 9　旋转螺杆开合工作状态

(5)导向系统

船厢导向系统除用于对升降过程中的船厢进行导向外，还是对接过程中以及地震工况下船厢的水平支承系统。导向系统由横向导向装置和纵向导向装置两部分组成。

三峡升船机设计地震烈度较高，为此专门开发了兼具导向、对中运行、对接顶紧和抗震缓冲功能的纵、横向导向装置(图 10、图 11)。

图 10　弯曲梁式纵向导向装置

全机构螺母柱均安装在塔柱筒体部分凹槽内的墙壁上。左、右侧塔柱内设有 8 个用于容纳平衡重组升降运行的平衡重井。高程 196.0m 以上左、右侧各布置 1 个长 119m、宽 21.7m、高约 21m 的顶部机房。三峡升船机船厢室段平面示意图见图 6。

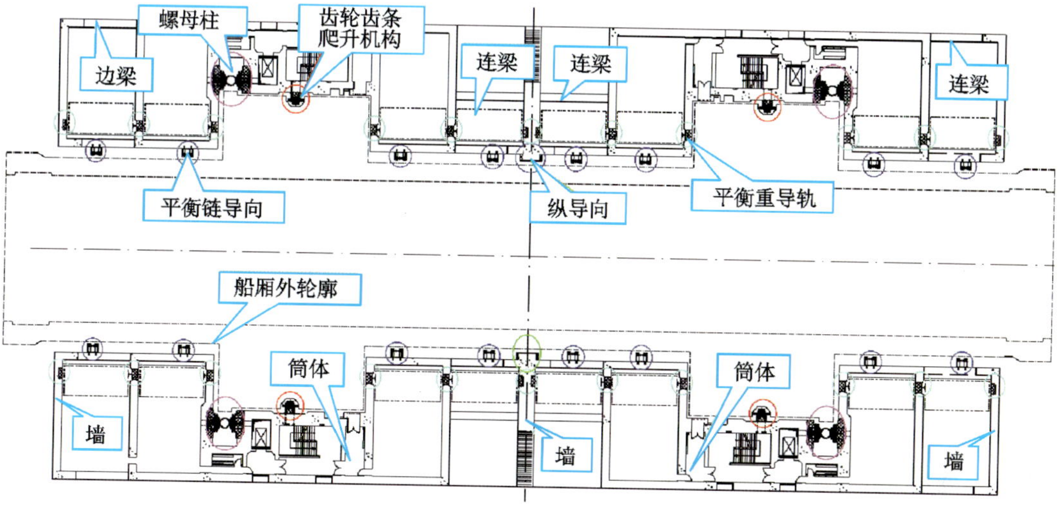

图 6　三峡升船机船厢室段平面示意图

船厢布置在船厢室内，两端分别伸进上、下闸首 5.5m，由钢丝绳悬吊连接平衡重，沿塔柱上的齿条竖直升降。船厢采用盛水结构与承载结构合为一体的自承式结构型式，有效尺寸为 120m×18m×3.5m，外轮廓总长 132m、标准段宽 23m、高 10.5m。船厢结构、设备和标准水深的水体总重量约为 15500t。

船厢通过驱动机构小齿轮沿齿条的运转，实现船厢的垂直升降。船厢升降时，与驱动机构同步运行的安全机构螺杆在螺母柱内空转，遇事故时可将船厢锁定在塔柱结构上。船厢由 256 根 ϕ74mm 的钢丝绳悬吊，钢丝绳分成 16 组对称布置在船厢两侧，钢丝绳的一端与船厢连接，另一端绕过塔柱顶部机房内的平衡滑轮后，与平衡重块连接，平衡重总重量与船厢总重相等，约为 15500t。

船厢两侧对称布置 4 个侧翼结构，在每个结构平台上分别设一个驱动室，驱动室内布置有船厢驱动机构、事故安全机构，以及相应的电气和液压设备。每个侧翼结构顺水流向长 18.1m，垂直水流向宽 8.2m，伸入 4 个塔柱的凹槽内。4 套驱动机构通过机械轴连接，形成机械同步系统。安全机构的旋转螺杆通过机械传动轴与相邻的驱动系统连接，二者同步运行。驱动系统的齿条和安全机构的螺母柱通过二期埋件安装在塔柱凹槽的混凝土墙壁上，齿条和螺母柱距船厢室横向中心线尺寸分别为 29.60m 和 37.74m，螺母柱距升船机轴线 21.5m。

2.2.3　船厢设备布置

(1)设备基本组成

船厢用于运载船舶垂直升降，是升船机的核心设备。船厢上布置有驱动系统、安全机

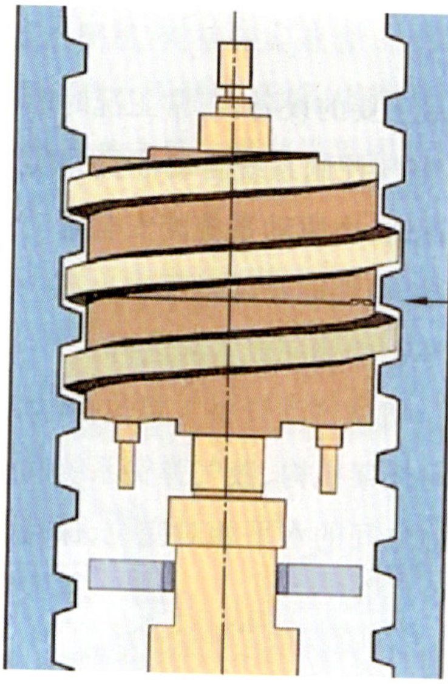
(a)船厢正常下降时

(b)船厢对接时

图 9　旋转螺杆开合工作状态

(5)导向系统

船厢导向系统除用于对升降过程中的船厢进行导向外，还是对接过程中以及地震工况下船厢的水平支承系统。导向系统由横向导向装置和纵向导向装置两部分组成。

三峡升船机设计地震烈度较高，为此专门开发了兼具导向、对中运行、对接顶紧和抗震缓冲功能的纵、横向导向装置(图 10、图 11)。

图 10　弯曲梁式纵向导向装置

全机构螺母柱均安装在塔柱筒体部分凹槽内的墙壁上。左、右侧塔柱内设有 8 个用于容纳平衡重组升降运行的平衡重井。高程 196.0m 以上左、右侧各布置 1 个长 119m、宽 21.7m、高约 21m 的顶部机房。三峡升船机船厢室段平面示意图见图 6。

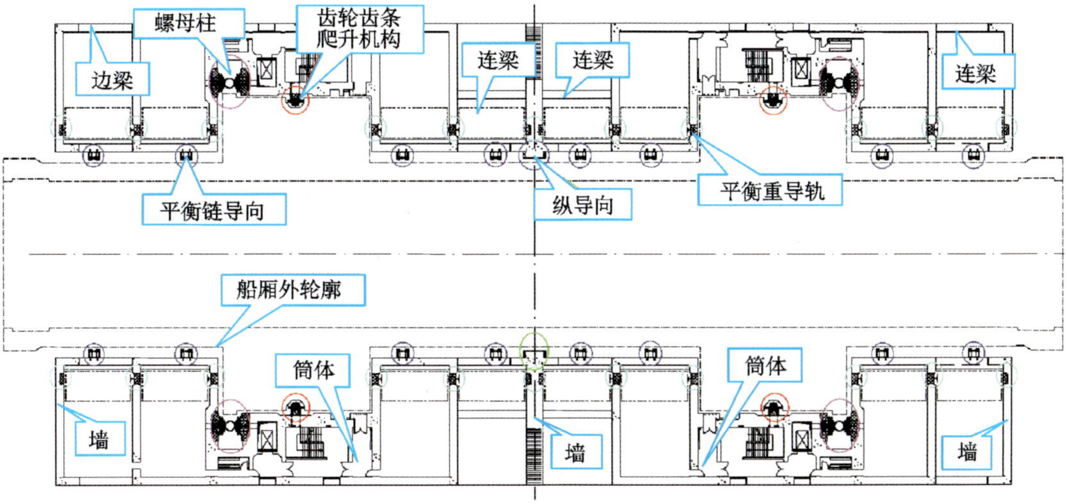

图 6　三峡升船机船厢室段平面示意图

船厢布置在船厢室内，两端分别伸进上、下闸首 5.5m，由钢丝绳悬吊连接平衡重，沿塔柱上的齿条竖直升降。船厢采用盛水结构与承载结构合为一体的自承式结构型式，有效尺寸为 120m×18m×3.5m，外轮廓总长 132m、标准段宽 23m、高 10.5m。船厢结构、设备和标准水深的水体总重量约为 15500t。

船厢通过驱动机构小齿轮沿齿条的运转，实现船厢的垂直升降。船厢升降时，与驱动机构同步运行的安全机构螺杆在螺母柱内空转，遇事故时可将船厢锁定在塔柱结构上。船厢由 256 根 ϕ74mm 的钢丝绳悬吊，钢丝绳分成 16 组对称布置在船厢两侧，钢丝绳的一端与船厢连接，另一端绕过塔柱顶部机房内的平衡滑轮后，与平衡重块连接，平衡重总重量与船厢总重相等，约为 15500t。

船厢两侧对称布置 4 个侧翼结构，在每个结构平台上分别设一个驱动室，驱动室内布置有船厢驱动机构、事故安全机构，以及相应的电气和液压设备。每个侧翼结构顺水流向长 18.1m，垂直水流向宽 8.2m，伸入 4 个塔柱的凹槽内。4 套驱动机构通过机械轴连接，形成机械同步系统。安全机构的旋转螺杆通过机械传动轴与相邻的驱动系统连接，二者同步运行。驱动系统的齿条和安全机构的螺母柱通过二期埋件安装在塔柱凹槽的混凝土墙壁上，齿条和螺母柱距船厢室横向中心线尺寸分别为 29.60m 和 37.74m，螺母柱距升船机轴线 21.5m。

2.2.3　船厢设备布置

(1)设备基本组成

船厢用于运载船舶垂直升降，是升船机的核心设备。船厢上布置有驱动系统、安全机

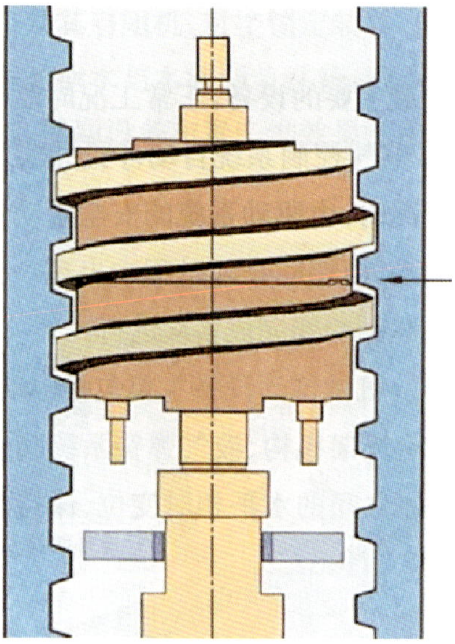

(a)船厢正常下降时

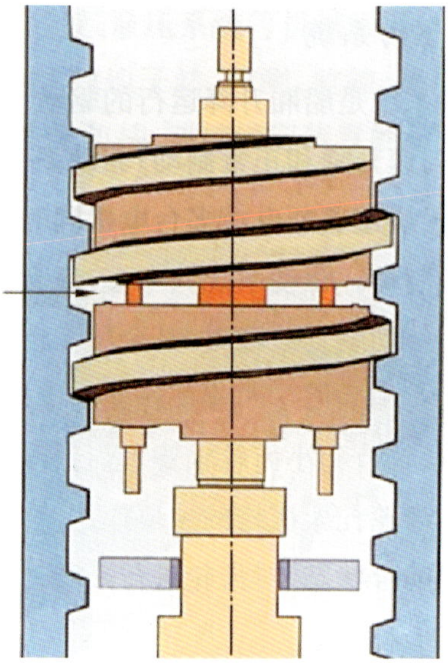

(b)船厢对接时

图 9　旋转螺杆开合工作状态

(5)导向系统

船厢导向系统除用于对升降过程中的船厢进行导向外,还是对接过程中以及地震工况下船厢的水平支承系统。导向系统由横向导向装置和纵向导向装置两部分组成。

三峡升船机设计地震烈度较高,为此专门开发了兼具导向、对中运行、对接顶紧和抗震缓冲功能的纵、横向导向装置(图 10、图 11)。

图 10　弯曲梁式纵向导向装置

全机构螺母柱均安装在塔柱筒体部分凹槽内的墙壁上。左、右侧塔柱内设有 8 个用于容纳平衡重组升降运行的平衡重井。高程 196.0m 以上左、右侧各布置 1 个长 119m、宽 21.7m、高约 21m 的顶部机房。三峡升船机船厢室段平面示意图见图 6。

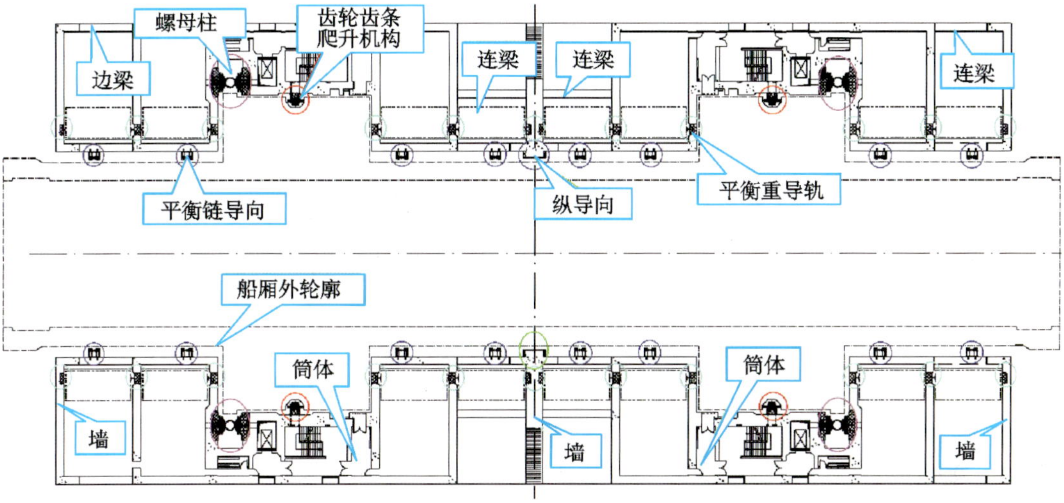

图 6　三峡升船机船厢室段平面示意图

船厢布置在船厢室内，两端分别伸进上、下闸首 5.5m，由钢丝绳悬吊连接平衡重，沿塔柱上的齿条竖直升降。船厢采用盛水结构与承载结构合为一体的自承式结构型式，有效尺寸为 120m×18m×3.5m，外轮廓总长 132m、标准段宽 23m、高 10.5m。船厢结构、设备和标准水深的水体总重量约为 15500t。

船厢通过驱动机构小齿轮沿齿条的运转，实现船厢的垂直升降。船厢升降时，与驱动机构同步运行的安全机构螺杆在螺母柱内空转，遇事故时可将船厢锁定在塔柱结构上。船厢由 256 根 ϕ74mm 的钢丝绳悬吊，钢丝绳分成 16 组对称布置在船厢两侧，钢丝绳的一端与船厢连接，另一端绕过塔柱顶部机房内的平衡滑轮后，与平衡重块连接，平衡重总重量与船厢总重相等，约为 15500t。

船厢两侧对称布置 4 个侧翼结构，在每个结构平台上分别设一个驱动室，驱动室内布置有船厢驱动机构、事故安全机构，以及相应的电气和液压设备。每个侧翼结构顺水流向长 18.1m，垂直水流向宽 8.2m，伸入 4 个塔柱的凹槽内。4 套驱动机构通过机械轴连接，形成机械同步系统。安全机构的旋转螺杆通过机械传动轴与相邻的驱动系统连接，二者同步运行。驱动系统的齿条和安全机构的螺母柱通过二期埋件安装在塔柱凹槽的混凝土墙壁上，齿条和螺母柱距船厢室横向中心线尺寸分别为 29.60m 和 37.74m，螺母柱距升船机轴线 21.5m。

2.2.3　船厢设备布置

(1)设备基本组成

船厢用于运载船舶垂直升降，是升船机的核心设备。船厢上布置有驱动系统、安全机

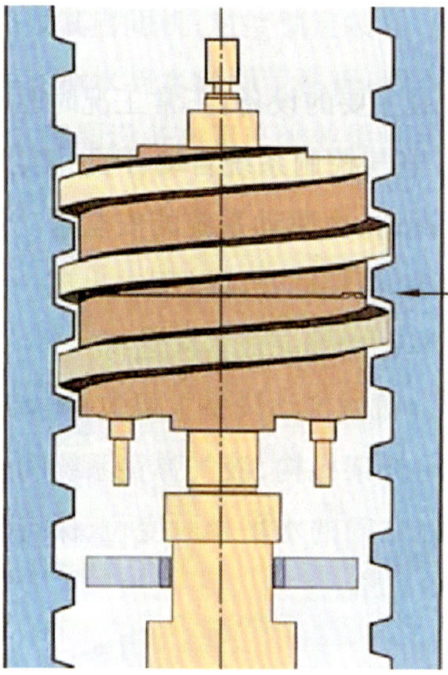

(a)船厢正常下降时

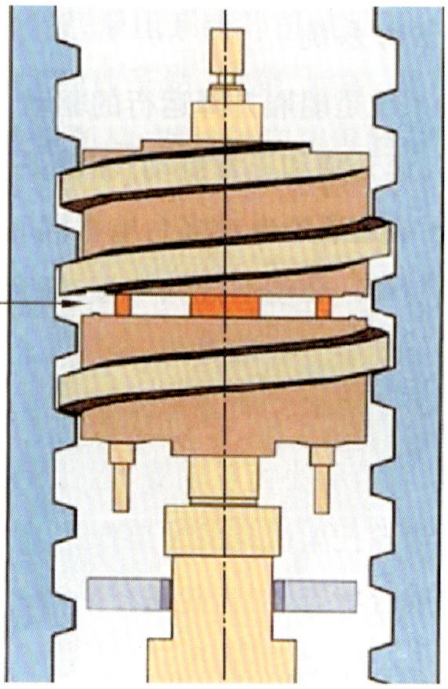

(b)船厢对接时

图 9　旋转螺杆开合工作状态

(5)导向系统

船厢导向系统除用于对升降过程中的船厢进行导向外,还是对接过程中以及地震工况下船厢的水平支承系统。导向系统由横向导向装置和纵向导向装置两部分组成。

三峡升船机设计地震烈度较高,为此专门开发了兼具导向、对中运行、对接顶紧和抗震缓冲功能的纵、横向导向装置(图 10、图 11)。

图 10　弯曲梁式纵向导向装置

全机构螺母柱均安装在塔柱筒体部分凹槽内的墙壁上。左、右侧塔柱内设有 8 个用于容纳平衡重组升降运行的平衡重井。高程 196.0m 以上左、右侧各布置 1 个长 119m、宽 21.7m、高约 21m 的顶部机房。三峡升船机船厢室段平面示意图见图 6。

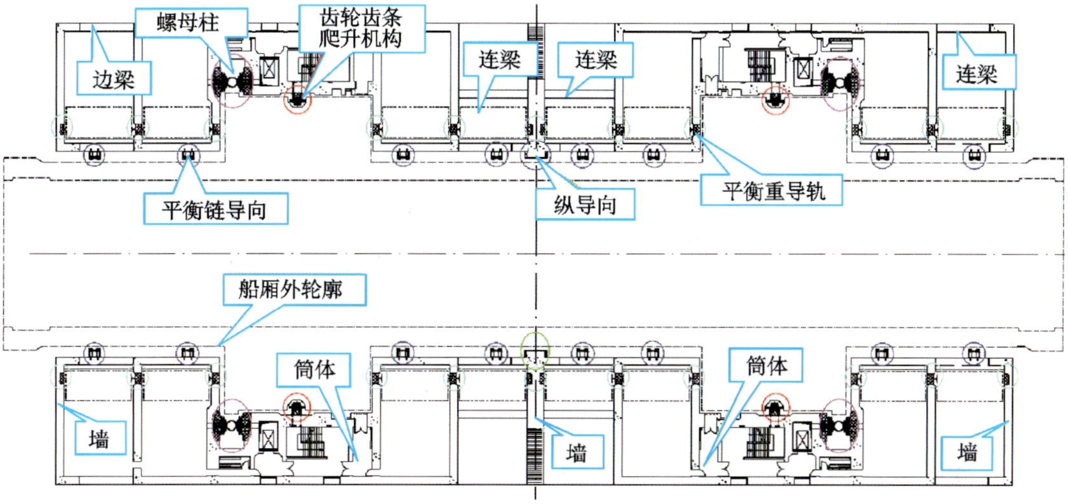

图 6　三峡升船机船厢室段平面示意图

船厢布置在船厢室内，两端分别伸进上、下闸首 5.5m，由钢丝绳悬吊连接平衡重，沿塔柱上的齿条竖直升降。船厢采用盛水结构与承载结构合为一体的自承式结构型式，有效尺寸为 120m×18m×3.5m，外轮廓总长 132m、标准段宽 23m、高 10.5m。船厢结构、设备和标准水深的水体总重量约为 15500t。

船厢通过驱动机构小齿轮沿齿条的运转，实现船厢的垂直升降。船厢升降时，与驱动机构同步运行的安全机构螺杆在螺母柱内空转，遇事故时可将船厢锁定在塔柱结构上。船厢由 256 根 ϕ74mm 的钢丝绳悬吊，钢丝绳分成 16 组对称布置在船厢两侧，钢丝绳的一端与船厢连接，另一端绕过塔柱顶部机房内的平衡滑轮后，与平衡重块连接，平衡重总重量与船厢总重相等，约为 15500t。

船厢两侧对称布置 4 个侧翼结构，在每个结构平台上分别设一个驱动室，驱动室内布置有船厢驱动机构、事故安全机构，以及相应的电气和液压设备。每个侧翼结构顺水流向长 18.1m，垂直水流向宽 8.2m，伸入 4 个塔柱的凹槽内。4 套驱动机构通过机械轴连接，形成机械同步系统。安全机构的旋转螺杆通过机械传动轴与相邻的驱动系统连接，二者同步运行。驱动系统的齿条和安全机构的螺母柱通过二期埋件安装在塔柱凹槽的混凝土墙壁上，齿条和螺母柱距船厢室横向中心线尺寸分别为 29.60m 和 37.74m，螺母柱距升船机轴线 21.5m。

2.2.3　船厢设备布置

(1)设备基本组成

船厢用于运载船舶垂直升降，是升船机的核心设备。船厢上布置有驱动系统、安全机

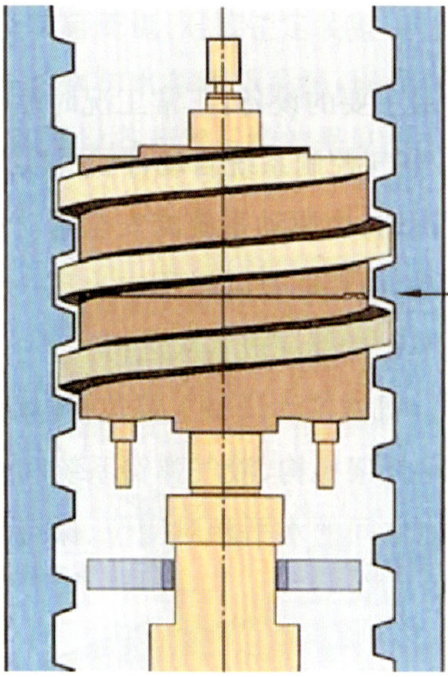

(a)船厢正常下降时

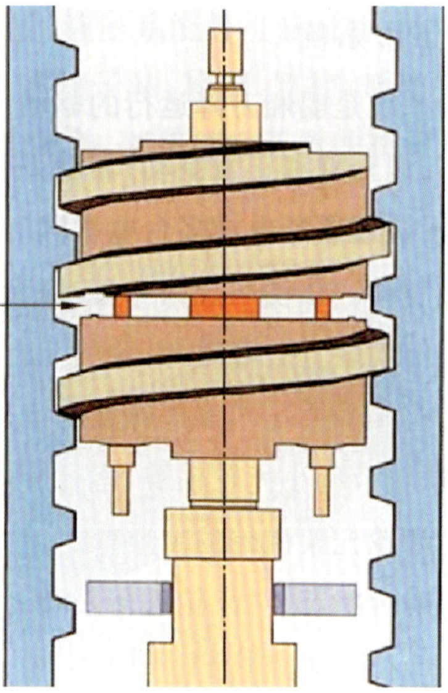

(b)船厢对接时

图 9　旋转螺杆开合工作状态

(5)导向系统

船厢导向系统除用于对升降过程中的船厢进行导向外，还是对接过程中以及地震工况下船厢的水平支承系统。导向系统由横向导向装置和纵向导向装置两部分组成。

三峡升船机设计地震烈度较高，为此专门开发了兼具导向、对中运行、对接顶紧和抗震缓冲功能的纵、横向导向装置(图 10、图 11)。

图 10　弯曲梁式纵向导向装置

全机构螺母柱均安装在塔柱筒体部分凹槽内的墙壁上。左、右侧塔柱内设有 8 个用于容纳平衡重组升降运行的平衡重井。高程 196.0m 以上左、右侧各布置 1 个长 119m、宽 21.7m、高约 21m 的顶部机房。三峡升船机船厢室段平面示意图见图 6。

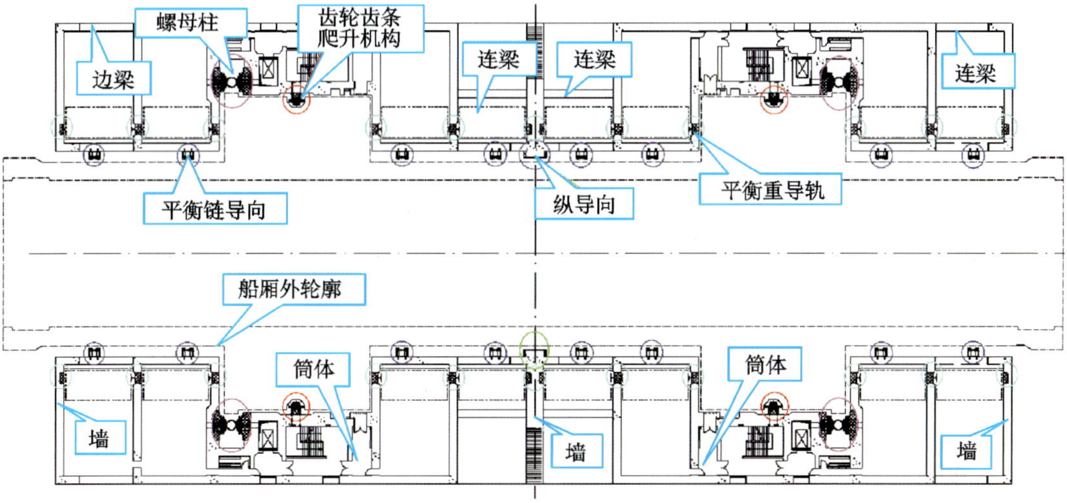

图 6　三峡升船机船厢室段平面示意图

船厢布置在船厢室内，两端分别伸进上、下闸首 5.5m，由钢丝绳悬吊连接平衡重，沿塔柱上的齿条竖直升降。船厢采用盛水结构与承载结构合为一体的自承式结构型式，有效尺寸为 120m×18m×3.5m，外轮廓总长 132m、标准段宽 23m、高 10.5m。船厢结构、设备和标准水深的水体总重量约为 15500t。

船厢通过驱动机构小齿轮沿齿条的运转，实现船厢的垂直升降。船厢升降时，与驱动机构同步运行的安全机构螺杆在螺母柱内空转，遇事故时可将船厢锁定在塔柱结构上。船厢由 256 根 ϕ74mm 的钢丝绳悬吊，钢丝绳分成 16 组对称布置在船厢两侧，钢丝绳的一端与船厢连接，另一端绕过塔柱顶部机房内的平衡滑轮后，与平衡重块连接，平衡重总重量与船厢总重相等，约为 15500t。

船厢两侧对称布置 4 个侧翼结构，在每个结构平台上分别设一个驱动室，驱动室内布置有船厢驱动机构、事故安全机构，以及相应的电气和液压设备。每个侧翼结构顺水流向长 18.1m，垂直水流向宽 8.2m，伸入 4 个塔柱的凹槽内。4 套驱动机构通过机械轴连接，形成机械同步系统。安全机构的旋转螺杆通过机械传动轴与相邻的驱动系统连接，二者同步运行。驱动系统的齿条和安全机构的螺母柱通过二期埋件安装在塔柱凹槽的混凝土墙壁上，齿条和螺母柱距船厢室横向中心线尺寸分别为 29.60m 和 37.74m，螺母柱距升船机轴线 21.5m。

2.2.3　船厢设备布置

(1)设备基本组成

船厢用于运载船舶垂直升降，是升船机的核心设备。船厢上布置有驱动系统、安全机

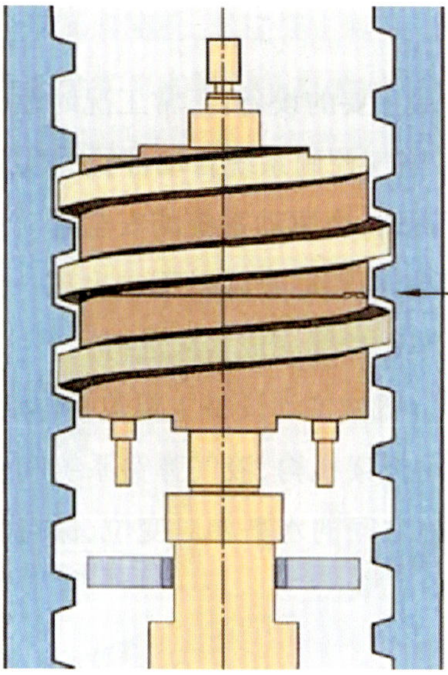

(a)船厢正常下降时

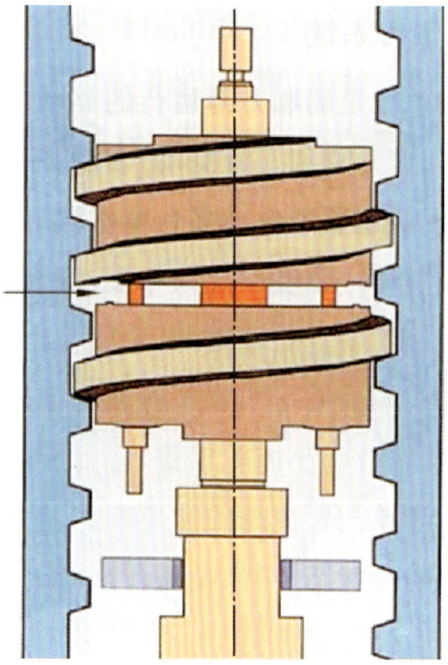

(b)船厢对接时

图 9　旋转螺杆开合工作状态

(5)导向系统

船厢导向系统除用于对升降过程中的船厢进行导向外，还是对接过程中以及地震工况下船厢的水平支承系统。导向系统由横向导向装置和纵向导向装置两部分组成。

三峡升船机设计地震烈度较高，为此专门开发了兼具导向、对中运行、对接顶紧和抗震缓冲功能的纵、横向导向装置(图 10、图 11)。

图 10　弯曲梁式纵向导向装置

全机构螺母柱均安装在塔柱筒体部分凹槽内的墙壁上。左、右侧塔柱内设有8个用于容纳平衡重组升降运行的平衡重井。高程196.0m以上左、右侧各布置1个长119m、宽21.7m、高约21m的顶部机房。三峡升船机船厢室段平面示意图见图6。

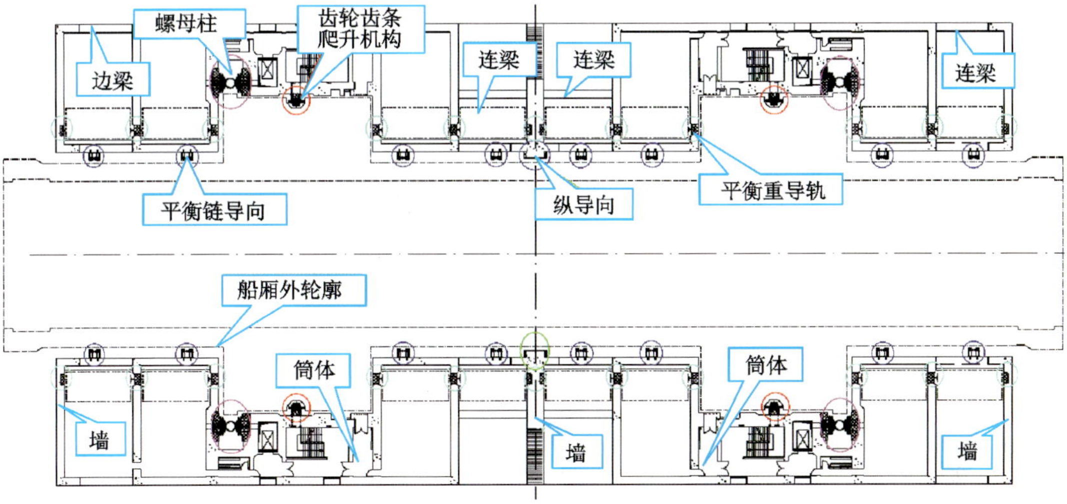

图6　三峡升船机船厢室段平面示意图

船厢布置在船厢室内，两端分别伸进上、下闸首5.5m，由钢丝绳悬吊连接平衡重，沿塔柱上的齿条竖直升降。船厢采用盛水结构与承载结构合为一体的自承式结构型式，有效尺寸为120m×18m×3.5m，外轮廓总长132m、标准段宽23m、高10.5m。船厢结构、设备和标准水深的水体总重量约为15500t。

船厢通过驱动机构小齿轮沿齿条的运转，实现船厢的垂直升降。船厢升降时，与驱动机构同步运行的安全机构螺杆在螺母柱内空转，遇事故时可将船厢锁定在塔柱结构上。船厢由256根ϕ74mm的钢丝绳悬吊，钢丝绳分成16组对称布置在船厢两侧，钢丝绳的一端与船厢连接，另一端绕过塔柱顶部机房内的平衡滑轮后，与平衡重块连接，平衡重总重量与船厢总重相等，约为15500t。

船厢两侧对称布置4个侧翼结构，在每个结构平台上分别设一个驱动室，驱动室内布置有船厢驱动机构、事故安全机构，以及相应的电气和液压设备。每个侧翼结构顺水流向长18.1m，垂直水流向宽8.2m，伸入4个塔柱的凹槽内。4套驱动机构通过机械轴连接，形成机械同步系统。安全机构的旋转螺杆通过机械传动轴与相邻的驱动系统连接，二者同步运行。驱动系统的齿条和安全机构的螺母柱通过二期埋件安装在塔柱凹槽的混凝土墙壁上，齿条和螺母柱距船厢室横向中心线尺寸分别为29.60m和37.74m，螺母柱距升船机轴线21.5m。

2.2.3　船厢设备布置

(1)设备基本组成

船厢用于运载船舶垂直升降，是升船机的核心设备。船厢上布置有驱动系统、安全机

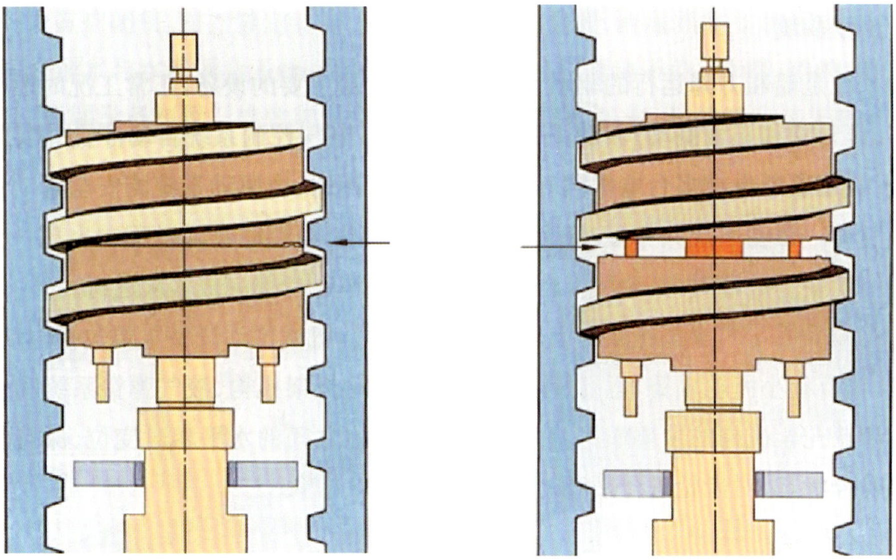

(a)船厢正常下降时　　(b)船厢对接时

图 9　旋转螺杆开合工作状态

(5)导向系统

船厢导向系统除用于对升降过程中的船厢进行导向外，还是对接过程中以及地震工况下船厢的水平支承系统。导向系统由横向导向装置和纵向导向装置两部分组成。

三峡升船机设计地震烈度较高，为此专门开发了兼具导向、对中运行、对接顶紧和抗震缓冲功能的纵、横向导向装置(图 10、图 11)。

图 10　弯曲梁式纵向导向装置

全机构螺母柱均安装在塔柱筒体部分凹槽内的墙壁上。左、右侧塔柱内设有 8 个用于容纳平衡重组升降运行的平衡重井。高程 196.0m 以上左、右侧各布置 1 个长 119m、宽 21.7m、高约 21m 的顶部机房。三峡升船机船厢室段平面示意图见图 6。

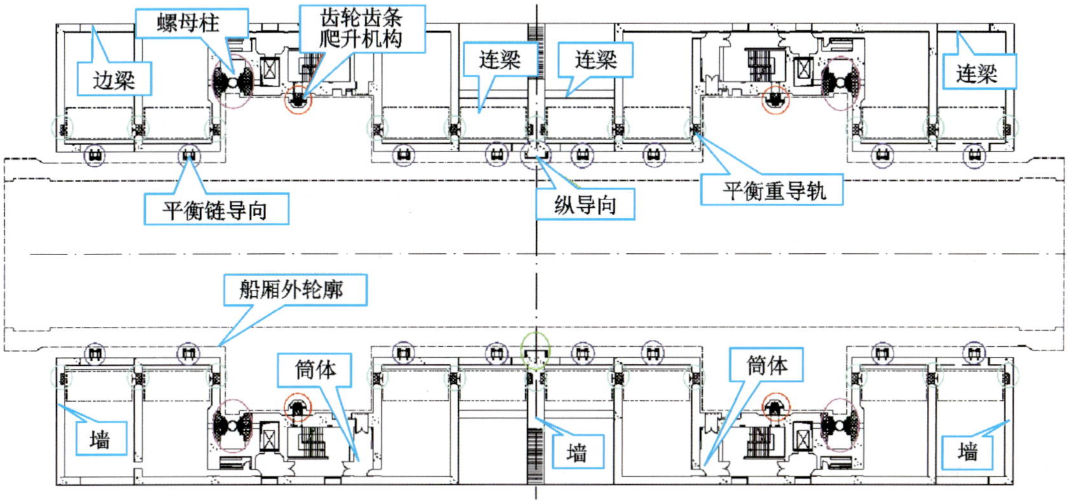

图 6　三峡升船机船厢室段平面示意图

船厢布置在船厢室内，两端分别伸进上、下闸首 5.5m，由钢丝绳悬吊连接平衡重，沿塔柱上的齿条竖直升降。船厢采用盛水结构与承载结构合为一体的自承式结构型式，有效尺寸为 120m×18m×3.5m，外轮廓总长 132m、标准段宽 23m、高 10.5m。船厢结构、设备和标准水深的水体总重量约为 15500t。

船厢通过驱动机构小齿轮沿齿条的运转，实现船厢的垂直升降。船厢升降时，与驱动机构同步运行的安全机构螺杆在螺母柱内空转，遇事故时可将船厢锁定在塔柱结构上。船厢由 256 根 ϕ74mm 的钢丝绳悬吊，钢丝绳分成 16 组对称布置在船厢两侧，钢丝绳的一端与船厢连接，另一端绕过塔柱顶部机房内的平衡滑轮后，与平衡重块连接，平衡重总重量与船厢总重相等，约为 15500t。

船厢两侧对称布置 4 个侧翼结构，在每个结构平台上分别设一个驱动室，驱动室内布置有船厢驱动机构、事故安全机构，以及相应的电气和液压设备。每个侧翼结构顺水流向长 18.1m，垂直水流向宽 8.2m，伸入 4 个塔柱的凹槽内。4 套驱动机构通过机械轴连接，形成机械同步系统。安全机构的旋转螺杆通过机械传动轴与相邻的驱动系统连接，二者同步运行。驱动系统的齿条和安全机构的螺母柱通过二期埋件安装在塔柱凹槽的混凝土墙壁上，齿条和螺母柱距船厢室横向中心线尺寸分别为 29.60m 和 37.74m，螺母柱距升船机轴线 21.5m。

2.2.3　船厢设备布置

（1）设备基本组成

船厢用于运载船舶垂直升降，是升船机的核心设备。船厢上布置有驱动系统、安全机

构、船厢门及其启闭机、对接锁定装置、防撞装置、导向装置、液压系统等机械设备、间隙密封机构、间隙充泄水与水深调节系统，以及变压器、开关站、现地子站、检测、监控、通航指挥等电气设备。船厢设备布置三维效果见图7，驱动机构、安全机构、对接锁定装置的布置三维效果见图8。

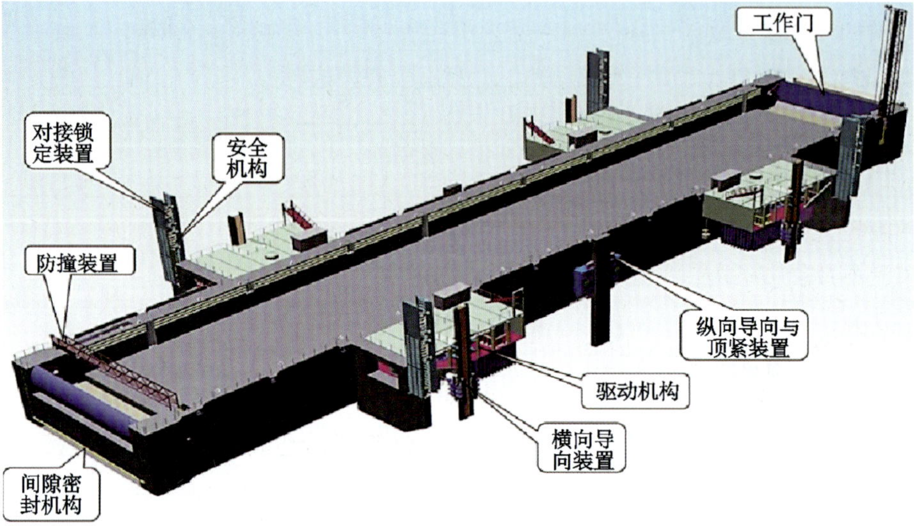

图7　船厢设备布置三维效果

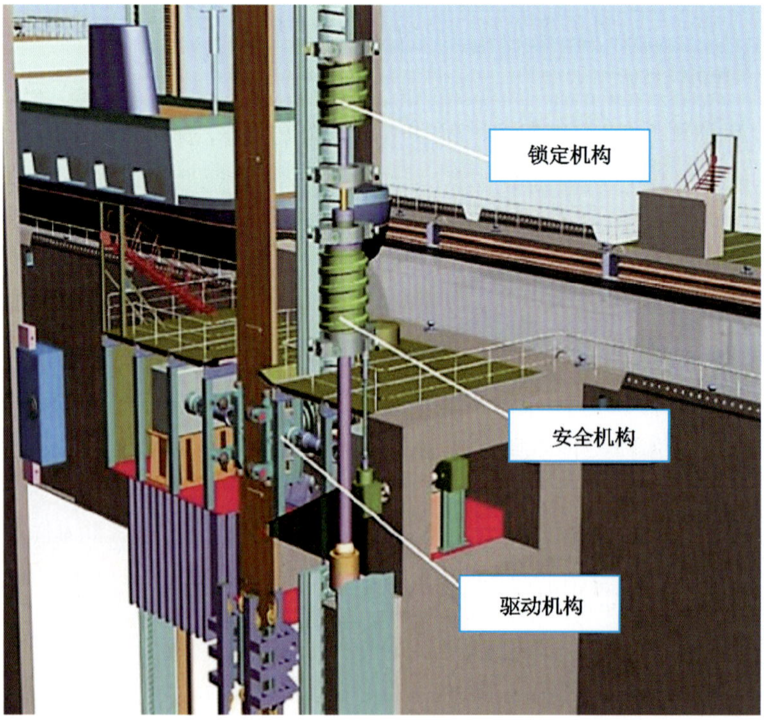

图8　驱动机构、安全机构、对接锁定装置的布置三维效果

(2)驱动系统

驱动系统是船厢升降运行的驱动设备，是船厢上最主要的设备，正常工况时驱动船厢正常启动、匀速升降和正常制动；驱动系统齿轮超载时，电气控制系统自动停机并实施快速制动；当升船机遭遇断电或多台电机同时失效的事故工况时，由驱动系统的安全制动系统实施紧急停机制动。驱动系统共4套，每套由2台电机驱动，当船厢升降过程中出现一台电机或一套电气传动装置故障时，其余的7台电动机能继续驱动船厢完成本次运行。

驱动机构采用带四连杆托架的齿轮齿条驱动型式，机械传动设备主要包括电动机、减速器、万向联轴节和小齿轮轴等，运行保护设备包括齿轮托架机构、液气弹簧系统和安全制动系统等。齿轮托架机构的主要作用是适应船厢与塔柱之间的水平相对变位、保持齿轮与齿条的理想啮合状态、对齿轮进行限载。

(3)安全机构

安全机构是在升船机的全平衡状态遭受破坏时，将船厢安全锁定在升船机承重塔柱结构上，避免发生船厢坠落或冲顶的灾难性事故。安全机构考虑的事故工况包括：船厢水漏空、与闸首对接时沉船、对接状态水满厢以及船厢室和平衡重井进水船厢或平衡重产生浮力等极端工况。

三峡升船机采用的是“短螺杆—长螺母柱”式事故安全机构，主要由旋转短螺杆、撑杆、机械传动轴系统、导向小车等组成。工作原理是：在正常运行工况下，安全机构的螺杆螺牙和螺母柱螺牙不接触，两者之间在上下两个方向均有一定的间隙。当驱动机构的齿轮超载后，设在液气弹簧油缸上的载荷传感器发讯，然后电机停机、制动器上闸，齿轮停止转动，当齿轮载荷继续增加到一定值时，液气弹簧将产生位移，造成船厢相对于齿轮的高度位置发生改变，即安全机构螺杆相对于螺母柱的高度位置发生改变，螺纹副间隙一侧减小、一侧增加，当螺旋面接触后，船厢的不平衡载荷便转移到安全机构上。

(4)对接锁定装置

三峡升船机一个最为的突出特点是：上、下游有比较大的水位变幅，下游有较快的水位变率。对接锁定装置的主要作用是在船厢与闸首对接期间将船厢沿竖向锁定，并承担作用于船厢的竖向附加载荷（主要是误载水体重量）。附加载荷将会造成船厢结构变形发生改变，进而影响安全机构螺纹副间隙变化，以及设在船厢端部的间隙密封机构的封水效果。

三峡升船机的对接锁定采用了旋转螺杆式（图9），布置在安全机构螺杆的上方，主要由螺杆式锁定块、芯轴、复位弹簧、导向小车和旋转管接头等液压元件组成。旋转螺杆式对接锁定装置具有与安全机构共用螺母柱而无须另外设置承载结构、布置紧凑等优点。

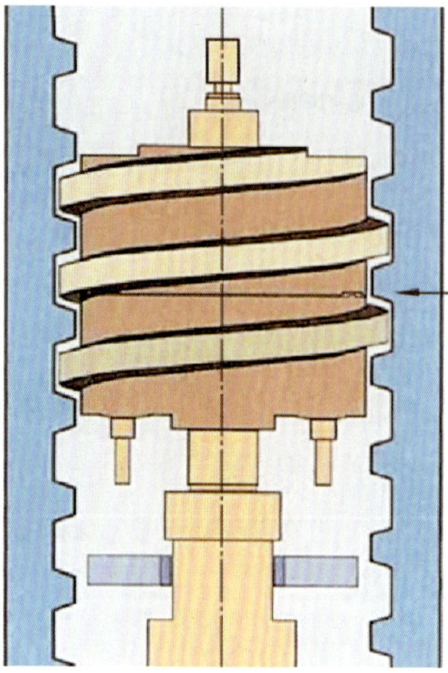

(a)船厢正常下降时

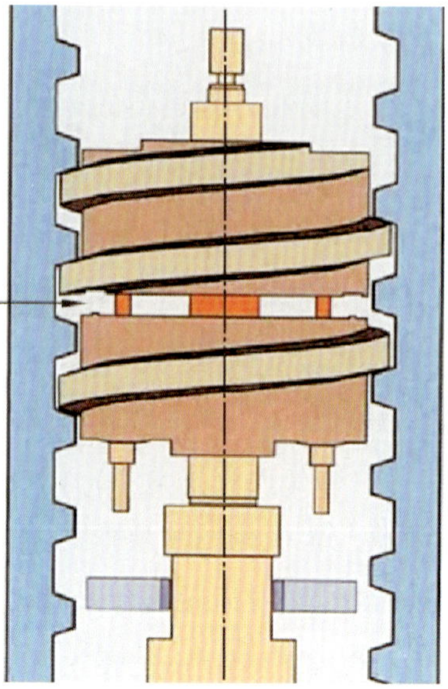

(b)船厢对接时

图 9　旋转螺杆开合工作状态

(5)导向系统

船厢导向系统除用于对升降过程中的船厢进行导向外,还是对接过程中以及地震工况下船厢的水平支承系统。导向系统由横向导向装置和纵向导向装置两部分组成。

三峡升船机设计地震烈度较高,为此专门开发了兼具导向、对中运行、对接顶紧和抗震缓冲功能的纵、横向导向装置(图 10、图 11)。

图 10　弯曲梁式纵向导向装置

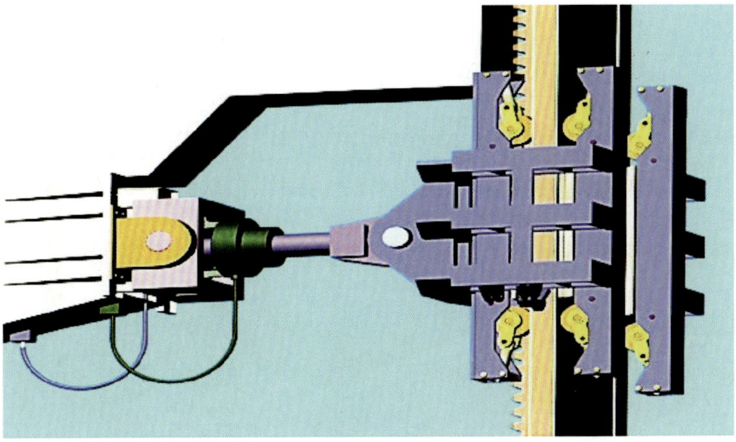

图 11　弯曲梁式横向导向装置

(6)防撞装置

防撞装置的作用是在船厢进船时阻挡失速的船舶，避免船舶直接撞击闸门。三峡升船机的正面防撞装置采用钢丝绳可开启式(图 12)，布置在船厢门内侧、闸门启闭活动区间以外，主要由钢丝绳组件、钢丝绳锁闩装置、钢丝绳导向滑轮、吊架结构、吊架启闭油缸、吊架锁定装置、缓冲油缸、制动装置、限载与导向装置等设备组成。为减轻重量，吊杆采用桁架结构，在桁架上设人行走道和护栏，兼做船厢两侧的交通通道。

(a)设备布置三维效果

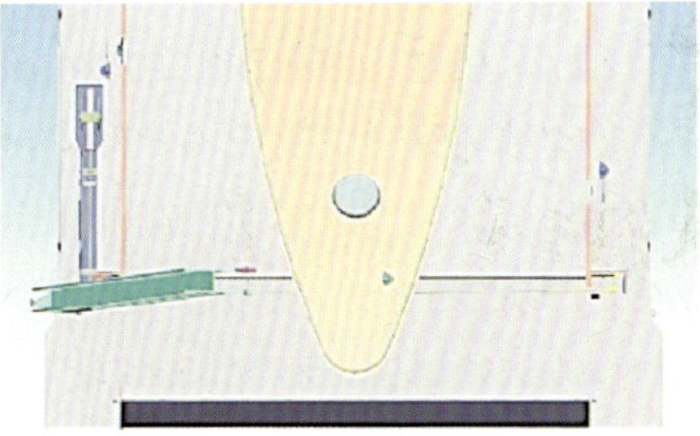

(b)平面布置

图 12　防撞装置的设备布置

针对三峡升船机不同干舷高度船舶通航的实际运行条件，还专门研发了护舷架与系缆桩相结合的侧向防护装置。护舷架具有一定的高度和适当的长度，间断布置在船厢走道板的临水侧，与设在主纵梁内腹板上的护舷共同承担侧向防护任务。在两组护舷架之间布置系缆桩，以满足低干舷船舶的系缆需要。

(7)船厢门及启闭机

三峡升船机船厢门及启闭机选用“下沉式弧形门＋扭力轴＋液压启闭机”方案(图 13)。

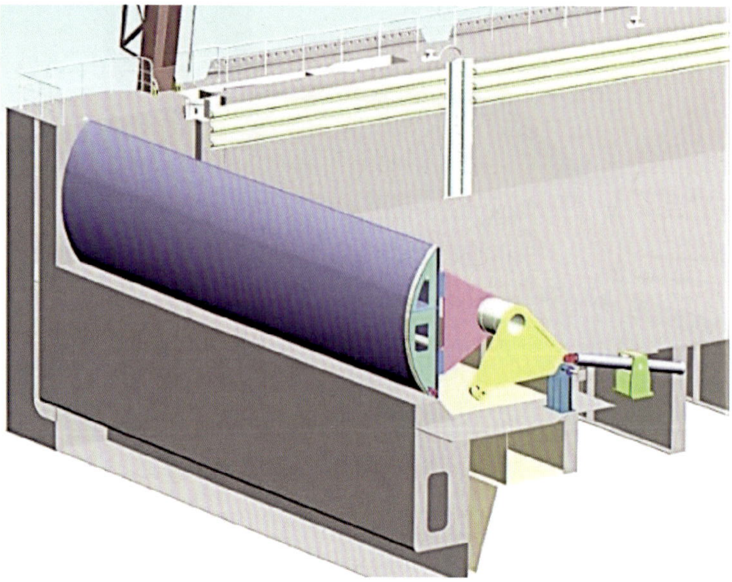

图 13 船厢门及启闭机布置三维效果

船厢门采用下沉式弧形门，由布置在主纵梁内的 2 套液压启闭机启闭，闸门向下反转 90°后沉于门龛内，主梁翼板与船厢底铺板平齐。船厢门系统由门体结构、支臂、支铰、驱动臂、液压启闭机油缸及闸门锁定装置等组成。弧门两侧的两个支臂与支承在船厢主纵梁腹板上的铰轴通过法兰连接，铰轴的另一端与驱动臂之间也通过法兰连接，铰轴与主纵梁内侧腹板之间设有封水装置。液压油缸缸体中部支承，活塞杆吊头与驱动臂铰接。通过油缸活塞杆的伸缩运动带动驱动臂及铰轴转动，进而带动支臂及门体转动，实现下沉式弧形门的启闭。油缸活塞杆全部伸出时船厢门处于关闭位，全部缩回后船厢门处于开启位。闸门还可以向上翻转 90°到船厢上方，以便进行检修维护。检修前，须将启闭机油缸的吊点自驱动臂的正常工作位改到检修位，闸门翻转到检修过程通过两只启闭机油缸驱动。

(8)其他设备

在船厢上还布置有间隙密封机构、间隙充泄水与船厢水深调节系统、电气设备等满足船厢运行所需的各类设备。

船厢端部与闸首(或闸首工作门)之间留有一定的间隙，用来适应船厢的温度变化、制造误差以及闸首工作门或埋件的制造、安装误差。船厢与闸首对接时，需要通过间隙密封机构将该间隙封闭，通过间隙充泄水系统向间隙充水、开启船厢和闸首工作门后，便可使船厢与引航道之间形成连通水域。间隙密封机构的“U”形框架由多套液压油缸同步驱动，对接过程中由液压系统保压，避免因油缸泄漏或船厢位移造成间隙密封失效。

间隙充泄水与船厢水深调节系统的作用有两个：一是在船厢与闸首对接前、后，向由闸首工作门、船厢门和间隙密封框形成的“U”形间隙充水或泄水；二是在船厢解除对接前调节船厢内的水深。间隙充、泄水采用水泵抽、排的方式。

船厢上布置有驱动机构电气拖动与控制系统、各种检测与监测装置、通航信号与广播设备、监控设备，以及消防、暖通等电气设备。主拖动电机通过高压供电，变压设备也布置在船厢上。

船厢上还设置了必要的交通通道，运行维护人员可到达船厢上的主要设备区域。两根主纵梁的上翼板是船厢的主要交通通道，另外还设有楼梯可到达驱动室及电气室，通过驱动室可进入主纵梁的内腔，并通过底铺板下的交通通道到达船厢头部的机舱。在船厢升降中途遇事故紧急停机时，船只上的旅客自船厢两侧的走道可通过布置在驱动室顶部的活动楼梯，进入塔柱的疏散通道。除上述设备外，船厢上还设有消防、照明、暖通等设备。

3 设计重难点及主要科技创新

3.1 设计重难点

三峡工程升船机过船规模为3000吨级，最大提升高度113.0m，上游通航水位变幅30.0m，下游通航水位变幅11.8m，下游水位变率±0.5m/h，具有提升高度大、提升重量大、上游通航水位变幅大和下游水位变化速率快的特点，是世界上技术难度和规模最大的升船机工程。设计的重难点是：

3.1.1 规模巨大

由于是建设在长江上高水头的三峡枢纽工程上的通航建筑物，其过船规模特别是提升高度都较大幅度地突破了世界上已建的齿轮齿条爬升式垂直升船机，显著增大了支承结构的设计难度，需要提出大水位变幅、高扬程、重载条件下的超大型垂直升船机的结构体系。

3.1.2 需要提出在复杂通航条件下保障船舶安全过机的总体方案

由于三峡工程担负着汛期防洪的主要任务，加上其装机容量占世界首位的电站的发电和调峰任务，三峡水库下泄流量的频繁变动导致上游通航水位变幅大、涌浪高、斜流大和下游水位变化速率快，因此其运行工况远较国内外多建于运河上的垂直升船机复杂得多。

3.1.3 需要解决一系列与安全相关的技术难题

为充分借鉴和吸收国外在升船机建设方面的成功经验，三峡升船机由原设计的钢丝绳卷扬提升式改型为齿轮齿条爬升式。为此，需要突破一系列与安全相关的技术难题，如塔柱和设备间变形协调、地震工况下船厢设备与塔柱的耦合、安全机构的保护功能、驱动系统多电机机械同步的控制技术等。

3.2 主要科技创新

3.2.1 保障船舶安全进出升船机的总体方案

研究提出了三峡枢纽大流量泄洪、大负荷调峰、大水位变幅运行条件下，保障船舶安全进出升船机的总体方案。该总体方案包括研发了上游“汛期隔流，枯期漫顶”的新型隔流堤，适应上游大水位变幅的“卧倒门过船，平板门对接，叠梁门调位”的特大型组合门，以及适应下游快水位变率的“带压调位，充气止水，分级锁定”的特大型双扉平板门等上、下闸首新型设备。破解了上游引航道水位变幅大、涌浪高、斜流大、回流强、泥沙易淤积，下游引航道水位变率快的难题。

(1)汛期隔流、枯期漫顶新型隔流堤

水工模型试验表明，三峡水库运行超过30年后，上游引航道的泥沙淤积将致使通航水流条件有所恶化。由于枯水期库水位较高，水面开阔，引航道流速较小，通航水流条件尚能满足要求，但汛期库水位较低时，引航道存在斜流大、回流强的问题。针对以上特点，升船机上游设置了堤顶高程150.0m的隔流堤。枯水期隔流堤淹没在水库中，汛期当库水位消落后，隔流堤露出水面起拦淤隔流作用。“汛期隔流，枯期漫顶”的新型隔流堤既减轻了上游引航道的泥沙淤泥，避免了汛期上游引航道口门区复杂水流条件对过机船舶安全航行的不利影响，又降低了隔流堤的工程投资。

(2)卧倒门过船、平板门对接、叠梁门调位的新型组合门

升船机上游通航水位变幅高达30.0m，上闸首工作门需具有通航过船、与船厢对接和随上游水位变化可调门位的功能，同时作为大坝挡水前沿，运行安全可靠性要求高。为此，上闸首采用带通航卧倒小门的提升式双扉平板门新门型，与7节叠梁门组合，“卧倒门过船、平板门对接、叠梁门调位”，可以适应上游30.0m的水位变幅，在辅助门配合下，可以在无水条件下调整门位，攻克了高坝通航升船机特有的上闸首工作门在高水头、大变幅挡水条件下通航过船的难题。研发了卧倒门液压启闭机双吊点刚性同步、变速运行控制技术，解决了卧倒门同步精度要求高和对间隙水位扰动剧烈的问题。

(3)带压调位、充气止水、分级锁定的新型双扉平板门

下游通航水位变幅11.8m、变率±0.5m/h，水位变化太快，工作大门需经常随水位变化带压调位，因此闸门止水磨损严重。由液压启闭机操作的“带压调位、充气止水、分级锁定”的特大新型双扉平板门新门型，具有正常挡水、通航过船和快速调整门位的功能，攻克了高坝通航升船机特有的下闸首工作门与下游水位变幅大、变率快的通航条件相适应的难题。研发了以压缩空气为介质的露顶闸门充压止水技术，攻克了下闸首工作大门带压运行条件下止水橡皮易于磨损的难题；研发了大门“摆臂式”分级锁定装置，解决了大门挡水状态下的安全锁定难题。

3.2.2 复杂条件下超大型齿轮齿条爬升式升船机多项安全技术

研发了适应变水位、多船型、地震条件下超大型齿轮齿条爬升式升船机承船厢多项安全技术，包括提出了大型承船厢“摩擦自锁，液压开合”变水位沿程锁定技术；首创“纵向弹性梁、横向液压簧”新型复合阻尼减震装置；研发了“正向阻拦、侧向导引”多船型防护拦阻技

术。攻克了超大型升船机承船厢变水位沿程锁定、抗震减震、保障多船型进厢安全的难题。

(1)摩擦自锁、液压开合沿程锁定技术

对接锁定装置是齿轮齿条爬升式升船机船厢与闸首对接期间的唯一竖向支承,其锁定载荷大、安全可靠性要求高。巧妙地借用安全机构螺母柱作承载构件、利用螺纹副的摩擦自锁机理传递对接期间船厢的竖向不平衡载荷、以液压控制两段螺杆开合的对接锁定装置,实现了机构运行可靠、动作快速、超载退让、投资节省的目标,解决了高坝通航升船机承船厢在上下游对接范围内无级锁定的难题。发明了适应变水位条件的大型承船厢"摩擦自锁,液压开合"式对接锁定技术。

(2)弹性梁与液压簧组合的新型复合阻尼减震装置

为减少和控制塔柱与承船厢之间的地震耦合力,采用了"纵向弹性梁、横向液压簧"新型复合阻尼减震装置。研发了以"弯曲钢梁+液压阻尼器"为吸能减震构件,集纵向导向、抗震减震、水平纵向锁定功能于一体的纵向导向装置,和以"碟形弹簧+液气弹簧"作为弹性缓冲构件,集横向导向、抗震减震、对中运行功能于一体的横向导向装置,解决了齿轮齿条爬升式升船机地震条件下的船厢安全问题。

(3)正向拦阻、侧向导引的船厢防撞技术

研发了"正向阻拦、侧向导引"的多船型防护拦阻技术。发明了对失速船舶以钢丝绳阻拦、以液压油缸缓冲消能、以预断接头限载的船厢门防撞技术;研发了"低护舷+高护舷架"的侧向导引装置,提出了适应不同船舷高度的"高低搭配"式系船柱新型配置。解决了不同尺度、不同船舷高度、不同船艏形状的船舶进出船厢的安全防护与停泊系缆难题。

3.2.3 超大型垂直升船机新型结构体系

研发了大水位变幅、高扬程、重载条件下的超大型垂直升船机新型结构体系。这个体系主要包括:提出了"预应力整体坞式"升船机新型闸首;研发了适应大负荷、小变形的高耸承重"筒—墙—梁"复合空间结构体系;提出了事故条件下任意高程位置"变升楼梯"接"楼层通道"的立体化安全疏散技术。解决了三峡升船机承载力要求高、变形控制要求严、安全疏散要求快的技术难题。

(1)预应力整体坞式新型闸首

上闸首为三峡大坝挡水建筑物的一部分,根据抗滑稳定和通航过船的要求,其结构总高度 137m,顺水流向总长度 130m,垂直水流向总宽度 62m,以及航槽宽 18m,底高程为 141.0m。为降低结构施工期温度应力和避免出现裂缝,研发了"预应力整体坞式"升船机新型上闸首结构,设置了 2 条纵向施工缝和 3 条横向施工缝,将结构分成 4 段 12 块分层分块浇筑,在块体内部温度降至稳定温度后,利用低温季节进行施工缝的接缝灌浆和宽槽回填,将结构连成整体。

(2)重载、高耸"筒—墙—梁"复合式塔柱结构

承重塔柱高度达146m,作用荷载2×155000kN,其结构变形需要满足设备运行的要求,具有高度大、承载力大、变形小的特点。对称布置在船厢室两侧的新型"筒—墙—梁"式塔柱,每侧结构总长度119.0m,总宽度16.0m,两侧塔柱之间的距离25.8m,塔柱顶部由7根横梁、观光平台、控制室平台连接,以协调两侧塔柱的变形,形成了一个整体复合空间结构。整个结构体系刚度大、温度应力小、通风和采光条件好。有限元计算和监测资料表明,新型复合塔柱结构变形小,最大横向相对变位33mm、最大纵向相对变位15mm,不仅满足船厢机构对塔柱变形的要求,且工程量省。

(3)立体化安全疏散技术

升船机人员疏散的难点在于承船厢上人员的疏散。本工程提出"变升楼梯"接"楼层通道"的立体化安全疏散技术,在承船厢的4个驱动平台各设1台可变升的疏散楼梯装置,承船厢停在任意高程位置均可借助变升楼梯与塔柱最近的楼层疏散通道入口准确对接,形成4条安全疏散通道。在升船机发生火灾或其他紧急工况承船厢停机后,承船厢上的人员可从船厢两侧经变升楼梯装置进入楼层疏散通道逃生,攻克了通航建筑物安全疏散的难题。

3.2.4 自适应电气同步控制技术和高精度对位控制技术

研发了升船机机械同轴下自适应电气同步控制技术,以及船厢高精度平衡运行与对位控制技术,包括提出了多电机机械同轴下多点力矩自适应电气位置同步控制技术;研发了基于多重冗余结构的虚拟主驱轨迹法的同步跟随控制技术和给定位置曲线法动态对位控制技术。攻克了船厢运行水平偏差累积、同步轴扭振、船厢四驱同步平稳运行和上下游动态水位快速精准对位等技术难题。

(1)多电机机械同轴下多点力矩自适应电气位置同步控制技术

多电机机械同轴控制技术的关键是如何解决好多驱动点位置同步与机械轴扭矩控制这对矛盾的统一问题。为了保证承船厢四个驱动点的转矩差和每个驱动点两台电动机的转矩差在规定的范围内,在冗余传动装置控制器中构建"位置跟随和力矩自适应模块"的位置、速度、力矩多闭环电气同步控制。通过补偿修正反馈控制,实现了各驱动点间不均衡转矩在额定值的3%,最大值不超过实时平均值的10%,各驱动点内两台电动机输出转矩差小于单台电动机额定转矩的3%,维系了每个驱动点转矩平衡,同时消除了同步轴异常扭振,攻克了船厢运行过程中的各驱动点力矩不均衡及同步轴扭振的技术难题,实现了三峡升船机船厢驱动系统在正常和故障状态下均能安全地运行。

(2)同步跟随控制技术和给定位置曲线法动态对位控制技术

四驱动点行程偏差严重时将会造成船厢倾斜,上下游停靠位目标变动会造成船厢对位不准,致使船厢误载水量增多、通航效率降低。为保证船厢四驱动点位置同步,主拖动系统采用基于多重冗余结构的"虚拟主驱动点同步跟随控制技术"和"给定位置曲线动态对位控

制技术”同步跟随控制，使四个驱动点间的行程偏差始终控制在±2mm 内。同时根据上下游水位的变化，动态调整“虚拟主驱动点的位置给定曲线”，控制船厢与上下闸首精准对位、精度在±30mm 内。解决了承船厢四点同步平稳运行和上下游快速精准对位等技术难题。

4 社会效益和经济效益

4.1 社会效益

三峡升船机是三峡工程的重要通航设施之一，设计年双向通过能力约 2000 万 t，建成后提高了三峡工程的航运通过能力，减轻了三峡工程因船闸运能日趋饱和所承受的通航压力，为充分发挥水运能耗小、运能大、运价廉的优势，打造长江黄金水道及长江沿线区域经济的可持续发展发挥了重要作用。与公路运输相比，通航三峡升船机的水运每年可节省约 40 万 t 标准煤，可减少能源消耗、降低环境污染，其建设符合自然和谐可持续发展的理念。

三峡升船机的建成为客船和其他特种船舶提供了快速过坝通道，使船舶翻越三峡大坝的时间由通过五级船闸的 3.5h 缩短为 45min。升船机建成后实现了客船 45min 内快速过坝，避免了长时间过闸引发的焦虑和其他不适感受，并规避了与其他船舶共闸过坝时潜在的安全风险，为客船乘客带来了安全、舒适和愉悦的过机体验，促进了长江旅游事业的发展。三峡升船机工程是人类建造的工业建筑与自然环境相互融合的又一典范之作。

4.2 经济效益

三峡升船机与双线五级船闸联合运行，提高了枢纽的航运通过能力和通航质量，促进了三峡旅游事业的发展。其经济效益主要包括船舶水路运输节约能耗效益和缩短货物过坝时间效益等。按照升船机每年 335 天运行，通过装载 2000t 的船舶计算，全年双向通过货物的能力约为 2000 万 t，水路运输节约能耗年航运经济效益估算约 1.28 亿元。与船闸平均过闸时间 3.5h 相比，升船机过闸时间可缩短至 45min，提高过闸效率每年可增加航运经济效益 1890 万元（将年航运经济效益按照过闸单位时间折算，缩短 2.75h 所带来的附加经济效益）。

相关技术在向家坝推广应用取得直接经济效益 0.509 亿元，间接经济效益 0.360 亿元。

5 主要设计成就

5.1 科技奖励

三峡升船机工程的创新研究成果获得了多项省部级和行业协会的科技奖励，主要包括：

1)“三峡升船机工程总体设计关键技术与实践”获得2018年中国大坝工程学会科技进步奖特等奖；

2)“大型齿轮齿条爬升式升船机关键技术研究与实践”获得2019年中国水力发电工程学会水力发电科学技术奖一等奖；

3)“三峡水利枢纽升船机工程”获得2019年国际咨询工程师联合会FIDIC工程项目奖优秀奖；

4)“大型垂直升船机安全保障关键技术”获得2020年长江水利委员会科技进步奖特等奖；

5)“高水头大型垂直升船机成套关键技术及工程应用”获得2020年中国航海学会科技进步奖特等奖；

6)“三峡升船机工程设计”获得2020年湖北省勘察设计协会勘察设计成果评价一等奖。

5.2 升船机相关规范和标准

编制了世界首部《升船机设计规范》(GB 51177和SL 660)，三峡升船机工程的基于液固耦合的船厢纵倾稳定分析理论、失稳判定标准和设计方法、“托架承载、多维随动”的齿轮浮动支承技术、机械同轴的多电机自适应传动控制与故障分级及判定自决策安全控制技术等多项创新成果和关键技术已纳入其中。

依托三峡升船机工程编制颁布了《水电工程升船机调试试验规程》《水电工程升船机运行维护技术规程》《齿轮齿条爬升式垂直升船机施工规范》《齿轮齿条爬升式垂直升船机制造规范》等多部行业和企业标准。

5.3 专著

依托本项目编著出版了4部专著，分别是：《大型齿轮齿条爬升式升船机》(2021年)、《水工设计手册·泄水与过坝建筑物》(2014年)、《船闸与升船机设计》(2007年)、《三峡工程永久通航建筑物研究》(1997年)。

5.4 专利

依托本项目获得发明专利8项，授权软件著作权7项，授权实用新型专利31项，其中多项专利技术已推广应用至向家坝、亭子口、构皮滩、百色等国内其他升船机工程。

5.5 论文

在国内外各类期刊上发表学术论文50余篇，其中*Safety analysis and design of full balanced hoist vertical shiplifts*、*Pitch stability analysis of high-lift wire rope hoist vertical shiplift under shallow water sloshing-structure interaction*等多篇论文被SCI和EI数据库收录。

5.6 媒体和行业协会的评价

中央电视台、新华社、《人民日报》、《光明日报》、《中国青年报》、新华网等中央和地方、行业媒体对三峡升船机工程进行了广泛、深入的报道，称誉三峡升船机为“大国重器”“国威工程”。

1)《人民日报》于 2016 年 11 月 27 日头版以《大国重器这样造——三峡升船机创多项世界第一》为标题报道了三峡升船机工程。首次予以三峡升船机“大国重器”的称谓。

2)《光明日报》于 2016 年 11 月 20 日头版以《三峡升船机：领先世界的“国威工程”》报道了三峡升船机工程。将三峡升船机谓之“国威工程”。

3)《中国青年报》于 2106 年 11 月 20 日也在头版上以《三峡大坝装上“超级电梯”》为标题报道了三峡升船机工程。

4)新华网于 2016 年 9 月 18 日以《揭秘三峡升船机建设：长江“黄金水道”建起又一“世界之最”》为标题，对三峡升船机的成功兴建进行了报道。

5)新华网北京 2018 年 4 月 25 日电：习近平总书记实地考察了三峡船闸、升船机和左岸发电厂后对工程技术人员说：“……中华民族的伟大复兴，不会是欢欢喜喜、热热闹闹、敲锣打鼓那么轻而易举就实现的。我们要靠自己的努力，大国重器必须掌握在自己手里……”

国际水电协会(IHA)评价三峡升船机工程：“三峡升船机工程是一项真正伟大的成就，其在提供可再生能源、防洪、加强长江流域航运和贸易等方面打破了多项世界纪录，是我国可持续发展的一项显著推动力。”国际水利与环境工程学会(IAHR)对三峡升船机工程给予了高度评价：“三峡升船机工程有力推动了世界升船机技术的发展和应用，对于提升中国乃至世界升船机工程建设水平和关键设备设计制造能力发挥了十分重要的促进作用。”

2018 年 3 月，中国工程院 30 多位院士现场考察了三峡升船机(图 14)，对工程给予了高度评价！

图 14 中国工程院院士现场考察三峡升船机

6 人才队伍建设

六十载，三代人。长江设计院是国内最早对升船机开展全面系统研究的设计院，1958

年6月，决定利用升船机作为三峡工程永久通航设施，自此三峡升船机研究大幕正式开启，王既民、董士镛、宋维邦、田泳源、杨逢尧、董博文、张铭勋、钮新强、于庆奎、覃利明、朱虹、段波、吴俊东等一批青年才俊先后加入了设计研究团队。经历了无数坎坷，研究工作一度停滞，但研究团队永不言弃，困难年代仍设计了当时国内最大的干湿两用升船机——老丹江口升船机，并因其创新而获得1978年全国科学大会奖。果敢独立的科学品格、严谨求实的科研态度、兢兢业业的工作作风是老专家留下的宝贵精神财富，已浇筑在一座又一座升船机的钢筋混凝土里，傲立于人间万年；也融进长江设计人的心里，激励着我们不忘传统，砥砺前行。随着世界上规模最大、技术难度最高的三峡升船机于2016年顺利建成投入运行，标志着长江设计院升船机设计研究技术水平已处于国际领先地位；经过长江设计院三代人长期艰辛的努力，现已将升船机设计打造成为长江设计院的核心技术品牌。

院士大师领衔，各专业配置齐全。以中国工程院院士钮新强领衔的升船机设计团队常年维持在30人左右，其中有教授级高级工程师职称的占比40%；团队以一批从事三峡、向家坝、构皮滩等升船机设计与科研的高水平人才为班底组建，专业涵盖升船机涉及的所有专业，包括金结、机械、液压、土建、基础、监测、机电、消防、暖通、建筑、交通等。

促进品牌建设、保持技术领先优势、做好升船机技术传承。2021年1月和3月，以升船机创新团队骨干成员为基础分别成立了升船机技术创新中心和升船机设计部，旨在培养、维系一支高水平的升船机专业人才队伍，强化长江设计院升船机核心技术品牌。

7 展望

随着“交通强国”“一带一路”“长江经济带”和“西部陆海新通道”等国家战略的实施，以及水利水电建设事业的快速发展，升船机应用市场前景广阔，目前广西百色升船机正处于施工图设计阶段，后续将依托该项目开展一系列科研工作；金沙江下游乌东德、白鹤滩、溪洛渡、向家坝等水电站将新建或扩建通航建筑物，乌江构皮滩、思林、沙沱等水电站将增建第二线通航建筑物，上述项目将建设多座高水头垂直升船机，升船机的设计与科研即将迎来又一个历史性发展机遇，届时升船机设计科研团队也将进一步更新和发展升船机设计技术，在升船机的设备智慧监测、数字孪生等方面开展一系列的研究工作，促进我国升船机设计、建造技术的持续发展。

撰稿/王可、吴俊东

南水北调中线一期工程

▲ 南水北调中线陶岔渠首枢纽

南水北调工程是实现我国水资源优化配置、促进经济社会可持续发展、保障和改善民生的重大战略性基础设施，通过从长江下游、中游、上游调水的东、中、西三条线路，构建起中国水资源“四横三纵、南北调配、东西互济”的总体布局。南水北调中线工程是国家南水北调工程的重要组成部分，规划分二期建设。南水北调中线一期工程是迄今为止世界上输水线路最长的大规模跨流域调水工程。

1 建设背景及建设意义

1.1 工程概况

南水北调中线工程是国家南水北调工程的重要组成部分，是缓解我国黄淮海平原水资源严重短缺、优化配置水资源的重大战略性基础设施，不仅保障了京津等北方地区的安全供水，还大幅改善河南、河北、北京、天津 4 个省（直辖市）受水区域的生态环境和投资环境，对推动我国中、北部地区的经济社会发展具有重要意义。

南水北调中线工程总体布置见图 1。

图 1 南水北调中线工程总体布置

2002 年国务院批复的《南水北调工程总体规划》明确南水北调中线工程分期建设，一期工程从汉江丹江口水库引水，主要供水范围为北京、天津、石家庄、郑州等 130 余座城镇，以城市生活、工业供水为主，适当兼顾生态与农业用水，多年平均调水量 95 亿 m^3；二期工程在一期基础上扩大输水能力，还可视需要从长江干流引水，以适应未来华北平原对水资源的需求，多年平均调水量 130 亿 m^3。

一期工程陶岔渠首多年平均调水量 95 亿 m^3，其中河南省 37.7 亿 m^3（其中含刁河灌区 5.0 亿 m^3），河北省 34.7 亿 m^3，北京市 12.4 亿 m^3，天津市 10.2 亿 m^3。相应渠首引水规模为 350～420m^3/s。

南水北调中线一期工程由水源工程（丹江口大坝加高及移民）、输水工程、汉江中下游治理工程组成。南水北调中线一期工程于 2003 年 12 月 30 日开工，2014 年 12 月 12 日正式通水。

1.2 水源工程

丹江口大坝加高工程是南水北调中线的关键性、控制性工程。将丹江口水库大坝加高 14.6m，坝顶高程为 176.6m，正常蓄水位从 157m 提高至 170m，水库由不完全年调节提升为不完全多年调节，相应库容达到 290.5 亿 m^3，新增库容 116 亿 m^3。大坝加高后，还可使汉江中下游防洪标准由 20 年一遇提高到 100 年一遇，两岸 14 个民垸 70 多万人可基本解除洪水威胁。丹江口水库的主要任务调整为防洪、供水、发电、航运。

丹江口大坝加高后，抬高水位淹没影响河南省淅川县，湖北省丹江口市、武当山特区、郧阳区、郧西县、张湾区等 6 个县（市、区）的 40 个乡镇，淹没影响区土地 46.16 万亩、人口 22.43 万、房屋 623.99 万 m^2。受丹江口大坝加高影响，规划搬迁移民 34.5 万人，迁建 16 座城（集）镇，复建和一次性补偿 160 家工业企业、620 家单位及若干专业项目，移民安置区共涉及河南、湖北省 13 个省辖市的 50 个县（市、区）及 4 个省直管市。

南水北调中线水源有限责任公司（以下简称“中线水源公司”）为南水北调中线水源工程的项目法人，设计单位为长江勘测规划设计有限责任公司，主要施工单位有中国葛洲坝水利水电集团、中国水电三局和中国水电十一局。

丹江口水利枢纽工程特性见表 1。

表 1　　丹江口水利枢纽工程特性

序号	名称	数量	序号	名称	数量
1	开工时间	2005 年 9 月 26 日	19	年平均供水量（P=50%，亿 m^3）	97.13
2	完工时间	2010 年 3 月 31 日	20	装机容量（MW/台）	900/6
3	工程等别	Ⅰ等大（1）型	21	保证出力（MW）	258
4	大坝级别	1 级	22	多年平均年发电量（亿 kW·h）	33.78
5	坝址以上流域面积（km^2）	95217	23	升船机规模（t）	300
6	多年平均年径流量（亿 m^3）	387.8	24	大坝总长度（m）	3442
7	多年平均流量（m^3/s）	1230	25	坝顶高程（m）	176.6
8	设计洪峰流量（P=0.1%，m^3/s）	79000	26	最大坝高（m）	117
9	校核洪峰流量（P=0.01%，加大 20%，m^3/s）	118000	27	混凝土重力坝坝顶长度（m）	1141
10	校核洪水位（m）	174.35	28	左岸土石坝坝顶长度（m）	1424

续表

序号	名称	数量	序号	名称	数量
11	设计洪水位(m)	172.2	29	右岸土石坝坝顶长度(m)	877
12	正常蓄水位(m)	170	30	溢流表孔孔数(孔)	20
13	防洪限制水位(m)	160/163.5	31	泄洪深孔孔数(孔)	11
14	死水位(m)	150～145	32	消能方式	挑流
15	总库容(校核洪水位以下,亿 m^3)	339.1	33	设计洪水下泄流量(m^3/s)	22300
16	防洪库容(亿 m^3)	110～81.2	34	校核洪水下泄流量(m^3/s)	47400
17	调节库容(亿 m^3)	98.2～190.5	35	大坝混凝土总量(万 m^3)	125.45
18	陶岔最大引水流量(m^3/s)	420	36	大坝土石方填筑总量(万 m^3)	542.39

注:丹江口水利枢纽高程系统为吴淞高程,陶岔处高程系统转换关系,吴淞高程=85 国家高程基准+1.696m=黄海高程+1.62m。

1.3 输水工程

从加坝扩容后的丹江口水库陶岔渠首闸引水,沿线开挖渠道,经唐白河流域西部过长江流域与淮河流域的分水岭方城垭口,沿黄淮海平原西部边缘,在郑州以西李村附近穿过黄河,沿京广铁路西侧北上,可基本自流到北京、天津。输水总干渠全长 1432km,其中陶岔渠首至北京团城湖全长 1277km,天津干线从西黑山分水闸至天津外环河全长 155km。在北拒马河以南主要为明渠,以立交方式穿越河流、道路、电力线路等;北京段、天津干线主要为管涵。

总干渠供水城市主要有:北京,天津,河北省的邯郸、邢台、石家庄、保定、衡水、廊坊 6 个省辖市及其范围内的 18 个县级市和 70 个县城,以及河南省的南阳、平顶山、漯河、周口、许昌、郑州、焦作、新乡、鹤壁、安阳、濮阳 11 个大中城市及 30 个县级市和县城。

南水北调中线干线工程建设管理局(以下简称"中线建管局")是南水北调中线干线工程项目法人,设计单位有长江勘测规划设计有限责任公司、河南省水利勘测设计研究有限公司、河北省水利水电勘测设计研究院、河北省水利水电第二勘测设计研究院、北京市水利规划设计研究院、天津市水利勘测设计院、黄河勘测规划设计研究院有限公司、中水北方勘测设计研究有限责任公司等,主要施工单位有中国水电一局、中国水电二局、中国水电三局、中国水电四局、中国水电五局、中国水电七局、中国水电八局、中国水电十一局、中国水电十四局、河南省水利第一工程局、河南省水利第二工程局、河北水利工程局、天津市水利工程有限公司、中国水电基础局有限公司、中国葛洲坝水利水电集团有限公司、中铁隧道集团有限公司、中铁十三局集团有限公司、中铁十四局有限公司、中铁十七局集团有限公司、中铁二十局集团有限公司、中铁二十二局集团有限公司等。

2003 年 12 月 30 日,南水北调中线京石段应急供水工程北京市永定河倒虹吸工程和河北省滹沱河倒虹吸工程同时动工,标志着南水北调中线工程正式启动。2008 年 9 月 28 日河北省通过南水北调中线京石段应急供水工程总干渠向北京供水。2014 年 12 月 12 日南水北调中线工程正式通水。

南水北调中线工程输水工程特性见表 2。

表 2　　南水北调中线工程输水工程特性

名称			数量	备注
陶岔渠首枢纽	主要建筑物	坝型	重力坝	
		校核洪水位(m)	174.35	吴淞高程
		设计洪水位(m)	172.2	
		正常蓄水位(m)	170	
		坝顶长度(m)	265	
		坝顶高程(m)	176.6	吴淞高程
		最大坝高(m)	53.1	
		设计(加大)引水流量(m^3/s)	350(420)	
		底板高程(m)	140	吴淞高程
	发电	电站装机容量/数量(MW/台)	50/2	
		多年平均年发电量(亿 kW·h)	2.34	
		年利用小时数(h)	4800	
	主要工程量	土石方开挖(万 m^3)	62.61	
		土石方回填(万 m^3)	15.59	
		混凝土与钢筋混凝土(万 m^3)	18.71	
		钢筋(t)	7286	
		金属结构安装(t)	2266	
输水总干渠		输水线路长度(km)	1431.945	
		陶岔—沙河南段(km)	239.085	明渠输水
		沙河南—黄河南段(km)	234.748	明渠输水
		穿黄工程(km)	19.305	明渠 14.597km,隧洞 4.708km
		黄河北—漳河南段(km)	237.562	明渠输水
		穿漳工程(km)	1.022	倒虹吸
		漳河北—古运河段(km)	237.249	明渠输水
		古运河—北拒马河中支段(km)	227.391	明渠输水
		北京段(km)	80.052	管道(PCCP)、暗涵输水
		天津干线段(km)	155.531	暗涵输水
	控制点设计水位	陶岔渠首(闸后)(m)	147.38	85 国家高程
		黄河南岸 A 点(m)	118	
		黄河北岸 S 点(m)	108	
		北拒马河中支(m)	60.3	
		北京团城湖(m)	48.57	
		总落差(m)	98.81	陶岔—北京团城湖
		西黑山分水口(m)	65.27	天津干线起点,85 国家高程
		天津外环河(m)	0	85 国家高程
	输水规模	陶岔渠首设计/加大流量(m^3/s)	350/420	
		穿黄工程设计/加大流量(m^3/s)	265/320	
		进河北设计/加大流量(m^3/s)	235/265	
		北京段首设计/加大流量(m^3/s)	50/60	
		天津段首设计/加大流量(m^3/s)	50/60	

续表

名称				数量	备注
输水总干渠	明渠段主要参数	综合糙率 n		0.015	
		设计水深(m)		8.0～3.8	
		渠道底宽(m)		29.0～7.0	
		土渠边坡系数		2.0～3.5	
	管道段主要参数	北京段	管径(mm)	2—DN4000	PCCP 管
			综合糙率 n	0.012	
			工作压力(MPa)	0.8～0.4	
			暗涵断面尺寸(m)	2 孔 3.8×3.8	
		天津干线	糙率 n	0.0135	
			有压段断面尺寸(m)	3 孔 4.4×4.4 2 孔 3.7×3.7	
			无压段断面尺寸(m)	1 孔 4.0×4.3 3 孔 3.3×3.3	
	主要建筑物与设备(座)	输水建筑物(座)	渡槽(座)	27	各类交叉建筑物
			渠道倒虹吸(座)	102	
			暗渠(座)	17	
			隧洞(座)	12	
			泵站(座)	1	
			合计	159	
		河穿渠交叉建筑物(座)		31	
		左排建筑物(座)		476	
		渠渠交叉建筑物(座)		128	
		控制建筑物(座)		304	
		公路交叉(座)		1238	
		铁路交叉(座)		51	
		合计		2387	
	供电系统				干线 35kV 专用网和北京段、天津干线 10kV 公用网供电
	通信传输系统				SDH 光纤通信系统
	自动控制				开放型多层分布式控制结构
	主要工程量	土石方开挖(万 m^3)		81460	
		土石方填筑(万 m^3)		28892	
		渠道衬砌混凝土(万 m^3)		780	
		建筑物混凝土与钢筋混凝土(万 m^3)		2015	
		钢筋与钢材(万 t)		167	
输水工程总投资(亿元)				1617.24	2013 年 11 月国务院南水北调工程建设委员会第七次会议审议

1.4 汉江中下游治理工程

汉江中下游治理工程指为消除调水对汉江中下游生态、供水、航运造成不利影响且与当地治理开发相结合的新建工程，包括兴建兴隆水利枢纽、引江济汉、部分闸站改造、局部航道整治四项工程（表3）。

（1）兴隆水利枢纽

兴隆水利枢纽是汉江干流规划中的最后一级拦河枢纽工程，位于湖北省天门市（左岸）和潜江市（右岸）境内。上距丹江口水利枢纽378.3km，距在建碾盘山枢纽117.5km，下距汉江河口273.7km。兴隆水利枢纽工程属平原河道型低水头闸坝型水库，枢纽轴线长2835m，主要由泄水闸、船闸、电站厂房、鱼道、两岸滩地过流段及其左右岸连接交通桥组成，设计、校核洪水位41.75m，正常蓄水位36.20m，水库总库容4.85亿m^3，最大下泄流量19400m^3/s。开发任务以灌溉和航运为主，同时兼顾发电。

2009年2月，兴隆水利枢纽工程开工建设；2013年11月，兴隆水利枢纽水库下闸蓄水，船闸正式通航，首台机组并网发电。

（2）引江济汉

引江济汉工程是从长江上荆江河段附近引水至汉江兴隆河段，补济汉江下游流量的一项大型输水工程。工程的主要任务是向汉江兴隆以下河段（含东荆河）补充因南水北调中线调水而减少的水量，同时改善该河段的生态、灌溉、供水和航运用水条件。年平均输水37亿m^3，其中补汉江水量31亿m^3，补东荆河水量6亿m^3。

引江济汉工程引水干渠进口为湖北省荆州市李埠镇龙洲垸，出口为潜江市高石碑，地跨荆州、荆门两个地级市所辖的荆州区和沙洋县，以及省直管市潜江市，全长约67.23km，东荆河控制工程位于仙桃市和洪湖市。引水干渠设计引水流量350m^3/s，最大引水流量500m^3/s，引水泵站设计流量200m^3/s。

2010年3月26日，引江济汉工程开工；2014年9月26日，引江济汉工程正式通水。

（3）部分闸站改造

汉江中下游各闸站因中线调水而引起水位下降，为恢复并改善各闸站的灌溉水源保证率，维持农业灌溉供水条件，进行了部分闸站改造工程。汉江中下游部分闸站改造工程较大闸站改造，共计31处，分布在汉江左岸13处、右岸18处，其中灌溉泵站11处、灌溉引水闸5处、灌溉闸站结合15处。总设计引水流量351.6m^3/s，总装机功率22962kW。除谢湾闸、泽口闸外，大多闸站在原址上改建或重建。另外有154座小型泵站根据需要进行了设备升级改造。

（4）局部航道整治

汉江中下游局部航道治理工程的范围为汉江丹江口以下至汉川的干流574km河段，其中，丹江口至襄阳河段长117km；襄阳至汉川河段长457km。建设规模为Ⅳ级航道通航500吨级船队标准。局部航道整治采用加长原有丁坝、加建丁坝及护岸工程、疏浚、护滩和抛石护脚等工程措施，恢复和改善南水北调中线调水后汉江航运条件。

湖北省组建湖北省南水北调工程建设管理局(以下简称湖北省南水北调管理局)，作为汉江中下游治理工程的项目法人。设计单位有长江勘测规划设计有限责任公司、湖北省水利勘测设计研究院、湖北省交通规划设计院，施工单位有湖北水总水利水电建设股份有限公司、中国水电十一局、中国水电基础局有限公司、中国葛洲坝集团股份有限公司等。

表 3　　汉江中下游治理工程特性

名称				数量	备注
兴隆水利枢纽	流域面积	全流域(万 km^2)		15.9	
		坝址以上(万 km^2)		14.42	
	多年平均年径流量(亿 m^3)			507	调水后2010年水平年
	代表性流量	多年平均流量(m^3/s)		1610	2010年水平年
		设计、校核洪峰流量($P>1\%$, m^3/s)		19400	丹江口大坝加高后
		施工导流流量($P=5\%$, m^3/s)		15600	丹江口水库现状
	水库特征值	正常蓄水位(m)		36.20	黄海高程
		设计洪水位、校核洪水位、防洪高水位(m)		41.75	
		总库容(亿 m^3)		4.85	校核洪水位以下库容
		正常蓄水位以下库容(亿 m^3)		2.73	
	工程效益	规划灌溉面积(万亩)		327.6	
		通航工程	过船吨位(t)	1000	
			规划过坝运量(远景2030年，万 t/a)	990.5	其中下行878.8万t
		发电	装机容量(MW)	40	
			保证出力($P=95\%$, MW)	8.7	
			多年平均年发电量(kW·h)	2.25	
			年利用小时数(h)	5646	
	主要建筑物与设备	坝轴线总长度(m)		2830	坝轴线与两岸堤防中心线交点距离
		泄水建筑物开敞式平底闸	孔数(孔)	56	
			孔口净宽(m)	14	
			闸底板顶高程(m)	28.0/29.50	分别为排漂孔和泄水孔底板顶高程
			设计平均单宽流量($m^3/(s·m)$)	18.5	
		通航建筑物	型式		单线一级船闸
			船闸有效尺寸(长×宽×槛上水深，m×m×m)	180×23×3.5	
			过闸最大吨位(t)	4000	1+4×1000t 船队
			年最大单向通过能力(万 t)	878.8	远景(2030年)
		电站厂房及机电设备	型式	河床径流式	
			主厂房尺寸(长×宽×高，m×m×m)	80×74×54	
			水轮机额定出力(MW/台)	10.42/4	
			发电机额定容量(MVA)	11.11	

续表

名称			数量	备注
兴隆水利枢纽	主要工程量	土方开挖(万 m^3)	2227.3	完成工程量
		土石方填筑(万 m^3)	588.03	完成工程量
		混凝土和钢筋混凝土(万 m^3)	68.69	完成工程量
		钢筋(万 t)	3.34	完成工程量
		金属结构安装(万 t)	1.21	完成工程量
		混凝土防渗墙(万 m^2)	26.79	完成工程量
引江济汉	长江多年平均年径流量(亿 m^3)		9282	大通水文站
	长江多年平均年径流量(亿 m^3)		3925	沙市水文站
	规模	渠道总长(km)	67.23	
		渠道进口设计/最高水位(m)	32.82/33.70	黄海高程
		出口(汉江)设计/最高水位(m)	30.70/31.21	
		渠道设计/最高引水流量(m^3/s)	350/500	
		年均引水量(亿 m^3)	21.9	
		补东荆河设计/加大引水流量(m^3/s)	100/110	
		补东荆河水量(亿 m^3)	6.1	
	主要建筑物与设备	涵闸(座)	16	
		船闸(座)	5	
		倒虹吸(座)	15	
		橡胶坝(座)	3	
		泵站(座)	1	
		跨渠公路桥(座)	37	
		跨渠铁路桥(座)	1	
		泵站装机容量(MW)	12.6	
		年均耗电量(kW·h)	764	
	主要工程量	土方开挖(万 m^3)	5809	
		土方回填(万 m^3)	1441	
		混凝土(万 m^3)	137.6	
		钢筋钢材(万 t)	3.74	
部分闸站改造	改造闸站(处)		31	
	水闸总设计引水流量(m^3/s)		232.66	
	泵站装机容量(MW)		23.56	
局部航道整治	规模	整治工程标准	Ⅳ$_{(2)}$级航道	丹江口至襄阳河段按Ⅳ$_{(3)}$级航道
		整治线宽度(m)	260～300	
	主要工程量	疏浚总量(万 m^3)	144.37	
		石方总量(万 m^3)	135.39	
汉江中下游治理工程总投资(亿元)			129.39	2013年11月国务院南水北调工程建设委员会第七次会议审议

2 勘测设计方案

2.1 工程布置

2.1.1 水源工程

2.1.1.1 设计标准

丹江口水利枢纽正常蓄水位170m，校核洪水位174.35m，总库容339.1亿m^3；水电站装机容量900MW；过坝建筑物可通过300吨级驳船。根据其规模，枢纽定为Ⅰ等工程。大坝、电站及其引水建筑物和通航建筑物的挡水部分等主要建筑物均定为1级建筑物。升船机定为5级建筑物，其主要建筑物为2级建筑物，次要建筑物为3级建筑物。

大坝加高工程洪水标准按1000年一遇洪水设计，按可能最大洪水（PMF）校核。电站厂房设计洪水标准为200年一遇，校核洪水标准为1000年一遇，下游消能防冲设施设计洪水标准为100年一遇，护岸工程设计洪水标准为50年一遇。大坝地震设防烈度定为Ⅶ度。

2.1.1.2 工程总体布置

丹江口大坝加高工程包括右岸土石坝改线重建、左岸土石坝加高培厚、混凝土坝加高培厚、泄洪表孔堰顶抬高、通航建筑物扩建等。另外在丹江口水库上游库区内离陶岔渠首枢纽约2.4km处的丹唐分水岭布置董营副坝一座。

丹江口大坝加高工程是在初期工程的基础上进行加高，各建筑物轴线除右岸土石坝改线另建、左岸土石坝尖山段坝轴线向下游平移40.1m并向左端延伸200m外，其余轴线均与初期工程相同。左、右岸土石坝均为黏土心墙土石坝；电站厂房为坝后式厂房，初期工程已按大坝加高运用要求设计，并已完建；通航建筑物仍然采用初期工程的型式。

图2为丹江口水利枢纽工程全景图。

图2 丹江口水利枢纽工程全景

挡水建筑物总长3442m，其中混凝土坝长1141m，坝顶高程在初期工程的基础上加高14.6～176.6m，最大坝高117m（厂房坝段27坝段）；土石坝坝顶高程176.6m，右岸土石坝长877m，最大坝高60m，左岸土石坝长1424m，最大坝高71.6m。

2.1.1.3 主要建筑物

（1）混凝土坝

坝顶高程176.6m，加高后的最大坝高117m（位于27坝段）。

（2）两岸土石坝

坝顶高程176.6m，上游坝坡1∶2.75～1∶2.5，下游坝坡1∶2.5～1∶2.25，顶宽10m，上设1.4m高防浪墙（包括人行道高0.2m），上、下游护坡均采用预制混凝土块。右岸土石坝最大坝高60m；左岸土石坝最大坝高71.6m。加高后的下游混凝土挡土墙最大墙高50m，总长80m。

（3）电站厂房

电站厂房包括引水建筑物、主厂房、副厂房、主变压器场地、安装场、尾水渠、操作管理大楼、开关站及厂外场地等，初期工程均按后期运用要求设计并建成，无须修改。电站装机6台，单机容量150MW，总装机容量900MW。

（4）升船机

初期工程按150吨级规模设计，其基础按照2×150吨级方案一次建成，设备则采用分期兴建。过坝方式为铁驳船干运，其他船湿运。大坝加高按300吨级规模扩建，过坝方式及总体布置不变，承船厢尺寸干运为34m×10.2m，湿运为28m×10.2m×1.4m。

（5）副坝

在库区左岸距陶岔渠首枢纽约2.4km处布置有董营副坝，为均质土坝，坝长265m。最大坝高约3m，上游边坡1∶2.5，下游边坡1∶2.25。上游采用混凝土预制块护坡，下游采用草皮护坡。左坝头副坝位于距左岸土石坝左坝头200m穿铁路处，为均质土坝，坝长190m，最大坝高5m，上游边坡1∶2.5，下游边坡1∶2.25，上、下游均采用混凝土预制块护坡。

2.1.1.4 混凝土坝加高新老混凝土结合措施

大坝加高型式有三种：一是直接贴坡浇筑方案；二是宽槽回填方案；三是分纵缝柱状块浇筑。丹江口大坝新老混凝土结合措施采取以直接浇筑为主，在竖直接合面无键槽部位采用人工补凿键槽，溢流坝段堰面采用宽槽回填为辅的总体方案，并根据各类坝段各自的特点，相应采取不同的处理措施及手段。深孔坝段8～13坝段高程120m以下已全部按后期要求形成深孔，下游坡面直接贴坡加厚；厂房坝段25～32坝段及左联段的33坝段，在高程102m厂坝平台以上贴坡加厚；溢流坝段14～24坝段堰顶需由原高程138m升高至152m，闸墩升至坝顶，即堰体与闸墩接合面顶部2～3m留设浅宽槽，待新浇混凝土温度降至准稳定温度后，选择有利时机进行宽槽回填。大坝右7～右13坝段，除右11～右13坝段不需要加高，右10坝段仅加高坝顶外，其余均需加高加厚。

2.1.1.5 基础处理

将左右岸连接坝段原初期工程基础廊道的“排灌型”孔改建为完整的防渗帷幕和排水幕，防渗标准为透水率 $q \leqslant 1$Lu。两岸混凝土坝加宽坝趾基础，基础固结灌浆孔排距为2.5m×2.5m，深度为5～10m。新建右岸土石坝和左岸延长土石坝基础防渗标准为 $q \leqslant 5$Lu。

2.1.2 输水工程

2.1.2.1 陶岔渠首枢纽工程

陶岔渠首枢纽工程既是南水北调中线输水总干渠的引水渠首，也是丹江口水库的副坝，位于河南省南阳市淅川县九重镇陶岔村，工程设计为新址重建加电站方案（图3）。

图3 南水北调中线工程陶岔渠首枢纽工程

(1)设计标准

陶岔渠首枢纽主要建筑物引水闸、河床式电站、两岸非溢流坝、下游消能建筑物等挡水建筑物为1级建筑物。设计洪水标准为1000年一遇，校核洪水标准为可能最大洪水（10000年一遇洪水加大20%）。闸下消能设计标准为丹江口水库设计洪水位，校核标准为丹江口水库校核洪水位，引水闸加大流量 $420m^3/s$。

工程区地震基本烈度为Ⅵ度。工程抗震设防类别为甲类水工建筑物，在基本烈度的基础上提高Ⅰ度作为设计烈度，即按Ⅶ度设计。

(2)引水闸过流能力

以满足近期调水为主，并考虑后期调水规模，陶岔渠首枢纽过流能力设计的控制条件为：①丹江口水库在死水位150m时，陶岔渠首可满足一期工程设计流量 $350m^3/s$ 的过流要求；②丹江口水库在水位156m时，陶岔渠首可满足一期工程加大流量 $420m^3/s$ 的过流要求。

(3)主要建筑物

陶岔渠首枢纽工程新渠首闸位于老渠首闸下游约 80m 处，新渠首闸建成后，老渠首闸拆除。闸室布置在右岸，电站设在渠道中间，主要建筑物包括引渠、重力坝、引水闸、消力池、电站厂房和管理用房等。渠首闸坝顶高程 176.6m，轴线长 265m，防浪墙顶高程 177.8m，轴线长 265m，共 15 个坝段。其中 1～5 坝段为左岸非溢流坝，坝段宽均为 16m，轴线长 80m；6 坝段为安装场坝段，坝段宽为 31m，轴线长 31m；7～8 坝段为厂房坝段，7 坝段宽 16m，8 坝段宽 19m，轴线长 35m。9～10 坝段为引水闸室段，各段宽均为 15.5m，轴线长 31m；11～15 坝段为右岸非溢流坝，除 11 坝段宽为 16m，其余均为 18m，轴线长 88m。引水闸底部高程 140m，分 3 孔，孔口尺寸为 7m×6.5m(宽×高)。设计流量 $350m^3/s$，加大流量可达 $420m^3/s$。电站为河床径流式电站，机组型式为灯泡贯流式，安装 2 台 25MW 发电机组，装机容量为 50MW。厂房左侧设有安装场。

2.1.2.2 输水总干渠

(1)设计标准

南水北调中线工程为Ⅰ等工程，总干渠、天津干线渠道、管涵(含隧洞)及其交叉建筑物、控制建筑物、穿黄隧洞及进出口连接、交叉建筑物等主要建筑物为 1 级建筑物。附属建筑物、河道防护工程和河穿渠建筑物的上下游连接段等次要构筑物为 3 级建筑物。

总干渠、天津干线河渠交叉断面以上集流面积大于 $20km^2$ 的河渠交叉建筑物设计洪水标准为 100 年一遇，校核洪水标准为 300 年一遇；集流面积小于 $20km^2$ 的左岸排水建筑物设计洪水标准为 50 年一遇，校核洪水标准为 200 年一遇。总干渠与各类河渠交叉、左岸排水建筑物连接渠段的防洪标准与相应的主体建筑物洪水标准一致。穿黄工程设计洪水标准为 300 年一遇，校核洪水标准为 1000 年一遇。

总干渠、天津干线主要建筑物采用的地震设计烈度与建筑物所在场地基本烈度相同。对设计烈度为Ⅵ度的主要建筑物采取适当的抗震措施；对设计烈度为Ⅶ度、Ⅷ度的主要建筑物及设计烈度为Ⅶ度的高填方、高边坡和不良地质段渠道，以及设计烈度为Ⅷ度的渠道、隧洞进行抗震设计，其动参数值按国家地震局分析预报中心编制的《南水北调中线工程沿线设计地震动参数区划报告(2004 年 4 月)》作为抗震设计依据。

(2)工程布置

南水北调中线工程总干渠从河南省淅川县陶岔渠首枢纽开始，渠线大部位于伏牛山、太行山山前平原、京广铁路以西。渠线经过河南、河北、北京、天津 4 个省(直辖市)，跨越长江、淮河、黄河、海河四大流域，线路总长约 1432km，其中陶岔至北拒马河段长 1197km，采用明渠输水方案，渠道采用梯形过水断面，并对全断面进行衬砌，防渗减糙；北京段长约 80km，采用 PCCP 管和暗涵相结合的输水型式；天津干线长约 156km，采用暗涵输水型式。

中线干线工程与沿线交叉的河流、道路、电力线路等全部采用立体交叉模式，沿线布置各类建筑物共计2387座，包括：输水建筑物159座，其中渡槽27座，渠道倒虹吸102座，暗渠17座，隧洞12座，泵站1座；河穿渠交叉建筑物31座、左排建筑物476座，渠渠交叉建筑物128座；控制建筑物304座；铁路交叉建筑物51座；公路交叉建筑物1238座。

北京段采用管涵加压输水方式：小流量全线管涵自流（$Q \leqslant 20m^3/s$）；大流量，从加压泵站至永定河西岸采用管道加压输水；在永定河西岸大宁水库副坝下设调压池，调压池以后采用低压输水方式，将水送入团城湖。主要输水建筑物为PCCP管道和暗涵，设置惠南庄泵站1座、大宁调压池1座、敷设PCCP管的线路长约45km。天津段天津干线采用全箱涵无压接有压全自流输水方式，共布置各类建筑物29座，包括：河渠交叉建筑物5座、左岸排水建筑物1座、分水口门10座、出口闸1座、排冰闸1座、保水堰井8座、溢流堰3座。

输水总干渠典型断面设计流量（加大流量）为：陶岔渠首$350m^3/s$（$420m^3/s$），穿黄工程$265m^3/s$（$320m^3/s$），进河北$235m^3/s$（$265m^3/s$），岗头隧洞$125m^3/s$（$150m^3/s$），西黑山节制闸$100m^3/s$（$120m^3/s$），北京段首$50m^3/s$（$60m^3/s$），天津段首$50m^3/s$（$60m^3/s$）。

输水总干渠共布置分水口门97个，其中河南42个，河北41个，北京11个，天津3个。分水口门总规模$668m^3/s$，其中河南省分水口门规模$281m^3/s$，河北省$196m^3/s$，北京$111m^3/s$，天津$80m^3/s$。

图4至图8为南水北调中线工程部分图片。

图4　南水北调中线工程渠道工程

图5　南水北调中线工程焦柳铁路立交桥

图 6　南水北调中线工程肖楼分水闸

图 7　南水北调中线工程白河倒虹吸

图 8　南水北调中线工程沙河渡槽

(3)主要建筑物设计

1)渠道。

总干渠明渠段渠道纵坡分别为:陶岔—沙河南段1/25000~1/25500,沙河南—黄河南段1/23000~1/28000,黄河北—漳河南1/20000~1/29000,漳河北—古运河段1/17000~1/30000,古运河—北拒马河段1/16000~1/30000。渠道均采用梯形断面,渠道边坡系数一般为2.0~2.5,特殊段3.0~3.5;渠道设计水深为8.0~3.8m;渠道底宽为7.0~29.0m;根据渠道加大水位或渠外洪水位加上相应的超高确定堤顶或一级马道的高程。过水断面采用混凝土衬砌,衬砌板厚度一般为8~10cm,特殊段22cm。根据需要,在衬砌板下加设复合土工膜防渗。黄河以南的渠道无须作防冻胀设计,黄河以北的渠道采取置换和保温两种防冻胀措施。

总干渠渠道沿线所经过的特殊地质渠段包括膨胀性(岩)土渠段、饱和砂土渠段、湿陷性黄土渠段以及煤矿采空区渠段,针对特殊渠段的不同特性采用相应的工程措施。

①膨胀土渠段。陶岔至北拒马河段膨胀土渠段累计长约332km(弱膨胀土渠段累计长171km,中、强膨胀土渠段累计长161km),对于浅层失稳采用迎水面黏性土铺盖方案,弱膨胀土一级马道以下断面换填黏性土厚度1.0m,中强膨胀土全开挖断面换填黏性土,换土厚度分别为2.0m、2.5m;对于边坡滑动失稳采用抗滑桩和坡面梁结合的加固措施。

②饱和砂土渠段。总干渠沿线需做处理的饱和砂土段总长度为25.69km(未计穿黄工程),根据不同的条件分别采用强夯法、挤密砂桩法、复合载体夯扩桩法、换土法处理。

③湿陷性黄土渠段。总干渠全线中、强湿陷性黄土渠段累计长332.82km(未计穿黄工程),挖方渠段无须处理,半挖、半填渠段采用强夯法对湿陷性黄土渠段进行处理,基础处理范围超出基础外缘的宽度为设计处理深度的1/2~2/3。

④煤矿采空区渠段。总干渠由南向北依次通过禹州市煤矿、郑州煤矿、焦作煤矿等大小数十座矿井,以压煤区为主,仅有少量经过已经稳定的采空区。压煤区给渠道留出足够的保护宽度及一定的保护煤柱,保护宽度一般为渠道左右外轮廓线以外10~20m,保护煤柱宽度一般为230~1530m。穿越煤矿区稳定采空区的总干渠渠道采用预制混凝土衬砌。

2)穿黄工程。

穿黄工程(图9)是中线总干线上规模最大、条件最复杂、单项工期最长的关键性交叉建筑物。穿黄工程位于郑州黄河铁路大桥上游30km处,从孤柏嘴护湾处穿过黄河,横跨郑州市荥阳市和焦作市温县,线路总长19.30km,设计流量265m^3/s,加大流量320m^3/s。工程由南岸明渠、穿黄隧洞及北岸明渠三部分组成,建筑物沿途穿越黄河、新蟒河、老蟒河等3条河流,与14条等级公路交叉。主要建筑物包括:南、北岸渠道,南岸退水洞,进口建筑物,穿黄隧洞,出口建筑物,北岸防护堤,北岸新、老蟒河交叉工程,以及孤柏嘴控导工程等。

穿黄隧洞单洞长4250m,包括过河隧洞和邙山隧洞(其中过河隧洞段长3450m,邙山隧洞段长800m),隧洞采用双层衬砌,外衬为预制钢筋混凝土管片,内径7.9m,内衬为现浇预应力钢筋混凝土，成洞内径为 7.0m。隧洞为双洞平行布置，中心线间距为 28m，各采用 1 台泥水平衡盾构机自黄河北岸竖井始发向南岸掘进施工。穿黄隧洞最大埋深 35m，最小埋深 23m；断面最大水压为 4.5MPa。过河隧洞坡度由北向南由 2‰变为 1‰。

(a)进口

(b)出口

图 9　南水北调中线工程穿黄工程

3)PCCP 管道设计。

南水北调中线一期工程自北拒马河至大宁调压池段采用双排、直径 4m 的 PCCP 管道输水，长 56.4km，其中 5.4km 明挖槽铺设，2.3km 为隧洞内安装 PCCP。PCCP 管线沿线设计了连通设施、排气井、排空井、末端控制蝶阀井以及事故检修井。

PCCP 管道内径 4.0m；有效长度 5.0m(标准 PCCP 单根管有效长度)；大多为双层缠丝管道，单节管道最大重量约为 77.4t。工作压力为 0.4MPa、0.6MPa、0.8MPa(与不同的管顶覆土厚度组合)；管顶覆土厚度为 3.0～10.5m(与不同的内压组合)，覆土厚度大于 10.5m 采用钢筋混凝土包封。

对 PCCP 管道进行无溶剂环氧煤沥青(煤焦油)涂层保护和阴极保护的双重防腐。钢制管件外表面涂水泥净浆后采用混凝土包封，内表面采用 40mm 厚钢筋网水泥砂浆防腐。

2.1.3 汉江中下游治理工程

2.1.3.1 兴隆水利枢纽

(1)设计标准

兴隆水利枢纽为Ⅰ等工程,主要建筑物泄水闸、电站厂房、船闸上闸首、两岸滩地过流段等为1级建筑物,闸室和下闸首为2级建筑物,鱼道及次要建筑物为3级建筑物。

兴隆水利枢纽设计、校核洪峰流量采用本河段的最大安全泄量19400m^3/s,相应上游设计、校核洪水位(最高防洪水位)为41.75m。

枢纽坝址区地震基本烈度为Ⅵ度,主要建筑物地震设计烈度为Ⅵ度,可不进行抗震设计,依据有关规范采取必要的抗震措施。

(2)主要建筑物

1)泄水建筑物。

泄水闸最大过闸流量约15000m^3/s,泄水闸设计过闸单宽流量约19m^3/(m·s),闸孔总净宽为784m,共布置56孔。闸室采用整体式结构,两孔一联,单孔净宽14m,闸顶顺水流向总长度33m。

2)通航建筑物。

兴隆水利枢纽河段远期通航标准为1000吨级,枢纽通航建筑物采用单线一级船闸,按与$Ⅲ_{(3)}$级航道标准配套,设计代表船队为1顶4驳4000吨级船队,船闸有效尺寸采用180m×23m×3.5m(长×宽×最小槛上水深)。

船闸布置于汉江主河槽左岸滩地,船闸轴线与坝轴线垂直,左岸接滩地过流段和交通桥,右侧接泄水闸。船闸由上闸首、闸室、下闸首和上下游引航道及导航、靠船建筑物组成。

3)电站厂房。

兴隆水利枢纽为低水头河床径流式电站,水头范围为1.0~7.15m。电站装机容量37MW,安装4台贯流式水轮发电机组,单机容量9.25MW,机组安装高程22.7m,水轮机直径6.00m。

电站厂房布置于汉江主河槽右侧,轴线与坝轴线平行,前缘总长107m,左侧接泄水闸门库段,右侧设置长20m厂前区平台接交通桥与右岸堤防相联。进厂交通由右岸交通桥从安装场端部进入安装场卸货平台,卸货后经厂内桥机转运就位。厂房主要由主厂房、副厂房、安装场、排沙洞、进出口连接段组成。

4)两岸滩地过流段。

交通桥布置于滩地过流段上空,桥面总宽8.0m,行车道宽6.5m,左岸交通桥全长820m,右岸交通桥全长690m。滩地过流面设50cm厚干砌石护面,保护范围为交通桥轴线上游50m至下游75m,其余部分则种植草皮进行护面。

5)鱼道。

鱼道采用单侧竖导式,设置在电站厂房右侧滩地上,进口位于电站厂房尾水渠右侧。鱼道有效段为直线段,长 461.60m、纵坡为 1/62.5,过鱼池净宽 3.0m,设计水深 2.0m,共设 95 个过鱼池和 10 个休息池,单个过鱼池长 3.2m。

2.1.3.2 引江济汉工程

(1)设计标准

引江济汉工程规模为大(1)型,工程等别为Ⅰ等。引江济汉工程主要建筑物引水干渠、进出口控制工程、河渠交叉建筑物等为 1 级建筑物,次要建筑物为 3 级建筑物。

引江济汉工程引水干渠进口至荆江大堤段建筑物(含穿堤防洪闸)按长江 1954 年型洪水位加 0.5m 超高作为设计洪水位;引水干渠出口至穿汉江大堤建筑物按汉江 1964 年型洪水位加 0.5m 超高作为设计洪水位。引水干渠与沿线各河渠交叉建筑物的设计洪水标准为 50 年一遇,校核洪水标准为 200 年一遇。

引江济汉工程沿线地震基本烈度为Ⅵ度,主要建筑物地震设计烈度为Ⅵ度,可不进行抗震设计,依据有关规范采取必要的抗震措施。

(2)主要建筑物

引江济汉工程由引水干渠、进出口控制工程、跨渠倒虹吸、路渠交叉及东荆河节制工程等建筑物组成。

引水干渠全长 67.23km,进口渠底高程 26.10m,出口渠底高程 25.0m,干堤渠底纵坡 1/33550,渠底宽 60m。渠道在拾桥河相交处分水入长湖,经田关河、田关闸入东荆河。

干渠设计引水流量 $350m^3/s$,最大引水流量 $500m^3/s$,补东荆河设计流量 $100m^3/s$,加大引水流量 $110m^3/s$。渠道内坡坡比 1∶2～1∶3.5,外坡坡比 1∶2.5。

干渠沿线主要建筑物有龙洲垸进水闸、沉砂池、沉螺池、龙洲垸泵站、泵站节制闸、荆江大堤防洪闸、港南渠分水闸、庙湖分水闸、拾桥河枢纽建筑物(拾桥河上游泄洪闸、下游泄洪闸、倒虹吸、码头、左岸节制闸)、后港分水闸、西荆河枢纽建筑物(上、下游船闸,左岸倒虹吸)、高石碑枢纽建筑物(高石碑出水闸)等。

东荆河节制工程从拾桥河分水闸分水入长湖,再引长湖水补充东荆河水量,以满足东荆河沿岸用水需求。始于长湖东南刘岭闸,至东荆河中下游河段,主要建筑物包括马口橡胶坝、黄家口橡胶坝、冯家口橡胶坝、新建冯家口闸、新建通顺河节制闸、钱家湾堵汊、新建一屋嘴桥、改建火脑沟桥、火脑沟故道疏挖及刘岭闸管护设施、加固田关闸等。

引江济汉工程沿线各类建筑物共计 111 座,其中引江济汉干渠各种水闸 9 座,泵站 1 座,船闸 4 座,倒虹吸 30 座,公路桥 31 座,铁路桥 1 座,机耕桥 24 座;东荆河节制工程各类水闸 6 座,橡胶坝 3 座,交通桥 2 座。

2.1.3.3 部分闸站改造

(1)设计标准

汉江中下游部分闸站改造工程按照各独立灌区的灌溉规模确定单项改造工程的等别；穿汉江干堤的各类建筑物级别与相应的汉江堤防级别相同，泵站级别按其装机容量或设计流量确定，一般渠系建筑物级别按灌排流量确定。

(2)主要建筑物

31处闸站改造方案包括移址新建、原址拆除重建、原址加固改造等。包括谢湾闸改造、泽口闸改造，拆除重建泵站19座，拆除重建引水闸1座，闸站联合改造8座，改造涵闸1座。

1)谢湾闸改造。

谢湾闸改造方案为新建跨东荆河倒虹吸(谢湾倒虹吸)实现自流引水灌溉，以补充汉江水位下降对谢湾灌区的影响。

谢湾倒虹吸位于东荆河河口段，穿汉江干堤和东荆河堤，布置于汉右桩号223+000、荆左桩号0+600处，总长961.2m，设计流量20m³/s。倒虹吸管身段为3.5m×3.5m钢筋混凝土方涵，埋置于东荆河床之下，倒虹吸进出、口分别设置闸门控制。进水渠段长225m，与兴隆河支流沿堤河连接；出水渠段长1.21km，与谢湾灌区百里长渠相连。

2)泽口闸改造。

泽口闸改造方案为移址新建徐鸳口泵站，配套建设深江闸、胜利闸、扩挖同兴渠、疏挖胜利渠等。

在泽口总干渠桩号16+000处新建深江节制闸，在距泽口闸36km的汉江右岸徐鸳村兴建徐鸳口泵站(设计提灌流量80m³/s，自排自灌流量30m³/s)，泵站出水流经6.2km长的同兴渠，其中经同兴闸入毛咀闸上游(设计流量30m³/s)，经过深江闸节制后入南干渠；经胜利闸入毛咀闸下游(设计流量50m³/s)，入北干渠。为满足过流要求，扩挖同兴渠6.2km，重建胜利闸及疏挖胜利闸下游至北干渠约500m的连接渠。

3)襄阳市闸站改造。

襄阳市闸站改造包括9处泵站：勤岗泵站(设计流量0.2m³/s)、靠山寺泵站(设计流量0.4m³/s)、刘家沟泵站(设计流量0.1m³/s)、龚家河泵站(设计流量0.3m³/s)、回流湾泵站(设计流量0.7m³/s)、茶庵泵站(设计流量0.5m³/s)、卢湾泵站(设计流量0.25m³/s)、鲢鱼口泵站(设计流量0.1m³/s)、荣河泵站(设计流量7.52m³/s)。站址位于汉江边的河汉岗地。特点是泵站流量小、扬程高。针对各泵站存在引水能力不足、水泵机组吸出高度不适应前池水位下降的问题，对9处泵站原址拆除重建。

除荣河泵站外，其他8座泵站规模都很小，且都位于汉江滩地，8座规模较小的泵站采用原址拆除重建、不新建防洪墙，高水位时将机电设备移走，并配备3台移动泵车，用于高水位有灌溉需要时提水灌溉。

4)荆门市闸站改造。

荆门市闸站改造包括7处闸站(钟祥市漂湖等6处,沙洋县杨堤1处闸站):漂湖闸站(设计流量5.5m^3/s)、双河闸站(设计流量4.5m^3/s)、中山闸站(设计流量1.9m^3/s)、沿山头闸(设计流量22m^3/s)、迎河泵站(设计流量0.95m^3/s)、皇庄中闸(设计流量3.8m^3/s)、杨堤闸(设计流量1.0m^3/s)。其中现有闸站拆除重建3处(漂湖、双河、中山),增建泵站结合改造老闸2处(沿山头泵站、杨堤),拆除重建迎河泵站1处,拆除重建穿堤涵闸(皇庄中闸)1处。

5)仙桃市闸站改造。

仙桃市闸站除泽口闸外,还包括卢庙闸站和鄢湾闸站。

卢庙闸站改造方案为老闸拆除重建+新建泵站。即原址拆除重建卢庙涵闸,在原老泵站上游增建新泵站。卢庙进水闸、卢庙泵站设计流量9.20m^3/s,布置4台900ZLB—70型立式半调节轴流泵组,配套电机单机功率为200kW。卢庙闸站建筑物包括进水渠、进水闸、穿堤拱涵、泵站进水渠、前池、泵房等部分。

鄢湾闸站改造方案为拆除重建涵闸+重建泵站。鄢湾进水闸、鄢湾泵站设计流量均为4.5m^3/s,布置3台900ZLB—50型立式半调节轴流泵组,配套电机单机功率为260kW。

6)天门市闸站改造。

天门市闸站包括:彭市闸站、彭麻闸站、杨家月泵站、刘家河闸站4处。

彭市闸站改造方案:原址拆除重建彭市闸、原移动式提水泵站在彭市闸外江侧改建为潜水式泵站。泵站设计流量2.0m^3/s,装机容量4×90kW。

彭麻闸站位于天门市麻洋镇,由彭麻高闸和麻洋低闸组成,两者相距350m。彭麻闸站改造方案为彭麻高闸进水闸维修加固+拆除重建泵站,泵站设计灌溉流量8.5m^3/s,装机容量4×220kW。

杨家月泵站改造方案:拆除重建泵房及出水管道、更换机电设备。重建提水泵站位于原站址下游约25m处,出水钢管中轴线垂直堤线布置。由提水泵室、出水钢管等组成。提水泵室总长7.2m,总宽6.6m,进水口底板高程20.32m,出水阀室底板高程23.85m,顶板高程26.0m。内设置立式轴流潜水泵2台,水泵设计流量1.0m^3/s,装机容量为2×110kW。

刘家河闸站由低闸和高、低站组成。灌溉时,刘家河低闸引水,刘家河高站提灌。改造为在高闸外江侧新建潜水泵站,直接提水进入高站灌溉渠道。提水泵站位于原站址上游约55m,出水钢管中轴线垂直堤线布置。由进口“U”形槽、提水泵室、出水钢管和出水箱涵组成。泵站设计流量4.21m^3/s,装机容量3×180kW。

7)孝感市闸站改造。

孝感市闸站改造项目为汉川市的7处闸站:杜公河闸站、龚家湾闸站、郑家月闸站、杨林闸站、小分水闸站、庙头闸站、曹家河闸。

①杜公河闸站改造方案为:进水闸不拆除只进行加固改造,恢复其灌排使用功能;同时在外江侧增建泵站取水,流量 2.4m^3/s,泵站出水渠与现有防洪闸进口连接,闸站联合运用,满足汉江水位降低后的灌溉用水要求。

②龚家湾闸站改造方案为:拆除重建引水低闸,增建差额流量泵站,差额流量为 8m^3/s。新建龚家湾泵站安装 4 台 900QZ—70GD 型潜水轴流泵,配套电机为 280kW;重建涵闸设计流量 22.0m^3/s。

③郑家月闸站改造方案为:拆除重建引水低闸,并增建差额流量泵站,补充差额流量 6m^3/s。增建泵站安装 3 台 900QZB—50 型立式轴流潜水泵,单机容量 280kW;重建进水涵闸设计流量 16m^3/s。

④杨林闸站改造方案为:进水闸不拆除,只进行加固改造,同时在外江侧增建差额流量泵站取水,流量为 3.0m^3/s。泵站出水渠与现有防洪闸进口连接,闸站联合运用,满足灌溉用水要求。增建泵站设计流量为 3.0m^3/s,安装 2 台 700QZB—160 型潜水轴流泵,水泵出水管管径 DN1000mm,单机容量为 75kW;改造引水闸,设计流量 12.0m^3/s。

⑤小分水闸站改造设计方案为:对进水闸进行加固改造,同时在外江侧增建差额流量泵站取水,差额流量为 3.0m^3/s。进水涵闸设计流量为 5.0m^3/s。

⑥庙头闸站改造设计方案为:增建差额流量泵站;原引水闸旁扩建一孔引水闸;疏挖引水闸至增建泵站之间及泵站出水渠渠道。增建泵站设计流量 11.0m^3/s,安装 4 台 1200QHB—50 型立式轴流潜水电泵组,电机配套功率 400kW;增建一孔引水闸后,三孔闸设计流量 31.5m^3/s,并应满足单台水泵设计流量 2.75m^3/s 要求。

⑦曹家河闸改造设计方案为:利用现有渠系将汉川电厂冷却弃水引至灌溉渠道,满足新河镇枯期 4 万亩农田灌溉的需要,对曹家河引水低闸进行加固改造满足其功能,设计流量 3.8m^3/s。

2.1.3.4 局部航道整治

(1)设计标准

局部航道整治工程中丹江口至襄阳河段按内河Ⅳ$_{(3)}$级航道标准,襄阳至汉川段按内河Ⅳ$_{(2)}$级航道标准进行整治设计。

(2)主要建筑物

汉江中下游局部航道整治工程整治建筑物主要为筑坝、护岸(滩)、疏浚等。丹江口至襄阳河段共完成丁坝 16 条、护岸 1 处(全长 326.4m)、疏浚挖槽 3 处、切滩 1 处。襄阳至汉川河段共完成丁坝(含加长及新建、修复)196 座,总长 62970m;护岸工程共 24 处,总长 36639.9m;疏浚挖槽(切滩)4 处;清障工程 14 处。

2.2 建设过程

1958—1973年按初期规模（蓄水位157m）建成了丹江口水库（含陶岔闸和闸下游一段输水总干渠），为南水北调中线工程奠定了基础。

2003年12月30日，南水北调中线京石段应急供水工程北京市永定河倒虹吸工程和河北省滹沱河倒虹吸工程同时动工，标志着南水北调中线工程正式启动。

丹江口大坝加高工程于2005年9月26日开工建设，9月27日南水北调中线穿黄工程开工，它是南水北调中线关键性控制工程，标志着南水北调中线工程建设全面启动。2007年6月23日，丹江口大坝加高贴坡混凝土全线达到原坝顶高程。

2008年9月18日，南水北调中线京石段应急供水工程开闸放水，南水北调中线京石段工程正式启用。此次调水水源为河北省岗南、黄壁庄和王快3座大型水库，调水目的地为北京市团城湖。3座水库共调水3亿m^3，通过连接渠汇入京石段应急供水工程。2008年11月17日南水北调中线一期天津干线工程开工，标志着中线工程进入全面开工建设新阶段。

2009年2月26日，南水北调中线汉江兴隆水利枢纽工程开工，标志着南水北调东、中线7个省（直辖市）全部工程开工建设，南水北调调水区、受水区工程开始同步建设；2009年5月26日，南水北调中线京石段应急供水工程圆满完成国务院确定的应急供水任务；2009年6月20日，丹江口大坝混凝土坝坝顶全线贯通。

2012年9月24日，中线陶岔渠首枢纽工程大坝混凝土浇筑全面达到设计高程176.6m，渠首主体工程全线贯通。2013年12月25日，南水北调中线干线主体工程完工，中线干线工程全线贯通，为2014年南水北调中线汛后通水奠定了基础。2014年12月12日，南水北调中线一期工程正式通水。

2.3 勘察设计概况

南水北调中线工程前期研究始于20世纪50年代初。50余年来，长江水利委员会会同有关单位开展了大量的前期工作，积累了丰富的勘测、水文、科研和规划设计成果。1987年完成了《南水北调中线工程规划报告》，1991年编制了《南水北调中线工程规划报告》（1991年9月修订）。修订报告推荐丹江口水库大坝加高、调水145亿m^3的方案。在规划报告的基础上，1992年提出了《南水北调中线工程可行性研究报告》，水利部在经过专题评审修改的基础上，于1994年组织了审查并通过了可行性研究报告。1995年国家环保总局审查并批准了《南水北调中线工程环境影响报告书》。1995—1998年，根据国务院第71次总理办公会议的精神，由水利部和国家计委分别组织专家对南水北调工程进行了全面论证和审查，长江水利委员会提出了《南水北调中线工程论证报告》，又对中线加坝调水和不加坝调水的多种方案进行了补充研究，仍推荐大坝加高调水145亿m^3的方案。长江水利委员会和有关省

(直辖市)还开展了初步设计准备工作,对部分主体工程按初设深度要求进行了水文、地形测量,地质勘探,并针对主要技术问题开展了科学试验研究,取得多项重要成果。

2000 年 9 月,水利部提出了《南水北调工程实施意见》,重点分析了北方地区面临的缺水形势,就南水北调工程的总体布局、近期实施方案、投资结构与筹资方式、生态建设与环境保护等主要方面进行了分析论证,并先后征求了国家发展计划委员会、中国国际工程咨询公司和部分资深专家的意见。2000 年 12 月 21—23 日,国家发展计划委员会、水利部在北京召开了南水北调工程前期工作座谈会,部署了南水北调工程的总体规划工作。按照水利部统一部署,2001 年长江水利委员会开展了南水北调中线工程规划修订工作,对中线工程规划在 20 世纪 90 年代工作的基础上,按照“先节水后调水、先治污后通水、先环保后用水”的基本原则,进一步作了更为深入、全面的研究论证,编制完成《南水北调中线工程规划报告(2001 年修订)》,推荐丹江口大坝按最终规模加高(正常蓄水位 170m);汉江中下游兴建兴隆水利枢纽、引江济汉、部分闸站改造、局部航道整治四项工程;输水总干渠工程分期建设,一期工程多年平均调水 95 亿 m^3、后期调水 120 亿～140 亿 m^3。总干渠采用新开渠高线,一期工程渠首设计流量 $350m^3/s$,加大流量 $420m^3/s$,后期渠首设计流量 $630m^3/s$,加大流量 $800m^3/s$;输水型式以明渠为主,局部采用管涵。按此方案实施可基本解决 2010 年水平年与 2030 年水平年受水区主要城市的缺水问题,缓解农业与生态用水,并可以保证水源区城市与农业用水,保护和改善水源区生态环境。

2002 年 12 月,国务院批准了《南水北调工程总体规划》确定中线一期工程调水 95 亿 m^3 方案。其后,长江设计院相继完成了《南水北调中线一期工程项目建议书》《南水北调中线一期工程总干渠总体设计》,2004 年 5 月水利部审查通过了《南水北调中线一期工程项目建议书》(修订本),并以水规计〔2004〕131 号文向国家发改委报送了《南水北调中线一期工程项目建议书》及审查意见。国家发改委于 2005 年 5 月,以发改农经〔2005〕922 号批复了《南水北调中线一期工程项目建议书》(修订本)。

根据国务院于 2004 年 7 月 8 日南水北调工程协调会议精神,为从整体上全面推进南水北调工程前期工作,规范工程建设和前期工作程序,确保工程技术方案的统一性和完整性,要求编制南水北调中线一期工程整体可行性研究报告,并明确要求中线一期工程整体可研报告须于 2005 年初编制完成。2005 年 2 月,《南水北调中线一期工程可行性研究总报告》编制完成;9 月,水利部水利水电规划设计总院对该可研总报告进行了审查。会后,设计单位根据审查意见对可研总报告作进一步修订完善。2005 年 12 月,水利部以水规计〔2005〕587 号文向国家发改委报送了《南水北调中线一期工程可行性研究总报告》及审查意见。

可行性研究阶段在以往工作基础上开展了环境影响复核评价工作。2002 年 4 月,编制完成《南水北调中线工程环境影响复核评价大纲》。2002 年 5 月 21 日,水利部南水北调规划设计管理局主持召开复核大纲专家咨询会。2002 年 6 月,国家环保总局环境工程评估中心主持召开复核大纲技术评审会，并以国环评估纲〔2002〕210 号文对复核大纲进行了批复。2005 年，编制完成《南水北调中线一期工程环境影响复核报告书》。2005 年 9 月，水利部水利水电规划设计总院在北京主持召开《南水北调中线一期工程环境影响复核报告书》预审会。2006 年 4 月，国家环保总局环境工程评估中心在北京召开报告书技术评估会。2006 年 7 月，国家环保总局以环审〔2006〕323 号文提出了报告书的审批意见。

2008 年 11 月，国家发改委批准了《南水北调中线一期工程可行性研究总报告》(发改农经〔2008〕2973 号)。

中线一期工程初步设计阶段项目划分为总干渠工程、水源工程和汉江中下游治理工程。根据南水北调工程初步设计管理的有关要求，结合各工程实际，按照初步设计单元工程项目划分原则，南水北调中线干线工程共分 10 项单项工程，81 个设计单元。其中：①京石应急供水工程，22 个设计单元；②漳河北—石家庄段工程，13 个设计单元；③穿漳河工程，1 个设计单元；④黄河北—漳河南段工程，11 个设计单元；⑤穿黄工程，2 个设计单元；⑥沙河南—黄河南段工程，11 个设计单元；⑦陶岔渠首—沙河南段工程，11 个设计单元；⑧陶岔渠首工程，1 个设计单元；⑨天津干线工程，6 个设计单元；⑩其他工程，3 个设计单元。

南水北调中线水源工程划分为 4 个设计单元工程，分别为丹江口大坝加高工程、丹江口大坝加高库区移民安置工程、陶岔渠首工程和中线水源调度运行管理系统工程。

汉江中下游治理工程共 4 项单项工程，划分为 6 项设计单元工程，其中，兴隆水利枢纽工程为 1 项设计单元工程，引江济汉工程划分为 2 项设计单元工程，部分闸站改造工程划分为 2 项设计单元工程，局部航道整治工程为 1 项设计单元工程。

各初步设计承担单位以南水北调工程总体规划、中线一期工程项目建议书(修订本)、各分段(项)工程可行性研究及审查、审批意见为依据和基础，编制了各单元工程的初步设计报告，并上报水利部或者国调办，水利部水利水电规划设计总院受其委托，对各单元初设报告进行了审查。各设计承担单位按规定和审查意见重新编制完成了初设报告。在通过复审的基础上，报国调办进行批复。

3 工程特点及科技创新

3.1 主要技术难点

3.1.1 丹江口大坝加高工程

丹江口大坝在承担防洪、发电等正常运行条件下实施大坝加高，世界上尚无先例。加高 14.6m，增加库容 116 亿 m^3，直接浇筑 125 万 m^3 新混凝土，规模居同类工程之首。大坝加高中的关键技术研究难题主要有：

1)丹江口大坝加高工程是在初期工程运行条件下进行的,加高期间继续担负着防洪、发电和灌溉等任务,不能放空水库,如何对初期坝体上游面质量缺陷进行检测和处理,研究查明加高施工期的水位对加高工程稳定应力以及新老坝体结合措施的影响。

2)丹江口大坝加高工程采用后帮贴坡加高的方式,贴坡厚度 5～14m,与年气温变化影响深度基本相当,新老坝体结合面处在年气温影响深度范围内,工作环境复杂,采用传统的后帮整体式加高难以保证新老坝体之间的结合面紧密联合,大坝加高设计理论有待研究。

3)丹江口初期大坝存在较多质量缺陷,如溢流坝段初期闸墩配筋不足且多高程存在水平层间缝、部分坝段存在贯穿性水平或竖向裂缝等,影响大坝加高工程的安全及耐久性,需要彻底查清并妥善处理。

3.1.2 输水工程

南水北调中线一期工程总干渠全长 1432km,具有规模大、线路长、交叉建筑物多、工程穿越区地质条件复杂的特点。输水工程的关键技术研究难题主要有:

(1)输水渠道膨胀土边坡处理

南水北调中线一期工程总干渠涉及膨胀土渠段长达 387km,最大挖深达 49m,其膨胀土地质结构复杂,渠道工程的涉水特点使其相比一般膨胀土边坡更为复杂,不仅面临大范围的膨胀变形问题,更要面对难以预测的滑坡问题,如何保障膨胀土渠道顺利建设和运行期的稳定安全是南水北调中线工程面临的重大关键技术难题。

(2)高填方渠段风险处理

南水北调中线工程填方高度超过 6m 的渠段累计长约 139.5km,全填方渠道长约 66.3km,最大填方高度达 23m。长距离线性工程沿线地质条件多变、填筑料源不一,加上填筑时间顺序先后差异,渠道差异沉降问题较突出;填方渠道风险源多,如何有效地对这样一项巨型的线性工程进行实时、连续的监控,是保障渠道运行安全的关键问题。

(3)穿黄工程

穿黄河段为典型的游荡型河段,地质条件复杂。穿黄隧洞自黄河粉细砂河床下穿越黄河,隧洞内径 7m,外径 8.7m,采用泥水盾构施工,埋深大、内水压高是穿黄工程的技术难点。

(4)特大型渡槽

南水北调中线总干渠共布置输水渡槽 27 座,具有跨度大、流量大、体型大、自重大、荷载大、结构复杂等特点,是技术最复杂、施工工艺要求高、工程建设管理难度最大的项目之一。

(5)大型 PCCP 输水管道

南水北调中线北京段工程在我国首次采用了 4m 超大口径 PCCP。PCCP 输水干线位于北京市房山区,为 4m 直径双排布置管线,管线长约 56.4km。PCCP 大多为双层缠丝管道，单节 PCCP 管最大外径为 4852mm，长 5m，单节管道最大重量约为 77.4t。工程的结构安全和建设质量要求高，超大口径管道的使用对制造、运输、安装、吊装的难度加大，国内没有相关设计、施工规范。

(6)供水调度方案

南水北调中线工程为长距离、多水源、多用户、多建筑物、结构复杂的大型跨流域调水工程。输水渠道全线有 97 个分水口门(含闸、泵站等)，64 个节制闸。在没有在线水库和旁侧调节水库条件下，如何根据用户的需水要求，进行全线节制闸和分水闸的调度，灵活、准确地运行控制总干渠；防治冰害，进行冰期输水调度，合理安排冰期输水等，均是中线工程必须解决的重要问题，其调度运行的复杂性是我国水利工程前所未有的。

3.1.3 汉江中下游治理工程

(1)兴隆水利枢纽

兴隆水利枢纽河段的现状安全泄量为 $19400m^3/s$，坝址处河道总宽约 2800m，河床呈复式断面，高程 36.2m(正常蓄水位)以下河槽宽约 700m，主河槽左侧漫滩宽约 1400m；右侧漫滩宽约 700m。坝址区覆盖深厚粉细砂，下部为砂砾(卵)石层。建筑物地基及过流面均为粉细砂层。工程建设主要存在以下关键技术难题：

1)超宽游荡型河道建设拦河枢纽如何顺应河势，维持河势稳定，保障枢纽综合效益长期稳定发挥，避免航道淤积。

2)针对粉细砂地基承载能力低，沉降量大，允许渗透比降值小，极易发生渗透变形，饱和砂土存在震动液化等特性，研究大面积地基处理技术。

3)针对粉细砂抗冲流速小，抗冲刷能力低，工程单宽流量大的特点，研究安全可靠的消能防冲措施。

(2)引江济汉工程

引江济汉引水干渠长 67.23km，设计引水流量 $350m^3/s$，最大引水流量 $500m^3/s$，工程需满足防洪、引水、通航多目标功能。工程建设存在以下关键技术难题：

1)满足通航和防洪要求的土基上建设大型通航闸孔(闸宽 90m)结构技术。

2)满足通航、防洪要求，具备双向挡水功能的超大型(孔口宽度 60m)平面对开弧形门及其启闭设备设计技术。

3.2 主要科技创新点

3.2.1 丹江口大坝加高工程

通过研究混凝土大坝加高后新老混凝土结合面应力状态、新老混凝土结合面的影响范围和深度，经充分论证，确定丹江口大坝加高方式为后帮贴坡整体重力式方案。该方案关键技术难题为需解决新老混凝土结合面对大坝加高工程的影响。

为确保丹江口大坝加高工程万无一失，长江设计院在进行大量计算分析研究的基础上，还进行了大量的实验室和现场原位试验，在高混凝土重力坝的加高结构设计理论、质量检测技术、加高加固成套技术等方面取得了系列研究成果。

1）揭示了重力坝后帮式加高新老坝体结合面的开合变化规律及联合承载机制，提出了重力坝“后帮有限结合”加高结构新理论，提出了考虑瞬态温度场和新老坝体动态结合的重力坝“后帮有限结合”加高结构动态设计新理论与分析方法，建立了相应的技术标准体系，为重力坝加高结构设计提供了新的理论支撑。

2）从结合面结构措施、温控措施、预留灌浆系统及加高监测系统等方面系统研究，研发了重力坝加高新老坝体结合成套技术，包括“限位传力榫槽”“分区过缝无黏结锚杆”“定位控制灌浆”等技术，有效保证新老坝体结合度，满足新老坝体联合承载、协同工作的要求。现场实测结合度不小于20%、最大开度小于0.9mm。

3）针对复杂结构边界检测难题，研发了三角网全局射线追踪高精度声波CT技术及移动单元体检测成套技术，实现结构混凝土精细探测，CT技术理论误差不大于0.028%，移动单元体检测成套技术效率提高10倍以上。研发了300m级深水渗漏无人示踪技术，攻克了水库大坝深水复杂环境下检测技术难题。

4）针对存在多层水平层间缝及配筋不足的高薄闸墩，提出了闸墩空间均衡整体加固方法。研发了闸墩多层分散自锁预应力锚固技术，解决了大吨位锚固局部应力集中技术难题，该技术将锚固端局部混凝土应力降低2/3；研发了大孔深表层精准植筋成套技术，解决了水工混凝土复杂受力结构补强加固难题，最大植筋深度超过20m、钻孔孔斜率低于8‰。

3.2.2 输水工程

（1）输水渠道膨胀土边坡处理

系统研究了膨胀土渠道工程地质特性、渠坡破坏机理与稳定控制关键技术，研发了膨胀土现场快速判别技术和稳定性预测技术；提出了膨胀土挖方渠道边坡稳定计算组合分析方法；针对不同结构和膨胀性的膨胀土渠道，提出了“护—截—排—固”的膨胀土渠坡综合处理关键技术，成功解决了线路长、挖深大、膨胀性强、水文地质条件复杂的膨胀土边坡稳定问题，为类似工程提供了新的思路和途径。

（2）高填方渠段风险处理

采用室内试验、理论分析以及有限元数值模拟相结合的方法，系统研究了不同地基条件、不同填高的渠道在填筑施工期、衬砌板施工期、通水运营期的沉降变形发展规律，分析了渠道沉降与衬砌板相互作用机制，提出了膨胀土渠堤工后剩余沉降量和沉降期实用计算方法，以及渠堤工后堤顶剩余变形控制标准及相应的衬砌面板施工控制标准。

考虑高填方碾压施工质量控制的要求与特点，研制开发了高填方碾压施工质量实时监控系统，实现了高填方碾压施工质量的全过程、精细化在线监控，有效地保证和提高了施工质量。

（3）穿黄工程

研发出“盾构隧洞预应力复合衬砌”新型输水隧洞结构型式，提出地下连续墙围护、满堂内衬加固和井底高喷加固等技术措施，以及防渗灰浆墙、降水井、墙脚帷幕灌浆、地下连续墙接缝防渗等一整套防水措施，攻克了薄壁内衬预应力设计、超深竖井深层地基加固与防水等关键技术难题。

系统研究了穿黄隧洞段地基土料的动力特性，建立了适用于穿黄隧洞地基特性的三维非线性有效应力地震反应分析和评价方法，得到良好的工程应用。

（4）特大型渡槽

建立了超大“U”形渡槽设计理论和方法，发明了异型叠合的“分体式扶壁梯形”新槽型，研发出 40m 跨 1600t 超大“U”形渡槽造槽机、机械化施工成套技术和高效施工工法，研发提出了新型渡槽伸缩缝密封止水材料和新型渡槽伸缩缝复合止水结构型式，制定了大型渡槽混凝土施工裂缝控制方法、预应力施工及张拉顺序等施工工艺的技术标准，为同类工程提供了开创性成果（图 10）。

图 10　南水北调中线工程湍河渡槽工程——超大“U”形渡槽

(5)大型 PCCP 输水管道

对管道结构计算与设计、材料和制造工艺、检测技术、腐蚀防护技术进行系统研究，使用了超大口径 PCCP 专用新型承插口、PCCP 阴极保护测试探头和 PCCP 阴极保护与钢丝锚固一体组件等新产品；高柔韧性、高抗裂性与高耐久性的承插口接头砂浆和 PCCP 管芯用高性能、超低总碱含量混凝土等新材料；PCCP 外壁防腐涂层机械化自动喷涂工艺、自装卸管道运输车就位、小龙门起重机对接的超大口径 PCCP 管线沟槽安装工艺和隧洞驮管车运输安装、PCCP 管壁做模具、自密实钢筋回填的超大口径 PCCP 管线洞内安装工法等新工艺，为南水北调工程建设及我国 PCCP 的设计、制造和安装标准的制定与完善提供技术支持。

(6)长距离输水工程水力控制技术

建立了中线工程供水计划生成模型及供水计划编制标准化流程，为中线工程实现合理和可持续水量优化配置提供了可靠的技术依据。

通过非冰期及冰期输水控制水力学模拟模型研究，构建了南水北调中线一期工程总干渠全线全套数值模型，提出了中线工程总干渠正常运行调度的前馈控制方法、反馈控制方法、各类控制建筑物的启闭规则、各渠段的运行控制水位等，以及总干渠在冰期输水的运行调度原则、控制技术要求，在南水北调中线工程京石段应急供水、总干渠充水试验、总干渠初期通水中发挥了重要的作用。

3.2.3 汉江中下游治理工程

(1)兴隆水利枢纽

枢纽采用新颖的主槽建闸蓄水、两翼保留滩地、闸滩联合行洪的布置型式，维持了天然河道“枯水归槽、洪水漫滩”的复式断面过流特性，既显著节约了工程投资，又可利用滩地分担约 25%的下泄洪量，有效减轻粉细砂河床的冲刷变形，保持河势稳定。

将枢纽通航、发电设施同岸布置，利用电站常流水形成稳定枯期航槽，减轻引航道口门区及连接段的泥沙淤积，保障枢纽综合效益长期、稳定发挥。

针对深厚粉细砂地基建设拦河枢纽地基处理需满足防止液化、提高地基承载力和抗渗性能、变形协调等多目标要求，创新提出了“格栅点阵搅拌桩”多功能新型复合地基，“‘H’形预制嵌套”柔性混凝土海漫+垂直防淘墙消能防冲复合结构，形成了深厚粉细砂地基建坝成套技术。

(2)引江济汉工程

在荆江大堤防洪闸(兼通航孔)设计中提出土基上大型通航闸孔“先分后合、适时并缝”混合结构新型式，建成了目前国内外最大、底宽达 90m、挡水水头 12.5m 的 2 孔 1 联、单孔净宽 32m 整体式通航(挡洪)闸孔。

引江济汉工程拾桥河枢纽左岸节制闸闸孔宽度为 60m，为超大型孔口，研发出超大型双向挡水、单铰支承、可调重调频的平面对开弧形门(孔口宽度 60m，门高 8.9m，最大挡水高度

7.28m，水头差 4.33m)，并首创“多转点摩擦绞车”驱动方式，解决了超大型通航闸孔建设难题。引江济汉工程拾桥河枢纽工程见图 11。

图 11 引江济汉工程拾桥河枢纽工程

4 工程运行及荣誉

4.1 工程运行

截至 2021 年底，南水北调中线一期工程全面通水 7 年，通过严格的规范化管理体制，科学编制调度计划，提高了调水水平，保证了工程安全调度运行，发挥了显著的综合效益。

4.1.1 供水效益

南水北调中线一期工程规划供水城市主要有：北京全市；天津中心城区、滨海区、新四区、武清区及蓟县、宝坻县、宁河县、静海县 4 县城及建制镇；河北省的邯郸、邢台、石家庄、保定、衡水、廊坊 6 个省辖市及其范围内的 18 个县级市和 70 个县城；河南省的南阳、平顶山、漯河、周口、许昌、郑州、焦作、新乡、鹤壁、安阳、濮阳 11 个大中城市及 30 个县级市和县城。工程实施后在原规划范围基础上新增的供水范围主要有：河南南阳的内乡县、许昌的鄢陵县、郑州的登封市和新密市、濮阳的清丰县和南乐市以及河北沧州的泊头、东光、吴桥、黄烨、青县、海兴、南皮、孟村、盐山 9 个县市。供水范围内直接受益人口已达 7900 万。

南水北调中线一期工程通水 7 年来，陶岔断面累积输水超过 447 亿 m^3，综合效益显著，有效遏制了受水区地下水水位下降的趋势。河北省深层地下水水位由每年下降 0.45m 转为每年上升 0.52m，补水后河道沿线 5km 范围内浅层地下水水位上升 0.49m。

南水北调中线一期工程实施后显著改善了受水区水资源条件，有效缓解了水资源供需矛盾，提高了城乡的供水安全保障水平，促进了区域经济持续、快速、健康发展，体现出作为国家重大水利基础设施工程和国家级水资源配置骨干工程的战略功能。

4.1.2 防洪效益

汉江中下游地区是汉江防洪的重点，也是长江中下游防洪重点区之一。丹江口水库作为汉江流域治理开发的控制性工程，防洪是其首要任务。大坝加高后，丹江口水库夏、秋汛期防洪限制水位调整至 160.0m、163.5m，预留防洪库容增加至 110.21 亿 m^3（夏）、80.53 亿 m^3（秋），显著提高了对枢纽和汉江中下游地区的防洪保安能力。当遭遇 1935 年型大洪水（相当于 100 年一遇）时，通过水库拦蓄上游洪水，配合杜家台蓄滞洪区和中下游部分民垸分洪，可确保汉江中下游防洪安全；当遇 1935 年型以下洪水时，通过水库拦蓄上游洪水，可减小杜家台蓄滞洪区和中下游民垸的运用概率。

自通水以来，汉江流域汛期以遭遇中小洪水为主，累计发生 13 场入库洪峰大于 5000m^3/s 的洪水，丹江口水库充分发挥拦洪削峰能力，削峰率达到 50%以上。以 2017 年防洪调度为例，9—10 月汉江遭遇明显秋汛，自 8 月 28 日开始，汉江流域共发生 6 次明显的系统性降水过程，最大入库洪峰流量 18600m^3/s，水库实施控泄，汛期最大出库流量 8040m^3/s，最大降低汉江中游干流皇庄水位 2m 左右，避免了蓄滞洪区运用，有效缓解了汉江中下游的防洪压力。

4.1.3 生态环境效益

南水北调中线一期工程实施以来，通过水源置换、水量调整、直接补水等途径，改善了中线受水区河流的水环境状况。部分河湖水量明显增加，补水河流断流和干涸天数减少，甚至补水河流不再断流，如白洋淀补水后水面面积明显扩大，上游干涸 36 年的瀑河水库重现水波荡漾。中线工程的运行改变了中线受水区供水结构，结合《华北地区地下水超采综合治理行动方案》和流域水污染物防治行动计划的落实，区域地下水埋深和水质情况有所改善。沿线各省（直辖市）逐步关停自备井、大幅压采地下水，有效促进了地下水资源的涵养和恢复，遏制了地下水水位下降速度和漏斗面积进一步增大的趋势。据统计，2018 年较 2014 年北京市地下水位回升 2.81m；2018 年天津市地下水降落漏斗中心水位回升 1.38m；中线通水以来，河南省和河北省地下水水位下降的速度得到减缓。与此同时，受水区部分区域地下水水质得到改善，近 10 年北京市深层地下水Ⅳ～Ⅴ类面积比由 20%降低至 12%，河南省受水区地下水Ⅱ～Ⅲ类水质站点比例由 5%增加至 42%。

4.1.4 汉江中下游治理效益

汉江中下游四项治理工程实施后，在供水、航运、发电、改善水环境等方面发挥了积极作用，配合汉江干流梯级开发，改善了汉江中下游航运和供水条件。

(1)灌溉、供水效益

兴隆水利枢纽建成后两岸规划的327.6万亩灌溉面积灌溉保证率由71.76%～85.45%提高到94.97%～96.64%，保证了汉北和兴隆灌区长远发展的需要。

引江济汉工程直接供水范围涉及6个灌区(东荆河灌区、泽口灌区、谢湾灌区、沉湖区、汉川二站灌区、江尾引提水区)和7个市区(潜江市、仙桃市、孝感市、汉川市，以及武汉市蔡甸区、东西湖区、武汉城区)。工程实施后，结合部分闸站改造工程，为汉江兴隆以下河段和东荆河提供了可靠的补充水源，缓解了汉江下游水资源量相对不足的矛盾，改善了各灌区的灌溉用水和城镇供水条件，设计水平年灌溉保证率达到80%～85%，为该地区国民经济的可持续发展提供了有力支撑。

(2)航运效益

兴隆水利枢纽建成后，根本改善兴隆至华家湾约76km航道浅滩、枯水期滩段水深不足的航道条件，使本河段的通航等级达到1000吨级航道，减少了航道整治和维护费用，提前达到交通部内河水运主通道规划目标的要求。

引江济汉工程从长江引水，补充汉江下游水量，连通了长江与汉江之间的航运，工程实施后恢复和改善河段中水(600～800m^3/s)的通航保证率，缩短江汉之间的绕道航程673km，节约大量运输成本，同时也促进了水运建设的发展，使湖北省交通综合运输体系更趋完善。

(3)发电效益

兴隆水利枢纽电站装机容量40MW，年发电量2.18亿kW·h，参与省网平衡，就近供电江汉平原地区。

(4)生态效益

引江济汉工程实施后，汉江沙洋以上河段水质基本无变化，沙洋以下河段有300～500m^3/s流量进入汉江，使沙洋至武汉河段流量有所增大，汉江中下游“水华”出现年度与年内持续时间大幅度减小。

4.2 荣誉

南水北调中线工程的多项创新研究成果获得了国家、省部级和行业协会的科技奖励，主要包括：

1)“长距离输水工程水力控制理论与关键技术”项目荣获2016年国家科学技术进步奖二等奖；

2)“南水北调中线工程勘察关键技术与实践”荣获2018年大禹科学技术奖一等奖；

3)“南水北调中线渠道工程关键技术”荣获2018年水力发电科学技术奖一等奖；

4)“南水北调中线汉江中下游水资源系统调控工程关键技术”荣获2016年湖北省科技

进步奖一等奖；

5)“南水北调中线工程输水能力与冰害防治技术研究”荣获 2014 年水力发电科学技术奖一等奖；

6)“南水北调中线工程”荣获 2016 年 FIDIC 国际咨询工程项目奖优秀奖；

7)“汉江中下游水资源调控工程”荣获 2017 年 FIDIC 国际咨询工程项目奖特别优秀奖；

8)“南水北调中线工程规划”“南水北调中线一期汉江中下游治理引江济汉工程”荣获 2016 年湖北省优秀工程勘察设计奖一等奖；

9)“南水北调中线穿黄隧洞工程设计”荣获 2018 年湖北省优秀工程勘察设计奖一等奖；

10)“南水北调中线一期总干渠渠道工程(陶岔至鲁山段)”荣获 2019 年全国优秀水利水电工程勘测设计奖金奖。

2021 年 5 月 13—14 日，习近平总书记来到河南省南阳市考察南水北调中线工程并主持召开推进南水北调后续工程高质量发展座谈会。总书记强调，南水北调工程事关战略全局、事关长远发展、事关人民福祉。南水北调工程功在当代，利在千秋。这项国之大事、世纪工程、民心工程，必将在中华民族伟大复兴的征程中刻下不朽的印记。

撰稿/黄炜、王改会、毛文耀

南水北调中线丹江口大坝加高工程

▲ 丹江口大坝

南水北调中线丹江口大坝加高工程前后历经数十载的科技攻关、设计研究和工程建设，在大坝加高设计理论与成套技术、缺陷检查与处理、高水头帷幕灌浆技术等方面取得了诸多创新成果，不但为工程本身建设提供重要的技术支撑，也为复杂环境下大坝加高工程设计和施工提供借鉴。

1 工程概况

1.1 建设背景与建设意义

丹江口水利枢纽是新中国成立初期自行勘测、设计、施工，具有防洪、发电、灌溉、航运、养殖等综合效益的第一座大型水利枢纽，被周恩来总理誉为“五利俱全”的水利工程，在新中国水利水电工程建设史上具有重大的历史意义和战略意义。丹江口水利枢纽是治理开发汉江、根治汉江水患的关键性控制工程，是为葛洲坝、三峡等大型水利工程建设积累经验、锻炼队伍的“摇篮”工程，是南水北调中线的水源工程。它就像一颗璀璨的明珠，镶嵌在三千里汉江上，为江汉平原及武汉市经济社会发展、人民安居乐业做出了巨大贡献。

丹江口水利枢纽初期工程建成后，经受住了超千年一遇洪水位的考验，共拦蓄流量大于10000m^3/s的洪水82次，有效地保护了江汉平原及武汉市的人民生命和财产安全；电站累计发电1340多亿kW·h，是全国第三个发电总量超过1000亿kW·h的水电站；枢纽向湖北、河南两省灌区无偿供水160余亿m^3，累计灌溉面积207万hm^2；枢纽改善了汉江航运条件，150t驳船经升船机过坝可直达陕西白河；水库有效养殖面积6.2万hm^2，为发展地方渔业养殖创造了条件。如今，丹江口水利枢纽又承担起南水北调中线水源工程的重任，将对促进我国北方地区国民经济可持续发展和生态环境的改善发挥重大的作用。

1.2 工程简述

丹江口水利枢纽位于湖北省丹江口市，汉江与其支流丹江汇合口下游800m处，控制流域面积95200km^2。初期工程是一座以防洪为主，兼有发电、灌溉、航运、养殖等综合效益的大型水利工程。坝顶高程162m，正常蓄水位157m，总库容209.7亿m^3。丹江口大坝加高后枢纽正常蓄水位170m，保坝洪水位174.35m，总库容339.1亿m^3，电站装机容量900MW，过坝建筑物可通过300吨级驳船，工程任务调整为防洪、供水、发电、航运等综合利用。根据其规模，枢纽定为Ⅰ等工程，大坝、电站厂房等主要建筑物定为1级建筑物，通航建筑物的主要部分定为2级建筑物。挡水建筑物的洪水标准按1000年一遇洪水设计，按可能最大洪水(10000年一遇洪水加大20%洪量)校核。电站厂房设计洪水标准为200年一遇，校核洪水标准为1000年一遇，下游消能防冲设施设计洪水标准为100年一遇，护岸工程设计洪水标准为50年一遇。大坝地震设防烈度为Ⅶ度。

1.3 工程布置和主要建筑物简介

(1)初期工程

丹江口水利枢纽工程(图 1)挡水建筑物由河床混凝土坝和两岸土石坝组成,总长2468m。混凝土坝长 1141m,最大坝高 97m。泄水建筑物位于河床中部和右部,由 12 个深孔(其中 1 号深孔 1990 年 12 月改为防汛自备电厂引水口)和 20 个开敞式溢流表孔组成。深孔孔口尺寸 5～6m,孔底高程 113m,单孔最大泄流量 807m³/s,深孔工作门为弧形钢闸门,表孔堰顶高程 138m,单孔最大泄流量 1995m³/s,堰顶闸门为平面钢闸门。左岸土石坝长 1197m,最大坝高 56m,为黏土心墙及斜墙沙砾料坝壳土石混合坝。右岸土石坝长 130m,为黏土心墙风化石渣坝壳土石混合坝。

图 1　丹江口水利枢纽初期工程鸟瞰图

通航建筑物由上游导航建筑物、垂直升船机、中间渠道、斜面升船机、下游引航道组成,全线长 1110m,一次可通行 150 吨级驳船一艘。

灌溉建筑物位于丹江口库区,距坝址 30km 处,共有引水渠首两座。一座为清泉沟渠首,底板高程 143m,设计引水流量 100m³/s,供湖北襄阳灌区。另一座为陶岔渠首,底板高程 140m,设计引水流量 350m³/s,供河南灌区,加大引水流量 420m³/s。

(2)大坝加高工程

丹江口水利枢纽大坝加高工程枢纽布置与初期工程布置相比,混凝土坝布置维持初期工程布置不变进行了培厚和加高,左岸土石坝进行了加高培厚和延长,右岸土石坝进行了改线重建,增设了副坝。即挡水建筑物由河床及岸边的混凝土坝和两岸土石坝所组成,总长3442m。此外,在上游库区内离陶岔渠首约 10km 处布置有董营副坝;在左坝头穿铁路处离左岸土石坝坝头 200m 左右设有左坝头副坝,两副坝均为均质土坝。

混凝土坝全长 1141m,坝顶高程 176.6m,在原坝顶上增加 14.6m,最大坝高 117m。混凝土坝加高前,先进行坝体贴坡培厚施工,溢流坝段堰顶及溢流面全面加高,堰顶自高程138m 加高至 152m。

两岸土石坝坝顶高程176.6m，顶宽10m，上设1.4m高防浪墙。左岸土石坝加高工程沿上游坝坡方向顺延，坝轴线向下游平移40.1m，加高坝顶和培厚下游坝体，并向左端延长200m，全长1424m，最大坝高70.6m。除左端延长坝段为黏土心墙防渗外，其余在初期工程上加高的防渗体均采用斜墙防渗形式并与初期工程防渗体相接（与左联土石坝段心墙顶部连接，其余与斜墙顶部连接）。右岸土石坝改线新建，坝型为黏土心墙土石坝，全长877m，最大坝高60m。

电站厂房为坝后式厂房，初期工程已按大坝加高运用要求设计，并已完建，电站仅进行机组改造，改造后的机组总装机容量仍为900MW。

通航建筑物按300吨级规模扩建，仍然采用初期工程的型式，即上游采用垂直升船机，下游为斜面升船机，两机之间用中间渠道连接，用垂直升船机过坝的布置形式。

2 勘测设计和工程建设

2.1 勘察设计

为解除汉江严重的洪水灾害，新中国成立初期就开展了汉江治理工作。水利部于1952年10月组织查勘团对汉江中下游河段进行了查勘，认为丹江口是少有的适合修建高坝的良好坝址，由于位置适中，兴建水库不仅能解决汉江的防洪问题，而且还能兼收发电、灌溉、航运和养殖效益。这次查勘，首次确定了丹江口水库在治理开发汉江中的重要地位和作用，并提出尽快建设大坝、先防洪后发电的设想。

1955年3月，长江水利委员会开始进行汉江流域规划工作。1956年长江水利委员会编制的《汉江流域规划要点报告》选定丹江口水利枢纽为治理开发汉江的第一期工程，并积极开展勘测设计科研工作。

1958年2月27日，周恩来总理主持了专题会议，会上对丹江口工程进行了重点研究讨论。经过激烈讨论，大家普遍认为在整个长江流域中，汉江是洪水危害最大的河流。选定丹江口工程作为长江流域规划的第一期工程，不仅能治理汉江的洪涝灾害，而且对实现长江流域综合利用的水利规划具有重要战略意义。4月，中共中央政治局决定兴建丹江口水利枢纽工程，水电部随即下达设计任务书。6月，中共湖北省委受中央委托会同水电部及河南省委审查批准了长江水利委员会提出的《丹江口水利枢纽设计要点报告》，同年9月正式开工兴建。

批准的工程规模为水库正常蓄水位170m（吴淞零点，下同），死水位150m，枢纽布置为河床混凝土溢流坝和坝后式电站，两岸土石坝在岸边与河床混凝土坝连接。电站装机735MW，通航建筑物在右岸预留位置，暂不兴建。工程开工后，根据国民经济发展需要，电站装机容量增至900MW，通航建筑物工程同期兴建，采用升船机方案。建设期间，根据当时国家经济形势，研究并决定丹江口工程分期兴建，长江水利委员会根据上级批准的初期规模，于 1965 年 5 月上报了《汉江丹江口水利枢纽续建工程初步设计报告》，拟定初期工程水库正常蓄水位 145m，坝顶高程 152m，后期规模水库正常蓄水位仍为 170m。1965 年 8 月，为较充分利用水资源，湖北省委、水电部、长江水利委员会联合向国务院请示，建议将初期规模坝顶高程和水库正常蓄水位提高 10m，即坝顶高程 162m，水库正常蓄水位 155m。1966 年 6 月，国务院批复同意该方案，此后，丹江口水利枢纽初期规模据此方案进行设计与施工。1975 年国家计划委员会根据湖北、河南两省用电需要，为尽量多蓄水发电，批准将丹江口水利枢纽正常蓄水位提高到 157m。

初期工程规模为坝顶高程 162m，水库正常蓄水位 157m，死水位 139m，初期工程 1967 年 11 月下闸蓄水，1968 年 10 月第 1 台水轮发电机组发电，1973 年底建成初期工程。

20 世纪末，北方缺水现象愈发严重，上马南水北调更加紧迫。1991 年，全国人民代表大会第七届四次会议将“南水北调”列入“八五”计划和十年规划，国内规模和技术难度最大的重力坝加高工程——南水北调中线水源丹江口大坝加高工程设计研究工作正式启动。

作为南水北调中线一期工程的水源地，大坝加高方案是中线工程论证的关键。几十年来，围绕丹江口水库正常蓄水位的选择，长江水利委员会及相关单位、专家进行了大量的论证比选工作，先后对大坝不加高（按现状规模运行）改变水库任务或降低水库极限消落水位方案，大坝加高水库正常蓄水位 160m、161m、165m（不加泵站）、165m（加泵站）、170m 方案进行了比选，最后论证的焦点集中在 165 m（加泵站）种 170m 方案上。针对这两种方案，2003 年 10 月，国家发展和改革委员会、水利部、国务院南水北调工程建设委员会办公室再次联合组织有关单位及专家，从工程投资、调水需要、防洪减灾、生态环境、投资效益以及为解决库区移民的历史遗留问题与脱贫解困提供机遇等方面进行了综合论证，最终选定 170m 方案。

2.2 工程建设

大坝加高工程是在丹江口水利枢纽初期工程基础上的改扩建工程。主要建设任务包括：初期工程混凝土裂缝等缺陷的检查与处理，混凝土坝的培厚加高，左岸土石坝的培厚加高及延长，新建右岸土石坝、董营副坝以及左岸土石坝副坝，改扩建升船机以及相关金结机电设备的更新改造等。工程施工总工期 5.5 年，概算总投资为 24.25 亿元。

初期工程修建时，混凝土坝高程 100m 以下河床部分已按加高工程断面施工，混凝土坝、两岸土石坝加高均无水下工程。在加高混凝土坝施工前须对大坝初期工程的缺陷进行检查处理。河床坝段中溢流坝段主要为溢流面和闸墩加固加高，其他坝段在原混凝土坝的基础上进行下游贴坡和坝顶加高 14.6m。两岸连接坝段基础排水、防渗帷幕须进行加固改造。左岸土石坝须对下游坝坡培厚、坝顶加高并延长；修建左坝头副坝；右岸土石坝改线新建。右岸升船机布置基本不变，但须对排架进行改造加固，金属结构及机电设备拆除重新制作安装。大坝部分金属结构须进行改造加固并增加部分设施。大坝原有机电设备须进行更新。

大坝加高施工期间度汛洪水标准为1000年一遇，电站全年处于工作状态。每年汛期，在规定的汛期水位下，大坝处于正常工作状态的泄洪设施应满足1000年一遇洪水的泄洪要求。加高期间建筑物结构应力状态应处于正常工作范围内。

丹江口大坝加高工程建设的项目法人为南水北调中线水源有限责任公司；工程设计单位为长江勘测规划设计研究有限责任公司；监理单位为中国水利水电建设工程咨询西北公司；施工单位有中国葛洲坝集团股份有限公司、中国水利水电第三工程局有限公司和中国水利水电第十一工程局有限公司。

丹江口大坝加高工程于2005年9月26日正式开工，经过全体建设者几年的共同努力，丹江口大坝加高工程建设进展顺利，2013年5月主体工程全部完工，2013年8月29日工程通过了蓄水验收，2014年12月12日14时32分准时开启陶岔闸向北京、天津通水。这标志着南水北调中线水源工程——丹江口大坝加高工程建设取得了重大胜利。

3 工程特点及科技创新

3.1 主要技术特点和难点

丹江口大坝加高直接牵涉到防洪、调水、发电、航运等诸多方面的综合影响。大坝加高后，作为向北京、天津、河北、河南调水的水源工程，工程任务发生了变化。因此，需要对汉江中下游防洪、丹江口水库可调水量、水库淹没与移民、环境影响、大坝加高等问题进行全面的论证研究，与一般新建水利枢纽相比，具有以下特点和难点。

(1)工程规模方面

由于丹江口水库加高后，调水将作为工程的主要任务之一，因此除一般的水利工程建设需要进行的规模论证工作以外，还需要结合水库可调水量、水库的运用方式等问题，对水库的特征水位进行分析论证。

(2)水库移民方面

丹江口水库初期工程兴建于20世纪60年代，移民方面存在一些遗留问题，另一方面在30多年的运行过程中部分移民返迁。因此，大坝加高需要解决新、老移民问题，比一般的水利工程的水库淹没问题更加复杂。

(3)环境影响方面

实施南水北调工程后，调水主要以城市生活、工业供水为主，兼顾生态和农业用水，水质要求高。因此，丹江口库区的环境保护与一般的水利工程比需要提高到更大的高度。

(4)丹江口大坝加高

从总体上讲，丹江口大坝加高必须解决：初期工程的状态分析研究；大坝加高期间必须保证初期工程正常运行；大坝加高后新、老坝体的协同工作状态及安全性问题。对于大坝加高设计，国内无现行设计规范可执行。对于设计控制指标、分析计算方法只能参照现有的规程规范，采用不同的分析方法进行多方案、多角度的分析论证。

(5)“四新”技术

丹江口大坝加高工程在坝基开挖及老混凝土拆除、混凝土施工、新老混凝土接合面处理、闸墩加固施工、老坝体缺陷处理、坝基帷幕灌浆、水下金属结构埋件的检测与修补工艺、升船机设备的研究等许多领域需要采用新工艺、新方法、新材料、新设备。

综上所述，完成丹江口大坝加高设计无同规模、同运行环境的加高工程实例可供借鉴，无大坝加高规程规范可执行，其设计难度和研究工作量远超过现行工程所考虑的范畴。

3.2 主要科技创新点

丹江口大坝加高工程设计研究和建设历经数十载，鉴于丹江口大坝加高工程规模大、技术难度高，“十一五”国家科技支撑计划还将“丹江口大坝加高工程关键技术研究”列为重大项目课题进行了研究。通过不同层次的科技攻关和工程实践，在大坝加高设计理论与成套技术、缺陷检查与处理、高水头帷幕灌浆技术等方面取得了系列创新成果。相关成果不仅是丹江口大坝加高工程建设重要的技术支撑，也为复杂环境下大坝加高工程设计和施工提供了借鉴，提高了我国大坝加高技术水平。

(1)重力坝加高设计理论及成套技术

丹江口大坝加高工程最大的难题就是新老混凝土结合问题，实际上就是解决坝体的整体受力和坝体各部位的应力要求问题，具体要求解决新老混凝土联合受力问题、加高后的坝体和坝基应力、新浇混凝土因温度收缩对坝体产生的不利影响三个方面的问题。关于一般混凝土坝施工的新老混凝土接合面处理及温控设计，已有成功的经验可资借鉴，但涉及大坝分期加高的温控要求以及上述三个问题，尚缺乏实际经验。长江水利委员会、中国水利水电科学研究院的很多专家都给予了关注，分别从不同的方面提出了解决问题的方法。为进一步研究加高施工工艺、温控措施、加高对坝体的应力影响及新老混凝土的结合问题等，长江水利委员会组织对新老混凝土接合进行了试验研究，并于 1994 年 12 月至 1999 年 3 月，先后在丹江口现场进行了三次新老混凝土接合关键技术问题试验并配套进行了多项室内试验及有限元分析计算。结果发现，不管采取什么样的措施，新老混凝土接合面总会有发生脱开的情况。为此，长江设计公司会同国内科研单位经多年研究提出了“后帮有限结合重力坝加高”的结构设计新理论，建立了系列技术控制标准体系，即允许新老混凝土接合面脱开，但要控制脱开比例和张开度；研发了重力坝加高新老混凝土接合成套措施，主要包括切割榫槽、结合面植筋、混凝土温度控制等，通过成套措施的实施，确保了加高后的丹江口大坝新老坝体联合承载，无论是在稳定、应力、变形等方面均能满足安全运行的要求。

(2)混凝土缺陷检查与处理

丹江口大坝加高施工期间检查发现初期混凝土坝表面裂缝较多，其数量较运行期历次检查的数量有所增加，表面Ⅱ类及以上裂缝统计条数为3242条，总长度为34536m(包括廊道裂缝)，部分裂缝规模有所发展，引起了工程建设参建单位、各级领导和专家的高度重视(图2)。

图2 时任国务院南水北调办公室主任张基尧现场调研大坝裂缝

初期大坝缺陷按照产状可分为水平层间缝、坝体上游竖向缝、坝体纵向裂缝和一般浅表裂缝，另外还有初期大坝的一些固有缺陷，比如闸墩需要加固补强、右联转弯坝段存在反拱不利效应、初期大坝横缝止水缺陷等。丹江口初期大坝缺陷的种类繁多、成因众多，而且成因复杂，为了让大坝加高工程能更好地担负起南水北调的任务，长江设计公司创新开展处理方案设计。

例如，针对存在多层水平层间缝及配筋不足的高薄闸墩，提出了闸墩空间均衡整体加固方法，采用了闸墩多层分散自锁预应力锚固技术，解决了大吨位锚固局部应力集中技术难题，该技术将锚固端局部混凝土应力降低了2/3；同时，研发了大孔深表层精准植筋成套技术，解决了水工混凝土复杂受力结构补强加固难题，最大植筋深度超过20m、钻孔孔斜率低于8‰。针对转弯坝段反拱不利效应，采用了先进的绳锯技术，将连成整体的坝体顺着原横缝锯开，大大改善了坝体应力，避免了坝体拆除，节省了工期和投资。另外，缺陷处理过程中针对上游坝面水下缺陷及横缝止水漏水的检查与处理，采用了先进的水下摄像检测、深水示踪检测和声波CT检测技术等，为水工混凝土建筑物修补加固积累了大量经验。

(3)高水头大坝帷幕补强灌浆技术研究

丹江口大坝初期工程于1958年9月动工兴建，1972年9月完成基础处理工程。受灌浆工艺水平限制，初期工程帷幕灌浆存在压力偏低、稀浆开灌、部分帷幕在蓄水情况下进行灌浆等不利于耐久性的影响因素。同时，局部地质缺陷部位进行了丙凝化学浆材灌浆，化学灌

浆帷幕的耐久性一直是工程界担心的问题。通过全面而深入的检测及相应的试验研究，对长期服役帷幕的防渗性能和耐久性做出了科学的鉴定与评价，系统提出了帷幕现状防渗性能、耐久性定量评价体系与方法。

针对初期工程帷幕检测及耐久性研究确定补灌区后，若采用降低水位或放空库水位施工，虽有利于补灌效果，降低施工难度，但将影响水库正常发挥效益，高水头条件下的帷幕补强灌浆效果备受关注。帷幕补强灌浆需要在水库正常蓄水的高水头及地下动水条件下进行，施工难度大，质量难以保证，为此，开展了高水头大坝帷幕补强灌浆技术研究，形成了高水头下帷幕补强灌浆成套技术（图 3）。

图 3　大坝加高工程帷幕补强灌浆

4　运行情况及效益

4.1　运行情况

丹江口大坝加高工程于 2013 年 8 月 29 日通过蓄水验收，并按后期规模运行。在 2017 年秋汛期间水库蓄水首次超过初期工程坝顶 162m，完成了 164m、167m 两级水位的蓄水试验；在 2021 年 10 月水库水位创历史新高，首次蓄水至正常蓄水位 170m。大坝加高工程运行 7 年以来，防洪、供水、发电、航运等综合效益全面发挥，工程运行平稳（图 4）。

根据大坝巡查、安全监测、仿真计算和工作性态分析成果，大坝变形、应力、渗流、渗压等重要安全监测数据均在设计允许范围之内，大坝建筑物和金结机电设备工作状态平稳，大坝初期工程混凝土质量缺陷处理效果良好，新老混凝土接合状态正常。大坝工作性态总体正常。

图 4　丹江口水库蓄水至 170m(正常蓄水位)

4.2　工程效益

(1)防洪效益

2013—2020 年汛期共发生 16 场入库洪峰大于 5000m^3/s 的洪水，其中 7 场被水库全部拦蓄，其余 9 场洪水水库的削峰率达 48%以上。特别是 2021 年，8 月下旬至 10 月上旬汉江上游降水量 520mm，较常年偏多约 1.5 倍，为 1960 年以来历史同期第 1 位；水库累计来水量约 340 亿 m^3，较常年同期偏多约 4 倍，为 1969 年建库以来历史同期第 1 位；丹江口水库发生 7 次 10000m^3/s 以上量级的入库洪水过程，3 次洪水入库洪峰超过 20000m^3/s，最大入库洪峰达到 24900m^3/s，为 2011 年以来最大。通过科学的调度，丹江口水库充分发挥了拦洪削峰作用；避免了下游民垸分洪和蓄滞洪区运用，显著缩短了汉江中下游干流超警时长，极大减轻了中下游防洪压力，取得了巨大的防洪减灾效益(图 5)。

图 5　丹江口水库泄洪

另外，水库还有效分担了长江干流的防洪压力，2020年7月上旬，为缓解长江防汛压力，按照长江水利委员会调度指令于7月11—17日将汉江中下游供水流量由1500m^3/s调减至500m^3/s，最大调减发电出力70%，配合拦蓄洪量6.3亿m^3，降低长江武汉关水位0.26m，为长江武汉江段退出保证水位创造了有利条件，受到水利部赞赏。

(2)供水效益

通水6年多来，截至2021年2月，从陶岔渠首调水入渠水量已超过362亿m^3，供水水质稳定在地表水Ⅱ类以上(图6)。丹江口水库水资源在保障北方水安全、修复水生态、改善水环境、优化水资源配置等方面发挥了重要的战略支撑作用。

图6　供水运行中的陶岔渠首

水库通过清泉沟渠首向襄阳引丹灌区供水，6年多累计供水近63亿m^3；结合发电向汉江中下游供水，有力保障了汉江中下游地区的生产生活用水，供水效益显著。2014—2020年水库供水情况见表1。

表1　**2014—2020年水库供水情况**　(单位：亿m^3)

年度	陶岔实际供水量	清泉沟	中下游供水量
2014—2015	21.668	9.938	301.247
2015—2016	38.45	14.212	145.782
2016—2017	48.46	8.865	281.535
2017—2018	74.63	10.53	289.01
2018—2019	71.27	8.338	177.366
2019—2020	87.56	8.66	267.76
2020—2021	20.42	2.44	64.99
合计	362.46	62.98	1527.69

(3)发电效益

丹江口水电站装机6台，单机容量150MW，总装机容量900MW，设计年平均发电量

38.3 亿 kW·h，是华中电网的主力调频电站，同时承担了华中电网重要的调峰、调相和事故备用的重要任务，对保证电网的安全运行、改善供电质量和提高电网的经济效益起到重要作用。

丹江口水电站输送的强大电力，曾保障了武钢 1.7m 轧机工程顺利启动和车城十堰的崛起，是我国第三个发电总量超过 1000 亿 kW·h 的水电站。大坝加高后电站多年平均水头 70.6m，运行水头为 55～82m，由于发电水头增大，丹江口电站机组出力受阻的情况得到改善，在额定水头 63.5m 以上运行的时间达 94%，装机容量可全部发挥效益，但南水北调后，由于发电流量减少，近期在向北调水量达到 95 亿 m^3 时，丹江口水电站的年发电量基本与初期工程持平。

自 2013 年丹江口大坝加高工程通过蓄水验收起算，水电站发电量总计约 293.52 亿 kW·h，效益显著，具体参见表 2。

表 2　大坝加高后丹江口水电站年发电量

年份	2013	2014	2015	2016	2017	2018	2019	2020	2021（至 10 月 12 日）
发电量（亿 kW·h）	30.31	17.54	39.57	21.32	29.25	42.46	29.03	41.20	42.83

（4）生态效益

作为生态工程，丹江口水库自 2017 年 10 月开始向北方受水区实施生态补水，截至 2021 年 2 月底，向北方生态累计补水约 50.74 亿 m^3。助力黄淮海平原尤其是华北地区生态修复与地下水超采综合治理，河道复流。地表水和地下水良性循环关系逐步恢复，华北地区地下水位快速下降趋势有效遏制，北京、天津等省（直辖市）压减地下水开采量，平原区地下水位逐步回升，因缺水而萎缩的部分湖泊、水库和湿地重现生机（图 7）。

图 7　生态补水后的滹沱河生态美景

为应对2月左右汉江沙洋段出现的水华现象，丹江口水库在长江水利委员会的调度下，于2018年、2021年配合实施了应急调度，有力保障了汉江中下游用水安全；2018年6月，配合开展了促进“四大家鱼”繁殖的汉江中下游梯级联合生态调度，向汉江中下游生态补水约3.9亿m^3，产生了良好的生态效应；针对通水后丹江口—王甫洲区间伊乐藻过度繁殖影响防洪安全、生态环境的新问题，2020—2021连续两年组织实施了区间生态调度，多下泄水量19.41亿m^3，有效抑制了王甫洲库区伊乐藻发展，改善了汉江中下游的水生态环境。

撰稿/郑光俊、王莉、廖仁强

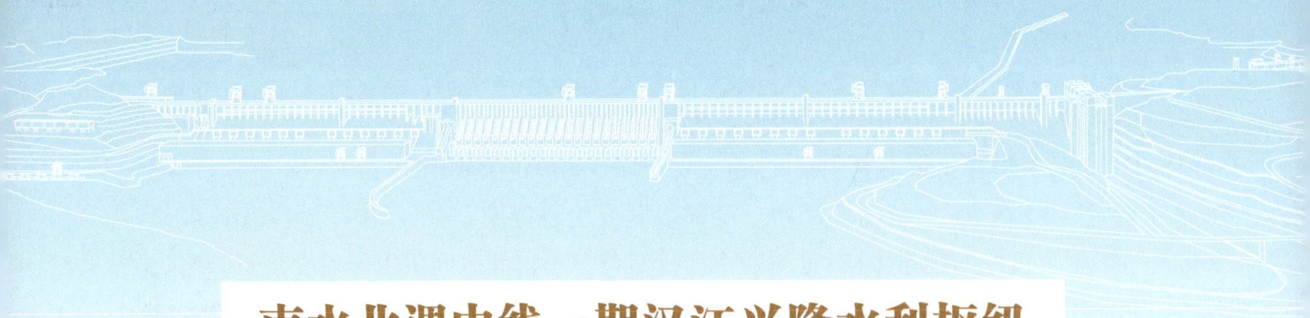

南水北调中线一期汉江兴隆水利枢纽

▲ 兴隆水利枢纽

兴隆水利枢纽位于汉江下游湖北省潜江、天门市境内，上距丹江口水利枢纽 378.3km，下距汉江河口 273.7km，是南水北调中线汉江中下游四项治理工程(兴隆水利枢纽、引江济汉、部分闸站改造、局部航道整治等四项治理工程)之一，同时也是汉江中下游水资源综合开发利用的最下游一个梯级工程。兴隆水利枢纽的开发任务是以灌溉和航运为主，兼顾发电；由泄水闸、船闸、电站厂房、鱼道、两岸滩地过流段及其连接左右岸的交通桥等建筑物组成。

1 工程概况

1.1 工程简述

兴隆水利枢纽位于汉江下游潜江、天门市境内，上距丹江口水利枢纽 378.3km，下距汉江河口 273.7km，是南水北调中线汉江中下游四项治理工程之一，同时也是汉江中下游水资源综合开发利用的一项重要工程。

兴隆水利枢纽由泄水闸、船闸、电站厂房、鱼道、两岸滩地过流段及其左右岸的连接交通桥等建筑物组成。枢纽正常蓄水位 36.20m，相应库容 2.73 亿 m^3，规划灌溉面积 327.6 万亩，规划航道等级为Ⅲ级，电站装机容量 40MW。

枢纽总体布置格局为：在河槽和左岸低漫滩上布置泄水闸，紧邻泄水闸右侧布置电站厂房，船闸布置在厂房安装场右侧的滩地上，与安装场间距为 80m，该段不过流，为厂房与船闸间挡水坝段，鱼道位于船闸与电站厂房之间。船闸与右岸汉江堤防之间、泄水闸与左岸汉江堤防之间则为滩地过流段，主体建筑物与两岸堤防之间采用交通桥连接。在坝轴线 AB 线上自右至左依次布置右岸滩地段长 741.5m，船闸段长 47m，挡水坝段长 80m(含鱼道)，电站厂房段(含安装场)长 112m，泄水闸右门库段长 19m，56 孔泄水闸段长 953m，左岸门库段长 19m，左岸滩地轴线长 858.5m，坝轴线全长 2830m。

1.2 主要建筑物简介

泄水闸由 56 孔组成，每孔净宽 14m，闸段总长 953m，闸孔总净宽 784m，采用两孔一联结构型式。泄水闸高 17.7m，两孔一联的闸室底板宽 34m，中墩厚 2.5m，两侧边墩厚 1.75m。泄水闸底板顶高程 29.5m，厚 2.5m，建基面高程 27.0m，底板顺流向长 25.0m。闸顶高程 44.7m，顺流向长 29.5m，闸顶上游侧布置有门机轨道梁，下游侧布置有行车道宽 6m 的交通桥，每两孔一联的中墩上布置有启闭机房。泄水闸工作门为弧形钢闸门，弧门半径 14m，弧门支铰高程 38.7m，采用液压启闭；泄水闸检修门为叠梁门，采用闸顶门机启闭；闸下游检修门为浮式门。

电站装机容量 40MW，装 4 台贯流式水轮发电机组，单机容量 10MW，机组装机高程 22.3m，水轮机直径 6.55m。电站厂房总长 112m，宽 74m，其中主机房长 80m，安装场布置于主厂房右侧，长 32m。

通航建筑物由船闸主体段和上、下游引航道组成，线路总长1456m。

船闸主体段由上、下闸首和闸室组成，总长256m，航槽净宽23m，结构均采用整体式“U”形结构。其中上闸首长40m，宽47m，高28.5m；闸室长186m，分为9段，宽31m，高25.9m；下闸首长30m，宽47m，高29m。

上游引航道直线段长450m，其中导航段长167m，调顺段与停靠段总长283m，引航道有效宽度76m，至直线段末端底宽扩大为93m；制动段由曲线和直线两段组成，总长810m；口门宽度202m。下游引航道直线段长度和宽度同上游引航道；制动段为曲线，长559m；口门宽度139m。上、下引航道左侧布置透水墩板式混凝土主导航墙，主导航墙长167m，右侧布置靠船墩和辅导墙，靠船墩长168m，辅导墙长58.5m。上游导航墙顶高程39.3m，建基面高程30.2m，下游导航墙顶高程39.2m，建基面高程22.4m。

鱼道布置在电站厂房和船闸之间，进口位于电站厂房尾水渠右侧，出口位于电站上游约163m处，全长约399.43m。主要建筑物有厂房集鱼系统、鱼道主体结构（鱼道进口、过鱼池、鱼道出口）以及补水系统等。鱼道主体结构为横隔板式，净宽2m。

兴隆水利枢纽主体工程采用悬挂式截渗防渗体系，自右至左采用悬挂塑性混凝土墙防渗，右起船闸上闸首右侧，左至左岸滩地过流段。

布置在右岸高漫滩上的右岸纵向围堰、上游围堰、左岸纵向围堰和下游围堰围成圈式全封闭基坑，基础防渗采用全截断式防渗墙，圈式围堰总长3949.2m，基坑面积95万m^2。围堰布置成圈式并采用全截断式防渗墙。围堰布置为圈式全封闭形式，基础防渗采用全截断式塑性混凝土防渗墙，防渗墙平均深度约60m。工程主要技术指标见表1。

表1　　汉江兴隆水利枢纽工程特性

序号	名称		数量	备注
水文	流域面积	全流域（km^2）	159000	
		坝址以上流域面积（km^2）	144200	
	利用的水文系列年限（年）		43	1956年5月至1998年4月
	多年平均年径流量（亿m^3）		507	2010年水平年
	代表性流量	多年平均流量（m^3/s）	1610	2010年水平年
		实测最大流量（m^3/s）	21600	1983年
		设计、校核洪水标准（$P>1\%$）及流量（m^3/s）	19400	丹江口大坝加高
		施工导流标准（$P=10\%$）及流量（m^3/s）	15600	丹江口水库现状
	泥沙	多年平均输沙量（万t）	1900	丹江口水库建库后
		多年平均含沙量（kg/m^3）	0.38	丹江口水库建库后

续表

序号	名称		数量	备注
水库	水库水位	设计、校核洪水位(m)	41.75	防洪高水位
		正常蓄水位(m)	36.20	
	回水长度(km)		76.4	
	水库库容	总库容(校核洪水位以下库容,亿 m^3)	4.85	
		正常蓄水位以下库容(亿 m^3)	2.73	
下泄流量及相应下游水位	设计、校核洪水位时最大泄量(m^3/s)		19400	
	相应下游水位(m)		41.60	
工程效益指标	灌溉效益	现状灌溉面积(万亩)	196.8	
		规划灌溉面积(万亩)	327.6	
	通航工程	改善航道里程(km)	≥80	
		过船吨位(t)	1000	
		规划过坝运量(远景 2030 年,万 t/a)	990.5	其中下行 878.8 万 t
	发电效益	丹江口大坝加高,调水 95 亿 m^3 方案		
		装机容量(MW)	40	
		保证出力($P=95\%$,MW)	8.7	
		多年平均年发电量(亿 kW·h)	2.25	
		年利用小时数(h)	5646	
淹没损失及工程永久占地	水库淹没滩地(亩)		15492	
	坝区工程永久占地(亩)		7185	其中坝区占压河滩地 2834 亩
	坝区规划迁移人口		1240	
	坝区占压房屋面积(万 m^2)		4.10	
主要建筑物及设备	坝轴线总长度(m)		2830	坝轴线与两岸堤防中心线交点距离
	泄水建筑物	型式		开敞式平底闸
		孔数(孔)	56	
		泄水闸前缘总长度(m)	953	
		孔口净宽(m)	14	
		闸门型式、尺寸(宽×高,m×m)	14×6.7	弧形门
		启闭机型式		液压启闭机
		启闭机数量(台)	56	
		设计单宽流量(m^2/s)	18.5	
		消能方式		底流消能
		地基特性		第四系覆盖层,主要为粉细砂
		地基加固处理方案		深层搅拌桩
通航建筑物	型式			单线一级船闸
	船闸有效尺寸(m)		180×23×3.5	长×宽×最小槛上水深
	过闸最大吨位(t)		4000	1+4×1000t 船队
	年最大单向通过能力(万 t)		878.8	远景(2030 年)

续表

<table>
<tr><th>序号</th><th colspan="2">名称</th><th>数量</th><th></th></tr>
<tr><td rowspan="8">主要建筑物及设备</td><td rowspan="8">通航建筑物</td><td>最大通航流量(m^3/s)</td><td>10000</td><td></td></tr>
<tr><td>最小通航流量(m^3/s)</td><td>420</td><td></td></tr>
<tr><td>上游最高通航水位(m)</td><td>37.80</td><td>相应最大通航流量</td></tr>
<tr><td>上游最低通航水位(m)</td><td>35.90</td><td>考虑正常蓄水位下的消落影响</td></tr>
<tr><td>下游最高通航水位(m)</td><td>37.70</td><td>相应最大通航流量</td></tr>
<tr><td>下游最低通航水位(m)</td><td>29.70</td><td>相应最小通航流量</td></tr>
<tr><td>地基特性</td><td></td><td>第四系覆盖层，主要为粉细砂</td></tr>
<tr><td>地基加固处理方案</td><td></td><td>深层搅拌桩</td></tr>
<tr><td rowspan="4">电站厂房</td><td colspan="2">型式</td><td></td><td>河床径流式</td></tr>
<tr><td colspan="2">主厂房尺寸(长×宽×高，m×m×m)</td><td>80×74×54</td><td></td></tr>
<tr><td colspan="2">地基特性</td><td></td><td>第四系覆盖层，主要为粉细砂</td></tr>
<tr><td colspan="2">地基加固处理方案</td><td></td><td>深层搅拌桩</td></tr>
<tr><td>开关站</td><td colspan="2">型式</td><td></td><td>GIS 装置，SF6</td></tr>
<tr><td rowspan="4">主要机电设备</td><td colspan="2">水轮机台数(台)</td><td>4</td><td></td></tr>
<tr><td colspan="2">型号</td><td></td><td>GZ1280—WP—630</td></tr>
<tr><td colspan="2">发电机台数(台</td><td>4</td><td></td></tr>
<tr><td colspan="2">主变压器台数(台)</td><td>2</td><td></td></tr>
<tr><td rowspan="22">施工</td><td rowspan="6">主体工程数量</td><td>明挖土方(万 m^3)</td><td>2180.56</td><td rowspan="6">包括导流工程</td></tr>
<tr><td>土石方填筑(万 m^3)</td><td>662.87</td></tr>
<tr><td>混凝土和钢筋混凝土(万 m^3)</td><td>67.25</td></tr>
<tr><td>钢筋(t)</td><td>26486</td></tr>
<tr><td>金属结构安装(t)</td><td>12215</td></tr>
<tr><td>混凝土防渗墙(万 m^2)</td><td>24.84</td></tr>
<tr><td rowspan="3">主要建筑物材料数量</td><td>木材(万 m^3)</td><td>1.45</td><td></td></tr>
<tr><td>水泥(万 t)</td><td>28</td><td></td></tr>
<tr><td>钢材(万 t)</td><td>4.3</td><td></td></tr>
<tr><td rowspan="2">所需劳动力</td><td>平均人数</td><td>2215</td><td></td></tr>
<tr><td>高峰年人数</td><td>2893</td><td></td></tr>
<tr><td colspan="2">施工临时房屋(万 m^2)</td><td>3.11</td><td></td></tr>
<tr><td rowspan="2">对外交通</td><td>进场道路(km)</td><td>25.1</td><td></td></tr>
<tr><td>主要外来物资运输量(万 t)</td><td>318.25</td><td></td></tr>
<tr><td colspan="2">施工导流型式</td><td></td><td>明渠导流</td></tr>
<tr><td colspan="2">施工临时占地(亩)</td><td>7342</td><td>不含土料场及石料场</td></tr>
<tr><td rowspan="4">施工工期</td><td>准备工期(月)</td><td>18</td><td></td></tr>
<tr><td>主体工程施工期(月)</td><td>28</td><td></td></tr>
<tr><td>完建工期(月)</td><td>8</td><td></td></tr>
<tr><td>总工期(月)</td><td>54</td><td></td></tr>
<tr><td rowspan="3">经济指标</td><td colspan="2">工程静态总投资(万元)</td><td>291149.55</td><td></td></tr>
<tr><td colspan="2">工程部分静态投资(万元)</td><td>232334.07</td><td></td></tr>
<tr><td colspan="2">移民环境静态投资(万元)</td><td>58815.48</td><td></td></tr>
</table>

汉江兴隆水利枢纽的项目法人为湖北省南水北调工程建设管理局（2009—2012年）、湖北省南水北调管理局（2012—2019年）、湖北省汉江兴隆水利枢纽管理局（2019年至今）；主要建设管理单位为湖北省汉江兴隆水利枢纽管理局（2019年以前），天门市、钟祥市、沙洋熊望台监狱南水北调兴隆水利枢纽蓄水影响整治工程建设管理办公室等。主要设计单位为长江勘测规划设计研究有限责任公司（原长江水利委员会长江勘测规划设计研究院）、湖北省水利水电规划勘测设计院（原湖北省水利水电勘测设计院）等。主要监理单位为中国水利水电建设工程咨询西北有限公司（原中国水利水电建设工程咨询西北公司）等；主要施工单位为中国水利水电第五工程局有限公司等；主要设备供应（制造）单位为江河机电装备工程有限公司等；质量监督机构为南水北调工程湖北质量监督站；质量检测单位为南京水利科学研究院；安全监测单位为长江水利委员会长江科学院；安全评估单位为南京水利科学研究院；运行管理单位为湖北省汉江兴隆水利枢纽管理局。

兴隆水利枢纽以深厚粉细砂层为主要特征的特殊工程地质条件，在工程设计过程中对枢纽的总体布置、地基处理、消能防冲等一系列技术难题都进行了相应的深入研究并在兴隆水利枢纽建设中顺利实施，对平原地区类似闸坝枢纽工程布置及其他软土地基处理工程提供了有力的借鉴。

2 勘测设计方案

2.1 设计过程

由国务院批复的《南水北调总体规划》和水利部审查通过的《南水北调中线一期工程可行性研究总报告》，确定南水北调中线工程建设方案为：实施丹江口大坝加高工程，采用以明渠为主的输水方式向京津华北平原调水，一期工程多年平均调水量95亿m^3，同时汉江中下游建设引江济汉、兴隆水利枢纽、部分闸站改建、局部航道整治四项治理工程。

受湖北省南水北调工程建设管理局的委托，长江设计院承担了汉江兴隆水利枢纽勘察设计工作，于2004年5月编制完成了《南水北调中线工程汉江兴隆水利枢纽可行性研究报告》（以下简称《兴隆可研报告》）。水利部水利水电规划设计总院（以下简称“水规总院”）于2004年7月和11月分别在武汉和北京召开会议，对《兴隆可研报告》进行了审查和复审；2005年6月，水规总院对该工程可行性研究阶段的工程量和投资进行了核查；长江设计院根据复审和核查意见对《兴隆可研报告》又进行了修改、完善，并于2005年12月将《兴隆可研报告》纳入《南水北调中线一期工程可行性研究总报告》中。《南水北调中线一期工程可行性研究总报告》已经通过了水规总院的审查，并已由水利部报送国家发展和改革委员会审批。

在可行性研究阶段勘察设计工作的基础上，长江设计院开展了兴隆水利枢纽初步设计工作，根据初步设计阶段勘察设计工作的要求和《兴隆可研报告》审查意见，重点围绕工程规模复核、枢纽坝线选择、枢纽布置方案和主要建筑物设计、施工导流方案研究、天然建筑材料复查等主要问题，深入开展了方案论证和比较工作；针对枢纽位于平原河道河势不稳、防洪压力大，坝址区河床深厚粉细砂层抗冲刷能力弱、承载力低，施工基坑防渗、支护难度大等设计难题，组织开展了河工和水工模型试验、围堰渗控和基坑降水措施研究、现场搅拌桩复合地基试验等科学试验研究工作；并参照《水利水电工程初步设计报告编制规程》的要求，于2006年3月编制完成了《南水北调中线工程汉江兴隆水利枢纽初步设计报告》(以下简称《兴隆初设报告》。

2006年4月，按照国务院南水北调工程建设委员会办公室关于南水北调工程建设项目审查程序的要求，湖北省南水北调工程建设管理局在武汉召开会议，对《兴隆初设报告》进行了业主审查。根据业主审查意见，长江设计院对《兴隆初设报告》进行了修改、完善，形成了《兴隆初设报告》(送审稿)。

2008年4月，受国务院南水北调工程建设委员会办公室委托，水规总院在北京对《兴隆初设报告》(送审稿)进行了预审，对照预审意见，长江设计院逐条认真地进行了修改和完善后，2008年8月提出了《兴隆初设报告》(报批稿)。

2008年11月，国务院南水北调工程建设委员会办公室以国调办投计〔2008〕183号文批复了初步设计报告(技术部分)，2009年2月以国调办投计〔2009〕7号文全部批复了初步设计报告。

2009年3月，根据初步设计报告批复意见和审查意见的有关精神，长江设计院认真研究了初步设计报告审查意见中的相关问题，提交了《汉江兴隆水利枢纽初步设计报告审查批复有关问题的回复意见》。

2009年5月，编制完成并提交了《汉江兴隆水利枢纽主体工程金属结构及设备招标设计报告》《汉江兴隆水利枢纽主体工程机电招标设计报告》《汉江兴隆水利枢纽主体工程土建招标设计报告》等报告。

2009年12月26日实现大江截流，2013年3月22日下闸蓄水，实现二期截流和水库蓄水。

2013年4月10日船闸通航。2013年底，首台机组并网发电；2014年底，4台机组全部并网发电。

2.2 枢纽工程设计

2.2.1 工程等别、建筑物级别、洪水标准

兴隆水利枢纽正常蓄水位36.2m，相应库容2.73亿m^3，规划灌溉面积327.6万亩，规划航道等级为Ⅲ级，电站装机容量40MW。枢纽由泄水闸、船闸、电站厂房、鱼道、两岸滩地过流段及其左右岸的连接交通桥等建筑物组成，属平原区水闸枢纽工程，其中拦河水闸为枢纽的最主要建筑物。

根据《水利水电工程等级划分及洪水标准》(SL 252—2000)，以过闸流量作为拦河水闸

工程的分等指标，当过闸流量在 5000m³/s 以上时，工程等别为Ⅰ等，工程规模为大(1)型，初步设计阶段通过进一步分析计算并经水工整体模型试验验证。兴隆水利枢纽泄水闸最大过闸流量 14000m³/s 左右，因此兴隆枢纽为Ⅰ等工程。根据《水利水电工程等级划分及洪水标准》(SL 252—2000)，永久性主要建筑物泄水闸、电站厂房、两岸滩地过流段及鱼道闸首为 1 级建筑物，次要建筑物电站副厂房、开关站、鱼道除闸首外的其他部位、闸顶交通桥及左右岸交通桥为 3 级建筑物，临时建筑物导流明渠、围堰等为 4 级建筑物。根据《内河通航标准》(GB 50139—2004)，兴隆水利枢纽的船闸级别为Ⅲ级，通航建筑物则根据《船闸水工建筑物设计规范》(JTJ 307—2001)拟定级别：上闸首为 1 级建筑物，与枢纽其他挡水建筑物级别一致，Ⅲ级船闸的闸室和下闸首为 2 级建筑物，船闸导航墙、靠船墩等为 3 级建筑物。工程管理区范围内的汉江两岸 2 级堤防加固列入本枢纽工程中，坝区防护建筑物顶高程根据《湖北省汉江下游堤防除险加固一期工程可行性研究报告(修改，2003 年 3 月)》确定，坝区防护建筑物的级别为 3 级。

根据《水利水电工程等级划分及洪水标准》(SL 252—2000)，对于平原区拦河水闸工程，1 级建筑物洪水标准的重现期在设计工况下为 50～100 年，校核工况下为 200～300 年，消能防冲设施的洪水标准与此相同。

兴隆水利枢纽最大洪水流量主要取决于其所处河段的行洪能力。汉江中下游防洪，规划在丹江口大坝加高至 170m(正常蓄水位，资用吴淞高程)后，通过增加丹江口大坝蓄洪库容，调整防洪控制点(碾盘山)允许泄量，减少中游民垸分蓄洪量，达到抗御 1935 年型大洪水的防洪标准(相当于 100 年一遇)，碾盘山控制流量为 21000m³/s，兴隆水利枢纽所在河段控制下泄流量为 18400～19400m³/s，超额洪水通过碾盘山以上汉江中游 12 个分蓄洪民垸蓄滞洪解决。根据汉江中下游防洪规划和湖北省防汛抗旱指挥部文件(鄂汛字〔1995〕20 号)《关于印发〈汉江中下游防洪调度预案〉的通知》的规定，兴隆水利枢纽所处新城河段的现状安全泄量为 18400～19400m³/s，该安全泄量对应的洪水标准的重现期约为 100 年(1935 年型洪水)，当上游洪水来量超过本河段安全泄量时，必须运用汉江中下游蓄洪民垸予以控制。因此，兴隆水利枢纽设计、校核洪水流量取本河段的最大安全泄量 19400m³/s，其洪水重现期约为 100 年。

2.2.2　主要建筑物设计

2.2.2.1　泄水闸

泄水闸采用开敞式平底闸型式，共设 56 孔，闸孔总净宽为 784m。泄水闸集中布置于主河槽及左岸低漫滩部位，左右两侧各设有一个门库，左侧门库段与左岸滩地过流段相接，右侧门库段则与电站厂房相接。自右向左依次布置右门库段长 19m，56 孔泄水闸段长 953m，左门库段长 18m。泄水闸从右向左依次编为 1～56 号，其中 1 号和 2 号泄水闸兼起排漂和排沙作用，闸底板高程为 28m，相对于其余 3～56 号泄水闸底板高程 29.5m，低 1.5m。泄水闸建基面坐落于河床 $alQ_4{}^2$ 含泥粉细砂和粉细砂层。

泄水闸闸室结构采用两孔一联整体式结构，兼起排漂和排沙作用的1号和2号两孔一联段，段宽35m，单孔净宽14.0m，中墩厚3m，缝墩厚2m；3～56号两孔一联闸段宽34m，单孔净宽14.0m，中墩厚2.5m，缝墩厚1.75m，前缘总长度953m，左端与宽为18m的左事故检修门库段连接，右端与宽为19m的右事故检修门库段连接，右门库段布置有配电室，左、右门库段设有回车平台。闸室底板顶高程29.5m，厚2.5m，建基面高程27.0m，顺流向长25.0m，上、下游端分别设1.5m和1.0m深齿槽。泄水闸以水泥土搅拌桩进行地基处理，搅拌桩格栅式布置，兼作泄水闸垂直防渗。闸顶顺流向总长29.5m，自上游至下游依次布置有事故检修门门机轨道梁、工作门启闭机房和交通桥，交通桥设计荷载为公路－Ⅱ级，桥面总宽8.0m，行车道宽6.5m，由4片钢筋混凝土预制"T"形梁拼装形成。

泄水闸工作门采用弧形钢闸门，要求局部开启、动水启闭。启闭机型式采用液压启闭方案。启闭机按一门一机布置，每两孔设一启闭机房，机房均布置在中墩顶部交通桥上游。工作门上游设事故检修门，共配备5套检修平板门，检修平板门平时存放于门库内，由布置于坝顶的2台2×800/100kN双向门机操作。

闸室下游设浮式检修门，56孔共用3扇闸门，浮式检修门平时系缆于船闸下游靠船墩背侧，需要挡水时，利用推轮将闸门浮运至闸室下游孔口处，辅以缆绳牵引就位后沉于底坎上。

泄水闸上游设30m长水平混凝土防冲板兼作防渗铺盖，防冲板顶高程29.5m，厚50cm，防冲板上游接长40m、厚15cm、坡比1∶10的混凝土板护面，护面末端接抛石防冲槽，防冲槽顶宽15m，底宽4m，顶面高程25.5m，抛石厚度2m，防冲槽上游以1∶3逆坡与河床地形衔接。

泄水闸下游采用底流消能，消力池上游以1∶4斜坡与闸室底板连接，池底高程27m，池深1.0m，池长29m，消力池下游接长20m、厚50cm水平混凝土海漫，再接长50m、厚25cm、坡比1∶20的柔性混凝土海漫，海漫末端接抛石防冲槽，防冲槽顶宽22.5m，底宽6m，顶面高程25.5m，抛石厚度3m，防冲槽下游以1∶3逆坡与河床地形衔接。

2.2.2.2　船闸

船闸主体段由上、下闸首和闸室组成，总长256m，其中上闸首长40m，闸室长186m，下闸首长30m，航槽净宽23m。主体段结构均采用整体式"U"形结构。船闸工作门均采用人字门，检修门采用叠梁门，输水系统工作和检修门均采用平板阀门，人字门和输水系统工作阀门采用专用液压启闭机操作，检修叠梁门和输水系统检修阀门利用闸顶一台可沿船闸轴线方向行走的"L"形门机操作，"L"形门机可兼作船闸的起吊设备。为贯通坝顶公路，同时满足最高通航水位条件下的通航净空要求，在上闸首下游侧设有顶升式活动公路桥。

船闸闸顶高程主要取决于通航水位、洪水超高、坝顶交通和结构布置等因素，同时需满足闸顶"L"形门机贯通全闸的要求。上闸首闸顶高程拟定为46.5m，闸室及下闸首闸顶高程也为46.5m。

上闸首总宽度47m，长40m，边墩宽度由布置要求确定为12m，闸底槛高程32.4m，建基面高程 18.0m，底板上游端设深 12.4m 的搅拌桩防渗墙，上闸首建筑物总高度 28.5m。上闸首布置有检修门、人字门及其启闭机房、输水系统及其工作阀门井、活动交通桥、集控室、变电房等。

闸室结构总长 186m，上游端 6m 为镇静段，有效长度 180m，共分为 9 个结构段，上、下游两段各长 23m，中间段长度均为 20m。闸室底板顶面高程 24.6m，建基面高程 20.6m，建筑物总高度 25.9m。闸室边墙顶宽 2.0m，顶部外挑 1.5m 宽连续牛腿，以满足闸面交通和闸顶“L”形门机轨道布置要求，边墙底宽 4m，底板总宽度 31m。闸室底板厚度 4m。闸室段布置有浮式系船柱和救生爬梯等。

下闸首全长 30m，底部总宽度 51m，边墩上部宽度由布置要求确定为 12m，下部宽度由建基面应力计算确定为 14m，其间以 1∶1 坡度衔接，闸底槛高程 24.6m，建基面高程 17.5m，建筑物总高度 29m。下闸首布置有人字门及其启闭机房、下游检修门、输水廊道及其工作和检修阀门井、水泵井等。

2.2.2.3 电站厂房

主厂房机组安装高程 22.30m，建基面最低高程为 10.20m。运行层高程为 34.00m，安装场卸货平台高程为 44.70m，吊车轨顶高程为 59.10m，屋顶高程为 65.00m。

厂房机组段采用二机一缝布置，即在 2 号、3 号机组之间设置永久缝一道，安装场与主厂房间设结构缝分开。

机组流道宽 13.10m，对称于机组中心，为减少拦污栅及进水口检修闸门宽度，流道内上游进水口设置厚 2.00m 隔墩一道，机组间中墩厚 3.40m，边墩厚 3.20m，两机组段长度均为 40.00m。

机组有效流道长度为 52.00m，考虑进水口布置要求，进水口流道长度为 22.00m，机组段顺水流向总长为 74.00m，其中机组中心以上及以下长度分别为 40.00m 和 34.00m。

主厂房上部布置有 1250kN/320kN 桥式起重机 1 台，跨度 19.50m。

电站厂房分为主机段和安装场段，主机段前缘长度为 80.00m，安装场段长度为 32.00m，主厂房前缘总长度为 112.00m。

主厂房屋顶层采用网架结构。

主厂房布置分为 3 层，从下至上依次为廊道层、发电机出线及管路层、运行层。

副厂房布置在主厂房和安装场下游侧，贯通全厂布置，共 7 层，层宽 7.50m。第一层高程 30.00m，为电缆夹层，上与主厂房管道廊道和电缆廊道相接，副厂房上游墙面设有电缆排架用于架设母线电缆，另外此层还设有消防水泵、净化设备室、工具间等。第二层高程 34.00m，为单元控制室层，此层与主厂房运行层同高，上游侧设有 4 个 2.00m×2.50m（宽×高）门洞与主厂房连通。厂房段设有单元控制室、蓄电池室、送风机房，主要布置机旁盘、蓄电池等机电设备，安装场段设有试验室、备品备件室。第三层高程 40.20m，为高低压开关柜室层，设有高低压配电房、排风机房，主要布置高低压开关柜等机电设备。第四层高程 44.70m，为主变压器室层，此层与尾水交通平台同高，主要布置有变压器，辅助盘等机电设备。第五层高程 49.20m，为中控室层，在 1 号机组段布置有中控室，4 号机组段设有泄水闸集控室。第六层高程 53.70m，为 GIS 室层，布置于 2 号、3 号机组段，右侧 1 号机组段设有交接班室，左侧 4 号机组段设有枢纽综合调度室。第七层高程 58.20m，为控制、保护、通信装置层，主要布置在 1 号机组段，4 号机组段为露天阳台，设有室外钢楼梯上下游副厂房屋顶。

下游副厂房屋顶 64.00m 高程处，布置有出线门构、避雷器、电压互感器等设备。

2.2.2.4 鱼道

鱼道布置在电站厂房和船闸之间，进口位于电站厂房尾水渠右侧，出口位于电站上游约 163m 处，鱼道全长约为 399.43m，共 45 个结构块。主要建筑物有厂房集鱼系统、鱼道进口、过鱼池、鱼道出口以及补水系统等。

2.3 建设过程

兴隆水利枢纽于 2009 年 2 月 26 日开工建设，同年 12 月 26 日成功实现工程截流，并全面进入主体工程施工阶段。2012 年底主体建筑物泄水闸、船闸等基本完成，2013 年 4 月下闸蓄水和船闸试通航，2013 年 10 月首台机组发电，2014 年 6 月最后一台机组投产。

3 设计重点解决的技术难题

兴隆水利枢纽位于汉江中下游平原地区，以深厚粉细砂层为主要特征的工程地质条件特殊，在工程设计过程中存在总体布置、地基处理、消能防冲等一系列技术难题。

(1)覆盖层深厚，粉细砂层结构松散、分布广、厚度大

兴隆水利枢纽坝址区覆盖层深厚，厚度为 50～70m，按岩性及其组成可概括为三层：上部以黏性土为主，中部以粉细砂为主，下部为砂砾(卵)石层。上部黏性土主要分布于左岸、右岸高漫滩部位，厚度分别为 6～9m 和 13～24m。中部以粉细砂和含泥粉细砂为主，分布特征为：在河床与左岸低漫滩部位外露，厚度为 13～26m；右岸高漫滩部位粉细砂厚度相对较小，为 5～15m。砂砾(卵)石层位于粉细砂层以下，厚度为 20～36m，埋深一般在 30m 以上。泄水闸、船闸和电站厂房的建基面均为粉细砂层，各建筑物的过流面也位于粉细砂层。粉细砂层结构松散，分布广、厚度大，存在的主要问题是：①承载能力低，地基沉降量大；②粉细砂粒径小，抗冲流速小，抗冲刷能力低；③允许渗透比降值小，极易发生渗透变形；④地基透水性强，施工期间截渗和降水问题突出；⑤粉细砂黏粒含量少，饱和砂土存在震动液化问题。

(2)河势稳定性较差

枢纽所在的兴隆河段，上起多宝湾弯道，下至苗家场弯道，中间为长约 5km 的顺直段，

河段全长约23km，平面形态呈反“S”状。在进口多宝湾弯道段，主流一直贴左岸，河势较稳定；中间顺直段洲滩变化较频繁，主流左、右摆动，但近年来河势趋于稳定；出口苗家场弯道段，受上游来水来沙条件和河势变化的影响，主流有撇弯切滩和复凹的变化，弯道河势变化相对较大。由于兴隆河道曲折蜿蜒，河床粉细砂粒径小，抗冲能力低，河势稳定性较差，如何减小枢纽布置对河势的影响，保持枢纽运用后的河势稳定，是枢纽总体布置的关键问题。

(3)地基承载力小、沉降量大、存在不均匀沉降和饱和砂土液化问题

泄水闸、船闸和电站厂房等主要建筑物的地基均为较深厚的粉细砂和含泥粉细砂层，土层结构松散，局部夹有淤泥质透镜体，地基承载力特征值为120～140kPa。电站厂房及船闸各部位的基底应力较大；泄水闸、船闸和电站厂房的地基沉降量大；船闸上、下闸首设有人字门，门轴柱偏斜影响人字门的开合，对地基不均匀沉降较为敏感；电站厂房灯泡式机组也对不均匀沉降的要求较为严格，粉细砂地基上的水电站国内尚无工程先例；地震条件下以及泄水闸局部开启、电站机组运行时的振动，存在诱发饱和粉细砂液化的可能。

(4)河床粉细砂层厚度大，抗冲能力低，冲刷危害大

兴隆河床的粉细砂中值粒径仅0.09～0.18mm，水深1m时的抗冲流速为0.20～0.25m/s，加之粉细砂无黏性，水下休止角小，一旦出现冲刷则深度大、发展过程快、扩散范围大(水下稳定坡比为1∶8～1∶12)，溯源冲刷很快直接危及泄水闸安全，采取补救措施难度大。防冲安全是需要着重解决的关键技术问题。

(5)粉细砂滩地导流明渠防冲保护

导流明渠轴线全长约4000m，明渠低渠最小宽度取350m，明渠运行期间冲淤变化大。导流明渠基础及边坡由粉细砂夹砂壤土及厚层粉细砂等组成，粉细砂中值粒径为0.10～0.15mm，不冲流速为0.3～0.4m/s，粉细砂层厚度大，抗冲能力低，一期基坑施工时，水流由主河槽逼向左岸导流明渠，明渠内平均流速远大于粉细砂的不冲流速，纵向围堰上游头部及导流明渠内冲淤变化较大，采用全断面防冲保护，工程投资巨大。因此，导流明渠防冲设计是兴隆水利枢纽导流工程设计的关键技术问题之一。

4 主要科技创新点

4.1 闸滩联合行洪的枢纽布置新型式

1)兴隆水利枢纽位于汉江下游蜿蜒游荡性河段，坝址最大洪水流量达19400m³/s，河道总宽2800m，河床呈复式断面，提出了“主槽建闸蓄水、保留两侧滩地、闸滩联合行洪”的枢纽布置新型式(图1、图2)，有效遵循天然河道“枯水归槽、洪水漫滩”的过流规律。其突出优点是：枢纽建成后能充分顺应河势，不改变水流走势及分布。设计洪水条件下，两岸滩地可分担25%泄洪量，有效降低洪水壅高，减轻粉细砂河床冲刷变形。相对常规全河床挡水枢纽布

置型式，既有效保障了河势稳定，又可显著节约工程投资。

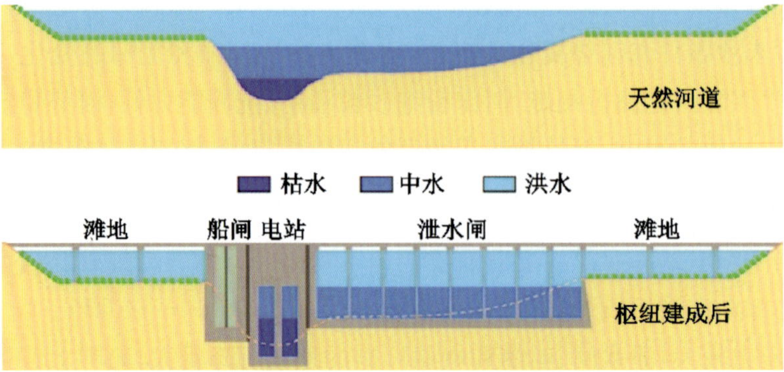

图1 “主槽建闸，滩地分流”过流断面示意图

图2 兴隆水利枢纽工程概貌

2）针对“主槽建闸、滩地分流”枢纽闸滩联合行洪，枢纽过流量受水流势能和动能双重控制的特点，提出了基于河道复式断面流速分布和高淹没度堰流的分区流量计算方法。经水工模型试验验证，计算结果与试验成果吻合良好，为类似工程拟定枢纽布置方案提供了计算方法。

$$\begin{cases} Q = \sum_{i=1}^{m} Q_i \\ Q_i = B_{0i}\left[0.877 + \left(\dfrac{h_{si}}{H_{0i}} - 0.65\right)^2\right] h_{si}\sqrt{2g(H_{0i} - h_{si})} \\ \dfrac{H_{0i} - H_i}{H_{0(i+1)} - H_{i+1}} = \dfrac{H^{1.34} n_{i+1}^2}{H_{i+1}^{1.34} n_i^2} \qquad i = 1,2,\cdots,m-1 \end{cases}$$

式中：Q、Q_i——通过枢纽的总过流量及第 i 区的过流量；

B_{0i}——各过流区前沿总净宽；

H_{0i}——包含行进流速水头在内的上游水深；

H_i——上游水深；

h_{si}——下游水深；

n_i——糙率；

m——枢纽过流区域总数。

4.2 利于航槽稳定的航电同岸布置型式

突破常规，将通航建筑物、发电设施集中布置在河道深泓侧(图 3)，既顺应河势满足电站引水防淤要求，又可利用电站常流水形成稳定的枯期航槽，有效减轻引航道口门区和连接段的泥沙淤积，相对常规的航电异岸布置，减淤幅度达 80%以上，保障了枢纽综合效益长期、稳定发挥。

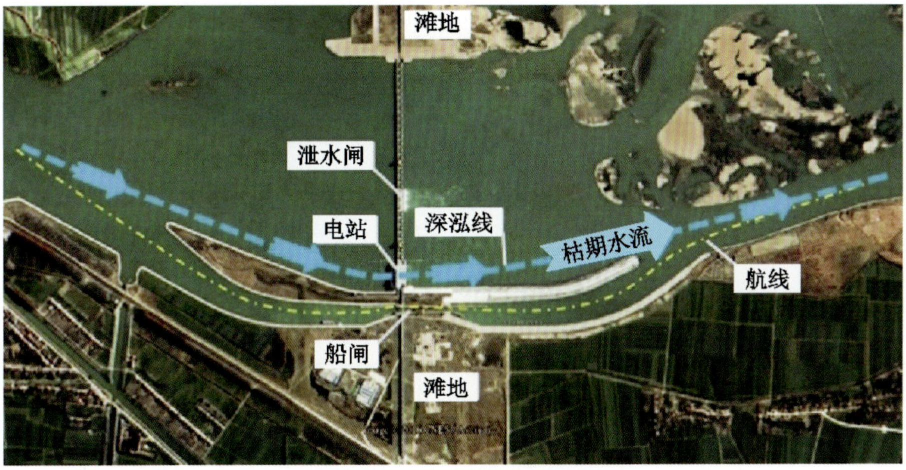

图 3　航电同岸布置

工程运行实践表明，枯、中、洪各级流量下，枢纽下泄水流基本不改变原河道的水流走向和断面流速分布，保持了坝区河段的河势稳定，航道泥沙淤积很少，航线衔接顺畅。

4.3 格栅点阵搅拌桩多功能新型复合地基

(1)提出了格栅点阵搅拌桩多功能新型复合地基

在深厚粉细砂河床上建设拦河枢纽，天然地基存在震动液化、渗透破坏、承载力低、沉降变形大等系列重大技术难题。研发的格栅点阵搅拌桩多功能新型复合地基(图 4)，其格栅状搅拌桩构成若干封闭式地下连续桩墙，既可提高地基整体刚度和侧限效应，有利于发挥复合地基承载力，又能对粉细砂构成围封作用，约束地震时产生的地基剪切变形，提高抗液化和抗渗性能，格栅内点阵式搅拌桩可分担部分荷载，改善复合地基均匀性，控制地基不均匀沉降，实现复合地基多功能处理目标。

(2)揭示了深厚粉细砂地层搅拌桩复合地基的工程特性

为确定格栅点阵搅拌桩多功能新型复合地基方案提供依据。水泥搅拌桩通常用于处理软弱黏性土地基，大规模用于处理深厚粉细砂河床地基无成熟工程经验。为此，采用室内和原位试验、数值模拟和原型观测等手段，对粉细砂地基水泥搅拌桩的材料配比、布桩形式、施工工法及格栅点阵搅拌桩复合地基工作性状等进行了系统研究，并首次开展了渗流环境下水力梯度对搅拌桩性能影响研究，研究结果表明：

1）水泥搅拌桩强度与水泥掺量呈明显非线性关系（图5），掺量超过10%以后桩身强度增长显著，高掺量条件下砂基搅拌桩强度明显大于软弱黏性土地基；连体桩承载力明显大于相应数量的单桩承载力之和（图6）；相对静水环境，渗流环境在水力梯度0.1条件下搅拌桩强度下降10%左右。

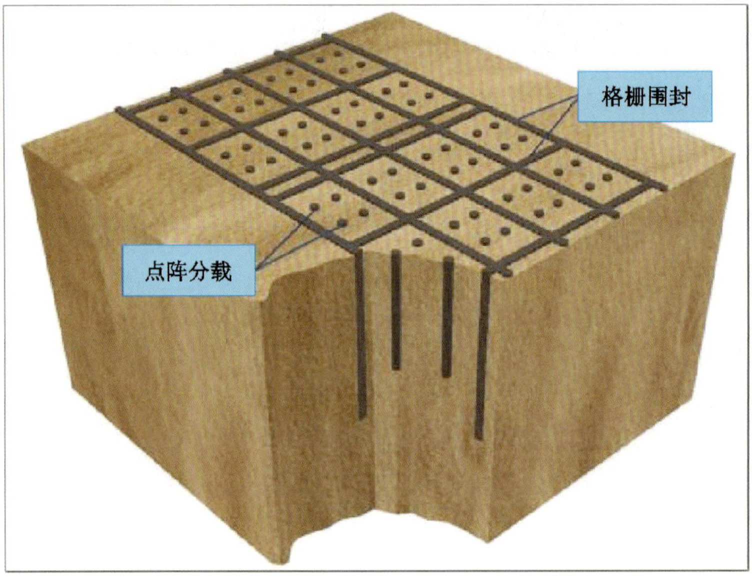

图4　格栅点阵搅拌桩多功能新型复合地基

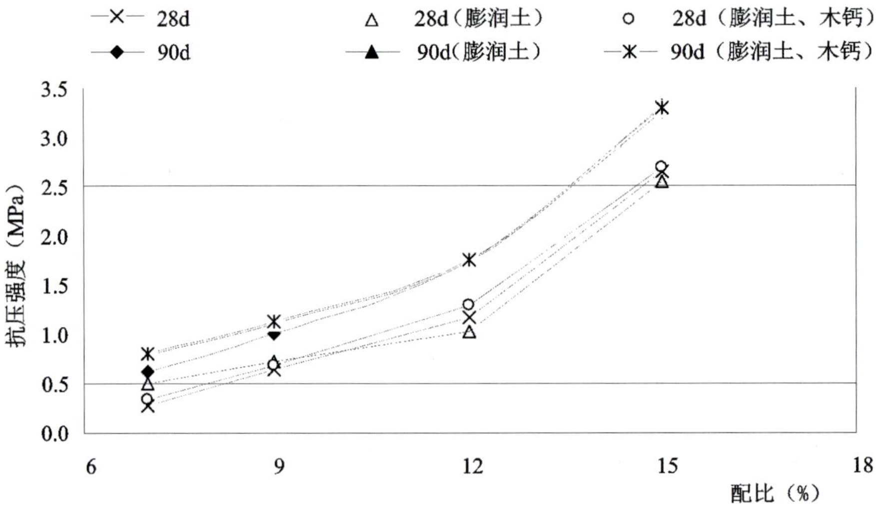

图5　水泥掺量—搅拌桩强度关系

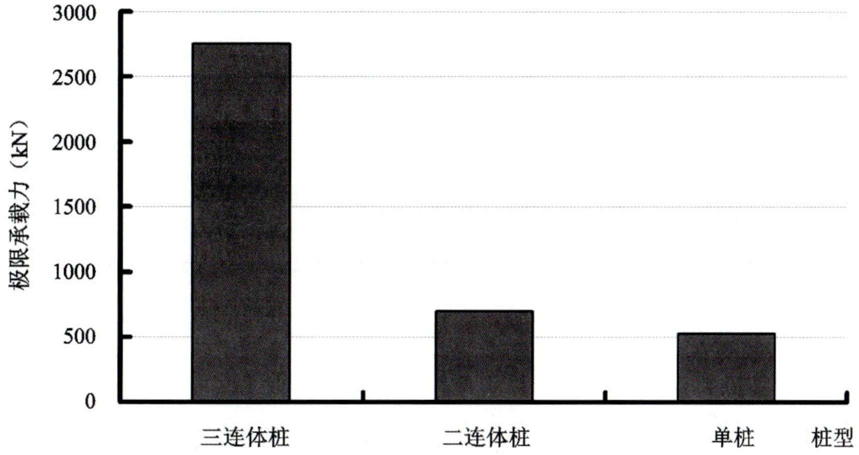

图 6　布桩形式—承载力关系

2)兴隆水利枢纽泄水闸粉细砂地基采用“格栅点阵搅拌桩”加固后，加固区地基土层的地震等效动剪应力相对天然地基显著降低(图 7)，建基面以下 12m 范围内等效动剪应力降幅达 37%～83%，可有效消除地基液化潜势；复合地基承载力由天然地基约 120kPa 提高至 200kPa 以上，闸基沉降变形和沉降差降幅达 33%和 49%；闸基渗流出逸比降相对天然地基下降幅度达 50%以上(图 8)，即使在铺盖失效条件下也能保障地基渗透稳定。

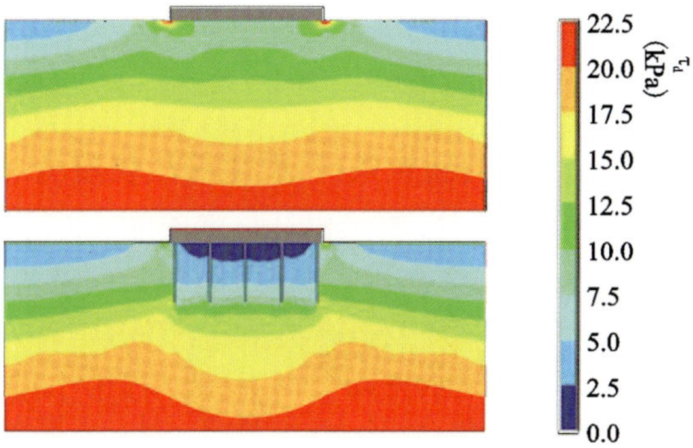

图 7　地基土层等效动剪应力对比

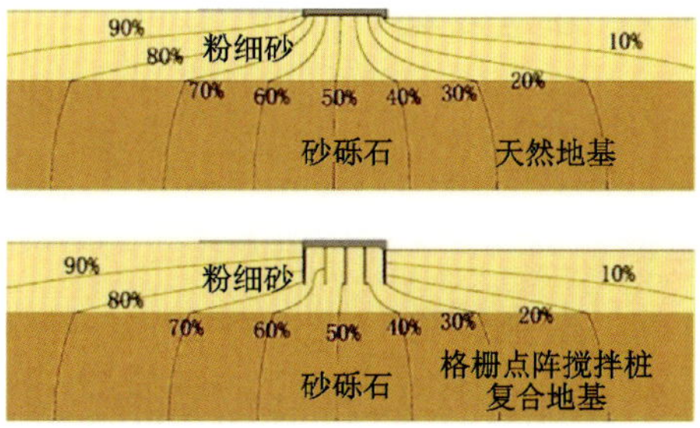

图 8　闸基渗流场对比

4.4　“H”形预制嵌套混凝土柔性海漫辅以垂直防淘墙的多重冗余防冲结构

针对深厚粉细砂河床抗冲流速小、冲刷深度大、冲坑发展快的特点，采用水槽模型首次对原型砂的冲刷特性和闸下防冲保护开展了系统研究，结合相关工程经验和教训，提出了“H”形预制嵌套混凝土柔性海漫辅以垂直防淘墙多重冗余防冲结构(图 9)。预制“H”形嵌套式混凝土海漫具有良好的整体性和柔性，可满足正常运行时闸下河床防冲保护要求；即使在柔性海漫失效的极端情况下，垂直防淘墙可保障河床冲刷不致危及闸室主体结构的安全。

兴隆水利枢纽过闸单宽流量达 $20m^2/s$，大大突破了粉细砂河床过闸单宽流量规范建议值 5～10m^2/s。工程运用实践表明，闸下防冲结构适应变形和抗冲能力强，保护效果良好。

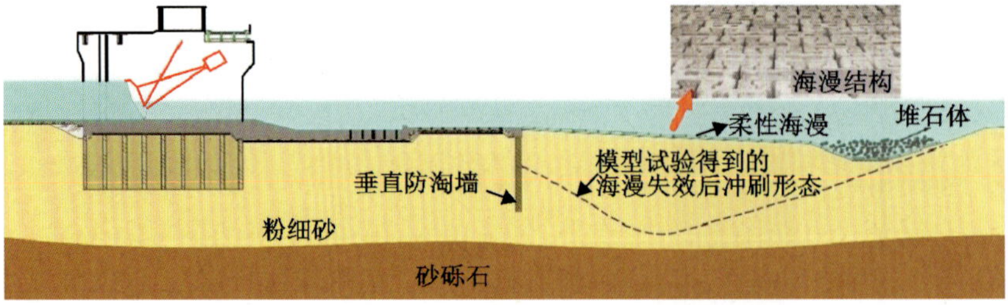

图 9 “H”形预制嵌套混凝土柔性海漫辅以垂直防淘墙多重冗余防冲结构

5 工 程 运 用

5.1 工程初期运行情况

兴隆水利枢纽工程建成后，持续保持安全平稳运行，发挥了综合效益。

5.1.1 灌溉效益

兴隆水利枢纽工程建成后，在枯水期可抬高库区水位，水位常年维持在 35.7m 以上，满足并改善了库区两岸灌溉闸站的引水条件，各灌区的常年灌溉保证率达 95%以上。天门罗汉寺闸和潜江兴隆一闸、二闸基本可以实现自流引水。

5.1.2 航运效益

蓄水后库区航深增加，改善了华家湾至兴隆河段航道的通航条件，渠化汉江航道 78km，达到Ⅲ级(1000 吨级)航道规划标准。截至 2021 年 5 月 31 日，船闸累计过闸船舶 68072 艘，货运量 3198.04 万 t，为地方经济发展和汉江航运事业提供了强有力的保障。

5.1.3 发电效益

2014 年 6 月 27 日电站 4 台机组全部并网发电，截至 2021 年 5 月 31 日，已累计发电 16.92 亿 kW·h，年均发电量达 2.28 亿 kW·h，达到了设计标准。

5.2 工程初期运行观测情况

根据长江水利委员会长江科学院提交的《安全监测成果分析报告》，兴隆水利枢纽工程主要建筑物监测的变形、渗压、应力应变等物理量，均未超过设计允许值，符合施工期及运行期一般变化规律，目前工程性态正常。

6 效 益 拓 展

1)项目研发的“蓄补相济，江湖联调，共水通航，借道撇洪”的水资源调控策略和总体布局成功应用于南水北调汉江中下游水资源系统调控工程——兴隆水利枢纽和引江济汉工程，通过两工程的联合调控，解决了汉江中下游生态、灌溉、航运与防洪多目标要求，充分发挥水资源的综合效益。兴隆水利枢纽灌溉、航运、发电等综合效益的全面发挥，引江济汉工程首次实现从长江向汉江补水，为汉江中下游地区经济社会的可持续发展做出了重要贡献。汉江中下游水资源调控工程的投入运行，年平均间接经济效益达50776万元，该技术对于类似水资源多目标调控工程具有借鉴和示范意义。

2)项目研发的“主槽建闸，滩地分流；航电同岸，稳定航槽”的枢纽布置新型式，成功应用于兴隆水利枢纽总体布置，攻克了超宽蜿蜒型河道建设大型水利枢纽稳定河势、保障通航的技术难题。该技术节省工程直接投资12323万元，并获国家发明专利1项、实用专利2项，为复杂河势条件下建设大型水利枢纽提供了新途径。

3)项目研发的格栅点阵搅拌桩多功能复合地基新型式、“H”形预制嵌套混凝土柔性海漫铺以垂直防淘墙的多重冗余的防冲结构，成功应用于兴隆水利枢纽，解决了深厚粉细砂河床建设大型水利枢纽相关的地基承载力、变形控制、防渗、地震液化及大泄量消能防冲等技术难题。该技术节省工程直接投资4519万元，并获国家发明专利3项、实用专利2项，为深厚粉细砂地基上建设大型水利枢纽提供了新思路、新技术。

兴隆水利枢纽工程建设涉及复杂条件下工程总体布局、超宽蜿蜒型河道及深厚粉细砂地基上大型拦河枢纽建设等重大技术问题，设计研究提出了“主槽建闸，滩地分流；航电同岸，稳定航槽”的枢纽布置新型式，解决了复杂河势河段建设大型水利枢纽维持河势稳定和避免航道淤积的枢纽布置难题；研究提出了格栅点阵搅拌桩多功能新型复合地基，“H”形预制嵌套混凝土柔性海漫铺以垂直防淘墙多重冗余防冲结构，在深厚粉细砂地基成功建设了大型水利枢纽；针对工程深厚粉细砂基础抗冲流速低，明渠汛期冲刷、枯水期淤积，滩地宽度较宽，允许明渠发生一定冲刷的特点，提出了“守点护线＋动态防护”的导流明渠防护新技术，解决了施工导流投资大、应用周期短等技术难题。

兴隆水利枢纽投入运行后，多年平均灌溉效益960万元、航运效益12531万元、发电效益5285万元，上游水位壅高后，库区两岸灌溉面积由现状约196.8万亩规划发展到327.6万亩，且改善了灌区取水条件，为地方经济发展及民生水平提高做出了巨大贡献，发挥了巨大的社会效益和经济效益。

撰稿/王政会、张文传、童迪

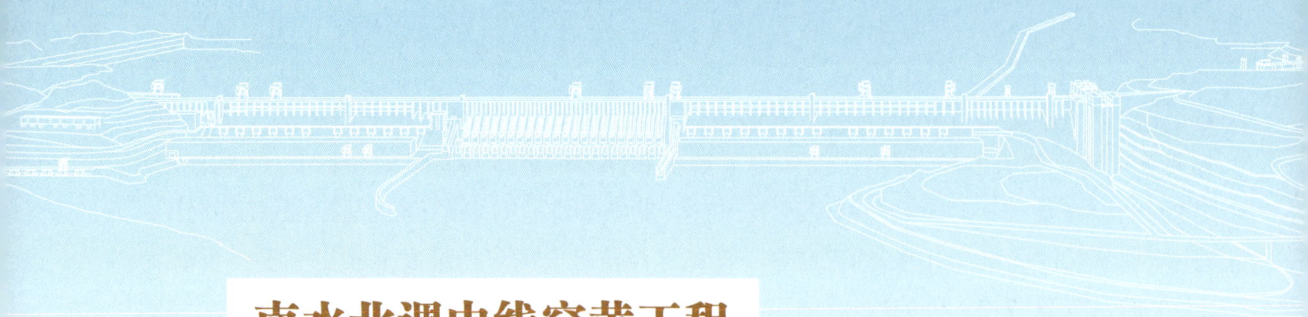

南水北调中线穿黄工程

▲ 南水北调中线穿黄工程

穿黄工程位于河南郑州以西约 30km 的黄河河段上，是南水北调中线总干渠与黄河的交叉建筑物，是总干渠上建设规模最大、技术最复杂的工程，也是控制工期的关键性工程。历经数十年的研究，最终确定采用李村线的隧洞穿黄方式，工程上接中线工程总干渠荥阳渠段，下连温博渠段，全长 19.3km。过河段为双线隧洞，单洞长 4250m，洞径 7m，设计流量 $265m^3/s$，加大流量 $320m^3/s$ 。

1 概　　述

1.1 穿黄工程设计历程

“南方水多，北方水少，如有可能，借点来也是可以的。”早在1952年，毛泽东同志就提出了南水北调的宏伟构想，南水北调是我国水资源优化配置，解决北方地区（主要是黄淮海流域）缺水的一项战略性基础设施工程，它关系到我国黄淮海地区经济社会和生态环境可持续发展的长远利益。

20世纪50年代，长江水利委员会便在进行南水北调中线工程的规划设计的同时，对穿黄工程开始了长时间的研究工作。1994年1月水利部在北京召开了《南水北调中线工程可行性研究报告》审查会。审查意见指出：“同意以孤柏嘴双线隧道方案作为穿黄工程的基本方案。对渡槽方案应继续研究。渡槽位置，宜设在规划的桃花峪水库下游侧。”自此，根据国家计委农村经济司和水利部规划计划司联合下发的规计规〔1994〕125号文批转的工作安排，长江水利委员会对穿黄工程的研究工作持续不断。

根据1994年4月南水北调中线工程前期工作石家庄会议精神和国家计委、水利部指示，黄河水利委员会黄河勘测规划设计研究院（以下简称“黄委设计院”）承担了南水北调中线穿黄渡槽的初步设计工作。1994年8月，黄河水利委员会向水利部汇报了工作大纲和工作计划，同年10月27日，水利部以南规字〔1994〕第36号文予以批复。2000年8月，根据水利部领导指示，黄河水利委员会又安排了黄委设计院开展隧洞方案的规划、设计研究工作。

基于两院10余年大量的研究工作，最后集中到孤柏嘴矶头附近约2.6km的范围内进行过河线路和过河建筑物的方案比选工作。

2001年9月水利部南水北调规划设计管理局（以下简称“调水局”）下发调水项〔2001〕57号文：《关于印发南水北调中线穿黄工程专家座谈会纪要的通知》（含附件1《南水北调中线穿黄工程专家座谈会纪要》、附件2《南水北调中线穿黄工程方案协调工作大纲》），对穿黄工程范围、设计洪水标准、总干渠衔接水位、地震基本设计烈度等主要设计条件作了规定；2002年3月20日水利部办公厅下发了《南水北调中线穿黄工程工作安排的通知》（办函〔2002〕82号），对中线工程总干渠水头分配优化以及线路与过河方案比选工作做了具体的安排，并委托水利部水利水电规划设计总院（以下简称“水规总院”）主持比选工作。

2002年11月18—19日，水规总院在北京召开了穿黄工程预审会，组织部分院士和水利专家对线路和水头分配进行评审；2002年12月20—21日又召开穿黄工程审查会，对穿黄线路和水头分配进行审查。其后南水北调工程建设形势发展很快，根据建设形势的要求，在长江水利委员会和黄河水利委员会共同支持下，长江水利委员会长江勘测规划设计研究院(以下简称“长江设计院”，现为长江设计集团)和黄委设计院于2003年1月28日正式签订了《南水北调中线穿黄工程设计合作协议书》，将合作完成穿黄工程各阶段设计工作。2003年4月10日长江设计院和黄委设计院向水规总院和调水局联合报送了《南水北调中线穿黄工程方案综合比选报告》，2003年5月24—26日水规总院又一次组织部分院士和专家对方案综合比选报告进行审查，6月10日水规总院以水总设〔2003〕31号文下发了《关于印发南水北调中线穿黄工程方案综合比选报告审查意见的函》和附件《南水北调中线穿黄工程方案综合比选报告审查意见》，审查认为，“经综合比选，上线(即李村线，编者注)隧洞方案相对更为合理，可以在下阶段中作为推荐方案”，并提出了具体的审查意见。至此，穿黄工程线路、可利用水头和过河建筑物型式均已全部确定，设计工作进入可行性研究的设计阶段。

2004年7月10—12日，水规总院对联合项目组上报的《南水北调中线一期穿黄工程初步设计报告》进行审查，并形成审查意见。2005年4月21日水利部作了批复，基本同意该审查意见，并要求按基本建设程序抓紧开工前的准备工作。

2004年12月14日，长江设计院和黄委设计院联合项目组(以下简称“联合项目组”)提交《南水北调中线一期穿黄工程防洪影响评价报告》，黄河水利委员会对该报组织了审查，并于2005年2月4日发出《关于南水北调中线一期穿黄工程防洪影响评价报告审查意见的函》(黄水政〔2005〕3号)，作出批复：同意所选李村—陈家沟穿黄线路，基本同意隧洞穿越黄河方案，隧洞穿越黄河方案应考虑的冲刷深度为20m。

2005年4月9—11日，中线建管局在武汉召开穿黄工程招标设计审查会，审查通过了联合项目组报送的《南水北调中线一期穿黄工程招标设计报告》。

2005年9月10日，穿黄工程正式开工建设，长江设计公司穿黄工程设计代表处和黄河设计公司穿黄工程设计代表处开展工作。

2007年10月建成上游线隧洞北岸始发竖井，2008年3月上游线隧洞盾构始发，2009年12月22日到达南岸竖井，2010年6月22日全线贯通。

2007年3月建成下游线隧洞北岸始发竖井，2007年7月8日下游线隧洞盾构始发，2009年10月8日到达南岸竖井，2010年9月27日全线贯通。

2014年2月穿黄隧洞开展充水试验，并于2014年8月31日12时6分充水达到设计高水位117m；2014年9月完成通水验收。

2014年12月12日，南水北调中线一期工程通水运行。

目前，由南水北调中线建管局河南分局穿黄管理处负责运行管理。

1.2 工程部位与建筑物级别

穿黄工程位于郑州市以西约30km处，于孤柏山湾李村线采用隧洞方案横穿黄河，全长约19.3km；工程等别Ⅰ等；主要建筑物包括南岸连接明渠、退水建筑物、穿黄隧洞、南岸河滩明渠、北岸连接明渠，以及与渠道交叉建筑物(含新蟒河渠道倒虹吸、老蟒河河道倒虹吸、跨渠桥、跨渠渡槽)等按1级建筑物设计；北岸防护堤、南岸孤柏嘴控导工程按3级建筑物设计，临时工程按4级建筑物设计。

1.3 穿黄工程技术挑战

可行性研究阶段穿黄工程对渡槽过河方案和隧洞过河方案进行了同等深度比较，推荐采用盾构隧洞穿越黄河方案。

穿黄工程为Ⅰ等工程，穿黄隧洞为1级建筑物，具圆形断面，内径7m，双线布置，单洞长4.25km，为压力输水的水底隧洞工程，运行期隧洞中心内水压力达0.51MPa；采用盾构法施工穿过黄河河床软土地层，洞顶埋深23～32m，外部除作用土压力外，尚作用有外水压力，按黄河设计洪水位104.27m计，算至隧洞中心0.32～0.37MPa。

在水工结构中，压力输水隧洞并不少见，但多为山岭隧洞或明管。在软土地层中采用盾构法施工的水底隧洞，同期国内外亦大多为交通隧洞、无压排水隧洞或小直径的低压输水隧洞，而且无内水外渗影响隧洞围土稳定问题。可以采用拼装式管片环作为永久衬砌，或内浇薄层钢筋混凝土内衬便可满足极限承载和正常使用要求；而为满足高压输水需要，通常在拼装式管片环内另行布置分离式压力输水管道。

穿黄隧洞为压力输水隧洞，地质条件复杂，穿过多种软土地层，其中大部分为砂土，须严防高压内水外渗影响隧洞围土稳定。相关人员曾研究过在拼装式管片环内置分离式钢管道方案，研究结果表明，由于隧洞单头掘进4.25km，线路长、施工空间狭窄，钢管就位与焊接施工条件十分恶劣，不仅增加施工难度，而且建设工期较长、投资较大，因而未被采用。

因此，研发穿黄隧洞合适的结构型式是穿黄工程面临的重大技术挑战。

穿黄工程是南水北调中线穿/跨越黄河的关键交叉建筑物之一。规模大、技术条件复杂，其建筑物选型不仅直接关系到穿黄工程自身设计方案，还关系到交叉部位黄河河道规划、黄河上游水利枢纽工程建设，也制约着两岸渠道布置。设计重点对隧洞方案和渡槽方案进行了研究。

1.4 穿黄工程特点及科技创新

穿黄工程是南水北调中线总干渠与黄河的交叉建筑物，是总干渠上建设规模最大、技术最复杂的工程，也是控制工期的关键性工程，其设计流量为265m^3/s，加大流量为320m^3/s。穿黄工程采用2条盾构隧洞穿越黄河，单洞长4250m，隧洞内径为7.0m。隧洞需要穿越游荡型河段，该河段所处围土为饱和砂土地层，地质条件复杂，内水压达0.51MPa，为国内首例采用盾构法施工的软土地层大型高压输水隧洞，技术难度大幅度超出我国同期已有工程经验和规范适用范围。尤以水下软土地层高压输水结构、软土地层复杂复合衬砌结构抗震及饱和软土地层超深竖井等三大问题最为突出。能否攻克，直接影响南水北调中线一期工程建设和我国水资源配置战略实现的成效。

工程依托多项国家科技支撑计划项目、专项科研课题和现场1∶1物理模型试验，由设计、科研、建管等多家单位组成“产、学、研、用”团队，通过20年余的研究，在设计理论方法、成套技术等方面取得了重大技术突破，确保了南水北调穿黄隧洞工程的顺利实施。主要科技内容如下：

1)研发了“盾构隧洞预应力复合衬砌”新型高压输水隧洞，提出了管片外衬与预应力内衬“结构联合、功能独立”的复合结构设计理论与分析方法，建立了相应的设计控制标准体系。攻克了多相复杂软土地层高压输水隧洞结构受力、高压内水外渗导致围土失稳破坏，以及适应河床游荡作用引起的纵向动态大变形难题。

2)构建了复杂软土地基土体真非线性本构模型，提出了模拟地震过程地基土体孔隙水压扩散和消散的三维非线性有效应力方法，及考虑动态接触的波动分析方法求解隧洞结构地震响应，破解了软土地层长距离大型输水盾构隧洞复合衬砌结构抗震安全评价难题。

3)研发了超深竖井井壁设置弧形始发反力座的新型双层复合衬护竖井，提出了双层结构联合受力动态结构设计理论与分析方法，提出了饱和砂土地层超深竖井防渗防水成套技术，解决了超深竖井结构稳定、受力、防渗及超深盾构始发布置与到达防水技术难题。

基于上述研究，“南水北调中线穿黄隧洞工程设计关键技术研究与实践”研究成果经鉴定达到国际领先水平，在2020年12月3日获年度水力发电科学技术一等(特等)奖。

2 穿黄隧洞方案研究

2.1 常规隧洞方案与盾构隧洞方案比较

对隧洞方案曾研究深埋于基岩中的常规隧洞方案和埋于河床覆盖层中的盾构隧洞方案，均为双线隧洞方案。

2.1.1 常规隧洞方案

穿黄工程选定线路河床下伏第三系基岩为河湖相沉积的黏土岩、粉砂岩、砂岩、砂砾岩，地层近水平。为充分利用围岩承载、防渗，穿黄隧洞在基岩中穿过，洞顶以上基岩厚度不少于20m，按常规隧洞设计。由于埋藏较深，采用竖井进、竖井出的型式。按基岩南高北低分布，隧洞竖向亦为南高北低，长度3500m；为确切了解隧洞围岩性态，2002年5月专门为此补充了5个深孔，累计进尺400m。补充的钻孔资料表明，隧洞所穿越的第三系黏土岩、粉砂岩岩性软弱，特别是与覆盖层相接触的顶部岩层比较破碎，未能达到预期的防渗条件，部分隧洞开挖过程仍要解决防水问题。

据布置，隧洞直径 7.0m，单层衬砌厚度 80cm，由于埋藏深，内压水头达 100m，围岩对内水压力分担较小，衬砌须按预应力结构设计。该方案的优点是地震影响轻微，并且完全避开了砂土地震液化和河床冲淤影响，竖井进出口亦有利于隧洞检修排水设施布置；但因隧洞埋置较深，竖井进、出口及洞身工程量大，而且因岩层比较破碎，部分洞段施工中仍需考虑施工支护和防水问题。该方案过黄河建筑物布置见图 1 和图 2。

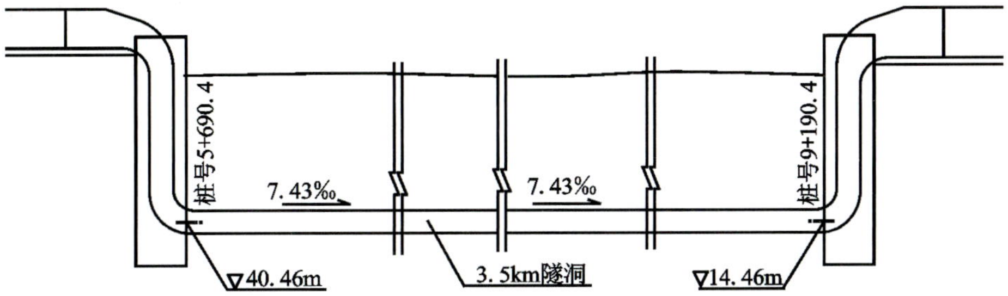

图 1　李村线 3.5km 深埋隧洞方案立面布置示意图

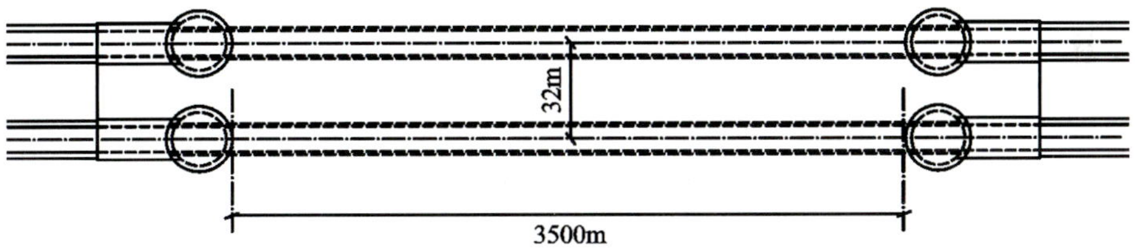

图 2　李村线 3.5km 深埋隧洞方案平面布置示意图

2.1.2　盾构隧洞方案

盾构隧洞方案是将隧洞布置在河床覆盖层中穿过，采用泥水平衡式盾构机施工的一种方案总称。此种方案因在泥水平衡盾构机保护下施工，开挖防护和防水有保证。隧洞最小埋藏深度定为 23m，低于河床最低冲刷线（最大冲刷深度 20m），并在河床砂土震动液化界限（河床下方深度 16m）以下，无冲刷和砂土震动液化问题；按此布置，隧洞自南向北，大部分洞段穿过中更新统 Q_2 粉质壤土，北段部分穿过全新统 Q_4 中、细砂层；隧洞内压水头约 50m，为深埋常规隧洞方案的一半，有利于衬砌设计；采用双层衬砌，内衬和外衬分别承担内部和外部荷载，受力明确，技术可行，安全度高。

此类方案过黄河建筑物布置见图 3 和图 4。

2.1.3　常规隧洞方案与盾构隧洞方案比较

由于常规隧洞方案围岩破碎，整体性差，未能达到预期的分担荷载和防渗要求；相反由于埋深大，内水压力较大，需采用现浇预应力衬砌，无论采用常规矿山法或采用 TBM 法施工，部分洞段均需考虑降水措施。经与盾构隧洞方案比较表明，常规深埋隧洞方案无论从工程安全和投资均不如盾构隧洞方案，故推荐盾构隧洞方案。

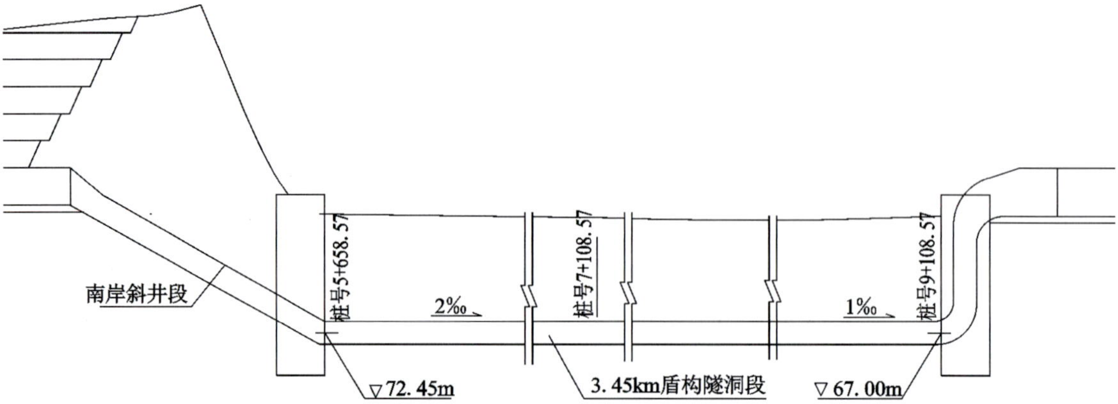

图3　李村线3.45km盾构隧洞方案立面布置示意图

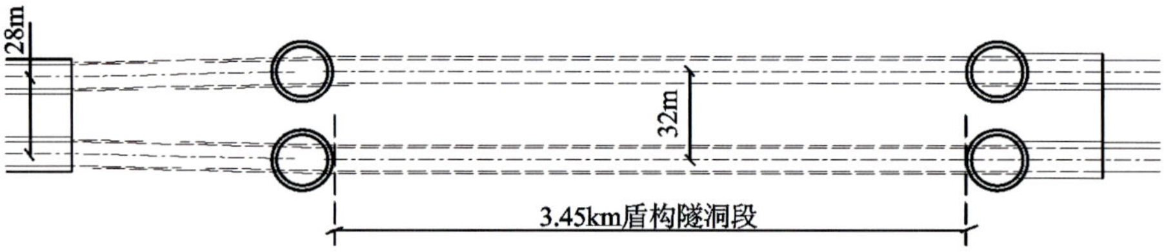

图4　李村线3.45km盾构隧洞方案平面布置示意图

2.2　盾构隧洞总体布置方案比较

在确定采用盾构隧洞方案后，曾对此种方案的总体布置进行了多方案的研究。根据选定的李村线地形、地质、工程规划、工程运用和检修条件，总体布置主要研究了如下三种方案：

(1)方案一

过河隧洞南岸斜井进、北岸竖井出、退水设施在南岸，退水经退水洞入黄河。

(2)方案二

过河隧洞布置同方案一，退水设施在北岸，退水经新蟒河入黄河。

(3)方案三

过河隧洞南岸竖井进、北岸斜井出、退水设施在南岸，退水经退水洞入黄河。

上述三种方案中，技术上均属可行，而以方案三技术复杂，投资也最大，故首先放弃；方案一、方案二过河隧洞布置相同，投资以方案二较少，但因退水闸设于北岸，一旦隧洞进口关闭，便无法为南岸渠道退水，运行条件不如方案一；故最终选用方案一。该方案即为前述的李村线3.45km盾构隧洞方案。

2.3 单洞方案与双洞方案比较

在选定的总体布置方案中，对隧洞过河建筑物布置研究了单洞方案和双洞方案。两种方案均采用泥水平衡盾构机施工，南、北岸连接渠道布置相同。其中，双洞过河方案进、出口闸室均为双孔闸室，单孔宽 6m，两条隧洞可独立运行、独立检修；两条隧洞中心间距 32m，隧洞结构完全相同，每条隧洞内径 7.0m，双层衬砌，外衬厚 40cm，内衬厚 45cm，其间设软垫层分隔，内、外衬单独受力。单洞过河方案的进、出口闸室均为单孔闸室，宽 10m，隧洞内直径 9.0m，双层衬砌，外衬厚 45cm，内衬厚 55cm，其间也设软垫层分隔，内、外衬单独受力。

可研阶段对于双洞方案和单洞方案进行了同等深度的研究，从工程技术可靠性、运行条件、水流条件、施工条件、工程投资等方面进行了如下分析和比较。

2.3.1 工程技术可靠性

双洞方案隧洞内径 7.0m，单洞方案隧洞内径 9.0m，两种方案均采用双层衬砌，内、外衬单独受力，多道防水，为常规结构。双洞方案单条隧洞直径较小，与一般的城市地铁区间隧道类似；单洞方案直径较大，其规模与国内的上海市延安东路跨越黄浦江隧道、上海市大连路跨越黄浦江隧道等隧道相当，国外成功运行的工程实例亦较多。因此，单、双洞方案均属技术可靠、长期安全运行有保证的方案。

2.3.2 运行条件

根据南水北调工程总体规划，中线工程采取分期建设。一期工程多年平均调水量 95 亿 m^3，相应穿黄工程设计流量 $265m^3/s$，加大流量 $320m^3/s$。双洞方案与单洞方案均能满足一期工程总干渠的输水要求。不过，按照中线一期工程总体规划，穿黄隧洞通过流量小于 $160m^3/s$ 的时间，一年之内约占 30%，在此期间双洞方案除非两条隧洞同时出现事故，否则可一条隧洞安排检修，另一条隧洞继续输水运行，满足工程运用要求，因此穿黄工程自身的输水保证率高，运行调度灵活。而单洞方案，无论是何种运用工况，若要检修，就需停止输水，因此在输水运用上不如双洞方案灵活。

2.3.3 水流条件

单洞方案的一个闸室与一条渠道相连，任何工况下总保持对称进流和对称出流，进出口流态平稳，水流条件较好，水头损失较小；双洞方案因进(出)口设两个闸室，为与一条渠道相连，进口需增加分流段，出口需增加合流段，水力衔接不如单洞顺畅，但由于进、出口水流流速较小，对正常输水运用不会带来明显的不利影响。

2.3.4 施工条件

穿黄隧洞约 3/4 的洞段穿过 Q_2 粉质黏土层、粉质壤土层，只有约 1/4 的洞段穿过 Q_4 的中、细砂层，围土条件总体较好，根据穿黄工程的地质条件，穿黄隧洞宜采用泥水平衡式盾构机。考虑到穿黄工程地质条件复杂，双洞方案的隧洞外径为 8.7m，较单洞方案隧洞外径11.0m小，同类规模的盾构隧洞国内施工实践更多，经验更丰富，施工技术相对也更成熟，施工技术难度较低，施工风险较小。因此，就保证全线按期通水条件而言，双洞方案更为有利。

2.3.5 工程投资

单洞方案单个进口闸室与单条渠道直接相连，布置简单，进口和隧洞洞身工程量较双洞方案少，只需一台盾构机施工；而双洞方案进(出)口的两个闸室需通过分流段(合流段)方可与一条渠道相连，布置相对复杂，进口和隧洞洞身工程量也较单洞方案为多，需两台盾构机施工，工程总投资较单洞方案多约3.86亿元。

综合以上分析表明，双洞方案或单洞方案均能满足总干渠的运用要求，均是技术可靠、施工可行的方案。在投资上，单洞方案可节省约3.86亿元，但双洞方案隧洞规模较小，施工技术难度较低，施工风险较小，按期建成更有保证，投入使用后，运用灵活，自身输水保证率高。为了确保中线工程按时通水，并考虑到穿黄工程是中线工程中的关键性工程，应有更高的运用灵活性和供水保障率，故推荐采用双洞方案。

2.4 衬砌型式比较

结合穿黄工程地质条件及输水运用条件，通过对隧洞工程大量的研究工作，提出了盾构隧洞预应力复合衬砌结构型式，可应用于采用盾构工法穿越软土地层的压力输水隧洞。

新型盾构隧洞结构具有双层复合衬砌，其外层衬砌是盾构掘进过程形成的拼装式管片环，为普通钢筋混凝土结构，内层衬砌为现浇预应力钢筋混凝土结构，根据工作条件，两层衬砌可以设计成彼此单独受力的结构或联合受力的结构，其工作原理如下：

(1)外层衬砌——拼装式管片环

在盾构掘进过程中形成，给内层衬砌提供施工空间。当设计为彼此单独受力的结构时，外衬基本上只承受自重和外部水土压力；当设计为联合受力的结构时，外衬除承受自重和外部水土压力外，施工期接受内层衬砌传递的预应力，并在输水运行期分担内水压力。

(2)内层衬砌——预应力钢筋混凝土结构，用于形成输水空间

通过对内层衬砌施加后张预应力，满足其承载能力，并改善其抗裂性能。当设计为单独受力的结构时，内层衬砌将承担全部的内水压力；当设计为联合受力的结构时，与外层衬砌共同承受预应力和内水压力。

(3)单独受力和联合受力结构措施

主要是在内衬与外衬界面上设置足够厚的弹性软垫层，满足单独受力要求；对于联合受力的结构，可通过控制弹性软垫层的线刚度(指弹性软垫层弹性模量与其厚度的比值)满足内衬与外衬的分载要求。必要时，还可取消弹性软垫层，令内衬混凝土直接浇筑到管片上，

将内衬混凝土填入外衬管片拼装手孔中，以形成混凝土剪力键，同时在手孔内埋置联系内外衬的插筋，使内层衬砌与外层衬砌联合为一个整体结构工作，这样不仅可以充分利用外部水、土荷载抵消部分内水压力，而且由于两层衬砌叠合为整体结构，可以增加隧洞承载能力和抵御变形的刚度，满足防渗要求，材料也得以充分利用。

3 穿黄隧洞设计

3.1 穿黄工程布置

穿黄工程主要建筑物自南向北包括南岸连接明渠、进口建筑物、穿黄隧洞、出口建筑物、北岸河滩明渠和北岸连接明渠等六部分，全长 19.3km，此外还有控导工程。

3.1.1 南岸连接明渠

南岸连接明渠位于邙山黄土丘陵区，为挖方渠道，底纵坡 1/8000，采用混凝土衬砌和土工膜防渗，长 4628.57m；渠道为梯形断面，底宽 12.5m，两侧渠坡 1∶2.25，以上为黄土边坡，综合坡比 1∶2.6。

3.1.2 进口建筑物

进口建筑物包括截石坑、进口分流段、进口闸室段和斜井段，分布长度 1030m，另外还有退水建筑物。其中斜井段又称邙山隧洞段，水平长度 800m，洞径 7.0m，按双线布置；退水建筑物中，退水隧洞为无压洞，断面为城门洞形，尺寸为 4.2m×5.8m（宽×高），退水泄入黄河。

整个进口建筑物全部位于挖方渠道中，最大挖深 54m，每 10m 设置一级马道，各级均有纵横排水沟，开挖坡度由下至上分别为 1∶2.25、1∶1.0、1∶0.7 等多种坡度，120m 高程以下为混凝土衬砌，以上均为浆砌石衬砌。进口建筑物完工后见图 5。

图 5 进口建筑物完工后

3.1.3 穿黄隧洞段

北岸和南岸施工竖井之间的穿黄隧洞段长 3450m(南岸施工竖井于施工后期拆除,行洪口门宽度仍保持 3500m),双线隧洞方案洞径 7.0m,外层为装配式普通钢筋混凝土管片结构,厚 40cm,内层为现浇预应力钢筋混凝土结构,厚 45cm,内、外层衬砌由弹性排水垫层相隔。

外衬管片完工后见 6,内衬混凝土完工后见图 7。

图 6　外衬管片完工后

图 7　内衬混凝土完工后

3.1.4 出口建筑物

出口建筑物由出口竖井、闸室段(含侧堰段)、消力池段及出口合流段等组成,水平长度227.9m。出口竖井由施工竖井改造而成,出口闸室按节制闸设计,通过对闸门开度的调节,以满足总干渠对A点衔接水位的要求。出口建筑物完工后见图8。

图8 出口建筑物完工后

3.1.5 北岸河滩明渠

北岸河滩明渠为填方渠道,底宽8m,内坡1∶2.25,纵坡1/10000,其间有新蟒河渠道倒虹吸和老蟒河河道倒虹吸等交叉建筑物,分布长度6127.5m。渠道地基采用挤密砂桩进行处理。北岸明渠完工后见图9。

图9 北岸明渠完工后

3.1.6 北岸连接明渠

北岸连接明渠位于黄河以北阶地,为半挖半填渠道,长度3835.74m,断面与北岸河滩明渠相同。地基为Q_3黄土状粉质壤土,无砂土震动液化问题。

3.2 预应力内衬结构设计

3.2.1 内衬结构布置

内衬的内径为7.0m，内衬的外径为7.9m，衬厚45cm，为后张法预应力钢筋混凝土结构，预应力锚索间距为45cm，每束由12根直径为15.2mm的预应力钢绞线集束而成。内衬混凝土强度等级为C40，抗渗等级为W12。隧洞纵向设置永久变形缝，每9.6m一道，地层变化洞段以及靠进出口施工竖井的洞段需要局部加密，缝间采用聚乙稀塑料嵌缝，紫铜片止水。

3.2.2 预锚系统

3.2.2.1 锚索

隧洞衬砌预应力为后张预应力，预应力由张拉锚索提供。单束锚索由12根直径为15.2mm的钢绞线集束而成，满足《预应力混凝土用钢绞线》(GB/T 5224—2003)中1860标准级钢绞线技术指标(抗拉强度为1860N/mm^2，弹性极限不小于234kN，屈服强度伸长率不小于3.5%，初始负荷为公称最大力的80%时应力松弛率不大于4.5%)。

3.2.2.2 锚具

锚具采用HM15—12型环锚锚具，与12根钢绞线相配，矩形锚板带24个锥孔，中间12孔夹持锚索主拉端，两侧各6孔夹持锚索被拉端。

3.2.2.3 预锚布置

每束环锚锚索预留一个张拉槽，无须张拉台座，配置弧形垫座，只需要一台千斤顶张拉，锚索纵向平均间距45cm，施工中为补偿弧形垫座的摩阻损失，张拉控制应力加大到75%标准强度(图10)。为减少预留张拉槽对内衬削弱的不利影响，预留张拉槽对称于隧洞轴线左、右按4列布置(图11)。

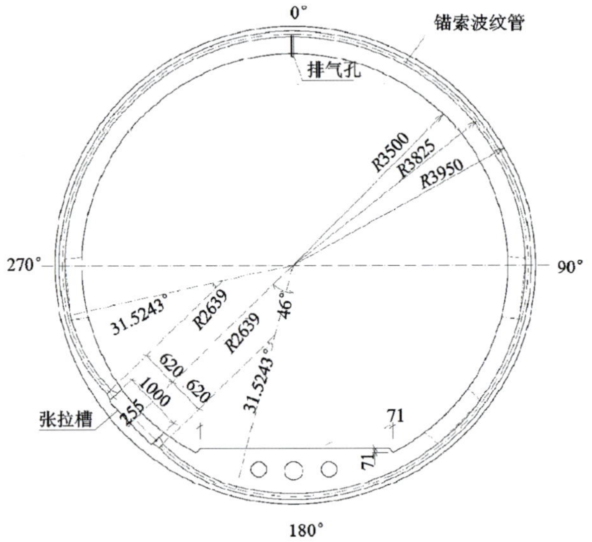

图10 环锚锚索典型断面(单位:mm)

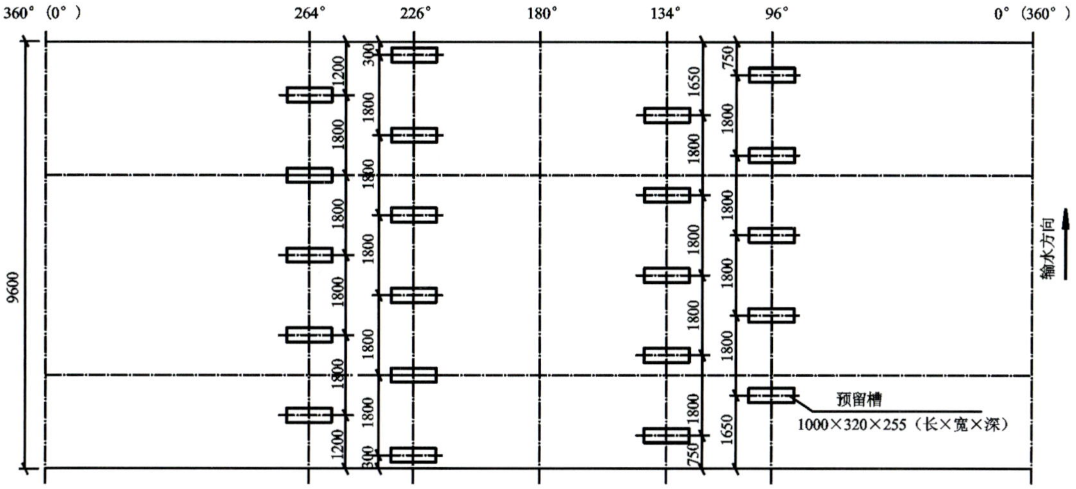

图 11　环锚锚索布置(单位:mm)

锚索轴线一般距衬砌外缘 10cm,但为弯入设于内衬内缘的张拉槽,需布置弯入段,因半径变小,局部挤压加强,截面弯矩加大,是设计的控制部位。混凝土浇筑前,采用钢质波纹管预留孔道,以供锚索牵引就位。

3.2.2.4　张拉控制要求

(1)张拉单元

以单个衬砌段为一个张拉单元,张拉按单元顺序进行,以利验收和进行下一道工序的作业。

(2)张拉控制

采用双控,即应力控制和伸长控制。为要补偿弧形垫座的孔道损失,张拉控制应力为75%标准强度;考虑各锚索间的补偿效应,与张拉力 2350kN 相应的单个衬砌段弹性净伸长平均值 $S_{cp}\geqslant$101mm。

(3)张拉锚固

正式张拉前,要求对锚索各根钢绞线预紧,然后再集束张拉;要求分两级平稳加荷;加荷达到控制张拉力后,持荷 5min,即可卸荷锚固。

3.3　隧洞防水设计

3.3.1　防水原则

穿黄隧洞穿越饱和含水砂层(渗透系数 $1\times10^{-3}\sim1\times10^{-2}$cm/s),所承受的最大外水压约 0.38MPa,最大内水压约 0.51MPa,针对各种可能的渗透途径,采用以防为主、多道防线、综合处理的防水设计原则。

3.3.2　防水等级

按《地下工程防水技术规范》(GB 50108—2008)关于防水等级划分,根据穿黄隧洞运行处于水环境中，只有在检修情况下，方有人员临时进入的条件，将其防水等级定为三级，即允许有少量漏水点，但不得有线流和漏泥砂情况发生。

3.3.3 盾构隧洞防水

3.3.3.1 衬砌自身防水

衬砌自身防水首先是外衬预制管片混凝土防水，为达到强度等级 C50、抗渗等级 W12 的要求，采用高精度钢模生产，允许制作误差为对角线长度不超过 5mm，管片作单块压水检查时，要求在 0.8MPa 的压力下，持压 4 小时，渗水深度不超过管片厚度的 1/3，保证成品质量；内衬为现浇预应力混凝土，强度等级 C40，要求在设计工况下，全截面受压，具有良好的工作条件；故衬砌自身渗漏途径可以排除。

3.3.3.2 内衬变形缝防水

内衬结构缝设三道防水防线，由内向外为聚硫密封胶、遇水膨胀橡胶条、紫铜止水片。施工期根据接缝压水试验检查情况，为加强防渗，避免接缝两侧混凝土浇筑质量问题影响止水效果，在接缝内侧采用聚脲封闭，以取代聚硫密封胶。

3.3.3.3 外衬预制管片拼缝防水

外衬预制管片拼缝防水主要包括三部分，即密封垫止水、嵌缝止水和螺栓孔防水。

(1)密封垫止水

布置在管片靠外缘的密封垫止水槽内，是管片接缝的主要防水措施。防水压力：止水条主要是防外水，防水压力为 2 倍的外水压力，取为 0.8MPa，管片接缝错动 20mm 时，允许张开 4mm，管片接缝错动 15mm，允许张开 6mm。图 12 为穿黄隧洞管片采用的密封垫止水条。

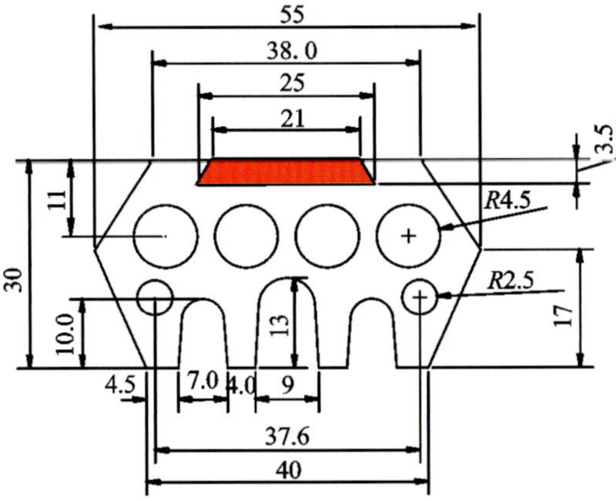

图 12 穿黄隧洞管片密封垫止水条

(2)嵌缝止水

作为拼缝防水的辅助措施，在外衬管片拼缝面的内缘设置斜楔口棱形的嵌缝槽，槽深

25mm，槽宽 20mm，在内衬施工前填充聚硫密封胶形成第二道封水带。

(3)螺栓孔防水

为防止螺栓孔渗漏，在螺孔与螺栓之间设置密封圈。螺栓孔制成口大内小的锥形孔，密封圈成环锥状。密封圈垫于锥形孔上，在螺帽与垫圈的挤压作用下挤入螺孔内起到压密止水作用。

4 盾构掘进施工技术与实践

4.1 高水压砂性地层盾构始发施工

4.1.1 洞口段加固施工

盾构机在始发段范围内基本处于中粗砂层中。此地段地下水压最大为 0.45MPa，是典型的富水砂层地质条件，为确保盾构机顺利始发，下游线隧洞采用高压旋喷灌浆加固，上游线隧洞除此还增加了两种加固措施：素混凝土贴墙和洞口段冷冻，均顺利始发。

4.1.2 始发设施的安装

(1)反力座及始发台

反力座为钢筋混凝土结构，与北岸工作竖井同时浇筑；盾构始发基础为长 12m 的 C30 钢筋混凝条形土基础，在始发基础顶部每隔 0.8m 预埋一块钢板便于固定始发架。盾构始发架采用钢结构型式，盾构始发台座结构与反力座见图 13。

图 13 安装好的盾构始发台座与反力座

(2)负环管片及导轨安装

负环管片为钢管片，环宽 1600mm，肋高 400mm。其中 1～7 号负环，每环 5 片管片，顶部开敞，管片纵、横向均采用螺栓连接。负环管片侧面安装三角支撑，三角支撑与始发台用螺栓连接。盾构机始发前，与洞门相距 1.4m，在洞门密封内侧架设长约 1.2m 的两根导轨，以防止盾构机出洞门后刀盘下沉，导轨高度略低于始发支座导轨。负环钢管片总装见图 14。

图 14　负环钢管片总装

4.1.3　洞门密封

为了防止盾构始发掘进时洞外水、土从盾壳和洞门的间隙涌入竖井，同时避免盾构泥水仓泥浆流失，在洞门安装了临时密封装置。洞门临时密封装置见图 15。

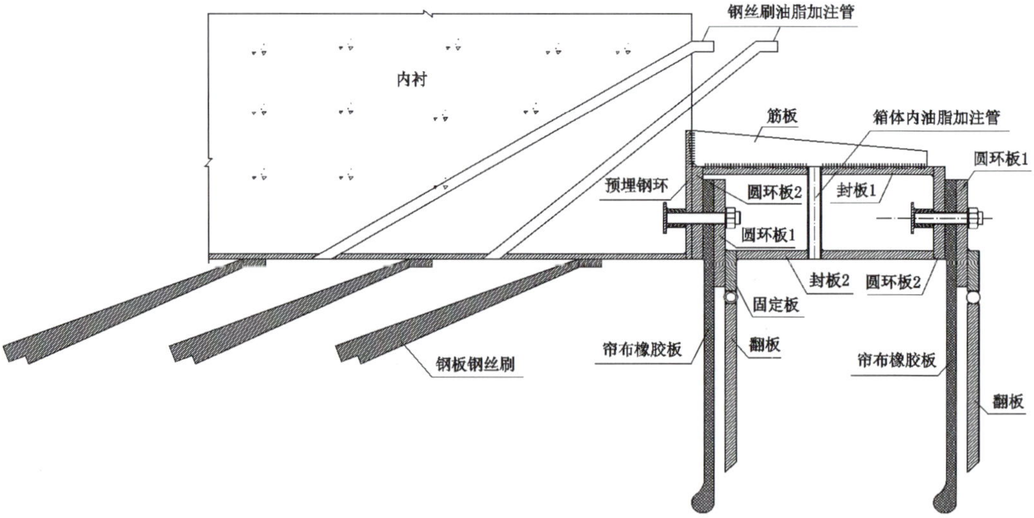

图 15　洞门临时密封装置

当盾构刀盘全部通过第三道钢板钢丝刷密封后，开始向盾构泥水仓加压，使泥浆充满泥水仓，然后在两道帘布橡胶板间及三道钢板钢丝刷之间利用预留注脂孔向内加注油脂，充满空隙，达到密封要求。

4.1.4 洞门凿除

洞门凿除是盾构施工期间有重大风险的工序之一。土体加固后应根据始发计划及时对土体的加固效果进行检查。检查内容包括加固土体强度、洞门处渗透性及土体的匀质性。当洞门土体加固效果不理想时，需要从地面钻孔或洞门水平钻孔采用压密注浆的方式进行补充加固。凿除施工时采取先破除临时支撑梁，然后对地下连续墙自上而下分层破除。

4.1.5 盾构始发施工

盾构机洞内就位分三步进行：第一步，盾构在井内组装始发，刀盘、盾体、主驱动组件、盾尾、管片安装机等在竖井底部安装为整体。第二步，设备桥下井，并与主机连接，盾构机向前掘进 11.2m，在拼装完第 7 环管片后，停止掘进；在地面的设备桥断开与后配套之间的连接，再吊装设备桥下井与主机连接。第三步，盾构机向前掘进 57.6m（拼装完第 36 环管片）后，停止掘进，拖车下井，与设备桥连接，至此盾构全部下井就位。

盾构始发过程，为确保盾构机能严格按照设计轴线向前推进。盾构合理的纠偏趋势原则上不大于±2‰。

4.2 盾构长距离掘进施工

穿黄隧洞长距离掘进，穿行于多种地层，特别要注意盾构姿态控制，以及盾构在不同地层中掘进参数的调整，以确保掘进顺利进行。

4.2.1 过河洞段盾构姿态控制与纠偏

在盾构掘进过程中，由于多种原因，盾构姿态会有偏差，主要通过对推进油缸按行程差（0～40mm）进行姿态控制。为防止盾构不当纠偏造成的管片破损或盾尾变形损坏钢丝刷，需要根据设定的纠偏曲线，确定纠偏环数和参数。盾构机纠偏示意图见图 16 。

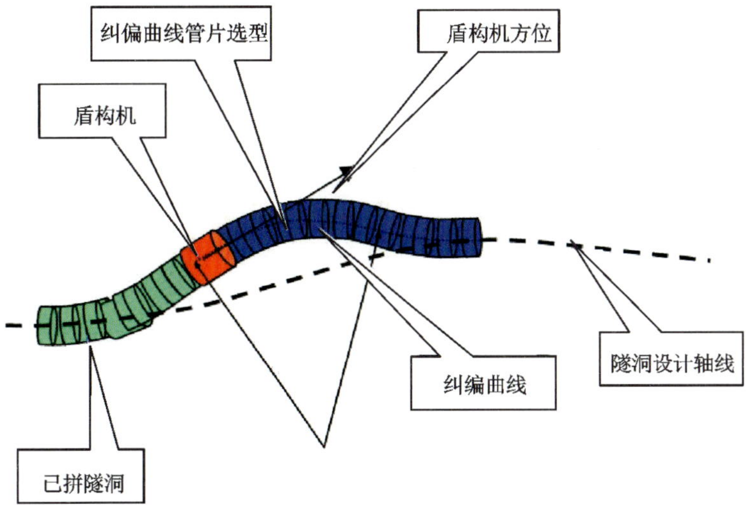

图 16 盾构机纠偏示意图

4.2.2 邙山洞段盾构姿态控制与纠偏

邙山洞段为坡比达4.87%的斜洞，而盾构机本身为直线形刚体，不能与曲线完全吻合。盾构爬坡相当于纠偏，曲线半径越小，纠偏量越大，纠偏灵敏度越低，轴线越难于控制；结合斜洞坡度、地质条件，经研究采取如下措施：①分区操作盾构机推进油缸；②为防止管片与盾尾发生挤压破坏，最小盾尾间隙按6mm控制。最终顺利完成了邙山洞段的掘进施工。

4.2.3 盾构掘进施工参数

盾构掘进施工参数应根据所通过的地层条件合理选定。

(1)全砂层掘进施工参数

砂层渗透系数较大，浆液损耗量较大，浆液的制备必须与掘进速度相匹配。

(2)上砂下土层掘进施工参数

黏土层易产生泥饼，使盾构推力、扭矩均大幅度提高；切削后的泥土重新拌和后易吸附结块，堵塞排浆通道，掘进中应待排浆通畅后才继续掘进。

(3)全黏土层和砂砾石层掘进施工参数

按切削掌子面后基本能维持自稳选定。为防止开挖仓堵塞，应采用低黏度、低密度的泥浆，同时加大冲刷力度，确保排浆畅通。

4.3 盾构到达施工

盾构机到达工序有：①洞门渗透性检查及加固处理；②帘布橡胶板安装与洞门卡板；③密封气囊安装及试验；④接收基座浇筑及接收支架安装；⑤地下连续墙破除，与始发措施基本相同。除此之外，应低速掘进，同时控制好邻近段掘进参数，包括掘进速度、总推力、刀盘扭矩、刀盘转速及泥水仓压力等。

2010年6月22日和2010年9月27日上游线穿黄隧洞和下游线穿黄隧洞分别全线贯通，误差仅25mm，满足不大于50mm的设计要求。

5 结　语

穿黄工程是南水北调中线工程穿越黄河的关键交叉建筑物，也是南水北调中线工程的咽喉工程。规模大、技术条件复杂，其建筑物选型不仅直接关系到穿黄工程自身设计方案，还关系到交叉部位黄河河道规划、黄河上游水利枢纽工程建设及河道演变，同时制约着两岸渠道布置。因此，工程线路、结构、运行方案都经过了多年充分论证。经过十多年的建设，克服了施工过程中的众多困难，2014年12月12日正式通水运行，监测资料表明，隧洞的工作性态良好，截至2022年1月底，已经顺利输水319亿m^3，为改善我国北方缺水状况起到关键作用。

撰稿/李安斌、张传健

西藏拉洛水利枢纽工程

▲ 拉洛水利枢纽

拉洛水利枢纽及配套灌区工程位于西藏自治区日喀则市西部、雅鲁藏布江以南萨迦县及日喀则市桑珠孜区，是雅鲁藏布江右岸一级支流夏布曲干流上的控制性工程。本工程为Ⅱ等大(2)型水利工程，包括拉洛枢纽工程和配套灌区工程两部分。工程主要任务为：以灌溉为主，兼顾供水、发电和防洪等综合利用，并为促进改善区域生态环境创造条件。

1 工程概况

拉洛水利枢纽及配套灌区工程位于西藏自治区日喀则市西部、雅鲁藏布江以南萨迦县及日喀则市桑珠孜区，是雅鲁藏布江右岸一级支流夏布曲干流上的控制性工程。本工程为Ⅱ等大(2)型水利工程，包括拉洛枢纽工程和配套灌区工程两部分。工程主要任务为：以灌溉为主，兼顾供水、发电和防洪等综合利用，并为促进改善区域生态环境创造条件。

枢纽工程包括沥青混凝土心墙坝、泄洪发电隧洞(兼顾导流)、溢洪道、拉洛电站、鱼道、德罗引水发电系统。配套灌区工程由申格孜、扯休、曲美、聂日雄四大灌区组成，总干渠长43.259km，分干渠7条，总长117.431km，设计灌溉面积45.39万亩。

拉洛水利枢纽及配套灌区工程项目法人为：西藏自治区拉洛水利枢纽及灌区管理局；设计单位为：长江勘测规划设计研究有限责任公司；监理单位为：江苏科兴项目管理有限公司、北京市中冠水利工程监理有限公司及中水东北勘测设计研究有限责任公司；主要的施工单位有：中国人民武装警察部队水电第三总队(现为中国安能集团第三工程局有限公司)、中国水电基础局有限公司、中国水利水电第一工程局有限公司、中国水利水电第六工程局有限公司、岭南水务集团有限公司、中铁十九局集团有限公司等。

2 工程建设意义及历程

2.1 建设意义

西藏日喀则地区的申格孜、扯休、曲美、聂日雄等四大灌区土地总面积53.17万亩，其中宜农、宜牧、宜林地46.88万亩。区内地势相对平坦，土地较为连片集中，具有较好的农牧业开发条件，是日喀则地区计划建设的重要粮食生产和生态移民搬迁基地。但灌区内水利基础设施薄弱，工程性缺水严重，灌溉保证率低，目前已开垦利用的23.57万亩土地面积中，实际播种面积仅为6.40万亩，灌溉面积仅2.87万亩，同时由于放牧过度，天然草场退化严重，农牧业生产受到极大影响，制约了当地经济的发展，亟须兴建水利灌溉设施，改善区域农牧业生产条件和生态环境，提高农牧民收入。

兴建拉洛工程可为申格孜、扯休、曲美、聂日雄四大灌区提供自流供水，满足灌溉和生态建设需水要求，为生态扶贫移民安置创造条件；开发水能资源，可向藏中电网补充供电，还可提高下游河道的防洪能力，建设拉洛工程对促进日喀则地区的经济社会可持续发展、少数民族地区脱贫致富和边疆稳定，改善区域生态环境等具有重要作用。

2.2 工程建设历程

拉洛工程的勘测设计单位长江勘测规划设计研究有限责任公司作为技术援藏的一部分将灌区工程的设计工作分包给西藏自治区水利电力规划勘测设计研究院承担。

2005 年 4 月，水利部水利水电规划设计总院（以下简称“水规总院”）在北京召开审查会，同意《西藏自治区夏布曲干流综合规划报告》；西藏自治区人民政府以《西藏自治区人民政府关于夏布曲干流综合规划的批复》（藏政函〔2006〕74 号）批准了《西藏自治区夏布曲干流综合规划报告》。

2012 年 10 月，国家发展改革委员会以《关于西藏自治区拉洛水利枢纽及配套灌区工程项目建议书的批复》（发改农经〔2012〕3328 号）批复同意项目建议书。

2014 年 5 月 22 日，国家发展和改革委员会以《关于西藏拉洛水利枢纽及配套灌区工程可行性研究报告的批复》（发改农经〔2014〕993 号）批复同意可行性研究报告。

2014 年 12 月，水利部以《水利部关于西藏拉洛水利枢纽及配套灌区工程初步设计报告的批复》（水总〔2014〕451 号）批复了《西藏拉洛水利枢纽及配套灌区工程初步设计报告》。

2014 年 6 月 8 日，拉洛水利枢纽及配套灌区工程现场举行了开工仪式，工程进入施工图设计阶段。

2016 年 9 月 30 日，拉洛水利枢纽及配套灌区工程成功截流。

2019 年 9 月 30 日，拉洛水利枢纽及配套灌区工程蓄水位 4276.74m 下闸蓄水。

2020 年 12 月 30 日，拉洛水利枢纽及配套灌区工程正式发电并向灌区试通水。

3 枢纽工程设计

3.1 设计标准

（1）工程等别及建筑物级别

拉洛水利枢纽及配套灌区工程定为大（2）型水利工程，工程等别为Ⅱ等。大坝、泄洪发电隧洞、溢洪道、鱼道与大坝连接段、德罗隧洞进水口等主要建筑物为 2 级；德罗隧洞（也是灌区总输水道）、压力前池、压力钢管、泄洪洞消力池、鱼道非过大坝挡水段、侧堰、拉洛电站、德罗电站建筑物等次要建筑为 3 级。

（2）工程与建筑物合理使用年限

本工程水库合理使用年限为 100 年，灌区为 50 年。大坝、泄洪发电隧洞、溢洪道和德罗隧洞、鱼道与大坝连接段等永久建筑物的合理使用年限为 100 年，拉洛和德罗电站、灌溉渠道以及鱼道其余部分等永久建筑物的合理使用年限为 50 年。枢纽工程泄洪洞、德罗隧洞等建筑物闸门合理使用年限为 50 年，拉洛电站和德罗电站、灌区建筑物闸门合理使用年限为 30 年。

(3)抗震设防标准

大坝枢纽建筑物、灌区渠系建筑物设计烈度为Ⅶ度。

(4)设计洪水标准

按照工程等别和建筑物级别，枢纽工程相应洪水标准见表 1。

表 1　　枢纽工程主要建筑物洪水标准(重现期)

工况	土石坝	泄洪隧洞	溢洪道	德罗隧洞	德罗电站	拉洛电站	消力池
设计(年)	100	100	100	50	50	50	50
校核(年)	2000	2000	2000	200	200	200	

3.2　大坝设计

拉洛枢纽工程包括沥青混凝土心墙坝、泄洪发电隧洞(兼顾导流)、溢洪道、拉洛电站、鱼道、德罗引水发电系统(图 1)。

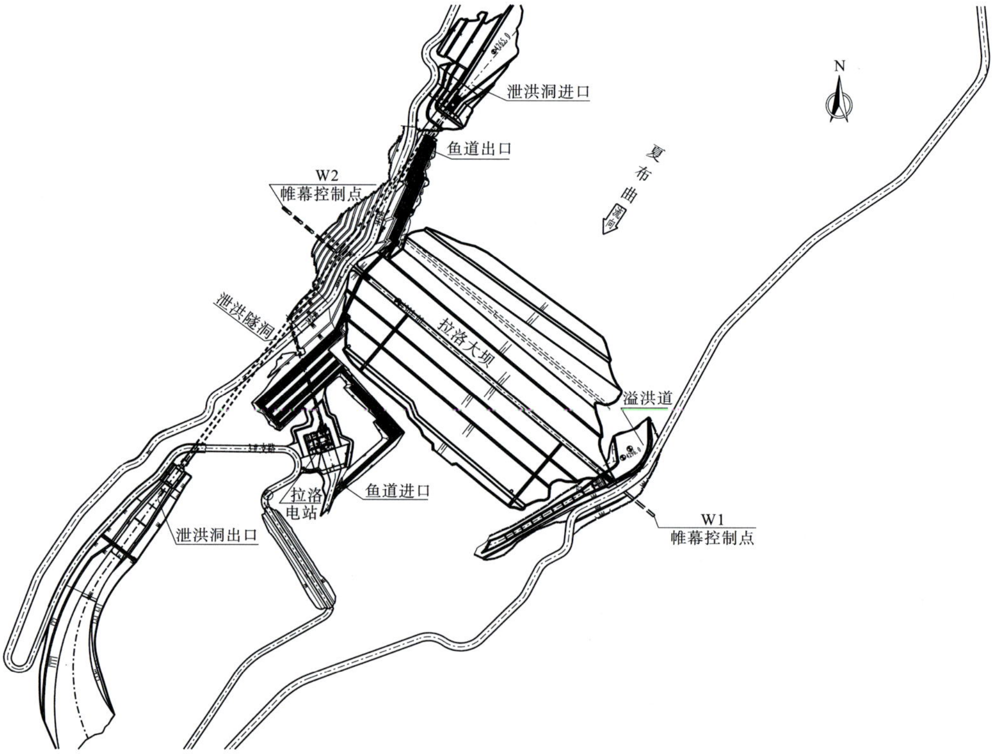

图 1　拉洛水利枢纽及配套灌区工程库首平面布置

(1)坝体结构

大坝为沥青混凝土心墙砂砾石坝。坝顶面高程为 4305.00m,最大坝高 61.50m。轴线长 425.60m,坝顶宽度 7m。大坝坝顶上游侧设钢筋混凝土防浪墙,其顶高程 4306.55m。坝顶路面为 10cm 厚的沥青混凝土。

大坝坝体分为五个区,第一区为沥青混凝土防渗心墙;第二区为坝壳填筑料;第三区为过渡料,布置在沥青混凝土心墙上、下游两侧;第四区为坝体内排水料,布置在下游过渡料下游侧;第五区为排水棱体,布置在下游坝脚。

大坝上游坝坡坡比采用 1∶2;下游坝坡坡比 1∶2～1∶2.25。沥青混凝土心墙中心线位于坝轴线上游 2.0m 处,顶高程为 4303.00m,心墙底部及岸坡之间设置混凝土基座,与基座接触部位心墙进行扩大处理圆弧连接。圆弧中设一道紫铜止水片与混凝土基座连接。在心墙下游侧的过渡料与下游砂砾石坝壳填筑料之间设置排水区,由竖向排水体和水平排水体组成“L”形烟窗式排水体,其竖向排水体顶部高程为 4298.00m,顶宽 200cm;水平排水体顶高程为 4260.50m,厚度 200cm,将坝身渗水排出坝外。大坝下游坡脚设置排水棱体,采用人工开采砂岩石渣料。

为节省大坝基础灌浆占用的直线工期,同时也为后期大坝基础防渗补强灌浆提供条件,在大坝心墙下游侧设置 300cm×350cm(宽×高)基础帷幕灌浆廊道。基础帷幕灌浆廊道最低点 4243.50m 设置集水坑将坝基渗水集中后抽水排出坝外。大坝典型断面见图 2。

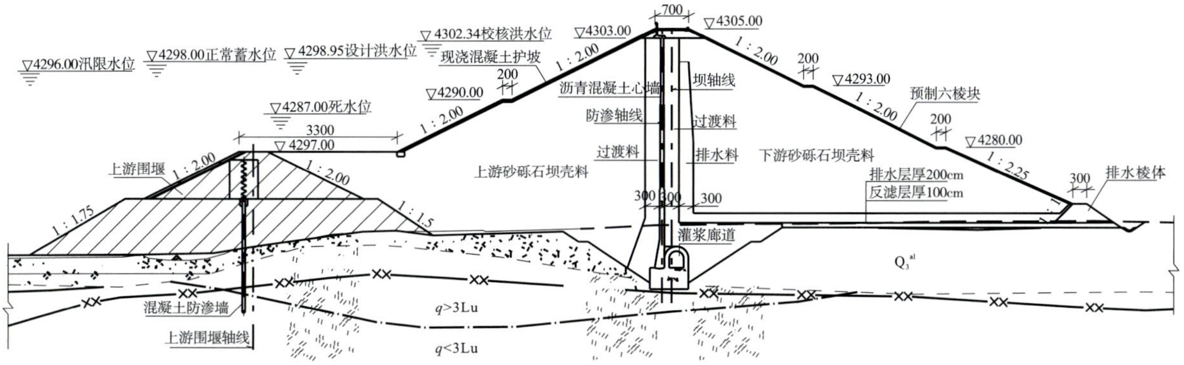

图 2　拉洛水电站大坝典型断面(高程单位:m,尺寸单位:cm)

(2)大坝基础处理

大坝沥青混凝土心墙基座部位开挖至强风化层底部,并清除表面松动石块,岸坡开挖坡度缓于 1∶0.75。在心墙混凝土基座达到设计龄期后,先对基岩进行固结灌浆再进行帷幕灌浆。

(3)大坝与其他建筑物连接设计

鱼道在大坝右岸侧穿过大坝,在鱼道左侧设置坡度 1∶0.35 的混凝土刺墙,刺墙上埋设紫铜止水与大坝沥青混凝土心墙连接;鱼道的右侧采用混凝土结构通过预埋止水与右坝肩岸坡相接。大坝与鱼道连接设计见图 3。

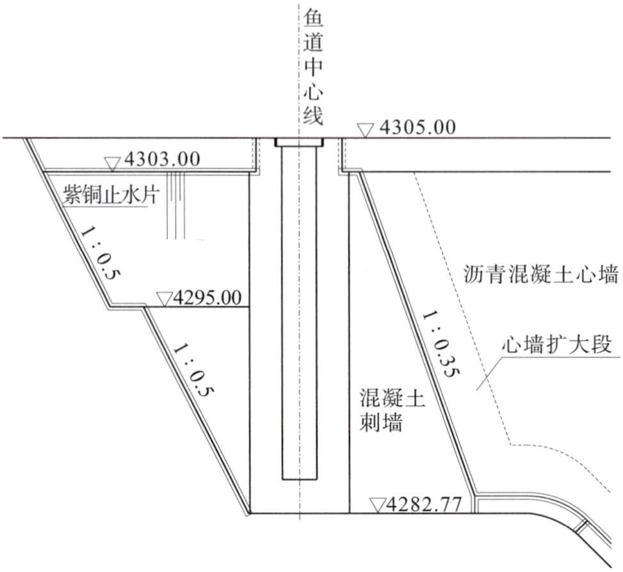

图 3　大坝与鱼道连接设计(单位:m)

大坝与溢洪道连接方式类同鱼道,即在溢洪道控制段挡墙上埋设紫铜止水与大坝沥青混凝土心墙连接,溢洪道控制段挡墙边墙坡比为 1∶0.35。

3.3　泄洪洞设计

泄洪洞(施工期作为导流洞使用,运行期兼做放空洞)位于右岸,同时该泄洪洞还作为拉洛电站引水洞,通过在泄洪洞中部(桩号 X0+342.024)接一直径 2.0m 支洞形成。泄洪洞为常有压圆形隧洞,洞径 5.4m,全长 576.35m。洞轴线平面上隧洞呈直线。

泄洪洞采用塔式进水口,塔内由上游至下游依次为分层取水叠梁门、拦污栅和事故检修门。进水塔工作平台高程 4305.00m,上设固定式启闭机,工作平台与岸边采用交通桥连接。

隧洞进口底部高程 4265.00m,隧洞出口底部高程 4255.00m,洞身段采用一坡到底布置。隧洞出口设长度 25m 的控制段,由弧门控制下泄流量。出口采取底流消能,消力池为下沉式,全长 105.34m。海漫在平面上呈喇叭状偏向河床归入河槽。

3.4　溢洪道设计

溢洪道位于左坝肩,为开敞式,由进水渠、控制段、收缩段、泄槽段和出口消能段组成,溢洪道流道平面轴线总长 182.65m。

进水渠为喇叭形,渠底高程为 4296.00m,渠中心轴线长 68.3m,渠宽由 45m 渐变至 15m,墙高为 9m。控制段为平底宽顶堰,堰顶高程与正常蓄水位一致为 4298.00m。控制段平面轴线长 13.0m,底宽 15m,墩墙高 7.0m,在墩墙顶部位采用钢筋混凝土桥板连通左岸

2#公路与大坝。收缩兼过渡段在控制段后，长 28.84m，两侧由 15.0m 宽向中心收缩至最终泄槽宽 8m。泄槽段长 113.52m，槽底坡 $i=1:3.7$，以半径 35.0m 圆弧由控制段平底过渡至溢洪道泄槽坡底。溢洪道泄槽断面为矩形，墙高 5～7m。出口消能段长 26.3m，采用挑流消能，设扭曲鼻坎布置，挑角为 35°。

3.5 拉洛电站设计

拉洛电站采用岸边引水式地面厂房，共安装 2 台单机容量为 1MW 卧式混流水轮发电机组。引水发电建筑物由电站引水隧洞、主厂房、副厂房、安装场及尾水渠等组成。地面厂房布置在坝下游 200m 处，轴线方向为 NE72°，总尺寸为 33.7m×26.4m×23.83m（长×宽×高）。

引水隧洞利用泄洪洞引水，在泄洪洞桩号 342.51m 处接一圆形支洞用于拉洛电站引水发电，与泄洪洞轴线交角为 54.66°。该发电洞主洞洞径 2.0m，长 136m，隧洞平面上呈直线布置，在主厂房上游进行“卜”形分岔，分岔角为 45°，分为两个支管，供 1#机和 2#机引水发电。

3.6 过鱼建筑物设计

鱼道布置在电站厂房尾水渠的左侧，设有 1 个进鱼口和 6 个出鱼口，全长约 2194m。主要建筑物包括进鱼口、过鱼池、休息池和出鱼口等。

鱼道进鱼口设置在拉洛电厂尾水渠左岸末端，进鱼口段底板高程 4257.20m，墙顶高程 4262.20m，宽 2.0m，长 15.0m，设一道检修闸门。过鱼池采用整体“U”形结构，槽宽 2.0m，边墙宽 1.0m，边墙之间以 50cm×50cm 拉杆连接。单个过鱼池长 2.5m，底坡为 1∶50，每间隔 20 个过鱼池设置一个长 5.0m、底坡为 1∶100 的休息池。鱼道过坝段设置挡水闸门，闸门底高程为 4284.80m，闸门顶部设胸墙，上游设一道检修门槽。当上游库水位蓄洪期间，挡水闸门关闭，鱼道停止运行，可允许坝轴线以上过鱼池段充水。鱼道上游设 6 个出鱼口，出鱼口净宽 2.0m，按照底高程由低至高编号为 1#～6#，相邻出口的高差为 2.20m。1#～4#进口闸门上部设胸墙挡水，并在门前设检修门槽；5#、6#闸门由于底部高程较高，可利用库水位低于出鱼口底高程的期间检修工作闸门，不设检修门槽。当水位在死水位 4287.00 m 至正常蓄水位 4298.00 m 变化时，可根据水位启、闭相应出口的闸门，使运行的出鱼口的水深在 1.2～3.4m。

3.7 德罗引水系统设计

德罗隧洞进水口布置在拉洛大坝轴线上游约 6.2km 处，为灌区总进水口，灌区灌溉通过德罗无压隧洞引水到前池后，经压力钢管流入地面厂房，发电尾水通过渠道进入灌区。德罗引水系统主要建筑物由德罗引水隧洞、前池、侧堰及泄槽、压力钢管、厂房及尾水池组成。

德罗引水隧洞采用塔式进水口，进口底板高程 4283.50m。塔内由上游至下游依次为分层取水叠梁门、拦污栅、平板检修门及弧形工作门。引水隧洞平面上总体呈折线布置，立面采用一坡到底（$i=0.466‰$）的布置。隧洞标准段为马蹄形断面，隧洞总长 7520.76m。

压力前池接德罗隧洞出口，尺寸为 104.1m×10.8m×14.8m（长×宽×高），进口底高程 4280.00m，末端 15m 降低到 4273.50m。前池采用开敞式槽体结构，墙顶高程 4285.50m，池内正常水深 7.8m。侧堰泄槽进水口位于前池右岸，为平底开敞式宽顶堰，堰顶高程 4283.00m，泄槽全长 2271.28m，泄槽为整体式“U”形结构。泄槽沿程采用台阶式消能，并根据槽内流态变化设 4 个流态整理池，泄槽末端设置消力池接总干渠。

德罗电站压力钢管接前池末端，进口为塔式进水口，底板高程 4273.50m。压力钢管为圆形断面，内径 3.3m，全程沿山脊布置，采用浅埋回填的敷设方式，仅在转弯处设置镇墩。根据山脊地形，压力钢管在平面上依次经过 22°、7°、20°角转弯后接至主厂房上游，在主厂房上游边墙前 12.36m 进行对称“Y”形一级分岔，分岔角为 60°，分别引向 1# 机组、2# 机组，支管内径为 1.6m。

德罗电站主厂房轴线走向 NE34°，尺寸为 46.5m×32.2m×34.6m（长×宽×高），从左至右布置安装场和机组段。机组尾水出口接尾水池，尾水池采用梯形断面，底部尺寸 8m×28.15m（长×宽），池底高程 4039.20m。尾水池后接灌溉引水渠道，将尾水引至总干渠。

4 灌区工程设计

4.1 设计标准

拉洛水利枢纽及配套灌区工程渠道工程级别按灌溉流量的大小来确定（表 2）。

表 2　各灌区总干渠级别及防洪标准

灌区名称	干渠名称	加大流量（m^3/s）	建筑物级别	防洪标准
申格孜灌区	总干渠	23.3	3	30
扯休灌区	总干渠	19.77	4	20
曲美灌区	总干渠	11.35	4	20
聂日雄灌区	总干渠	2.08	5	10

引水隧洞、节制闸、分水闸、涵洞、渡槽、跌水与陡坡、倒虹吸等灌排建筑物的级别，根据过水流量的大小及所处位置，与渠道工程级别及防洪标准相同。

根据《灌溉与排水工程设计标准》（GB 50288—2018），灌溉设计保证率：农田取 75%，林草地取 50%。

4.2 总干渠工程总体布置

拉洛水利枢纽及配套灌区工程灌区内布置 1 条总干渠，全长 43.259km，其中渠道长

30.611km，隧洞长 12.304km。渠首与德罗电站尾水渠连接段相连，设计引用流量为 19.4m^3/s，设计水位 4052.73m。本工程设计灌溉面积 45.39 万亩，其中灌溉耕地面积 21.27 万亩，草地面积 16.51 万亩，林地面积 7.61 万亩。拉洛水利枢纽及配套灌区平面布置见图 4。

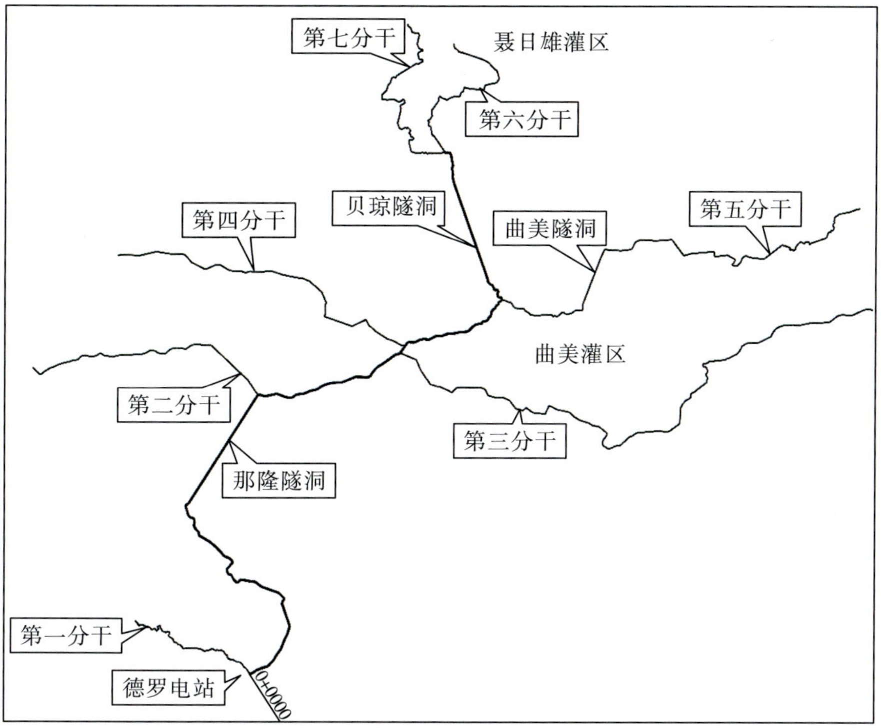

图 4　拉洛水利枢纽及配套灌区工程灌区平面布置

申格孜灌区段（德罗电站尾水至那隆沟）为总干渠桩号 0+000 至桩号 13+600。渠线比降 1/2500，经穷折沟、夏布堆沟在玛尼日沟转向西北至波堆沟最后至那隆沟进入隧洞进口，渠道长 13.600km（含 0.933km 短隧洞）。

扯休灌区段（那隆隧洞进口至达拉垭口）为总干渠桩号 13+600 至桩号 28+019 段。该段总干渠长为 14.419km，其中那隆隧洞长 5.915km，3# 短隧洞长 0.244 km，明渠长 8.260km。

曲美灌区段为总干渠桩号 28+019～35+672（达拉垭口—贝琼隧洞进口），该段总干渠长为 7.653km。

聂日雄灌区段为总干渠桩号 35+672～42+734（贝琼隧洞进口—总干渠终点），该段总干渠长为 7.062km，其中隧洞长 5.212km，明渠长 1.850km。

4.3　总干渠建设规模及内容

拉洛水利枢纽及配套灌区工程总干渠沿线总计布设渠系建筑物 160 座，其中节制闸 14

座，分水闸 35 座，泄水闸 9 座，过水渡槽 62 座，排洪渡槽 18 座，渠下涵 13 座，农桥 2 座，隧洞 4 座，倒虹吸 3 座。具体各灌区总干渠系建筑物统计见表 3。

表 3　　总干渠系建筑物统计

灌区建筑物名称	节制闸	分水闸	泄水闸	过水渡槽	排洪渡槽	渠下涵	农桥	倒虹吸	隧洞	合计
申格孜灌区	7	16	5	35	7		1	1	1	73
扯休灌区	3	7	2	9	4	4	1	1	2	33
曲美灌区	4	6	2	17	7	9				45
聂日雄灌区		6		1				1	1	9
合计	14	35	9	62	18	13	2	3	4	160

4.4　工程设计

渠道水头分配的原则为：将一定的总水头分配到各个建筑物与各段渠道上，力求总投资最省。其分配主要考虑渠道沿线地面高程、工程单价、建筑物型式、长度等因素。考虑水头分配的各类建筑物有：①各类需分配水头的渠穿河、渠穿路等交叉类型的渠道倒虹吸、暗渠和渡槽；②穿过高地和低地时采用的隧洞和旱地渡槽等渠道建筑物；③单独设置的节制闸；④明渠的沿程损失。

灌区海拔高程依次沿申格孜灌区、扯休灌区、曲美灌区、聂日雄灌区逐渐递减。渠首设计水位 4052.73m，渠道末端一带的地面高程在 3850m 左右。采取自下而上逐级推求，并计入渠系建筑物的局部水头损失，根据地形情况反复调整确定渠道纵坡。总干渠明渠渠道纵坡为 1/2000 和 1/2500，那隆隧洞取 69/1000，贝琼隧洞取 1/1500，渡槽纵坡均为 1/800。

灌区总干渠渠道断面型式采用矩形钢筋混凝土断面，渠道尺寸根据流量大小和比降的不同采用不同的尺寸。

灌区渠道为新建渠道，总干渠、分干渠基本沿山坡坡脚布置，大多为傍山渠道，根据渠道沿线地形情况、地质条件、灌排渠系布置位置及灌区交通道路分布情况在渠道沿线设置各类建筑物。

为调节水位，控制流量并配合分水闸、泄水闸工作，在渠首连接段、部分分水闸及泄水闸处设置节制闸；在各级渠道分水口处设置分水闸；为了保证渠道和重要建筑物的正常运行，退泄渠道多余水量和渠道沿线坡集洪水，防止过量的水流（如山洪）漫溢渠道，在干渠重要处和雨水比较集中处设泄水闸；渠道与道路交叉时，为恢复交通需修建农桥；当渠线需要穿过冲沟或谷地时，根据冲沟或谷地的洪水流量、深度及长短等因素综合考虑选取跨沟建筑物。当所遇冲沟或谷地洪水流量较大，冲沟较宽、较深，不能采用填方渠道形式通过时，需修建过水渡槽；当所遇冲沟或谷地洪水流量较大，冲沟较宽、较浅，坡水高于渠道时需修建排洪渡槽；当所遇冲沟或谷地洪水流量较小，冲沟较窄、较浅，渠道可采用填方形式通过，为宣泄水流，修建渠下涵。

5 主要设计方案优化调整

5.1 大坝坝体填筑料优化

根据施工单位对筑坝材料料场的复勘成果，设计开展了大坝坝体填筑料性能专题研究。初步设计阶段大坝坝体填筑料对过渡料和排水料的级配要求主要是根据规范要求和前期勘探试验提出。施工详图阶段现场料场开挖获得的过渡料小于5mm粒径含量不满足设计及规范要求的25%～40%的要求，含量大多为40%～50%，为此，结合坝体排水料的变化，长江科学院进行了沥青混凝土心墙坝筑坝材料特性试验及二维渗流、应力变形静力计算分析研究，研究成果表明：

1）优化后的排水料对坝壳料、过渡料、反滤料的保土性、排水性均满足要求，满足渗透稳定性要求。

2）当沥青混凝土心墙完好挡水时，帷幕与心墙形成了一个完整的防渗体，沥青混凝土心墙承担坝体绝大部分水头损失，砂砾石填筑料的渗透性变化对坝体渗流场分布影响不大，砂砾石填筑区比降均较小，坝体满足渗透稳定性要求。

3）坝料优化对整个坝体的应力变形影响较小，坝体的应力变形在合理的范围内，大坝沥青混凝土心墙不会发生水力劈裂破坏。

根据现场坝料开采及碾压试验实际情况，结合长江科学院《西藏拉洛水利枢纽工程施工期沥青混凝土心墙坝筑坝材料特性试验及二维渗流、应力变形静力计算分析》研究成果，对大坝过渡料和排水料进行了优化。具体如下：

1）坝壳填筑料利用雪日巴唐料场、塔曲料场或坝址砂砾石覆盖层开挖的天然砂砾石，其最大粒径为600mm，小于5mm粒径含量百分比不超过60%，小于0.075mm粒径含量百分比（含泥量）低于8%。

2）过渡料采用雪日巴塘或塔曲料场开采的砂砾石合格料，最大粒径为80mm，小于5mm粒径含量百分比为25%～55%，小于0.075mm粒径含量百分比（含泥量）低于5%。

3）排水料采用塔曲料场开采的砂砾石合格料，最大粒径为500mm，小于5mm粒径含量百分比为5%～15%，要求级配连续，小于0.075mm粒径含量百分比（含泥量）低于5%。

4）反滤料采用的砂砾石为雪日巴唐料场剔除粒径40mm及以上的砂砾石加工料，要求级配良好，小于5mm粒径含量为39%～67%，小于0.075mm粒径含量不超过5%。

5.2 沥青混凝土心墙骨料调整

2018年12月28日，西藏自治区林业和草原局根据《国家林业和草原局办公室关于开展涉及自然保护区土地利用状况变化情况实地核查的通知》（办保字〔2018〕201号）的要求，印发了《西藏自治区林业和草原局关于责令日喀则高新雪莲水泥有限公司整改的通知》(藏林函〔2018〕800号)。根据施工合同约定的碱性骨料采购点日喀则高新雪莲水泥有限公司矿山因开采范围处于黑颈鹤保护核心区被明令禁采，导致2019年大坝沥青混凝土心墙不能正常复工，后期施工进度受到严重影响。为此，拉洛水利枢纽及灌区管理局(以下简称“拉管局”)以《西藏自治区拉洛水利枢纽及灌区管理局关于尽快审批拉洛大坝沥青混凝土心墙碱性骨料更改为砂砾石常规骨料的函》(藏水拉管函〔2019〕15号)要求设计公司调整大坝心墙沥青混凝土骨料为砂砾石常规骨料。

长江设计公司收文后以《关于尽快明确拉洛工程沥青混凝土心墙骨料》的回函(长拉设〔2019〕002号)提供了四种心墙骨料料源方案。方案一，原料源地采购，由于处于环境保护核心区域，已被禁采，不具备可操作性；方案二，采用距离现场175km的恰央水库灰岩料场，由于该料场禁采且已复垦，方案也不可行；方案三，采用卡吉朗沟玄武料源，由于不能满足工期要求及爆破安全隐患等问题不予采纳；方案四，开采距离大坝20km的卡玉料场的天然砂砾石料。

针对卡玉料场天然砂砾石料施工单位提出了《大坝沥青混凝土心墙碾压试验》及《砂砾石骨料沥青混凝土心墙生产性试验报告》，并委托西安理工大学完成了《心墙沥青混凝土采用砂砾石料的适用性试验研究报告》及《沥青混凝土心墙采用破碎砂砾石骨料摊铺试验芯样检测报告》。

2019年3月29—30日，受拉管局委托水规总院组织专家在成都召开专家会议针对大坝沥青混凝土心墙骨料替代方案进行了咨询，咨询认为根据国内类似工程的设计和建设、运行经验，在严格执行相关规程规范要求的前提下，本工程采用酸性全破碎砂砾石骨料建设沥青混凝土心墙在技术上具备可行性。

为此，长江科学院对现场沥青混凝土采用的沥青、砂砾石破碎骨料、填料等材料进行了品质检验，在原材料优选的基础上开展了心墙酸性砾石破碎骨料沥青混凝土配合比设计及基本性能试验，论证了砾石破碎骨料应用于拉洛水利枢纽工程沥青混凝土心墙的可行性，编写了《西藏拉洛水利枢纽及配套灌区工程大坝心墙沥青混凝土应用酸性砾石破碎骨料试验研究报告》。根据研究成果，设计对大坝心墙沥青混凝土骨料及配合比进行了调整。

6 工程效益

6.1 灌溉效益

拉洛工程建成后将有效改善灌区的灌溉条件，农田灌溉保证率达75%。大大提高灌区抵御自然灾害的能力，加快对宜垦土地的开发利用，至2020年，申格孜、扯休、曲美和聂日雄四个灌区发展灌溉耕地21.27万亩；生态建设面积24.12万亩，其中营造水土保持林1.24万亩，薪炭林5.21万亩，防护林1.16万亩，建设人工草场3.33万亩，天然改良草场13.18万亩。

6.2　发电效益

拉洛水库为年调节水库，电站总装机容量 42MW，多年平均年发电量 8472 万 kW・h，其中枯期发电量 0.15 亿 kW・h，可向藏中电网提供一定的电力电量，将缓解藏中电网特别是枯水期电力电量供应紧张状况。

6.3　防洪效益

本河段规划的防洪范围为雄玛乡、吉定乡、申格孜灌区和扯休灌区。雄玛乡、吉定乡，申格孜灌区和扯休灌区地区河段河床开阔，地势平坦，地面天然比降小，是夏布曲流域的粮食生产基地，居住人口也相对较多，防洪能力较低，拉洛工程建成后，当下游发生洪水时可削减一定的洪峰和洪量，近期可将下游的重要城镇和灌区的防洪标准由现状提高到 5 年一遇，待下游堤防工程建成后，远期可配合堤防工程，将下游的重要城镇和灌区的防洪标准由现状提高到 20 年一遇。

6.4　生态效益

至 2020 年四大灌区生态建设面积 24.12 万亩，为合理评价本工程的生态效益，采用供水农田的效益来计算生态效益。按多年平均林草用水量与农田灌溉用水的比例，以农田灌溉效益计算本工程生态效益，本工程生态建设效益为 11150 万元。

6.5　生态扶贫点建设效益

四大灌区的宜垦土地开发，为生态移民、扶贫搬迁政策的实施提供了基本条件和可靠的保证，使贫困人口能够“搬得出、留得住、富得起”。至 2020 可提供接受外来人员的耕地为 11.3 万亩，接受外来农业人员 41188 人。若不进行生态扶贫搬迁，仍然生活在原地区，国家和地方为提高 41188 人生产和生活的条件，并完成奔小康的目标，需要投入大量资金完成这些贫困人口通水、通路、通电、通信和通广播电视（“五通”）建设，改善这些群众的生活条件，另由于生产条件差和生存环境恶劣，每年还需要国家民政的扶贫补助，以确保这些贫困人口解决温饱问题。这些国家建设投入和每年的补贴就是生态扶贫搬迁点建设的效益。

撰稿/刘磊、王政会、张国强、熊泽斌

西藏玉曲河扎拉水电站

▲ 扎拉水电站

扎拉水电站总装机容量1015MW(含生态机组15MW),是目前西藏自治区境内在建的最大装机水电工程。扎拉水电站的主要任务为发电,是造福当地百姓的福祉工程,是促进当地经济社会全面发展、促进民族团结和维护边疆稳定的希望工程。工程的建设符合新形势下国家能源发展战略,有利于国家能源结构调整,是打造藏东南“西电东送”接续能源基地的需要,是提升国家大型冲击式机组装备制造业能力的试验性工程。

1 工程概况

1.1 工程简述

扎拉水电站为玉曲河干流水电规划下游梯级，主要开发任务为发电，并促进地方经济社会发展。扎拉水电站采用混合式开发方式，坝址位于碧土乡扎郎村附近，厂址位于察隅县察瓦龙乡珠拉村，距左贡县城约 136km，距昌都约 290km，距河口约 83km。扎拉水电站坝址控制流域面积 8546km^2，多年平均流量 110m^3/s，多年平均年径流量 34.8 亿 m^3，水库正常蓄水位 2815m，校核洪水位 2816.25m，总库容 914 万 m^3，总装机容量 1015MW（含生态电站 15MW），多年平均年发电量 39.46 亿 kW·h（含生态电站电量 0.86 亿 kW·h），为Ⅱ等大（2）型工程。

枢纽主要建筑物包括挡水建筑物、泄水建筑物、生态电站、鱼道、引水隧洞、调压室、电站厂房等。挡水建筑物为混凝土重力坝，坝顶高程 2820m，坝顶长度 202m，最大坝高 70m。坝身布置泄洪设施，设 1 个表孔、2 个泄洪冲沙底孔，表孔孔口尺寸为 7m×10m（宽×高），底孔孔口尺寸为 4.5m×6m（宽×高）；溢流坝段左侧设 1 个生态放水孔，孔底高程 2805.00m，孔口尺寸 2m×2.5m（宽×高）；生态电站位于坝后右岸，安装 3 台 5MW 混流式机组；鱼道采用竖缝式，布置于右岸，长 2.97km，底坡 2%；电站引水系统采用一洞两管两机布置、圆形断面，引水隧洞长约 5.5km；电站厂房为河岸式，安装 2 台 500MW 冲击式水轮机组，额定水头 671m。

工程施工总工期为 5 年 7 个月（67 个月），发电工期为 5 年 4 个月（64 个月）。其中，施工准备期 8 个月，主体工程施工期 56 个月，完建期 3 个月。工程筹建期 27 个月，不计入施工总工期。扎拉水电站工程特性见表 1。

表 1　　扎拉水电站工程特性表

项目		数量及特性	备注
水文	坝址以上流域面积（km^2）	8546	
	多年平均年径流量（亿 m^3）	34.8	
	多年平均流量（m^3/s）	110	
	设计洪水流量（m^3/s）	1430	$P=0.2\%$
	校核洪水流量（m^3/s）	1840	$P=0.05\%$
	多年平均含沙量（kg/m^3）	0.266	

续表

项目			数量及特性	备注
水库	校核洪水位(m)		2816.25	P=0.05%
	设计洪水位(m)		2815.00	P=0.2%
	正常蓄水位(m)		2815.00	
	死水位(m)		2811.50	
	总库容(亿 m^3)		0.0914	
	调节库容(亿 m^3)		0.0136	
	死库容(亿 m^3)		0.0726	
	调节性能			日调节
工程效益指标	装机容量(MW)		1000	2×500
	保证出力(P=95%,MW)		129	
	多年平均年发电量(亿 kW·h)		38.60	
	装机年利用小时数(h)		3860	
	生态电站装机容量(MW)		15	3×5
	生态电站多年平均年发电量(亿 kW·h)		0.86	
	生态电站装机年利用小时数(h)		5730	
挡水建筑物	坝型		混凝土重力坝	
	地基特征		砂质板岩	
	地震基本烈度/设防烈度(度)		Ⅶ	
	坝顶高程(m)		2820	
	最大坝高(m)		70	
	坝顶长度(m)		202	
泄水建筑物	表孔(宽×高,m×m)		7×10	1孔
	底孔(宽×高,m×m)		4.5×6	2孔
	生态放水孔(宽×高,m×m)		2×2.5	1孔
引水发电建筑物	进水口型式			岸塔式
	引水隧洞	长度(m)	3720.6	
		断面尺寸(m)	7.5/6.0	圆形
		衬砌型式	钢筋混凝土	
	调压室	型式	阻抗式	
		主要尺寸	内径 20m,高 116.5m	圆形
	压力管道	型式	钢管	
		内径(m)	5.3/4.8/4.5/4.2	

续表

项目			数量及特性	备注
引水发电建筑物	主厂房	型式	地面式厂房	
		地基特性	板岩	
		厂房尺寸(长×宽×高,m×m×m)	118×75×69.1	
		水轮机安装高程(m)	2127.10	冲击式
	生态电站	厂房型式		坝后地面厂房
		厂房尺寸(长×宽×高,m×m×m)	58.3×27.5×33.6	
		水轮机安装高程(m)	2756.9	
过鱼建筑物	型式		竖缝式鱼道	
	设计水头(m)		54.6	
	长度(m)		2.97	
	底坡(%)		2	
	进鱼口(个)		1	
	出鱼口(个)		3	
主要机电设备	水轮机	台数(台)	2	
		型号	CJ45-L-480/6×40.5	
		额定出力(MW)	507.1	
		额定转速(r/min)	214.3	
		排出高度(m)	6.2	
		转轮直径(m)	4.8	
		最大水头(m)	689.2	
		最小水头(m)	670	
		额定水头(m)	671	
		额定流量	m^3/s	84.4
	发电机	型号	SF500—28/10600	
		台数	2	
		额定容量(kVA)	555.56	
		发电机功率因数	0.9	

扎拉水电站项目法人为大唐西藏能源开发有限公司,设计单位为长江勘测规划设计研究有限责任公司(以下简称“长江设计公司”),前期准备工程主要施工单位为中国水利水电第四工程局、中国水利水电第五工程局,前期准备工程施工监理为二滩国际。

1.2 工程建设意义

扎拉水电站的主要任务为发电,并促进地方经济社会发展。扎拉水电站是工程所在地的重要工程，是造福当地百姓的福祉工程，是促进当地经济社会全面发展、促进民族团结和维护边疆稳定的希望工程。

(1)落实中央打赢脱贫攻坚战，全面建成小康社会的具体体现

扎拉水电站所在的玉曲河流域涉及西藏自治区昌都和林芝 2 市 5 县 12 乡，藏、汉、纳西、回等多民族聚居，各民族文化交汇，是我国反分裂、反渗透、反颠覆的重点地区，也是西部大开发的重点地区。因此，促进本区域协调发展，实现共同富裕，不仅是一个紧迫的经济问题，也是一个重大的政治问题。受自然条件限制，目前当地经济社会发展相对落后，总体经济特征以农牧业自然经济为主体，经济总量小，经济社会发展长期滞后，贫困面大，贫困程度深，相当一部分农牧民群众尚处于低水平温饱阶段，农牧民增收难，是我国区域协调发展中的“短板”，是全面建设小康社会的难点和重点。扎拉水电站项目无论是在开发建设期，还是在投产运行期，均可直接拉动和促进当地经济社会的发展，增加边疆地区人民就业，切实提高当地各族人民生活水平和生活质量，是贯彻落实中央“发展生产脱贫一批”精神、促进贫困地区发展的具体体现，是打赢脱贫攻坚战、全面建成小康社会的具体体现。

(2)符合国家能源发展战略，有利于国家调整能源结构

随着人口增长、经济发展以及能源消费的大幅增加，生态环境受到严重挑战。面对新形势，国家已将推动能源生产和消费革命作为能源发展的基本国策。加快推动能源革命，走绿色、低碳的能源发展道路，推进清洁能源替代，是供给侧结构性改革的必然要求。加快开发利用以水能为主的可再生能源，是我国调整能源结构、促进生态文明建设前提下保障能源供应安全的必然选择。科学合理的开发和利用丰富的水力资源、加快水电开发步伐，是满足国家能源增长需要和实现可持续发展的重要措施。扎拉水电站建设条件好，可减少对不可再生的石油和煤炭资源的消耗，减少温室气体排放，符合国家能源发展战略。

(3)打造藏东南“西电东送”接续能源基地的需要

我国能源资源和生产力分布不均衡，“北煤南运”和“西电东送”是我国能源调配的基本格局。开发西南地区丰富的水能资源，实施水电“西电东送”战略，是我国经济社会发展的必然选择，也是我国西部大开发战略的重要组成部分。“西电东送”是全国能源平衡的需要，藏电外送是保持“西电东送”的需要。打造藏东南“西电东送”接续能源基地是全国能源平衡，化资源优势为经济优势，实现西部地区跨越式发展，促进东中部地区经济升级发展的需要。扎拉水电站坝址位于昌都市，厂址位于林芝市，是藏东南“西电东送”接续能源基地的有机组成部分，因此，开发扎拉水电站是打造藏东南“西电东送”接续能源基地的需要。

(4)符合昌都市电力发展战略要求

玉曲河干流所在昌都市是我国藏民族聚居区，经济基础薄弱，发展速度较慢。开发建设水电站，将水力资源优势转化为经济优势，是加快藏区经济发展的重要途径之一。目前，受电力紧缺影响，昌都市经济社会发展受到较大制约。玉曲河干流水力资源丰富，其开发建设

不仅可以为昌都市提供大量的清洁电力，促进昌都市经济社会发展；同时富余电力还可外送，有利于藏电外送工程建设。

根据西藏自治区关于昌都市发展规划设想，拟建设以昌都为主的藏东经济区，充分发挥昌都“靠西朝东、接轨东南”的纽带作用，加快“西电东送”能源接续基地建设步伐，把昌都建设成为“藏电外送”的能源接续基地，承担“西电东送”的接续基地。

扎拉水电站投入运行后，供电华中东四省，电站的投入运行可加快昌都市“藏电外送”的能源接续基地的建设，促进区域电网的进一步拓展，因此兴建扎拉水电站，符合昌都市电力发展战略要求。

(5)国家提升大型冲击式机组装备制造业能力的需要

根据《中国水力发电技术发展报告》，近年来以白鹤滩、乌东德为代表的巨型水电站投产以后，我国在大型混流式、轴流转桨式和灯泡贯流式水电机组的设计制造方面已达到世界先进水平，但冲击式水电机组与世界先进水平仍有较大差距。为满足我国到2050年前后水电开发，特别是西藏水电开发的需要，新型高水头和大容量的冲击式水电机组研制将成为我国水电设备科研及制造业的主攻方向。扎拉水电站运行水头段接近700m，主电站装机容量1000MW，是目前国内唯一有条件进行高水头、大容量冲击式机组科研攻关并实际应用的水电站，扎拉水电站可作为超高水头冲击式水轮发电机组技术装备补“短板”的依托工程。

2 勘测设计方案

2.1 勘察设计概况

2010年8月4日，西藏自治区人民政府正式批复《玉曲河干流水电规划报告》。受大唐玉曲河水电开发有限公司委托，长江设计公司于2010年底开展扎拉水电站预可行性研究工作，2012年4月16—17日，扎拉水电站预可研报告通过了水电水利规划设计总院组织的审查。2013年4月，长江设计公司中标扎拉水电站可行性研究至施工详图阶段勘测设计工作；2013年6月24日，国家发展和改革委员会正式同意扎拉水电站开展前期工作；2017年2月25—27日，扎拉水电站可研报告通过了水利部水利水电规划设计总院（以下简称“水规总院”）组织的审查。2018年12月13日，生态环境部批复了扎拉水电站环境影响报告书；2020年11月，西藏自治区发展和改革委员会批复了《玉曲河干流综合规划报告》；2020年12月3日，扎拉水电站获西藏自治区发展和改革委员会核准。2021年9月，前期准备工程开工建设。

2.2 工程建设过程

2021年9月，前期准备工程场内交通Ⅱ标——首部枢纽及引水隧洞上平段场内公路、施工支洞工程开工建设。10月,场内交通Ⅲ标——引水隧洞竖井及下平段场内道路、施工支洞工程开工建设(图1)。

图1　场内道路施工

计划2022年6月导流隧洞和左岸边坡处理工程标进场开工,2023年3月开始首部枢纽工程和引水发电系统主体工程施工;2023年12月河床截流,2026年1月开始机组安装,2026年12月下闸蓄水,2027年3月底首台机组投产发电,2027年9月完工。

2.3　工程布置及主要建筑物

(1)工程布置

扎拉水电站主要建筑物由首部枢纽、引水隧洞和电站厂房组成。首部枢纽位于左贡县碧土乡扎郎村,主要建筑物包括挡水建筑物、泄水建筑物、生态电站、鱼道等;引水隧洞布置在右岸山体内,电站厂房位于察隅县珠拉村。

(2)挡泄水建筑物

混凝土重力坝坝顶高程2820.00m,坝顶总长202m,坝顶宽8m,建基面最低高程2750m,最大坝高70m。溢流坝段位于河床中部,布置1个表孔、2个底孔,表孔堰顶高程2805.00m,孔口尺寸7m×10m(宽×高),底孔进口底高程2770.00m,孔口尺寸4.5m×6m(宽×高)。溢流坝段左侧布置1孔生态放水孔,孔底高程2805.00m,孔口尺寸2m×2.5m(宽×高)。首部枢纽布置见图2。

(3)引水发电建筑物

进水口采用岸塔式布置,进水塔由拦污栅段、喇叭口段、闸门段三部分组成。引水线路在立面上采用两级竖井的布置型式,由上平段、调压室段、第一级竖井段、中平段、第二级竖井段、下平段组成。引水隧洞主洞按两机一洞布置,单条内径7.5m的主洞经1623.90m后渐变为内径6.0m的单洞过闸中断裂带,长440m,再渐变为内径7.5m,经1616.70m至调压室,主洞经上平段末端的调压室后分为两条内径5.3m的支洞,经两级竖井后渐变为内径

4.2m 支管分别引水至厂内两台机组发电。1#机引水线路全长约 5516.31，2#机引水线路全长约 5557.58m。调压室采取圆筒阻抗式，总高度 116.5m，两个事故检修闸门孔和通气孔作为调压室的阻抗孔，井筒内径 20m。地面厂房由主厂房、副厂房、安装场、尾水平台、尾水渠等组成，副厂房位于主厂房上游侧，安装场位于主厂房右侧，总尺寸为 118m×75m×69.1m（长×宽×高），机组安装高程为 2127.10m，主厂房内安装有两台单机 500MW 的冲击式机组。

大坝	坝型	混凝土重力坝
	坝顶高程（m）	2820.00
	最大坝高（m）	70
	坝顶长度（m）	202
	地基特征	板岩
泄洪消能	表孔（孔-宽×高，m×m）	1-7×10
	底孔（孔-宽×高，m×m）	2-4.5×6
	消能方式	挑流
生态电站	型式	坝后式地面厂房
	厂房尺寸（长×宽×高，m×m×m）	58.3×27.5×33.6
	生态放水孔（孔-宽×高，m×m）	1-2×2.5
鱼道	型式	竖缝式
	底坡	2%
	长度（km）	2.97

图 2　首部枢纽布置

（4）生态电站

生态电站布置在右岸非溢流坝段坝后，紧靠河床，由坝式进水口、压力钢管背管和坝后式地面厂房组成，采用单管三机供水方式。电站装机 3 台，采用立式机组，装机容量 3×5MW。

生态电站厂房为坝后式地面厂房，厂房纵轴线与溢流坝段轴线垂直布置，机组段紧靠河床。厂房由主厂房、安装场、副厂房、尾水平台、尾水渠组成。厂房总尺寸为 58.3m×27.5m×33.6m（长×宽×高）。

（5）鱼道

鱼道布置在大坝下游右岸，进口紧邻生态机组厂房尾水口，在进口处转折后，沿地形向下游延伸，并在距坝下约 1.25km 处向上游折返，沿地形向上游延伸。在高程为 2807.50m 处鱼道穿过大坝，并从厂房进水洞上方穿过，沿地形延伸至上游库区，坝上段总长约 330m，为满足不同上游水位的过鱼需要，共设 3 个出鱼口。鱼道全长约 2.97km。

3 工程特点及科技创新

3.1 工程主要技术难点

(1)工程区地质条件复杂,存在活动断裂

扎拉水电站位于大地构造上地处羌塘地块与班公错—怒江缝合带接合部,新构造单元为羌塘—昌都面状隆起区,位于强烈活动的藏东构造结附近,地震地质构造环境复杂,活动断裂比较发育,是新构造活动较强烈的地区。引水线路通过的闹中断裂属第四纪晚更新世活动断裂,断裂带宽度大,达305m,断裂带岩体软弱破碎,围岩稳定和涌水问题突出。闹中活动断裂对于引水隧洞的施工开挖、围岩支护及运营维护将产生重大影响,是引水隧洞的主要工程地质问题之一。

(2)泥沙含量大,冲击式机组水头高、单机容量大

扎拉水电站水轮发电机组运行水头范围670.0～689.2m,单机容量500MW,属高水头、大容量冲击式水轮发电机组。电站多年平均过机泥沙含量0.2kg/m^3,泥沙含量偏高。水轮机的模型转轮开发、水轮机转轮加工工艺、机组参数选择、水轮机的安装工艺和质量控制、水轮机抗磨损措施等成为关键制约因素。

(3)高寒地区倾倒岩体发育,工程区边坡稳定问题突出

枢纽工程区位于青藏高原东南部高山峡谷,山峰连绵耸立,河谷深切陡峻。基岩种类多样,主要有板岩、砂岩、大理岩等层状岩石,岩性软弱相间,钙质板岩属软质岩,砂质板岩属中硬岩,大理岩、砂岩属坚硬岩。边坡倾倒现象普遍发育,特别是坝肩边坡、水库岸坡及厂址后边坡,对工程选址和安全运行存在重大影响(图3)。

图3 坝区倾倒变形体

(4)高寒地区超深竖井施工难度大

扎拉水电站工程区海拔高程2100～2820m,年内有3个月平均气温在0℃以下,极端低温−23℃。工程引水线路长约5km,总高差为675.05m,竖井的开挖内径最大为6.9m,竖井高度约615m。推荐两级竖井的布置型式,单级竖井的高度为300～320m。竖井上部基岩为结晶灰岩、大理岩,中厚层、薄层状;中、下部基岩为钙质板岩,薄层状,围岩类别Ⅲ类、Ⅳ类围岩为主。竖井单级高度和总高度均位于国内水电工程前列,为在高海拔、高寒地区修建的超高竖井,地质条件复杂,施工难度大。

(5)减水河段对鱼类资源影响较大

扎拉水电站采用混合式开发方式,工程建成后,坝下将形成59.2km减水河段,引水式开发后造成原河道中坝址与水电站厂址间河段水量减少,水深、流速等水文条件发生较大改变。该江段原本为峡谷急流,是鮡科鱼类重要的栖息地,也是裂腹鱼类等高原鱼类向玉曲河中上游上溯洄游的重要通道,减水河段的形成对鱼类资源将产生较大影响。

(6)高水头鱼道设计难度大

扎拉水电站所在的工程影响河段是玉曲河裂腹鱼类生殖和越冬的洄游通道,地处高海拔地区,气候环境恶劣,渔获物采集、野外现场试验和资料调查均受到时间、天气和运输条件等限制,获取鱼类实体存在诸多困难,现有的调查资料难以最终明确过鱼目标以及过鱼目标的生态习性。扎拉水电站上游水位变幅3.5m,下游水位变幅接近6m,水位变幅大,沿程水力条件多变,进出口选址及设计条件极为复杂。鱼道设计水头54.6m,国内高水头鱼道成熟可借鉴的经验较少;水库水域的大面积静水环境条件下,出鱼口的水力学设计较为复杂。

3.2 工程技术创新

(1)500MW冲击式水轮发电机组设计制造

目前,国际上冲击式机组单机容量最大的是瑞士Bieudron电站,单机容量423.13MW,转轮直径为3.993m,单机容量及转轮直径均为世界之最。国内水电设备制造企业已制造的、具有完全知识产权、单机容量最大的冲击式机组为厄瓜多尔美纳斯水电站,其额定水头为474.51m,单机容量为90MW,转轮直径为2.46m。扎拉水电站500MW冲击式机组水轮机和发电机设备容量及尺寸超出了现有水平,存在较大的设计制造难度。

1)针对扎拉水电站的动能参数和要求,开展水力设计和模型试验,开发出800m水头段参数合理、性能优良、稳定性好的模型转轮,水轮机模型效率92%,达到世界先进水平。

2)扎拉水电站水轮机转轮材料选用04Cr13Ni5Mo锻件制造,锻件的外圆直径4.8m,厚1.22m,已处于国内企业制造能力的上限。为保障高水头、大容量冲击式转轮的制造,开展马氏体不锈钢锻件基础材料性能、马氏体不锈钢锻件关键制造工艺参数、大尺寸转轮锻件制造工艺研究与性能分析等研究工作。

3)组织开展了锻钢焊接接头力学性能、转轮水斗分瓣结构、转轮焊接工艺等研究工作，解决转轮大锻件焊接的问题，形成一套适用于高水头、大容量冲击式转轮焊接制造的工艺方案，提高我国高水头、大容量冲击式机组制造技术水平。

4)扎拉水电站海拔2800m，属于高海拔高寒地区，开展了高海拔条件下发电机的电晕特性、定子线棒绝缘系统选型、定子线棒防晕系统性能等研究分析工作，确定高海拔条件下水轮发电机的定子绕组绝缘结构及防晕结构。

(2)水工隧洞穿越特大活断裂结构及施工技术

闹中断裂属于怒江断裂带的分支断裂，在地貌上形成沟槽、垭口等线性负地形，总体走向北北东—北东，倾角近直立。断裂规模大，为区域性断裂，平面上展布于整个工程区，延伸长度大于8km，最宽处约350m。断裂破碎带物质组成复杂，从局部露头及钻探揭露主要由岩性极软弱的碎裂片状岩和结构极破碎的碎裂岩组成。引水隧洞于闹中沟横穿闹中断裂，洞身埋深110～210m，穿过断裂带宽度达300m。初步研究成果显示，闹中断裂属第四纪晚更新世活动断裂。

活动断裂错动是一种断裂构造特征的区域性地质活动，是隧洞结构穿越断裂时的主要破坏因素，其中，蠕滑型错动为上、下盘不断缓慢地发生滑动，其短时间内错位量相对较小，属于准静态性质，但长期累积错动量大，且在整个运行期内持续性运动，百年内可达米级的错动量可造成工程结构破坏甚至整体失效，对隧洞的长期运行安全影响非常大；黏滑错动速率高，伴随地震发生，属于动态性质，变形集中，一次错动量大，但错动持续时间短，次数小，整个运行期可能不发生，也可能仅发生1～2次，但必须在设计和施工中进行防范。活动断裂带力学性状差，所在部位地应力条件复杂，而且由于其导水性差异，具有复杂的水文地质环境和水力条件。受复杂的地应力环境、水力学环境以及自身软弱破碎的结构力学性状等因素影响，输水隧洞在穿越活动断裂带时，极可能出现围岩破坏、二次衬砌的错动开裂、掉块、整体垮塌等破坏问题，以及突水、涌泥等水力学破坏问题；输水线路地面建筑物跨越活动断裂时，极可能发生不均匀沉降、建筑物结构错断破坏等问题。国内外的众多工程实践表明，活动断裂区域隧洞或管道工程发生的破坏非常严重，不仅难以修复，甚至可能造成工程彻底毁坏。基于此，开展了引水隧洞过闹中特大活断层结构型式及施工关键技术研究。

1)对引水隧洞过闹中特大活断层洞段的工程地质条件进行调查和分析(包括断裂宽度、倾向、倾角和走向、地质分区、岩性、岩体结构、分区内部岩体力学特征等)，并考虑断裂带与隧洞轴线的空间关系，建立引水隧洞过闹中特大活断层的区域地质概化模型。

2)采用三维数值精细仿真的方法，开展不同开挖施工方案和不同支护形式下，引水隧洞穿越闹中特大活断层典型洞段的开挖支护过程仿真分析，提出适用于穿越特大活断层引水隧洞洞段的开挖方案、支护形式、支护时机、支护强度等开挖支护方案。

3)基于数值分析结果，揭示不同抗错断设计理念及相应措施在隧洞围岩—衬砌结构体系力学响应规律、变形破坏规律，提出穿越活动断裂带隧洞工程抗错断设计方法及原则。

(3)高寒高海拔地区复杂地质条件下超深竖井施工关键技术

扎拉水电站引水线路的总高差为675.05m，其中调压室后设两条引水支洞，支洞首部各布置1扇事故门。支洞均采用钢管衬砌，压力钢管按埋管设计，压力钢管竖井段总高度达615.4m，开挖直径6.9～6.4m，上部围岩为结晶灰岩、大理岩，中、下部基岩为钙质板岩、碳质板岩及绢云板岩，板岩围岩类别为Ⅳ、Ⅴ类。超高竖井地质条件十分复杂，存在围岩稳定、软质岩塑性变形、沿地质结构面的地下水涌水突泥、放射性元素超标等问题，极大影响超深竖井的施工安全。研究将二级竖井优化调整为一级竖井，适当加大引水隧洞下平段坡度，减少竖井整体高度，优化竖井开挖洞径等布置方案优化调整措施，尽量利用围岩地质条件较好的大理岩、结晶灰岩，优化竖井支护设计、衬砌结构设计，提出施工期地下水控制措施和施工期安全监测措施，从源头上减小竖井施工难度。

1)结合引水隧洞高压管道竖井布置优化方案，调研国内外超高竖井先进施工工艺和成套设备生产研制情况，借助数值模拟软件进行扎拉水电站超高竖井三维有限元施工仿真数值模拟，对竖井岩体在开挖卸荷环境下的破坏机理进行研究，分析不同施工工艺下围岩变形、破坏特征和应力与位移情况，重点研究反井钻一次扩挖成型施工工艺，并进行凿井施工关键设备选型，以减少超高竖井开挖过程中对围岩的扰动，保证施工期围岩稳定。研究不良地质缺陷超前预报和超前处理措施，分析竖井开挖施工工效。

2)研究压力钢管安装和混凝土衬砌施工关键技术，提出钢管焊接质量保证措施，提出单元钢管分节长度、安装程序、施工方法，分析各步骤施工工效，在此基础上提出压力钢管安装和混凝土衬砌施工工效。

3)对竖井施工过程中可能出现的软岩大变形、突泥涌水、有毒气体等不良地质问题施工风险进行风险评估，进行施工风险分级，并提出应对措施预案，保证实施过程中施工安全。

(4)强发育倾倒变形岩体边坡治理

扎拉水电站枢纽工程区位于青藏高原东部三江并流地区西部，河谷深切，形成高山峡谷地貌，晚更新世以来地壳快速隆升与河谷强烈下切，岸坡岩体应力调整变形强烈，岩层总体陡倾，岸坡岩体倾倒现象普遍发育。目前，国内对倾倒边坡的研究还刚起步且不系统，对其形成机制、工程地质特性的认识还不统一，对其稳定性评价还少有涉及，对其危害性尚未引起相当重视。

1)基于充分的地质测绘资料，辅以坑槽探揭示情况剔除边坡表部分布的浅层倾倒岩体。整理分析钻孔、平洞、物探声波测试等资料，结合冲沟、凹槽等地形、微地貌特征，掌握深层倾倒边坡的空间分布，精确辨别倾倒弯曲、倾倒折断、倾倒弯折岩体与周围正常岩体或浅层卸荷变形岩体。分析倾倒边坡的岩体结构特征的统计规律，建立反映复杂岩体结构的倾倒边坡地质模型，研究倾倒岩体发育特征。

2)搜集区域、工程区地质环境条件的相关资料，分析河谷地貌发展、地形地貌、地层岩性、地质构造和地应力、地下水、地震活动等因素对倾倒边坡的影响和相关程度(敏感性)。

在倾倒边坡地质原型和变形破坏特征基础上，针对逆向坡、顺向坡和不同岩性边坡，采用基于地质过程分析与数值模拟分析相结合的二维离散元、三维有限差分和物理模拟等方法，进一步研究边坡发生倾倒的应力、变形相互作用关系及控制性边界条件，深入研究边坡的倾倒机制及边坡倾倒后的发展演变趋势，完整揭示倾倒边坡变形破坏这一自然历史演化全过程的发育规律。

3)根据扎拉水电站枢纽区倾倒岩体的发育特征及形成机理，研究建立适合本工程特点的计算方法、安全标准及治理措施。

4)根据国内外锚固规范耐久性要求、锚索腐蚀机理、锚固措施腐蚀破坏实例、试验研究成果等，研究扎拉水电站倾倒岩体锚固措施的耐久性，分析评价倾倒岩体的长期稳定性。

5)以扎拉水电站工程区为典型案例进行强烈倾倒岩体失稳风险动态风险评价，开展失稳对策研究。

(5)高水头过鱼设施研究

根据国内、外鱼道的运行经验，明确工程所在河段需重点保护的鱼类种类及其生态行为习性，是鱼道设计的前提和基础；结合坝下流场合理地选择鱼道进口和出口位置，是鱼道能否发挥效用的关键；池室内部的水流条件是否适宜鱼类的克流能力及生活习性，则决定鱼类能否有效通过。同时，扎拉鱼道工作水头54.6m，高水头鱼道设计成熟、可借鉴的经验较少。

1)通过鱼类资源调查分析，对工程河段鱼类资源状况、生物学特征及生态习性等进行研究，确定工程主要过鱼对象、过鱼对象规格及过鱼时段，掌握过鱼对象的繁殖、栖息等生态习性，确定工程过鱼目标。

2)对过鱼对象、兼顾过鱼对象的代表性规格个体开展鱼类游泳能力测试，重点测试鱼类的感应流速、临界游泳速度及突进游泳速度，得到鱼类的基本游泳速度指标范围。

3)通过1∶100整体物理模型试验以及枢纽上下游环境流场二维数学模型计算，分析研究典型出流条件下过鱼设施进出口区域范围内的流速分布，结合鱼类洄游习性，分析论证过鱼设施线路及鱼道进出口位置对环境流场的适宜性。通过1∶30大比尺鱼道局部整体物理模型和池室三维数学模型计算，对上下游不同水位组合情况下池室内的流速流态及沿程水力特性等进行研究，分析池室水流流态、沿程水面线变化和代表性池室的水力特性是否适合过鱼目标上溯。

撰稿/肖浩波、胡中平

金沙江旭龙水电站

▲ 旭龙水电站

旭龙水电站是西南地区少有的建设条件好、装机容量大、经济指标优的大型水电站，被列为我国水电“十四五”规划中力争开工项目。新形势下开发建设旭龙水电站是深入推进能源革命、优化能源供给结构、实现能源资源优化配置及提高能源效率的重要举措，对推动金沙江上游水电开发和西电东送具有重要作用。旭龙水电站建设符合流域规划，可为华中东四省电网提供大量优质的电力电量，是我国能源资源优化配置——“西电东送”战略部署中的重要工程。

1 建设背景

旭龙水电站位于云南省德钦县与四川省得荣县交界的金沙江干流上游河段。金沙江是长江上游河段的重要组成部分，流域处在我国青藏高原、云贵高原和四川盆地的西部边缘，跨越青海、西藏、四川、云南、贵州等5个省(自治区)。流域面积约50万km^2，占长江流域总面积的27.8%；金沙江源头至宜宾干流全长约3500km，为长江全长的55.5%；落差约5100m，占长江干流落差的95%。旭龙水电站工程地理位置见图1。

自20世纪50年代起，长江水利委员会就开展长江流域规划工作，先后完成了《长江流域综合利用规划要点报告》《金沙江流域规划意见书》《长江流域综合利用规划简要报告(1990年修订)》等。2003年，长江水利委员会编制完成《金沙江干流综合规划报告》并上报水利部，此后，根据金沙江虎跳峡河段开发方案，对《金沙江干流综合规划报告》进行了修改补充。《金沙江干流综合规划报告》提出金沙江干流治理开发与保护任务为发电、供水、灌溉、防洪、航运、水资源保护、水生态与环境保护、水土保持、山洪灾害防治、旅游等，其中发电、供水、灌溉、防洪为主要任务。2012年12月，《长江流域综合规划(2012—2030年)》由国务院以国函〔2012〕220号文批复，并要求认真组织实施。《长江流域综合规划(2012—2030年)》提出金沙江上游河段的开发方案为西绒(东就拉)—晒拉—果通—岗托(俄南)—岩比(白丘)—波罗—叶巴滩(降曲河口)—拉哇—巴塘—苏洼龙(王大龙)—昌波—旭龙—奔子栏等13级。

2012年7月，国家发展和改革委员会发改办能源〔2012〕2008号文批准了《金沙江上游水电规划报告》，规划提出金沙江上游河段开发与保护任务是以发电为主，保护生态环境和民族文化，促进地区经济社会发展和移民脱贫致富。规划以岗托、波罗、叶巴滩、拉哇、旭龙等形成主要梯级格局的13级开发方案，规划方案利用落差1372m，装机容量13920MW，年发电量642亿kW·h。水电规划推荐“岗托、叶巴滩、拉哇、苏洼龙、巴塘、旭龙等6个电站列为近期工程”，其中旭龙即《金沙江干流综合规划报告》中的日冕梯级。

旭龙水电站是金沙江上游水电开发中的重要梯级工程，符合流域综合规划中和金沙江上游水电规划中的梯级布局。旭龙水电站工程的设计和建设遵循流域规划及水电规划对项目的要求，工程具有较大的发电效益，并促进了地区经济社会发展。

2 建设意义

旭龙水电站是实施“西电东送”的国家重大工程，属于清洁可再生能源，符合“创新、协调、绿色、开放、共享”的五大发展理念，工程建设条件较好，无制约工程建设的环境和移民问题，工程技术成熟可行，经济合理，符合国家产业政策和相关产业规划，符合国家能源发展战略，工程建设坚持生态优先、绿色发展，坚持在保护中发展、在发展中保护，实现人与自然和谐相处。

旭龙水电站电站除发电效益外，还具有防洪减灾、节能减排、改善生态环境、促进民族地区经济社会发展等综合效益，有利于推进全面建成小康社会进程，为实现“两个一百年”奋斗目标做出贡献。

(1)符合国家能源发展战略的需要

加快开发利用水力资源是增加绿色低碳能源比重，调整能源结构，满足我国能源需求，实现环境友好型社会的重要举措。开发水电，可以节省煤炭、石油等化石燃料资源，缓解运输压力，减少温室气体排放和环境污染。长江流域特别是金沙江河段的水力资源丰富，加快其水力资源的开发，对提高水电在全国电力工业中的比重，改善能源利用结构，具有十分重要的作用。旭龙水电站还是“西电东送”的重要电源点，可明显提高受电地区电力系统中的水电比重、改善电网的电源结构，缓解地区能源供需矛盾和煤炭运输压力，减轻受电地区的环境污染，有利于发展低碳经济，保障我国节能减排目标的顺利实现。

金沙江是我国十二大水电基地中最大的一个，是“西电东送”的主要能源基地。旭龙水电站是金沙江水电基地的重要组成部分，其建设可以适应国民经济发展对能源日益增长的需求，符合国家产业政策和相关产业规划，符合国家能源发展战略。

(2)有利于保障西藏和四川、云南等涉藏地区经济社会跨越式发展

旭龙水电站位于我国滇、川、藏三省毗连的区域，该地区独特的地理位置、恶劣的气候环境等制约了经济发展，导致其相对落后的现状。“十二五”期间该地区在经济社会发展多方面实现了历史性的突破，取得了巨大成就，开创了推进跨越式发展和长治久安的新局面。

旭龙水库位于西藏自治区昌都市和四川省甘孜藏族自治州及云南省迪庆藏族自治州境内，是金沙江上游河段水电规划的第12级电站，为金沙江上游近期开发工程之一，是金沙江上游梯级装机规模较大的水电站。工程建设有利于促进金沙江上游梯级的整体开发，推动西藏和四川、云南等涉藏地区经济社会跨越式发展，推进全面建成小康社会进程，为实现“两个一百年”奋斗目标做出贡献。

此外，旭龙水库建设有利于下游地区的防洪减灾。当遭遇大洪水时，通过对旭龙水库进行科学调度，采取预报预泄等措施，可削减洪峰流量，减少下游迪庆、丽江等沿江地区的洪灾损失，为地区经济社会跨越式发展创造良好的环境，巩固脱贫成果，增强致富发展后劲。

(3)有利于带动民族地区经济与社会的发展

旭龙水电站左岸为四川省甘孜藏族自治州得荣县、巴塘县，右岸为云南省德钦县、西藏自治区的芒康县。由于历史原因，加上其特定的地理位置、气候条件及社会环境，地方经济一直以农牧业为主，经济基础相对薄弱，发展速度比较缓慢。2018年底这4个县地区生产总

值为77.88亿元，农民人均纯收入10287元。4个县的人均地区生产总值为35050元，低于四川省人均地区生产总值48769元、云南省人均地区生产总值37021元及西藏自治区人均地区生产总值42954元，属经济较落后的地区。但丰富的水能资源，是该地区得天独厚的优势资源之一。大力发展水电，不仅可以满足当地日益增长的用电需求，同时将资源优势转变为经济优势，可以极大地促进当地的经济社会发展，有助于精准扶贫工作的开展，帮助工程所在地区人民尽早过上小康生活。

旭龙水电站的建设，将带动当地公路交通等基础设施的建设；工程建设对交通、材料、设备、电气、运输等多方面的需求，将带动当地原材料制造、建材、电力配套等工业的发展；工程建设可将先进的科学技术和信息带到该地区，开阔当地居民视野、提高其科技文化知识水平；随着工业发展和交通条件的延伸改善，又将带动当地城镇化建设及商业、金融业、旅游业的发展，给当地提供大量的就业机会，促进第三产业的发展。另外，移民资金可改善当地农牧民群众生存环境和生活质量；工程建设带来的大量税金和财政收入，可为当地较落后的社会经济注入强大的资金流，促进当地国民经济的整体跃升；水电站每年上交的税收也可增加地方财政收入，为地方经济建设和发展提供长期的资金。因此，旭龙水电站的建设可带动相关产业的发展，增加地区就业机会和当地税收，提高当地居民生活水平，对地区社会经济发展起到积极的促进作用。

(4)有利于生态建设和节能减排目标的顺利实现

在当前经济发展水平及能源资源基础条件下，旭龙水电站所在地区的能源消费中生物质能所占比重很大，水能、地热能、太阳能、风能等清洁能源和可再生能源比重较小，输入条件的制约使得化石能源消费比重也较小。这种低水平的能源消费结构已经对当地脆弱的生态环境造成巨大破坏。

旭龙水电站建设区内无限制工程建设的环境因子。水电是可再生的清洁绿色能源，旭龙水电站的建设，可替代同等规模的火电容量，水能资源的开发利用将减少煤炭等不可再生能源的消耗，减少二氧化碳、氮氧化合物、二氧化硫、粉尘等对空气的污染，避免森林资源的大量损耗，为减少温室气体排放做出贡献。此外，工程的兴建还可有效消除人为破坏对生态环境的影响，电站建设将会大大增加当地财政收入，直接或间接用于当地生态环境建设，可改善地区生态环境。旭龙水电站建设符合“生态优先、绿色发展”理念，可推动地区生态文明建设。

项目所在区域属于干热河谷，降水量少，不利于植物生长。旭龙水电站建成蓄水后，水面面积扩大，蒸发量加大，增加空气湿度，可改善库区小气候，形成60余千米的生态走廊，营造绿水青山的优良生态环境。

(5)旭龙水电站工程建设条件好，不存在重大制约因素

旭龙水电站库区为典型的峡谷型水库，库区内分布的岩性以微透水至不透水的片岩、火成岩为主，封闭条件较好；库区的不利地质体较少，且多处于稳定或基本稳定状态，水库蓄水

运行对其稳定性影响较小；坝址建坝地质条件良好，具备修建 300m 级高坝条件，筑坝技术及机电金结设备制造均在国内已建工程经验范围内，在技术上是可行的。工程地质、枢纽布置、施工等方面均不存在制约因素，工程建设条件较好。

同时旭龙水电站库区位于云南、四川、西藏 3 个省（自治区）交界的横断山脉金沙江上游地带，距 G214 国道较近，2005 年通车的羊拉公路从坝址右岸通过，对外交通相对便利。

旭龙水电站正常蓄水位 2302m，建设征地涉及云南、四川、西藏 3 省（自治区）4 个县，涉及土地总面积 32684.17 亩，1082 人，房屋 24.47 万 m^2。建设征地范围未压覆已查明重要矿产资源，尚未发现地面和地下文物古迹，不涉及环境敏感区。淹没范围内无城（集）镇、无重要基建设施、无大型宗教寺庙、无重点保护对象，移民基本都能得到妥善安置。无制约工程建设的重大移民问题。

旭龙水电站经济指标较好，电站装机容量 2400MW，与岗托水电站联合运行多年平均年发电量 105.14 亿 kW·h，工程静态总投资 227.03 亿元，单位千瓦静态投资 9460 元/kW，单位电能静态投资 2.16 元/(kW·h)。按项目资本金财务内部收益率 8%测算，旭龙水电站上网电价 0.3508 元/(kW·h)（含税），低于四川省在建的其他电源的上网电价或指导价，且上游岗托、叶巴滩、拉哇等水库的补偿调节使得旭龙水电站的电能质量要远优于风能和太阳能等可再生能源，具有较好的市场竞争力。

3 设计方案

旭龙水电站枢纽布置方案为：河床布置混凝土双曲拱坝，坝身布置泄洪孔和生态放水孔，坝下游布置混凝土水垫塘，右岸布置引水发电建筑物与过鱼设施，左岸布置导流洞。旭龙水电站枢纽布置见图 1。

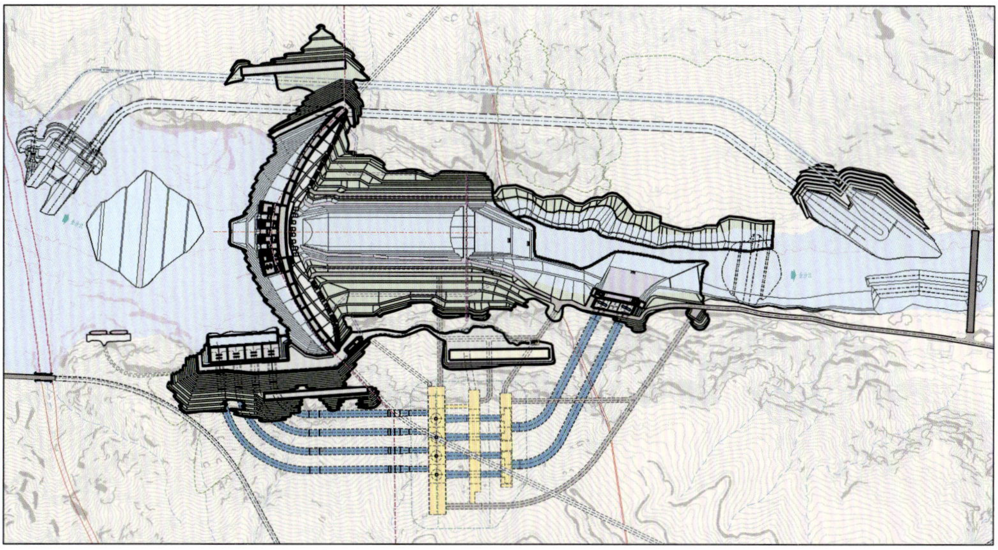

图 1　旭龙水电站枢纽布置

各主要建筑物具体布置及结构形式如下：

(1)挡水建筑物

混凝土双曲拱坝采用抛物线形，坝顶高程2308m，建基面高程2095m，最大坝高213m。坝顶高程处河谷宽357m。坝顶下游弦长411.8m，弦高比1.93，弧高比2.22；拱冠处坝底厚度46.2m，厚高比0.217。

(2)泄水建筑物

泄水建筑物布置在坝身，由3个泄洪表孔、4个泄洪中孔和1个生态放水孔组成。

泄洪表孔为开敞式溢流堰形式，孔口尺寸12.0m×15.0m(宽×高)，跨横缝布置。表孔堰面采用WES曲线，堰顶高程2287m。每个表孔设一道事故检修门和一扇弧形工作门，事故检修门由坝顶门机启闭，弧形工作门由设在坝顶上的液压启闭机启闭。

泄洪中孔采用有压管型式，共4孔，布置在坝段中部。中孔的进口底板高程为2220.00m，出口断面尺寸6.0m×6.0m(宽×高)。中孔进口段布置事故检修门，事故检修门由坝顶门机启闭。出口布置弧形工作门，由设在闸墩上的液压启闭机启闭。

生态放水孔布置于右岸泄洪表孔右侧，采用上挑型有压管型式，进口底板高程2278.00m，孔口出口尺寸4.5m×6.0m(宽×高)。进出口分别布置一道平面检修闸门和工作闸门，分别由坝顶门机和出口固定卷扬机操作。

坝下游设混凝土水垫塘，水垫塘长274m，断面采用反拱底板复式梯形型式，底板厚3m，最低顶高程2108m，圆弧形反拱半径45m，弦长50m。水垫塘顶高程2180m，两岸混凝土边墙在高程2153m以下厚3m，高程2153～2180m厚2m，高程2180～2255m厚0.5m。二道坝坝顶高程2153m。

(3)引水发电建筑物

引水发电建筑物采用地下厂房，集中布置在右岸，安装4台单机容量为600MW的混流式水轮发电机组，装机容量为2400MW。

电站进水口采用岸塔式，位于右坝肩上游，距坝顶轴线最小距离约65m，单塔长30.0m，塔顶高程2308m，建基面高程2265m，进水塔尺寸为120m×26m×43m(长×宽×高)。

引水隧洞采用一机一洞，共4条，长402.90～544.65m，洞径10.8～8.4m。由上平段、上弯段、斜井段、下弯段及下平段等组成，不设调压室。

主厂房、主变洞和尾水调压室等三大洞室平行布置，主厂房与主变洞洞间岩体厚度为40m、主变洞与尾水调压室洞间岩体厚度为30.5m。主厂房开挖尺寸204m×27.7m(29.9m)×79.3m(长×宽×高)。主变洞开挖尺寸175.2m×17.5m×23m(长×宽×高)，由母线洞、电缆廊道和进厂交通洞与主厂房相连。主变洞左端设交通电缆竖井和廊道，与高程2310m地面开关站相接，地面开关站占地170.0m×17.5m(长×宽)。

尾水调压室为阻抗式、长廊型，调压室前尾水隧洞为一机一洞、调压室后为两机一洞布置，调压室开挖尺寸为147.1m×24m×86.6m(长×宽×高)，调压室间岩体厚度为16.3m。

尾水支洞断面尺寸10.7m×17.6m(宽×高),尾水支洞长度均为52.5m;尾水主洞断面尺寸13.5m×17.6m(宽×高),洞长分别为268.39m、340.97m。

尾水出口布置在大坝轴线下游约570m处,尾水塔与尾水洞轴线夹角为74°,紧贴边坡呈"一"字形排列,出口底板顶高程2126.0m,塔顶高程2167m,尾水塔尺寸为64m×20m×45m(长×宽×高)。右侧与进厂公路相接。

(4)过鱼设施

过鱼设施采用隧洞轨道式升鱼机系统,主要由尾水集鱼系统、装载系统、提升过坝系统、码头转运系统、运输放流系统和监控设施等部分组成。

集鱼系统的核心是2座尾水集鱼站,分别布置在大坝下游右岸电站尾水洞出口两侧,利用发电水流诱鱼;收集到的鱼类通过装载系统转入坝下轨道运鱼小车,小车经过坝下平硐运至位于右岸山体内的提升竖井,通过竖井上方的提升机构沿竖井将运鱼箱提升至高程2308m,并通过台车转入坝上轨道运鱼小车,经过坝上明轨(长635m)及坝上平硐(长215m)共850m的坝上明轨运至位于坝上约380m的转运码头,通过回转吊转入专用运鱼放流船,运输至库区合适区段进行放流,运鱼放流船上配备鱼类维生系统和水交换系统。

(5)导流建筑物

施工导流采用河床一次性断流、围堰全年挡水、左岸隧洞泄流的导流方式;后期利用坝身中孔度汛泄流。导流隧洞2条,分高低洞布置,进口高程分别为2151m和2146m,出口高程均为2143m;在高洞的左侧布置有生态供水旁通洞,进口高程2151m,出口与高洞相接。上游围堰顶高程2192m,下游围堰顶高程2160m。

(6)渗控工程

厂坝区(包括坝基、地下厂房及两岸山体段)采用厂坝联合防渗方案,布置垂直防渗帷幕+幕后排水;水垫塘底板布置封闭排水、两岸边坡采用排水洞+排水孔幕;二道坝布置垂直防渗帷幕+幕后排水。旭龙水电站工程实景效果见图2。

图2 旭龙水电站工程实景效果

4 项目实施工作中遇到的技术难题及解决方案

基于旭龙水电站十多年的勘测设计工作，本电站主要存在高地震区全坝身泄洪高拱坝抗震安全、高位自然边坡防治、高山峡谷区施工布置及水保、机组稳定运行、高海拔电气选型等关键技术难题。

(1)高地震区全坝身泄洪高拱坝抗震安全

旭龙水电站采用混凝土抛物线双曲拱坝，最大坝高 213m，大坝设计及校核地震达 $0.410g$、$0.497g$，在国内已建及在建工程中仅次于大岗山拱坝(设计地震 $0.557g$)，但大岗山拱坝仅采用中孔泄洪，旭龙拱坝采用表、中孔全坝身泄洪方式，在国内已建工程中属首创。坝身布置表孔对拱坝抗震有不利影响，拱坝抗震安全问题突出，通过充分借鉴已建工程经验，使用多类数值模拟方法，以泄洪孔口—坝身—地基系统为整体，开展高地震区全坝身泄洪高拱坝抗震安全研究。

长江设计公司具有丰富的高拱坝抗震及泄洪建筑设计经验，在构皮滩、乌东德等高拱坝工程建设过程中发挥了突出作用，成为旭龙拱坝设计的重要参考。通过采取表孔闸墩顶部间设置连接大梁、提高基础混凝土强度与设置贴脚、布设抗震钢筋等一系列措施，提高了旭龙拱坝的整体性。使用拱梁分载法与线弹性有限元，以及考虑地震过程中横缝开合、坝体混凝土损失的非线性有限元等数值模拟方法，对纯体形模型与坝身设置表中孔模型进行了计算与对比，经过对应力变形分布、坝体损伤情况、横缝开合度及极限抗震能力的综合分析，论述了上述抗震措施的有效性并初步判明地震后坝身孔口闸门的工作性状，充分保障强震条件下采用全坝身泄洪的有效性及旭龙拱坝抗震安全性。

(2)高山峡谷地区特高陡边坡高效防治关键技术

旭龙水电站地处我国西南高山峡谷地区，河流谷深坡陡，岩体卸荷强烈，地震烈度高。因枢纽建筑物布置需要，开挖形成的工程边坡高达 300～500m，工程边坡以上还存在高达数百米、坡度达 40°～60°的自然边坡。两岸自然边坡总体稳定，但存在堆积体、危岩体、强烈卸荷松弛区等局部稳定问题，这些局部稳定问题高悬在建筑物之上，严重威胁工程安全，如何对其高效防治已成为制约工程建设的关键技术问题。

通过提出复杂条件下高位自然边坡远距离快速精准识别技术，以解决旭龙高陡自然边坡走不近、看不清、查不明的问题。建立高位巨型堆积体与危岩体灾变机理及风险评估方法，揭示泄洪雾雨和高烈度地震等极端工况下巨型堆积体与危岩体的灾变机理。研发强烈卸荷高陡边坡系统防治及高效加固技术，主要包括高陡边坡系统防治方法、卸荷岩体高效加固技术与高能量滚石被动防护技术，实现高陡边坡高效防治。提出基于 5G 的特高陡边坡实时监测与高效管控技术，对边坡防治各环节数据进行深度融合与充分挖掘，实现高位自然边坡风险高效管控。

(3)高海拔干热河谷地区施工布置与水土保持

旭龙水电站位于高山峡谷地区，环境地质问题复杂，高边坡、大型危岩体、大型堆积体、泥石流等多有分布，两岸山高坡陡，仅在河谷两岸零星分布少量缓坡台地，可利用平地较少，施工场地难以成片集中布置，对施工布置提出了挑战。

工程弃渣总量大，渣场布置受河段峡谷地形限制，可选场地有限，约 1400 万 m^3 弃渣需要堆存在茂顶河沟内，堆渣规模巨大；而茂顶河沟为泥石流沟，存在多条支沟，对弃渣场施工期和运行期构成威胁，渣场截断泥石流沟道，增大了泥石流治理难度。

主体工程施工区总占地面积约 140 万 m^2(不含水域面积)，占地面积较大。工程区施工结束后将出现大面积裸露山体和施工迹地，影响当地自然景观和人文景观。项目区海拔较高，降水量少，蒸发量大，土壤贫瘠，植被覆盖度较低。植被一旦破坏，很难依靠自然恢复，且会持续引发较大的水土流失危害，快速修复工程创面及恢复迹地的生态环境是本工程水土保持的重点和难点。

根据地形、地貌及工程特点，结合工程技术、工程投资以及两省地方的实际情况综合考虑确定施工总布置方案。并提前考虑分标需要，结合施工程序及工程进度安排，因地制宜、因时制宜，合理选择分散布置与集中布置的临建项目；施工交通运输线路布置与场地布置相结合，尽量形成左、右岸、上下游沟通的互为备用的施工通道。

对于茂顶河渣场泥石流沟防治，结合工程自身特点、泥石流特性，研究采用停淤和排导相结合的防治措施，重点研究泥石流排导设施的规模及布置方案，可考虑排导槽方案、排导槽和排水隧洞联合运行方案等，协调好排导设施施工与渣场渣体填筑施工之间的关系，避免在弃渣场施工和运行期间内泥石流对弃渣场区域产生不利影响，确保渣场施工及运行安全。

为解决项目区表土资源缺乏的问题，开展林木测土配方施肥技术及表土质地改良方案。结合干热河谷地段高陡边坡环境特征和植被立地特征，通过典型作业采取现场试验小区对比试验，分析研究提出适应干热河谷地段环境特点的高陡边坡植被修复技术。立足利用当地优良的乡土植物种，进行生产建设项目的植被恢复技术的研究，主要包括土壤改良，土壤种子库，乔、灌木移栽等，有利于金沙江下游干热河谷地段生产建设项目植被的快速重建和恢复，有效的控制水土流失，具有良好的生态效益和经济效益。

(4)宽负荷安全稳定高效运行大型机组研究

旭龙水电站安装 4 台 600MW 混流式水轮发电机组，生态流量 $210m^3/s$ 占额定流量 45%，全年 4 个多月来流量小，电站带部分负荷运行频率高。为增加运行期电量及经济效益，水轮机应能在生态过流条件下长期安全稳定与高效运行，并结合未来以新能源为主的新型电力系统风光水储互补要求，水轮发电机组稳定运行范围要求更宽，稳定出力范围已超出大型电站水轮发电机组通常的 60%～100%，对水轮机水力设计和指标评价体系带来了新挑战。

考虑国家能源集团发展策略、旭龙电站运行特点、以新能源为主体的新型电力系统发展和旭龙、奔子栏风光水储能源基地等因素，重点开展适应宽负荷稳定运行的水轮机关键技术研究。综合考虑电站水质情况、水头变幅、海拔高程、负荷调节范围等条件科学合理选择水轮机参数水平；针对宽负荷运行的加权因子进行研究，为水轮机结构设计（特别是转轮的疲劳强度）提供计算依据；通过机组厂家合作进行水力开发设计研究；结合动应力和静应力的分析，计算和评估转轮疲劳寿命，确保机组长期安全稳定运行；制定全流域机组整体统筹调度方案，使电站机组启停运行工况过渡平稳，尽量保持在高效稳定区运行。

(5)高海拔大容量水轮发电机电磁方案和绝缘配合

旭龙水电站可研审定通过的发电机单机容量600MW，额定电压20kV，旭龙电站厂房发电机层海拔高程2150.90m，位于高海拔地区。根据高海拔地区高压交流电机防电晕相关技术要求，需要对发电机的起晕电压进行海拔修正，修正后的发电机起晕电压将大于24kV，超过了目前其他在运、在建水轮发电机技术参数要求，对发电机电磁方案和绝育配合提出了更高的要求。

通过对绝缘材料、绝缘设计结构、工艺等各个相关方面进行分析，提出影响发电机高海拔情况下的绝缘特性关键影响因素，制定严格的、符合本工程自然环境条件的机组设备招标要求，对高海拔大容量机组绝缘从设计、制造、原材料、工艺等多个方面明确相应技术要求，填补目前技术标准相关规定的空白。

撰稿/王维浩、杨晓红、李麒、王小毛、孔凡辉、熊堃

金沙江金沙水电站

▲ 金沙水电站

金沙水电站是金沙江中游十级水电枢纽规划的第九级，位于金沙江中游末端的攀枝花河段上，上距观音岩水电站坝址28.9 km，距攀枝花市区11km，下距银江水电站坝址21.3 km。

1 工程概况

金沙水电站控制流域面积25.89万km^2，多年平均流量$1860m^3/s$，年径流量588亿m^3。水库正常蓄水位1022.00m，校核洪水位1025.30m，相应总库容1.08亿m^3，电站装机容量560MW，保证出力207MW，多年平均年发电量25.07亿kW·h。大坝采用混凝土重力坝，坝顶高程1027.00m，最大坝高66.00m，坝轴线长度392.50m。

金沙水电站的主要开发任务为发电，兼有供水、改善城市水域景观和取水条件，及对观音岩水电站的反调节作用等。

2 工程设计

2.1 勘察设计概况

2002年4月，国家计划委员会以计办基础〔2003〕37号文批准了《金沙江中游河段水电规划报告》。该报告推荐中游河段按“一库八级”方案进行开发，观音岩梯级为最下一级；并指出：“观音岩坝址至雅砻江口河段尚有落差38m，因涉及沿江两岸攀枝花市诸多建筑物、工厂及市政设施的搬迁，不宜布置较高梯级。今后可酌情研究分级低水头开发的可能性和合理性。”

2006年7月，长江勘测规划设计研究有限责任公司（以下简称“长江设计公司”）对金沙水电站坝址进行了查勘，同年10月，正式开展规划阶段的现场外业工作。

2010年6月，国家发展和改革委员会以发改办能源〔2010〕1313号文批复了《金沙江攀枝花河段水电规划报告》，同意攀枝花河段采用金沙+银江两级开发方案。

2010年7月，水利部水利水电规划设计总院（以下简称“水规总院”）以水电规〔2010〕156号文通过了《金沙江金沙水电站预可行性研究报告》的审查。

2012年12月，国务院以国函〔2012〕220号文对《长江流域综合规划（2012—2030年）》进行了批复。规划金沙江中下游河段石鼓至宜宾河段拟定虎跳峡河段梯级、梨园、阿海、金安桥、龙开口、鲁地拉、观音岩、金沙、银江、乌东德、白鹤滩、溪洛渡、向家坝等13级开发方案。

2016年3月，水规总院以水电规〔2016〕20号文通过了《金沙江金沙水电站可行性研究报告》的审查。

2016 年 6 月，受国家发展和改革委员会的委托，中国国际工程咨询公司通过了《金沙江金沙水电站项目申请报告》。

2016 年 8 月，国家发展和改革委员会以发改能源〔2016〕1738 号文，正式核准通过了金沙水电站。

2.2 建设过程

2015 年 11 月，金沙水电站工程正式开工建设；

2016 年 12 月，实现大江截流，开始二期主体工程施工；

2019 年 11 月，三期截流成功；

2020 年 11 月，首台机组投产发电；

2021 年 10 月 9 日，4 台机组全部投产发电，工程全面建成。

2.3 枢纽布置

金沙水电站枢纽主要由挡水、泄洪、生态泄水、电站厂房和鱼道等建筑物组成。右岸布置导流明渠，纵向围堰坝段以左布置 3 个泄洪表孔，以右的明渠内布置 2 个泄洪表孔和 1 个生态泄水孔，河床及左岸布置河床式电站厂房，左岸布置鱼道，施工导流采用三期导流方式。枢纽平面布置见图 1。

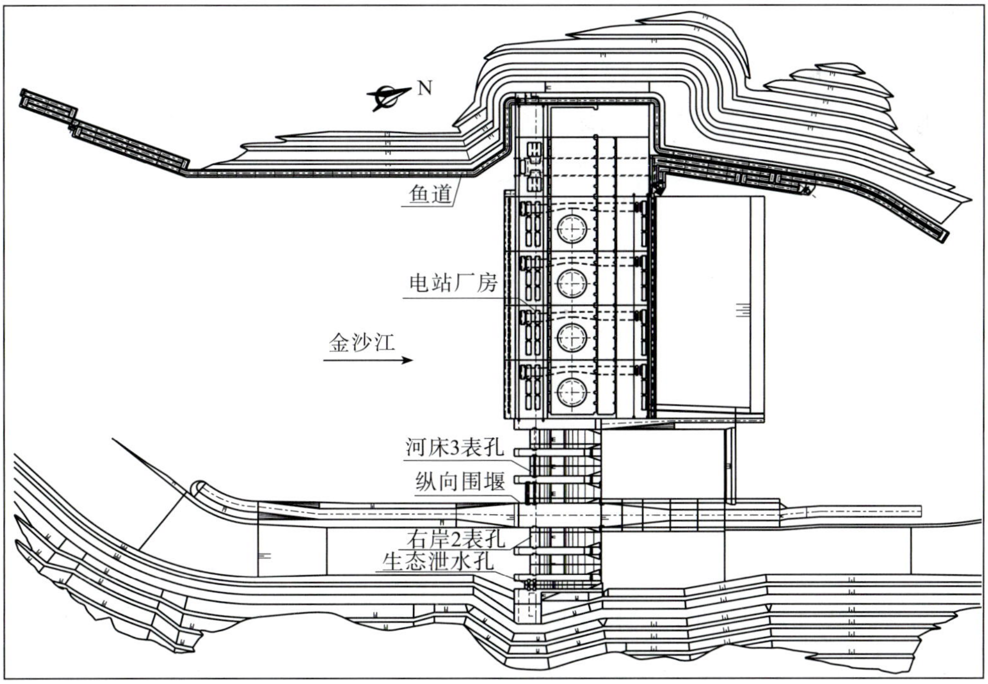

图 1　金沙水电站枢纽平面布置

2.4 工程等别及设计标准

金沙水电站工程等别为Ⅱ等，工程规模为大(2)型，挡水、泄洪和电站等主要建筑物为2级建筑物，次要建筑物为3级建筑物，水工建筑物结构安全级别为Ⅱ级。

混凝土重力坝、河床式电站按100年一遇洪水设计，洪峰流量14200 m^3/s；采用1000年一遇洪水校核，洪峰流量18000 m^3/s；消能防冲建筑物按50年一遇洪水设计，洪峰流量11700 m^3/s(考虑观音岩水电站调蓄)。

工程场地的地震基本烈度为Ⅶ度。壅水建筑物抗震设防类别为乙类，其抗震设计标准采用50年基准期超越概率10%，相应基岩地震动水平峰值加速度为120cm/s^2。

2.5 主要建筑物简介

金沙水电站大坝为混凝土重力坝，坝顶高程1027.00m，最大坝高66.00m。坝轴线长度392.50m，从左至右共布置15个坝段，依次为左岸非溢流坝段(1#坝段)、安装场坝段(2#～3#坝段)、机组坝段(4#～7#坝段)、河床溢流坝段(8#～10#坝段)、纵向围堰坝段(11#坝段)、右岸溢流坝段(12#～13#坝段)、生态泄水孔坝段(14#坝段)、右岸非溢流坝段(15#坝段)。上游立视见图2。

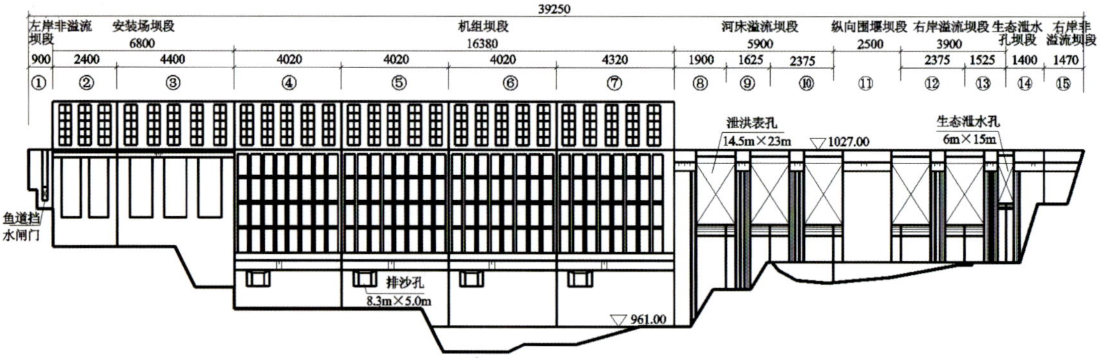

图2 金沙水电站上游立视图(高程单位:m,尺寸单位:cm)

(1)泄洪消能建筑物

泄洪消能建筑物包括5孔孔口尺寸为14.5m×23m(宽×高，下同)的泄洪表孔和底流消力池。结合导流建筑物的布置，5个表孔被纵向围堰分成两区，纵向围堰坝段以左布置3孔，以右的导流明渠内布置2孔。

表孔采用开敞式WES实用堰体型，堰顶高程999.00m，堰顶最大水头26.30m。表孔上游面直立，堰头为1/4椭圆曲线，曲线方程为 $x^2/7^2+(4-y)^2/4^2=1$。堰顶下游采用WES幂曲线，曲线方程 $y=0.039x^{1.85}$，下接10.56m长直线段，末端采用反弧段与下游底流消能消力池底板平顺相接，反弧段半径 $R=70.0$m，反弧段末端高程为988.00m。溢流堰顺流向总长 51.23m。

表孔净宽 14.5m，跨横缝布置，中墩厚 5.5m，1# 表孔左边墩厚 8.0m，5# 表孔右边墩厚 5.0m，纵向围堰坝段与两侧表孔边墩结合，闸墩宽 18m。闸墩墩头采用半径为 2.0m 的圆弧形，顶高程为 1027.00m，顺流向最大长度为 61.83m。表孔闸墩末端设置收缩比为 0.5 的“Y”形宽尾墩，宽尾墩长 9.5m，其竖直段顶高程为 996.00m，最高点高程为 999.00m。

泄洪表孔设置有弧形工作闸门，由 2×4600kN 液压启闭机操作，在工作闸门上游设有事故检修闸门，由坝顶 2×2500kN 门机操作。

泄洪表孔均采用底流消能，布置下挖式消力池，底板高程为 988.00m。明渠消力池长 90.0m，底宽 45.5m，末端不设置尾坎；河床消力池长 98.0m，底宽 54.8m，末端设置 4m 高的尾坎。

消力池护坦厚 3m，表层不设抗冲磨混凝土，采用 C30 混凝土，底板一次整块浇筑施工。消力池底板设置永久性纵、横伸缩缝，缝面均设置键槽，缝内设止水，护坦标准分块尺寸为 10m×10m。护坦底部设纵、横向排水沟，排水沟采用 ϕ200mm 透水软管，沿透水软管设置 ϕ76mm 排水孔，孔深 5m，间距 2.5m。护坦采用锚筋桩与基岩连接，锚筋桩深入基岩 7.8m，在顶部弯起与护坦面层钢筋连接成整体，前部分锚筋桩为 3 Φ 36@2m×2m，后部分为 3 Φ 32@2m×2m。

(2)电站建筑物

电站厂房型式为河床式(2# ～7# 坝段)，安装 4 台单机容量为 140MW 的水轮发电机，厂房尺寸为 231.8m×96.5m×84.2m。电站建筑物包括机组坝段、安装场坝段、引水渠、尾水渠、排沙孔及拦沙坎、进厂交通公路等。

机组段沿坝轴线方向总长为 163.8m，机组间距 40.20m，安装场布置在主机段左侧，沿坝轴线长为 68.0m，建基面顺流向宽 96.5m。机组坝段上游为引水渠，下游为尾水渠。为减少泄洪时对机组发电的影响，在尾水渠与泄洪坝段之间设置厂坝导墙。中控室、主变及 GIS 室均布置于主厂房下游侧尾水管顶部的下游副厂房内。进厂交通由安装场下游侧进厂，对外接左岸进厂公路，厂前设回车场，高程为 1021.0m。

电站装机高程为 997.50m，坝式进水口底坎高程为 988.50m，尾水管出口底高程为 970.17m，尾水平台高程为 1021.00m。尾水渠长 88.80m，底宽 163.8m，尾水渠上游接尾水管出口，下游以 1∶4 的反坡接原河床。进厂交通由安装场下游侧进厂，对外接左岸进厂公路，厂前设回车场，高程为 1021.00m。

电站进水口顺流向依次布置有拦污栅、检修闸门、事故闸门，由坝顶门机操作，电站尾水出口布置有尾水检修闸门，由尾水平台门机操作。电站坝段设 4 个排沙孔，进口设有事故检修闸门，由坝顶门机操作，出口设有工作闸门与检修闸门，由尾水平台门机操作。

(3)过鱼建筑物

金沙水电站鱼道布置在电站厂房以左的左岸边坡上，全长约 1486m，设有 3 个进鱼口以及 2 个出鱼口。鱼道主要建筑物包括:鱼道主体结构(进鱼口、过鱼池、出鱼口)、厂房集鱼系统以及补水系统等。过鱼池采用整体“U”形结构。单个过鱼池净宽 3.0m,长 3.5m,底坡 1∶50。隔板采用单侧导竖式,竖缝宽度为 0.4m。

3 个进鱼口及 2 个出鱼口各设一道检修闸门,坝身布置防洪挡水闸门,由固定卷扬机操作。

(4)生态泄水建筑物

生态泄水建筑物采用 1 个生态泄水表孔,布置于右岸,孔口尺寸 6m×15m(宽×高),堰顶高程 1007m,采用底流消能型式,与明渠内泄洪表孔共享一个消力池。沿水流方向依次设置生态泄水孔检修闸门和生态泄水孔工作闸门,启闭设备与坝顶门机共享。

3 工程特点及科技创新

在攀枝花这个从无到有的资源型移民城市里,长江设计公司通过金沙江中游规划引领,创造了金沙、银江两个“无中生有”的水电站项目。金沙水电站是国内少有的城市水电站,工程规划、工程建设、生态环保、建筑景观等都要融入城市,给工程设计带来了挑战。在设计及施工过程中,遇到了一系列技术难题,通过 10 余年来的持续研究,取得了多项创新技术。

3.1 溢流前缘宽度研究

金沙水电站为低水头径流式电站,坝址洪水峰高量大,所需泄洪建筑物规模较大。综合比选后,采用混凝土重力坝,坝身设泄洪规模大、超泄能力强的表孔,共布置 5 孔孔口尺寸为 14.5m×23m 的泄洪表孔。根据环保要求,金沙水电站还设置了 1 孔孔口尺寸为 6m×15m 的生态泄水孔。

坝址区两岸山高坡陡,为不对称“V”形谷,正常蓄水位 1022m 时,河谷宽仅 200m,而河床式电站机组和安装场沿坝轴线向总长 231.8m。为缩短坝轴线长度,减少两岸山体开挖工程量及工程投资,须研究纵向围堰坝段和泄洪表孔的布置,尽量减少溢流前缘宽度。

将纵向围堰坝段从矩形优化调整为倒“T”形,取消纵向围堰两侧表孔的边墩,将表孔闸墩和纵向围堰结合,中间闸墩宽 18m。8# 坝段(河床溢流坝段)左临厂房 4# 机组段,由于两侧横缝止水布置不同,在 1# 表孔蓄水及泄洪时,边墩两侧承受不同的侧向水压力,闸墩横向变形过大。通过三维有限元计算,对边墩厚度、横缝位置分别进行敏感性分析,选定边墩厚 8m,坝段宽 19m,并优化厂房侧止水布置型式后,边墩在弧门支铰和门槽部位的变形不影响闸门正常运行。

3.2 电站厂房选型设计

金沙水电站最大水头为 26.8 m,最小水头为 8.0 m,加权平均水头为 19.9 m,额定水头为 16.8 m，单机引用流量为 954.5 m^3/s，共安装 4 台单机容量为 140 MW 的水轮发电机组。电站采用河床式开发方案，其水头变化范围为 8.0～26.8 m，属低水头范围，可选机型主要为轴流转桨式和灯泡贯流式两种，均能适用枢纽建筑物布置，因此需要针对性开展电站厂房选型设计研究。

轴流转桨式机组装机方案为 4×140MW，灯泡贯流式机组装机方案为 8×70MW。经技术经济比较表明，该水电站无论是采用轴流转桨式机组，还是采用灯泡贯流式机组，在技术上均是可行的，但灯泡贯流式方案所需安装的机组台数较多，厂房坝段枢纽前沿宽度较大，枢纽布置难度大，投资更大，同时设备的检修、运行维护工作量大，综合比较推荐轴流转桨式机组。

3.3 电站拦、排沙设计

金沙水电站为河床式厂房，发电水头低、机组引用流量大。坝址天然多年平均输沙量为 5120 万 t，含沙量 0.868kg/m^3。金沙水电站位于金沙江中游河段，金沙坝址附近的金沙江中游梨园、阿海、金安桥、龙开口、鲁地拉和观音岩水电站均采用推悬比 3%计算推移质沙量，由此计算出金沙坝址推移质沙量为 154 万 t。电站需要进行专门的拦、排沙设计。厂房拦沙设施主要为引水渠前的拦沙坎，厂房排沙设施主要为排沙孔。

金沙水库泥沙主要以悬移质为主，推移质主要由边坡不良地质原因形成的崩塌体组成，为拦截此部分推移质，将上游二期围堰拆除到 997.00m 高程形成拦沙坎，拦沙坎断面为梯形断面，顶宽 5m，上游坡比 1∶1.5，下游坡比 1∶2，顶面及下游面采用 1m 厚钢筋石笼进行压脚护坡。

排沙孔进口位于机组进口下方，以便排走底沙，进口底高程 975.90m，断面为矩形，闸门孔口尺寸为 8.3m×5.0m(宽×高)；出口位于尾水管扩散段顶板上方，使底孔的下游工作门不影响尾水管的出流，出口段断面为 6.0m×2.0m(宽×高)，出口底高程 989.10m。排沙孔轴线方向分为进口段、中段和出口段，进口段轴线为 1∶5 顺坡，出口段轴线为 1∶2.5 反坡，中段为水平布置，位于蜗壳底部，中段与进、出口段分别由半径 20m、60m 的圆弧段平顺连接，排沙孔轴线总长约 90m，排沙孔断面均为矩形，断面积沿轴线均匀减小，使排沙孔内流速均匀增大。

排沙孔进口设检修门一道，由电站进口坝顶门机进行操作；出口处设工作门一道，利用尾水平台门机启闭，底孔工作门槽利用下游侧机组检修闸门挡水进行检修。

模型试验表明：在枢纽运用过程中，电站过机水流含沙量及悬移质中值粒径都不大，基本无粗沙过机。枢纽排沙孔与电站进水口底板高差为 15.7m，在枢纽运用不同时期，运用排沙孔后能确保电站“门前清”，可保证电站正常取水。

3.4 鱼类资源保护研究

金沙水电站位于金沙江干流中游末端的攀枝花河段。攀枝花河段是江河平原区鱼类与高原区鱼类的过渡区段，有记载的鱼类124种，其中长江上游特有鱼类40种，鱼道需要通过的过鱼目标种类较多。

金沙水电站的建设运行改变了库区及坝下局部河段原有的水文水力学条件，阻断了鱼类上溯洄游的通道，对坝上、下游鱼类的遗传交流带来了不利的影响。为了促进坝上、下游鱼类的遗传交流，特别是保证洄游性鱼类的繁殖和自然种苗的及时补充，根据相关法律法规，金沙水电站通过建设鱼道及增殖放流站来减缓工程建设对鱼类洄游的阻隔影响。

本工程鱼道工作条件复杂，上、下游水位变幅大（下游水位变幅达6m），不同工况下鱼道水力学特征差异巨大，设计难度较大。通过对攀枝花河段鱼类资源现状进行分析，对主要过鱼对象进行游泳能力测试，以及水力学试验研究等，对鱼道进行专项设计及优化研究，设计出了长江干流上首座大型过鱼通道。目前，鱼道已成功运行，未来将成为科普教育示范基地。鱼道研究成果获得多项专利：创新性提出分段补水式集鱼型式，获得“一种分段补水式集鱼渠（实用新型）”专利证书；提出适用多进鱼口的补水结构型式，获得“一种适用多进鱼口的补水结构”专利证书。

3.5 导流明渠高边坡开挖支护设计

为满足施工期泄流要求，金沙水电站需要在右岸山坡开挖导流明渠泄流。开挖边坡顺流向长约850m，最大开挖高度约为130m，支护最高达210m（含牛筋树堆积体及花石崖2[#]挠曲处理）。导流明渠边坡上游段岩体主要为泥质粉砂岩和粉砂岩，边坡岩体节理裂隙发育，分布花石崖1#、2#挠曲，f22断层，牛筋树堆积体等不良地质体。进口部分边坡为含炭质粉砂质泥岩，边坡软岩变形及稳定问题突出，施工过程中出现多次局部垮塌及变形情况。

导流明渠上游段边坡开挖坡比为1∶0.3～1∶1.0，下游段为1∶0.3，每20m高设一级马道。坝顶高程1027m以下边坡及明渠底板采用C20钢筋混凝土进行衬砌，高程1027m以上的边坡采用喷锚支护，边坡及底板设系统锚杆，锚杆长4.5～9m。导流明渠边坡顶部牛筋树堆积体全部挖除，清理后坡面采用挂网喷混凝土加系统锚杆支护。边坡顶部设置被动防护网，拦挡边坡开口线以外滚石，保障施工期安全。

针对上游段泥质粉砂岩、含炭质粉砂质泥岩等软岩段边坡，通过数值计算和刚体极限平衡等方法对边坡稳定及变形进行分析，针对不同情况采用调整边坡结构，设置预应力锚索、预应力锚杆、锚筋桩、贴坡混凝土、混凝土框格梁及主被动防护网等综合处理措施进行加固处理。同时增加多点位移计、锚索测力计、锚杆应力计等监测措施，监测边坡变形及支护措施应力状态，根据监测成果，进行动态支护调整。截至目前，边坡整体运行情况良好，边坡变形及稳定得到有效控制。

3.6 机组单机尺寸和水头变幅大

金沙水电站装设4台单机功率为140MW的轴流转桨式水轮发电机组，对应水轮机转轮直径为10.65m，转轮叶片数为5个。从现有的机组制造运行经验来看，国内已运行的最大的5个叶片轴流转桨式水轮发电机组转轮直径为10.4m（乐滩水电站，单机容量150MW），最大的4个叶片转轮直径为11.3m（葛洲坝水电站，单机容量170MW）。因此，金沙水电站5个叶片水轮机在该水头段尺寸最大，超过了目前现有的工程实例。

金沙水电站为日调节水库，正常运行时上游水位变动幅度不大，一般在2m以内，但尾水位变动幅度达24m。电站运行水头范围为8.0～26.80m，水头变幅大，其变幅比达3.35，且电站发电水头分布主要集中在高水头段，因此同时兼顾水轮机高水头和低水头稳定性具有较大难度。从可行性研究阶段一直到工程实施，通过大量数值仿真计算研究，有效解决了高水头变幅机组运行稳定性问题。真机运行结果表明，水轮机在全水头范围内水力和结构稳定性良好。

自主研发双调轴流转桨式水轮机水力过渡过程数值仿真技术，优化水轮机导叶关闭规律。金沙水电站汛期尾水位高，转轮尺寸大，防止抬机现象对机组和转轮叶片的破坏是一个必须解决的重要课题。为了防止在高尾水位工况机组甩负荷时上抬力导致机组抬机以及下游尾水位波动影响机组稳定运行，开展了“金沙水电站发电泄洪条件下大型轴流式水轮机水力过渡过程安全调控技术研究”，自主研发了双调模式下轴流转桨式水轮发电机组水力过渡过程数值仿真平台，对导叶关闭规律进行了充分论证研究。研究结果表明，导叶采用不同的关闭规律，能够有效调节机组速率升、压力升、支持盖下真空度和上抬力。根据研究成果，推荐金沙水电站水轮机导叶接力器采用两段关闭规律，自电站投入运行以来运行状况以及真机现场试验结果表明，金沙水电站水轮发电机组没有发生抬机现象。

增加额定水头以下水轮机导叶开度，优化水轮机水力设计并增加电站经济效益。金沙水电站为日调节径流式电站，枯水期流量小，水头高；汛期流量大，但水头低。为了充分利用金沙江汛期流量，提高电站发电效益，在水轮机设计时采用了超常规加大导叶开口的设计方案（额定水头以下导叶开度裕度不小于5%），大大提高了水轮机在低水头、大流量时的发电能力，为电站创造了可观的经济效益。

4 运行情况

4.1 运行监测情况

金沙水电站建设过程中充分应用了“精心设计、精细施工、精益管理”的理念，致力于打造“精品工程、精准工程、精彩工程”，实现优良的工程质量和良好的运行状态。从开工建设到 3 台机组投产，连续 8 年实现安全“零事故”。

2020 年 11 月首台机组发电以来，监测数据表明大坝运行正常，变形、渗压、渗流等监测成果均在设计值以内。投入运行的机组各项运行参数均满足设计要求，各项指标优良，运行性状稳定良好。

4.2 综合效益

金沙水电站提前 1 年全部机组投产发电，比可行性研究预算节省投资近 6 亿元。电站多年平均年发电量为 25.07 亿 kW·h，为攀枝花市提供了清洁可再生水电能源，改善了大气污染状况，为实现节能减排目标做出了贡献。

金沙水电站建成后，可改善众多取水口的取水条件，大大提高攀枝花市工业用水的供水保证率。电站可承担观音岩水电站的反调节任务，增加观音岩水电站的调度灵活性。

金沙水电站紧邻城市，设计、建设过程中遵循“生态优先、绿色发展”的战略发展理念。水库蓄水后，通过沿江景观打造，形成宽阔的金沙美湖，为市民提供更多的亲水活动和滨江绿地，改善居民生活环境，提升城市品位。

作为长江干流上的第一座鱼道，2021 年 5 月过鱼量已超 3600 尾，保证了鱼类的洄游上溯。

撰稿/王志宏、夏传星、孙海清、朱世洪、胡田清、桂绍波、鄢双红

金沙江银江水电站

▲ 银江水电站

银江水电站位于金沙江中游攀枝花河段末端——金沙江和雅砻江汇合口上游约 3.6km 处，上距攀枝花市主城区(攀枝花水文断面)约 10km，上游衔接梯级为金沙水电站，两梯级相距 21.39km，控制流域面积 25.98 万 km^2，多年平均流量 $1870m^3/s$，年径流量 590 亿 m^3。

1 工 程 概 况

1.1 工程简述

银江水电站位于金沙江中游攀枝花河段末端——金沙江和雅砻江汇合口上游约 3.6km 处，上距攀枝花市主城区(攀枝花水文断面)约 10km，上游衔接梯级为金沙水电站，两梯级相距 21.39km，控制流域面积 25.98 万 km^2，多年平均流量 1870m^3/s，年径流量 590 亿 m^3。

银江水电站开发任务为发电、改善城市水域景观和取水条件等。水库正常蓄水位 998.5m，死水位 998.0m，总库容 5900 万 m^3，调节库容 180 万 m^3，库容系数 0.003%，为径流式电站。电站装机容量 390MW(6×65MW)，最大坝高 73m，多年平均年发电量 15.69/18.34 亿 kW·h(龙盘建成前/后)。混凝土重力坝坝顶高程 1008.00m，最大坝高 73.00m，坝轴线长度 385.75m。

银江水电站项目法人为攀枝花华润水电开发有限公司，其中长江勘测规划设计研究院出资比例为 25%，设计单位为长江勘测规划设计研究有限责任公司，主要施工单位有中国水利水电第十工程局、中国水利水电第五工程局等。

银江水电站在合理开发利用金沙江水能资源中具有重要作用，是经国家发展和改革委员会批复的《攀枝花河段规划》推荐梯级开发方案的重要梯级。电站的开发符合流域规划、国家批准的相关规划和“可持续发展”的能源战略。兴建银江水电站是缓解攀枝花市电力供应紧张状况的重大措施，对弥补攀枝花市电力电量不足、促进电网经济安全运行具有重大作用，能够增加清洁能源供应，具有节能减排效益；银江水电站库区位于攀枝花市中心，具有改善城市水域景观和人居环境、改善供水和取水条件、促进地方经济社会发展等综合利用效益。

1.2 工程枢纽布置与主要建筑物简介

银江水电站为Ⅱ等大(2)型工程，枢纽主体工程建筑物由混凝土重力坝、泄洪消能设施、引水发电系统、过鱼建筑物、生态泄水建筑物等组成。枢纽布置方案为：过鱼建筑物布置在左岸，电站建筑物布置在河床靠左侧，泄洪建筑物布置在河床靠右侧，生态泄水建筑物布置在河床中部。施工导流采用三期导流方式，导流明渠布置在右岸。电站建筑物采用河床式电站厂房，总装机容量为 390MW；鱼道全长约 991m。施工导流采用三期导流方式。

2 勘测设计及工程建设

2.1 勘测设计

2006 年 10 月，长江勘测规划设计研究有限责任公司地质、钻探、测量、水文等专业工作人员正式开展银江水电站规划阶段的现场外业工作，于 2013 年完成《金沙江银江水电站预可行性研究报告(送审稿)》，水利部水利水电规划设计总院(以下简称“水规总院”)审查认为报告基本满足水电工程预可行性研究阶段勘测设计内容和工作深度要求，基本同意该报告。之后，先后编制完成正常蓄水位选择、坝址坝型坝线及枢纽布置、施工总布置规划、装机容量选择、防震抗震研究设计等多个专题报告，并通过水规总院审查。2017 年 9 月，水规总院审查通过了《金沙江银江水电站可行性研究报告》。2018 年 4 月，银江水电站项目完成全部前期工作，取得四川省发展和改革委员会核准；2019 年 1 月，银江水电站被国家发展和改革委员会列为 2018 年西部大开发重点能源项目新开工工程之一。

目前，工程正在施工过程中，预计工程于 2025 年底全部完工。金沙江银江水电站主要建筑物总体布置见图 1。

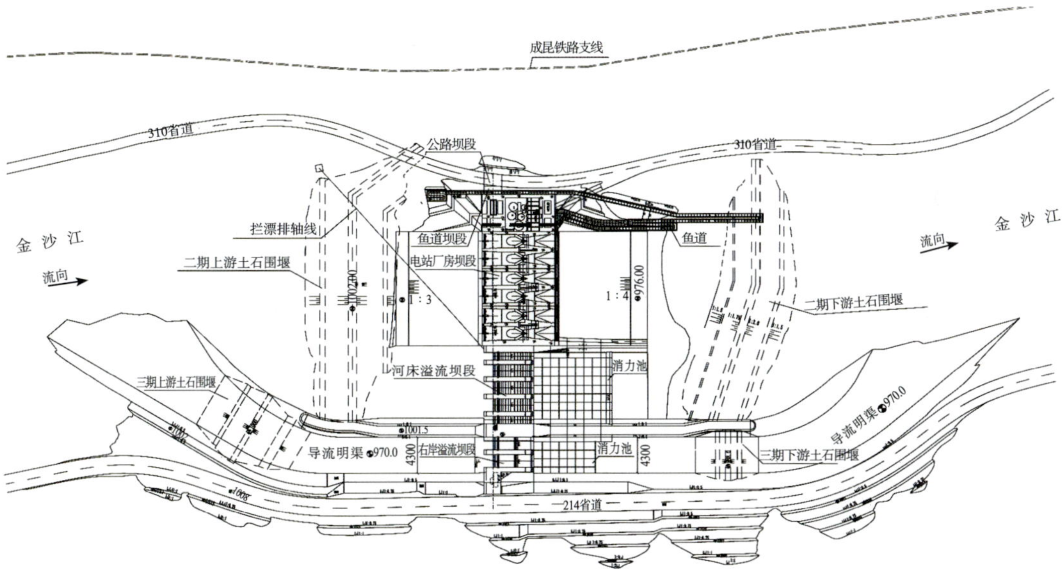

图 1　金沙江银江水电站主要建筑物总体布置图(高程单位:m,尺寸单位:cm)

2.2 大坝设计标准

(1)工程等别及建筑物级别

银江水电站为Ⅱ等大(2)型工程。挡水、泄洪和电站等主要建筑物为 2 级建筑物，次要建筑物为3级建筑物，水工建筑物安全级别为Ⅱ级（图2）。

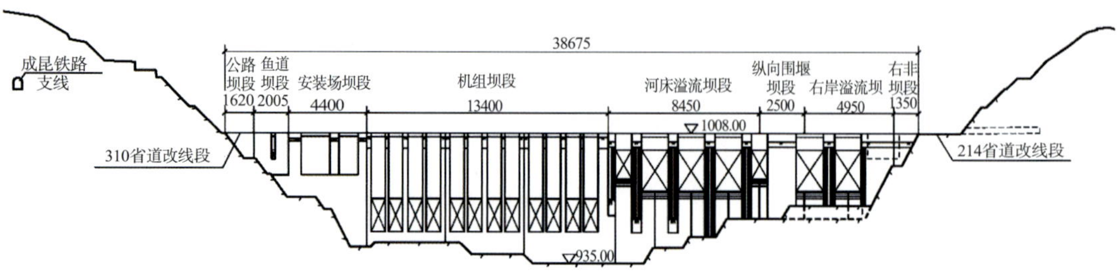

图2　银江水电站上游立视图(高程单位:m,尺寸单位:cm)

（2）设计洪水标准

根据《防洪标准》（GB 50201—2014）和《水电枢纽工程等级划分及设计安全标准》（DL 5180—2003）的规定，确定各水工建筑物的洪水设计标准及相应频率的洪峰流量见表1。

表1　　　　水工建筑物洪水设计标准

主坝坝型	建筑物名称	正常运用		非常运用	
		洪水重现期（年）	洪峰流量（m^3/s）	洪水重现期（年）	洪峰流量（m^3/s）
混凝土坝	壅水、泄洪建筑物	100	14200	1000	18000
	电站厂房	100	14200	1000	18000
	消能防冲建筑物	50	11700（考虑观音岩调蓄）	/	/

（3）抗震设防标准

银江水电站工程场地的地震基本烈度为Ⅶ度。银江水电站壅水建筑物抗震设防类别为乙类，设计地震加速度代表值取基准期50年超越概率10%的基岩峰值水平加速度，基岩水平峰值加速度值为125cm/s²。

2.3　工程建设情况

根据2018年取得四川省发展和改革委员会核准批复，采用三期导流方式施工，总工期72个月。工程计划2025年12月底，全部机组投产发电，工程完工。2019年7月22日，银江水电站举行了开工仪式。目前，工程已于2021年12月16日完成大江截流，标志着工程建设顺利转入二期施工阶段。银江水电站施工过程见图3至图5。

施工控制性工期如下：

筹建期内完成右岸214省道临时改线，开始至康家沟弃渣场4#公路施工。

2020年2月，开始至康家沟存弃渣场道路，以及渣场前期防护排水工程施工，开始右岸导流明渠坝顶以上边坡开挖。

图 3　银江水电站导流明渠工程施工及主河床围堰戗堤进占施工

图 4　银江水电站二期工程大江截流

图 5　银江水电站右岸导流明渠过流

2020 年 9 月，开始导流明渠坝顶以下边坡开挖支护。

2020 年 9 月，开始一期土石围堰填筑，12 月完成防渗墙施工。

2021 年 1 月中旬，完成导流明渠 984m 以上开挖，5 月底完成除明渠岩埂围堰以外的明渠开挖。

2021 年 3 月，在一期土石围堰的保护下开始纵向围堰上、下纵段以及坝身段混凝土浇筑施工，10 月底纵向围堰浇筑至度汛高程，2021 年 4 月底浇筑至设计高程。

2021 年 8 月底，完成 310 省道永久改线（左岸坝肩开挖）及公路坝段施工。

2021 年 10 月底，完成一期土石围堰基坑外部分及预留岩埂拆除。

2021 年 10 月，开始二期围堰戗堤进占，11—12 月工程择机截流。

2022 年 3 月，完成围堰防渗墙施工并开始基坑抽排水；2022 年 3 月，开始二期基坑开挖，11 月开始厂房基础置换混凝土浇筑。

2024 年 4 月底厂房首台机组土建交面，开始首台机组本体安装。

2024 年 11 月上旬，右岸导流明渠截流，12 月初三期围堰闭气并完成基坑抽水。

2024 年 12 月，开始明渠两孔溢流坝段混凝土浇筑，至 2025 年 6 月明渠两孔溢流坝段浇筑至设计高程。

2025 年 1 月底，由三期围堰临时挡水，首台机组发电，4 月底停发。

2025 年 5 月初，水库降低水位后开始拆除三期围堰。

2025 年 10 月，利用上、下游临时闸门挡水，进行明渠两孔表孔弧形门安装。

2025 年 12 月底，全部机组投产发电，工程完工。

2.4 大坝施工

(1)施工总体布置

银江水电站施工场地非常有限。特别是左岸，场地布置受成昆铁路支线、攀枝花铁矿排土场、沿线居民、企业限制，可供本工程使用的场地有限，只能选择一些临江狭长的台地分散布置施工场地。从规划的金泉苑—烂院子施工场地、倮果施工场地、小沙坝施工场地及康家沟渣场等场地看，场地地形地质条件大多较好，未发现不良地质现象分布，只要对场地进行常规防护即可，而且场地面积及渣场容量基本能满足工程施工总布置对场地的要求。

(2)施工导流及围堰工程

根据地形地质、水文条件，结合枢纽布置情况，从节省工程投资、缩短工期、工程提前发挥效益等方面进行综合比选，采用分期导流方式。分期导流方案为：第一期进行右岸导流明渠开挖和边坡支护，浇筑明渠底板、纵向围堰混凝土。一期导流期间由一期土石围堰挡水，水流从束窄后的原河床下泄。第二期主河床截流，施工河床 5 孔溢流坝段(含生态泄水孔)、厂房坝段。导流挡水建筑物为二期上、下游全年挡水土石围堰和混凝土纵向围堰，水流从导流明渠下泄。第三期在明渠内截流，施工三期基坑内的右岸 2 孔溢流坝段和右岸非溢流坝段。

(3)主要项目施工

银江水电站主要施工内容包括混凝土重力坝、泄洪消能建筑物、电站建筑物、过鱼建筑物、生态泄水建筑物以及导流明渠工程等。

根据导流程序及施工总进度安排，电站分三期施工，一期工程主要施工项目为 0# 坝段(公路坝段)、10# 坝段(纵向围堰坝身段)及 11# ～12# 右岸溢流坝段高程 968m 以下，以及 12# ～13# 坝段建基面贴坡混凝土浇筑，以及纵向围堰、明渠底板等建筑物；二期工程主要施工项目为 1# 坝段(鱼道坝段)、6# ～9# 河床溢流坝段混凝土浇筑；三期工程主要为 11# ～12# 右岸溢流坝段高程 968m 以上及 13# 右岸非溢流坝段混凝土浇筑。

银江水电站溢流坝段、厂房坝段典型剖面分别见图 6、图 7。

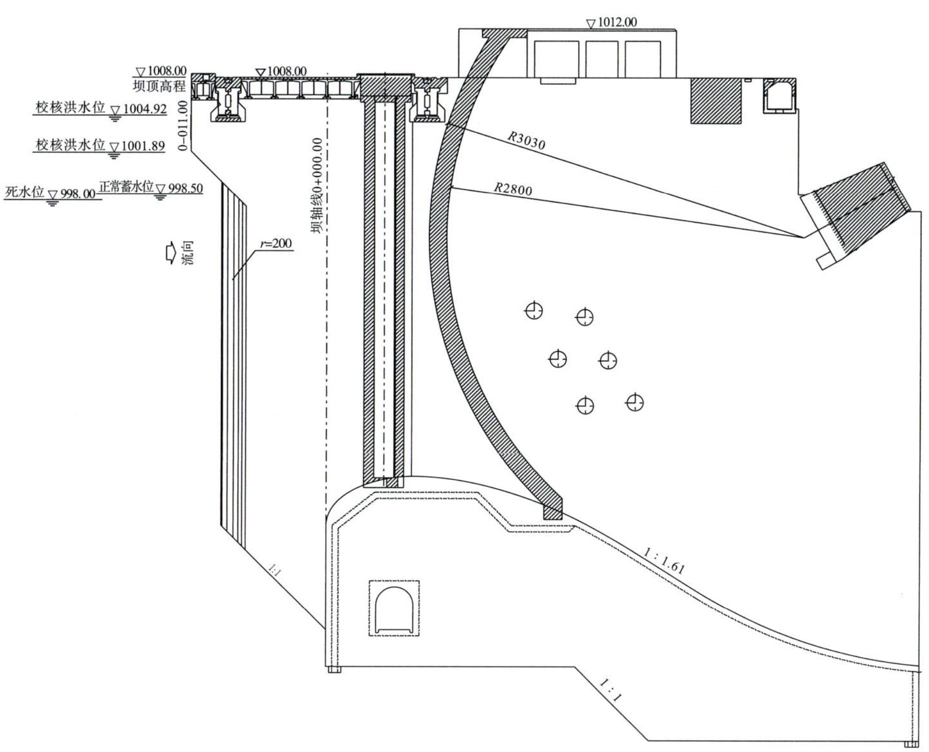

(a)河床溢流坝段 15m×23m(宽×高)表孔

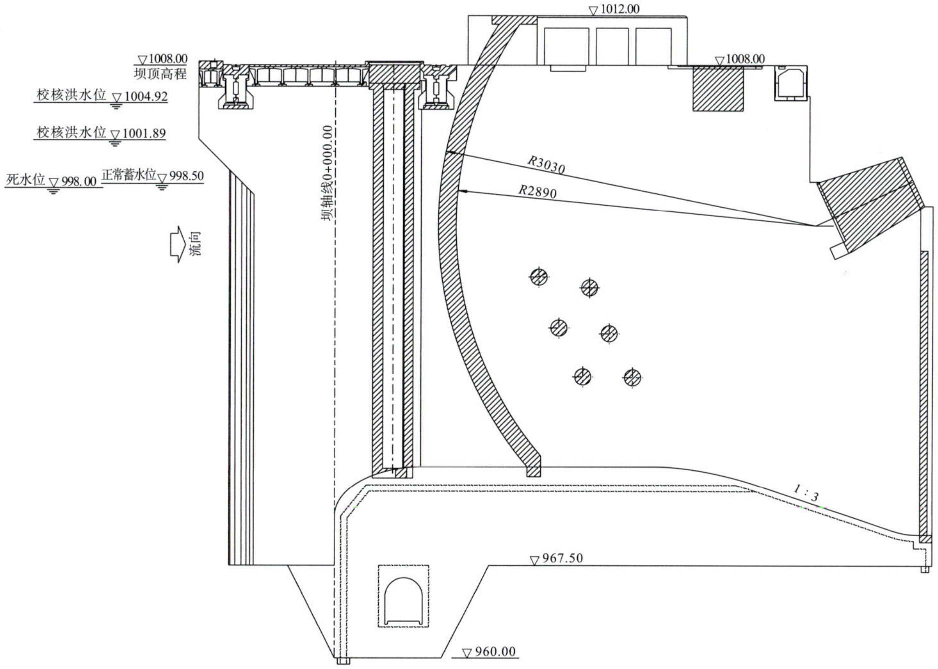

(b)右岸溢流坝段 15m×23m(宽×高)表孔

图 6　银江水电站溢流坝段典型剖面(高程单位:m,尺寸单位:cm)

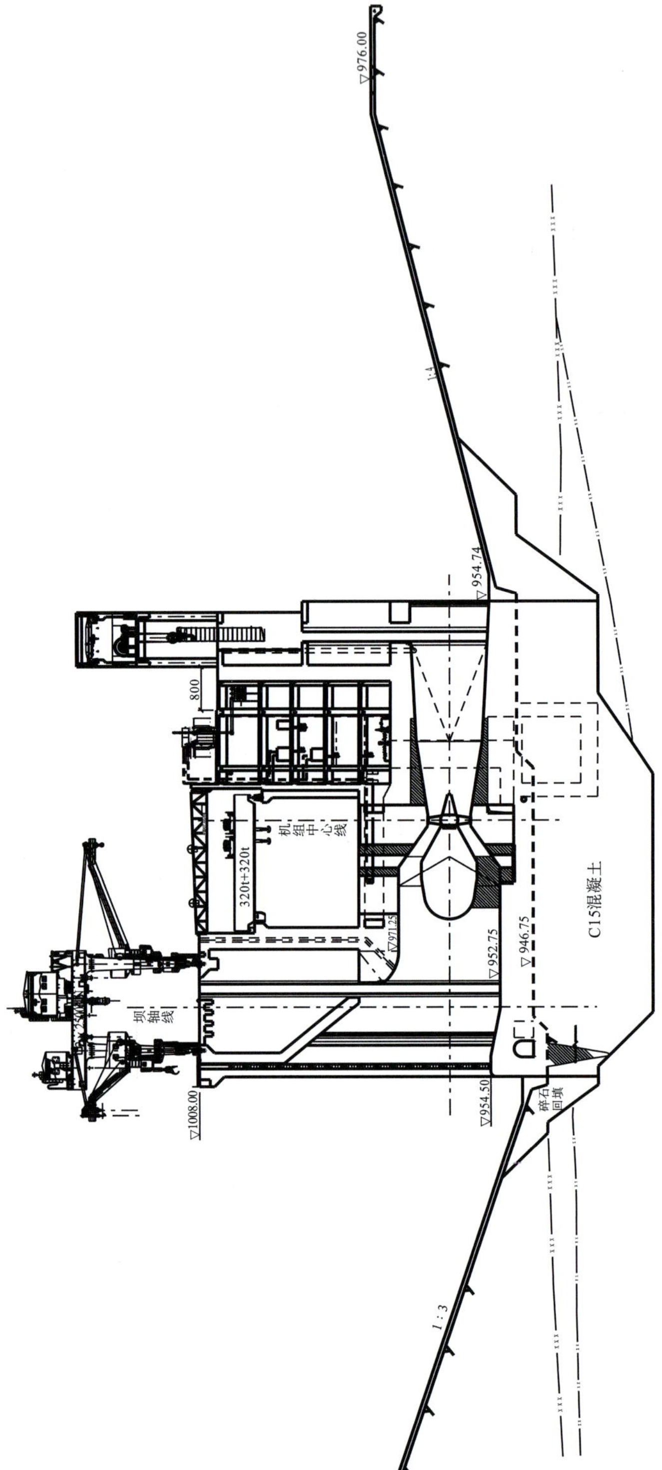

图7 银江水电站厂房坝段典型剖面（高程单位：m，尺寸单位：cm）

3 工程特点及科技创新

银江水电站位于攀枝花市主城区，是攀枝花市改善电力供应、城市景观及取水条件的重点工程。作为布置于城区的大型水利水电工程，工程建设外部环境复杂，环保要求严格，移民问题突出，施工条件制约因素多，设计难度高。经过细致深入的设计研究工作，妥善解决了工程的重大技术问题，高质量地完成了各项设计研究工作，成果特点及创新如下：

(1)统筹兼顾、系统治理

作为典型的西部山区城市水电工程，勘测设计中统筹兼顾、系统治理，实现了工程开发与城市景观及城市发展的和谐统一。

1)工程开发与城市发展和谐统一，与城市景观协调一致。枢纽区左右岸与城市交通主干线紧密融合，构筑坝下桥形成新的交通动脉环线，缓解城市交通压力；坝、桥景观设计融入了攀枝花市“山水元素＋钢都文化”特色，提升了城市景观文化。

2)系统考虑了城区河段地形地质条件复杂、施工总布置条件有限、两岸交通大动脉畅通及成昆铁路约束等不利影响因素，研究提出了与城市发展协调一致并满足多种需求的紧凑型径流式枢纽布置方案。

3)泄水消能建筑物研究采用“分区表孔＋大小孔组合＋底流消能”设计方案，解决了“低水头、大流量、高淹没度、下游水位变幅较大”的设计难题。

(2)强化环保设计，实现人水和谐，落实长江大保护理念

强化环保设计，推进“三水共治”，开创水电开发新思路，化解城市江段特殊水环境和水生态重大制约，实现了人水和谐，落实长江大保护理念。

1)结合攀枝花市“听水声不见水景”现状，强化环保设计，提出了可行的生态与环境保护对策，化解了库区饮用水水源保护区的历史遗留问题，大大改善了攀枝花市宜居条件。

2)从流域全局和工程本身出发，统筹兼顾，突出重点，系统开展水生态保护修复设计，对库区取排水口采取“截、搬、改”等措施，化解了城市江段特殊水环境和水生态重大制约。

3)结合山区城市特点，对城市浅淹区、临时淹没区及影响区采取针对性的工程防护处理方案，并与攀枝花市沿江水环境治理及生态景观打造相结合，大大减小了电站蓄水对攀枝花市城区的淹没影响。

(3)克服主城区施工制约因素，优化设计方案，减少施工影响

工程施工在攀枝花市主城区，施工制约因素多，综合采取各种措施，保证施工顺利进行，最大限度降低对当地人民群众生产生活产生的影响。

1)细致研究分析了开挖爆破对成昆铁路支线、周边企事业单位和民用建筑的影响，针对性地提出控制爆破措施及安全防护措施，将工程影响降低到最低限度。

2)采用随机均衡分配模型，经多方案技术经济比较，确定工程施工期交通分流组织方

案，既保证了工程的顺利实施，又保证了攀枝花市交通正常运行。

(4)创新提出银江水电站巨型贯流式机组装机方案

因地制宜，突破国内最大单机规模，创新提出银江水电站巨型贯流式机组装机方案。

1)结合银江水电站工程特点，突破国内最大单机规模，研究提出了6台转轮直径7.9m、额定出力65MW的巨型灯泡贯流式水轮发电机组的装机方案，无论单机容量还是机组尺寸均位于亚洲首位。

2)装机设计方案提高了机组效率，减少了下游雅砻江顶托影响，充分利用了电站水能资源，在工程投资及运行维护等方面具有明显优势，将促进我国巨型贯流式水轮发电机组装备设计、制造、安装、运行等技术能力达到世界领先水平。

(5)变废为宝，践行绿水青山就是金山银山理念

利用攀钢尾矿料作为混凝土骨料，将废弃渣料进行资源化利用，变废为宝，践行绿水青山就是金山银山理念。

1)对攀钢尾矿料作为骨料料源的可行性进行了系统经济技术比较，研究分析了攀钢尾矿骨料对混凝土性能的影响，以及对环境、水质及设备运行的影响。推荐利用攀钢尾矿料作为混凝土骨料，实现了废弃渣料的资源化利用，变废为宝。

2)选用攀钢尾矿骨料避免了天然砂砾石料开采对长江上游特有鱼类栖息地的影响；避免了钻孔爆破的安全隐患，以及粉尘、噪声环境污染、水土流失，保护了生态环境；减少了征地移民，美化了城市环境。

4 荣　誉

银江水电站技术研究成果为城区水电工程提供了丰富且有价值的经验，推动了水利水电工程技术进步，《金沙江银江水电站可行性研究报告》获2020年全国优秀工程咨询成果奖一等奖。

撰稿/赵鲲鹏、汪庆元

金沙江乌东德水电站

▲ 金沙江乌东德水电站

乌东德水电站位于金沙江干流的下游河段，是目前中国第四、世界第七大水电站，是党的十八大以来开工建设并投产发电的首个千万千瓦级巨型水电站，是实施西电东送的国家重大工程。

1 建设背景

金沙江下游河段水力资源丰富，规划有乌东德、白鹤滩、溪洛渡、向家坝4个梯级，总装机容量超过40000MW，是"西电东送"国家战略的重要能源基地。乌东德水电站发电效益巨大，建成后送电南方电网，可有效缓解地区能源供需矛盾，节约大量不可再生的化石燃料，有利于减轻环境污染和促进国民经济可持续发展。同时，建设乌东德水电站可改善当地交通条件，带动当地商贸、物流、建材等相关产业的快速发展，促进地方经济社会发展。乌东德水电站是金沙江流域水利水电开发中的重要梯级工程，工程建设条件好，技术经济指标较好，没有制约工程建设的重大问题。

2 建设意义

2.1 符合国家可持续发展能源战略和"西电东送"战略要求

我国的能源生产和消费结构现阶段是以煤炭等化石能源为主，增加能源供应、保障能源安全、保护生态环境、减少温室气体排放是我国经济社会可持续发展面临的迫切任务。

水能是清洁的、可再生的能源，加快开发利用水力资源是增加绿色低碳能源比重、调整能源结构、满足我国能源需求的重要措施之一。开发水电，可以节省煤炭、石油等化石燃料资源，缓解运输压力，减少环境污染。从我国的自然资源和经济发展中心空间的分布来讲，用西南部丰富的水电资源推动东、中部经济可持续发展，带动西南部经济快速发展是大势所趋，是提升我国经济实力的必然措施，是实现我国非化石能源消费占一次能源消费15%的目标的重要举措，是全面实现小康社会的重要战略。

根据电力供需平衡分析，南方电网在充分吸收利用三峡、溪洛渡、向家坝、锦屏等电站电能的基础上，到2025年分别还存在较大的电力缺口，为乌东德水电站的电力消纳提供了广阔的市场空间。金沙江是我国十三大水电基地中最大的一个，是"西电东送"的主要能源基地，乌东德水电站是金沙江水电基地的重要组成部分。开发乌东德水电站符合国家可持续发展的能源战略和"西电东送"战略部署。

2.2 流域开发的重要梯级工程

乌东德水电站位于金沙江下游河段。该河段全长783km，区间流域面积21.4万km^2，落差 729m，河道平均比降 0.93‰，多年平均流量 4620m^3/s，多年平均年径流量 1450 亿 m^3，水量充沛、稳定，落差大而且集中，水力资源极为富集，理论蕴藏量平均功率 29080MW。根据该河段的地形地质条件，在流域和河段规划研究中，自上而下选择了乌东德、白鹤滩、溪洛渡、向家坝四级开发方案。乌东德水电站在合理开发利用金沙江水力资源、完善下游河段治理开发的梯级衔接中具有重要作用，是不可缺少的重要梯级工程，并已纳入本河段的所有规划之中，成为综合治理开发金沙江乃至长江的重要组成部分。工程建成后，还有利于改善和发挥下游白鹤滩、溪洛渡、向家坝、三峡等多座水利水电梯级的综合效益。

2.3 发电效益巨大，符合受电地区需求

广东省经济发展迅速，是我国经济最发达的地区之一，经济发展水平已达到了世界中等收入国家或地区的水平。广东省电力需求大而能源缺乏，需要大量接纳西电和西煤以缓解和改善能源紧张状态。

乌东德水电站送电南方电网，可明显提高电力系统中的水电比重、改善电网的电源结构；可替代当地的燃煤类化石电站，每年可节省标准煤约 1220 万 t，同时可减少温室气体二氧化碳 3050 万 t、二氧化硫 10.4 万 t 的排放，有利于缓解地区能源供需矛盾和煤炭运输压力，减轻环境污染。建设乌东德水电站，是广东省国民经济可持续发展的必然需要。

2.4 长江流域防洪体系的组成部分

乌东德水电站防洪限制水位 952m，预留防洪库容 24.4 亿 m^3，配合下游白鹤滩、溪洛渡、向家坝水库运用，可进一步提高川江河段宜宾、泸州、重庆等防护对象的防洪标准；配合长江三峡水库对长江中下游补偿调度，减少进入三峡水库的洪量，能有效地减少长江中下游地区成灾洪量和分洪损失。

2.5 促进地方经济社会发展效益显著

乌东德水电站位于我国西部四川、云南两省界河金沙江干流上，所在地区经济社会发展相对滞后。乌东德水电站投入工程建设和库区建设的资金超过 500 亿元，将增加地方财政收入，可拉动区域性相关投资，新增就业机会，并可以改善工程周边地区的交通条件。这对库区各县全面建设小康社会起到相当关键的支撑作用。

建设乌东德水电站符合当地社会及其事业发展的要求，工程社会度较高，有助于提升当地新农村和新型工业化的发展，有利于推进地方经济社会的可持续发展。

2.6 具有改善库区航运的作用

乌东德水电站库区常年回水河段长约 153km，可以改善库区通航条件，有利于沿江两岸的交通和经济、文化发展，释放当地经济发展潜力。金沙江攀枝花至宜宾河段乌东德、白鹤滩、溪洛渡、向家坝 4 个梯级枢纽建成后，库区常年回水区河段长 612km，约占全河段的

80%，在实施翻坝转运设施后，通过水陆联运，可实现攀枝花至水富全河段上下游水运通道间的连通。

2.7 技术经济指标较好，没有制约工程建设的重大问题

乌东德水电站技术经济指标较好，工程技术成熟，不存在制约工程建设的重大技术问题。工程建设对环境的有利影响是主要的，无明显制约工程兴建的环境因素，工程建设方案在环境方面是可接受的。

综上所述，乌东德水电站技术可行，经济合理，符合国家批准的流域规划和“可持续发展”“西电东送”国家战略，对生态环境影响是可接受的，淹没损失相对较小，符合人与自然和谐相处、重视和保护自然生态环境的理念，容易被社会认可。乌东德水电站除巨大的发电效益外，还具有防洪、航运等综合效益。因此建设乌东德水电站是十分必要的。

3 设计方案

乌东德水电站是金沙江下游河段（攀枝花市至宜宾市）四个水电梯级中的最上游梯级，坝址所处河段的左岸隶属四川省会东县，右岸隶属云南省昆明市禄劝县。电站上距攀枝花市213.9km，下距白鹤滩水电站182.5km，与昆明、成都的直线距离分别为125km和470km，与武汉、上海的直线距离分别为1250km和1950km。工程开发任务是以发电为主，兼顾防洪、航运和促进地方经济社会发展。

电站正常蓄水位975m，防洪限制水位952m，死水位945m，防洪高水位975m，设计洪水位979.38m，校核洪水位986.17m，总库容74.08亿m^3，预留防洪库容24.4亿m^3，调节库容30.20亿m^3，库容系数2.50%，具有季调节能力。电站装机容量10200MW，属一等大(1)型工程，多年平均年发电量389.1亿kW·h。坝址控制流域面积40.61万km^2，占金沙江流域面积的86%，多年平均流量3830m^3/s。

枢纽工程主要由混凝土双曲拱坝、泄洪消能建筑物、左右岸引水发电系统及导流建筑物等组成。混凝土双曲拱坝坝顶高程988m、最大坝高270m，采用坝身泄洪表中孔与岸边泄洪洞联合泄洪的方式泄洪；坝后采用护岸不护底水垫塘消能，设置碾压混凝土重力式二道坝，泄洪洞出口采用人工水垫塘消能；坝身布置5个表孔和6个中孔，3条泄洪洞均于左岸靠山侧布置；电站厂房采用两岸各布置6台机组的首（中）部式地下厂房，均靠河侧布置，引水系统采用单机单洞，尾水系统采用两机一洞，两岸尾水均出口在基坑下游，均有两条尾水洞与导流隧洞结合；施工导流采用河床一次截流、围堰全年挡水、隧洞导流的方案，两岸导流隧洞均靠山侧布置，左岸布置2条低导流隧洞，右岸布置2条低导流隧洞、1条高导流隧洞。乌东德水电站枢纽区形象见图1。

图 1　乌东德水电站枢纽区形象

乌东德水电站 2011 年开始筹建；2012 年 1 月，导流工程开始施工；2015 年 12 月，主体工程开工建设；2017 年 3 月，大坝开始浇筑；2020 年 6 月，大坝全线到顶；2020 年 6 月 29 日首批机组发电，2021 年 6 月 16 日全部 12 台机组投产发电。

建设单位为中国长江三峡集团有限公司；设计单位为长江勘测规划设计研究有限责任公司；主要施工单位是中国葛洲坝集团股份有限公司、中国水利水电第六工程局有限公司、中国水利水电第七工程局有限公司、中国水利水电第十四工程局有限公司；监理单位为长江三峡技术经济发展有限公司和中国水利水电建设工程咨询西北有限公司；设备制造及安装单位为上海福伊特水电设备有限公司、通用电气水电设备（中国）有限公司、中国葛洲坝集团股份有限公司、中国水利水电第八工程局有限公司。

金沙江乌东德水电站主要工程特性见表 1。

表 1　金沙江乌东德水电站主要工程特性

项目名称	数量及特性	备注
工程坝址以上流域面积（万 km^2）	40.61	
多年平均流量（m^3/s）	3830	1959—2018 年
设计洪水流量（$P=0.1\%$，m^3/s）	35800	坝址
校核洪水流量（$P=0.02\%$，m^3/s）	40500	坝址
校核洪水位（$P=0.02\%$，m）	986.17	
正常蓄水位（m）	975	
防洪限制水位（m）	952	
死水位（m）	945	

续表

项目名称	数量及特性	备注
总库容(亿 m^3)	74.08	校核洪水位以下
正常蓄水位以下库容(亿 m^3)	58.63	965m 以下库容 46.88 亿 m^3
调节库容(亿 m^3)	30.20	965m 以下调节库容 18.45 亿 m^3
装机容量(MW)	10200	
坝顶高程(m)	988	
最大坝高(m)	270	

4 项目实施工作中遇到的技术难题及解决方案

金沙江乌东德水电站地质条件复杂、技术难度高，存在地震烈度高、泄洪规模巨大、开挖边坡高陡、混凝土温控防裂难、施工工序复杂、机组设计制造安装难度大、高坝过鱼问题突出等诸多技术难题，针对这些难题开展了一系列技术创新，主要成果如下：

4.1 “静力设计、动力调整”的高拱坝体形设计新方法

目前，拱坝体形设计中普遍采用拱梁分载法进行坝体应力变形计算，传统方法采用“静力设计、动力复核”的方式，大坝体形主要取决于静力荷载。对于 200m 以上的强震区高拱坝，设计地震一般采用 5000 年一遇的设防标准，动力拱梁分载法计算所得坝体应力难以满足设计规范要求，仅根据工程类比和实践经验进行抗震措施设计，没有充分发挥拱坝体形在提高大坝抗震性能方面的潜力。乌东德拱坝设计地震 0.285g(P=0.02%)、最大可信地震 0.348g(P=0.01%)，采用了“静力设计、动力调整”的新方法进行体形设计，即在静载初选体形的基础上，在基本烈度地震条件下(约 500 年一遇)对拱坝体形进行调整，调整的准则是采用动力拱梁分载法计算大坝应力满足设计规范的要求，调整的方法是适当降低坝体下部倒悬度，适当增加中上部拱圈厚度，从而提高大坝拱向刚度和抗震性能。最后在设计烈度地震及最大可信地震条件下，采用振动台模型试验和非线性有限元等方法进行验证并确定拱坝体形，从而以增加较小混凝土工程量获得较大幅度的大坝抗震性能提升。乌东德大坝应用该方法调整体形，大坝混凝土量仅增加 3.1%，取得了设计地震工况下静动叠加最大主拉应力降低 32%的显著成效，实现大坝“中震不坏、大震可修、极震不倒”的设计目标。蓄水后大坝完建形象见图 2。

图2　大坝完建形象

4.2　新型坝后水垫塘结构型式

已建坝高超 200m 高拱坝水垫塘大多采用封闭抽排结构，部分高坝消能区防护结构采用全透水结构。基于乌东德水电站水垫深超过 100m、边墙高陡超过 140m 的特点，首创新型复合水垫塘结构，具体型式为：底部深水垫采用不护底型式、上部强紊动波动区采用封闭自排式边墙结构、下部相对静水区采用透水式边墙结构。新型水垫塘取消了抽排系统和防渗帷幕，有效降低了传统封闭式水垫塘止水、排水系统失效造成的安全风险，提高了水垫塘高边墙稳定性。在此基础上，提出“无防渗幕、运行期少抽排”二道坝新结构，调整了坝体结构体形，大幅简化了坝基防渗排水系统，优化了坝体内集水井、泵房及坝内交通排水廊道等结构，破解了传统二道坝坝体结构复杂、运行期持续抽排成本高的技术难题。2020 年 1 月蓄水后，坝后水垫塘经历了持续 9 个月的泄洪考验，各项监测数据表明新型水垫塘运行良好。水电站泄洪场景见图 3。

图3　联合泄洪

4.3 干热河谷大坝混凝土优质高效施工技术新体系

乌东德坝址地处干热河谷，气温高、辐射强、温差大、湿度低，气候条件恶劣，全年最高日气温大于等于35℃天数占44.8%，辐射最大700W/m^2，昼夜温差最大20℃，全年近百天相对湿度仅10%。同时由于两岸高陡，对坝体约束强，坝基固结灌浆与混凝土浇筑干扰大，坝体温控防裂和高效施工难度极大。为解决大坝高效施工技术难题，采取了如下解决措施：

1）发明了“表封闭、浅加密、深提压、少引管”全坝基础裸岩固灌方法，研发了1MPa级新型高性能聚合物基块硬水泥封闭材料，实现了坝基裸岩固结灌浆完成后，再开始浇筑大坝基础混凝土。

2）采用低热水泥配置高性能混凝土，研制出低温升、微膨胀、高抗裂、高耐久性、适应性好的大坝混凝土，并在全坝应用。

3）基于大坝低热水泥混凝土性能特点，建立了以严格控制最高温度、防止气温倒灌、匀化降温速率、重视表面保温为主的温控防裂技术体系，提高了坝体混凝土抗裂安全。

4）采用以曲代直柔性液压爬升大模板，以及浇筑层内布设多层冷却水管、层面加强保温等方法，解决了高浇筑层厚混凝土施工和温控难题，实现大坝浇筑层厚以3～4.5m为主的连续快速上升施工。

5）施工过程中采用自动测温、智能通水、智能灌浆等智能化技术手段，实现了拱坝混凝土精细化施工和智能化实时控制。

据统计，乌东德拱坝下部基础约束区混凝土最高温度基本控制在27℃以内，保证率达99.2%，上部非约束区全部控制在30℃以内，保证率100%。大坝至今未发现一条温度裂缝，施工质量优良。同时，270m高拱坝在39个月内全部浇筑完成，月均上升高度6.92m，连续2年实现大坝平均上升高度超过100m，单坝段年最大上升高度达122m，刷新了世界上高混凝土坝上升速度。大坝浇筑见图4。

图4　大坝浇筑

4.4 巨型水轮发电机组成功研发应用

乌东德水电站 12 台 850MW 水轮发电机组成功投产发电，打破了最大单机容量 800MW 的世界纪录。在机组设计安装中首次研制了符合蜗壳需求的 800MPa 级高强度、高性能钢板及防裂纹焊接工艺，解决了机组设计、制造安装中的难题；提出了多目标水轮机选型设计方法，发明了“水轮机效率加权因子量化方法”，精确反映电站总体运行方式并精准指导转轮的水力开发及优化设计，使水轮机性能与电站运行达到最佳匹配，并增加汛期低水头超发电量的效益；提出了“时空协联＋交互冗余”全地下式转轮联合加工厂的设计方法，成功攻克了深山峡谷地区巨型机组的大件现场快速加工技术难题；提出了“基于安装工作强度指标的大型水轮发电机组安装工期的量化计算和评估方法”，实现了单台机组和电站机组安装进度的精细控制，总安装工期缩短了 6 个月(图 5)。

图 5　12 台机组全部投产发电

4.5 多项高拱坝生态保障新技术

乌东德水电站在建设过程中高度重视生态环保问题，结合工程实际情况，研发并成功应用了多项高拱坝生态保障新技术，主要内容如下：

4.5.1 蓄水期生态流量泄放新技术

为避免高拱坝坝身设置导流底孔和解决下闸蓄水期生态流量难题，提出将导流隧洞群“一洞改高洞、高洞改小洞、平门改弧门”的生态放水洞改建技术和“洞塞减流速、控泄降负压、补气消气囊”的隧洞高速水流安全控制技术。将 5# 导流隧洞改建为弧形门控制的生态放水洞代替坝身导流底孔，使乌东德高拱坝成为我国已建在建流量大于 150m^3/s、坝高大于 150m 的 16 座高拱坝中第一座坝身不设底孔的高拱坝工程。乌东德最后一批导流隧洞下闸期间，改建生态放水洞日均下泄生态流量 400～1587m^3/s，尾水下游 900m 8 万 t/d 的生产生活水厂控制断面瞬时深泓最小水深 18.01m，水位仅下降 0.7～3.6m，导流隧洞下闸期生产生活水厂取水正常（图 6）。

图 6　大坝坝身不设底孔

4.5.2　尾水集鱼高坝过鱼新技术

为了缓解工程建设对鱼类的阻隔影响，提出利用水电站发电尾水进行诱鱼的高坝过鱼新方法，首次实现“多点位、全深度、大流量”集鱼。基于该方法设计的乌东德集鱼站于 2021 年 3 月开始试运行，截至 2021 年 12 月 31 日，已累计帮助圆口铜鱼、长鳍吻鮈等 47 种 29844 尾鱼类通过乌东德大坝到达上游，环评要求的 10 种工程主要过鱼目标已全部收集到，并且收集到国家二级重点保护野生动物 7 种（即圆口铜鱼、长鳍吻鮈、长薄鳅、细鳞裂腹鱼、金沙鲈鲤、岩原鲤、青石爬鮡），长江上游珍稀特有鱼类 18 种及该河段近年调查未见种类 9 种。收集鱼类多为性成熟大规格鱼类，集鱼效果显著，破解了高坝过鱼难题。尾水集鱼站和尾水集鱼种类分别见图 7 和图 8。

图 7　尾水集鱼站

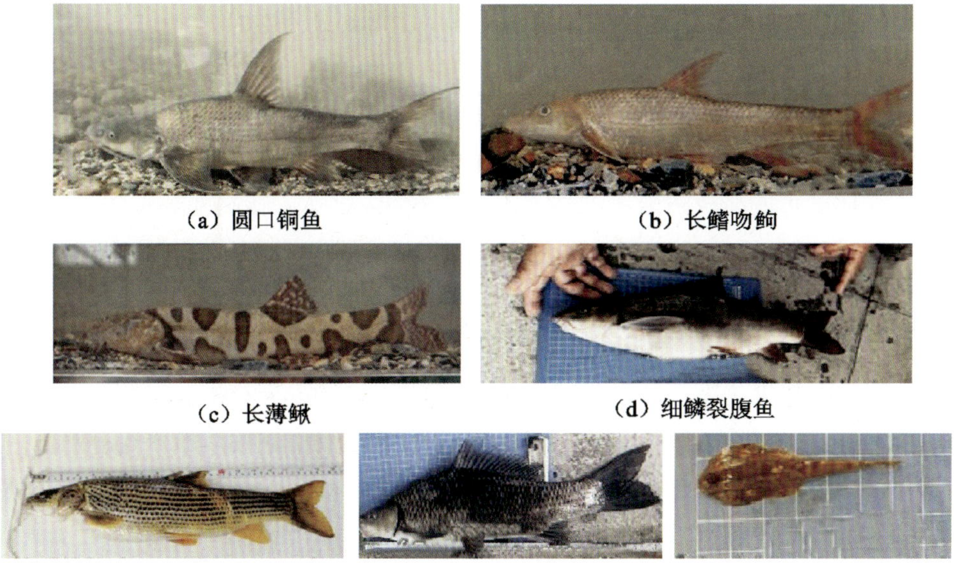

（a）圆口铜鱼　（b）长鳍吻鮈　（c）长薄鳅　（d）细鳞裂腹鱼　（e）金沙鲈鲤　（f）岩原鲤　（g）青石爬鮡

图 8　尾水集鱼(国家二级重点保护野生动物 7 种)

4.5.3　绿色建筑设计

利用右岸坝肩 K25 天然溶洞空间布置水电站集控楼,有效降低建筑物能耗损失,创造适宜的工作环境,根据现场温度实测,试运行期间坝肩温度为 34℃时,洞内环境温度仅为 26℃,充分体现绿色生态设计理念。K25 溶洞集控楼见图 9。

图 9　K25 溶洞集控楼

4.5.4　开挖料二次利用

有效利用品质优良的地下洞室开挖岩石加工混凝土骨料,浇筑混凝土超过 400 万 m^3。

不仅充分利用了弃渣、节约了资源，还减小了料场开挖约450万m^3，减轻了对环境的影响。

4.6 特高陡环境边坡高效防治关键技术

乌东德水电站坝址区特高陡环境边坡勘察难、防治难、管控难，通过开展系统深入研究，形成了特高陡环境边坡高效防治关键技术系列性成果：建立了特高陡环境边坡快速精准勘察成套技术，包括无人机高清三维影像地质问题快速识别技术、可视化精细编录技术以及块体稳定性高效评价方法，解决了特高陡环境边坡远距离地质问题识别难度大、编录精度差、判别效率低的难题，达到了“飞得近、查得清、判得明”的效果，实现了“快速识别、精细编录、高效评价”的目标；提出了特高陡环境边坡系统高效防治方法与技术，包括“高防预固、稳挖适护”系统防治方法、高质效锚索加固技术以及超高能级被动柔性防护系统，攻克了特高陡环境边坡与工程边坡相互影响、大吨位百米级锚索施工、大能量高速度散体防护的难题，达到了“坡体系统防治、块体高效锚固、散体安全防护”的效果；创建了特高陡环境边坡风险实时管控技术与平台，包括环境边坡风险分级防控方法、实时监测诊断技术以及全生命期可视化集成管理平台，解决了特高陡环境边坡安全风险控制、实时远程监测诊断、多源海量数据集中管理的难题，做到了“防控有序、监控及时、管控高效”。

4.7 工程运行情况

乌东德水电站建设过程中充分应用了“精心设计、精细施工、精益管理”的理念，致力于打造“精品工程、精准工程、精彩工程”，实现优良的工程质量和良好的运行状态。

2020年1月15日乌东德水电站下闸蓄水，2021年3月17日蓄水至目前最高水位974.41m（正常蓄水位975m），2021年6月28日降低至目前最低水位945.89m（死水位945m），监测数据表明大坝运行正常，变形、渗压、渗流等监测成果均在设计值以内，大坝最大径向位移16.29mm，基本处于良好的弹性工作状态，坝体最大渗漏量14.71L/s，廊道内基本无渗水。

2020年1月20日，大坝中孔投入泄洪；8月18日，大坝表孔敞泄过流，这个时期长江发生多次编号洪水，乌东德水电站蓄水与防洪相结合；9月14日，坝身最大泄量达到10300m^3/s，成为世界上首座在建设期参与流域防洪、坝身泄流量超过10000m^3/s的双曲拱坝。其间坝后水垫塘持续运行9个月，监测数据和汛后检查情况显示，坝身孔口运行情况良好，新型水垫塘结构运行正常，泄洪水流消能充分。

2020年6月29日，首批机组发电以来，尾水管、无叶区和蜗壳进口压力脉动幅值均在允许范围内，导轴承瓦温、振动、摆度、噪音、流量、压力等运行参数均满足设计要求，各项指标优良，上、下及水导摆度$\leqslant 150\mu m$，上下机架振动$\leqslant 30\mu m$，顶盖振动$\leqslant 60\mu m$，运行稳定性良好。

2021年6月16日，12台机组全部投产发电，实际运行情况表明，水电机组运行状况良好。2021年为工程全面发挥效益的第1年，实现全年发电量389.72亿kW·h，达到了工程设计年发电量 389.1 亿 kW·h。

5 取得的先进创新技术

金沙江乌东德水电站有效解决了高拱坝体形设计、高水头泄洪消能、干热河谷大坝混凝土优质高效施工、巨型水轮发电机组设计制造、高拱坝生态保障等诸多技术难题。电站八项技术指标位居世界第一：世界最薄 300m 级双曲拱坝(厚高比 0.19)、大坝单位坝顶弧长泄量世界第一($81.94m^3/(s·m)$)、地下厂房开挖高度世界第一(89.8m)、尾水调压室开挖半径世界第一(26.5m)、导流洞开挖断面世界第一(19.9m×27.2m)、导流洞高度世界第一(24m)、围堰防渗墙最大深度世界第一(97.7m)、当时已建成投产单机容量世界第一(85 万 kW)。乌东德电站装机容量 10200MW，位居中国第四、世界第七；最大坝高 270m，位居世界第六。工程规模巨大，具有高水头、大泄量、百万级机组等特点，工程建设难度和创新技术应用均位居世界前列，堪称新时代的大国重器。

研究成果获省部级特等奖、一等奖 10 项以上，包括 2021 年大坝工程学会科技进步特等奖 1 项、2021 年大禹水利科学技术奖一等奖 1 项、2021 年水力发电科技进步奖一等奖 1 项、第十一届中国岩石力学与工程学会科技进步奖特等奖 1 项、2020 年大坝工程学会科技进步奖一等奖 1 项、2020 年中国能源研究会能源创新奖技术创新一等奖 1 项、2019 年水力发电学会科技进步奖一等奖 2 项、2018 年中国大坝工程学会技术发明奖一等奖 2 项、2018 年管理科学奖、2017 年大禹水利科学技术奖一等奖 1 项、2016 年全国优秀工程咨询奖 1 项等。

研究成果获得超过 300 项专利，其中包括：一种混凝土高坝全坝无仓面固结灌浆结构，非封闭无抽排水垫塘结构，水轮机效率加权因子量化方法，导流隧洞改建为弧形闸门控制的生态放水洞及方法，高坝综合过鱼设施等。

金沙江乌东德水电站技术研究成果为类似工程提供了丰富且有价值的经验，系统创新技术大力推动了水利水电工程技术进步。2019 年 11 月第八届碾压混凝土坝国际研讨会在我国云南省召开，金沙江乌东德水电站作为示范项目被指定为考察工程。

6 项目建成后取得的社会效益和经济效益

2020 年 6 月 29 日，习近平总书记对金沙江乌东德水电站首批机组投产发电作出重要指示，代表党中央对首批机组投产发电表示热烈的祝贺，向全体建设者和为工程建设做出贡献的广大干部群众表示诚挚的问候。

习近平强调，乌东德水电站是实施“西电东送”的国家重大工程。希望同志们再接再厉，坚持新发展理念，勇攀科技新高峰，高标准高质量完成后续工程建设任务，努力把乌东德水电站打造成精品工程。要坚持生态优先、绿色发展，科学有序地推进金沙江水能资源开发，推动金沙江流域在保护中发展、在发展中保护，更好造福人民。

6.1 环境影响

乌东德水电站环境保护效益显著，可替代受电地区的燃煤类化石电站，每年将节省标煤约1220万t，减少排放二氧化碳3050万t和大量粉尘，可改善我国大气污染状况，为实现节能减排目标做出贡献。

乌东德水电站建设遵循"生态优先、绿色发展"的战略发展理念，遵循"重大项目、试验先行"的基本原则，从管理体制、补偿体系、技术方法等方面创新性地制定水环境治理与保护、鱼类资源与重要生境保护等措施。

为有效保护库尾攀枝花河段水环境，创新性地提出"一控二防三预警"的水环境保护措施体系，并制定了河段水环境保护管理创新体制。为保护鱼类资源，通过多方案模拟与试验，设计出多集鱼方式并行的尾水集鱼方案。研究提出导流隧洞"一洞改高洞、高洞改小洞、平门改弧门"的改建生态放水洞技术，创新了高拱坝下闸期大流量连续生态供水方法。各项措施均与大坝工程同时设计、同时建设，且已有序投入运行，并发挥其应有的生态环境保护作用，推动乌东德水电站所在流域在保护中发展，在发展中保护，造福一方。

6.2 社会影响

库区成昆铁路是限制乌东德梯级河段水资源得到充分利用的关键因素，乌东德水电站通过系统分析铁路改建工程建设与水资源利用关系，全面研究了乌东德水电站不同正常蓄水位对库区成昆铁路的影响及对策措施，解决了乌东德水电站抬高正常蓄水位的关键问题，取得了巨大的社会效益和经济效益。通过协调推进乌东德水电站和成昆铁路建设进程，把成昆铁路建设提前了一个五年计划，使成昆铁路提前五年服务于西部欠发达地区，带动一大片西部的经济发展，为实现国家2020年脱贫目标做出了贡献；使乌东德水电站正常蓄水位由950m抬高到975m，提高了工程的水资源调配能力和防洪能力，增加装机容量近2000MW，每年增加发电量70亿kW·h。

乌东德水电站发电效益巨大，电站装机容量10200MW，多年平均年发电量389.1亿kW·h，保证出力3150MW。工程建成后，通过乌东德水库的调节，可增加下游白鹤滩、溪洛渡、向家坝三个梯级保证出力142MW，增加年发电量2.0亿kW·h。建设条件和技术经济指标较好，可为南方电网提供大量的优质电力，是我国能源资源优化配置——"西电东送"战略部署中的一项重要工程，能更好地满足我国能源增长的需要。工程建成后可提高电力系统中的水电比重、改善电网的电源结构；可替代当地的燃煤类化石电站，改善当地的能源生产与消费结构，有利于缓解地区能源供需矛盾和煤炭运输压力，减轻受电地区的环境污染。

乌东德水电站防洪效益明显，是构建长江流域防洪体系的重要组成部分，水库控制金沙江流域面积的86%，预留防洪库容24.4亿m^3，配合下游白鹤滩、溪洛渡、向家坝水库运用，进一步提高川江河段的抗洪能力;配合三峡水库对长江中下游补偿调度,进一步提高荆江河段的防洪标准,削减长江中下游成灾洪量。乌东德水电站在建设期就参与长江中下游水库群联合防洪调度,提前发挥了重要的防洪作用,在2020年8月长江第5号洪水期间拦蓄洪水14.65亿m^3,有效减轻了下游防洪压力。

乌东德水电站还具有显著的航运效益,水库常年回水河段长约153km,库区干流以及支流部分河道水深增加、流速减小,为发展库区航运创造了有利条件。乌东德水电站建成后将主要发展库区航运,同时开展金沙江下游河段综合交通体系研究,明确综合运输需求,积极推进翻坝转运设施与电站同步建设工作。

6.3 区域发展贡献

乌东德水电站位于我国西部四川、云南界河金沙江干流上,所在地区人均GDP约为全国平均水平的2/3。实施西部大开发战略,加快中西部地区发展,合理调整地区经济布局,促进地区经济协调发展,是党中央、国务院作出的重大战略决策。水电资源是当地最具优先开发条件的富集资源,利用水电工程建设可带动相关产业的发展,增加就业和促进地方经济发展。

乌东德水电站项目可将水电资源优势转化为经济优势,为当地经济社会增长做出较大贡献。乌东德水电站直接用于电站枢纽建设和库区建设的资金超过500亿元,可拉动区域性的相关投资1000亿~1250亿元,建设期间平均每年可增加就业人数约7万,形成推动当地经济增长的新动力。工程对外交通工程投资约29亿元,还将投资50多亿元用于库区成昆铁路的扩能改造,可改善工程周边地区的交通运输条件,对发展地方经济、促进物资交流、建设流域内综合运输网具有重要作用,通过建设综合交通体系充分带动周边地区与外界人、财、物的交流,改善当地产业结构。根据工程建设期间各种投资、建设用地及施工物流形成的税收进行估算,在建设期间累计可增加地方财政税收约22亿元。

工程建成发电后,年发电产值约130亿元,初估可贡献工业增加值(GDP值)约119亿元,这对库区各县全面建设小康社会起到相当关键的支撑作用。工程发电每年形成的增值税、所得税地方留成约10.5亿元,水资源补偿费约3.0亿元,共计可使地方财政收入增加13.5亿元。

工程移民安置坚持开发性移民方针,按照满足移民生存与发展的要求,结合当地新农村建设和全面建设小康社会的标准,通过加强库区和安置区基础设施建设,投资超过120亿元用于建设征地和移民安置,可改善当地人民的人居环境和移民生产生活条件;通过合理配置资源,加强贫困帮扶、教育和技术培训、社会保障等,能够实现移民生活达到并逐步超过原有水平的安置目标,从而带动人、财、物、信息、民族文化的发展,大力推进乡村振兴、加快农业农村现代化的建设进程(图10)。

图 10 库区移民新村

乌东德水电站建设团队贯彻“产、学、研”结合的路线，在实施“设计研究、科技攻关、科学试验、工程应用”的过程中，培养了一批硕士、博士及工程技术人员，为水电行业输送了一批高素质的科研和建设人才。其中，乌东德水电站大坝工程设计组获“全国工人先锋号”荣誉称号；中国三峡建工(集团)有限公司杨宗立获 2021 年“央企楷模”荣誉称号；杨宗立、翁永红和张建山 3 人荣获“全国五一劳动奖章”；长江勘测规划设计研究有限责任公司王占军和李少林荣获“中国科协青年托举人才”荣誉称号；王占军同时荣获“全国青年岗位能手”称号。

撰稿/陈东斌、翁永红

观音岩引水工程

▲ 观音岩引水工程

攀枝花市观音岩引水工程项目规模和综合效益巨大，输水线路穿越河谷地区工程技术复杂，在规划设计和建设中面对诸多重大技术挑战。观音岩引水工程规划设计和建设始终走科技创新之路，坚持多专业协同，坚持技术引进、消化、吸收再创新，克服了一系列工程技术难题，在长距离输水工程水力暂态过程模拟计算、复杂工况条件下水锤防护设计、大口径钢管特大悬索管桥、敷管隧洞设计及智慧输水系统设计领域取得了丰硕的技术成果。

1 工程概况

1.1 工程简述

观音岩引水工程是攀枝花市解决主城区饮水安全的重大民生工程，是完善城市功能、构建攀西地区城市中心地位、促进区域经济协调发展的重大水利项目。

观音岩引水工程以攀枝花城区及乡镇供水为主，兼顾农业灌溉及其他，规划水平年2030年总引水量为25246万 m^3，设计引水流量为6.117m^3/s，其中攀枝花市4片区的供水流量为8.4 m^3/s，灌区为1.0m^3/s。本工程总投资18.67亿元。观音岩引水工程特性见表1。

表1　　观音岩引水工程特性表

序号及名称			数量	备注
规划水平年	现状基准年		2010	
	规划水平年		2030	
规划区社经指标	攀枝花市面积(km^2)		7440	
	2010年经济指标	规划区总人口(万)	75.06	包括江南片、江北片、城东片、城西片
		工业增加值(亿元)	272.18	
	2030年经济指标	规划区总人口(万)	129.04	包括江南片、江北片、城东片、城西片
		工业增加值(亿元)	986.92	
	2010年规划区总需水量(万 m^3)		53917	
	2030年规划区总需水量(万 m^3)		71594	含农业灌溉2503万 m^3
	2030年受水区总需水量(万 m^3)		68091	含农业灌溉3503万 m^3
水资源配置	年均引水量	江南片(万 m^3)	9888	水厂用水系数1.05和管道水量损失系数1.03
		江北片(万 m^3)	4935	
		城西片(万 m^3)	4620	
		城东片(万 m^3)	2631	
		摩梭河灌溉片(万 m^3)	1861	
		金江灌溉片(万 m^3)	1311	
	合计(万 m^3)		25246	

续表

序号及名称			数量	备注
引水规模	分水口设计流量	格里坪水厂分水口(m^3/s)	0.13	
		陶家渡水厂分水口(m^3/s)	1.16	含摩梭河灌区
		河门口水厂分水口(m^3/s)	0.37	
		荷花池水厂分水口(m^3/s)	1.22	
		花城新区水厂分水口(m^3/s)	1.23	
		小宝鼎水厂分水口(m^3/s)	0.13	
		仁和水厂分水口(m^3/s)	0.61	
		大渡口水厂分水口(m^3/s)	0.61	
		炳草岗水厂分水口(m^3/s)	1.22	
		炳二水厂(m^3/s)	0.62	
		密地水厂(m^3/s)	0.61	
		流沙坡水厂/金江灌区(m^3/s)	0.77	
		金江水厂(m^3/s)	0.72	
	合计(m^3/s)		9.40	

1.2 工程布置及主要建筑物

观音岩引水工程起点为观音岩大桥，终点为攀枝花市金江镇，从观音岩电站取水后为攀枝花市金沙江沿线各城镇供水。由于攀枝花市各城镇自西向东沿金沙江两岸分布，因此输水管线走向基本与金沙江流向一致，沿金沙江两岸岸边布置。

观音岩引水工程主要建筑物型式包括明挖埋地管道、支墩架设管道、管道隧洞、管桥工程。本工程干线长 61.54km，其中双管段长 35.14km，单管段长 26.40km；支线为仁和支线，单管线布置，长 15.26km。各分水口到水厂的输水支管均为单管，总长 2.67km。干支线总长 79.47km。引水工程中有尖山隧洞一座，长 2.74km，跨金沙江管桥 5 座，跨支沟管桥 4 座，其余为架空管及埋地管。

2 勘测设计及工程建设

2.1 勘测设计

进入 21 世纪，随着国家西部大开发战略和全面建设小康社会的推进，攀枝花市进入高速发展时期，对城市供水水质和水量提出了更高的要求。为保障攀枝花市可持续发展、保障城市供水量与水质安全，需要构建并不断完善城市供水安全保障体系，切实保障城市供水需求与水质安全。

2012年2月，开始《观音岩引水工程可行性研究报告》编制工作，同年11月可研报告通过技术审查，可研阶段前后完成18个专题报告。2014年7月，本项目初步设计通过四川省水利厅批复。随后本项目进入招标和施工阶段，2015年8月工程正式开工。

2.1.1 工程等别和建筑物级别

观音岩引水工程等别为Ⅲ等中型，主要建筑物(输水管线、隧洞、管桥等)的级别为3级，次要建筑物(阀门井、阀门间等)的级别为4级，临时建筑物的级别为5级。

2.1.2 防洪标准

本工程主要水工建筑物设计洪水标准为20年一遇，校核洪水标准为50年一遇；次要水工建筑物设计洪水标准为10年一遇，校核洪水标准为30年一遇。

本工程交叉管桥建筑物设计洪水标准为：跨金沙江管桥为100年一遇设计、300年一遇洪水校核，跨沟管桥为50年一遇洪水设计。

2.1.3 抗震标准

跨金沙江管桥工程场地50年超越概率10%的基岩水平峰值加速度为0.129～0.139g，其余地段地震动峰值加速度为0.10g，相应的地震基本烈度为Ⅶ度。主要建筑物按Ⅶ度地震烈度设防，按Ⅷ度采取构造措施。

2.1.4 主要建筑物布置

(1)取水口

取水口布置在观音岩大坝右岸碾压混凝土重力坝31#坝段上，进口底板高程1115m，共设2个2.1m×7m的进水孔，后接2根直径为1.7m的压力钢管引水至坝下游，在坝址处设阀门控制室，之后以2根直径为1.7m压力钢管沿右岸1070m高程的马道及右岸沿江施工道路外侧延伸，电站永久征地红线范围边界处与本工程输水管道连接。

(2)明挖埋地管道

管道沟槽开挖分放坡开挖和“垂直＋支撑”开挖两种。回填关系到管道强度、刚度性能的发挥，管道长久运行的可靠度保证。管底至管顶以上500mm范围内的区域需要仔细夯实，管道基础部分采用中粗砂垫层，其余部分采用中粗砂、碎石屑、最大粒径小于40mm的沙砾或符合要求沟槽原土(细粒土)回填。

(3)支墩架设管道

选择钢筋混凝土支架，管道放置于支架顶端，采用滑动(固定)钢支座。跨径根据管径、荷载等计算确定。支架基础根据地形和地质情况来确定，位于江边和不良地质段，采用桩基础，地质情况比较好的地段采用混凝土板式基础。本项目跨越支沟的管道主要采用支墩架设管道方式。

(4)管道隧洞

按洞内敷管型式设计。隧洞断面按2根DN1600钢管安装和检修空间控制，净尺寸

6.2m×4.3m(宽×高)。隧洞结构按围岩类别Ⅱ～Ⅴ类进行设计。本工程共设2条隧洞，总长约3.5km。

(5)管桥

1)桥位设计。

管桥桥位根据引水管道总布置要求确定，尽量选择在河道顺直、水流通畅、地质条件相对较好的地方，避开河汊、洲岛、支流汇合处、不良地质处。

2)桥型方案。

管桥的桥梁结构型式及布置，主要根据桥位地形、地质、水文、当地施工条件和材料等情况，并遵循技术可行、经济合理、造型美观、耐久适用、施工简便、便于维护的原则进行综合考虑。

本项目跨越金沙江的观音岩管桥、陶家渡管桥、503管桥、荷花池管桥采用拱桥；跨越支流的肖沟管桥、灰老河管桥、纳拉河管桥、大河管桥采用梁桥；密地管桥采用悬索桥。

3)管桥横断面设计。

管桥横断面设计综合考虑引水管道的空间要求、桥梁维护及结构受力等综合确定。桥面上单根水管布置宽度为1.6～2.3m，单条检修道宽度按1.0～2.15m考虑。

2.2 工程建设情况

观音岩引水工程初设批复后，本项目进入招标和施工阶段。2014年底完成招标设计报告，随后按划分的标段开始进行施工招标、设备招标及施工图设计。至2015年8月，本工程第二、三、四、九标段准备相继就绪，工程正式开工。

2018年3月实现了格里坪水厂通水，2018年6月河门口水厂通水，2018年12月炳草岗水厂通水，2019年6月分别实现了陶家渡、荷花池、密地、金江水厂通水，标志着观音岩引水工程的完成。

经四川省水利厅批复，本项目施工总工期为35个月，其中主体工程施工期33个月，施工准备期2个月。

2.3 主体工程施工

2.3.1 施工导流

本工程的导流标准选用5年一遇，各主要建筑物的导流时段选择枯水期，其中金沙江干流的管桥、各取水口和支流的大河管桥施工选用11月至次年5月，其余支流管桥施工选用11月至次年4月。

各建筑物施工导流方式，跨金沙江管桥和泵站取水口改造工程施工采用岸边预留岩埂加抛填土石围堰，原河床过流的施工导流方式；支沟管桥施工采用岸边或滩地筑岛，原(主)河床过流的施工导流方式。

2.3.2 施工总布置

(1)起点—河门口水厂段

左岸起点—庄上村大桥段约9km,选择缓坡台地作为施工场地,共布置2个施工营地。

(2)河门口水厂—密地大桥段

根据施工场地条件,河门口水厂—503管桥段共布置2个施工营地,以满足尖山隧洞及前段管线、肖沟管桥和503管桥的施工需要。503管桥—密地大桥段,生产设施可利用当地社会化服务,生活用房可租用当地和市区的房屋。

(3)密地大桥—金江水厂段

在金沙江大道内侧的坡地上布置1个施工营地。

(4)仁和支线段

仁和支线沿大河左岸布置,在华美路与拖沙拉大道交会的大河右岸有坡地和田地上布置1个施工营地。满足沿线管道和仁和加压泵站的施工需要。

在施工营地内设置办公生活区、机械汽车停放场、钢管堆放场、综合加工厂、综合仓库、配电所等。

2.3.3 明挖埋管施工

主要包括管线槽开挖与回填、管线架灌注桩施工、浆砌石挡墙、坡面整治(外露开挖边坡锚喷网支护及排水、土方回填、填筑边坡坡面种植等)、城市雨污口及污水管道整治等。

施工步骤:土石方开挖→保留边坡支护(→挡墙施工)→底部粗砂垫层回填(或支墩浇筑,或钻孔灌注桩→上部排架结构浇筑)→管道安装→上部土石方回填→回填边坡植草防护(或路面恢复)。

埋地管道施工见图1。

2.3.4 管桥施工

主要包括桥墩(台、座)开挖与回填、抛石护脚及浆砌石护面,及灌注桩施工等。

拱桥施工步骤:利用第一个枯水期完成所有桥梁墩台的施工,同时完成主拱圈节段预制→进行主拱圈节段吊装,并在吊装期间中低温合龙(合龙温度小于10℃)→浇筑拱箱铰缝混凝土→拆除吊装系统,浇筑拱上立柱及桥墩立柱;同时岸上场地预制空心板→利用单导梁架设空心板,拱圈两侧对称架设空心板→进行桥面系及附属设施施工→竣工验收。

连续刚构桥施工步骤:利用第一个枯水期完成所有桥梁墩台的施工→做好浇筑0梁段混凝土的准备→浇筑0号梁段混凝土并养生,待达到设计强度后拆模→张拉0号梁段上预应力钢束并锚固灌浆→做好在0号梁段上安装调试挂蓝的准备→浇筑相邻梁段混凝土并养生,待达到设计强度后拆模→张拉梁段上预应力钢束并锚固灌浆→做好在下一梁段上安装调试挂蓝的准备→合龙段浇筑前,拆除吊篮并按照吊篮重量配重→支架施工边跨端部梁段→安装边跨合龙段劲性骨架并将其焊牢,张拉部分预应力→浇筑边跨合龙节段→拆除边跨配重,将中跨向两岸顶推→安装中跨合龙段劲性骨架并将其焊牢，张拉部分预应力→浇筑中跨合龙段→跨中在一天中低温合龙→拆除中跨配重→进行桥面系及附属设施施工→竣工验收。

管桥施工见图 2。

图 1　埋地管道施工

图 2　管桥施工

2.3.5　隧洞敷管施工

根据本工程两隧洞洞线布置和地形条件，难以布置有效的施工支洞来增加工作面，只能从进、出口两个工作面相向开挖。

隧洞主要施工步骤：进出口明挖及支护→进出口工作面洞挖及支护→衬砌→回填灌浆→固结灌浆→管道安装。

3　工程特点及科技创新

3.1　工程特点及难点

1）观音岩引水工程规模大、线路长，涉及的专业广，各专业、各施工点协调统一工作难度较大。本工程管线影响面较大，主要含金属结构、土建结构、给水排水、桥梁、隧洞工程等主要专业。

2）作为长距离高压输水工程，水锤防护是本工程设计的关键点。通过对输水过程中可能发生的水锤冲击进行计算分析，对风险较大的运行工况增加水锤防护设备，结合水锤计算结果，采取了相应的防护措施。

3）观音岩引水工程中的密地管桥为特大型供水悬索管桥，其动力特性异于常规悬索桥，如何解决管道与柔性管桥间协调变形及水锤冲击对桥梁安全运行的影响是工程的一大难点。

3.2　科技创新

目前国内同类型管桥没有成熟案例，本项目为国内首创。业主方在多次技术讨论会上表达了对管桥是否能成功通水的担心。面对技术挑战，团队以严谨科学的作风对管桥实际运行的各种复杂工况进行了深入研究与分析，创新性地对主塔顶索鞍、滑移钢支座及桥梁两端镇墩进行了设计优化，有效降低了水锤冲击荷载对桥梁结构受力的不利影响。此后又创造性提出在悬索桥两端布置球形补偿器，并沿管道纵向布置复式自由式补偿器的输水系统布置形式，使得管道与桥梁结构的共同变形的适应性及安全性得到了保证。

项目成果经上海同济大学专家团队对悬索管桥进行了结构安全及风险评估，评估结果优良。

2020 年 1 月，密地管桥在参建各方见证下成功通水，消除了业主方对悬索管桥的顾虑，赢得业主及参建各方的一致好评，有效地验证了设计理念和创新思路。以此为基础申请了“一种用于大跨度柔性悬索桥的输水管道系统”的实用新型专利，并进一步总结提炼了悬索管桥的设计标准，填补了国内该领域的空白。

4 运行情况

观音岩引水工程自 2018 年 3 月实现首段通水以来，引水管道在试运行期间始终保持安全平稳运行，供水能力满足各水厂最大用水需求，原水水质优良，未出现一次水质污染事件。自 2019 年 1 月开始计量后，到 2021 年 9 月，已累计供应原水 2.3 亿 m^3；原水供应范围已覆盖攀枝花市东城、西城、江南、江北四大片区，受益人口达到 80 万，充分发挥了水利工程良好的社会效益、生态效益。

预计到 2030 年，观音岩水库引水量为 25247 万 m^3，将解决攀枝花市 120 万以上城市人口生活用水，从根本上消除攀枝花市城市饮水安全隐患，保障城市供水量与水质安全、促进攀枝花市的经济社会可持续发展。

4.1 经济效益

观音岩引水工程是一项以攀枝花城区及乡镇供水为主的水资源配置工程，具有城镇供水和农业灌溉等方面的综合经济效益。工程多年平均引水量 2.52 亿 m^3，每年可产生的供水经济效益约 30334 万元。

4.2 节能

观音岩引水工程各受水水厂原水源为金沙江，利用江边泵站提水，电耗较大。本工程建成后，观音岩水库水将全部置换金沙江水源，自流供水，由此大幅节省提水电耗。经估算，到 2030 后本工程每年为攀枝花市节省电能约 5400 万 kW·h。

撰稿/黄毅、徐永涛、勒浮兵、廖亚新、李世平、张志胜、段凯、周涛

嘉陵江亭子口水利枢纽

▲ 亭子口水利枢纽

亭子口水利枢纽位于四川省广元市苍溪县境内，下距苍溪县城 15km，是嘉陵江干流开发中唯一的控制性工程，工程以防洪、灌溉及城乡供水、发电为主，兼顾航运，并具有拦沙减淤等综合效益。

1 工程概况

坝址以上流域面积 61089km²，占嘉陵江流域面积的 38.2%。坝址区多年平均降水量 995.8mm，多年平均流量 598m³/s，多年平均年径流量 189 亿 m³。多年平均悬移质年输沙量 4880 万 t，多年平均含沙量 2.54kg/m³。

水库正常蓄水位 458m，死水位 438m，设计洪水位 461.3m，校核洪水位 463.07m，总库容 40.67 亿 m³。水库预留防洪库容 10.6 亿 m³（非常运用时为 14.4 亿 m³），设计灌溉面积 292.14 万亩，电站装机容量 1100MW，通航建筑物为 2×500 吨级。工程等别为Ⅰ等，工程规模为大(1)型，永久主要建筑物为 1 级，电站厂房为 2 级，下游护岸工程等次要建筑物为 3 级。

混凝土坝设计洪水重现期为 500 年，校核洪水重现期为 5000 年。消能建筑物设计洪水重现期为 100 年。电站厂房设计洪水重现期为 500 年，校核洪水重现期为 500 年。

工程总工期 81 个月，从施工准备开始到第一台机组发电工期为 72 个月。工程静态总投资 153.74 亿元，总投资 168.53 亿元。

亭子口水利枢纽建设管理由嘉陵江亭子口水利水电开发有限公司负责，勘测设计单位是长江勘测规划设计研究有限责任公司。

亭子口水利枢纽工程特性见表 1。

表 1　亭子口水利枢纽工程特性

名称	数量及特性
水库大坝名称	亭子口水利枢纽
地点	四川省广元市
工程等别及规模	Ⅰ等大(1)型
工程坝址以上流域面积(km²)	61089
多年平均年径流量(亿 m³)	189
多年平均流量(m³/s)	598
设计洪水洪峰流量(P=0.2%，m³/s)	34500
校核洪水洪峰流量(P=0.02%，m³/s)	43400
多年平均含沙量(kg/m³)	2.54
校核洪水位(m)	463.07
设计洪水位(m)	461.3

续表

名称	数量及特性
正常蓄水位(m)	458
总库容(亿 m^3)	40.67
正常蓄水位以下库容(亿 m^3)	34.68
死库容(亿 m^3)	17.36
调节库容(亿 m^3)	17.32
校核洪水下泄流量(P=0.02%,m^3/s)	37600
设计洪水下泄流量(P=0.2%,m^3/s)	34500
装机容量(MW)	1100
保证出力(MW)	187～163
多年平均年发电量(亿 kW·h)	31.75～29.51
装机利用小时(h)	2886～2683
灌区耕地面积(万亩)	350.5
设计灌溉面积(万亩)	292.14
过船吨位(吨级)	2×500
坝型	混凝土重力坝
地震基本烈度/设计烈度(度)	Ⅵ/Ⅶ
最大坝高(m)	116
坝轴线长度(m)	995.4
泄水表孔(孔)	8
孔口尺寸(宽×高,m×m)	14×23.7
泄洪底孔(孔)	5
孔口尺寸(宽×高,m×m)	6×9
电站厂房型式	坝后式

2 勘测设计方案

2.1 地质条件

坝址区出露地层为白垩系下统苍溪组(K_1c)砂岩、粉砂岩、黏土岩,总厚度为427～500m,为软硬相间不等厚的层状岩层。主要的砂岩层位有K_1c^{6-1}、K_1c^{4-2}、K_1c^{3-2}、K_1c^{2-3}、K_1c^{2-1}等5层,除K_1c^{4-2}层为长石石英砂岩结构较疏松,为软岩外,其余4层均为较坚硬的砂岩,其中河床坝基下K_1c^{2-1}层砂岩厚23～28m。坝区第四系分布较广,主要为河流冲积与崩滑堆积。河床冲积砂砾石厚6.0～13.5m;左岸崩滑体厚度一般为20～40m,最大厚度为 63m。厚层砂岩(K_1c^{2-1}、K_1c^{2-3} 以及 K_1c^{3-2})中共分布软岩 31 层,河床部位控制性软岩为 NS2—1—5、NS2—1—8、NS2—1—9 和 K_1c^{2-2} 层。软岩中软弱夹层共有 31 条。

2.2 工程布置

该枢纽是以防洪为主的工程。嘉陵江洪水峰量较大,大坝设计洪水下泄流量达 34500m^3/s。同时坝址处河段较为顺直,枢纽布置中泄水消能建筑物宜布置于主河床,这既有利于施工及运行期洪水的宣泄,减少对下游河势的影响,也可方便其他建筑物的布置。在泄水消能建筑物布置于主河床后,升船机及厂房建筑物宜分别布置于泄水建筑物两侧。经过从大坝深层抗滑稳定、施工导流、施工条件、施工工期、工程投资等多方面比较确定推荐方案。亭子口水利枢纽主要建筑物见图 1。

图 1　亭子口水利枢纽主要建筑物

该工程坝址为李家咀坝址,推荐坝型为混凝土重力坝。重力坝坝轴线总长 995.4m,坝顶高程 465m,最大坝高 116m。推荐的枢纽布置方式为:河床中间布置 8 个表孔、5 个底孔,消能建筑物、底孔(兼作排砂孔)布置在表孔左侧,河床左侧布置坝后式电站厂房,河床右侧布置垂直升船机,两岸布置非溢流坝段,灌溉渠首独立布置在坝线上游。

2.3 主要建筑物

该工程坝轴线总长 995.4m,共分 50 个坝段。从左到右依次为:1～16 号左岸非溢流坝段,轴线长 2921m;17～20 号厂房坝段,轴线长 112.0m;21 号底孔门库坝段,轴线长 20.8m;22～26 号底孔坝段,轴线长 85m;27～35 号表孔坝段,轴线长 158.5m;36 号纵向围堰兼表孔门库坝段,轴线长 25m;37 号升船机坝段,轴线长 42m;38～50 号右岸非溢流坝段,轴线长 260m。

亭子口升船机见图 2。

图 2　亭子口升船机

2.3.1　泄水建筑物

泄水建筑物均布置于河床中部，由 8 个表孔、5 个底孔组成，底孔邻近厂房坝段布置于表孔左侧。表孔坝段宽 18.5m，闸墩厚 4.5m，底孔坝段宽 17.0m。溢流前缘总长 243.5m，采用底流消能形式。

(1)表孔

表孔共 8 个，孔口尺寸为 14.0m×22.8m(宽×高)，每孔设弧形工作门，由液压启闭机启闭，弧形工作门上游设检修钢闸门。为减小消力池长度，加强消能效果，表孔出口采用宽尾墩方案。宽尾墩起始收缩点距坝轴线 29.42m，水平长 22.58m，收缩比为 0.3，墩尾折角为 12.24°。边表孔采用不对称宽尾墩(即导墙侧收缩 6.10m，另一侧收缩 3.00m)，收缩比为 0.35。

表孔池底高程 355m，池长 135m，池宽 143.5m，消力池尾坎为连续式，坎顶高程 367m。尾坎后防冲段长 35m，高程 360.3m。消力池设置封闭抽排系统。

(2)底孔

底孔主要任务是泄洪、排沙，并兼作施工期导流底孔，共 5 孔，孔口尺寸均为 6m×9m(宽×高)。底孔底板高程 374.0m，采用有压短管形式，有压短管出口下游两侧突扩 0.5m。底部跌坎高 1.6m。明槽坡比 1∶4.5，下段采用半径为 75m 的圆弧调整到水平后至出口，出口突跌 8.0m 至消力池底板，出口高程 362.0m，消力池护坦高程 354.0m。底孔池底板高程 354.0m，长 187.7m(底孔明槽出口—消力池尾坎)，池宽 75m，消力池尾坎为连续式，坎顶高程 367m。尾坎后防冲段长 35m，高程 360.3m，消力池设置封闭抽排系统。

2.3.2 电站厂房

电站厂房采用坝后式厂房，安装 4 台单机容量 275MW 的混流式水轮发电机组，总装机容量 1100MW。电站建筑物主要包括坝式进水口、坝后背管、电站厂房、上下游副厂房、安装场、尾水渠以及厂房左侧边坡和尾水渠护坡等。

厂房总长 161.8m，其中机组段长 114.8m，安装场段长 47.0m。厂房标准机组段长 28.0m。边机组段长 30.8m。顺水流向宽 49.48m，主厂房上部宽 30.1m，主厂房净宽 27.1m。水轮机组装机高程定为 366.60m，相应确定厂房的各控制高程，厂房底板开挖高程为 342.90m，发电机层楼面高程为 384.20m，水轮机层楼面高程为 378.20m。

亭子口电站厂房见图 3。

图 3 亭子口电站厂房

2.3.3 通航建筑物

通航建筑物布置在枢纽右岸导流明渠内，采用单线一级垂直升船机，承船厢有效水域尺寸为 116m×11.7m×2.5m（总长×型宽×吃水深），可一次通过 1+2×500t 分节驳顶推船队或 2 艘 500 吨级机动驳船。

通航建筑物主要包括升船机上闸首、船厢室、下闸首以及上下游引航道靠船、导航、隔流建筑物等。上游引航道长 404m，引航道左侧布置两条 50m 长的支墩式浮式导航堤，引航道右侧布置 7 个中心距为 20.0m 的靠船墩。上闸首采用整体式“U”形结构，结构总长 80.0m，总宽 42.0m。船厢室结构总高 134.0m，总长 118.2m，总宽 41.6m。下闸首结构总长 27.5m，总宽 48.8m。下游引航道长 785.0m，临江侧在原纵向围堰基础上布置混合式隔流堤与下游河道隔开。引航道左侧设 120.0m 长的墩板式导航墙，右侧设 45.0m 长的辅导航墙和 7 个中心间距为 20.0m 的靠船墩。

2.3.4 灌溉引水首部建筑物

该枢纽灌溉工程灌区用水包括农业灌溉及城乡供水。农业灌溉供水保证率为75%，灌区生活和城镇工业供水保证率为95%，农村人畜饮水和乡镇企业供水保证率为90%。左岸灌溉渠首为1级建筑物，设计洪水标准为100年一遇，校核洪水标准为300年一遇；右岸灌溉渠首为3级建筑物，设计洪水标准为30年一遇，校核洪水标准为100年一遇。左岸总干渠渠首的设计引用流量为82.65m^3/s，加大引用流量为95m^3/s，要求在库水位438m时引用设计流量，在汛期限制水位447m时引用加大流量。右岸灌溉渠首的作用为向升钟水库补水，设计引用流量9.2m^3/s，加大引用流量11m^3/s。在库水位不低于447m情况下引水。

2.3.5 左岸灌溉渠首

左岸塔式进水口设分层取水叠梁门、检修闸门、弧形工作门及操作室、消力池、无压洞。进水塔顶高程同坝顶高程，为465m。进口明渠为梯形断面，渠底宽9.4m，底部高程431.50m，长约110m。进水孔进口为喇叭形，底板高程433.0m，孔口尺寸6.2m×5.5m（宽×高），进水塔闸室长21m，其内布置平板检修门和弧形工作门。闸室后布置底流消力池，消力池总长52.26m，宽6.2m，池底高程429.03m。消力池后为无压隧洞，断面形式为顶拱中心角为120°的城门洞形，尺寸为6.2m×7.79m（宽×高）。隧洞长1839m，底坡坡度0.06%。进口底板高程432.03m，出口底板高程430.93m。

2.3.6 右岸灌溉渠首

右岸渠首建筑物包括进口明渠、进口分层引水叠梁门、检修闸门、弧形工作门、消力池、无压引水隧洞等。

进口明渠形式为梯形，渠道底宽4.8m，底部高程443.5m，进水口采用岸边塔式进水口。布置深式进水孔，进水孔进口为喇叭形，底板高程445m。孔口尺寸2.8m×3.2m（宽×高），进水塔长17.6m，其内布置平板检修门和弧形工作门。闸室后布置底流消力池，消力池总长25.52m，水平段长17.3m，池底高程442.8m。消力池后为无压隧洞，其断面形式为顶拱中心角为120°的城门洞形，尺寸为2.8m×3.6m（宽×高）。隧洞长656m，底坡坡度0.05%，进口底板高程444.0m，出口底板高程443.67m。

2.4 勘测设计概况

本工程勘测设计工作早在20世纪50年代就开始进行了，国务院批准的《长江流域综合利用规划简要报告（1990年修订）》中，拟定嘉陵江流域开发任务为灌溉、防洪、发电、航运、水土保持及其他，推荐亭子口水利枢纽为近期工程。

1993年10月，长江水利委员会全面开展亭子口水利枢纽可行性研究工作，先后提出了《嘉陵江亭子口水利枢纽可行性研究坝址选择专题报告》《嘉陵江亭子口水利枢纽可行性研究报告》，并都通过了有关主管部门的审查批准。根据国家项目建设程序，1999年4月又编制了《嘉陵江亭子口水利枢纽项目建议书》，2000年7月水利部水利水电规划设计总院（以下简称“水规总院”)对该报告进行了审查,2003 年 9 月中国国际工程咨询公司(以下简称“中咨公司”)进行了评估。考虑到原项目建议书的时效性,2006 年又重新编制了项目建议书,并经过了水规总院的审查和中咨公司的咨询。2006 年 10 月编制了《嘉陵江亭子口水利枢纽坝轴线选择专题报告》。2007 年 5 月编制了《嘉陵江亭子口水利枢纽枢纽布置比选专题报告》。2007 年国家发展和改革委员会以发改农经〔2007〕1924 号文对项目建议书进行了批复。2007 年 11 月长江水利委员会长江勘测规划设计研究院编制完成了《嘉陵江亭子口水利枢纽可行性研究报告》,并于 2007 年 12 月 17—20 日在北京通过了水规总院的审查,批文见水总设〔2008〕460 号文。2009 年国家发展和改革委员会以发改农经〔2009〕1746 号文对可行性研究报告进行了批复。2009 年 8 月长江勘测规划设计研究院有限责任公司编制完成了《嘉陵江亭子口水利枢纽初步设计报告》,并于 2009 年 9 月 15—17 日、9 月 19—23 日、10 月 22—25 日,在北京通过了水规总院的审查和复审,批文见水总〔2009〕526 号文。

2.5 建设过程

亭子口水利枢纽工程于 2009 年 11 月正式开工,2010 年 1 月 23 日大江成功截流。截至 2010 年 1 月,左、右岸进场及场内公路均已具备通车条件并投入使用,水厂、砂石加工系统和混凝土系统运行基本正常,右岸导流明渠前期工程已经完工,左岸非溢流坝段开挖也基本完成,准备开始浇筑混凝土,左岸大圆包崩滑体治理预计在 2010 年汛前完成施工,大坝工程已经开始基础混凝土浇筑。2011 年 8 月 14 日首台机组座环开始安装,标志着亭子口枢纽机电安装正式拉开了帷幕。2012 年 9 月 4 日,亭子口 1 号机组定子开始安装,10 月 16 日三期截流通过水规总院安全鉴定。2013 年 6 月 18 日,底孔成功下闸蓄水,首台机组 2013 年 8 月 12 日发电投入商业运行、8 月 30 日第二台机组投产发电。2014 年 5 月 1 日第四台机组发电,标志着亭子口水电站 4 台机组全部投产发电,比原计划提前 4 个月。5 月 24 日,亭子口水利枢纽正常蓄水位顺利通过安全鉴定。2019 年 6 月 29 日,亭子口水利枢纽升船机正式启用,目前工程处于竣工验收准备阶段。

3 工程设计关键技术难题及创新

3.1 大坝深层抗滑稳定

坝基岩体由软岩与中硬岩互层组成,岩层内均存在缓倾下游的软弱夹层,大坝建基岩体中分布的软弱夹层或软岩可构成对大坝抗滑稳定不利的滑面。按现行规范须进行深层抗滑稳定分析。

从国内外在红层坝基础岩体上建坝出现的时间来看,首要的问题是坝基中的软弱夹层问题。亭子口水利枢纽在坝基内普遍存在软弱夹层,其抗剪强度低,构成了坝基稳定的主控因素。由于软弱夹层力学参数的不确定性,岩体结构条件及岩性等的差异导致坝基深层滑移模式的复杂性,给重力坝坝基稳定性评价及工程处理措施的确定等带来一系列的关键技术问题。本工程共有 50 个坝段,根据各坝段夹层分布高程及坝体下游是否相应存在抗力岩体,分别采取双斜滑面法、单滑面法计算。

深层抗滑稳定基础处理措施一般有坝踵设混凝土齿槽切断夹层面、坝前加防渗板降低扬压力、坝基设排水洞降低渗透压力、坝趾加固增加抗力等方法,经综合比较,采用在坝踵以下设混凝土齿槽的方案投资较省、施工方便、安全可靠,因此推荐采用此方案。为保证混凝土齿槽发挥作用,将混凝土齿槽深入夹层以下 2.5m。

3.2 高水头底孔体型

底孔的主要任务是泄洪、排沙,并兼做施工期导流底孔。亭子口水利枢纽设有 5 个底孔,底孔采用底流消能型式。底孔弧形工作闸门设计条件下运行水头为 87.8m,校核条件下的运行水头为 89.54m。底孔设计流量为 $9800m^3/s$,入消力池流速为 45m/s。流量大、孔数多及孔口尺寸大是亭子口底孔设计中的一大特点。另外,在高水头及高含砂的运用条件下,其空蚀和冲蚀问题是亭子口工程设计中的又一关键技术难题。

底孔作为永久主要泄洪建筑物,其闸门开启频繁,运行时间长,为解决闸墩下游立轴旋涡空化空蚀及消力池底板冲蚀问题,根据高水头运用条件下的弧形闸门止水要求,在底孔有压段出口采用突扩、突跌体型和充压伸缩式止水方式,消力池采用跌坎式方案。

3.3 泥沙淤积问题

亭子口水利枢纽位于多沙河流,枢纽建成运行后,将不同程度地改变水流泥沙运行规律,势必对上、下游河势产生长远影响。因此认真研究库区泥沙淤积发展趋势、坝前淤积形态和分析泥沙淤积对坝区河势及枢纽建筑物的影响,提出泄洪底孔和排上孔结合的工程措施,同时尽可能降低孔口进口高程便于泄洪时进行拉沙排沙,确保工程安全运行和综合效益的发挥,这是亭子口工程设计的又一关键技术难题。

3.4 坝式进水口分层取水

根据环保部对亭子口水利枢纽环境影响报告书的批复意见:“在工程建设与运行管理过程中落实报告书提出的分层取水措施,优化电站发电进水口和灌溉渠首引水口分层取水型式,灌溉取水可考虑浮动表层取水工艺,以减缓低温水下泄的生态影响。”综合考虑环保和下游河道的生态要求,在电站进水口前利用备用拦污栅槽设置一道叠梁钢闸门,根据水库水温分布及库水位变化情况,运用坝顶启闭机控制叠梁门的叠放数量调节闸门挡水高度实现分层取水。该方案操作简单、方便、可靠,取水高度灵活可调,适用于深水大型取水建筑物,此外,具有水工结构布置简单,对枢纽布置影响较小,土建工程量增加较少,工程投资相对较省、维护方便等优点。

根据水库运行特性及环保对水温的要求,同时考虑到尽可能减少水头损失,保证电站的发电效益，确定叠梁闸门的最大挡水高程为434.6m。叠梁钢闸门总高度为19.6m，分为7节，每节高度为2.8m。单孔叠梁钢闸门与拦污栅同宽，宽度为5.5m。

亭子口水电站进水口在嘉陵江鱼类的主要产卵期3—6月采取分层取水措施，其他月份不启用叠梁门，仍采用单层取水。在不同库水位下，保证叠梁门门顶水头大于或等于20m是叠梁门调度运行的原则。因不同水文年入库水量和运行水位有所差异，运行时应结合水库水位运行调度方案进行分层取水实时调度，灵活确定叠梁门挡水总高度，实现分层取水效果最大化。

作为国内首例将分层取水应用于坝式进水口的电站，针对电站进水口分层取水结构布置、叠梁门调度运行方案、分层取水进水口水力学研究特别是甩负荷工况下进水口水力学研究、叠梁门和拦污栅支撑框架结构动力响应分析、水库水温分布及采用叠梁门分层取水后的下泄水温过程等关键技术难题，进行了系统的研究，提出了合理的分层取水结构布置方案和叠梁门调度运行方案，并采取相应工程措施，改善了电站进水口的水流条件，减少水头损失，减小分层取水对发电效率的影响，同时减轻低温水下泄对下游水生态及农作物灌溉的不利影响，改善了兴建电站对环境生态的影响。

3.5 升船机上闸首挡水时接缝灌浆

按照施工安排，升船机上闸首在纵缝施工完成、横缝未进行灌浆并缝、结构纵向未形成整体的条件下提前挡水，且在挡水条件下完成横缝的接缝灌浆，不满足《水工建筑物水泥灌浆施工技术规范》(DL/T 5148—2001)中“接缝灌浆应在库水位低于灌区底部高程的条件下进行”的要求。为消除挡水位高于灌区时由于施工缝变形对横缝接缝灌浆的影响，通过模拟施工过程，分析不同挡水条件下的应力及施工缝变形，提出了通水平压的施工灌浆措施方案，采取应力和变形双控的标准，目前亭子口升船机上闸首的接缝灌浆已按此研究成果施工完成，经检查灌浆质量良好，上闸首各项指标均正常，已进入正常使用挡水阶段。

3.6 大型垂直升船机安全保障关键技术

如何保障大型垂直升船机安全平稳运行，一直是升船机设计的重点与难点，亭子口升船机经过研究，提出了以下关键技术：

(1)垂直升船机船厢平稳运行安全保证技术体系

提出了基于液固耦合的船厢纵倾稳定分析理论和失稳判定标准，研发了“静态调整、动态隔离、分组均衡”的船厢液压调平技术及新型设备，攻克了钢丝绳卷扬式垂直升船机船厢平稳安全运行的技术难题。

(2)事故工况下过机船舶和升船机设备安全保障成套技术

研发了船厢紧急停机工况下主提升机和驱动系统“柔性智能安全制动”技术，提出了利用钢梁塑性变形能吸收船舶失速动能的设计理念和计算方法，首创了液压缸启闭下沉式单防撞梁失速船舶拦阻技术,保障了进厢失速船舶和升船机设备的安全,解决了不同事故工况下升船机运行及承载船舶安全的重大技术难题。

(3)保证垂直升船机安全运行的电气传动与控制安全技术

提出了流体负载的机械同轴多电机自适应电气传动与安全控制技术、升船机运行四级故障分级标准,以及“紧急关门”“紧急停机”一类故障操作判定条件和操作工艺,破解了升船机多电机传动机械轴扭振和运行故障紧急操作安全控制的难题。

3.7 左岸大圆包崩滑体治理措施

坝址左岸发育大圆包崩滑体,该崩滑体为坝址区顺河向横展型大型滑坡,顺江长约1160m,宽200～360m,体积约560万m^3。左岸非溢流坝段斜切崩滑体构建于滑体下伏基岩之上,将大圆包崩滑体一分为二(上滑体及下滑体),下滑体前缘和后缘局部被分别利用作为砂石骨料系统堆场和施工营地及仓库,左岸电站厂房位于崩滑体下方,进厂公路边坡开挖对崩滑体前缘将形成切脚。大圆包崩滑体特别是下滑体的安全稳定性与工程的建设及运行有着非常密切的关系。

大圆包崩滑体为典型的红层缓倾角滑坡,圈椅状地形明显,后缘分布有拉裂槽,滑床近水平,倾角1°～3°,微倾山里,滑体表面地形平缓,坡度一般为5°～8°。崩滑体为早期形成,经后期解体与改造,滑体物质主要为滑移松动岩体、黏土夹块碎石。滑床岩体为紫红色粉砂岩与砂质黏土岩,滑带土为灰绿色、紫红色、浅红—黄灰色黏土。

针对崩滑体主要采取“两纵三横”地下排水洞＋地表截排水＋前缘抗滑挡墙＋格构护坡等措施进行加固治理。根据崩滑体的地形地貌,在周边布置截水沟,结合地表天然冲沟及低洼地、池塘等,修建“树”型地表排水系统。崩滑体下伏基岩内设“两纵三横”地下排水洞,顺排水洞布置排水孔幕截排山体水,排水洞总长1510m,净断面尺寸为2.0m×2.5m(长×宽),城门洞形。滑体前缘布置重力挡墙进行支挡,墙高一般为6～8m,墙基设两排3Φ32mm拉锚桩,墙体设排水孔。

近10年的监测资料表明,大圆包崩滑体各监测断面的前、中、后部地表变形、深部变形、地下水变化等监测数据以及地下排水孔排水量、地下排水洞洞壁裂隙开度、地表拉裂变形等均无异常情况出现,崩滑体整体处于稳定状态之中。

3.8 三期截流落差大

三期截流戗堤布置在明渠上游进口段,截流时水流仅能从坝体底孔下泄。三期截流安排在第5年11月进行,预进占流量和截流流量均为11月10%频率月平均流量641m^3/s。经计算,截流闭气总落差为7.78m,龙口最大平均流速为8.89m/s。如此大的截流落差,在丘陵地区的大江大河上属罕见。同时由于导流明渠底板平整光滑,不利于截流抛投材料稳定,截流相当困难。因此研究单戗堤和双戗堤截流方案,分析研究截流龙口水力特性和截流抛石粒径等截流要素，提出安全、经济的截流措施，也成为亭子口工程设计的一大关键技术难题。

4 工程建设进展及运行情况

亭子口水利枢纽工程于2009年11月正式开工，2010年1月23日大江成功截流。并开始大坝工程基础混凝土浇筑。2011年8月14日，首台机组座环开始安装，标志着亭子口枢纽机电安装正式拉开了帷幕。2012年9月4日，亭子口1号机组定子开始安装，10月16日三期截流通过水规总院安全鉴定。2013年6月18日，底孔成功下闸蓄水，首台机组于2013年8月12日发电投入商业运行，第二台机组于8月30日投产发电。2014年5月1日第四台机组发电，标志着亭子口水电站4台机组全部投产发电，比原计划提前4个月。2014年5月24日，亭子口水利枢纽正常蓄水位顺利通过安全鉴定。2019年6月29日，亭子口水利枢纽升船机正式启用，目前工程运行良好，并发挥巨大效益，计划2023年进行竣工验收。

撰稿/职承杰、廖远志、邓润兴、陈小虎、邹德兵、汪庆元、雷长海、曾令华

乌江构皮滩水电站

▲ 构皮滩水电站

构皮滩水电站位于贵州省余庆县境内，是乌江水电基地规划中最大的Ⅰ等大(1)型水电工程，是国家“十五”期间开工建设的重点工程和西电东送骨干电源工程。构皮滩水电站为乌江干流梯级开发的控制性工程，是第7个梯级电站，上游距乌江渡水电站137km，下游距思林水电站89km。工程开发的主要任务是发电，兼顾航运、防洪等综合利用。

1 工程概况

构皮滩水电站正常蓄水位630.00m，死水位590.00m，水库总库容64.51亿m^3，调节库容29.02亿m^3，死库容26.62亿m^3。电站装机容量3000MW（5×600MW），保证出力746.4MW，多年平均年发电量96.82亿kW·h。

枢纽工程由混凝土双曲拱坝、坝身泄水孔口及下游水垫塘和二道坝、左岸泄洪洞和通航建筑物、右岸地下引水发电系统等组成。构皮滩水电站工程主要特性见表1。

表1　构皮滩水电站工程主要特性

项目			数量及特性	备注
水文		控制流域面积(km^2)	43250	
水文		多年平均流量(m^3/s)	716	
水文		设计洪水流量(m^3/s)	27900	$P=0.2\%$
水文		校核洪水流量(m^3/s)	35600	$P=0.02\%$
水库		正常蓄水位(m)	630.00	
水库		死水位(m)	590.00	
水库		防洪限制水位(m)	626.24(628.12)	6月、7月(8月)
水库		设计洪水位	632.89	$P=0.2\%$
水库		校核洪水位(m)	638.36	$P=0.02\%$
水库		总库容(亿m^3)	64.51	校核洪水位以下
水库		防洪库容(亿m^3)	2.0～4.0	
水库		调节库容(亿m^3)	29.02	正常蓄水位至死水位
工程效益		装机容量(MW)	3000	
工程效益		保证出力(MW)	746.4	
工程效益		多年平均年发电量(亿kW·h)	96.82	
工程效益		年利用小时数(h)	3227	
主要建筑物	拦河大坝	坝型	混凝土双曲拱坝	抛物线形
主要建筑物	拦河大坝	地基特性	灰岩	
主要建筑物	拦河大坝	地震基本烈度(度)	Ⅵ	大坝设计、校核地震基岩峰值加速度分别为0.116g和0.148g
主要建筑物	拦河大坝	坝顶高程(m)	640.50	

续表

项目			数量及特性	附注
主要建筑物	拦河大坝	最大坝高(m)	230.50	
		坝顶长度(m)	552.55	上游面弧长
	泄洪设施	表孔(宽×高,m×m)	12×13	6孔
		中孔(宽×高,m×m)	7×6	7孔
		放空底孔(宽×高,m×m)	3.8×6	2孔
		泄洪洞(宽×高,m×m)	10×9	1条
	厂房	型式	地下	
		主厂房尺寸(长×宽×高,m×m×m)	230.45×27×73.32	
		型式	三级垂直升船机	
	通航建筑物	通航规模(t)	500	
		年单向通过能力(万 t)	149.4	

构皮滩水电站项目法人为贵州乌江水电开发有限责任公司；运行单位为贵州乌江水电开发有限责任公司构皮滩发电厂；设计单位为长江勘测规划设计研究有限责任公司；主要施工单位为贵州构皮滩电站葛闽联营体、中国水利水电第八工程局有限公司、贵州构皮滩工程八九联营体、江南水利水电工程公司、中国水利水电第十四工程局、中国水利水电第八工程局基础分局。

2 工程设计

2.1 勘察设计概况

构皮滩水电站勘察设计工作始于20世纪80年代。1981年，长江水利委员会开始对构皮滩水电站进行勘察。

1989年，国家计划委员会以计国土〔1989〕502号文批复了《乌江干流规划报告》，同意“乌江干流梯级开发方案可按普定、引子渡、洪家渡、东风、索风营、乌江渡、构皮滩、思林、沙沱、彭水十个梯级考虑”。

1991年10月，能源部以能源水规〔1991〕989号文批复了《贵州乌江构皮滩水利枢纽可行性研究报告》(相当于现在的预可性研究报告)。

2002年6月，中国水电顾问有限公司以水电顾水工〔2002〕0039号文下发了《贵州乌江构皮滩水电站可行性研究报告》(等同初步设计)的审查意见。

2003年初，国家发展计划委员会以计基础〔2003〕76号文批复了《构皮滩水电站项目建议书》。

2003年10月，国家发展和改革委员会以发改能源〔2003〕1451号文批准了《乌江构皮滩水电站可行性研究报告》。

2005年11月，国家发展和改革委员会办公厅在发改能源〔2005〕2354号文明确构皮滩水电站通航建筑物与电站同期建设、同期发挥效益。

2008年6月，水利部水利水电规划设计总院以水电规水工〔2008〕22号《关于印发贵州乌江构皮滩水电站可行性研究通航建筑物专题报告审查意见的函》下发了审查意见。

2.2 建设过程

2003年11月8日，构皮滩水电站主体工程正式开工建设(图1)；

2004年11月16日，大江截流(图2)；

2005年10月17日，坝体混凝土开始浇筑，2009年11月浇筑至坝顶；

2007年5月，通航建筑物第一级升船机及上游引航道工程开工建设；

2009年7月31日，首台机组投产发电(图3)；

2009年12月29日，五台机组全部投产发电；

2021年6月22日，通航工程正式投入试运行。

图1　构皮滩水电站开工

图 2　构皮滩水电站截流合龙

图 3　构皮滩水电站首台机组投产发电

2.3 枢纽布置

枢纽工程由大坝、泄洪消能建筑物、电站厂房、通航建筑物等组成。河床布置混凝土双曲拱坝，坝身表孔、中孔泄洪，坝下水垫塘消能；左岸布置一条泄洪洞、通航建筑物；右岸布置引水式发电系统。枢纽平面布置见图4。

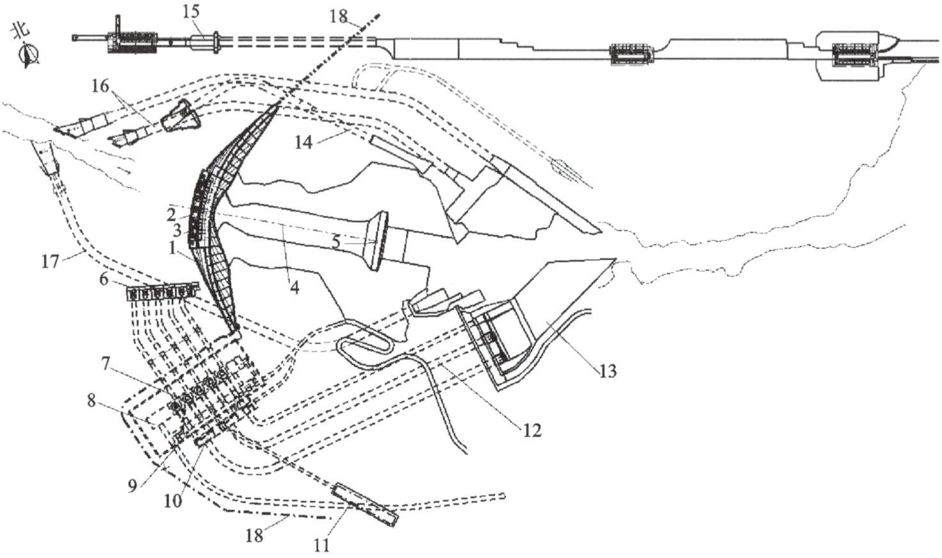

图4 构皮滩水电站枢纽平面布置图

1—拱坝；2—表孔；3—中孔；4—水垫塘；5—二道坝；6—电站进水口；
7—主厂房；8—安装场；9—主变洞；10—尾调压室；11—地面开关站；12—尾水隧洞；
13—尾水渠；14—泄洪洞；15—通航建筑物；16—左岸导流洞；17—右岸导流洞；18—防渗帷幕线

2.4 工程等别及设计标准

枢纽工程为Ⅰ等工程，大坝、泄洪建筑物、电站厂房及通航隧洞挡水闸首等建筑物为1级建筑物，消能防冲建筑物、升船机闸首、船厢室、中间渠道等为3级建筑物，下游导航墙、靠船墩、隔流堤等为4级建筑物。大坝、泄水建筑物、电站进水口挡水部分和通航建筑物挡水部分的洪水标准按500年一遇洪水设计，5000年一遇洪水校核；电站厂房按200年一遇洪水设计，1000年一遇洪水校核；消能防冲建筑物的设计洪水标准按100年一遇洪水设计。

坝址地震基本烈度为Ⅵ度，大坝抗震设防类别为甲类，其水平向设计地震和校核地震加速度代表值分别为0.116g和0.148g；其他建筑物抗震设防类别为乙类，其水平向设计地震加速度代表值为0.062g。

2.5 主要建筑物简介

(1)大坝

拦河大坝采用抛物线形混凝土双曲拱坝，坝顶高程640.50m，河床建基面高程

410.00m，最大坝高 230.5m。坝顶长度 552.55m，弧高比 2.40。拱冠顶厚 10.25m，底厚 50.28m，厚高比 0.216，拱端最大厚度 58.43m。大坝上游展示见图 5。

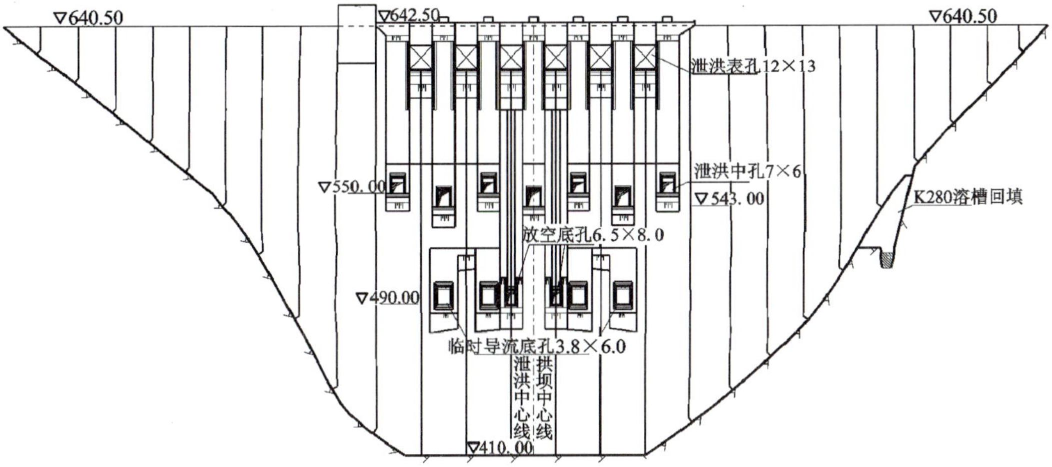

图 5　构皮滩水电站大坝上游展示图(单位:m)

(2)坝身泄洪建筑物

工程泄洪以坝身泄洪为主，共设 6 个泄洪表孔、7 个泄洪中孔、2 个放空底孔及 4 个临时导流底孔。

表孔堰顶高程 617.00m，孔口尺寸 12m×13m(宽×高，下同)，跨横缝布置，表孔中心线与坝段分缝线重合。中孔布置于表孔闸墩下方，在平面上沿泄洪轴线与表孔相间布置，其中心线与表孔闸墩中心线重合。中孔控制断面尺寸 7m×6m，1 号、3 号、5 号、7 号孔为平底板，进口底高程均为 550.00m，2 号、6 号孔出口挑射角为 25°，进口底高程均为 543.00m，4 号孔出口挑射角为 10°，进口底高程 546.00m。放空底孔控制断面尺寸 3.8m×6m，临时导流底孔(已封堵)控制断面尺寸 6.5m×8m，各底孔进口底高程均为 490.00m。

(3)水垫塘及二道坝

大坝下游设人工水垫塘，作为坝身泄洪水流的主要消能区。水垫塘由底板、二道坝、左右岸贴坡式边墙及透水护坦段组成，采用封闭帷幕和抽排水的结构型式。水垫塘体长度 330m，最小宽度 70m，底板高程 412.00m。二道坝与下游 RCC 围堰结合布置，顶高程 444.5m。二道坝后为透水护坦。

(4)泄洪洞

泄洪洞采用有压洞接明流隧洞的型式，平面上转弯布置，自进口至挑流鼻坎全长 602m。进口底高程 550.00m，事故闸门孔口尺寸 7m×16m，圆形有压隧洞直径 12m，工作闸门控制断面尺寸 10m×9m，无压洞为城门洞形，断面尺寸 10m×15m，出口明渠段边墙高度 11.5m，下接挑流鼻坎及预挖冲坑。

(5)电站建筑物

电站厂房为首部式地下厂房，共安装 5 台 600MW 水轮发电机组，主要建筑物包括引水渠、进水塔、引水隧洞、主厂房、主变洞、尾水隧洞、调压室、尾水平台、尾水渠、开关站、交通洞及通风洞等。

引水隧洞采取一机一洞，为圆形断面，最大内径 9.5m。主厂房、主变洞和调压室三大洞室平行布置，主厂房最大开挖尺寸 230.45m×27m×73.32m，主变洞长 207.10m。尾水隧洞在调压室后采用两机一洞及一机一洞联合布置，其中 1 号机组、2 号机组及 3 号、4 号机组分别共用尾水隧洞，5 号机组单机单洞。

(6)通航建筑物

通航建筑物级别为Ⅳ级，通行 500 吨级船舶，最高通航水头 199m，位于左岸煤炭沟至野狼湾一线，由上、下游引航道，三级钢丝绳卷扬垂直升船机和两级中间渠道组成，线路总长 2306m。

第一级升船机布置在上游水库内，用于适应 590～630m 的通航水位变幅，采用船厢下水的型式，逆向运行，最大提升高度 47m，下游采用通航隧洞穿越坝肩高耸山体；第二级升船机位于大园沟上游侧宽缓台地处，采用全平衡钢丝绳卷扬式垂直升船机，工作升程为 127m；第三级升船机布置在马鞍山左侧拦河槽沟出口处，用于克服第二级中间渠道与下游航道之间最大 79m 的水位落差，采用船厢下水式升船机，以适应其下游水位变幅大、变率快的运行特点。两级中间渠道均设有可供船舶迎向运行的错船段，各级升船机可独立运行。通航建筑物实景见图 6。

图 6　通航建筑物实景

3 工程特点及科技创新

构皮滩水电站坝址区属窄河谷地形，地质构造复杂。坝基与厂房区岩溶强烈发育，5 个大型岩溶系统特征各异且规模巨大。消能区下游、导流洞及尾水洞主要穿越地层为黏土岩和砂页岩等软岩。复杂的地质条件对工程设计及建设提出了巨大挑战，在设计及施工过程中遇到了一系列技术难题，在 10 余年的工程设计过程中经过不断探索和自主技术创新研发，取得了多项技术创新。

3.1 特高双曲拱坝设计技术创新

构皮滩水电站位于复杂岩溶地区，大坝为混凝土抛物线形双曲拱坝，最大坝高 230.5m，厚高比 0.216。根据工程条件，在总结和借鉴国内外拱坝设计经验的基础上，通过技术攻关首次提出了“多约束、多方法、多因素”拱坝体形综合比较的系统设计方法，成功设计出体形良好、结构安全的混凝土特高双曲拱坝；中孔弧门闸墩、表孔大梁、坝基固结灌浆等部位采用新工艺和新方法施工。

1）提出“几何、应力、稳定约束条件控制体形，多程序、多方法对比优选体形，多因素综合比较确定体形”拱坝设计系统方法（图 7），科学系统地规范了拱坝体型设计流程，克服了坝基岩溶发育、基础岩性不均一、坝身开孔率高且孔口大、施工期未封拱坝段悬臂高度大等不利条件，成功设计并建成了国内岩溶地区最高的混凝土双曲拱坝。运行 10 多年来的监测数据表明，坝体性态正常。

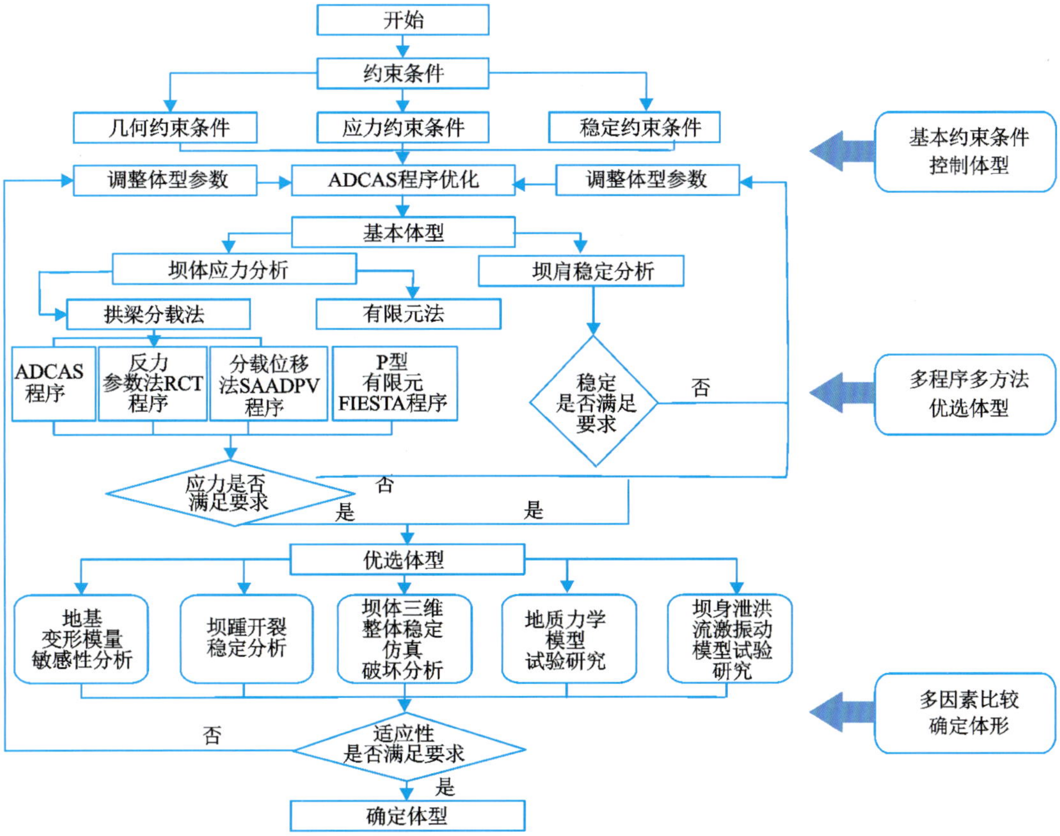

图 7　拱坝体形设计流程

2)首次采用水泥基渗透结晶材料涂刷方式封闭基岩表层裂隙,结合"浅层多序加密、深层分级升压"灌浆措施(图8),创造了具有封闭条件的完全裸岩无盖重固结灌浆新方法,使得坝基裸岩固结灌浆压力可达1MPa、岩体声波波速提高8%以上。该工法解决了大坝建基岩体在无盖重条件下因裂隙发育而导致灌浆压力迅速释放、灌浆效果不好的问题,避免了常规固结灌浆与大坝混凝土施工相互干扰的矛盾,不仅有利于大坝混凝土温控与防裂,而且缩短了工程直线工期。

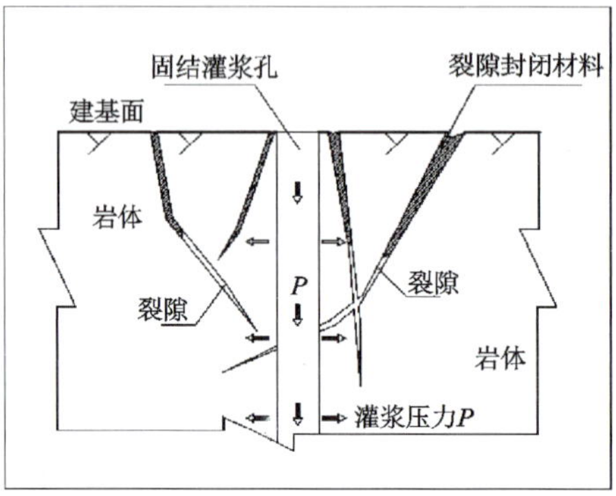

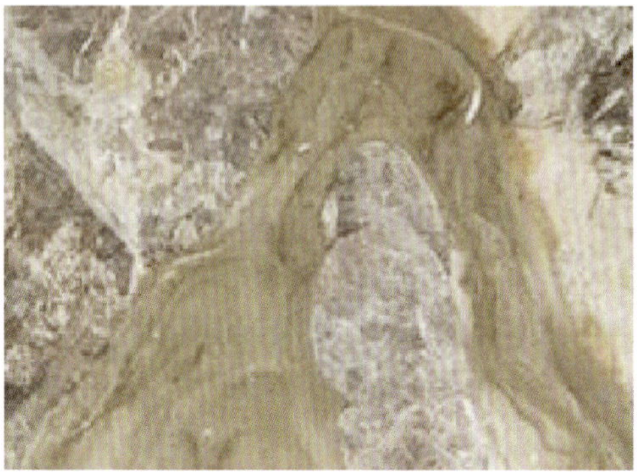

图8　水泥基渗透结晶材料封闭基岩裂隙方式无盖重灌浆

3)中孔弧门在正常蓄水位下总推力高达53000kN。中孔下游闸墩采用自主研发的"预埋钢管和分束管座成孔、单根穿索、真空灌浆"新式分束"U"形预应力锚索进行加固(图9、图10),使锚索受力均匀、预应力损失小、施工方便。这不仅成功解决了中孔弧门闸墩的安全问题,而且缩短工程直线工期。

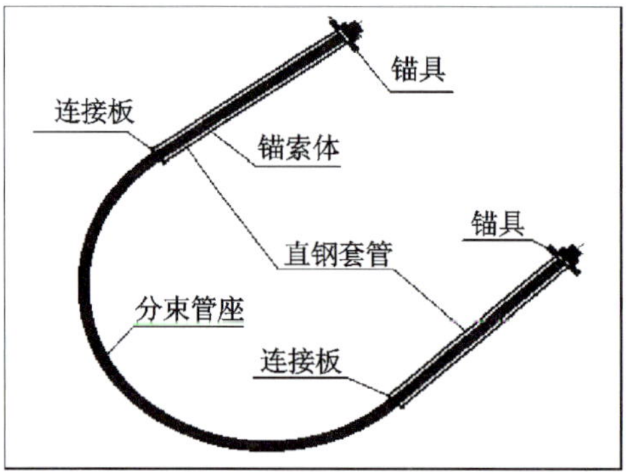

图9　分束"U"形锚索结构示意图

图10　分束管座横断面图

4)为提高坝顶整体性和坝体抗震能力,表孔跨孔部位于拱坝体形轮廓线附近以连接深梁相连。为解决相邻坝段不同步施工影响连接大梁施工的难题,表孔顶部跨缝连接大梁开创性地采用"跨中留宽槽、后期填混凝土"的新型连接方式。

3.2　双曲拱坝泄洪消能设计技术创新

构皮滩拱坝坝身最大泄量25840m³/s,坝身最大泄洪功率37940MW,均居国内外已建双曲拱坝前列。坝址河谷狭窄，枯水期水面宽度30～60m，设计、校核洪水水面宽仅140～150m；坝下游200m范围以外为黏土岩和页岩，抗冲能力低，下游防护压力大。“高水头、大泄量、窄河谷、软基础”的矛盾十分突出。经深入研究和一系列模型试验，提出了“坝身表、中孔泄洪，坝下水垫塘消能，岸边泄洪洞辅助泄洪”的方案，成功解决了构皮滩双曲拱坝泄洪消能难题，为高拱坝大泄量泄洪消能开辟了新途径。

1)按照“分散水舌、控制碰撞、分区消能”的原则，提出了“表孔不对称扩散加分流齿、中孔差动式布置、坝下封闭抽排水垫塘、泄洪道辅助泄洪”的综合泄洪消能方案，即坝身设6个孔口尺寸为12m×13m的表孔和7个孔口尺寸为7m×6m的中孔、左岸边设1条孔口尺寸为10m×9m的泄洪洞进行泄洪，坝下设水垫塘消能。表中孔平面布置见图11。

2)采用“表孔不对称扩散加分流齿”体形(即2个边表孔不对称扩散并设置分流齿分散水流，见图12)，实现了水舌横向扩散且不干砸岸坡的目的。

3)提出“进口大差动、出口小差动”的中孔布置型式(即7个中孔进口对称错层布置、出口采用不同挑角使水流纵向拉开，见图13)，既实现了中孔不同挑角纵向拉开水舌的目的，又有利于闸门和启闭、检修设施布置，同时使7个中孔布置总体高差不大(相差7m)，有利于施工。

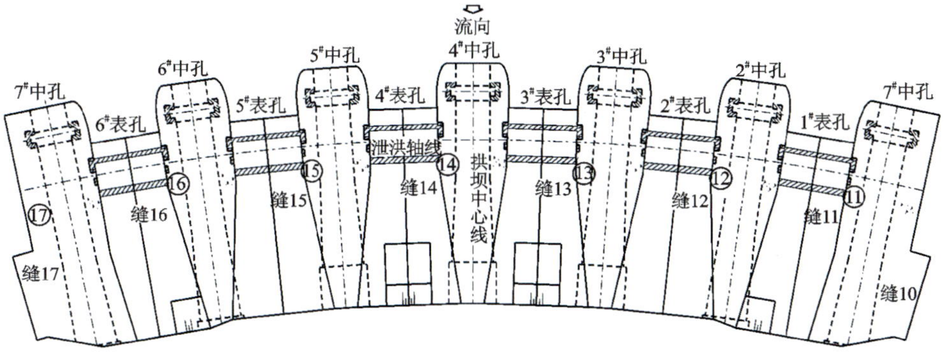

图11　表中孔平面布置

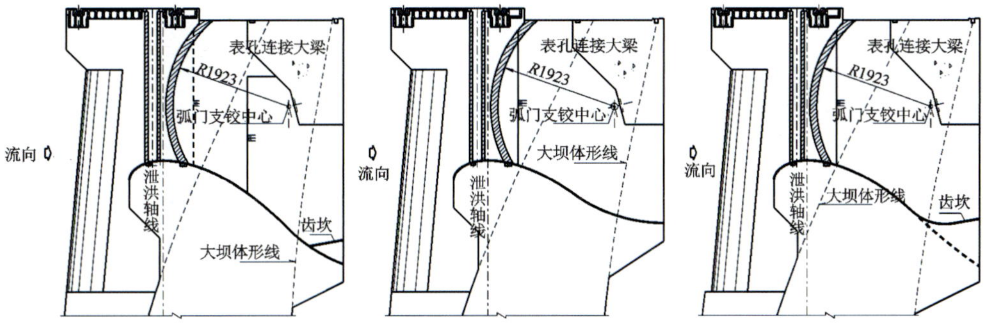

图12　表孔剖面(单位:cm)

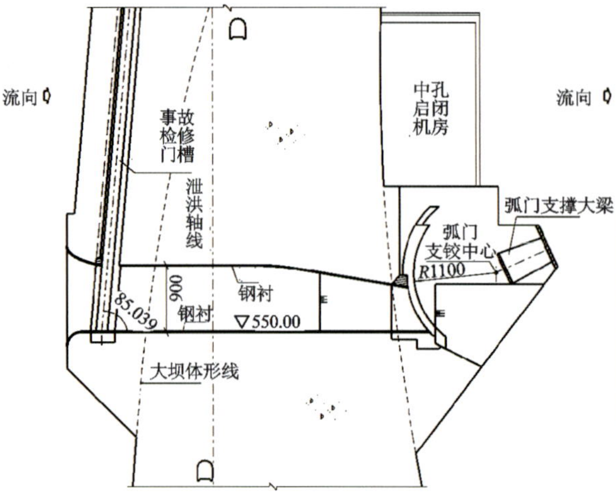

图 13　中孔剖面(高程:m,尺寸:cm)

4)通过水工模型试验,验证了水垫塘能均化水流,水体消能充分,二道坝下游水力衔接平顺,未见水舌干砸边坡;水垫塘底板最大冲击动水压力 6.5×9.81kPa,远小于规范规定的 15×9.81kPa。2014 年 7 月,泄洪消能设施经历了泄量 13000m^3/s 的泄洪考验,完好无损。

3.3　地下电站设计技术创新

构皮滩电站地下洞室群错落分布、规模庞大,其中地下厂房洞室开挖尺寸为 230.45m×27m×73.32m(长×宽×高);调压室开挖尺寸 158m×19.3m×113.25m(长×宽×高)。受地质条件限制,地下电站主洞室群布置紧凑,岩柱厚度与大洞室开挖跨度比最小仅 1.1,与大洞室高度比 0.41。构皮滩枢纽区规模最大的岩溶系统——W24 贯穿整个引水发电系统 22 条主要洞室(图 14、图 15)。W24 岩溶系统的特征为:岩溶空腔体积 12.3 万 m^3,岩溶管道最大断面 380m^2,主管道水平展布长度超过 520m,高差超过 130m,汛期最大来水量 7000m^3/d,突发涌泥超过 3000m^3/次。

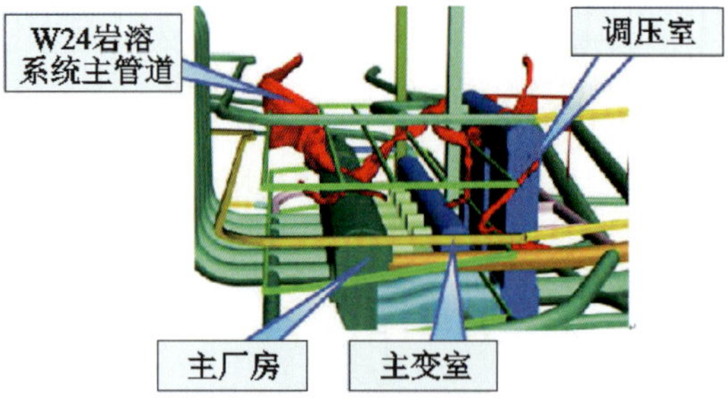

图 14　W24 岩溶下统三维空间分布

图 15　W24 岩溶系统实景

在工程设计中,研究提出了如下创新技术:

1)提出了“精细布置、规避风险、强锚快锚、护腰固脚”等设计理念,解决了复杂岩溶地区大型地下电站设计与施工中围岩稳定控制的关键问题,成功建成了国内外岩溶发育地区规模最大、洞间岩柱最薄的地下电站。

2)提出了“围压固壁、外排内导”的设计思想,降低了高边墙地下洞室围岩内的水位,保证了调压室运行中结构安全和围岩稳定,在复杂岩溶地区建成国内外同期高度最大(113m)的调压室,为岩溶发育地区修建大跨度、高边墙充水建筑物提供了新思路。

3)针对贯穿整个地下厂房的W24岩溶系统地下水处理,提出了“高高程拦截、中高程自流、低高程抽排”的分高程控制排水降压新方法,解决了复杂岩溶条件下防渗帷幕的安全问题,有效防止了岩溶地下水穿越防渗帷幕进入地下厂房,确保了地下厂房安全。W24岩溶排水方案剖面见图16。

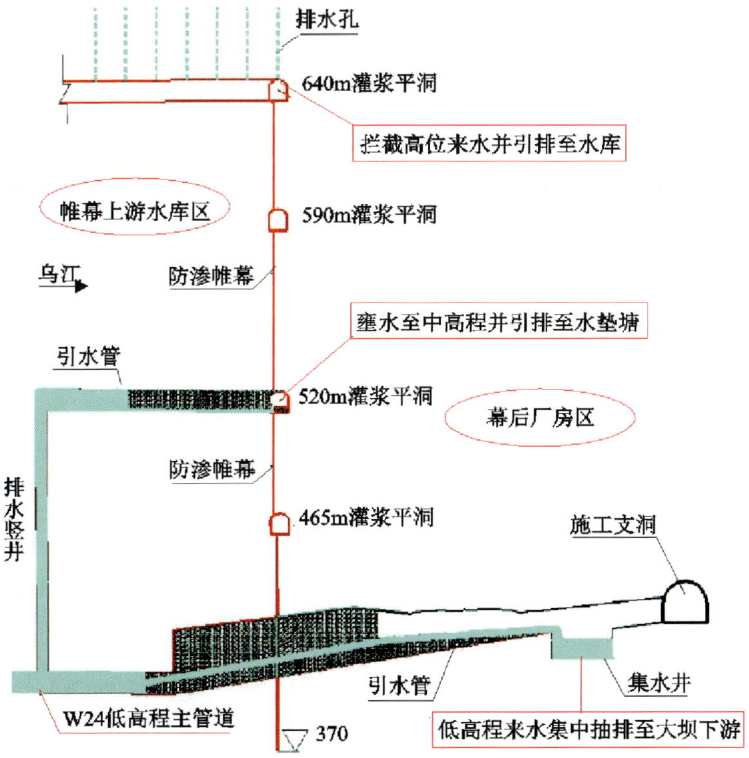

图16 W24岩溶排水方案剖面

实际监测结果表明,构皮滩水电站地下厂房围岩变形已经收敛,支护结构受力正常,工程安全可靠。

3.4 通航建筑物设计技术创新

构皮滩通航建筑物是目前世界上通航水头最高、水位变幅最大,也是唯一的一座布置在拱坝枢纽中的大型通航建筑物。通航建筑物布置于枢纽左岸,首次采用“三级垂直升船机+复合式航道”的组合式通航建筑物型式。由于工程条件的特殊性,带来了一系列技术难题,技术方案在诸多领域进行了创新和突破,创下通航总水头、单级提升高度、主提升设备规模等多项技术指标的世界之最。

1)建立了峡谷地区大型高坝枢纽通航建筑物过坝新技术，包括提出了上游下水式新型垂直升船机，首创过坝通航隧洞设计方法(图 17)，发展了通航建筑物分级布置技术。研究提出的三级垂直升船机布置方案，较好地适应了工程技术特点、自然条件和建设要求，最大限度地减少了对枢纽工程建设和运行的影响，攻克了复杂环境和运行条件下 200m 级超高水头通航建筑物布置难题。

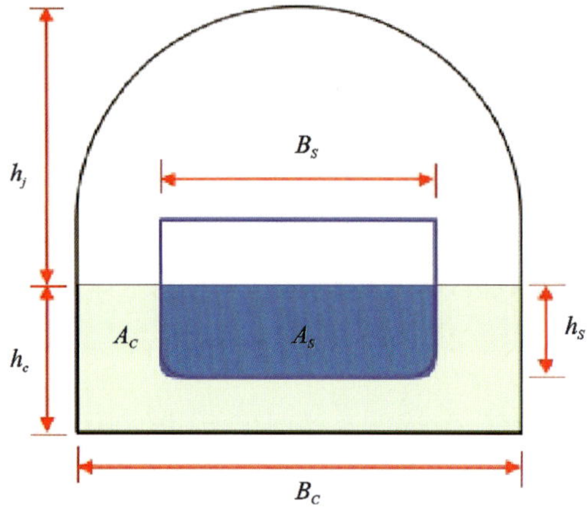

$$
\begin{cases}
n_d=\dfrac{n}{N}\\
V_{min}=\dfrac{L_d+\Sigma_i^{nd}=1L_i+\Sigma_{i=1}^{nd-1}D_i}{3600\tau}\\
A_C=\dfrac{A_S}{1-\dfrac{3V_L^{1/3}}{2^2\sqrt{gh}}+\dfrac{V_L^2}{2gh}}\\
A_C=\dfrac{A_S}{1+4\left(\dfrac{V_L^2}{8gh}\right)-3\left(\dfrac{V_L^2}{8gh}\right)^{1/3}}
\end{cases}
$$

图 17　通航隧洞优化断面尺度确定方法

2)创建了超高扬程垂直升船机与大型通航渡槽变形控制成套技术，包括研发了“疏桩筏板基础＋分层强约束”塔柱结构新型式，解决了极软岩地基上超高扬程垂直升船机变形控制难题；提出了“风震协调、地震分离”的渡槽与升船机塔柱连接技术及变形协调设计方法(图 18)，保障了大型高架渡槽与超高扬程升船机塔柱工作协同和运行安全。

图 18　渡槽与升船机塔柱变形协调分析三维模型

3)研发了“分层定向透水式隔流堤＋交错式导流墙”引航道布置新技术(图 19)，解决了峡谷河段复杂流态条件下的引航道口门区水流控导难题。通过在引航道口门段透入部分水流并控制透水方向和透水率，可在不恶化引航道内表面流态的前提下降低口门区流速梯度，达到减小口门区横向流速、挤压回流的效果，结合交错式导流墙布置，有效改善了下游引航道口门区及连接段通航水流条件。该技术在峡谷河段通航建筑物设计领域具有广泛的应用前景。

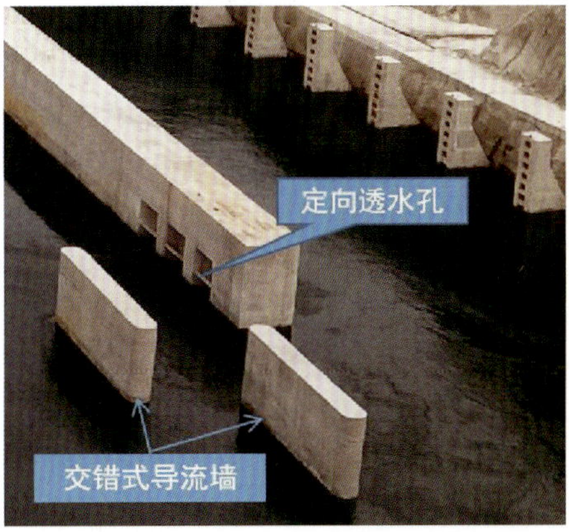

图 19　“分层定向透水式隔流堤＋交错式导流墙”水流控导技术

4）首次提出基于主提升机减速器疲劳等效载荷最小化的下水式升船机平衡重总重以及相应的主提升机额定提升力计算方法（图 20、图 21）。通过平衡重重量和主提升机提升力的优化设计，降低了减速器的制造规模和难度，突破了 500 吨级下水式升船机设计和制造的瓶颈。

平衡重总重的确定方法：

$$W_{cm}=\frac{\gamma W_S-P_2+\sqrt[P-1]{2n_S}(W_t+P_1)}{1+\sqrt[P-1]{2n_S}}$$

主提升机额定提升力的计算方法：

$$F_e=\left(\frac{(W_t-W_{cm}+P_1)^P+2n_S(W_c-\gamma W_S+P_2)^P}{2n_S+1}\right)^{\frac{P}{1}}$$

图 20　确定平衡重总重和主提升机额定提升力的计算方法

图 21　大模数齿轮试件

3.5　岩溶处理技术创新

构皮滩坝址区岩溶强烈发育，5 个大型岩溶系统的特征各异（形态不同、充填物及充填程度不同）、规模巨大（体积大于 1 万 m^3 的有 10 个）、边界条件不清。岩溶直接影响高拱坝安全及地下洞室围岩稳定，岩溶处理是构皮滩工程设计中的最主要技术问题之一。工程设计中提出了岩溶风险评估及分级处理等新理念，实现了岩溶处理从定性到定量的跨越。

1）以模糊理论为基础构建一种线性隶属函数 $f(x)=\sum(a_i\times x_i)$，对复杂岩溶的风险进行评估，遴选出主要风险因子 x_i 并据经验给出不同因子的权重系数 a_i 及评分标准，按计算的风险分值及其隶属区间将岩溶危险性划分为高、中、低 3 种风险等级（表 2），同时系统总结并提出“不同风险等级的岩溶采用不同处理标准”的岩溶分级处理体系。

表 2　　岩溶危险性影响因子及其权重赋值标准

评价因子 x	权重系数 a_i	因子评分标准 x_i	赋分 M
岩溶距离建筑物最小距离 A	0.3	大于 100m 且与主体建筑物无直接联系（A1）	0～0.33
		介于 50～100m，或者距离超过 100m 但可能与主体建筑物相通（A2）	0.33～0.67
		与主体建筑物的最小距离不足 50m（A3）	0.67～1
岩溶所处高程 B	0.25	岩溶所处的高程位于正常蓄水位以下 50m 以内（B1）	0～0.33
		岩溶所处的高程位于正常蓄水位以下 50～100m（B2）	0.33～0.67
		岩溶所处的高程位于正常蓄水位以下 100m 以上（B3）	0.67～1
岩溶与水库连通性 C	0.20	岩体渗透（C1）	0～0.33
		裂隙连通（C2）	0.33～0.67
		岩溶管道连通（C3）	0.67～1
岩溶规模 D	0.15	直径小于 50cm 的微小溶蚀裂隙（D1）	0～0.33
		直径介于 0.5～2m 的岩溶且体积小于 $1000m^3$（D2）	0.33～0.67
		直径超过 2m 或体积超过 $1000m^3$（D3）	0.67～1
岩溶充填类型 E	0.10	充泥（E1）	0～0.33
		充砂（E2）	0.33～0.67
		过水或者完全空腔（E3）	0.67～1

按照风险评估结果，将岩溶风险分为三类，具体标准如下：$f(x)=0\sim0.33$，属于低风险岩溶；$f(x)=0.33\sim0.67$，属于中等风险岩溶；$f(x)=0.67\sim1.00$，属于高风险岩溶。

2）岩溶系统穿越引水发电系统 22 条洞室，岩溶为影响厂房地下洞室围岩稳定的主要因素。为此，研究提出了根据洞周围岩塑性区确定岩溶处理范围，以及“分界、分层、分序”的岩溶处理新技术，实现了岩溶处理从定性到定量的跨越。

3）坝基右岸拱座持力部位发育的大型溶槽 K280 对拱坝安全影响显著。为此，采用“立体分层、平行追踪”的方式进行溶洞追挖、“分序、分期”混凝土置换等溶洞处理集成技术，成功消除了坝肩特大溶洞对拱坝安全的影响。

3.6　水轮机设计技术创新

构皮滩水电站是西电东送主力调频调峰电站，机组启停频繁、负荷变化范围大，既要求水轮机最优点效率高又要求高效率圈宽（这两点要求往往难以同时满足）。为此，通过一系列创新研究和模型试验，成功设计研制出调频调峰性能良好的 200m 水头段水轮机新型叶片及转轮现场组焊新工艺等国际领先的科技成果。

1)使用具有创新性的旬电力电量平衡加权因子评估法,使水轮机加权因子(表3)实现量化计算,代替过去定性分析加权因子,提高了基于电站运行方式约束条件下的电站动能特性描述精度及水轮机面向电站特性开发的针对性。

表3　水轮机加权因子分布　(单位:%)

水头(m)	功率						合计
	50%Pr	60%Pr	70%Pr	80%Pr	90%Pr	100%Pr	
144	0	0	0.86	1	2.8	4.2	8.86
175.5	1	1.8	3.2	6.71	6.4	4.4	23.51
186.15	2.28	2.94	6.45	15.53	15.90	7.25	50.35
200	1.05	1.23	1.35	5.34	6.96	1.35	17.28
合计	4.33	5.97	11.86	28.58	32.06	17.2	100

2)首次采用水轮机参数与电站参数匹配法,提出构皮滩水轮机采用高效及大负荷变化的水力开发目标,实现600MW大容量机组调频调峰运行方式。该水轮机的水力性能参数在国内外200m水头段水轮机中达到最高水平,促进了调频调峰水轮机设计开发技术的发展和进步。

3)水轮机采用特殊的蜗壳鼻端、无倾斜进水边且下环处叶片背面大曲率弯曲反向"S"形转轮的创新型设计,其模型最高效率95.17%、模型加权平均效率93.75%、压力脉动幅值小于5%,反向"S"形叶片更适合高效稳定同时兼顾调频调峰运行方式。反向"S"形叶片与一般"X"形叶片见图22、图23。

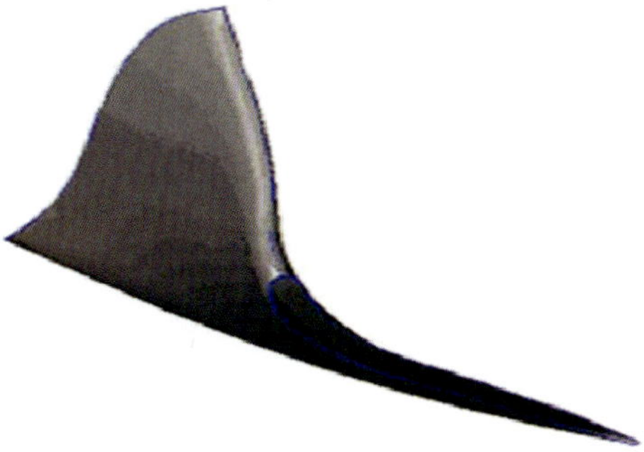

图22　构皮滩反向"S"形叶片

图23　一般"X"形叶片

4)创造了上冠直切3块、分件分瓣数量最多的转轮现场组焊加工先例,水轮机运行稳定,转轮无裂纹。该项技术为大型水轮机转轮的运输、现场制造和安全稳定运行提供了可靠保证。

3.7　导截流设计技术创新

构皮滩导流设计流量达13500m³/s,导截流工程规模大。设计研究提出了以下创新技术，拓展了导截流工程设计思路。

1)首次通过上游梯级防洪库容联合调度研究，利用上游乌江渡水库预留5.5亿m^3防洪库容以削减构皮滩水电站施工导流设计洪峰流量，构皮滩水电站导流洞数量由可研阶段的4条减少至3条，从而节省直接工程投资2亿元。

2)导流隧洞穿越的韩家店黏土岩岩性软、易风化、厚度大，成洞条件差。为此，研究提出了平底马蹄形、薄钢筋混凝土衬砌(1.0～2.2m)结构，明显改善了围岩和衬砌的应力状况，且方便施工。在软岩段开挖过程中，运用新奥法理论并结合分层开挖、围岩固结灌浆、喷锚支护、钢支撑及围岩排水等技术手段，成功在厚软岩地层(连续厚度最大126m)建成了开挖断面达17.6m×20.9m(宽×高)的超大断面导流隧洞。

3)通过研究合理的下闸程序和修建临时堵头解决了高洞永久堵头施工期上游挡水问题，从而取消了导流洞高洞进水塔及闸门，突破了导流隧洞堵头施工靠进水塔下闸挡水的常规方法。

4 运行情况

4.1 运行监测情况

构皮滩大坝为我国岩溶地区最高双曲拱坝。截至2021年10月，监测数据表明大坝运行正常，变形、渗压、渗流等监测成果均在设计值以内。实测坝体径向变形符合一般变形规律，坝顶径向最大累计位移为25.7mm，发生在拱冠梁部位(14#坝段)，坝基径向最大水平位移为5.9mm(14#坝段)，坝基最大垂直位移2.1mm(12#坝段)。

2014年7月，泄洪消能设施经历了泄量13000m^3/s的泄洪考验，大坝泄洪历时90h，总泄量15亿m^3，闸门操作60次。监测数据和汛后检查情况显示，坝身孔口运行情况良好，泄洪水流消能充分，泄洪消能建筑物均完好无损。

电站厂房各部位的多点位移计、锚杆应力计、锚索测力计等测值稳定，未见异常变化。洞室围岩实测最大累计位移21mm，主要发生在施工开挖期间，开挖结束后已趋于稳定，目前变化趋势平稳。

监测表明，水轮机机组运行稳定，振动、摆度、瓦温等关键技术指标优于行业标准。

工程自2008年12月蓄水，运行10余年来，主要建筑物均运行正常。2013年，被中国电力建设企业协会授予“高质量等级优质工程”称号。

4.2 综合效益

构皮滩工程的系列设计优化、技术创新及新材料的应用，节约直接工程投资4.5亿元以上，提前发电创造直接经济效益约 23.41 亿元（提前工期发电量 83.91 亿 kW·h），水轮机设计创新后每年多创造经济效益约 0.2 亿元（每年可多获 7250 万 kW·h 电量），电站多年平均年发电量 96.82 亿 kW·h，经济效益显著。

构皮滩水电站环境保护效益显著，每年提供的清洁电能相当于每年减少 509 万 t 标准煤消耗，减少二氧化硫排放 7.4 万 t，减少烟尘排放 133 万 t，减少废渣排放 202 万 t。构皮滩水电站对于保障我国能源安全和经济社会可持续发展贡献巨大。

水库蓄水形成 136km 的深水航道，为贵州主要的水路交通，极大改善了山区交通条件，促进了库周地区航运经济发展，有力融入了长江经济带，改善了当地人民生活。构皮滩水库与乌江其他梯级水库联合运用，形成乌江干流中下游总体防洪体系，降低长江中下游防洪压力，对保障长江中下游人民安居乐业起到重要作用。

电站注重环保，强调建筑与自然环境和人文环境相协调，实现了人水和谐。水库蓄水后，库区景观堪称“乌江画廊”，已成功申报江界河国家级风景名胜区和飞龙湖国家湿地公园，带动了当地旅游业发展。

4.3 主要荣誉

目前，构皮滩水电站工程设计已获得 2015 年全国优秀水利水电工程勘测设计金质奖、2015 年 FIDIC 纪念奖、2014 年水力发电科学技术二等奖、2012 年湖北省优秀工程设计将一等奖、2011 年湖北省科学技术进步奖二等奖、2010 年贵州省科学技术进步奖一等奖、2008 年全国优秀工程咨询成果一等奖等多项省部级奖励。工程部分研究成果已写入《混凝土拱坝设计规范》(SL 282—2018)、《水工混凝土结构设计规范》(SL 191—2008)、《升船机设计规范》(SL 660—2013)、《水工设计手册(第 2 版)》等多部规范及专著，研发《一种分束 U 形预应力锚索》《混流式水轮机反向 S 形转轮》等多项发明及实用新型专利技术，发表论文 100 多篇。

构皮滩工程是我国岩溶地区建成的典范水电工程，极大提升了岩溶地区建坝技术水平。研究取得的创新成果，推动了高拱坝设计、地下洞室、岩溶处理、水轮机、导截流等相关理论水平的提高，对类似工程具有极大的推广与应用价值。

撰稿/熊堃、夏传星、陈小虎、胡中平

乌江彭水水电站

▲ 彭水水电站

彭水水电站位于乌江干流下游，为乌江干流开发的第 10 个梯级。本工程为 Ⅰ 等工程，水电站总装机容量 1750MW，是重庆市有史以来最大的能源建设项目。电站位于重庆市彭水县城上游 11km，距河口涪陵 147km，距重庆市的直线距离约 170km。它承担了重庆电网的调峰、调频和事故备用任务，是重庆电网的骨干支撑电源；同时与上游的构皮滩、乌江渡等大型防洪水库联合运用，配合三峡水库对长江中下游防洪。工程的开发任务为以发电为主，其次是航运、防洪及其他综合利用。

1 工程概况

1.1 建设背景

乌江是长江上游右岸的最大支流，流域涉及云南、贵州、湖北、重庆 4 个省（直辖市），总面积 87920km^2。乌江干流全长 1037km，总落差 2124m，多年平均流量 1300m^3/s。

乌江干流水量丰沛，天然落差大，水能资源丰富，开发条件优越，是我国重要的水电基地，也是贵州腹地联络重庆和长江中下游的重要交通航道。乌江洪水是长江洪水的来源之一。为开发乌江水能、改善乌江航运条件和配合长江中下游防洪，1987 年长江流域规划办公室（简称“长办”，即水利部长江水利委员会）与贵阳勘测设计院共同编制完成了《乌江干流规划报告》，推荐乌江干流 11 级开发方案，并将其中开发条件好且有较好前期工作基础的洪家渡、构皮滩和彭水水电站列为近期开发工程。1988 年水利部对干流规划报告进行了审查，并以水规〔1988〕58 号文将审查意见上报国务院，1989 年国家计划委员会以计国土〔1989〕502 号文对审查意见进行了批复，主要批复意见为：①乌江干流水资源开发以发电为主，其次为航运，兼顾防洪、灌溉等任务；②乌江干流梯级开发方案可按普定、引子渡、洪家渡、东风、索风营、乌江渡、构皮滩、思林、沙沱、彭水 10 个梯级考虑，大溪口梯级要待三峡水库正常蓄水位确定后另行考虑；③乌江渡坝下到白马航道，近期按Ⅴ级、远景按Ⅳ级航道标准考虑。

1.2 工程简述

彭水水电站（原称彭水水利枢纽）位于乌江干流下游，重庆市彭水县县城上游 11km 处，坝址上游是云贵山区，下游毗邻重庆工业区和三峡工程水库经济开发区，距河口涪陵市 147km，距重庆市约 170km（直线距离）。坝址以上流域面积 69000km^2，占乌江流域总面积的 78.5%。流域多年平均降水量 1160mm，坝址多年平均流量 1300m^3/s，坝址多年平均年径流量 410 亿 m^3，多年平均含沙量 0.354kg/m^3。

彭水水电站的开发任务为：以发电为主，其次是航运、防洪及其他综合利用。彭水水电站是乌江干流水电开发的第 10 个梯级，水电站总装机容量 1750MW，系乌江干流开发仅次于构皮滩水电站的大型枢纽工程。彭水水电站地理位置优越、水库调节性能好，距负荷中心区仅 180km，是重庆市不可多得的水电电源点。

坝址的区域地质构造相对稳定，无区域性大断裂通过，地震基本烈度为Ⅵ度。水库回水至贵州省沿河县城，长约126km，为峡谷河道型水库，水库封闭性好。坝区基岩主要为灰岩、白云岩、钙质页岩等，主要建筑物工程地质条件较好，天然建材储量和质量能满足工程建设要求。

彭水水电站由大坝及泄洪建筑物、电站、通航建筑物等组成。大坝为碾压混凝土重力坝，坝高113.5m；电站布置在右岸，为地下式厂房，安装5台单机容量为350MW的大型混流式水轮发电机组；通航建筑物布置在左岸，由单线船闸、升船机两级过坝建筑物组成，按500吨级船舶过坝设计。彭水水电站枢纽总体布置见图1。

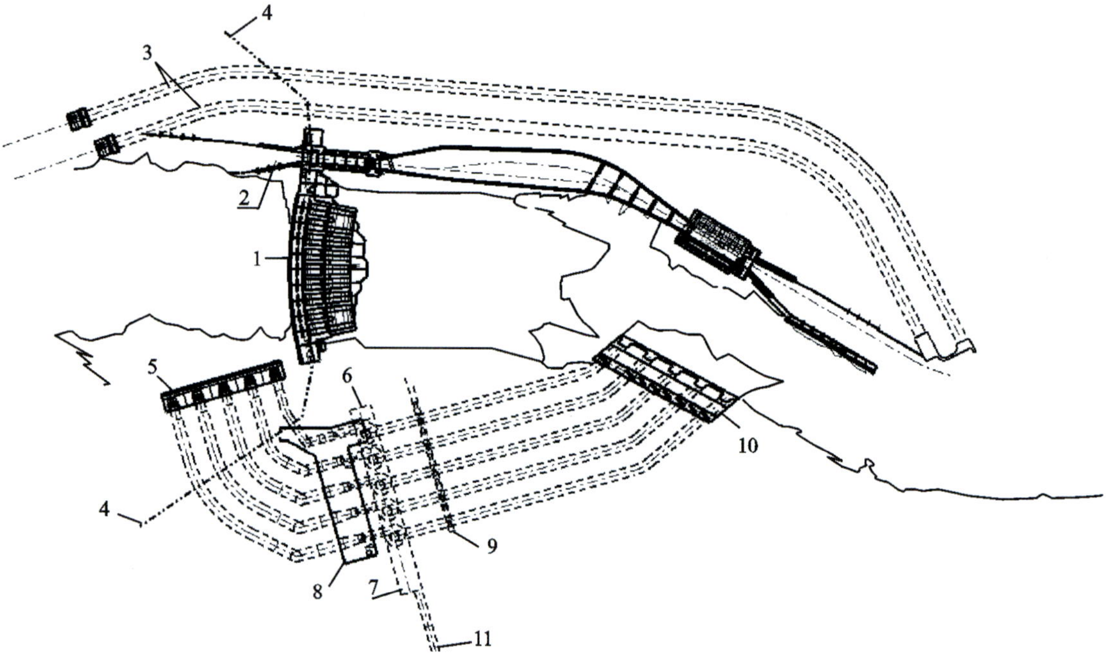

图1　彭水水电站枢纽总体布置

1—弧形重力坝；2　通航建筑物；3—导流洞；4—防渗帷幕线；5—电站进水口；
6—主厂房；7—安装场；8—地面开关站；9—尾水闸门井；10—尾水塔；11—进厂交通洞

工程总工期68个月，发电工期50个月。其中施工准备期16个月(第1年9月至第2年12月)，主体工程施工期34个月(第3年1月至第5年10月)，工程完建18个月(第5年11月至第7年4月)。

彭水水电站工程特性见表1。

表 1 彭水水电站工程特性表

名称			数量及特性	备注
水文	流域面积	全流域(km^2)	87920	占全流域面积的 78.5%
		工程地址(坝址、闸址)以上(km^2)	69000	
	多年平均年径流量(亿 m^3)		410	
	代表性流量	坝址多年平均流量(m^3/s)	1300	
		实测最大流量(m^3/s)	19500	1999 年 6 月 30 日
		实测最小流量(m^3/s)	148	1979 年 12 月 8 日
		调查历史最大流量(m^3/s)	26000～26500	1830 年 7 月 1 日
		入库设计洪水流量(P=0.2%,m^3/s)	34900	1963 年典型
		入库校核洪水流量(P=0.02%,m^3/s)	43800	1963 年典型
水库	水库水位	校核洪水位(m)	298.85	5000 年一遇
		设计洪水位(m)	294.91	500 年一遇
		正常蓄水位(m)	293.00	
		汛期限制水位(m)	287.00	
		死水位(m)	278.00	
水库	水库容积	总库容(校核洪水位以下库容,亿 m^3)	14.65	
		正常蓄水位以下库容(亿 m^3)	12.12	
		调洪库容(校核洪水位至汛期限制水位,亿 m^3)	4.86	
		防洪库容(防洪高水位至汛期限制水位,亿 m^3)	2.32	
		调节库容(正常蓄水位至死水位,亿 m^3)	5.18	
		其中共用库容(正常蓄水位至汛期限制水位,亿 m^3)	2.32	
		死库容(亿 m^3)	6.94	
	调节特性		年调节	
下泄流量及相应下游水位	设计洪水位时最大泄量(m^3/s)		33900	500 年一遇
	相应下游水位(m)		261.37	
	校核洪水位时最大泄量(m^3/s)		42200	5000 年一遇
	相应下游水位(m)		268.44	
	发电引用流量(m^3/s)		5×577	水电站为满载发电流量
	相应下游水位(m)		220.62	
	最小流量(m^3/s)		280	发电基荷流量或最小通航流量
	相应下游水位(m)		211.40	
工程效益指标	装机容量(MW)		1750	
	保证出力(P=94.1%,MW)		371	
	多年平均年发电量(亿 kW·h)		63.51	
	年利用小时数(h)		3629	

续表

名称				数量及特性	备注
主要建筑物及设备	挡水建筑物	型式		弧形碾压混凝土重力坝厚层，倾向上游	
		地基特征		灰岩及页岩	
		地震基本烈度/设防烈度(度)		Ⅵ/Ⅶ	
		坝顶高程(m)		301.5	
		最大坝高(m)		116.5	
		坝顶长度(m)		325.53	沿坝轴线
	泄水建筑物	型式		表孔	
		地基特性		灰岩及页岩	
		地震基本烈度/设防烈度(度)		Ⅵ/Ⅶ	
		堰顶高程(m)		268.5	
		堰顶宽度(m)		14	
		孔数		9	
		校核水位单宽流量($m^3/(s\cdot m)$)		332	
		消能方式		挑流和挑、面流	
	工作闸门型式			弧形门	
	尺寸(宽×高，m×m)			14×24.5	
	数量			9	
	启闭机型式			液压启闭机	
	容量(kN)			2×3500	
	数量			9	
	设计泄洪流量(m^3/s)			33900	500年一遇
	校核泄洪流量(m^3/s)			42200	500年一遇
	水电站	引水建筑物	额定流量(m^3/s)	577.00	单引水洞
		引水洞型式(圆形)	地基特性	灰岩	
			最大洞长(m)	467	
		尾水隧洞	最大洞长(m)	481.61	1# 机组
			尾水管压力洞型式	变顶高	城门洞形
		厂房	型式		地下式
			地基特性	灰岩	
			主厂房尺寸(长×宽×高，m×m×m，)	252×28.5×76.5	拱顶开挖跨度30m
		通航建筑物	型式	船闸+升船机	
			主要尺寸(长×宽×高，m×m×m)	62×12×2.5/59×11.4×2.3	船闸/升船机承船厢
			船只吨位(t)	500	
			年运输能力(万t/a)	510	双向
			通航流量(m^3/s)	5000/280	最大/最小

2 建设历程

长江水利委员会自1970年以来，进行了大量的勘测规划设计和科研工作。

1979年提出了《乌江彭水枢纽坝址比较选择报告》，而后围绕彭水坝址和长溪坝址进行了原可行性研究和初步设计工作，于1989年分别提出了《乌江彭水水利枢纽(长溪坝址)可行性研究报告》，并于1993年5月，由水利部水利水电规划设计总院(以下简称“水规总院”)审查通过，并备文呈报水利部，确定长溪坝址和正常蓄水位293m作为彭水工程的推荐方案。

1995年，长江水利委员会开始进行《乌江彭水水利枢纽(长溪坝址)初步设计报告》编制工作。1998年9月提出《乌江彭水水利枢纽初步设计报告》。

2003年1月，长江设计院受彭水水电开发有限公司委托，开展彭水水电站可行性研究(等同初步设计)工作。2004年3月，长江设计院提出《乌江重庆彭水水电站可行性研究报告》。同年8月，水规总院会同重庆市发展和改革委员会、贵州省发展和改革委员会主持召开可行性研究报告审查会。2005年9月，国家发展与改革委员会以发改能源〔2005〕1683号文通知“重庆乌江彭水水电站项目通过核准”。2007年9月完成工程蓄水安全鉴定；2009年完成工程竣工安全鉴定；2011年完成通航系统专项验收和单项验收。2012年完成机电工程竣工验收。

3 建设意义

3.1 维持重庆市能源平衡，支持“西电东送”战略

根据重庆市发展规划，未来10～20年，重庆市国民经济将保持高速增长态势，与之相适应，重庆市的能源需求将进一步加大，维持本市能源平衡的任务将进一步加重。根据重庆市能源特性和开发现状分析，大力开发本市水能资源是未来重庆市维持能源平衡的重要措施。彭水水电站所在的重庆境内乌江干流河段水能资源富集，技术可开发量和经济可开发量分别占全市的30%和50%，可开发梯级水电站均为大型工程，是重庆市重要的水电能源基地。彭水水电站是重庆市最大的水电站，建设彭水水电站不仅可为重庆市提供年发电量63.51亿kW·h，还能促进下游梯级相继开发，进一步合理利用乌江的水能资源，维持全市能源平衡。

“西电东送”是我国能源配置的重大战略，重庆市地处“西电东送”中部通道，属能源相对缺乏地区，还要承担“西气东输”任务。从长远来看，重庆要维持本市能源平衡，除加大本市

能源建设力度外，还要吸纳外区能源。建设彭水水电站可减小外区向重庆市的送电规模，更好地支持国家实施“西电东送”战略。

3.2 促进重庆电网安全经济运行

重庆电网负荷增长迅速，峰谷变化幅度大，而自身电源装机不足，电源结构以火电为主，水电比重小且调节性能低，电网小机组比重大，电力缺口和电量缺口较大，调峰能力严重不足，导致供电质量差且可靠性低，拉闸限电时有发生。从保证电网安全经济运行和提高供电质量出发，迫切需要加快开发本地区具有一定调节性能的大中型水电站。

彭水水电站位于乌江干流下游，距离重庆电网负荷中心直线距离在180km以内，且靠近500kV网架，电站保证出力371MW，装机容量1750MW，年发电量63.51亿kW·h，是重庆电网唯一具有年调节能力、规模超过百万千瓦的大型水电站。电站距负荷中心近，地理位置好，规模大和调峰性能好的工程特性恰好与重庆电网峰谷差大的负荷特性相适应，工程建成后将承担重庆电网的调峰、调频和事故备用任务，具有弥补重庆市电力电量不足、增强电网调峰能力、促进电网经济安全运行和提高供电质量等重要作用，是重庆电网的骨干支撑电源。

3.3 促进乌江航道渠化，改善乌江航运条件

乌江源远流长，水量充沛，横跨贵州省、重庆市，是贵州腹地联络重庆和长江中下游的重要交通航道。彭水水电站地处乌江下游河段，建设彭水水电站并同步兴建500吨级通航建筑物，可渠化库区航道约100km，淹没碍航滩险70余个，将库区航道等级由现状准Ⅴ级提高到Ⅳ级标准，并增补下游枯水期流量30m^3/s，极大地促进乌江航运事业的发展。

3.4 配合三峡水库对长江中下游防洪

乌江是长江上游的重要支流，乌江洪水是长江洪水的来源之一。长江中下游历来是长江流域防洪重点，现有抗洪能力10～20年一遇；三峡水库完建后，可将荆江河段抗洪能力提高到100年一遇，但城陵矶以下河段遭遇大洪水仍需大量分洪，长江中下游的防洪问题特别是城陵矶以下河段的防洪问题仍然突出，必须采取综合措施进一步提高抗洪能力，其中的重要措施就是持续结合兴利建设上游干支流大型防洪水库，配合三峡水库运用，以减免中下游地区的分洪量。彭水水电站位于乌江下游，是乌江洪水的控制性工程，水库预留防洪库容2.32亿m^3，建成后与上游的构皮滩、乌江渡等大型防洪水库联合运用，可配合三峡水库对长江中下游防洪。

3.5 带动周边地区脱贫致富

彭水水电站地处渝黔交界地带，周边聚集了8个国家级贫困县，贫困人口近400万。随

着彭水水电站的建设、移民及工程开发资金的投入，对库区各县的基础设施建设、资源开发利用、优化产业结构、发展经济必将起到积极的推动作用，电站的兴建必将带动周边各县相关产业的发展，促进该地区人民脱贫致富。

综上所述，彭水水电站发电效益巨大，是渠化乌江航道的重要环节，还可配合三峡水库对长江中下游防洪，并带动周边地区经济社会发展。兴建彭水水电站是实施“西部大开发”战略的重要组成部分，对合理利用地区有限能源、缓解重庆电网电力供求矛盾、促进工程周边地区脱贫致富均具有重要作用。

4 项目实施工作中遇到的技术难题及解决方案

4.1 重力坝“弧形坝轴线、全表孔径向布置”新型式

彭水泄洪重力坝最大泄量 42200m^3/s，溢流前缘宽度 180m，泄洪建筑物若采用常规设计的平行布置方式，下泄水流所需宽度大，而坝址河道狭窄，水面宽度仅 60～90m，两者矛盾十分突出，水流归槽难。在总结和借鉴国内外高坝泄洪消能设计经验的基础上，提出了采用弧形坝轴线、全表孔径向布置的新型式，经水工模型试验验证、优化，最终形成了“弧形坝轴线半径 450m、9 个表孔径向布置”的方案。表孔平面布置见图 2。

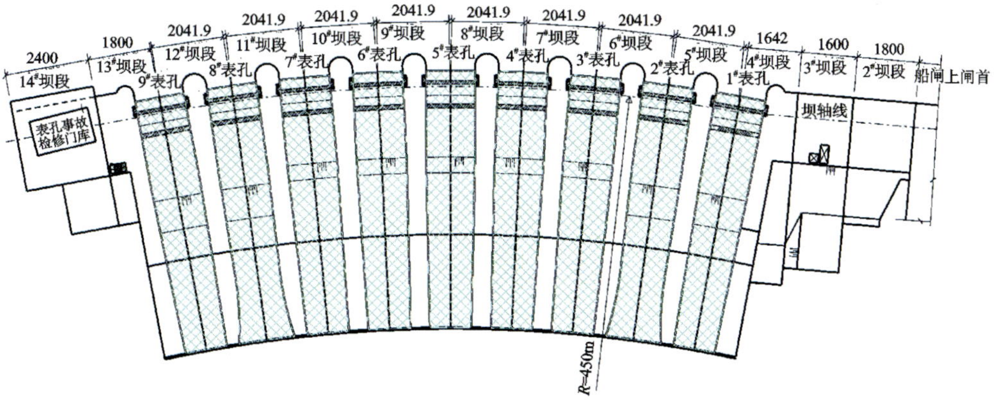

图 2　表孔平面布置(单位:cm)

采用弧形碾压混凝土重力坝型式，表孔径向布置，使水流均匀向河床集中，一方面避免水流局部集中对下游河床造成的不利冲刷，可减小消能设计难度；另一方面可减小下游消能区的扩挖宽度，从而降低边坡的开挖总体高度，减小开挖工程量和支护工程量。坝轴线弧线、表孔径向布置见图 3。全表孔泄洪方式，不仅能满足工程安全运行调度的要求，而且简化了坝体结构，降低了碾压混凝土施工难度，适合坝体碾压混凝土快速施工，为保证工期和施工质量创造了良好的条件。全表孔泄洪见图 4。

图3　坝轴线弧线、表孔径向布置

图4　全表孔泄洪

4.2　"高低坎,动水垫"布置、消能工新技术

彭水表孔单宽泄量达 $335m^3/s$,居国内外同类工程之首。采用等断面窄缝、变断面窄缝、差动坎及侧扩散等多种方案进行水工模型试验,消能区两侧护坡坡脚部位冲坑深度超过15m,护坡齿槽设计深度超过20m,施工难度大、工期长,消能防冲设计难度极大。

根据彭水水电站弧形重力坝体形和下游尾水深厚这两大泄洪消能技术特点,最终提出了利用高低坎分区布置、低坎小挑角使出流形成动水垫、下游护坡不护底的技术思路。该布置体形的技术要点是:①对9个表孔全部采用中隔墩下拉至鼻坎末端的布置型式。②降低两侧表孔的出口鼻坎高程,使边孔的出流形成表层射流流态;由于大坝坝轴线为弧形,两侧边表孔的出射水流偏向河道中央,低而平的射流在前行过程中遇到中间表孔的挑流水舌,即产生动水垫效应，以此降低下游河床的消能负担，达到减轻河床与岸坡坡脚冲刷的效果，高低坎、分区动水垫消能见图 5。③由于 2 号与 8 号两个次边孔的挑流水舌在横向上的扩散对边表孔的出射水流有一定的“覆盖作用”，而两侧回流的存在，对两个边表孔的出射水流也有一定的“向心挤压”作用，因而下游水面波动不会有明显增大。动水垫消能剖面见图 6。

图 5　高低坎、分区动水垫消能

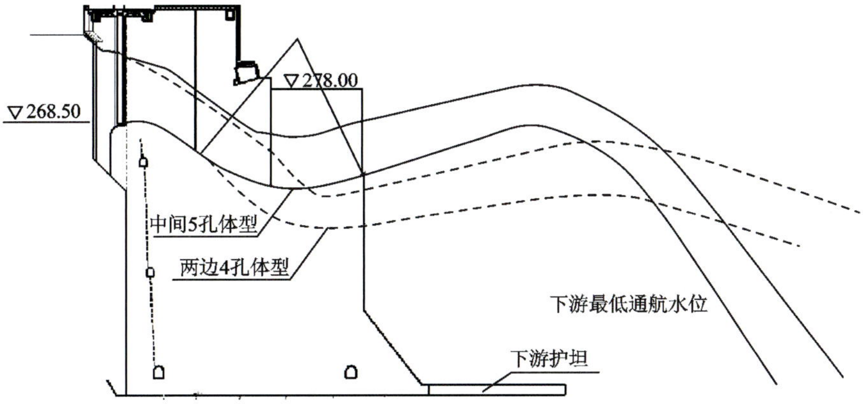

图 6　动水垫消能剖面(单位:m)

4.3　低压充填→高压密实→击穿渗漏→低压充填→高压密实”不待凝的新理念、新工法

陡倾溶蚀夹层发育部位致密不透水，钻孔灌浆过程中极易出现钻孔掉钻、孔内不回水，灌浆时不起压、吸浆量大等现象，导致灌浆效果不佳、成幕质量差。通过研究强岩溶地段帷幕灌浆规律及灌浆机理，提出溶蚀夹层灌浆“低压充填→高压密实→击穿渗漏→低压充填→高压密实”不待凝的新理念、新工法，对 6 个阶段的灌浆压力、注入率等参数进行合理控制，

正确使用低压、限流、浓浆、间歇灌浆等灌浆措施，有效保证幕体质量，取得了良好的灌浆效果。溶蚀夹层典型灌浆过程见图 7。

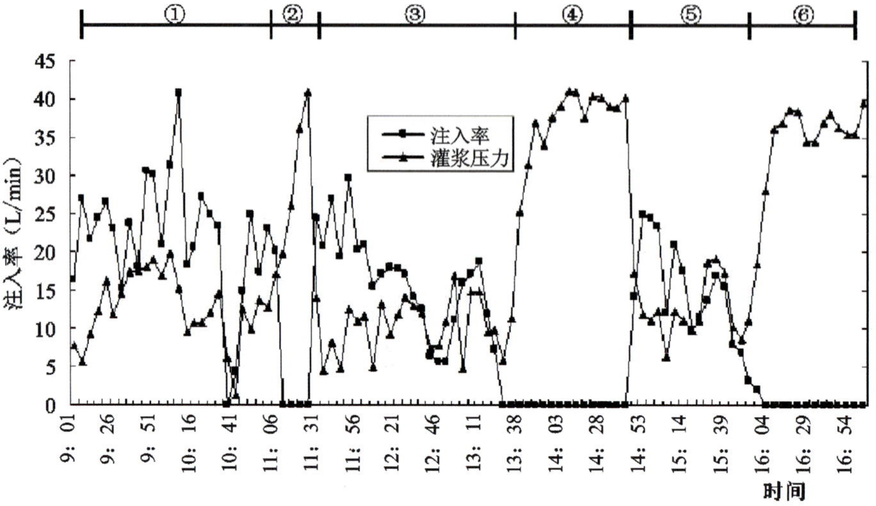

图 7　溶蚀夹层典型灌浆过程

4.4　“水平源头封堵＋垂直浅帷幕灌浆”新方法

彭水水电站地下厂房围岩中分布有以 W_{84}、KW_{51} 为主的复杂岩溶系统，岩溶具有规模大、溶洞分支数量多、发育高差大的特点。岩溶中充填黄黏土，淤泥富集，地下水丰富，对洞室的开挖爆破、围岩稳定和施工安全等极为不利。

右岸 O_{1n}^{4+5} 地层 KW_{51} 岩溶发育深（底高程 35m），在坝前水库岸边出露，出露边界距离防渗帷幕体 200m 左右。在深入查明岩溶发育特性的基础上，提出了“水平源头封堵＋垂直浅帷幕灌浆”的新方法（图 8），采用水平混凝土铺盖、喷护等封堵措施，将岩溶通道式大流量渗漏转变为裂隙性渗漏，超深孔帷幕灌浆转变为浅层帷幕灌浆，帷幕底线由高程 35m 抬升至高程 120m（图 9），降低了施工难度，解决了深层强岩溶基础处理难题。

4.5　地下厂房主洞室纵轴线与岩层走向呈 0°夹角布置

按照厂房设计规范与传统地下厂房工程经验，为提高地下洞室的围岩稳定性，一般要求主洞室纵轴线与围岩主要构造面呈较大夹角。彭水水电站地下厂房厂区陡倾地层岩溶顺层发育，上游侧发育 KW_{51} 岩溶系统，下游侧发育 W_{84} 热水岩溶系统，地下厂房布置位置有限。为避开发育岩溶，保证主厂房基本位于完整岩体内，放宽了主洞室纵轴线与围岩主要构造面呈较大夹角的要求，提出将地下厂房主洞室纵轴线与岩层走向呈 0°夹角布置的设计理念（图 10、图 11）。虽然增加了一些围岩稳定的不利风险，但是减小了岩溶处理的风险和代价。

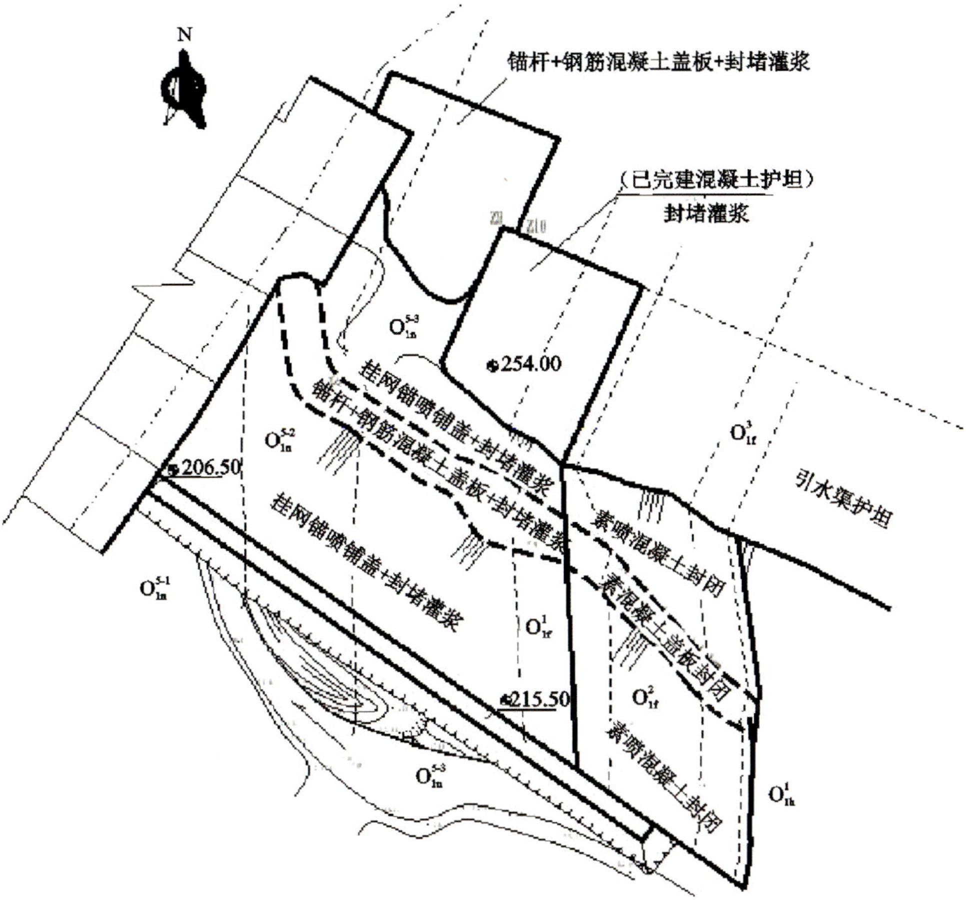

图 8　水平源头封堵平面布置(单位:m)

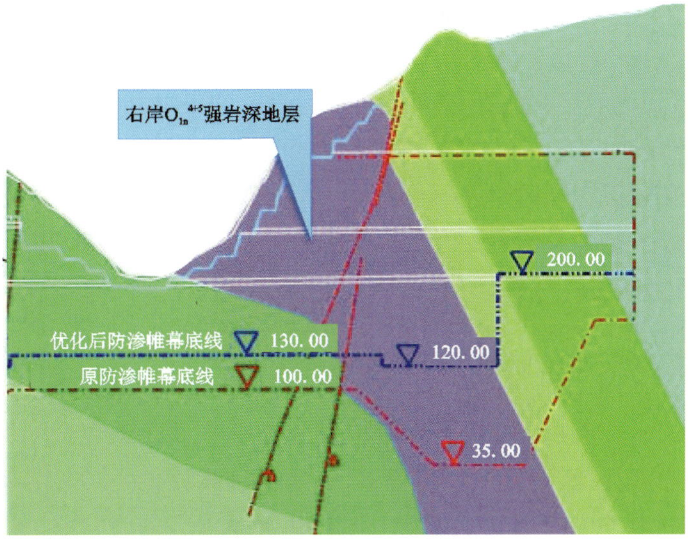

图 9　帷幕底线抬高(单位:m)

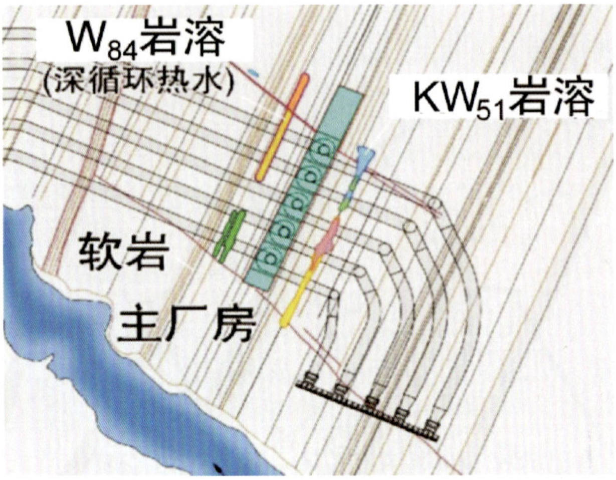

图 10 0°夹角布置平面图(一)

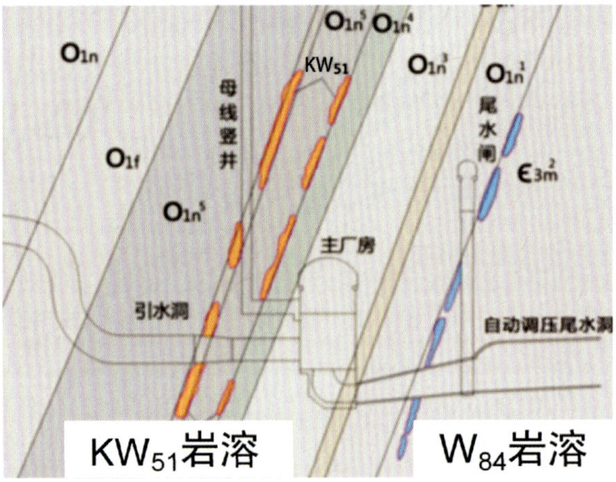

图 11 0°夹角布置平面图(二)

厂房轴线与岩层走向呈0°交角的布置方式,突破了《水电站厂房设计规范》(SL 266—2014)建议的“洞室轴线宜与围岩的主要构造弱面(断层、节理、裂隙、层面等)呈较大的夹角”。对于彭水这种建设在陡倾角岩层中的大型地下电站,“0°夹角布置方向将会加大围岩稳定的不利影响,围岩稳定条件不如“大交角”布置,洞室的开挖、支护及监测工作要求更高。但从彭水工程特殊地质条件分析,采用“0°交角布置是为彭水地下电站这种复杂岩溶系统地质条件下建设大型地下厂房寻找了一条较合理的出路,这样设计工程才具有较好的经济性;反之,若按“大交角”布置,工程将会增加非常庞大的岩溶处理工程和输水线路工程,施工难度与工程量急剧加大,工程建设的可行性必将大打折扣,0°交角布置虽增加了一些围岩稳定的不利风险,相比岩溶处理,其代价将小得多,同时这种设计也是对岩溶地质条件下地下厂房设计的创新,为同类工程设计可提供很好的工程经验,推广意义显著。

4.6 创新大型地下电站“单洞型”布置技术

地下电站厂区陡倾地层岩溶顺层发育，采用常规的三大主洞室（地下厂房、主变洞、尾水调压室）设计必将遭遇大型岩溶系统。国内首次采用变顶高型式的自动调压尾水洞，取代尾水调压室，实现了竖向调压到横向调压的转变，解决了机组调保问题；采用超长超高大电流封闭母线技术，在解决长垂直大电流离相封闭母线的散热、结构及防凝露技术的基础上，实现主变和 GIS 设备地面布置，取消了主变洞。通过取消尾水调压室和主变洞，将传统大型地下电站由三大洞室变为单一洞室，减小了地下电站洞室群规模，解决了复杂岩溶地区大型地下电站布置的设计难题。地下厂房“单洞型”剖面布置见图 12。

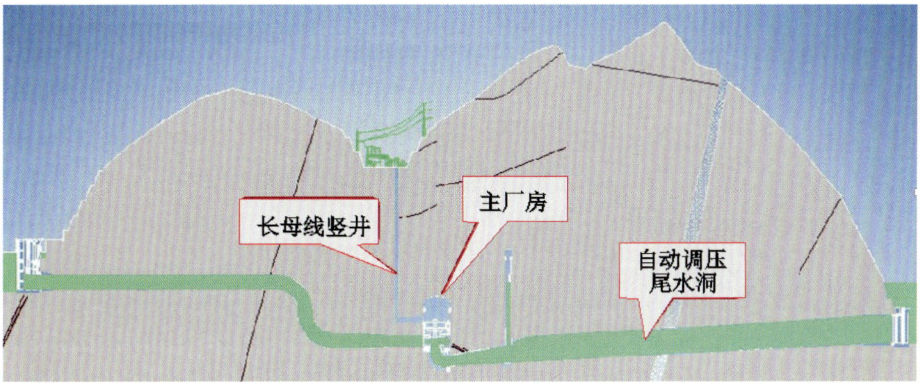

图 12　地下厂房“单洞型”剖面布置

自动调压尾水洞的原理是利用洞顶斜面使下游水位与洞顶在任意处衔接，将尾水流道分成有压满流段和无压明流段。下游处于低水位时，水轮机的淹没水深较小，有压满流段短，无压明流段长，水力过渡过程中负水击压力小，尾水管进口断面真空度不会超过规范规定要求；随着下游尾水位的上升，尽管无压明流段逐渐减短，有压满流段逐渐增长，负水击越来越大，直至尾水洞全部呈有压流，但水轮机的淹没水深逐渐加大，有压满流段的平均流速也逐渐减小，正负两方面的作用相互抵消，使尾水管进口的真空度仍然能控制在规范要求的范围内。尾水调压隧洞所采用的特殊体型，使其无论处在何种下游水位，洞内水流状态均平稳，无吸气和滞气现象，无明满流相互交替现象，并且涌浪幅值、水击压力大小以及分界面移动距离和速度均在合理范围之内。尾水调压隧洞利用下游水位的变化，即水轮机的淹没水深来确定尾水洞有压满流段的极限长度，使之始终满足过渡过程中尾水进口断面真空度的要求，从而达到取代尾水调压室的作用。

4.7 单级船闸＋通航渠道渡槽＋垂直升船机的一线组合布置

乌江是典型的山区性河流，由于本工程泄量大、河道窄，两岸山体陡峭，水头高，根据枢纽总体布置要求，通航建筑物需布置在左岸山体的开挖边坡上，且枢纽坝址河段为“S”形，通航水头高。坝址地形、地质条件和河势特点，以及枢纽总体布置要求，决定了彭水水电站通航建筑物的布置条件十分复杂。其线路布置、通航建筑物的选型不仅关系到通航建筑物运行的安全可靠和方便，而且对枢纽工程的土石方工程量影响很大。

为充分适应河谷狭窄地区地形地质条件和水位变幅，国内首次因地制宜地采用单级船闸＋中间通航渠道渡槽＋全平衡钢丝绳卷扬式垂直升船机的一线式组合布置(图 13)。该布置型式充分适应了枢纽所处的地形地质条件和上游水位条件，大大减少了开挖工程量，且各建筑物的工程技术较成熟，安全可靠，运行条件较简单。这种布置型式在国内外尚无工程实例，目前通航建筑物已通过通航验收，并在完成试运行后已正式运行，运行正常，并受到有关部门的好评，理论和实践都证明了通航建筑物这种布置型式的可行性和独创性，总体布置的思路和方法可作为以后其他工程的借鉴。

图 13　通航建筑物一线式组合布置

4.8　中间渠道渡槽变断面设计

根据地形条件，中间渠道由明渠段和渡槽段组成，为满足通航建筑物运行要求，渡槽错船段有效宽度 48.2m，与升船机连接部位有效宽度 12.0m，渡槽长 137.9m，设计水深 2.7m，校核水深 3.0m，水荷载大、水密性要求高，同时还应具备防撞、照明、消防、检修等功能性要求。经多方案研究分析，采用了框架式支墩、简支预应力变断面箱梁、挡水板及防渗层等组成的结构体系(图 14、图 15)，解决了中间渠道结构布置和设计的技术难题。首次采用中间渠道渡槽变断面设计，通航渡槽自运行到现在，滴水不漏，创造了国内外通航渡槽水密性要求的奇迹，其结构设计和止水设计为类似工程提供了新的思路和途径，对工程实践和理论发展具有重要意义。

图 14　中间渠道渡槽变断面布置

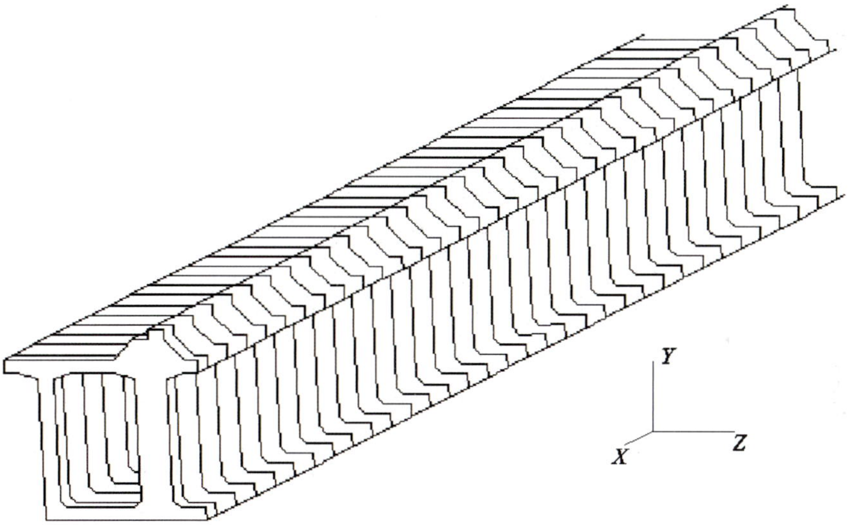

图 15　变断面渡槽计算模型

5 取得的先进创新技术

5.1 技术成果

1)提出重力坝采用弧形坝轴线、全表孔径向布置的新技术,解决窄河谷、大泄量条件泄洪建筑物布置难题。

2)首次采用高低坎、动水垫消能的新型消能工技术,解决了超大单宽泄量的泄洪消能难题。

3)提出强岩溶地区采用“低压充填、高压密实、连续不间断”灌浆设计新理念和“水平源头封堵＋垂直浅帷幕灌浆”的新方法，解决了强岩溶地区基础处理难题。

4)提出大型地下电站主洞室纵轴线与岩层走向呈零度夹角布置的设计理念，解决强岩溶地区大型地下电站布置难题。

5)提出大型地下电站“单洞型”布置新技术，采用变顶高型式的自动调压尾水洞，将大型地下电站由传统的三个主洞室变为单一主洞，解决了机组调保问题，减小了地下电站洞室群规模。

6)提出单级船闸＋中间渠道＋全平衡钢丝绳卷扬式垂直升船机的通航建筑物组合布置，解决了高山峡谷地区大型通航建筑物布置难题。

7)采用中间渠道渡槽变断面布置设计，解决了中间渠道渡槽与上下游结构的连接技术难题。

5.2 获得的奖励

研究成果获国际级及省部级奖10项以上，包括2014年FIDIC国际咨询工程项目奖1项，2020年中国大坝工程学会科技进步奖一等奖1项，2014年水力发电科学技术奖二等奖1项，2013年全国优秀水利水电工程勘察设计奖金质奖2项，2012年湖北省优秀工程勘察设计奖一等奖1项，2013年中国电力优质工程奖1项，2014年湖北省优秀工程勘察设计奖二等奖1项，2005年及2006年全国优秀咨询成果奖二等奖2项，2006年全国优秀咨询成果奖三等奖1项，2009年重庆市科学技术奖二等奖1项，2007年湖北省科技进步奖三等奖1项。

5.3 专利

研究成果获得几十项专利，其中包括：岩溶地区管道型集中渗漏定量控制反向灌浆封堵方法，水电站明满流尾水系统，岩前混凝土重力坝布置结构，软硬相间陡倾岩层上混凝土重力坝的布置结构等。

5.4 规范及著作

参编行业规范4部，包括：《混凝土重力坝设计规范》(SL 319—2018)、《水工混凝土施工规范》(SL 677—2014)、《碾压混凝土坝设计规范》(SL 314—2018)、《水工建筑物水泥灌浆施工技术规范》(SL 62—2014)。部分成果被《水工设计手册》(第8分册)采纳。

6 项目建成后取得的社会效益和经济效益

6.1 发电

重庆市工农业发展潜力较大，但由于能源不足，已成为国民经济持续发展的制约因素。

目前已建水电站大多数调节性能较差，枯季出力严重不足。近年来，重庆市电力电量缺口一直较大，规划中水电电源不多，大量发展火电受煤炭供应限制，从川西送电存在电源开发条件和长距离输电的困难。彭水水电站长溪坝址位于重庆黔江开发区彭水县城上游 11km，工程开发条件好，地理位置优越，正常蓄水位 293m，装机容量 1750MW，多年平均年发电量 63.51 亿 kW·h，是重庆市不可多得的电源点。从目前和长远利益来看，彭水水电站的开发对重庆市的经济发展有着十分重要的作用。

6.2 航运

乌江航运历史悠久，自古以来就是乌江沿岸联络长江中下游的重要交通要道。目前，大乌江至白马河段为准Ⅴ级航道，白马至河口河段已达到Ⅳ级航道标准。2000 年重庆境内乌江共完成货运量 138.1 万 t。据预测，2020 年和 2030 年彭水水电站的过坝货运量分别为 192.3 万 t 和 293.3 万 t。

通过乌江水电梯级的全部建成，并同步建设通航建筑物和治理各水电梯级间的回水变化段，乌江渡坝下至白马河段达到Ⅳ级航道标准。彭水水电站位于乌江下游，可渠化库区航道约 100km，淹没主要滩险 70 余个，并能改善下游枯水期航运条件。彭水水电站通航建筑物按Ⅳ级航道标准设计，采用 500 吨级船闸＋垂直升船机方案，设计年过坝货运量 510 万 t，单向年过坝能力达 255 万 t，可满足 2020—2030 年乌江航运的需要。

6.3 防洪

乌江是长江上游的主要支流，乌江洪水是长江洪水的来源之一。根据两江洪水的特性，按照长江中下游总体防洪要求，《乌江干流规划报告》结合乌江干流各梯级的地理位置和水库特性，在对发电影响不大的情况下，初步安排乌江渡、构皮滩、思林、沙沱、彭水和大溪口等 6 个梯级水库在 6—8 月预留总防洪库容 11.66 亿 m^3，配合长江中下游防洪。

彭水水库位于乌江下游河段，可在长江中下游发生特大洪水的情况下利用预留的 2.32 亿 m^3 防洪库容拦蓄乌江洪水，配合三峡水库运用，削减长江中下游的超额洪量。

6.4 其他

乌江干流河谷深切，耕地分布较高且很分散，难以发展大面积的自流或提水灌溉。水库形成后，为发展水库周边地区高台地带的农田提水灌溉提供了条件。乌江鱼类资源较少，工程建成后，形成约 40km^2 水库水面，可发展水产养殖业，改善当地人民生活，促进当地经济的发展。

撰稿/陈玉婷、王改会、吴效红

乌江银盘水电站

▲ 银盘水电站

银盘水电站位于乌江下游河段，地处重庆市武隆区，是乌江干流水电开发规划的第 11 个梯级，上游接彭水水电站，下游为白马航电枢纽，是发电兼顾彭水水电站的反调节任务和渠化航道的枢纽工程。该工程的开发任务以发电为主，其次为航运。

1 工程概况

1.1 工程简述

银盘水电站位于乌江下游河段，地处重庆市武隆区，是乌江干流水电开发规划的第11个梯级，上游接彭水水电站，下游为白马航电枢纽，是发电兼顾彭水水电站的反调节任务和渠化航道的枢纽工程。该工程的开发任务以发电为主，其次为航运。

银盘水电站枢纽主要由挡水建筑物、泄洪建筑物、电站厂房和通航建筑物等组成。大坝为混凝土重力坝，最大坝高78.5m；电站布置在左岸，为河床式厂房，安装4台单机容量为150MW的轴流式水轮发电机组；通航建筑物布置在右岸，为500吨级单级船闸。

银盘水电站正常蓄水位为215.00m，总库容为3.2亿m^3，工程等别为Ⅱ等，工程规模为大(2)型，主要建筑物（混凝土重力坝、电站厂房）为2级建筑物，次要建筑物为3级建筑物；上闸首、闸室和下闸首为2级建筑物，船闸导航设施、靠船墩等为4级建筑物。银盘水电站主要工程特性见表1。

表1　　银盘水电站主要工程特性

名称				数量及特性	备注
水文	流域面积	全流域(km^2)		87920	
		坝址以上(km^2)		74910	占全流域面积的85.2%
	利用的水文系列(年)			63	1940—2004年(1949、1950年不全)
	坝址多年平均年径流量(亿m^3)			436	坝址
	代表性流量	多年平均流量(m^3/s)		1380	坝址
		实测最大流量(m^3/s)		19500	彭水站1999年6月30日
		实测最小流量(m^3/s)		148	彭水站1979年12月8日
		调查历史最大流量(m^3/s)		26000～26500	彭水站1830年7月1日
		设计洪水流量($P=1\%$，m^3/s)		27100	坝址
		校核洪水流量($P=0.1\%$，m^3/s)		35600	坝址
		施工导流流量	($P=10\%$，m^3/s)	18000	坝址
			($P=5\%$，m^3/s)	20800	坝址

续表

名称			数量及特性	备注
水文	洪量	实测最大洪量(24h,亿 m^3)	18.48	彭水站1999年6月30日
		设计洪水洪量(24h,亿 m^3)	23.10	坝址
		校核洪水洪量(24h,亿 m^3)	30.60	坝址
	泥沙	多年平均悬移质年输沙量(万 t)	1648	1980—2004年天然情况
		多年平均含沙量(kg/m^3)	0.373	1980—2004年
		实测最大含沙量(kg/m^3)	21.10	1982年7月28日
水库	水库水位	校核洪水位(m)	225.47	1000年一遇
		设计洪水位(m)	218.61	100年一遇
		正常蓄水位(m)	215.00	
		主汛期最低临时运行水位(m)	210.50	6—8月
		死水位(m)	211.50	
	正常蓄水位时水库面积(km^2)		11.24	
	回水长度(km)		55	
	水库容积	总库容(亿 m^3)	3.20	校核洪水位以下
		正常蓄水位以下库容(亿 m^3)	1.83	
		调节库容(亿 m^3)	0.371	正常蓄水位至死水位
		死库容(亿 m^3)	1.46	死水位以下
	库容系数(%)		0.085	调节库容/平均年径流量
	调节性能		日调节	
工程效益指标	发电效益	装机容量(MW)	600	
		保证出力(MW)	161.7	历时保证率90%
		多年平均年发电量(亿 kW·h)	27.08	
		汛期发电量(亿 kW·h)	15.02	5—9月
		水量利用率(%)	89.5	
		年利用小时数(h)	4513	
	航运效益	改善通航里程(km)	55	
		过船吨位(吨级)	500	
		设计水平年货运量(万 t/a)	309	2030年过坝货运量预测
主要建筑物	地震基本烈度/设防烈度(度)		Ⅵ	
	坝顶高程(m)		227.50	
	最大坝高(m)		78.50	
	坝顶长度(m)		600.1	

银盘水电站项目法人是重庆大唐国际武隆水电开发有限公司,设计单位为长江勘测规

划设计研究有限责任公司。

1.2 建设意义

(1)乌江下游河段开发治理的重要工程

2005 年 11 月,长江设计院编制的《重庆市乌江干流彭水至河口河段开发方案优化专题研究》,于 2005 年 12 月通过了重庆市发展和改革委员会组织的审查。在该报告中,根据重庆市国民经济发展要求和该河段的开发条件,拟定该河段开发治理任务为发电和航运。银盘水电站具有承担彭水水电站反调节作用,并具有发电、渠化航道的功能,开发条件好,是河段规划推荐的重要开发梯级工程。

(2)维持重庆市能源平衡,符合重庆市能源发展战略的工程

重庆市是能源相对缺乏的地区,人均能源资源占有量约相当于全国人均的 50%,能源资源结构中矿物资源占 58%,水力资源占 42%,维持本市能源供需平衡是今后一段时期内重庆市经济建设的重中之重。

重庆市"十一五"能源发展战略为坚持节能优先,市内开发与市外合作相结合,统筹煤、电、气、油等能源建设,构筑稳定、经济、清洁的能源供应体系,提高能源保障能力。

重庆市煤炭保有储量 23.07 亿 t,目前重庆市各类合法煤矿矿井设计生产能力共达 3830 万 t/a,开发利用程度高,剩余可开发量赋存条件差,大多数煤炭含硫量超过 3%,考虑环保要求和经济性等因素,煤炭资源开发潜力不大。根据重庆市煤炭储量和需求及现有生产能力分析,"十五"期间本市煤炭供需可基本维持平衡,进入"十一五"后,新增煤炭消耗需依赖外区输入。重庆市天然气储量丰富,但其资源量占能源资源比重很少,储量仅占总能源量的 7%,且除保证本市民需求外,还要服从国家能源战略总体安排承担"西气东输"任务,受资源量和生产净化能力不足以及输气管道设施的限制,尚不具备利用天然气大力发展电力的条件。重庆市水力资源理论蕴藏量约 23000MW,技术可开发量约 9800MW,其中经济可开发量约 8200MW,2004 年底全市水电总装机容量 1613MW,水电已开发量仅占经济可开发量的 20%,水电开发存在很大潜力。根据重庆市的能源资源量及结构和水能利用程度分析,大力开发本市水电是重庆市能源建设的重要环节,也是电力工业可持续发展战略的重大措施。

银盘水电站装机容量 600MW,分别占重庆市技术可开发量和经济可开发量的 6.1% 和 7.3%。建设银盘水电站不仅可为重庆市提供大量的清洁电能,还能改善下游梯级的综合开发条件,进一步合理利用乌江的水能资源,维持全市能源平衡,符合重庆市能源发展战略。

(3)促进重庆市电网安全经济运行的工程

从重庆市电网电力电量供需平衡情况来看,近期和远景重庆市电网不仅缺电量,更缺容量。彭水水电站是重庆市电网具有年调节能力的大型水电站,距负荷中心近、地理

位置好、规模大和调峰性能好的工程特性恰好与重庆市电网峰谷差大的负荷特性相适应，工程建成后将承担重庆市电网的调峰、调频和事故备用任务，是重庆市电网的骨干支撑电源。银盘水电站作为彭水水电站的反调节梯级，建成后可释放彭水水电站的航运基荷，从而提高彭水水电站的调峰能力。因此，银盘水电站与彭水水电站联合运行，具有弥补重庆市电力电量不足、增强电网调峰能力、促进电网经济安全运行和提高供电质量等重要作用。

(4)提供大量可再生的清洁能源，环保效益显著

银盘水电站年发电量27.08亿kW·h，按煤电生产等效电量计算，每年可节约火电原煤约128万t。由于重庆市大多数煤炭为含硫量超过3%的高硫煤，不仅需要投入大量的脱硫成本，而且煤炭燃烧产生大量烟尘，对空气造成污染，尤其二氧化碳是造成大气温室效应的主要因素，目前在技术上尚无经济有效的解决办法。银盘水电站可为重庆市提供大量可再生的清洁能源，环保效益显著。

(5)促进乌江航道渠化，改善乌江航运条件

乌江航运历史悠久，自古以来就是乌江沿岸联络长江中下游的重要交通要道。目前，大乌江至河口452km河段为通航河段，经过历年整治，重庆境内白马以下航道达到Ⅳ级航道标准，白马至彭水航道已经达到Ⅴ级航道标准。由于河道弯曲，槽窄水急，礁多滩险，加上陆路交通发展较快，近年来乌江航运发展缓慢。针对乌江航道险滩众多且极难整治、航道狭窄且水位变幅较大的特点，乌江航运规划的目标为：通过梯级开发，治理各枢纽间回水变动段，以全线渠化乌江航道，远景将乌江渡坝下到白马河段航道标准提高到Ⅳ级。

待彭水等上游梯级全部建成后，彭水至大乌江河段将达到Ⅳ级航道标准。从重庆境内乌江航运规划目标来看，近期需要建设彭水至白马河段梯级，渠化该河段航道。银盘水电站位于乌江下游彭水至白马河段，可渠化彭水水电站到银盘水电站的区间航道约55km，并能改善下游枯水期航运条件，极大地促进该河段航运事业的发展。

(6)带动周边地区脱贫致富

银盘水电站坝区和库区涉及武隆和彭水两县，目前两县丰富的矿产、动植物、旅游等当地资源尚未得到充分开发利用，资源优势未能转化为经济优势。两县都比较注重通过重大基础建设拉动本地区经济社会发展，并以交通、能源、水利等重大基础设施为主轴开展生产力布局。

银盘水电站工程投资605656万元，其中水库淹没影响补偿投资81412万元。随着银盘水电站的建设，水库蓄水虽导致库区少量耕地、园地受淹，对当地农业生产造成一定损失，但移民及工程开发资金的投入对水、陆交通条件的改善，对建材、劳动力等的大量需求，将带动相关行业发展，拉动当地经济增长，增加就业机会，提高居民收入，待电站建成运行后，每年将为地方及国家上缴各种税金约2.7亿元，对库区各县及重庆基础设施建设、资源开发利用、产业结构优化、经济繁荣和社会稳定等都具有很好的促进作用，从而加快该地区人民脱

贫致富。

综上所述，银盘水电站发电效益大，能提供大量可再生的清洁能源，环保效益显著；与彭水水电站联合运行，可释放彭水水电站的航运基荷，弥补重庆市电力电量不足，增强电网调峰能力，促进电网经济安全运行；银盘水电站是渠化乌江航道的重要工程，航运效益巨大；工程建设条件相对较好，无制约工程建设的重大技术问题和环境问题。兴建银盘水电站，对合理利用地区有限能源、缓解重庆市电网电力供求矛盾、支持重庆市能源发展战略、渠化乌江航道、促进工程周边地区脱贫致富等方面均具有重要作用。

2 勘测设计方案

2.1 工程布置

银盘水电站枢纽布置格局：电站建筑物布置在河床靠左侧，泄洪建筑物布置在河床靠右侧，船闸布置在右岸。施工采取明渠通航，三期导流方式，导流明渠布置在右岸。枢纽布置见图1。

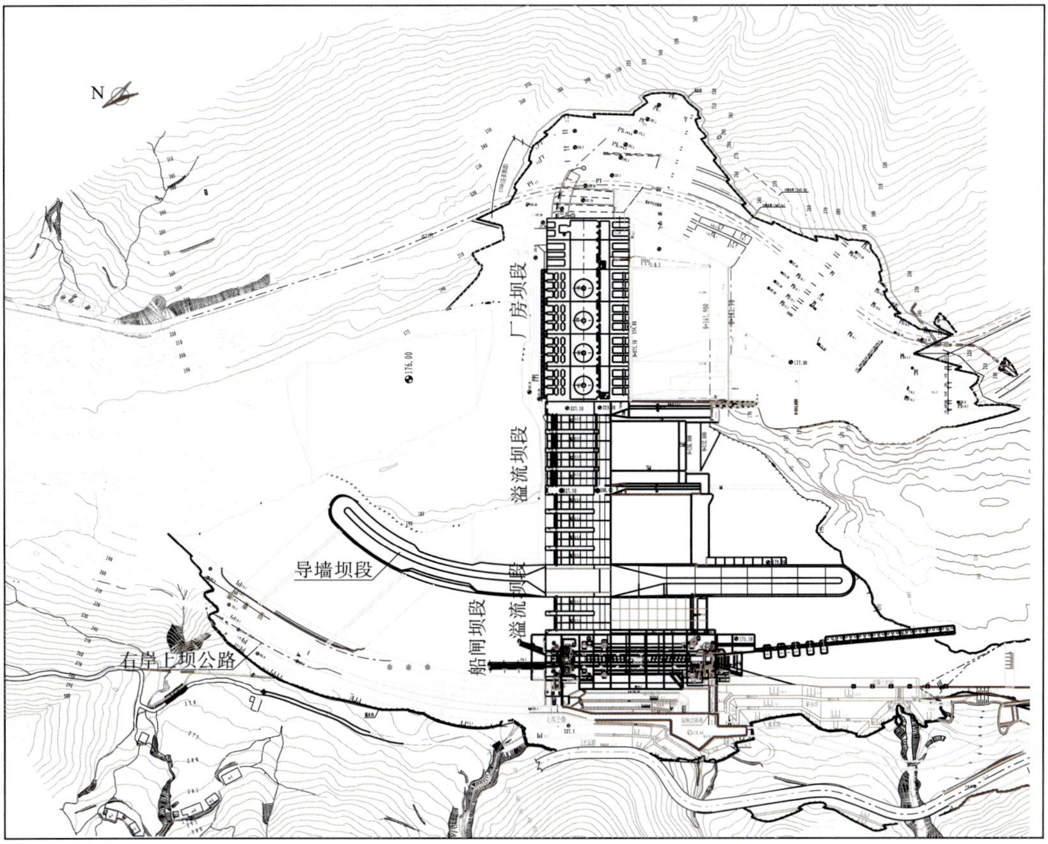

图1 银盘水电站枢纽布置

(1)大坝布置

银盘水电站挡水建筑物、泄水建筑物为混凝土重力坝。工程挡水前缘包括左非坝段、安装场及厂房坝段、泄洪坝段、纵向围堰坝段、船闸上闸首和右岸非溢流坝段,共25个坝段,坝顶总长585.25m。坝顶高程227.50m,最大坝高78.50m。上游立视图见图2。

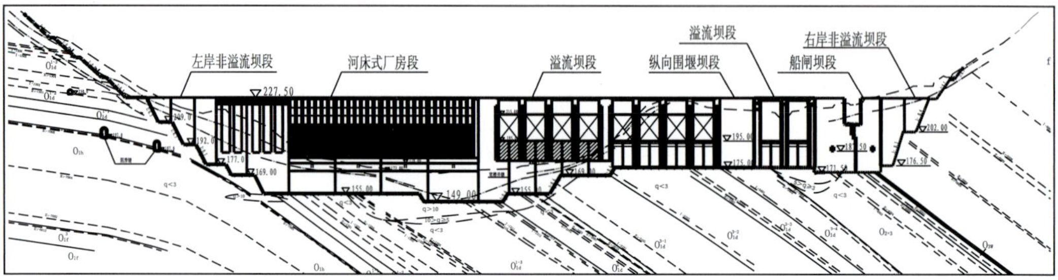

图2 银盘水电站上游立视图

左岸非溢流坝段采用半径为100m(坝轴线处)的弧形,包括左非1~3号坝段,总长53m,建基面高程为177~209m。各坝段上游面垂直,左非2、3号坝段坝顶设有悬出13m的牛腿。

安装场及厂房坝段位于左非3号和泄1号坝段之间,前缘总长197.10m。自左向右分别为安Ⅰ段、安Ⅱ段、1~4号机组段。

泄洪坝段共设10个表孔,从左至右依次编号为1~10号,表孔堰顶高程195m,宽度均为15.50m,跨横缝布置。泄洪表孔分为左、中、右区。其中,左区包括1~4号表孔;中区包括5~8号表孔,右区包括9~10号表孔。表孔之间由隔墩分开,左区左边墩厚15m,右边墩为左、中区的隔墙,厚10m,其余闸墩厚度均为4.5m。

纵向围堰坝段长25.50m,坝顶布置有表孔检修门库、变电所和集控室。

船闸坝段位于泄12号和右非1号坝段之间,上闸首为整体式"U"形槽结构,挡水前缘总宽49.0m。

右岸非溢流坝段分2个坝段,长度分别为18.50m、17.65m,总长36.15m。坝体上游面垂直,下游坝坡为1∶0.7,建基面高程176.50~227.00m。

(2)泄洪建筑物布置方案研究

结合坝址地形、地质条件和水文特征条件,银盘水电站泄洪采用全表孔方案,布置10个泄洪表孔,堰顶高程为195m,孔宽15.5m,闸墩厚4.5m。泄洪表孔分三区布置:左、中区位于河床中部(各4孔),兼作三期截流后的导流设施,右区表孔(2孔)位于纵向围堰右侧。

(3)电站总布置

银盘水电站厂房布置在左侧河床,为河床式电站,左侧接左岸非溢流坝段,右侧接泄洪左溢流坝段,整个电站建筑物包括主厂房、安装场、尾水渠等。自左向右分别为安Ⅰ段、安Ⅱ

段、1～4 号机组段，总装机容量为 600MW，单机容量 150MW。水轮机安装高程为 176.40m，机组间距 34.70m，安装场总长 55.00m，4 个机组段总长 142.10m，整个厂房总长 197.10m。

尾水渠宽 142.10m，右侧为厂坝导墙，左侧为尾水边坡，边坡最大长度约 498.00m，最大开挖坡高约 100m。

坝区公路布置在尾水渠边坡上高程 227.50m 处，通过左非坝段连接坝顶，通过交通桥连接至安Ⅰ段尾水平台。

出线场地布置于左非坝顶。

(4)船闸总体布置

银盘通航建筑物采用 500 吨级单级船闸，布置在右岸，由上游引航道、主体段(上闸首、闸室、下闸首和输水系统)及下游引航道组成，线路总长 1401.6m。上闸首作为大坝挡水建筑物的一部分，左侧为 10 号泄洪孔，右侧为右非 1 号坝段。

船闸尺度按一闸次通过 2 艘 500 吨级船舶进行设计，最大船型主尺度为 55.0m×10.8m×2.4m(总长×型宽×设计吃水深)，设计载重量 650t，通航净空 8.0m。设计水平年采用 2030 年，设计水平年的货运量为 309 万 t，其中上行为 122 万 t、下行为 187 万 t。

船闸上游最高通航水位 215.00m，最低通航水位 211.50m；下游最高通航水位 192.04m，相应最大通航流量为 5500m^3/s；下游最低通航水位为 179.88m，相应最低通航流量为 345m^3/s。最大工作水头 35.12m。

2.2 建设历程

为开发乌江丰富的水能资源、改善乌江航运条件、提高乌江中下游抗洪能力并配合长江中下游防洪，1987 年长江流域规划办公室(1989 年至今为水利部长江水利委员会)与贵阳勘测设计院共同编制完成了《乌江干流规划报告》，并于 1989 年得到批复。2003 年 4 月，重庆市发展和改革委员会委托长江设计院进行彭水至河口河段的规划修订工作。长江设计院于 2003 年底完成了《乌江干流彭水至河口河段综合规划报告》。该报告拟定河段的开发任务为：发电和航运；并推荐该河段由大溪口一级开发改为“银盘＋白马”两级开发方案；将彭水水电站的反调节梯级银盘水电站列为首期工程，规划在“十一五”初期开工建设。2004 年 4 月重庆市发展和改革委员会对此报告进行了审查，同意规划推荐的开发方案。

受重庆大唐国际武隆水电开发有限公司委托，长江设计院于 2004 年 4 月开始了重庆乌江银盘水电站预可行性研究工作，2005 年 1 月提出了《重庆乌江银盘水电站坝址选择专题报告》，推荐杨家沱坝址。在坝址选择专题研究工作的基础上，开展了有关勘察、设计、研究补充工作，编制了《重庆乌江银盘水电站预可行性研究报告》。2005 年 5 月，预可研报告通过审查。

2005年4月，长江设计院开始乌江银盘水电站可行性研究，2008年1月可研报告通过水利部水利水电规划设计总院和重庆市发展和改革委员会的审查。

2008年12月，国家发展和改革委员会对“重庆乌江银盘水电站项目”予以核准。银盘水电站工程于2007年12月大江截流；2011年4月初期蓄水；2011年5—12月4台机组相继并网发电；2014年5月工程通过蓄水安全鉴定；2015年9月船闸通航验收，开始试通航；2015年12月通过工程竣工安全鉴定。通航系统的投入运行，标志着银盘水电站工程建设基本完成，银盘水电站所有工程已全部完成竣工安全鉴定，具备永久运行条件。

3 工程特点及科技创新

3.1 主要技术难点

3.1.1 汛期预泄调度技术

银盘水库主汛期运行水位要同时满足发电、航运和水库淹没要求，为此，采用预泄调度方式，在正常运行情况下水库维持满足航运和发电要求的水位，在遭遇库区防洪标准洪水前，将库水位临时降低到满足库区防护要求的水位，以正常运行水位和临时运行水位配合应用，既保障了发电效益，又满足了航运和库区淹没的要求。

针对采用汛期预泄调度方案的水电站，提出了库区回水尖灭点外包线的处理方法，即先通过计算20年一遇以下不同量级洪水水面线，然后对所有水面线再取外包线，来确定库区淹没范围。此方法得到了水利水电专家的广泛认可，认为该处理方法确定库区淹没范围更合理，最大限度地保护了库区移民的权益。

通过水库动态调度挖掘工程效益，对类似工程的调度运行提供了借鉴经验；也为已建工程在工程规模已定的条件下，利用水库调度应对水库上、下游变化的情况，保证工程效益的发挥提供了思路。

3.1.2 低水头、大流量电站的泄洪建筑物布置及消能设计技术

银盘水电站泄洪流量大、水头低、下游水位变幅大，泄洪建筑物的布置须同时满足库区淹没、泄洪、施工导流、电站运行以及通航等各方需求。针对以上特点，结合地形地质条件，泄洪表孔分3区布置，左、中区位于河床中部(各4孔)，兼作三期截流后的导流设施，右区表孔(2孔)位于纵向围堰右侧，满足了施工导流要求。10个孔宽15.5m的全表孔溢流方案满足大流量泄洪要求。在消能方面，提出左区面流，中、右区底流的组合消能方式，通过合理地调度运用，下游流态稳定，满足电站运行和通航水流的要求。

上述泄洪建筑物的布置及消能型式的技术，满足了多功能的需求，并节省了工程量。研

究成果开拓了设计思路，具有一定的创新性，对目前正在规划、设计的大泄量、低水头的电站泄洪消能设计有重要的工程借鉴意义，推广应用前景广阔。

3.1.3 斜交岩层重力坝坝肩及坝基稳定分析方法

银盘大坝左岸边坡为典型的含软弱夹层的斜交边坡，坝肩连同坝基的深层抗滑稳定问题突出，所需的加固工程量巨大，为解决这一工程难题，提出了以下技术。

(1)“三维边坡严格极限平衡”理论

提出了同时满足6个平衡条件(3个方向力和力矩的平衡)的“三维边坡严格极限平衡”计算理论，并成功应用于工程实际。三维边坡的深层抗滑稳定分析，克服了二维计算的局限性，计算结果更为合理可靠，为坝基与坝肩加固设计提供了理论依据。

(2)考虑分界面传力的“上边坡、下坝基”的抗滑稳定分析模式

针对重力坝坝肩边坡结合坝基的整体抗滑稳定分析，提出了考虑分界面传力的“上边坡、下坝基”的分析模式。根据不同部分滑体设定不同的安全系数，考虑分界面上的相互作用，使“上边坡”和“下坝基”各自达到规范允许的安全度，计算方法具有较好的实用性和创新性。左岸边坡见图3，边坡阻滑键及预应力锚索见图4。

上述设计技术的成功应用，大大减少了边坡加固处理工程量，节省工程投资约1600万元，经济效益显著。“三维边坡严格极限平衡”分析方法已成功推广应用于武都水库大坝的坝基深层抗滑稳定分析及加固处理研究中。此方法还可推广到水利、水电、交通、能源、矿山、城市建设等众多行业的边坡，特别是具有明显空间效应的大型边坡工程设计与加固中。

图3 左岸边坡

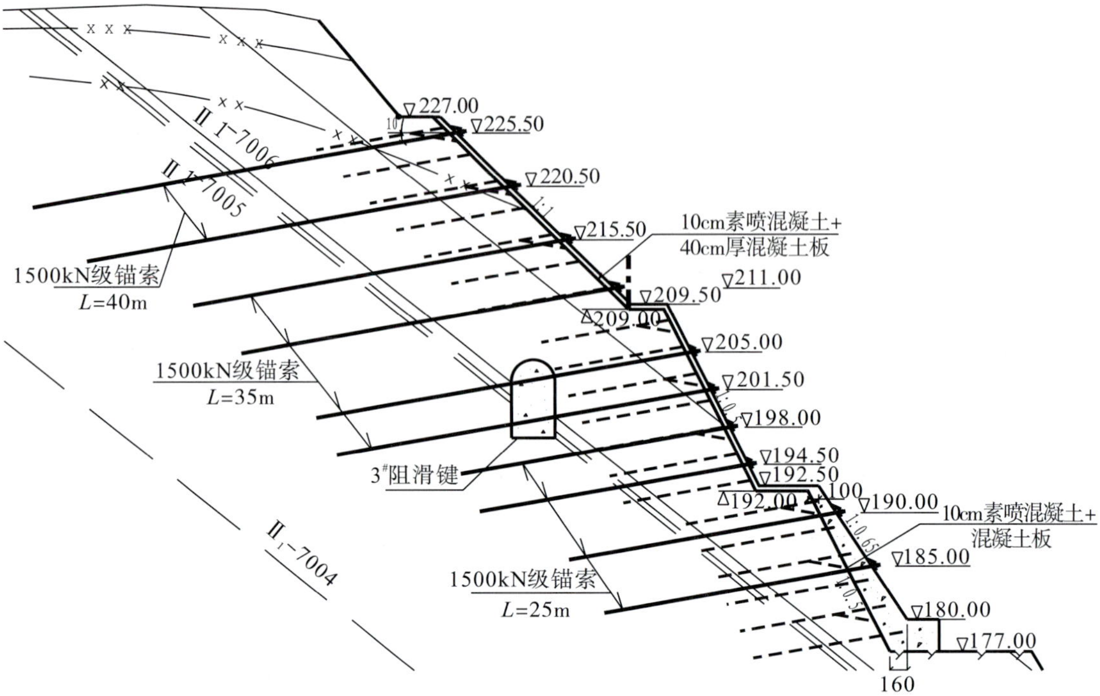

图 4　边坡阻滑键及预应力锚索(高程:m)

3.1.4　厂房建筑物设计技术

(1)大尺寸预应力混凝土蜗壳技术

银盘水电站蜗壳为梯形断面混凝土结构,蜗壳侧墙厚 4.5m,高 14.4m,顶板厚 5.6m,最大跨度 25.7m,最大作用水头为 49.67m(安装高程处)。无论作用水头和结构尺寸,在混凝土蜗壳中都属于超大型。针对以上特点,采用预应力锚索蜗壳方案,改善了混凝土结构应力状态,降低了拉应力水平及分布范围,对控制混凝土裂缝起到了较好的效果,在保证结构安全的同时降低了施工难度、缩短了工期、节约了工程投资。

银盘水电站采用的蜗壳是目前国内尺寸最大的预应力钢筋混凝土蜗壳,此项技术的成功运用,对于高水头、大尺寸蜗壳采用预应力结构有重要的工程借鉴意义。银盘水电站厂房坝段浇筑见图 5。

图 5　厂房坝段浇筑

(2)厂房提前挡水设计

为保证厂房能按计划挡水发电,经专题研究,通过采取结构措施,在厂房进水口段(Ⅰ区)、主机室段(Ⅱ区)、尾水段(Ⅲ区)之间设置灌浆直缝、宽槽,将挡水的进水口段、尾水段与主机室段分开,使挡水墩墙的浇筑不受主机室段浇筑的影响,加快了挡水结构的施工,满足了提前挡水安全要求。

3.1.5 超高水头单级船闸阀门水力学设计技术

银盘水电站船闸按Ⅳ级航道标准进行设计,需要通行500吨级船舶,为国内已建水头最高的单级船闸。船闸最大工作水头35.12m、下游通航水位变幅达12.16m、输水时间小于12min、闸室水面平均上升速度达2.93m/min,给保证船闸输水时闸室内船舶的安全停泊以及输水阀门和土建结构的安全运行带来了巨大挑战,水力学设计难度大。

为解决上述水力学问题,在银盘船闸上采用"突扩带渐扩台阶式升坎体型+门楣自然通气+廊道顶部自然通气(备用)+跌坎强迫通气"的工程措施。该型式为国内首次采用,采用该体型对船闸阀门段廊道体型优化后,水流压力及其脉动在正常范围内,而且空化被充分抑制,廊道段不需要钢板衬砌,采用高强混凝土防护即可,成功解决了超高水头船闸阀门空化技术难题。

3.1.6 渗控设计技术

银盘水电站坝基存在岩体软硬相间、软弱夹层、岩溶透水层等,构成了坝基不均匀变形、基岩渗漏和软弱夹层渗透变形等复杂技术问题。

针对坝基软硬相间、缓倾软弱夹泥层多的特点,探索出软硬相间、缓倾软弱夹泥层坝基高压多喷头冲洗及灌浆技术,成功解决了工程难题,具有广泛的工程应用价值,有力地推动了灌浆技术的发展。

针对软弱带夹泥层或岩溶充泥层,提出从提高灌浆压力入手,选取适合的灌浆压力,利用高压灌浆技术和多排加密的布置方案对剪切带软弱夹泥层与岩溶充泥进行高压劈裂,达到对夹泥层或岩溶充泥性能的改善要求,成功解决了软弱夹层、岩溶透水层防渗的设计难题。

3.1.7 超大规模一字闸门设计技术

银盘船闸为亚洲已建单级最高水头船闸,船闸宽度12m。为解决银盘船闸高水头、窄航道的通航问题,首次采用了可绕顶底枢在平面内旋转90°的一字闸门作为闸首通航闸门。闸门外形尺寸为41.0 m×14.8 m×2.1m(高×宽×厚),为巨大的空间薄壁钢结构,门体自重约470t,主梁29根,正常工作时启闭机容量2000kN,非正常工作时4300kN,启闭机行程约6.9m,闸门沿高度方向布置有3层背拉杆。一字闸门的高宽比达到了3.4,在设计中使用有限元分析方法对门体结构及背拉杆进行计算分析,并以闸门形态函数为基础，建立了理论体系较为完善的背拉杆预应力优化计算模型，对一字门背拉杆预应力进行了优化设计。

银盘船闸一字闸门在工作水头、外形规模、重量、启闭力、背拉杆层数等方面的技术指标均为目前国内外已建船闸通航闸门之最。超大规模一字闸门的成功运用，为同类特性的闸门设计提供了宝贵的设计经验。

3.1.8 高温季节浇筑基础约束区混凝土技术

银盘水电站由于截流时间的推后，造成高温季节浇筑基础强约束区混凝土，而且强度较大，混凝土浇筑温度控制难度大。为此，开展了高温季节浇筑基础约束区混凝土的专题研究，创造性地提出了“四控制温控方针”，即采用“拌和站增设加冰设施、控制混凝土出机口温度为10～12℃；台阶法浇筑、保证混凝土浇筑强度在$60m^3/h$以上、缩短覆盖时间在4h以内、控制温度回升；1.5m薄层浇筑，浇筑层厚控制；埋设水管通8～10℃低温制冷水15天的通水冷却控制”并举的措施。

采用以上综合措施后，很好地解决了高温季节浇筑大坝和厂房基础约束区混凝土的温控问题，避免了温度裂缝的产生，确保了工程质量，实现了工程按期投产发电的目标。

3.1.9 机电设计技术

银盘水电站属径流式电站，主要承担基荷和部分腰荷，并与彭水水电站联合调度运行，因此对电站电气一次系统的发送电可靠性及运行灵活性提出了较高的要求。电气主接线的设计难度大。

在接线设计中，发电机和变压器组合方式采用扩大单元接线，220kV高压侧接线方式采用四角形接线。这种接线简单清晰、供电灵活可靠、布置简化、投资节省，在国内同工程等别水电站中具有一定的独创性。

3.1.10 工程征地及移民规划设计

银盘水电站征地和移民规划设计正值新的《水电工程建设征地移民安置规划设计规范》(SL 290—2009)颁布实施之时，移民安置主要涉及彭水苗族土家族自治县及彭水县城淹没处理，新移民条例强调“以人为本”，要求充分尊重移民安置意愿，增加了移民安置规划工作的难度。

在工程征地及移民规划设计中，首次提出种植业和二、三产业相结合的兼业安置模式；首次将移民征地补偿和建设征地报批紧密结合；首次将户口不在册但在建设征地范围内工作和居住的常住无户籍人口纳入移民搬迁人口，使调查成果数据更加精确可靠。规划理念超前，成果水平国内首创，妥善处理了新、老移民政策的过渡和衔接问题，移民的权益得到了保障，同时也推动了工程的顺利实施。彭水县高谷新集镇见图6。

图 6　彭水县高谷新集镇

3.2　科技创新技术

银盘水电站设计先进成果解决了一系列具有创新性和挑战性的技术难题，所采用的技术先进合理、安全可靠，完善和发展了混凝土重力坝枢纽工程的设计理论和工程实践，不仅解决了银盘水电站工程自身的难题，也对同类工程具有重要的推广和借鉴意义。经国内知名专家评审，研究成果创新突出，达到国际先进水平。主要自主创新技术有：

1）针对采用汛期预泄调度方案的水电站，国内外首次提出了库区回水尖灭点外包线的处理方法，确定库区淹没范围，完善和补充了相关规范对库区淹没的处理方式。

2）国内外首次采用面流、底流的组合消能方式，通过合理的调度，有效地解决了大流量（35600 m^3/s）、下游水位变幅大的水电站的泄洪消能难题，并能同时满足泄洪、发电、通航等各方需求。

3）国内首次提出了同时满足 6 个平衡条件的“三维边坡严格极限平衡”理论，并成功应用于具有明显三维效应的坝肩边坡结合坝基的深层抗滑稳定分析，为坝基与坝肩加固设计提供理论依据。

4）针对大尺寸（蜗壳侧墙厚 4.5m，高 14.4m，顶板厚 5.6m，最大跨度 25.7m）、高水头（49.67m）混凝土蜗壳结构，采用预应力钢筋混凝土技术，满足了防渗限裂要求，缩短了工期，节省了投资。

5）国内外首次提出并采用“突扩接渐扩台阶式跌坎升坎”廊道体型，同时辅以“门楣自然通气＋廊道顶部自然通气（备用）＋跌坎强迫通气”的工程措施，解决了高水头船闸（最大水头 35.12m、下游通航水位变幅 12.16m）的阀门空化技术问题。

4 运行情况及荣誉

4.1 运行情况

电站装机容量600MW，多年平均年发电量27.08亿kW·h，是乌江干流重庆市境内仅次于彭水水电站的大型水电站，可有效缓解重庆市缺电，特别是解决缺少调峰容量的局面，对促进该地区国民经济发展具有重大意义；银盘枢纽可渠化库区航道约55km，并增加下游枯水流量，能改善乌江通航条件，促进乌江航运的发展。

工程建成以来，水库水位达到了设计正常蓄水位，经历了多次泄洪考验；施工、运行中，大坝和枢纽各建筑物，以及金结、机电设备运行正常。截至2021年11月底，电站累计发电量289.34亿kW·h，利润25.65亿元，工程社会效益、环境效益、安全效益、经济效益显著。

4.2 荣誉

银盘水电站科技研究成果获得2008年安徽省科学技术奖二等奖，2019年优秀工程勘察与岩土工程三等奖，全国优秀水利水电工程勘测设计奖2019年设计奖银质奖。

撰稿/沈晓明、杜俊慧

乌江白马航电枢纽

▲ 白马航电枢纽

白马航电枢纽位于乌江下游河段，地处重庆市武隆区白马镇，是乌江干流水电开发规划的最后一个梯级。该枢纽的开发任务以航运为主，兼顾发电，并具有对银盘水电站运行进行反调节的作用。

1 工程概况

1.1 工程简述

白马航电枢纽位于乌江下游河段，地处重庆市武隆区白马镇，是乌江干流水电开发规划的最后一个梯级。该枢纽的开发任务以航运为主，兼顾发电，并具有对银盘水电站运行进行反调节的作用。

白马航电枢纽死水位180.00m，调节库容0.41亿m^3；正常蓄水位184.00m，相应库容1.67亿m^3；校核洪水位201.93m，总库容3.74亿m^3。装机容量为480MW，多年平均年发电量17.62亿kW·h，装机年利用小时数3567h。

本工程的航道通航标准为Ⅳ级，航道尺度为：(2.2～2.6)m×50m×330m(水深×航宽×弯曲半径)，通航保证率95%，设计代表船型为500吨级货船(长江水系货－13)兼顾1000吨级和300吨级货船。

本工程为Ⅱ等工程，枢纽由挡水建筑物、泄洪建筑物、电站厂房、通航建筑物及鱼道等组成。挡水建筑物、泄洪建筑物、船闸挡水部分、电站厂房等主要建筑物为2级建筑物，鱼道等次要建筑物为3级建筑物，围堰等临时建筑物为4级建筑物。

大坝采用混凝土重力坝，坝顶高程205.50m，最大坝高87.50m，坝顶总长588.30m。泄洪建筑物共设11个14m×24m(高×宽)的泄洪表孔；电站厂房安装3台单机容量为160MW的轴流式水轮发电机组，总装机容量为480MW；通航建筑物为500吨级单级船闸，闸室有效尺寸为150.0m×23.0m×4.2m(长×宽×门槛水深)。

施工采取明渠通航、三期导流方式，导流明渠布置在右岸。工程总工期99个月(不包括18个月工程筹建期)。白马航电枢纽主要工程特性见表1。

表1　白马航电枢纽主要工程特性

名称			数量及特性	备注
水文	流域面积	全流域(km^2)	87920	
		坝址以上(km^2)	83690	白马坝址
	利用的水文系列年限(年)		63	1952—2014年
	坝址多年平均年径流量(亿m^3)		495.5	坝址

续表

名称			数量及特性	备注
水文	代表性流量	多年平均流量(m^3/s)	1570	坝址
		实测最大流量(m^3/s)	26200	武隆站还原
		实测最小流量(m^3/s)	55.3	武隆站 2008 年 1 月 30 日
		调查历史最大流量(m^3/s)	31000	1830 年武隆站
		设计洪水流量($P=1\%$,m^3/s)	30700	坝址
		校核洪水流量($P=0.1\%$,m^3/s)	40000	坝址
		施工导流流量($P=10\%$,m^3/s)	20900	坝址全年最大洪峰
		施工导流流量($P=5\%$,m^3/s)	23900	坝址全年最大洪峰
	洪量	实测最大洪量(24h,亿 m^3)	21.2	武隆站 1999 年还原
		设计洪水洪量(24h,亿 m^3)	26.2	坝址
		校核洪水洪量(24h,亿 m^3)	34.5	坝址
	泥沙	多年平均悬移质年输沙量(万 t)	3180	坝址 1952—1979 年
		多年平均含沙量(kg/m^3)	0.649	坝址 1952—1979 年
		实测最大含沙量(kg/m^3)	25.8	武隆站 1979 年 6 月 4 日
		多年平均推移质年输沙量(万 t)	96.2	坝址 1952—1979 年
	天然水位	多年平均水位(黄海基面,m)	156.29	不受三峡顶托坝址水位
		及相应流量(m^3/s)	1570	
		实测最低水位(黄海基面,m)	152.55	白马坝址下水尺
		及相应流量(m^3/s)	55.3	2008 年 1 月 30 日
		实测最高水位(黄海基面)(m)	178.08	白马坝址下水尺
		及相应流量(m^3/s)	15800	2014 年 7 月 14 日
水库	水库水位	校核洪水位(m)	201.93	1000 年一遇
		设计洪水位(m)	194.36	100 年一遇
		正常蓄水位(m)	184	
		死水位(m)	180	
	正常蓄水位时水库面积(km^2)		10.38	
	回水长度(km)		45.3	
	水库容积	总库容(亿 m^3)	3.74	校核洪水位以下
		正常蓄水位以下库容(亿 m^3)	1.67	
		调节库容(亿 m^3)	0.41	正常蓄水位至死水位
		死库容(亿 m^3)	1.26	死水位以下
	库容系数(%)		0.083	调节库容/平均年径流量
	调节性能		日调节	

续表

名称			数量及特性	备注
下泄流量及相应下游水位	设计洪水	泄量(m^3/s)	30700	100 年一遇
		下游水位(m)	193.17	
	校核洪水	泄量(m^3/s)	40000	1000 年一遇
		下游水位(m)	200.43	
	最小下泄流量	泄量(m^3/s)	387	
		下游水位(m)	151.06	
工程效益指标	航运效益	改善通航里程(km)	45.3	
		过船吨位(t)	500	
		设计水平年货运量(万 t/a)	425(下行)	
	发电效益	装机容量(MW)	480	
		保证出力(MW)	54.7	
		多年平均年发电量(亿 kW·h)	17.62	考虑机组优化后
主要建筑物及设备	挡水建筑物	型式	混凝土重力坝	
		地基特性	灰岩、白云岩	
		地震基本烈度/设防烈度(度)	Ⅵ	
		坝顶高程(m)	205.5	
		最大坝高(m)	87.5	
		坝顶长度(m)	588.3	
	泄水建筑物	型式	溢流坝	
		地基特性	灰岩、白云岩	
		堰顶高程(m)	160	
		表孔宽度(m)	14	
		孔数(孔)	11	
		单宽流量($m^3/(s\cdot m)$)	140	
		消能方式	底流、面流消能	
		工作闸门型式	弧形闸门	
		尺寸(宽×高,m×m)	14×24	
		数量(扇)	11	
		启闭机型式	固定卷扬机	
		数量(台)	11	
	厂房	型式	河床式	
		地基特性	灰岩、白云岩	
		主厂房尺寸(长×宽×高,m×m×m)	176.8×100.90×90.09	
		水轮机安装高程(m)	152.8	

续表

名称			数量及特性	备注
主要建筑物及设备	通航建筑物	型式	单级单线船闸	
		闸室有效尺寸(长×宽×槛上最小水深,m×m×m)	190×23×4.7	
		船只吨位(t)	500	
		年单向通货能力(万 t)	1060.5	单向下行
		上游最高通航水位(m)	184	
		上游最低通航水位(m)	180	
		下游最高通航水位($Q=6000m^3/s$,m)	174.85	考虑三峡顶托
		下游最低通航水位($Q=385m^3/s$,m)	151.06	天然情况
		最大通航水头(m)	32.94	
		建筑总高度(m)	76.5	
		主体段结构型式	上闸首为分离式结构,闸室和下闸首为整体式结构	
		输水系统型式		两区段出水分散输水系统
		上闸首工作闸门型式及设计水头(m)	9.7	人字闸门
		上闸首工作闸门启闭机型式	2×1200kN 液压启闭机	
		下闸首工作闸门型式及设计水头(m)	32.94	人字闸门
		下闸首工作闸门启闭机型式	2×2000kN 液压启闭机	

1.2 建设意义

(1)实现国家高等级航道规划目标,提升长江黄金水道功能的需要

按照全面建成小康社会的总体部署和推动长江经济带发展的战略要求,国家加快构建畅通、高效、平安、绿色的现代化内河水运体系,以充分发挥内河水运运能大、成本低、能耗小的优势,提升长江黄金水道功能,促成我国“两横一纵两网十八线”等高等级航道的建设。2007 年交通部发布的《全国内河航道与港口布局规划》提出了“一横一网十线”的长江水系高等级航道布局,规划将乌江作为其中“十线”之一,乌江渡—涪陵河段的航道等级规划为Ⅳ级。2012 年批复的《长江流域综合规划(2012—2030 年)》提出乌江渡坝下至白马 551km 河段结合梯级建设达到Ⅳ级航道标准,白马以下河段可逐步提高至Ⅲ级航道标准。

在天然状态下，乌江河道弯曲、河槽狭窄，滩多、水急，虽经多次治理，航道等级依然不高。随着干流多个梯级的陆续建成，乌江银盘以上河段航道条件得到根本性改善，为乌江高等级航道建设创造了有利条件。同时，依照批准的规划和审批文件，乌江渡枢纽以下规划的构皮滩、思林、沙沱、彭水、银盘5座梯级相继建设了通航设施，其中贵州境内的构皮滩枢纽的通航设施投入运行，思林、沙沱、彭水和银盘通航建筑物已投入运行。目前，乌江渡至银盘坝址航道已达到Ⅳ级航道标准；白马坝址至涪陵河口45km为三峡枢纽的库区航道，达到了Ⅲ级航道标准；仅银盘坝址至白马坝址河段，因著名的羊角碛等滩险，航道尺度只能基本达到Ⅴ级航道标准。羊角碛由古滑坡体下滑堆积而成，涉及航道长，已多次采取工程措施整治，均未达到效果，若进一步采取河道疏浚或修建丁坝等整治措施，投资较大且难于达到预期效果。

白马航电枢纽的建设将淹没库区大部分滩险，可有效改善羊角碛等滩险通航条件，使乌江干流构皮滩以下航道等级达到Ⅳ级航道标准，保证乌江与长江干线高等级航道有机衔接，起到承上启下的纽带作用，是治理羊角碛等滩险的最佳工程措施，也是打通乌江至长江黄金水道、实现"干支联动"的最后关键工程。工程建设将大大促进贵州省及重庆市水运交通发展，标志着乌江干流开发规划各项任务的预期目标将基本实现，乌江干流开发治理将基本完成。因此，本项目是实现国家高等级航道规划目标、提升长江黄金水道功能的需要。

(2)发挥乌江水运比较优势，支撑腹地产业发展的需要

随着改革开放的不断深入，一系列支持西南地区发展的政策相继实施，为乌江流域创造了经济快速发展的历史机遇。尤其是长江经济带和西部大开发战略，为沿江省(直辖市)利用自身的资源和区位优势、推进国民经济产业结构调整提供了有利条件。

乌江流域腹地经济基础较为薄弱，但资源禀赋优越，且劳动力等生产要素成本较低，具备承接产业转移的优势条件，经济社会发展潜力仍然很大。在贵州省和重庆市积极融入长江经济带国家战略、寻求自身经济社会发展新空间的同时，乌江流域工业化进程将加速推进，改造提升传统产业。发展壮大支柱产业，培育发展新兴产业，推进优势资源转化，延长产业链，加快发展资源深加工业、装备制造业、新兴材料、制药工业、农副产品加工工业等特色产业。发展壮大园区经济将成为乌江流域未来较长一段时间内经济发展的重心，产业体系不断健全，经济和产业规模不断壮大将成为乌江流域经济发展的特点。产业的发展势必会带动资源、原材料、产成品、半成品等物流以及人流的集散和互通，这对乌江流域综合交通发展提出了更高要求。

白马航电枢纽建成后，将淹没羊角碛等大型碍航滩险，结合少部分航道工程措施，保障银盘至白马达到Ⅳ级航道标准，在大幅提高水运通过能力的同时，还将减少公路、铁路等交通基础设施建设对土地资源、生态环境资源的占用，并有效降低单位运输量的能源消耗和污染物排放量，乌江水运"占地少、成本低、能耗小、污染轻、运能大、效益高"的比较优势将得以充分发挥。根据预测，工程建设后2020年、2030年、2045年白马航电枢纽过坝货运量分别

为 210 万 t、500 万 t、720 万 t，其中下行过坝货运量分别为 120 万 t、290 万 t、400 万 t，枢纽船闸单向通过能力达到 659.6 万 t，将进一步保障资源优势向产业优势的转化。因此，本项目是发挥乌江航运比较优势、支撑腹地产业发展的需要。

(3)推动地方经济发展、巩固脱贫成果、建成高水平小康社会的需要

我们实现了第一个百年奋斗目标，在中华大地上全面建成了小康社会，历史性地解决了绝对贫困问题。但由于受到疫情、灾害等多方面因素的影响，一些脱贫人口存在返贫风险，脱贫不返贫才是真脱贫，要打赢这场攻坚战，必须着力巩固好脱贫成果，助力乡村振兴，建成高水平小康社会。滇桂黔石漠化集中连片地区、武陵山集中连片地区、乌蒙山集中连片特困地区资源缺乏，生态脆弱，生存条件恶劣，基础设施落后，难以从根本上脱贫，所以利用产业扶贫，可以将政府部门、企业、高校等组织机构面向贫困人口的扶贫资源进行有机整合，分别投入技术、信息、资本、土地、劳动等要素来共同发展扶贫产业，发挥各自优势促进产业健康发展。

白马航电枢纽投资大，电站的投入资金中大部分(约 60%)将直接投入重庆市，将直接拉动当地的经济增长。另外白马枢纽建设过程中对机械、材料、设备、电气、运输等多方面的需求，必将刺激周边地区冶金、化工、建材等工业的发展，而随着工业的发展，又必将带动地区城市化建设以及相关的商业、金融业及旅游业的发展，提供大量就业机会，促进第三产业的发展。根据国内外有关水电建设工程拉动经济增长的分析计算，水电站建设对地区经济生产总值的贡献为工程直接投资的 2～3 倍，因此白马航电枢纽在其建设的 9 年中将为该地区增加地区生产总值总计约 120 亿元，平均每年增加地区生产总值 13.3 亿元，约占地区生产总值的 3.5‰，对当地经济增长拉动作用巨大。白马航电枢纽施工建设期间，劳动用工共 683 万工日，施工高峰期劳动力约 7000 人，多年平均劳动力约 3100 人。水电站建设通常可带动间接就业，在建设期内白马航电枢纽平均每年可创造约 6300 个就业岗位。

随着工程的建设，水库蓄水虽导致库区少量耕地、园地受淹，对当地农业生产造成一定损失，但移民及工程开发资金的投入以及对外水、陆交通条件的改善，对建材、劳动力等的大量需求，将带动相关行业发展，拉动当地经济增长，增加就业机会，增加居民收入。工程兴建的同时在人才、信息、交通、通信、商贸、金融和生活服务等方面需求量也很可观，促使当地加快基础设施建设和迅速提高第三产业的服务能力，促进地区经济布局调整和经济持续、快速、健康发展。白马航电枢纽位于武隆区白马镇，工程建设改善了地区对外交通，可解决白马坝址附近地区的交通出行难问题，有效带动当地经济社会发展。白马航电枢纽同时使白马坝址左岸临近重庆武隆白马工业园区与渝怀铁路线白马货站有效地联系在一起，形成了立体式的交通网络，提高白马工业园区的区域优势，增加投资吸引力，促进园区的快速发展，从而对于提升武隆区工业整体实力、增加财政收入、实现高水平小康社会、建设和谐社会具有重要的战略意义。

(4)落实"长江大保护"要求，推进长江经济带高质量发展的需要

我国经济快速增长，各项建设取得巨大成就，但也付出了巨大的资源和环境代价，经济

发展与资源环境的矛盾日趋尖锐。这种状况与经济结构不合理、增长方式粗放直接相关。不加快调整经济结构、转变增长方式，资源支撑不住，环境容纳不下，社会承受不起，经济发展难以为继。党的十九大做出了中国特色社会主义进入新时代的重大政治判断，指出我国经济已由高速增长阶段转向高质量发展阶段，正处在转变发展方式、优化经济结构、转换增长动力的攻关期，同时强调以“共抓大保护、不搞大开发”为导向推动长江经济带发展。

白马航电枢纽工程的生态环保效益突出。一方面，可渠化库区内的航道，改善通航条件，形成乌江腹地通往长江的高等级航道，增强了水运的竞争力。大型船舶通行将吸引大宗货物公转水，进一步降低腹地物流的能源消耗和污染排放，充分发挥航运的绿色特性和环境效益，实现降低成本、节能减排的双重目标。另一方面，白马航电枢纽电站装机容量480MW，多年平均年发电量17.12亿kW·h，按煤电生产等效电量计算，每年可节约原煤约78.5万t。按其减少的原煤消耗计算，每年可减少二氧化硫、氮氧化合物、二氧化碳和烟尘排放量分别为0.5万t、0.4万t、140万t和2.6万t。

为落实“长江大保护”的发展要求，工程开发主要功能调整为以航运为主，兼顾发电，前期研究阶段高度重视建设期和运行期的生态环境影响，拟通过建设鱼类增殖放流站、增设鱼道、对鱼类栖息地进行保护、水生态监测、建设污水处理系统以及设置防尘设施等保护措施，并主动减少发电收益，加大环保保护措施和资金力度，力求将负面影响降至最低。白马航电枢纽的建设还将丰富乌江地区的旅游资源，使库区形成“高峡平湖”的景象，一举改变武隆等地区“闻水声、不见水景”的现状，形成电站、平湖与沿岸景观带相互辉映的良好亲水环境，大幅提升武隆等沿江地区的旅游价值，促进武隆发展成为国际知名生态旅游目的地，发展旅游等绿色产业推动区域经济高质量发展。因此，项目的建设，是落实“长江大保护”要求、推进长江经济带高质量发展的需要。

(5)利用水能资源，维持重庆市能源供需平衡的需要

重庆市是能源相对缺乏地区，人均能源资源占有量约相当于全国人均的50%，能源资源结构中矿物能源资源占58%，水力资源占42%，维持本市能源供需平衡是今后一段时期内重庆市经济建设的重中之重。

重庆市煤炭资源不多，煤炭消耗需要依赖外区输入。重庆市煤炭产量在2012年、2013年的时候达到最高水平，煤炭年产量超过4000万t，近几年随着去产能的要求，煤炭产量大幅下降。根据2017年4月发布的《重庆市“十三五”能源发展规划》，规划到2020年，煤炭产能调减至2000万t左右。重庆市天然气储量丰富，天然气开发主要保证本市民用需求和承担“西气东输”任务，尚不具备利用天然气大力发展电力的条件。重庆市水力资源理论蕴藏量约23000MW，技术可开发量约9800MW，其中经济可开发量约8200MW，2016年底全市水电总装机容量6879MW，水电已开发量占经济可开发量的83.9%。根据重庆市的能源资源量及结构分析，开发本市水电是重庆市能源建设的重要环节，也是电力工业可持续发展战略的重大措施。

根据重庆市的发展规划，未来10～20年，重庆市国民经济仍将保持较高增长态势，与之相适应，重庆市的能源需求将进一步加大，维持重庆市能源平衡的任务将进一步加重。根据重庆电网的电力发展规划和负荷水平预测，在不考虑白马枢纽投入的情况下，2025年重庆电网电力市场空间缺口约为6800MW，电力市场空间较大。白马航电枢纽装机容量480MW，其建设不仅可为重庆市提供大量的清洁电能，还能改善上游梯级银盘水电站的运行条件，可释放银盘水电站航运基荷，发挥其应有的调峰容量效益，优化电网电源结构。因此，白马航电枢纽的开发可进一步合理利用乌江的水能资源，维持全市能源平衡，符合重庆市能源发展战略。

2 勘测设计方案

白马航电枢纽的布置方案为：电站建筑物布置在河床靠左侧，泄洪建筑物布置在河床，船闸布置在右岸，鱼道布置在左岸边坡。大坝采用混凝土重力坝，坝顶高程205.5m，最大坝高87.5m，坝顶总长588.3m。建筑物从左至右依次为左岸非溢流坝段(55.5m)、电站厂房(182.8m)、泄洪坝段(236.0m)、纵向围堰坝段(16.5m)、船闸坝段(97.5m)。

1)左岸非溢流坝段共3个坝段，前缘长度分别为23.5m、17.0m、15.0m，总长55.5m，建基面高程为152.5～187.0m。

2)电站厂房布置于左岸，左侧接左岸非溢流坝段，右侧接左溢流坝段，整个电站建筑物包括主厂房、安装场、尾水渠等。电站为河床式，安装3台160MW轴流转桨式水轮机，电站厂房自左向右分别为安Ⅰ段、安Ⅱ段、1#～3#机组段，各段之间设永久横缝。安Ⅰ段长23.5m，安Ⅱ段长36.0m，安装场总长59.5m，标准机组段长38.6m，边机组段长40.1m，机组段总长117.3m。整个厂房总长176.8m。

3)泄洪坝段共12个坝段，总长236m。共设11个表孔，孔宽14m，孔高24m，采用墩中分缝。中闸墩宽5m，堰顶高程160m，表孔溢流堰采用WES型实用堰。泄洪消能建筑物分2区：左区包括1～3号表孔，右区包括4～10号表孔。此外为满足排沙要求，在泄1号坝段墩布置2个排沙孔，其进口底高程为136.00m，断面尺寸为3m×5m(宽×高)。

4)通航建筑物布置在右岸导流明渠内，由上游引航道、船闸主体段及下游引航道等组成。船闸主体段主要由上闸首、闸室、下闸首及输水系统组成，闸室有效尺寸为190.0m×23.0m×4.7m(长×宽×门槛水深)。船闸主体段总长272.0m，其中上闸首结构总长45.0m，闸室结构总长179.0m，下闸首结构总长48.0m。上闸首和闸室墙顶高程为195.7m，下闸首挡洪部分墩顶高程为205.5m。输水系统采用闸墙长廊道经闸室中心进口垂直分流、闸底支廊道二区段出水的分散输水型式。

5)鱼道布置在左岸边坡上，经左岸非溢流坝段过坝，设有6个不同高程的进口以及两个出口，鱼道有效全长约为1756m。主要建筑物有厂房集鱼系统(补水渠和集鱼渠)、鱼道主体结构(鱼道进口、过鱼池、鱼道出口)以及补水系统等。集鱼渠净宽2.5m，补水渠净宽1.5m，单个过鱼池净宽 2.5m，长 3.0m。

3 工程特点及科技创新

白马航电枢纽是打通乌江通往长江黄金水道的关键性工程，航运效益突出，建设符合流域综合利用规划，符合国家鼓励水电开发、加快开发利用非化石可再生能源的能源发展产业政策，减排效益显著。工程的建设还将促进当地经济社会发展和移民群众脱贫致富、带动相关产业发展、促进西部生态环境保护。项目特点和重大技术问题如下：

(1)坝址区地质条件较复杂，左、右岸高边坡稳定问题突出

坝址为横向谷，两岸开挖边坡受岩溶角砾岩、断层影响，稳定条件较差。坝址区分布的 F1 断层及其影响带规模较大，对局部坝基岩体质量和开挖边坡的稳定条件有一定影响。

由于坝址原河床宽度较窄，电站建筑物布置范围基本上是开挖形成的。引水渠最大开挖高度约 263m，尾水开挖边坡最大开挖坡高约 137m。边坡受 T_1j^{4-2} 层岩溶角砾岩影响，开挖坡度较缓，特别是引水渠边坡中，T_1j^{4-2} 层岩溶角砾岩分布范围广，厚度较大，无法采用支挡措施，只能放缓开挖坡比以满足边坡稳定安全。船闸右岸边坡最大开挖高度约 280m，上游段岸坡为顺向坡，对边坡稳定不利；中游段边坡为横向坡，边坡整体稳定条件较好，边坡局部存在不稳定块体；边坡上部的 T_1j^{4-2} 层岩溶角砾岩及第四系覆盖层，性状相对较差。下游段边坡为顺向坡，对边坡稳定不利。

(2)枢纽布置考虑因素多，布置难度大

白马航电枢纽坝址为不对称的"V"形横向河谷，枯水期河床宽度仅约 130m，可用于布置建筑物的前沿宽度有限，而枢纽工程由拦河坝、泄洪及排沙建筑物、电站厂房和通航建筑物、鱼道等组成，还要兼顾导流建筑物布置，并满足武隆县防洪要求，建筑物相互之间干扰大，枢纽布置考虑的因素多。

可研阶段推荐的枢纽布置格局为：电站建筑物布置在河床靠左侧，鱼道布置在电站左侧边坡上，泄洪建筑物布置在河床靠右侧，船闸布置在右岸导流明渠内，坝轴线长 586.8m。施工采取明渠通航、三期导流方式，利用岩埂做纵向围堰和泄洪建筑物与船闸之间的隔流墙，节约了工程投资。船闸布置在右岸，不受左岸石梁河出口水流的影响，下游通航水流条件较好。枢纽洪峰流量大，主河床布置泄洪建筑物能很好地解决泄洪消能问题；同时满足了施工期和永久期通航的要求；电站厂房布置在左岸，进厂公路与 319 国道相接，交通运输方便。工程枢纽布置紧凑，合理解决了导流、通航、泄洪、发电、过鱼等问题。

(3)泄洪建筑物规模大、考虑因素多、消能型式复杂

白马航电枢纽泄洪采用全表孔方案，泄洪表孔分 2 区布置，泄洪调度较灵活，可同时满足排沙、通航及泄洪要求：左区 3 孔在低水位排沙及通航时使用，超过通航流量时才逐步使用右区深槽表孔(6 孔)，最后开启右区右边两孔。泄洪消能建筑物分 2 区布置，左区为底流

消能，右区深槽6孔为面流消能，右区右边建基面高程较高的2孔采用底流消能，下游设短护坦。分区消能的泄洪消能方案设计有效解决了白马枢纽泄洪流量大、下游水位高且变幅大等特点。

（4）泄洪表孔尺寸大，作用水头高，闸墩设计难度大

白马航电枢纽设11个表孔，孔宽14m，闸墩厚5m，堰顶高程160.00m，表孔采用孔中分缝，堰顶设平板检修门和弧形工作门。弧形闸门挡水水位按正常蓄水位184.00m设计，弧形闸门总推力47253kN。表孔尺寸大，作用水头高，结构设计难度大。

为了减少表孔闸墩的厚度，缩短了坝轴线长度，设计中表孔闸墩采用预应力结构等先进技术，采用多种计算方法，对比分析闸墩结构受力，确定合理的闸墩厚度和配筋。

（5）坝址位于急弯河段上游，通航建筑物布置较困难

白马坝址下游约300m为90°急弯，左岸支流石梁河在坝址下游约450m处汇入乌江，受河势条件和枢纽总体布置格局的限制，白马船闸只能布置在右岸，引航道直线段长度较短；急弯河段下游河床狭窄，河道流速较大，下游连接段航道通航水流条件较差。因此，受地形地质及河势条件的限制，白马船闸布置条件较差。

采用“闸室上移、下闸首挡水”的特殊船闸，解决了急弯河段通航建筑物布置困难、引航道直线段长度不足的问题，保证了通航设施的运行安全。

（6）船闸通航水头高，闸室和阀门水动力学问题复杂

白马船闸最大通航水头32.94m，闸室有效尺寸为150.0m×23.0m×4.2m（长×宽×门槛最小水深），其输水技术指标在国内的单级船闸中仅次于在建的大藤峡船闸，与国外船闸相比也位居前列。因此，需要对闸室的消能、阀门的振动与空化问题进行重点研究，以保证闸室和引航道的停泊条件、阀门的运行安全。

采用垂直分流闸底支廊道两区段出水的等惯性输水系统、顶扩与底扩相结合的突扩廊道体型，解决了高水头船闸的闸室消能、阀门空化等问题，保证了船闸的输水安全。

（7）鱼道进口流速小，难以吸引鱼类上溯洄游

白马鱼道最大运行水头30.8m，下游运行水位变幅达19.1m，位居国内第一。当进鱼口水位较高时，鱼道进口流速较小，难以形成吸引水流。

通过采用集中布置尾水集鱼渠、分散折叠布置多进鱼口、辅助补水等综合措施，形成有利的环境水流条件，解决了由下游水位变幅大造成鱼道进口流速小，难以吸引鱼类上溯洄游的难题。

（8）电站厂房尺寸大，作用水头高，结构设计难度大

白马电站厂房为河床式，总装机容量480MW，单机容量160MW，额定水头21.0m，额定流量947.2m^3/s，转轮直径11m，机组尺寸大，使得厂房机组段长度达38.60m，主机室净宽达31.00m，加上进水口、尾水副厂房，厂房宽度达100.90m。受机组安装高程、尾水流道尺

寸、大变幅尾水位和洪水位的控制，厂房最大高度达90.09m。白马电站具有挡水水头高，且洪水期厂房大部分高度淹没于水下，厂房上下游水压力大，机组引水流量大，厂房流道尺寸大，流道内水压力大，结构强度及裂缝限制难度大等特点。

通过合理布置机组段之间伸缩缝内止水片位置，利用下游尾水抵消部分蜗壳内水压力等综合措施，解决了大尺寸、作用水头高的电站厂房结构设计的难题。通过采用垂直进厂方式，降低厂房高度，节约投资。

(9)机组大容量且水头变幅大

针对电站水头变幅大(7.3～32.44m)，高水头和低水头出现频次多且持续时间长，汛期流量大、水头高，枯水期流量小、水头低的特点，以充分利用入库流量、增加发电效益、改善水轮机高水头运行稳定性为目标，经综合比较工程总体布置格局、施工工期、工程投资和机组设计制造能力等因素，并确保机组具有宽广的稳定运行区域的基础上，研究提出了装设3台单机功率为160MW的轴流转桨式水轮发电机组方案，单机容量在目前国内外已投入运行的相同水头段机组中最高。

(10)枢纽混凝土需求量大，征地移民及环境保护问题突出

白马航电枢纽混凝土总量约380万m^3，需加工骨料约570万m^3。从储量、质量论证了开挖料中T_1j^3层灰岩作为混凝土骨料料源的可行性；并通过分析开挖料中T_1j^3层灰岩的分布部位、施工程序及施工时段、可利用料数量，与混凝土骨料需求时间进行动态调配分析，从施工进度安排上论证了开挖料作为混凝土骨料的可行性。通过对人工骨料场料源和利用开挖料的两种料源的经济性和环境保护进行对比分析，进一步肯定利用开挖料的优点，推荐白马航电枢纽利用开挖料作为混凝土骨料，将大量开挖弃渣进行资源化利用，变废为宝，同时减少了征地移民，保护了环境，节约工程投资约9500万元。

4 建设历程及荣誉

2007年5月，本工程开始预可行性研究工作，2009年预可行性研究报告通过审查。2010年，启动白马电航枢纽可行性研究工作；2010年12月，水利部水利水电规划设计总院(以下简称“水规总院”)审定《重庆乌江白马电航枢纽可行性研究阶段正常蓄水位选择专题报告》，选定正常蓄水位184m；2015年1月，《建设征地移民安置规划报告》通过了水规总院会同重庆市移民局组织的审查和审定。2016年12月，《重庆乌江白马电航枢纽可行性研究报告》通过水电总院审查。审查认为，该报告基本满足可行性研究阶段勘测设计工作内容和深度的要求，基本同意该报告。2017年12月，《重庆乌江白马电航枢纽项目(申请报告)》通过中国国际工程咨询公司核准评估，2018年3月通过核准。2019年5月21日，国家发展和改革委员会以发改办基础〔2019〕712号文“同意将乌江白马项目由电航枢纽调整为航电枢纽”。2019年6月，受重庆航运建设发展有限公司委托，根据航电枢纽工程报告编制要求，长

江设计公司编制了《重庆乌江白马航电枢纽工程可行性研究报告》。2019 年 7 月，重庆市交通局会同重庆市发展和改革委员会等单位对报告进行了审查，审查认为："报告满足内河建设项目工程可行性研究阶段勘测设计工作内容和深度的要求。"2019 年 8 月，长江设计公司依据航道工程初步设计文件编制规定，编制了《重庆乌江白马航电枢纽工程初步设计报告》。

2019 年 9 月 27 日，白马航电枢纽工程举行开工仪式。14# 场内公路(319 国道改线工程石梁河上游段)开始施工，目前(2022 年 8 月)正在进行一期右岸导流明渠开挖和二期左岸厂方边坡开挖(图 2)。总体进度计划如下：2020 年 1 月初至 2021 年 12 月底工程筹建，工程筹建期 24 个月；2022 年 1 月初至 2023 年 11 月中旬施工准备，施工准备期 22.5 个月；2023 年 11 月中旬至 2027 年 10 月初进行主体工程施工，主体工程施工期 46.5 个月；2027 年 10 月初第一台机组发电，进入工程完建期，至 2030 年 3 月底船闸调试完毕，工程完工，工程完建期 30 个月；工程总工期 99 个月(不包括 24 个月工程筹建期)。

图 2　左右岸边坡开挖

《重庆乌江白马航电枢纽工程可行性研究报告》已荣获 2020 年度全国优秀工程咨询成果一等奖。

撰稿/唐山、张玲丽、杜俊慧、王辉、杜申伟

清江水布垭水电站

▲ 水布垭水电站

清江水布垭水电站位于湖北省巴东县境内，属于鄂西高山峡谷地区。该地区暴雨频繁，也是典型的岩溶发育区。1993 年，《清江流域规划报告（1993 年修订）》正式确定水布垭梯级，拉开了水布垭水电站建设的序幕。摆在工程建设者面前的是超高混凝土面板堆石坝填筑关键技术，大泄量高落差岸边溢洪道与大孔口高水头放空洞泄洪消能，复杂地质条件下大型地下厂房洞室群围岩稳定，强岩溶地区渗流控制等一道道巨大难题，尤其是超高混凝土面板堆石坝的建设，引起了国际坝工界持久而高度关注。

1 工程概况

1.1 建设背景

水布垭水电站位于清江干流中游河段，湖北省巴东县水布垭镇。坝址上距恩施市117km，下距隔河岩水电站92km，距清江与长江汇合口153km，是清江梯级开发的龙头枢纽。清江是长江出三峡后第一条大支流，发源于鄂西齐岳山龙洞沟，于宜都市注入长江。清江干流全长423km，总落差1430m，流域面积约17000km^2。水布垭水电站坝址以上流域面积10860km^2，坝址多年平均流量为296m^3/s，相应年径流量为93.4亿m^3。

水库正常蓄水位400m，相应库容43.12亿m^3，校核洪水位404m，相应库容45.80亿m^3，死水位350m，调节库容23.83亿m^3，是一座具有多年调节性能的水库。电站装机容量1840MW，保证出力312MW，多年平均年发电量39.84亿kW·h。水布垭水电站是一座以发电、防洪为主，兼顾其他的Ⅰ等大(1)型水利水电工程。大坝和泄洪建筑物采用1000年一遇洪水设计，10000年一遇洪水校核，洪峰流量分别为20200m^3/s和24400m^3/s。

坝址位于清江一个"S"形河段腰部，腰部直线段长约800m，流向NE30°。两侧岸坡高峻陡峭，高差230余米，谷坡总体上呈不对称"V"字形，左岸平均坡角52°，右岸略缓，平均坡角35°。

坝址区地层为二叠系下统茅口组(P_{1m})、栖霞组($P_{1q}{}^1$～$P_{1q}{}^{15}$)、马鞍组(P_{1ma})，石炭系黄龙组(C_{2h})、泥盆系上统写经寺组(D_{3x})，志留系纱帽组(S_{2sh})地层。在左坝肩高程395～400m以上还有二叠系上统龙潭组(P_{21})地层分布。坝址地震基本烈度为Ⅵ度，挡水建筑物的地震设计烈度为Ⅶ度。

主体建筑物有混凝土面板堆石坝、河岸式溢洪道、地下电站、放空洞等。施工导流采用围堰一次性拦断河床、隧洞导流、枯水期围堰挡水、汛期淹没基坑的方式。

工程施工设计总工期9.5年。2000年以前为筹建期，2001年1月至2002年10月为施工准备期，2002年10月下旬截流，2002年11月至2007年6月为主体工程施工期，2006年10月导流洞下闸，2007年4月放空洞下闸，水库开始蓄水，2007年7月首台机组投产发电，2008年9月4台机组全部并网运行。工程提前近两年全部完工。

工程建设单位为湖北省清江水电开发有限公司，设计单位为长江水利委员会长江勘测规划设计研究院，监理单位为浙江华东工程咨询有限公司、中国水利水电建设工程咨询中南公司和湖北清江工程咨询公司，施工单位为葛洲坝集团公司、中国水电第十四工程局有限公司、中国水电第八工程局有限公司和武警江南水利水电工程公司。

水布垭水电站主要工程特性见表1。工程鸟瞰图见图1。

表1　　水布垭水电站主要工程特性

序号	名　称	数量与型式	序号	名　称	数量与型式
1	水库大坝名称	水布垭水电站	21	调节特性	多年
2	地点	湖北省巴东县	22	装机容量(MW)	1840
3	河流	清江	23	机组台数(台)	4
4	准备/正式开工时间(年)	2001/2002	24	保证出力(MW)	312
5	计划/完工时间(年)	2010/2008	25	多年平均年发电量(亿kW·h)	39.84
6	工程等别	Ⅰ等大(1)型	26	发电年利用小时数(h)	2165
7	全流域流域面积(km^2)	17000	27	坝型	混凝土面板堆石坝
8	大坝级别	Ⅰ级	28	地震基本烈度/设计烈度(度)	Ⅵ/Ⅶ
9	坝址以上流域面积(km^2)	10860	29	最大坝高(m)	233
10	多年平均年径流量(亿m^3)	94.4	30	坝顶长度(m)	674.66
11	多年平均流量(m^3/s)	299	31	溢洪道孔口尺寸/孔数(m/个)	14×21.8/5
12	设计洪水标准及流量($P=0.1\%$，m^3/s)	20200	32	溢洪道单宽流量($m^3/(s\cdot m)$)	203.75
13	校核洪水标准及流量($P=0.01\%$，m^3/s)	24400	33	溢洪道消能方式	挑流消能
14	多年平均悬移质年输沙量(万t)	607	34	溢洪道 设计泄洪流量(m^3/s)	16300
15	多年平均推移质年输沙量(万t)	63	35	溢洪道校核泄洪流量(m^3/s)	18320
16	校核洪水位(m)	404.00	36	放空洞最大泄量(m^3/s)	1605
17	设计洪水位(m)	402.20	37	主厂房型式	地下式
18	正常蓄水位(m)	400.00	38	主厂房尺寸(长×宽×高，m×m×m)	168.5×23×65.47
19	总库容(校核洪水位以下库容，亿m^3)	45.80	39	大坝填筑总方量(万m^3)	1529
20	正常蓄水位以下库容(亿m^3)	43.12	40	总工期(年)	9.5

图 1　水布垭水电站工程鸟瞰图

1.2　勘察设计过程

1954 年起，长江水利委员会就对清江流域的水资源开发做了大量的普查工作，1958 年又进行了清江干流全程的综合查勘，1964 年完成了《清江流域规划报告》，1986 年完成了《清江流域补充规划报告》，1993 年再度完成《清江流域规划报告(1993 年)修订本》，1994 年 1 月湖北省人民政府审查通过了《清江流域规划报告(1993 年修订)》。同意清江干流恩施市以下的河段采用高坝洲—隔河岩—水布垭的三级开发方案。

1995 年 2 月，水利部水利水电规划设计总院会同湖北省计划委员会审查通过了《湖北省清江水布垭水电站预可行性研究报告》，同意正常蓄水位 400m 和装机容量 1600MW 的工程规模方案。

1995 年底，电力工业部和湖北省人民政府分别行文批复《湖北省清江水布垭水电站可行性研究坝址选择专题报告》审查意见，同意长江水利委员会推荐的水布垭坝址。

1996 年 5 月，长江水利委员会在已批复可行性研究报告的基础上提出了《湖北省清江水布垭水电站项目建议书》(大坝为心墙堆石坝)。1997 年 8 月，经过近两年时间对混凝土面板堆石坝的深化设计、科学试验研究和国内外混凝土面板堆石坝专家的咨询，混凝土面板堆石坝方案已经成熟，长江水利委员会重新提交了《湖北清江水布垭水电站项目建议书》(大坝为混凝土面板堆石坝)。

1997 年 6 月，由电力工业部水电水利规划设计管理局主持，邀请了国家计划委员会交通能源司、电力工业部计划司、水农司和国家开发银行能源水利评审局等单位对《清江水布垭水电站装机容量论证专题报告》进行了专题讨论，会议推荐水布垭水电站装机容量为1600MW。

1998年，中国水电水利及新能源发电工程顾问集团有限公司受国家经贸委委托，会同湖北省计划委员会，对《湖北清江水布垭水电站可行性研究报告（等同初步设计）》进行了审查并基本同意该报告。

2001年1月，水布垭水电站正式开工，招标阶段和施工详图阶段设计工作全面展开。

2006年，长江设计院开展了水布垭水电站电站机组设置最大功率研究，推荐水布垭水电站装机容量为1840MW。

1.3 枢纽布置及主要建筑物

根据河谷地形地质条件，枢纽布置型式是：在坝址“S”形河段的中间布置混凝土面板堆石坝；在左岸三友坪宽缓平台布置开敞式溢洪道；地下电站布置在右岸山体内；为满足运行期放空水库需要，在右岸布置1个放空洞。左岸溢洪道下部布置2个导流洞。水布垭水电站布置见图2。

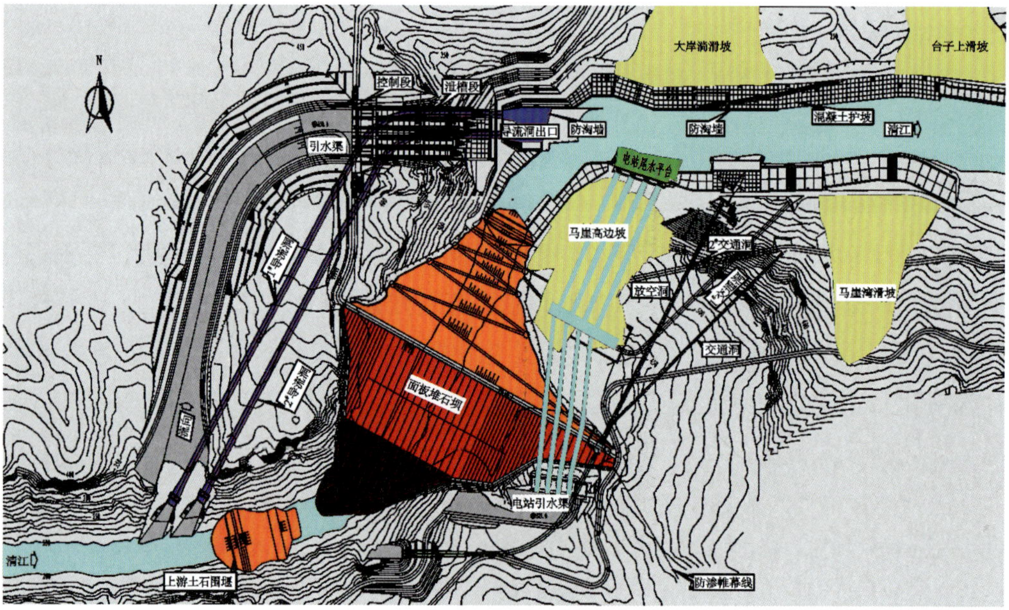

图2 水布垭水电站布置

（1）混凝土面板堆石坝

混凝土面板堆石坝坝轴线为直线，坝顶高程409.0m，坝顶宽度12.0m，坝顶长度674.66m，最大坝高233m。坝顶设“L”形防浪墙，防浪墙顶高程410.4m。大坝上游坝坡1∶1.4，下游综合坝坡1∶1.46，局部坝坡1∶1.25，设置“之”字形马道，马道宽4.5～

5.0m。水布垭大坝剖面分区见图3。

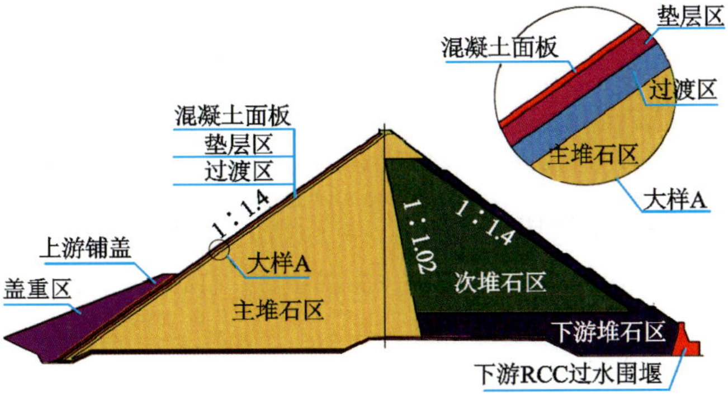

图3　水布垭大坝剖面分区

(2)溢洪道

河岸式溢洪道布置在左岸,由引水渠、控制段、泄槽、挑流鼻坎、防淘墙及下游护岸组成。

引水渠轴线为两段直线夹一段圆弧曲线,轴线总长890.32 m。引水渠底高程350.0m,底宽90.0m,引水渠断面型式为复式断面。后因开采大坝填筑料的需要,从渠底高程350m向下开挖,最低高程310m。

控制段坝轴线近于正南北向(仅向东偏0.5°),控制段坝顶高程407.0m,坝顶宽度18.34m,坝顶长度145.3 m,最大坝高51.5m。控制段溢流坝段设5个孔口尺寸为14.0m×21.8m(宽×高)的表孔,堰顶高程378.2m。4个中墩和2个边墩宽度均为5.0m。闸墩上部设工作桥和交通桥。

泄槽轴线采用直线,与控制段坝轴线垂直。泄槽段由中隔墙分为5个区,即每个表孔各成一区,每个区的泄洪宽度均为16.0m,总泄洪宽度80m。挑流鼻坎采用阶梯式窄缝出口,泄槽段5个区从左至右轴线逐渐缩短,轴线长度为213.34～167.34m。泄槽纵坡,从起始端为$i=0.1584$的斜坡段,下接掺气槽段,掺气槽下接抛物线段,再接1∶1.2的陡坡段组成。泄槽横断面为矩形,左右边墙和4个中隔墙高度均为13.0m左右,厚度均为3.0m,底板厚度为1.5m。

溢洪道采用挑流消能,挑流鼻坎采用阶梯式窄缝出口,反弧半径35m,收缩比β为0.20～0.27,鼻坎角度为−6°～−10°。与泄槽分区相对应,分为5个挑流鼻坎,从左至右挑流鼻坎位置逐渐上移。挑流鼻坎坎顶高程逐渐抬高,坎顶高程为265.0～303.46m。

溢洪道挑流鼻坎下游消能区左右岸布置有防淘墙,左岸防淘墙(包括上游横向段防淘墙)长度498.69m,右岸防淘墙长度354.66m;防淘墙顶高程一般为200m,局部185.8～197m,最大墙高40m,墙厚2.5～4.5m。

(3)放空洞

放空洞由引水渠、有压洞(含喇叭口)、事故检修闸门井、工作闸门室、无压洞、出口段、交通洞、通气洞等组成。

引水渠长 80.77m，底宽 20.06～26.41m，底板坡度 1：26.9，底板高程 247.00～250.00m。

有压洞段（包括事故检修闸门井段）长 530.24m。进口至事故检修闸门井洞身段长 155.06m，洞径 11.0m；事故检修闸门井段长 12m；事故检修闸门井至工作闸门室洞身段长 363.18m，洞径 9.0m。有压洞底板为平底，底高程 250.0m。

工作闸门室段位于有压洞下游，闸室长 25.86m，宽 14.3m，高 52.00m，底板高程 250～245.53m。

无压洞段位于工作闸门室下游，洞长 546.18m，底板高程为 245.53～210.07m，底板坡度 i=0.2～0.055，断面尺寸为 7.2m×12.0m（宽×高），为城门洞形。

出口段包括挑流鼻坎和下游护坡等，挑流鼻坎采用异型斜鼻坎的型式。出口段两侧及洞脸边坡均进行锚喷和混凝土护坡。

在 6# 公路旁高程 302.06m 处设 1 个交通洞，通向放空洞工作闸门室。交通洞洞长 557.76m，洞底坡 1：22.26，洞断面尺寸 4.0m×4.0m（宽×高），为城门洞形。

在放空洞工作闸门室左侧设一直径为 3.4m 的通气洞通向地面，通气洞由水平段和竖直段组成，总长 194.91m，地面高程 409.0m。

（4）地下电站

右岸输水发电建筑物为引水式地下电站，电站装机 4 台，单机容量 460MW，总装机容量 1840MW。地下电站由进水口、引水隧洞、地下厂房、尾水洞、尾水平台及尾水渠、母线洞及母线竖井（廊道）、500kV 变电所、交通洞、交通竖井、通风管道洞、厂外排水洞等组成。

进水口由引水渠、进水塔等组成。引水渠渠底高程 329.50m，宽 60m，长 340m。进水口平面尺寸 124.00m×30.00m（长×宽），从左至右为 4#～1# 机组的进水塔，单机单段，每段长 24.00m，进水塔底坎高程 330.00m，塔顶高程 407.00m。

引水隧洞为一机一洞，共 4 个引水隧洞，进口中心高程 334.25m，出口中心高程 189.00m。引水隧洞轴线间距从 24m 渐变至 31m。从上游到下游分别为上平段、斜井段和下平高压段，上平段洞径为 8.5m，斜井段和下平高压段洞径为 6.9m。

地下厂房尺寸为 168.50m×23m×65.47m（长×宽×高），机组段长 127m，分 4 段布置，一机一缝，1#～3# 及 4# 机组段长分别为 31m、34m，安装场布置在 1# 机组右侧，长 41.50m。主厂房下游侧高程 200.50m 处垂直厂房轴线平行布置 4 条母线洞。

尾水洞垂直主厂房轴线呈直线布置，从马崖高边坡下游出口，洞轴线间距 31m。尾水洞底高程 169.00m，出口底高程 188.80m，为有压出流。1#～4# 机组尾水洞长分别为 198.55m、193.11m、187.67m、182.23m。隧洞采用圆形断面，内径为 11.30m。

尾水平台紧贴尾水洞出口边坡坡脚布置，平面尺寸为 117m×12m（长×宽），底板高程

188.80m，顶高程 230.00m。

2 技术难题及设计创新

2.1 超高混凝土面板堆石坝

2.1.1 技术难题

水布垭坝址地质条件较差，不适合修建混凝土坝，而修建心墙堆石坝需要大量黏土料，既不经济也不环保。经周密的论证，最终选择了混凝土面板堆石坝，但坝高达到了 233m，比当时国际最高的阿瓜米尔帕大坝高出近 50m，堪称特高混凝土面板堆石坝，这对设计和建设者提出了严峻的挑战。

面板坝因具有环保、经济等优势，在我国得到重点推广。水布垭大坝 1993 年开始论证时，当时世界上最高面板坝只有 187m，按传统的筑坝技术，坝高 233m 的水布垭大坝沉降将达 5m 以上。面板坝坝高能否一次性提升近 50m，是世界性难题。为此，水布垭筑坝关键技术被列入国家“九五”科技攻关。

在 10 多年的论证与工程建设中，全国 20 余家单位通过多种方式合作研究与实践，形成了系统的超高面板坝筑坝技术，从根本上改变了面板坝建设作为一种“纯经验坝”的现状。

2.1.2 面板堆石坝设计创新技术

(1)在理论研究方面

揭示了高应力下堆石体的变形机理、提出了超高面板坝变形预测方法。①研制了一系列堆石料试验设备，对填料进行了系统试验研究，论证了高应力下堆石料的应力应变关系无明显劣化；并采用 CT 三轴试验结合 DDA 数值模拟进行堆石料组构研究，揭示了堆石料变形机理；②建立了高应力条件下的堆石体流变模型，采用三维子模型数值分析方法，揭示了超高面板坝的变形性态和时空分布规律，提出了超高面板坝变形预测方法。

(2)在工程设计方面

提出了由传统的坝体变形控制为主转为坝体变形控制与防渗体适应变形并重的设计新理念。①提出了超高面板坝坝体分区与坝料设计原则；②创立了系统的坝体时空变形控制技术；③提出了止水以表层为主新理念，创建了适应超高面板坝大变形的防渗结构新体系。

(3)在施工技术方面

创建了全套超高面板坝施工技术，自主研制了 GPS 高精度实时质量监控系统，实现坝体碾压施工质量监测“实时、远程、自动”。

(4)在安全监测技术方面

研发了大尺度安全监测关键仪器设备。①研制了500m级超长水平垂直位移计；②发明了光纤陀螺仪面板挠度及坝体变形位移监测系统；③研制了周边缝渗漏光栅测温系统。

水布垭大坝于2003年初开始填筑，2006年10月通过蓄水验收。工程的顺利建设和10余年来的稳定运行得益于大量深入的研究、精心的设计与施工，至今坝体最大沉降仅2.6m，多年来年平均渗漏量稳定在20～30L/s，大坝结构安全，运行状态良好。

鉴于水布垭大坝良好的运行状况，2009年时任国际大坝委员会主席的Berge称赞“这是中国已经走在世界混凝土面板堆石坝建设前列的标志”，并被国际大坝委员会授予“面板坝里程碑工程奖”。水布垭面板坝的成功建设极大地推动了超高面板堆石坝筑坝技术的进步。

2.2 大泄量高落差岸边溢洪道

2.2.1 技术难题

岸边溢洪道是水布垭水电站唯一的泄洪通道，其最大泄量18320m^3/s，泄洪水头落差171m，最大泄洪功率31000MW，且消能区河床页岩岩性软弱破碎，抗冲刷能力低。消能区左岸有大岩淌滑坡，右岸有马崖高陡边坡（坡高350余米）和马岩湾滑坡等不利的环境地质条件。消能区紧临大坝下游坡脚、导流洞出口和电站尾水出口，限制条件多。水布垭泄洪消能综合技术难度较大。

2.2.2 溢洪道设计创新技术

针对工程的特点与难点，对泄洪消能方案、消能型式、消能区防护方案、冲淤形态控制、防淘墙结构、防淘墙施工、掺气减蚀、泄洪雾化等关键技术进行了系统的科学试验研究和技术攻关。

1)独创性地提出了分区陡槽窄缝挑坎阶梯式出口布置型式、在左岸1号孔采用小贴角窄缝鼻坎、右岸5号孔采用非对称斜切导向窄缝鼻坎的新型消能工布置型式，保证了各级流量下均能形成典型的窄缝水舌形态且水力特性良好，有效减轻了岸坡淘刷及大坝下游坡脚的回流强度，特别是冲刷深度和冲淤形态得到有效控制，确保了电站尾水出口在各种运行工况下皆无砂石淤积且下游右半侧河床基本无淤积(图4至图6)。

2)针对泄洪功率大、消能区岩性软弱且环境地质条件复杂的特点，采用了挑流消能护岸不护底的“防淘墙＋预应力锚索＋抽排”防冲结构综合措施，并将“平洞分层＋宽竖井分序”组合施工方法应用于防淘墙。防淘墙墙体深40m，面积近3万m^2，布置在高边坡和滑坡的坡脚，采用“防淘墙＋预应力锚索＋抽排”防冲结构综合措施，不仅保证了墙体自身的安全，而且为滑坡和边坡的稳定提供了有利条件；墙体布置在软岩和覆盖层中，且位于水下，采用“平洞分层＋宽竖井分序”组合施工方法，加快了施工进度，保证了施工安全。

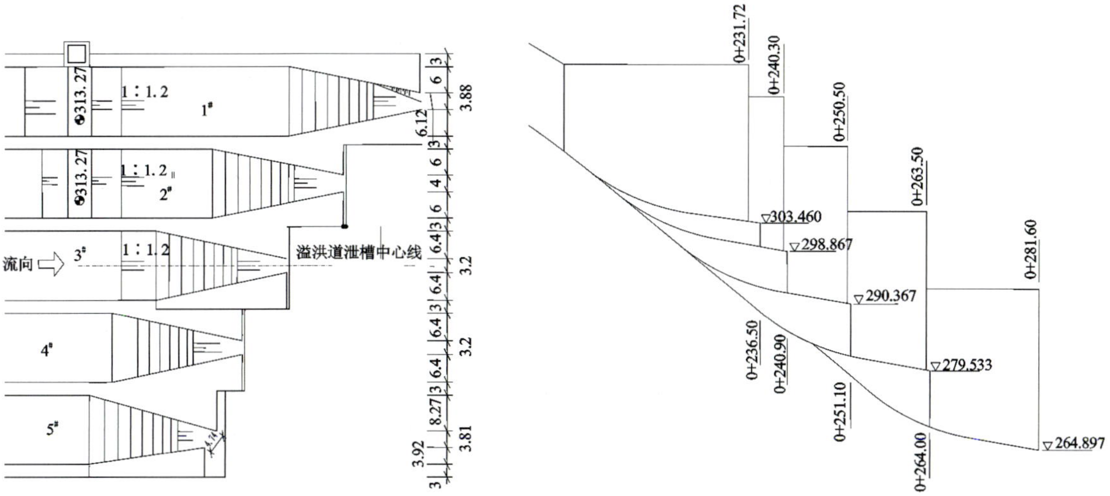

图 4　阶梯式窄缝鼻坎体型(单位:m)

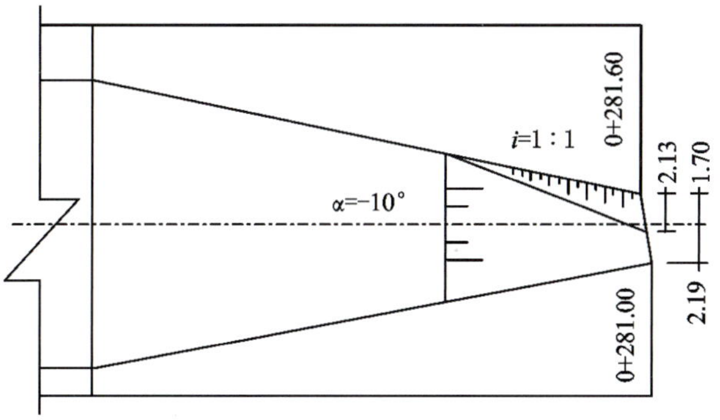

图 5　1 号泄槽鼻坎出口(单位:m)

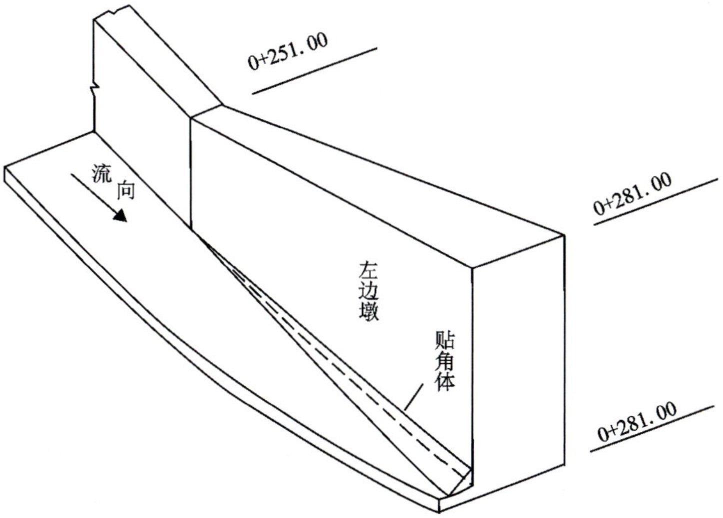

图 6　鼻坎收缩段贴角(单位:m)

溢洪道建成后（图 7），经过了洪峰流量 $6800m^3/s$、最大泄量 $3011m^3/s$ 的泄洪运行，泄洪后检查表明，溢洪道泄槽、掺气坎、窄缝鼻坎消能工等均完好无损，电站尾水出口无砂石淤积，消能区冲淤地形与水工模型试验成果的总体规律一致，且冲刷深度略浅、淤积高度略小。安全监测成果表明，防淘墙、马崖高边坡和大岩淌滑坡均工作正常。与混凝土水垫塘防护方案相比，下游消能防冲采用防淘墙防护方案节约直接工程投资 1.7 亿元，同时避免了施工度汛风险，缩短直线工期一年。

图 7　建成后的溢洪道

水布垭泄洪消能建筑物在水力学和水工结构、施工方案设计方面取得的多项创新，具有广泛的推广和应用价值。科技成果鉴定认为主要研究成果达到国际领先水平。2009 年，“水布垭水电站泄洪消能关键技术研究与实践”项目获湖北省科学技术进步奖二等奖。

2.3　软岩成洞地下电站洞室群

2.3.1　技术难题

水布垭地下电站是一个以引水洞、地下厂房、尾水洞为主体的庞大而复杂的地下洞室群。地下厂房尺寸为 168.5m×23m×65.47m（长×宽×高），厂房围岩总体上为软硬相间、上硬下软，软岩占边墙总面积的比例高达 38.4%。且剪切带发育、规模大、性状差，边墙软岩的分布范围、软岩所占的比例及剪切带的规模为国内外同类工程所罕见。引水洞上覆岩体厚度最薄段仅 10m 左右，围岩中软岩所占比例高达 40%～55%，高水头、软岩成洞及薄覆盖岩体等问题复杂。尾水洞中Ⅳ～Ⅴ类岩体占 70%～85%，洞间岩柱厚度仅 $1.26D$。

地下电站总体上为软硬相间、上硬下软，成洞问题十分突出。为了解决软硬相间复杂地层中大型地下厂房工程的关键技术问题，结合工程需要，针对地下厂房工程的布置、结构型式、软岩处理措施、洞室开挖支护方式、支护参数、施工程序及工艺等关键技术展开系统研究。

2.3.2 地下电站设计创新技术

通过系统研究，成功解决了软硬相间复杂地层大型地下厂房工程的关键技术。引水发电建筑物平面布置见图8，地下电站引水发电系统典型剖面见图9。

1）对控制大型地下厂房围岩稳定的边墙中上部软岩，采用“混凝土置换圈梁式超前软岩封闭支撑体”进行处理，充分利用了软岩的围压效应，防治了软岩的挤压变形，达到了控制边墙变形的目标。

上部软岩超前处理示意图见图10。

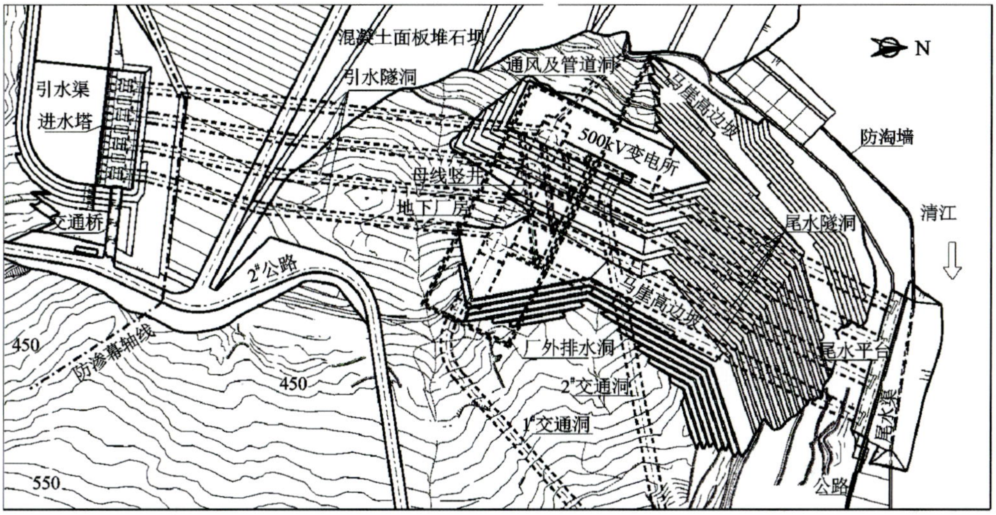

图8 引水发电建筑物平面布置

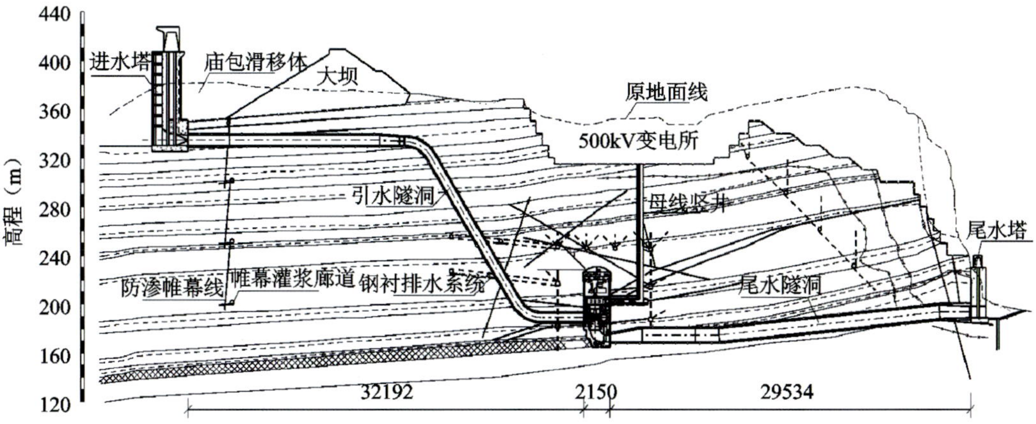

图9 地下电站引水发电系统典型剖面

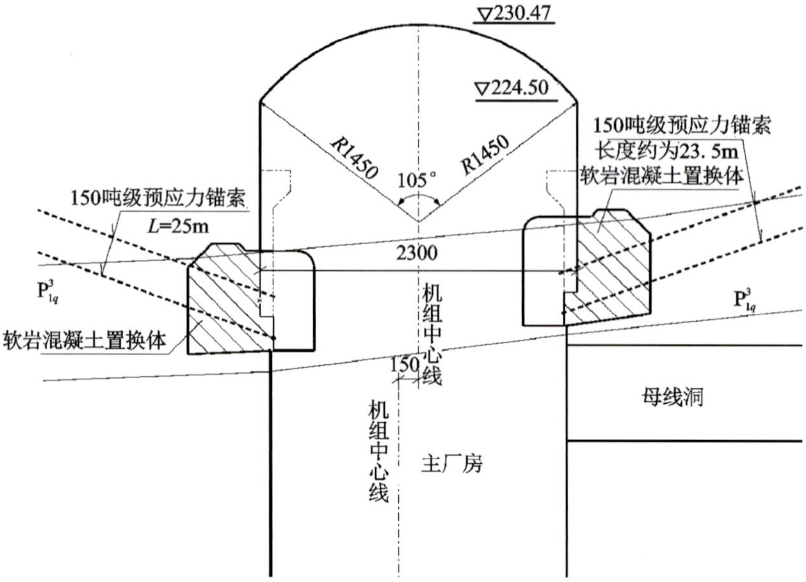

图 10　上部软岩超前处理示意图(高程单位:m,尺寸单位:cm)

2)对控制地下厂房围岩稳定的边墙下部软岩,采取保留软岩支撑隔墩并进行综合加固处理,有效降低了厂房全断面开挖高度,达到了隔墩支撑地下厂房上下游边墙以限制变形和控制底板软岩回弹的目的,为软岩处理和利用提供了全新的思路。

下部软岩保留及综合加固示意图见图 11。

3)采用扶壁岩锚复合式吊车梁,为大型地下厂房大轮压吊车梁提供了一种新的结构型式。

该结构兼具了岩锚梁和墙(柱)吊车梁的优点,而避免了其缺点,不影响厂房洞室规模,且梁体与其支撑墙结构受力明确,计算理论成熟,施工不受地下厂房下部开挖和水轮机层以下混凝土浇筑的限制,为高级别轮压地下厂房吊车梁的设计提供了一种新的结构型式。扶壁岩锚复合式吊车梁示意图见图 12。

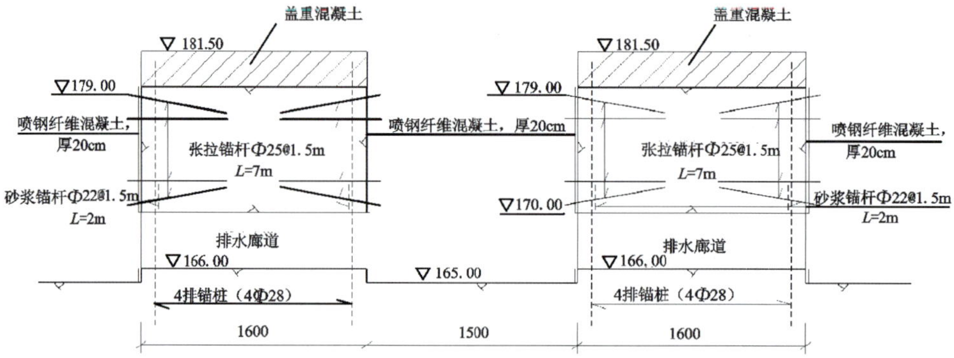

图 11　下部软岩保留及综合加固示意图(高程单位:m,尺寸单位:cm)

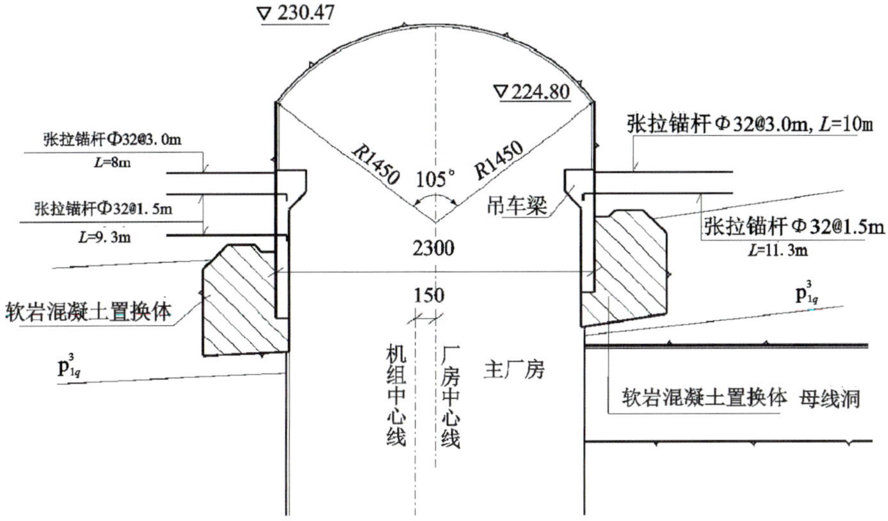

图12 扶壁岩锚复合式吊车梁示意图(高程单位:m,尺寸单位:cm)

地下厂房工程施工实践及开挖结束后的监测资料表明:地下厂房工程各洞室围岩变形已经收敛,支护结构受力正常、平稳,上部软岩及下部软岩处理效果良好,保证了洞室围岩稳定。桥机载荷试验及转子吊装的测试成果表明:吊车梁张拉锚杆最大应力增量为5MPa,梁体与岩壁间缝面最大开度为0.06mm,且卸荷后迅速闭合,梁体及支撑墙外观变形量小于0.9mm,岩体深部变形增量最大0.02mm,梁体、支撑墙及软岩置换体中钢筋应力水平较低,吊车梁运行安全。"水布垭大型地下厂房工程关键技术研究及实践"项目获2007年湖北省科学技术进步奖一等奖。

2.4 强岩溶地区渗流控制

2.4.1 技术难题

湖北鄂西清江流域是国内比较有代表性的岩溶地区之一,工程坝址区出露岩层主要为栖霞组和茅口组灰岩,且岩溶化程度较高,地质条件复杂,软弱夹层发育。在高水头作用下,大坝坝基及两岸山体存在发生水库渗漏的地质环境,防渗是工程建设的关键性技术难题之一。

水布垭基础承受的水力梯度大,坝前最大作用水头207m。趾板未设灌浆廊道,不具备检修补灌条件。趾板厚度仅0.6~1m,盖重小,属于无盖重灌浆范畴。趾板基础开挖边坡临空,岸边卸荷裂隙发育、岩体完整性差,封浆条件差。

为确保工程的防渗安全,设计者需对清江流域岩溶发育特点、规模、强度等进行深入研究。

2.4.2 渗控工程设计创新技术

通过对同流域隔河岩等工程的总结,提出了一套"变岩溶化岩体为裂隙性岩体"的岩溶防渗设计理念,即在基础工程地质特性研究的基础上,准确界定岩溶管道系统的空间位置与规模,对强岩溶层,尽可能地利用已有的灌浆平洞、施工支洞等施工通道进行岩溶追踪、清理、回填,使帷幕轴线上、下游一定范围内的岩体基本达到变岩溶化岩体为裂隙性岩体要求后再进行帷幕灌浆施工。这种设计理论有效地避开了单一灌浆法最难处理的强岩溶灌浆问题,大大减小灌浆施工难度与工程量,防渗处理质量更直观、可靠,施工进度快。同时,由于岩溶清理、回填施工造价远远低于灌浆工程造价,因而工程投资也较节省。

在水布垭工程建设过程中,针对强岩溶地层的防渗帷幕,采用"先变岩溶化岩体为裂隙性岩体,后进行帷幕灌浆"的设计理念,将防渗帷幕灌浆接触段最大压力提高到 1.5MPa,是当前高面板坝趾板基础浅部接触带灌浆压力中的最高值,对灌浆技术发展具有重要意义。这些灌浆技术已在乌江彭水水电站、构皮滩水电站等工程也推广使用。

3 项目建成后取得的社会效益和经济效益

3.1 社会效益

3.1.1 提高防洪标准,提供清洁能源

水布垭水库预留 5 亿 m^3 防洪库容,与下游隔河岩水库预留的 5 亿 m^3 防洪库容共同调度,可配合三峡水库对荆江河段的洪水更好地控制,减少城陵矶地区的分洪量,提高荆江地区的防洪标准,荆江遇 100 年一遇以上洪水时,可推迟荆江分洪时间及减少该地区的分洪损失,对经济发展和保障江汉平原人民安居乐业起到重要作用。

水布垭水电站提供的大量清洁能源可为保障我国能源安全、保障社会经济可持续发展发挥巨大作用。水布垭工程所提供的清洁电能资源,与修建同等规模火电站相比,相当于每年减少火电用煤 248 万 t,减排二氧化碳 126 万 t,减排二氧化硫等有害气体 4.9 万 t,为节能减排做出重要贡献。

3.1.2 改善库区交通及生态环境

水布垭水库蓄水后,库区已形成高峡出平湖的壮丽景观,成为我国著名自然景观带——"清江画廊"的重要组成部分,将原来的穷山恶水变成了青山绿水,带动了库区旅游和经济发展;水布垭水库蓄水后,库区小环境有极大的改善,成为我国宜居地区之一(图 13)。

水布垭库区 200km 的深水航道,极大改善库区交通运输条件,促进了库周地区航运经济的发展。

3.1.3 拉动地方经济发展

水布垭水电站所在的鄂西恩施土家族苗族自治州,经济社会发展长期滞后。水能资源是鄂西地区重要的资源优势,建设水布垭水电站是变该地区资源优势为经济优势,促进其经济社会全面发展的重要措施,将显著改善鄂西地区的对外交通条件,有效带动其他资源的开发和相关产业的发展,对加快该地区脱贫致富步伐、实现西部大开发都将起到重要作用。工程建设和运行期间为当地提供大量直接就业和间接提供就业机会,库区经济已呈现一派欣欣向荣的繁华景象。

图 13　高峡出平湖

3.2　经济效益

水布垭水电站是清江梯级开发的龙头枢纽，具有发电、防洪、改善航运与环境等巨大效益。

水布垭水电站安装 4 台单机容量为 460MW 的混流式水轮发电机组，总装机容量 1840MW，多年平均年发电量为 39.84 亿 kW·h，装机利用小时数 2165h，单机额定引用流量 277.6m^3/s。

水布垭水电站是我国华中电网骨干调峰调频电源，联合下游隔河岩、高坝洲水电站可承担华中电网 10%左右的调峰任务。与三峡水电站进行补偿调节，还将增加下游隔河岩与高坝洲两个梯级电站保证出力 70MW，增加年发电量 2.37 亿 kW·h。

3.3　获奖经历

水布垭工程设计解决了一系列具有开创性和挑战性的技术难题，所采用的各项技术先进合理、安全可靠，不仅解决了水布垭工程自身的难题，也对同类工程具有重要的推广借鉴意义。水布垭面板堆石坝、溢洪道、放空洞、地下电站、渗控工程等关键技术研究，形成多项创新成果，进一步提升了我国水电科学技术水平。

水布垭工程的设计研究成果获国家科学技术进步奖二等奖 1 项；省部级科学技术进步奖一等奖 1 项、二等奖 4 项；国家级设计银奖 1 项，省部级设计金奖 1 项；FIDIC 国际咨询工程项目优秀奖1项；获中国土木工程詹天佑奖1项，并被国际大坝委员会授予"面板堆石坝里程碑奖"。

(1)科技进步奖

2010年，"水布垭超高面板堆石坝工程筑坝关键技术及应用"获国家科技进步奖二等奖；

2002年，"水布垭面板堆石坝应力变形分析"获湖北省科技进步奖一等奖；

2003年，"水布垭高面板堆石坝趾板基础灌浆试验研究"获湖北省科技进步奖二等奖；

2004年，"水布垭高面板堆石坝初期导流与度汛研究及应用"获湖北省科技进步奖二等奖；

2008年，"水布垭高水头放空洞关键技术研究与实践"获大禹水利科学技术进步奖二等奖；

2009年，"水布垭水电站泄洪消能关键技术研究与实践"获湖北省科技进步奖二等奖。

(2)设计奖

2013年，"清江水布垭水利枢纽工程勘察"获全国优秀水利水电勘测设计金奖；

2015年，"湖北清江水布垭水利枢纽工程设计"获全国优秀工程勘察设计银奖。

(3)综合奖

2009年，"湖北清江水布垭水电站"获第九届中国土木工程詹天佑奖；

2009年，"湖北清江水布垭水电站"获面板堆石坝国际里程碑奖；

2014年，"湖北清江水布垭水电站"获FIDIC国际咨询工程项目优秀奖。

撰稿/黄元、熊泽斌

云龙河三级水电站

▲ 云龙河三级水电站

云龙河三级水电站属于云龙河梯级开发中的骨干工程，是以发电为主要任务的年调节电站。工程通过下调坝址 5.5km 至恩施大峡谷入口，设置高坝代替低坝方案，增大汇水面积和水库调节能力，充分利用水能；合理分析上游暗河流域的洪水特征和设置超泄能力强的泄洪设施，工程防洪安全；充分利用地形地质条件，枢纽布置合理；贯彻创新理念，精心优化设计；新增人工景观，与恩施大峡谷风景区友好融合。云龙河三级水电站是中小型水电开发的经典工程。

1 建设背景

云龙河在恩施市境内，为清江上游左岸一级支流，干流长 26.9km，干流河道平均比降为 25.8‰。流域内山高人稀、植被良好，森林覆盖率达 40%以上。云龙河流域为石灰岩地区，岩溶发育，暗河、溶洞多。

云龙河三级水电站是云龙河梯级开发中的骨干工程，坝址位于恩施市沐抚，云龙河洋河坝峡谷河段，距河口直线距离 5km，距下游恩施约 55km。电站厂址位于云龙河左岸的沐抚砂子坝，距坝址直线距离 3.6km，距河口直线距离 1.6km。坝址处河床高程约 850m，厂址处河床高程约 730m，两地高差 120m，通过引水可获得较大的发电水头。坝址以上流域面积为 313.1km^2，多年平均流量为 9.13m^3/s，多年平均年径流量为 2.88 亿 m^3。

云龙河三级水电站是以发电为主要任务的年调节电站。正常蓄水位为 970.00m，设计洪水位为 971.15m，校核洪水位为 972.93m，死水位为 930.00m；水库总库容为 4382 万 m^3，调节库容为 2895 万 m^3；电站装机容量为 40MW，保证出力为 5.8MW，多年平均年发电量为 1.30 亿 kW·h。

工程为Ⅲ等工程，主要建筑物级别为 3 级，次要建筑物级别为 4 级。大坝坝高 129m，超过 100m，因此大坝级别提高一级，按 2 级建筑物设计，但洪水标准不提高。各主要建筑物的洪水标准为：大坝按 100 年一遇洪水设计，500 年一遇洪水校核；电站厂房按 100 年一遇洪水设计，200 年一遇洪水校核；下游消能设施按 30 年一遇洪水设计；导流隧洞堵头属永久挡水建筑物，其设计标准与大坝标准相同。

云龙河三级水电站项目法人为恩施市越峰云龙河水电开发有限公司；设计单位为长江勘测规划设计研究院；监理单位为宜昌华能水利水电工程咨询有限公司；施工单位有葛洲坝集团第五工程有限公司（承担大坝及厂房土建工程施工）、湖北大禹水利水电建设有限公司（承担机电设备及金属结构安装工程施工）。

工程枢纽布置为：河床布置碾压混凝土双曲拱坝，最大坝高 129m。坝顶布置 3 个 10m×8.5m（宽×高）泄洪表孔，采用差动挑流消能，下游采用天然水垫塘消能。引水发电系统布置在左岸，由岸塔式进水口、引水隧洞、调压井、压力钢管 4 个部分组成，引水线路全长 4103.8m。电站厂房位于云龙河左岸砂子坝处，距大坝直线距离约 3.6km。导流隧洞为单洞、单线布置于右岸，全长 480.09m，城门洞形隧洞断面尺寸为 6.8m×7.2m（宽×高）。水库放空洞由施工导流隧洞改造而成，采用导流洞堵头混凝土内设可爆式闷头方案。

云龙河三级水电站工程特性见表 1。

表 1　云龙河三级水电站工程特性

名称			数量及特性
水文	坝址以上流域面积(km²)		313.1
水库	水库水位	校核洪水位(m)	972.93
		设计洪水位(m)	971.15
		正常蓄水位(m)	970.00
		死水位(m)	930.00
	回水长度(km)		5.4
	水库容积	总库容(万 m³)	4382
		正常蓄水位以下库容(万 m³)	4043
		调节库容(万 m³)	2895
		死库容(万 m³)	1148
	调节特性		年调节
	水量利用率(%)		92.3
工程效益指标	发电效益	装机容量(MW)	40
		保证出力($P=90\%$,MW)	5.8
		多年平均年发电量(亿 kW·h)	1.30
		装机年利用小时数(h)	3250
征地和移民	永久征地(亩)		210.33
	迁移人口		221
经济指标	工程总投资	静态投资(亿元)	2.91
		其中:移民补偿投资(万元)	1068.38
	经济指标	单位千瓦投资(元/kW)	6844
		单位电能投资(元/(kW·h))	2.26
主要建筑物及设备	挡水建筑物	型式	碾压混凝土双曲拱坝
		坝顶高程(m)	974.00
		最大坝高(m)	129
		坝顶长度(m)	130.45
	泄水建筑物	表孔堰顶高程(m)	961.5
		孔数及尺寸(孔×高 m)	3×10
		闸门型式	弧形闸门
		设计泄洪流量($P=1\%$,m^3/s)	1783
		校核泄洪流量($P=0.2\%$,m^3/s)	2395
	引水建筑物	设计引用流量(m^3/s)	24.74
		进水口型式	岸塔式
		底槛高程(m)	922.00

续表

名称			数量数量及特性
主要建筑物及设备	引水建筑物	引水隧洞长度(m)	2482.34
		压力管道条数(条)	1
		压力管道内径(m)	3.0
	发电厂房	型式	岸边地面厂房
		主厂房尺寸(长×宽×高,m×m×m)	25×21.6×31.6
		水轮机安装高程(m)	735.50
		主要机电设备台数(台)	2
		水轮机型号	HLA708B-LJ-155
		发电机型号	SF20-10/3250
		水轮机额定出力(kW)	20619
		额定水头(m)	203.0
施工特性	土石方开挖(万 m^3)		63
	土石方填筑(万 m^3)		21.64
	混凝土和钢筋混凝土(万 m^3)		23.28

2 建设意义

2.1 经济发展的必要性

我国由于历史和自然原因,各地区之间和地区内部的经济发展很不平衡,东部和中、西部经济技术水平有很大差别,特别是贫困地区的生产力发展十分缓慢。采取积极扶持措施,帮助贫困地区和贫困户致富,加快贫困地区的经济发展,对加强社会安定团结、加速社会主义建设、正确处理民族关系、发扬革命传统、巩固国防都有重要的作用。扶贫在构建和谐社会、增进城乡居民亲情等方面的作用和意义更为突出。

鄂西南、鄂西北许多贫困地区的水能资源都比较丰富,是国家经济建设重要的稀缺资源,有计划地开发这些地方的水能资源,可以带动地区的发展;从全国考虑,开发这些地区可为将来国家经济建设战略重点转移,有计划、大规模地建设大西北、大西南打下基础。

2004 年 6 月,湖北省发展和改革委员会对云龙河三级水电站工程批复如下:为合理开发云龙河水力资源,实现流域梯级开发,促进恩施市经济社会的发展,同意兴建云龙河三级水电站工程。

2.2 工程建设与生态环境协调发展

水利工程的建设是必要的,但是在水利工程设施的建设中,生态环境的可持续发展同样重要，不能因此失彼。想要保护生态环境的可持续发展，就必须处理好水利工程建设与生态环境的关系，保证水资源与生态环境的协调发展。

水利工程建设往往需要地方人民政府投入大量的资金，增加了政府的经济负担，同时水利工程建设必然经历大兴土木的过程，也就是说，水利工程项目的施工会影响施工地点及其周边地区的经济和环境。为保证经济发展与环境保护的协调发展，需要选择环保经济的坝型，一方面减少政府资金投入，另一方面尽量减轻对周边环境的影响。

云龙河三级水电站工程 129m 高超薄碾压混凝土双曲拱坝，将绿色发展理念融入水库大坝设计之中，紧密围绕环境友好型大坝的设计思想开展工作。环境友好型大坝是指大坝建设与生态环境相适应，既发挥了大坝的经济效益，又改进了自然环境，降低了大坝的不利影响，协调了水资源开发利用和生态环境保护的关系，做好人与自然和谐共处。

2.3 提供清洁能源，保护环境效益突出

云龙河三级水电站是恩施州少有的具有年调节性能的调峰电源，改善了恩施电力系统的供电质量。云龙河三级水电站多年平均年发电量 1.3 亿 kW·h，每年可节约标准煤 4.07 万 t，减少二氧化碳排放 10.18 万 t，对节能减排和治理大气污染作用显著。

该项目还对库区发挥养殖、航运、旅游等社会效益和节能减排环境效益有重要作用，对改变当地经济落后的面貌、促进地区可持续发展具有极为重要的意义。

3 设计方案

3.1 设计过程简介

1996 年，恩施市人民政府根据地方国民经济和社会发展对电力的需求，提出了对开发条件较好的云龙河进行开发的设想，并委托恩施土家族苗族自治州水利电力勘测设计院对云龙河流域进行全面规划。1996 年 12 月，州设计院编制完成了《恩施土家族苗族自治州云龙河水电规划报告》。

2003 年 9 月，恩施市越峰云龙河水电开发有限公司（后简称“业主”）委托长江勘测规划设计研究院（后简称“长江设计院”）承担云龙河三级水电站的设计任务。2004 年 4 月长江设计院完成了《云龙河三级水电站可行性研究报告》和《云龙河三级水电站项目建议书》。2004 年 5 月 28 日湖北省工程咨询公司受湖北省发展和改革委员会委托以鄂工咨一部字〔2004〕第 85 号文对《云龙河三级水电站可行性研究报告》进行评估，2004 年 6 月湖北省水利厅以鄂水利电复〔2004〕147 号文对《云龙河三级水电站可行性研究报告》进行审查，2005 年 4 月湖北省发展和改革委员会以鄂发改能源〔2005〕334 号文对《云龙河三级水电站可行性研究报告》进行核准，同意建设云龙河三级水电站。

2005 年 9 月，长江设计院完成了《云龙河三级水电站初步设计报告》，2005 年 9 月 29 日

湖北省水利厅以鄂水利电复〔2005〕175号文对《云龙河三级水电站初步设计报告》进行了批复。

2005年10月，云龙河三级水电站工程正式开工。在设计过程中，提出《湖北恩施云龙河三级水电站设计尾水位调整专题报告》《湖北恩施云龙河三级水电站泄洪消能优化设计专题报告》和《湖北恩施云龙河三级水电站后期导流专题研究报告》。

2009年3月27日，根据蓄水安全鉴定会议意见，长江设计院修改完成并提交了《湖北省恩施市云龙河三级水电站工程安全鉴定自检报告——设计工作报告》。

2009年4月20日，完成并提交了《恩施市云龙河三级水电站工程蓄水阶段验收设计工作报告》。2009年4月28日，通过了湖北省水利厅主持的恩施市云龙河三级水电站工程下闸蓄水阶段验收。

3.2 开发方案

云龙河三级水电站规划时间较早，考虑投资省、建设期短等因素，所以《恩施土家族苗族自治州云龙河水电规划报告》推荐为低坝引水式电站。随着地区经济社会的发展，对电力需求的提高，要求系统具有较好调节性能的调峰电源，以提高系统的供电质量和供电可靠性。鉴于云龙河三级水电站具有建高坝的条件，可行性研究阶段在干流分三级开发方案不变的前提下，调整为把原三级水电站坝址下移5.5km建坝，低坝改为高坝，坝址以上流域面积313.1km^2，电站厂房位置不变，变低坝引水式为混合式。方案调整后坝址以上可增加集水面积69.9km^2，调节性能由原开发方案的无调节改变为年调节，增加了多年平均年发电量，使电站具有调峰效益。湖北省工程咨询公司评估意见为“调整后的开发方案更加合理”。

3.3 枢纽布置方案

前期设计阶段进行了坝址、坝线和坝型选择，经比较后在选定的坝线上布置碾压混凝土双曲拱坝。

考虑无天然垭口，不宜布置岸边溢洪道；考虑导流洞改建泄洪洞工程量较大且运行条件相对较差，不选择改方案。因此，采用泄洪能力大、闸门上的水压力小、操作检修方便的坝身表孔方案。

引水线路比较了左右岸线路方案，考虑避开右岸大徧寨巨厚层崩滑堆积体和线路较短，选择左岸线路方案。对于左岸线路，对比了两条线路，考虑线路较短、调压井段地质条件较好、工程量少等因素，选择了较短的埋管设计方案。改方案对地表扰动少，与周围环境协调。

在选定的坝址、坝线和坝型基础上，经枢纽布置比较后，选定的枢纽布置格局为：河床布置碾压混凝土双曲拱坝，坝身表孔泄洪，挑流及坝下天然水垫塘消能；左岸布置引水系统至岸边地面厂房；右岸布置导流放空隧洞；坝基防渗采用灌浆帷幕（图1）。

碾压混凝土双曲拱坝坝顶高程974.00m，最大坝高129m。大坝采用三心圆体形，厚高比0.14。

坝顶布置 3 个泄洪表孔，对应校核洪水位时的最大泄量为 2395m³/s。堰顶高程 961.5m，孔口尺寸为 10m×8.5m（宽×高）。表孔采用差动挑流消能，下游采用天然水垫塘消能。

引水发电系统布置在左岸，由岸塔式进水口、引水隧洞、调压井、压力钢管 4 个部分组成，引水线路全长 4103.8m。

电站厂房位于云龙河左岸砂子坝处，距大坝直线距离约 3.6km。主厂房外形尺寸为 25m×21.6m×31.6 m（长×宽×高），副厂房外形尺寸为 35m×7.8m×15.4m（长×宽×高）。

导流隧洞为单洞、单线布置于右岸，进口底板高程 862m，出口底板高程 857m，全长 480.09m，隧洞平均纵坡 10.4‰；隧洞洞身断面为圆拱直墙城门洞形，断面尺寸为 6.8m×7.2m（宽×高）。

水库放空洞由施工导流隧洞改造而成，采用导流洞堵头混凝土内设可爆式闷头方案。

枢纽布置见图 1。

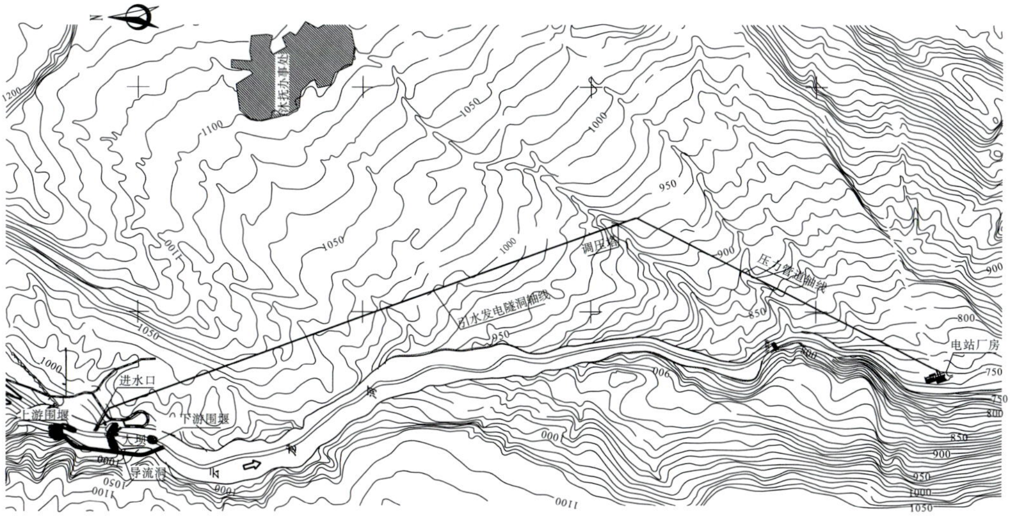

图 1　云龙河三级水电站枢纽布置（单位：m）

4　工程特点及科技创新

4.1　工程特点及技术难题

（1）狭窄河谷大开孔比例的碾压混凝土拱坝体形设计技术难题

1）拱坝体形要适应狭窄河谷的要求。

坝址位于云龙河洋河坝峡谷河段，大坝采用碾压混凝土双曲拱坝，最大坝高 129m，坝基为二叠系厚层灰岩，开挖后坝顶河谷宽108m，宽高比为0.84，坝底河谷宽20m，宽高比为0.155，岸坡陡峻，河谷深切，坡度68°～75°，部分近直立，为典型的狭窄"V"形河谷地形，坝址地形条件见图2。需要选择适合狭窄河谷的体形，充分发挥拱的作用。

图2　坝址地形条件

2）拱坝体形要适应快速施工的要求。

碾压混凝土拱坝施工是一项非常复杂的系统工程，拱坝自身的特点，对施工质量、混凝土温控以及外观也有很高的要求。大坝采用碾压混凝土施工技术，需要拱坝体形相对简单，以有利于碾压混凝土施工；碾压混凝土施工的特点也制约了坝身泄洪孔的开孔形式，需要孔口尽量集中布置。如何选择合适体形，既有利于碾压混凝土施工，也能保证集中大开口比例下拱效应传递，是拱坝体形设计的特点和难点。

3）拱坝体形要适应表孔开孔比例大的要求。

为适应碾压混凝土双曲拱坝施工，坝身仅设置表孔泄洪。大坝校核洪水洪峰流量2650m^3/s，为满足泄洪要求，需要设计3个孔口尺寸为10m×8.5m（宽×高）的表孔，开口宽度（30m）占河谷宽度（108m）比例大，为0.28。如何在坝身表孔开孔面积比例大的条件下，尽量减少对坝体的削弱和对坝体受力条件的影响是拱坝体形设计的难点。

（2）狭窄河谷高单位水体消能率、泄洪建筑物布置困难及人工混凝土水垫塘施工难度大等泄洪消能设计技术难题

云龙河为山区性河流，洪水陡涨陡落，洪量集中，坝址校核洪水洪峰流量为2650m^3/s，水库调节能力有限，调节后最大下泄流量2395m^3/s，坝址消能区为典型的狭窄"V"形河谷地形，下游河床枯水面宽度仅为8～25m，最大下泄流量下水垫塘内单位水体消能率为26.9kW/m^3，属国内外高拱坝中的高值。坝下游消能区谷坡陡峻，河谷深切，坡度68°～75°，

部分近直立，进行护岸、护底（或护坦）等消能防冲建筑物布置和施工难度大。“窄河谷、高消能功率”是云龙河拱坝泄洪消能的突出特点，泄洪消能设计难度大。

云龙河人工水垫塘方案与国内几个已建成的高拱坝泄洪消能指标见表2，云龙河相比其他高拱坝，其泄洪功率较低，但其水垫塘内单位水体最大消能率属最高。

表2　　国内部分高拱坝泄洪消能指标表

工程名称	坝高（m）	工况	坝身泄流量（m^3/s）	水头（m）	坝身泄洪功率（MW）	水垫塘尺寸（m）			水垫塘内单位水体最大消能率（kW/m^3）	最大动水压力（×9.81kPa）
						L	T	b_1/b_2		
小湾	292	校核洪水	15260	226.6	33900	400	48	270/180	12.3	11.3
		设计洪水	9060	221.8	19700		42		8.2	
溪洛渡	273	校核洪水	31496	188.63	58750	400	80.8	225/107	10.3	14.16
		设计洪水	23686	188.07	44540		76.2		9.8	
拉西瓦	250	校核洪水	6000	213	12500	217	36	104/60	20.5	11.5
		设计洪水	3740	213	8350		30		18.8	
二滩	240	校核洪水	16300	166.3	26600	330	57	126/40	13.5	14.1
		设计洪水	13200	166.3	21500		54		11.5	
构皮滩	232.5	校核洪水	29100	147.9	42200	325	78	140/90	13.5	14.4
		设计洪水	22550	149.3	33000		72		12.9	
云龙河	129	校核洪水	2395	103.7	2436	135	31.2	27/16	26.9	
		设计洪水	1783	102.7	1796		29.9		20.7	

根据本工程水文、地形地质条件及水库运行调度方式，泄洪消能建筑物设计必须满足以下原则：

1）满足枢纽的正常泄洪需要，并有一定的超、预泄能力。

2）泄洪建筑物正常运行时，必须确保主要建筑物运行安全，泄洪振动不致对建筑物构成危害性影响，并将雾化影响减小到最低程度。

3）根据地形、地质条件，尽可能地控制水舌入水宽度，最大限度地使落水点在横向或纵向上拉开，以减少消能区单位面积的冲刷能量；在确保大坝安全和河岸稳定的前提下，充分利用天然水垫塘消能、岩石抗冲能力强等特点设计消能建筑物，尽可能地减少消能建筑物的土建工程量。

（3）狭窄河谷度汛时坝体挡水与接缝灌浆相互影响的设计技术难题

云龙河拱坝坝顶上游面弧长130.5m，中间设3个表孔泄洪，表孔尺寸为10m×8.5 m（宽×高）。结合已建工程经验，一般缝距为35～70m，设置了2条缝，分别布置在1#表孔左侧及3#表孔右侧，2条缝将拱坝分成31.4m、55m及44m三段。坝段分块长度适中。

坝址处河谷狭窄，汛期河水陡涨陡落，根据工程进度安排，施工时第二年汛期需大坝挡水，导流洞泄流，度汛标准为20年一遇全年洪水，洪峰流量为1030m^3/s，坝址处河谷狭窄，汛期河水陡涨陡落，水位上升快，经计算得对应上游水位915m，下游水位859.2m。若2条接缝考虑设置横缝，受混凝土龄期和坝体温度影响，此时灌浆高程只能达到870m，用上游水位915m计算大坝独立坝段最大拉应力达1.66MPa，不能满足要求。因此，本工程存在狭窄河谷度汛时坝体挡水与接缝灌浆相互影响的技术难题。

(4)水平溶蚀地层坝基(肩)渗控处理重点不突出，两岸防渗线路过长设计技术难题及解决方案

坝址两岸岩层为近水平状灰岩，两岸岸坡陡峻，卸荷强烈，溶蚀主要沿层面及近坝陡倾卸荷裂隙发育。坝址岩溶不同位置、不同地层发育程度区别明显。坝址强岩溶发育层位集中于地表浅部的茅口组质纯的微晶灰岩。茅口组岩溶发育带可按高程细分为上下两带，上带为岩溶强烈发育带，岩溶以规模较大的落水洞为主要形态，水平型岩溶现象以层间错动软弱夹层溶蚀填泥为主，大大增加了防渗工程施工难度。下带为岩溶相对发育带，以局部规模较小的落水洞和沿缓倾的层间错动软弱夹层以及陡倾裂隙面的缝状、囊状溶蚀为特征，对岩体完整性以及透水性影响较大。下带下限基本以栖霞组碳质灰岩顶部为界，以下以及河床栖霞组岩溶不发育。坝周岩体的溶蚀透水特点是两岸陡倾卸荷岩体透水性大于河床坝基岩体透水性；两岸岸坡上部岩体透水性大于下部岩体透水性；因地层水平且层间溶蚀发育，两岸可作为防渗依托的相对不透水岩体较远，特别是左岸与正常蓄水位等高的地下水位距坝肩较远，工程存在坝肩渗控处理难度大、两岸防渗线路较长等技术难题。

(5)岩溶发育地区复杂地质条件下拱座基础处理的技术难题

坝址河谷狭窄，岸坡陡峻，近岸地带岩体卸荷作用较明显。一方面顺坡向裂隙卸荷拉裂，形成卸荷岩体；另一方面原有的结构面张开，部分扩展而与其他方向的裂隙贯通，使岩体的裂隙率增高，裂隙的规模增大，并在地下水的作用下，裂隙的溶蚀程度增高，其中较大规模的是在左坝肩开挖后揭示出两条长大裂隙 f_1 和 f_2。坝址区层间错动软弱夹层发育，空间延展性好、规模较大，顺层产出、产状平缓，工程性状较差，其中在左岸高程906～930m形成规模巨大的溶蚀岩腔，并带来坝基地形缺失问题。因岩体卸荷、岩溶发育和层间错动软弱夹层的综合作用，带来了岩溶发育地区复杂地质条件下的拱座处理技术难题。

4.2 取得的先进创新技术

紧紧围绕工程技术难题，设计开展10余年的技术攻关，形成了一系列技术创新，发表论文20多篇，获得省部级奖励两项。总结取得的主要先进创新技术如下：

(1)提出狭窄河谷薄拱坝大孔口条件下的结构设计技术，成功建成了最薄的百米级碾压混凝土双曲拱坝

为满足泄洪要求，需要设计3个孔口尺寸为10m×8.5 m(宽×高)的表孔，开口宽度占

河谷宽度比例大，为 0.28。采用三心圆体形和表孔设置支撑梁的技术(图 3)，解决了狭窄河谷大开孔的碾压混凝土拱坝体形设计和结构设计，其拱冠梁顶底厚 18.1m，厚高比 0.14，是目前已建成最薄的百米级碾压混凝土双曲拱坝。拱坝剖面及建成效果见图 4。

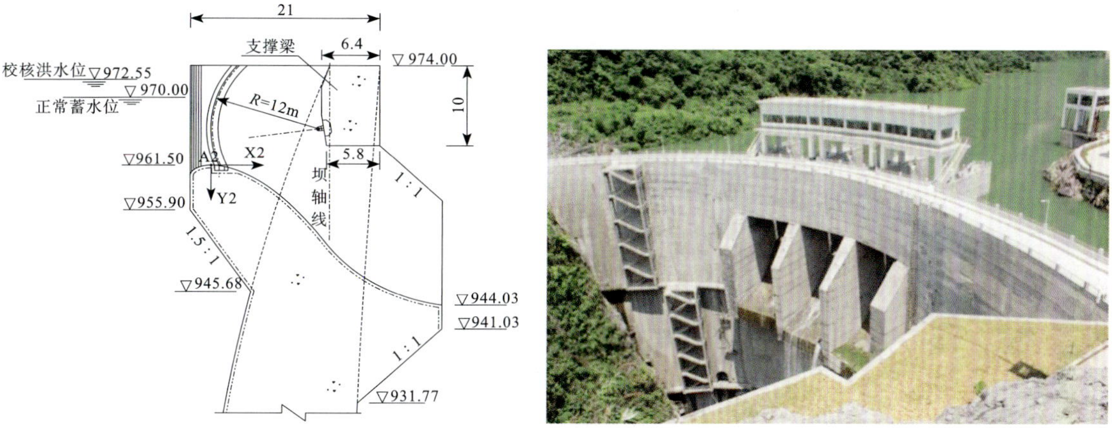

图 3　表孔支撑梁结构(单位:m)

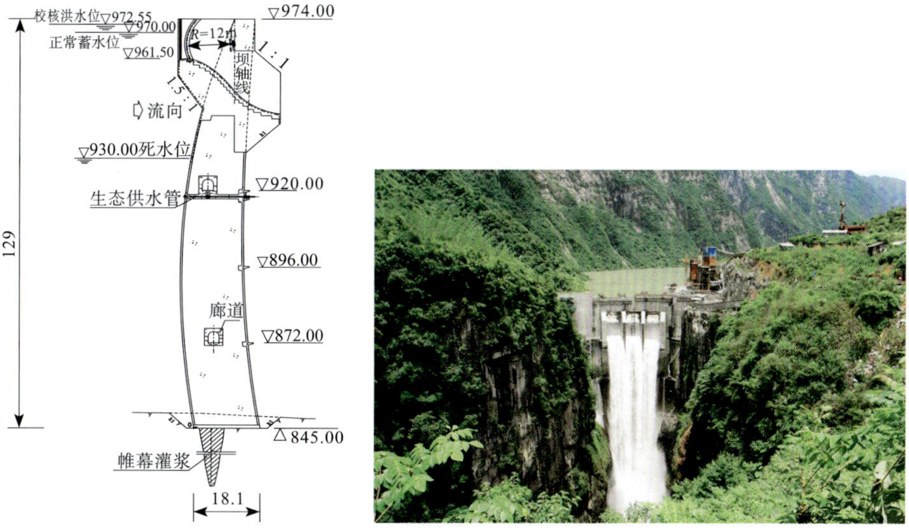

图 4　拱坝剖面及建成效果(单位:m)

(2)三表孔差动挑流消能新技术

首次采用不同的出口反弧半径、鼻坎高程和挑射角的三表孔差动挑流新技术(图 5)，纵向分层分散入水水流，下游采用天然水垫消能的泄洪消能方案(图 6)，解决了单位水体高消能功率下，狭窄"V"形河谷泄洪建筑物布置困难、人工混凝土水垫塘施工难度大等泄洪消能技术难题。该设计方案的提出可以节约人工混凝土水垫塘的工程投资，并为狭窄河谷的泄洪消能布置方案提供借鉴。

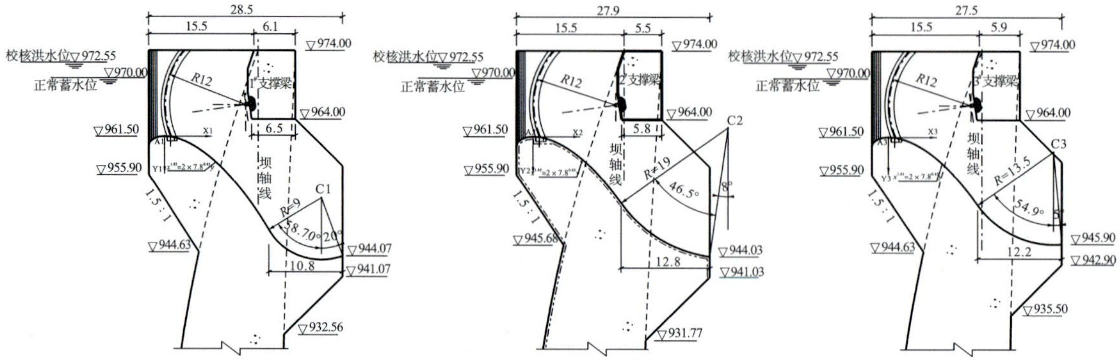

图5　三表孔不同的出口反弧半径、鼻坎高程和挑射角(单位:m)

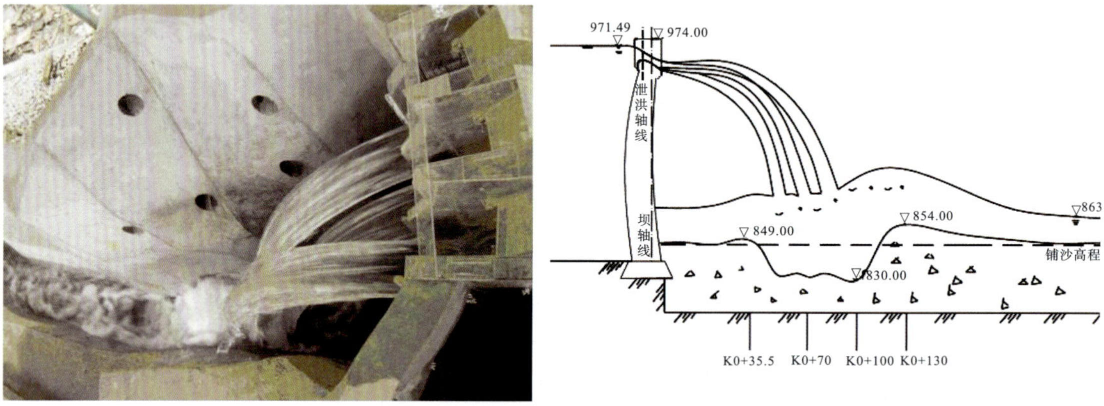

图6　三表孔纵向分层分散入水(单位:m)

(3)"下诱(诱导缝)上横(横缝)"的碾压混凝土拱坝分缝新技术

本工程首次提出"下诱(诱导缝)上横(横缝)"的碾压混凝土拱坝分缝新技术,即在度汛高程919m以下设诱导缝,以上设横缝(图7)。该方案成功解决了狭窄河谷施工度汛时坝体挡水和接缝灌浆相互影响的技术难题,保证了施工期坝体临时断面挡水的安全,有利于后期坝体接缝张开,方便进行接缝灌浆,加快了施工进度,为狭窄河谷的拱坝坝体分缝方案提供借鉴。

早期的碾压混凝土拱坝考虑大坝坝高不高、能够在一个低温季节施工完成,为有利于大仓面碾压和连续施工,没有设置横缝。

随着碾压混凝土拱坝的高度和长度的增加,大坝不能在一个低温季节施工完成,因而需要设置横缝或诱导缝。横缝或诱导缝的设置要便于碾压混凝土施工。因此,横缝或诱导缝的分缝位置、分缝结构及灌浆体系是碾压混凝土拱坝设计的一个关键问题。

从施工度汛大坝挡水要求来说,考虑诱导缝大部分为不连通,具有较好的拱效应,云龙河碾压混凝土大坝两条接缝应设计诱导缝为宜,在施工阶段大坝挡水度汛之前先不采取后期降温措施,不让坝体缝张开,此时坝体具备拱效应,可以满足挡水水位时受力要求。这跟一般碾压混凝土拱坝的分缝特点是一致的。

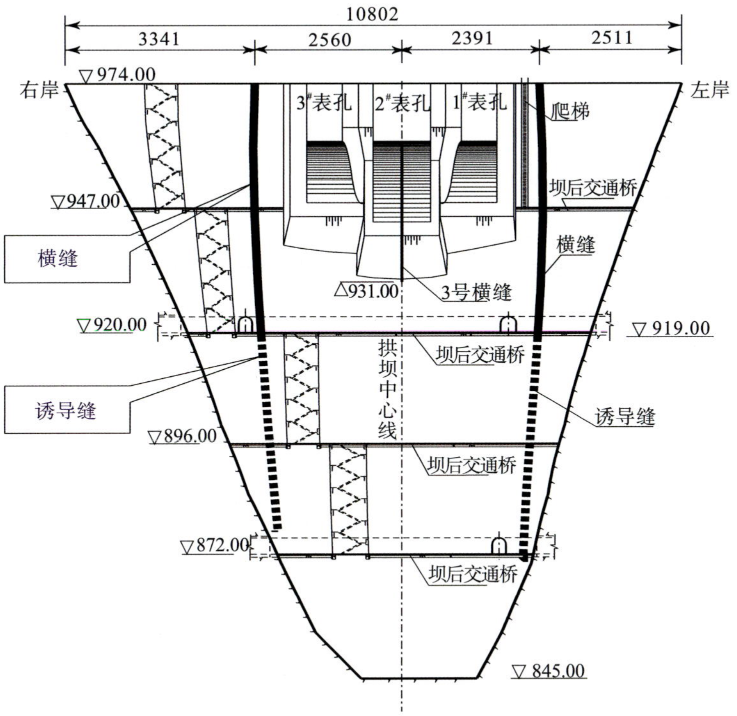

图7　云龙河碾压混凝土拱坝分缝示意图(高程单位:m,尺寸单位:cm)

考虑大坝上半部分轴线较长,后期坝体通过降温措施可以让接缝张开,具备灌浆条件。一般工程习惯整条缝采用一种结构型式,即整条缝采用诱导缝或整条缝采用横缝。云龙河碾压混凝土大坝设两条缝,因大坝度汛要求,下部需要采用诱导缝,按常规做法,整条缝均设置诱导缝。而设计考虑诱导缝是通过不连续的缝和中间混凝土构成(缝连通率在25%左右),考虑混凝土的不均匀性,可能张开的位置不一定就在诱导缝上,大坝有可能产生不规则裂缝,没有横缝的张开效果好。而横缝由连续的缝组成(缝连通率在85%左右),本身大部分是断开的,在后期降温产生温度应力作用下,缝的张开效果和灌浆效果将优于诱导缝。

基于上述考虑,设计希望既可以挡全年汛期洪水,又可以在希望的位置张开缝,保证缝的张开效果,方便进行封拱灌浆。

碾压混凝土拱坝分缝方案从最开始的不分缝,到以沙牌为代表的通过预制块内设置重复灌浆系统形成的横缝或诱导缝,到云龙河拱坝设置"下诱上横"组合分缝技术以解决度汛和分缝的相互影响问题,取得了明显的突破。

对云龙河碾压混凝土拱坝"下诱上横"的分缝方案进行了施工过程及运行期有限元仿真计算,计算表明该分缝方案可以有效地释放大坝的超标应力,防止了大坝其他部位随机无序裂缝的产生;诱导缝释放超标应力后,大坝其他部位的主拉应力基本小于施工期的允许应力。因而该分缝方案是一种可行的、安全的、合理的结构分缝方案。

(4)基于安全影响评价的渗控分级处理新技术

首次提出基于安全影响评价的渗控分级处理理念，并设计相应方案，成功解决了云龙河水平溶蚀地层坝基渗控处理重点不突出、两岸防渗线路过长等问题。

云龙河坝址为地缝型河谷，地层为近水平状灰岩，渗漏溶蚀主要沿层面及近坝陡倾卸荷裂隙发育，工程存在坝肩渗控处理难度大、两岸防渗线路较长等特点，设计研究提出基于安全影响评价的渗控分级处理设计理念，并据此提出系统的设计方案。该设计理念以坝基岩体的岩溶强发育带、弱发育带和极弱发育带的分布特征为基础，根据与坝体的距离及相对位置，将坝体周边岩体分成坝基防渗部位、近坝肩防渗部位、远坝肩防渗部位及更远坝肩防渗部位，并将坝周岩体渗流按对岩体渗透破坏、库水渗漏损失、坝体安全的影响以强、中、弱 3 个等级分别对 4 个防渗部位进行安全影响分级评价，然后在综合评价的基础上，采取处理措施有强弱差别的渗控分级处理方案。

本研究方案基于安全影响评价、分部位设置强弱不同的处理措施，针对性强，避免岩溶地层传统设计大全包的渗控系统布置方案，重点突出，经济性高，丰富了岩溶地区坝基渗控设计理论。按照传统设计，云龙河左岸水平溶蚀地层防渗线路需长约 500m，采用本设计理念及方案，施工初期设置帷幕线长度约 130m，试验蓄水期根据渗漏监测，动态调整延长防渗帷幕线长 100m，仍较初步设计优化帷幕线路长约 270m，总计节省帷幕灌浆 5000m，经济效益显著。

安全影响评价及渗控措施分级见表 3。

表 3　　安全影响评价及渗控措施分级对应

项目	影响因素及措施	部位分类			
		坝基岩体	近坝肩岩体	远坝肩岩体	更远坝肩岩体
安全影响评价	对坝体安全的影响	强	强	弱	/
	对岩体渗透破坏的影响	中	中	弱	弱
	对库水渗漏损失的影响	中	强	弱	弱－
	安全综合影响评定	强	强＋	弱	弱－
分级渗控方案	防渗标准(Lu)	1	1	3	3
	帷幕排数	双排	双排	单排	根据试验蓄水情况，动态布置
	最大灌浆压力(MPa)	2.5	4.0	4.0	
	排水	俯孔	仰孔	仰孔(部分)	
	动态调整	局部加深 20m	局部加深 20m		974m 高程灌浆洞延长 100m，单排

(5)岩溶发育地区拱座基础处理技术

本工程采用混凝土置换、重力墩、传力柱、竖井、塞、预应力锚索、深排水孔和深孔固结灌浆等综合措施，成功解决了岩溶发育地区复杂地质条件下拱座基础处理的技术难题，并为类似工程基础处理提供借鉴。

本工程坝址河谷狭窄，岸坡陡峻，坝基为二叠系灰岩，岩溶发育，岩层产状近水平倾向右岸，层间错动软弱夹层发育，考虑拱坝对拱座（坝基和坝肩）变形和抗滑稳定要求较高，工程存在岩溶发育地区复杂地质条件下拱座基础处理的技术难题。受陡峻岩体卸荷、灰岩岩溶溶蚀和水平层间错动带的综合作用，左坝肩高程 945～974m 拱端建基面和坝顶平台出露长大裂隙 f_1 和 f_2，左坝肩高程 906～930m 出现溶蚀空腔和地形缺失问题。对左坝肩高程 945～974m 长大裂隙 f_1 和 f_2，采用混凝土竖井，混凝土塞，预应力锚索，排水孔和深孔固结灌浆等综合措施处理。对左坝肩高程 906～930m 的溶蚀空腔和地形缺失采用混凝土置换、重力墩、传力柱和固结灌浆等综合措施处理。成功解决了岩溶发育地区复杂地质条件下拱座基础处理的技术难题，并为类似工程基础处理提供借鉴。

5 工程运行情况

云龙河三级水电站工程于 2005 年 10 月正式开工，2007 年 4 月大坝开始浇筑混凝土，2009 年 4 月 28 日通过下闸蓄水阶段验收，2009 年 5 月 5 日导流洞下闸蓄水，2009 年 6 月 28 日和 7 月 5 日 1# 机组、2# 机组分别投产发电。

工程建成以来，水库水位于 2011 年 8 月 5 日达到了设计正常蓄水位，大坝、泄洪建筑物经历了 12 个汛期，经受了多次泄洪考验。现场检查和监测资料分析表明，枢纽各建筑物工作性态正常。

6 获奖经历

云龙河三级水电站荣获 2015 年全国优秀水利水电工程勘测设计银质奖。

“百米级超薄碾压混凝土拱坝筑坝技术”荣获水利部长江水利委员会科技进步奖特等奖，云龙河三级水电站为依托项目之一。

“环境友好型碾压混凝土高薄拱坝设计与筑坝关键技术”荣获湖北省科技进步奖二等奖，云龙河三级水电站为依托项目之一。

撰稿/黄元、孔凡辉

溇水皂市水利枢纽

▲ 皂市水利枢纽

皂市水利枢纽位于湖南省石门县距皂市镇上游约2km的澧水流域Ⅰ级支流溇水上，距河口16.5km，控制流域面积3000km²，占溇水93.7%的流域面积，是承担澧水流域防洪任务的骨干工程，是1998年大洪水后国务院确定的水利部湖南省重点建设项目。

1 工程概况

1.1 工程简述

皂市水利枢纽位于湖南省石门县距皂市镇上游约 2km 的澧水流域Ⅰ级支流渫水上，距河口 16.5km，控制流域面积 3000km^2，占渫水流域面积的 93.7%，是承担澧水流域防洪任务的骨干工程，是 1998 年大洪水后国务院确定湖南省重点建设项目。

皂市水利枢纽工程任务以防洪为主，兼顾发电、灌溉、航运等综合利用。工程建成后，与其他工程联合运用，近期可使下游防洪标准提高到 20 年一遇，远期提高到 50 年一遇。水库总库容 14.39 亿 m^3，防洪库容 7.83 亿 m^3，正常蓄水位 140m，电站装机容量 120MW，灌溉农田 5.4 万亩，通航建筑物规模 50 吨级(预留斜面升船机)。

工程属Ⅰ等大(1)型工程，枢纽由碾压混凝土重力坝、泄水建筑物、消能建筑物、坝后式电站厂房、灌溉渠首、斜面升船机(预留)等组成。大坝、泄水建筑物等为 1 级建筑物，坝后式电站厂房、消能建筑物、灌溉渠首等为 3 级建筑物。大坝挡水建筑物、泄水建筑物设计洪水为 500 年一遇，相应洪峰流量为 12500m^3/s；校核洪水为 5000 年一遇，相应洪峰流量为 16100m^3/s；消能建筑物设计洪水为 100 年一遇，相应洪峰流量为 9910m^3/s；电站设计与校核洪水重现期分别为 100 年与 200 年。

工程建设法人为湖南澧水流域水利水电开发有限责任公司(原水利部湖南省澧水流域水利水电综合开发公司)；设计单位为长江勘测规划设计研究有限责任公司(原长江水利委员会长江勘测规划设计研究院)；监理单位为长江水利委员会工程建设监理中心(湖北)、湖南水利水电工程监理承包总公司；主要施工单位为中国水电建设集团辽宁工程局有限公司(原辽宁省水利水电工程局)中国安能建设总公司。

1.2 建设背景

澧水干流发源于张家界市的桑植县，于小渡口注入西洞庭湖，流域面积 18583km^2，干流全长 390km，落差 1439m。澧水干流上游和主要支流溇水、渫水同属著名的长江中游鹤峰、五峰暴雨区，洪水集流迅速，峰高势猛，滩多水急，干、支流洪水经常遭遇，在尾闾又与来自松滋河的长江洪水交汇，河湖洪水相互干扰顶托，加上洪道淤塞，渲泄不畅，因其特殊的地理环境，致使松澧平原洪灾频繁，洪灾主要发生在西洞庭湖及沅水、澧水下游，尤以澧水下游为甚。历史记载尾闾地区基本每 3 年就发生一次较大洪灾，最为惨重的当属 1935 年洪水，三江口洪峰流量达 30300m³/s，澧水沿河房屋田地全被冲毁，共计溃垸 863 个，仅澧水流域就造成 3 万多人死亡，淹没耕地 117 万亩，受灾人口达 143 万，澧水流域一片汪洋，尽成泽国，尸骨横流(图 1)。1954 年长江出现百年来罕见的流域性特大洪水，这年汛期，雨季来得早，暴雨过程频繁，持续时间长，降雨强度大，笼罩面积广，长江干支流洪水遭遇，枝城以下 1800km 河段最高水位全面超过历史最高纪录。松澧地区受灾耕地达 70.16 万亩，受灾人口达 64.64 万，洞庭湖区 900 多处圩垸，溃决 70%，溃口分洪量达 245 亿 m³。1998 年洪水则是继 1954 年大水后遭遇的最大洪水，鄱阳湖水系五河(赣江、抚河、信江、饶河、修水)、洞庭湖水系四水(湘江、资江、沅江、澧水)发生大洪水后，长江上中游干支流相继发生较大洪水，上游先后出现 8 次洪峰并与中下游洪水遭遇，形成了全流域型大洪水，长江中下游干流沙市至螺山、武穴至九江共计 359km 的河段水位超过了历史最高水位。澧水及洞庭湖水系实测石门水文站洪峰水位 62.65m，相应流量 19000m³/s，淹没耕地 23.3 万亩，受灾人口达 18.77 万，死亡 96 人。1998 年洪水大、影响范围广、持续时间长，洪涝灾害严重，但长江流域因葛洲坝和隔河岩水库的拦蓄、削峰及错峰作用，不同程度地减轻了洪水对下游的影响，灾害损失没有 1935 年及 1954 年洪水严重。

图 1　1935 年澧水全流域性特大洪水灾害

1.3　建设意义

党中央和国务院十分关心澧水流域的防洪问题，各级领导曾多次到澧水流域视察并作重要指示。1991 年，国家计划委员会批准《澧水流域规划报告》，提出优先安排并建设江垭、皂市水利枢纽工程。1992 年，国务院批准的《长江流域综合利用规划简要报告》确定了澧水流域治理的重要性和必要性，为全面治理开发澧水制定了宏伟的蓝图。整治澧水，除害兴利，首要任务是防治洪水灾害，按照批复的《澧水流域规划报告》，澧水流域规划任务是以防洪为主，兼顾灌溉、发电、航运、水土保持和旅游等。规划在澧水上游干、支流上兴建水库，拦蓄洪水，下游疏浚河道，加固堤防，增大行洪能力，同时配合非工程防洪措施，形成完整的防洪系统，以提高澧水石门以下及尾闾松滋地区的防洪标准，近期由目前的4～7年一遇提高到20年一遇，远期松滋建闸后，达到50年一遇。近期安排兴建江垭、皂市、宜冲桥3个水库，共同承担蓄洪任务，预留防洪库容17.7亿m^3。控制3座水库下泄流量，以保证石门安全泄量不超过12000m^3/s。澧水流域骨干防洪工程分布见图2。

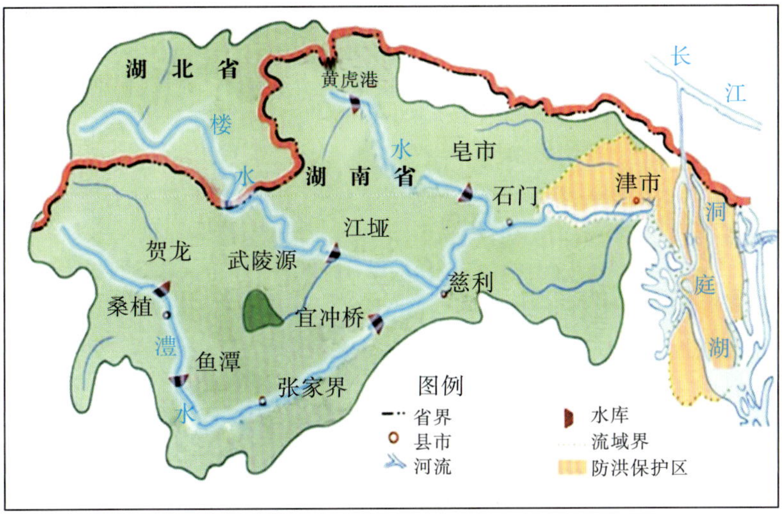

图2　澧水流域骨干防洪工程分布图

皂市水库防洪规划服从流域总体防洪规划，防洪标准以满足总体防洪目标及要求设计，石门以上的防洪标准为50年一遇，石门以下松澧地区，洪水来源有两重性：一是澧水，二是松滋，长江松滋来水更具有控制作用，规划皂市水库远景配合三峡水库和松滋建闸之后，使松澧地区防洪标准提高到50年一遇。因此皂市水库的防洪任务是配合澧水流域整体防洪规划，使松澧地区防洪标准近期为20年一遇(三江口防洪标准达到50年一遇)，远景松澧地区达到50年一遇。皂市水利枢纽设置的防洪库容既是澧水尾闾地区的防洪需要，同时也是解决渫水本身沿干流洪灾的需要，设计充分利用其靠近防洪控制点，处在对下游防洪有利位置的特点，设置较大的防洪库容，发挥规划防洪系统中主要的防洪补偿调节作用。

2　勘测设计方案

2.1　勘测设计过程

工程的规划和建设历经了50余年。1990—1991年，水利部、湖南省人民政府、湖南省水利厅、长江水利委员会共同协商，确定由长江水利委员会承担皂市水利枢纽的设计工作。1990年11月，长江水利委员会全面部署皂市水利枢纽初步设计工作，至1995年基本完成皂市水利枢纽初步设计。1996—1997年，皂市水利枢纽工程再度搁置。1997年底和1998年初，经湖南省水利厅重点办、常德市人民政府积极争取，皂市水利枢纽工程再次列入议事日程。

1998 年大洪水以后，根据水利部指示，皂市水利枢纽勘测设计快马加鞭，并于 2000 年被国务院批准正式立项建设。2004 年 2 月 8 日，水利部、湖南省人民政府联合宣布皂市水利枢纽工程正式动工；2007 年 10 月 25 日，皂市水利枢纽下闸蓄水；2008 年 4 月，电站 2 台机组相继完成安装调试，正式并网发电；2009 年 12 月，枢纽工程全部完工；2016 年 7 月通过竣工验收。国家发展和改革委员会批准皂市水利枢纽施工总工期为 5 年 4 个月，从截流至并网发电，主体工程建设工期仅为 3 年 7 个月。

2.2 设计方案

(1)坝址、坝型及枢纽布置

根据工程区地形地质条件、枢纽布置、施工条件、移民征地及工程投资等因素，综合分析工程坝址推荐皂市坝址。

大坝坝型采用碾压混凝土重力坝和混凝土重力拱坝两种方案均可行。重力坝方案对基础条件要求较低，泄洪消能布置简单、适应性强，采用碾压混凝土施工快捷、方便，但工程量相对略大；重力拱坝方案泄洪消能布置与重力坝类似，但其对拱座地质条件要求相对较高，由于坝址左右岸坝肩基岩左硬右软，对拱坝应力、稳定不利，需增加拱座基础处理工程量，重力拱坝方案工程量节省优势不明显，同时双层泄洪孔布置削弱了拱效应，对拱坝坝体应力亦不利。综合比较后本工程采用碾压混凝土重力坝方案。

枢纽布置方案对主要建筑物进行了河床集中泄洪方式、泄洪洞结合导流洞泄洪方式比较；电站厂房布置进行了坝后式、坝式及岸塔式引水明厂房方案，地下厂房方案比较；通航建筑物进行了桥机式及衡重式垂直升船机、斜面升船机型式比较，根据不同建筑物的型式在不同设计阶段组合了多种枢纽布置方案，经综合比较最终完建的枢纽布置总格局为：

挡水建筑物为碾压混凝土重力坝、河床中间布置泄洪消能建筑物、右岸布置坝后式电站厂房，斜面升船机(全部预留)以及左、右岸非溢流坝各布置一个灌溉渠首。皂市水利枢纽布置见图 3。

(2)主要建筑物设计

碾压混凝土重力坝坝顶高程 148m，河床坝段建基面高程 60m，最大坝高 88m，坝轴线长 351.0m。挡水建筑物包括溢流坝段、厂房坝段和左、右岸非溢流坝段，共计 18 个坝段。溢流坝段，分为 6 个坝段，坝轴线长 112.5m；厂房坝段分 2 个坝段，坝轴线长 39.5m；左岸非溢流坝段为弧形坝段，分为 6 个坝段，坝轴线长 119.0m；右岸非溢流坝段为直线坝段，分为 4 个坝段，坝轴线长 80.0m。

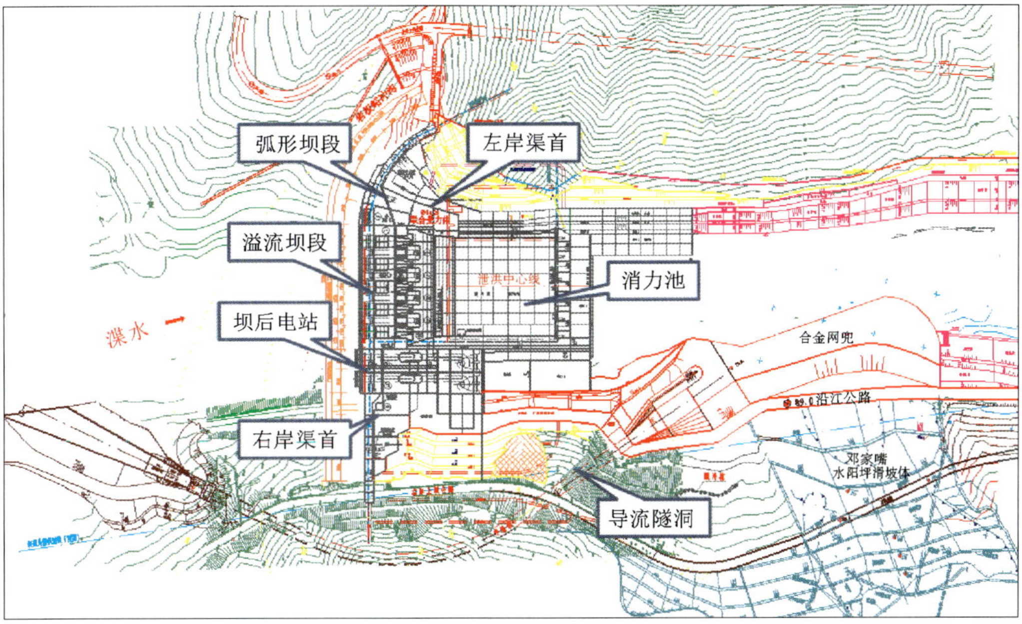

图 3　皂市水利枢纽布置图

泄水建筑物采用 5 表孔、4 底孔，表孔、底孔相间布置，表孔堰顶高程 124m，孔口宽 11m；底孔堰顶高程 103m，孔口尺寸 4.5m×7.2m（宽×高）。泄水建筑物下游设消力池，池长 116m，池底宽 89m，护坦顶高程 58m，垂直流向断面型式为复式梯形断面。

2 个厂房坝段分别长 18.0m 和 21.5m，电站采用右岸坝后式厂房，布置 2 台机组，装机容量为 2×60MW。由坝式进水口、坝后背管、主厂房、尾水渠等组成。引水压力钢管内径为 5.6m，设置上平段、下平段和坝内背管段。坝后式厂房平面尺寸为 72.4m×42.85m（长×宽）。电站装机高程 71.2m，发电机层高程 83.26m，尾水管底板高程 57.52m。

斜面升船机采取全部预留方式，布置在厂房右侧，升船机中心线与坝轴线成 8°～20°交角，升船机由上游引航道、上游斜坡道、坝顶错船池、调控楼、机室、下游斜坡道、下游引航道组成，全长 1300m。

左非 4# 坝段和右非 17# 坝段 115m 高程各设置一个 ϕ160cm 的灌溉取水口，引水流量分别为 3.1m^3/s 和 1.05m^3/s。

消能建筑物采用底流消力池，池长 116m，底宽 89m，底板高程 58m，为复式梯形断面。尾坎采用差动坎，坎顶高程 71.6m。尾坎下游设置防冲板，长 18.4m，坎顶高程 65.3m，防淘槽底高程 55m。

主要机电设备：水轮机 2 台，型号 HLF161-LF-400，转轮直径 4m，额定流量 136.9m^3/s；发电机 2 台，型号 SF60-38/9070，额定容量 60MW，额定电压 10.5kV；75MVA 主变压器 2 台；厂内桥式起重机 1 台；开关站为 GIS 型式；输电线送出电压 220kV，线路 1 回，目的地盘山站。

导流建筑物采用上、下游各一道土石过水围堰及右岸设置一条 10m×12m（宽×高）城门洞形导流洞。

同时考虑皂市水利枢纽在澧水流域防洪系统中的重要作用，根据中国国际工程咨询有限公司的评估意见"鉴于澧水流域位于长江最大的五峰、鹤峰暴雨中心，下游尾闾地区洪水频繁、灾情严重，洪水地区组成及洪水遭遇（包括与洞庭湖洪水及长江松滋口洪水）情况复杂，防洪调度中存在着诸多不确定因素，可研报告完善了防洪调度测报系统，并在澧水流域规划确定皂市承担7.8亿m^3防洪任务基础上，增加2m坝高（坝顶高程由146m改为148m，增加直接投资1500万元）获得1亿m^3库容，作为稀遇超标准洪水的防汛紧急备用库容是合适的。"并建议这部分库容的运用由国家防汛抗旱总指挥部根据澧水、洞庭湖区、长江松滋河洪水紧急情况统一调度。因此在枢纽建筑物设计时，要求防洪设备做到安全可靠，运行灵活方便，能适应整体防洪调度提出的各种调度运行方式，在大坝安全设计时，为水库防洪非常运用，坝顶留有2m超高的余地。

皂市水利枢纽三维立视图见图4。

图4　皂市水利枢纽三维立视图

3　工程特点及科技创新

3.1　工程特点

澧水一级支流渫水发源于湖北省五峰县独山，位于著名的长江中游鹤峰、五峰暴雨区。皂市水利枢纽距石门县皂市镇约2km（图5）。

独特的地理位置及其自然因素使皂市水利枢纽工程具有以下特点：

1）皂市水库距澧水流域防洪控制点三江口处洪水传播时间最短为2h，但在3座联调水库中所承担的防洪库容比例最大为44.1%，控制流域面积却仅占澧水流域三江口以上的19.9%，防洪任务艰巨。

2）坝址区地形地质条件复杂，坝址上、下游基岩较差，仅中部约200m宽的石英砂岩出露段基岩较好，石英砂岩段左岸存在天然冲沟，地形条件较差（图6）。

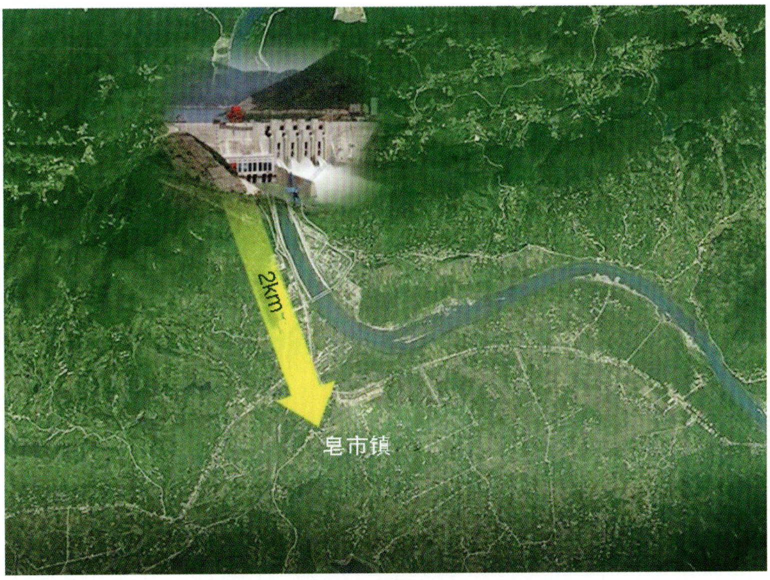

图 5　皂市水利枢纽地理位置图

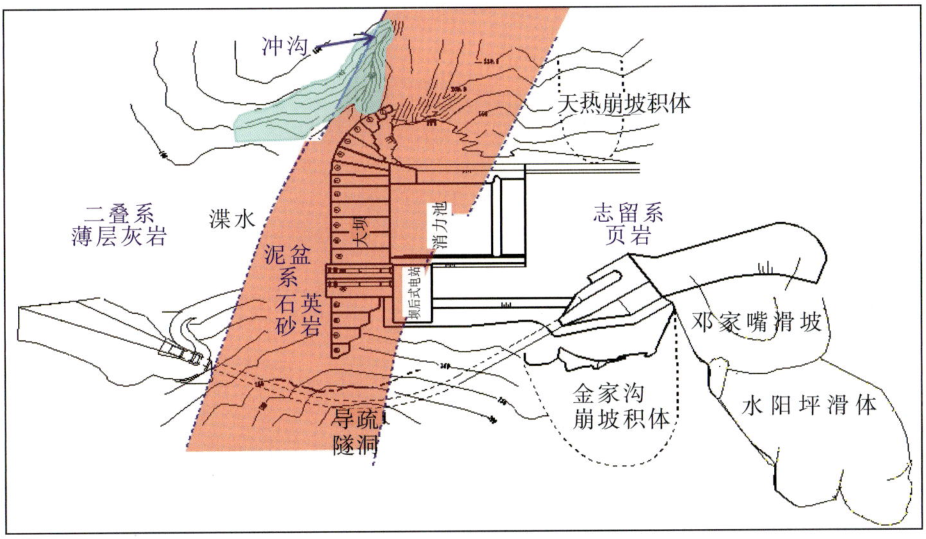

图 6　皂市水利枢纽坝址地形地质简图

3)发电厂房右岸高边坡具有“上硬下软”的地质特点。边坡岩体上部为石英砂岩(硬岩),下部为粉砂岩(软岩),岩层走向与边坡走向斜交,岩层视倾向坡外,斜向坡边坡高130m,长250m(图7)。

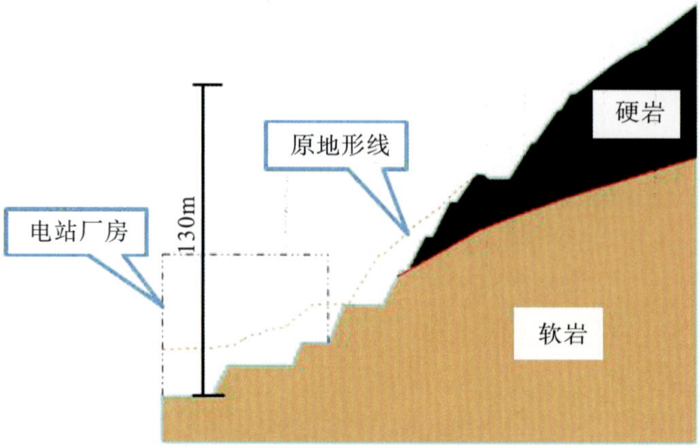

图 7　厂房部位高边坡地质剖面图

4)坝址下游有水阳坪—邓家嘴滑坡，体积方量大，且位于工程区内，影响建筑物建设及运行，水阳坪滑坡体纵向长约 230m，宽 105～170m，总体积约 110 万 m^3。邓家嘴早期滑坡体纵向长约 90m，宽 120～160m，总体积约 27 万 m^3。邓家嘴后期滑坡体纵长约 130m，宽 80～100m，总体积约 17 万 m^3(图 8)。

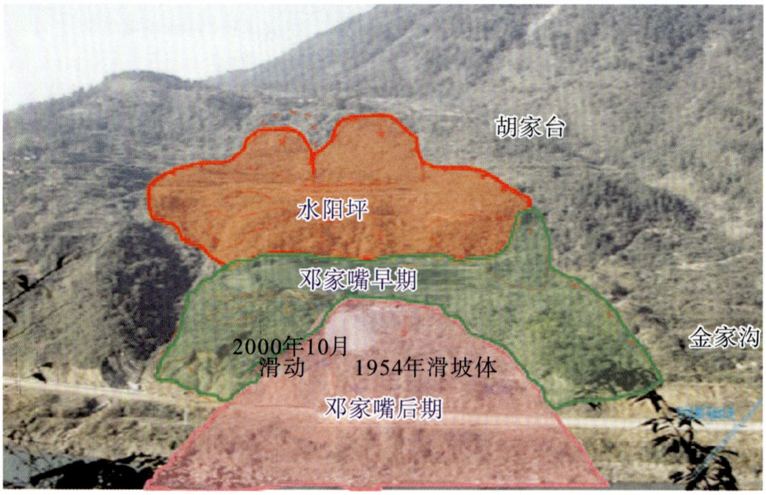

图 8　水阳坪—邓家嘴滑坡体分布图

5)电站水轮机运行水头范围为 36.4～68.6m，最大水头与最小水头的比值达 1.88，是国内外 60～75m 水头段混流式水轮机运行水头变幅最大的水电站(图 9)。

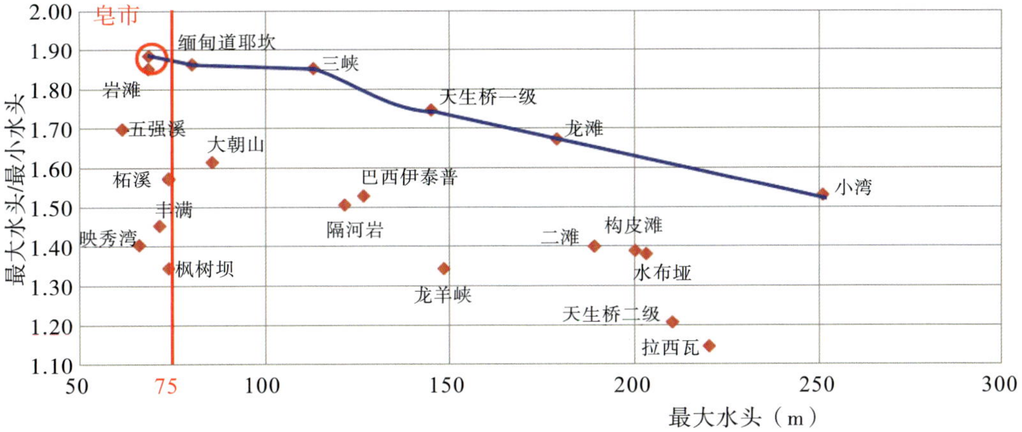

图 9　国内外部分电站运行水头变幅统计

6)导流隧洞消力池段右侧为金家沟崩坡积体、出口右岸下游为水阳坪—邓家嘴滑坡体（图 10）。

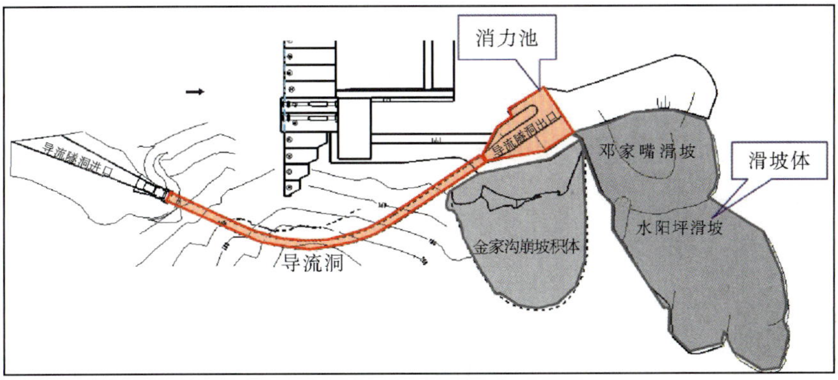

图 10　导流建筑物与滑坡的相互位置关系

7)皂市水利枢纽工程的地质条件特殊，工程地质问题极具代表性，工程地质条件复杂，勘察技术难点表现在：①坝基“硬、脆、碎”岩体质量评价及建基岩体选择；②岩溶现象发育薄—中厚层碳酸岩人工骨料勘测与利用；③近坝大型滑坡勘察与稳定性研究；④右坝肩高边坡稳定性评价及处理；⑤河床覆盖条件下断裂构造的勘察与分析。

3.2　科技创新及荣誉

根据皂市水利枢纽承担的工程任务、功能要求、工程所处地理位置、坝址地形地质条件及水库调度运行要求等工程特点，设计提出以下针对性的水库调度方案、枢纽布置、泄洪消能方式及工程措施。

3.2.1　三库联合防洪调度方式创新

水库调度方式主要有两大类：一是固定泄量法，二是补偿调度法。江垭、皂市和宜冲桥三库联合防洪调度方案较多,包括三库固定泄量的简化调度、单库补偿调度、两库补偿及三库联合补偿调度等。考虑到预报水平和预报精度及洪水组合特性等因素,从安全可靠角度出发、根据澧水流域防洪规划总体布局,江垭、皂市和宜冲桥三库联合防洪调度的目标,是控制三江口50年一遇设计洪水建库后最大洪峰流量不超过河道安全泄量12000m^3/s。按照水库所处的地理位置,皂市距离防洪控制点较近,洪水传至控制点三江口时间最短,仅需2h,补偿调度易做到及时、灵活、准确。鉴于皂市水库的优越性,拟定澧水防洪调度原则为:江垭、宜冲桥水库采用简化调度,皂市进行补偿调度。根据江垭、宜冲桥不同泄量比较分析,江垭水库按1700m^3/s流量进行拦洪调度、宜冲桥控制下泄流量采用6300m^3/s时,综合调度效果最好。在干流及区间洪水较大时,由于宜冲桥防洪库容有限,必要时江垭水库减少下泄流量,进行错峰。

因此提出的基于整体设计洪水的"两库联合固定泄量控泄+单库补偿"的三库联合防洪调度方案,突破了三库固定泄量的简化调度方式,建立了多库防洪库容之间互相补偿的调度;发挥了重要节点水库灵活、准确、及时和易于操作的调度优势;通过该方式在满足澧水流域重点防洪区域防洪规划目标的同时,确定了三库各自合理的防洪库容。

3.2.2 直线+圆弧的重力坝布置型式

坝址一带两岸山体陡峻,右岸较平顺,左岸鹰嘴岩上、下游均有冲沟切割,地形变化较大。坝址出露岩层从上游到下游依次为二叠系薄层灰岩、泥盆系石英砂岩、志留系页岩。泥盆系石英砂岩出露厚度大、强度较高、构造相对简单,是本工程较好的筑坝基础。坝基岩层倾向上游偏左岸,走向与河流交角约为75°。

坝基利用地层从左岸到右岸依次为D_2y^{2-2}、D_2y^{2-1}、D_2y^{1-2}、D_2y^{1-1}石英砂岩,设计中为充分利用泥盆系石英砂岩作为大坝基础,坝轴线在鹰嘴岩山嘴部位为避开其上游冲沟设计为圆弧线,右岸地形较完整,坝轴线设计为直线。本枢纽设计的这种直线+圆弧线复合新颖的大坝布置型式,合理、有效、最大限度地利用了地形、地质条件,避免了左岸冲沟水流长期对坝趾的冲刷,缩短了大坝长度,较大地节省了混凝土、土石方等工程量。

3.2.3 大坝抗滑处理措施创新

皂市工程大坝建基岩体为泥盆系石英砂岩,该地层岩体单轴抗压强度很高,而变形模量低。岩体在未扰动情况下,整体强度较高,但一经扰动,岩体的完整性将大幅下降,是典型的"硬、脆、碎"岩体。尤其在左岸F_1、河床F_2等断层的影响下,建基面力学参数偏低。

为解决大坝抗滑稳定问题,设计对大坝断面进行了优化,适当增加了坝基面积,部分坝段上游面增设1∶0.1坡,利用大坝上游水重,大坝基础廊道适当向上游侧移动,并采用帷幕、固结灌浆和排水等综合处理措施,同时针对挡水高度较大的5#～12#坝段的坝基及消力池采用封闭帷幕抽排方案,降低坝基扬压力。采取上述处理措施后,大部分坝段抗滑稳定性满足要求。

但由于左岸5#、6#两个坝段是弧形坝段,坝体上游面宽下游面窄,加之F_1断层的扰动,坝基力学参数较低,大坝稳定条件差,其抗滑稳定在采取上述措施后仍然不满足规范要求。

经设计研究多种方案后，最终确定采用大坝与其下游消力池左导墙联合受力方案。该方案具体为坝体下游与导墙接触面预留灌浆系统并在适宜的时间进行接缝灌浆，同时增加导墙预应力锚索锚固措施，达到坝体与导墙联合受力的目的，经论证计算及工程多年运行实践，大坝稳定性满足规范要求。大坝 5# ～6# 转弯坝段联合受力体平面、剖面图见图 11。

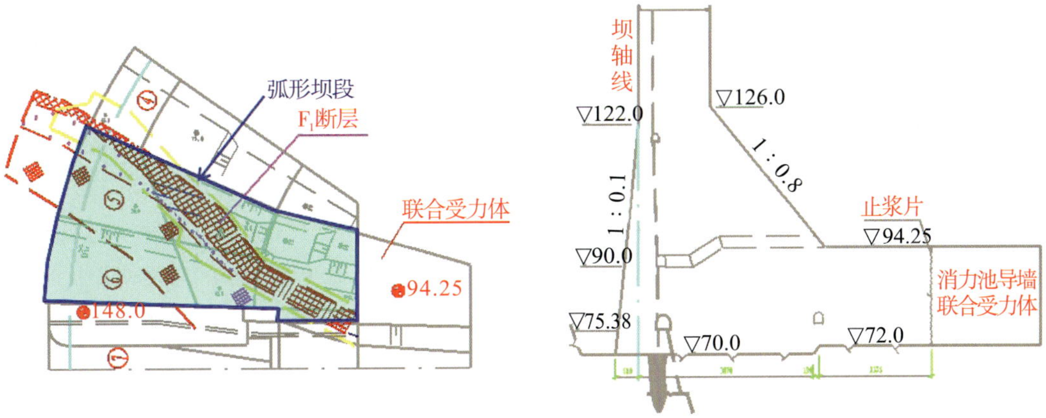

(a)转弯坝段联合受力体平面布置图　　(b)转弯坝段联合受力体剖面图

图 11　大坝 5# ～6# 转弯坝段联合受力体平面、剖面图(单位:m)

3.2.4　泄洪与消能集成技术

皂市水利枢纽首要任务是防洪，并作为补偿调度运行水库，要求泄洪消能设施运行安全可靠，调度灵活方便，能适应澧水整体防洪提出的各种调度运行方式，因此对泄洪消能提出以下要求：

1)在防限水位 125.0m 泄流能力不小于 2000m^3/s。

2)在防洪高水位 143.5m 泄流能力为 0～12500m^3/s。

3)消能型式的选择遵循消能充分、流态较好、与下游水位平顺衔接、消能建筑物工程量较省的原则，并考虑消能区地质条件较差，要求对河床及两岸的冲刷较小，利于岸坡稳定。

由此可见，皂市水利枢纽泄流量及水位变幅大，采用常规消能防冲设施，对下游志留系页岩区且右岸水阳坪—邓家嘴滑坡的冲刷严重，模型试验最大冲坑深达 20m(冲坑最低高程为 45.0m)。

因此，泄洪消能建筑物设计时以满足防洪运行调度为前提，合理布置泄水建筑物，表孔、底孔呈相间布置，表孔、底孔兼具，以“五表四底”孔口布置方案，其溢流前缘长度及消力池池宽适宜，与天然河谷宽相近，相应工程量较省，故确定“五表四底”孔口布置方案，整个溢流坝段的溢流前缘长为 112.5m，为坝后式厂房布置创造了条件。并且在表孔出口设置宽尾墩，防止泄洪影响厂房及左岸山体，中间表孔采用对称宽尾墩，两侧边孔采用不对称宽尾墩，使表孔水流纵向拉开，底孔明流段出口横向扩散，将水流横向拉开，使水流在空中充分掺气，扩大水舌入水面积，减小水流对消力池底板的冲击，达到消能充分、缩短消力池长度的目的。

为解决中水头、低佛氏数消能问题，同时优化泄洪消能建筑物设计，采用表孔、底孔联合泄流—表孔宽尾墩底流—底孔附加射流—消力池梯形断面及雷伯克型尾坎的联合泄洪消能型式，即满足澧水整体防洪调度要求，又使表孔水流纵向拉开，形成三元底流淹没水跃，底孔射流与底流水跃掺混、相互作用，充分发挥表孔水股对底孔水股所起的“动水垫效应”，提高了单位体积的消能率，缩短了池长，减少左岸边坡开挖、河床冲刷，以及对水阳坪滑坡体的扰动。尾坎采用雷伯克型，其分流作用使尾坎后水流平稳，跌流落差在 1.5m 以内，下游流态较好。

标准的底流消力池横断面为矩形，但皂市工程消力池如按矩形断面设计，消力池边墙采用重力式，则左岸山体开挖量很大，开挖边坡高度达 150m 以上，工程量浩大，对左岸山体稳定亦不利。为此采用了梯形断面设计，消力池左边墙采用贴坡式，减少了左岸山体开挖，节省了工程量，经工程实际运用，消力池水流平顺、流态较好。由于消力池下游河床为页岩，抗冲能力弱，消力池尾坎采用差动坎，消除了二级跌水，均化了出池水流，减轻了下游河床冲刷。

表孔、底孔联合泄洪消能组合方式见图 12。

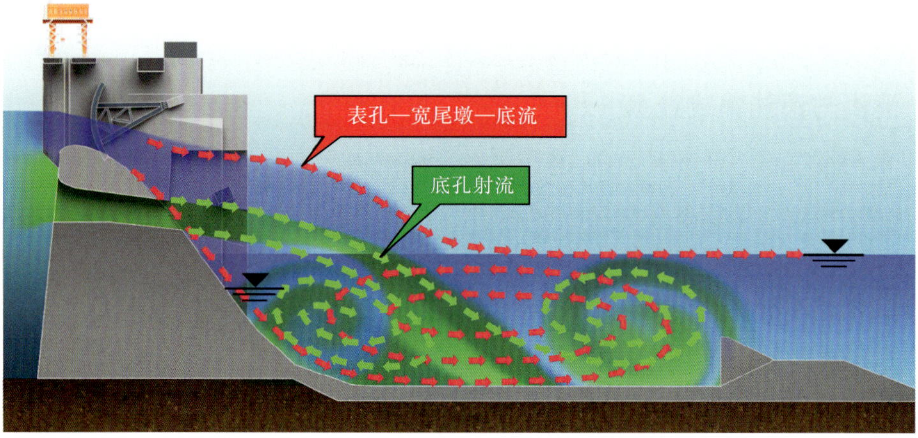

图 12　表孔、底孔联合泄洪消能组合方式

3.2.5　电站厂房高边坡支护加固措施

皂市电站厂房右岸开挖形成的人工边坡最高达 110m。边坡虽为斜向坡，但存在斜坡岩体上硬下软的不利因素。边坡内软弱夹层较多，且 F_3 断层在右坝肩处斜穿上坝公路后沿公路内侧边坡向下游延伸，倾向山里。边坡裂隙发育，主要为 NE、NW 两组，倾角为 60°～80°，与岩体内软弱夹层易组合成不稳定块体。

针对皂市电站厂房右岸高边坡“上硬下软”岩层视顺向的地质特征，首次提出表层混凝面板与深层预应力锚索相结合的边坡加固新型组合支护措施。该新型组合支护措施将表层混凝土面板与深层预应力锚索组成联合受力体，有效改善了坡脚软岩的应力状态，减少了坡脚破坏区范围，同时在边坡上部硬岩部位布置预应力锚索，有效控制了下部软岩受压变形过大造成的上部岩体开裂破坏。电站厂房高边坡混凝土面板＋锚索支护措施见图 13。

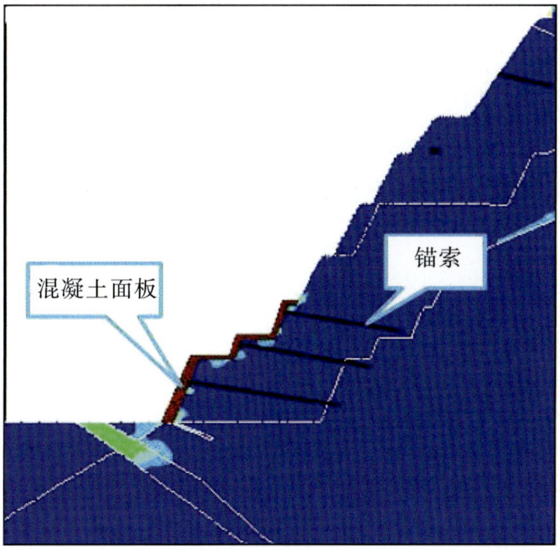

图 13　电站厂房高边坡混凝土面板＋锚索支护措施

通过使用该支护措施，成功地开挖了具有“上硬下软”岩层视顺向地质特征的高边坡，保障了皂市水利枢纽建设的顺利进行，同时为国内高边坡开挖提供了一种新型组合支护措施。

3.2.6　水阳坪—邓家嘴滑坡治理关键技术创新

水阳坪—邓家嘴滑坡位于皂市水利枢纽下游右岸 480m 处，是由水阳坪滑坡、邓家嘴滑坡组成的滑坡群体，其上为水阳坪，下为邓家嘴，水阳坪后缘为胡家台平地，整体上成三平两陡的地势地貌。根据枢纽布置，导流洞出口明渠从滑坡前缘上游侧通过，右岸上坝公路及沿江公路分别从水阳坪前缘及邓家嘴前缘通过。滑坡一旦失稳，无论在施工期还是运行期，都将影响工程的建设及运行。因此，水阳坪—邓家嘴滑坡治理工程不同于一般的地质灾害治理工程，而是一项较为复杂的系统工程，治理措施既要确保滑坡自身安全，又要满足右岸施工导流隧洞、交通公路等建筑物布置的要求。在收集了地质勘察研究资料的基础上，通过科研试验和数值计算分析，结合水阳坪—邓家嘴滑坡前期成果，研究论证了其工程处理方案的合理性，取得了丰硕的研究成果，最大限度地发挥了地质灾害治理工程的综合效益。其主要创新表现在以下几个方面：

1）首先提出地质灾害治理与工程建设相结合的设计新理念并将其付诸实施，在确保了滑坡自身安全的同时，又满足了右岸施工导流隧洞、交通公路等建筑物布置的要求，为坝区地质灾害治理提供了新思路。

2）系统提出“地表防护、地上拦截、地下排水”的设计思路，解决了泄洪雾化降水和大气降水对滑坡不利影响的关键问题。

3）提出滑坡治理生态设计及动态设计新理念，采取植生带喷混凝土对开挖边坡和斜坡平台进行绿化保护，并根据实际揭露的地质情况进行现场设计优化和完善，节约了投资581.66万元。水阳坪一邓家嘴滑坡治理效果见图14。

图14 水阳坪—邓家嘴滑坡治理效果图

3.2.7 改善具有低水头、水头变幅大特点的水轮机稳定性设计技术

1)皂市电站运行水头为36.4～68.6m(属中低水头范围)，电站水头变幅巨大，极限最大水头与最小水头的比值达1.88，是国内目前该水头段混流式水轮机运行水头变幅最大的电站。与皂市电站运行水头类似的国内已建部分电站见表1。

表1 与皂市电站运行水头类似的国内已建部分电站

电站名称	运行水头(m)	最大水头与最小水头的比值	设置最大出力(MW)
三峡	61.0～113.0	1.85	额定出力700， 最大出力756
岩滩	37～68.5	1.85	额定出力302.5
五强溪	36.2～60.1	1.66	额定出力240
皂市	36.4～68.6	1.88	额定出力60， 最大出力69

2)为适应皂市电站过大的运行水头变幅，同时在该水头段可供选用的基础优秀转轮少的限制条件下，合理地确定水轮机设计水头(水轮机最优工况对应的水头)，最大水头与水轮机设计水头的比值在1.15～1.2选取；通过对水轮机模型资料的分析研究，合理选择水轮机参数水平，水轮机额定点比转速在280m・kW左右，相应比转速系数在1980左右；优化选择水轮机单位参数，按选定的比转速及水轮机单位参数的合理匹配关系，电站水轮机的最优单位转速在81r/min左右，限制工况单位流量在1.25m^3/s左右，成功地实现了水轮机高效、安全稳定的运行目标。

3)在要求不改变机组尺寸和不影响厂房布置限制条件下(即大坝工程、电站土建及机电安装工程招标文件已编制完成并已发售)，进行皂市电站水轮发电机组设置最大出力专题研究以改善水轮机稳定运行。通过设置水轮机最大出力 70.77MW(相应的发电机最大容量为 75MVA)，实现了水轮机在高水头段运行时，随着导叶相对开度的增大，水轮机运行在高效率区域，改善了机组的稳定性能，减小了压力脉动值并远离特殊压力脉动带；同时也达到了机组调节负荷范围增大的目标，增加了皂市电站的调峰效益，增大了电站的调峰容量。

上述技术成功地解决了皂市电站水头变幅大、高水头段部分负荷水轮机不稳定运行的技术难题，极大地改善了皂市电站机组安全、稳定的运行性能，延长了机组的使用寿命，以及在防洪任务基础上提高电站的经济运行效益，电站每年增加电量 300 万 kW·h。皂市水轮发电机组运行特性曲线见图 15。

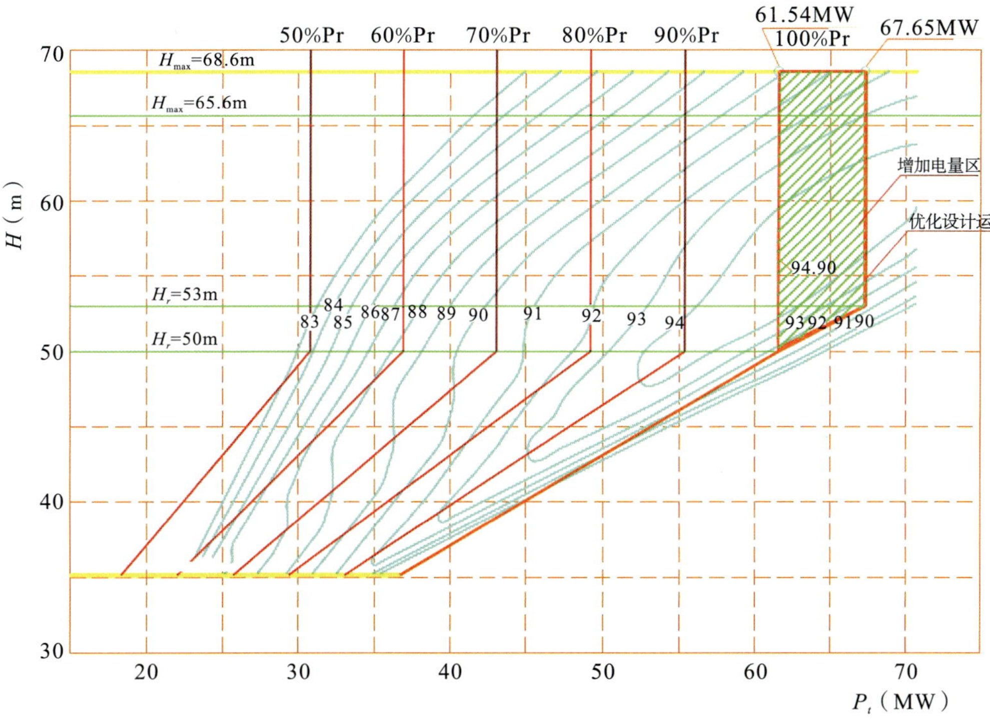

图 15 皂市水轮发电机组运行特性曲线

3.2.8 调整导流隧洞出流方向减少防护难度的先进设计

皂市水利枢纽采用围堰一次拦断河床，枯水期隧洞导流，汛期基坑过水、围堰和导流隧洞联合泄流的导流方式。导流隧洞按单洞单线布置在右岸，洞身段长 419.94m，进、出口均设明渠段，其中进口明渠内布置喇叭口和进水塔，出口明渠段内为消力池。由于导流隧洞消力池段右侧即为金家沟崩坡积体、出口右岸下游为水阳坪—邓家嘴滑坡体，隧洞泄流时水流贴右岸下行，高速水流对滑坡体稳定和下游护岸的影响始终是设计重点关注的问题。

通过对导流隧洞轴线布置、出口消能方式等方面的研究，采用调整隧洞水流方向的设计措施，即在不改变导流隧洞轴线和消力池深度的基础上，通过在消力池出口明渠内设置斜向且底高程渐变的 4 个差动式消力墩，形成右高左低的过流断面，提高水流在消力池内的消能率，将主流方向调整至靠左侧，增大主流与右岸滑坡体坡脚的距离，同时对右岸坡脚和岸坡采用合金钢网石兜和石笼进行保护。右岸导流洞出口斜向且底高程渐变差动尾坎见图 16。

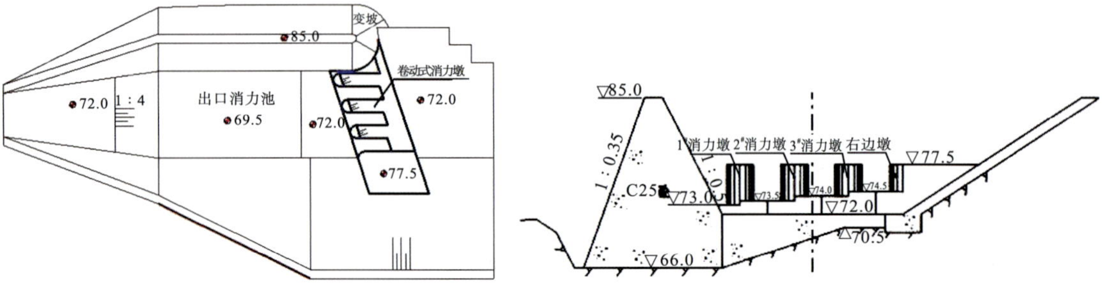

图 16　右岸导流洞出口斜向且底高程渐变差动尾坎(单位:m)

3.2.9　勘察工作创新点

1)坝基“硬、脆、碎”岩体质量评价及建基岩体选择研究，提出了“硬、脆、碎”岩体工程地质勘察方法，首次建立了该类岩体质量评价和建基岩体选择的标准，并被吸收纳入现行国家标准《水利水电工程地质勘察规范》(GB 50487—2008)，同时作为《重力坝设计 20 年》及《中国大坝 60 年》的典型工程案例。基坑开挖基本完成后全貌见图 17。

图 17　基坑开挖基本完成后全貌

2)岩溶发育薄一中厚层碳酸盐岩人工骨料勘测与利用研究，为水利水电工程岩溶发育料场的勘察和评估工作规范化作了探索性工作，建立了一套在岩溶发育地区的薄一中厚层碳酸盐岩人工骨料场的勘测和评价方法。

3)近坝横向谷大型滑坡综合勘察与评估技术，为坝址选择和枢纽布置选定安全经济的最佳方案提供了有效的地质支撑，丰富了横向谷地区大型滑坡发育机制及稳定性控制方面的理论。

4)上硬下软结构视顺向高边坡稳定性评价及处理研究，为工程区右岸高边坡成功加固治理提供了可靠的技术支撑，保证了电站厂房等重要建筑物的安全，也为同类型结构高边坡的勘测和治理提供了宝贵的经验。

5)河床覆盖条件下断裂构造的探查与分析技术，准确地确定了河床断裂构造的位置、规模、产状、性状，为设计及施工处理提供了准确翔实的资料，避免了误判、漏判所造成的被动和损失，为水利水电工程河床断裂勘探提供了一套有效的方法和技术。

3.2.10 获得荣誉

皂市水利枢纽采用了“三库联合防洪调度”、坝基“硬、脆、碎”岩体质量评价及建基岩体选择及其他勘探技术、“表孔底流、底孔附加射流、复式消力池”、“直线＋圆弧线”碾压混凝土重力坝布置、“利用大坝与消力池导墙联合受力”和“水轮发电机组参数优化”等诸多创新设计与科技研发，经科技成果鉴定：枢纽总体布置与泄洪消能的集成技术居国际领先水平，在“硬、脆、碎”岩体工程地质勘察与评价方面达到国际领先水平。于 2014 年获得湖北省优秀设计奖一等奖和优秀勘察一等奖，于 2015 年获得全国水利工程设计金奖和勘察银奖，得到业内专家公认，节省工程投资上亿元。

4 运行情况及取得效益

工程至今运行状态良好，截至 2020 年 7 月 31 日，工程已连续安全运行 4481 天，安全监测成果表明大坝挡水与泄洪消能建筑物、闸门和启闭机设备、水轮机组、边坡与滑坡治理等工程运行正常。通过了电力、水利安全生产标准化达标，先后获得“湖南省防洪水库优化调度先进单位”“电力安全生产工作先进单位”等荣誉称号。

截至 2020 年 7 月底，工程经受了 13 个汛期 49 次洪峰的考验，共拦蓄洪水 68.62 亿 m^3，特别是 2010 年“7·10”洪水，皂市、江垭两库联合调度共拦洪削峰 7207m^3/s，使干流三江口的洪峰流量由 18407m^3/s 削减为 11200m^3/s，发挥了巨大的削峰、拦洪、补偿调度和抗旱减灾等作用，确保了下游人民的生命及财产安全，初步测算防洪效益约 73 亿元，抗旱效益 3.2 亿元；累计发电 32.04 亿 kW·h，发电收入 10.04 亿元，上缴税收 1.84 亿元，促进了当地经济社会发展(表 2 和表 3)。

表 2　　皂市水利枢纽工程投入运行以来历年最大洪水情况

洪水号	洪峰流量(m^3/s)	拦洪量(亿 m^3)	降低三江口水位(m)
20080830	4321	2.3000	0.86
20090630	3842	2.9400	0.77
20100710	3286	4.4993	0.66
20110618	8623	3.6700	1.72

续表

洪水号	洪峰流量(m^3/s)	拦洪量(亿 m^3)	降低三江口水位(m)
20120718	2813	0.7295	0.56
20130606	5011	1.8882	1
20141029	3269	2.3376	0.65
20150617	2769	0.8027	0.55
20160620	4222	2.679	1.5
20170612	1432	1.4675	0.6
20180926	1948	2.0221	1.98
20190621	1688	2.6791	1.53
20200702	5313	2.3196	2.76

注：三江口安全泄量 12000m^3/s。

表 3　皂市水利枢纽工程投入运行以来防洪抗旱效益估算　（单位：亿元）

年份	防洪减灾效益值	抗旱减灾效益值	备注
2008	3	0.3	据皂市初步设计 1998 年的澧水流域淞澧地区洪灾统计，按规范规定的每年 3%递增折算
2009	3	0.3	
2010	10	0.2	
2011	10	0.2	
2012	4	0.2	
2013	5	0.2	
2014	5	0.2	
2015	4	0.3	
2016	10	0.3	
2017	3	0.3	
2018	3	0.2	
2019	3	0.2	
2020	10	0.3	
合计	73	3.2	

通过与江垭联合优化调度，重点发挥了皂市工程的削峰、拦洪、补偿调度优势，极大地减轻了松澧平原的防洪压力，避免和减少了洪涝灾害损失。皂市水库的兴建，将有效控制整个松澧地区洪水，避免澧水流域发生毁灭性灾害，澧水尾闾的洪峰水位得到不同程度的降低，防洪作用十分显著。同时对缓解湘西北张家界、常德地区的能源缺乏和供电不足，为灌区提供水源，缓解当地干旱问题等有举足轻重的作用。在航运方面与长江干流形成相连的水运网。最为重要的是生态效益，随着水库的建成，已形成新的水生态环境，湿地环境显现，下游

地区生态基流有保障，生态环境持续向好。建成后带动了坝区、库区周边城镇及农村经济社会发展，提高了居民收入和生活水平，改善了人居环境，对促进区域的建设和发展具有巨大的社会效益和经济效益。

(1)防洪效益

2007 年 10 月下闸蓄水后，皂市水库枢纽已安全度过了 13 个汛期，发挥了较大的防汛削峰、拦洪和补偿调度作用。2008 年“7・22”洪水，皂市水库削减洪峰流量 $4321m^3/s$；2009 年“6・30”洪水，皂市水库削减洪峰流量 $3842m^3/s$，减轻了洪水对下游河段及石门县城的威胁，降低了下游石门站水位 0.6～0.8m；2010 年“7・10”洪水，皂市、江垭两库联合调度，分别拦洪削峰 $3826m^3/s$ 和 $4290m^3/s$，使澧水干流三江口的洪峰流量由 $18407m^3/s$ 削减为 $11200m^3/s$，倘若不是皂市、江垭两库联合拦洪，三江口将达到 $18407m^3/s$，接近 1998 年大洪水的洪峰流量 $19900m^3/s$，洪灾损失巨大；2011 年“6・18”洪水，洪峰流量 $8623m^3/s$，接近 50 年一遇设计洪水标准，为建库以来的最大洪峰，亦是自 1952 年有实测洪水资料以来的最大洪峰，工程拦洪 3.6696 亿 m^3，削峰量 $8328m^3/s$，削峰率 96%，极大地减轻了下游防洪压力，确保了下游人民生命及财产的安全。

(2)发电效益

皂市电站装机容量 120MW，多年平均年发电量 3.26 亿 kW・h，每年直接发电经济效益 1.3366 亿元。电站自 2008 年 4 月机组运行并网发电以来，机组运行情况良好。

(3)灌溉效益

灌区配套设施形成后，皂市水库每年可向灌区供水 1876 万 m^3，可灌溉面积 5.4 万亩。

(4)航运效益

随着渫水规划梯级方案的实现，可渠化渫水上游泥市到下游三江口航道 137km 水路，打通与长江干流相连的水运网。

(5)生态效益

现在的皂市水库山光水色，秀丽宜人，湖面微波荡漾，野鸭戏水，白鹭飞掠，溢满勃勃生机，湖中有大小几十个半岛或岛屿，水库四周群山环抱，森林茂密，是一个山水相映、岛屿棋布、峡谷幽长、环境优美的“千岛湖”，皂市水利风景区已然成为生态旅游、休闲度假胜地。

建设皂市，造福人民；悠悠澧水，福润三湘。

撰稿/游万敏、夏叶青、杨启贵、汪庆元

引汉济渭黄金峡水利枢纽

▲ 黄金峡水利枢纽

黄金峡水利枢纽为引汉济渭工程的主要水源工程之一，也是汉江上游干流河段规划中的第一个开发梯级，位于汉江干流上游峡谷段，地处陕西南部汉中盆地以东的洋县境内，坝址下游 55km 处为石泉水电站。工程的建设任务为：以供水为主，兼顾发电，改善水运条件。

1 工程概况

1.1 工程简述

黄金峡水利枢纽为引汉济渭工程的主要水源之一，也是汉江上游干流河段规划中的第一个开发梯级，位于汉江干流上游峡谷段，地处陕西南部汉中盆地以东的洋县境内，坝址下游 55km 处为石泉水电站。工程的建设任务为：以供水为主，兼顾发电，改善水运条件。

黄金峡水利枢纽由拦河坝、泄水建筑物、泵站、电站、通航建筑物和过鱼建筑物等组成。拦河坝为混凝土重力坝，最大坝高 63m；水库正常蓄水位 450m，死水位 440m，总库容 2.21 亿 m^3，调节库容 0.98 亿 m^3。河床式泵站安装 7 台水泵机组，总装机功率 12.6 万 kW；泵站设计引水流量 $70m^3/s$，多年平均抽水量 9.69 亿 m^3，设计扬程 106.45m。坝后式电站安装 3 台水轮发电机组，总装机容量 13.5 万 kW，多年平均年发电量 3.51 亿 kW·h。通航建筑物为 300 吨级垂直升船机，过鱼建筑物为竖缝式鱼道。工程总工期 52 个月，总投资约 51 亿元。黄金峡水利枢纽主要工程特性见表 1。

表 1　　黄金峡水利枢纽主要工程特性

名称			数量	备注
水文	流域面积	全流域(km^2)	159000	
		坝址以上(km^2)	17070	
	利用的水文系列(年)		57	1954—2010 年
	坝址多年平均流量(亿 m^3)		75.41	还原后天然径流量
	代表性流量	多年平均流量(m^3/s)	239	
		实测最大流量(m^3/s)	13800	1981 年，洋县站
		实测最小流量(m^3/s)	4	1995 年，洋县站
		调查历史最大流量(m^3/s)	13800	1903 年，洋县站
		设计洪水流量($P=1\%$，m^3/s)	18800	
		校核洪水流量($P=0.1\%$，m^3/s)	26400	
		施工导流流量($P=10\%$，m^3/s)	10800	
	洪量	实测最大洪量(24h，亿 m^3)	8.62	1962 年 7 月 27 日，洋县站
		设计洪水洪量(24h，亿 m^3)	24.1	
		校核洪水洪量(24h，亿 m^3)	33.4	

续表

名称			数量	备注
水文	泥沙	多年平均悬移质年输沙量(万 t)	574	
		多年平均含沙量(kg/m^3)	0.846	
		实测最大含沙量(kg/m^3)	30.3	1979 年,洋县站
		多年平均推移质年输沙量(万 t)	57.4	
水库	水库水位	校核洪水位(m)	452.71	
		设计洪水位(m)	446.97	
		正常蓄水位(m)	450	
		库区防洪运行控制水位(m)	448	
		死水位(m)	440	
	正常蓄水位水库面积(km^2)		13.06	
	回水长度(km)		55.68	20 年一遇洪水
	水库容积	总库容(校核洪水位以下库容,亿 m^3)	2.21/1.39	空库/淤积 50 年后
		调节库容(正常蓄水位至死水位,亿 m^3)	0.98/0.71	空库/淤积 50 年后
		死库容(死水位以下,亿 m^3)	0.85/0.31	空库/淤积 50 年后
	库容系数(%)		1.1	
	调节性能			日调节
工程效益指标	供水工程	年引水量(亿 m^3)	5.55/9.69	近期/远期
		设计引水流量(m^3/s)	52/70	
		供水保证率 P(%)	95	
	发电效益	装机容量(MW)	13.5	
		保证出力(MW)	0.86/0.85	
		多年平均年发电量(亿 kW·h)	3.87/3.51	
		年利用小时数(h)	2867/2600	近期/远期
		发电引水流量(m^3/s)	435.3	
	航运效益	设计客、货运量(万 t/a)	56	2030 年
		设计最大船舶吨位	300	
主要建筑物	地震基本烈度/设防烈度(度)		Ⅵ	
	坝顶高程(m)		455	
	最大坝高(m)		63	
	坝顶长度(m)		349	

黄金峡水利枢纽项目法人是陕西省引汉济渭工程建设有限公司,设计单位为长江勘测

规划设计研究有限责任公司(以下简称“长江设计公司”)。

1.2 建设意义

黄金峡水利枢纽是引汉济渭工程的主要水源地,是引汉济渭工程的龙头。

2014 年 9 月,国家发展和改革委员会以《关于陕西省引汉济渭工程可行性研究报告的批复》(发改农经〔2014〕2210 号)文件批复陕西省发展和改革委员会:“原则同意所报引汉济渭工程可行性研究报告。该工程主要任务为向陕西省渭河沿岸重要城市、县城、工业园区供水,逐步退还挤占的农业与生态用水,促进区域经济社会可持续发展和生态环境改善。”

关中地区位于陕西省中部,区内地势比较平坦,土地肥沃,自然条件优越,人口占陕西省的 60%,是陕西省的精华地带,其经济社会发展水平在陕西省乃至西北地区都是最高的。随着经济社会的发展、城镇化水平的提高、人口的增长,用水量增加,但入境水量逐年减少,水资源的供需矛盾日益突出,造成部分地区水资源开发利用程度过高,地下水超采;水污染严重,水污染治理滞后,可用水资源量减少,更加剧了水资源的短缺程度,同时生态环境日益恶化。关中地区多年平均自产水资源量 68.03 亿 m^3,入境水量 39.33 亿 m^3,水资源总量 107.36 亿 m^3,多年平均可利用水资源量 55.01 亿 m^3,2005 年关中地区实际用水量 53.66 亿 m^3,已接近可利用水资源量。

对于缺水问题,陕西省拟采取综合措施解决,并遵循“三先三后”原则,首先是节约用水,提高用水效率和效益。关中地区的农业用水,通过健全灌溉工程系统、调整种植结构、改进耕作方法等,灌溉节水已取得成效,渠系水利用系数和灌溉定额均达到较高水准;工业通过调整产业结构,推行节水技术,提高水的重复利用率,降低单位 GDP 用水量;重视生态环境,加大水污染治理力度,推广清洁生产技术,提高污水处理回用率。通过以上措施,并强化水资源管理,改进水资源配置,调整用水结构,水资源供需矛盾有一定程度的缓和,但随着经济社会的发展、环境友好型社会的建设、城镇人口的增加和生活水平的提高,用水总量还将有较大增长,利用当地水资源已无法解决自身的缺水问题。根据水资源供需分析预测,以西安为中心的关中城市群现状 2005 年缺水 5.29 亿 m^3,2020 年缺水 9.45 亿 m^3,2030 年缺水 14.08 亿 m^3,需要由外流域调水解决。

陕南地区属汉江流域,水资源丰富,年产径流量 259 亿 m^3。由于当地山多地少,用水仅 22 亿 m^3,有条件实施引汉济渭工程。《项目建议书》提出 2020 年调水 10 亿 m^3,2030 年调水 15 亿 m^3。经多方研究论证认为,引汉济渭工程年均调水 10 亿 m^3,基本不影响南水北调中线一期工程和汉江中下游用水,年均调水 15 亿 m^3 影响有所加大,但引汉济渭工程采取丰水年多调、枯水年少调的方式,特枯年和连续枯水年服从汉江水资源统一调度,以保障各方利益。

引汉济渭工程的任务是:向关中地区渭河沿岸以西安为中心的重要城市、县城、工业园区生活和工业供水,缓解该地区缺水矛盾,支撑经济社会可持续发展,改善地区的生态环境。其综合效益显著,因此,建设引汉济渭工程是必要的。

2 勘测设计方案

2.1 工程布置

黄金峡水利枢纽布置格局:泵站电站建筑物布置在河床靠左侧,泄洪建筑物布置在河床靠右侧,船闸布置在右岸(缓建)。施工导流采用分期导流方式。

2.1.1 大坝布置

大坝采用碾压混凝土重力坝,坝顶高程 455.00m,最大坝高 63.00m,坝轴线总长 349.00m,共分 16 个坝段。从左至右依次为:左岸非溢流坝段、泵站坝段、导墙坝段、底孔坝段、纵向围堰坝段、表孔坝段、右岸非溢流坝段。上游立视图见图 1。

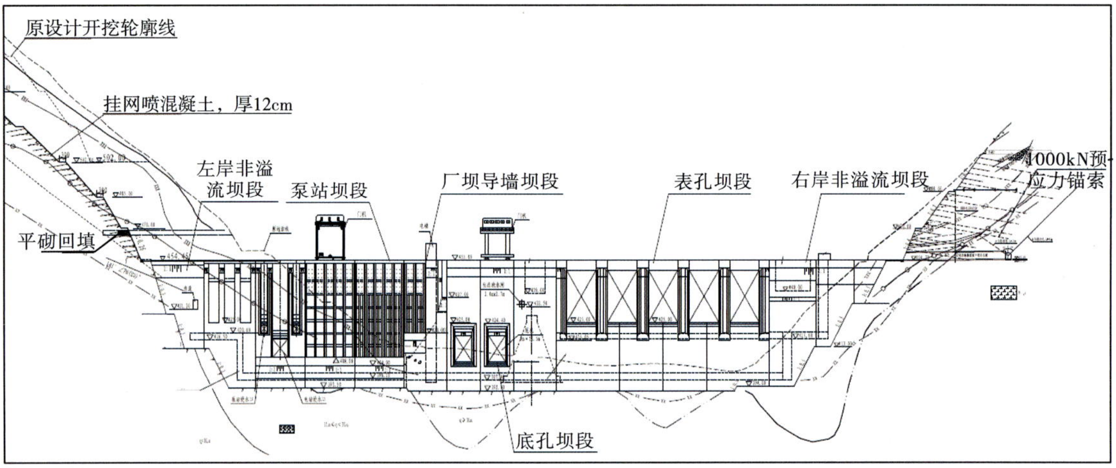

图 1　上游立视图(单位:m)

(1)左岸非溢流坝段(1# 坝段)

左岸非溢流坝段为 1 个坝段,前缘长度为 23m,建基面高程为 412.50~454.45m。坝体上游面垂直,坝顶设有悬出 5.9m 的牛腿,坝顶宽 26.9m,坝段内布置电站检修门库及鱼道,鱼道断面尺寸 2.0m×4.5m(宽×高),设一道挡洪闸门。

(2)泵站坝段(2# ~5# 坝段)

河床式泵站厂房为挡水建筑物,和大坝一线并列布置,左侧接左岸非溢流坝段,右侧连接导墙坝段。泵站厂房挡水前缘总长 97.00m,分为 4 个坝段,分别为 1 个 25m 长的安装场段和 3 个 24.00m 长的机组段,每个机组段安装 2 台水泵。其中安装场段布置于泵站厂房左侧。泵站厂房顺流向宽 63.10m,最大高度 61.50 m。

(3)导墙坝段(6# 坝段)

导墙坝段位于泵站坝段与底孔坝段之间,建基面高程 392.00~393.50m;前缘宽度

20m，左侧布置1台水泵机组，右侧布置电梯楼梯井。

(4)底孔坝段(7#～8#坝段)

泄洪冲沙底孔共布置2个坝段，每个坝段1孔，孔口尺寸8m×12.5m(宽×高)，坝段前缘长度32m，建基面高程392.0m，底孔进口底高程406.0m。底孔由弧形工作门控制，上游设事故检修平板门，泄洪冲沙底孔施工期兼做导流底孔。

(5)纵向围堰坝段(9#坝段)

纵向围堰坝段前缘长度20.0m，坝体沿水流向长49.4m，坝体上游面垂直，坝顶设有悬出4.4m的牛腿。在高程432.5m布置了一个2m×2.5m(宽×高)的生态放水孔；坝顶布置有底孔检修门库、大坝变电所。

(6)表孔坝段(10#～13#坝段)

泄洪表孔坝段位于纵向围堰坝段与右岸非溢流坝段之间，前缘长度102m，共5孔，4个坝段，其中2个边坝段坝宽30m，2个中间坝段坝宽21m，孔中分缝，孔宽14m。表孔采用预应力闸墩，边墩厚5m，中墩厚5.5m。表孔由弧形工作门控制，上游设事故检修平板门，弧形工作门的支承体采用钢筋混凝土预应力锚块。

(7)右岸非溢流坝段(14#～16#坝段)

右岸非溢流坝段共分3个坝段，前缘长度分别为22m、18m、15m，总长55m。上游面垂直，坝顶设有悬出8.35m的牛腿，下游面高程427.79m以下采用1∶0.7坡。右岸非溢流1号坝段布置有表孔检修门库、表孔液压启闭机房及吊物井。右岸非溢流2号坝段布置有楼梯井，平面尺寸为2.4m×4.9m(长×宽)，为坝顶至基础灌浆廊道的垂直交通通道。

2.1.2 泄洪建筑物布置方案研究

结合坝址地形地质、泄洪、冲沙、施工导流和水文特征等条件，黄金峡水利枢纽泄洪采用表孔、底孔结合，以表孔为主的布置方式。在河床中部布置5个泄洪表孔和2个泄洪冲沙底孔，泄洪表孔堰顶高程为425.00m，孔宽14.00m，中闸墩宽5.50m，孔中分缝，采用宽尾墩戽式池消能。泄洪冲沙底孔堰顶高程为406.00m，孔口尺寸8×12.5m(宽×高)，墩中分缝，采用底流消能。

2.1.3 泵站、电站总布置

泵站、电站布置在左侧河床，河床式泵站、坝后电站顺流向前后布置，电站布置于泵站下游。泵站安装7台1.8万kW立式水泵机组，总装机功率为12.6万kW，电站安装3台4.5万kW水轮发电机组，总装机容量为13.5万kW。整个泵站、电站建筑物包括引水渠、泵站厂房、泵站扬水管道和出水池、电站厂房、尾水渠、进厂道路等。

河床式泵站厂房为挡水建筑物，和大坝一线并列布置，左侧接左岸非溢流坝段，右侧连接导墙坝段。泵站厂房挡水前缘总长97.00m，分为4个坝段，分别为1个25m长的安Ⅱ段和3个24.00m长的机组段，每个机组段安装2台水泵，分别安装1#～6#水泵，7#水泵安装在厂坝导墙坝段。其中安装场段布置于泵站厂房左侧。泵站厂房顺流向宽 63.10m，最大高度为 61.50m。

泵站扬水管道布置于泵站下游侧和左侧山体内，扬水总管平行坝轴线布置，由水平段、圆弧段和竖井段组成，水平段长 226.79m，圆弧段长 28.27m，竖井段长 103.73m，总长 358.79m。扬水总管内径 6.00m，在出口长 14.50m 洞段内径扩大到 8.00m。

出水池布置于扬水竖井顶部，底板高程 542.73m，池宽 10.00m，总长 45.03m，包括 13.33m 长收缩渐变段，收缩渐变段底板高程 549.23m，末端接黄三隧洞。

电站厂房布置于泵站下游，厂房长 93.00m，顺流向宽 48.00m，最大高度 69.30m，分为安装场段和 3 个机组段，安装场段布置于左侧，长 28.00m，2 个标准机组段长 21.00m，右侧边机组段长 23.00m。

泵站厂房与电站厂房之间设置结构缝将 2 个建筑物分开。

引水渠布置于泵站、电站进水口上游，最大底宽约 75.0m，最大渠长约 100.0m，渠底末端高程为 407.00m，向上游采用 1∶4 底坡抬高至高程 425.00m，并与原河床连接。引水渠右侧布置拦沙坎，拦沙坎由厂房上游混凝土弧形围堰改造而成，坎顶高程 425.00m，最大坎高 18.00m，拦沙坎总长 106.80m。

尾水渠布置于电站下游，渠底宽度 65.70m，最大渠长约 352 m，由上游反坡段和下游平坡段组成，其中反坡段渠底高程自尾水管出口 385.02m 通过 1∶4 坡比抬高到高程 403.00m 与平坡段连接，平坡段轴线偏向右岸，与原河床连接。

进厂道路布置于尾水渠边坡上，上游连接电站尾水平台和泵站、电站厂房左侧厂前区，下游通向戴母鸡沟与对外公路连接，路面高程 429.70～440.00m，最大纵坡 7.2%，道路长度约 170m。

泵站、电站厂房左侧、左岸非溢流坝段下游布置了一个宽约 26m、长约 70m 的厂前区，地面高程 429.70m。

2.1.4 通航建筑物总布置

通航建筑物采用垂直升船机，垂直升船机与右岸第 5 号溢流表孔结合布置，主要建筑物包括上游引航道、上游提升段、水平过坝段、下游提升段和下游引航道。

(1)上游引航道

上游引航道长 160.0m，有效底宽大于 32.0m。引航道左侧布置有 45.0m 长的支墩式导航浮堤，引航道右侧布置有 3 个中心距为 18.0m 的靠船墩。

(2)上游提升段

上游提升段长 57.0m，由 4 个排架柱组成，排架柱左、右两侧对称布置，纵向中心距为 28.0m，横向净距为 16.0m。排架柱顶部升船机水平行走机构的轨道梁采用钢梁，轨道梁的中心距为 20.5m。

(3)水平过坝段

水平过坝段与右岸第5号溢流表孔结合布置，通航时溢流表孔闸门关闭挡水，洪水期间停航泄洪。第5号溢流表孔的体型与枢纽其他表孔基本相同。闸墩顶部布置有升船机行走轨道以及坝顶门机行走轨道，两轨道垂直平交。消力池侧墙顶部布置有升船机水平移动段的支承排架柱，排架柱纵向中心距为27.0m，横向净距为16.0m。

(4)下游提升段

下游提升段由布置在消力池导墙顶部的6个排架柱组成，排架柱左、右两侧对称布置，排架柱纵向中心距为27.0m，横向净距为16.0m。

(5)下游引航道

下游引航道长210.0m，底高程402.7m，底宽32.0m。引航道左侧布置有210.0m长的隔流堤，引航道右侧布置有76.0m长的导航墙和3个中心距为18.0m的靠船墩。

2.1.5 过鱼建筑物总布置

鱼道过鱼季节为每年的4—7月，上游运行水位为440～450m，下游运行水位为404.5～408.8m。

鱼道布置在左岸边坡上，全长约1970m。主要建筑物包括鱼道主体结构(鱼道进口、过鱼池、鱼道出口)、厂房集鱼系统以及补水系统等。从上游到下游依次布置有上游高水位出口工作闸门、上游低水位出口工作闸门、防洪挡水门和下游进口检修门。

厂房集鱼系统主要由集鱼渠、补水渠、补水孔、进鱼孔组成。集鱼补水渠为连在一起的整体结构，轴线平行于坝轴线，放置在电站尾水墩悬挑的牛腿平台上，其中补水渠在上游，为箱型结构，净宽1.0m；集鱼渠在下游，为“U”形结构，净宽1.5m，补水渠与集鱼渠底板顶高程为403.50m，顶高程为408.00m，长为41.62m。在补水渠与集鱼渠之间的侧墙上布置了28个补水孔，孔口总面积为3.5m^2；集鱼渠靠近下游河道的侧壁上布置4个0.5m×1.65m(宽×高)的方孔，为进鱼孔，集鱼渠最右侧边墙处也设置了2个0.5m×1.85m(宽×高)的进鱼孔，进鱼孔总孔口总面积为5.15m^2。集鱼渠水流从进鱼孔流出，诱导鱼类经进鱼孔游入集鱼渠内。

鱼道下游进鱼口包括主进口和集鱼渠进鱼孔。主进口布置在电站尾水渠左侧，净宽1.0m，底板顶高程为403.50m，侧墙顶部高程为410.00m，距坝轴线距离约为102m，于集鱼渠连接成整体。

过鱼池采用整体“U”形结构，总宽4.0m，槽宽2m，左、右边墙各宽1.0m，两侧边墙之间以30cm×30cm(宽×高)横梁连接。单个过鱼池长2.5m，底坡1∶40。鱼道的隔板型式采用同侧导墙竖缝式，隔板厚20cm。根据过鱼对象的生态特性，竖缝宽度0.4m，竖缝法线与鱼道中心线的夹角45°。过鱼池段间隔约40m设置长5.0m的斜坡休息池，底坡1∶100。

上游设5个出鱼口，出鱼口净宽2.5m。1#～5#出鱼口底板顶高程分别为438.50m、441.00m、443.50m、446.00m、448.00m，侧墙顶部高程为451.00m，距坝轴线距离分别约为

328m、335m、374m、413m、438m。1# ～3# 出鱼口运行的水深为 1.5～4m，孔口尺寸为 2.5m×5.0m(宽×高)，闸门上部设胸墙挡水；4# 出鱼口运行水深为 1.5～3.5m，5# 出鱼口运行的水深为 1.5～2.0m。

为了使流量满足诱鱼要求，鱼道主进口和集鱼渠配置补水系统。补水系统设有补水管、检修门、工作门等。补水系统通过补水管从上游补水，由工作门的开度控制流量，经补水渠消能进入集鱼渠。补水管长约 175m，采用管径 720mm 的钢管。

2.2 建设历程

陕西省水利电力勘测设计研究院于 2001 年编制完成了《陕西省南水北调工程总体规划》，2006 年编制完成了《陕西省引汉济渭调水工程规划》，2009 年编制完成了《陕西省引汉济渭工程项目建议书》，并通过水利部审查。2009 年 11 月，国家发展和改革委员会委托中国国际工程咨询公司对《陕西省引汉济渭工程项目建议书》进行了评估，并于 2011 年 7 月以《国家发展改革委关于陕西省引汉济渭工程项目建议书的批复》(发改农经〔2011〕1559 号)文件批复，同意立项。

2011 年 12 月，长江设计公司与陕西省引汉济渭工程协调领导小组办公室(以下简称“引汉济渭办”)签订了黄金峡水利枢纽勘察设计合同，开始了初步设计工作。

2012 年 1 月，《陕西省引汉济渭工程可行性研究报告》通过水利部技术审查。2012 年 6 月，中国国际工程咨询公司对《陕西省引汉济渭工程可行性研究报告》进行了评估。

2013 年 12 月，国家环保部以环审〔2013〕326 号文批复了《陕西省引汉济渭工程环境影响报告书》。批复意见提出：“工程建设将对水环境、水生生态、陆生生态等产生不利影响，因此，必须增加工程环保任务，全面落实生态及污染防治措施。综合考虑各方面因素，原则同意报告书中所列建设项目的性质、规模、地点，以及各项环境保护措施。”

2014 年 9 月，国家发展和改革委员会以《国家发展改革委关于陕西省引汉济渭工程可行性研究报告的批复》(发改农经〔2014〕2210 号)文件批复陕西省发展和改革委员会。“原则同意所报引汉济渭工程可行性研究报告。该工程主要任务为向陕西省渭河沿岸重要城市、县城、工业园区供水，逐步退还挤占的农业与生态用水，促进区域经济社会可持续发展和生态环境改善。”批复意见要求在初步设计阶段，要根据审查意见和评估报告，做好有关工作。

2012 年 10 月，江河水利水电咨询中心对《陕西省引汉济渭工程黄金峡水利枢纽初步设计报告(咨询稿)》进行了技术咨询。长江设计公司根据咨询意见，按照《水利水电工程初步设计报告编制规程》(SL 619—2013)的要求，对黄金峡水利枢纽初步设计报告进行了修改完善，于 2014 年 10 月完成《陕西省引汉济渭工程黄金峡水利枢纽初步设计报告(送审稿)》。

2014 年 11 月 29 日至 12 月 4 日，水利部水利水电规划设计总院对《陕西省引汉济渭工程初步设计报告(送审稿)》进行了审查。长江设计公司根据审查意见，于 2015 年 2 月完成了《陕西省引汉济渭工程黄金峡水利枢纽初步设计报告(审定稿)》。2015 年 4 月 29 日，水利部以《水利部关于陕西省引汉济渭工程初步设计报告的批复》(水总〔2015〕198 号)文件进行了批复。

黄金峡水利枢纽工程于 2015 年 10 月开工；2017 年 12 月开始一期工程施工（图 2）；2020 年 11 月二期工程截流（图 3）；计划 2023 年 2 月开始下闸蓄水。

图 2　一期工程开始施工

图 3　二期工程截流

3 工程特点及科技创新

3.1 主要技术特点

3.1.1 枢纽洪水规模较大

汉江是长江中游的重要支流，发源于秦岭南麓，经汉中盆地与褒河汇合后始称汉江，干流流经陕西、湖北两省，于武汉市汇入长江，干流全长 1577km，流域集水面积约 15.9 万 km^2。黄金峡坝址位于汉江干流上游，下距石泉水文站约 52km，坝址控制流域面积 17070 km^2。汉江上游流域地处大巴山以北，秦岭以南。该流域山高坡陡，岩层的透水性较小，使得洪水具有汇流速度快、陡涨陡落的特点。坝址处洪水规模较大，1000 年一遇校核洪水流量 26400 m^3/s，100 年一遇设计洪水流量 18800 m^3/s，10 年一遇施工导流洪水流量 10800 m^3/s。坝址处河谷相对狭窄（坝顶高程处河谷宽约 250m），坝址洪水规模大对枢纽总体布置、施工导流方式和泄洪消能影响较大。

3.1.2 坝址地形条件独特，地质条件较复杂

坝址呈深切宽阔的圆底不对称"U"字形，主河道贴近右岸边坡，两岸边坡高陡，总体坡度在 45°左右，自然边坡高约 300m。左、右岸均被多条冲沟深切，左岸分布一定宽度的漫滩。

坝址区岩性主要为元古代青白口期闪长岩，有一定宽度的二长花岗岩脉侵入，河床有少量冲洪积物。边坡岩体风化、卸荷强烈，强风化岩体厚度大，达 20～35m，其中二长花岗岩脉风化后存在黏土化现象。坝址区无区域性断层发育，断层规模一般较小，两岸边坡及坝基均发育相对长大的裂隙性断层。坝基主要发育顺河向陡倾角裂隙性断层，缓倾角裂隙不发育，岩体较完整，坝基抗滑稳定条件较好，可利用岩体主要为弱风化、微风化岩体，属坚硬岩，岩

体基本质量分别为Ⅲ、Ⅱ类。

黄金峡坝址地质条件适合修建混凝土坝，独特的地形条件（河谷宽高比约1∶4，左岸分布河滩地）使得工程施工导流方式具有多种选择，具备采用分期导流和隧洞导流方式的基本条件。

3.1.3 建筑物种类多、构成复杂

为满足枢纽工程开发任务要求和环保要求，枢纽主要建筑物包括拦河坝、泄洪消能建筑物、泵站、电站、通航建筑物、过鱼建筑物、排沙建筑物、生态放水孔及导流建筑物等，建筑物种类多，构成复杂，存在相互干扰和制约，枢纽布置难度大。

3.2 工程关键技术问题

3.2.1 施工导流与枢纽总体布置

黄金峡水利枢纽由拦河坝、泄水建筑物、泵站、电站、通航建筑物、过鱼建筑物和导流建筑物等组成，建筑物种类多，构成复杂，枢纽总体布置方案具有多样性特点；独特的地形条件使得施工导流方式亦具备多种选择，且导流方案选择与枢纽总体布置相互关联、相互制约，因此，施工导流与枢纽总体布置是黄金峡水利枢纽面临的首要关键技术问题之一。根据引汉济渭工程总体布局，黄金峡水利枢纽泵站抽库水入秦岭输水隧洞，由于秦岭输水隧洞位于汉江左岸，为便于泵站出水系统布置，泵站建筑物宜布置在左岸。坝址现有通往大河坝乡的新建进场公路位于左岸，为方便电站大件运输，并考虑与泵站配电设备集中设置，提高电站、泵站运行管理便捷性，电站建筑物宜与泵站建筑物布置在河床同一侧，即电站建筑物亦布置在左岸。通航建筑物宜临岸布置，且只宜布置在右岸。过鱼建筑物采用鱼道，为保证鱼道下游进水口具备长流水条件，一般考虑将鱼道进水口布置在电站尾水处，鱼道宜布置在左岸。因此，黄金峡水利枢纽的枢纽布置格局为：主河槽布置泄水建筑物，左岸布置泵站、电站，右岸布置通航建筑物，左岸边坡布置过鱼建筑物。

汉江洪水具有陡涨陡落的特征，汛期10年一遇洪水达10800m^3/s，导流建筑物的规模较大。泵站和电站结构复杂，施工时间长，根据总进度要求，施工导流方案应保证泵站和电站具备全年施工条件。

根据坝址河谷条件满足分期导流和隧洞导流的特点，结合枢纽布置格局，研究比较了两期导流方案、三期导流方案、过水围堰＋隧洞导流方案和全年围堰＋隧洞导流方案，根据本工程坝址地形地质条件、工程投资、施工工期、施工方案难易程度等因素综合比较，选择采用两期导流方案。一期围左岸：首先利用土埂围堰挡水，完成混凝土纵向围堰和一期全年挡水上、下游土石围堰的施工；然后在一期全年挡水土石围堰及混凝土纵向围堰的围护下，进行泄洪冲沙底孔坝段、电站泵站施工，施工期间由右侧束窄河道泄流。二期围右岸：二期第一个枯水期利用二期上、下游枯水期土石围堰及混凝土纵向围堰的围护，浇筑表孔坝段及右岸挡水坝段；汛期表孔坝段停工，过水度汛；二期第二个枯水期，继续进行表孔坝段混凝土浇

筑；二期枯水期泄水建筑物为泄洪冲沙底孔，汛期为泄洪冲沙底孔加表孔坝段缺口。

3.2.2 泄洪消能设计

黄金峡水利枢纽坝址处洪峰流量大，100 年一遇设计洪水和 1000 年一遇校核洪水的洪峰流量分别达 $18800m^3/s$、$26400m^3/s$，泄洪消能建筑物规模大、水力学设计及运行条件复杂。同时，水库调蓄能力小，河床宽度有限，下游水位变幅大，泄洪消能问题及下游河岸防冲刷问题突出。为尽量减少溢流前缘宽度以及考虑到排沙、施工导流等，泄洪建筑物采用表孔、底孔结合布置方式，经多方案比较，最终确定泄洪建筑物采用 5 个泄洪表孔和 2 个泄洪冲沙底孔。

泄洪冲沙底孔布置在河床中部两个坝段，每个坝段宽 16m，底孔采用有压短管型式，进口底高程 406.0m，孔口尺寸 8m×12.5m（宽×高），两侧边墙厚 4m。底孔有压段出口设弧形工作门，上游设事故检修平板门。由于底孔单宽流量较大，出口高程低，经研究底孔采用底流消能，下游设置 140m 长的消力池。

泄洪表孔布置于河床右侧主河槽部位，共分为 5 个坝段，表孔坝段采用孔中分缝，中墩厚 5.5m，边墩厚 5m。表孔堰顶高程 425.0m，孔口尺寸 14m×25m（宽×高）。每孔布置 1 扇弧形工作门，由液压启闭机启闭，弧形工作门前布置 1 道叠梁检修门槽，叠梁检修门通过坝顶门机操作。由于泄洪表孔下游单宽流量大，表孔堰顶高程（425m）较低，且下游水位高（校核洪水流量时，下游水位为 427.77m），经多方案分析比较和模型试验研究，表孔采用宽尾墩加戽式消力池消能型式。

3.2.3 泵站、电站布置方案选择

黄金峡水利枢纽主要任务为供水，泵站为枢纽最主要的建筑物之一，泵站站址选择及泵站型式对工程投资、施工、运行和管理等影响较大，为本工程关键技术问题之一。结合坝址地形地质条件和枢纽总体布置，对黄金峡泵站站址和泵站型式进行了多方案研究，分别比较了瓦滩站址、良心河站址和坝后站址等 3 个站址以及地下泵站、岸边泵站和坝后泵站等多种泵站型式。瓦滩站址和良心河站址位于黄金峡大坝上游水库内，瓦滩站址采用地下泵站，投资最大，运行管理条件较差；良心河站址采用岸边泵站，对应黄三隧洞较短，但进水条件稍差，工程投资比坝后站址大；坝后站址采用河床泵站＋坝后电站联合布置或河床电站＋顺河向岸边泵站布置。综合比较，坝后站址具有枢纽布置紧凑、工程量少、投资省、施工条件好、运行管理方便等优点，故推荐坝后站址。由于坝址河谷宽度较窄，不具备并行布置河床式泵站和河床式电站的基本条件，结合施工导流和枢纽总体布置，泵站坝后站址方案采用了“河床泵站＋坝后电站”布置方式，即泵站采用河床式，电站采用坝后式，均布置于左侧河床，泵站、电站顺流向前后布置，泵站厂房为挡水建筑物，和大坝一线并列布置，电站轴线平行于坝轴线（图 4）。该种布置方案为在特定条件下的独特布置方式，具有布置紧凑、工程量较小、泵站、电站取水条件好、水头损失小、运行管理方便等优点，但同时带来泵站、电站进水口结构复杂、泵站和电站运行可能存在相互影响等不利因素。通过精细布置和优化设计，解决了泵

站和电站交错布置带来的结构问题；通过水工模型试验和三维数值模拟分析，对泵站、电站分层布置条件下的进水口水力特性进行了深入研究，并根据研究成果优化调整了泵站、电站进水口布置和体型，解决了这一关键技术问题（图5）。

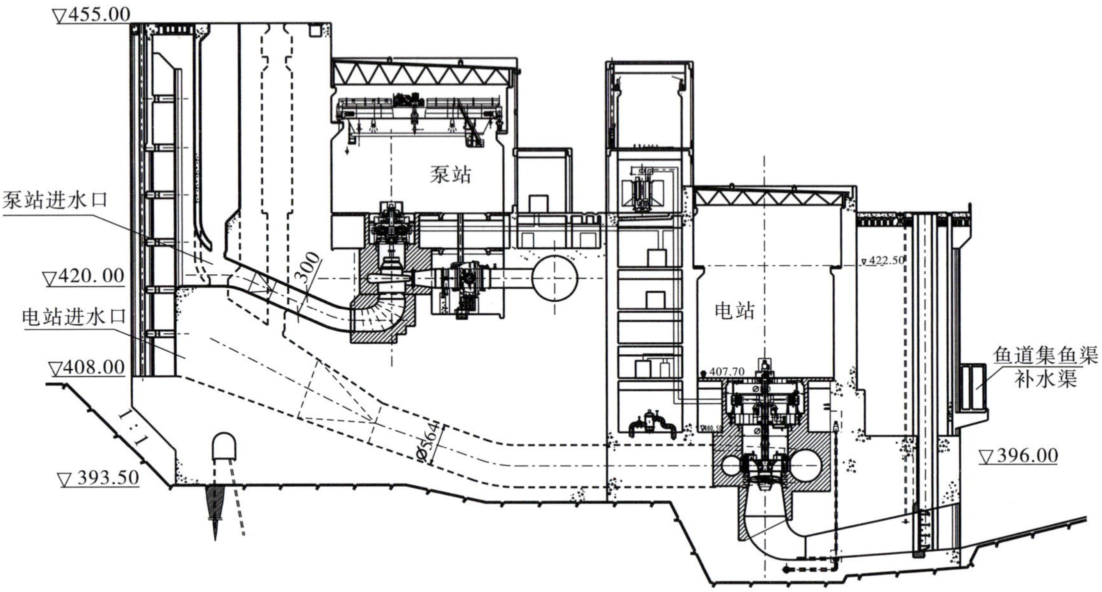

图4　泵站、电站流道剖面图(单位:m)

图5　泵站、电站施工

3.2.4　高扬程、大功率水泵设计

黄金峡泵站为高扬程（水泵设计扬程106.45m）、大功率（7×18MW）泵站，其泵站装机规模位居国内甚至亚洲前列，具有泵站规模大、装机台数多、不同时段输水流量变化幅度大、水泵年利用小时数高的特点。

水泵选型设计依据黄金峡泵站调水流量、枢纽布置、泥沙磨损等具体特性，充分利用国内外大型泵站的设计经验和水泵制造厂的先进技术，在保证机组安全稳定运行的前提下，合理地确定机组参数水平，不仅使水泵的性能先进，符合国内外技术发展水平，而且使水泵机组参数之间达到总体的最优匹配。经技术经济比较，黄金峡泵站推荐选用 7 台(1 台备用)单机容量 18MW、同步转速为 375r/min 的立式单级单吸离心泵及配套的电动机组。

通过设置水泵变频调节设施，可确保水泵能稳定高效运行，在减轻水泵运行发生的振动和空化的基础上，提高了供水的灵活性和准确性。黄金峡泵站不仅可以满足引汉济渭工程近期年调水 10 亿 m^3 泵站抽水流量为 $52m^3/s$、远期年调水 15 亿 m^3 泵站抽水流量为 $70m^3/s$ 的工程调水任务要求，而且有效地解决了黄金峡水利枢纽调水不同时段输水流量变幅大的难点。

黄金峡泵站 7 台水泵共 1 个扬水管，目前国内已建同等规模高扬程、单机容量大的泵站中没有工程实例，同时泵组并联运行时水泵启动方式复杂，流道中水力干扰大、水头损失加大(增加了水泵扬程范围)，给水泵安全稳定运行带来隐患。通过与多家科研单位联合开展泵站过渡过程计算和水锤防护措施专题研究，提出了安全、合理、经济、可靠的水锤防护措施及泵站水泵的开停机运行程序。

3.2.5　高水头鱼道设计

黄金峡、三河口水利枢纽的建成将改变汉江上游及支流子午河中游原有的水生态环境，阻断洄游性鱼类上溯通道，威胁鱼类的基因交流。黄金峡水电站鱼道的主要目的为连通鱼类洄游通道，防止大坝阻隔导致鱼类种群分化，过鱼对象包括青、草、鲢、鳙等鲤科鱼类，过鱼季节为每年 4—7 月。

在初步设计阶段，采用水工整体模型、鱼道池室局部模型和集鱼诱鱼系统物理模型等，对枢纽上下游的环境流场、鱼道池室的水力学条件和集鱼渠水力学条件进行了深入研究，基本确定了鱼道总体布置和主要建筑物结构型式。

鱼道布置在左岸边坡上，全长约 1970m，由厂房集鱼系统、鱼道进口、过鱼池、鱼道出口及补水系统等主要建筑物构成。鱼道的隔板型式采用同侧导墙竖缝式，下泄水流在相邻隔板竖缝间形成连续的主流区，可同时满足表、中、底层鱼类的上溯要求。根据上下游水位变幅，下游设 1 个进鱼口，上游设置 5 个出鱼口，进鱼口及出鱼口均设置一道工作检修闸门。为了扩大进鱼口集鱼、诱鱼范围，进鱼口配置了分段补水式厂房集鱼系统，并通过设置补水系统以产生集鱼系统的诱鱼流速。补水系统利用补水管从上游引水，并由工作阀门的开度控制流量，水流经补水渠消能进入集鱼渠。鱼道采用涵洞式过鱼池结构穿越大坝左岸非溢流坝，并设置一道防洪挡水闸门。

黄金峡水利枢纽最大过鱼水头 45.5m，为国内高水头鱼道之一，其水位差、沿程长度、上下游水位变幅等指标在世界范围内位居前列。

撰稿/王辉、刘文韬、殷先松、罗承昌、黎贤访、王孜会、颜家军、杜俊慧

汉江白河(夹河)水电站

▲ 白河(夹河)水电站

白河(夹河)水电站位于陕西省安康市白河县及湖北省十堰市郧西县境内的汉江干流上,是汉江上游干流七级开发方案中最后一个梯级,上接蜀河水电站,下邻孤山航电枢纽。该工程的开发任务主要为发电、航运,并促进地方经济社会发展、移民群众脱贫致富。

1 工程概况

1.1 工程简述

白河(夹河)水电站位于陕西省安康市白河县及湖北省十堰市郧西县境内的汉江干流上,坝址下距白河县城13km。白河县东距湖北省十堰市78km,西距陕西省安康市146km。右岸沿汉江有襄渝铁路和316国道穿行,左岸有夹景公路,交通较便利。

白河水电站开发任务主要为发电、航运,并促进地方经济社会发展、移民群众脱贫致富。

白河(夹河)水电站是《长江流域综合利用规划(2012—2030年)》和《汉江上游干流综合利用规划报告(黄金峡—夹河口)》推荐的汉江上游干流七级开发方案中最后一个梯级,上接蜀河水电站,下邻孤山航电枢纽。坝址控制流域面积53346km^2,多年平均降水量1054.8mm,多年平均流量717m^3/s,多年平均年径流量226亿m^3。

根据2014年10月《汉江白河(夹河)水电站可行性研究报告》,白河(夹河)水电站正常蓄水位193.73m,水库总库容2.67亿m^3,设计死水位191.73m,相应调节库容0.21亿m^3,排沙水位188.73m。工程等别为Ⅱ等,工程规模为大(2)型。水库调节性能为日调节,电站装机容量为180MW,采用4×45MW灯泡贯流式机组,多年平均年发电量5.5672亿kW·h。白河通航建筑物采用500吨级船闸方案,船闸级别为Ⅳ级,闸室有效尺寸为120m×12m×3.5m(长×宽×门槛水深),设计单向年最大通过能力约235.7万t。

枢纽建筑物包括右岸非溢流坝段(含鱼道和生态泄水闸)、厂房坝段、泄洪闸坝段、船闸及左岸非溢流坝段。两岸连接坝段采用混凝土重力坝型式,闸坝顶高程207.20m,最大坝高58.6m,枢纽工程坝轴线总长415.77m。泄洪设施包括9孔泄洪闸、2孔安装场泄洪孔,泄洪闸采用底流消能。河床式电站厂房布置在河道右岸,安装4台贯流式机组,单机容量45MW。船闸布置在主河槽左侧,位于7#、8#泄洪闸之间,主要建筑物包括上游引航道、船闸主体段和下游引航道。鱼道布置在厂房安装场右侧的右岸非溢流坝段,主要建筑物包括进鱼口、过鱼池、出鱼口、诱鱼补水系统和其他附属设施等。白河(夹河)水电站主要工程特性见表1。

表1　白河（夹河）水电站主要工程特性

名称			数量及特性	备注
水文	流域面积	全流域（km^2）	159000	
		坝址以上（km^2）	53346	
		蜀河坝址—坝址区间（km^2）	2041	
	利用水文系列年限（年）		68	1951—2018年
	多年平均年径流量（亿m^3）		226	坝址
	代表性流量	多年平均流量（m^3/s）	717/706	1951—2012年/1951—2018年
		实测最大流量（m^3/s）	31000	白河水文站1983年
		调查历史最大流量（m^3/s）	34800	白河水文站1583年
		设计洪水标准及流量（$P=1\%$，m^3/s）	29300	考虑安康作用
		校核洪水标准及流量（$P=0.1\%$，m^3/s）	38000	考虑安康作用
	洪量	设计洪水洪量（72h，亿m^3）	51.8	
		校核洪水洪量（72h，亿m^3）	66.8	
	泥沙	多年平均悬移质年输沙量（万t）	875	白河坝址，考虑安康水库拦截
		多年平均悬移质年含沙量（kg/m^3）	0.465	白河坝址，考虑安康水库拦截
水库	水库水位	校核洪水位（m）	205.10	
		设计洪水位（m）	200.30	
		正常蓄水位（m）	193.73	
		死水位（m）	191.73	
	正常蓄水位时水库面积（km^2）		10.28	
	回水长度（km）		39.8	
	水库库容	总库容（校核洪水位以下，亿m^3）	2.67	
		调节库容（正常蓄水位至死水位，亿m^3）	0.21	
		死库容（亿m^3）	1.08	
	库容系数（%）		0.1	
	调节特性		日调节	
	水量利用系数（%）		71.02/71.49	考虑孤山顶托/不考虑
工程效益指标	发电效益	装机容量（MW）	180	
		保证出力（$P=90\%$，MW）	31.1/36.0	考虑孤山顶托/不考虑
		多年平均年发电量（亿kW·h）	5.5672/6.0425	
		年利用小时数（h）	3093/3357	

续表

名称			数量及特性	备注
工程效益指标	航运	过坝通航设施规模(吨级)	500	船闸
		设计年过坝能力(万 t)	235.7	货运总量(2050 年)
		上游最高/最低通航水位(m)	193.73/191.73	
		下游最高通航水位(Q=3000m³/s,m)	180.09	
		下游最低通航水位(Q=142.6m³/s,m)	173.55	
主要建筑物	挡水建筑物	型式	混凝土坝	
		地震基本烈度/设防烈度(度)	Ⅵ/Ⅵ	
		坝顶高程(m)	207.2	
		最大坝高(m)	58.6	河床式厂房
		坝轴线长(m)	415.77	
	泄水建筑物	型式	宽顶堰	
		堰顶高程(m)	174.23/174.23	泄洪闸/安装间泄洪孔
		溢流前缘长度(m)	162/27	9×18+2×13.5=189
		泄洪闸最大单宽流量(m³/s)	199.8	P=0.1%最大下泄时
		泄洪闸最大泄流量(m³/s)	37765	P=0.1%最大下泄量
		泄洪闸消能方式		底流消能
	船闸有效尺寸(长×宽×门槛水深,m×m×m)		120×12×3.5	
	厂房	型式	河床非溢流式	
		地基特性	石英绢云母千枚岩	
		主厂房尺寸(长×宽×高,m×m×m)	75.2×83.7×87.6	
		机组安装高程(m)	164.05	
	开关站型式		室外	GIS 组合电器
	过鱼建筑物	型式	竖缝式鱼道	
		进鱼口数量(个)	2	
		出鱼口数量(个)	1	
		底坡	1∶42	

白河(夹河)水电站项目法人是中广核汉江水电开发有限公司,项目前期设计单位为湖北省水利水电规划勘测设计院,招标及施工详图阶段设计单位为长江勘测规划设计研究有限责任公司。

1.2 建设意义

(1)白河(夹河)水电站是汉江上游干流梯级开发的重要工程

水电开发一般遵循“流域、梯级、滚动开发,大中小结合,高低水头并举,综合利用”的原则，实现这一原则将是优化电源结构、提供优质廉价电能的前提条件。具有日调节能力的白河（夹河）水电站结合其上游的石泉、安康两个具有季调节能力的水库，能在系统中承担部分调峰任务，对缓解湖北电网汛期调峰困难、优化系统的电源结构、提高电网的安全稳定运行都将起到重要的作用。

白河（夹河）水电站是汉江上游干流梯级开发的最后一级，其开发利用是流域水电梯级开发的需要，可最大限度地发挥各梯级水电站的联合调度效益，同时也符合湖北、陕西两省的电力开发规划。

(2)符合国家可持续发展的能源发展战略要求

为改变再生能源资源过量消耗和环境污染问题日趋严重的状况，国家制定了以节能减排、加快可再生清洁能源开发为核心的可持续发展的能源发展战略。白河水电站建成后，水电能源作为清洁能源，可直接替代化石能源的消耗，经分析电站投入运行后，年可节约火电标煤18.1万t，分别减少二氧化碳、二氧化硫、氮氧化物的排放量47.4万t、0.15万t和0.13万t。根据《白河水电站节能评估报告书》评估成果，项目运行期间单位增加值能耗指标为0.161tce/万元，白河水电站单位增加值能耗仅占陕西省“十三五”期末单位GDP能耗的26.0%，项目的建设对当地完成GDP能耗指标有积极的影响。白河水电站年能源消费增量仅占陕西省“十三五”期间能源消费增量预测控制数的0.003%，对所在地能源消费影响程度为影响较小。

同时白河水电站建成后，可大大提高所在汉江干流的通航能力，改善通航条件，提高船舶运行效率，降低安康、白河、郧西等市（县）对公路、铁路的依赖，减少对石油和煤炭等不可再生资源的消耗，符合国家能源战略。

(3)符合十堰市和湖北省电力市场需求

白河（夹河）水电站位于陕西和湖北两省的汉江界河上，装机容量180MW，多年平均年发电量5.5672亿kW·h，电站资源属两省共有，供电方向初定湖北省十堰市，富余电量通过十堰电网送湖北省网。

十堰电网2015年负荷为115万kW，即使在丰水期小水电满发情况下也存在21万kW的电力缺口，其中城区电力缺口达到18.5万kW，有效利用白河（夹河）水电站电力，能为十堰电网提供一定的电力支持，实现水电就地消纳。

从湖北省电力发展需求分析预测结果看，2020年湖北丰水期电力缺口较大，湖北电源装机不足的矛盾仍很突出，进入“十三五”后期，湖北省将转入丰枯期全面缺电的格局。

十堰电网的容量和电量缺口都比较大，有容纳白河（夹河）水电站的电力市场空间，而且富余的电量送湖北电网后也能被湖北电网吸收。

(4)资源合理利用和水电有序开发的需要

湖北省能源资源的特点是缺煤、贫油、乏气、水电资源开发将尽且来水不均，已越来越成为经济社会发展的制约因素。从长远看，资源禀赋决定了湖北省需要大规模引进各种能源，未来核燃料也需要依靠外省甚至国际市场供应。根据《湖北省国民经济和社会发展第十二个五年规划纲要》，湖北省将坚持节约能源优先，优化能源结构，大力发展核电，优化发展火电，有序开发水电，加快发展新能源，构建安全、经济、清洁的现代能源产业体系。逐步提高电能在能源消费中的比例，力争发电总装机容量达到 3980 万 kW（不含三峡电站）。整合利用水电资源，重点抓好汉江梯级开发和潘口、江坪河、淋溪河、龙背湾、姚家坪、孤山等水电站项目建设。对流域电站进行资产整合，实行梯级调度。

（5）促进汉江航道渠化，改善汉江航运条件

白河水库回水和上游蜀河水电站尾水衔接，可淹没库区 10 余处滩险，改善库区航道 39.8km，使航道渠化，对稳定航道、降低流速、改善流态、增加水深等方面起到较好的作用，再加上局部整治措施，可将该河段通航等级从现状Ⅵ级提高到Ⅴ～Ⅳ级标准，通航条件得到改善，有利于陕煤外运，加强地区间的经济往来，带动安康市和陕南地区及湖北省十堰市的能源开发，促进陕西和湖北两省经济的发展。

（6）带动地区经济发展

白河（夹河）水电站位于汉江上游湖北、陕西两省的界河上，坝址及库区涉及湖北省郧西县、陕西省白河县和旬阳县，均属两省的贫困地区，工农业基础薄弱，经济发展相对较落后，但水能资源、矿产资源、生物资源丰富。加快汉江白河等各梯级水电站工程的开发，不仅可为当地提供充足的电能保障，还可以促进地方原材料工业基地和林特产品加工工业基地的建设，形成有汉江特色的工业经济走廊，提高整体就业水平和第三产业发展水平，使其尽快脱贫致富，带动地区经济社会的全面发展。

（7）改善生态环境

白河及上游梯级水电联合调度，使汉江上游径流趋于稳定，径流年内变化趋于平均，有利于汉江两岸自然动植物的生存，对保护汉江流域的自然生态环境有积极的作用。

水电为清洁可再生的能源，白河水电站的开发利用既可以节约煤炭和燃料费，更重要的是能减少火电燃煤所带来的水体污染、植被破坏及大气污染等生态环境问题，减少温室气体二氧化碳的排放，环境效益显著，符合优先开发清洁能源的国策。

白河（夹河）水电站为中型日调节水电工程，电站装机规模适中，能量指标尚好，经上游安康水电站调节后，能获得更大的效益，满足电网日益增长的负荷调峰要求，并能使汉江航运条件得到改善，促进航运的发展有利于发展汉江航运，形成水上运输通道，带动地方原材料、林特产品、矿产资源的开发和利用，促进经济的发展，改善生态环境，是一个经济、合理，且有着较大综合效益的水电工程，尽快建设是十分必要的。

2 勘测设计方案

2.1 工程布置

白河(夹河)水电站枢纽布置格局:泄洪建筑物布置在主河槽,厂房偏于右岸,自右至左依次布置右岸非溢流坝、安装间(泄洪孔)、河床式厂房、泄洪闸及船闸、左岸非溢流坝。

2.1.1 大坝布置

白河(夹河)水电站挡水建筑物为混凝土闸坝,挡水前缘包括右岸非溢流坝段、厂房及安装场坝段、泄洪闸坝段、纵向围堰坝身段、船闸坝段、左岸非溢流坝段,共分 15 个坝段,坝轴线长 415.77m,坝顶高程 207.20m,最大坝高 58.6m。

(1)右岸非溢流坝段

右岸非溢流坝段前缘长 21.9m,坝顶高程 207.2m,建基面高程 166.2~206.60m,最大坝高 41m。该坝段布置了 1 个生态泄水闸和鱼道。

(2)厂房及安装场坝段

厂房及安装场坝段前缘总长 125.2m。主厂房坝段 2 个、长 83.7m,安装场坝段 1 个、长 41.5m。安装场泄洪孔堰顶高程 174.23m,孔口尺寸 13.5m×20.0m(宽×高)。

(3)泄洪闸及船闸坝段

泄 1# ~泄 7# 坝段为泄洪闸及船闸坝段,泄洪闸均为宽顶堰型闸坝型式。泄洪闸采用底板板中分缝,利用纵向围堰和船闸分隔成三区,泄洪闸采用底流消能,Ⅰ、Ⅱ、Ⅲ区下游消力池的池长分别为 61m、61m、30m。

纵向围堰坝身段布置在 3# 和 4# 泄洪闸之间,兼作泄洪闸的中墩。纵向围堰坝身段采用倒“T”形结构,坝顶高程 207.2m,顺流向长 45m,最大坝高 41.7m。纵向围堰坝身段坝顶前缘长度 16m,坝基长 28m,两侧底板厚 8.73~2.77m,分别伸出 6m。纵向围堰坝身段分别与上下游纵向围堰相接。下游混凝土纵向围堰总长 220m,采用碾压混凝土,工程运行后,下纵作为Ⅰ区和Ⅱ区泄洪闸的分隔导墙。

(4)左岸非溢流坝段

左岸非溢流坝段分为左岸非溢流 1# 坝段、左岸非溢流 2# 坝段,坝段长分别为 28.5m、12.67m,大坝下游坝坡 1∶0.7,起坡点高程 207.2m。底部布置尺寸 2.5m×3m(宽×高)灌浆排水廊道,设置楼梯井和吊物井,坝顶布置了船闸检修门库。

2.1.2 泄洪建筑物布置

根据工程任务、布置特点和原则,结合坝址地形、地质和洪水特点,结合两期施工导流方式，白河（夹河）水电站泄洪建筑物采用主河床布置方式，包括 9 孔泄洪闸、2 孔安装间泄洪孔和右岸 1 孔生态泄水闸。

泄洪闸单孔宽 18m，堰顶高程 174.23m，分为Ⅰ、Ⅱ、Ⅲ共三区布置，分别布置 3 孔、4 孔和 2 孔泄洪闸，利用纵向围堰作为Ⅰ、Ⅱ区消力池的导墙，利用船闸闸室段作为Ⅱ、Ⅲ区消力池导墙。泄洪闸每孔设置 1 扇弧形工作闸门，工作闸门由坝顶液压启闭机操作，上游设检修门槽。泄洪闸下游采用底流消能，分别设消力池和混凝土板防护。

电站厂房安装间下部布置 2 孔泄洪孔，单孔宽 13.5m，泄洪孔底板高程 174.23m，单孔尺寸 13.5×19.5m（宽×高）。安装间泄洪孔出口设平面工作门，用于双向挡水，采用固定卷扬机操作，上游设检修叠梁门。

生态泄水闸紧邻厂房安装场右侧布置，闸孔净宽 5m，为宽顶堰，堰顶高程 184.73m，顺流向依次布置 1 扇叠梁检修门与平面工作门。检修门孔口尺寸 5.0m×20.37m（宽×高），工作门孔口尺寸 5.0m×9.0m（宽×高）。

2.1.3 电站厂房布置

电站厂房为河床式电站，布置在河道右岸，由拦沙坎、引水渠、机组段、安装场段（下部为右岸泄洪孔）、尾水渠及 GIS 室等建筑物组成。厂房自左向右布置有机组段、安装场段，机组段采用两机一缝布置，其中 1#、2# 机组段长 41.1m，3#、4# 机组段长 42.6m，安装场段长 41.5m，厂房总尺寸为 125.1m×81.7m×87.6m（长×宽×高）。

2.1.3.1 拦沙坎

汉江在坝址处年输沙量约为 1486 万 t，主要来源于安康水库下泄及支流汇入，泥沙组成以悬移质为主。为了拦截泥沙，在引水渠内设置了拦沙坎。

拦沙坎在平面上呈折线布置，上游横向段与坝轴线夹角 40°，长 137.4m，一端与岸坡相接，另一端与纵向段相连，下游纵向段与坝轴线垂直，长 60m，拦沙坎总长 197.4m。可通过拦沙坎左侧的泄洪闸将淤积在拦沙坎前的泥沙带到下游河道。拦沙坎采用钢筋混凝土结构，基底坐落在基岩面上，建基面高程 160.0～171.0m，坎顶高程 178.0m，拦沙坎高 7～18m。为防止泥沙进入拦沙坎内，在拦沙坎的通水孔内设置塑料盲管。

2.1.3.2 引水渠与右岸泄洪孔进水渠

(1)引水渠

与泄洪孔进水渠布置于右岸河槽，根据布置，引水渠与进水渠是由拦沙坎、厂房进水口、右岸泄洪孔进口及右侧山坡所围成区域组成的。

引水渠从拦沙坎后高程 173.00m 的平段通过两级 1∶3 的坡向下接机组段进水口底板高程 155.88m。高程 173.00m 的平段采用 30cm 厚的浆砌石护底，引水渠斜坡段和平段底板采用钢筋混凝土护底，护底厚度 0.5m，钢筋混凝土护底的上下游端面设齿槽。

(2)右岸泄洪孔进水渠

进水渠高程174.23m，与泄洪闸底高程相同，进水渠底板采用钢筋混凝土护底，护底厚度0.4m。

(3)拦漂排

在拦沙坎后引水渠与泄洪孔进水渠的范围水面设拦漂排，拦漂排左端锚固在厂房4#机组左边墙上，右端锚固在跨鱼道的钢筋混凝土结构上，锚固点高程193.80m。

2.1.3.3　机组段

主厂房机组段安装4台贯流式机组，单机容量45MW，总装机容量180MW，机组额定流量376.62m^3/s，机组安装高程164.05m。机组段顺流向主要由进水口、主厂房、副厂房、主变压器场及尾水出口等组成。

2.1.3.4　安装场段

安装场段位于机组段右侧，安装场段长41.5m，宽度与机组段相同，安装场段平面尺寸40m×75.2m(长×宽)。

安装场(高程207.20m)下部设两孔泄洪孔，泄洪孔尺寸均为75.2m×13.5m×30.97m(长×宽×高)，底板高程174.23m，顶部高程205.20m，进、出口分别设有一道检修门和工作门。

安装场位于右岸泄洪孔顶板中间部位，楼面高程207.20m。安装场桥机轨顶高程为225.25m，同主厂房，在安装场右端上游设钢楼梯作为上桥机操作室的通道。安装场与下游泄洪孔工作门启闭机房之间的平台尺寸为40m×21m(长×宽)，作为施工期间主变压器、机组事故闸门、尾水门机、副厂房各层设备的主要运输通道。

2.1.3.5　尾水渠

厂房尾水渠自高程159.07m的尾水管底板末端开始，沿水流方向向下延伸，以1∶4坡与高程169.00m的平段相接，高程169.00m的平段长45～129m，平段末端以1∶2坡与天然河床相接。

为防止推移质进入尾水管，在尾水渠反坡段末端的齿槽上设置拦石坎，一端接厂坝导墙的护脚，一端接尾水渠右侧边坡，拦石坎长约76m，顶部高程170.30m。

2.1.3.6　GIS室

GIS室布置在右岸非溢流坝段下游侧，右岸非溢流坝段位于安装场段右侧，GIS室尺寸为20.4m×12m×13.4m(长×宽×高)，主变压器高压侧至GIS之间采用220kV电缆连接；高压母线电缆沿机组段和安装场段下游侧墙外墙面敷设，再经"门"字形的门构架空连接至GIS室；GIS室地面高程207.50m，布置有GIS设备，GIS室屋顶高程219.40m，布置有出线门构、避雷器、电容式电压互感器等；GIS出线采用220kV电缆与出线门构上的出线线架相连，经避雷器、线路PT及载波设备后与220kV外送线路相连接。

2.1.4 船闸布置

船闸布置在Ⅱ区泄洪闸左侧，由上游引航道、船闸主体段及下游引航道等组成。船闸主体段结构轴线与坝轴线夹角为90°。

(1)上游引航道

上游引航道从船闸上闸首上游面起分别以265.2m长的直线段，半径340.0m、圆心角25.4°的圆弧段，159.5m长的直线段，半径340.0m、圆心角21.9°的圆弧段和240.0m长的直线段与上游天然航线衔接。上游引航道左侧紧邻船闸上闸首布置曲线导航墙，引航道右侧紧邻船闸上闸首布置辅导航墙。在引航道左侧，距坝轴线173.3m处，往上游方向布置有6个中心距为20.0m的靠船墩。

(2)船闸主体段

船闸主体段由上闸首、闸室、下闸首及输水系统组成。船闸最大工作水头20.18m，闸室有效尺寸为120.0m×12.0m×3.5m(长×宽×门槛水深)。

上闸首结构总长51.0m，总宽30.0m(包括两侧3m宽泄洪闸底板)，其中两侧边墩各宽6.0～6.4m，航槽宽12.0m。上闸首建基面高程161.50m，闸顶高程207.20m。上游最低通航水位191.73m，上闸首闸槛高程188.23m。

闸室结构总长93.0m，共分为5个结构段，第1～3段每段长20m，第4～5段每段长16.5m。闸室墙顶高程206.58～198.4m，为方便闸室及下闸首设备检修，闸顶设有坡度8.80%、宽4m的斜坡交通道。底板顶高程170.5m，建基面高程163.0m。闸室第1～4段结构总宽24.8m，其中两侧边墙底宽6.3m；闸室第5段结构总宽28.0m，其中两侧边墙底宽6.3m。闸室边墙墙壁内布置有浮式系船柱和救生爬梯等，闸室底板布置有输水廊道及出水支孔。

下闸首结构总长30.0m，结构总宽37.0m，其中航槽宽12.0m、两侧边墩各宽12.5m。下闸首边墩顶高程为198.40m，门槛高程171.50m，建基面高程159.50m。下游最低通航水位173.55m，槛上最小水深2.05m。

(3)下游引航道

下游引航道底高程172.00m，轴线自船闸下闸首下游端起分别以161.5m长的直线段，半径为205.0m、圆心角15°的圆弧段，153.7m长的直线段，半径为300.0m、圆心角70°的圆弧段和257.1m长的直线段与下游天然航线衔接。其中257.1m长的直线段左岸边坡需要部分开挖整治，满足航道底高程172.00m的要求。

下游引航道右侧紧邻船闸下闸首布置直线主导航墙，引航道左侧紧邻船闸下闸首布置辅导航墙。在引航道右侧，距下闸首下游面120.6m处，紧接导航墙布置有总长194.3m重力式隔流堤，堤头87.3m段向右偏转6.8°。在引航道左侧，距下闸首下游面230.6m处，往下游方向布置有6个中心距为20.0m的靠船墩。

2.1.5 鱼道布置

鱼道沿右岸边坡布置，穿过右岸非溢流坝段，进入上游库区。鱼道进口靠右岸布置灯盏窝弯道附近，采用折线形布置，其中低水位进鱼口距坝轴线垂直距离约353m，进鱼口底板顶高程为172.5m，高水位进鱼口距坝轴线垂直距离约476m，进鱼口底板顶高程为175.0m。出鱼口布置在电站引水渠右侧岸坡上，距坝轴线垂直距离约130.0m，出鱼口底板顶高程为190.2m。

鱼道的主要建筑物包括进鱼口段、下游过鱼池段、过坝段、上游过鱼池段、出鱼口段和观测室等。

3 建设历程

2007年11月，中国电力建设集团有限公司水电水利规划设计总院(以下简称“水电总院”)以水电规规〔2007〕0132号文，下发了《关于印发〈汉江白河(夹河)水电站预可行性研究报告审查意见〉的函》。

2009年2月，陕西省发展和改革委员会下发关于对《关于请求同意汉江白河水电站项目开展前期工作的指示》的批复。

2011年12月，水电总院在西安对《汉江白河(夹河)水电工程建设征地移民安置规划报告》进行审查，2012年10月以水电规库〔2012〕81、82号文下发了审查意见。

2014年3月，水电总院召开了《汉江白河(夹河)水电站可行性研究报告》审查会议，2014年11月以水电规水工〔2014〕94号文下发了审查意见。

2015年4月，湖北及陕西两省发展和改革委员会联合，以鄂发改审批服务〔2015〕111号文对汉江白河(夹河)水电项目予以批复。

2015年8月，水电总院审查了《汉江白河(夹河)水电站过鱼建筑物设计专题报告》，以水电规环保〔2015〕115号文下发了审查意见。

受业主中国广东核电集团汉江水电开发有限公司委托，长江勘测规划设计研究有限责任公司(以下简称“长江设计公司”)于2010年3月开始汉江白河(夹河)水电站工程招标阶段和施工详图阶段勘察设计工作。

2010年12月，长江设计公司编制完成《汉江白河(夹河)水电站工程左右岸边坡开挖与支护工程招标文件》。2015年7月，长江设计公司编制完成《汉江白河(夹河)水电站工程一期土建及金属结构安装工程施工招标文件》。2017年11月，长江设计公司编制完成《汉江白河(夹河)水电站工程二期土建、金属结构及机电设备采购安装施工招标文件》《汉江白河(夹河）水电站启闭机设备采购招标文件》。

2017 年 9 月，白河水电站一期主体工程全面开工建设。

2018 年，水电总院下发了对《汉江白河（夹河）水电站通航建筑物专题研究报告》审查意见（水电规水工〔2013〕63 号）。

2018 年 5 月，安康市发展和改革委员会下发了对《汉江白河（夹河）水电站通航建筑物工程项目核准的批复》（安发改能基〔2018〕354 号）。

2018 年 11 月，陕西省交通运输厅下发了《陕西省交通运输厅关于白河（夹河）水电站通航建筑物工程初步设计的批复》（陕交函〔2018〕1121 号）。

2019 年 11 月 8 日，白河（夹河）水电站二期围堰截流成功。

2019 年 12 月 31 日，白河（夹河）水电站首台机组发电。

2020 年 2 月中旬，二期主体工程开始混凝土浇筑。

2020 年 7 月 6 日，白河（夹河）水电站完成初期蓄水验收。

2020 年 11 月 18 日，白河（夹河）水电站 4 台机组全部投产，并网发电。

截至 2022 年 5 月 31 日，二期工程金结、机电安装完成，下游引航道围堰拆除，二期主体工程基本完工。

撰稿/罗进红、丁建新、漆天奇、徐年丰

汉江孤山航电枢纽

▲ 孤山航电枢纽

孤山航电枢纽位于汉江干流夹河—丹江口枢纽回水末端河段内，上距白河梯级坝址约 35km，下距丹江口枢纽坝址 179km。2009 年长江水利委员会编制了《汉江干流综合规划报告》，推荐 15 级开发方案，孤山航电枢纽为第 8 个梯级。孤山航电枢纽的开发任务为以航运为主，兼顾发电等综合利用。

1 工程概况

1.1 工程简述

孤山航电枢纽位于汉江干流夹河—丹江口枢纽回水末端河段内，上距白河梯级坝址约35km，下距丹江口枢纽坝址179km。坝址控制流域面积60440km^2，多年平均流量783m^3/s，多年平均年径流量247亿m^3。

孤山航电枢纽的开发任务为以航运为主，兼顾发电等综合利用。

在历次汉江综合利用开发规划中，孤山航电枢纽均是汉江上游推荐开发的梯级工程之一，孤山航电枢纽的兴建符合《长江流域综合规划(2012—2030年)》与汉江河道综合治理规划的要求。

根据《汉江孤山航电枢纽工程初步设计报告》，孤山航电枢纽正常蓄水位177.23m，死水位175m，库区防洪运行控制水位174m，总库容2.12亿m^3，正常蓄水位以下库容1.09亿m^3，调节库容0.24亿m^3，死库容0.85亿m^3。

孤山航电枢纽工程等别为Ⅱ等，工程规模为大(2)型。水库调节性能为日调节，电站装机容量为180MW，采用4×45MW灯泡贯流式机组，多年平均年发电量5.80亿kW·h，保证出力22.2MW。孤山航电枢纽通航建筑物采用单线、单级船闸，等级为Ⅳ$_{(3)}$级，船闸有效尺寸为120.0m×12.0m×3.0m(长×宽×门槛水深)。考虑到汉江航道全线贯通、航道条件改善后对航运的带动作用，为给航运发展留有更大余地，将船闸有效尺寸提高为120m×23m×3.0m(长×宽×门槛水深)，年单向通过能力404万t。

枢纽总体布置包括：左岸非溢流坝段，左1区泄水闸坝段，船闸坝段，左2区泄水闸坝段，生态放水闸坝段，右区11孔平底泄水闸坝段，厂房坝段，右岸非溢流坝段。坝顶高程188m，坝轴线长583m，最大坝高56.9m。

孤山航电枢纽主要工程特性见表1。

表1　孤山航电枢纽主要工程特性

名称			数量及特性	备注
水文	流域面积	全流域面积(万km^2)	159000	
		坝址控制流域面积(万km^2)	60440	
	利用水文系列(年)		68	1951—2018年

续表

名称				数量及特性	备注
水文	多年平均年径流量(亿 m^3)			247	
	代表性流量	多年平均流量(m^3/s)		783	系列:1951—2018 年
		实测最大洪峰流量(m^3/s)		31000	白河站 1983 年 8 月 1 日
		实测最小洪峰流量(m^3/s)		22.3	白河站 2011 年 4 月 17 日
		调查历史最大洪峰流量(m^3/s)		37000	白河站 1583 年
		50 年一遇洪水流量($P=2\%$,m^3/s)		28800	
		设计洪水流量($P=1\%$,m^3/s)		31700	
		校核洪水流量($P=0.2\%$,m^3/s)		38100	
		施工导流流量	($P=5\%$,m^3/s)	24800	全年
			($P=10\%$,m^3/s)	21500	全年
			($P=20\%$,m^3/s)	2140	系列:1991 年 11 月 1 日至 2013 年 5 月 20 日
	泥沙	多年平均悬移质年输沙量(万 t)		1152	系列:1991—2013 年
		多年平均含沙量(kg/m^3)		0.466	系列:1991—2013 年
		实测最大含沙量(kg/m^3)		108	白河站 1959 年 9 月 14 日
		多年平均推移质总量(万 t)		39.1	系列:1991—2013 年
水库	水库水位	校核洪水位(m)		185.20	
		设计洪水位(m)		182.58	
		正常蓄水位(m)		177.23	
		库区防洪运行控制水位(m)		174	
		死水位(m)		175	
	正常蓄水位时水库面积(km^2)			11.53	
	回水长度(km)			35	
	水库容积	总库容(亿 m^3)		2.12	
		正常蓄水位以下库容(亿 m^3)		1.09	
		调节库容(亿 m^3)		0.24	
		死库容(亿 m^3)		0.85	
	库容系数(%)			0.096	
	调节性能			日调节	
工程效益指标	航运效益	改善通航里程(km)		35	
		过船吨位(吨级)		500/2×500	单船/船队
		设计年货运量(万 t/a)		225(下行 185)	2050 年

续表

名称			数量及特性	备注
工程效益指标	发电效益	装机容量(MW)	180	
		保证出力(P=90%,MW)	22.2	
		多年平均年发电量(亿 kW·h)	5.80	
		年利用小时数(h)	3222	
主要建筑物	地震基本烈度/设防烈度(度)		Ⅵ	
	坝顶高程(m)		188.00	
	最大坝高(m)		56.9	
	坝顶长度(m)		583	

孤山航电枢纽项目法人是汉江孤山水电开发有限责任公司,设计单位为长江勘测规划设计研究有限责任公司(以下简称"长江设计公司")。

1.2 建设意义

1.2.1 河段综合利用要求

根据最新的《汉江干流综合规划报告》,汉江干流开发的任务为防洪、供水、水资源和水生态环境保护、发电、航运、水土保持等,其中孤山航电枢纽工程所在的黄金峡—丹江口河段,主要开发任务是航运和发电,其次为防洪、灌溉、水土保持和水资源保护等。

(1)航运

汉江是湖北省和陕西省的一条重要水上通道,孤山航电枢纽工程的通航规模,由汉江航运规划对所在河段的通航要求所确定。

根据湖北省发展和改革委员会、陕西省发展和改革委员会于 2010 年 10 月联合编写的《汉江、汉江运河高等级航道建设方案(2011—2015)》,孤山枢纽所在的白河—丹江口段航道为Ⅳ级航道,航道尺度为 1.6m×50m×330m(航深×航宽×弯曲半径)。参考相关研究成果,预测孤山航电枢纽工程 2025 年、2050 年过坝货运量分别为 70 万 t、225 万 t。因此,要求孤山航电枢纽工程按以上通航规模要求进行通航建筑物建设,以满足汉江近远期通航需求。

(2)发电

湖北省是一个缺能大省,能源消费量远超过生产量,全省能源净调入量在华中 6 省(直辖市)中长期居于榜首,全省 90%以上的煤炭和石油需从省外调入,但与能源净调入形成鲜明对比的是,湖北省长久以来却是电力净输出省份,三峡等大型水电厂电力电量由国家统一分配或在华中电网内平衡,留给湖北电网消纳的份额较少。随着经济社会的快速发展,电力需求大幅增长,预计到 2025 年,湖北省全社会用电量将达 3400 亿 kW·h,最大负荷将达 65000MW,考虑电力系统内增加的电源和外省送入电力后,电力缺口将达 9153.5MW,湖北省电网急需新增其他电源。孤山航电枢纽工程紧靠负荷中心十堰，工程简单、环境影响小，可合理利用河段水能资源，可在一定程度上缓解湖北省电力供需的紧张局面，故应加快开发。

(3)防洪

孤山航电枢纽工程所在河段无重要防洪对象，且两岸村镇及农田地势较高，无防洪要求，同时枢纽本身库容有限，不具备承担防洪任务的条件，水库防洪主要是不恶化上游和下游河段的防洪条件，尽量减少对库区的淹没影响。

(4)灌溉

孤山航电枢纽工程所在河段位于汉江上游的峡谷河段，库周无较大的灌区，没有灌溉用水要求。

1.2.2 工程开发任务

根据孤山航电枢纽工程所在河段综合利用要求，孤山航电枢纽工程不承担防洪任务，也无特别的灌溉要求。综合前期工作，孤山航电枢纽工程的开发任务以航运为主，兼顾发电。

(1)航运

汉江是湖北境内仅次于长江干流的第二水运交通动脉，孤山航电枢纽工程地处汉江上游，上接陕西省白河县，下连丹江口水库，所在河段的直接水运经济腹地主要是湖北省十堰市的郧阳区、郧西县和陕西省的安康市、商洛市。

十堰市是腹地内区域经济中心，汽车为全市经济的支柱产业，区域经济总体上仍较落后，有些县(市)被列为国家、省级贫困县(市)。腹地内矿产资源以铁和有色金属为主，目前开采规模小。

汉江上游腹地综合交通以铁路、公路运输占主导地位，铁路主要有襄渝铁路和阳(平关)安(康)铁路，襄渝、西康、阳安三条电气化铁路在安康市交会；公路有由汉十高速公路、十漫高速公路、209国道、316国道(经十堰、白河等地)构成的连通武汉、西安、重庆三大经济区的快速通道；水运主要依靠汉江，但上游通航条件较差。

十堰地处山区，交通以汉十、荆襄高速公路和316等国道、省道为骨干，以县、乡、村公路为补充的格局，十堰至所辖六县(市)、六县(市)之间及重要省际出口路已全部达到山区二级路标准，公路总里程8699km，其中一、二级公路850km。水运方面主要依靠汉江，有港口5个，各类码头25座，各类船舶490余艘。

预测孤山航电枢纽工程2025年、2050年过坝客运量分别为10.0万人次、30.0万人次，过坝货运量2025年为70.0万t(其中上行15.0万t，下行55.0万t)，2050年为225.0万t(其中上行40.0万t，下行185.0万t)。

孤山航电枢纽工程兴建后，可淹没库区7处滩险，改善库区航道35km，替代该河段内的航道整治工程，完成丹江口—白河段全段达Ⅳ级航道的规划目标；将加强陕鄂地区的经济联系，为汉江水系航运网建设奠定基础，是实现汉江航运规划目标的重要组成部分。

(2)发电

湖北省位于长江中游，面积 18.59 万 km^2。目前，湖北省逐步形成了武汉—黄石、宜昌—荆州、襄阳—十堰为中心的“大三角”的格局，其中襄阳—十堰中心为以十堰、襄阳为中心，以汽车、电子、纺织工业为主体的鄂西北经济区。随着湖北省经济发展，电力需求越来越大。据预测，至 2025 年湖北电网全社会用电量、最大负荷分别为 3400 亿 kW·h、65000MW，统调用电量、最大负荷分别为 3200 亿 kW·h、62000MW。

湖北省能源资源比较贫乏，煤、石油和天然气资源极少，全省累计查明煤炭资源储量 14.33 亿 t，保有资源储量 10.77 亿 t，可供设计开发利用的为 7.15 亿 t，工农业用煤年均约 7000 万 t，省内自产煤满足率仅 10%。湖北省石油资源主要集中在江汉盆地的潜江、江陵、天门等地。根据全国石油资源第三次评价成果，江汉油田潜力资源总量约为 5.39 亿 t。到目前为止，累计探明的石油地质储量约 1.32 亿 t。经过多年开发，已动用石油地质储量 9955 万 t，其中开采储量 3440 万 t。累计采油 2980 万 t，近年采油量均在 70 万～80 万 t。由于长期开采，油田老化，剩余开采储量连续出现负增长，预计在 10 年内已探明的石油资源将消耗殆尽。湖北省水力资源较丰富，主要集中在长江干流、清江及汉江中下游河段，水力资源理论蕴藏量 35910MW，经济可开发量 29940MW，多年平均年发电量 1291 亿 kW·h 。目前，长江干流、清江流域的水电资源基本开发完成或正在开工建设，而汉江流域内的矿物能源贫乏，而水能资源点又均邻近经济发展的负荷中心，对于湖北省经济社会的可持续发展具有重大的战略意义。

孤山航电枢纽工程位于汉江干流上游河段，电站紧靠负荷中心，距十堰市直线距离约 40km，电站建成后接入十堰电网，参与湖北省电网的电力电量平衡，可为地方经济社会的可持续发展提供可再生清洁能源。

2 勘测设计方案

2.1 工程总布置

孤山航电枢纽枢纽布置格局：左岸非溢流坝段，连接船闸及左岸边坡，左 1 区泄水闸，船闸，左 2 区泄水闸，生态放水闸坝段，右区泄水闸，电站厂房，右岸非溢流坝段，鱼道建筑物布置于安装场右侧的右岸非溢流坝段及上下游岸坡上。枢纽交通采用坝顶公路分别与左、右岸的 228 省道或上坝路连接。枢纽布置见图 1，枢纽上游立视图见图 2。

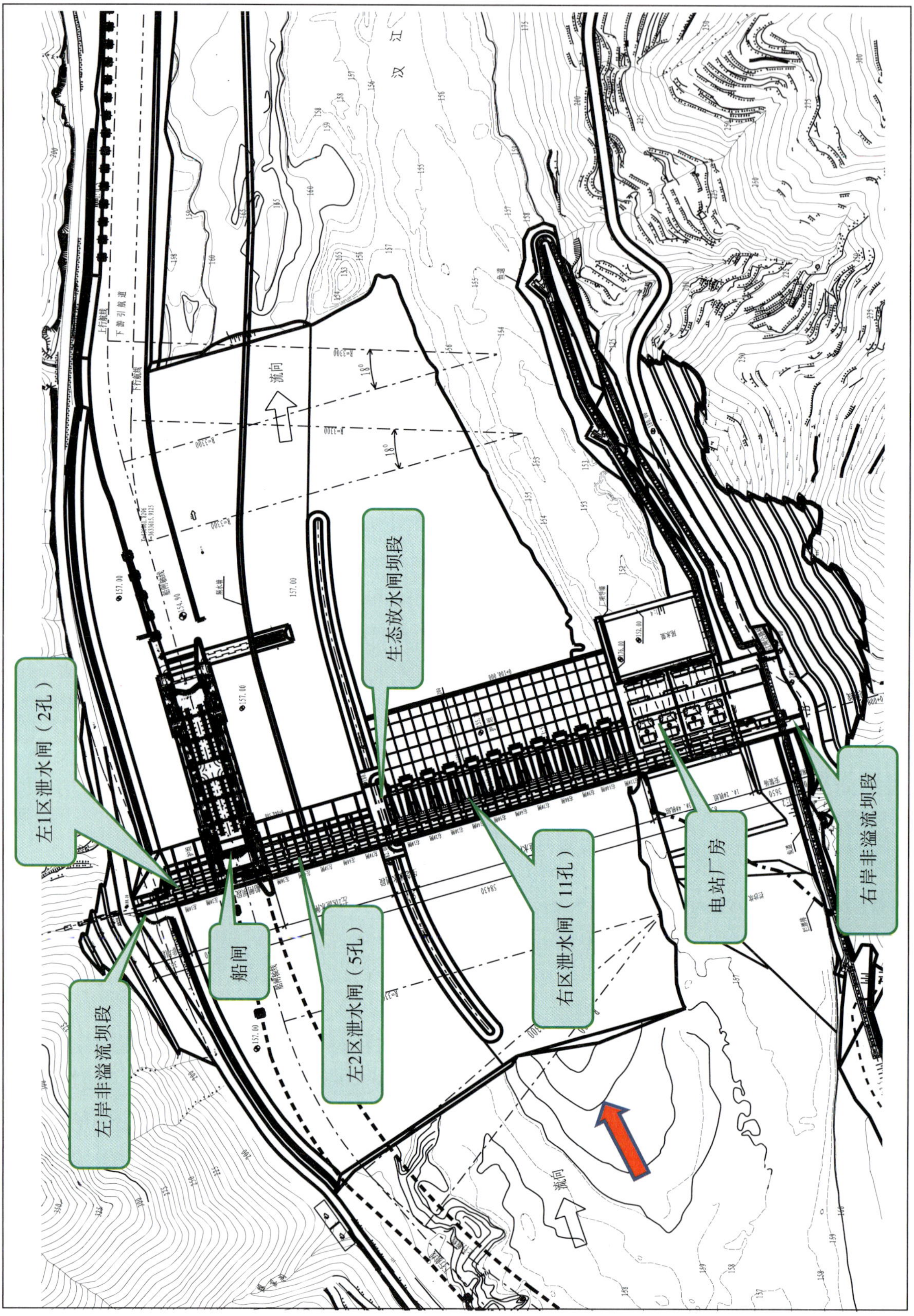

图1　孤山航电枢纽布置（单位：m）

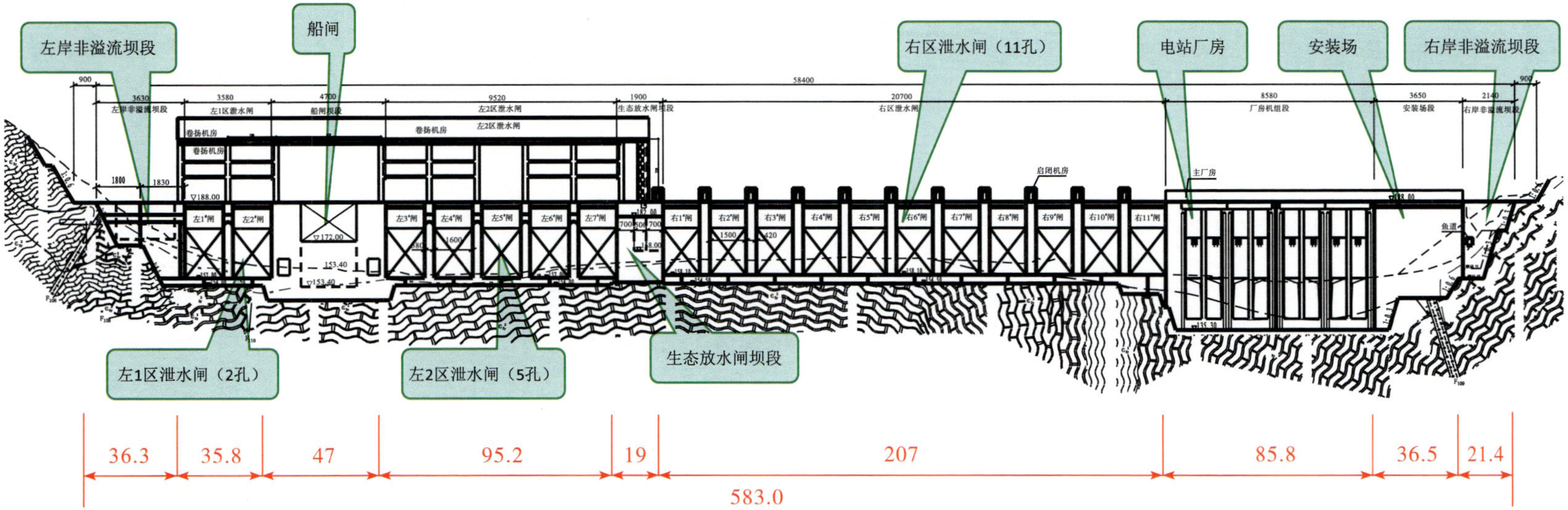

图2　孤山航电枢纽枢纽上游立视图（单位：m）

2.2 左岸非溢流坝段

左岸非溢流坝段坝轴线长36.5m，连接左坝肩242国道和右侧船闸坝段。左岸非溢流坝段分为2个坝段，坝轴线长分别为18.5m、18.0m，坝顶下游侧设置船闸检修门库、泄水闸检修门库、船闸变电所和船闸集控室等建筑物，船闸检修门库长25m、宽3.8m、深8m，门库顶部设置30cm厚混凝土盖板，船闸变电所设置在坝顶，变电所长17m、宽5.5m，船闸集控室设置在左岸非溢流坝段内部，长17m、宽5.5m、深9m。

左岸非溢流坝段上游侧设置3m×3.5m(宽×高)城门洞形灌浆廊道，灌浆廊道右侧接船闸坝段灌浆廊道，下游接2m×2.5m(宽×高)交通与排水廊道，并在交通与排水廊道末端设置楼梯井，楼梯井与坝顶船闸变电所连接，楼梯井下游设置1.5m×2.5m(宽×高)电缆廊道，与船闸电缆廊道连接，并设置电缆竖井与船闸集控室和船闸变电所连接。

2.3 左区泄水闸

左区泄水闸溢流前沿长131m，共7孔，在左岸非溢流坝及生态放水闸之间的原左侧支河槽内，分2区，2孔位于船闸左侧，5孔位于船闸右侧，地面高程158～161m，根据基岩顶板高程，考虑加大泄洪断面，拟定闸底板高程157m。左岸泄水闸包括上游进水渠、泄水闸、护坦3个部分。

泄水闸为开敞式平底闸，每孔净宽16m，每个闸孔底板中部分缝，左1区共3个坝段，中部单个坝段顺轴向长19.8m，左、右侧边坝段顺轴向长8m。左2区共7个坝段，中部单个坝段顺轴向长19.8m，左、右侧边坝段顺轴向长8m。泄水闸闸顶高程188m，闸底板高程157m，建基面高程153.5m，底板厚3.5m，底板顺流向长34m。闸底板上游侧设有底宽为5m、顶宽为11m、深为6m的梯形齿墙，齿墙内设帷幕灌浆廊道。

泄水闸中部闸墩厚3.8m，顺流向长30m。为减少顺轴向长度，泄水闸左、右侧边孔不设闸墩，分别利用左岸非溢流坝段、船闸及生态放水闸坝段。

上游引水渠由开挖形成，渠宽约150m，渠底高程157m。

泄水闸采用底流消能，考虑左区泄水闸仅在大洪水时敞泄洪水，下游水位已较高，电站和船闸均已不运行，故根据水力计算，不同正常蓄水位方案左区泄水闸下游均设长15m的护坦，护坦顶面高程157m，厚2m，护坦后下游河床开挖至高程157m。

2.4 船闸坝段

船闸布置在左区泄水闸2#孔与3#孔之间，船闸主体段结构轴线与坝轴线正交。

船闸主体段结构总长187.4m，其中上闸首长40.0m、闸室长109.0m、下闸首长38.4m。上闸首作为枢纽挡水前缘的一部分，宽度为47m。

上游引航道底高程158.10m，底宽40.0～60.0m，第一段为紧接上闸首的直线导航段，第二段为半径330m、中心角25°的圆弧形调顺段，第三段为直线停泊段，上游引航道总长 635m。

下游引航道为人工航道，航道底高程 154.90m，底宽 40.0～60.0m，第一段为紧接下闸首的直线导航段，第二段为半径 330m、中心角 18°的圆弧形调顺段，第三段为直线停泊段，下游引航道总长 1525m。

2.5 生态放水闸坝段

生态放水闸坝段轴线长 19m，顺流向总长 77.5m。设置左区泄水闸门槽、右区泄水闸弧门支撑牛腿、平板检修门门槽、门机轨道，底部设置灌浆廊道集水井，坝段内设置生态放水孔等建筑物。

生态放水闸坝段上游段顺流向长 13m，坝身段长 51.5m，下游段顺流向长 13m。上游段坝顶高程 185.80m，设置生态放水闸进水口，进水口采取右区取水方式，进水口宽度 5m，进口底部高程 168.0m，进水渠道自进水口进水后转 90°，与生态放水闸坝段坝身段的生态放水孔对接，底坡 1/1000。生态放水闸坝段坝身段坝顶高程 188.0m，生态放水孔为长方形，孔宽 5m，孔底高程 168.0m，孔顶高程 178.0m，孔内分别设置检修门和工作门各一扇，生态放水孔设置生态放水孔运行期按无压隧洞方式运行，但不参与泄水闸泄洪，生态放水孔出口与生态放水闸坝段下游段对接。生态放水闸坝段下游段坝顶高程 180.6m，设置生态放水闸出口，生态放水闸出口转 90°后，生态放水汇入右区消力池。

为减少坝轴线长度，左区泄水闸不设边墩，将事故检修门与工作门门槽设置在生态放水闸坝段，左区固定卷扬机排架柱设置在生态放水闸坝段上。右区泄水闸也不设边墩，将事故检修门门槽设置在生态放水闸坝段，工作门弧门牛腿也设置在生态放水闸边墙上，右 1# 泄水闸启闭机房布置在生态放水闸坝段。

坝段底部设置灌浆廊道及集水井，坝顶设置下游电缆廊道，均分别与左、右区泄水闸灌浆廊道和电缆廊道连接。集水井位于坝轴线下游 3.25m 处，集水井设置长 6.5 m、宽 5.5m、高 3m 的操作室，集水井最低高程 146.5m。

生态放水闸坝段上下游分别与上下游纵向围堰连接，下游侧设置泄水闸变电所。左、右区泄水闸的电缆廊道通过生态放水闸坝段顶部连接，电缆廊道净尺寸 2m×2.5m(宽×高)，廊道顶部高程 188.0m。

2.6 右区泄水闸坝段

右区泄水闸位于纵向围堰及电站厂房之间河床中心洲上，溢流前沿长 207.0m，共 11 孔，包括上游进水渠、泄水闸、消力池及下游出水渠 4 个部分。

右区泄水闸为开敞式平底闸，每孔净宽 15m，每个闸孔底板中部分缝，共分 11 个坝段。中部坝段顺轴向长 19.2m，左侧边坝段顺轴向长 7.5m，右侧边孔半个底板计入厂房坝段。泄水闸底板顺流向最大长度 46.5m，厚度 3.5m，闸底板上游侧设有底宽为 5m、顶宽为 11m、深为 6m 的梯形齿墙，齿墙内设帷幕灌浆廊道。

右区泄水闸中墩厚4.2m，为减少顺坝轴线向长度，左侧边墩利用生态放水闸坝段，右侧边墩与厂房边墙结合。

上游引水渠由开挖形成，渠宽约207m，渠底高程158.1m。

下游采用底流消能和下挖式消力池，池长60m。消力池前段为1∶5的斜坡段，长15m，底板厚2～3m；后段为平底池，长45m，池底高程155.1m，宽217m，底板厚2m；消力池末端设3m高的尾坎，坎顶高程158.1m。

下游出水渠由开挖形成，渠宽约207m，渠底高程不超过158.1m。

2.7 厂房坝段

选定的电站厂房位于河道右岸、河床最低处。左侧接泄水闸坝段，右侧为鱼道建筑物及岸边非溢流坝段。

电站建筑物包括导沙坎及拦漂设施、引水渠、机组段、安装场段、尾水渠等。

2.7.1 厂房布置

电站为低水头河床径流式电站，安装4台单机容量为45MW贯流式水轮发电机组，总装机容量180MW。单机引水流量385.3m^3/s，水轮机转轮直径6.8m，机组安装高程147.3m。电站沿坝轴线总长122.3m，自右向左依次为安装场段（长36.5m）、1#～4#机组段（长85.8m）。机组段分缝采用两机一缝分缝方式，共2个缝段，分别长40.4m、45.8m。

副厂房布置在机组段和安装场段的主机间下游侧。

主变压器布置在主机段的副厂房顶部、尾水平台上游侧，采用两机一变；出线场布置在安装场段下游副厂房的屋顶。

进厂公路布置于右侧边坡，通过上、下游非溢流坝段连接至坝顶及安装场尾水平台。

2.7.2 引水渠和尾水渠

引水渠右侧为公路边坡及鱼道建筑物，左侧为泄水闸进口。渠道平均流速小于0.7m/s，进水较平顺。

引水渠由导（拦）沙坎、河床平整段、混凝土护面段组成，渠轴线径直与主河道连接，渠宽80.8m，渠长69.8m。河床平整段顶面高程155.00m，混凝土护面段顺流向从155.00m逐降至138.80m，渠底坡度为1∶4。

在引水渠进口处，结合上游围堰设置拦沙坎，即将上游围堰拆除至161.00m高程形成拦沙坎。拦沙坎右接渠道边坡，左接导沙坎。导沙坎垂直于坝轴线，由引水闸引水渠与电站引水渠间的挡土墙结构形成。导沙坎与拦沙坎共同形成封闭圈，避免泥沙淤积进水渠道。

尾水渠右侧为鱼道建筑物，左侧为厂闸导墙。尾水渠宽77.25m，尾水渠出口平均流速1.20～1.88m/s。尾水渠自尾水管出口至下游130m处，顺水流向依次为水平护坦段、反坡段、平底段、转弯段及出口段。水平护坦长5m，底高程140.95m，底宽77.9m，坡顶高程152.00m，为矩形断面。平段后接1∶4反坡段，长44.2m，反坡段后接5m平底段。转弯段为自平底段末端开始，以鱼道边墙为界限顺水流向下游，与水流向夹角约为14.4°。转弯段及以上段均以混凝土衬护，衬砌厚度0.5m。

2.8 右岸非溢流坝段

右岸非溢流坝段分为上游侧非溢流坝段和下游侧非溢流坝段，分别挡上游和下游来水，鱼道建筑物从上、下游非溢流坝段范围内穿过。

上游侧非溢流坝段坝顶高程188.0m，坝轴线长度21.5m，分为两个坝段，长度分别为12.9m、8.6m，上游侧非溢流坝段右侧与高程188.0m的上坝公路连接，左侧与安装场坝段连接。

下游侧非溢流坝段坝顶高程186.0m，坝轴线长度17.5m，上游侧非溢流坝段右侧与高程187.0m的进场公路连接，左侧与高程186.0m尾水平台连接。

上、下游非溢流坝段之间采用混凝土回填至170.0m高程，鱼道建筑物从高程170.0m平台上穿过。

3 工程特点与难点

孤山航电枢纽的特点是可利用发电水头不高，枢纽泄流能力要求高，导致工程投资增加。为提高工程效益，勘测设计各专业充分协作，分别采用了厂坝公用边墙，取消靠左岸非溢流溢流坝段、船闸坝段、生态放水闸坝段的泄水闸边墩，右岸非溢流溢流坝段承担厂房安装场坝段侧向水压力等非常规设计手段，极大地减少了坝轴线长度，降低了工程投资。同时顺势利用枢纽下游河道的江心洲，将船闸坝段下游隔水墙右移至左区泄水闸范围，提高了下游河道行洪宽度，提高了孤山航电枢纽泄水闸的泄流能力。

4 建设历程

本工程的勘测设计，历经如下几个阶段：

4.1 梯级规划

新中国成立后，长江水利委员会及有关部门为汉江治理开发做了大量的勘测规划及研究工作。长江水利委员会于1956年提出了《汉江流域规划要点报告》，1958年进行修改后提出了《汉江流域规划报告节要》。

1988年底，水电部北京勘测设计研究院提出了《汉江上游干流梯级开发规划报告》。

1993年10月，长江水利委员会提出了《汉江夹河以下干流河段综合利用规划报告》。

2009年8月，长江水利委员会编制了《汉江干流综合规划报告》，推荐黄金峡（正常蓄水位450m，吴淞高程，以下同）—石泉（410m）—喜河（362m）—安康（330m）—旬阳（240m）—

蜀河(217.3m)—白河(196m)—孤山(179m)—丹江口(170m)—王甫洲(88m)—新集(78m)—崔家营(64.5m)—雅口(57m)—碾盘山(51m)—兴隆(38m)等15级开发方案。

4.2 电口预可研和可行性研究阶段

1994年8月,长江水利委员会提出了《汉江孤山水利枢纽可行性研究报告》(预可研深度)。

2004年6月,长江勘测规划设计研究院编制完成了《汉江孤山水利枢纽工程预可行性研究报告(审定本)》。

2015年9月,长江设计公司在专题基础上编制完成了《汉江孤山水电站可行性研究报告》。

2015年10月31日至11月1日,湖北省水利厅在武汉主持召开《汉江孤山水电站可行性研究报告》审查会。会议认为本阶段设计单位做了较深入细致的工作,该报告基本达到本阶段深度要求,同意通过审查。

4.3 航电枢纽工程可行性研究阶段和初步设计阶段

2017年1月,经汉江孤山水电开发公司与各级交通部门协调沟通,项目名称改为孤山航电枢纽工程。

2017年4月,长江设计公司修改完成了《汉江孤山航电枢纽工程可行性研究报告(审定本)》。

2017年6月14日,湖北省交通运输厅以鄂交函〔2017〕165号文《省交通运输厅关于汉江孤山航电枢纽工程可行性研究报告审查意见的函》上报湖北省发展和改革委员会。湖北省发展和改革委员会批复同意建设汉江孤山航电枢纽工程。

2017年11月,长江设计公司提交了《汉江孤山航电枢纽初步设计报告》。

2018年1月3日,湖北省发展和改革委员会以鄂发改审批服务〔2018〕5号文对初步设计报告进行了批复。

4.4 建设施工阶段

汉江孤山航电枢纽工程于2016年12月25日开工建设;2017年11月29日一期围堰截流,工程开始一期主体工程施工;2020年4月24日二期围堰截流,工程进入二期主体工程施工阶段。2020年7月20日首台机组投产发电,至2021年1月26日4台机组全部投产发电。2021年12月31日,汉江孤山航电枢纽二期主体工程全线浇筑至坝顶高程,二期工程建设重点由土建施工转入金结机电设备安装。

撰稿/李国勇、徐年丰

汉江王甫洲水利枢纽

▲ 王甫洲水利枢纽

王甫洲水利枢纽是汉江干流16级开发中的第10级，上距丹江口水利枢纽约30km。工程开发任务是以发电为主，结合航运，兼顾灌溉、养殖、旅游等综合利用。枢纽工程建筑物由泄水闸、非常溢洪道、土石坝、重力坝、电站厂房、船闸及老河道围堤等建筑物组成。王甫洲电站初期运用(丹江口大坝加高前)与丹江口电站同步运行，后期(丹江口大坝加高后)可对丹江口下游航道起调节作用，工程兴建有利于南水北调中线工程的实施。

1 工程及设计简况

1.1 工程概况

王甫洲水利枢纽位于湖北省老河口市境内的汉江干流上，是汉江干流16级开发中的第10级，上距丹江口水利枢纽约30km。工程开发任务是以发电为主，结合航运，兼顾灌溉、养殖、旅游等综合利用。王甫洲电站初期运用(丹江口大坝加高前)与丹江口电站同步运行，后期(丹江口大坝加高后)可对丹江口下游航道起调节作用，工程兴建有利于南水北调中线工程的实施。

汉江在王甫洲水利枢纽位置因河流改道分为两汊，即右汊主河道和左汊老河道，两汊之间由冲积形成江心岛洲，面积约21km^2。枢纽工程建筑物由泄水闸、非常溢洪道、土石坝、重力坝、电站厂房、船闸及老河道围堤等建筑物所组成。建筑物布置方案为：主河道左岸滩地布置23孔泄水闸，主河道河床布置土石坝和非常溢洪道，主河道右岸接谷城土石坝；电站厂房、船闸、重力坝段布置在老河道近出口位置，下距老河道出口约800m处，老河道两岸及混凝土建筑物之间用土石坝围堤连接，围成长约6.5km、宽约1.4km的电站和船闸引水渠。全部建筑物挡水前缘总长约19km(图1)。

水库正常蓄水位86.23m，相应库容1.495亿m^3，校核洪水位89.30m，总库容3.095亿m^3。电站安装4台27.25MW灯泡贯流式水轮发电机组，总装机容量109MW，多年平均年发电量5.81亿kW·h，船闸可通过2×300吨级船队。

王甫洲工程为Ⅱ等工程，结合王甫洲枢纽属平原枢纽的情况，泄水闸、电站厂房、船闸、混凝土连接坝段和土石坝等挡水建筑物定为3级、次要建筑物定为4级、临时建筑物定为5级。在初期规模运行时，主要建筑物设计洪水标准为50年一遇，校核洪水标准为150年一遇，后期设计和校核洪水标准分别可达100年和500年一遇。根据初步设计审查意见，须采取预留溢洪口门措施，以满足初期运行下泄300年一遇洪水，枢纽总下泄流量26960 m^3/s。建筑物地震设防烈度为Ⅵ度。

王甫洲水电站为低水头径流式电站，河床式厂房，采用奥地利制造的大容量灯泡贯流式机组，单机容量27.25MW，水轮机转轮直径7.20m，最大水头10.30m，最低水头3.70m，单机最大过流量420m^3/s，是国内已投入运行的同类电站中直径最大的转轮，是目前国内运行的第一个超低水头大型灯泡贯流式机组水电站。

王甫洲水利枢纽工程的主要技术指标见表1。

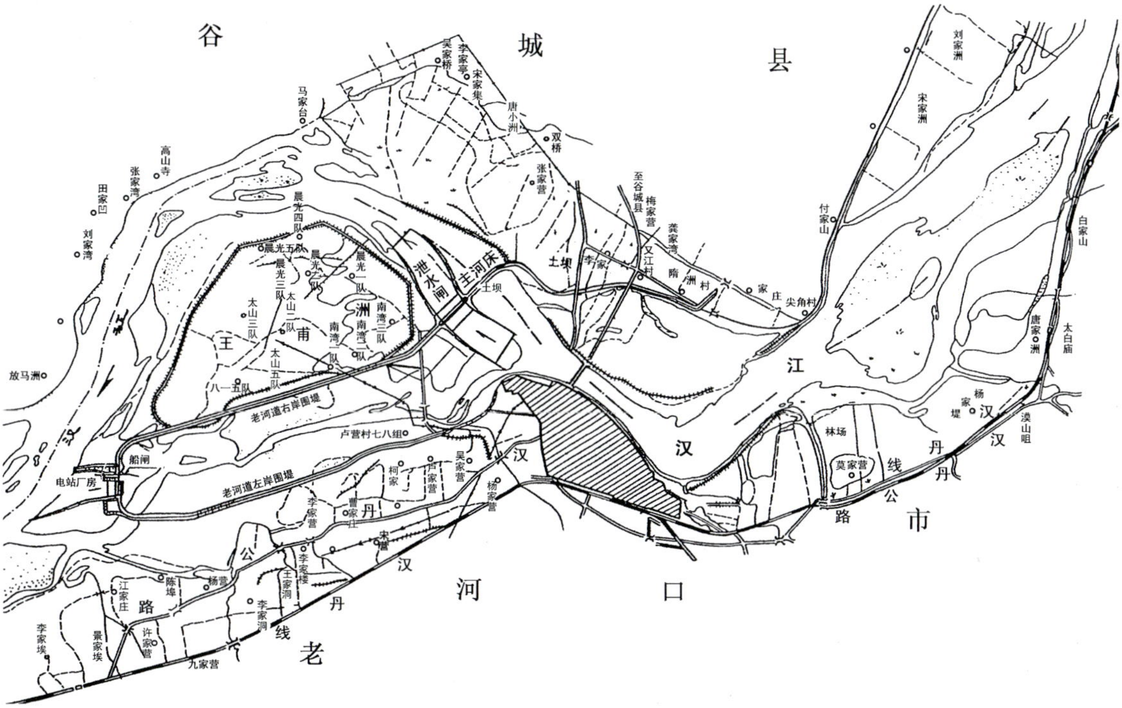

图 1　王甫洲水利枢纽总平面布置图

表 1　　王甫洲水利枢纽工程的主要技术指标

名称			数量及特性
水文	流域	坝址以上流域面积(km^2)	95886
	代表性流量	多年平均流量(m^3/s)	1216
		多年平均年径流量(亿 m^3)	383.90
		设计洪水流量(50 年一遇，m^3/s)	18070
		校核洪水流量(150 年一遇，m^3/s)	22000
		300 年一遇洪水流量(m^3/s)	26960
	泥沙	多年平均输沙量(万 t)	111

续表

名称			数量及特性
水库	特征水位	校核洪水位(150年一遇,m)	闸前89.30,厂前89.24
		设计洪水位(50年一遇,m)	闸前88.11,厂前88.03
		正常蓄水位(m)	86.23
		死水位(m)	85.48
	库容	总库容(亿 m^3)	3.095
		兴利库容(亿 m^3)	0.28
		死库容(亿 m^3)	1.207
	下泄流量	校核洪水泄量(m^3/s)	22000
		设计洪水泄量(m^3/s)	18070
主要建筑物	主河床土石坝	坝型	复合土工膜心墙砂砾石坝
		最大坝高(m)	12.00
		坝顶高程(m)	90.60
		防浪墙顶高程(m)	91.90
		坝顶宽度(m)	6.00
		坝长(包括预留溢洪口门,m)	1251.51(其中预留泄洪口门宽449.20m,堰顶高程85.00m)
		地基防渗型式	塑性混凝土防渗墙
		坝型	黏土心墙砂砾石坝
	谷城土石坝	最大坝高(m)	5.00
		坝顶高程(m)	90.60
		防浪墙顶高程(m)	91.90
		坝顶宽度(m)	6.00
		坝顶长度(m)	4723
		地基防渗型式	黏土水平铺盖
		坝型	复合土工膜斜墙砂砾石坝
	老河道两岸围堤	最大堤高(m)	9.00
		堤顶高程(m)	90.42～90.75
		防浪墙顶高程(m)	91.72
		堤顶宽度(m)	4.00
		堤顶长度(m)	12627.64
		地基防渗型式	复合土工膜水平铺盖

续表

名称			数量及特性
主要建筑物	泄水闸	孔数	23
		闸底板高程(m)	76.23
		闸孔尺寸(宽×高,m×m)	14.50×10.50
		轴线长度(m)	413.00
		地基防渗型式	灌浆帷幕
	船闸	规模	近期 2×300t,远期 2×500t
		闸室尺寸(长×宽×槛上水深,m×m×m)	120.00×12.00×2.50
		设计水头(m)	10.30
	混凝土重力坝	最大坝高(m)	33.90
		坝顶高程(m)	90.23
		防浪墙顶高程(m)	91.73
		坝顶宽度(m)	6.00
		坝顶长度(m)	64.40
	电站	装机容量(MW)	27.25×4
		机组型式	灯泡贯流式
		厂房尺寸(长×宽×高,m×m×m)	132.65×81.96×47.67
		开关站	户内开敞式
主要机电设备	水轮机	型号	RK4/0.38/558E
		额定出力(MW)	28.10
		转轮直径(m)	7.20
		转速(r/min)	71.43
		吸出高度(m)	−7.50
		额定工作水头(m)	7.52
		单机引水流量(m^3/s)	412.00
	发电机	型号	SV656/84-180
		单机容量(MW)	27.25
		电压等级(kV)	10.5
	主变压器	型号	SF8-63000/110(2 台)
		额定容量(MVA)	63

1.2 工程建设

工程于 1993 年 10 月开始前期准备工作,1995 年 2 月主体工程开工,1998 年 12 月实现主河床截流，1999年12月下闸蓄水，2000年5月首批机组投入运行，2000年11月4台机组全部投产，2001年12月主要工程完工，2003年11月工程通过竣工技术性初步验收，2011年6月工程竣工验收。该工程荣获2013年度全国优秀水利水电工程勘测设计奖(金质奖)。

工程建设有关单位：项目法人为湖北汉江王甫洲水力发电有限责任公司，设计单位为长江水利委员会，监理单位为丹江口汉江工程咨询有限责任公司，主要施工单位为中国水利水电第九工程局有限公司、湖北水总水利水电建设股份有限公司、中国水利水电第十一工程局有限公司、中国葛洲坝集团机电建设有限公司、汉江集团丹江口水利水电工程有限责任公司等，质量监督机构为汉江王甫洲水利枢纽工程质量监督项目站，运行管理单位为湖北汉江王甫洲水力发电有限责任公司。

2 关键技术问题的研究与创新

2.1 独具特色的枢纽布置型式

汉江在王甫洲水利枢纽位置因河流改道分为两汊，即右汊主河道和左汊老河道，两汊之间由冲积形成江心岛洲，建坝前枯水期从主河道过流，洪水期仍主要从主河道过流80%以上，从老河道分流部分洪水，老河道分流量随总流量增大而增大。

王甫洲水利枢纽总体布置主要利用汉江中冲积形成的巨大江心洲——王甫洲，将宽阔的汉江一分为二，和洲头洲尾天然落差的有利条件，分别在洲头主河道布置挡水建筑物，在洲尾老河道布置电站厂房及船闸，形成独特的枢纽布置方案。

王甫洲水利枢纽的首要任务是发电，就低水头电站而言，水头的增减对发电量十分敏感。水头变化0.1m，其保证出力相差约380kW，发电量相差约700万kW·h。电站厂房布置在老河道出口附近，上距泄水闸约7km，在老河道两岸修建围堤，老河道形成宽约1.4km、长约6.5km的引水渠。这样，一方面可使王甫洲和老河口市免受洪水淹没，另一方面又可利用这段河流天然比降来增加发电水头，从而增加发电量。在正常情况下可增加水头2.5m左右(约为设计水头的1/3)，若电站布置在主河道泄水闸附近，当泄水闸泄水量大于1000m^3/s(加上电站后总泄量2600m^3/s)时，其水头很小，而布置在老河道出口附近，在宣泄任何洪水情况下其水头均大于3.96m，不影响发电。

船闸布置在电站右侧附近，两者之间隔有64.4m长的重力坝。上游航道为电站引水渠，渠道很宽，上游船舶进闸较为安全，下游航道布置在电站尾水渠内，利用电站尾水可保证航运水深要求。

泄水闸布置在王甫洲右侧滩地上，施工简便，并为主河床土石坝截流提前发电创造了条件。其上游和下游进、出水渠的挖方，部分可用来填筑围堤，部分可作为混凝土骨料。老河道两岸围堤尽管很长但却不高，坝壳体可利用基坑弃渣填筑，这样还可以解决弃渣堆放问题。

非常溢洪道布置在主河道土石坝上，泄洪口门宽449.20m，初期运行遇超过150年一遇洪水时启用。

2.2 河势演变预测分析

王甫洲水利枢纽所在河段在丹江口水库下游附近。丹江口水库蓄水滞洪运用已近30年，该河段在王甫洲水利枢纽修建前已处于冲淤相对平衡状态，除特大洪水外，老河道基本断流。枢纽兴建后，当河道流量大于发电流量时，布置于主河床左侧的泄水闸才运用，而电厂及船闸布置于老河道出口附近，除特大洪水外，基本上是不间断运用。该河段的泄洪运行状况无论在空间上还是时间上，均较枢纽兴建前有很大变化，因此河道的冲淤状态及水面线也有较大变化。

泄水闸为低水头运行建筑物，采用底流消能，其泄量及流态受上下游水面线影响十分敏感。上下游河床及河岸的防冲设计，泄水、消能、防冲建筑物板块的抗滑、抗浮稳定设计等均与水面线即河势变化有关。电站在大流量、低水头下运行，发电效益受水头影响也很敏感。因此，该河段的河道演变分析研究，是枢纽水工设计的重要前提条件，关系到设计的成败。

河段广布的第四纪冲积物和枢纽建筑物分布范围广，又给水工模型试验增加了很大难度。通过枢纽整体水工模型试验，对泄水闸下游 $H—Q$ 关系和电站尾水 $H—Q$ 关系进行修正，根据试验修正后的 $H—Q$ 关系作为设计依据。考虑到丹江口建库后，丹—王河段主河床冲刷尚不稳定，加之王甫洲枢纽建成后，受泄水闸与电站不稳定泄流的影响，在王甫洲下游河段一定距离内的河床产生新的冲深。根据已有的河道冲刷资料分析，设计时考虑对发电和通航的下游水位留有下游河床下切使水位下降的幅度。对该河段的河道演变分析研究，为各建筑物的设计做到经济合理、安全可靠提供了科学的前提和基础。

2.3 复合土工膜的研究与应用

王甫洲水利枢纽所在老河道两岸围堤长约12.5km，堤高一般为7～8m，最高9m，由于两岸围堤围成的库区挡水前缘长，且地基为中细沙和砂卵石厚层，解决防渗问题是工程成败的关键，采用土工膜斜墙及土工膜水平铺盖防渗砂砾石坝，土工膜铺设面积110万m^2。王甫洲老河道土石坝（围堤）剖面见图2。

土工膜斜墙砂砾石坝除应满足沿坝坡砂砾石体抗滑稳定要求外，还应满足土工膜接触面的抗滑稳定要求。土工膜若失稳或密封不严或局部破损，不仅会造成防渗失效，还将使坝的挡水功能迅速丧失，从而危及枢纽的运行安全。设计中还重点研究了复合土工膜的耐久性、摩擦性能，以及PVC膜与PE膜材料特性等。根据复合土工膜的力学特性、摩擦特性以及防渗膜的综合性能和工程结构特点，老河道围堤设计采用PE复合膜，防渗形式为斜墙接水平铺盖，斜墙采用二布一膜，规格为200/0.5/200，水平铺盖采用一布一膜，规格为200/0.5，土工布为纯新绦纶针刺无纺布。

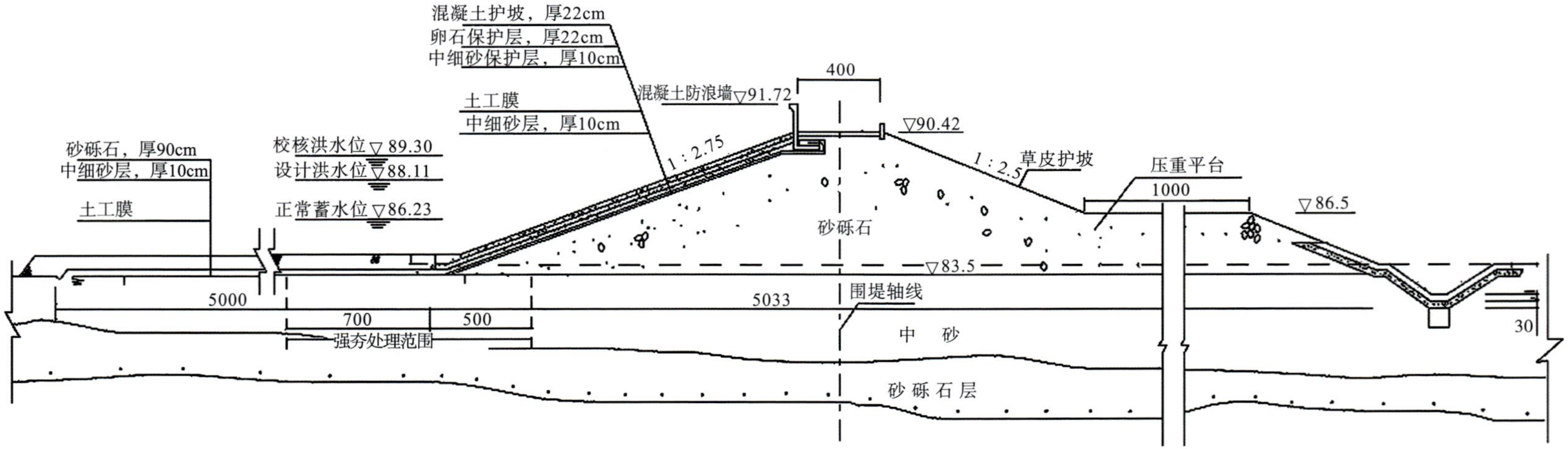

图2 王甫洲老河道土石坝（围堤）剖面图（高程单位：m，尺寸单位：cm）

王甫洲水利枢纽围堤防渗工程，采用复合土工膜作水利枢纽永久工程防渗材料，并兼有挡水功能，这在国内水利枢纽工程建设中尚属首次。国家经贸委、建设部将其列为“全国土工合成材料应用示范工程”（国经贸技术〔1999〕662 号）和“水利部土工合成材料应用示范工程”（水建管〔1999〕179 号）。

受国家经贸委、建设部委托，水利部对该示范工程进行验收结论：复合土工膜用于王甫洲水利枢纽围堤防渗工程，有效面积达 107.7 万 m^2，开创了在国内斜墙式土石坝防渗工程中土工合成材料大面积应用的先例。该工程设计方案合理，工程设计施工符合《土工合成材料应用技术规范》（GB 50290—98）和《水利水电工程土工合成材料应用技术规范》（SL/T 225—98）要求。采用复合土工合成材料方案，比原设计黏土心墙加水平铺盖方案节约投资直接费 3300 万元，约为原方案的 46%，还缩短了工期。工程施工符合设计和规范要求，工程质量优良。工程施工工艺先进，设计、施工、监理、建设等单位摸索了一套较为成功的经验，具有示范作用和推广价值。

成果技术鉴定结论：复合土工膜在王甫洲水利枢纽围堤防渗工程中的应用成果总体上达到了国内领先水平，具有示范作用和推广价值。

2.4 采用国际先进技术打造国内第一个大型灯泡贯流式水电站

2.4.1 机组及厂房型式选择

电站厂房布置在老河道出口附近，在老河道两岸修建围堤，对老河道稍加整治即可形成长约 6.5km、宽约 1.4km 的引水渠。引水渠的最大设计流速为 0.5m/s，水面坡降极小，可以充分利用河道的天然比降来增加发电水头 2.5m 左右，从而增加发电量，并且可以保证枢纽工程在下泄任何洪水情况下电站的水头均大于 3.96m，不影响发电，可以获得最大的经济效益。

王甫洲水电站水头范围为 3.7～10.3m，适应此水头段的水轮机有轴流转桨式和灯泡贯流式。随着水轮机技术的进步，低水头电站的机型选择界限比较分明。苏联颁布的设计规范规定在水头小于 20m 时，如须采用立轴转桨式水轮机，则需要与采用灯泡贯流式水轮机作技术经济比较。西方各国对水头小于 20m 的大容量低水头电站，普遍采用灯泡贯流式机组。我国《电机工程手册 · 水力发电篇》规定，对水头小于 20m 的电站，建议选用贯流式机组。

以往灯泡贯流式机组在冷却、通风、止水、轴承支承结构和过渡过程反水锤等方面存在一系列复杂技术问题，后来随着计算机技术的发展和先进的水力试验设施的不断完善，以及大型灯泡贯流式机组生产经验的不断丰富，上述问题得到了较好的解决。

在王甫洲水电站机组选择工作中，针对灯泡贯流式机组和轴流转桨式机组进行了详细的技术经济比较。与轴流转桨式水轮机相比，灯泡贯流式水轮机比转速高约 40%、转轮直径小 18%、额定点效率高 3%、机组总重减少 31%、厂房总长度减少 37%、土石方开挖减少 35%、混凝土工程量减少 31%。以上数据表明，采用灯泡贯流式机组远优于轴流转桨式机组，这个结论与国内外同类型电站机型比较结果是一致的。

与此相对应的对电站厂房的型式，研究过轴流立式机组、竖井贯流式和灯泡贯流式机组等河床式厂房方案。轴流立式机组方案采用弯曲尾水管，与灯泡贯流式机组方案相比，厂房的混凝土工程量增加约30%，基础开挖高程加深6.5m；而竖井贯流式机组带增速齿轮装置，其发电机尺寸较灯泡式机组小，重量轻，竖井采用钢筋混凝土结构，机组安装检修均较灯泡贯流式方便。但是，带增速装置的大容量贯流式机组，采用竖井式厂房在国内外尚无成熟的运行经验。这种型式虽可缩小发电机尺寸，但增速装置及飞轮使厂房跨度加大约4m，为满足防渗和强度的要求，钢筋混凝土竖井井壁厚度较大，占据流道尺寸，增大机组间距，同时水头损失增加；而灯泡贯流式厂房具有工程量省、基础开挖较浅、可缩短工期、机组适应水头变化的范围较大、效率高等优点。

经过多方案的研究比较，最终采用单机容量27.25MW的大容量灯泡贯流式机组，水轮机转轮直径7.2m，且单机最大引水流量达420m^3/s，机组安装由7台小机组减少到4台大机组，缩短了厂房前沿长度，有效解决了水工建筑物总体布置困难等问题。选用机组系奥地利生产的成套设备，是当时国内安装同类机型中最大的机组，转轮直径是当时亚洲同类机型最大，处于世界先进水平。王甫洲电站的建设，为我国同类电站的设计、安装、建设和运行管理积累了丰富经验。电站投入运行以来，机电设备运行较为稳定，主设备完好率100%。

王甫洲水电站厂房横剖面见图3。

2.4.2 水轮机调速系统设计

王甫洲电站水轮机调速器为基于频率PID、功率PI调节规律的数字式单微机控制双调节调速器，由DTL595数字调节器、转速监测系统、液压控制操作系统等组成。从调速器的设计特点、各项技术要求及运行情况来看，体现了当今国际先进水平。

2.5 船闸输水系统的创新设计

王甫洲船闸设计在国内外首次提出了“短廊道集中输水倒口出流消能布置型式”，优化后形成了“集中输水倒口消能免设镇静段的型式”的新型输水系统，扩大了集中输水系统的适用范围，对中低水头输水系统设计有较大的推广价值。

输水系统型式的选定按照王甫洲船闸最大工作水头10.3m和闸室设计输水时间为10.0min的要求，对集中式与分散式两种输水方案进行了比较。

分散输水系统方案采用了闸底长廊道侧向出水明沟加盖板消能型式。与集中输水相比，闸室内船舶停泊条件较好，系统输水效率较高。由于不存在镇静段，闸室较短，减少了过闸耗水量。但由于闸室底板内布置了输水廊道，使得闸室建基面降低1.37m，工程量较大，闸室底板布置有出水廊道，结构相对较复杂，不便于施工。

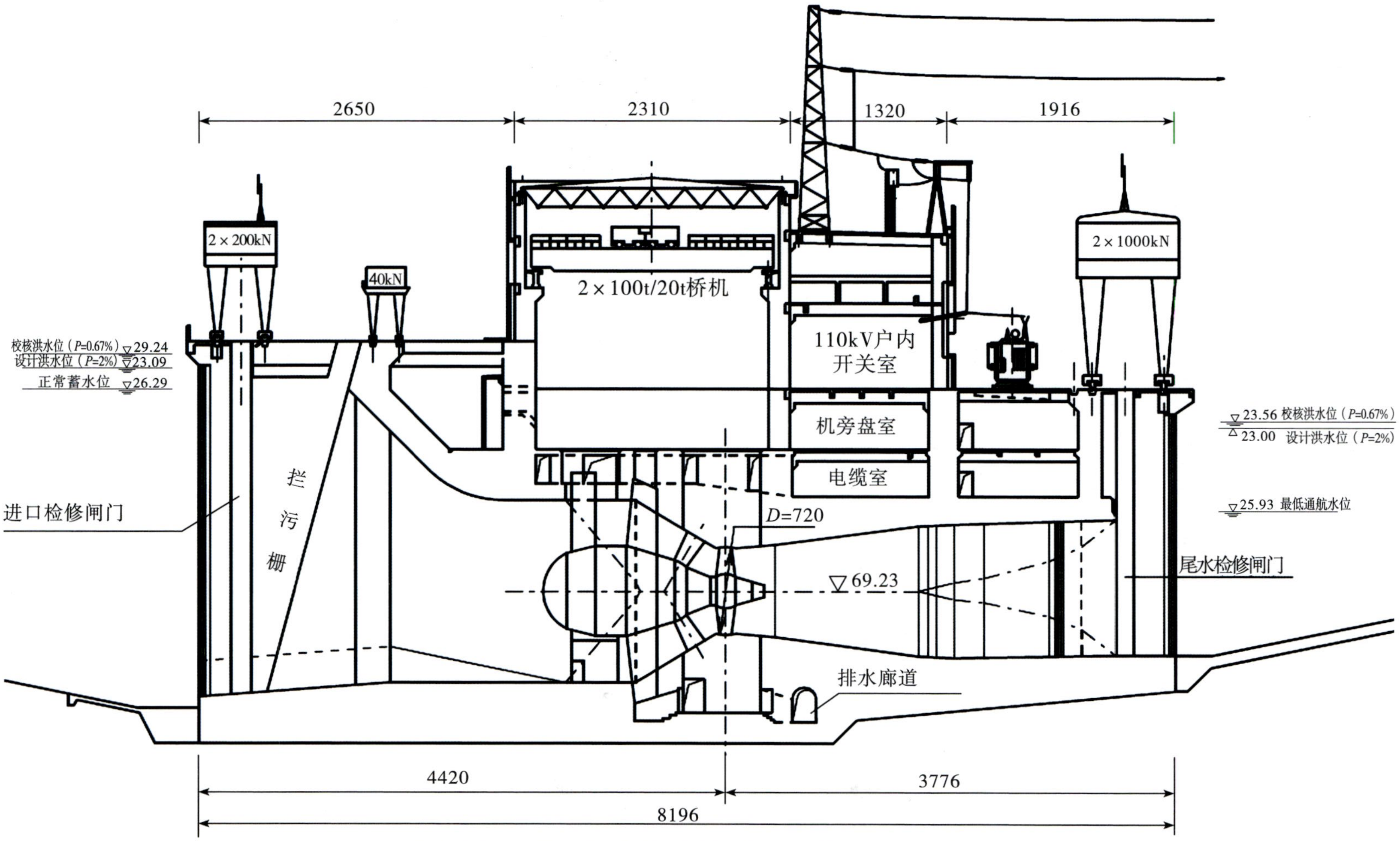

图3 王甫洲水电站厂房横剖面图（高程单位：m，尺寸单位：cm）

为了改善闸室流态，首次提出了“短廊道集中输水倒口出流消能布置型式”。该种消能型式的特点在于双边廊道充水时，闸首两侧廊道中水流在倒口出流廊道中一边对冲消能一边在其底部出流，水流在消力池中进一步消能后分成两股先后进入闸室。由船舶在闸室灌水初期所受波浪力公式可知，当输水系统各部位尺寸已定，第一波浪力与灌水初期的流量增率成正比。倒口消能措施的关键在于利用先后进入闸室的两股水流的时间差，分解总流量增率，使叠加后的流量增率值小于原值，以达到削减第一波浪力的目的。因此该种消能型式较常规集中输水消能型式的消能效果(反映在闸室流态及船舶系缆力方面)有较大程度的改善，但这种倒口消能型式由于保留了传统的集中输水对冲消能的布置，使得单边廊道充水时，闸室水流横向分配仍不太均匀，不利于小船停泊，故仍留有 6.0m 长的镇静段，从而增加了闸室的长度及过闸耗水量，工程量较大，输水效率偏低，充水历时较长。但输水廊道集中布置在闸首两侧，简化了闸室结构设计，方便了施工，同时闸室建基面也可适当抬高。

通过综合比较，两者工程量无明显差异，但从输水特性看，分散式较集中式有着输水时间短、闸室停泊条件好、减少耗水量的优势。为了提高集中输水倒口消能的输水效率、改善充水时闸室流态，进一步研究了多种倒口消能方案。最终提出了一种新型倒口出流消能型式，即在原布置体型的基础上，在倒口出流廊道内设置一道与廊道等高的斜隔墙，从而减弱以致完全避免了水流对冲导致的能量消耗大、加剧水流紊动、使输水系统流量系数下降、闸室充水历时延长、不利于闸室内过闸船舶(队)的安全停泊的情况。另外，考虑到单边输水时，水流由闸墙一侧流向另一侧，由于水流惯性导致在闸室横向出流不均的情况，将隔墙设置成斜的，使廊道断面面积顺水流向递减，改善了闸室横向的流态。

将这种新型消能型式与分散式输水系统相比，两种型式的输水时间及船舶(队)系缆力同样达到了设计要求，都可不设镇静段，但因为这种布置在闸室内没有廊道，闸室底板高程可较分散式抬高，从而可节省工程量，并使船闸闸室底板的结构简化，所以最终采用了“集中输水倒口消能免设镇静段的型式”。

为了排除输水阀门后廊道顶部滞留空气，以避免倒口出流不稳定，在隔墙顶部和出水廊道上游边墙上部分别开设了 3 个排气孔道。倒口出流廊道下部设有深 2.0m 的消力池，池底靠下游设有 4 条纵向导流槛，起改善闸室横向流态的作用。在倒口出流廊道中部与闸底板间设一支墩，以减小由廊道出流引起的振动，改善廊道受力。

“倒口消能”作为一种新型消能型式编入《船闸输水系统设计规范》(JTJ 306—2001)。研究成果“倒口消能无镇静段船闸集中输水系统”获得国家发明专利。

王甫洲船闸输水系统布置见图 4。

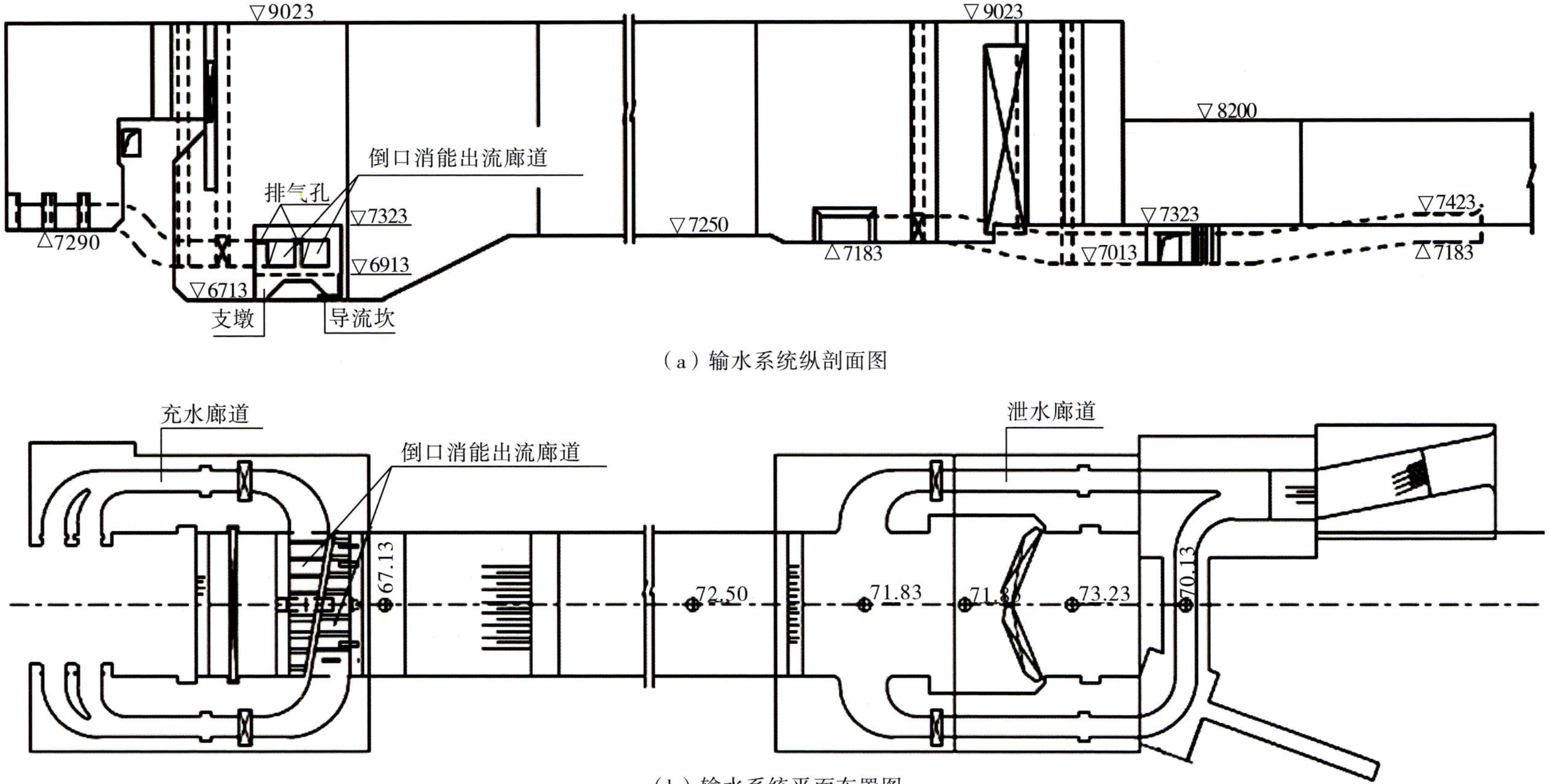

（a）输水系统纵剖面图

（b）输水系统平面布置图

图4　王甫洲船闸输水系统布置图（单位：m）

2.6 泄水闸消能防冲设计研究

2.6.1 泄水闸布置

泄水闸是王甫洲水利枢纽的主要泄水建筑物，最大下泄流量可达 20800m^3/s，布置在主河道的左岸滩地上，为平底闸型，共布置有 23 个闸孔，每孔宽 14.5m，泄流前缘全长 392.8m。闸室基础为 2～3m 厚的砂砾石，下伏黏土岩，除闸室两边孔外均采用两孔一联跨中分缝的结构型式。左、右边闸墩和消力池左、右导墙设置灌浆帷幕，并设置相应的排水孔，以共同构成“半封闭防渗和减压屏障”。闸室顺水流向长 33.0m，高 15.2m，闸墩厚 2.5m，闸室上游设有长 50m、厚 1m 的混凝土防冲板，下游设有护坦和干砌块石海漫（图 5）。

2.6.2 消能设计

泄水闸为河床式节制闸，运用水头较低，下游水位在不同流量时变幅较大，且闸为平底板出流，出闸水流与下游河道水面须平顺连接，适合采用底流消能方式。

泄水闸的运用条件为：下泄 5 年一遇以下的洪水时，用闸门来控制下泄流量，维持正常蓄水位发电；随着洪水流量的增加逐步加大闸门开度和开启孔数；当遇 5 年一遇以上洪水时，全部闸门全开敞泄。各重现期洪水泄水闸下泄流量见表 2。

泄水闸闸室下游出水渠是在滩地上开挖形成的，地层为砂砾石。左岸坡为冲积层中细砂，抗冲能力极差；右侧紧邻主河床土石坝。泄水闸下泄水流消能充分，对于保证自身和相邻建筑物安全有着直接和重要的影响。

根据运用要求，在大流量情况下，闸室敞泄时下泄水流呈淹没缓流状态，与下游水位自然衔接，不需要设置特别的消能设施，并非消能设施设计的控制工况。其设计控制工况为中小流量时由闸门控制泄流的情况。在闸孔出流的各级流量下，下泄水流的衔接，要既能不产生大的淹没水跃，影响闸室过流能力、降低消能效率而导致跃头拍打闸门产生振动，又要能不产生远驱水跃，恶化下游流态，危及自身和周边建筑物的安全。

由于泄水闸室孔数多，下泄常遇流量时通常只需要开启部分闸门，闸门开启数目应随下泄流量的增大而增加。但不同的调度方案将对出闸水流与下游水位的衔接情况产生很大的影响。根据水工模型调度试验成果，概化出各级下泄流量所允许的单宽流量，然后以确定的单宽流量得到需开启闸门的数目。据此得出泄水闸下泄各级流量时所需开启闸门数目见表 3。根据闸门开启数目，计算出下泄各级流量时所对应的闸门开度见表 4。

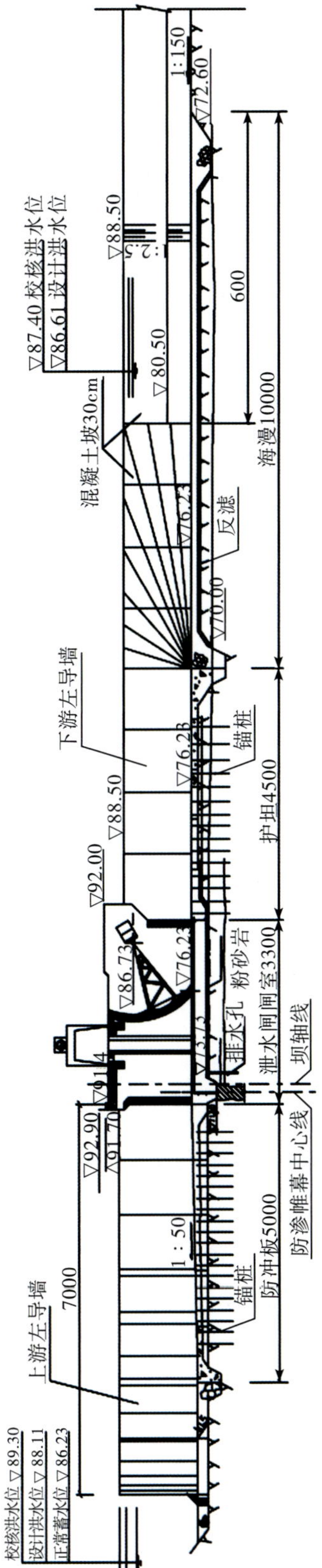

图5　泄水闸纵剖面图（高程单位：m，尺寸单位：cm）

表 2 各重现期洪水泄水闸下泄流量

重现期(年)	150	50	20	10	5
下泄流量(m^3/s)	20800	16870	14800	13300	8800

表 3 泄水闸下泄各级流量时所需开启闸门数目

下泄流量 $Q(m^3/s)$	8800	7800	6800	5800	4800	3800
开启孔数 N	16	16	16	15	14	14
下泄流量 $Q(m^3/s)$	2600	1600	900	500		
开启孔数 N	12	10	7	5		

表 4 下泄各级流量时闸门开度及护坦长度

洪水流量 $Q(m^3/s)$	闸室下泄流量(m^3/s)	闸门开启孔数 N	闸门开度 e(m)	单宽流量 $q(m^2/s)$	下游水深 h_t(m)	跃前水深 h_c(m)	跃后水深 $h_{c''}$(m)	水跃长度 L_j(m)	所需护坦长度 L_1(m)
10400	8800	16	5.15	37.93	8.01	3.37	7.65	29.48	23.59
9400	7800	16	4.32	33.65	8.35	2.89	7.48	31.61	25.29
8400	6800	16	3.54	29.34	7.98	2.39	7.17	32.98	26.38
7400	5800	15	3.09	26.64	7.65	2.08	6.91	33.31	26.65
6400	4800	14	2.63	23.65	7.24	1.78	6.59	33.18	26.55
5400	3800	14	1.95	18.73	6.78	1.39	6.06	32.21	25.76
4200	2600	12	1.48	14.91	6.21	1.08	5.51	30.55	24.44
3200	1600	10	1.05	11.06	5.43	0.77	4.81	27.87	22.29
2500	900	7	0.82	8.85	4.81	0.61	4.36	25.85	20.68
2100	500	5	0.63	6.94	4.35	0.47	3.89	23.60	18.88

护坦长度根据闸下出流时所产生的水跃长度确定。而水跃长度与下泄的单宽流量和下游水位关系非常密切。在某一级流量下，当闸门开启孔数和开度一定时，闸下水跃发生的位置和水跃长度主要取决于下游水深。考虑到实际运行中下游水位与流量关系呈动态变化，下游水位流量关系的建立有一个过程，下游水位的升高往往滞后于流量的增大，在某一级下泄流量下，出于安全起见，下游水位值采用相应下一级流量下的下游水位值，并将其降低0.3m，以考虑泄水闸在运行一段时间后河床下切带来的下游水位进一步下降的影响。闸门在初始开启前无下泄流量，此时，以 2 台机组发电时的相应水位作为下游水位，也考虑河床下切的影响，将其降低 0.3m 使用。并按下列公式计算各级下泄流量下的完全水跃长度和所需护坦长度(表 4)。

$$L_j = 6.9(h_{c''} - h_c)$$

$$L_1 = \beta L_j$$

式中：L_j——完全水跃长度；

L_1——所需护坦长度；

β——水跃长度校正系数，取 0.8。

分析表 4 的计算结果不难看出，下泄各级流量时，护坦上水深均能满足产生淹没水跃所需水深。考虑到实际运行中跃首位置随下游水位而变化十分敏感，在某一级下泄流量时如初始下游水位偏低，闸下急流段将拉长使水跃远驱。计算表明，如下游水位偏低 1m，急流段将拉长约 18m。随着下游水位逐渐上升，跃首又逐渐回缩至闸门下游附近。考虑到这些因素，护坦长度应留有适当的安全余地，取护坦长度为 45m。

进一步的水工模型闸门调度试验成果，在各级流量下水跃跃首均能控制在超出闸室 5～10m 范围内，稳定泄流时闸孔均为自由出流，水跃发生在护坦以内，且无大的淹没水跃产生，采用护坦长度 45m 合适。

2.6.3 防冲设施设计

海漫将进一步削减出护坦后的水流能量，并能调节流速分布，使水流均匀扩散，防止下游冲刷。如前所述，下泄 5 年一遇及以下洪水时，为闸孔出流，水跃消能效果好，水流也容易扩散，护坦后不需要设置较长的海漫，不是防冲的设计条件。闸室敞泄时，过闸水流呈缓流状态，闸下水深大，底部消能工程基本不发挥消能作用，缓流的扩散角也小，容易引起对护坦后河床的冲刷，需要在护坦后设置长的海漫，是防冲的设计条件。

海漫的长度按下面的公式计算确定：

$$L = K\sqrt{q\sqrt{\Delta H}}$$

式中：K——经验系数，海漫下为砂砾石地基，取 $K=12$；

H——上、下游水位差；

q——单宽流量。

对 5 年一遇以上的流量时的情况，用上式分别计算护坦长度，取其最大值作为护坦长度。计算结果取海漫长度为 100m。

根据水工模型试验，试验的海漫处流速达 5.2 m/s 以及不冲流速与块体粒径的关系曲线，块石粒径 70cm 时抗冲流速达 6.1m/s，粒径 50cm 时抗冲流速达 4.6m/s，海漫选用干砌块石厚 70cm，海漫下设 50cm 厚的碎石垫层，粒径为 3～20cm。

防冲槽设置于海漫下游，槽内抛填有直径 0.5m 的堆石体，以适应出海漫水流所具有剩余能量所带来的继续冲刷。防冲槽深约 2m，底宽 5m，其上、下游坡均为 1∶1.5。防冲槽下游端则以 1∶150 与下游河床相接。

2.7 主河床非常溢洪道

2.7.1 非常溢洪道运用条件

王甫洲水利枢纽初期与丹江口水利枢纽同步运行，根据丹江口水库下泄流量，来多少泄多少，小于 5 年一遇洪水由泄水闸控制泄量维持正常蓄水位 86.23m 运行，超过 5 年一遇洪水则 23 孔泄水闸全部开启敞泄。设计洪水时库水位为 88.11m，校核洪水时库水位升高至 89.30m，这时如洪水来量继续增加，须启用非常溢洪道分洪，分洪流量为 4960m^3/s，并控制库水位不超过 89.30m，洪水过后修复坝体。

2.7.2 主要技术问题

王甫洲水利枢纽的总体布置决定了非常溢洪道只能选在土石坝挡水建筑物上，运用要求决定了非常溢洪道的特殊性，简言之，即要求冲得开、防得住。冲得开就是在一旦启用非常溢洪道时，砂砾石坝体易于冲泄自溃，能及时分流，控制上游水位不继续上涨，保证枢纽工程安全。防得住就是要让分流在预定的状态下进行，使分流泄洪不对相邻建筑物造成危害，最大限度减少洪水过后坝体修复工程。这一方面带来了结构设计上的复杂性，另一方面又对如何妥善解决泄洪消能问题提出了严格要求。同时下游水位、流态，除了与非常溢洪道本身的泄流情况有关外，还与泄水闸的过流情况有关，下游水位和两者的过流能力均处于动态调整状态，在这种条件下，采用适当的消能形式和保护措施，使非常溢洪道下泄水流有效消能，减小非常溢洪道自溃后的边际影响，是设计上需要研究解决的主要问题。

2.7.3 非常溢洪道位置选择

非常溢洪道布置位置有两个地方可供选择。其一是在老河道右岸围堤上，右岸围堤轴线长 6442m，围堤高约 10m，为砂砾石坝，采用复合土工膜斜墙和水平铺盖防渗，基础为 10m 厚中细砂和砂砾石层。非常溢洪道位置可考虑选择在下游靠近老河道出口的地方。其二是在泄水闸右侧主河床土石坝上。主河床土石坝轴线长 1251m，其中河道宽约 1km，河床砂砾石层厚 6m，最大坝高 12m，坝体为砂砾石坝，非常溢洪道可布置在主河床中间。

从结构形式、工程地质条件、河道水力学条件对非常溢洪道布置进行了深入研究，认为将非常溢洪道布置在老河道围堤，存在明显不利因素。由于老河道围堤是建在由冲积形成的深厚中细砂层上，其抗冲能力极差，使得非常溢洪道建筑物结构设计复杂，上下游防护工程量大；该处落差大，上下游落差有 6m，泄流呈底流流态，冲刷能力强，对两侧围堤等建筑物保护难度大；该处泄流归槽条件差，分洪主流与主河道几乎正交，其冲淤规律变幻莫测，大量冲积物对船闸下游航道和电站尾水的影响不可预见。而主河床是经过多年冲刷粗化后形成的，河床相对稳定，该处泄洪时上下游落差仅 2m，冲刷能量较小，现有的河道对解决泄洪、消能均有利，而且泄水闸等建筑物均建在岩基上，其稳定安全有保障。经综合比较，将非常溢洪道布置在主河床。

主河床非常溢洪道横剖面见图 6。

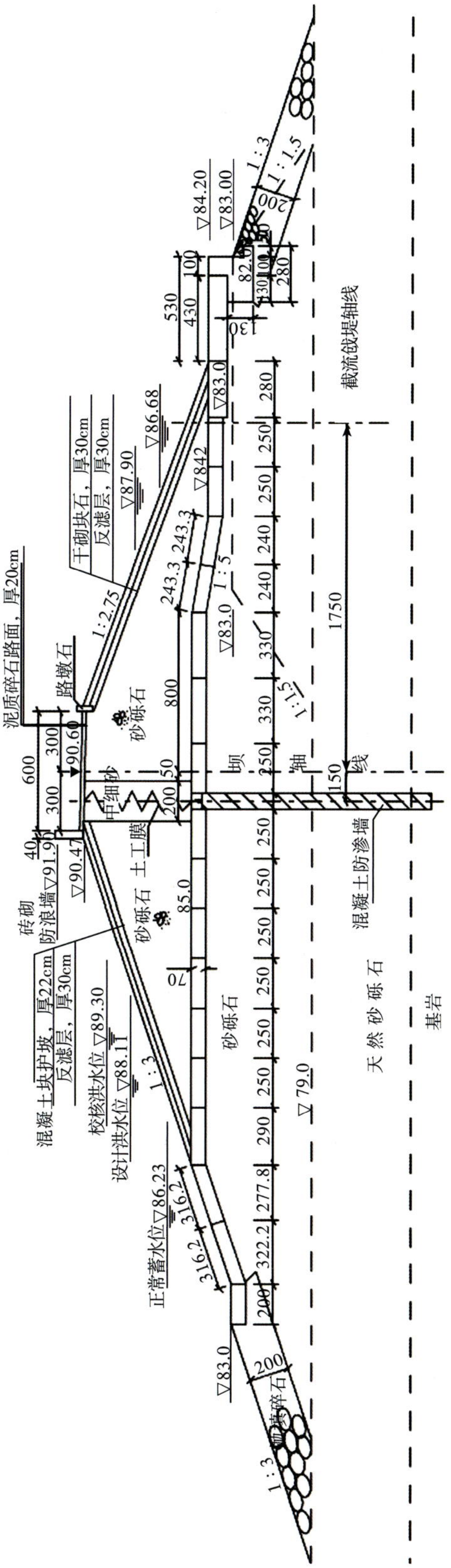

图6 主河床非常溢洪道横剖面（高程单位：m，尺寸单位：cm）

2.7.4 非常溢洪道口门尺寸的确定

非常溢洪道口门尺寸的确定，是在满足泄洪能力要求的前提下，选定合适的堰顶高程和口门宽度，经水工模型试验确定。在一般情况下，堰顶高程和口门宽度成正比，但堰顶高程的确定，是本工程设计中主要考虑的因素。拟定堰顶高程考虑了以下因素：

1)合适的单宽流量。当启用非常溢洪道时，通过爆破引冲，成为自溃式溢洪道，堰顶高程高，单宽流量小，坝体自溃速度慢，当洪水超过150年一遇时，可能达不到顺利分洪的要求。堰顶高程低，单宽流量大，对破坝分洪有利，但会增加消能防冲保护工程的难度。

2)兼顾通航要求。枢纽上游最低通航水位为84.37m，在非常溢洪道启用后，工程修复正常运用前，不中断正常通航。

3)非常溢洪道启用后，仍能维持一定的发电水头，获得最大发电效益。

根据以上要求，经不同方案水工模型试验，非常溢洪道堰顶高程确定为85.00m，溢洪道堰顶宽415.60m。

2.7.5 非常溢洪道流态及消能防冲问题

非常溢洪道破坝过水后，下泄总流量增大，坝下游水位随之上涨，高程变幅为86.68～87.90m。而上游水位维持在校核洪水位89.30m。在这过程中泄水闸和非常溢洪道的过流能力处于动态调整状态，表现为随着下泄流量增加下游淹没度增加，位于主河道左岸的23孔泄水闸过流能力将减少，而非常溢洪道的下泄量增大。非常溢洪道设计上要求较好地解决上下游水流衔接问题，能够适应下游水位变幅，使下泄水流形成面流流态，才有利于保护非常溢洪道坝脚免受冲刷。

试验表明，当洪水流量达到300年一遇时，冲刷在坝坡脚下游30～60m范围内发生，并有部分砂砾石被回流带向上游，在堰坎后形成淤积，稳定状态下，冲坑最深处在下游坝坡脚后35～54m，最低冲刷高程76.80m，最大冲坑深2.7m。从冲坑形态及其形成过程看，非常溢洪道坝下冲刷不会威胁坝体安全。根据不同堰面型式试验比较后选择堰型参数。

2.7.6 坝体结构设计

主河床土石坝为砂砾石填筑，其中高程83.00m以下采用水下抛填施工，高程83.00m以上填筑碾压，高程85.00m以下为混凝土防渗墙，深入黏土岩高程72.00m，在防渗墙顶高程85.00m以上采用复合土工膜(PVC二布一膜)心墙防渗。

根据试验测定，过流时堰面动水压力近似于水面线水头，溢流面混凝土板块抗浮稳定主要决定于泄洪时堰顶水面线跌落产生的水头差对面板形成的顶托力，溢流面尾部平台有类似于消力池作用，面板厚度为90cm，尾坎采用重力墩形式。并加强防冲措施，在上下游坡脚抛投大块石保护，溢流面进出口两侧主河床土石坝坝坡20m长度浇筑混凝土护坡。

溢流面上部复合土工膜心墙两侧采用2m厚中细砂保护，左右两侧与主河床土石坝复合土工膜心墙连接，在两边侧墙留槽口，分设混凝土连接接头，避免非常溢洪道冲溃时，破坏两边主河床土石坝的坝体防渗体系。

2.7.7 破坝分洪措施

非常溢洪道分洪采用在坝体内预留炸药室，爆破引冲自溃分流的方式。要求爆破后形成一定的初始流量和流速，炸药室设计采用竖井式，布置两排，沿坝轴线方向间距 20m，第一排在坝轴线上游 3.6m，炸药室为 53cm 中空立方体，底部高程 87.19m；第二排在坝轴线下游 2.5m，炸药室为 57cm 中空立方体，底部高程 87.32m。炸药室导井为直径 20cm 混凝土圆管，在坝顶设置盖板封闭。

3 结　　语

(1)积极引进吸收国际先进技术创新发展

王甫洲水电站是国内第一座采用国际先进技术建成的大型灯泡贯流式水电站，已投入运行 20 余年，机电设备长期运行稳定，主设备完好率 100%，发电效益显著，取得了良好的社会效益和经济效益。

(2)独特的枢纽总体布置最优化地满足了工程开发任务

针对电站低水头、大流量的特点，利用河道分汊的天然条件，总体布置因地制宜、因势利导和协调各建筑物的关系，满足了枢纽本身任务和运行安全，实现了降低造价、施工方便和提前发挥经济效益。

(3)先进的设计理念和创新意识

开创了在国内斜墙式土石坝防渗工程中土工合成材料大面积应用的先例。

(4)环保效益显著

围堤填筑所需的 510 万 m^3 砂卵石料全部来自电站和泄水闸的开挖料，直接上坝填筑，利用料与开挖弃渣平衡，不仅免除了围堤砂卵石填筑料和防渗黏土料大量开采带来的耕地减少和环境问题，还节约了开挖弃渣占地 3000 亩，环保效益显著。

撰稿/翁建良、姜瑶、雷长海

三里坪水利枢纽

▲ 三里坪水利枢纽

三里坪水利枢纽位于汉江中游右岸一级支流南河干流中游，是南河干流规划 13 个梯级中的第四级，是国家和湖北省人民政府确定的“房县扶贫和汉江防洪”重点工程。工程以防洪、发电为主，兼顾航运、水产养殖、灌溉、旅游等综合效益。

1 工程概况

三里坪水利枢纽位于汉江中游右岸一级支流南河干流中游，坝址在湖北省房县境内三里坪村下游约 1.0km、李子沟口上游 490m 处的链子崖，坝址控制流域面积为 1964km^2。

三里坪水库正常蓄水位 416.00m，校核洪水位 418.50m，水库总库容 4.99 亿 m^3，调节库容 2.11 亿 m^3，防洪库容 1.21 亿 m^3，工程等别为 Ⅱ 等 大（2）型。枢纽由大坝、泄洪消能建筑物、右岸引水式地下电站和地面开关站等主要建筑物组成。大坝为碾压混凝土双曲拱坝，最大坝高 141m。坝身布置 3 个 12m×8m（宽×高）泄洪表孔和 2 个 5m×7m（宽×高）泄洪中孔组成泄洪建筑物，坝后采用“护岸不护底”天然水垫塘消能；引水式地下电站布置于右岸，输水线路采用引水隧洞接一岔二压力钢管的布置型式。电站主要建筑物由岸塔式进水口、引水隧洞、压力钢管、主厂房洞室群、尾水隧洞 、尾水渠等组成。电站总装机容量 70MW（2×35MW），保证出力 12.4MW，多年平均年发电量 1.834 亿 kW·h，年利用小时数 2620h。电站采用 1 回 110kV 线路接入房县 220kV 变电站，输电距离约 34km。电站地面 110kV 开关站布置在进厂交通洞口的进厂公路旁，通过出线洞与地下厂房连通。工程主要技术指标见表 1。

表 1　　三里坪水利枢纽工程主要技术指标

序号	名称	数量及特性
1	地点（省/区、县/市）	湖北省房县
2	河流	南河
3	准备/正式开工时间	2006 年/2008 年
4	计划/全面完工时间	2002 年/2014 年
5	工程等别	Ⅱ等大(2)型
6	大坝级别	2 级
7	工程完成投资（亿元）	11.64
8	坝址以上流域面积（km^2）	1964
9	多年平均年径流量（亿 m^3）	8.77
10	多年平均流量（m^3/s）	27.8
11	设计标准洪水流量（P=0.2%，m^3/s）	5340
12	校核标准洪水流量（P=0.05%，m^3/s）	6620

续表

序号	名称	数量及特性
13	多年平均悬移质年输沙量(万 t)	70.2
14	多年平均推移质年输沙量(万 t)	10.5
15	校核洪水位(m)	418.5
16	设计洪水位(m)	416.3
17	正常蓄水位(m)	416
18	总库容(亿 m^3)	4.99
19	正常蓄水位以下库容(亿 m^3)	4.72
20	调节特性	多年
21	装机容量(MW)	70
22	保证出力(P=90%,MW)	12.4
23	多年平均年发电量(亿 kW·h)	1.834
24	年利用小时数(h)	2620
25	坝型	碾压混凝土双曲拱坝
26	地震基本烈度/设防烈度(度)	Ⅶ/Ⅶ
27	最大坝高(m)	141
28	坝顶长度(m)	284.61
29	溢流表孔孔数(孔)	3
30	单宽流量(m^3/(s·m))	48.14
31	消能方式	挑流
32	泄洪中孔孔数(孔)	2
33	单宽流量(m^3/(s·m))	195.8
34	校核泄洪流量(m^3/s)	4583
35	设计泄洪流量(m^3/s)	3691
36	大坝混凝土总方量(万 m^3)	40.95
37	地下主厂房尺寸(长×宽×高,m×m×m)	70.2×17.2×41.3

三里坪水利枢纽工程参建单位如下:建设单位为湖北能源集团房县水利水电发展有限公司,设计单位为长江勘测规划设计研究有限责任公司,监理单位为湖北腾升工程管理有限责任公司,主要施工单位为中国水电建设集团十五工程局有限公司(大坝)、中国葛洲坝集团第五工程有限公司(厂房)。

2 建设背景及建设意义

2.1 建设背景

鄂西北山区水能资源丰富，生态环境良好，但基础设施较为薄弱，经济发展相对落后。房县作为国家级贫困县，为促进当地经济发展提出了开发区域水能资源的举措。三里坪水利枢纽工程作为南河干流规划的龙头水库，是房县内装机容量最大的水电站，建成后可发挥重要的社会效益，为当地提供充足的清洁能源，带动当地工业、农业的发展，帮助地方县市成功脱贫，对地方经济发展有着持续推动的作用。因此，三里坪水利枢纽工程作为国家和湖北省人民政府确定的“房县扶贫和汉江防洪”重点工程得以开发建设。

2.2 建设意义

(1)汉江整体防洪体系的重要组成部分

根据汉江流域防洪规划目标和谷城县(南河段)防洪预案，防洪为三里坪水利枢纽工程的首要任务。三里坪水库总库容4.99亿m^3，调节库容2.11亿m^3，防洪库容1.21亿m^3，是南河8级开发的龙头水库。

根据防洪任务要求，三里坪水库防洪标准与汉江中下游防洪标准一致，即防御1935年同级大洪水(相当于100年一遇洪水)；同时也兼顾南河下游谷城县防洪，根据谷城县防洪预案，其防洪标准为50年一遇。在确保枢纽建筑物防洪安全的前提下，对入库洪水拦洪削峰，解决下游谷城县、襄阳市和汉江中下游1935年以内的洪水。

三里坪水库防洪的主要对象为汉江中下游，水库控制了南河主要洪水来源，可提高南河下游特别是谷城县城的抗洪能力。其配合丹江口水库运用，也可有效减少汉江中下游分蓄洪量。

(2)支援地方经济社会发展效益显著

房县是国家级贫困县，要根本改变贫困的面貌，必须充分发掘自身的资源优势。房县地理位置特殊，水电是可优先开发的最大资源优势。三里坪水电站作为房县内装机容量最大的水电站，建成后发挥了重要的社会效益——每年为房县提供1000万元左右的稳定税收，支援了地方经济社会发展，也为当地提供了充足的电力清洁能源，带动当地工业、农业的发展，帮助地方县市成功脱贫，对地方经济发展有着持续推动的作用。

兴建三里坪水库后形成了约15000亩水面，利用库区发展水库养殖，改善了当地产业结构，增加了就业机会，也发展了经济，提高了当地生活水平。

建库后形成了30km长的深水航线，发展航运，辐射周围地区，改善了库区交通条件。三里坪水库临近旅游胜地——神农架自然保护区，建库后打造的水库区平湖风景，也为当地带来了良好的旅游效益与社会效益。

(3)提供清洁能源,保护环境效益突出

三里坪水利枢纽工程每年可节约标准煤5.74万t,减少二氧化碳排放量14.36万t,对节能减排和治理大气污染作用显著。

综上所述,三里坪水利水电枢纽对汉江中下游河段防洪,库区发挥养殖、航运、旅游等社会效益和节能减排环境效益等有重要作用,对改变当地经济落后的面貌、促进地区可持续发展具有极为重要的意义。

3 勘测设计方案

3.1 勘测设计概况

(1)流域水电开发规划概况

1978年,湖北省水利水电勘测设计院对南河流域进行了全面普查,1989年该院完成了《南河流域水电开发规划报告》。三里坪水利枢纽工程是南河13个梯级电站中的第四级,其上游梯级为马桥水电站,下游梯级为寺坪水电站。1990年,湖北省水利厅以鄂水电〔1990〕225号文批复了《南河流域水电开发规划报告》。

(2)三里坪水利枢纽工程勘察设计概况

1996年,湖北省水利水电勘测设计院完成了《湖北省房县三里坪水利枢纽工程项目建议书》;同年,湖北省计划委员会对该项目建议书以〔1996〕0289号文件作出批复。

1998年11月,湖北省水利水电勘测设计院完成了《湖北省房县三里坪水利枢纽工程可行性研究报告》(以下简称《可研报告》)。受原湖北三里坪水利水电发展有限责任公司委托,2000年6月长江勘测规划设计研究院编制完成了《可研报告》附件——《湖北房县三里坪水利枢纽工程可行性研究防洪专题报告》。《可研报告》的主要结论有:①选定链子崖为工程建设的坝址;②确定基本坝型为拱坝;③基本选定水库正常蓄水位为416m,防洪汛限水位为403m/412m(夏/秋)。2000年6月水利部水利水电规划设计总院、2003年2月中国国际工程咨询公司等对《可研报告》及附件进行了审查及评估,2004年8月国家发展和改革委员会以发改农经〔2004〕1800号文对《可研报告》进行了批复。

2004年6月,湖北三里坪水利发展有限责任公司委托长江勘测规划设计研究有限责任公司完成了三里坪水利枢纽工程初步设计工作。初步设计在可研选定基本坝型的基础上,综合分析了我国碾压混凝土拱坝发展现状,选定碾压混凝土拱坝作为河床大坝型式。由于坝址区上、下游均存在深切冲沟,坝线的选择范围不大。若坝线下移,下游冲沟切割形成临空面,对坝肩稳定不利;坝线上移,地形逐渐变缓,地质条件变差。在有限的坝线选择范围内比较了上、下两条坝线后,最终确定了下坝线作为拱坝坝线。

初步设计泄洪布置主要比较了“坝身表孔＋岸边泄洪洞”和“坝身表孔＋中孔”集中泄洪方案。“坝身表孔＋岸边泄洪洞”泄洪建筑物布置方案能满足泄洪建筑物布置要求，且有利于碾压混凝土大坝快速上升。但由于地质勘察发现三里坪水利枢纽工程在拱坝上游与导流隧洞之间的右岸河间地块岩性主要为寒武系下统石牌组粉砂质、钙质页岩（$Є_1sp^2$），其岩石风化深厚，地质条件很差，将带来岸边泄洪洞防护工程量大且成洞困难等问题。由于三里坪坝址区右岸水工布置的场地有限，导流洞改建或附近布置泄洪洞，又存在出口水流直冲对岸的水力学问题；综合考虑泄洪洞布置场地、水力学条件、地质条件及投资等因素，泄洪布置最终选择“坝身表孔＋中孔”集中泄洪方案。

在初步设计阶段水电站厂房布置主要比较了“地面厂房”和“地下电站厂房”方案。由于地面厂房方案主体部分均在下游寺坪水电站水位 315m 以下，厂房基坑开挖最大深度达 30m 以上，并有厚度较大的砂卵石、碎块石等，开挖时存在深基坑开挖问题。同时为保证电站安全建设，施工期必须对地面厂房深基坑采取防渗措施，运行期为确保厂区建筑物建设及运行安全，势必需要沿河道布置防洪墙，对覆盖层及强透水岩体的防渗处理工程量大。地面厂房还存在厂房后边坡的近 70m 高边坡加固处理问题。地下厂房布置在右岸山体中部，所处围岩为Ⅱ、Ⅲ类岩体，考虑山体单薄，地下厂房选择将三大洞室中主变及 GIS 移至洞外、不设尾水调压室，仅保留主厂房洞室的单洞式厂房，减小了洞室尺寸及规模，通过工程措施可以解决局部洞室的不稳定块体问题及岩溶渗水问题。施工期仅尾水出口建筑物施工会受寺坪水库水位的短期影响，不需要设置防洪墙，较好地回避了寺坪水库水位蓄水对施工的不利影响；可以多个施工面同时开展施工，施工工期得以保证。综合比较后最终选取了“地下电站厂房”方案。

2007 年 8 月，湖北省水利厅在武汉主持召开了《湖北省房县三里坪水利枢纽工程初步设计报告》审查会并以鄂水利电复〔2007〕253 号文对初步设计报告做出批复。2008 年 1 月，湖北省水利厅以鄂水利建复〔2008〕72 号文批复三里坪工程正式开工。

3.2 枢纽布置及主要建筑物

南河自南向东流经三里坪工程坝址，在平面上呈现近向南北倒置的“U”字形，三里坪工程枢纽布置因地制宜地选择在河床布置大坝，在河势转弯的右岸河间地块布置引水发电系统，裁弯取直使引水建筑物线路最短，适应了地形条件。经过枢纽建筑物布置研究，选定的工程枢纽布置格局为：河床布置碾压混凝土双曲拱坝，最大坝高 141m。坝身布置 3 个 12m×8m（宽×高）泄洪表孔和 2 个 5m×7m（宽×高）泄洪中孔组成泄洪建筑物，坝后采用“护岸不护底”天然水垫塘消能；右岸布置引水式地下电站和导流隧洞。

工程泄洪采用大坝坝身泄洪，共设 3 个泄洪表孔和 2 个泄洪中孔。泄洪表孔堰顶高程为 408.0m，孔口尺寸为 12m×8m（宽×高）。中孔布置于表孔闸墩下方，在平面上沿泄洪轴线与表孔相间布置，其中心线与表孔闸墩中心线重合。中孔采用有压孔，孔底高程为 360.0m，出口控制断面孔口尺寸为 5m×7m（宽×高）。3 个表孔和 2 个中孔均采用挑流消能。根据地形地质条件及下游寺坪水库正常蓄水位 315m 形成的深水位条件，坝后采用护岸不护底的天然水垫塘消能防冲形式。

引水发电系统布置于右岸，采用地下电站。主要建筑物由进水口、引水隧洞、地下厂房、尾水隧洞、尾水出口等组成。进水口设单个独立的进水塔，采用岸塔式结构，顺流向依次布置有拦污栅、检修闸门等，进水塔尺寸为 15.3m×13.0m×42.7m（长×宽×高）；引水隧洞采用两机一洞布置，由上平段、上弯段、竖井段、下弯段、下平段等组成，主管直径 5.50m，支管直径 3.2m，引水隧洞长 227.84m；地下厂房洞室群由主厂房、母线洞、出线洞、交通洞等组成，其中，主厂房尺寸为 70.2m×20.0m×45.0m（长×宽×高），采用喷锚支护，锚杆直径 25mm，长度为 6m、4.5m 的间隔布置，间排距 1.5m×1.5m，喷混凝土厚 15cm；尾水隧洞采用单机单洞平行布置，长度分别为 139.60m、127.85m，断面为城门洞形，尺寸为 4.2m×5.3m（宽×高）；尾水出口设 2 个独立的尾水塔，分别布置于 2 条尾水洞出口，尾水塔采用岸塔式结构，布置尾水隧洞检修闸门，尾水塔尺寸为 9.4m×10.0m×26.0m（长×宽×高）。

枢纽防渗采用以石牌组隔水岩体作为防渗线路的终端依托，防渗线路沿坝轴线向两岸延伸一定长度后，均拐向上游接石牌隔水层。为了减少水库蓄水后对厂房及大坝的渗透压力，右岸 360m 高程灌浆平洞延长约 39.6m 接石牌组相对隔水层；右岸 420m 高程灌浆平洞增加一段折向山里的平洞进入新鲜完整的页岩隔水层，增加洞长约 117m。防渗线路总长约 670m。为降低幕后扬压力，增加大坝坝基及拱座抗滑稳定性，排除坝基幕后渗水和两岸山体来水，在坝基及两坝肩附近设置排水幕。并根据地下厂房总体布置及围岩地质条件，在地下厂房洞室外围岩体内设置厂外封闭帷幕及由排水洞与洞内排水孔组成的厂外排水系统。排水洞在平面上呈“口”字形围绕在主厂房及主变洞外，总长约 360m。

导流洞亦布置在右岸，进口高程 306.00m，出口高程 304.00m，洞身尺寸为 7m×9m（宽×高），下闸蓄水时采用混凝土封堵。

工程按库容划分为Ⅱ等大(2)型工程，主要建筑物级别为 2 级（图 1）。混凝土拱坝、电站进水口、导流洞永久堵头按 500 年一遇洪水设计，2000 年一遇洪水校核，相应洪峰流量分别为 5340m^3/s、6620m^3/s；电站厂房按 100 年一遇洪水设计，500 年一遇洪水校核，相应洪峰流量分别为 3890m^3/s、5340m^3/s。坝后消能防冲的洪水标准按 50 年一遇洪水设计，相应洪峰流量为 3260m^3/s。三里坪水利水电枢纽坝址区的地震动峰值加速度为 0.10g（50 年超越概率 10%），地震动反应谱特征周期为 0.35s，相应的地震基本烈度为Ⅶ度，抗震设防类别为乙类，采用基本烈度作为设计烈度。

3.3 建设过程

该工程于 2006 年 7 月正式开工，2007 年 11 月河床截流，导流洞过水。2008 年 3 月地下电站厂房开工，2008 年 6 月大坝碾压混凝土开始施工，2011 年 3 月完成水库下闸蓄水验收。电站 1#、2# 机组相继于 2011 年 9 月和 2012 年 1 月投产发电。2014 年 4 月全面完工。

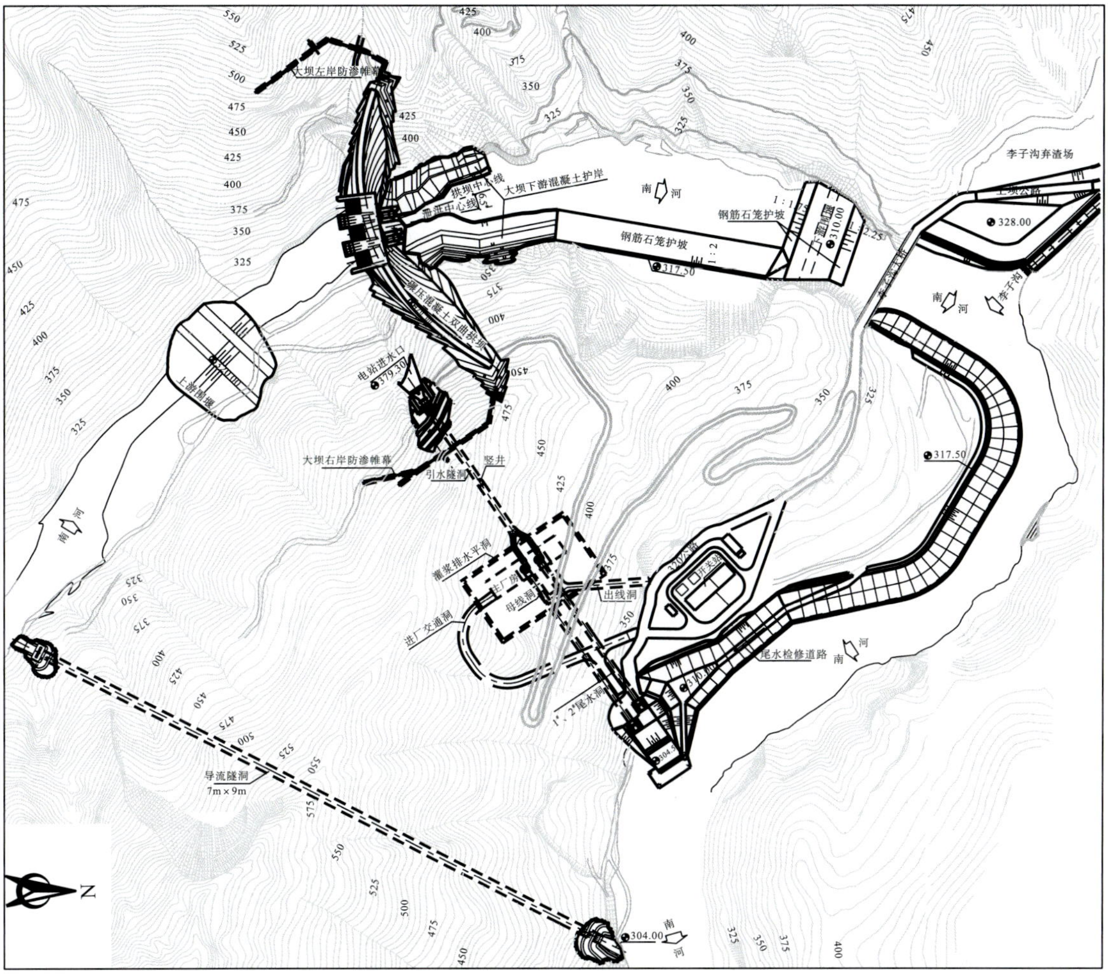

图 1　湖北房县三里坪水利枢纽工程枢纽布置图(单位:m)

4　工程特点及科技创新

4.1　工程特点及技术难题

三里坪水利枢纽工程在峡谷地形与"U"形河道河间地块工程区选择了高薄碾压混凝土拱坝和地下厂房的开发方案。由于坝址区处于秦岭褶皱系与扬子准地台两大构造单元接壤部位的大巴山—大洪山台缘坳褶带内、区域性青峰断裂与阳日断裂之间,构造环境复杂。表现为河谷地形差异大,岩溶发育强烈、存在顺河向断裂和缓倾裂隙极为发育等不利地质结构。电站地下厂房布置于复杂构造背景下的河湾地块岩溶化单薄山体中,厂区山体最小跨度约 170m,加之复杂的岩层褶皱构造背景及广泛分布的岩溶层位限制,地下厂房洞室群的布置空间狭小。因此,三里坪水利枢纽工程存在复杂地质构造背景下的碾压混凝土拱坝体形设计及坝肩基础处理、"U"形河道河间地块单薄山体建设地下厂房设计及渗控处理等技术难题。

(1)考虑碾压混凝土层面影响的高薄拱坝整体安全控制的技术难题

碾压混凝土拱坝是20世纪80年代末期发展起来的新坝型,具有施工工艺简单、施工速度快、水泥用量少、水化热温升低、筑坝材料省和坝基坝肩开挖少等优点,在水利水电工程中得到广泛应用。但碾压混凝土筑坝存在一突出缺点就是碾压混凝土筑坝采用超干硬性无坍落度混凝土,大面积薄层连续浇筑,层面振动碾压的施工方法,碾压混凝土层面结合相对较弱,导致水平向与竖向力学性能不同,在其应用于百米级碾压混凝土高薄拱坝设计时,含大量层面的碾压混凝土高薄拱坝整体安全度如何得到保证,是大坝体形和结构设计必须要解决的首要问题。

(2)复杂地质构造背景下的拱坝坝肩基础处理技术难题

三里坪拱坝最显著的特点和难点就是两岸拱座地质条件受地质构造作用影响,左岸坝肩缓倾角裂隙极为发育,右岸一系列顺河向小断层发育。图2为三里坪工程建成以前的左岸自然边坡高程305～330m近岸坡地段发育长大缓倾角裂隙密集带,裂隙连通率达100%。经左岸拱座抗滑稳定分析计算,当随机块体的底滑面处于高程305～318m时,块体抗滑稳定安全系数不满足规范要求,如何针对性地提出合适的坝基工程处理措施是三里坪工程拱坝设计所面临的又一技术难题。

(a)左岸高程305～330m缓倾角裂隙密集带　　(b)缓倾角裂隙泥膜充填

图2　三里坪拱坝左岸缓倾角裂隙及裂隙泥膜充填

(3)狭窄河谷碾压混凝土高薄拱坝坝身高泄洪功率和坝后高单位水体消能率的泄洪消能设计技术难题

三里坪碾压混凝土双曲薄拱坝采用"3个表孔+2个中孔"集中泄洪,最大泄量$4583m^3/s$,泄洪最大水头102.2m,泄洪功率约4595MW,坝后消能区最大单位水体消能率达$10.4kW/m^3$。在国内已建碾压混凝土拱坝同类工程中(表2),工程泄洪消能的水力学指标属较高水平,给泄洪消能建筑物设计带来一定难度。

前期设计过程中，三里坪水利枢纽工程坝下消能防护设计方案主要分析比较了“人工混凝土水垫塘＋二道坝”和“护岸不护底”天然水垫消能两种方案。从国内外高拱坝泄洪消能实践看，在大坝下游设置“人工混凝土水垫塘＋二道坝”来加大下游水垫，提高抗冲能力，安全可靠。但该方案实际运行时需要多次抽干检查维修，运行管理不太方便。设计通过分析三里坪坝址处下游水位受寺坪水电站水位顶托的影响，坝下消能区下游水深一般均大于26m，水垫深度较大。同时泄洪布置上通过上部3个不同角度挑跌流的泄洪表孔和下部2个泄洪中孔实现表中孔泄水空中碰撞消能后再各水舌分散入水，空中消能充分，减轻了对下游河床冲刷，因此坝下消能有取消“人工混凝土水垫塘＋二道坝”的可能性。“护岸不护底”天然水垫塘方案经济性较高，但安全度不如人工混凝土水垫塘方案。下游寺坪水库高水位运行时三里坪大坝下游水垫深度较大，坝身下泄水流形成的冲坑离大坝坝脚较远，冲坑发展对坝脚和两岸岸坡影响不大。为确保消能建筑物的运行安全可靠，管理方便，设计经泄洪布置优化调整和分析寺坪低水位运行对三里坪坝后消能区的冲坑发展影响，在消能区两岸采用混凝土护岸防护，防止冲坑发展影响两岸岸坡坡脚，可保证消能建筑物安全运行。这样很好地解决了碾压混凝土高薄拱坝坝身大泄量情况下的狭窄河谷高薄碾压双曲拱坝泄洪消能建筑物设计技术难题。该“护岸不护底”的天然水垫消能防冲方案较经济地解决了碾压混凝土薄拱坝坝身大泄量和高单位水体消能率的坝后消能防冲难题，节省了工程投资。国内部分已建碾压拱坝坝身泄洪及消能防冲设计方案调研情况见表2。

表2　　国内部分已建碾压拱坝坝身泄洪及消能防冲设计方案调研表

工程名称	坝高(m)	泄洪方案	坝身最大泄量(m^3/s)	水头(m)	坝身泄洪功率(MW)	消能防冲设计方案
龙首	80	2表孔＋3中孔＋1冲沙孔	2982	51.8	1514	短护坦＋末端高尾坎
招徕河	105	3表孔	2815	100	2759	挑流消能，天然河床防冲
白莲崖	104.6	3滑雪道式中孔＋1泄洪洞	4080	74	2962	挑流消能，天然河床防冲
天花板	107	3表孔＋2中孔＋1排沙孔	5046	70	3440	短护坦＋两岸护坡
立洲	132	2表孔＋1中孔	1975	90	1743	挑流消能，天然河床防冲
大花水	134.5	3表孔＋2中孔	5965	89	5223	短护坦＋两岸护坡＋二道坝
三里坪	141	3表孔＋2中孔	4583	102	4589	无护坦、无二道坝的“护岸不护底”天然水垫塘

（4）高尾水位衔接重叠问题、单薄河间地块复杂地质条件下的引水式地下电站设计技术难题

1）高尾水位衔接重叠问题。

三里坪水利枢纽工程位于寺坪水电站的上游，两者分属十堰市房县和襄阳市保康县，因

河道蜿蜒，县界交错，两水库对两县互有淹没损失，建设方案争执历史很长。根据两工程在可研阶段的推荐方案，寺坪水电站正常蓄水位 315m，将与三里坪水电站正常尾水位 301m（下坝址）重叠深达 14m（占设计水头的 14%），对三里坪水电站电力电量效益影响较大。后经省市上级主管部门的多次协调，本着“尊重历史、服从规划、团结治水、共谋发展、友好协商、互惠互利”的合作、促进精神，两工程仍维持可研阶段推荐的水位方案，寺坪水库则按正常蓄水位 315m 方案先期动工建设。为此，后期建设的三里坪水电站在设计上存在正常尾水位重叠 14m 的不利条件。

为解决三里坪水电站与下游寺坪水电站在设计上存在正常尾水位重叠 14m 的不利条件，前期设计阶段通过“地面厂房”和“地下厂房”方案布置比较后认为：地面厂房方案主体部分均在下游寺坪水电站水位 315m 以下，厂房基坑开挖最大深度达 30m 以上，并有厚度较大的砂卵石、碎块石等，开挖时存在深基坑开挖问题。同时为保证电站安全建设，施工期必须对地面厂房深基坑采取防渗措施，运行期为确保厂区建筑物建设及运行安全，势必需要沿河道布置防洪墙，对覆盖层及强透水岩体的防渗处理工程量大。地下厂房布置在右岸山体中部，所处围岩为Ⅱ、Ⅲ类岩体，考虑山体单薄，地下厂房选择将三大洞室中主变及 GIS 移至洞外、不设尾水调压室，仅保留主厂房洞室的单洞式厂房，减小了洞室尺寸及规模，通过工程措施可以解决局部洞室的不稳定块体问题及岩溶渗水问题。施工期仅尾水出口建筑物施工会受寺坪水库水位的短期影响，不需要设置防洪墙，较好地回避了寺坪水库水位蓄水对施工的不利影响；可以多个施工面同时开展施工，施工工期得以保证。综合比较后最终选取了“地下厂房”方案。

2）单薄河间地块复杂地质条件下的地下厂房设计难题。

电站引水发电系统所处的右岸山体，其进水口岸坡陡峭，山峰顶呈“尖棱状”，山脊近顺河向，高程 360m 以下坡角为 70°、以上为 45°左右，为典型的河流深切峡谷地貌。厂区内地质构造作用强烈，褶皱、断裂为一系列近东西向的线状、尖棱状的歪斜褶皱及与之平行的断裂构造，构成其总体构造格局。厂区内常见小规模的缓倾压性或压扭性断层、裂隙，剖面上表现为共轭的压性或压扭性的“X”形破坏面，受褶皱、断裂的控制及滑脱作用的影响，岩层产状变化较大，倾角较陡。

地下厂房洞室群布置于复杂构造背景下的河间地块岩溶化单薄山体中，山体地面高程 400～446m，河间山体最小跨度约 170m，主厂房洞室埋深 72～118m（主厂房洞室顶拱高程 328.00m 以上），复杂的岩层褶皱构造背景及广泛分布的岩溶层位限制，形成了地下厂房洞室群布置空间狭小、制约极大的特点。

上述复杂的地质构造背景及广泛分布的可溶岩，以及蓄水以后的高水头及流域规划而造成的水位重叠（水位重叠达 14m）影响，极大地增加了地下厂房方案的设计难度及决策风险。

（5）单薄河间地块拱坝防渗和引水式地下电站防渗设计技术难题

三里坪水利枢纽工程右岸河间地块三面环南河，山体单薄，其在大坝坝顶高程的岩体厚度仅 170m，地下电站建筑物布置在该河间地块中，工程坝区河谷地貌形态示意图见图 3。右岸河间地块在地质构造上为一套连续向上游倒转的紧密褶皱，从下游至上游分别为李子沟口背斜、链子崖向斜、三道坪背斜及三里坪向斜。大坝至右岸地下厂房电站为连续的 NEE 向三道坪背斜以及三里坪向斜一翼，三道坪背斜核部出露碳酸盐岩水井沱组（$\epsilon_1 sj$），两翼为石牌组（$\epsilon_1 sp$）。大坝右岸至石牌隔水层之间，分布有天河板组下段（$\epsilon_1 t^1$）弱岩溶化层组，存在岩溶裂隙型渗漏，影响大坝渗控稳定并直接威胁到地下厂房，是工程防渗的难点。

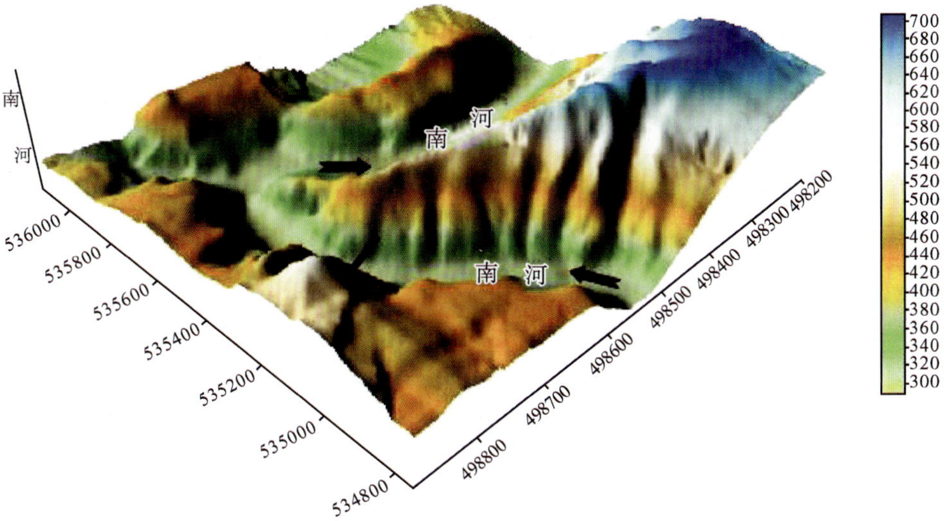

图 3　三里坪水利枢纽工程坝址区河谷地貌形态示意图（单位：m）

4.2　科技创新

4.2.1　考虑碾压混凝土层面影响的坝体安全控制技术

建立了碾压混凝土高薄拱坝“强拱弱梁”设计理论、体形优化设计方法和控制标准，解决了含大量层面的碾压混凝土高薄拱坝整体安全控制的技术难题。

4.2.1.1　“强拱弱梁”设计理论与体形优化设计方法

碾压混凝土采用大面积薄层碾压施工，坝体内因存在众多碾压层面而导致水平向与竖向力学性能不同，且竖向强度较低。经过大量理论分析和研究，在传统拱梁分载法的基础上，提出碾压混凝土薄拱坝“强拱弱梁”设计理论及体形优化设计方法，通过加大水平拱圈中心角调整拱梁承载比例，以增大拱向受力，通过减小竖向悬臂梁倒悬度，减小梁向拉应力，适应了碾压混凝土坝水平向与竖向力学性能存在差异的显著特征。

4.2.1.2　设计控制标准

基于大量工程试验资料和细观力学数值分析，在拱坝常规应力和稳定设计标准的基础上，提出“强拱弱梁”体形优化设计方法相应设计标准。

(1)水平拱圈最大中心角

最大中心角在95°～110°选取(常态混凝土拱坝中心角一般不大于95°)。

(2)竖向悬臂梁倒悬度

控制倒悬度不大于0.2(《混凝土拱坝设计规范》(SL 282—2003)规定坝体倒悬度不大于0.3)。

(3)梁向拉应力

控制运行期梁向拉应力不超过0.9MPa(《混凝土拱坝设计规范》(SL 282—2003)未对运行期坝体梁向拉应力进行控制)。

4.2.2 坝基复杂地质缺陷的综合处理技术

在河谷地形地质差异显著、缓倾及陡倾不利结构面极为发育、复杂地质构造背景条件下,采用6m×17m超大规模系列抗剪洞群的坝基处理技术,成功解决了拱坝坝肩沿高程大规模连续分布缓倾角裂隙的拱坝坝基处理技术难题,成功设计了坝高141m、厚高比0.17的碾压混凝土双曲薄拱坝。

针对三里坪坝址区左岸沿高程305～330m大规模连续发育缓倾角裂隙的复杂地质缺陷带来的拱坝坝基处理难题,设计采取在左岸设置"6m×17m(宽×高)超大规模系列抗剪洞群"的坝基处理技术。左岸高程302～319m设置了两个横向和纵向抗剪洞组成抗剪洞群,两个横向抗剪洞洞长分别为45m、63m,洞高分别为13m、17m,洞宽6m,两个纵向抗剪洞洞长15m、洞高8m、洞宽5m。左岸抗剪洞设计最大断面尺寸为6m×17m(宽×高),最大断面面积为102m²,平面上最大混凝土抗剪面积达760m²,规模已超出国内外同类工程。左岸拱座抗剪洞施工见图4。

图4 左岸拱座抗剪洞施工

采用的超大规模系列抗剪洞群置换面积大,且能很好地适应随高程增加需要增加的抗滑力逐渐减小的趋势,处理效率高,施工简单可靠。这样成功解决了三里坪碾压混凝土双曲高薄拱坝左岸坝肩缓倾角裂隙极为发育的地质缺陷处理技术难题。

4.2.3 高薄碾压拱坝坝身表中孔集中泄洪"护岸不护底"防冲保护新技术

首次在高碾压混凝土双曲薄拱坝中采用了"护岸不护底"的天然水垫塘消能防冲型式，解决了最大单位水体消能率为 $10.4kW/m^3$ 的消能难题。

三里坪碾压混凝土双曲薄拱坝采用"3 个表孔＋2 个中孔"集中泄洪，最大泄量 $4583m^3/s$，泄洪最大水头 102.2m，泄洪功率约 4589MW，坝后消能区最大单位水体消能率达 $10.4kW/m^3$，为国内外已建工程较高水平。通过上表下中泄洪布置实现表中孔泄水空中碰撞消能充分，水舌分散，冲坑浅，减轻了对下游河床冲刷，并充分利用下游水库形成的坝后 26m 水垫深度，在碾压混凝土高薄拱坝坝身大泄量情况下首次采用"护岸不护底"天然水垫塘消能防冲保护措施，即坝后消能区仅两岸岸坡采用混凝土贴坡和护脚保护而消能区河床底部不采取任何防冲保护措施。该"护岸不护底"的天然水垫塘消能防冲型式较经济地解决了碾压混凝土薄拱坝坝身大泄量和高单位水体消能率的坝后消能防冲难题，节省了工程投资，可为同类工程的泄洪消能布置方案提供借鉴。

4.2.4 单洞式地下厂房结合深埋式尾水洞以及地下厂房多重防渗体系的设计新方法

首次采用单洞式地下厂房和深埋式尾水洞结合的设计方法，有效地解决了超薄岩溶河间地块和高尾水重叠(重叠 14m，占设计水头的 14%)条件下的地下厂房设计技术难题，充分利用了下库水位变幅区水能，增加了发电效益。

考虑地下厂房洞室群布置在地质条件复杂、山体单薄的河间地段，为减少洞室规模，地下电站设计采用单洞式地下厂房。将地下厂房三大洞室中主变及 GIS 移至洞外、不设尾水调压室，仅保留主厂房洞室，减小了洞室尺寸及规模。根据地下主厂房洞室区岩溶发育、地下水丰富的特点，对主厂房洞室采用"外围排水＋内壁固结灌浆＋表面防水棚"的防渗排水设计方案，解决了地下水滴漏严重、影响施工及运行的难题。

针对高尾水重叠深达 14m(占设计水头的 14%)的问题，通过采用深埋式尾水洞布置方案，最大限度地增大发电水头，充分利用下库水位变幅区水能，解决了上、下游电站的高尾水位重叠对三里坪电站建筑物的不利影响，同时采用特殊尾水渠体形解决了大坝泄洪对厂房尾水的冲淤影响，最大限度地增大发电水头，发电效益增加显著。

这种单洞式地下厂房与深埋式尾水洞相结合的布置方案，解决了地下厂房洞室群布置空间狭小、岩溶发育层位限制、高尾水重叠深达 14m(占设计水头的 14%)的设计技术难题。

4.2.5 超薄岩洞河间地块具有多重兼顾防护效果的岸边贴坡帷幕设计新理念

三里坪坝址处为"U"形河道，在右岸河间地块厚度仅 170m 的超薄河间地块中布置有地下厂房。为了减少绕坝渗流、降低两岸孔隙水压力，以保证岸边坝块的稳定，帷幕需要沿坝轴线向两端延伸一定距离。一般常规做法是两岸帷幕向雄厚山体延伸，接坝顶高程地下水位线或透水吕荣线。由于缺乏稳定的地下水位监测资料，采用常规的渗控设计不能适应本工程的地质特性。根据三里坪坝址的特点，设计进行了详细的研究。考虑到石牌隔水层出露在右岸岸边，为了能与石牌页岩相接，因地制宜地提出了具有多重兼顾防护效果的顺河向岸边贴坡式帷幕的理念。根据该理念，充分利用深部灰岩的隔水性，顺河向布置两岸防渗帷幕，以最短的距离向上游反接天河板组隔水页岩($\epsilon_1 sp$)。这种布置兼顾了大坝岸坡、地下厂房及河间地块的多重防渗作用，取得了良好的经济效果，并丰富和发展了超薄河湾地块的渗控设计方法。

5 运行情况及荣誉

5.1 工程运行情况

三里坪工程自2011年3月导流洞下闸蓄水以来，电站1#和2#机组相继于2011年9月13日和2012年1月3日正式并网发电，投入商业运行。三里坪工程建成以后水库最高库水位于2017年10月7日达416.28m，高于正常蓄水位416m。泄洪多次，其中2017年10月4日最大泄量794m^3/s。泄洪后对各建筑物进行了现场检查，未发现损坏。左右岸坝肩边坡稳定，电厂运行正常。

目前，大坝已经历10年的运行考验，现场检查和监测资料分析表明，枢纽各建筑物工作性态正常。

5.2 获得的主要荣誉

湖北房县三里坪水利枢纽工程获湖北省优秀工程设计二等奖。

湖北房县三里坪水利枢纽工程地质勘察荣获全国优秀水利枢纽工程地质勘察银质奖。

“百米级超薄碾压混凝土拱坝筑坝技术”荣获水利部长江水利委员会科技进步奖特等奖，三里坪水利枢纽工程作为项目研究依托项目之一。

“环境友好型碾压混凝土高薄拱坝设计与筑坝关键技术”荣获湖北省科技进步奖二等奖，三里坪水利枢纽工程作为项目研究依托项目之一。

撰稿/杨晓红、沈晓明、龚道勇、熊堃

保康寺坪水电站

▲ 寺坪水电站

寺坪水电站是南河流域的大(2)型控制性工程。工程以发电为主,兼有防洪、灌溉、水产养殖、库区航运、旅游等任务。工程不但为保康县和襄阳市提供了可持续的清洁能源,而且达到了其综合利用效益的规划目标,并促进当地经济社会发展的目的。

1 工程概况

寺坪水电站位于汉江中游右岸支流南河上段粉青河上，坝址在湖北省保康县寺坪镇肖家湾，距寺坪镇5km，距河口102.4km。

寺坪水电站是南河流域开发的控制性工程，以发电为主，兼有防洪、灌溉、水产养殖、库区航运等综合利用效益，工程规模为大(2)型。水库正常蓄水位315m，死水位294m，总库容2.69亿m^3，兴利库容(调节库容)1.45亿m^3，电站装机容量60MW，多年平均年发电量1.72亿kW·h。大坝轴线长376m，坝顶高程318.5m，最大坝高90.5m。

寺坪水电站于2004年1月正式开工，2004年11月8日顺利实现工程截流，首台水轮发电机组于2006年7月27日并网发电。

2 工程建设意义

2.1 发电

寺坪水电站装机容量60MW，保证出力15.2MW，多年平均年发电量1.792亿kW·h，建成后还可增加下游梯级的发电量和保证出力。保康县和襄阳市目前发电量比实际用电量小很多，主要依赖于湖北省网统配送电；另外，湖北省属调峰电源严重不足，需华中电网统一调配。因此无论从保康县和襄阳市的用电需要出发，还是从湖北省网的运行安全出发，寺坪水电站都是必需的。

2.2 防洪

南河是山区性河流，洪水陡涨陡落，是汉江中下游洪水的主要来源之一，目前已建和在建的工程都不能有效地解决防洪问题。从南河干流的实际情况来看，只有中游马桥至寺坪河段具有修建水库的条件。寺坪水电枢纽总库容2.69亿m^3，调节库容1.45亿m^3，调洪库容0.22亿m^3，和上游三里坪枢纽联合运行，在库水位较低、遭遇下游洪水时，可起到一定的防洪作用。

2.3 综合利用

寺坪水电枢纽还具有灌溉、水库养殖、库区航运、旅游等效益，对改善当地交通、增加就业、发展经济、提高当地生活水平、改变鄂西北贫穷落后面貌、促进地区各方面可持续发展具有极为重要的意义。

3 前期工作情况

南河流域规划工作始于20世纪50年代中期，先后由长江流域规划办公室（今水利部长江水利委员会）、中南勘测设计院等单位研究多次。1978年湖北省水利厅勘测设计院对南河流域进行全面普查并提出相应报告，1989年该院完成了《南河流域水电开发规划报告》（以下简称《规划报告》），重点研究了马桥至寺坪河段的开发方案，推荐三里坪418m和寺坪315m二级开发方案，即淹没马桥三级，干流共规划12座梯级电站。

1990年5月，湖北省水利厅以鄂水电〔1990〕225号文批复了《湖北省南河流域规划报告》："原则同意干流共规划13座梯级电站，对各梯级电站的水位衔接，在可行性研究阶段进一步分析论证。"批文指出："南河开发任务应以防洪发电为主，三里坪、寺坪和白水峪三大工程，应做好前期工作，争取早日兴建。"

1990年，保康县委托湖北省水利勘测设计院承担了《寺坪水利枢纽工程可行性研究报告》的编制工作，并于1991年7月提出相应报告。

1998年，湖北省水利勘测设计院按照国家新的现行规程、规范再次编制了《寺坪水利枢纽工程可行性研究报告》。1999年4月，湖北省水利厅组织该报告审查，并通过了该报告。

1999年7月，保康县工程业主对该项目初步设计阶段工作进行招标，长江勘测规划设计研究院（以下简称"长江设计院"）中标承担了寺坪水利枢纽工程初步设计工作。1999年11月，长江设计院完成了《寺坪水利水电枢纽初步设计报告》。

4 设计方案

1999年11月，长江设计院完成的《寺坪水利水电枢纽初步设计报告》比较了黏土斜心墙坝和混凝土面板堆石坝两种坝型，推荐采用黏土斜心墙坝。

2000年12月，湖北省计划发展委员会和省水利厅共同主持审查了该报告，对坝型方面的审查意见为："初定坝型为黏土心墙坝，但应进一步对坝体结构型式、筑坝材料、施工度汛方式及施工总进度等尽快作详细研究复核。当心墙坝的施工度汛不能满足要求时，应及时调整坝型。"

2001年11月，按照国家电力公司要求，并受葛洲坝股份有限公司委托，中国水电顾问有限公司对《寺坪水利水电枢纽初步设计报告》进行了评审，评审意见认为：两种坝型各有优缺点，在技术上都是可行的，但方案需进一步完善和优化，建议提出坝型选择专题报告，并进行专题评审，最终选定坝型。随后长江设计院根据中国水电顾问有限公司意见开展工作，于2002年1月完成《寺坪水利水电枢纽坝型比选专题研究报告》，经中国水电顾问有限公司评审，推荐大坝采用混凝土面板砂砾石坝。

4.1 枢纽布置

本工程主要建筑物由混凝土面板砂砾石坝、右岸开敞溢洪道、右岸引水隧洞、引水式地面厂房、导流洞等组成(图1)。

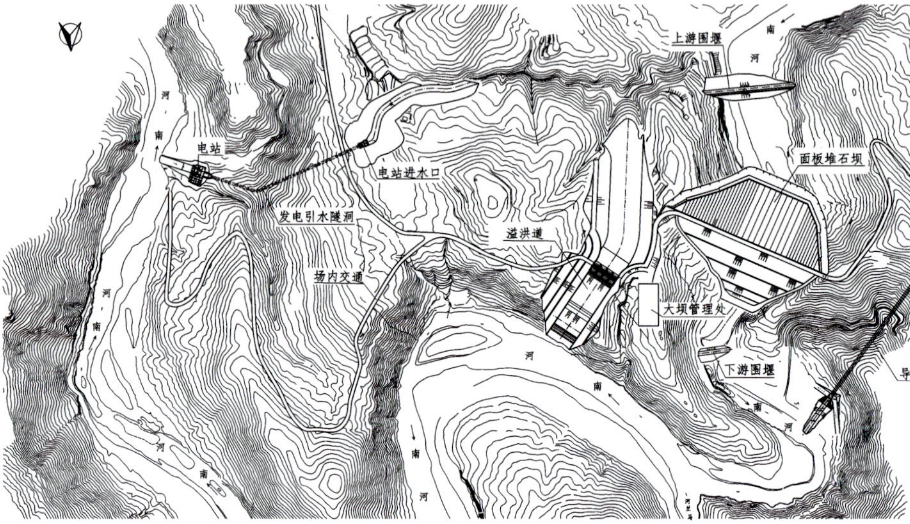

图1 枢纽布置图

混凝土面板砂砾石坝位于南河上段粉青河上，轴线总长376m。

溢洪道布置在大坝右侧大畈垭口处。溢洪道由引渠、闸室段、泄槽段和挑流鼻坎段及防冲设施等5个部分组成。

引水式电站主要建筑物有引水渠、前池、进水塔、引水隧洞、主厂房、安装场、开关站、尾水平台、尾水渠等。

导流隧洞布置在河床左岸肖家湾一带，导流洞出口布置在金竹沟下游，进口位于张家坊附近。导流隧洞进口设岸塔式进水塔，外接喇叭口。

4.2 主要建筑物

4.2.1 大坝

大坝坝顶高程318.5m，防浪墙顶高程确定为319.7m，最大坝高90.5m。

4.2.1.1 坝体断面

坝体主堆石区填筑料为天然砂砾石料，下游堆石区填筑料部分利用溢洪道开挖的弱风化下部及微新的页岩料，大坝基础河床砂砾石覆盖层采取强夯处理利用。

本工程上游坝坡综合坡比为1∶1.6，下游坝坡综合坡比为1∶1.7。

坝体断面近似梯形，坝顶宽度为8m。

4.2.1.2 填料分区

大坝填料分区从上游至下游主要为：垫层区（2A）、过渡层区（3A）、排水区（3F）、主堆石区（3B）、下游堆石区（3C）、滤水坝址区（3E）等。此外，在原河床砂砾石界面设置水平排水层，使上游排水区与下游贴坡排水体连通；在上游混凝土面板底部周边缝附近设置垫层小区（2B），在混凝土面板上游河床周边缝附近加铺粉质土铺盖和保护层（上游铺盖区），坝下游坡面采用干砌块石护坡。面板堆石坝断面及填料分区见图2。

（1）垫层区（2A）

垫层区位于面板下部，沿上游坝坡按等厚度填筑，水平向宽度为3m；垫层区采用经筛分后的天然砂砾石料，要求级配连续，最大粒径不超过80mm，小于5mm粒径含量控制在35%～50%范围内，小于0.1mm粒径含量不超过6%，压实后干密度大于22kN/m^3，设计渗透系数控制在$i\times10^{-4}\sim i\times10^{-3}$cm/s。

垫层区填筑层铺料厚度为0.4m，洒水量5%左右，重型振动碾碾压6～8遍。临近趾板及边角部位使用小型碾进行碾压，铺层相应减薄。

（2）过渡区（3A）

过渡区在垫层区与主堆石区之间，该区上游坡度（倾上游）与大坝上游坡度相同为1∶1.6，下游坡度为1∶1.1，顶部水平向尺寸为4.6m，底部（250.5m高程）水平向尺寸为36.35m。过渡区采用经料场选择的天然砂砾石料，要求级配连续，最大粒径不超过200mm，小于5mm粒径含量控制在13%～35%范围内，小于0.1mm粒径含量不超过6%，压实后干密度大于21.5kN/m^3，设计渗透系数控制在$i\times10^{-3}\sim i\times10^{-2}$cm/s，填筑层厚及碾压参数与垫层区相同。

（3）主堆石区（3B）

主堆石区采用天然砂砾石料，小于0.1mm粒径含量不超过6%，最大粒径不超过500mm，压实后干密度为21.5kN/m^3。

主堆石区填筑层厚0.8m，洒水量15%，重型振动碾碾压6～8遍。与岸坡相接部位铺设粒径较小的料，大碾无法碾到的部位使用小型碾进行碾压，铺压厚度相应减薄，最大粒径相应减小。

（4）下游堆石区（3C）

下游堆石区（3C）其上游坡坡比为1∶1.6（倾下游），紧贴大坝临时挡水断面下游坡面，其下游坡与大坝下游坡一致。其填料主要采用溢洪道基础开挖的弱风化下部及微新的页岩料，页岩料最大粒径控制在700mm以内，设计干密度为21kN/m^3，孔隙率20%。为防止页岩料进一步风化，在坝下游表面铺设河床砂砾石保护层，保护层顶厚7.5～9.5m，下游坡坡比为1∶1.6。

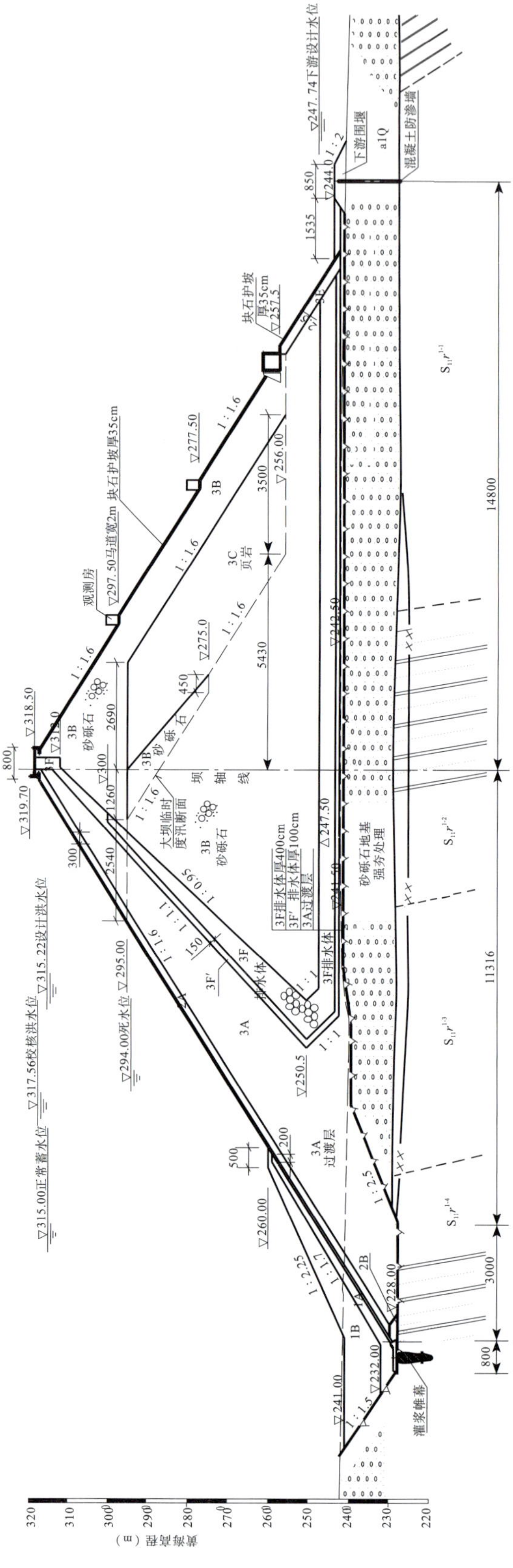

图2 面板堆石坝断面及填料分区图（高程单位：m，尺寸单位：cm）

下游堆石区填筑层铺料厚度为 1.2m，洒水量 10%，重型振动碾碾压 6～8 遍。

(5)排水区(3F)

因坝体填筑料主要为河床砂砾石料及溢洪道等建筑物基础开挖的页岩料，经碾压后细小粉粒将会增加，使坝体的排水不畅，渗透系数不能满足设计要求。为解决这一问题，在过渡区(3A)和主堆石区(3B)间设置排水区，排水区填筑料采用灰岩石料，要求级配优良，具有低压缩性和良好的透水性，以降低坝体的浸润线，确保坝体边坡稳定。排水区由竖向排水体和水平排水体组成“L”形烟囱式排水体，其顶部高程为 318.2m，高于校核洪水位，顶宽 3.0m；竖向排水体上游坡坡比为 1∶1.1，下游坡坡比为 1∶0.95。水平排水体底高程 242.5m，顶部高程 247.5m，水平排水体厚 5m，自过渡区直通大坝下游贴坡排水体，水平排水体尾部设有截水墙和量水堰，渗水由截水墙汇集经进水渠由量水堰排入下游河床，以便对大坝渗水情况进行监测，确保大坝安全运行。

为满足过渡层与排水体之间的水力过渡要求，排水体分两层设置，与过渡层相接的部分称之为小粒径排水体，其竖向部分厚 1.5m，水平部分厚 1.0m，小粒径排水体石料最大粒径不超过 400mm，小于 0.1mm 细粒料含量小于 5%，小于 5.0mm 细粒料的含量为 10%～15%，碾压后干密度不小于 $21kN/m^3$，渗透系数大于 $i\times10^{-1}cm/s$。与主堆石区相接的部分称之为粗粒径排水体，粗粒径排水体石料最大粒径不超过 700mm，小于 0.1mm 细粒料含量小于 5%，小于 5.0mm 细粒料的含量为 5%～15%，碾压后干密度不小于 $21kN/m^3$，排水体铺筑层厚及碾压参数与主堆石区相同。

(6)垫层小区(2B)

垫层小区位于面板底部靠近趾板附近(即周边缝处)，小区顶宽 3m，高 2m。填筑材料采用天然砂砾石筛分后的细粒料和人工砂料，要求最大粒径不超过 20mm，小于 5mm 粒径为 50%，小于 0.1mm 粒径不大于 10%，设计干密度为 $22kN/m^3$。垫层小区填筑铺厚 0.2m，洒水量 5%，受边界条件限制，在狭窄部位采用轻型振动设备碾压。

(7)滤水坝趾区(3E)

滤水坝趾区位于大坝下游高程 257.5m 以下坝坡，厚 2.5m，填筑材料采用灰岩石料，要求石料最大粒径不超过 700mm，小于 0.1mm 细粒料含量小于 5%，小于 5.0mm 细粒料的含量为 5%～15%，碾压后干密度不小于 $21kN/m^3$，滤水坝趾区铺筑层厚及碾压参数与主堆石区相同。

(8)上游铺盖

上游铺盖是对深水区面板与趾板间周边缝止水的补充，在一定程度上弥补周边缝的施工缺陷，促进裂隙自愈，减少漏水量。铺盖高度按 1/3 大坝高度控制，铺盖材料采用粉质土，粉质土厚度为 1.0～2.4m。铺盖表面加设任意料盖重，盖重厚度为 1.6～9.0m。

4.2.2 岸边溢洪道

溢洪道位于大畈垭口，两侧地势平缓，地面高程为320～340m，呈宽浅式“U”形，天然边坡约1∶2，垭口靠下游出口有一较深冲沟，溢洪道坐落在三级阶地上，覆盖层为黄色黏土夹少量钙质结核，底部有卵石，厚2.65～17.27m。基岩面高程为295～305m，岩石为下志留系S_{1L}，中志留系S_{1rL}砂质页岩及页岩。溢洪道由引渠、闸室段、泄槽段、挑流鼻坎段及防冲设施等5个部分组成。

(1)引渠

引渠位于大坝右岸垭口，其前段中心线北偏东3.61°，引渠中心线于闸室段前向东偏转30°后与闸室段平顺相接。引渠为以开挖为主形成的梯形断面，长376.55m，底宽在前段为70m，于闸室段前缩窄至68m，底部高程297m，平底坡，两侧边坡为1∶2～1∶2.5，采用混凝土板或喷混凝土护坡。

溢洪道进水渠左侧冲沟处布置黏土心墙坝，其起点距大坝左坝肩B点距离为39.26m，坝轴线长135.54m，最大坝高30.2m，顶部高程与大坝防浪墙顶高程一致，为319.70m，并作为公路与坝顶相连。其下的防渗帷幕与坝体帷幕连成一体。现场施工时，受国防光缆影响，坝顶高程降至317.7m高程，其上与防浪墙相接，防浪墙顶高程319.7m，最终实施后的最大坝高为28.2m。

引渠与闸室间在闸室前以圆弧形直导墙平顺连接。左侧临近冲沟，最低处高程约289m，采用混凝土重力式结构，圆弧半径为70m，最大墙高30.2m。右侧直导墙为混凝土贴坡式挡墙，最大墙高23m。

(2)闸室段

闸室位于右岸坝肩下游约220m处。闸室段长32m，宽74m，共4孔，单孔净宽14m，为开敞式泄洪闸。闸室底板最小厚度3.44m。堰顶高程301m，堰高4m，堰面采用三圆心WES曲线，曲线方程为$y=0.06226x^{1.85}$。WES曲线以短直线段及半径30m的反弧段与其后泄槽段平顺连接。堰顶下游2.6m处设4扇弧形工作门，弧门半径17m，门高15.37m，由墩尾液压启闭机操作，可动水启闭；闸室轴线处设有检修门槽，共用1套叠梁式检修闸门，平时存放于门库内。检修门采用单向门机操作，静水启闭。

根据闸室基础条件和闸墩受力要求，闸室采用底板分缝结构，闸室中墩宽4m，左右边墩顶宽均为3m。右边墩外侧布置有18.5m×6.225m的检修闸门门库。

闸室中部布置有公路桥，沟通大坝与电站厂房，公路中心线位于闸室轴线下游6.4m处，等级为汽—20，桥面高程320.00m，路面宽4.5m，靠下游侧设人行道。闸顶门机轨道中心线与闸室轴线重合，轨距5m。闸墩尾部高程317.60m，在闸墩墩尾部布置有启机房。

为适应堰面曲线和满足闸室稳定要求，闸室段开挖成“高跟鞋”形状。闸室轴线下设灌浆帷幕，与引渠段的灌浆帷幕连成一线，再同大坝防渗帷幕相接，构成完整的防渗体系。同时对闸室基础面以下局部基岩较差的部位进行固结灌浆加强。

(3)泄槽段

泄槽段宽68m,水平投影长151.41m。起始段为连接堰面WES曲线与泄槽段直线的反弧一部分,水平长8.15m;与之相接的泄槽第一直线起点高287.95m,终点高程280.99m,水平投影长69.54m,底坡1∶10;泄槽的第二直线段底坡为1∶3,起点高程276.74m,与鼻坎相接的终点高程259.05m,水平投影长53.06m。底坡由缓变陡,两直线段间采用抛物线相连,其方程为$y=0.1x+x^2/196$。

泄槽底板混凝土厚0.7m,基底按梅花形布置间距为2m×2m锚筋,锚筋直径25mm。泄槽底板下布有纵横交错的排水沟网。泄槽两侧采用贴坡式边墙,边墙顶部高出底板7~9m,以间距2m×2m的锚筋锚固于岩石,锚筋直径为25mm。

泄槽段在设计工况下泄流流速达30m/s,底板及边墙必须具有足够的抗冲耐磨能力,故泄槽段采用C35混凝土。

泄槽段顺流向分缝间距为13m左右,横流向则每隔14m设一条分缝。所有分缝宽度均为1cm,缝内设654型塑料止水,止水距表面20cm,缝内填闭孔泡沫板,缝口以SR填料嵌缝。

(4)挑流鼻坎段

鼻坎段水平长度为17.48m,反弧半径为22.4m,夹角为43.43°,最低处高程为257.90m,鼻坎高程260.00m,挑射角为25°,坎后切角为45°,切角外缘高程为259.07m。鼻坎段边墙顶部高程为265.50m。鼻坝段基础下游侧设有4m深的齿槽,深入基岩高程为240.00m,鼻坎段底板最小厚度为5.4m。鼻坎段基底按梅花形布置间距为2m×2m锚筋,锚筋直径为28mm。

(5)防冲设施

挑流鼻坎外设置29m长混凝土防冲板及35m长混凝土六面体串防护。其中,防冲板分两级设置:第一级防冲板长13m,顶高程为243m,板厚2.0m,下游侧形同"高跟鞋"伸至高程237.0m;第二级防冲板水平投影长16m,前端顶高程241.0m,板厚2.0m,顺河岸坡比为1∶1.8。防冲板周边采用混凝土六面体串防护,保护范围分为两区,Ⅰ区防护厚度为5.0m,Ⅱ区防护厚度为1.5m。Ⅰ区垂直河岸向为泄槽范围,顺河岸向外边线距第二级防冲板外边线35m,Ⅱ区上游侧垂直河岸向外边线距泄槽轴线130m,下游侧垂直河岸向外边线距泄槽轴线75m,顺河岸向外边线与Ⅰ区顺河岸向外边线平齐。

溢洪道断面见图3。

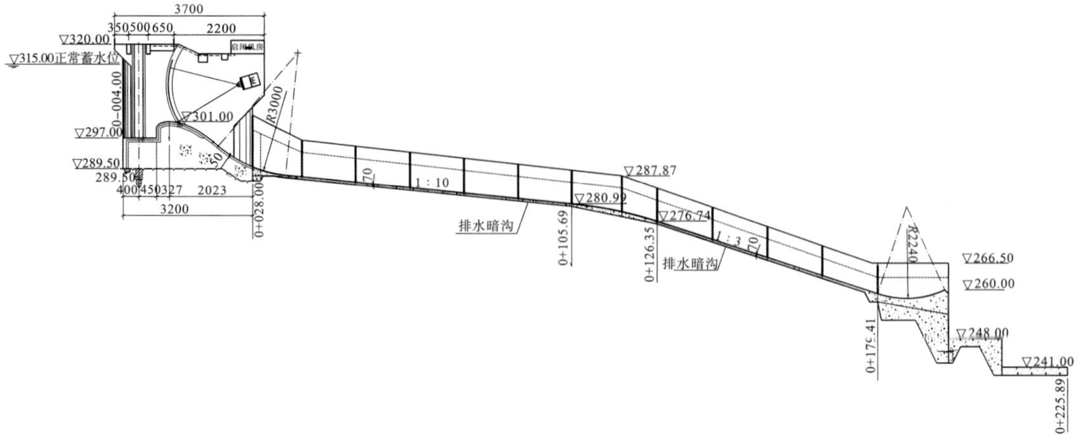

图 3　溢洪道断面图(高程单位:m,尺寸单位:cm)

4.2.3　引水式厂房

4.2.3.1　进水口

进水口主要建筑物包括引水渠、前池、进水塔、进口边坡、交通桥及桥墩等。

(1)引水渠及前池

引水渠起于右岸庙沟中段,渠线呈弧形沿庙沟布置,断面设计为梯形,两岸开挖坡比为1∶1～1∶2.5,渠底开挖高程289.00m,渠底宽18.28m,渠首至前池长度为250.3m。前池与引水渠夹角为40.21°,经扩散段与引水渠相接,转弯半径60m。前池长34.4m,开挖高程279.90m,护坦高程280.4m,比进水塔底板高程低1.6m,防止泥沙进入引水隧洞。扩散段长50m,底宽20.26m,开挖高程为288.50～279.90m,底坡为1∶5。前池及其扩散段护坦混凝土厚50cm。

(2)进水塔

进水塔布置在庙沟源头处,为岸塔式钢筋混凝土结构,电站采用两机一洞的引水形式,进水塔宽15.90m,顺流向长20.80m,建基面高程279.50m,底板高程282.00m,底板厚度为2.5m,塔顶高程319.00m,塔高39.5m,上部设有14m高的固定卷扬机排架。为避免进水口前产生贯通式漏斗漩涡和压力流,必须具备足够的淹没水深,采用戈登公式估算闸孔上方淹没深度为5.388m。进水口死水位高程为294.00m且引水系统总水头损失仅约2m,因此将底板顶高程定为282.00m,能避免进水口前产生贯通式漏斗漩涡,且保证进水口内压力流,满足规范要求。

进水塔顺流向依次布置拦污栅段、喇叭口段、闸门段,塔顶通过8m宽交通桥与进水口交通公路相接。

拦污栅布置在进水塔上游侧,倾角80°,栅孔尺寸为10m×6m,设有两孔。拦污栅段边墩宽1.2m,中墩宽1.5m,孔跨6.0m,拦污栅底坎高程与进水塔底板顶面同高,为282.00m,

栅顶高程 292.00m。拦污栅墩设一道拦污栅槽，由塔顶固定式卷扬机提栅清污。

喇叭口段底高程为 282.00m，其两侧结构边线为半径 4m 的圆弧过渡，以减少水头损失，顶板曲线为 1/4 的椭圆曲线，曲线方程为 $\frac{x^2}{900^2}+\frac{y^2}{400^2}=1$。按结构受力要求，从高程 298.00～312.00m 每隔 7m 设置支撑梁板，分别连接进水塔上游挡水墙和墩墙。

闸门段按一洞一跨单孔布置，由于压力水道较短，并装有蝴蝶阀，故只设一道检修工作门，孔口尺寸为 5.5m×5.5m(宽×高)，为平板定轮门，由塔顶固定式卷扬机静水启闭。

检修闸门后厚 2.4m 的下游挡水墙内设两个直径 0.9m 的通气孔，内设爬梯至进水口底板，通气孔还兼有吊物孔功能，可方便隧洞施工及检修。

(3)进水口边坡设计

进水口边坡由引水渠两侧边坡、前池两侧边坡、进水塔两侧及洞脸边坡等组成。边坡开挖及支护型式分述如下：

引水渠右侧渠首单级坡比为 1∶1，最大开挖高度约为 24m；引水渠右侧渠中至渠尾单级坡比为 1∶2，最大开挖高度约为 17.5m；引水渠左侧边坡最大开挖高度约为 28.5m，高程 289.00～295.00m 单级坡比为 1∶1，高程 295.00～300.00m 单级坡比为 1∶1.5，高程 300.00m 以上边坡坡比为 1∶2.5。右侧边坡下游段及左侧边坡 300.00m 以上采用厚 10cm 预制混凝土六边形块体保护，混凝土预制块下设土工布和砂石垫层。两侧边坡六边形块体支护外的其他部位采用喷锚、排水支护方式。

前池右侧边坡最大开挖高度约为 38.5m，布设高程为 295.00m、305.00m 的两级马道，马道宽约 3.5m，295.00m 高程以下单级坡比为 1∶1，高程 295.00～305.00m 单级坡比为 1∶1.5，高程 305.00m 以上单级坡比为 1∶1.8；左侧边坡最大开挖高度约 46m，布设高程为 295.00m、307.00m 两级马道，马道分别宽 4m、2m，295.00m 高程以下单级坡比为 1∶1，高程 295.00～307.00m 单级坡比为 1∶1，高程 307.00m 以上单级坡比为 1∶1。右侧边坡 305.00m 以下、左侧边坡 307.00m 以下坡面采用厚 40cm 浆砌石保护，并采用锚杆、排水支护方式。

进水塔边坡包括两侧边坡及洞脸边坡，洞脸边坡是高度最大的开挖边坡，最大开挖高度约 66m，除洞脸边坡 295.00m 高程以下为引水隧洞的进洞边坡，其开挖成直坡型式外，其他按其开挖高程大致可分为 4 个部分：

1)高程 279.50～295.00m 单级坡比 1∶1～1∶0.6；

2)高程 295.00～305.00m 单级坡比 1∶1.5，305.00m 高程设一级 3.5m 宽的马道；

3)高程 305.00～318.40m 单级坡比 1∶1.8，318.40m 高程为进水口交通公路，宽 9m；

4)318.40m 高程以上边坡，单级坡比 1∶1.5，330.00m 高程设一级 4m 宽的马道。进水口边坡采用钢筋混凝土面板、锚桩、排水护坡的支护型式，以保证边坡的稳定，坡面排水采用在距边坡开口线外侧 4～5m 范围设置截水沟的型式，进行系统排水。

(4)交通桥及桥墩

为满足进水塔对外的交通运输，塔顶通过 8m 宽交通桥与进水口交通公路相接，作为进水口机械设备运输及运行期人员的交通通道。交通桥采用四跨等跨径 11m 的“T”形钢筋混凝土预制梁，桥跨结构的下部支承结构一端为进水塔条带牛腿，另一端为进水口交通公路的混凝土桥台，中间桥跨下部支承结构为 3 个不等高桥墩，桥墩及桥台下为桩基础。

4.2.3.2 引水隧洞

引水隧洞洞线穿过庙沟源头处冲沟与三叉沟和柳木沟之间的山梁，洞身轴线平面上由 NE66°，经平弯段变为 NE108°，在平弯段上游 40m 立面起坡，坡度为 1∶1.5，与地形线及基岩顶板线一致，其上与上平段相接，斜管段与上、下平段均采用 30m 半径的圆弧相接。下平段在出口处分岔为明管，与两台机组的支管相接。主洞直径为 5.5m，岔管直径为 3.4m。引水隧洞依次为渐变段、上平段(1)、上平段(2)、上弯段、斜管段、下弯段、下平段(1)、平弯段和下平段(2)。渐变段为方变圆，长 10m，衬砌厚 1.2m；上平段(1)长 32.6m，衬砌厚 1.1m；上平段(2)长 97.793m，衬砌厚 0.6m；上弯段、斜管段、下弯段及下平段(1)共长 150.407m，衬砌厚 0.6m；平弯段和下平段(2)为钢管段，长 122.475m，衬砌厚 0.7m。渐变段、上平段洞中心高程为 284.75m，下平段、平弯段洞中心高程为 233.00m。回填灌浆孔、固结灌浆孔及钢管段接触灌浆孔为结合孔位，除平弯段灌浆孔排距约为 2m 外，其余部位灌浆孔排距为 3m，每排 8 个孔位，孔间夹角 45°。

4.2.3.3 电站建筑物

(1)厂区布置

厂房上游及安装场左侧范围为厂前区，地面高程 247.50m，高于校核洪水位($P=0.5\%$)247.03m；安装场左侧厂前区接进厂公路，与尾水平台相通；主厂房上游布置有开关站及柴油机房，机组段上游副厂房上部布置主变压器，安装场段上游副厂房上游墙外侧布置有污水处理设备及污水调节池。

厂区左侧三叉沟设涵洞穿越进厂公路将山洪排入河道。紧依厂区右侧的柳木沟，承雨面积为 1.5km^2，暴雨洪水流量 30 年一遇为 32.3m^3/s，200 年一遇为 50.5 m^3/s，坡降陡流速急，对电站厂房施工及运行形成一定威胁，为确保厂房施工期及运行期安全，在考虑了施工单位排水方案后，决定在厂房上游右侧垂直于冲沟走向布置一道 C20 混凝土挡水坝。

(2)主厂房

1)主要高程及平面尺寸。

水轮机安装高程为 233.00m，尾水管出口高 2.755m，尾水管底板高程 225.765m，建基面高程 223.76m，水轮机层地面高程 235.95m，发电机层高程 242.25m。

桥机起吊高程由发电机转子带轴起吊高度控制，轨顶高程为257.50m，吊车柱牛腿顶面高程256.00m，吊车梁高1.3m，根据桥式起重机的尺寸，以上直墙高5.28m，厂房屋顶普通预应力雁形板底最高高程262.78m，屋面最高高程263.78m，屋面为单坡，坡度2%，倾向下游，厂房总高度40.02m。

主厂房机组段长度受蜗壳平面尺寸及设备布置、结构要求控制，蜗壳沿厂房纵向最大尺寸8.31m加上两侧结构混凝土厚度，机组总长度为29m，机组宽度、下部结构受蝶阀室、蜗壳及尾水管尺寸控制为20.994m，上部结构受发电机最大平面尺寸控制，考虑到桥机布置，发电机围墙厚度，辅助设备及运行通道要求，厂房宽18.3m，内侧净宽15.3m，主厂房尺寸为29m×20.994m×40.02m(长×宽×高)。

2)主厂房布置。

发电机层高程242.25m，每台机组上游左侧布置5.2m×2.2m(长×宽)蝶阀吊物孔，靠上游墙布置有励磁盘等，机组下游侧布置机旁盘、调速器、油压装置等，中间布置发电机，1#机左侧下游布置1#楼梯下至水轮机层，发电机层上部布置一台桥式起重机，用以吊运发电机转子及水轮机转轮等部件。

水轮机层高程235.95m，机组段上游左侧布置5.2m×3.1m(长×宽)蝶阀孔及水泵吊物孔，靠上游墙，布置有控制柜、蝶阀油压装置，下游侧布置排水阀座，机组段中部为水轮机机墩，在机墩上游右侧10°处布置1.1m×1.8m(宽×高)的水轮机井进人廊道。蜗壳尾水管层高程229.55m，上游布置水轮机蝶阀廊道，平面尺寸24.7m×4.25m(长×宽)，蝶阀廊道内1#机右侧下部为检修排水泵房，其底板高程224.40m，平面尺寸3.8m×3.7m(长×宽)；2#机右侧为渗漏集水井，平面尺寸4.0m×3.5m(长×宽)，井底高程225.50m。尾水管进人廊道位于上游机组中心处，尺寸为1.2m×1.8m(宽×高)。

(3)安装场

安装场紧靠主厂房左侧1#机布置，平面尺寸按一台机扩大性检修放置五大件需要设置，并考虑运输车进厂卸货所需的场地等要求，其长16.1m，跨度与主厂房同，净跨为15.30m。

安装场共设两层，高程247.50m，与进厂交通道路同高，便于车辆运输与装卸。高程242.25m与主厂房发电机层同高，该层布置有空压机室、油桶室、油处理室、转子支墩等。

(4)副厂房

副厂房由主厂房上游副厂房和安装场上游副厂房两个部分组成。

1)主厂房上游副厂房。

主厂房上游副厂房设有高程235.95m、239.65m、242.25m、247.50m共4层。高程235.95m层为水轮机层，层高3.3m，从左至右依次布置有空压机室、技术供水室、2#楼梯井；高程239.65m层为电缆夹层，层高2.1m，靠近上游墙布置有排风道及150cm×80cm

(长×宽)电缆洞，靠近下游布置有10kV母线及80cm×80cm(长×宽)进人孔，靠近右山墙下游侧为2#楼梯井；高程242.25m层为开关柜室，层高4.75m，上游侧布置有0.4kV开关柜、两个电缆洞及110cm×180cm通风竖井，下游侧布置有10kV开关柜、升压变及80cm×80cm进人孔，靠近右山墙下游侧为2#楼梯井；高程247.50m层为变压器室，布置有变压器、变电站，与厂前区同高。

2)安装场上游副厂房。

安装场上游副厂房高程为242.25m、247.50m、251.10m、255.30m、258.90m共5层，通过3#楼梯可从底层242.25m高程上至顶层258.90m高程，247.50m层以上为框架结构。第一层高程为242.25m，布置有风机房、机修间、风道；第二层高程为247.50m，布置有电缆竖井、仓库、试验室、蓄电池室、卫生间、风道；第三层高程为251.10m，布置有中控室、卫生间；第四层高程为255.30m，布置有通信室、机修班、电修班、卫生间、风道；第五层高程为258.90m，布置有会议室、办公室、储藏室。

上游墙外侧设有事故油池，油池壁厚40cm，底板厚50cm，顶板厚40cm，中间隔墙厚40cm，顶高程247.50m，底高程244.10m，深3.4m，平面尺寸为9.6m×4.8m(长×宽)，有效容积84m^3，顶板上设两个80cm×80cm(长×宽)的进人孔，底板下铺设10cm的厚C15素混凝土垫层，进人孔盖板为15cm厚的预制混凝土盖板。

(5)厂内交通布置

1)厂内主要交通。

1#楼梯布置在机组段主厂房1#机与安装场之间的下游侧，从进厂大门经安装场楼板高程247.50m下至水轮机层235.95m，为主厂房内主要交通要道；在水轮机层2#机上游设有旋转楼梯下至蝶阀廊道层229.55m；2#楼梯布置在机组段上游副厂房下游侧靠近右端墙处，高程由开关柜室242.25m经电缆夹层室239.65m下至技术供水室235.95m；3#楼梯布置在安装场上游副厂房下游靠近右端墙处，高程258.90～242.25m；在3#楼梯258.90m高程平台板设有通道从钢爬梯通往主厂房桥机。

在247.50m高程安装场左端墙上布置有进厂大门；主厂房与主厂房上游副厂房之间在235.95m、242.25m高程中间隔墙留有通道；主厂房与安装场之间在发电机层242.25m高程留有通道；安装场与安装场上游副厂房之间在242.25m、247.50m高程中间隔墙留有通道。

2)安全紧急通道。

厂房安全紧急通道共设3处。2#机山墙端部设消防钢楼梯从发电机层通向尾水平台；安装场上游副厂房247.50m高程两端墙下游侧各设门洞通向厂前区。

(6)尾水系统

尾水管扩墩段平面尺寸为7.197m×6.58m(长×宽)，尾水闸墩共设3个，机组之间不分缝，边墩宽2.5m，中墩宽5.42m，尾水闸墩长5.5m，闸墩高程为226.446～247.50m，高

21.054m，尾水门槽宽 1.2m，每个尾水管出口各埋设一个 Φ300mm 的通气孔（用钢管预埋在边墩内）至 247.50m 高程。

尾水平台高程 247.50m，宽 5.9m，位于校核洪水位 247.03m 以上，与厂前区同高。平台上布置有尾水闸门卷扬机支撑排架，排架顶高程 254.00m，轨距 2m，排架柱断面尺寸 60cm×80cm（宽×高），柱高 6.5m，排架梁断面尺寸 50cm×100cm（宽×高），为两跨，每跨长度 10.9m，总长 22.60m。

尾水管底板出口高程 226.446m，以 1∶4 坡比与尾水渠高程 231.69m 相接，护坦宽 25.82m，长 31.28m。为防止尾水出口对岸坡冲刷，尾水渠两侧采用 1∶1.5、1∶1.8 贴坡护面。

5 工程设计特点

寺坪水电站工程主要建筑物由混凝土面板砂砾石坝、右岸开敞溢洪道、右岸引水隧洞、引水式地面厂房等组成。该工程虽然其规模仅为大(2)型，但其在大坝对河床覆盖层利用、坝体填筑材料设计等方面，解决了设计、施工中遇到的问题，具体如下：

5.1 河床覆盖层的利用

寺坪混凝土面板砂砾石坝位于南河上段粉青河与南河交叉口处粉青河上，该处河床漫滩主要为砂砾（卵）石层，厚度为 10～15m，砂砾石成分以灰岩、砂岩为主，其次为页岩，少量石英岩，分选差，含泥及岩屑等。一般来说，如果挖除覆盖层再填筑大坝，就不会有覆盖层引起的大坝沉降、稳定等问题，但挖除覆盖层再填筑坝体明显工程量较大并影响工期。本工程在对河床覆盖层物理、力学指标、级配、渗透性能等进行试验分析及设计计算后，确定对河床覆盖层进行强夯处理后加以利用，减少开挖及填筑各 60 万 m^3 左右。工程运行 15 年来，大坝运行正常，坝体沉降在一般工程经验范围内。

5.2 大坝下游堆石区(3C)优化

施工详图阶段，拟定的大坝下游堆石区（3C）页岩料范围为高程 256～275m，水平宽度 35m，紧贴大坝临时挡水断面布置，其填筑方量为 11.8 万 m^3，要求采用微新或弱风化下部的页岩料直接上坝填筑。

工程施工期大坝填筑施工到汛期时，河床水位抬高，原河道里的砂砾石料场取料困难，难以满足大坝填筑量的要求。而从溢洪道开挖揭露出的地质条件看，弱风化下部顶板线有所抬高，可利用页岩料料源增加，为解决施工中遇到的汛期大坝填筑料短缺问题，加快工程进度，确保工程工期，对下游堆石区（3C）页岩料范围进行了研究。

通过对页岩料利用范围高程抬升多种方案研究，并进行相应坝体的设计计算分析，结合施工现场情况，最终确定将页岩料利用范围由原设计高程275m抬升至高程295m，下游堆石区(3C)增加利用的页岩料方量约14.2万m^3，相应减少河床砂砾石开采利用料约14.2万m^3，节省费用500多万元。

5.3 大坝过渡区(3A)优化

在工程招标阶段，对初步设计阶段所作的料场调查资料进行了分析，发现天然砂砾石含泥量偏高，不能满足规范要求。为达到对天然砂砾石含泥量的控制要求，过渡料需采用冲洗砂砾石，使其含泥量小于4%，并保证料场填筑料小于5mm的颗粒含量在15%～30%。过渡料的总方量约为28万m^3，冲洗砂砾石的单价比天然砂砾石的单价高20元/m^3左右，为节省工程投资，减少施工程序，满足环境要求，对过渡料采用天然砂砾石直接上坝进行了分析研究。

通过精选料场控制过渡料含泥量、增设过渡料下游小粒排水体分区等措施确保渗透稳定，经有限元分析及物理模型试验验证，最终确定可采用选定料场的天然河床砂砾石料直接上坝作为过渡区，节省费用700多万元。

6 工程运行

截至目前，寺坪水电站已安全运行15年以上，实现了以发电为主，兼有防洪、灌溉、水产养殖、库区航运、旅游等综合利用效益的规划目标，提供了可持续的清洁能源，发挥了综合效益，达到了工程建设促进当地经济社会发展的目的。

撰稿/雷长海、张国强、刘惟、曾令华、周良景

赣江井冈山航电枢纽

▲ 井冈山航电枢纽

井冈山航电枢纽工程地处赣江中游河段，江西省吉安市境内，其上游梯级为万安水电站，下游梯级为石虎塘航电枢纽，是万安水电站的反调节枢纽，同时可渠化万安至井冈山航电枢纽之间赣江河道达到Ⅲ级航道标准。该工程开发任务以航运为主，兼顾发电等综合利用。

1 工程概况

井冈山航电枢纽工程地处赣江中游河段，江西省吉安市境内，坝址右岸位于万安县窑头镇，左岸位于万安县韶口乡与泰和县马市镇交界处。坝址上距万安县城约 30.3km，下距泰和县城约 19.3km，其上游梯级为万安水电站，下游梯级为石虎塘航电枢纽。

井冈山航电枢纽的开发任务以航运为主，兼顾发电等综合利用。工程规模为大(2)型，水库正常蓄水位为 67.5m，死水位 67.1m，总库容 2.789 亿 m^3。航道通航标准为Ⅲ级，航道尺寸为 2.2m×60m×480m(水深×航宽×弯曲半径)，设计代表船型为 1000 吨级货船和一顶 2×1000 吨级顶推船队，船闸尺寸为 180.0m×23.0m×3.5m(长×宽×门槛水深)。装机容量为 133.002MW(6×22.167MW)，多年平均年发电量 5.077 亿 kW·h，装机利用小时数 3818h。大坝坝轴线总长 1070.3m，枢纽右岸防护堤自坝右与右岸土石坝相接，沿窑头镇原防护堤向上游延伸，堤线总长 5043m。

井冈山航电枢纽工程，2016 年 12 月 28 日项目开工，2017 年 8 月 25 日枢纽主体工程开工建设，2019 年 12 月 29 日试通航，2020 年 12 月 20 日首台机组发电，2021 年 4 月 10 日通过下闸蓄水阶段验收，2021 年 12 月 20 日通过交工验收。

2 工程建设意义

(1)实现国家高等级航道规划目标、支撑长江经济带可持续发展

赣江自南向北纵贯江西省全境，通过鄱阳湖与长江相连，内河航运发达，历来是江西省水运大动脉，对促进江西省国民经济发展发挥了重要作用。

依据《国务院关于加快长江等内河水运发展的意见》《长江流域综合利用规划(2012—2030 年)》《全国内河航道与港口布局规划》《江西省内河航运发展规划》《赣江流域规划报告》等规划，赣江万安—南昌规划航道等级为Ⅲ级，井冈山航电枢纽工程与其他枢纽建成运行后，辅以必要的航道整治工程，可基本实现赣江国家高等级航道的规划目标，将大幅提高“赣鄱黄金水道”的通过能力和航运服务水平，提升长江黄金水道功能，促进区域综合立体交通运输体系协调发展，支撑长江经济带经济社会可持续发展。

(2)发展赣江水运、促进赣江流域经济增长

赣江将江西省的主要城市及沿江地区与长江“黄金水道”沟通，是江西省联系华东、华中地区及沿海、沿长江各地区的主要水运通道。

井冈山航电枢纽工程建设后，可与上、下游枢纽形成连续的高等级航道，改善赣江的通航条件，促进沿江产业带的建设，有利于江西省对外开放，以及与东、中部地区合作与融合，吸引经济发达地区向江西省的产业梯度转移和区域间物资交流，实现赣江流域经济的可持续发展，为区域经济发展提供支撑。

(3)完善区域综合运输体系

井冈山航电枢纽的建设，将渠化坝址至万安电厂的航道，改善库区 36km 航道的通航条件。井冈山航电枢纽是赣江规划梯级中最后一个建成的，工程建成后结合上、下游已建枢纽，并辅以局部航道整治工程，可实现赣江Ⅲ级航道标准，将促进赣江船舶大型化、标准化，有效降低货物运输成本，提高运输效益，进一步发挥赣江水运干支直达、江海联运优势，构建沿江地区对外物资交流的快速水上通道。同时，结合赣江沿线港口建设，进一步提升赣江水运在区域综合交通中的竞争力，完善现代综合交通网络。

(4)提供清洁能源缓解供电不足

水电是清洁能源，具有再生性和可持续性。井冈山航电枢纽建成后，装机容量为 133.002MW，多年平均年发电量为 5.077 亿 kW·h，将缓解江西电网电源不足、调峰容量较少的问题；可以渠化万安下游航道，解除万安水电站航运基荷，增加调峰容量约 100MW，充分发挥万安水电站调峰、调频和事故备用作用，对江西电网安全经济运行作用明显；还可以减轻地区环境污染，进一步增强“以电促航”能力。

(5)促进革命老区经济社会可持续发展

井冈山航电枢纽位于赣江中游河段，地处江西省吉安地区，离赣州、南昌的直线距离分别约为 100km 和 250km。

井冈山航电枢纽地处老区腹地，项目的开发将极大地促进革命老区经济的发展，提高老区人民生活水平，有利于保障赣南等原中央苏区整体实现跨越式发展。项目的开发对促进革命老区经济社会可持续发展具有重要意义。

3 前期工作情况

(1)梯级规划

新中国成立以来，为开发治理赣江，国家相关部委及地方人民政府对赣江流域做了大量的调查研究和规划设计工作，先后编制了《赣江流域普查报告》《赣江流域规划要点报告》《赣江水利电力开发综合规划报告》《江西省内河航运发展规划》等报告，1986 年 6 月完成了《江西省赣江流域规划报告》，1990 年原国家计划委员会批准了《江西省赣江流域规划报告》，2007 年交通部发布了《全国内河航道与港口布局规划》。

《江西省赣江流域规划报告(1990 年)》赣州以下河段的梯级开发方案布置了万安、泰和、石虎塘、峡江、永太和龙头山6个梯级。

2007年交通部发布的《全国内河航道与港口布局规划》提出了“两横一纵两网十八线”的高等级航道布局规划，赣江是其中之一，规划赣州—湖口606km航道等级为Ⅲ级及以上。

《长江流域综合规划(2012—2030年)》提出：在做好生态环境保护的前提下，进一步有序开发干支流水能资源，赣州以下采用万安、井冈山、石虎塘、峡江、永太和龙头山等6个梯级开发方案，梯级枢纽渠化与航道整治结合，赣江赣州至南昌450km达到Ⅲ级航道标准，南昌至湖口156km可提高至Ⅱ级航道标准。《长江流域综合规划(2012—2030年)》和《江西省赣江流域规划报告(1990年)》赣州以下梯级开发方案基本相同，并且进一步明确万安至泰和河段采用井冈山梯级(替代泰和梯级)开发。

(2)前期研究

针对原泰和梯级，国家电力公司华东勘测设计研究院曾编制了《江西省赣江泰和水电站可行性研究报告》。1993年10月，原电力工业部以《关于江西赣江泰和水电站可行性研究报告审查意见的批复》(电水规〔1993〕440号)下达了审查意见，该项目曾被列为江西省“九五”期间重点建设工程。

2007年吉安市及业主单位建议将泰和水电站梯级改名为“井冈山水电站”，并开展前期工作。

2009年，中国国电集团公司万安水力发电厂(以下简称“万安水电厂”)委托长江勘测规划设计研究有限责任公司(以下简称“长江设计公司”)，对井冈山水电站开发方案作进一步优化研究，编制了《赣江井冈山水电站坝址方案研究报告》，建议泰和坝址上移，并推荐万安至泰和坝址之间采用井冈山水电站窑头坝址开发方案，为工程实施创造了有利条件。

(3)电口预可行性研究阶段和可行性研究阶段

2009年8月，万安水电厂委托长江设计公司开展井冈山水电站预可行性研究设计工作。

2010年5月，长江设计公司编制完成了《赣江井冈山水电站预可行性研究报告》及相关附件。

2010年10月，受国电集团公司委托，长江设计公司开展井冈山水电站可行性研究阶段的勘察设计和科研工作。

2013年11月，长江设计公司编制完成了《江西赣江井冈山水电站可行性研究报告(审定本)》。

(4)航电枢纽工程可行性研究阶段和初步设计阶段

2016年2月，江西省发展和改革委员会组织交通厅、国电江西分公司、江西省港航局、江西省港航投资公司、国电井冈山水电站筹备处召开了协调会。将井冈山水电站项目法人变更为江西省港航建设投资有限公司，项目名称改为井冈山航电枢纽。

2016年3月，江西省港航建设投资有限公司委托长江设计公司按照交通部门的编制规定，继续开展该项目的勘测设计工作。

2016 年 6 月，长江设计公司编制完成了《江西赣江井冈山航电枢纽工程可行性研究报告（审定本）》。江西省发展和改革委员会《关于批复赣江井冈山航电枢纽工程可行性研究报告的函》（赣发改交通〔2016〕807 号）对工程批复“为加快建设赣江高等级航道，促进水资源综合利用，适应赣江水运和腹地经济社会发展需要，保证赣江全线到 2020 年达到规划的Ⅲ级以上通航标准，进而带动和推进沿江产业合理布局，促进沿江经济发展，建设赣江井冈山航电枢纽工程非常必要，同意建设赣江井冈山航电枢纽工程。”

2016 年 12 月，长江设计公司编制完成了《江西赣江井冈山航电枢纽工程初步设计报告（审定本）》。2016 年 12 月 27 日，江西省发展和改革委员会以《江西省发展改革委关于批复江西赣江井冈山航电枢纽工程初步设计的函》（赣发改设审〔2016〕1537 号）批复了《江西赣江井冈山航电枢纽初步设计报告》。

4 工程设计

4.1 枢纽布置

井冈山航电枢纽工程由通航建筑物、电站厂房、泄水建筑物、过鱼建筑物、两岸挡水建筑物和右岸防护堤等组成。

枢纽布置从左岸至右岸依次为：左岸土石坝（坝轴线长 137.0m，下同）、船闸坝段（长 47.0m）、8 孔左区泄水闸段（长 187.0m）、纵向围堰坝段（长 25.0m）、15 孔右区泄水闸段（长 348.0m）、厂闸导墙坝段（长 20.0m）、厂房坝段（长 124.8m）、安装场坝段（长 48.0m）、鱼道坝段（长 6.0m，包含在右岸土石坝内）、右岸土石坝（长 133.5m），坝轴线总长 1070.3m。

右岸防护堤自右坝肩与右岸土石坝相接，沿窑头镇原防护堤向上游延伸，堤线总长 5043m。井冈山航电枢纽工程平面布置见图 1。

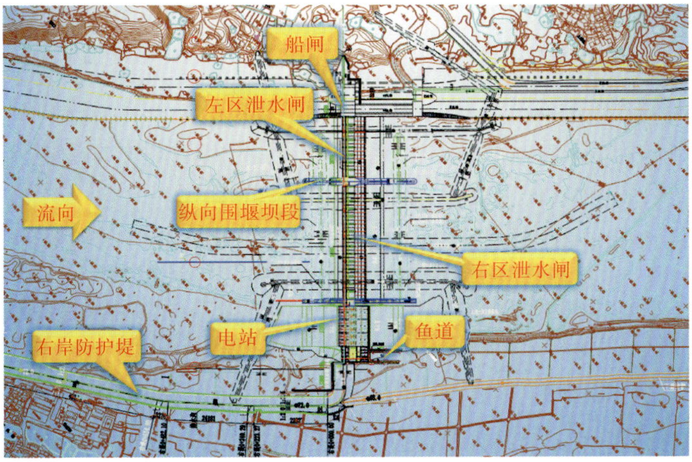

图 1　井冈山航电枢纽工程平面布置

4.2 船闸

船闸位于河床左侧，船闸轴线与坝轴线正交。船闸左侧为土石坝，右侧为泄水闸。上闸首位于坝轴线处，为枢纽挡水建筑物的组成部分。船舶进、出闸采用曲线进闸、直线出闸的过闸方式。船闸由上、下游引航道，上、下闸首及闸室组成，全长约 1885.3m。结合工程区域的岩基特点，上、下闸首及闸室均采用钢筋混凝土整体式(坞式)结构。

上闸首为枢纽挡水建筑物的重要组成部分，其顶高程 72.00m，门槛高程 59.2m。上闸首顺流向长 44.4m，其中坝轴线以上 8.1m。挡水前沿宽度为 47.0m，左、右边墩宽均为 12.0m，航槽宽 23.0m。上闸首顺流向依次布置有坝顶交通桥、检修叠梁门槽、工作门槽、输水系统工作门井和检修阀门井，以及启闭机房等。

闸室结构总长 175.0m，宽 23.0m。闸墙墙顶高程为 68.7m，胸墙墙顶高程为 69.7m，闸室底板高程为 52.2m。闸室段共布置有 10 对浮式系船柱，在上、下闸首附近闸室两侧各设一爬梯。上闸首两侧输水廊道经水平转弯与带侧向出水孔的闸室输水廊道相连，廊道底高程为 51.2m，顶高程为 55.8m。出水孔外设一道消力槛，消力槛顶高程 52.7m。闸室典型剖面见图 2。

下闸首顺流向长 30.0m，顺流向依次布置有工作门、检修门。左、右边墩各宽 12.0m，航槽宽 23.0m。下闸首闸墙顶高程为 69.7m，槛顶高程为 52.7m。下闸首布置有人字工作门及其启闭机房、检修门，输水系统的工作和检修阀门井等。

船闸上游引航道直线段长 560.0m，接弧长 139.6m、弯曲半径 800.0m、圆心角 10°的圆弧段，再接 116.6m 直线段与库区航线衔接，总长 816.2m，宽 50m，口门区长 320.0m，底宽 60.0m。上游最低通航水位 62.7m，最小水深 3.3m，考虑船舶充水对引航道水深的影响，上游引航道底高程取 59.2m。导航墙和辅导墙均为混凝土箱体结构，建基面为岩石。靠船建筑物布置在引航道右侧，与引航道轴线平行，共布置 20 个靠船墩，轴线间距 20.0m，长 380.0m。在靠船墩迎水面设 4 个系船柱，高程 64.7m、66.3m、67.9m 各设一个龛式固定系船柱，顶部设一固定系船柱。

下游引航道直线段长 517.9m，接弧长 41.9m、弯曲半径 800.0m、圆心角 3°的圆弧段，再接 259.9m 直线段与天然航线近似平行衔接，总长 819.7m，宽 50m，口门区长 320.0m，底宽 60.0m。下游最低通航水位 56.2m，最小水深 3.3m，引航道底高程 52.9m。导航墙和辅导墙均为混凝土箱体结构，建基面为岩石。靠船建筑物布置在引航道右侧，共布置 20 个靠船墩，轴线间距 20.0m，长 380.0m。靠船墩迎水面在高程 58.8～66.80m，每隔 1.60m 设一龛式固定系船柱，顶部 68.10m 设一固定系船柱。

船闸引航道与泄水闸之间采用分水墙隔开，上游分水墙顶高程 69.2m，墙厚 0.8～1.0m。下游分水墙顶高程 68.1m，墙厚 0.8～1.2m，分水墙采用钢筋混凝土板。上、下游引航道分水墙顶高程无靠船墩部分降低 0.9m。上游分水墙上游端 240m 和下游分水墙下游端 240m 为透水段。

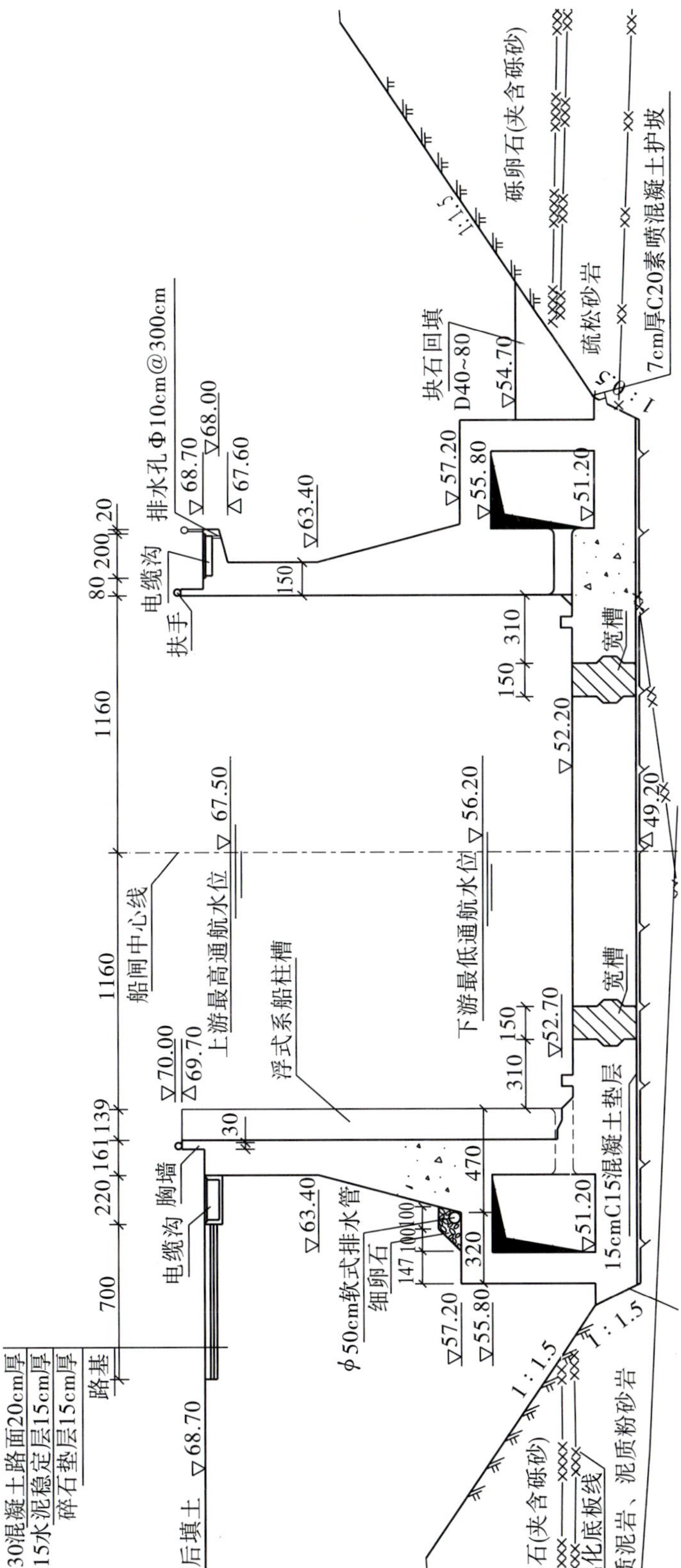

图2 闸室典型剖面图（高程单位：m，尺寸单位：cm）

4.3 泄水闸

泄水闸段共23孔，根据施工导流需要由纵向围堰坝段分隔为8孔左区泄水闸段（沿坝轴线方向长187.0m，下同）和15孔右区泄水闸段（长348.0m），总长为535.0m。8孔左区泄水闸段在船闸和纵向围堰坝段之间，15孔右区泄水闸段在纵向围堰坝段和厂闸导墙坝段之间。

泄水闸采用混凝土平底闸型式，闸孔净宽20.0m，闸墩厚3.0m。根据结构布置需要，闸室分为标准段和边闸段两种型式，标准段由1个完整孔，采用孔中分缝的结构型式，标准段沿坝轴线长23.0m，共计17个标准段，其中左区泄水闸段5个，右区泄水闸段12个；与船闸坝段、纵向围堰坝段和厂闸导墙坝段相接的闸段由1个完整孔加1个半孔组成，半孔采用孔中分缝的结构型式，边闸段沿坝轴线长36m，共计4个边闸段，其中左、右区泄水闸段各2个。

闸室长（顺流向，下同）36.0m，闸室顶部向上、下游侧分别伸出4.0m和3.0m宽的牛腿，闸顶长度相应为43.0m，闸顶高程74.0m，闸顶上游侧布置坝顶公路桥。闸底板顶高程56.0m，建基面位于弱风化上带，高程一般为50.5m，在底板上游侧设底宽7.0m、深1.0m的齿槽，齿槽建基面高程49.5m。闸室外上游侧河床设2块顺流向每块长7.5m、厚50cm的钢筋混凝土板防护，板顶高程55.5m。

泄水闸设置了21孔弧形工作闸门和2孔排漂弧形工作闸门（靠近电站），操作方式为动水启闭，可局部开启控制泄流，闸门采用液压启闭机操作，闸顶下游侧设启闭机房。弧形工作门上游设事故检修门，门槽中心线在坝轴线下游侧8.0m，共备有2扇平板检修门，平时存于纵向围堰坝段和厂闸导墙的门库内。闸顶布置有1台双向门式启闭机，门机轨道中心线在坝轴线下游侧7.5m，操作方式为动水闭门，平压静启。工作门前设平面滑动检修门，考虑枯水期检修，枯水期下游水位较低，采取临时挡水设备进行挡水检修。

泄水闸采用底流消能，消力池池长30.0m，总长33.0m（含消力坎），护坦底板顶面高程55.0m，前部与1∶10坡度的闸室底板连接，末端差动坎底宽2.5m，深约6.0m，建基面高程49.5m，坐落在弱风化带上，其中高坎顶高程57.0m（低坎顶高程56.0m）。护坦底板梅花形布置ϕ32mm间距为2.5m×2.5m的锚杆，锚杆深入弱风化基岩4.0m，沿护坦建基面接缝处设排水花管，通向下游尾坎排水廊道。消力池尾坎下游设海漫，海漫总长50.0m，厚1m，顶高程56m。泄水闸典型剖面见图3。

4.4 电站

电站厂房布置于赣江右侧主河床，由电站引水渠、厂房建筑物、尾水渠组成。厂房建筑物从右至左分别为安Ⅰ段、安Ⅱ段、$1^{\#}\sim6^{\#}$机组段，左侧与厂闸导墙坝段连接，右侧和右岸土石坝段连接。机组段采用两机一缝分缝方式，每一机组段长41.6m，共3个结构段，总长124.8m；安装场坝段分为安Ⅰ段和安Ⅱ段，长度分别为17.0m和32.0m，总长49.0m；厂房坝段总长173.8m。水轮机安装高程48.5m，位于机组流道的中心。厂房坝顶与枢纽拦河建筑物坝顶一致，同为74.0m。

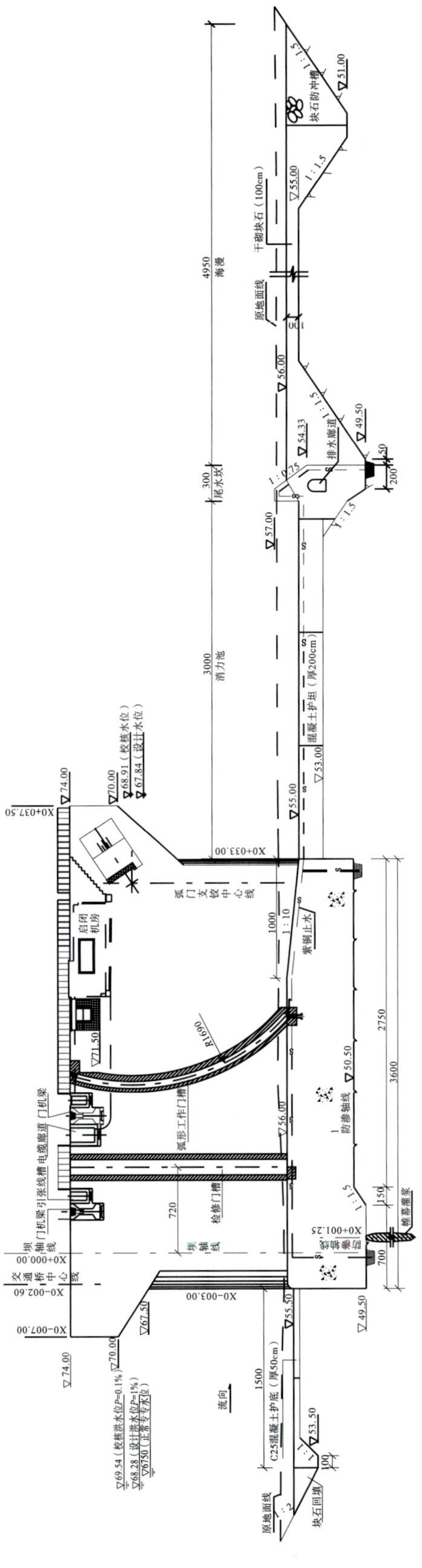

图3　泄水闸典型剖面图（高程单位：m，尺寸单位：cm）

电站引水渠位于右侧主河槽内，顺河道近直线布置，左侧为厂闸上游导墙，右侧为河床高漫滩地。顺流向依次布置有拦沙坎、导沙坎、落石槽及平整段护坦、拦漂排、引水渠护坦和引水渠护坡等结构。拦沙坎利用开挖后的右岸厂房一期上游围堰形成，右侧与右岸防护堤连接，左侧与导沙坎衔接，长约295m，顶高程61.0～65.0m，迎水坡和背水坡分别采用1.0m厚的水下抛石和钢筋石笼支护。导沙坎与坝轴线交角为75°，两端分别与拦沙坎和厂闸上游导墙端部连接，形成封闭。导沙坎前沿布置宽20.0m的导沙槽，槽顶高程58.0m导沙坎采用钢筋混凝土结构，长约119.0m，坎顶高程61.0m，有效挡沙高度3.0m。地基采用桩径800mm高压旋喷桩加固处理。电站引水渠上游侧和左侧分别设置一道拦漂排，上游侧拦漂排与坝轴线成30°交角，轴线长354m；左侧拦漂排布置在引水渠左侧的厂闸上游导墙上，与坝轴线垂直，轴线长82m。引水渠护坦长84.5m，上游侧宽约136.0m，下游侧宽约125.0m。上平段顶面高程58.0m，顺坡段坡比为1∶3，下平段顶面高程36.3m。引水渠右侧边坡利用河床右侧高漫滩开挖形成。

厂房机组段顺流向依次分为进水口段、主厂房和尾水管段。进水口段包括流道、进水口边墩、拦污栅墩、隔墩及上部结构等，布置拦污栅、检修闸门各一道，拦污栅采用活动拦污栅，每机2孔，垂直布置，拦污栅孔口尺寸为7.45m×27.92m(宽×高)，进水口坝顶交通平台宽30.7m，高程74.0m，依次布置清污机(2×500/150kN一台)、坝顶公路、坝顶门机(2×1500/300kN一台)、电缆沟、监测线缆沟及消防管沟等。主厂房分3层布置，从下至上依次为流道层、廊道层、运行层。流道层主要由流道底板、边墩、中隔墩和顶板构成，流道两侧结构对称，进水口和尾水出口底板顶面高程分别为38.3m、42.19m。边墩最小厚度2.5m，拦污栅墩厚1.8m。两机之间隔墩最小厚度3.2m。流道底板厚4～6m，建基面高程34.3m。廊道层位于流道顶板上部，地面高程59.5m，发电机引出线电缆、油气水管道等设施布置于此。运行层地面高程63.0m，设有油压装置、调速器、发电机井、管型座、水轮机井以及两台200/50t桥式起重机，桥机跨度21.8m，轨顶高程88.57m。屋顶采用轻型网架结构形式，顶高程100.0m。主厂房最大高度为65.7m。尾水管段流主要设有下游副厂房和事故检修门。尾水事故检修闸门位于流道末端，一机一孔，孔口尺寸为13.96m×12.62m(宽×高)，出口底高程42.19m。下游副厂房位于主厂房下游侧流道顶板上部，净宽10.5m，分8层布置。坝顶以下3层，高程分别为53.5m、58.5m、63.0m，68.5m；坝顶高程以上5层，高程分别为74.0m、79.7m、84.65m，89.9m。主变压器、尾水门机(2×2000/50kN一台)及技术供水高位水池布置在尾水平台层(高程74.0m)。主变压器采用两机一变，1#变压器布置于1#～2#机组段副厂房内，2#、3#变压器分别设置在3#～4#机组段和5#～6#机组段尾水平台上游侧；GIS设备布置位于1#变压器上方的副厂房84.65m层内；出线场布置在1#～2#机组段副厂房的屋顶平台(高程97.3m)上。

安装场位于机组段右侧，分安Ⅰ段和安Ⅱ段。安Ⅰ段主厂房共分4层布置(局部3层)，高程分别为53.5m、58.5m、63.0m，68.5m。其中第一层53.5m，布置有事故油池；第二层58.5m和第三层63.0m，为透平油处理室；第四层68.5m，为机修间；顶层为卸货平台层高程

74.15m，是设备进厂、卸货、吊装、转运的主要平台。安Ⅱ段主厂房分为2层，地面高程58.5m和63.0m，检修集水井和渗漏集水井布置于58.5m层下部，其中检修集水井长8.0m，宽4.0m，深29.0m；渗漏集水井长6.7m，宽4.0m，深26.0m，副井长2.0m，宽4.0m，满足油水分离要求。63.0m层与机组段运行层同高，是设备安装、检修的主要场地，布置主要的安装工位。安Ⅱ段下游副厂房共有9层，除最底层的事故油池层（高程53.5m）外，其余各层与机组段下游副厂房同高。坝顶以下布置有设备间、工具间、风机房、蓄电池室和低压开关柜室等机电设备；坝顶以上主要布置有中央控制室、辅助盘室、通信室、电源室、观测室、通风机房等。

尾水渠采用直向出水，主要包括尾水渠护坦、下游防冲槽、尾水及尾水渠护坡等结构。尾水渠护坦全长85.0m。上游侧渠底宽度124.8m，下游侧宽134.3m，下平段顶面与尾水管底板面层同高，高程42.19m，然后以1∶5坡比的反坡至上平段（56.0m），护坦采用钢筋混凝土结构，两端设有齿槽。下游防冲槽布置在尾水渠护坦下游端，顶面高程56.0m，宽20.0m；底部高程53.0m，宽20.0m。防冲槽后接平整后明渠天然河床，平整高程56.0m。尾水渠右侧边坡与引水渠边坡相同，利用河床右侧高漫滩开挖形成。

4.5 鱼道

井冈山航电枢纽工程仿生态鱼道布置在右岸滩地上，全长约677m，设有2个进鱼口以及1个出鱼口。仿生态鱼道主要建筑物包括主体结构（进鱼口、过鱼池、出鱼口）和补水系统等。井冈山航电枢纽鱼道主体段采用仿生态型式，进口段、出口段及过坝段采用整体“U”形结构。

鱼道设置2个进鱼口，进鱼口净宽3.0m。1#进鱼口底板顶高程55.0m，距坝轴线80.2m；2#进鱼口底板顶高程55.0m，距坝轴线80.3m。两个进鱼口相邻布置位于枢纽右岸电站厂房下游、安装场段与右岸河滩相接处进鱼口朝向与安装场下沿边线呈45°。2个进鱼口各设一道平板式工作闸门。

井冈山航电枢纽工程鱼道在枢纽右岸设1个出鱼口，净宽3.0m，底板顶高程65.0m。出鱼口距坝轴线上游约32.6m。出鱼口段设出鱼口检修闸门和防洪挡水闸门，均为平板式闸门，防洪挡水闸门上部设置胸墙。出鱼口段两侧采用刺墙与土石坝黏土心墙衔接。

仿生态过鱼池横断面为倒梯形，单个过鱼池长7.0m，底宽3.0m，两侧边坡1∶2.5，底坡1∶120。仿生态段在河槽表面铺设40cm厚干砌块石模拟自然河床，下设20cm厚砂砾石垫层，在垫层下铺设复合土工膜，在复合土工膜上铺设砂砾石垫层和干砌块石；隔墩采用生态石笼，隔墩厚50cm，头部尖角角度120°，竖缝宽度0.4m。仿生态段总长约827m。

进口段、出口段过鱼池为竖缝式结构，单级过鱼池长3.6m，净宽3.0m，底坡1∶60。同侧竖缝式隔板厚20cm，竖缝宽度0.4m，竖缝法线与鱼道中心线的夹角45°。过鱼池内回填砂砾石并采用30cm厚浆砌石护面加糙。

为了使流量满足诱鱼要求，鱼道主进口配置补水系统。补水系统通过补水管从上游引水，向鱼道进鱼口补水，由工作门的开度控制流量，自上游到下游分别穿越厂房安装段、结构地基土层和结构混凝土。鱼道补水管采用镀锌钢管 DN700，管长约 400m，设一道工作阀和检修阀。

鱼道运行方式如下：

1)3—8 月，当上、下游水位符合鱼道运行的水位要求时，开启鱼道进鱼口检修闸门和出鱼口工作闸门，并开启补水管工作阀门向厂房集鱼系统补水渠内部补水。

2)在非过鱼期间或者在特殊条件下，关闭鱼道防洪挡水闸门，开启上游工作闸门及下游检修闸门。

3)及时清除鱼道内的沉渣、淤泥等杂物，维护鱼道内部清洁。

4)非过鱼期间，定期检修鱼道各闸门及补水系统阀门。

5)鱼道侧墙较高，工作人员在作业过程中需要注意安全，做好防护措施，防止跌落。

4.6 土石坝及防护堤

(1)左岸土石坝

左岸土石坝与船闸上闸首相接，坝轴线长 137.0m，坝顶高程 72.0m，坝顶宽 14.6m，其中上游侧 9.6m 宽为船闸交通桥左岸引桥，下游侧 5.0m 宽为船闸连接道路。坝高 9.0m 左右，局部与船闸相接部位坝高为 20.0m，坝顶宽度向下游侧加宽至 43.9m。

左岸土石坝坝顶采用沥青混凝土路面。坝体上游坡比为 1∶2.5，采用厚 0.15m 的混凝土护坡，坡脚设浆砌石护脚；坝体下游坡比为 1∶2.0，采用厚 0.3m 的干砌石护坡。

左岸土石坝采用混凝土垂直防渗墙底部接灌浆帷幕防渗，为避免与交通桥桩基及上部结构的施工干扰，防渗轴线布置在坝轴线下游侧 2.0m，坝体填筑完成后从坝顶施工厚 0.4m 的混凝土垂直防渗墙，防渗墙与船闸坝段相接的闸室侧墙设凹槽，防渗墙嵌入凹槽内，并在连接部位设黏土连接段。左岸土石坝典型剖面见图 4。

(2)右岸土石坝

右岸土石坝位于厂房安装场坝段右侧，与右岸防护堤弧形相接，其间布置有 6.0m 长的鱼道坝段，右岸土石坝由直段和弧段组成，沿坝轴线长 133.5m。

右岸土石坝坝顶高程为 74.0m，坝顶宽度为 9.6m，局部加宽至 14.6m，坝高一般为 9.0m，与厂房相接部位最大坝高为 23.0m。

坝顶上游侧设坝顶栏杆和人行道，人行道下游设 8.0m 宽的行车道，采用沥青混凝土路面。坝体上游坡比为 1∶2.5，采用厚 0.15m 的混凝土护坡，坡脚设浆砌石护脚；坝体下游坡比为 1∶2.0，采用厚 0.3m 的干砌石护坡。

右岸土石坝采用黏土心墙＋混凝土垂直防渗墙的防渗型式，混凝土防渗墙厚 0.4m。右岸土石坝典型剖面见图 5。

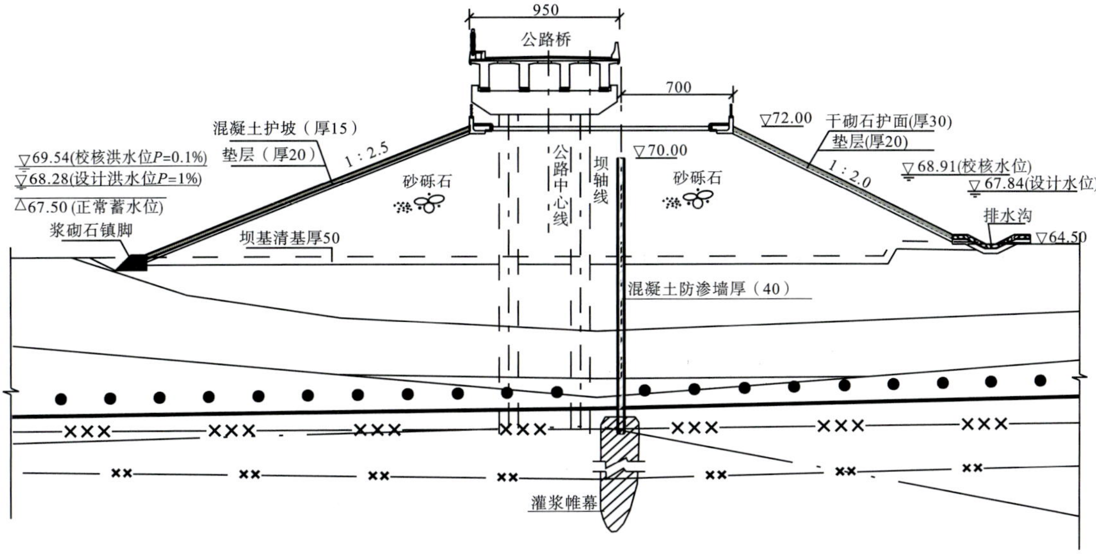

图4　左岸土石坝典型剖面图(高程单位:m,尺寸单位:cm)

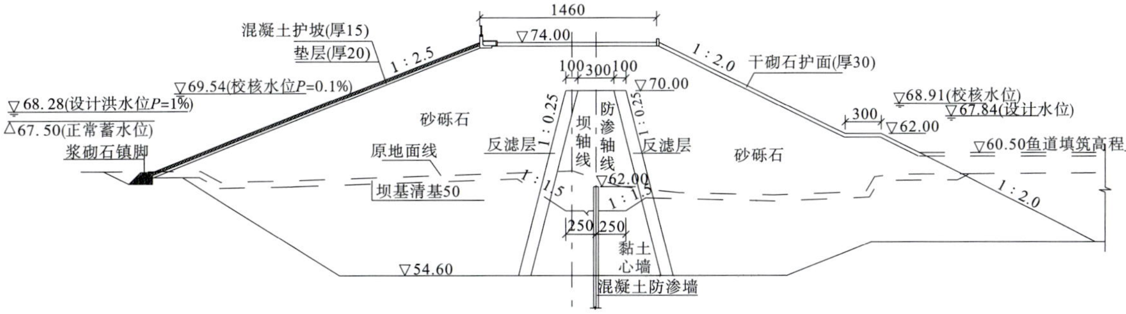

图5　右岸土石坝典型剖面图(高程单位:m,尺寸单位:cm)

(3)右岸防护堤

右岸防护堤在右坝肩与右岸土石坝相接,自右坝肩起沿着窑头镇外围延伸至窑头镇西南约3.5km的老虎口一带止,对窑头镇形成保护,右岸防护堤堤线总长5043m,右岸防渗墙(包括右岸土石坝和右岸防护堤)轴线总长约6100m。

右岸防护堤堤顶高程为72.0m,宽度为5.0m,堤顶高程从右岸土石坝顶高程74.0m坡降至72.0m,堤高一般为3.0～13.0m。

堤顶上游侧设栏杆和人行道,人行道下游设宽度为3.8m的行车道,采用沥青混凝土路面。堤身上游坡比为1∶2.5,采用厚0.15m的钢筋混凝土护坡,坡脚设浆砌石护脚;堤身下游坡比为1∶2.0,采用厚0.3m的混凝土格栅植草护坡,下游坡脚设浆砌石排水沟。

右岸防护堤采用黏土心墙+混凝土垂直防渗墙的防渗型式,混凝土防渗墙厚0.4m。右岸防护堤典型剖面见图6。

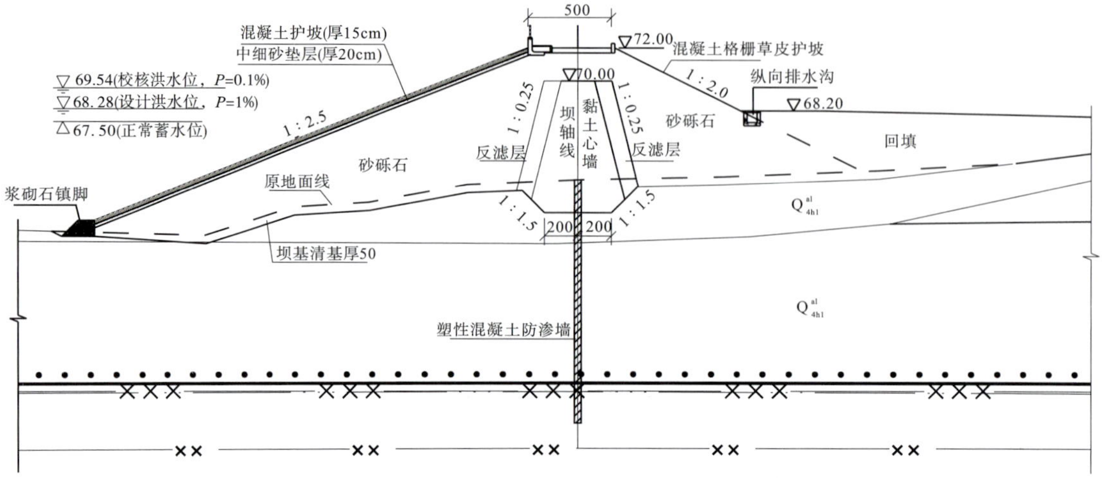

图6 右岸防护堤典型剖面图(高程单位:m,尺寸单位:cm)

5 工程设计特点

5.1 建筑物级别降低及洪水标准提高

(1)建筑物级别降低

井冈山航电枢纽正常蓄水位为 67.5m,水库总库容为 2.789 亿 m^3,电站装机容量为 1330.002MW。船闸规模采用Ⅲ$_{(2)}$型,闸室有效尺寸为 180.0m×23.0m×3.5m(长×宽×门槛水深),设计船队尺寸为 160.0m×10.8m×2.0m(长×宽×吃水深)。根据现行相关规范,确定本工程等别为Ⅱ等。

本工程水库基本利用原河床槽蓄,总库容较小,接近工程分等指标的下限,且非常洪水条件下,上、下游水位差小于 2m。根据现行相关规范,本工程壅水建筑物按降低一级进行设计,即挡水建筑物、泄水建筑物、船闸挡水部分、电站厂房按 3 级建筑物设计,次要建筑物按 4 级建筑物设计。

(2)洪水标准提高

本工程为山区丘陵区渠化枢纽工程,根据相关规范,枢纽永久性挡水和泄水建筑物设计洪水重现期取 50 年($P=2\%$),校核洪水重现期土石坝为 1000 年($P=0.1\%$),其余均为 500 年($P=0.2\%$),厂房及船闸闸首作为挡水建筑物的一部分,其设计洪水重现期和校核洪水重现期与挡水建筑物一致。

据相关规划,井冈山航电枢纽工程左岸上游约 600m 处有万安核电项目厂址,其取水口位于井冈山水库库区,排水口位于井冈山枢纽的下游。根据核电项目相关规范的规定:“当从水库取水时,水库防洪标准不应低于 100 年一遇设计,1000 年一遇校核。”为适应核电厂项目要求，保护好列入规划的万安核电厂项目厂址，确定井冈山航电枢纽永久性挡水建筑物和泄水建筑物设计洪水重现期为 100 年（$P=1\%$），校核洪水重现期为 1000 年（$P=0.1\%$），即泄水闸、厂房及船闸闸首等校核洪水重现期由 500 年（$P=0.2\%$）提高到 1000 年（$P=0.1\%$）。

5.2 汛期水库预泄库水位低于死水位

一般而言，为满足枢纽工程任务及兴利要求，工程运行期水库水位不宜低于死水位。井冈山水库不具备设置防洪库容的条件，不承担下游的防洪任务，未设置汛期防洪限制水位，但为了减少汛期（3—9 月）洪水对上游库区的淹没，水库在汛期须临时降低库水位运行。

汛期 3—9 月，在满足航运反调节要求下，并尽量减少对发电的影响，正常情况下水库最高运行水位不超过正常蓄水位 67.5m，不低于死水位 67.1m。当井冈山水库洪水来量大于 $5000m^3/s$ 时，水库开始预降水位，预降水位低至 66.0m，低于水库死水位 67.1m。

5.3 船闸防冲设计

受布置所限，船闸位于河床左侧，其左侧为土石坝，右侧紧邻泄水闸。根据水工整体模型试验成果，船闸闸室、下闸首临江侧流速较大，为保护主体段基础不被冲刷，在闸室及下闸首右侧采用抛填块石保护。其中闸室上游段闸墙结构与右侧泄水闸消力池护坦和海漫直接衔接，可利用消力池护坦和海漫作为防冲保护，下游段至下闸首下游面采用抛填块石防冲。防冲块石抛填于闸墙右侧结构面与基坑开挖边坡之间，底部高程为 47.7～51.2m，顶部高程为 54.7m，最小厚度 3.5m。防护块石粒径选定 0.4～0.8m。

上游引航道分水墙非透水段临江侧采用抛填块石进行防护，防护长度共计 438.5m。根据水工整体模型试验成果和施工期河床冲刷情况，上游主导航墙临江侧增设了抛石护底进行防冲保护，抛石护底顶宽 7m、抛填厚度不小于 2m，块石粒径 0.4～0.8m。

下游分水墙隔流板右侧采用块石回填，兼起防冲保护作用，块石回填长度共计 680.5m。根据水工整体模型试验成果，考虑河床覆盖层冲刷因素后，下游主导航墙临江侧最大流速约 3.5m/s，导墙基础持力层位于河床抗冲刷稳定的基岩层，不存在抗冲刷安全问题。因此，下游主导航墙未设置额外防冲保护措施，仅将其开挖基坑右侧采用砂砾石回填至河床整治高程 57.0m。

6 工程运行情况及效益

6.1 工程运行情况

2020 年 12 月 28 日，井冈山航电枢纽工程首台机组正式投产并网发电；2021 年 4 月初工程下闸试蓄水，4 月下旬达到正常蓄水位 67.5m，11 月全部机组并网发电；2021 年 12 月

28日工程完成交工验收，由建设期转入正常运行期，目前工程航运、发电等综合效益全面发挥。

根据工程巡查和安全监测，井冈山航电枢纽工程建筑物变形、应力、渗流、渗压等重要安全监测数据及金结机电设备工作状态正常，工程运行平稳。

6.2 工程效益

(1)航运效益

井冈山航电枢纽建成后，与上、下游枢纽形成连续的高等级航道，有力改善了赣江中上游航道条件，对进一步发挥赣江水运干支直达、江海联运优势，全面建成“畅通、高效、平安、绿色”的现代化内河水运体系发挥了重要作用，为区域经济发展提供了支撑。

(2)发电效益

井冈山航电枢纽工程充分利用水资源发挥综合效益，促进电力事业绿色发展。电站设计安装6台灯泡贯流式水轮发电机组，总装机容量133MW，多年平均年发电量超5亿kW·h，将缓解江西电网电源不足、调峰容量少的问题，增加调峰容量约100MW。充分发挥万安水电站调峰、调频和事故备用作用，对江西电网安全经济运行作用明显。截至2022年8月，电站累计发电量约4.5亿kW·h，效益显著。

(3)其他

井冈山航电枢纽工程配套修建了右岸防护堤、库区防护工程和排涝泵站等，提升了沿岸乡镇的防洪能力，解决了库区内涝困扰；另外，对淹没影响区开展了抬田工程，保护了基本农田，生态效益显著；枢纽坝顶交通桥通车后作为公共交通，赣江两岸天堑变通途，极大方便了两岸群众出行；工程的建设提高了当地人民群众的幸福感和获得感。

撰稿/雷长海、刘磊、邓润兴、黎贤访、刘小江、郑光俊、朱世洪、孙海清

滇中引水工程

▲ 大理洱海

滇中引水工程以解决滇中地区的城镇生活及工业用水为主，兼顾农业和生态用水。在金沙江石鼓段右岸无坝引水，经石鼓泵站提水，受水区包括丽江、大理、楚雄、昆明、玉溪、红河6个州(市)的35个县(市、区)，国土面积3.69万km^2。补水湖泊为滇池、杞麓湖和异龙湖。工程设计抽水流量135m^3/s，最大提水净扬程219.16m。石鼓泵站采用地下泵站，共安装12台离心式水泵机组，总装机容量480MW。

1 工程概况

1.1 建设背景及意义

云南省滇中地区包括昆明、玉溪、楚雄、曲靖、大理、红河以及丽江 50 个县(市、区),国土面积 9.63 万 km^2。该区域生产总值约占云南省地区生产总值的 61%,是云南省经济社会发展的核心地区。滇中地区又是著名的干旱区之一,水资源量仅占全省的 12%,资源性缺水与工程性缺水并存,已成为制约滇中地区乃至云南省经济社会可持续发展的瓶颈。国务院 1990 年批准的《长江流域综合利用规划简要报告》明确提出,从金沙江引水是解决滇中高原缺水的重要途径。《长江流域水资源综合规划》(2009 年)、国务院 2012 年批准的《长江流域综合规划(2012—2030 年)》等,均明确向滇中供水是金沙江干流综合利用任务之一。

受水区人均水资源量少,连续枯水年反复发生,干旱频繁。2009—2010 年西南发生了特大干旱,而受水区的部分地区则连旱至 2011 年甚至到 2012 年。严重的持续干旱,不仅影响了经济社会的发展,也造成了广泛的人畜饮水困难。随着经济社会的发展,受水区水资源供需矛盾将更加突出。若不争取早日开工建设滇中引水工程,今后的旱灾将造成更加严重的经济损失,有可能引发严重的社会问题。实施滇中引水工程不仅可以从根本上解决滇中地区的缺水问题,有效改善滇中水环境状况,还可以从根本上增强抵御自然灾害的能力,保障滇中乃至云南省未来国民经济的持续稳定发展。

滇中引水工程是云南省贯彻落实习近平总书记考察云南重要讲话精神,努力实现"民族团结进步示范区、生态文明建设排头兵、面向南亚东南亚辐射中心"三大定位的战略支撑工程,是打造世界一流"绿色能源""绿色食品""健康生活目的地"三张牌的重要保障工程,是补齐云南"三个 10%短板"和重塑"三大支柱产业新优势"的基础要素工程,是国务院批准、国家发展和改革委员会和水利部确定的 172 项重大节水供水工程中的标志性工程之首,是云南省有史以来投资最大的民生福祉工程,对云南实现 2035 年远景目标和 2050 年与全国同步全面实现社会主义现代化意义重大。

1.2 工程简述

滇中引水工程以解决滇中地区的城镇生活及工业用水为主,兼顾农业和生态。在金沙江石鼓段右岸无坝引水,经石鼓泵站提水,受水区包括丽江、大理、楚雄、昆明、玉溪、红河 6 个州(市)的 35 个县(市、区),国土面积 3.69 万 km^2。补水湖泊为滇池、杞麓湖和异龙湖。

工程主要建设内容包括水源工程和输水工程两个部分。水源工程由引水渠(兼沉沙池)、进水塔、进水隧洞及涵管、地下泵站、出水隧洞、出水池和地面开关站等建筑物组成。工程设计抽水流量 135 m^3/s,最大提水净扬程 219.16 m。石鼓泵站采用地下泵站,共安装 12 台离心式水泵机组,总装机容量 480MW。输水工程由输水隧洞、渡槽、倒虹吸、暗涵等输水建筑物,分水闸(阀)、节制闸、退水闸、工作闸、事故闸、检修闸等控制建筑物,以及消能建筑物、检修支洞和退水设施等组成。工程主要技术指标见表 1,工程总布置见图 1。

表 1　　工程主要技术指标

序号	名称	数量	序号	名称	数量
1	引水河流	金沙江	9	泵站总装机容量(MW)	480
2	工程等别	Ⅰ等工程	10	水泵台数(台)	12
3	受水区面积(万 km^2)	3.69	11	年抽水用电量(亿 kW·h)	25.6
4	受水总人口(万)	1112	12	渠首设计水位(m)	2035
5	多年平均引水量(亿 m^3)	34.03	13	输水线路长度(km)	664.236
6	设计引水流量(m^3/s)	135	14	最大净断面(m)	9.4×9.4
7	供水保证率 P(%)	95	15	设计总工期(月)	96
8	最大提水净扬程(m)	219.16	16	静态总投资(万元)	7941347

滇中引水工程项目法人为云南省滇中引水工程建设管理局,设计单位为长江勘测规划设计研究有限责任公司(牵头单位,以下简称“长江设计公司”)、中国电建集团昆明勘测设计研究院有限公司(以下简称“昆明院”)和云南省水利水电勘测设计研究院(以下简称“云南院”),其中,长江设计公司负责本工程石鼓水源工程及输水工程大理Ⅰ段,本段范围内主体工程的施工单位有中国水利水电第十四工程局有限公司、中铁十四局集团有限公司、中铁隧道局集团有限公司、中铁三局集团有限公司和中铁五局集团有限公司。

2 勘测设计方案

2.1 设计过程

滇中引水工程历经近 50 年的研究。2003—2015 年,云南省滇中引水工程建设前期工作领导小组办公室(以下简称“滇中引水办”)委托长江设计公司联合昆明院、云南院及十余家科研院所,编制了《滇中调水工程规划报告(2005 年 7 月)》《滇中引水工程规划报告(2010 年修订)》及《滇中引水工程项目建议书》。

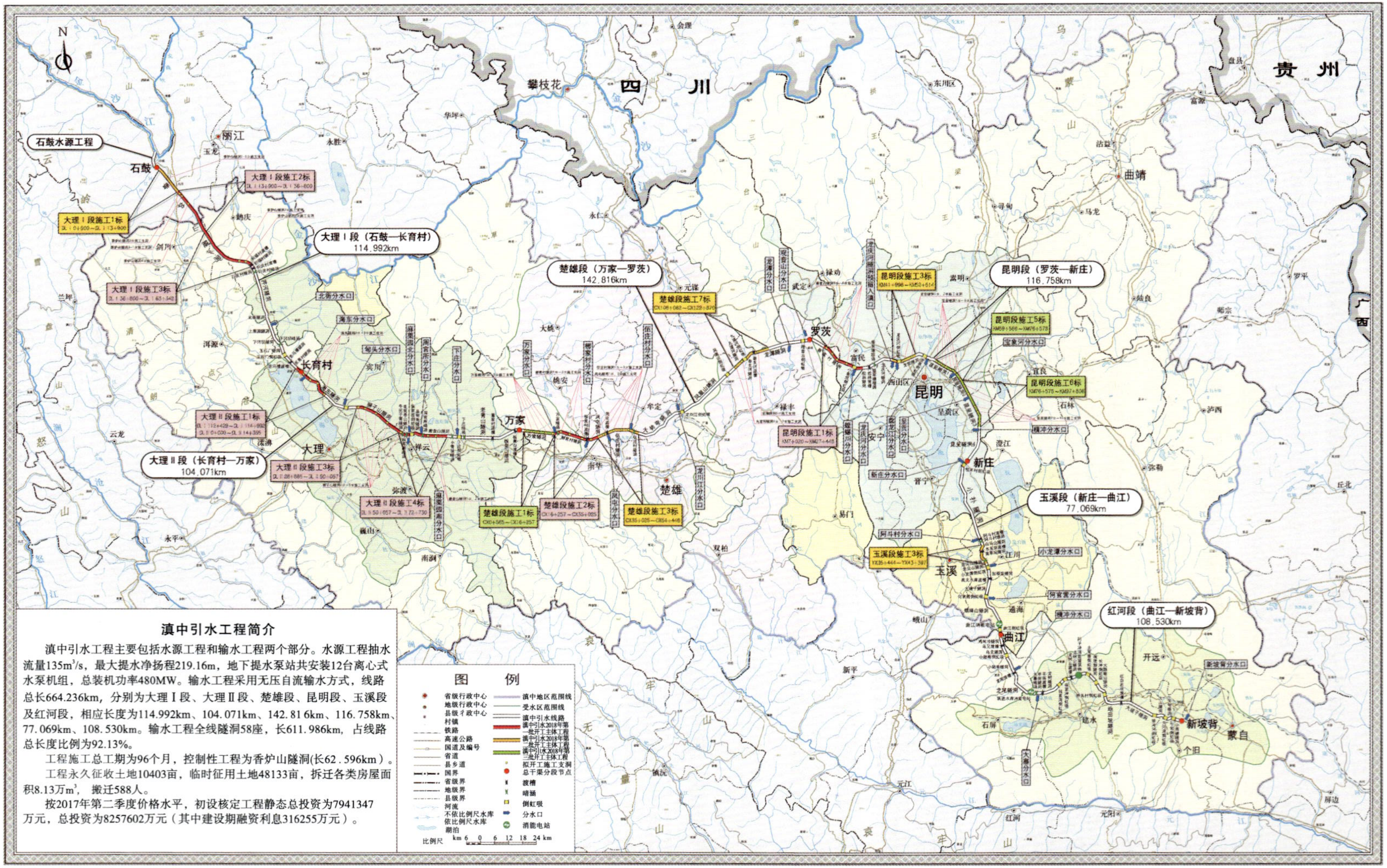

滇中引水工程简介

滇中引水工程主要包括水源工程和输水工程两个部分。水源工程抽水流量135m³/s，最大提水净扬程219.16m，地下提水泵站共安装12台离心式水泵机组，总装机功率480MW。输水工程采用无压自流输水方式，线路总长664.236km，分别为大理Ⅰ段、大理Ⅱ段、楚雄段、昆明段、玉溪段及红河段，相应长度为114.992km、104.071km、142.816km、116.758km、77.069km、108.530km。输水工程全线隧洞58座，长611.986km，占线路总长度比例为92.13%。

工程施工总工期为96个月，控制性工程为香炉山隧洞(长62.596km）。

工程永久征收土地10403亩，临时征用土地48133亩，拆迁各类房屋面积8.13万m³，搬迁588人。

按2017年第二季度价格水平，初设核定工程静态总投资为7941347万元，总投资为8257602万元（其中建设期融资利息316255万元）。

图1　滇中引水工程总布置

2011 年 5 月，水利部批复了《滇中引水工程规划报告（2010 年修订）》；2012 年 11 月，水利部以水规计〔2012〕481 号文，将《滇中引水工程项目建议书》报送国家发展和改革委员会；2015 年 4 月，国家发展和改革委员会以发改农经〔2015〕642 号文批复了《滇中引水工程项目建议书》。

2012 年 7 月，滇中引水办委托长江设计公司技术负责，昆明院、云南院共同承担滇中引水工程可行性研究工作。2015 年 8 月，水利部水利水电规划设计总院（以下简称“水规总院”）审查了《滇中引水工程可行性研究报告》。2016 年 2 月 23 日，水利部审定《滇中引水工程可行性研究报告》。2016 年 9 月，中国国际工程咨询公司对《滇中引水工程可行性研究报告》进行咨询评估。2017 年 4 月 15 日，国家发展和改革委员会以发改农经〔2017〕687 号文批复了《滇中引水工程可行性研究报告》。

2017 年 7—11 月，水规总院对专题报告和单元工程初步设计报告、工程任务与规模等专项设计成果召开了技术研讨会，在研讨会的基础上，针对滇中引水工程重大技术问题，水规总院邀请全国相关行业知名专家学者进行技术咨询。设计单位按照技术研讨会、技术咨询会的意见，对设计报告相关内容进行了补充完善，形成《滇中引水工程初步设计报告（送审稿）》。2017 年 12 月，水规总院对送审稿进行审查，设计单位根据审查意见对其进行了修改完善，形成《滇中引水工程初步设计报告（审定稿）》。长江设计公司负责范围内工程于 2018 年 10 月开工。

2.2 设计方案

2.2.1 工程设计标准

（1）工程等别及建筑物级别

滇中引水工程为Ⅰ等工程。

石鼓水源工程引水渠、进水塔、进水隧洞、穿冲江河涵管、调压室、泵站及开关站、出水隧洞、出水池等主要建筑物级别为 1 级，检修通道、通风排烟通道、排水廊道等次要建筑物级别为 3 级。

大理段输水工程设计流量为 $135m^3/s$，大于 $50m^3/s$；引水量 34.03 亿 m^3，大于 10 亿 m^3。确定该段输水工程主要建筑物级别为 1 级，次要建筑物级别为 3 级，临时建筑物级别为 4 级。

（2）设计洪水标准

泵站工程设计洪水标准为 100 年一遇，校核洪水标准为 300 年一遇。输水工程大理Ⅰ段设计洪水标准为 100 年一遇，校核洪水标准为 300 年一遇。

（3）抗震设计标准

石鼓水源场址区 50 年超越概率 10% 水平向地震动峰值加速度值为 $0.25g$，相应地震基本烈度为Ⅷ度；输水线路基岩场地 50 年超越概率 10%水平向地震动峰值加速度值为 0.20g（线路长 38.143km）、0.30g（线路长 76.849km），地震基本烈度均为Ⅷ度；重点工程场地香炉山隧洞 50 年超越概率 10%水平向地震动峰值加速度值为 0.251～0.322g，地震基本烈度为Ⅷ度。

2.2.2 水源工程设计方案

水源工程是滇中引水工程的首要组成部分，采用提水泵站取金沙江水。取水工程主要由引水渠、泵站、地面开关站等组成。

工程设计引水流量 135m^3/s，最大提水净扬程 219.16m。石鼓泵站采用地下泵站，共安装 12 台离心式水泵机组，总装机容量 80MW。滇中引水工程多年平均引水量 34.03 亿 m^3。

取水口位于丽江市玉龙县石鼓镇冲江河河口上游约 1.5km 处的金沙江右岸滩地部位，砂砾卵石夹漂块石覆盖层深厚，表层多分布薄层黏土、粉土等，中部夹有游泥质土、黏土透镜体；地下泵站系统部位山体雄厚，主泵房、主变洞围岩为微风化带灰岩、大理岩夹片岩类，以Ⅱ、Ⅲ类为主，整体稳定性较好；进、出水隧洞，调压室等围岩为绢云石英片岩、绢云微晶片岩及灰岩等，围岩类别以Ⅲ类、少量Ⅱ类为主，1#、2#进水隧洞及出水池等局部围岩以Ⅳ、Ⅴ类为主，稳定条件为较差—差。大部分隧洞位于地下水位以下，存在一定规模渗水甚至局部涌水问题。

2.2.2.1 引水渠

引水渠布置于丽江市石鼓镇大同村下游金沙江右岸滩地，全长 1266m，由引水口门、沉沙池段和连接段 3 部分组成。引水口门宽 284m，沉沙池段长 987.18m，连接段长 279.15m。沉沙池底高程 1810m，底宽 100～120m，进口和出口各设一道拦沙坎，进口拦沙坎顶高程 1815.50 m，坎长 236m，出口拦沙坎顶高程 1813m，坎长 135m。

滇中引水工程水源工程引水渠效果图见图 2。

图 2　滇中引水工程水源工程引水渠效果图

2.2.2.2　泵站

地下泵房沿西南—东北向分布于冲江河右岸竹园村上游山体中，泵站总装机容量480MW，共安装12台离心式水泵机组，其中备用机组2台。泵站建筑物采用进出水系统分2个水力单元，主变洞、主泵房、检修阀室平行排列的布置格局，单条输水线路长4563.58～4337.40m（进水塔至出水池）。主要建筑物由进水塔、进水流道（含进水隧洞、进水涵管、进水调压室）、主变洞、主泵房及安装场、出水隧洞（含检修阀室）、出水池、地面开关站、交通洞、通风洞、电缆洞及厂外排水系统等组成。其中进水流道主洞段长3899.94m（1# 主洞）、3793.39m（2# 主洞），由冲江河左岸进水隧洞、进水涵管、冲江河右岸进水隧洞组成，隧洞洞径6.7m，涵管段采用混凝土箱涵，单孔断面6.3m×6.3m。进水调压室布置在冲江河右岸，采用阻抗式长廊型布置，池身段为城门洞形，单个调压室长60m，净宽15m，高34.5m（不含阻抗孔）。地下泵房位于冲江河右岸竹园村上游山体内，地下泵房纵轴线方位角为NE71°，安装高程1787.0m，洞室开挖尺寸为217.0m×23.4m×48.0m（长×宽×高）。出水隧洞主洞长343.83m、290.62m，其末端接出水池。地面开关站位于冲江河右岸阶地。

2.2.2.3　地面开关站

地面开关站布置在冲江河右岸阶地，地面设计高程1840m，布置有GIS室和地面操作管理楼，结构平面尺寸分别为13m×70m和17.2m×30m，采用框架结构。

石鼓水源工程布置示意图见图3，石鼓水源地下泵站系统三维图见图4。

图3　石鼓水源工程布置示意图

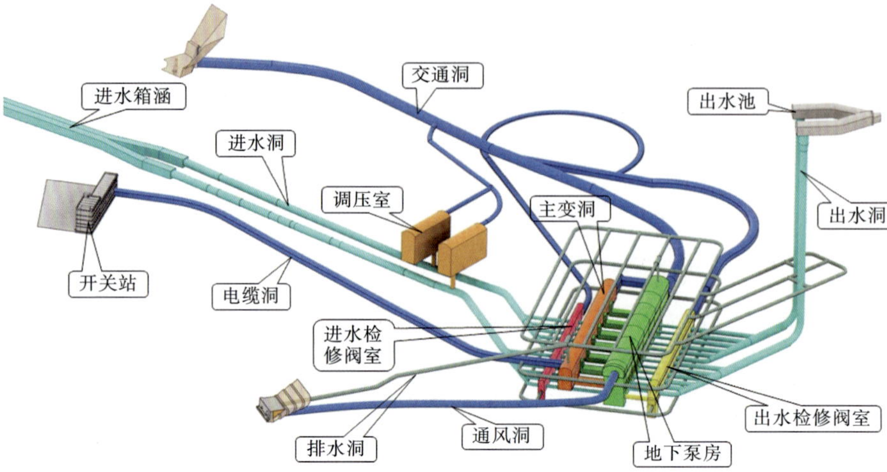

图4　石鼓水源地下泵站系统三维图

2.2.3　大理Ⅰ段设计方案

大理Ⅰ段输水工程自石鼓渠首从北向南共布置16座输水建筑物，其中隧洞10条，渡槽3座，倒虹吸1座，暗涵2座。依次为香炉山隧洞、积福村渡槽、积福村隧洞、衍庆村渡槽、衍庆村隧洞、衍庆村暗涵、芹河隧洞、北衙隧洞、上果园隧洞、下河坝隧洞、下河坝暗涵、玉石厂隧洞、玉石厂倒虹吸、老马槽隧洞、老马槽渡槽、长育村隧洞。

2.2.3.1　香炉山隧洞

香炉山隧洞全长62.596km，为滇中引水工程的控制性工程。

(1)地质条件

香炉山隧洞进口位于丽江石鼓镇冲江河右岸，与石鼓泵站出水池相接，沿途经玉龙县白汉场、汝寒坪、中螳螂、汝南河，红麦、鹤庆县沙子坪、安乐坝、石灰窑、下马厂、松桂大沟，在鹤庆县松桂镇与积福村渡槽相接。隧洞沿线属高、中山地貌区，地面高程为2400～3400m，隧洞最大埋深1450m。

香炉山隧洞段跨越金沙江与澜沧江分水岭，地质条件复杂，沿线发育多条大断(裂)层，其中龙蟠—乔后、丽江—剑川及鹤庆—洱源断裂为全新世区域活动断裂。沿线可溶岩地层分布广泛，岩溶较发育，隧洞工程穿越多条大规模断层破碎带，亦可能遭遇大的岩溶管道；隧洞施工存在突水、突泥、疏干当地地下水等风险。

根据初设阶段隧洞围岩详细分类，$Ⅲ_1$类围岩长7.595km，占隧洞长度的12.13%；$Ⅲ_2$类围岩长13.015km，占20.79%；Ⅳ类围岩长28.237km，占45.11%；Ⅴ类围岩长13.749km，占21.97%。Ⅳ、Ⅴ类围岩合计长约41.987km，约占隧洞长度的67.08%，围岩稳定问题突出。

(2)建筑物平面布置

香炉山输水隧洞按无压重力流设计，隧洞采用圆形断面，设计流量 135m^3/s，设计纵坡 1/1800，进口底高程 2028.743m，出口底高程为 1993.950m。

香炉山隧洞分段采用 TBM 法和钻爆法施工。其中，TBM 段隧洞施工长度达 35.517km，采用敞开式全断面隧道掘进机(TBM)，TBM 直径在目前已建和在建的世界引调水工程中为最大，TBM 刀盘直径为 9.83 m(图 5)，TBM 段隧洞直径根据地质条件设置：Ⅲ类围岩隧洞直径 8.5m，Ⅳ、Ⅴ类围岩直径 8.4m；钻爆段隧洞直径 8.3m。

图 5 香炉山隧洞“云岭号”TBM

隧洞施工共布置了 10 条施工支洞。其中，6 条为施工斜井，3 条为施工平洞，1 条旁通洞。施工支洞主要解决香炉山隧洞不良地质处理、施工运输、通风、排水，并兼顾相应段地质勘探工作的需要，部分施工支洞兼顾运行期检修通道和通风补气通道。

根据总体设计安排，在距隧洞出口处 950m 左右设置退水隧洞，退水隧洞后接退水渠道。退水隧洞长度 257.25m，采用城门洞形底宽 6.0m，高 7.85m；退水洞水位 2000.805m，底板高程 1994.726m，水深 6.079m。

2.2.3.2 积福村—长育村隧洞

(1)地质条件

积福村—上果园隧洞段埋深一般为 150～450m，最大 567m，岩性为灰岩类与砂泥岩类，主要为微新岩体，少部分位于强与弱溶蚀风化带，埋深较大部位地应力水平为中等，地下水头为 50～250m；初设阶段隧洞 $Ⅲ_1$ 类围岩长 4.733km，占隧洞长度的 15.15%；$Ⅲ_2$ 类长 6.961km，占 22.28%；Ⅳ类长 13.292km，占 42.54%；Ⅴ类长 6.259km，占 20.03%。Ⅳ、Ⅴ类围岩合计长约 19.551km，占 62.57%，Ⅳ、Ⅴ类围岩稳定问题突出。

下河坝—长育村隧洞段埋深一般100～400m，最大589m，主要为玄武岩类，大部位于微新及弱风化带岩体，进出口洞段位于全强或弱风化带，裂隙及裂隙性断层较发育，总体完整性较差，局部破碎。隧洞Ⅱ类围岩长0.298km，占总长度的1.54%；$Ⅲ_1$类长2.962km，占15.35%；$Ⅲ_2$类长5.060km，占27.77%；Ⅳ类长7.648km，占46.42%；Ⅴ类长3.034km，占15.72%。Ⅳ、Ⅴ类围岩合计长约10.682km，占55.23%，围岩稳定问题较突出。

(2)建筑物设计参数

积福村—长育村隧洞均为无压重力流设计，隧洞采用标准马蹄形断面，马蹄形断面顶拱半径R_1=4.7m。具体参数见表2。

表2　　积福村—长育村隧洞设计参数

隧洞名称	隧洞长度(m)	过水流量(m^3/s)	进口底高程(m)	出口底高程(m)	底坡(1∶i)	断面型式	断面尺寸(m)
积福村隧洞	301.659	135	1992.850	1992.764	4150	马蹄形	R_1=4.7m
衍庆村隧洞	656.961	135	1992.464	1992.306	4150	马蹄形	R_1=4.7m
芹河隧洞	20940.354	135	1992.195	1987.057	4150	马蹄形	R_1=4.7m
北衙隧洞	3811.985	135	1987.050	1986.068	4150	马蹄形	R_1=4.7m
上果园隧洞	5533.539	135	1986.068	1984.727	4150	马蹄形	R_1=4.7m
下河坝隧洞	4054.015	135	1984.727	1983.703	4150	马蹄形	R_1=4.7m
玉石厂隧洞	4739.260	135	1983.480	1982.281	4150	马蹄形	R_1=4.7m
老马槽隧洞	3842.140	135	1981.679	1980.744	4150	马蹄形	R_1=4.7m
长育村隧洞	6666.923	135	1980.544	1978.832	4150	马蹄形	R_1=4.7m

由于芹河隧洞较长，隧洞布置有芹河1#、2#、3#及4#等4条施工支洞，其中2#施工支洞作为永久检修支洞，1#、4#和3#为临时支洞。

由于北衙隧洞与上下游相邻建筑物为洞与洞交接，需要布置施工支洞，即北衙隧洞1#施工支洞。根据水资源配置要求，北衙分水口是滇中引水工程的第一个分水口，分水口设计流量1.0m^3/s。供水对象是鹤庆县黄坪镇。北衙隧洞1#施工支洞作为永久供水支洞，并在施工结束，预埋分水管道后，支洞与主洞交汇处进行封堵。

由于上果园隧洞与上下游相邻建筑物为洞与洞交接，需要布置施工支洞，即上果园隧洞1#施工支洞，上果园隧洞1#施工支洞作为永久检修支洞。

在距下河坝隧洞出口32m处设置退水隧洞，退水隧洞后接酸水箐河道。

在距玉石厂隧洞出口10.5m处设置退水隧洞，退水隧洞后接玉石山沟。

2.2.3.3　积福村、衍庆村、老马槽渡槽

积福村、衍庆村、老马槽渡槽分别长595m、468m、154m。渠道设计流量135m^3/s，渠底纵坡i=1/3500。

(1)地质条件

大理Ⅰ段共布置有3座渡槽,分别为积福村渡槽、衍庆村渡槽、老马槽渡槽,渡槽累计长1.217km,占线路总长的1.06%。积福村渡槽采用桩基础,冲洪积或残坡积、强溶蚀风化灰岩均不宜作为桩基础持力层,弱溶蚀风化灰岩可作为桩基础持力层,桩端应避开岩溶进入较完整灰岩内,渡槽南端发育K9岩溶管道系统,南端桩基需穿过该岩溶管道系统;衍庆村渡槽与老马槽渡槽采用浅基础,地基主要为冲洪积物、残坡积物及全风化岩,部分地基承载力较低,且差异较大,存在地基过量沉降与不均匀沉陷变形问题;渡槽基坑为覆盖层,存在侧面坡稳定问题及基坑渗涌水问题。

(2)建筑物布置

积福村渡槽由进口渐变段、进口事故闸段、进口连接段、槽身段、出口连接段、出口事故闸段、出口渐变段组成;衍庆村渡槽由进口连接段、槽身段、出口连接段组成;老马槽渡槽由进口连接段、进口工作闸段、槽身段、出口连接段组成。

(3)建筑物结构设计

积福村渡槽采用双线"U"形槽,由渐变段、闸室段、连接段、槽身段等组成。进出口渐变段为隧洞断面与"U"形断面的渐变,进口闸为事故闸,出口闸为检修闸,作为渡槽主体建筑物检修使用。进口渐变段、进口事故闸、进口连接段、出口连接段、出口检修闸、出口渐变段采用落地基础形式。渡槽段下部结构采用圆端形空心墩+承台+桩基础的形式。

衍庆村渡槽采用矩形单槽,由连接段、槽身段组成。进出口连接段连接隧洞与槽身,在马蹄形与矩形之间渐变;衍庆村渡槽不设置控制闸室,检修条件依靠相邻隧洞检修闸提供。进口渐变段、槽身段、出口渐变段采用落地基础形式。

老马槽渡槽采用矩形单槽,由连接段、闸室段、槽身段组成。进口连接段连接闸室段与老马槽隧洞出口,出口连接段连接槽身段与长育村隧洞进口,连接段在马蹄形与矩形之间渐变;进口闸为检修闸,作为渡槽主体建筑物检修使用。进口连接段、进口检修闸、槽身段、出口连接段采用落地基础形式。

2.2.3.4 衍庆村、下河坝暗涵

衍庆村、下河坝暗涵分别长251.067m、63.748m,渠道设计流量135m^3/s。

(1)地质条件

衍庆村暗涵位于尖山箐冲沟,河道宽缓,宽180~250m,冲沟为季节性流水。暗涵穿越段无基岩出露,均为第四系冲洪积物(Q^{pal})覆盖,总厚8~42m,结构松散—中密状,渗透性较强。下伏基岩为三叠系上统中窝组(T_3z)灰岩夹泥质灰岩、松桂组(T_3sn)砂岩和泥页岩,岩层缓倾,未见较大断层通过。

暗涵横穿酸水箐冲沟,冲沟宽45~60m,沿线多为第四系覆盖,厚2.1~8.3m;下伏基岩

为 Pβ6－3 粗面安山岩夹凝灰岩，线路范围内未见大的断层通过。

(2)建筑物平面布置

衍庆村暗涵采用双箱矩形，由进口渐变段、进口检修闸段、进口连接段、涵身段、出口连接段、出口检修闸段、出口渐变段组成。总体设计分配本建筑物水头 0.132m，暗涵渠底纵坡 $i=1/4150$。

酸水箐与建筑物交叉处河底高程较低，渠道水位高于河底高程，采用降低建筑物顶板高程措施，因此下河坝暗涵为压力暗涵有压输水。下河坝压力暗涵由进口连接段(含通气孔)、涵身段、出口连接段、出口节制闸闸室段组成，该建筑物设计水头 0.165m。暗涵顶部有酸水箐，需要恢复河道过流能力。施工完成后先回填至暗涵顶部，再形成底宽 27m，边坡 1∶2.5 的过流断面，暗涵顶部防护采用混凝土护底及护坡。

(3)建筑物结构设计

衍庆村暗涵采用双箱矩形钢筋混凝土箱涵，由进、出口渐变段，闸室段，连接段，涵身段等组成。进、出口闸均为检修闸，作为暗涵及上下游隧洞输水建筑物检修使用。

下河坝压力暗涵由进口连接段、涵身段、出口连接段和闸室段等组成。进口连接段顶部设有通气孔，顶部结构斜坡坡比 1∶1.5，采用单孔矩形箱涵结构，水平长度 12.23m。涵身段长度 27.38m，采用双孔矩形箱涵结构，单孔尺寸宽×高(6.0m×4.5m)，渠道底板纵坡 1/4150。出口渐变段顶部结构斜坡坡比 1∶1.5，采用单孔矩形箱涵结构，水平长度 27.750m。闸室段结构形式为开敞式水闸，为无压过流，底板高程 1983.48m，该闸为节制闸，主要是控制北衙分水口和暗涵进口处的水位波动，同时兼作下河坝退水事故闸。

2.2.3.5 玉石厂倒虹吸

玉石厂倒虹吸全长 317.0m，渠道设计流量 $135m^3/s$。

(1)地形地质条件

倒虹吸埋设于玉石山冲沟下方，玉石山冲沟季节性流水，玉石山冲沟分布第四系覆盖层，厚 4.7～11.1m，位于倒虹吸上方；倒虹吸全段埋设于基岩内，主要穿越基岩为二叠系峨眉山组(Pβ5、Pβ4－2)橄斑玄武岩、致密状玄武岩夹凝灰岩，线路范围未见大的断层通过，裂隙及裂隙性断层较发育，线路附近不良地质体不发育。

隧洞式倒虹吸部位岩流面走向与洞轴线主要呈大角度相交，岩流面中缓倾；倒虹吸总体位于弱风化带内，围岩类别以Ⅳ类为主，进口段为Ⅴ类。其中Ⅳ类占 74.44%，Ⅴ类占 25.56%。Ⅳ、Ⅴ类围岩稳定问题突出。

(2)建筑物平面布置

玉石厂倒虹吸由进口池、进口斜管段，水平段、出口斜管段和出口池组成。

(3)建筑物结构设计

进口池和出口池为无压输水,进口池接玉石厂隧洞出口,出口池接老马槽隧洞进口;进出口斜管段和水平段为有压输水。

玉石厂倒虹吸进口池由马蹄形断面渐变为城门洞形断面,底部沿下弯圆弧顺接进口斜管段,转弯半径50m;进口斜管段前端为渐变段,由城门洞形断面过渡到圆形断面,底部平滑连接,上部设胸墙,之后进入圆形断面有压隧洞,坡比1∶2;水平段连接进口斜管段及出口斜管段,连接处底部转弯半径分别为40m和80m,以保证水力条件良好及结构安全可靠;出口斜管段坡比1∶5,以利于降低施工难度;出口斜管段末端为渐变段,由圆形断面过渡到城门洞形断面,底部平滑连接,上部设胸墙,之后进入出口池。出口池末端由城门洞形断面过渡为马蹄形断面,底部沿下弯圆弧顺接老马槽隧洞,转弯半径150m,底板高程上抬,以兼顾出口淹没水深及良好的水力条件。

3 工程特点及科技创新

3.1 工程特点

滇中引水工程是云南省有史以来乃至全国在建引调水工程中投资规模最大、建设难度最高的水利工程。总结工程特点,该工程拥有六项世界之最:

1)隧洞输水世界最长,输水线路664km,隧洞612km,洞线率高达92%。

2)地下泵房世界最大,主泵房开挖217m×23.4m×48m,开挖量高达24万m^3。

3)全断面隧道掘进机(TBM)直径世界引调水工程最大,TBM刀盘直径高达9.83m。

4)提水泵站单机离心泵容量世界最大,单机设计流量13.5m^3/s,单机容量40MW。

5)提水泵站总装机容量世界最大,共设12台离心泵,总装机容量480MW。

6)地质条件在世界引调水工程中最复杂,跨越多个复杂地质构造单元,广泛存在高地下水、高地应力、软岩大变形、活动断裂等问题。

为顺利推进完成滇中引水工程建设,必须有效破解十大世界级技术难题:

1)泵站设计制造难,泵站提水扬程219.16m,单机设计流量13.5m^3/s,总装机480MW。

2)深埋隧洞施工难,埋深大于1000m的隧洞22km,埋深大于600m的49.5km。

3)地下水处理难,穿越33个大规模岩溶水系统,全线均存在地下水处理问题,其中高外水压力洞段长达68km,地下水头高达1300m,涌水突泥风险高。

4)破碎断层穿越难,工程直接相交主要断裂43条,其中活动断裂16条,穿越施工技术难度大。

5)软岩大变形应对难,软岩洞段长达208km,不仅在香炉山等深埋长隧洞中突出存在,更集中分布在以“滇中红层”为代表的大理段、楚雄段。

6)应对地震防护难，全线地震基本烈度为Ⅶ度、Ⅷ度，其中Ⅷ度线路长达513km，占输水线路总长的77%。

7)岩爆危害处理难，隧洞最大埋深达1450m，地应力可达极高应力量级(约46MPa)。

8)有毒有害气体监测防治处理难，部分洞段分布有甲烷、氯气、一氧化碳、二氧化硫等多种有毒有害气体，监测、防治、处理难度高。

9)地热危害综合治理难，工程沿线温泉出露众多，预计部分洞段地温较高，综合治理难度大。

10)制造TBM工艺难，该设备开挖直径世界引调水工程最大(9.83m)，且需要应对涌水突泥、高地应力、强岩爆、软岩大变形、活动断裂等多重不良地质条件，科技含量高，制造工艺要求高。

3.2 科技创新

滇中引水工程由水源工程、输水工程组成。水源工程泵站特点体现在单机流量大、提水扬程高、装机规模大。输水工程的特点体现在输水线路长、建筑物多、规模大、隧洞工程占比高、地质条件复杂；隧洞工程穿越碳酸盐岩地层、软岩地层、断裂破碎带等，存在突水突泥、软岩变形、高地应力下岩爆、高外水压力及穿越活动断裂等问题。

在工程可研阶段，长江设计公司作为技术牵头单位，组织开展了深埋长隧洞选线、岩溶地下水、软岩大变形、过活动断裂等四个问题的重点技术攻关，为项目顺利开工建设提供了可靠的技术保障。

在初步设计阶段，考虑滇中引水工程的特点和目前勘测设计的水平，拟定了高扬程水泵关键技术研究、复杂地质条件下深埋长隧洞工程关键技术研究、活动断裂对输水隧洞影响及结构适应性研究、大型渡槽结构及抗震研究、隧洞施工对地下水环境的影响及防治对策研究、滇中引水工程调度及控制运行专题研究等六个方面的重大科研项目，先后牵头完成《滇中引水工程关键技术问题研究》《滇中引水工程隧洞软岩大变形应对措施研究》《香炉山隧洞过活动断裂结构适应性研究》《滇中引水工程香炉山隧洞渗流控制措施及效果研究》等重要技术成果报告，为滇中引水工程初步设计提供了坚实的理论和技术支撑。

目前，滇中引水工程进入全面实施阶段，鉴于滇中引水工程的复杂性和现场不断涌现的新的工程技术问题，滇中引水工程建设管理局组织参建各方凝练出滇中引水工程重大关键共性技术问题，申报了云南省重大科技专项“西南复杂地质条件下特大型引调水工程安全建设与高效运行关键技术研究”，第一期包含5个课题：①深大活断裂应力场特征及其对长距离引水工程的影响；②复杂地质条件下长大隧洞突涌水(泥)灾害机理与防治关键技术研究；③沙化白云岩隧洞变形机理与控制关键技术研究；④复杂地层深埋引水隧洞TBM超长距离高效掘进与风险管控关键技术;⑤城区复合地层盾构隧洞安全稳定与健康馈控关键技术。

一期 5 个课题已于 2020 年 12 月招标,由高校、科研单位、设计单位、施工单位等组建联合体,协同开展技术攻关。

“西南复杂地质条件下特大型引调水工程安全建设与高效运行关键技术研究”第二期包含 8 个课题:①隧洞过活动断裂的结构适应性研究;②倒虹吸过活动断层的结构适应性研究;③高烈度区高架大型输水渡槽抗震及减隔震关键技术研究;④高烈度区高架大型输水倒虹吸抗震及减隔震关键技术研究;⑤深埋长隧洞软岩大变形机理与防控技术研究;⑥深埋长隧洞岩爆机理与防控技术研究;⑦深埋长隧洞高外水压力作用机理及渗控技术研究;⑧复杂赋存条件下的红层软岩隧洞工程施工期关键技术研究。

二期 8 个课题已于 2021 年 10—12 月陆续招标。

除云南省重大科技专项“西南复杂地质条件下特大型引调水工程安全建设与高效运行关键技术研究”外,滇中引水工程建设管理局还立项了“滇中引水工程勘察试验性工程香炉山隧洞 5# 施工支洞专项研究”“长距离重大引水工程施工期岩溶水文地质、水环境影响预测及对策研究”“复杂地质条件下深埋长隧洞工程关键技术研究(香炉山专题)”“复杂地质条件下深埋超大地下泵站洞室群施工期动态反馈与设计优化关键技术研究”等课题。长江设计公司作为技术牵头单位,全程参与云南省重大科技专项《西南复杂地质条件下特大型引调水工程安全建设与高效运行关键技术研究(第一期)》等科研项目的立项及审批,工作大纲制定、关键技术问题攻关等工作,为推动滇中引水工程技术创新做了突出贡献。

撰稿/刘权庆、李建贺、孙海清、刘咏弟、张传健、颜天佑

丽江市南瓜坪水库工程

▲ 南瓜坪水库

南瓜坪水库位于丽江市宁蒗彝族自治县西布河乡境内五郎河上段的西岔河上，是丽江市唯一的大型水库。工程任务以灌溉、城乡供水（城市与集镇生活、工业、农村人畜饮水）为主，兼顾促进程海生态环境保护。工程包括水源工程和输水工程。水源大坝为沥青混凝土心墙堆石坝，输水部分包括引水隧洞、输水渠道、输水管道及渠系建筑物。

1 工程概况

1.1 工程简述

南瓜坪水库是丽江市唯一一座大型水库工程，被列入国家 2020—2022 年重点推进的 150 项重大水利工程建设项目。该工程位于丽江市宁蒗彝族自治县西布河乡境内五郎河上段的西岔河上，工程任务以灌溉、城乡供水(城市与集镇生活、工业、农村人畜饮水)为主，促进程海生态环境保护。坝址控制流域面积 512km^2，坝址处多年平均年径流量 2.18 亿 m^3。水库正常蓄水位为 2299.00m，校核洪水位为 2301.95m，总库容 1.18 亿 m^3，兴利库容 8760 万 m^3；水库多年平均供水量 7660 万 m^3。工程有效灌溉面积 25.1 万亩，供水人口 20.37 万。

工程包括水源工程和输水工程两部分。水源工程由大坝、溢洪道、取水塔等组成，大坝为沥青混凝土心墙堆石坝，最大坝高 126.6m。输水工程由引水隧洞、输水渠道、输水管道及渠系建筑物组成，坝上塔式取水，灌溉引水隧洞长 16.5km；输水干渠总长 79.84km，基本型式为明渠和管道。工程静态总投资 42.27 亿元，施工总工期为 81 个月。南瓜坪水库主要工程特性见表 1。

表 1　南瓜坪水库主要工程特性

名称			数量及特性	备注
水文	流域面积	全流域(km^2)	2131	
		坝址以上(km^2)	512	
	利用的水文系列年限(年)		1959—2015	
	多年平均年径流量	总管田以上(亿 m^3)	8.75	
		坝址以上(亿 m^3)	2.18	
	代表性流量	多年平均流量(全流域，m^3/s)	27.9	
		多年平均流量(坝址以上，m^3/s)	6.91	
		正常运用(设计)洪水标准 P(%)	1	
		设计洪水标准相应流量(m^3/s)	1200	
		非常运用(校核)洪水标准 P(%)	0.05	
		校核洪水标准相应流量(m^3/s)	2030	
		施工导流标准 P(%)	5	
		相应流量(m^3/s)	635	

续表

名称			数量及特性	备注
水文	泥沙	多年平均悬移质年输沙量(万 t)	58.2	
		多年平均推移质年输沙量(万 t)	11.6	
工程规模	水库	坝顶高程(m)	2302.2	
		校核洪水位(P=0.05%,m)	2301.95	
		设计洪水位(P=1%,m)	2299.00	
		正常蓄水位(m)	2299.00	
		死水位(m)	2246.00	
		总库容(亿 m^3)	1.18	
		兴利库容(万 m^3)	8760	
		死库容(万 m^3)	2250	
		库容系数(%)	0.41	
		调节特性	多年调节	
		设计洪水位时最大泄量(m^3/s)	1217	
		校核洪水位时最大泄量(m^3/s)	1560	
	灌溉工程	设计灌溉面积(万亩)	25.1	
		一般灌溉设计保证率 P(%)	75	
		节水灌溉设计保证率 P(%)	85	
		年供水量(万 m^3)	5220	多年平均
	城乡供水工程	年供水量(万 m^3)	2440	多年平均
		供水保证率 P(%)	95	
	渠首设计流量(m^3/s)		8.50	
主要建筑物及设备	挡水建筑物	型式	沥青混凝土心墙堆石坝	
		地震动参数设计值	0.54g(壅水)、 0.20g(非壅水)	
		地震基本烈度(度)	Ⅷ	
		抗震设计烈度(度)	Ⅸ、Ⅷ	
		坝顶高程(m)	2302.2	
		最大坝高(m)	126.6	
		坝顶长度(m)	390	
	泄水建筑物(溢洪道)	型式	左岸岸边式溢洪道	
		堰型	平底宽顶堰	
		堰顶高程(m)	2288	

续表

名称			数量及特性	备注
主要建筑物及设备	泄水建筑物（溢洪道）	泄洪表孔宽度(m)	14.4	
		消能防冲建筑物型式	挑流消能	
		设计泄洪流量($P=1\%$,m^3/s)	775	
		校核泄洪流量($P=0.05\%$,m^3/s)	1106	
	泄水建筑物（泄洪放空隧洞）	型式	短有压进水口	
		进口底程(m)	2242.0	
		进口尺寸(宽×高,m×m)	4.0×3.8	
		消能防冲建筑物型式	挑流消能	
		设计泄洪流量($P=1\%$,m^3/s)	442	
		校核泄洪流量($P=0.05\%$,m^3/s)	454	
	生态放水管	直径(m)	1	
		流量(m^3/s)	2.07/1.04	
		长度(m)	720	
	取水建筑物	设计引水流量(m^3/s)	8.50	
		取水建筑物型式	取水塔	
		取水口高程(m)	2236.5	
		取水口尺寸(宽×高,m×m)	2×2.8	
		引水洞断面型式	城门洞形	
		引水隧洞尺寸(内径,宽×高,m×m)	2.6×3.0	
		引水隧洞长度(km)	16.5	
		引水隧洞纵坡	0.81×10^{-3}	
		干渠总长度(km)	79.84	
		输水渠道长度及桩号(km)	65.003(0+000～65+003)	
		输水管道长度及桩号(km)	14.837(65+003～79+840)	
		输水渠道最大断面尺寸(宽×高,m×m)	3.10×2.75	
		渠道结构型式和材料	钢筋混凝土矩形明渠	
		输水管道最大管径(mm)	DN1800	
		管材	PCCP管(钢管)	
	主要交叉建筑物数量	倒虹吸或管桥(座)	8	
		跌水(陡坡)	3	
		节制闸(座)	17	
		分水闸(座)	10	
		泄水闸(座)	7	

续表

名称		数量及特性	备注
经济指标	单位库容投资(元/m^3)	35.61	
	单位供水成本(元/m^3)	2.59	
	单位灌溉成本(元/m^3)	1.63	
	一般种植灌溉水价(元/m^3)	0.50	
	高效节水种植灌溉水价(元/m^3)	1.80	
	城乡供水水价(元/m^3)	2.76	
	经济内部收益率(%)	7.17	
	经济净现值(i_s=6%,万元)	68778	
	经济效益费用比(i_s=6%)	1.17	

1.2 建设意义

南瓜坪水库是区域水利高质量发展的重大工程,被列入国家《水利改革发展“十三五”规划》《云南省水利发展规划(2016—2020年)》《云南省水安全保障网规划》《丽江市水资源综合规划》等各类规划,建成后能根本解决制约区域高质量发展的水资源短缺问题。

(1)科学匹配水土资源,改善生态环境的重要工程

工程所在区域属于干热河谷地带,是云南省第一少雨中心,多年平均降水量约600mm,多年平均水面蒸发量约2000mm,干旱指数大于3.0,属常年性干旱缺水地区,但土地资源丰富,光热条件较好,人口集中,在区域经济社会发展中占有重要地位。区域水土资源不匹配、不协调,供水工程以中小型蓄水工程和引水工程为主,供水安全保障程度较低,缺水总量达到8560万m^3,水资源短缺已成为区域经济社会可持续发展的制约性因素。工程建成后,可提供生产生活供水量2440万m^3、灌溉水量5220万m^3,大幅提高城镇生活、工业和灌溉的供水保证率,根本性地解决地区缺水状况,促进地区经济社会持续发展。

海河河谷和程海沿岸于20世纪大量砍伐树木熬制蔗糖,导致植被退化,生态环境受到严重破坏。受制于水资源稀缺和干燥气候,植被恢复情况不容乐观,荒草地面积广,山谷荒漠化、石漠化问题突出,生态环境条件依然十分恶劣。工程建成之后,可发展生态经济林果灌溉8.03万亩,荒山复绿生态林1.75万亩,显著提升海河河谷和程海沿岸的植被覆盖率,绿化山谷,防止水土流失,增加空气湿度,吸附空气粉尘,净化空气,改善局地小气候,极大地改善地区生态环境条件,促进人与自然和谐共生。

(2)巩固脱贫攻坚成果、接续乡村振兴,建设民族团结进步示范区的重点工程

丽江市永胜县、宁蒗县是多民族聚居地,也是云南省民族团结进步示范区建设的重点区,但受地理条件等因素制约,经济条件十分落后,人均GDP不足2万元,仍远低于全国、云南省平均水平。巩固脱贫成果的任务重、难度大。

工程建成后，可发展和改善25.1万亩灌溉面积，其中特色生态经济林果8.03万亩、蔬菜6.80万亩、中药材2.74万亩，将促进高原特色生态农业的发展，改善农业生产条件，提升农业发展质量，增加农民收入，促进乡村振兴。此外，可保证20.37万人（其中城镇人口10.37万）的安全饮水，满足永胜县中心工业园区、程海流域生态经济建设试验区、南部工业区永保组团、北部工业区板山河组团的用水需求，极大地促进当地产业发展。

（3）减缓程海水位下降趋势，防止程海湖水生态进一步恶化的重点工程

历史记载表明，1762—1961年程海湖水位下降了36.21m；1962—1988年，水位下降了4.67m，蓄水量减少了3.62亿m^3。目前水位已下降至1497m，低于《云南省程海保护条例》要求的最低控制水位1499.2m，更远低于1501m法定运行水位。

程海周边是永胜县人口和土地较为集中的地区，从程海抽取大量的水用于灌溉等。工程建成后，可置换从程海抽取的1285万m^3灌溉水量，可减缓程海水位下降、湖面萎缩趋势，保护程海周边的生态安全，维持其健康生态系统功能和服务，保持程海这一高原明珠的美丽景色。

2 勘测设计方案

2.1 勘察设计过程

2016年3月，丽江市水务局委托长江勘测规划设计研究有限责任公司（以下简称“长江设计公司”）开展南瓜坪水库工程可行性研究工作。长江设计公司于2017年4月再次征求相关单位的意见后修改完成了《云南省丽江市南瓜坪水库工程方案研究报告（咨询稿）》。2017年6月和12月先后两次接受水利部水利水电规划设计总院（以下简称“水规总院”）、云南省水利厅的专家咨询。2018年10月，编制完成《云南省丽江市南瓜坪水库工程可行性研究报告（送审稿）》（以下简称《可研报告》）。2018年11月，水规总院在北京召开《可研报告》审查会。2020年3月，水规总院以水总设〔2020〕35号文上报水利部。2020年6月，水利部以水规计〔2020〕119号文将《可研报告》（修订稿）报送国家发展和改革委员会。受国家发展和改革委员会委托，2021年9月、11月召开两次评估会。2021年12月9日，国家发展和改革委员会以发改办农经〔2021〕977号文《国家发展改革委办公厅关于进一步做好云南省南瓜坪水库工程前期工作的函》签发南瓜坪水库工程可研咨询评估意见。

2.2 总体布局

南瓜坪水库工程由水源工程和输水工程组成。在五郎河上游西岔河新建南瓜坪水库作为水源，分两条线路输水至受水区，一路经过水库库区左侧19.3km隧洞输水至永胜县城北李家村，再通过79.84km输水干渠自北向南沿途分别向永胜县县城和程海镇、六德乡、期纳

镇等城乡生活工业供水，以及向三川坝区、永胜坝区、程海周边、海河河谷等灌片的农业灌溉供水，并设有向程海生态补水口门，另一路经水库调节后下泄河道向五郎河河谷灌片供水，并通过团结大沟输水至三川镇。水源部分新建南瓜坪水源水库，输水工程包括新建引水隧洞 1 条，长 19.3km；新（扩）建输水干渠 1 条，长 79.84km；新（扩）建潘岿腰沟、团结大沟、三川北大沟、三川分水支渠、期纳东 2 支渠等 5 条支渠，总长 88.68km；新（改）建建筑物 45 座。工程总体布局见图 1。

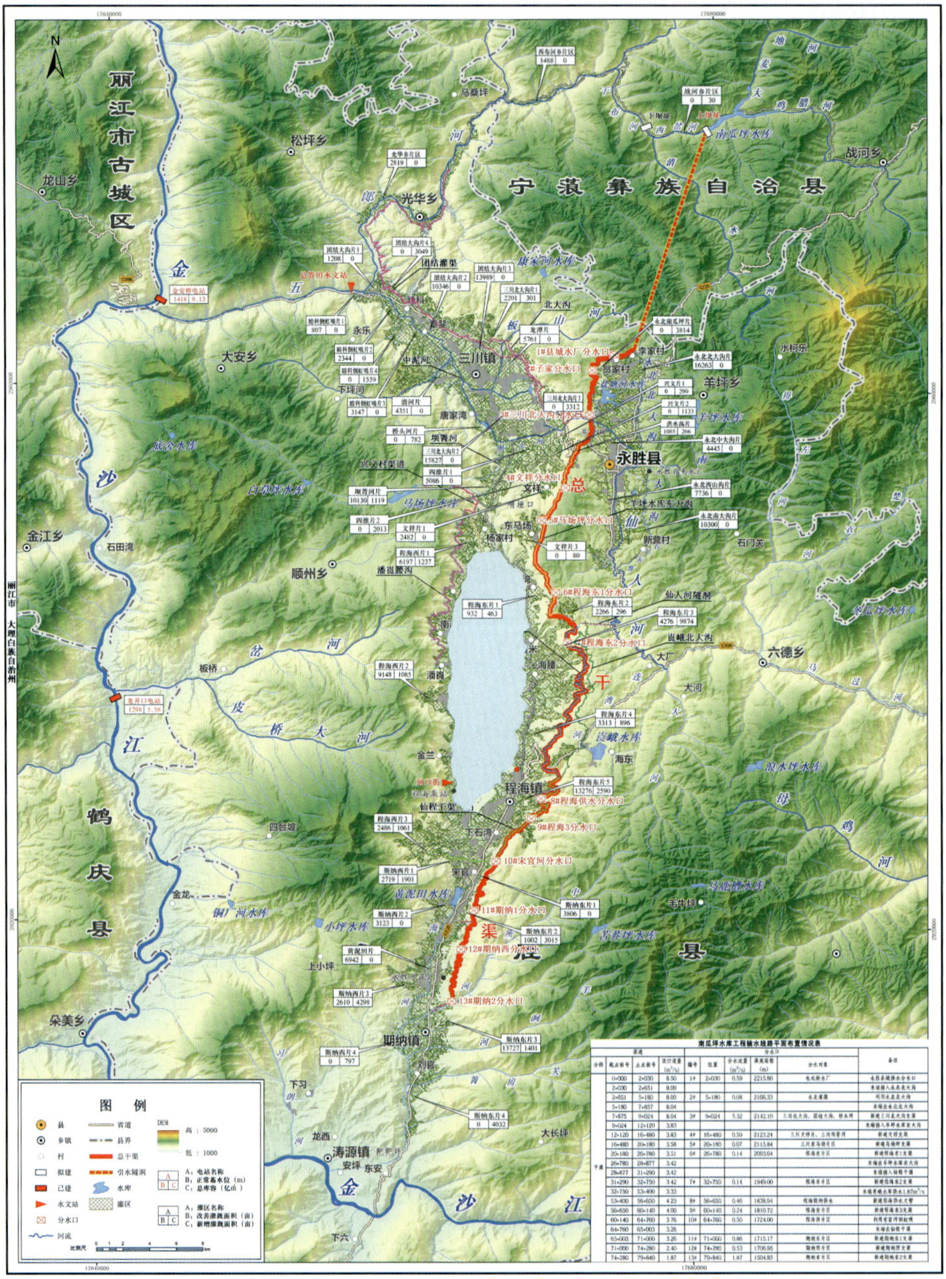

图 1　南瓜坪工程总体布局图

2.3 水源工程

2.3.1 设计标准

工程等别为Ⅱ等，规模为大(2)型。主要建筑物沥青混凝土心墙坝级别因为坝高超过90m而提高为1级，溢洪道级别为2级，按100年一遇洪水标准设计，2000年一遇洪水标准校核。溢洪道下游消能防冲洪水标准为50年一遇。地震基本烈度均为Ⅷ度。

2.3.2 枢纽布置

坝址位于宁蒗彝族自治县西布河乡境内五郎河干流的西岔河上，距战河镇约20km，坝轴线位于现有干布河电站取水口处附近。西岔河自东北蜿蜒至西南流经坝区，长约2.2km。

枢纽布置格局为：河床布置沥青混凝土心墙坝，左岸坝肩布置溢洪道，左岸上游库区布置灌溉取水塔，右岸布置导流隧洞，后期利用导流隧洞直线段加建龙抬头改为泄洪放空隧洞。坝址处河道呈现倒“Ω”形，沥青混凝土坝轴线位于倒“Ω”形腰线中部。

2.3.3 主要建筑物

(1)大坝

大坝为沥青混凝土心墙坝，坝顶高程为2302.2m，防浪墙顶高程2303.4m，大坝坝高126.6m，坝轴线长390m，坝顶宽度12m。大坝填筑大致分四个区：第一区为沥青混凝土防渗心墙；第二区为坝壳填筑料；第三区为过渡料，布置在心墙两侧，各设置两层厚2.0m的过渡料Ⅰ和过渡料Ⅱ，作为心墙与坝壳料堆石体之间的过渡；第四区为贴坡反滤料，布置大坝下游坡脚和河床卵石混合土后，顶高程为2198.00m。其中，坝壳填筑料又根据填料的不同细分为堆石Ⅰ区、堆石Ⅱ区和堆石Ⅲ区3个区，分别采用料场开采的砂岩夹泥质粉砂岩料、砂岩料和开挖利用料。堆石Ⅰ区为2275.00m马道以下的上、下游堆石区，堆石Ⅱ区为2275.00m马道以上的坝顶堆石区，堆石Ⅲ区位于坝体下游中部的梯形区域。

(2)心墙

大坝防渗为沥青混凝土心墙，沥青混凝土心墙中心线位于坝轴线上游3.0m处，心墙顶高程为2300.1m，高于正常蓄水位1.1m。沥青混凝土心墙顶厚度0.6m，底厚度1.5m，心墙从上至下采用变厚度的阶梯式，阶梯共分三级，高程2275m以上为0.6m，高程2275～2235m为1.0m，高程2235m以下为1.5m。心墙底部及岸坡设置混凝土基座，与基座接触部位心墙进行扩大处理圆弧连接，底部河床3.0m(两岸3m)高的渐变扩大段使沥青混凝土心墙截面由1.5m扩大到最大厚度3.0m，圆弧中设两道紫铜止水片。

(3)溢洪道

溢洪道为正槽式，采用平底宽顶堰堰型，过流断面净宽14.4m。溢洪道紧邻布置在沥青混凝土心墙坝的左坝肩，在坝肩右侧开挖山体形成。进水渠呈喇叭口状，底宽30～12m，长约90m，轴线转弯半径65m，进水渠底高程2283m。控制闸为平底闸，底板长25m，宽18m，厚3.0m，堰顶高程2288m，溢洪道过流断面净宽14.4m。溢洪道控制段后接泄槽段陡坡，泄槽水平总长494.61m。在泄槽陡坡末端接挑流鼻坎，鼻坎段长16m，鼻坎坎顶高程为2199.65m，采用挑流消能方式将洪水挑离下游坝脚。

(4)泄洪放空洞

为充分利用导流洞，减小溢洪道工程规模，节省工程投资，后期采用“龙抬头”方式改建利用导流洞泄洪，建设泄洪放空洞。改建后的进口设控制闸，进口底板高程2242m，闸孔尺寸为4m×3.8m(宽×高)。改建后的导流洞在控制闸前为有压段，闸门后为无压段。泄洪放空洞洞身断面采用城门洞形，断面尺寸为4m×8m(宽×高)。

(5)生态泄水建筑物

生态泄水建筑物采用压力钢管型式，管径1m，下泄生态流量为2.07m^3/s(6—10月)、1.04m^3/s(其他时段)。钢管从泄洪洞进水塔前缘取水，中心高程2242.80m，进口设DN1000检修阀。钢管管身段全程沿泄洪洞布置，埋设在泄洪洞底部。生态放水管末端出口设DN1000活塞阀及进人孔，水流经活塞阀消能后汇入下游河道。生态放水管总长约720m。

(6)取水塔

取水塔布置于大坝左岸上游约250m处，采用岸塔式结构型式。取水塔最低设计取水水位为水库死水位2246m，取水设计流量8.5m^3/s。取水孔口尺寸为2m×2.8m(宽×高)，孔口前为顶部扩散的喇叭口，孔口后接消力池，消力池后接隧洞。取水塔进口底板顶面高程2236.5m，底板顺流向长34.0m，厚3m，宽24.5m。上部塔筒顶高程2303.4m，塔筒高75.4m。

2.4 输水工程

2.4.1 设计标准

输水工程主要由引水隧洞、输水干渠(管)、渠道建筑物、骨干支渠等组成。灌溉引水隧洞建筑物级别为3级。干渠0+000～2+030段渠道和渠系建筑物级别为3级，干渠2+030～65+003段渠道和渠系建筑物级别为4级，干渠65+003～79+840段管道建筑物级别为5级。沿线永久边坡等级确定为4级。

2.4.2 总体布置

引水隧洞由坝上取水至干渠渠首，总长16.5km，设计流量8.50m^3/s；洞线在平面上采用直线布置；在立面上引水隧洞进口底板高程2231.1m，出口底板高程2217.7m。隧洞出口布置在盐塘河水库以北李家村附近，隧洞出口设计水位2219.15m。隧洞为无压隧洞，断面性状采用城门洞形，断面尺寸根据运行期检修以及水面线以上净空要求，确定为衬砌后的净断面宽2.6m，高3.0m，顶拱半径1.5m，顶拱中心角120°。

输水干渠总长79.84km，桩号0+000～65+003为明渠段，设计流量8.50～3.26m^3/s，采用钢筋混凝土矩形明渠输水，可利用已建永北北大沟（桩号2+651～7+857）、羊坪东大沟（桩号12+120～28+877）、仙程干渠（桩号31+290～65+003）共55.68km；桩号65+003～79+840为管道段，设计流量3.26～1.87m^3/s，采用PCCP管输水。

输水干渠主要渠系建筑物包含跌水（陡坡）、倒虹吸、水闸等，干渠共设置3座跌水（陡坡）、10座分水闸、17座节制闸、7座泄水闸、8座倒虹吸跨越较大交叉河沟。管道段及倒虹吸设置控制阀、调压阀、进排气阀、检修阀等各类控制阀63座。

骨干工程主要包括：团结大沟（设计流量3.4m^3/s），三川北大沟（设计流量1.99 m^3/s），潘崀—腰沟（设计流量0.8m^3/s），以及新建三川分水支管（设计流量5.32m^3/s），期纳东2支渠（管）（设计流量1.02m^3/s）。

2.4.3 主要建筑物

南瓜坪水库输水工程主要由引水隧洞、输水干渠、输水管道、输水建筑物，以及其他骨干工程等组成。

（1）引水隧洞

引水隧洞洞线在平面上采用直线布置，隧洞总长16.5km；在立面上引水隧洞进口底板高程2231.1m，出口底高程2217.7m，纵坡为0.81‰。隧洞设计流量8.5m^3/s，加大流量10.16m^3/s。隧洞采用城门洞形断面，净宽2.6m，净高3.0m。引水隧洞采用钢筋混凝土衬砌，衬砌厚0.4m。

（2）输水干渠

桩号0+000～65+003段干渠，采用明渠输水，设计流量8.50～3.26m^3/s，渠道断面为矩形钢筋混凝土结构+盖板，最大断面3.10×2.75m（净宽×净高，下同），最小断面1.85×1.65m，干渠起点位于盐唐河水库以北李家村附近，渠底高程2217.15m，明渠段止点为仙程干渠二期末端，渠底高程1720.63m。共利用3段已建渠道55.68km，分别为永北北大沟（桩号2+651～7+857）、羊坪东大沟（桩号12+120～28+877）、仙程干渠（桩号31+290～65+003），利用段保持原渠道纵坡不变（1/800～1/500），根据各段干渠规模对原渠道进行改扩建；新建渠道段纵坡1/1500。

（3）输水管道

桩号65+003～79+840段干渠，采用压力管道输水，设计流量3.26～1.87m^3/s，管材主要采用PCCP管，最大管径DN1800、最小管径DN1400，压力等级0.5MPa；交叉河流处采用钢管以倒虹吸跨越2处河沟，管径DN1800～D1400。起点管底高程1720m，末端管底高程1505m。PCCP管埋于地下以暗管形式敷设，按照稳定边坡和结构需要开挖出管道沟槽，底部铺设0.2m厚砂垫层后铺设输水管道，回填覆土覆盖管道，回填覆盖厚度一般情况下不小于70cm。沿线设置3个分水口，并布置有控制阀、进排气阀、排泥阀、检修阀等各类闸阀。

(4)输水建筑物

主要渠系建筑物包含跌水(陡坡)、倒虹吸、水闸等,干渠共设置3座跌水(陡坡)、10座分水闸、17座节制闸、7座泄水闸、8座倒虹吸。

3座跌水建筑分别布置在桩号2+478～2+651、8+264～8+535、28+985～29+311渠段,跌水最大高差126.9m,设置27级跌水,单级跌水高度4.7m。

输水工程共设置8座倒虹吸,分别为邱家河、大龙河、瓦窑河、团山河、王官河、季官河、清水河、羊坪河倒虹吸。其中5[#]倒虹吸底部与渠道高差最大,为155m,设计流量3.76m^3/s,设计管径1.4m,设计流速2.44m/s,相应管道壁厚14mm。

管道段及倒虹吸设置控制阀、调压阀、进排气阀、检修阀等各类控制阀63座。

(5)其他骨干工程

其他骨干工程主要包括团结大沟(已建,设计流量3.4m^3/s)、三川北大沟(已建,设计流量1.99m^3/s)、三川分水支管(新建,设计流量5.32m^3/s)、期纳东2支渠(管)(新建,设计流量1.02m^3/s)和潘崀—腰沟(已建,设计流量0.8m^3/s)。团结大沟现状运行良好,保持原规模。三川北大沟清理修复隧洞长约0.99km,整修原渠道长约2.22km。潘崀—腰沟修整硬化再利用渠道长25.07km。新建三川分水支管长0.96km,新建期纳东2支管长1.71km。

3 工程设计特点

3.1 充分利用现有渠道

南瓜坪输水工程受水区范围内,永北镇、三川镇、程海镇供灌渠系工程建设相对较好,已建大的渠系工程主要有团结大沟灌渠、三川北大沟、永北北大沟、羊坪东大沟、仙程干渠一期和二期工程等,其中永北北大沟、羊坪东大沟、仙程干渠一期和二期走向与干渠规划线路走向基本一致,控灌高程较高。在南瓜坪水库工程设计过程中,输水工程设计原则之一为:尽量与现有渠系结合,以降低工程投资。

输水工程利用现有渠道主要体现在以下渠段:在桩号2+651接入永北北大沟,利用扩建的永北北大沟输水至桩号7+857;在桩号12+120处接入羊坪东大沟,利用扩建后的羊坪东大沟输水至桩号28+877;在桩号31+290连接到仙程干渠,主要利用改(扩)建后的仙程干渠一期、二期工程输水,直至桩号65+003。利用现有渠道既可以有效降低工程开挖(包括渠身开挖及边坡开挖),还可以在一定程度上降低对沿线山体的扰动,降低支护投资,减小工程运行风险。

3.2 工程布局调整优化

本工程南瓜坪水库为龙头,对灌区范围水库进行综合利用和调度,最大限度发挥水资源效益。通过合理调整灌区范围内水源调度，更加充分利用原有灌区的灌、排系统，尤其是团结大沟、仙程干渠等渠道和城乡一体化管道；使得原羊坪水库原本应该承担的灌溉任务，经济性更合理。

经过调整优化后的南瓜坪水库渠道工程总体布局为：三川灌片主要由南瓜坪调蓄下泄水经团结大沟供给，不足部分水量由南瓜坪水库下放干渠，经三川北大沟支渠补充；永北灌片主要由羊坪水库提供水源（与南瓜坪水库置换水资源），通过永北北大沟、南大沟、西大沟等现有渠道供给；程海东灌片由南瓜坪水库供水，经扩建后的东大沟、仙程干渠供水；程海西灌片由马场坪水库的水，通过维修后潘良—腰沟渠道供给；期纳东灌片由南瓜坪水库提供水源，经期纳东支渠供水；期纳西灌片由南瓜坪水库提供水源，经期纳西支渠供水。通过置换水源，将程海周边用水由从程海抽水改由南瓜坪水库供水，可以减少程海亏水量，减缓程海水位下降趋势。

4 工程效益

南瓜坪水库建成后主要具有灌溉和城乡供水效益。

4.1 灌溉效益

南瓜坪水库承担宁蒗县战河镇、西布河乡，永胜县光华乡、大安乡、三川镇、程海镇、期纳镇、永北镇、六德乡等 9 个乡镇的灌溉任务。有了稳定的水源，总灌溉面积达到 25.1 万亩，除了可改善灌溉的耕地面积 15.6 万亩外，还可增加灌溉面积 9.5 万亩。项目建成运行后，可取得年均灌溉效益 37042 万元，对应改善灌溉效益 17624 万元，新增灌溉效益约 19418 万元。

4.2 供水效益

南瓜坪水库工程建成后，可解决永北镇、三川镇、程海镇、期纳镇等乡镇约 20.37 万人的城镇和农村供水问题。本工程多年平均提供的城乡生活及工业供水量为 2436 万 m^3，工程末端供水量 2198 万 m^3，本工程多年平均供水效益为 7695 万元。

撰稿/黄永、何子杰

新疆和田玉龙喀什水利枢纽

▲ 玉龙喀什水利枢纽

玉龙喀什水利枢纽工程位于和田河支流玉龙喀什河中游河段，是玉龙喀什河山区河段的控制性水利枢纽工程，坝址位于新疆和田地区和田县的喀什塔什乡境内。工程建设任务以调控生态输水、灌溉补水为主，结合防洪，兼顾发电等综合效益。

1 工程概况

玉龙喀什水利枢纽工程位于和田河支流玉龙喀什河中游河段上，是玉龙喀什河山区河段的控制性水利枢纽工程，坝址位于新疆和田地区和田县的喀什塔什乡境内，距和田地区的和田市约 95km，距下游玉龙喀什河渠首约 60km。

玉龙喀什水利枢纽工程是《全国水利改革发展“十三五”规划》《新疆塔里木河流域综合规划》《新疆和田河流域玉龙喀什河、喀拉喀什河山区河段水力发电规划报告》及相关规划提出的控制性枢纽工程，该工程已列入国务院批准近期实施的 172 项重大水利工程建设项目中。

工程建设任务为：在保证向塔里木河下泄生态水量目标的前提下，通过与乌鲁瓦提水利枢纽联合调度，以调控生态输水、灌溉补水为主，结合防洪，兼顾发电等综合效益。工程建成后，与乌鲁瓦提水利枢纽联合调度，通过汛期集中下泄生态用水流量，减少河道无效输水损失，提高生态输水效率，在满足和田河下泄塔里木河 9.0 亿 m^3 水量的条件下，与平原水利设施联合运用，解决玉龙喀什河灌区春旱缺水问题，提高灌溉供水保证率，并为兵团发展预留约 1.1 亿 m^3 水量；配合堤防建设，提高下游防护对象的防洪标准；还可有效开发利用水能资源，解决和田地区缺电问题。

玉龙喀什水利枢纽工程坝址以上集水面积 1.21 万 km^2，多年平均年径流量 20.82 亿 m^3，水库正常蓄水位 2170.0m，相应库容 5.28 亿 m^3，死水位 2080m，死库容 1.01 亿 m^3，调节库容 4.27 亿 m^3（淤积 50 年后调节库容 2.57 亿 m^3），电站装机容量 200MW，为Ⅱ等大(2)型工程。

枢纽主要建筑物由混凝土面板堆石坝、泄洪建筑物、引水发电系统、水库放空冲沙建筑物、导流建筑物和过鱼建筑物等组成。河床布置混凝土面板堆石坝，左岸布置 1# 深孔放空冲沙洞，右岸由山内向岸外依次布置导流洞、表孔溢洪洞、中孔泄洪洞、2# 深孔放空冲沙洞及发电引水洞，在右岸下游坝脚布置电站地面厂房。

混凝土面板堆石坝坝顶高程 2175.5m，最大坝高 233.5m，坝顶长 500m。大坝上游坝坡 1∶1.5，大坝下游设“之”字形上坝道路，综合坡比 1∶1.69。河床部位设置高 43m 的高趾墩以适应窄深河槽。坝体采用爆破料填筑，分为垫层区、特殊垫层区、过渡区、堆石区等。右岸表孔溢洪洞堰顶高程 2158m，堰宽 13m。中孔泄洪洞采用短有压接无压隧洞的结构型式，进口底板高程 2090m。1# 和 2# 深孔放空冲沙洞的主要作用为排沙和下泄生态用水，不参与泄洪，进口底板高程分别为 2060m 和 2040m。其中 1# 深孔采用有压洞转弯接无压洞型式，2# 深孔采用短有压洞接无压洞型式。各泄水隧洞均采用挑流＋水垫塘的消能型式。引水发电系统由进水塔、引水隧洞、地面厂房组成。地面厂房布置在大坝下游河床部位，安装 2 台

70MW 和 2 台 30MW 的水力发电机组。电站建成后向南疆四地州电网供电。工程采用围堰挡水、隧洞过流的导流方案。

本工程施工总工期为 96 个月(8 年),其中准备期 15 个月,主体工程施工期 81 个月,完建期为 2 个月。从准备工程开工至水库水位蓄至高程 2080m 工期为 96 个月。第一批 2 台机组发电时间安排在第 9 年 7 月底,第 9 年 8 月底第二批 2 台发电,工程竣工。

工程导流洞于 2020 年 7 月开始洞挖,已于 2021 年 12 月 26 日截流,目前处于主体工程施工阶段。

玉龙喀什水利枢纽工程初设批复静态总投资为 760280 万元,建设期融资利息为 21051 万元,工程总投资为 781331 万元。

玉龙喀什水利枢纽工程特性见表 1。

表 1　　玉龙喀什水利枢纽工程特性

名称				数量及特性	备注
水文	流域面积		全流域(km^2)	14794	出山口(同古孜洛克水文站)以上
			坝址以上(km^2)	12093	
	利用的水文系列(年)			63	实测资料年份(1957—2019 年)
	多年平均流量(亿 m^3)			20.82	
	代表性流量	多年平均流量(m^3/s)		66.0	
		设计洪水流量($P=0.2\%$,m^3/s)		2122	
		校核洪水流量($P=0.02\%$,m^3/s)		2669	
		施工导流流量	阶段一($P=20\%$,m^3/s)	1329	
			阶段二($P=2\%$,m^3/s)	1560	
			阶段三($P=1\%$,m^3/s)	1732	
			阶段四($P=0.5\%$,m^3/s)	1901	
			阶段五($P=0.5\%$,m^3/s)	747	设计
			阶段六($P=0.2\%$,m^3/s)	2122	校核
	洪量	实测最大洪量(7d,亿 m^3)		5.72	1978 年 7 月 5 日(同古孜洛克水文站)
		设计洪水洪量(7d,亿 m^3)		7.79	坝址断面
		校核洪水洪量(7d,亿 m^3)		9.65	坝址断面
	泥沙	多年平均悬移质年输沙量(万 t)		1027.4	坝址断面
		多年平均含沙量(kg/m^3)		5.0	坝址断面
		多年平均输沙率(kg/s)		326	坝址断面
		实测月平均最大输沙率(kg/s)		1984	水文站断面
		多年平均推移质年输沙量(万 t)		154.1	坝址断面

续表

名称			数量及特性	备注
工程规模	水库	校核洪水位(m)	2171.06	
		设计洪水位(m)	2170.02	
		正常蓄水位(m)	2170.00	
		防洪高水位(P= 3.33%,m)	2170.00	
		汛期限制水位(m)	2169.00	
		死水位(m)	2080.00	
		总库容(亿 m^3)	5.36	校核洪水位以下
		正常蓄水位相应库容(亿 m^3)	5.28(2.68)	括号内为 50 年泥沙淤积成果
		防洪库容(亿 m^3)	0.05	防洪高水位至汛期限制水位
		拦洪库容(亿 m^3)	0.05	
		调洪库容(亿 m^3)	0.12	
		调节库容(亿 m^3)	4.27(2.57)	正常蓄水位至死水位
		死库容(亿 m^3)	1.01(0.11)	括号内为 50 年泥沙淤积成果
		库容系数	0.193	
		调节性能		不完全年调节
		校核洪水位时最大泄量(m^3/s)	2183.70	
		设计洪水位时最大泄量(m^3/s)	2037.98	
	防洪工程	下游安全泄量(m^3/s)	1248.00	玉河渠首断面
	灌溉工程	灌区面积(2014 年,万亩)	127.67	玉河灌区
		灌区面积(2030 年,万亩)	144.06	玉河灌区+兵团增供面积
		灌溉保证率 P(%)	75	
		年引水总量(亿 m^3)	8.31	
	水力发电工程	装机容量(MW)	200	
		多年平均年发电量(亿 kW·h)	5.20	
		年利用小时数(h)	2600	
		发电引水流量(m^3/s)	162.82	
主要建筑物及设备	挡水建筑物	型式	混凝土面板堆石坝	
		地基特性	云母石英片岩	
		地震基本/设防烈度(度)	Ⅷ/Ⅸ	
		设计地震动峰值加速度	411g	100 年超越概率 2%
		坝顶高程(m)	2175.50	
		最大坝高(m)	233.50	
		坝顶长度(m)	500.00	

续表

名称				数量及特性	备注
主要建筑物及设备	泄水建筑物	表孔溢洪洞	堰型	WES 堰	
			堰顶高程(m)	2158.00	
			堰宽(m)	13.0	
			洞身尺寸(宽×高,m×m)	9×12	城门洞形
			洞长(m)	425.347	
			设计泄洪流量(m^3/s)	1079.43	
			校核泄洪流量(m^3/s)	1261.10	
			出口消能型式	挑流	
		中孔泄洪洞	进口底板高程(m)	2090.00	
			工作门孔口尺寸(宽×高,m×m)	6×5	
			设计泄洪流量(m^3/s)	982.89	
			校核泄洪流量(m^3/s)	991.50	
			洞身尺寸(宽×高,m×m)	6×10	城门洞形
			洞长(m)	513	有压洞段/无压洞段
			出口消能型式	挑流	
		1#深孔放空冲沙洞	进口/出口底板高程(m)	2060.00	
			死水位泄洪流量(m^3/s)	401.83	
			工作门孔口尺寸(宽×高,m×m)	5×5.5	
			洞身断面尺寸(m)	6×6、6×7	城门洞形
			洞长(m)	1025	无压洞段
			出口消能型式	挑流	
		2#深孔放空冲沙洞	进口底板高程(m)	2040.00	
			死水位泄洪流量(m^3/s)	335.00	
			工作门孔口尺寸(宽×高,m×m)	4×3.5	
			洞身断面尺寸(宽×高,m×m)	4×7	城门洞形
			洞长(m)	564	有压洞段/无压洞段
			出口消能型式	挑流	

续表

名称			数量及特性	备注
主要建筑物及设备	引水建筑物	设计引用流量(m^3/s)	162.8	2×50.86+2×22.15
		进水口底板高程(m)	2065.00	
		引水道型式	圆形有压隧洞	
		洞身总长(m)	840	高压管道
		上平洞段(钢衬)断面尺寸(宽×高,m×m)	5.8×7.2/6.7	矩形/圆形
		压力管道型式	圆形钢管	
		支管条数(个)	4	
		支管内径(m)	3.43/2.25	大机/小机
	厂房	型式	岸边式地面厂房	
		主厂房尺寸(长×宽×高,m×m×m)	92.4×49.31×61.29	
		水轮机安装高程(m)	1955.90	
	开关站	型式	户内 GIS	
		面积(长×宽,m×m)	92.4×14.8	
	主要机电设备	水轮机台数(台)	4	2×30 MW +2×70MW
		发电机台数(台)	4	SF30-16/4300/SF70-24/6000
		主变压器数量(台)	3	2 台 SFP11-90000/220、1 台 SFP11-75000/220
	输电线	电压(kV)	220	
		回路数	4	
		输电距离(km)	95	
施工	施工导流	导流方式	一次断流	
		孔口尺寸(宽×高,m×m)	7.0×9.5	
		导流洞长度(m)	977.767	
		洞身断面尺寸(宽×高,m×m)	7.0×9.5	
		上游最大堰高(m)	55.27	
		下游最大堰高(m)	12.8	
	施工期限	准备工期(月)	15	
		投产工期(月)	95.5	
		总工期(月)	96	

玉龙喀什水利枢纽工程的建设单位为新疆葛洲坝玉龙喀什水利枢纽开发有限公司，勘察设计单位为长江勘测规划设计研究有限责任公司(以下简称“长江设计公司”)和水利部新疆维吾尔自治区水利水电勘测设计研究院，施工单位为中国葛洲坝集团市政工程有限公司和新疆兵团水利水电工程集团有限公司，监理单位为武汉长科工程建设监理有限

责任公司。

2 勘察设计及工程建设

2.1 勘察设计概况

(1)项目建议书及可行性研究阶段

项目建议书及可行性研究阶段的勘察设计工作主要由水利部新疆维吾尔自治区水利水电勘测设计研究院(以下简称“新疆院”)完成。

2009年2月,新疆院受华电投资集团有限公司的委托,开始开展《新疆和田河流域玉龙喀什河、喀拉喀什河山区河段水力发电规划报告》的勘测设计及报告编制工作,从而确定玉龙喀什水利枢纽工程作为近期优先开发工程。2010年5月,形成《玉龙喀什水利枢纽工程项目建议书》(以下简称《项目建议书》)。

2011年4月,新疆塔里木河流域管理局组织对《项目建议书》进行了预审。2011年10月,新疆水利水电规划设计管理局与水利部水利水电规划设计总院(以下简称“水规总院”)技术援疆工作组对《项目建议书》进行了审查。2012年4月,编制完成并上报了《玉龙喀什水利枢纽工程项目建议书(审定稿)》。

2014年8月,受新疆新华波波娜水电开发有限公司委托,玉龙喀什水利枢纽工程的勘测设计工作重新启动。当月,中国水利水电建设工程咨询西北有限公司对《项目建议书》进行了咨询。2015年6月,江河水利水电咨询中心对《项目建议书》进行了咨询。

2016年3月,水规总院对《可行性研究报告》(以下简称《可研报告》)进行了预审。2017年3月,水规总院对《可研报告》进行了技术审查。

2017年11月,水规总院以水总设〔2017〕1250号文,出具了工程可行性研究报告审查意见,基本同意《可研报告》。2017年12月,水利部以《水利部关于报送新疆和田玉龙喀什水利枢纽工程可行性研究报告审查意见的函》(水规计〔2017〕446号)对《可研报告》进行了批复。

2018年11月,国家发展和改革委员会委托中国水利水电建设工程咨询有限公司对《可研报告》进行了评估。2019年4月,国家发展和改革委员会以《国家发展改革委关于新疆和田玉龙喀什水利枢纽工程可行性研究报告的批复》(发改农经〔2019〕691号)文件批复了项目可行性研究报告。

(2)初步设计阶段

2019年11月,新疆维吾尔自治区和田地区水利局对新疆和田玉龙喀什水利枢纽工程特许经营项目社会资本进行了公开招标,确定了以中国葛洲坝集团股份有限公司为主的联营体为中标人,勘察设计单位为长江设计公司和新疆院。

2020年2—8月，水规总院组织对多个专题进行了技术讨论。2020年9月，长江设计公司与新疆院提出了工程《初步设计报告》《防震抗震研究设计专题报告》及《安全监测设计专题报告（送审稿）》。2020年12月，水规总院在北京组织专家对以上报告进行了预审。根据水规总院预审意见，长江设计公司与新疆院进行了补充完善，并于2021年1月形成修改成果上报水规总院。2021年1月，水规总院组织了初设报告及相关专题的线上审查会。2021年7月，水规总院以水总设〔2021〕157号文出具了《工程初步设计报告审查意见》，基本同意《初步设计报告》。当月，水利部以《新疆和田玉龙喀什水利枢纽工程初步设计报告准予行政许可决定书》（水许可决〔2021〕36号）对《初步设计报告》进行了批复。

2.2 建设过程

玉龙喀什水利枢纽工程于2020年4月开始筹建准备施工，2020年7月导流洞开工，2021年12月截流，进入主体工程施工阶段。截至2022年8月，现场正在开展场内交通工程、渣场工程、两岸坝肩开挖工程、1#深孔放空冲沙洞等项目的施工。

2.3 枢纽布置

枢纽主要建筑物由混凝土面板堆石坝、泄洪建筑物、引水发电系统、水库放空冲沙建筑物、导流建筑物和过鱼建筑物等组成。河床布置混凝土面板堆石坝，左岸布置1#深孔放空冲沙洞，右岸由山内向岸外依次布置导流洞、表孔溢洪洞、中孔泄洪洞、2#深孔放空冲沙洞及发电引水洞，在右岸下游坝脚布置电站地面厂房，下游生态、灌溉用水通过引水发电系统泄放，为满足非正常情况下最小生态基流量下泄要求，在引水发电系统设置了生态补水管；过鱼设施采用集运鱼方案，在电站下游尾水渠布置集鱼系统，在右侧近坝库岸布置鱼类转运码头。

2.4 主要建筑物简介

2.4.1 混凝土面板堆石坝

坝顶高程2175.50m，最低建基面高程1942.00m，最大坝高233.50m，坝顶宽14m，坝顶长500.00m，坝顶上游侧设置“L”形钢筋混凝土防浪墙，高4.7m。大坝上游坝坡1∶1.5，下游坝坡上缓下陡布置，高程2110.00m以上1∶1.5，以下1∶1.4，综合坡比1∶1.69。下游坝面设置一条“之”字形上坝道路，共7级，纵坡8%。下游坝坡高程2110.00m以上采用厚0.4m的网格梁浆砌石护坡，并在坝坡内每隔2.4m布置一条土工格栅，土工格栅伸入坝体20～60m，以增强坝体的整体抗震性能。下游坝坡高程2110.00m以下采用厚0.4m的网格梁干砌石护坡。上游河床高趾墩高43m。

面板堆石坝从上游至下游分别为上游盖重区、上游铺盖区、混凝土面板、趾板、高趾墩、垫层区、特殊垫层区、过渡区、增模区、堆石区、下游网格梁浆（干）砌块石护坡。坝基防渗采用帷幕灌浆防渗型式。两岸山体、河床基岩帷幕灌浆与趾板(高趾墩)、面板、接缝止水连成完整的防渗系统。

2.4.2 表孔溢洪洞

表孔溢洪洞采用开敞式进水口,由引渠段、控制段、无压洞身段、泄槽段及出口消能段组成。

引渠底板高程2150m,控制段采用WES堰,堰顶高程2158m,设一道工作弧形闸门和一道平板检修闸门,宽13m。控制段平台顶高程为2175.5m。无压洞身段由斜井、水平段组成,长469.726m,纵坡 $i=0.08$,城门洞形,断面尺寸为9m×12m(宽×高)。泄槽段长218.986m,采用矩形整体式结构,纵坡 $i=0.4$,出口消能段采用挑流消能,由挑坎段和护坦段组成。挑坎长25m,底宽9m,反弧半径35m,挑角18.32°。

2.4.3 中孔泄洪洞

中孔泄洪洞采用短有压接无压隧洞的结构型式,主要由引渠段、有压洞段、闸门井段、无压洞身段、泄槽段、挑流鼻坎段和护坦段等组成。

引渠段进口高程2090m,长17m、宽13m,有压洞段长度61.00m,采用直径8m的圆形断面。闸门井顶高程为2175.50m,利用桥梁与对外交通连接,闸井内设一道事故检修门,孔口尺寸为6m×7m(宽×高),一道弧形工作门,孔口尺寸为6m×5m(宽×高)。无压洞段长513m,纵坡 $i=0.08$,城门洞形,洞身断面6m×10m(宽×高)。下游泄槽段长140m,纵坡 $i=0.4$,底宽6m,边墙高8m。出口消能段位于洞末端,由挑流鼻坎、护坦组成,挑流鼻坎长25.00m,鼻坎顶高程1987.746m。

2.4.4 1#深孔放空冲沙洞

1#深孔放空冲沙洞由进口引渠段、有压洞身段、进口闸井段、无压洞身段、出口消能段组成。

进口引渠段长13.91m、宽12m,底板高程2060m,梯形断面。有压洞身段长100.752m,纵坡 $i=0$,圆形断面 $D=7$m。进口闸井段采用竖井型式,底板高程2060m,闸井顶部高程2175.5m,闸井内设一道事故门,孔口尺寸为5m×7m(宽×高),后设一道弧形工作门,孔口尺寸5m×5.5m(宽×高)。弧形工作门后设突扩突跌掺气坎,底宽由5m突扩至6m,跌坎高度1m,底通气孔共5个。闸井左侧采用回填C15混凝土至闸井平台与对外交通连接。无压洞身段长1024.896m,纵坡 $i=1/14.339$。出口消能段由挑坎段、护坦段组成,挑坎长16m,底宽6m,坎顶高程1990.336m,半径 $R=40$m,挑角 $a=17.784°$。

2.4.5 2#深孔放空冲沙洞

2#深孔放空冲沙洞采用短有压接无压隧洞的结构型式,主要由引渠段、有压洞段、闸门井段、无压洞身段、泄槽段、挑流鼻坎段和护坦段等组成。

进口引渠段长56m，底板高程2040m，梯形断面。有压洞身段长110m，纵坡$i=0$，圆形断面$D=6$m。进口闸井段采用塔式结构，底板高程2040m，闸井顶部高程2175.5m，闸井内自上游至下游以此设一道检修门，孔口尺寸为4m×6m(宽×高)，一道事故门，孔口尺寸为4m×5.5m(宽×高)，一道弧形工作门，孔口尺寸4m×3.5m(宽×高)。事故门后设置2道通气孔，工作闸门后设置4道通气孔。无压洞身段长564m，纵坡$i=0.08$。无压泄槽段位于无压洞段下游，总长31.00m，采用矩形结构，上游端渥奇曲线段长12.731m，后接直线段纵坡$i=0.4$，底宽5m，高6.5m，末端为半径45m的反弧段。出口消能段位于洞末端，由挑流鼻坎、护坦组成，挑流鼻坎长25.00m，鼻坎顶高程1980.813m。

2.4.6 引水发电建筑物

引水发电建筑物布置在玉龙喀什河右岸，引水隧洞轴线总长约0.84km，主要建筑物包括进水口、引水隧洞、地面厂房、尾水池及尾水渠等。

进水口布置在大坝上游近南北向河段右岸，由引水渠、进水塔、交通桥等建筑物组成。引水渠宽29.5m，长约75m，底板高程2065m；进水塔采用岸塔式，顺流向长29.85m，横流向宽29.5m，建基面高程2060m，流道底板高程2065m，塔顶高程2175.5m，塔高115.5m。进水塔顺流向依次分为拦污栅段、进水仓段和闸室段，依次布置清污机槽、拦污栅槽、叠梁门槽和事故闸门槽。进水塔顶与高程2175.50m开挖宽平台间布置交通桥，交通桥长约60m。

引水隧洞紧接进水塔布置，采用“一洞四机”布置方案。立面上由上平段、高压管道段、岔管段和支管段组成。平面布置上，上平段、高压管道段和下平段呈直线布置。引水主洞洞径为5.8～6.7m，引水支洞和岔洞洞径为2.25～4.68m。引水隧洞进口中心高程为2068.6m，出口中心高程为1955.90m。

2.4.7 发电厂房

主厂房布置大坝下游，距坝轴线约390m，总尺寸为92.40m×49.31m×61.29m(长×宽×高)，由机组段及其左侧安装场段组成，其中机组段长70.74m，安装场段长21.66m。主厂房内布置4台发电机组(2×70MW+2×30MW)，大机引水流量56.85m^3/s，小机引水流量24.56m^3/s，总引水流量162.82m^3/s。主厂房设有上、下游副厂房，平面尺寸分别为92.40m×13.6m(长×宽)和61.32m×7.67m(长×宽)。主厂房大小机建基面高程分别为1945.1m和1941.3m，机组安装高程为1955.9m，尾水平台高程1980.5m。

尾水池宽25m，大小机段尾水池底高程分别为1944.8m和1948.6m，尾水池以1∶4的反坡连接至高程1960m尾水渠，再与主河床相接。

厂区交通由大坝厂房间平台、厂房左侧、上游副厂房上游侧、4#机组右侧平台组成。永久进厂道路经枢纽永久跨河大桥通过进厂交通洞进入厂房和大坝之间厂区平台，厂区平台高程为1980.5m。

2.4.8 生态补水管

为满足非正常情况下最小生态基流量下泄要求，在引水发电系统设置生态补水管，用于临时向下游补水。补水管引自副厂房建基面下1#号压力钢管，垂直水流向朝安装场侧行进10m后转向下游侧，穿过安装场直至下游侧平台边坡回填混凝土，然后向上转弯穿出回填混凝土连接布置于厂区平台的检修阀和固定锥形阀，补水管水流在消能后泄入电站尾水池。补水管采用钢管，管径1.3m，总长约110m，生态补水设计流量为$8m^3/s$。

2.4.9 过鱼建筑物

(1)诱鱼集鱼系统

为满足过鱼季节集鱼系统诱鱼要求，在电站尾水渠下游反坡、靠近河道右侧1980.50m高程平台处布置一座固定式集鱼站。同时，在1#～4#机组的尾水管检修门门槽中，布置尾水集鱼箱。固定式集鱼站诱鱼系统为整体“U”形结构，由集鱼池和集鱼箱组成。

(2)提升转运系统

提升转运系统包括用于提升集鱼箱的移动式门机、将鱼类从集鱼箱转运到分拣设施的溜槽、将鱼类从暂养池转运到运鱼车中的溜槽、分拣设施、暂养池以及将鱼转运到上游投放点的运鱼车及运鱼道路。

(3)鱼类投放系统

鱼类转运码头设计为浮动码头，通过码头坡道与码头平台连接。转运码头平台设置有回转吊，码头坡道上设置有牵引车，通过回转吊将集鱼斗转运至牵引车，牵引车顺码头坡道下降至浮动码头，将鱼投放至库前。

2.5 工程关键技术问题及研究

玉龙喀什水利枢纽工程主要由最大坝高233.5m的面板堆石坝、“表、中、深”泄水隧洞以及引水发电系统等组成，面临“复杂气候特点、复杂地形地质条件、超高坝、高震区和多沙”等多重复杂条件，大坝面板的抗裂技术、坝体的变形控制、右岸鱼脊状山体的防渗、高速携沙水流冲磨以及大坝的抗震等问题非常突出，将针对这些关键技术问题开展专门性的研究与论证工作。

(1)复杂环境下特高混凝土面板堆石坝变形控制关键技术研究

玉龙喀什大坝坝高达233.5m，为250m级狭窄河谷高面板堆石坝，其面板、周边缝、垂直缝等是整个防渗体系的关键，也是防渗系统容易变形和破坏的薄弱环节，各部位之间的变形协调和变形控制，直接关系到整个防渗系统和大坝的安全。因此，正确预测和控制大坝变形，成为大坝设计优化和安全评价的重大关键性问题。此外，玉龙喀什水利枢纽工程坝址地震基本烈度Ⅷ度，大坝抗震按Ⅸ度设防。大坝地震过程中导致的坝体破坏、震后永久变形等会加剧坝体的变形不协调问题。

为解决该问题，将结合现场大型试验成果，开展特高混凝土面板堆石坝三维动静力深化研究；结合精细化模型计算和监测成果，开展特高混凝土面板堆石坝面板、接缝止水应力变形规律研究；基于施工期安全监测成果，开展特高混凝土面板堆石坝动态仿真反演；结合上述研究，开展强震区(0.5g)特高混凝土面板堆石坝抗震措施研究。

(2)基于空天地一体化的多维度监测与预警技术研究

玉龙喀什大坝为强地震烈度区的超高面板堆石坝；右岸下游古滑坡残留体位于泄洪洞出口上方，为特大型深层岩质滑坡；管理营地堆渣体规模巨大，其上建有管理营地，下方1#冲沟沟口有重要的水工建筑物。大坝、古滑坡残留体和管理营地堆渣体一旦失稳，造成的后果是毁灭性的。

为监控工程安全状态，保证枢纽正常运行，将针对水库大坝、古滑坡体、堆渣体等不同类型和特点的监测目标，基于空天地一体化多维度监测与预警技术，综合形成科学有效的监测技术方案：①利用 InSAR 对沉降变形观测的高灵敏度和全天候监测特点，提供解决大坝沉降变形精度和变形速率监测的技术方案。②应用 InSAR、永久散射体和声发射综合监测技术，研究可行的古滑坡体监测方案。③利用 InSAR 和无人机倾斜摄影测量技术，提出基于空天地一体化的管理营地和堆渣体安全监测技术。④通过多维度监测技术融合、数据整理分析，研究适合于玉龙喀什工程特点的预警模型。

(3)特高混凝土面板堆石坝快速无损质量检测关键技术应用研究

玉龙喀什水利枢纽建设规模大，坝料分区广，坝体填筑量大，施工强度高，施工工期较长，施工条件复杂。坑测法效率低，难以实现大范围快速检测，车载 GPS 等只能实现碾压施工参数的控制，不能直接检测堆石体密度值。需要研究堆石坝快速无损质量检测关键技术，以实现大坝碾压质量控制，有效地进行动态施工质量检测，为大坝施工建设服务。

针对玉龙喀什大坝填筑质量控制采用附加质量法进行无损检测，研究分析各种填筑坝料料物特性与附加质量法测试参数的关系，取得各种坝料附加质量法测试参数与坝料的颗粒级配分布规律，开展附加质量法适应性研究；针对附加质量法检测标准的缺乏，在前期工作基础上，对检测工作流程、检测方法等开展标准化研究；针对检测设备以及数据管控平台开展智能化研究，以实现堆石体密度检测成果三维可视化的需求。

(4)500米级强震区(0.5g)高位复合边坡稳定性评价及处理措施研究

玉龙喀什枢纽区坝址两岸地形陡峭，自然边坡的坡度为55°～70°，局部近直立。坝址区施工场地狭窄、施工周期长，建筑物边坡开挖对上部高位边坡存在较大扰动。且坝址区高位边坡存在大量危岩体和不良地质块体，在地震、施工干扰及降雨等多种因素的作用下，极易发生滑动、坍塌、坠落，将对大坝施工期及永久运行带来巨大安全隐患。针对这一特点，将开展危岩体快速识别与稳定性评价研究，综合利用多重测绘技术手段，实现对坝址区高位边坡的精细化地表信息采集，建立高精度、高分辨率的坝址区高位边坡实景三维模型。通过实景三维可视化技术，实现危岩体快速识别与精准解译。结合实景三维模型描述地质特征，并选用合适的危岩体稳定性评价方法，开展数值模拟分析，对危岩体进行稳定性评价并提出处置建议。

玉龙喀什枢纽区高位自然边坡分布数百个危岩体，方量从几十立方米到几千立方米，危岩体的稳定性、危险程度和施工难易程度千差万别，将综合上述多因素确定危岩体的防治标准，并开展高位自然边坡系统防治体系研究。针对目前主被动防护网能级低、功能单一，滚石落石防护仅靠主观经验的不足，将开展高能级防护网及复合防护网等新型材料和装置的研究，以及滚石落石坠落轨迹研究，以便有针对性地布置防护网。

(5)枢纽右岸单薄山体在洞群影响下的防渗安全性研究

玉龙喀什水利枢纽工程大坝右岸为一“鱼脊状”基岩单薄山脊，发育有 f2、f12 断层以及 NWW 组、NE 组等节理，水文地质条件复杂。上、下游绕渗距离短，防渗难度大。f2 等断层向右穿过右岸发电引水洞、2 号深孔放空冲沙洞、中孔泄洪洞、表孔溢洪洞以及施工洞等洞室群，与 NWW 组、NE 组等节理相互交叉，渗流场复杂、安全评价难度大、防渗措施精准度要求高。针对这一问题，将开展“右岸水文地质特性研究”“三维渗流计算”和“渗流安全评价及防渗处理措施研究”三个方面内容的研究，以确保玉龙喀什工程的渗流安全和防渗措施的精准设计。

(6)多泥沙河流调沙减淤及泥沙淤积形态研究

玉龙喀什水库多年平均入库悬移质输沙量为 790 万 m^3，多年平均入库推移质输沙量为 86 万 m^3，库沙比为 60.3，属于泥沙问题严重的水库。为解决水库运行管理存在的问题，帮助高效科学地管理运行水库，延缓水库的库容淤积损失速度，延长水库的寿命，将对水库进行调沙减淤调度研究，以协调水库兴利与排沙的矛盾，对入库泥沙进行合理的“拦”“排”调度，为水库的调度运行提供必要的专业技术依据。将开展水库泥沙数学模型计算研究和水库泥沙物理模型试验及减淤措施研究，分析水库泥沙冲淤规律，研究水库排沙调度运用方式，分析泄洪排沙洞排沙效率影响因素，研究坝前泥沙调度运行方式。

(7)高含沙高速水流泄洪洞掺气减蚀技术研究

本工程泄水建筑物包括 4 层泄水洞，分别是表孔溢洪洞、中孔泄洪洞、1# 深孔放空冲沙洞、2# 深孔放空冲沙洞。工程泄洪规模虽不大，但上下游水头差达 200m，泄水洞内流速高，河流含沙量达 5kg/m^3，且坝址区海拔超过 2000m，气压较低，高速水流空化空蚀问题突出。

将采用大比尺单体模型对门槽、无压隧洞及陡槽段的压力和空化特性开展研究；同时，结合自掺气初始发生的位置和空间输运规律分析布置掺气设施的必要性，并优化掺气设施体型，提高掺气减蚀的效果。

(8)高海拔高寒高地震干旱多风沙环境下面板混凝土耐久性试验研究及施工期防护措施研究

玉龙喀什水利枢纽面板堆石坝除了具有“超高坝、复杂地形地质条件”等特点外，其所处的自然环境也是十分复杂的，集中表现为“高寒、高地震、多风沙、日照蒸发强、气候干燥”等。工程区极端最高气温 40.5℃，极端最低气温－25.6℃，最冷月平均气温－5.34℃，冻融循环次数 78.83 次。复杂的自然环境对面板混凝土的耐久性提出了更高的要求。

为解决面板混凝土在复杂环境下的耐久性这一面板坝关键技术问题，将在总结高坝面板混凝土配合比、纤维材料以及防裂抗冻措施等研究成果的基础上，以面板混凝土材料的高抗裂性能为目标，以试验研究为主要手段，对高性能面板混凝土的原材料标准、材料配合比、纤维材料参数等进行研究，研发面板表层新型高分子保护材料，开展面板附近水域防结冰装置与技术的研究，提出一套包括新材料、优化配合比以及创新技术的混凝土面板综合防冻抗裂措施。

(9)高泥沙含量、高流速泄水建筑物衬砌混凝土抗冲耐磨材料研究

玉龙喀什水利枢纽工程泄水建筑物的泄水流量大、流速高、挟沙量大，大量悬移质携高速水流会给混凝土带来严重的磨损问题，因此相应部位的混凝土需要具有较高的抗冲磨性能。

针对这一问题，将在厘清水工混凝土冲磨破坏演化规律的基础上，建立与水工混凝土抗冲磨性能相匹配的评价方法与指标，并系统开展水工混凝土抗冲磨性能影响因素研究；结合地缘性材料的性能与特点，针对性地提出耐久性与抗冲磨性能相协调的复杂服役环境下抗冲耐磨混凝土配合比设计与优化方法；依据提出的混凝土优化配合比，进行现场施工工艺优化研究，为全面提升玉龙喀什水利枢纽工程多沙高流速流道混凝土抗冲耐磨性能提供技术支撑。

(10)高水头、大水位变幅条件下集运鱼系统关键技术研究

玉龙喀什水利枢纽工程最大坝高 233.5m，最大水头 207.22m，库区水位变幅达 90m，过鱼设施选址困难，过坝条件复杂，转运放流难度大。

针对玉龙喀什水利枢纽高坝过鱼问题，系统开展了过鱼设施专项设计研究，通过对鱼类生态习性的研究及工程布置及运行特性的分析，采用了尾水集运鱼系统方案，整体过鱼流程分为诱鱼—集鱼—提升—分拣—装载—运输过坝—码头转运—库尾放生。集鱼系统布置在电站尾水渠内，利用发电尾水诱集鱼，同时在电站尾水门槽中布置尾水集鱼箱进行诱集鱼，再通过专用运鱼车运输至坝前码头，通过滑道将鱼类转移至放流船中，放流船航行至库尾放流。该方案最大限度地利用了发电尾水进行诱鱼，实现了“多点位、全深度、大流量”集鱼，大幅提高了诱集鱼效率；且不需要坝上引水或水泵补水，极大降低了工程运行成本；通过仿生运输及库尾放流，保证了运输过程中鱼类的健康安全及过坝后的适应性，可有效解决高坝过

鱼难题。

(11)工程施工阶段 BIM+GIS+IoT 信息化融合应用技术研究

玉龙喀什水利枢纽工程规模大、施工工期长、参建单位多，且工程施工过程中面临数据资料采集难、数据协同共享利用率低、线下管理沟通繁杂等一系列问题，不利于工程施工的精细化管理。

针对此问题，充分运用 BIM 设计成果，建设 BIM+GIS 数字底座，关联设计资料及施工工艺仿真，开展三维可视化设计交底技术研究；以全生命周期等项目管理理念为指导，将物联网、BIM、GIS、移动互联等信息技术与工程建设管理业务相结合，开展工程建设期的进度、质量、安全、投资等管理业务信息的集成化、可视化、智能化管理研究；实时采集监控碾压、灌浆等施工过程及工艺参数，开展施工质量智能化监控应用研究；打造统一建设管理平台，为业主、设计、施工、监理等项目参建方提供高效的信息协同共享平台，消除信息孤岛，充分挖掘数据价值，整体提升工程施工管理水平。

撰稿/殷鸣、徐文林

青海引大济湟调水总干渠工程

▲ 引大济湟调水总干渠

引大济湟是从大通河引水穿越达坂山进入湟水流域的跨流域调水工程。工程的主要任务是向西宁市和湟水干流各工业区的生活、工业供水，并结合向河道基流补水，兼顾发电。

1 工程概况

1.1 引大济湟总体规划

引大济湟是从大通河引水穿越达坂山进入湟水流域的跨流域调水工程。工程的主要任务是向西宁市和湟水干流各工业区的生活、工业供水，并结合向河道基流补水，兼顾发电。按照《青海省引大济湟工程规划报告》提出的方案，引大济湟工程主要由“一总、两库、三干渠”组成，“一总”是调水总干渠，“两库”是黑泉水库和石头峡水库，“三干渠”包括北干渠、西干渠和南干渠。工程分三期实施(图 1)。

图 1 引大济湟调水工程总布置图

石头峡水库是引大济湟工程的水源水库，总库容 9.85 亿 m^3，调节库容 4.67 亿 m^3，最大坝高 114m，电站总装机容量 100MW，设计发电流量 102 m^3/s，工程规模为大(2)型。主要为调水总干渠提供调水所需的水量，同时兼有防洪、发电等功能。大通河水经石头峡水利枢纽调节后，通过调水总干渠，进入湟水流域黑泉水库。

总干渠下游为黑泉水库，总库容 1.82 亿 m^3，工程规模为大(2)型，是引大济湟工程的反调节水库，以灌溉和城市供水为主，兼顾防洪、发电等综合效益。

再从黑泉水库引出三条干渠：北干渠跨越西宁市大通县、互助县和海东市乐都区，解决这些地方的城镇工业用水和生活用水、农村饮水、农业灌溉，并兼顾生态建设用水。西干渠一路南下至湟中县甘河工业园区，为沿线农业灌溉和园区工业用水提供保障，并兼顾城镇生活用水供给。远期修建的南干渠和它们的支渠，将纵横西宁市和海东市，为湟水流域300万人提供饮用水，为各工业园区提供生产用水，以及为东部百里长廊特色现代农牧业发展提供可靠的水源。

引大济湟工程庞大，建设按照“先易后难、分期实施、尽快见效”的原则，分三期实施。一期为黑泉水库和湟水北干渠一期工程；二期为调水总干渠、北干渠二期工程和石头峡水利枢纽；三期为西干渠。

1.2 调水总干渠工程

引大济湟调水总干渠工程引水渠首位于青海省东北部的大通河，石头峡水利枢纽下游6km处，由引水枢纽、引水隧洞、明渠3个部分组成，引水枢纽主要建筑物包括土石坝、溢流坝、电站、泄洪冲沙闸、鱼道和引水隧洞进水闸（图2）。引水隧洞长24.166km，以全隧洞穿越海拔4259m的达坂山。调水总干渠是引大济湟的骨干工程和控制性输水工程，任务是从水量充沛的大通河引水，输水补给到湟水河的支流宝库河入黑泉水库，规划调水量2020年为1.89亿m^3，2030年为2.56亿m^3，远期7.5m^3，隧洞设计引水流量35m^3/s。工程等别为Ⅱ等，工程规模为大(2)型，调水总干渠工程作为引大济湟工程的重要组成部分，与引大济湟总体工程规模一致。

图2 引大济湟调水总干渠引水枢纽

总干渠引水隧洞穿越达坂山，是高海拔、高寒地区、大埋深、长隧洞工程，实施调水总干渠工程，打通湟水干流和大通河流域之间的大坂山隧洞，是实现跨流域调水目标的关键，是实现引大济湟调水的先决条件。

引大济湟调水总干渠工程项目法人为青海省引大济湟工程建设运行局，委托建设管理单位为青海省水利水电(集团)有限责任公司，设计单位为长江勘测规划设计研究有限责任公司，主要施工单位有中铁隧道股份有限公司、意大利 CMC 公司、中铁十六局集团有限公司、青海省水利水电工程局有限责任公司等。

2 工程建设

2.1 劈山凿洞，一号工程

以西宁市辖域为主的湟水干流区是青海省政治、经济、文化和交通中心，面积仅占青海省总面积的 2.3%，却集中了青海省一半以上的人口、地区生产总值和耕地面积。由于受特殊的地理、气候条件制约，湟水流域经济社会发展饱受干旱缺水困扰，流域人均、亩均水资源占有量分别为 $700m^3$ 和 $500m^3$，分别是全国平均水平的 35%和 28%，而水资源开发利用程度却高达 60%以上，远远超过世界公认的 40%的合理开发利用警戒线。为了湟水流域乃至全省经济社会发展大计，1958 年青海人民将热切的目光转向与湟水只有一山之隔水量充沛的大通河，在达坂山劈山凿洞、从大通河引入清流破解湟水流域水资源“瓶颈”的大胆构想由此而生，引大济湟这一大型调水工程从此成为青海省历届省委省政府和水利部门为之不懈奋斗的终极目标。

按照规划，引大济湟工程从青海海北州门源回族自治县境内的大通河调水，穿越大坂山，调水至黑泉水库，由黑泉水库供水到湟水干流区和湟水两岸干旱浅山区。自蓝图描绘之日起，引大济湟就以其庞大的建设规模，显著的社会效益、环境效益、经济效益而被冠以青海“一号水利工程”称号，备受历届省委省政府重视、社会各界关注和人民群众期盼。

2.2 十年奋斗，梦想成真

横亘在大通河与湟水河之间的达坂山海拔 4259m，气候严寒，终年积雪，最低气温 −30℃，劈山凿洞需要打通 24km 的达坂山隧洞，成为难以逾越的障碍，也一度阻断了青海人民梦想的实现。进入 21 世纪，随着经济社会的高速发展，水资源短缺供需矛盾日益突出，成为制约青海省经济社会发展的重要因素，影响了青海人民的生活和生存环境，早日兴建引大济湟工程更加迫切。早日打通达坂山隧洞引水，对于提高湟水流域工农业综合生产能力，改善湟水流域的生态环境，促进全省工农牧业的可持续发展、民族团结和社会稳定，具有显著的社会效益、生态效益和经济效益，既是一项基础设施建设工程，又是一项民心工程、德政工程。

2004年8月，引大济湟调水总干渠工程进行开工准备；2008年10月，引水枢纽施工一期截流；2006年10月，穿越达坂山的引水隧洞开始施工，采用世界上最先进的双护盾隧道掘进机（TBM）施工；历经9年艰苦奋战，2015年6月30日引水隧洞贯通；2015年12月15日成功通水。从此，真正意义上实现了引大济湟工程的跨流域调水任务，实现了青海人民50年的梦想。

2.3 攻克难题，技术支撑

引大济湟调水总干渠引水隧洞长24.166km，洞径5.0m，是国内首座高海拔地区TBM施工和单头掘进最长的隧洞。隧洞地质条件极其复杂，穿越大小断层30余条，在TBM掘进过程中发生了10余次围岩大变形，导致TBM卡机受困和衬砌管片变形，严重制约了建设工期。长江设计院始终把先进的管理理念和科学的管理方法作为服务工程、追求卓越的根本目标，在具有国内领先水平的高寒地区深埋长隧洞双护盾TBM应用中，以过硬的技术优势和精细服务履行勘测设计职责，为引大济湟调水总干渠引水隧洞工程的建设起到了技术支撑作用。

2015年7月10日，中共青海省委农村牧区及扶贫开发工作领导小组召开表彰大会，对在引大济湟调水总干渠工程建设中做出突出贡献和成绩的先进集体、先进个人给予表彰。长江设计院引大济湟调水总干渠工程设计代表处获“先进班组”称号，长江设计院岩土总公司高级工程师彭良余获“先进个人”表彰。工程建设2020年获青海省科技进步奖二等奖。

3 调水总干渠线路

3.1 调水河段与受水河段

3.1.1 调水河段与受水河段选择原则

从大通河引水到湟水河的支流宝库河中，需要穿越达坂山。达坂山为大通河、北川河上游宝库河的分水岭，属祁连山的主要山脉之一，最高峰天山峰海拔4259m，相对高差1200m左右，且两侧山势陡峻。若实现跨流域调水，必须修建隧洞穿越达坂山，在调水总干渠线路选择时，调水河段与受水河段的选择是要首先考虑的问题，并应考虑以下要求：①不与大通河和宝库河流域规划相冲突；②穿越达坂山地形、地质条件好；③高程、高差合适；④工程总体布置简单，有利于工程施工总布置；⑤布置的线路短，引水的水质优、泥沙影响小，冰冻期引水、可调水量满足引水要求等。

3.1.2 调水河段与受水河段选择

根据查勘，结合地形地质资料，考虑可调水量、环境影响、工程布置等综合因素，调水河段选定在大通河石头峡引水枢纽—冰沟，受水河段选定在宝库河牛场—茶汗河口。在此基础上进行引水枢纽选址和引水隧洞选线。图 3 为引大济湟调水总干渠引水枢纽坝址河道。

图 3　引大济湟调水总干渠引水枢纽坝址河道

(1)选择调水河段与受水河段之间调水距离短

从调水与受水河流河床高程上看，大通河调水河段在石头峡水利枢纽处，河床高程 2978m，青石嘴大桥处河床高程 2933m，冰沟处河床高程 2862m；相对应宝库河上游受水河段牛场处河床高程 2950m，月牙台处河床高程 2895m，茶汗河口处河床高程 2860m。

石头峡水利枢纽电站的尾水渠底板高程 2968.0m，正常尾水位 2976.66m；黑泉水库正常蓄水位 2887.75m，设计洪水位 2891.24m，校核洪水位 2893.26m。要使调水总干渠出口不被淹没，出口高程应高于黑泉水库最高水位 2893.26m。

考虑以上因素，确定调水河段河底高程为 2970～2907m，相应河段为青石嘴大桥上游 8km 到下游 6km 之间，受水河段河底高程为 2950～2888m，相应河段为牛场到茶汗河之间。

(2)实现自流调水

在确定受水河段调水总干渠出口后，若实现自流调水，有两条途径：一是渠首壅高水位，获取高差，减少线路长度；二是调水河段引水口上移，延长线路，获取高差。从地形地势及相对应平面位置上看，调水河段与受水河段，平面距离较短处，河床高程相近，落差较小。

石头峡尾水以上约 0.8km 的河段，河床宽 150～200m，具有布置引水枢纽及总干渠进口的条件，但若在该河段布置引水枢纽，引水线路长度在 27.8～29km，引水线路长；石头峡尾水以下到上铁迈，河段长约 4km，该河段逐渐由峡谷变得开阔，峡谷区河床宽约 200m，布置引水渠首较为简单，但布置进隧洞的地形、地质条件差，无进洞的条件，且引水的线路长，无条件在合适的位置布置通风支洞，施工困难，施工工期长，工程量和投资相应增加；上铁迈至青石嘴约 4km 的河段，河床自上铁迈出峡谷后，变得开阔，河道右岸为二级阶地，左岸为河漫滩，河床平均宽在 1000m 以上，右岸无进洞条件；而距青石嘴大桥上游 500～1000m，河床逐渐变窄，平均宽度约 800m，河道右岸基岩出露，具有进洞的条件。

根据以上分析，结合引水线路选择和地质勘探，在地形地质条件较好的上铁迈附近布置引水渠首枢纽，低坝引水。

(3)河流泥沙

从河流水文泥沙特点分析，引水枢纽工程区位于大通河流域上游，人类活动较少，天然植被良好，大通河尕大滩以上河段属未受污染区，水质良好。非雨期大通河水质清澈，只是洪水期悬移质增多，河水变混浊。据尕大滩水文站1956—2000年共45年的悬移质实测资料，多年平均悬移质年输沙量为68.43万t，多年平均含沙量为$0.43kg/m^3$，最大含沙量为$4.22kg/m^3$，多年平均推移质输沙量为17.11万t。经上游石头峡水库调节后，大通河流域上游泥沙更少。

(4)水质方面

大通河流域尕大滩断面以上，地势高、气温低、蒸发量小、地下水补给量大。本地经济发展相对滞后，大通河干、支流沿岸没有构成污染的规模型工(矿)业分布，污染源主要为面污染源。根据大通河青石嘴水文站2000—2001年水质监测资料，依照《地表水环境质量标准》(GB 3838—2002)评价结果，大通河调水区水质能够满足调水水质要求。监测断面水质评价结果均为Ⅰ类和Ⅱ类，达到水环境功能区划要求。

(5)河道可调水量

按照《大通河水资源利用规划报告》的成果，在统筹兼顾、合理安排，满足本流域工农业等发展用水及保证环境用水的情况下，经供需分析，提出远景水平的大通河外调水量，其中引大济湟7.5亿m^3。

从可调水量上看，石头峡水库多年平均年径流量15.84亿m^3，多年平均流量$50.4m^3/s$。通过调水的供需平衡计算，2030年引大济湟调水量2.56亿m^3，调水量仅占引水断面年径流量的16.1%。按远景水平的大通河外调水量，该段河道年径流量能满足调水要求。

3.2 调水总干渠线路选择

调水总干渠工程线路拟定3种方案(图4)。

方案Ⅰ：上铁迈—纳拉方案。该方案为全隧洞方案穿越达坂山，在大通河的上铁迈附近布置引水枢纽，在引水枢纽右岸布置引水隧洞进水闸，在宝库河的纳拉村附近布置隧洞出口，隧洞直穿达坂山，引水线路总长24.711km，其中，隧洞长24.166km。初步勘察成果，隧洞进口至出口涉及的地层主要有二叠系、三叠系和侏罗系的砂岩、泥质粉砂岩及页岩等；奥陶系的硅质板岩、绿泥石片岩、凝灰质砂岩及大理岩等；志留系下新统砂板岩、千枚岩和砂岩、砾岩等；下元古界的角闪斜长片麻岩、角闪岩、花岗岩片麻和石英岩等。隧洞穿过6条大断裂，Ⅱ～Ⅲ类围岩占全长的28%，Ⅲ类围岩占全长的25%，Ⅳ～Ⅴ类围岩占全长的47%。

方案Ⅱ：青石嘴—月牙台隧洞方案。该方案在青石嘴大桥上游约500m处布置引水渠首，右岸布置暗渠约125m后接引水隧洞，引水线路全长23.625km，其中隧洞长23.5km。隧洞在桩号1+407～2+400段穿过下铁迈沟(金子沟)，该冲沟常年有水，覆盖层厚达45m

左右，洞顶以上基岩仅 5～10m，且为全风化—强风化层，成洞条件差，存在大量涌水和冒顶问题，其间穿过 8 条规模较大的断裂构造。Ⅱ～Ⅲ类围岩占全长的 20.3%，Ⅲ～Ⅳ类围岩占全长的 70.1%，Ⅳ～Ⅴ类围岩占全长的 9.6%。

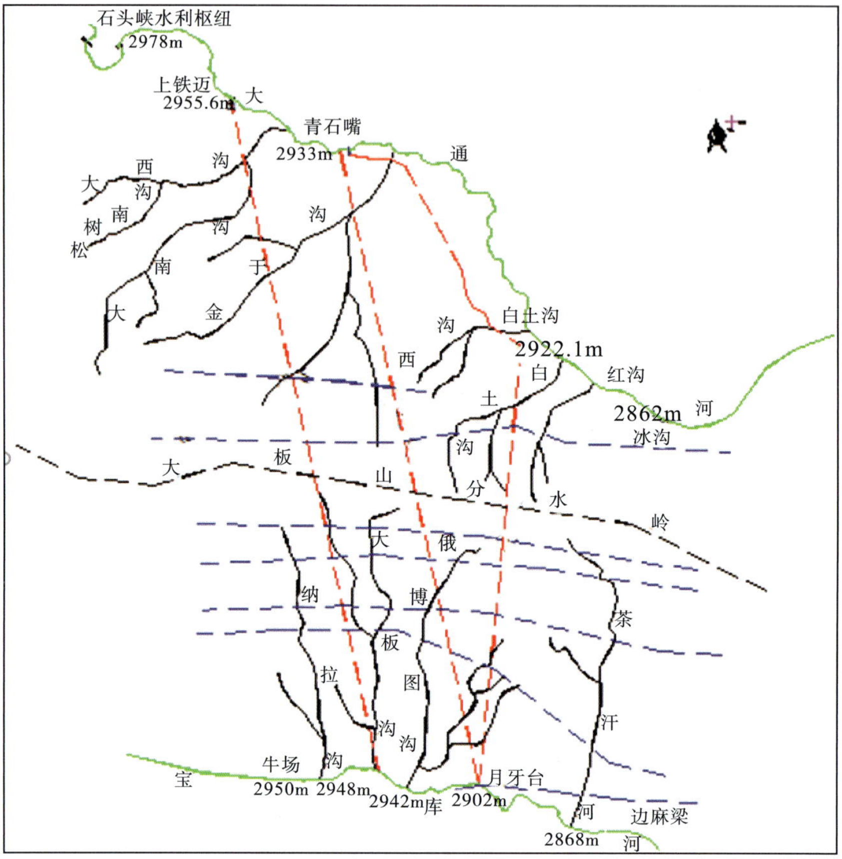

图 4　调水总干渠工程线路方案

方案Ⅲ：青石嘴—白土沟—月牙台方案。该方案引水渠首布置和方案Ⅱ相同，右岸布置 10.285 km 的暗涵到白土沟，后接引水隧洞到宝库河的月牙台，引水线路总长 26.386 km，其中隧洞长 16.083 km。引水明渠须穿越大通河高漫滩、Ⅰ～Ⅱ级阶地及门源盆地南缘山前坡麓带，所经地层主要为第四系全新统、更新统冲洪积砂砾卵石，第四系坡积物，第三系砖红色泥质粉砂岩夹砂岩、砾岩，三叠系灰—灰绿色中厚层、厚层砂岩夹泥质粉砂岩，渠道开挖从进口到出口逐步加深，最大开挖深度 18m，存在较多工程地质问题，主要包括渗漏、边坡稳定、冻土等。

根据工程所在区域地形地质、工程总体布置、施工条件和工程投资等方面比选，调水总干渠线路选择方案Ⅰ，即上铁迈—纳拉方案。

4 引水枢纽

4.1 自然条件

大通河流域地处内陆高原，周围高山环抱，属内陆高寒气候区，气候严寒，冬长暑短，上游地区终年积雪，昼夜温差大。多年平均降水量 370～480mm，降雨时间主要集中在 6—9 月，占全年降水量的 70%以上。与工程区气象关系比较密切的气象站主要为门源站，海拔高程 2850.0m。根据门源站 1961—1990 年共 30 年的气象统计资料，门源站的多年平均气温 0.48℃，多年平均最高气温 9.2℃，多年平均最低气温－6.6℃，多年平均无霜期 51d，多年平均降水量 525.0mm，多年平均蒸发量 1137.4mm，历年最大冻土层深度大于 200cm。

4.2 引水枢纽选址

引水枢纽选址，亦即选择调水总干渠起点，通过对位于门源县青石嘴大桥上游约 500m 处的青石嘴坝址和青石嘴大桥上游约 6500m 处的上铁迈坝址比选，选择上铁迈坝址。

上铁迈坝址处于峡谷的出口，两岸地形基本对称，为峡谷地貌，河谷谷底宽约 600m，两岸地形较为平坦，海拔高程为 2954～2957m，河流主流偏右岸，主河槽宽约 20m，河流的左侧为漫滩、季节性耕地。左右岸山体基岩裸露，均为二叠系的紫红色长石砂岩夹薄层泥质粉岩，岸坡陡峻，坝址区内无大的滑坡、崩塌体，大的断层通过，仅在山体的坡脚处见有零星的掉块崩滑现象。在坝址区及其附近出露的地层主要有二叠系(P)和第四系全新统冲洪积层(al＋plQ4)及第四系全新统坡积层(dlQ4)，第四系全新统冲洪积层(al＋plQ4)分布在大通河漫滩及河床内，一般厚 7.2～13.5m。上部为壤土、沙壤土等，厚 0～1.5m；下部为砂砾石层，厚 7.2～13.5m。河床、河漫滩下含水的砂砾石层的渗透系数为 71.37～378.84m/d，为强透水岩层，本层是坝基、坝肩渗漏的主要通道，砂砾石层的重型动力触探击数为 40 击以上，呈密实状态，其允许承载力可达 800kPa 以上，砂砾石层的抗剪强度较高。坝址的地形地貌、覆盖层的厚度、物理力学性质等条件较好。

4.3 引水方式选择

引水工程常用的引水方式有无坝引水和有坝引水两种方式。当河道的枯水位和流量都能满足设计要求时，采用无坝引水方式，具有对天然河道影响小、工程简单、投资少、施工易、工期短等优点，但也存在不能控制河道的水位和流量、枯水期引水保证率低等问题，引水渠道进水口还容易引入泥沙。

引水枢纽坝址河道宽 600 多米，河流主河槽靠右岸，河槽底高程 2952.8m，多年平均来水流量为 50.4m^3/s，当河道来水流量较小，河道水位较低，从坝址河道水位流量关系曲线分析，来水流量为 10m^3/s 和 50m^3/s 时，河道水位只有 2953.00m 和 2954.00m。为减少渠首引水时进沙，进水闸应高于主河槽1～2m，调水总干渠设计引水流量35m³/s，渠道设计水深近4m，则闸前设计水位最低应在2958～2959m。采用无坝引水河道水位不能保证进水要求。考虑引大济湟工程不同时段引水流量相差较大，受水区无大的控制工程，渠首引水方式选择有坝引水布置方式。

4.4 引水枢纽总布置

引水枢纽主要建筑物包括土石坝、溢流坝、电站、泄洪冲沙闸、鱼道和引水隧洞进水闸，从左岸至右岸依次布置，坝轴线全长644.43m，其中土石坝段长411.23m，溢流坝段长162.5m，电站段长40.7m，泄洪冲沙闸段长25m，鱼道段长5.0m。引水枢纽建筑物布置工程特性见表1。

表1　引水枢纽建筑物布置工程特性

<table>
<tr><th>分类</th><th colspan="2">项目</th><th>数量及特性</th><th>备注</th></tr>
<tr><td rowspan="6">流量和水位</td><td colspan="2">洪峰流量(P=0.5%，m³/s)</td><td>1730</td><td></td></tr>
<tr><td colspan="2">洪峰流量(P=2%，m³/s)</td><td>1380</td><td></td></tr>
<tr><td colspan="2">设计引水流量(m³/s)</td><td>35</td><td></td></tr>
<tr><td colspan="2">校核洪水位(m)</td><td>2961.90</td><td></td></tr>
<tr><td colspan="2">设计洪水位(m)</td><td>2961.45</td><td></td></tr>
<tr><td colspan="2">正常高水位(m)</td><td>2959.8</td><td></td></tr>
<tr><td rowspan="16">引水枢纽</td><td rowspan="2">泄洪冲沙闸</td><td>底板高程(m)</td><td>2952.50</td><td></td></tr>
<tr><td>孔口尺寸(宽×高，m×m)</td><td>6×5</td><td>3孔</td></tr>
<tr><td rowspan="4">溢流坝</td><td>溢流坝型式</td><td>开敞式</td><td></td></tr>
<tr><td>溢流堰顶高程(m)</td><td>2959.8</td><td></td></tr>
<tr><td>溢流堰高(m)</td><td>10.2</td><td></td></tr>
<tr><td>溢流堰净宽(m)</td><td>150</td><td>15孔</td></tr>
<tr><td rowspan="4">土石坝</td><td>土石坝型式</td><td>土工膜斜墙砂砾石坝</td><td></td></tr>
<tr><td>坝顶高程(m)</td><td>2963.70</td><td></td></tr>
<tr><td>坝顶宽度(m)</td><td>5</td><td></td></tr>
<tr><td>坝顶长度(m)</td><td>411.23</td><td></td></tr>
<tr><td rowspan="3">电站</td><td>装机容量(kW)</td><td>1500×2</td><td></td></tr>
<tr><td>设计水头(m)</td><td>6.1</td><td></td></tr>
<tr><td>设计流量(m³/s)</td><td>58.6</td><td></td></tr>
<tr><td>鱼道</td><td>总长度(m)</td><td>354</td><td></td></tr>
<tr><td rowspan="2">引水隧洞进水闸</td><td>底板高程(m)</td><td>2955.6</td><td></td></tr>
<tr><td>孔口尺寸(宽×高，m×m)</td><td>5.6×5</td><td></td></tr>
</table>

引水枢纽的特点为低坝引水，所处河段比降约 0.7%，水流急，洪水挟沙能力强，建筑物布置考虑安全取水是首要因素。在石头峡水库修建后，上游来沙量会减少。

枢纽所处河段的主河道靠河床右侧贴近岸边，主河槽宽 20～30m，基岩条件好，为了便于冲沙，避免流沙进入隧洞，泄洪冲沙闸布置宜靠近隧洞进水闸，选择泄洪冲沙闸布置在主河道，其右侧岸边为隧洞引水闸，冲沙闸底板高程 2952.5m，比引水隧洞进水闸底板高程低 3.1m。溢流坝为开敞式，布置在土石坝右侧。土石坝布置在左岸滩地，与溢流坝连接。从枢纽所处河段河势条件来看，枢纽位置的选择和这种布置较好地适应了河势特点。

在冲沙闸右侧设过鱼建筑物（鱼道），以削减引水枢纽对大通河鱼类的影响，保持鱼类资源的多样性。过鱼季节在电站尾水和消力池后形成动水区，水流对鱼类有吸引作用，鱼类循水流上溯。因此，鱼道进口布置在泄洪冲沙闸下方，与河道右岸主流一致，有利于进口诱鱼。鱼道出口布置在冲沙闸和引水隧洞口之间，水流具有一定的流向特征，鱼类可以感应，利于其定向及上溯。

4.5 河道冰冻对引调水的影响

为使河道泄水顺畅，引水枢纽泄洪冲沙闸底板高程 2952.5m，基本与主河床同高。根据岸边引水进洞条件，引水隧洞进口布置在右岸坝前。为防止泥沙进入引水隧洞，隧洞进水闸底板高于泄洪冲沙闸底板 3.1m，高程为 2955.6m。正常引水位应满足进水闸进水要求，最低的正常引水位应为进水闸底高程加闸后水深及过闸水头损失。引水洞设计水深 3.95m，考虑过闸水头损失 0.25m，则引水枢纽的正常蓄水位应为 2959.8m，该水位由引水枢纽无闸溢流坝的堰顶高程控制。

石头峡水利枢纽未建时，河道有冰冻，调水总干渠设计引水期为 4—11 月，其中 4 月和 11 月有冰冻问题，4 月、11 月引水枢纽存在一定冰冻影响。但 4 月及 11 月设计调水流量只有 11.9 m^3/s 和 3.7m^3/s，4 月是开河时期，11 月刚开始结冰，冰层较薄。通过隧洞进水闸水力计算，按冻冰层最大厚度 2m、闸前水位 2957.8m 时（冰层下的水位），引水隧洞进水闸可过流 19 m^3/s，满足引水要求。因此冰冻对引水枢纽堰顶高程 2959.8m 基本不影响。

上游石头峡水库建成后，冰冻期通过电站尾水下泄，水流为“暖流”，引水枢纽将不受冰冻影响。根据工程调查，在青海相同海拔高度的格尔木大干沟水电站，电站尾水在下游约 10km 处开始结冰。引水枢纽距石头峡水库下游约 6.5km，其间两岸无大的支沟汇入。由于距石头峡电站尾水较近，气温较低时，进水口处结冰的可能性较小，对引水基本没有影响。根据河道地形条件，参考一般工程经验，采用斜向进水口，引水稳定性可靠，水质相对也较好。

4.6 泄洪建筑物布置比选

引水枢纽为低坝、库容小，径流式运用，入库流量 98%为上游石头峡水库调节后的下泄流量，枯水期为上游电站的尾水下泄流量，引水枢纽的调度运用和引调水流量控制与石头峡水库同步协调。泄洪建筑物布置比选主要是选择合适的闸堰泄洪分流比，达到既安全、经济，又方便运行管理的效果。

在枢纽布置总体格局下，根据可研审查意见，初步设计对泄洪冲沙闸3孔闸方案和前期设计5孔闸方案进行了方案比选。5孔闸方案为从河床右岸向左依次布置鱼道、5孔泄洪冲沙闸、电站、自由溢流坝，左岸滩地布置土石坝；3孔闸方案区别是设3孔泄洪冲沙闸，和设较长的自由溢流坝，布置同5孔闸方案。

两种方案比较，5孔闸方案布置多两孔闸，3孔闸方案少两孔闸，但增加自由溢流坝长度74.5m。根据水工模型试验结果(表2)分析，在设计洪水1380m^3/s情况下，5孔闸方案闸的泄流能力大，闸的设计泄流量为1126m^3/s，占比81%，堰的设计泄流量为266m^3/s，占比19%。3孔闸方案堰和闸的泄流能力均等，设计泄流量占比各为50%，690m^3/s左右。从方便运行管理方面考虑，3孔闸方案的自由溢流堰泄流能力大，当不需要开启泄洪闸排沙时，遇5年以下的洪水可通过自由溢流堰下泄，减少闸门操作，方便运行管理，还节省投资。

表2　　3孔闸方案和5孔闸方案比较

	3孔闸方案	5孔闸方案
水位特征	正常水位2959.8m	正常水位2959.8m
	设计洪水位2961.45m	设计洪水位2961.15m
	设计洪水1380m^3/s	设计洪水1380m^3/s
	校核洪水位2961.90m	校核洪水位2961.87m
	校核洪水1730m^3/s	校核洪水1730m^3/s
泄流能力	3孔泄洪冲沙闸设计泄流量696m^3/s	5孔泄洪冲沙闸设计泄流量1126m^3/s
	泄量占比50%	泄量占比81%
	单宽流量38.7m^3/s	单宽流量37.5m^3/s
	溢流堰设计泄流量692m^3/s	溢流堰设计泄流量266m^3/s
	泄量占比50%	泄量占比19%
	单宽流量4.6m^3/s	单宽流量3.3m^3/s

4.7　生态优先的引水调度原则

引水枢纽除引调水功能外，还有泄洪、生态放水、过鱼、发电等的运行调度要求，调度运用中遵循以下原则：

(1)流域水资源统一调度

由于工程下游用水涉及青海、甘肃两省，调度运用中应遵循流域水资源统一管理的要求。国家发展和改革委员会对《项目建议书》批复意见，要按照“先节水后调水、先治污后通水、先环保后用水”的原则和要求，在强化受水区节水、治污、水资源保护和确保大通河外调水量在合理范围内的基础上，科学确定调水规模和工程调度方案，落实相关责任和工作机制，避免因规模不当出现投资积压和用水浪费、污染加重、生态破坏的现象。

(2)优先保障生态流量

每年5—10月至少保证20.1m^3/s的河道生态基流，其他月份为10.0m^3/s。当大通河尕大滩断面来水流量小于该数值时停止引水。每年12月至次年3月冰冻期不调水，天然来水全部下泄。

(3)科学确定调水计划和调度方案

当入库流量大于生态流量时，引水隧洞才能引水。在下泄的生态流量中，经鱼道下泄后，多余流量经电站发电后下泄。水位超过正常蓄水位，多余的流量从溢流坝下泄。洪水期泄洪冲沙闸和溢流坝泄洪，并根据上游水库下泄流量，由泄洪冲沙闸控制库水位。总干渠引水隧洞引水流量由供水计划确定，根据所需的引水流量、隧洞进口闸前库水位、隧洞引水流量监测和隧洞进水闸水位流量关系曲线控制闸门开度。

(4)引水枢纽建筑物调度运用秩序

1)在保障生态流量的前提下调水。

2)调水优先于发电，按规定流量调水后多余的流量发电。

3)生态流量由鱼道(常开)和电站下泄，其中扣减鱼道流量后剩余的生态流量由电站下泄。

4)发电后剩余流量由溢洪道和泄洪冲沙闸下泄。

5)汛期由泄洪冲沙闸和溢洪道泄洪。

5 引水隧洞

5.1 引水隧洞布置

根据引水隧洞进口地形、地质条件和引水枢纽泄洪冲沙闸水工模型试验成果，引水隧洞进水闸布置在泄水闸上游防冲板前，进口底板高程2955.60m，高于冲沙闸底板高程3.1m，有利泄洪时排沙，避免流沙进入隧洞。进水闸闸室宽5.6m。闸室长度根据闸门和机房及右岸跨闸顶公路桥需要布置，长度为16m，闸顶高程2963.35m，闸后接引水隧洞。

引水隧洞全长24.166km，隧洞直径5m，纵坡$i=0.054529\%$。引水隧洞出口接明渠段，全长545m，明渠分别由渐变过渡段、圆形明渠段，梯形明渠段、扩散消能段等组成，明渠出口接入宝库河。

引水隧洞布置顺应河道天然河势，引水枢纽修建后河道行洪时的水流仍靠右岸，根据河床过流断面水流计算和水工模型试验，在泄洪冲沙闸下泄常遇洪水情况时，引水隧洞进水闸前行洪流速1.5m/s左右，下泄设计洪水时，进水闸前行洪流速约3m/s，当引水流量为35m^3/s时，隧洞进水闸前进流流速为1.1m/s，有利于泄洪排沙。

5.2 引水隧洞设计

5.2.1 选择双护盾 TBM 施工

引水隧洞穿越的地质主要为泥岩夹砂岩、煤线及含碳泥砂岩、砂砾岩、泥质粉砂岩、碎裂岩及破碎层状岩、断层泥、泥岩、侵入花岗闪长岩体、砂质结晶灰岩及薄层状厚 2～15m 的大理岩、破碎花岗片麻岩、石英岩、石英片麻岩、花岗片麻岩等。岩石强度变化大，最小饱和抗压强度为 5MPa，最大饱和抗压强度为 160MPa。隧洞中存在断层及破碎影响带、高水压富水地段、煤气瓦斯地层、高地应力、硬岩岩爆、软岩塑性变形等不良地质。统计在长 24166m 的隧洞中，Ⅱ类围岩长 6664.4m，占隧洞总长的 27.6%；Ⅲ类围岩长 4897.3m，占隧洞总长的 20.2%；Ⅳ类和Ⅴ类围岩长 12604.3m，占隧洞总长的 52.2%。隧洞最大埋深 1046m，TBM 施工隧洞平均埋深 500～800m。

引水隧洞属深埋长隧洞，处于高寒、高海拔地区，经施工方案比选和掘进机选择，采用双护盾 TBM 施工。

结合引水枢纽分期导流的施工方案，引水隧洞进水闸先施工，另外利用布置在隧洞桩号 0+180.00 的交通支洞作为施工通道，采用钻爆法施工 3000m。在隧洞出口，考虑 TBM 设备采购供货和进场组装周期，采用钻爆法提前施工始发洞，计划长度为 1200m（实际完成 278m），隧洞断面采用圆形，洞径的确定按满足 TBM 步进始发的要求，直径 6.1m。采用 TBM 施工长 19965.83m，Ⅳ、Ⅴ类围岩洞段总长约 9000m，Ⅱ、Ⅲ类围岩洞段总长约 11000m。在桩号 9+820.00 布置一个通风竖井，直径为 3m，竖井深 324m（图 5）。

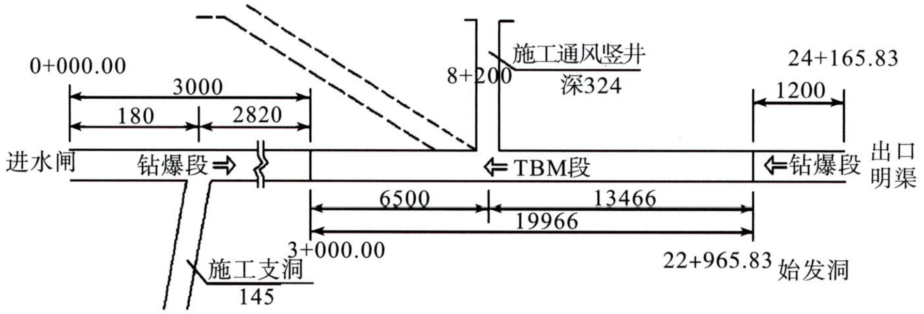

图 5 引水隧洞施工布置示意图（单位：m）

TBM 选型按支护形式分为敞开式、双护盾式、单护盾式等 3 种类型。敞开式掘进机靠支撑在岩壁上向前推进，一般随掘进开挖在机头后部施作临时支护，隧洞开挖完后再作二次衬砌，当岩石条件较好，不需要进行二次衬砌时，敞开式 TBM 工期快、效率高；双护盾式 TBM 其前护盾随刀盘向前延伸，刀盘在护盾保护下掘进施工，在后盾进行管片衬砌安装。隧洞开挖、衬砌安装、豆砾石充填和灌浆各工序循环完成，既可用于硬岩，又可用于软岩，能安全穿过断层破碎地段。从安全性、可靠性、经济性等方面综合考虑，所选择的机型应适应工程地质及水文地质条件和隧洞结构设计要求。引水隧洞工程岩性种类多，岩石强度变化大，且隧洞中存在断层及破碎影响带等不良地质，因此适宜使用双护盾式 TBM 施工（图 6）。双护盾式 TBM 主要技术参数见表 3。

图 6　双护盾式 TBM

表 3　双护盾式 TBM 主要技术参数

开挖直径（mm）	5930
刀盘驱动功率（kW）	6×286＝1716
刀盘转速（r/min）	0～7.8
刀盘额定扭矩（kN·m）	4000（3.9r/min）
脱困扭矩（kN·m）	5200
主推进系统总推力（kN）	25000
辅助推进系统总推力（kN）	34000
最大掘进速（mm/min）	100
支撑靴	最大支撑力 45000kN，最大对地压力 4MPa
刀具数量	中心刀 6 把，正滚刀 41 把，边滚刀 3 把，扩挖刀 1 把
总装机功率（kW）	2810

5.2.2　TBM 施工隧洞衬砌

（1）管片型式

TBM 施工采用管片衬砌，管片设计应符合 TBM 施工特性，根据隧洞段不同围岩分类级别分为两种管片，Ⅱ、Ⅲ类围岩一种，Ⅳ、Ⅴ类围岩一种。管片衬砌厚度为0.35m，矩形管片，每环5＋1片，管片宽1.5m，单片最重4.5t，管片混凝土强度等级C40(图7)。

图7　引水隧洞衬砌管片

(2)管片拼装方式

管片拼装方式主要有错缝拼装和通缝拼装。错缝拼装能提高衬砌圆环的整体刚度，且错缝拼装时纵、环缝呈“丁”字形相交，而通缝拼装时呈“十”字形相交，在接缝防水上丁字缝较十字缝容易处理。采用错缝拼装，环间错缝为400mm。

(3)管片止水

管片止水除隧洞防水外，还作为豆砾石灌浆止水(浆)。纵环缝止水(浆)采用遇水膨胀橡胶，规格为50mm×6mm。

(4)豆砾石充填与灌浆

豆砾石粒径为5～10mm，灌浆压力一般为2～3kg/cm²，灌浆结石强度等级C20。常规施工中豆砾石灌浆一般随管片安装后跟进进行，但在深埋隧洞高地应力情况下施工，如果考虑地应力释放，有可能对管片产生不利作用，灌浆时机合理控制需要通过施工中的监测分析来掌握。

(5)管片内表面处理

为了满足隧洞过流能力，管片内表面平整度除满足管片制作精度要求和管片安装纵环缝错台误差要求外，须对内表面螺栓孔、灌浆孔采用预缩砂浆回填抹平，对施工中残留在隧洞内表面上的硬结浆液进行清除、打磨平整处理。大于要求的纵环缝错台按 1∶5 坡度处理。

5.2.3 隧洞排水设计与地下水处理

对深埋的长无压引水隧洞，必须设置可靠的排水措施，以保证隧洞衬砌结构的安全。同时，从环境生态方面和隧洞流量考虑，应避免隧洞内有较多渗漏。因此，对地下水应采用既封堵又疏导的方式，封堵地下水后要求控制渗水量，地下水可能形成的承压作用在隧洞围岩安全距离以外；疏导即是通过设置排水孔有效减小隧洞衬砌结构周边的水压力。地下水不同情况采用不同的处理措施。

(1)断层破碎带地下水封堵

在断层破碎带有地下水时，会对隧洞衬砌结构形成外水压力，根据地质勘察，隧洞地下水位最深处近千米，外水压力有可能形成强大的压力水头。施工中遇断层破碎带时，应采用先封堵地下水后掘进通过方式，采用灌浆（包括化学灌浆）措施对隧洞周边进行固结，将地下水封堵在 2 倍洞径距离的隧洞围岩以外，灌浆范围应达到隧洞周边 12～15m，这样既有利于隧洞围岩稳定和掘进通过，又能避免地下承压水直接作用于隧洞衬砌结构。同时通过设置洞顶短排水孔减小隧洞衬砌结构周边的水压力。灌浆处理可用 TBM 机自带的灌浆设备完成，或可采用从两侧人工开挖的灌浆导洞中进行。处理完成后灌浆导洞应回填。

(2)地下泉（涌）水封堵

当地下水通过岩穴（洞、眼）产生涌（泉）水时，应视围岩稳定情况采用不同封堵方式。在Ⅱ、Ⅲ类围岩，一般只需要对岩穴（洞、眼）采用灌浆（包括化学灌浆）措施封堵地下水，若封堵后在隧洞围岩四周形成串通渗漏，按上述(1)要求进行处理。在Ⅳ、Ⅴ类围岩，亦按上述(1)要求进行处理。

(3)基岩裂隙水处理

对基岩裂隙水形成的少量渗透滴漏，工程运用期渗水可通过隧洞排水孔排除而不会形成外水压力，一般不需要处理。但当基岩裂隙水呈大面积渗透流出时，若渗漏量大于 0.01L/(s·m)时，采用灌浆（包括化学灌浆）措施封堵。

(4)排水孔设置

排水孔₵50L150，纵向间距 600cm（四环管片）。为了避免钻孔打断管片钢筋，利用管片预留灌浆孔进行钻孔。每断面两个孔，位置在拱顶点左右两侧最高的两个灌浆孔。根据隧洞围岩的岩层分组、岩石分类、不同岩性的水解软化性，区别是否设置排水孔保护花管，在施工阶段按地质编录情况确定排水孔保护花管的设置。

5.2.4 断层软岩处理

(1)断层、软岩问题

TBM施工共穿过18条地质断层(表4),其中断层F4、F5长1104m,埋深800～900m(图8)。遇到的主要问题有围岩局部塌方、高地应力区塑性变形、泥质膨胀性软岩遇水泥化、大变形以及涌水等工程地质问题。

表4　　引水隧洞主要断层

断裂带名称	编号	出露位置、桩号		宽度(m)
铁迈西沟断裂带	f2、f 3	第二段	K0+826～ K1+077	83
	f4	第四段	K1+389～K1+457	68
	f5、f6、f7、f8	第六段	K1+665～K2+255	156
金子沟断层	f11	第九段	K4+619～K4+911	49
	f12、f12′	第十一段	K6+402～K6+758	44
煤窑沟断裂带	f13	第十四段	K8+002～K8+338	378
磨扇沟断裂带	f14	第十六段	K10+037～K10+838	557
大坂山北缘断裂带	F1、F2	第十八段	K12+201～K12+442	370
大坂山南缘断裂带	F4、F5、F6	第二十二段、 第二十三段	K16+088～K17+192 K17+192 ～K17+617	1104
侵入岩接触带		第二十段、第二十五段、第二十七段	K18+512～K18+970 K20+768～K21+684	30～70

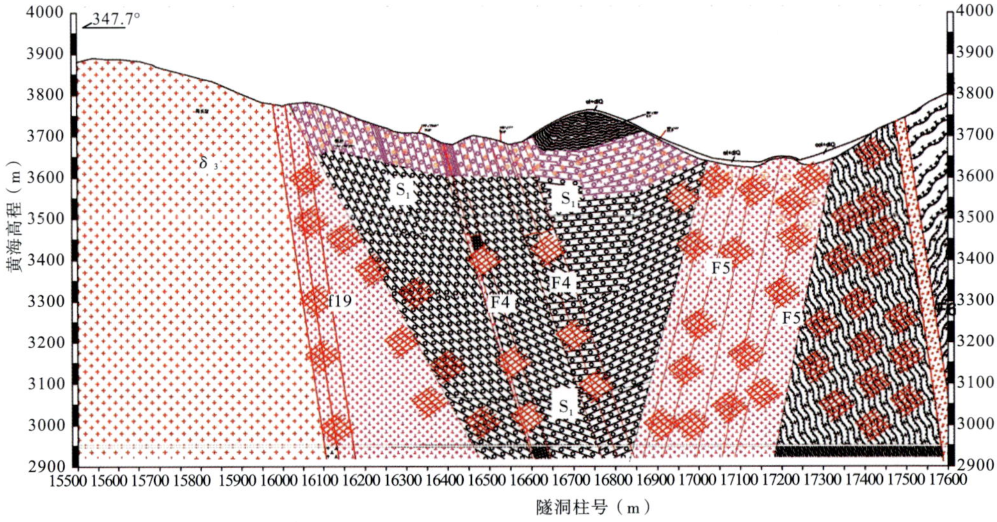

图8　断层F4、F5剖面图

1)发生TBM掘进受困,有下面几种情况:

①围岩收敛,护盾被围岩抱紧,发生卡机。

②刀盘被卡死。包括孤块坚硬岩石掉落在刀盘前，滚刀无法切割卡死刀盘；破碎围岩垮塌，聚集刀盘前滚刀无法切割出渣。

③TBM 功能不足，掘进受困。包括掘进机推力不足，刀盘扭矩不足。

④TBM 操作方面的原因，掘进机推力和刀盘扭矩匹配不合适。

2)针对性采取了以下措施：

①对一般不严重的不良地质情况，掘进机通过调整掘进参数来使掘进机顺利通过，处理成功与否取决于对地质的了解和掘进机操作手的临场经验。

②对孤块坚硬岩石掉落卡住刀盘、破碎围岩垮塌等情况，采取临时人工处理等措施来解决。

③对施工中遇到 F4、F5 大断层发生大变形、掘进机反复受困等问题，在做好超前地质预报基础上，根据地质情况采取绕洞施工和正面人工开挖的方法处理。

引大济湟调水总干渠引水隧洞岩石(体)物理力学指标见表 5。

表 5　　引大济湟调水总干渠引水隧洞岩石(体)物理力学指标

岩组代号	岩性	密度 (g/cm³)	软化系数	岩石饱和抗压强度 (MPa)	抗剪断峰值强度		弹性模量 (×10³ MPa)	单位弹性抗力系数 k_o (MPa/cm)	泊松比 μ	坚固系数 f_k
					内摩角 φ(°)	内聚力 c(MPa)				
R	泥质粉砂岩、泥岩	2.50	0.30	16	28	0.3	1～2	5～10	0.33	1.6
J	粉砂岩、泥质粉砂岩	2.61	0.66	33～52	33.8	1.2	9.2～10	20～40	0.30	3.3～5.2
J	页岩、炭质泥岩	2.60	0.2～0.45	5～20	31	0.4	1～3	10～20	0.34～0.45	1.5～2
T32	页岩、泥质粉砂岩	2.61	0.41～0.6	5～50	31	0.4	2～3	10～20	0.30～0.40	1.5～5
T31	泥质粉砂岩、泥岩	2.65	0.52	20	37.2	1.5	3～5	20～40	0.28	2
P	泥质粉砂岩、泥岩	2.65	0.52	20	36.9	1.5	3～5	20～40	0.28	2

(2)F4、F5 断层处理

F4、F5 断层及断层影响带长达 1104m，在隧洞轴线物探视电阻率剖面上，视电阻率等值线斜率陡，低阻异常特征明显。泥质岩，一是具有膨胀性，实验成果见表 6，轴向自由膨胀率最大值为 0.342%，平均值为 0.197%，膨胀压力最大值为 337kPa，平均值为 107kPa。二是软化系数低于 0.75，遇水软化 48h 之内发生崩解。三是断层埋深大、地应力高，埋深 800～900m，最大水平应力 28MPa。存在高地应力引发软岩塑性变形、泥岩遇水软化崩解与膨胀性等问题。

TBM 掘进到 F4、F5 断层带，在桩号 17＋158 发生卡机(图 9)，卡机初期掌子面干燥，1

个月后地下水渗出，围岩软化泥化。TBM 卡机处理采用了以下方法：

表 6　　引大济湟调水总干渠引水隧洞岩石膨胀性试验成果

组次	位置桩号	岩石名称	轴向自由膨胀率(%)	径向自由膨胀率(%)	侧向约束膨胀率(%)	膨胀压力(kPa)
1	K2+589.4	粉砂质泥岩	0.342	0.0712	0.314	337
			0.220	0.0465	0.329	267
平均值			0.281	0.0589	0.322	302
2	K2+617	粉砂质泥岩	0.228	0.980	0.278	90.3
			0.165	0.0794	0.222	124
平均值			0.197	0.5297	0.250	107

图 9　断层 TBM 卡机

1)护盾外上部掏挖卸荷，一次约需 1 个月。从护盾临时开孔人员作业通道，运送材料和出渣。

2)机头前上部 120°～180°断面，用人工开挖＋下半断面 TBM 掘进，进行管片安装，人工开挖石渣从刀盘集渣口人工转出。如继续被卡住停滞，反复进行。半断面人工开挖一次约需 2 个月。

3)开旁通洞，从护盾后拆除已安装好的管片，施工旁通绕洞，至机头前人工全断面开挖断层，然后 TBM 步进通过并进行管片安装。

4)对 TBM 设备改造:包括加大刀盘直径,配合调整护盾体,加装驱动马达,增加刀盘驱动的总马力和扭矩,对后配套设备进行整修、测试等。

对 F4、F5 断层处理过程中,共处理断层长度 382m,耗时 21 个月,设备改造后剩余断层 722m 正常掘进完成。

6 引大济湟工程给青海人民带来的效益

引大济湟工程是实现青海省水资源优化配置、促进东部城市群经济社会可持续发展、保障和改善民生的重大战略性基础工程。总干渠建成以来,至 2020 年已累积调水 3.5 亿 m^3,最多调水年份调水 1.2 亿 m^3,使西宁和海东市由资源性缺水引起的“水荒”问题得到极大缓解。引大济湟工程全部建成后,供水范围包括大通、湟中、西宁、互助、平安、乐都、民和等 7 个市(区、县),可从大通河年调水 7.5 亿 m^3 补给湟水流域,实现“旱改水”110 万亩,可保障东部城市群 300 万人生活用水、湟水干流各工业园区生产用水和东部百里长廊特色现代农牧业用水以及生态用水需求。

改善湟水流域生态环境是引大济湟工程的第二个任务。干旱缺水使湟水流域的生态系统十分脆弱且呈现出日益恶化的趋势,尤其是浅山地区植被稀疏水土流失严重。引大济湟工程的建设为解决这一问题提供了基础条件,可使湟水流域的生态系统逐步得到恢复,有效改善浅山地区的干旱面貌,哺育林草,每年可减少输入黄河的泥沙 44.8 万 t。

目前,引大济湟工程生态效应已经显现,人们可以看到西宁和大通的生态环境有了明显的改善。就西宁市而言,一年的降水量从原来 200 多毫米增加至 400 多毫米,降水量大了,植被生长好了,城镇的绿化程度也随之提高了。

撰稿/翁建良、上官江、职承杰、胡中平

重庆市向阳水库工程

▲ 向阳水库

向阳水库工程位于重庆市云阳县北部团滩河干流上，是一座以城乡供水和农业灌溉为主，结合防洪，兼顾发电，并为当地乡村振兴创造条件的水利工程。本工程属Ⅱ等大(2)型工程，包括水源工程和输水工程两部分。项目建设对保障三峡移民安稳致富、实施乡村振兴战略、巩固区域扶贫成果、促进当地经济社会高质量发展、助推成渝双城经济圈发展和川渝东北一体化发展等具有重要作用。

1 建设意义

向阳水库是《汤溪河流域综合规划》中提出近期建设的重点工程，已列入国家《水利改革发展"十三五"规划》《西部大开发"十三五"规划》《重庆市水利发展战略规划》等重大规划和"国家 150 项重大水利工程名单""水利部全力推进 55 项重大水利工程名录"。

工程建成后可为云阳县城、工业园区以及周边乡镇提供优质水源，降低供水成本，有效提高供水安全保障能力；改善灌溉条件 1.45 万亩、增加灌溉面积 5.58 万亩，可为区域特色农业发展和保障粮食安全创造条件；结合防洪护岸及河道整治等措施，可将江口镇团滩河侧防洪标准提高至 20 年一遇。

2 前期工作历程

2016 年 5 月，长江设计公司编制完成《重庆市云阳县向阳水库工程规划方案报告》。

2017 年 9 月，长江设计公司编制完成《重庆市云阳县向阳水库工程可行性研究阶段工程方案设计报告》。同年 11 月，水利部水利水电规划设计总院（以下简称"水规总院"）在北京主持召开了《方案设计报告》的技术讨论会，并印发了《关于印送重庆市云阳县向阳水库工程方案设计报告技术讨论会议纪要的函》（水总规〔2017〕1188 号）。

2018 年 6 月，长江设计公司编制完成《重庆市云阳县向阳水库工程可行性研究报告（送审稿）》。

2018 年 8 月，水规总院在重庆市云阳县召开《重庆市云阳县向阳水库工程可行性研究报告》审查会。同年 9 月，印发了《关于印发重庆市云阳县向阳水库工程可行性研究报告审查会会议纪要的函》（水总设〔2018〕908 号）。

2019 年 1 月，水规总院在北京召开《重庆市云阳县向阳水库工程建设征地交通设施复建规划专题报告》及《重庆市云阳县向阳水库工程建设征地和移民安置规划大纲》审查会。

2019 年 6 月，水规总院向水利部报送了《重庆市云阳县向阳水库工程可行性研究报告审查意见》（水总设〔2019〕460 号）；同年 10 月，水利部向国家发展和改革委员会报送了《重庆市云阳县向阳水库工程可行性研究报告审查意见》（水规计〔2019〕270 号）。

2020 年 4 月，水利部印发了《重庆市云阳县向阳水库工程水土保持方案审批准予行政许可决定书》（水许可决〔2020〕15 号）。

2020 年 9 月，生态环境部印发了《关于重庆市云阳县向阳水库工程环境影响报告书的批复》(环审〔2020〕113 号)。

2021 年 5 月,重庆市发布《重庆市集体土地征收补偿安置办法》(重庆市人民政府令第 344 号),有关内容和标准自同年 7 月 1 日起实施,云阳县同步也出台了配套文件云阳府发〔2021〕35 号文,原相关政策文件均已宣布作废。在原可研报告基础上,根据新的移民政策以及环评、水保专题审批意见对报告进行了补充、修改、完善,并采用 2022 年 4 月价格水平修订了工程投资估算成果,于 2022 年 6 月编制完成《重庆市云阳县向阳水库工程可行性研究报告》。

2022 年 8 月,国家发展和改革委员会委托中国水利水电科学研究院在重庆对《重庆市云阳县向阳水库工程可行性研究报告》进行评估。

2022 年 9 月,导流洞工程拟开工建设。

3 设计方案

3.1 工程总布置

向阳水库正常蓄水位 456m,相应库容 1.038 亿 m^3;校核洪水位 458.27m,总库容 1.10 亿 m^3;死水位 390m,死库容 0.137 亿 m^3。工程等别为Ⅱ等,工程规模为大(2)型。

水源工程包括混凝土面板堆石坝、溢洪道、泄洪洞、引水兼放空进水口、引水隧洞、坝后式地面厂房等建筑物。输水管线采用“一总三干五支”的总体布局。可研阶段输水工程总布置见图 1。向阳水库工程特性见表 1。

3.2 挡水建筑物

大坝为混凝土面板堆石坝,坝顶高程为 459.00m,河床趾板建基面高程 329.0m,最大坝高 130.0m,坝轴线长 473.0m,坝顶宽 12m,坝底最大宽度 425.0m。坝顶设高 3.7m 的“L”形防浪墙,墙底高程 456.0m,墙顶高程 460.2m。大坝上游坝坡坡比为 1∶1.4,下游坝坡与进厂公路相结合,设纵坡 9%的“之”字形马道,马道宽 6.5m,在高程 436.0m、414.0m、391.0m、361.0m、347.0m 设置转弯平台,下游坝坡设计坡比 1∶1.25,考虑道路宽度后综合坡比 1∶1.5,采用块石护坡,护坡厚度 0.5m。

3.3 泄水建筑物

溢洪道布置于大坝左岸,为河岸开敞式有闸控制正堰溢洪道。溢洪道中心线为直线,大坝坝轴线和溢洪道中心线垂直相交,溢洪道由进水渠、控制段、泄槽段、消能防冲段组成,平面投影总长 369.16m。进水渠为由山体开挖而成的渠槽,长 63m,布置成相对对称的喇叭口型式。进水渠底宽 43～23m,底板顶高程 435.00m。控制段设 2 孔,孔口尺寸为 10m×14m(宽×高),堰顶高程 442.00m,堰面曲线采用 WES 实用堰,堰面曲线末端接反弧段,反弧半径 20m,反弧段与下游泄槽段相接。闸室进口前缘宽 23.0m,闸室顺流向长 42m,闸顶高程

460.20m，溢流堰设一扇平板检修门和两扇弧形工作门，分别由坝顶门机及闸墩上的液压启闭机操作。在溢洪道左侧布置检修门库。泄槽采用一孔矩形断面布置，泄槽净宽23m，底板纵坡分为2段，其中桩号溢0＋042.00～溢0＋102.39段底宽23m，坡比$i=0.05$；溢0＋138.87～溢0＋266.05m段底宽23m，坡比$i=0.5$。溢洪道采用挑流消能，挑流鼻坎底宽23m，鼻坎为斜切式扭曲挑坎，鼻坎左侧高、右侧低，左侧圆弧半径15.0m，挑角34°，右侧圆弧半径21.0m，挑角10°，挑流消能段长15.11m。鼻坎下游采用混凝土护坦防护，护坦顶高程352.00m，宽28～44m，长25m。对下游受挑流消能影响范围内的岸坡进行防护处理。其中左岸岸坡段长200m，右岸岸坡长120m。

图1　可研阶段输水工程总布置图

表 1　　向阳水库工程特性

名称			数量及特性	备注
水文	流域面积	全流域(km^2)	286.9	团滩河
		坝址以上(km^2)	242	
	多年平均年径流量(亿 m^3)		2.07	
	代表性流量	多年平均流量(m^3/s)	6.57	
		正常运用(设计)洪水流量($P=1\%$,m^3/s)	2420	
		非常运用(校核)洪水流量($P=0.05\%$,m^3/s)	3780	
		施工导流流量($P=10\%$,m^3/s)	1400	
水库	水库水位	校核洪水位(m)	458.27	
		设计洪水位(m)	456.0	
		正常蓄水位(m)	456.0	
		防洪高水位(m)	456.0	
		汛期限制水位(m)	448.2	
		死水位(m)	390	
	水库容积	总库容(亿 m^3)	1.1	
		防洪库容(亿 m^3)	0.174	
		调节库容(亿 m^3)	0.9	
		死库容(亿 m^3)	0.137	
	调节特性		多年调节	
下泄流量及相应下游水位	校核洪水位时最大泄量(m^3/s)		3145	
	相应下游水位(m)		342.74	
	设计洪水位时最大泄量(m^3/s)		2420	
	相应下游水位(m)		340.77	
	最小下泄流量(m^3/s)		0.045	
	相应下游水位(m)		329.39	
工程效益	灌溉	设计灌区面积(万亩)	7.03	
		灌溉保证率 P(%)	76.6	
		年引水量(万 m^3)	1914	
		设计引水流量(m^3/s)	2.96	
	供水	年引水量(万 m^3)	5938	
		设计引水流量(m^3/s)	2.29	
		供水保证率 P(%)	95	
		年引水时间(d)	365	
	发电	装机容量(万 kW)	0.42	
		多年平均年发电量(万 kW·h)	1593	
		装机年利用小时数(h)	3793	

续表

名称				数量及特性	备注
主要建筑物及设备	挡水建筑物	型式		混凝土面板堆石坝	可研
		地基特性		泥质灰岩、泥灰岩、泥质粉砂岩、粉砂质泥岩	
		地震动峰值加速度		0.05g	
		地震基本烈度(度)		Ⅵ	
		地震设计烈度(度)		Ⅶ	
		坝顶高程(m)		459.0	
		最大坝高(m)		130.0	
		坝轴线长度(m)		473.0	
	泄水建筑物	型式		开敞式溢洪道 /泄洪洞	
		地基特性		泥质灰岩、泥灰岩、泥质粉砂岩、粉砂质泥岩	
		堰面型式		WES 实用堰	
	引水兼放空建筑物	堰顶(进口)高程(m)		442.00/400.0	
		孔口尺寸(宽×高,m×m)		10×14/5×4	
		孔数(个)		2/1	
		设计泄洪流量(m^3/s)		2420	
		校核泄洪流量(m^3/s)		3145	
		枯期引水流量(m^3/s)		6.81	
		汛期引水流量(m^3/s)		8.15	
	输水建筑物	放空最大流量(m^3/s)		39.02	
		进水口底槛高程(m)		380.00	
		引水道型式		隧洞和压力管道	
		长度(m)		401.7/301.67	
		断面尺寸(m)		Φ2.8/ DN2800～DN1800	
		设计流量(m^3/s)		5.25	
		输水道型式		管道	
		干管长度(km)		86.407	
		支管长度(km)		22.644	
		分水口(处)		41	
		隧洞	长度(km)	8.08	
			数量(座)	4	
			断面型式	无压城门洞形	
			最长单洞(km)	6.64	

续表

名称				数量及特性	备注
主要建筑物及设备	输水建筑物	管桥	长度(km)	0.44	
			数量(座)	4	
	厂房	数量(座)		4	
		型式		坝后式地面厂房	
		厂房尺寸(长×宽×高,m×m×m)		42.86×23.83×30.59	
		水轮机安装高程(m)		328.49	
施工期限	准备期(月)			15	
	主体工程施工期(月)			39	
	完建期(月)			3	
	总工期(月)			57	

泄洪洞利用左岸导流洞改建而成,通过“龙抬头”与导流洞相结合。泄洪洞由进水渠段、短有压进口段、上平段、“龙抬头”斜井段、与导流洞结合段组成,总长 493.62m。最大下泄流量 577m^3/s。进水渠由原始地形开挖形成,采用喇叭口型式,底板高程 400.00m。泄洪洞采用岸塔式短有压进水口,进水口底板高程 400.00m,塔高 64.2m,总长 35.0m。进水塔为三向收缩型岸塔式,事故检修门孔口尺寸 5.0m×5.6m(宽×高),工作弧形工作门孔口尺寸 5m×4m(宽×高)。进水塔顶部设交通桥与库区内公路相接。进水塔后接上平段,断面尺寸 5m×7m(宽×高),底坡 $i=0.03$;其后接“龙抬头”斜井段,断面尺寸 5m×7m(宽×高),底坡 $i=0.5$。斜井段经抛物线与上平段衔接,经反弧与导流洞结合段衔接。结合段长 184.58m,底坡 $i=0.028$。泄洪洞出口采用底流消能。

3.4 引水兼放空建筑物

联合进水口位于库内右岸,距坝轴线约 180m,塔顶工作平台高程 459.5m,塔底高程 375.0m。塔宽 9m,塔长 21m。引水洞采用两机一洞,分有压隧洞段、压力钢管段(含支管及放空管),压力钢管隧洞出口处一分为二,分为灌溉供水钢管和生态发电放空钢管。引水洞进口底高程 380.0m,出口高程 330.0m(放空管)。引水线路总长约 713.2m,其中有压隧洞长 401.7m,压力钢管长 311.5m。有压隧洞为圆形,直径为 2.8m,压力钢管段钢衬净断面尺寸 1.8~2.8m。其中生态放水管直径 0.8m,放空管直径 1.8m。

电站厂房采用坝后式地面厂房,布置在河床,距坝轴线下游的 260m,位于大坝下游坡脚与溢洪道出口之间的对岸河岸地块,轴线与河道交角约 90°。厂区主要建筑物有主厂房、副厂房、主变、开关站及进厂交通等建筑物。厂房自左至右依次布置为安装场段和 4 个机组段,总长 42.86m,其中安装场段 8.95m,1#~4#机组段 33.91m。厂房宽 23.86m,其中主厂房宽 12.26m、副厂房宽 11.6m,临河侧为防洪墙。副厂房及附属设备布置于主厂房上游。

主变场位于厂房上游侧，长 26.12m，宽 11m。开关站采用 GIS 室内开关站。进厂交通通过进厂公路从厂房右端沿厂轴方向进入安装场。机组安装采用水平进场方式。

工程运行期生态放水由坝后发电厂房尾水流入河道，同时在发电厂房内设一根管径 0.8m 的旁通管，当机组不发电时，或发电引水流量小于下游生态用水量时，由旁通管提供生态放水。

3.5 过鱼建筑物

工程建成后，由于高坝阻隔，鱼类无法沿天然河道巡游，为改善团滩河流域和库区生物种群结构，维护生物多样性，须设置过鱼设施。综合水库工程区地形条件、工程特性以及工程河段鱼类生物学特性，过鱼措施采用集运鱼系统。采用固定式集鱼平台进行集鱼，通过陆上运鱼车运输过坝，在上游库区以上河段直接放流的方式实现鱼类过坝的目的。

3.6 输水建筑物

输水工程承担江口、南溪、鱼泉、沙市、云安、水口、黄石、人和、双江、青龙等 10 个乡镇（街道）以及云阳工业园、万州经开区 C 区水口组团的灌溉及供水任务。总供水量 7852 万 m^3，其中城乡供水量 5938 万 m^3、灌溉供水量 1914 万 m^3，总设计流量 $5.25m^3/s$，其中城镇供水流量 $2.29m^3/s$，灌溉供水流量 $2.96m^3/s$。

输水管线走向基本与汤溪河和彭溪河流向一致，途经汤溪河沿岸的江口、沙市、鱼泉、南溪、云安和彭溪河沿岸的高阳、黄石，采用呈现“一总三干五支”的总体布局。“一总”为总干管；“三干”为县城干管、江沙干管、南云干管；“五支”为斑竹支管、新里支管、卫星支管、竹林支管、毛坝支管，其中干线线路长 86.41km，支线线路长 22.64km，合计总长 109.05km。管道沿线共设置分水口 41 处，其中水厂分水口 6 处，灌溉分水口 35 处；管桥 4 座，总长 442m；隧洞 4 处，总长 8.079km；提水泵站 1 座。

4 技术难题及解决方案

4.1 强岩溶区建高土石坝

4.1.1 存在的主要问题

可研阶段大坝为混凝土面板堆石坝，最大坝高 130m，位于团滩河及帆水河汇合口处，该区岩溶管道系统发育且复杂，岩溶主要发育于帆水河至团滩河一带巴东组第三段第 3 亚段（T_2b^{3-3}）地层中，为岩溶强烈发育区。

岩溶系统发育的范围：帆水河起于袁家河坝一带，顺帆水河流向至与团滩河交汇处。团滩河岩溶发育的下限高程大体为 235m。

上、中、下线面板堆石坝方案趾板线皆位于坝区岩溶区，大坝趾板基础处理及防渗难度大。

4.1.2 解决方案

(1)坝型调整

混凝土面板堆石坝的大坝防渗体系在大坝上游趾板处，沥青混凝土心墙堆石坝大坝防渗体系位于坝体中部，将坝型调整为沥青混凝土心墙堆石坝以减小岩溶对大坝防渗的影响。

(2)坝轴线偏转

以沥青混凝土心墙堆石坝坝轴线尽量避开岩溶范围为原则，在可研阶段坝轴线基础上，左端依托地形垭口山脊，右端向下游偏移。

(3)基础处理

大坝坝基范围及溢洪道控制段布置双排帷幕灌浆孔，孔距 2.5m，排距 0.8m，双排帷幕灌浆轴线长 620m；两岸山体段防渗帷幕布置单排帷幕灌浆孔，孔距 2m，单排帷幕灌浆轴线长 808m；其他裂隙密集带、软弱夹层等地质缺陷部位，帷幕灌浆孔可适当加密。对沥青混凝土心墙基座范围内岩体破碎，裂隙发育的风化带、卸荷带及开挖揭露的基础地质缺陷，在进行掏挖回填等处理的基础上可全面进行固结灌浆，以提高地基完整性和承载力。

4.2 复杂地质条件下消能工选择与边坡防护

4.2.1 主要问题

河床为第四系覆盖，覆盖厚度相差悬殊，为 5～60m。下游古河床冲坑顺河向分布长度约 230m，垂直河向分布宽度 90～200m，坑深度一般为 30～55m，其中为冲洪积碎块石夹粉质黏土，或粉质黏土夹碎块石充填覆盖，碎块石主要为泥灰岩、微晶灰岩、炭质灰岩等，少量为泥质粉砂岩及炭质页岩碎屑、碎石，成分相对较复杂，结构均匀性差，性状软硬不一。

消能区左岸分布花铺脚沟和关音塘沟 2 条冲沟，岸坡整体呈东高西低、西陡东缓，坡高 10～25m，前部公路外侧坡度 40°～60°，后部为公路及居民区，地形较平缓。坡后缘在 S102 省道附近，高程 340～355m。关音塘沟口一带高程 338～339m。坡体表部主要分布第四系覆盖层，物质成因相对复杂，为崩坡积碎块石夹粉质黏土、人工堆积土夹碎块石或碎块石夹土、冲洪积漂卵砾石、泥石流碎块石夹土，厚 3.2～15.2m，下游段岸坡脚临古河床冲坑，覆盖层厚度达 35～60m，结构均匀性较差。

消能区右岸边坡岸线较顺直，上游侧分布火山湾冲沟与岸坡近垂直相交，下游侧分布王家老屋冲沟与岸坡大角度相交。岸坡整体呈西高东低，主要为一缓坡地形，坡度一般在 10°以内，岸坡脚主要临古河床冲坑。岸坡基岩主要分布于覆盖层之下，为中统巴东组第一段(T_2b^1)地层，岩性上部主要为泥灰岩夹少量炭质页岩，为非可溶岩，下部为泥质灰岩，为可溶岩。基岩出露较少，沿岸陡坡部位呈带状出露，范围长 150m，宽 5～8m。

溢洪道冲刷坑深厚覆盖层结构复杂，均匀性差，软硬不一，整体抗冲刷能力较差，库水下泄时易形成冲刷深坑，破坏河床及影响两岸岸坡的稳定。随着冲坑的加深和拓宽，并在河流溯源侵蚀作用下，会进一步危及上游坝脚、地面厂房及溢洪道、放空洞出口等建筑物安全和两岸岸坡稳定，应对河床及河岸采取防护处理。

4.2.2 解决方案

1)现溢洪道左侧出坎以 180m 半径向右收缩 6°，使得水舌左侧水体较厚重，右侧水体较薄，主体集中在出口左侧，水舌显得左重右轻。通过模型试验及数值模拟等方法，对溢洪道出口挑流鼻坎部位结构设计进行调整，优化水舌形态，使得水舌左右两侧水体均匀，水舌纵向拉伸扩散均匀，使挑流水舌进入下游水面时，在平面上形成纵向、横向扩散，并与两岸岸坡有一定的安全距离，且尽量减少下游冲坑深度，减小消能区边坡防护难度。

2)溢洪道出口消能区两岸岸坡防护采用混凝土护坡＋齿墙进行防护，左岸 3# 堆积体上下游约 265m 范围内采用抗滑桩防护，以防止 3# 堆积体前缘和下游原有公路坡脚被淘刷坍塌，影响到滑坡和交通公路的稳定性。左、右岸混凝土护坡底高程为 311.0m，顶高程为 341.00m，坡比为 1∶0.75～1∶1.5，衬砌厚度为 1.0m。齿墙厚 2.0m，墙高 5.0m，墙底高程 306.0m。左岸抗滑桩直径为 2.5m，桩间距 4m，桩顶高程为 341.0m，在过流面侧设 40.0cm 厚挡板，挡板布置由抗滑桩顶高程 341.0～306.0m。

4.3 长距离高压输水管道运行安全研究

4.3.1 主要问题

输水系统管道长度约 100km，管径 DN250～DN2000，管道线路长，地形起伏高差大，压力等级最高达 3MPa，阀门及分水口众多，水锤压力等级高，防护管段多。

4.3.2 解决方案

1)根据管道及阀门设计，通过计算分析研究各运行水位工况，输水管线以及阀门设置是否满足自流供水压降及流量分配和控制要求。

2)进行管线水力过渡过程计算研究，针对不同工况(开阀、关阀)对管道糙率进行敏感性分析。

3)根据计算分析结果，研究管线安全与稳定运行防护措施，研究输水系统是否需要设置调压井、泄压阀、弥合水锤预防阀等水锤防护措施，提出防护措施的形式、参数及设置位置，提出主要阀门的设置要求及管道运行方式等的建议，确保输水系统设计满足规范要求、安全稳定运行。

撰稿/陈玉婷、曾绍茹、邹德兵、肖伟

黄盖湖防洪治理工程

▲ 黄盖湖

黄盖湖地处长江中游右岸，是湖南省临湘市、湖北省赤壁市的界湖，流域面积 1538km²，其中湖南省临湘市 1106km²，湖北省赤壁市 432km²。相传是三国时孙吴宿将黄盖操练水军所在，孙权以赤壁战功将此湖赐名“黄盖湖”。同时，该处也是中俄万里茶道、茶马古道的起点之一。在《洞茶溯源》等赤壁茶文化研究的各种书籍中，均有相关论述证明，羊楼洞、聂市等处的茶叶正是在新店石码头装船经黄盖湖运往长江抵达汉口交易市场的。

1 工程概况

1.1 建设背景与建设意义

据统计，从1980年以来，黄盖湖流域共发生了16次大的洪灾，平均2～3年一次；共发生溃垸型险情117处，溃决62处，每年直接经济损失达数千万元。1998年洪水，黄盖湖出现溃垸型险情31处，溃决22处，防汛物资消耗达5000万元以上。2010年7月发生特大暴雨，黄盖湖水位高达28.3m，创历史新高，沿湖堤垸频频告急，共发生溃垸型险情37处，溃决11处；在果断对太阳湖垸、下马蹄湖垸、新长源垸、同德垸、叶家桥垸、中山湖垸、杨花咀垸等7个垸实施爆破主动蓄洪后才保住黄盖湖垸安全，湖南省临湘市直接经济损失达13.1亿元，湖北省赤壁市直接经济损失达10.74亿元。黄盖湖的防洪问题主要表现为河道洪水洪峰流量大与河道泄流能力不足、洪水总量大与湖泊调蓄能力不足两个方面。一旦遇上大暴雨，就会造成流域内的洪水无法及时排泄，形成大面积的洪涝灾害，严重威胁着流域内的人民生命财产安全。

黄盖湖流域堤垸大多在20世纪六七十年代由当地群众自发修建，一直没有列入国家防洪工程治理计划，在防洪排涝工程、水利管理等方面存在着诸多问题，洪水安排缺乏统一规划，要根本解决黄盖湖防洪排涝、水资源利用、水生态环境保护、水利管理等诸多问题。

在水利部、长江水利委员会的组织下，长江设计公司编制了《黄盖湖综合治理规划报告》，2013年5月，水利部以水规计〔2013〕252号文正式批复了该报告。后续根据水利部的统一部署，在湖南、湖北两省水利厅的大力支持下，长江设计公司以规划报告及其相关审查意见为依据，在广泛收集资料及前期工作的基础上开展了黄盖湖防洪治理工程可行性研究报告、初步设计报告及施工图的相关工作。该项目被列入国务院确定的172项国家重大水利工程，目前工程已完工。

1.2 防洪总体方案及防洪标准

(1)防洪总体方案

黄盖湖的防洪问题主要表现为河道洪水洪峰流量大与河道泄流能力不足之间的矛盾、洪水总量大与湖泊调蓄能力不足之间的矛盾两个方面。为妥善安排设计洪水，采用维持铁山咀泵站现状规模，加高加固堤防，上马蹄湖垸等5个单退垸在水位达到29.05m(相当于5

年一遇洪水位)时蓄洪运用的防洪总体方案。

(2)防洪标准

湖南省黄盖垸、坦渡垸境内有黄盖镇和坦渡乡人民政府,且均为保护面积大于1万亩或保护人口1万以上的堤垸,其防洪标准为20年一遇;湖北省黄盖湖垸是黄盖湖镇人民政府所在地,其保护面积大于1万亩、保护人口1万以上,防洪标准为20年一遇;湖北省宝口湾垸内有优质茶场,且其保护面积大于1万亩,防洪标准为20年一遇。

湖南省的同德垸、新长源垸、叶家桥垸、上马蹄湖垸、中山湖垸等5处堤垸已于2001年实施了退田还湖、移民建镇的单退垸建设。依据黄盖湖防洪调度安排,单退垸在黄盖湖水位达到5年一遇时启用,因此5处单退垸的防洪标准为5年一遇。

除了湖南省的黄盖垸、坦渡垸、同德垸、新长源垸、叶家桥垸、上马蹄湖垸、中山湖垸及湖北的黄盖湖垸、宝口湾垸外,其余堤垸防洪标准均为10年一遇。

1.3 工程简述

黄盖湖流域地形南高北低,最高的药姑山顶高程862.15m,最低的入长江河道底部高程17.0m。湖底一般高程为21.0m,沿湖耕地面积基本上位于24～28m,28m以上地势为坡地。

黄盖湖经长15.07km的鸭棚口河汇入长江,其中鸭棚口至铁山咀河道长8.82km,铁山咀至入江口(枯水期)河道长约6.25km。黄盖湖铁山咀控制流域面积1128km^2(不包括临湘市江南垸410km^2),山丘区占流域面积的4/5,平原湖区占流域面积的1/5。主要水系由新店河(又名皤河)和源潭河组成。

新店河是湘、鄂两省的界河,上游名大港,下游名新店河,发源于赤壁、崇阳、临湘3县(市)交界的药姑山北麓,源头海拔高程为862.15m,河流全长60.5km,流经赵李桥、新店、余家桥,在风咀下注入黄盖湖。流域面积436km^2,河床平均纵坡1.58‰。羊楼司以上河道弯曲,坡大流急,至赵李桥以下进入开阔地带,而后缓流入黄盖湖。

源潭河水系地形南高北低,发源于湖南省临湘市五尖山,源头海拔高程588.25m,河流全长48.9km,流经临湘、聂市,在源潭注入黄盖湖。流域面积386km^2,河床平均纵坡1.25‰。

纳入防洪治理工程总长度为159.71km,其中堤防加固长度143.57km,新建护岸工程长度16.14km。防洪治理工程主要包括堤防加固、护坡工程、堤坡稳定处理(反压平台)、堤身隐患处理、堤基渗控处理(防渗墙和压浸平台)、护岸工程、防浪林、填塘固基、堤顶防汛通道、分洪口门裹头工程和重(改)建穿堤建筑物等项目。黄盖湖防洪治理近期工程主要工程特性见表1。

表 1　　黄盖湖防洪治理近期工程主要工程特性

名称				数量及特性			备注
				湖南	湖北	合计	
流域概况		黄盖湖流域面积(km^2)		1106	432	1538	
		多年平均气温(℃)		17			
		多年平均降水量(mm)		1582.5			
工程区域基本情况		堤防保护人口(万)		8.30	4.22	12.52	
		堤防保护耕地(万亩)		9.10	8.92	18.02	
		防洪堤堤防总长(km)		87.713	80.832	168.545	
		渍堤总长(km)		17.743		17.743	
防洪标准及建筑物等级		防洪标准		防御 5 年一遇～20 年一遇洪水			
		堤防级别		4、5 级			
		穿堤建筑物等别		4、5 级			与所在堤防级别相同
主要工程项目	堤防工程	堤身加固长度(km)		143.57			
		防洪堤(km)		76.223	49.604	125.827	
		渍堤(km)		17.743		17.743	
		堤顶高程	防洪堤	设计水位+1.0m 或+1.5m			
			渍堤	基本维持原堤顶高程			
		堤顶宽	防洪堤(m)	4～5			
			渍堤(m)	4			
		设计边坡	防洪堤	内 1∶2.5～1∶3 外 1∶2.5			
			渍堤	内外 1∶2.5			
		堤身隐患处理长度					
		其中:防洪堤锥探灌浆(km)		53.103	30.45	83.553	
		渍堤锥探灌浆(km)		17.743		17.743	
		反压平台堤段长(km)			0.9	0.9	均位于防洪堤
		硬护坡堤段长(km)		27.158	15.189	42.347	均位于防洪堤
		压浸平台(km)			0.46	0.46	均位于防洪堤
		防渗墙(km)		3.75	2.2	5.95	
		防浪林(km)		10.88	4.0	14.88	均位于防洪堤
		堤顶路面	防洪堤泥结碎石路面(km)	68.0	46.164	114.164	
			防洪堤混凝土路面(km)	8.223	3.44	11.663	
			渍堤泥结碎石路面(km)	17.743		17.743	
	新建护岸工程(km)			9.69	6.45	16.14	均位于防洪堤
	穿堤建筑物(座)			104	33	137	
	分洪口门建设(处)			5		5	

续表

名称			数量及特性 湖南	湖北	合计	备注
工程施工	主要工程量	土方开挖(万 m^3)	219.96			
		土方填筑(万 m^3)	777.29			
		填塘固基(万 m^3)	261.27			
		拆除混凝土(万 m^3)	5.23			
		抛石(万 m^3)	22.54			
		浆干砌石(万 m^3)	9.82			
		碎石、块石垫层(万 m^3)	23.68			
		粗砂垫层(万 m^3)	4.07			
		混凝土(万 m^3)	17.43			
		草皮护坡(万 m^2)	274.07			
		锥探灌浆(万 m)	486.23			
		粉喷桩(万 m)	17.75			
		钢筋(万 t)	0.5			
		泥结碎石路面(万 m^3)	10.24			
		混凝土路面(万 m^3)	0.89			
		砂砾石基层(万 m^3)	9.08			
	主要建筑材料数量	木材(m^3)	500			
		水泥(万 t)	4.68			
		钢材(万 t)	0.62			
	所需劳动力	高峰劳动力(人)	1320			全部工程
	总工期	总工期(月)	36			
工程占地及拆迁		永久占地(亩)	2000.96	1236.1	3237.06	
		临时占地(亩)	2772.26	1584.04	4356.30	
		拆迁				
		人口	966	672	1638	
		房屋(m^2)	64871.35	32336.1	97207.45	
		移民投资(万元)	27220.45	15528.37	42748.82	
投资估算		投资(万元)	106065.78	57780.68	163846.46	
经济评价指标		经济内部收益率(%)	9.41			
		经济净现值(万元)	66144.12			
		效益费用比	1.39			

黄盖湖防洪治理近期工程项目法人分别为临湘黄盖湖防洪治理工程项目办公室、赤壁市黄盖湖防洪治理工程建设项目管理部。

设计单位主要为长江勘测规划设计研究有限责任公司。

工程施工单位主要有临湘市宏建水利水电工程有限公司、安徽新建控股集团有限公司、湖北华夏水利水电股份有限公司、湖北大禹水利水电建设有限责任公司、山东水总有限公司、浙江省水电第一建设集团股份有限公司、湖北楚峰水电工程有限公司、湖南鸿源电力建设有限公司、湖北绿水青山生物科技工程有限公司、赤壁市水利工程建设公司、赤壁市水利工程建设公司等。

工程监理单位主要有湖北瑞洪工程管理有限公司等。

2 勘测设计方案

2.1 勘测设计概况

为治理黄盖湖，在水利部、长江水利委员会的组织下，长江设计公司于 2012 年 11 月编制完成了《黄盖湖综合治理规划报告》。2013 年 5 月，水利部以水规计〔2013〕252 号文正式批复《黄盖湖综合治理规划报告》。

2014 年 6 月，水利部水利水电规划设计总院审查通过了《黄盖湖防洪治理工程可行性研究报告》，水利部以水规计〔2015〕318 号文报送国家发展和改革委员会。

2017 年 8 月，国家发展和改革委员会以发改农经〔2017〕1569 号文批复了《黄盖湖防洪治理工程可行性研究报告》。

2018 年 6 月，水利部以水许可决〔2018〕30 号文《黄盖湖防洪治理工程初步设计报告准予行政许可决定书》对该项目初设进行了批复。按 2018 年一季度物价水平计算，工程静态总投资为 163846.46 万元，其中湖南省工程静态总投资 106065.78 万元，湖北省工程静态总投资 57780.68 万元。

2.2 工程布置及主要建筑物

2.2.1 工程布置

工程治理范围为黄盖湖湖区、黄盖湖出口鸭棚口河至铁山咀泵站及支流新店河、源潭河、内湖。其中新店河羊楼司镇羊楼司村至入黄盖湖口河道长 54km、源潭河聂市镇叶村至入黄盖湖口河道长 12km、黄盖湖湖区 15km、出口鸭棚口河至铁山咀泵站 9km 以及内湖 17.7km，治理河(湖)段总长 107.7km。

工程范围涉及堤垸 43 个，现状堤防全长 186.288km。其中新店河右岸长丰垸 2+000～2+340、宝口湾段 0+000～8+800、赵李桥下垸 0+000～3+039、赵李桥上垸 1+007～2+

201,共13.373km,已纳入《湖北省赤壁市新店河综合治理工程初步设计报告》中先行实施,未纳入本报告治理范围;新店河右岸支流雷家桥港及柳林港本报告仅涉及其回水段,雷家桥左垸0+000~1+400、雷家桥右垸0+000~2+175、柳林港左垸0+000~3+470、柳林港右垸0+000~3+660,共计10.705km,也未纳入本报告治理范围;新店河右岸羊楼司下垸0+000~0+400、羊楼司上垸4+000~4+300及新店河左岸坦渡垸0+800~1+350、2+000~2+450、2+700~2+810、4+160~4+320、15+850~16+230、16+533~16+683,共计2.5km堤段现状无堤且地势平缓,水流冲刷不明显,因此不考虑对其进行防护。

纳入防洪治理工程总长159.71km,其中堤防加固长143.57km,新建护岸工程长16.14km。

堤防加固总长143.57km中防洪堤总长125.827km,湖北段堤防长49.604km,包括新店河右岸堤防及鸭棚口河右岸堤防;湖南段堤防长76.223km,包括新店河左岸堤防、源潭河左右岸堤防、黄盖湖堤防及鸭棚口河左岸堤防。内渍堤总长17.743km,均位于湖南省境内。纳入本次防洪治理工程的新建护岸工程总长16.14km,其中湖南省、湖北省护岸工程长分别为9.69km、6.45km。防洪治理工程主要包括堤防加固、护坡工程、堤坡稳定处理(反压平台)、堤身隐患处理、堤基渗控处理(防渗墙和压浸平台)、护岸工程、防浪林、填塘固基、堤顶防汛通道、分洪口门裹头工程和重(改)建穿堤建筑物等项目。

2.2.2 主要建筑物

(1)堤防加固

为防洪减灾、促进两省团结治水、美化城镇景观、保障当地经济社会可持续发展,对原有堤防进行加固处理,需要加固堤防143.57km,其中黄盖湖区加高培厚堤防长32.077km,源潭河加高培厚堤防长26.994km,新店河加高培厚堤防长66.756km,内湖渍堤加高培厚堤防长17.743km。防洪堤防总长125.827km,湖南省76.223km,湖北省49.604 km;渍堤长17.743km,全部位于湖南省境内。加固堤防均在原堤防的基础上加培。

(2)新建护岸

新店河上游河段为山丘区河流,洪水来得急去得快,对上游无堤段存在迎流顶冲、深泓逼岸等堤段采用护岸工程防守岸线崩塌。新建护岸长16.14 km,其中湖南省9.69km,湖北省6.45km。

(3)护坡

对防洪堤堤防的重点险段临水坡,即临河堤堤外无滩、深泓逼岸、弯道迎流顶冲、外塌坡堤段,除临湖堤冲刷或浪蚀作用强烈的堤段堤外坡采取硬护坡进行防护外,其余堤段均采用草皮护坡。临水侧硬护坡长42.347km,其中湖南省27.158km,湖北省15.189km;草皮护坡长83.04km(长丰垸0.44km挡土墙段无草皮护坡)。背水面均采用草皮护坡,其长125.827km。防洪堤的42.347km硬护坡中,黄盖湖区长17.382km,源潭河长7.737km,新店河长 17.228km。

(4)堤坡稳定处理

根据地质分段描述、堤防软土分布及堤身高度情况，进行堤坡抗滑稳定计算，根据计算结果，需要对堤坡稳定进行处理的为湖北省东港湖垸，处理长度 0.9km，采用反压平台处理措施。

(5)堤身隐患处理

工程区堤防为逐年加培而成，施工时由清基不彻底、土质控制不严、碾压不密实等造成堤身结构松散、密实度低、渗透系数大等问题，根据出险特点、堤身土质和湘鄂两省堤身处理经验，采取锥探灌浆进行堤身隐患处理，共计长 101.296km（湖南省 70.846km，湖北省 30.45km），其中黄盖湖区处理长度 29.927km，源潭河处理长度为 23.024km，新店河处理长度 30.602km，内湖渍堤处理长度 17.743km。

(6)堤基渗控处理

根据堤基地质条件和险情类型，对可能存在渗漏隐患的堤段进行渗流计算。根据分析结果，需要进行堤基渗控处理的堤段共 4 段，长 6.41km，其中采取防渗墙措施的堤段均位于新店河上，长 5.95km（湖南省 2.20km，湖北省 3.75km），采取压浸平台处理措施的是湖北省黄盖湖垸，处理长度 0.46km。

(7)填塘固基

大堤内外存在的坑塘，不仅不便于堤防管理，而且影响堤基渗透稳定。本阶段拟对湖堤堤内 30m、河堤堤内 20m 范围内及堤外的坑塘进行填塘固基处理。需处理的坑塘共 419 处，沿堤线长 49.357km，其中湖南段长 33.208km，湖北段长 16.149km。

(8)防浪林

为防止湖区波浪冲刷和便于管理，在湖堤堤外 20m 范围种植防浪林，防浪林沿堤线长 14.88km，其中湖北段长 4km，湖南段长 10.88km。

(9)堤顶防汛道路及上堤坡道

为便于防汛检查和堤防维护，修建堤顶防汛道路 143.57km，其中黄盖湖区道路长 32.077km，源潭河道路长 26.994km，新店河道路长 66.756km，内湖渍堤道路长 17.743km。

(10)分洪口门建设

单退垸在黄盖湖水位达到 5 年一遇时开始运用，为了汛期更好地分洪，工程对 5 个单退垸分洪口门进行建设，建设内容为对分洪口门进行堆石裹头保护。

(11)穿堤建筑物

工程重(改)建穿堤建筑物 137 座，其中湖南省涵闸 74 座，泵站 30 座，湖北省涵闸 22 座，泵站 11 座。涵闸除险加固共计 96 座，其中重建 33 座，改建 60 座，整修加固 3 座；泵站更新改造共计 41 座，其中拆除重建 22 座，维修改造 19 座。

3 工程特点

1)黄盖湖位于两省交界处,历史上两省多次发生水事纠纷,规模比较大的有20世纪60年代新店河联盟村段为争抢河道滩涂两省村民曾发生械斗。协调两省团结治水,同时满足各县市及乡镇不同诉求是黄盖湖防洪治理工程的一大特点。

2)黄盖湖流域属于小流域防洪,缺乏控制性水库,加之出口泵站规模限制。由于堤防地基差,大范围加高不仅工程措施复杂,而且投资增加、料场缺乏、永久占地等问题也成为制约工程建设的因素。因此利用流域内5个单退垸有计划分洪,既解决了防洪问题,又避免了堤防大范围加高。这是黄盖湖防洪治理的又一特点。

3)项目涉及的干支流堤防长107km,穿堤涵闸、泵站多达137座,各建筑物水文地质条件、设计规模及复杂程度各有异同,在批量化设计的同时又针对每座建筑物的不同特点进行改进是工程的第三个特点。

4)黄盖湖流域的主要支流新店河、源潭河地处丘陵,河道弯曲多,迎流顶冲严重,不适宜修建堤防,采用沿河修建硬质岸坡防护;下游湖区河道相对平缓,采用堤防进行防护,减少地质灾害。采用堤防与岸坡防护相结合对流域进行保护是工程的第四个特点。

4 工程效益

黄盖湖防洪治理工程实施后,具有较好的社会效益和环境效益,使黄盖湖的防洪能力达到10~20年一遇,降低了洪灾发生频率,避免因洪灾而造成的大量人员伤亡和财产损失,减轻了大洪水防汛抢险、救灾给社会正常生产、生活造成的影响,促进该区内人民安居乐业和国民经济持续稳定发展。

黄盖湖项目取得了圆满硕果,在2020年防洪攻坚战中发挥了巨大的作用,保障了流域内群众生命财产安全。

撰稿/徐慧娟、余剑平

洪湖东分块蓄滞洪区蓄洪工程

▲“长江干堤第一闸”——套口进洪闸

洪湖东分块蓄滞洪区蓄洪工程位于长江中游干流左岸、洪湖市境内，为国家172项重大水利工程之一。工程主要任务是分蓄城陵矶附近区超额洪量，并减少分洪损失，保障荆江大堤、武汉市防洪安全。

1 工程概况

1.1 建设背景与建设意义

1998年长江大洪水后，国务院在以国发〔1999〕12号文批转水利部的《关于加强长江近期防洪建设的若干意见》中指出："1996年和1998年长江防洪突出矛盾主要集中在城陵矶附近，尽快在这里集中力量建设蓄滞洪水约100亿 m^3 的蓄滞洪区，不仅能大大缓解该处的防洪紧张局面，而且对洞庭湖的防洪和保护武汉市及荆江大堤的安全都将起到重要作用。经研究，根据湖南、湖北两省对等的原则，各安排约50亿 m^3 的蓄滞洪区，洞庭湖选择钱粮湖、共双茶、大通湖东垸等分洪垸，洪湖蓄滞洪区划出一块先行建设。"经多种方案研究论证，将洪湖自上而下分隔成东、中、西三块，在分块蓄洪同整体蓄洪关系协调的基础上对东块先行建设，以适应不同类型洪水的分洪需要，达到灵活运用、减少分洪损失的目的。

洪湖东分块蓄滞洪区是长江中下游整体防洪的重要组成部分，是处理城陵矶地区超额洪水，保障荆江大堤、武汉市防洪安全的一项重要工程设施。由于洪湖东分块尚未形成封闭圈、围堤不达标、无分洪控制工程，尚不具备单独分洪运用条件。实施洪湖东分块蓄洪工程，对提高长江中下游地区防洪能力和防洪调度的灵活性、保障流域防洪安全、促进当地经济社会发展都具有十分重要的作用。

1.2 工程简述

洪湖东分块蓄滞洪区位于长江中游干流左岸、洪湖市境内，由腰口隔堤、洪湖监利长江干堤、东荆河堤和洪湖主隔堤圈围而成。蓄滞洪区总面积877.49km²，设计蓄洪水位30.48m（黄海高程），扣除安全区（台）占用面积后的蓄洪面积为837.01km²，蓄洪容积61.40亿 m^3。

洪湖东分块蓄滞洪区蓄洪工程的主要建设内容包括：新建腰口隔堤长25.574km；新建套口进洪闸，设计进洪流量8000 m^3/s；新建补元退洪闸，设计退洪流量2000 m^3/s；还建腰口、高潭口二站泵站，设计流量分别为110 m^3/s 和90 m^3/s；新建内荆河、南套沟节制闸，设计流量分别为460 m^3/s 和80 m^3/s；新建新滩口泵站保护工程；新建腰口隔堤内外水系恢复工程；加固洪湖主隔堤长12.509km；加固东荆河堤长42.236km。工程特性见表1。

表 1　　洪湖东分块蓄滞洪区蓄洪工程特性

名称			数量	备注
水文	流域面积	螺山以上(万 km^2)	129.49	
		汉口以上(万 km^2)	148.8	
	利用的水文系列年限(年)		63	1951—2013 年
	多年平均年径流量(亿 m^3)		6364	螺山
	代表性流量	多年平均流量(m^3/s)	20200	螺山,1954—2013 年
		实测最大流量(m^3/s)	78800	1954 年 8 月 7 日,为螺山以下大量分洪溃口后的实测数据
	洪量	实测最大洪量(30d,亿 m^3)	1975	1954 年
	泥沙	多年平均悬移质年输沙量(亿 t)	3.51	螺山,1954—2013 年
工程规模	蓄洪区总面积(km^2)		877.49	
	扣除安全区(台)占用面积后的蓄洪面积(km^2)		837.01	
	扣除安全区(台)占用面积后的蓄洪容积(亿 m^3)		61.4	
	设计蓄洪水位(m)		30.48	黄海高程(下同)
主要建筑物	地震基本烈度(度)		Ⅵ	
	腰口隔堤工程	隔堤长度(km)	25.574	
		隔堤软基段长度(km)	22.534	
		堤顶高程(m)	32.48	
		堤顶宽(m)	8	
		内外边坡	1∶3	
		堤身高度(m)	10 左右	
	内荆河节制闸工程	设计流量(m^3/s)	460	
		闸室总宽(m)	76	
		闸室净宽(m)	60	
		单孔净宽(m)	30	
		孔数(孔)	2	
	南套沟节制闸工程	设计流量(m^3/s)	80	
		闸室总宽(m)	23.2	
		闸室净宽(m)	18	
		单孔净宽(m)	6	
		孔数(孔)	3	
	套口进洪闸工程	设计进洪流量(m^3/s)	8000	
		闸室总宽(m)	605	
		闸室净宽(m)	528	

续表

名称			数量	备注
主要建筑物	套口进洪闸工程	闸底高程(m)	25.8	
		设计单宽流量(m^3/s)	15.15	
		单孔净宽(m)	12	
		孔数(孔)	44	
	补元退洪闸工程	设计退洪流量(m^3/s)	2000	
		闸室总宽(m)	174.8	
		闸室净宽(m)	140	
		闸底高程(m)	24	
		设计单宽流量(m^3/s)	14.28	
		单孔净宽(m)	10	
		孔数(孔)	14	
	新滩口泵站保护工程	保护堤长(km)	1.2	
		防洪闸设计流量(m^3/s)	256	
		防洪闸闸室总宽(m)	71.7	
		防洪闸闸室净宽(m)	60	
		防洪闸单孔净宽(m)	10	
		防洪闸孔数(孔)	6	
	腰口泵站工程	排水规模(m^3/s)	110	
		装机容量(kW)	3×3600	
	高潭口二站泵站工程	排水规模(m^3/s)	90	
		装机容量(kW)	3×2800	
	洪湖主隔堤加固工程	堤防长度(km)	12.509	
		堤顶高程(m)	32.68	
		堤顶宽(m)	8	
		内外边坡	1∶3	
	东荆河堤加固工程	堤防长度(km)	42.236	
		堤顶高程(m)	32.48	
		堤顶宽(m)	8	
		内外边坡	1∶3	
	水系恢复工程	疏挖渠道(km)	56.041	
		新挖渠道(km)	8.915	
		灌溉混凝土矩形或“U”形明渠(km)	19.82	
		新建和改造小型排灌泵站(座)	12	
		新建和改建小型涵闸(座)	31	

续表

名称			数量	备注
主要建筑物	水系恢复工程	重建、新建倒虹吸(座)	3	
		新建过路涵和小型埋管(处)	13	
		新建交通、机耕桥(座)	11	
施工	主体工程数量	土方开挖(万 m^3)	820.5	
		清淤土方(万 m^3)	149.9	
		土方填筑(万 m^3)	2214.4	
		填塘土方(万 m^3)	108.7	
		石方(万 m^3)	23.9	
		碎石方(万 m^3)	13.4	
		砂垫层(万 m^3)	79.6	
		桩基础(万 m)	87.7	
		塑料板(万 m)	1303.4	
		混凝土(万 m^3)	61.2	
		钢筋(万 t)	2.69	
		金属结构(万 t)	0.79	
	三材及劳动力	水泥(万 t)	31.2	
		钢材(t)	3.2	
		高峰期施工人员(人)	5000	
	施工总工期(月)		48	
工程占地与移民安置	工程永久占地(亩)		7031.79	
	工程临时占地(亩)		32482.79	
	规划搬迁人口		1344	
	规划生产安置人口		2455	
	拆迁房屋(万 m^2)		7.95	
静态总投资	投资(亿元)		44.43	

洪湖东分块蓄滞洪区蓄洪工程的项目法人为湖北省洪湖分蓄洪区工程管理局，设计单位有长江勘测规划设计研究有限责任公司、湖北省水利水电规划勘测设计院，主要监理单位有湖北华傲水利水电工程咨询中心、武汉长科工程建设监理有限责任公司，主要施工单位有湖北大禹水利水电建设有限责任公司、湖北大禹水利水电建设有限责任公司、湖北水总水利水电建设股份有限公司、湖北华夏水利水电股份有限公司、山东水利建设集团有限公司、中国葛洲坝集团第一工程有限公司、湖北长江清淤疏浚工程有限公司、天津市水利工程有限公司、内蒙古辽河工程局股份有限公司等。

2 勘测设计方案

2.1 勘测设计概况

2009年，国家发展和改革委员会以发改农经〔2009〕2794号文批复了《湖北省洪湖分蓄洪区东分块蓄洪工程项目建议书》。随后，湖北省洪湖分蓄洪区工程管理局委托长江勘测规划设计研究有限责任公司会同湖北省水利水电规划勘测设计院（以下简称“设计单位”）开展项目可行性研究工作。

2010年12月，设计单位编写完成《洪湖东分块蓄洪工程可行性研究报告》（以下简称《可研报告》）。

2011年1月，水利部水利水电规划设计总院（以下简称“水规总院”）对《可研报告》进行了审查。

2012年12月，设计单位根据审查意见对《可研报告》进行了修改完善，并提出了修改后的《可研报告》。

2013年1月，水规总院对《可研报告》进行了复审，并于2013年5月以水总规〔2013〕503号文向水利部报送了审查意见。

2013年9月，水利部以水规计〔2013〕328号文将《可研报告》报送国家发展和改革委员会。

2014年，国家发展和改革委员会委托中国国际工程咨询公司对《可研报告》进行了评估。

2015年3月，中国国际工程咨询公司以咨农发〔2015〕261号文提出了评估报告。

2016年6月，国家发展和改革委员会以发改农经〔2016〕1257号批复了《可研报告》。同月，设计单位编制完成了《洪湖东分块蓄滞洪区蓄洪工程初步设计报告》（以下简称《初设报告》）。

2016年7月，湖北省发展和改革委员会、湖北省水利厅对《初设报告》进行了审查。同年9月，湖北省发展和改革委员会以鄂发改审批服务〔2016〕288号文批复了《初设报告》。

2.2 工程布置及主要建筑物

2.2.1 总体布置

洪湖东分块蓄滞洪区由腰口隔堤、洪湖监利长江干堤、东荆河堤和洪湖主隔堤圈围而成。工程新建腰口隔堤；由于隔堤将破坏原有水系，对过流能力比较大的河渠如内荆河和南套沟等12条河渠，采用在隔堤上修建防洪闸，其余河渠均采用水系改道和修建泵站的型式予以恢复原有功能。对东分块利用的洪湖主隔堤和东荆河堤按照蓄洪标准进行加固达标。在套口和补元分别建设进洪闸、退洪闸。对新滩口泵站进行保护并在东分块蓄滞洪区外的腰口和高潭口各建一座泵站予以还建。

根据湖北省洪湖分蓄洪区工程管理局委托，长江勘测规划设计研究有限责任公司承担腰口隔堤、套口进洪闸、内荆河和南套沟节制闸工程的设计工作。

2.2.2 腰口隔堤

腰口隔堤堤防级别为 2 级。

腰口隔堤总长 25.574km，除桩号 2＋575 附近 90m 堤段采用箱墙结构外，其余堤段为土堤型式。堤顶高程为蓄洪水位 30.48m 以上 2.0m，即 32.48m；堤顶宽度为 8.0m；内外边坡均为 1∶3；在隔堤背水坡高程 28.48m 处设置宽度为 3m 的戗台。隔堤软基段处理长度为 22.534km，采取反压平台加塑料排水板固结方案为软基加固处理方案。堤内外坡反压平台尺寸由稳定计算确定，高 2.0～3.0m，宽 15～20m。腰口隔堤堤外坡需采用植生块护坡，堤内坡为草皮护坡。腰口隔堤典型横断面示意图见图 1，现场施工见图 2。

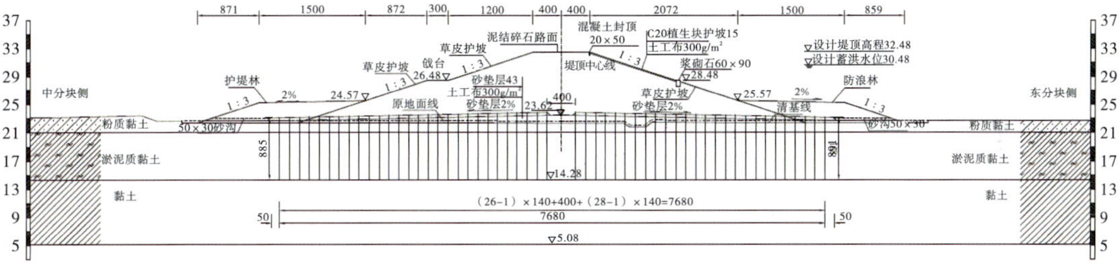

图 1　腰口隔堤典型横断面示意图（高程单位：m，尺寸单位：cm）

图 2　腰口隔堤现场施工

2.2.3 内荆河节制闸

内荆河节制闸（图 3）位于腰口隔堤 3＋200 处，其主要建筑物与腰口隔堤堤防级别一致，为 2 级建筑物，次要建筑物为 3 级建筑物。

内荆河节制闸总体布置为：在河道中部对称布置两孔宽度为 30.0m 的通航孔（兼作过流孔），闸孔总净宽 60.0m，闸室总宽 76.0m。闸轴线与内荆河中心线近乎正交。主要建筑物包括：闸室及两侧连接段，上下游防冲、防渗设施等。其中，闸室包括底板、闸墩、闸顶交通桥、上部排架及启闭机房等；两侧连接段包括连接堤和连接段结构；上下游防冲设施包括上下游护底。

图3　内荆河节制闸

通航孔顺流向总长103.0m，其中闸室长28.0m，分蓄洪区内（河流下游）布置防渗铺盖，厚0.8m，长40.0m，分三道横缝，缝间设一道止水铜片，结构块前后端均设齿槽；分蓄洪区外（河流上游）布置防冲铺盖，厚0.5m，长20m，分一道横缝，铺盖底部设反滤层及排水孔。在防冲铺盖上游15m范围内、防渗铺盖下游30m范围内设置30cm厚雷诺护垫护底。

闸室采用整体开敞式结构。闸墩厚4m，底板顺流向长28.0m，厚4.0m，前后端设齿槽，槽深1.0m。每孔底板上设置两条宽1.5m的顺流向宽槽，沿通航孔中心线对称布置。闸室底槛高程取16.50m，闸顶高程32.50m。闸顶设公路桥，宽8m，由4片预应力“T”形梁组成。

上下游左右翼墙采用扶壁式或悬臂式挡土墙结构型式。

节制闸闸门为叠梁式钢闸门，门库设在两侧连接段结构内，闸顶布置一台单向移动式启闭机。桥机排架柱采用3.5m×3.0m（宽×高）钢筋混凝土结构，排架梁全长146m，分四段，每段长36m或37m，采用钢结构箱型梁型式。

2.2.4　南套沟节制闸

南套沟节制闸闸址位于腰口隔堤桩号为11+975。其主要建筑物与腰口隔堤堤防级别一致，为2级建筑物，次要建筑物为3级建筑物。

南套沟节制闸总体布置为3孔涵洞，闸室布置在河床中间，轴线与南套沟中心线正交，上下游两岸翼墙与南套沟中心线夹角为10°，以利于平顺过流。

闸室为整体式涵洞结构，闸室总宽23.2m，过流总净宽18.0m，闸室总长28.0m，闸顶高程为32.50m，与腰口隔堤同高。涵洞共3孔，为城门洞形结构，孔口尺寸为6m×6.5m（宽×高）。洞顶高程24.00m，高出南套沟堤顶0.5m；闸槛高程为17.50m，与南套沟河底同高。

底板顺流向长28.0m，厚1.2m，底板向两岸侧各外挑3.0m，以增加上部填土压重，提高闸室稳定性，底板总宽度 29.2m。边墩厚 1.2m，中墩厚 1.4m。分蓄洪区内(南套沟下游)设防渗铺盖，长 15.0m，厚 0.8m，前后端设齿槽，铺盖与闸室分缝处设一道止水铜片。分蓄洪区外(南套沟上游)设防冲铺盖，长 15.0m，厚 0.5m，铺盖下设反滤层，铺盖中设排水孔。为增加防冲安全，防渗铺盖下游和防冲铺盖上游布置长 10.0m、厚 0.5m 的干砌块石护底。

上下游两岸翼墙为扶壁式或悬臂式挡土墙结构型式。上游翼墙总长 21.6m，分 2 段，从上至下每段长 9m(悬臂式结构)、12.6m(扶壁式结构)。上游翼墙墙顶高程顺流向从 23.50m 依次过渡到 30.5m 高程。下游翼墙总长 28.5m，分 3 段，从上至下每段长 10.5m(扶壁式结构)、9m(扶壁式结构)、9m(悬臂式结构)。下游翼墙墙顶高程顺流向从 29.5m 依次过渡到 23.50m 高程。上下游翼墙底板厚均取 1.0m。竖墙厚 0.8m，扶壁厚 0.6m，填土侧外挑 5～7m，河道侧外挑 2m，底板总宽 7.8～9.8m。为使翼墙内外水平压，在上游翼墙竖墙上设有直径为 110mm、间距为 2.0m×2.0m(宽×高)的平压孔，平压孔呈梅花形布置。

闸门为平板钢闸门，3 孔共设一台单向移动式启闭机。

2.2.5 套口进洪闸

套口进洪闸(图 4)闸室轴线位于长江干堤 461+062 处。套口进洪闸工程为Ⅰ等工程，主要建筑物为 1 级，两岸连接堤段为 2 级，次要建筑物为 3 级。

图 4　套口进洪闸

套口进洪闸闸室总净宽 528m，总宽 605m，左、右岸连接堤均长 300m。闸室为整体开敞式结构，共 44 孔，两孔一联，孔口宽 12.0m，底板高程 25.80m，闸顶高程 33.50m。闸底板顺流向长 22.0m，厚 2.0m，前后端均设有深 1.0m 的齿槽。中墩厚 1.5m，缝墩厚 1.0m。

闸前防渗铺盖长 25.00m，为钢筋混凝土结构，铺盖上游端设长 15.0m、厚 30cm 雷诺护垫护底，护底上游设上游防冲槽，防冲槽顶宽 15m，底宽 3m，堆石厚 2m，上下游坡比均为 1∶3。防冲槽上游与上游河床以 1∶15 坡比平顺连接。

闸后消能方式为综合式消力池，池深 1.20m，槛高 0.40m，总长 25.80m，其中斜坡段长 8.80m，坡比为 1∶4，水平段长 16.00m，池底高程 23.80m。槛后接混凝土海漫，为混凝土透水板结构，总长20m，混凝土海漫后接柔性海漫（30cm厚雷诺护垫），长30.00m，坡比为1∶15。海漫末端设深下游防冲槽，防冲槽顶宽21m，底宽3m，堆石厚3m，上下游坡比均为1∶3。防冲槽下游与下游河床以1∶15坡比平顺连接。消力池底板下和海漫下设有反滤层，反滤层为0.20m厚的中粗砂、0.20m厚的瓜米石和0.20m厚的碎石。海漫底部设置排水井，顺流向间距10m，横流向间距20m，深10m。为便于分洪时分区消能，将闸室下游分成4个区，每区10孔或12孔，共设置3个隔墩，隔墩长45.80m，下游端与海漫水平段末端平齐，墙顶高程29.00m，墙厚1.00m。

闸顶交通桥布置在闸门上游侧，桥面宽8.0m，采用“T”形梁结构，按汽20标准设计。两侧翼墙为悬臂式或扶壁式挡土墙，两岸连接堤顶宽8.0m，内外坡比均为1∶3，内平台高程25.5m、宽20.0m，外平台高程25.5m、宽20.0m。启闭机平台高程为40.20m，启闭机大梁截面尺寸为0.6m×1.40m（宽×高）。闸门型式为弧形钢闸门，启闭机为固定式卷扬机，一门一机布置。

2.3 建设过程

套口进洪闸于2017年2月开工建设，于2022年6月通过主体工程单位工程验收。

内荆河节制闸于2017年10月开工建设，截至2022年8月内荆河节制闸土建工程、金结安装及河道清理工作已经完成，正在进行两侧连接堤施工。

腰口隔堤和南套沟闸于2019年1月开工建设，截至2022年8月腰口隔堤施工进度已完成85%，南套沟节制闸已通过试运行，顺利过流一年有余。

3 工程特点及科技创新

3.1 工程特点

3.1.1 腰口隔堤

新建腰口隔堤土方需求量大，而本地区地势平坦、鱼塘多，附近可取土的料场少而且主要是基本农田，料场选取困难；工程区位于软土地区，软基处理难度大；腰口隔堤穿越洪监高速，堤防设计在满足防洪功能的前提下要尽量避免或减少对洪监高速高架桥的影响。

3.1.2 水闸

套口进洪闸规模达8000m^3/s，规模大。套口进洪闸、内荆河节制闸和南套沟节制闸闸基存在软弱土层，消能防冲设计难度较大；套口进洪闸闸基存在粉细砂层，防渗排水设计难度较大，内荆河节制闸、南套沟节制闸分蓄洪时挡水水头高，地基条件复杂。

3.1.3 施工导流

内荆河节制闸与南套沟节制闸闸址上游涉及多个排灌区的排水与引水问题，水网交错复杂，施工导流方案应充分考虑各影响区的排水与引水问题，要科学合理选择导流时段、导流方式。

3.2 科技创新

1)腰口隔堤堤基地层主要由第四系全新统冲积、冲湖积层和上更新统冲湖积层组成，软土堤基多为全新统冲湖积淤泥质土层，力学性质相对较差，厚度一般为 4～8m，最小层厚为 1.5～2m，最大层厚达 15m。本工程采取排水固结法加固软基，在堤基内部设置塑料排水板竖向排水体，地表铺设砂垫层水平排水体，通过改善软土的排水条件，然后在上部逐级填筑堆载，促使软土中孔隙水排出，土体孔隙比变小。在软土逐渐固结过程中，土体物理力学性状改善，达到满足工程地基承载力、边坡稳定和工后沉降小的要求。从目前看总体达到了预期效果。

2)套口进洪闸是洪湖东分块蓄滞洪区运用时的进洪控制枢纽工程，设计进洪流量 8000m^3/s，总宽度 605m，净宽度 528m，共 44 孔，是目前长江干堤上规模最大和进洪速度最快的闸口，为“长江干堤第一闸”。套口进洪闸位于长江沿岸，闸址区上部淤泥质粉质壤土等软土类作为建筑物天然地基，存在软土引起的沉降变形及抗滑稳定问题。套口进洪闸主体建筑物地基采用了格栅布置的水泥土搅拌桩进行处理，有效减小了软土地基的沉降，提高了闸室抗滑稳定系数。

3)提出了微弯弧形跨宽槽钢筋，针对大体积混凝土设置宽槽、分块浇筑遇到的跨槽钢筋承载力损失大或施工复杂、工序多等问题，采用微弯弧形跨宽槽钢筋，当宽槽两侧混凝土收缩时，钢筋弧段被部分或全部拉直，钢筋在不截断、基本不损失承载力的情况下可以适应 3～5mm 的收缩变形，从而大幅减少混凝土的温度应力，避免或减少施工期温度裂缝的产生。

4 工程效益

洪湖东分块蓄滞洪区蓄洪工程的实施，与洞庭湖三垸联合运用，可使城陵矶附近区基本具备防御类似 1998 年大洪水的条件，达到有计划地分蓄超额洪水，削减洪峰，保证城陵矶附近区重点垸、荆北大平原和武汉市的防洪安全，使城陵矶附近区重点垸、荆北大平原和武汉市区内人民取得了显著的社会效益和环境效益，分洪时具有不可估算的显著的防洪效益。该地区一旦分洪运用，工程可较大幅度地减少整个洪湖分蓄洪区的损失，避免因洪灾而造成的大量人员伤亡和财产损失，减轻了大洪水防汛抢险、救灾给社会正常生产、生活造成的影响，促进该区内人民安居乐业和国民经济持续稳定发展；保护和改善该区生态环境，避免洪水泛滥可能产生的瘟疫流行、水质恶化带来的严重后果，为该区内经济社会稳定发展创造良好的外部环境。

撰稿/彭兴、杨哲江、刘清明

洞庭湖区三垸蓄洪工程

▲ 共双茶垸安全建设一期工程

共双茶垸安全建设一期工程位于湖南省益阳市沅江市，工程处于南洞庭湖区，北濒草尾河，南临黄土包河，东面南洞庭湖，西面隔水与赤山相望，是洞庭湖区钱粮湖垸、共双茶垸、大通湖东垸三垸蓄洪工程的重要组成部分。工程建设目标及任务是通过新修及加固安全区围堤、穿堤建筑物、安全台、生产转移道路及其桥梁、电排保护设施、临时分洪口门等安全建设工程，保护蓄洪垸内安全区(台)人民生命及财产安全，为安置迁入人口提供一个安全的环境，为蓄洪垸安全启用创造条件，具有显著的社会效益和经济效益。

1 工程概况

1.1 建设背景

1998年长江发生了继1954年以来的又一次全流域大洪水，针对1998年洪水暴露的问题，水利部组织开展了大量的调查、研究工作，国务院对灾后重建提出了若干指导性文件，并以国发〔1999〕12号文批转了水利部的《关于加强长江近期防洪建设的若干意见》，提出“1996年和1998年长江防洪突出矛盾主要集中在城陵矶附近，尽快在这里集中力量建设蓄滞洪水约100亿m^3的蓄滞洪区，不仅能大大缓解该处的防洪紧张局面，而且对洞庭湖的防洪和保护武汉市及荆江大堤的安全都将起到重要作用。经研究，根据湖南、湖北两省对等的原则，各安排约50亿m^3的蓄滞洪区，洞庭湖区选择钱粮湖垸、共双茶垸、大通湖东垸等分洪垸，洪湖分蓄洪区划出一块先行建设”。

洞庭湖区钱粮湖垸、共双茶垸、大通湖东垸三垸总蓄洪面积936.29km^2，蓄洪总容积51.91亿m^3，三垸蓄洪区内2013年总人口57.79万，耕地面积75.13万亩。在1996年洪水期三垸均溃垸蓄洪，选择湖南省这3个蓄洪垸先行进行安全建设不仅有利于减轻城陵矶附近防汛紧张局势，对保护武汉市及荆江大堤的安全起到重要作用，而且将减少这3个蓄洪垸本身因分蓄洪而造成的巨大损失。

1.2 工程简述

洞庭湖区三垸中的共双茶垸蓄洪面积293.00km^2，蓄洪水位为33.65m，蓄洪总容积18.51亿m^3。全垸堤线总长121.74km，耕地面积23.64万亩，2013年垸内人口16.42万。

共双茶垸安全建设工程区处于扬子准地台二级构造单元江汉断坳东南部，为新华夏系第二沉降带中部，洞庭湖坳陷盆地的北端。新构造运动以继承性沉降为主，历史上无破坏性地震记载。区内断裂为深伏于共双茶垸东部一带的幸福港断裂，长度约为70km，近期无明显活动迹象。地震基本烈度为Ⅵ度。区内主要地层由第四系上更新统冲积层以及全新统冲湖积层、冲洪积层组成。垸内沟渠纵横，大小湖泊及渊塘纵多，垸外(外滩)亦见渊塘分布，多为筑堤取土后所形成。工程区存在的主要工程地质问题有堤基渗透变形、建筑物的沉降和不均匀沉降、抗滑稳定、堤岸稳定等。

共双茶垸安全建设工程的任务是：为迁入人口提供安全的安置环境，为人口搬迁安置提供前提条件，为蓄洪垸安全启用创造条件。共双茶垸规划新建安全区6个，总面积

20.47km²,安置159744人;新建安全台2个,总面积52.85万m^2,安置4153人。其中,一期工程规划设置创业、泗湖山和幸福3处安全区,冯家湾、朱家嘴2个安全台,安全区和安全台分别安置92817人和8469人。

共双茶垸安全建设一期工程由蓄洪垸一线防洪大堤,创业、泗湖山、幸福3个安全区围堤及其相关的转移道路、桥梁、涵闸、水系恢复,冯家湾、朱家嘴两个安全台,临时分洪口门等组成。其中,蓄洪垸一线防洪大堤加固共计长度56.052km,一线防洪大堤作为安全区围堤段为24.159km。安全区围堤总长40.9km,除了利用一线防洪大堤段外,新建堤防长度16.741km。为保持现有灌排体系的畅通,安全区围堤上需要新建涵闸12座,并对老堤上的8座涵闸进行加固接长。本工程施工总工期为44个月。施工准备期2个月,主体工程施工期42个月。工程特性见表1。

共双茶垸安全建设一期工程项目法人为原湖南省洞庭湖水利工程管理局,设计单位为长江勘测规划设计研究有限责任公司(以下简称"长江设计公司"),主要监理单位为湖南德江监理有限公司、湖南水利水电工程监理承包总公司,主要施工单位为湖南省建筑工程集团总公司、邵阳市水利水电工程公司、湖南百舸疏浚股份有限公司等。目前工程接近完工。

表1　　共双茶垸安全建设一期工程特性

名称		数量及特性	备注
基本情况	所在市	益阳沅江市	
	乡镇数(个)	3	
	村数(个)	65	
	总人口(万)	16.42	2013年调查数
	固定资产(亿元)	82.2	2013年
	工农业总产值(亿元)	16.31	2013年
蓄洪特征	蓄洪面积(km^2)	293	
	蓄洪水位(m)	33.65	85基准
	蓄洪总容积(亿m^3)	18.51	
	有效蓄洪容积(亿m^3)	17.28	
人口安置	总人口(万)	17.24	规划水平年(2020年)
	安全区安置人口(万)	15.97	一期工程规划设置创业、泗湖山和幸福3处安全区,安置人口0.93万
	安全台安置人口(万)	0.85	0.90
	现有顺堤台安置人口(万)	0.42	

续表

名称		数量及特性	备注
安全区工程	安全区数量(处)	3	
	安全区面积(km^2)	10.57	
	围堤总长(km)	40.9	
	其中:新修堤长(km)	16.741	
	加固堤长(km)	24.159	含二期安全区一线围堤
	新建排水泵站(处)	0	
	新建涵闸(处)	12	
	加固穿堤建筑物(处)	8	
安全台工程	安全台数量(处)	2	
	安全台面积(万 m^2)	52.85	
其他堤防加固	其他堤防加固合计(km)	31.893	
	安全台段围堤长度(km)	6.73	
	取消安全台段围堤长度(km)	23.696	
	安建项目预留但未包含在安全区范围的围堤长度(km)	1.467	
转移工程	新扩建道路(km/条)	14.223/5	
	其中:新建道路(km/条)	3.441/1	
	扩宽道路(km/条)	10.782/4	
	新建桥梁(座)	12	
临时分洪口门	临时分洪口门(处)	1	
工程占地	工程永久占地(亩)	3733.85	
	工程永久占地(亩)	3733.85	
	施工临时占地(亩)	10895.7	
	规划生产安置人口	1242	
	规划搬迁安置人口	3415	
	拆迁房屋(万 m^2)	11.76	

2 勘测设计方案

2.1 设计过程

2002 年 3 月,长江设计公司编制完成《洞庭湖区钱粮湖、共双茶、大通湖东垸三垸蓄洪工程项目建议书》,经水利部水利水电规划设计总院(以下简称“水规总院”)审查后,2002 年 11

月以水总规〔2002〕123号文将审查意见上报水利部。

2008年12月，长江设计公司提交了《洞庭湖区钱粮湖、共双茶、大通湖东垸三垸蓄洪工程安全建设工程可行性研究报告》(以下简称《可研报告》)。

2009年8月，水规总院审查通过了《可研报告》。

2011年3月，中国国际工程咨询公司评估通过了该可研报告。国家发展和改革委员会于2013年8月批复了该可研报告。

受湖南省洞庭湖水利事务中心委托，长江设计公司于2013年7月编制完成《洞庭湖区钱粮湖、共双茶、大通湖东垸三垸蓄洪工程共双茶垸安全建设工程初步设计报告》(以下简称《初步设计报告》)。

2013年8月，国家发展和改革委员会以发改农经〔2013〕1679号文批复了《可研报告》，要求分期编制初步设计。根据国家发展和改革委员会的批复意见，长江设计公司在已编制的《初步设计报告》的基础上，编制提出《洞庭湖区钱粮湖、共双茶、大通湖东垸三垸蓄洪工程共双茶垸安全建设一期工程初步设计报告(送审稿)》(以下简称《初设报告》)。

2013年10月21—23日，水规总院对《初设报告》进行审查。

2014年5月18—19日，水规总院对《初设报告》进行了复审，长江设计公司再次对报告进行了修改、补充和完善，于2014年7月提出了《初设报告(修订本)》(第3版)。

2015年1月，国家发展和改革委员会以发改办投资〔2015〕73号文批复了该项目的《洞庭湖区钱粮湖、共双茶、大通湖东垸三垸蓄洪工程安全建设一期工程初步设计报告》的概算。

2015年2月，水利部以水总〔2015〕96号文批复了《洞庭湖区钱粮湖、共双茶、大通湖东垸三垸蓄洪工程安全建设一期工程初步设计报告》。

2015年5月，共双茶垸安全建设一期工程开工建设，目前已接近完工。

2.2 工程设计

2.2.1 工程范围

依据国家发展和改革委员会对《可研报告》的批复意见："共双茶垸安全建设工程应分期实施，结合城镇化建设和居民迁建意愿，选取人口集聚效应明显的安全区、安全台以及与其直接连接的转移道路和桥梁，老堤加固、临时分洪口门和过洪口门工程作为一期工程优先实施。"

结合洞庭湖区共双茶垸面积广、人口多、安全建设任务重的实际情况，一期工程实施范围主要为一线防洪大堤的全部；6个安全区中的3个，即创业、泗湖山和幸福安全区；朱家嘴和冯家湾2个安全台；以及其他相关工程。具体如下：

(1)一线防洪大堤加固工程

洞庭湖区洪涝灾害频繁严重，为保证蓄洪垸一线防洪大堤的安全，在平常年份能保障垸内人民群众的生命和财产安全。由于项目划分的原因，在围堤加固工程中只对部分一线防洪大堤进行了加固，为形成防洪封闭圈，本次将剩余的所有一线防洪大堤工程列入一期工程，共计长 56.052km，其中作为安全区围堤长 24.159km。

(2)安全区新建围堤工程

主要包括创业、泗湖山和幸福安全区的新建围堤 16.741km 及其相关的 12 座涵闸、水系恢复 9.66km 及其小型机埠等。

(3)安全台工程

主要包括位于共双茶垸南侧、创业安全区东侧的朱家嘴台和冯家湾台两个安全台工程。

(4)安全转移工程

主要包括东创路、六北路、永北路、光南路和鹅三路等 5 条道路 14.223km 及其相关桥梁 11 座。

(5)临时分洪口门工程

主要包括八形汊分洪口门和位于双华与茶盘洲隔堤上的过洪口门。

2.2.2 工程等级

(1)安全区围堤及其穿堤建筑物

根据 2012 年 6 月水利部签报(第 211 号)《关于蓄滞洪区安全区围堤级别的建议》，综合考虑安全区及安全台的安置人口，确定共双茶垸新建安全区围堤、安全区围堤利用老堤及安全区围堤上的穿堤建筑物的级别均为 2 级。

(2)安全台

安全台安置人口相对较少，每个安全台的人口都不超过 1 万，考虑到安全台安置人口均位于蓄洪水位以上，相对于安全区内人口风险相对较小，因此建筑物级别仍维持为 3 级。

(3)非安全区范围的其他一线围堤

非安全区范围的其他一线围堤仅属于蓄洪垸堤防，因此堤防级别仍维持为 3 级。

(4)水系恢复

新挖、疏挖渠道其流量均小于 $1.0m^3/s$，渠系及渠系建筑物均按 5 级设计。

(5)转移道路及桥梁

转移道路参照平原微丘地区三级公路，双车道标准设计。道路设计速度 30km/h，桥涵设计荷载等级为公路-Ⅱ级。

(6)临时分洪口门

临时分洪口门所在堤段为 3 级非安全区蓄洪垸围堤，按照 3 级建筑物设计。

各工程项目建筑物级别统计见表 2。

表 2　　各工程项目建筑物级别统计

序号	工程项目		建筑物级别
1	安全区围堤(新建围堤和利用围堤)		2
2	安全区穿堤涵闸	主要建筑物	2
		次要建筑物	3
3	安全区水系恢复	渠系工程	5
		泵站工程	5
		涵闸工程	5
		埋管	5
4	安全台		3
5	非安全区范围的一线防洪大堤(安全台所在堤防、取消安全台段堤防、安建项目预留堤防)		3
6	道路及桥梁	转移道路	参照三级公路、双车道
		桥梁	设计荷载:公路-Ⅱ级
7	临时分洪口门		3

2.2.3 工程布置

(1)安全区围堤工程布置

共双茶垸一期工程建设创业、泗湖山和幸福共计 3 处安全区,新建安全区围堤长 16.741km。6 个安全区一线防洪大堤堤防加固长 24.159km,新建加固围堤总长 40.9km。

创业安全区位于共双茶垸西南部的创业镇,规划安全区圈围围堤总长 8.641km,其中利用原蓄洪垸围堤(黄土包河左堤)3.325km(起止桩号 24+200~27+525)和创业小垸围堤 0.536km(起止桩号支 0+000~支 0+536)共计 3.861km,新建围堤 4.78km。围堤上需要新建涵闸 4 座,加固接长 1 座,封堵 1 座。

泗湖山安全区位于共双茶垸北部的泗湖山镇,规划安全区圈围围堤总长 11.576km,其中利用原蓄洪垸围堤(草尾河右堤)5.626km(起止桩号 84+107~89+733),新建围堤 5.95km。围堤上需要新建涵闸 4 座,加固接长 1 座,设备更新 1 座。同时需要疏挖、新挖小型渠道 5.31km,新建小型水闸 4 座、小型机埠 4 处。

幸福安全区位于共双茶垸东北角的茶盘洲农场,规划安全区圈围围堤总长 9.521km,其中利用原蓄洪垸围堤(草尾河右堤)3.510km(起止桩号 95+365~98+875),新建围堤 6.011km。围堤上需要新建涵闸 4 座,加固接长 2 座,设备更新 1 座。同时需要疏挖、新挖小型渠道 1.85km,新建小型机埠 2 处。

(2)安全台工程布置

规划修建安全台 2 处,分别为朱家嘴安全台和冯家湾安全台,填筑安全台面积 52.85

万 m^2。其中朱家嘴安全台位于共双茶垸围堤桩号 17＋000～19＋890 南侧，台长 2890m，台宽 50m，面积 14.45 万 m^2；冯家湾安全台位于共双茶垸围堤桩号 13＋100～16＋940 南侧，台长 3840m，台宽 100m，面积 38.4 万 m^2。

（3）非安全区范围的蓄洪垸一线围堤工程布置

非安全区范围的一线围堤长 31.893km，其中安全台段堤防长 6.73 km，取消原规划的安全台需要加固堤防长 23.696km，安建项目预留但未包含在安全区范围的一线防洪大堤长 1.467km。

（4）转移道路工程布置

蓄洪区内设置相应的生产转移道路，平时便于生产，分洪时能及时转移。根据蓄洪区内安全区、安全台分布和生产路线及人口转移流向，尽量利用现有道路进行布设。需要新建、扩宽道路 5 条 14.223km，新建桥梁 12 座。

（5）临时分洪口门工程布置

共双茶垸设 1 处临时分洪口门，为八形汊分洪口，口门宽度 350m，桩号 44＋100～44＋450，为原八形汊老河道处；考虑双华镇与茶盘洲农场间有垸内隔堤，为便于分蓄洪，因此在双华镇、茶盘洲农场隔堤上设 1 处过洪口门，口门宽度为 350m。

2.2.4 安全区围堤设计

（1）堤线布置及堤型选择

1）堤线布置原则：安全区围堤堤线布置必须在满足安全区规划安置人口的人均面积指标条件下，尽可能缩短堤线长度；堤线布置要与当地经济社会发展规划相协调且不影响分洪时行洪，尽可能避开不良地质地段和减少房屋拆迁；尽可能利用现有高地减小堤身高度和土方工程量，减少渠堤交叉，避开坑塘较多位置，有利于防汛抢险和工程管理；对于安全区利用的部分蓄洪垸围堤，维持原堤线不变，直接在原堤线上加高加固。

2）堤型选择：由于安全区围堤新建堤线仅局部位置经过居民密集区，而且区内外土料较丰富，所有围堤均采用土堤型式。

（2）堤身堤基设计

堤顶设计高程按堤防设计洪水位加安全超高确定。安全区新建围堤参考临湖堤设计，设计超高采用 2.0m。共双茶垸采用 1954 年八形汊水位 33.65m 作为蓄洪水位。新建围堤堤顶高程为设计蓄洪水位 33.65m 加超高 2.0m 确定，即 35.65m。

围堤顶宽度确定为 6.0m。迎水侧边坡 1∶2.5，背水侧边坡采用 1∶3。当安全区新建围堤堤身高度超过 6m 时，在堤顶以下 5m 处设置 2m 宽的戗台。对于安全区新建堤线，背水侧距堤内脚 50m、临水侧距堤外脚 30m 范围内的渊塘、洼地填平至地面高程。黏性土土堤的填筑标准压实度值不小于 0.93。

安全区新建围堤临水受风浪作用强烈坡面采用雷诺硬护坡。不受风浪冲刷或受风浪作用较小的堤身坡面，采用草皮护坡。为减缓波浪冲刷和便于管理，在堤外平台及滩地一定范围内种植防浪林，在堤内工程管理范围内种植护堤林。

3处安全区新建堤防中共计15.375km堤基存在软层地基，占新建堤防总长的69%，需要采取加固措施。本工程根据各段软基的特点，软基处理分别采用塑料排水板加反压平台以及换填方案。

3处安全区堤顶全部采用沥青混凝土路面，考虑到工程位于软土地区，堤顶道路安排在堤基沉降变形稳定后再实施。堤顶道路为堤防防汛道路，不允许社会载重车辆通行。

2.2.5 安全台设计

(1)安全台布置

安全台有两种布置方式：一是布置在堤防外(临水)侧即外台；二是布置在堤防内(背水)侧即内台。从地形上看，堤内地面高程为28～29.5m，堤外地面高程为30～32m，外台工程量较内台小；从永久占地看，占地面积相同，区别在于外台占的是河滩地，内台占的是农田，外台较优；从移民来看，总量是一样的，区别在于内台是工程移民，而外台是非工程移民。综合考虑采用外台方案。

共双茶垸规划设置安全台2处，分别为朱家嘴外台和冯家湾外台。两台总台长6.73km，总面积52.85万m^2。朱家嘴外台台长2.89km，桩号范围为17+000～19+890，台宽50m，面积14.45万m^2。外滩宽度为110～350m，滩地高程为27.3～32.0m，部分地段为修筑一线防洪大堤时取土形成的河套地带，地势较低，滩地上以白杨树为主。冯家湾外台台长3.84km，桩号范围为13+100～16+940，台宽100m，面积38.4万m^2。外滩宽度在250m左右，滩地高程为29.0～31.5m，滩地上以白杨树为主。

(2)安全断面设计

台顶超高不宜小于1.5m，安全台外临南洞庭湖，台顶高程取设计洪水位加超高1.5m。为防止洲滩上老鼠影响居民生活，台顶设高0.8m的防鼠墙。安全台上一般25m宽建一排房屋，在设计安全台的宽度时以25m为级数，朱家嘴台宽50m，冯家湾台宽100m。安全台坡比为1∶2.5。

安全台为外台，南洞庭湖风浪较大，因此两台总台长6.73km范围全部进行硬护坡，参照安全区新建围堤，护坡形式采用雷诺护坡，护坡范围为上部到堤顶，下部到堤脚(堤脚高程均高于设计枯水位)。为防止波浪冲刷和便于管理，在外台外20m范围内种植防浪林。

2.3 建设过程

共双茶垸安全建设一期工程从2015年5月正式开工，已招标工程共16个标段(图2)。其中，1～5标段为2014年实施项目，目前5个标段已全部完成，并已完成合同工程验收；6～11标段为2015年实施项目，目前6个标段主体工程已全部完成，工程任务完成率为95%；12～16标段为2020年实施项目，目前正在施工。

图 2　共双茶垸安全建设一期工程施工现场

3　工程特点及科技创新

3.1　工程特点

本工程是通过兴建安全区（台）建设，把分蓄洪区的人、房屋、主要财产和农田分离开来，尽可能做到分洪时只淹没农田，而人、房屋和主要财产能得到保护的目的。通过安全建设工程，在遇到 1996 年、1998 年型大洪水以及更大洪水时，洪水分得进，同时将蓄洪垸内人和主要财产先行保护起来，保证防洪标准之内的人民生命财产的防洪安全，为迁入人口提供一个安全的安置环境，为人口搬迁安置提供前提条件，为蓄洪垸安全启用创造条件。本工程是 1998 年型大洪水后国家首批实施建设安全区（台）的蓄洪工程，工程在安全区（台）的布置建设方面为后续类似蓄洪工程提供了宝贵的工程经验，也为今后蓄滞洪区的安全建设打下了坚实的基础，具有十分重要的意义。

3.2　工程创新

本工程所在的洞庭湖区软基分布较广泛，而新建安全区堤防堤高接近 10m，如何在软土堤基上填筑近 10m 高堤防是工程难点。

根据地质测绘及钻探揭露，工程所在地区域主要地层由第四系上更新统冲积层，全新统冲湖积层、冲洪积层组成。各地层由老至新分述如下：第四系全新统冲湖积层上段（al—lQ_4^2）区内分布广泛且稳定，大致以双华垸、共华垸子堤与茶盘洲为界可分为上下游两个区，其中上游区以河湖交互相沉积特征明显，下游区以湖相沉积为主。上游区主要为粉质黏土、淤泥质粉质黏土与粉细砂互层及砂性土。下游区主要为粉质黏土、淤泥质粉质黏土及粉质壤土，褐灰色—灰色及深灰色，静水湖相沉积特征较明显，局部具层理构造，层面附粉细砂粒，厚 3～12m，分布广泛。

根据长江流域实践经验，塑料排水板固结方案、反压平台方案和开挖换填方案在处理软土地基方面均具有工程效果好、施工较简单等优点。塑料排水板固结法适合处理深层软土地基；反压平台法适合处理薄层软土地基；开挖换填法适合处理表层浅薄的软土地基。在工程设计中根据软土地基分布情况，目前在工程实践中分别采取了浅层挖出换填、深层排水固结、局部采取水泥土搅拌桩复合地基等措施。从目前工程施工的效果来看，软基处理措施总体达到了预期效果。

4 工程效益

共双茶垸安全建设一期工程实施后，将具有较好的社会效益和环境效益。工程可提高共双茶垸的防洪标准，为保护重点地区打下坚实的基础，降低洪灾发生频率，避免因洪灾而造成的大量人员伤亡和财产损失，减轻大洪水防汛抢险、救灾给社会正常生产、生活造成的影响，促进该区内人民安居乐业和国民经济持续稳定发展；保护和改善该区生态环境，避免洪水泛滥可能产生的瘟疫流行、水质恶化带来的严重后果，为该区内经济社会稳定发展创造良好的外部环境。工程实施后，还具有较好的经济效益，多年平均可减少洪灾经济损失12687 万元。

撰稿/马祺瑞、李雪松、高力

洞庭湖四口水系综合整治工程

▲ 洞庭湖

洞庭湖四口水系是连接长江和洞庭湖的松滋河、虎渡河、藕池河及调弦河干支流组成的复杂水网，地处湖南省岳阳市、益阳市、常德市以及湖北省荆州市。四口水系综合整治工程是新时期长江流域和洞庭湖治理与保护的关键骨干工程也是“十四五”水安全保障规划重点项目之一。工程任务为供水、灌溉、防洪、水生态环境保护。工程实施后可以改善江湖关系，解决骨干河道断流问题，提高城乡供水灌溉及防洪安全保障，改善水环境、修复水生态。目前，该工程处于可行性研究工作阶段。

1 工程概况

1.1 区域概况及重要性

洞庭湖位于长江中游荆江河段右岸、湖南省北部，天然湖泊面积约 2625km^2，洪道面积 1418km^2，为我国第二大淡水湖。洞庭湖四口水系是指长江分流入洞庭湖的松滋口（松滋河）、太平口（虎渡河）、藕池口（藕池河）、调弦口（调弦河），其中 1958 年调弦口建闸控制，以下“三口”指松滋口、太平口和藕池口。它是连接长江与洞庭湖的纽带，汛期分流长江洪水入洞庭湖调蓄，大大减轻了长江荆江河段的防洪压力，对长江中游地区的防洪起着十分重要的作用；枯水期是长江向洞庭湖补水的重要通道，对于保障区域供水安全、粮食安全和生态安全具有重要作用；也是洞庭湖区重要的河流湿地，曾是长江鱼类资源进入洞庭湖的主要通道之一。洞庭湖区水系见图 1。

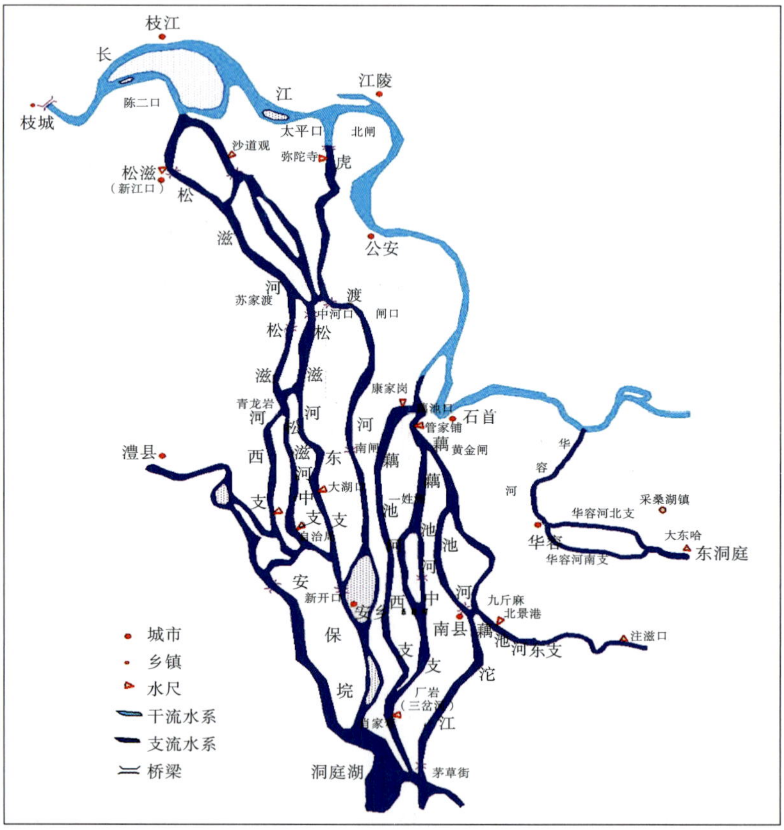

图 1　洞庭湖区水系

1.2 江湖关系变化

三峡水库运用前，洞庭湖三口分流分沙持续减少，三口河道累积性淤积；荆江河段冲刷、枯水位下降；三河断流时间提前，断流期延长；洞庭湖淤积萎缩，调蓄能力下降；城陵矶—汉口河段淤积，城陵矶水位抬高；三口洪水期分流能力减弱。这些变化不利于江湖防洪和区域生态保护。

三峡水库运用后，长江干流来水过程变化，调洪补枯作用明显，来沙显著减少；三口分流分沙继续减少，分沙比略有增加；荆江河段继续冲刷，且冲刷强度加大，干流水位降低；城陵矶—汉口河段由淤转冲；三口河道暂时总体转为冲刷；洞庭湖淤积明显减缓。根据数学模型的预测，长江上游控制性水库建成后，长江干流（包括荆江河段）将在长时期内继续冲刷，干流同流量下中枯水位降低，三口分流量和分沙量将进一步减少。三峡水库运用以来荆江防洪能力的显著提高以及江湖关系的新变化、三口分沙减少、河道冲刷为实施洞庭湖四口水系综合整治创造了良好的机遇和条件。

三峡工程运用以来江湖关系趋势性变化见图 2。

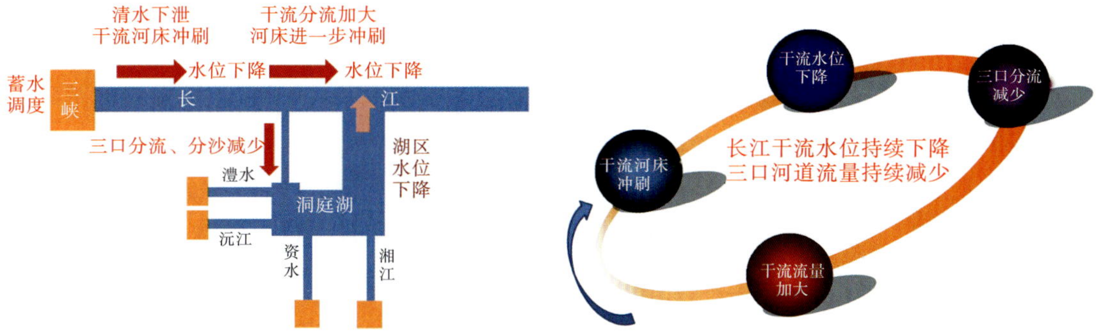

图 2　三峡工程运用以来江湖关系趋势性变化

1.3 区域治理开发现状及存在问题

新中国成立以来，国家对荆江和四口水系地区开展了大规模的堤防加固、河道整治、灌溉、供水、排涝、血防灭螺等水利建设，三峡等上游干支流水库的建设增强了调控洪水的能力，荆江河段的防洪形势有了根本性的改善。通过治理，四口水系地区防洪排涝能力和水资源综合利用水平有了较大的提高，对保障区域人民生命财产安全、促进经济社会发展发挥了重要作用。

自 20 世纪 50 年代以来，在江湖自然演变和人类活动的影响下，江湖关系发生显著变化，三口分流大幅减少、河道断流时间延长，三口河道和洞庭湖大幅度淤积。江湖关系的变化导致干流和城陵矶水位抬高，对干流和湖区防洪均不利。

与此同时，四口水系受长江与洞庭湖江湖关系变化的影响最为直接，水量的减少、河道的断流以及河湖的淤积导致区域内水资源短缺、水环境污染和水生态退化等问题日趋严重，对水资源利用和水生态环境保护产生严重影响。三峡等长江上游干支流水库运用后，长江中游将在较长时期内面临“清水”下泄的情况，长江干流河道将发生大范围、长历时的大幅度冲刷，荆江河段中枯水位将进一步降低，三口分流进一步减少、断流时间进一步延长，华容河河口进流不畅，四口水系地区的水资源和水生态环境问题将更趋严重。

2 规划方案

2.1 规划过程

2015年1月，水利部以水规计〔2015〕10号文印发了《洞庭湖四口水系综合整治工程方案论证项目任务书》，安排长江水利委员会组织湖北、湖南两省开展《洞庭湖四口水系综合整治工程方案论证报告》（以下简称《论证报告》）的编制工作。

2016年7月，长江勘测规划设计研究有限责任公司编制完成了《论证方案》报告，水利部以办规计〔2016〕135号文印发了《洞庭湖四口水系综合整治工程方案论证报告审查意见》。该审查意见认为：“《论证报告》在现场查勘调研和地质勘察的基础上，进行了水文计算和水沙数学模型计算等大量的分析论证工作，特别是针对三峡水库建成后四口水系地区河势演变、松澧洪水遭遇、水文情势变化等进行了较深入的分析研究，并提出了四口水系整治的初步方案，基本完成了任务书要求的工作内容，为进一步研究四口水系整治方案奠定了基础。”

2019年，长江勘测规划设计研究有限责任公司编制完成了《项目建议书》。在《论证报告》的基础上，进一步开展了水文、地质勘察、工程布置与建筑物设计、机电金结、施工、征地移民、环评、水保、工程管理、投资估算等工作，并于2019年4月2日组织湖南、湖北两省召开《洞庭湖四口水系综合整治工程项目建议书》讨论会，初步协调了两省意见，会后印发了会议纪要。2019年6月和10月，分别以长江水利委员会办规计函〔2019〕170号文与办规计函〔2019〕359号文征求两省意见，湖北、湖南两省复函充分肯定了洞庭湖四口水系综合整治工程项目的重要意义。

2020年4月，湖北省水利厅、湖南省水利厅联合发文，以鄂水利文〔2020〕30号文上报水利部，请示加快推进洞庭湖四口水系综合整治工程。

2020年5月，长江水利委员会以长规计〔2020〕218号文上报水利部，请示审批《洞庭湖四口水系综合整治工程可行性研究勘测设计任务书》。

2021年10月，水利部办公厅以办规计函〔2021〕900号文印发《洞庭湖四口水系综合整治工程可行性研究勘测设计任务书审查意见》。

目前，洞庭湖四口水系综合整治工程可行性研究已全面启动。

2.2 工程定位和总体布局

根据洞庭湖四口水系在流域和区域水资源治理、开发与保护中的功能，适应经济社会发展对综合整治的新要求，洞庭湖四口水系综合整治工程的定位为：恢复江湖枯水季节的自然连通，提高洞庭湖四口水系地区水资源、水环境承载能力，改善供水、灌溉、防洪条件，保护水生态环境。

工程按照“疏—控—引—蓄”相结合的工程总体布局对四口水系进行整治，提出四口水系整治措施（包括河道扩挖、松滋口建闸、支汊水资源利用、引水补水、河湖连通、堤防加固及护岸、苏支河控制等）工程。洞庭湖四口水系综合整治工程总体布置见图 3。

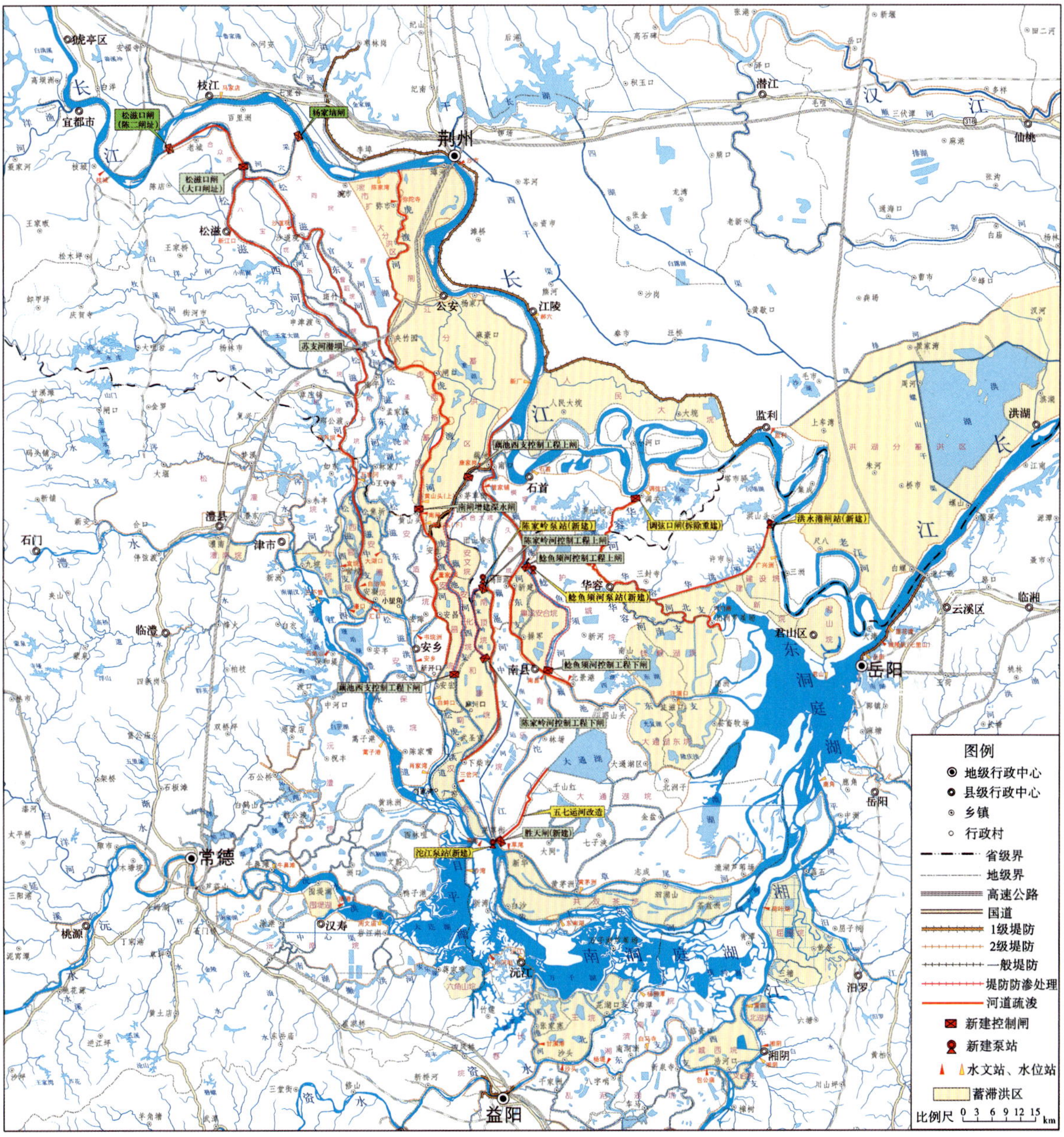

图 3　洞庭湖四口水系综合整治工程总体布置图

2.3 工程规模及建设方案

2.3.1 工程规模

河道扩挖 470km，松滋口建闸（设计流量 10740m^3/s），支汊水资源利用工程 3 处（拦河控制闸 6 座、堤防防渗处理 164.5km），骨干引水工程 5 处（骨干引水闸站 5 座、骨干渠道疏浚 164.5km、闸站改造 146 座），河湖连通工程 28 处，堤防加固 161.49km（湖北 96.49km、湖南 65km），护岸工程 296.549km（湖北 191.792km、湖南 104.757km），苏支河控制工程（潜坝 1 座）。工程投资估算约 182.78 亿元。

2.3.2 建设方案

（1）河道扩挖工程

扩挖松滋河（东支及西支）、虎渡河、藕池河（东支梅田湖河及中支施家渡河）、华容河、华洪运河，保证四口水系骨干河道全年不断流，维持河道正常生态系统所需的生态基流、满足四口地区灌溉供水水量需求，兼顾松滋河Ⅲ级航道航运需求，河道疏浚长约 470km。

（2）松滋口建闸工程

结合河道扩挖自流引水，增加枯水期进水流量，在枯水期三峡水库下泄最小流量时，满足松滋河水系生态流量的要求，在灌溉供水需水时段满足松滋河水系生态流量和灌溉供水需求，改善江湖的连通性。洪水期按照不影响长江干流防洪的限制条件，对松滋口分流进行调控，实现松滋口分流洪水与澧水洪水的错峰，提高松澧地区的防洪能力；在不需要松澧洪水错峰时，安全下泄需要经松滋口分流入洞庭湖的洪水（设计流量 10740m^3/s），控制三口河道扩挖后分流，避免“三口”分流发生大幅度的变化。

（3）支汊水资源利用工程

在鲇鱼须河、陈家岭河、藕池西支上下游建闸控制，汛末关闸蓄水，满足枯水期两岸堤垸水资源综合利用需求。上下游均采用闸门控制，汛期敞泄，汛末关闸利用洪水资源。

（4）引水补水工程

通过骨干引水补水工程建设，为虎渡河、华容河、华洪运河、大通湖、沱江及沿河堤垸提供水源，主要包括南闸增建深水闸工程、调弦口闸拆除重建工程、大通湖补水工程、沱江补水工程、闸站改造工程。

（5）河湖连通工程

结合四口水系河道整治，实施河湖连通工程，对堤垸内水网采取主要引水建筑物重建及改造、主水道整治及节水改造配套、连通渠道整治、渠系建筑物加固改造、内湖哑河整治等工程措施，恢复垸内水网与外河的水力连通关系、完善垸内灌溉排涝体系、改善水环境条件，为四口水系地区防洪安全、供水安全、粮食安全和生态安全提供保障和支撑。

(6)堤防加固及护岸工程

对尚未建设达标的四口水系支流堤防进行加固,对四口河道崩岸滑坡等险工段岸坡采取守护措施。

(7)苏支河控制工程

建设苏支河控制工程,枯水期控制苏支河分流,结合松滋西河的疏浚将新江口下泄水量导入松滋西河;洪水期控制苏支河分流,减轻苏支河防洪压力。

3 工程效益

3.1 供水灌溉效益

根据计算,现状水平年(2013 年)$P=50\%$、85%、95%枯水年份四口水系地区缺水量分别为 4.09 亿 m^3、8.46 亿 m^3 和 8.81 亿 m^3,规划水平年(2030 年)相应缺水量分别为 5.10 亿 m^3、11.53 亿 m^3 和 11.38 亿 m^3。当地春灌期和秋灌期的 4 月、9 月和 10 月缺水严重,4 月的缺水率超过 50%,缺水较为严重的区域主要分布在藕池河水系和华容河水系沿岸区域。整治工程实施后,现状水平年 $P=50\%$、85%、95%三种频率对应典型年的分流总量分别为 818.21 亿 m^3、639.88 亿 m^3 和 671.47 亿 m^3,基本恢复到三峡工程运用前的江湖关系水平;到规划水平年,洞庭湖四口水系地区松滋河水系、虎渡河水系和华容河水系各堤垸和灌区在 85%频率下的供水灌溉需求和生态需水全部可以得以解决,藕池河水系 2022 年 85%频率的供水灌溉需求和生态需水可以得到满足。结合河道扩挖和河湖连通,各堤垸(灌区)的供水灌溉需求也能够满足。河道扩挖后局部河段水位略有降低,但结合闸站改造解决了水位变化的影响。三口分流增加对干流水位下降和水资源利用的影响较小。

3.2 防洪效益

三峡工程运用后荆江防洪能力显著提高,但遇长江中下游防御标准的 1954 年型大洪水,洞庭湖区仍有大量的超额洪量需要妥善安排。三峡工程运用前,四口及澧水洪道的大幅度淤积抬高了松澧地区洪水位。在现状江湖关系和河道条件下,三峡及澧水流域水库运用后,遇 1998 年、2003 年等澧水流域典型洪水及松澧地区设计标准的 50 年一遇洪水,松澧地区出口控制站安乡加石龟山流量仍超过河道安全泄量($14000m^3/s$),主要站点最高水位仍超堤防设计水位,超额洪量不能妥善安排,遇 1935 年澧水流域特大洪水松澧地区防洪仍缺乏可靠的解决方案。利用澧水洪水一般与松滋河洪水过程遭遇的特性,在松滋口建闸相机实施松澧洪水错峰调度,可显著降低松澧地区安乡、石龟山等站点最高洪水位,提高松澧地区防洪能力,又不增加荆江河段防洪压力;利用松滋口闸与三峡水库联合调度,可基本解决 1935 年型特大洪水对松澧地区的严重威胁,三峡水库超蓄水量有限,不增加长江中下游防洪风险。河道扩挖工程实施后，三口分流洪水入湖调蓄的能力增强，三口洪峰分流比增加3.2%～3.3%，有利于荆江河段的防洪，三口流量尽管有所增加，但局部区域水位抬高幅度有限。鲇鱼须河、陈家岭河、藕池西支水资源利用工程采用闸进行调控，闸门按照1954年型洪水流量设计，汛期敞开过洪，不会抬高上游洪水位，局部淤积幅度有限。

3.3 生态效益

洞庭湖四口水系综合整治方案实施后，可实现松滋河、虎渡河、藕池河、华容河的主干河道全年通流，基本满足四口河道生态流量的要求，对四口水系的水环境、水生态的影响具有积极的作用。四口水系与洞庭湖水力联系紧密，从远期来看，四口水系综合整治方案实施对维护洞庭湖湿地生态系统的稳定和良性循环有积极意义。工程实施无环境限制性因素。

撰稿/果鹏、高力、李雪松

华阳河蓄滞洪区建设工程

▲ 华阳河蓄滞洪区程营进洪闸

华阳河蓄滞洪区位于长江中下游交界处的鄱阳湖入江口左岸，地跨安徽、湖北两省，由华阳河流域内大部分的湖泊和沿湖沿江平原所组成。华阳河蓄滞洪区建设工程为国家 150 项重点水利工程之一。实施华阳河蓄滞洪区建设工程，为蓄滞洪区安全启用创造了条件，是完善长江中下游防洪体系、保障湖口地区防洪安全、促进当地经济社会发展的必要措施。

1 工程概况

1.1 建设背景与建设意义

在1972年、1980年长江中下游防洪座谈会上，根据中下游防洪工程建设情况，考虑到分洪不及时、扒口分洪无法按理想情况运用蓄滞洪区的蓄洪容积，湖口附近区在理想超额洪量（及时、及量、按需分洪）为40亿m^3的情况下，安排了康山、珠湖、黄湖、方洲斜塘和华阳河等5处蓄滞洪区，总蓄洪容积50亿m^3，干流左右岸的华阳河、鄱阳湖区各承担25亿m^3。

按照蓄滞洪区在防洪体系中的功能作用、启用概率、调度权限和地理位置等因素，华阳河蓄滞洪区在《长江流域防洪规划》和《全国蓄滞洪区建设与管理规划》中确定为一般蓄滞洪区，是处理湖口地区超额洪水、保障长江中下游重点地区及重点堤防保护区防洪安全的重要工程措施，是长江中下游防洪体系的必要组成部分。

1998年大洪水后，国家投资对华阳河蓄滞洪区临长江侧的同马大堤、黄广大堤等江堤和东隔堤进行了达标建设。西隔堤现有防洪标准低，目前正在按照国家批复要求加高加固，但华阳河蓄滞洪区内的安全建设工程严重滞后，通信、预警等非工程措施设施不完善，工程管理建设进展缓慢，缺乏有效分洪控制口门，不能合理有效控制和分泄洪水，致使蓄滞洪区难以安全启用和合理调度，成为长江中下游地区防洪的薄弱环节。因此，华阳河蓄滞洪区建设非常必要、意义重大，其必要性及建设意义主要体现在以下几个方面：

(1)保障湖口地区乃至长江下游地区防洪安全的需要

华阳河蓄滞洪区是长江中下游40个蓄滞洪区中最下游的蓄滞洪区，是最后一道保险，是保障湖口地区乃至长江下游地区防洪安全的重要措施。同时，华阳河蓄滞洪区在湖口附近区5个蓄滞洪区中蓄洪容积最大、距离湖口位置最近，分洪运用对降低长江干流水位作用更为直接。近年来极端天气时有发生，洪涝灾害频发，为保护湖口地区及下游重点地区重要城市的防洪安全，建设关键时候可以启用的蓄滞洪区非常紧迫。

(2)保障蓄滞洪区内人民生命财产安全的需要

安全建设工程尚未实施、缺乏进退洪控制设施，一旦扒口分洪运用，蓄滞洪区内约60万人要紧急转移安置，约100万亩耕地将被淹没，分洪损失极大，同时影响到西隔堤以西人民生命财产安全。此外，对于华阳河蓄滞洪区本地区洪水，历年防汛投入及损失均较大。

实施华阳河蓄滞洪区建设，有效控制蓄洪水位、减少蓄滞洪区淹没范围，可减少华阳河蓄滞洪区因分蓄洪而造成的巨大损失，同时减少防汛物资消耗、减少防汛巡堤查险人力物力消耗。

(3)巩固当地脱贫攻坚成果的需要

由于华阳河蓄滞洪区未建设,区内防洪安全无保障,区内基础设施建设不敢大量投入,本地经济建设受限制,招商引资困难,当地经济发展明显落后于其他地区,开展华阳河蓄滞洪区建设是保障当地经济社会发展的必要措施。

(4)顺应我国发展新形势、新要求的需要

2020 年 7 月 17 日,习近平总书记主持中共中央政治局常务委员会会议、研究部署防汛救灾工作时指出:"各有关地区都要做好预案准备、队伍准备、物资准备、蓄滞洪区运用准备,宁可备而不用,不可用时无备。"

2021 年 3 月 1 日颁布的《中华人民共和国长江保护法》第三十二条规定,国务院有关部门和长江流域地方各级人民政府应当采取措施,加快病险水库除险加固,推进堤防和蓄滞洪区建设,提升洪涝灾害防御工程标准,加强水工程联合调度,开展河道泥沙观测和河势调查,建立与经济社会发展相适应的防洪减灾工程和非工程体系,提高防御水旱灾害的整体能力。

水利部要求,推动新阶段水利高质量发展,要重点抓好六条实施路径。其中,第一条要求就是完善流域防洪工程体系,从流域整体着眼,把握洪水发生和演进规律,进一步优化流域防洪工程布局,以流域为单元构建主要由水库、河道及堤防、蓄滞洪区组成的现代化防洪工程体系,提高河道泄洪能力,增强洪水调蓄能力,确保蓄滞洪区分蓄洪功能。

因此,开展华阳河蓄滞洪区建设是贯彻中央精神,顺应我国发展新形势、新要求的需要。

1.2 工程简述

华阳河蓄滞洪区西起西隔堤,东至东隔堤,北依丘陵岗地,南靠黄广大堤、同马大堤的平原湖区。华阳河蓄滞洪区总面积 1603.51km^2(其中安徽 1381.11km^2、湖北 222.40km^2),蓄洪面积 1218.19km^2(其中安徽 1013.95 km^2、湖北 204.24 km^2),安全区面积 385.32km^2(其中安徽 367.16 km^2、湖北 18.16 km^2)。

华阳河蓄滞洪区建设工程的任务是在现有工程的基础上,建设蓄滞洪区分洪工程、退洪工程和安全建设工程,为蓄滞洪区安全启用创造条件。华阳河蓄滞洪区建设工程由安徽、湖北两省分别实施。

安徽省部分建设内容为分洪工程、退洪工程和安全建设工程,主要包括:新建、加固安全区围堤长 125.847km;新建和重建穿堤涵闸 13 座,合计设计流量 187.31m^3/s;新建、重建泵站 45 座,合计设计流量 383.25m^3/s,其中中小型泵站 43 座,合计设计流量 198.25m^3/s,大型泵站 2 座,合计设计流量 185m^3/s(华阳河泵站设计流量 130m^3/s,杨湾泵站设计流量 55m^3/s);重建灌溉泵站 16 座,合计设计流量 13.41m^3/s;水系恢复新挖渠道 16.59km;新建程营进洪闸 1 座,设计流量 8000m^3/s;新建杨林退洪闸 1 座,设计流量 800m^3/s;新建节制闸 2 座(杨湾节制闸 615m^3/s,华阳节制闸 240m^3/s);转移道路 23 条 133.463km,配套及复建桥梁12座(其中转移道路配套桥梁9座),配套管涵135处。华阳河蓄滞洪区建设工程(安徽部分)工程特性见表1。

表1　　华阳河蓄滞洪区建设工程(安徽部分)工程特性

名称			数量及特性	备注
基本情况	所在行政区划(个)		5	宿松、望江、太湖、华阳河农场、九成分局
	乡镇数(个)		31	
	村数(个)		178	
	总人口(万)		51.05	2019年
	国内生产总值(亿元)		117.01	2019年
水文	流域总面积(km^2)		5511.4	华阳河流域
	安徽省部分流域面积(km^2)		2958.2	
	实测最高水位(冻结吴淞,m)		21.01	下仓埠,华阳河建闸前,1954年7月31日
			17.43	华阳闸内,华阳河建闸后,1999年9月6日
	实测最低水位(冻结吴淞,m)		11.18	下仓埠,2004年4月8日
蓄洪特征	蓄洪面积	蓄滞洪区总面积(km^2)	1603.51	对应水位17.35m,85基准,下同
		蓄滞洪区净面积(扣安全区后,km^2)	1218.19	
		安全区面积(km^2)	385.32	
		安徽省部分蓄滞洪区总面积(km^2)	1381.11	
		安徽省蓄滞洪区净面积(扣安全区后,km^2)	1013.95	
		安徽省部分安全区面积(km^2)	367.16	
	蓄洪水位(m)		17.35	
	有效蓄洪容积(亿m^3)		25	
人口安置规划	总人口(万)		55.12	规划水平年2030年
	安全区安置人口	安全区安置人口(万)	38.84	
		其中安全区内已有人口(万)	36.59	
		需要迁入安全区人口(万)	2.25	
	临时撤退转移(万)		16.28	
	安全区规划	安全区数量(处)	6	
		安全区面积(km^2)	367.16	两省合计385.32km^2

续表

名称				数量及特性	备注
主要建筑物	地震动峰值加速度			0.05g	50年超越概率10%
	地震基本烈度(度)			Ⅵ	
	安全区围堤工程	主要建筑物级别(级)		2	
		围堤长度	围堤总长(km)	125.847	
			新修堤长(km)	11.987	
			加固堤长(km)	113.86	
		设计水位	孚玉安全区(m)	19.62～20.12	
			其他安全区(m)	17.35	
		堤顶高程	孚玉安全区(m)	20.87～21.12	
			其他安全区(m)	19.35	
		堤顶宽度(m)		6	
		堤防边坡		1∶3	
		防浪墙高度	孚玉安全区(m)	0.8	
			其他安全区(m)	1.2	
		硬护坡(km)		124.645	
		软基处理长度	反压平台＋排水固结(km)	38.833	
			复合地基(km)	15.247	水泥土搅拌桩
			反压平台＋土工格栅(km)	14.15	
			土工格栅(km)	4.14	
		堤基防渗处理	塑性混凝土防渗墙(km)	7.445	
			水泥土防渗墙(km)	15.68	
		填塘固基面积(万 m^2)		33.26	
		堤顶道路及堤路交叉	堤顶道路长度(km)	124.795	
			闸口(处)	14	
			上堤坡道(处)	126	
			上堤踏步(处)	42	
		穿堤涵闸	数量(座)	13	不含4座大中型水闸
			流量(m^3/s)	187.31	
		排涝泵站	穿堤涵闸 数量(座)	43	
			穿堤涵闸 流量(m^3/s)	198.25	
			大型泵站 数量(座)	2	
			大型泵站 流量(m^3/s)	185	

续表

<table>
<tr><th colspan="4">名称</th><th>数量及特性</th><th>备注</th></tr>
<tr><td rowspan="30">主要建筑物</td><td rowspan="3">安全区围堤工程</td><td rowspan="2" colspan="1">灌溉泵站</td><td>数量(座)</td><td>16</td><td>独立灌溉泵站12座,与灌溉闸闸站结合4座</td></tr>
<tr><td>流量(m^3/s)</td><td>13.41</td><td></td></tr>
<tr><td>水系恢复</td><td>渠道(km)</td><td>16.59</td><td>另外与堤脚排水沟结合布置的52.707km</td></tr>
<tr><td rowspan="7" colspan="2">程营进洪闸</td><td>主要建筑物级别(级)</td><td>1</td><td></td></tr>
<tr><td>设计流量(m^3/s)</td><td>8000</td><td></td></tr>
<tr><td>闸室总宽(m)</td><td>493</td><td></td></tr>
<tr><td>闸室净宽(m)</td><td>408</td><td>34孔,单孔12m</td></tr>
<tr><td>单宽流量($m^3/(s·m)$)</td><td>19.61</td><td></td></tr>
<tr><td>闸底板高程(m)</td><td>15</td><td>其中有两孔底板高程10.5m</td></tr>
<tr><td>左、右岸连接堤长度(m)</td><td>360/390</td><td></td></tr>
<tr><td rowspan="8" colspan="2">杨林退洪闸</td><td>主要建筑物级别(级)</td><td>2</td><td></td></tr>
<tr><td>设计流量(m^3/s)</td><td>800</td><td>退洪流量</td></tr>
<tr><td>闸室总宽(m)</td><td>60.6</td><td></td></tr>
<tr><td>闸室净宽(m)</td><td>48</td><td>6孔,单孔8m</td></tr>
<tr><td>单宽流量($m^3/(s·m)$)</td><td>16.67</td><td></td></tr>
<tr><td>闸底板高程(m)</td><td>7</td><td></td></tr>
<tr><td>鱼道净宽(m)</td><td>3</td><td>流速0.8m/s</td></tr>
<tr><td>左右岸连接堤长度(m)</td><td>200/200</td><td></td></tr>
<tr><td rowspan="5" colspan="2">杨湾节制闸</td><td>主要建筑物级别(级)</td><td>2</td><td></td></tr>
<tr><td>设计流量(m^3/s)</td><td>615</td><td></td></tr>
<tr><td>闸室总宽(m)</td><td>100.8</td><td></td></tr>
<tr><td>闸室总净宽(m)</td><td>80</td><td>8孔×10m</td></tr>
<tr><td>闸底板高程(m)</td><td>6</td><td></td></tr>
<tr><td rowspan="5" colspan="2">华阳节制闸</td><td>主要建筑物级别(级)</td><td>2</td><td></td></tr>
<tr><td>设计流量(m^3/s)</td><td>240</td><td></td></tr>
<tr><td>闸室总宽(m)</td><td>122</td><td></td></tr>
<tr><td>闸室净宽(m)</td><td>102</td><td>2孔×47m+1孔×8m</td></tr>
<tr><td>闸底板高程(m)</td><td>5.2</td><td></td></tr>
</table>

续表

名称				数量及特性	备注
主要建筑物	华阳节制闸		航道等级(级)	Ⅳ	
			最低通航水位(m)	9.76	
			最高通航水位(m)	14.14	
	转移工程	转移道路	转移道路(km/条)	133.463/23	
			道路等级	干线为四级	设计车速 20km/h
				支线参照四级	
			干线道路(km/条)	49.212/6	在现有道路上加宽
			支线道路(km/条)	84.251/17	
		新建桥梁(座)		12	含水系恢复等复建桥梁 3 座
		新建涵管(座)		135	
施工	主要工程量		开挖土方(万 m^3)	1319.86	自然方
			回填土方(万 m^3)	2630.65	压实方
			填塘固基(万 m^3)	89.01	
			混凝土(万 m^3)	183.95	
			块石料(万 t)	215.42	
			砂石垫层(万 t)	214.34	
			钢筋(万 t)	8.1	
	施工期(月)			60	
	三材及劳动力		水泥(万 t)	112.6	
			钢筋钢材(万 t)	10.7	
			施工人数	6900	高峰期
工程占地与移民安置	工程永久征地(亩)			7949.01	
	施工临时占地(亩)			30736.26	
	拆迁房屋总面积(万 m^2)			31.79	
	规划生产安置人口			1767	
	规划搬迁安置人口			5479	
工程投资	静态总投资(万元)			1049042	2021 年四季度

湖北省部分建设内容为安全建设工程，主要包括：新建、加固安全区围堤长 12.812km；新建、重建、拆除穿堤建筑物共计 4 座，其中拆除 1 座，新建和重建穿堤闸站 3 座，合计闸排设计流量 294.06m^3/s、泵排设计流量 37.24m^3/s；转移道路 1 条 5.125km，配套管涵 13 处。华阳河蓄滞洪区建设工程（湖北部分）工程特性见表 2。

表 2　华阳河蓄滞洪区建设工程（湖北部分）工程特性

名称				数量及特性	备注
基本情况			所在行政区划（个）	2	黄梅县、龙感湖农场
			乡镇数（个）	6	
			村数（个）	69	
			总人口（万）	8.76	2019 年
			国内生产总值（亿元）	16.18	2019 年
水文			流域总面积（km^2）	5511.4	华阳河流域
			湖北省部分流域面积（km^2）	2553.2	
			实测最高水位（冻结吴淞，m）	21.01	下仓埠，华阳河建闸前，1954 年 7 月 31 日
			实测最高水位（冻结吴淞，m）	17.43	华阳闸内，华阳河建闸后，1999 年 9 月 6 日
			实测最低水位（冻结吴淞，m）	11.18	下仓埠，2004 年 4 月 8 日
蓄洪特征	蓄洪面积		蓄滞洪区总面积（km^2）	1603.51	对应水位 17.35m，85 基准，下同
			蓄滞洪区净面积（扣安全区后，km^2）	1218.19	
			安全区面积（km^2）	385.32	
			湖北省部分蓄滞洪区总面积（km^2）	222.4	
			安徽省蓄滞洪区净面积（扣安全区后，km^2）	204.24	
			安全区面积（km^2）	18.16	
			蓄洪水位（m）	17.35	
			有效蓄洪容积（亿 m^3）	25	
人口安置规划			总人口（万）	9.46	规划水平年 2030 年
	安全区安置人口		安全区安置人口（万）	3.74	
			其中安全区内已有人口（万）	3.35	
			需要迁入安全区人口（万）	0.38	
			临时撤退转移人口（万）	5.72	
	安全区规划		安全区数量（处）	2	
			安全区面积（km^2）	18.16	两省合计 385.32km^2
主要建筑物			地震动峰值加速度	0.05g	50 年超越概率 10%
			地震基本烈度（度）	Ⅵ	
	安全区围堤工程		主要建筑物级别（级）	2	
		围堤长度	围堤总长（km）	12.812	
			新修堤长（km）	1.336	
			加固堤长（km）	11.476	

续表

<table>
<tr><th colspan="4">名称</th><th>数量及特性</th><th>备注</th></tr>
<tr><td rowspan="25">主要建筑物</td><td rowspan="21">安全区围堤工程</td><td colspan="2">设计水位(m)</td><td>17.35</td><td></td></tr>
<tr><td colspan="2">堤顶高程(m)</td><td>19.35</td><td></td></tr>
<tr><td colspan="2">堤顶宽度(m)</td><td>6</td><td></td></tr>
<tr><td colspan="2">堤防边坡</td><td>1∶3</td><td></td></tr>
<tr><td colspan="2">防浪墙高度(m)</td><td>1.2</td><td></td></tr>
<tr><td colspan="2">硬护坡(km)</td><td>12.812</td><td></td></tr>
<tr><td rowspan="3">软基处理长度</td><td>反压平台+排水固结(km)</td><td>5.212</td><td></td></tr>
<tr><td>反压平台+土工格栅(km)</td><td>3.7</td><td></td></tr>
<tr><td>土工格栅(km)</td><td>1.536</td><td></td></tr>
<tr><td rowspan="2">堤基防渗处理</td><td>水泥土防渗墙(km)</td><td>6.1</td><td></td></tr>
<tr><td>塑性混凝土防渗墙(km)</td><td>0.33</td><td></td></tr>
<tr><td colspan="2">填塘固基面积(万 m^2)</td><td>10.49</td><td></td></tr>
<tr><td rowspan="3">堤顶道路及堤路交叉</td><td>堤顶道路长度(km)</td><td>12.812</td><td></td></tr>
<tr><td>上堤坡道(处)</td><td>14</td><td></td></tr>
<tr><td>上堤踏步(处)</td><td>5</td><td></td></tr>
<tr><td rowspan="4">穿堤建筑物</td><td>新建、重建(座)</td><td>3</td><td>闸站结合</td></tr>
<tr><td>拆除(座)</td><td>1</td><td></td></tr>
<tr><td>闸排流量(m^3/s)</td><td>294.06</td><td></td></tr>
<tr><td>泵排流量(m^3/s)</td><td>37.24</td><td></td></tr>
<tr><td rowspan="2">转移工程</td><td colspan="2">转移道路(km/条)</td><td>5.125/1</td><td>干线,加宽,四级公路、设计车速20km/h</td></tr>
<tr><td colspan="2">新建涵管(处)</td><td>13</td><td></td></tr>
<tr><td rowspan="10">施工</td><td colspan="2" rowspan="6">主要工程量</td><td>开挖土方(万 m^3)</td><td>50.07</td><td></td></tr>
<tr><td>回填土方(万 m^3)</td><td>242.4</td><td></td></tr>
<tr><td>填塘固基(万 m^3)</td><td>28.72</td><td></td></tr>
<tr><td>混凝土(万 m^3)</td><td>9.25</td><td></td></tr>
<tr><td>砂垫层(万 m^3)</td><td>16.13</td><td></td></tr>
<tr><td>块石料(万 m^3)</td><td>8.79</td><td></td></tr>
<tr><td colspan="3">施工期(月)</td><td>36</td><td></td></tr>
<tr><td colspan="2" rowspan="3">三材及劳动力</td><td>水泥(万 t)</td><td>4.93</td><td></td></tr>
<tr><td>钢筋钢材(万 t)</td><td>0.53</td><td></td></tr>
<tr><td>施工人数</td><td>520</td><td>高峰期</td></tr>
</table>

续表

名称		数量及特性	备注
工程占地与移民安置	工程永久征地(亩)	1077.49	
	施工临时占地(亩)	2538.61	
	拆迁房屋总面积(万 m^2)	0.23	
	规划生产安置人口	452	
	规划搬迁安置人口	55	
工程投资	静态总投资(万元)	76264	2022 年一季度

华阳河蓄滞洪区建设工程安徽部分成立安庆市华阳河蓄滞洪区建设管理处,作为项目法人;湖北部分龙感湖农场建设管理处和黄梅县建设管理处由黄冈水利局管理。设计单位为长江勘测规划设计研究有限责任公司(以下简称"长江设计公司")。工程计划于 2022 年 9 月开工实施。

2 勘测设计方案

2.1 勘测设计概况

2014 年 9 月,长江设计公司编制提出《华阳河蓄滞洪区建设工程可行性研究报告(送审稿)》(以下简称《可研报告》)。

2015 年 1 月,水利部水利水电规划设计总院(以下简称"水规总院")《可研报告》进行了审查,并于 2017 年 9 月召开了《可研报告》复审会议。

2020 年 8 月,长江设计公司根据《可研报告》复审意见以及相关专题审查咨询意见对《可研报告》进行了修改和完善,提出了修改后的《可研报告》,随后水规总院以水总规〔2020〕159 号文向水利部报送了审查意见。

2020 年 11 月,水利部以水规计〔2020〕249 号文将《可研报告》报送国家发展和改革委员会。

2021 年 7 月,国家发展和改革委员会委托中国水利水电建设工程咨询有限公司对《可研报告》进行了评估,长江设计公司针对评估意见提出了《华阳河蓄滞洪区建设工程可行性研究报告补充报告》。

2021 年 11 月,国家发展和改革委员会以发改农经〔2021〕1550 号文批复了《可研报告》。

2021 年 12 月,长江设计公司编制完成了《华阳河蓄滞洪区建设工程(安庆市)初步设计报告》(以下简称《初设报告(安庆市)》)。2021 年 12 月,水规总院对《初设报告(安庆市)》进行了审查,并于 2022 年 3 月召开了《初设报告(安庆市)》复审会议。2022 年 6 月,水规总院以水总规〔2022〕166 号文向水利部报送了审查意见。2022 年 7 月,水利部以水许可决

〔2022〕31 号文批复了《初设报告(安庆市)》。

2022 年 4 月,长江设计公司编制完成了《华阳河蓄滞洪区建设工程(湖北部分)初步设计报告》(以下简称《初设报告(湖北部分)》)。2022 年 4 月,水规总院对《初设报告(湖北部分)》进行了审查,并于 2022 年 7 月召开了《初设报告(湖北部分)》复审会议。会后长江设计公司根据复审意见对初设报告进行了修改、补充和完善,提出了修改后的《初设报告(湖北部分)》,目前报告待最终批复。

2.2 工程布置及主要建筑物

2.2.1 总体布置

华阳河蓄滞洪区建设工程的建设内容主要包括安全建设工程、进退洪及节制闸工程。

(1)安全建设工程

安全建设工程主要包括安全区围堤工程、转移路桥工程等。两省共建设刘佐、独山、孚玉、复华、九成、杨湾和徐桥 7 个安全区。安全区围堤工程包括新建和加固安全区围堤、新建和加固穿堤建筑物(含大中型排涝泵站:华阳河泵站、杨湾本站)、水系恢复;转移路桥工程包括修建转移道路、桥梁等。

(2)进退洪及节制闸工程

进退洪及节制闸工程为蓄滞洪区进洪、退洪、防洪而建设的大中型水闸工程,包括新建程营进洪闸、重建杨林闸以及新建杨湾节制闸和华阳节制闸,主要建设内容包括水闸以及相关的通航建筑物、过鱼设施、洲头防护设施等。

2.2.2 安全区围堤

安全区围堤堤防级别为 2 级。刘佐、复华、九成、杨湾、独山等 5 个安全区围堤采用土堤型式;孚玉安全区采用防洪墙型式;徐桥安全区主要采用土堤型式,局部堤段考虑基础设施和房屋分布采用防洪墙型式。

刘佐、复华、九成、杨湾、徐桥、独山等 5 个安全区堤顶超高取 2.0m,孚玉安全区堤顶超高取 1.0 m,并结合左右岸堤顶高程现状综合确定;堤顶宽度均取 6.0m,堤顶设置防浪墙,土堤临水侧、背水侧边坡坡比取 1∶3;加培堤防主要采取内侧加培,考虑征占地、拆迁等,在不影响防洪安全的前提下部分堤段采取外侧加培。

堤顶防浪墙主要采用钢筋混凝土结构,局部城镇段堤防采用装配式结构。考虑血防要求,临水侧反压平台、常年水位以下堤坡采用混凝土板护坡,以上部分采取雷诺护垫护坡,常年不邻水的堤段可采用雷诺护垫护坡;背水坡面均采用草皮护坡。

软土地基堤段采取反压平台、堤身增设土工格栅、地基塑料排水板固结、地基水泥土搅拌桩复合加固等处理措施。

膨胀土填筑堤段采取金包银、土工格栅加筋处理措施。

2.2.3 程营进洪闸

程营进洪闸主要建筑物级别为1级，次要建筑物为3级。

程营进洪闸布置在同马大堤4＋100处，推荐闸轴线与原江堤中心线平行，平均间距150m。闸室总净宽408m，总宽493m，左、右两岸岸墙均宽25m，左岸连接堤长265m，右岸连接堤长311m。闸室为胸墙式平底结构，共34孔，两孔一联，孔口宽12.0m。位于进洪闸中部的两孔为引水孔，底板高程为10.50m，其他闸孔底板高程15.00，闸顶高程均为24.00m。闸底板顺流向均长23.0m、厚2.5m，前后端均设有深1.0m的齿槽。中墩厚2.0m，缝墩厚1.5m。

闸前为C30钢筋混凝土防渗铺盖长30.00m，钢筋混凝土护坦上游设20.0m长C25混凝土块护坦斜坡段，坡比1∶20，护坦上游端设混凝土脚槽，混凝土脚槽接上游防冲槽。防冲槽上游与上游河床以1∶15坡比平顺连接。

闸后消能型式为下挖式消力池，池深2.0m，总长41.5m。消力池末端接混凝土海漫，总长30m，混凝土海漫末端齿墙底部下设钢筋混凝土防淘墙。混凝土海漫后接柔性海漫长50.0m，坡比为1∶20。海漫末端设下游抛石防冲槽。防冲槽下游与下游河床以1∶15坡比平顺连接。

引水通道布置在进洪闸中间，从上游至下游依次为明渠段、上游进水池、闸室段、下游出水池。引水通道首、末端底部防冲槽深度与其他闸孔段一致。

进洪闸两侧翼墙为悬臂式或扶壁式挡土墙。闸室两岸为空箱式岸墙。两岸连接段堤防堤顶宽11.0～27.0m，内外坡比均为1∶3。

闸顶交通桥布置在闸门上游侧，双车道布置，两侧各布置0.5m宽的混凝土安全护栏，交通桥总宽9.8m。桥身采用预制“T”形梁结构，按公路-Ⅱ级标准设计。

2.2.4 杨林退洪闸

杨林退洪闸主要建筑物级别为2级，次要建筑物为3级。

杨林退洪闸布置于同马大堤桩号53＋592处，闸轴线位于同马大堤内侧150m处杨林河道内。杨林退洪闸按退洪工况排水方向(内湖—长江)各建筑物依次为杨林港、内湖侧翼墙、鱼道内湖段、内湖侧护底、内湖侧防渗铺盖、闸室、两岸连接堤防、鱼道长江段、长江侧翼墙、长江侧消力池、长江侧护坦、长江侧防冲槽、长江侧出水渠等。

杨林退洪闸闸室采用胸墙式平底闸型式，共6孔，单孔净宽8.00m，闸孔总净宽48.00m，中墩厚1.80m，缝墩厚1.20m。闸室采用整体式结构，共4联，中间4孔为两孔一联，共2联，结构块宽度为20.20m，2个边孔分别与岸墙段组成整体，入湖鱼道和入江鱼道穿过边孔连贯通长江与内湖，鱼道净宽3.00m，结构块宽33.00m。闸室底板顶高程为7.00m，顺流向长24.50m，底板厚2.00m，前后端均设置深1.00m齿槽。

闸室内湖侧设置50cm厚防渗铺盖，长30.00m，铺盖长江侧300m范围内设置50cm厚格宾石笼和80cm厚反滤层，与杨林港平顺衔接。

闸室长江侧设置综合消力池，池深 1.50m，总长 20.00m。槛后接混凝土海漫，为混凝土透水板结构，总长 20.00m。混凝土海漫后接 30cm 厚雷诺护垫柔性海漫，与长江侧出水渠平顺衔接。

闸顶交通桥布置于长江侧，桥面宽度 8.50m，采用预制"T"形梁结构，按公路-Ⅱ级标准进行设计。长江侧及内湖侧翼墙分别为悬臂式或扶壁式翼墙。两岸连接堤防堤顶宽 8.0m，内外坡比为 1∶3。

杨林闸设置由江入湖和由湖入江两条过鱼通道。鱼道均采用混凝土整体"U"形结构，与杨林闸闸室段左右边联及两岸翼墙相结合，在过闸段各设置一道工作门，在进出口部位各设置一道检修门。

2.2.5 华阳节制闸

华阳节制闸主要建筑物级别为 2 级，次要建筑物为 3 级。

华阳节制闸位于华阳河中游（栏杆湖段），节制闸两侧接杨湾安全区围堤，主要由闸室、上下游防护设施及左右岸连接段组成。

闸室由 2 孔 47m 宽通航孔和 1 孔 8m 宽退洪孔组成，闸室总宽度为 122.0m。退洪孔位于河道中央，通航孔位于退洪孔两边对称布置，闸室两岸岸墙设置门库，闸顶设交通桥。通航孔顺流向总长 192.0m，上游侧设置 40m 长防渗铺盖，接 40m 长干砌石护底。闸室段顺流向长 32.0m，前后端设有齿槽。每孔底板上设置两条顺流向宽槽，沿通航孔中心线对称布置。闸下游侧布置 40m 长混凝土护底，接 40m 长干砌石护底。闸顶交通桥布置在下游侧，交通桥汽车荷载为公路-Ⅱ级，桥面宽 8.0m。

上下游左右岸翼墙均采用扶壁式挡土墙结构，连接堤堤顶宽度从 10m 过渡到 6m，内外坡比均为 1∶3，上游与新建杨湾安全区隔堤连接，下游与华阳河老堤衔接。

华阳节制闸总体布置三维模型下游视图见图 1。

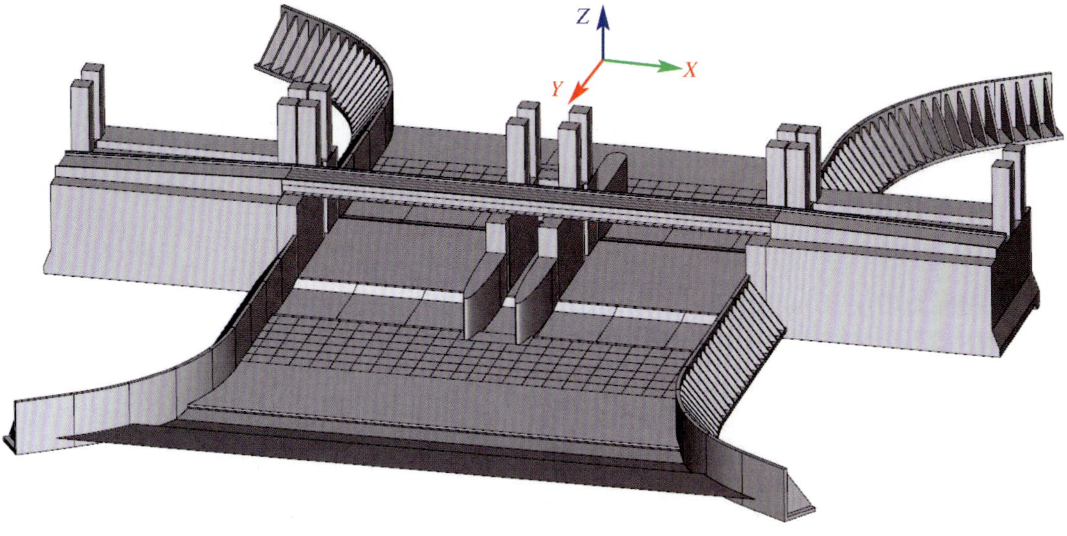

图 1　华阳节制闸总体布置三维模型下游视图

2.2.6 杨湾节制闸

杨湾节制闸主要建筑物级别为2级，次要建筑物为3级。

杨湾节制闸布置于杨湾安全区堤防起点0+000处，距杨湾河入泊湖口转弯处约300m。杨湾节制闸闸室总宽度100.80m，左、右岸墙均宽20m。闸室为胸墙式结构，闸室共8孔，两孔一联，孔口宽8.0m。闸底板顺流向均长22.5m，前后端均设有深1.5m的齿槽。中墩厚2.0m，缝墩厚1.6m，边墩厚1.6m。

闸前为钢筋混凝土护坦长15.00m，钢筋混凝土护坦上游设30.0m长混凝土块护坦，上游端设10m长抛石防冲槽。

闸后消能型式为钢筋混凝土消力池，池深1.00m，坎高1.00m，总长20.00m。坎后接混凝土海漫，总长60m，混凝土海漫后接柔性海漫长30.00m，坡比为1∶20。海漫末端设深下游抛石防冲槽，长15m。

闸室两岸为空箱式岸墙，左、右岸墙均宽20m。上游钢筋混凝土护坦和下游消力池两侧设翼墙，翼墙为钢筋混凝土扶壁式结构和重力式挡墙结构。

与岸墙连接段堤防同安全区堤防，堤顶宽6.0m，堤顶高程18.15m，内外坡比均为1∶3。闸顶交通桥布置在闸门下游侧，桥面宽7.0m，采用预应力混凝土空心板，按公路-Ⅱ级标准设计。

2.2.7 杨湾泵站

杨湾泵站主要建筑物级别为2级，次要建筑物为3级。

杨湾泵站位于同马大堤桩号K66+200处。泵站功能为排涝，设计流量$55m^3/s$。泵站布置3台立式轴流泵，堤后式泵房，出水流道为虹吸式。自上游至下游主要建筑物有进水渠、拦污栅桥、进水箱涵、进水前池、主泵房、出水压力管道、防洪闸、出口消力池及出水渠等。

主泵房平面尺寸为28.4m×26.4m(长×宽)，自上而下布置有电机层、联轴层、水泵层和流道层；每根出水压力管道长约115m；防洪闸闸室底板顺流向长10m，垂直流向长17.40m；出江消力池长15.0m，池宽由24.79m过渡到26.06m；出水渠连接泵站出口与长江；出水渠道末端采用抛石与外江陡岸衔接。

副厂房、安装间分别布置在主泵房左、右两侧，呈“一”字形排列。安装间布置在主泵房右侧，平面尺寸为15.6m×16.8m(长×宽)；副厂房紧靠主泵房左侧，平面尺寸为29.75m×16.8m(长×宽)。副厂房下游侧布置35kV变电所。

进水前池由前池段及两侧翼墙组成，前池长55m；进水前池起始端与进水箱涵相接，箱涵孔口净尺寸采用4.5m×3.5m(宽×高)，共设4孔，箱涵总长1390m。

进水箱涵起始端设拦污栅桥，为整体式桥墩，拦污栅桥共有4孔，孔宽4.5m。

进水渠起于杨湾河，渠道边坡采用钢筋混凝土挡墙，渠底采用50cm厚混凝土护坦。出水渠为同马大堤外滩新开挖渠道，长约 220m；渠道采用梯形断面，边坡采用 1∶3 坡比与现状地形连接；出水渠道末端 25m 宽、渠道中心线上下游 75m 范围内采用抛石与外江陡岸衔接。

2.2.8 华阳河泵站

华阳河泵站主要建筑物级别为 2 级，次要建筑物级别为 3 级。

华阳河泵站建于华阳河下游出口段，老华阳闸西南侧，泵房中心线距离老华阳闸中心线约 100m，同马大堤 K83＋832m 处。泵站功能为排涝，设计流量 130m^3/s。布置 3 台立式轴流泵，堤后式泵房，出水流道为虹吸式。华阳河泵站由内渠至外江依次布置有拦污栅桥、前池、泵房、副厂房、出江管道、防洪闸、消力池、海漫、抛石防冲槽等。

主泵房平面尺寸为 34.60m×28.30m（长×宽），自上而下布置有电机层、联轴层和水泵层；出水压力管道总长 98m；防洪闸闸室底板顺流向长 10m，垂直流向总长 31.50m；出江消力池长 20.00m；消力池末端为 20m 长混凝土加糙海漫，末端设置抛石防冲槽。

安装间紧靠主泵房右侧，平面尺寸为 18.70m×20.40m（长×宽）。副厂房布置在主泵房左侧，平面尺寸为 18.70m×32.00m（长×宽）。

变电站布置在主泵房左侧，与副厂房邻接，位于副厂房下游。

泵站进口前 50m 处设站前拦污栅桥，平面尺寸为 15.50m×34.40m（长×宽），共有 11 孔，桥面高程 17.00m。

出江管道翻堤防后接防洪闸，平面尺寸为 31.50m×10.00m（长×宽），闸顶设启闭机房。防洪闸后接 20m 长出水池和 10m 长保水堰，消力池顺流向长 20m。消力池末端接混凝土加糙海漫及抛石防冲槽。

进水渠与华阳河河道直接相连，长约 80m，与拦污栅桥相邻的 15m 为钢筋混凝土护坦，左岸为钢筋混凝土挡土墙隔流堤，堤顶高程 15.0m；右岸为预制桩挡墙和 C20 植生块护坡，边坡坡比 1∶3，坡顶高程 16.0m。

出水渠与长江河道直接相连，长约 110m，出水渠右岸为格宾石笼边坡，下设土工布边坡坡比 1∶6。出口护坡与长江岸坡采用圆弧连接，使水流平稳入江。

在泵站前池、消力池两侧设翼墙与两岸土堤相连。翼墙采用钢筋混凝土扶壁式或空箱扶壁式。

华阳河泵站平面布置示意图见图 2。

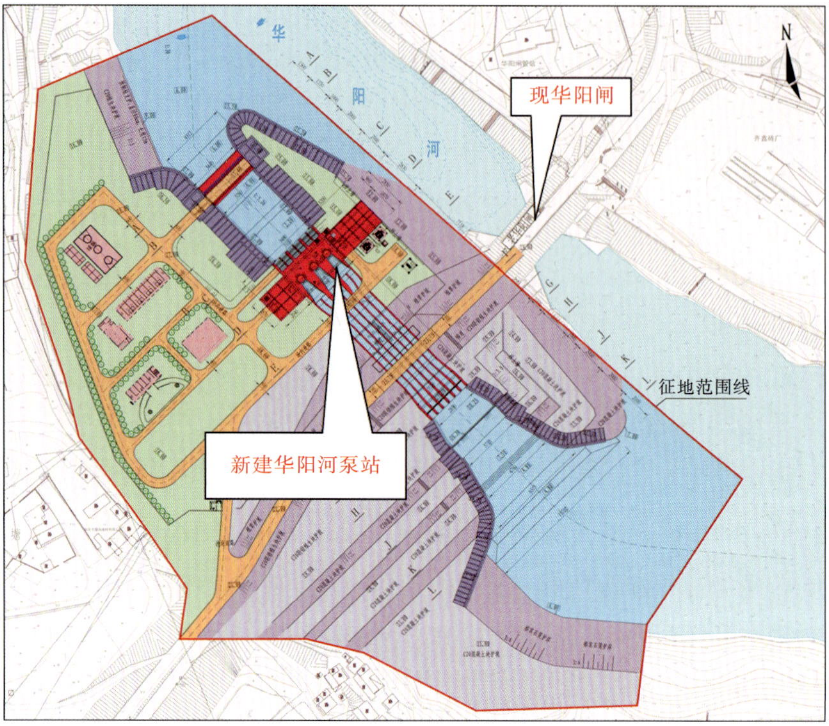

图2 华阳河泵站平面布置示意图

3 工程特点及科技创新

3.1 工程特点

1)项目涉及安徽、湖北两省,涉及宿松、望江、太湖、华阳河农场、九成监狱分局、黄梅县和龙感湖农场等多个地区,各方诉求存在不同或矛盾,协调工作量大。

2)本工程安全区堤防堤线长,安全区堤防建设需要土方量极大,而工程区南部土料虽然丰富但多为鱼塘虾塘或高标准农田,北部虽然有高岗地但多有居民区分布且运距较远,土料场征收及运输困难;工程区位于软土地区,软基处理难度大。

3)程营进洪闸共34孔,设计最大进洪流量为8000m^3/s,属大型多孔水闸。闸基主要为淤泥质粉质黏土等软土地基,土质抗冲能力较小。在闸下游水位及出流形式多变的各种可能发生的工作情况下,设计出安全有效的消能防冲设施是程营进洪闸的设计重点;同时研究合理的闸门调度运行控制方案,来降低下游消能防冲要求和难度,确保工程安全运行是程营进洪闸的设计难点。

4)杨林退洪闸连通黄湖和长江,在不同季节受洪水及工程调度影响,闸上闸下水位可能存在互有高低的情况,工程建筑物面临双向过鱼、多条鱼道等重大方案论证。

5)华阳节制闸作为建设在软土地基上的大孔闸,单孔净宽达 47m,在水闸工程中较为罕见,是结构应力和变形控制工程设计的难点之一。

3.2 科技创新

1)华阳河节制闸由 2 孔跨度 47m 的通航孔和 1 孔 8m 退洪孔组成,退洪孔居中,2 孔通航孔分居两侧,可满足蓄洪期、通航期、退洪期、排涝期和灌溉期所有功能需求,结构布置安全可靠,运行调度灵活方便,为国内罕见的巨型通航孔+退洪孔组合的节制闸方案。

2)程营进洪闸由 34 孔净宽 12m 的进洪孔组成,设计流量 8000m^3/s,最大单宽流量达到 19.61$m^3/(s·m)$,在平原区土基进洪水闸、分洪闸中属国内领先水平。通过降低部分进洪孔底板高程,兼顾平常年份外江与内湖的水系连通功能。

3)因地制宜,结合华阳河泵站功能需求、布置空间限制和扬程范围等特点,研究提出了 3 台直径 3.25m、单机流量 43.33m^3/s 的大型立式轴流泵装机方案,单机流量、机组尺寸均处于国内前列。

4)在工程设计中,根据软土地基分布情况,分别采取深层排水固结、硬壳层较厚铺设土工格栅、局部采取水泥土搅拌桩复合地基等措施,达到满足边坡稳定的要求。

4 工程效益

华阳河蓄滞洪区建设工程实施后,具有较好的社会效益和环境效益,可为保护重点地区蓄洪打下坚实的基础。该地区一旦分洪运用,工程可较大幅度减少整个华阳河蓄滞洪区的损失,避免因洪灾而造成的大量人员伤亡和财产损失,减轻了大洪水防汛抢险、救灾给社会正常生产、生活造成的影响,促进该区内人民安居乐业和国民经济持续稳定发展;保护和改善该区生态环境,避免洪水泛滥可能产生的瘟疫流行、水质恶化带来的严重后果,为该区内经济社会稳定发展创造良好的外部环境。

撰稿/彭兴、杨哲江、刘清明

安庆市下浒山水库

▲ 下浒山水库

下浒山水库位于大沙河中上游，是以防洪、灌溉、供水为主，兼顾发电等具有综合利用效益的水利工程。工程为Ⅱ等工程，大(2)型水库。正常蓄水位115m，总库容2.02亿m^3，防洪库容0.44亿m^3。灌溉农田35.08万亩，灌溉引水流量22.8m^3/s。城镇年引水量0.13亿m^3，电站装机容量15MW，多年平均年发电量0.3505亿kW·h。它不仅是大沙河流域的控制性工程，也是菜子湖流域重要的控制性工程之一，被列入《全国“十一五”大型水库建设规划》。

1 工 程 概 况

1.1 建设背景

菜子湖水系位于安庆市东北部，南临长江，北接巢湖水系，西连皖河流域，东与白荡湖流域毗邻，全流域总面积 3234km^2。大沙河为其最大支流，流域面积 1396km^2，河道长 90.8km，平均比降 2.4‰。下浒山水库位于大沙河中上游，控制流域面积 422km^2。水库坝址地理坐标东经 116°40′39″、北纬 30°52′43″，位于潜山县源潭镇田墩村上游 1km，五井河与大沙河交汇口上游 400m 处，距源潭镇约 6km，自源潭镇至坝址有简易砂石公路相通，交通便利。

《长江流域综合利用规划简要报告(1990 年修订)》(以下简称《简要报告》)明确指出，菜子湖流域的主要规划任务是防洪、除涝、灌溉、水利灭螺及水土保持等。并规划兴建下浒山水库，充分发挥其防洪、供水、发电等综合利用功能。

2004 年 7 月，长江勘测规划设计研究院编制了《安徽省菜子湖流域综合规划报告》(以下简称《规划报告》)。同年 8 月，该报告通过了安徽省水利厅组织的审查。该报告从流域综合治理的角度推荐了下浒山水库工程，并确定下浒山水库工程的开发任务是以防洪、灌溉为主，兼顾供水、发电等综合利用。审查意见认为，下浒山水库工程是实施安徽省菜子湖流域综合治理的关键性工程，应争取早日立项建设，尽早发挥综合效益。

1.2 工程简述

工程区位于大别山中低山区的边缘，属低山丘陵地形。坝址区主要出露前震旦系大别山群桥岭组(AnZq)地层及基性侵入岩脉。第四系以河流冲积为主。河流冲积主要分布于河床以及河漫滩上，为灰黄色含砾中粗砂，结构松散，砾卵石含量在 20%左右，厚度一般为 7～10m。

枢纽布置格局为：河床布置挡水建筑物、泄水建筑物，右岸布置坝后引水式电站，电站尾水渠兼作灌溉与供水渠首。右岸上游山体垭口处进行帷幕灌浆防渗处理。

本工程施工过程分为筹建期、工程准备及主体工程施工期和工程完成期，计划总工期 36 个月。

下浒山水库工程特性见表 1。

表 1　　下浒山水库工程特性

<table>
<tr><th colspan="3">名称</th><th>数量及特性</th><th>备注</th></tr>
<tr><td rowspan="10">水文</td><td rowspan="2">流域面积</td><td>全流域(km²)</td><td>1396</td><td></td></tr>
<tr><td>坝址以上(km²)</td><td>422</td><td></td></tr>
<tr><td colspan="2">多年平均年径流量(亿 m³)</td><td>3.39</td><td></td></tr>
<tr><td rowspan="7">代表性流量</td><td>多年平均流量(m³/s)</td><td>10.7</td><td></td></tr>
<tr><td>实测最大流量(m³/s)</td><td>6100</td><td>实测日期：1969年7月14日</td></tr>
<tr><td>实测最小流量(m³/s)</td><td>0.09</td><td>实测日期：1967年8月30日</td></tr>
<tr><td>正常运用(设计)洪水标准及流量(m³/s)</td><td>5120</td><td>P=1%</td></tr>
<tr><td>非常运用(校核)洪水标准及流量(m³/s)</td><td>8370</td><td>P=0.1%</td></tr>
<tr><td>施工导流标准及流量(m³/s)</td><td>2130</td><td>P=10%</td></tr>
<tr><td rowspan="11">水库</td><td rowspan="6">水库水位</td><td>校核洪水位(m)</td><td>118.42</td><td></td></tr>
<tr><td>设计洪水位(m)</td><td>115.76</td><td></td></tr>
<tr><td>正常蓄水位(m)</td><td>115.00</td><td></td></tr>
<tr><td>防洪高水位(m)</td><td>115.70</td><td></td></tr>
<tr><td>汛期限制水位(m)</td><td>108.90</td><td></td></tr>
<tr><td>死水位(m)</td><td>90.00</td><td></td></tr>
<tr><td rowspan="4">水库容积</td><td>总库容(亿 m³)</td><td>2.02</td><td></td></tr>
<tr><td>防洪库容(亿 m³)</td><td>0.44</td><td></td></tr>
<tr><td>调节库容(亿 m³)</td><td>1.28</td><td></td></tr>
<tr><td>死库容(亿 m³)</td><td>0.44</td><td></td></tr>
<tr><td colspan="2">调节特性</td><td>多年调节</td><td></td></tr>
<tr><td rowspan="2">下泄流量及相应下游水位</td><td colspan="2">校核洪水位时最大泄量(m³/s)</td><td>5967</td><td></td></tr>
<tr><td colspan="2">设计洪水位时最大泄量(m³/s)</td><td>4476</td><td></td></tr>
<tr><td rowspan="6">工程效益</td><td rowspan="2">防洪</td><td>保护耕地(万亩)</td><td>13.59</td><td></td></tr>
<tr><td>保护人口(万)</td><td>15.20</td><td></td></tr>
<tr><td rowspan="4">灌溉</td><td>设计灌溉面积(万亩)</td><td>35.08</td><td></td></tr>
<tr><td>灌溉保证率(%)</td><td>80</td><td></td></tr>
<tr><td>年引水总量(亿 m³)</td><td>0.99</td><td></td></tr>
<tr><td>设计引水流量(m³/s)</td><td>22.8</td><td></td></tr>
</table>

续表

名称			数量及特性	备注
工程效益	供水	年引水量(亿 m^3)	0.13	
		供水保证率(%)	95	
	发电	装机容量(MW)	15	
		保证出力(MW)	0.58	
		多年平均年发电量(亿 kW·h)	0.3505	
		装机年利用小时数(h)	2336	
		发电引水流量(m^3/s)	39.75	
主要建筑物及设备	挡水建筑物	型式	碾压混凝土重力坝	
		地基特性	黑云母二长花岗片麻岩	
		地震基本烈度(度)	Ⅵ	
		坝顶高程(m)	119.0	
		最大坝高(m)	74.5	
		坝轴线长度(m)	291.50	
	泄水建筑物	型式	溢流表孔	
		地基特性	黑云母二长花岗片麻岩	
		堰顶高程(m)	102.0	
		溢流段长度(m)	45	
		设计泄洪流量(m^3/s)	4476	
		校核泄洪流量(m^3/s)	5967	
	引水建筑物	设计引水流量(m^3/s)	39.75	
		进水口中心高程(m)	81.60	
		引水道型式	坝后背管	
		长度(m)	88.45	
		断面尺寸(m)	Φ3.2	圆形
		条数(条)	1	
		钢管总长(m)	99.20	主管长度 46.30m,支管长度 52.90m
		主管内径(m)	3.2	圆形
	厂房	型式	坝后式地面厂房	
		厂房尺寸(长×宽×高,m×m×m)	35.25×13.5×28.81	
		水轮机安装高程(m)	57.0	

2 建设历程

下浒山水库工程的勘察设计工作始于 20 世纪 50 年代，安庆市勘测设计部门编制过多份勘察报告和设计报告。

2004 年 10 月，编制完成了《安徽省安庆市下浒山水库工程项目建议书》。2008 年 11 月，中国国际工程咨询公司对项目建议书进行了评估。2010 年 10 月 28 日，国家发展和改革委员会发文批准了本水库工程立项。

2011 年 3 月，完成了《安徽省安庆市下浒山水库工程可行性研究报告(审定稿)》(以下简称《可研报告》)。2011 年 11 月经水利部水利水电规划设计总院审查，基本同意修改后的《可研报告》。批文见水总设〔2012〕193 号文。2014 年 2 月，中国国际工程咨询公司对《安徽省安庆市下浒山水库工程可行性研究报告》进行了咨询评估。咨询评估意见见咨农发〔2014〕230 号文。2014 年 7 月 25 日，国家发展和改革委员会以发改农经〔2014〕1718 号文对《可研报告》进行了批复。

2014 年 11 月，编制了《安徽省安庆市下浒山水库工程初步设计报告(审定稿)》。水利部于 2015 年 4 月以水总〔2015〕195 号文批复了该报告。

《安徽省安庆市下浒山水库工程初步设计报告(审定稿)》批复以后，开始下浒山水库工程主体工程设计工作，于 2015 年 7 月完成《安徽省安庆市下浒山水库主体土建与安装工程施工招标文件》编制，其后开始主体工程施工详图设计工作。

2017 年 11 月，完成了《安徽省安庆市下浒山水库枢纽工程安全鉴定设计自检报告》(第一阶段)的编制。2020 年 3 月，完成了《安徽省安庆市下浒山水库枢纽工程安全鉴定设计自检报告》(第二阶段)的编制。

2021 年 11 月，完成工程竣工安全鉴定。

2021 年 12 月，工程竣工验收。

3 建设意义

(1)下浒山水库工程是《简要报告》和《规划报告》推荐的菜子湖综合治理的关键工程

菜子湖是安庆市粮、棉、油基地，洪涝灾害频繁，又存在严重的工程性缺水，农田灌溉不足，城乡用水安全得不到保障，制约了地区经济社会的可持续发展。在 1990 年《简要报告》和 2004 年编制的《规划报告》均推荐下浒山水库工程是菜子湖综合治理的关键工程，对促进地区经济社会可持续发展十分必要。

(2)下浒山水库工程是提高大沙河中下游和菜子湖湖区防洪的主体工程

1)下浒山水库对大沙河中下游的防洪作用。

大沙河防洪保护区包括桐城市、怀宁县、潜山县的 7 个城镇，其中潜山县为国家级贫困县。2010年防洪保护区人口为15.2万，耕地面积为13.59万亩，占全市内河圩畈区耕地面积38.8万亩的35.0%。另外保护区内尚有206国道、沪蓉高速公路、合九铁路，这些交通要道均横跨人形河和柏年河。

下浒山水库建成后防洪作用巨大。当发生20年、100年、2000年一遇洪水时，经下浒山水库调蓄后，出库最大泄量约相当于10年、50年和200年一遇洪峰流量。下游堤防通过加固达到10年一遇，与下浒山水库配合运用，经初步估算，可将大沙河的防洪标准提高到20年一遇。

2)下浒山水库对菜子湖湖区的防洪作用。

菜子湖圩区面积229.92km²。湖区周围的圩口，受地形影响，小而分散，有近90%以上的圩口面积在5000亩以下，堤线长，河汊多，5000亩以上圩口围堤长达95km²，现有防洪能力不足10年一遇，全面加高堤防需要的投入很大。

菜子湖湖区汛期主要受内湖高洪水位的威胁，湖区水位既受上游来水的影响，又受长江高水位的顶托倒灌影响。每当汛期来临，长江水位逐渐抬高，当长江水位高于菜子湖的水位时，枞阳闸关闭，此时流域水量全部装入湖区内，湖区水位被迫抬高，威胁周边圩口的安全。如果此时上游水库能够拦蓄部分水量，则可在一定程度上降低湖区水位，从而减轻湖区周边圩口防汛压力。

下浒山水库可提高菜子湖湖区的防洪能力，通过水库调度，汛期水位降至108.9m，为湖区防洪提供蓄洪库容0.44亿m³，从而可降低菜子湖水位0.17m，减轻湖区防汛压力。下浒山水库调蓄并配合湖区圩口堤防加固，可使菜子湖湖区的防洪标准从目前的不足10年一遇提高到20年一遇。

下浒山水库可兼顾大沙河中下游和菜子湖湖区防洪，在堤防的配合下抗洪能力提高到20年一遇，是地区防洪能力达标的主体工程。

(3)下浒山水库工程是提高流域内农业灌溉用水的骨干工程

菜子湖流域总耕地面积131.81万亩(其中水田61.89万亩，旱地69.92万亩)，设计灌溉面积82.71万亩，有效灌溉面积57.27万亩。流域内现有大小灌区数百处，其中万亩以上中型灌区14处，尚无大型灌区。灌区灌溉保证率一般只有20%左右，尚有74.54万亩耕地得不到灌溉或不能有效灌溉，占流域总耕地面积的56.55%，其中下浒山工程可自流控灌区域中，尚未有效灌溉或无灌溉设施面积35.08万亩，占流域的47.1%。总体而言，流域内水资源开发利用程度不高，灌溉工程规模达不到流域灌溉要求，工程性缺水严重。

下浒山水库建成后，灌溉尚未有效灌溉或无灌溉设施35.08万亩耕地，多年平均灌溉水量0.99亿m³，灌溉保证率可达80%以上，基本解决了本片的农田灌溉问题。因此，下浒山水库是解决该区域旱灾这又一水利主要矛盾的骨干工程。

(4)下浒山水库工程是区域城镇发展供水的需要

下浒山水库供水的乡镇有：怀宁县的高河镇、金拱镇、马庙镇、公岭镇，桐城市的青草镇以及潜山县的源潭镇共1个县城、5个乡镇。

受益区内的1个县城、5个乡镇城镇居民生活及企业用水量，到设计水平年2020年仍需下浒山水库供水0.13亿 m^3/a，折合流量为0.42 m^3/s。特别是怀宁县的高河镇，国务院于1998年9月25日正式批准为怀宁新县城所在地，目前供水水源无保障，每年枯水期，城镇居民生活用水十分紧张。城乡用水供需矛盾日益紧张，若不及时解决好城镇供水问题，势必严重制约当地工农业生产持续稳定发展，影响人民群众正常生活，加剧水体生态环境恶化。下浒山水库可解决这6个乡镇用水问题，为该地区可持续发展提供基础支撑作用。

(5)下浒山水库工程是充分开发利用水力资源的需要

虽然安庆市电网电力工业发展速度较快，但由于电源结构不合理及经济的快速发展，电力供应不足比较明显。据安庆电网中长期发展规划预测，2010年安庆市全社会需电量为46.9亿kW·h，最大负荷为1065MW，2005—2010年年均增长7.22%；2015年全社会需电量为62.8亿kW·h，最大负荷为1494MW，2010—2015年年均增长6.0%。2020年全社会需电量为83.3亿kW·h，最大负荷为1999MW，2015—2020年年均增长5.8%。到2020年，安庆电网缺电容量将达到750MW。

建设下浒山水库，开发大沙河水能，是进一步充分利用安庆市水力资源、大力发展小水电的需要。下浒山水库电站装机容量15MW，多年平均年发电量0.3505亿kW·h。

4 主要建筑物设计

4.1 大坝结构

左岸非溢流坝段共分为7个坝段(左岸非溢流1#～7#坝段)。左岸非溢流1#～5#坝段前缘长度均为17.0m，6#、7#坝段前缘长度为20.0m，总长125.0m。在左岸非溢流3#坝段设楼梯井，从坝顶至基础廊道，是大坝左岸的主要垂直通道，左岸非溢流6#、7#坝段坝顶各布置一个表孔检修门库。

河床溢流坝段共分为4个坝段(泄1#～4#坝段)，每个坝段均长16.5m，总长66.0m，共设3个表孔(从左至右依次为1#～3#表孔)，表孔宽12.0m，堰顶高程98.0m，溢流坝段孔中分缝，表孔设弧形工作门并在其上游设事故检修门槽。两孔之间为短闸墩，边孔外侧为长闸墙。闸墩上布置启闭机房、集控室和变配电室。

右岸非溢流坝段共分6个坝段(右岸非溢流1#～6#坝段)。右岸非溢流1#～5#坝段前缘长度均为16.5m，6#坝段前缘长度为22.0m，总长104.5m。在右岸非溢流4#坝段设楼梯井，从坝顶至基础廊道，是大坝右岸的主要垂直通道，右岸非溢流5#、6#坝段坝顶布置分层取水叠梁门库。大坝平面布置见图2。

(1)左岸非溢流坝段

大坝坝体上游面竖直，左岸非溢流5#坝段右侧及6#、7#坝段自高程113.0m向上游侧伸出 3.5m 宽牛腿；下游高程 69.0m 以上坝坡坡比为 1∶0.75，与坝轴线交点高程 117.0m，高程 69.0m 以下坝坡坡比为 1∶0.85。左岸非溢流 1# ～7# 坝段建基面高程分别为 106.5m、91.5m、76.5m、69.5m、61.0m、53.0m、45.5m，坝基顺流向长分别为 7.87m、19.12m、30.37m、35.62m、42.8m、49.6m、55.97m。左岸非溢流 1# ～5# 坝段坝顶宽 6.0m，6# 、7# 坝段坝顶宽 12.4m。

左岸非溢流 6# 、7# 坝段各设置一个表孔检修门库，门库尺寸 13.6m×2.3m×11.0m（长×宽×高），底高程 108.0m。

左岸非溢流 3# 坝段设置楼梯井，平面尺寸 4.54m×2.25m（长×宽），楼梯井突出坝体范围外墙厚 30cm，下游边墙距坝轴线 10.05m，楼梯井顶高程 123.50m。

左岸非溢流 5# 坝段设置观测室，平面尺寸 3m×2.9m（长×宽），观测室顶高程 123.35m。左岸非溢流 5# 坝段典型断面见图 1。

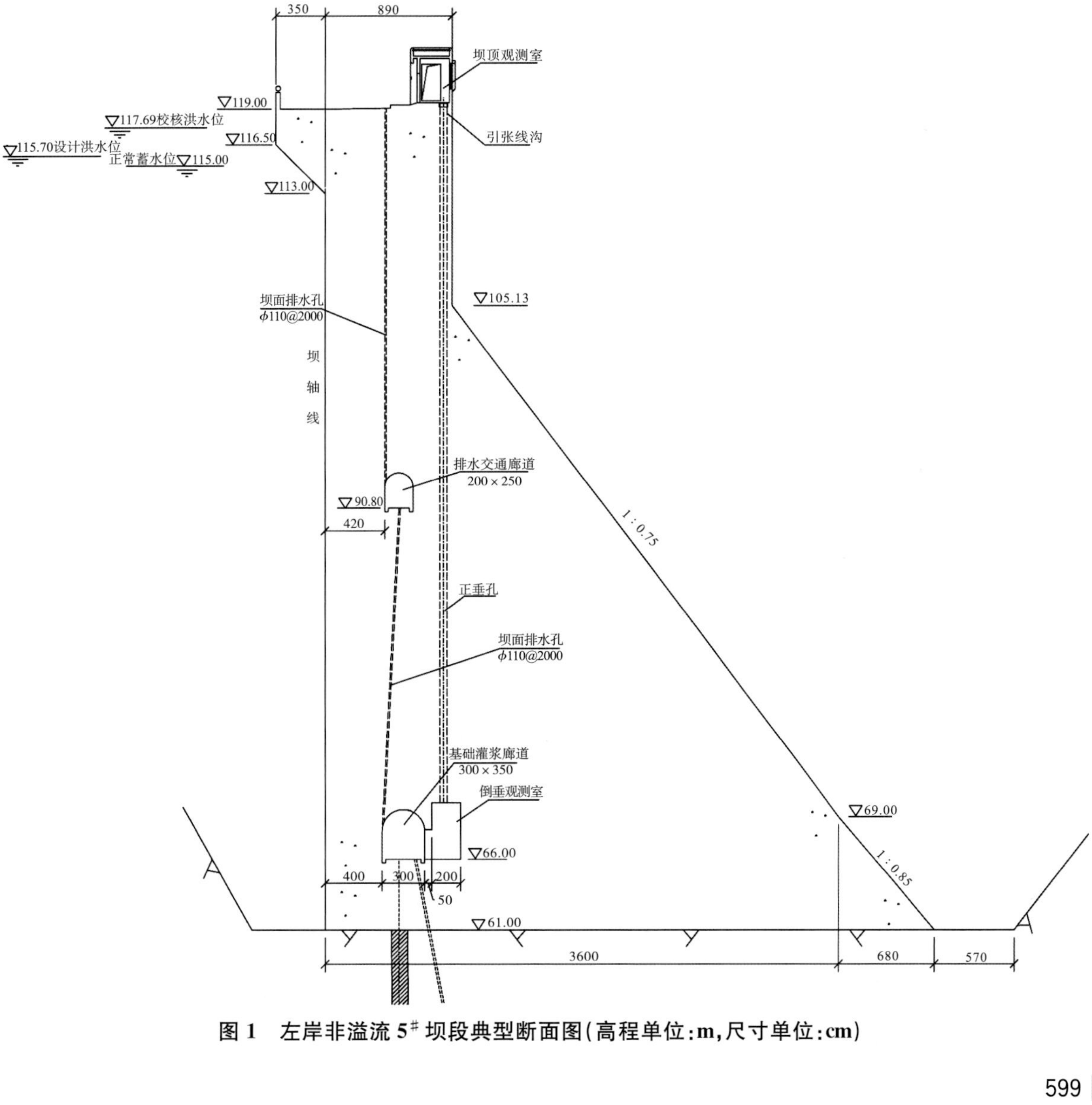

图 1　左岸非溢流 5# 坝段典型断面图（高程单位：m，尺寸单位：cm）

(2)右岸非溢流坝段

大坝坝体上游面竖直,右岸非溢流 4[#] 坝段右侧及 5[#]、6[#] 坝段自高程 113.0m 向上游侧伸出 3.5m 宽牛腿;下游高程 69.0m 以上坝坡坡比为 1∶0.75,高程 69.0m 以下坝坡坡比为 1∶0.9。右岸非溢流 1[#]～6[#] 坝段建基面高程分别为 100m、85m、68m、51m、45m、45m,坝基顺流向长分别为 12.75m、24.0m、36.9m、44.1、56.5m、56.5m。右岸非溢流 1[#]～4[#] 坝段坝顶宽 6.0m,5[#]、6[#] 坝段坝顶宽 12.9m。

右岸非溢流 5[#] 坝段设置两个取水叠梁门库,右岸非溢流 4[#] 坝段设置一个取水叠梁门库,门库尺寸 4.04m×1.8m×8.6m(长×宽×高),底高程 110.4m。

右岸非溢流 4[#] 坝段设置楼梯井、前室、通风井、电缆井及观测室。楼梯井平面尺寸 4.54m×2.25m(长×宽),前室平面尺寸 3.75m×1.6m(长×宽),通风井平面尺寸 1.6m×0.59m(长×宽),电缆井平面尺寸 0.8m×0.9m(长×宽),楼梯井突出坝体范围外墙厚 30cm,下游边墙距坝轴线 14.25m,观测室平面尺寸 3m×2.6m(长×宽),观测室及楼梯井顶高程 123.35m。右岸非溢流 4[#] 坝段典型断面见图 2。

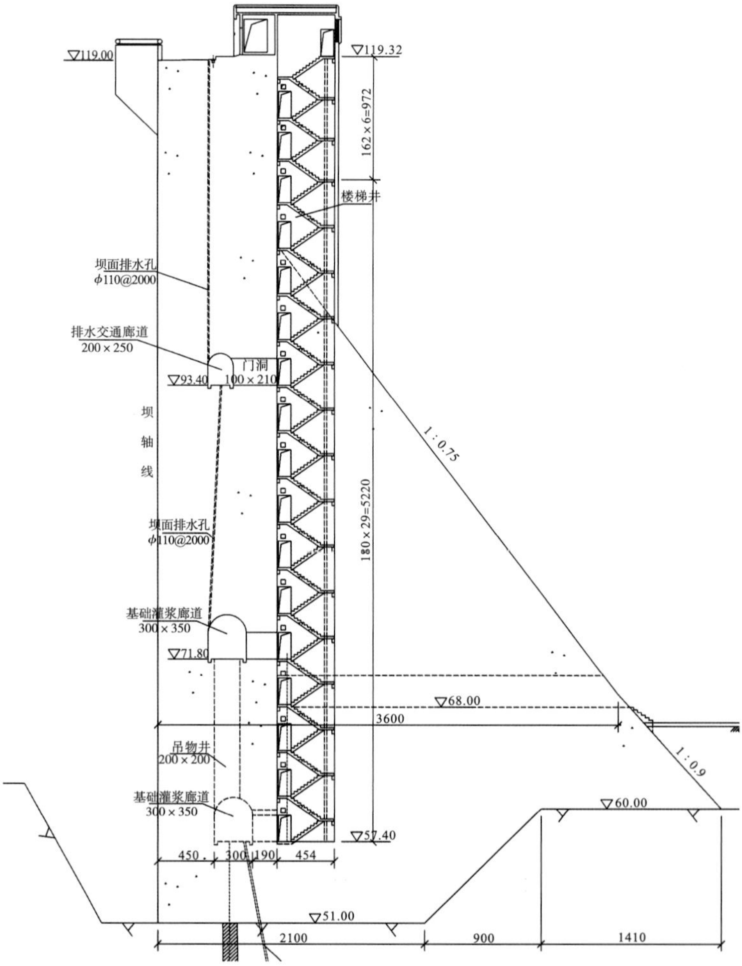

图 2　右岸非溢流 4[#] 坝段典型断面图(高程单位:m,尺寸单位:cm)

右岸非溢流 6# 坝段为厂房进水口坝段，上游自 69.2m 高程向上游伸出 6.0m 牛腿设置拦污栅墩，牛腿顶面高程 78.2m，进水口顺水流向依次布置拦污栅、分层取水叠梁门、喇叭口段、检修门井段、渐变段，后接坝内埋管。拦污栅、分层取水叠梁门及检修门均由坝顶门机操作，厂房进水口底高程 80.0m，坝体内引水管水平布置，渐变段末端下游 0.5m 以前管段为钢筋混凝土结构，其下游为钢管，按明钢管设计，坝下游坡设电站引水钢管槽，钢管采用半埋式，外包混凝土厚 1m。

(3)溢流坝段

溢流坝段分 4 个坝段(泄 1# ～泄 4# 坝段)，长度均为 16.5m，上、下游面均竖直，坝段顺流向长 61.74m。

大坝共设 3 个表孔，采用孔中分缝，孔宽 12m。表孔堰顶高程 98.0m，堰头采用长半径为 4.95m、短半径为 2.8m 的椭圆形曲线，溢流面体型采用 WES 曲线，曲线方程 $y=0.0461x^{1.85}$，定型设计水头 16.5m，直线连接段坡比 1∶0.85，反弧半径 33.66m，连续式挑坎坎顶高程 67.0m，挑角 7°。消能型式采用挑流消能。

表孔堰顶的上游进口设检修门槽，检修门由坝顶门机操作。堰顶的下游设弧形工作闸门，由液压启闭机操作。

表孔闸墩桩号 0－002.25～0＋039.00 厚 4.5m，上游墩头为半径 2.25m 的半圆弧曲线；中闸墩下游墩头采用长轴为 13.5m、短轴为 4.5m 的半椭圆形曲线，保证下泄水流平顺；边闸墩在桩号 0＋039.00 下游厚度变为 3m。

泄 4# 坝段边墩自高程 114.5m 向右侧悬挑出 2.5m 宽牛腿，以布置变配电室及集控室，变配电室布置在一楼，平面尺寸为 12.73m×5m(长×宽)，集控室布置于二层，平面尺寸为 10.25m×5m(长×宽)，坝后布置 2.4m×7m(长×宽)楼梯间，顶高程 127.35m。泄 1# ～泄 3# 坝段闸墩上分别设置一个启闭机房，平面尺寸 8.5m×4.5m(长×宽)，顶高程 123.55m。

溢流坝段典型断面见图 3。

4.2 大坝防渗及混凝土设计

(1)大坝防渗设计

大坝混凝土防渗采用二级配富胶凝碾压混凝土，混凝土抗渗等级 W8。

根据规范要求，防渗层水力坡降取 $i=15$，大坝上游面二级配碾压混凝土防渗设计厚度 4～5m，大坝下游面二级配碾压混凝土防渗设计厚度 3m，其中在模板附近 50cm 厚采用变态混凝土。

(2)混凝土材料分区

工程区 1 月平均气温 3.5℃，属温和地区。根据计算成果，坝基压应力小于 2MPa。

为满足建基面找平和坝基固结灌浆要求，在坝基平台范围设 2m 厚常态混凝土，混凝土等级为 C90 20W8F100。

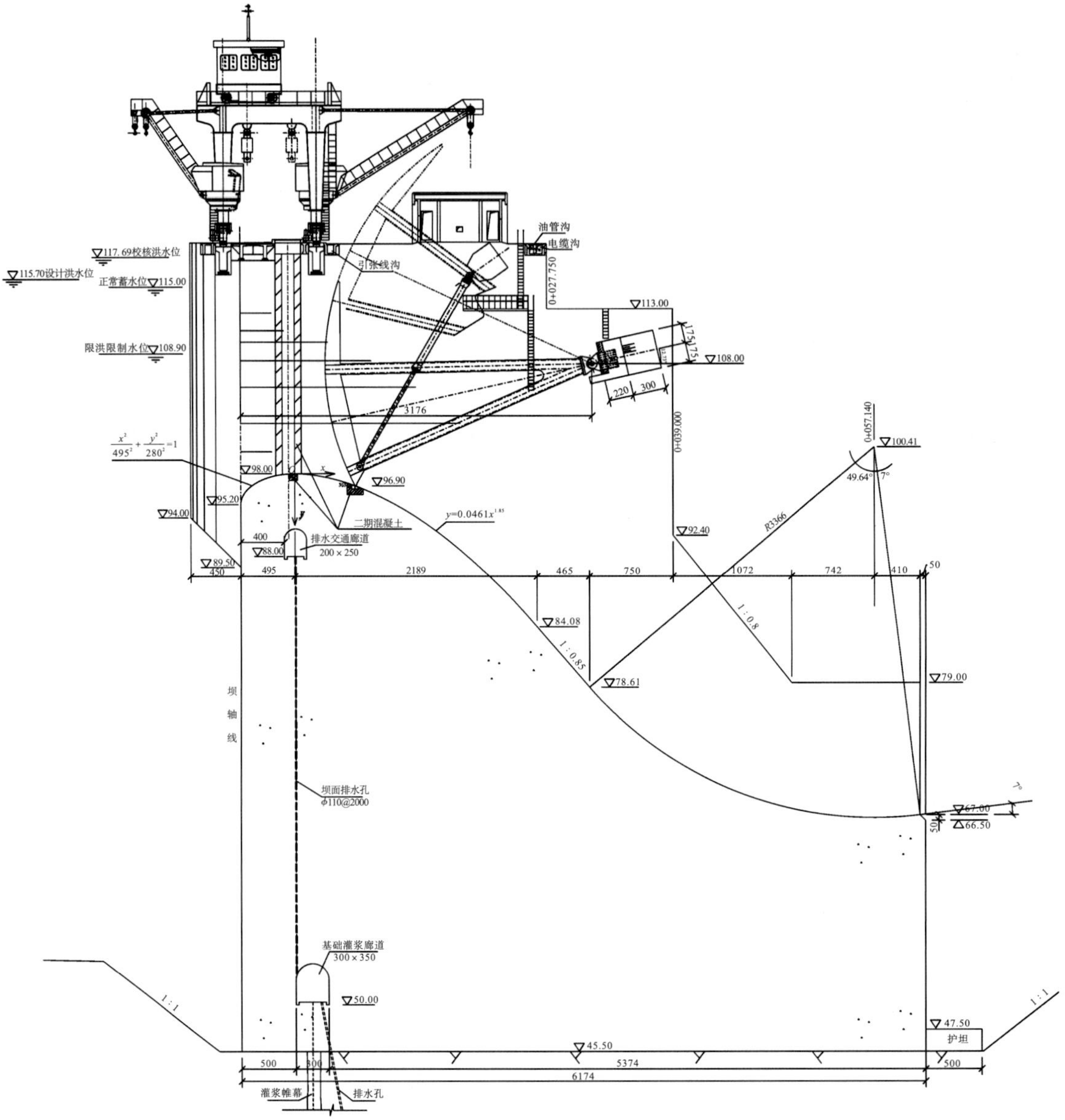

图3　溢流坝段典型断面图(高程单位:m,尺寸单位:cm)

溢流坝段表孔表面及闸墩侧面1m范围采用抗冲磨混凝土,混凝土等级为C28 35W8F100。溢流坝高程88m以上、堰面抗冲磨混凝土以下3m范围、闸墩内部混凝土采用常态混凝土,混凝土等级为C90 25W8F100。溢流坝高程88m以下、堰面4m以下范围采用碾压混凝土,其中上游4～5m范围、下游3m范围为防渗层混凝土,混凝土等级为C180 20W8F100(二),中间为内部混凝土,混凝土等级为C180 15W6F50(三)。

左岸非溢流1[#]坝段和右岸非溢流1[#]坝段由于要布置施工溜筒须提前施工,全部采用常态混凝土,混凝土等级为C90 20W8F100。

左岸非溢流2[#]～4[#]坝段均采用碾压混凝土,其中上游4m范围、下游3m范围为防渗层混凝土，上游高程 89.0m 以下混凝土等级为 C180 20W8F50(二)，上游高程 89.0m 以上混凝土等级为 C180 20W8F100(二)，下游混凝土等级为 C180 20W6F100 中间为内部混凝土，混凝土等级为 C180 15W6F50(三)。

左岸非溢流 5# ～7# 坝段高程 107m 以上由于布置门库和牛腿，采用常态混凝土，混凝土等级为 C90 20W8F100，高程 107m 以下采用碾压混凝土，分区原则同左岸非溢流 2# ～4# 坝段。

右岸非溢流 2# ～5# 坝段由于上部 4# 、5# 坝段布置有门库和牛腿，可碾压施工的仓面较小，高程 99m 以上采用常态混凝土，混凝土等级为 C90 20W8F100，高程 98m 以下采用碾压混凝土，分区原则同左岸非溢流 2# ～4# 坝段。

右岸非溢流 6# 坝段布置电站进水口和引水管道，大坝高程 78m 以上及坝后背管二期混凝土采用常态混凝土，混凝土等级为 C90 25W8F100。高程 78m 以下采用碾压混凝土，其中上游 4～5m 范围、下游 3m 范围为防渗层混凝土，混凝土等级为 C180 20W8F50(二)，中间为内部混凝土，混凝土等级为 C180 15W6F50(三)。

为保证质量，在模板附近 50cm、开挖边坡附近 100cm 以及钢筋周围的碾压混凝土加浆振捣形成变态混凝土。

碾压混凝土施工中，部分仓面被分隔得较小不便碾压施工，如高程 90.8m 廊道上游、部分斜坡基础廊道上游、横向廊道靠岸坡侧等部位，根据施工现场情况，将部分碾压混凝土改为常态混凝土。

大坝混凝土材料分区见图 4。

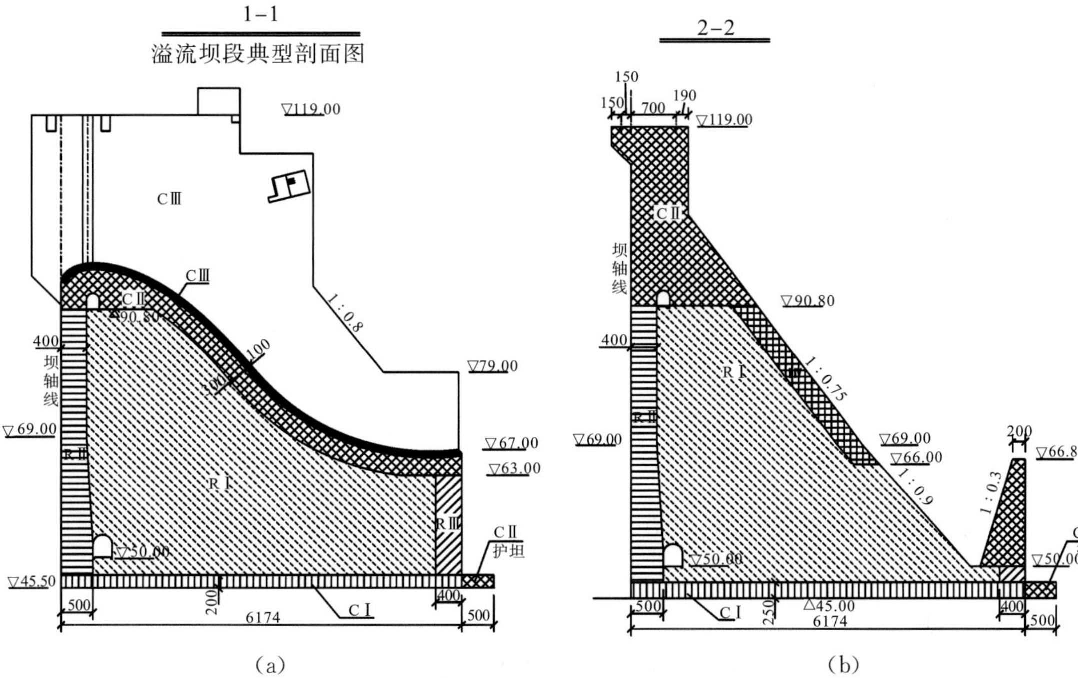

(a)　　　　(b)

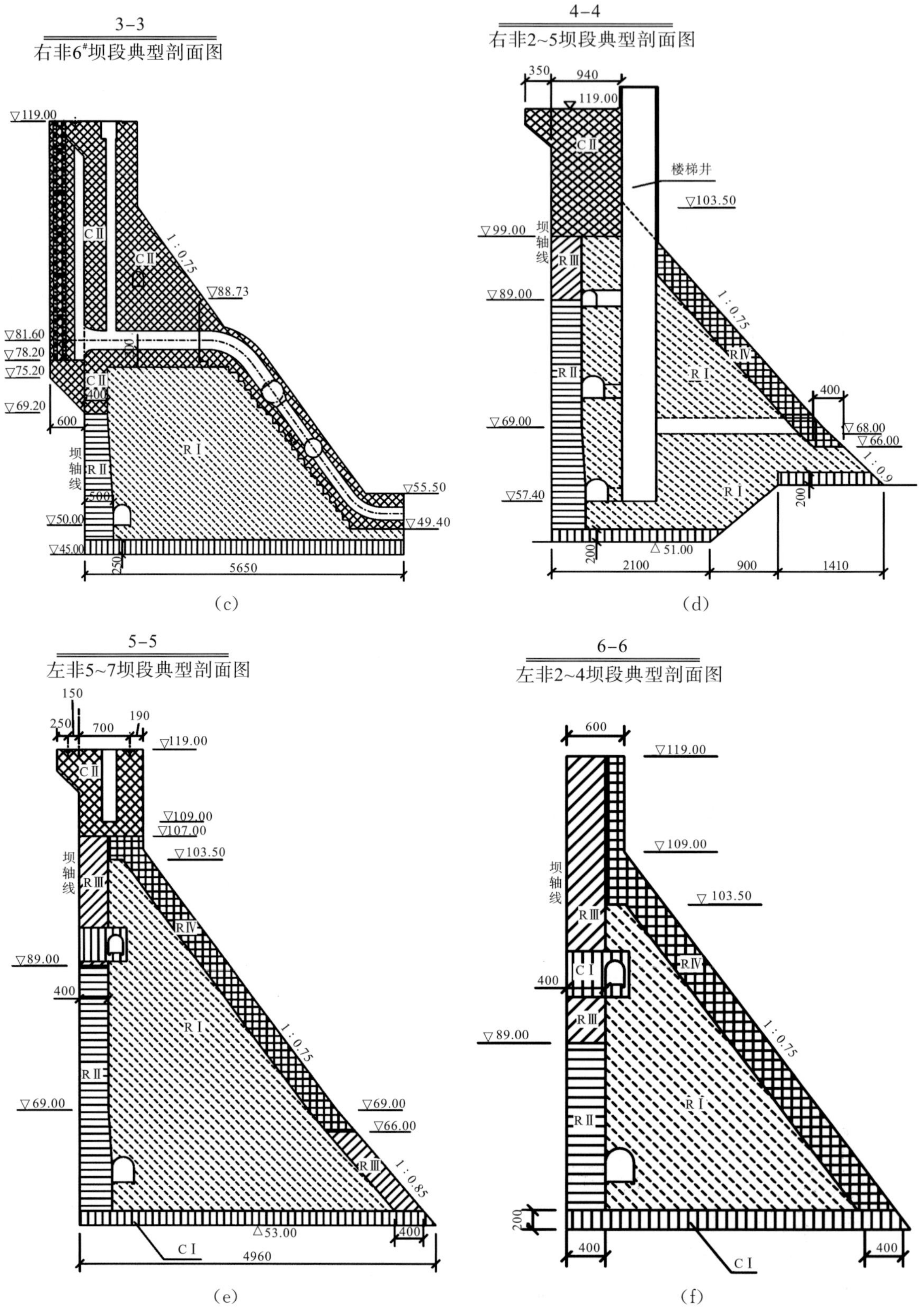

图4　大坝混凝土材料分区图(高程单位:m,尺寸单位:cm)

4.3 大坝分缝

根据大坝布置、结构、施工浇筑条件以及混凝土温度控制等要求确定坝体分缝分块，具体情况如下：

(1)横缝

河床溢流坝段孔口尺寸闸墩结构要求，横缝间距为16.5m。左岸非溢流1#～5#坝段横缝间距均为17.0m，左岸非溢流6#坝段和左岸非溢流7#坝段布置门库，其横缝间距均为20.0m。右岸非溢流1#～5#坝段横缝间距均为16.5m，右岸非溢流6#坝段根据钢管布置需要，横缝间距为22.0m。

碾压混凝土坝段采用机械切缝成缝，缝内填彩条布；止水前横缝设沥青杉板。

(2)纵缝

左、右岸非溢流坝基本上采用碾压混凝土，不分纵缝。

溢流坝段堰面以下基本上采用碾压混凝土，不分纵缝。上部为钢筋混凝土闸墩，不分纵缝。

4.4 泄水建筑物结构布置

泄水建筑物布置于挡水建筑物中部的溢流坝段上，由3个表孔组成，从左至右依次为1#、2#、3#表孔。表孔跨缝布置，宽12m，闸墩厚4.5m，溢流前缘总长45m，消能型式采用挑流消能。

表孔为开敞式溢流堰，上游面与坝轴线平齐，堰顶高程98m，堰头采用长半径为4.95m、短半径为2.80m的椭圆形曲线，下游溢流采用WES曲线，曲线方程 $y=0.0461x^{1.85}$，定型设计水头16.5m，直线连接段坡比1∶0.85，反弧半径33.66m，连续式挑坎坎顶高程67.0m，挑角7°，表孔沿水流向总长67.14m。表孔设弧形工作门，由液压启闭机启闭，弧形工作门上游设平板检修门，由坝顶门机启闭。

中闸墩顺流向总长50.25m，上游伸出坝面4.5m，上游采用半径为2.25m的半圆形墩头，下游采用长半径为6.75m、短半径为2.25m的半椭圆形墩头，厚度4.5m；边闸墩顺流向总长71.64m，上游伸出坝面4.5m，上游采用半径为2.25m的半圆形墩头，桩号0+069.00m上游部分厚4.5m，其下游厚3m。

4.5 电站建筑物布置

(1)进水口布置

进水口采用坝式进水口，从右岸非溢流坝段取水，依次布置有拦污栅、分层取水钢叠梁门、喇叭口及事故检修闸门。由于电站进水口兼顾发电与灌溉引水，考虑生态及环保要求后，进水口采用分层取水的布置型式。

进水口拦污栅墩采用两孔三墩布置。3个支墩布置在突出坝体6m长的牛腿上，拦污栅墩净间距3.6m，拦污栅中墩由支撑横梁与坝体相连，拦污栅中墩由连系梁与两个边墩相连，以保证其整体稳定，考虑到分层取水要求，拦污栅满槽布置。

分层取水的钢叠梁门门槽布置在拦污栅后，钢叠梁门按两孔布置，钢叠梁门分布于高程78.2～106.2m，孔口尺寸3.2×28m(宽×高，每节2.8m高，每孔共10节)。

喇叭口段流道断面由8.5m×5.8m(宽×高)渐变为3.2m×3.2m(宽×高)，流道底面、侧面与顶面均采用曲线过渡。其中：底面采用半径1.5m的1/4圆弧段过渡，侧面采用$x^2/3.6^2+y^2/2.65^2=1$的二次曲线过渡，顶面采用$x^2/3.6^2+y^2/1.1^2=1$的二次曲线过渡。

事故检修闸门紧接喇叭口段，流道尺寸为3.2m×3.2m(宽×高)，在事故检修闸门后设有一个直径650mm的通气孔，出下游坝面。

拦污栅底槛高程为78.2m，引水管底部高程为80.0m，下浒山水库100年的淤积高程为76.1m，进水口底部高程设计合理。进水口顶部高程与坝顶同高，为119.00m。拦污栅、分层取水叠梁门、事故检修闸门的启闭及安装均通过布置在坝顶的门机操作。

(2)压力管道布置

压力钢管采用坝后背管的型式，由上平段、上弯段、斜面段、下弯段及下平段组成。压力钢管采用半埋式外包钢筋混凝土的结构型式，压力钢管经约4.5m长的上平段后接上弯段，再接斜面直段，斜面段平面与坝体下游斜面平行，直径3.2m的主管在斜面上经分岔后变为一条直径2.7m的支管与一条直径2.2m的支管，直径2.7m的支管再经分岔后变为一条直径2.2m的支管与一条直径1.2m的支管，由3条支管分别引水至3台水力发电机组发电。1#与2#压力钢管进厂中心高程为52.0m，3#压力钢管进厂中心高程为50.0m，1#压力钢管沿轴线全长约86.8m，2#压力钢管沿轴线全长约75.5m，3#压力钢管沿轴线全长约82.1m。引水线路长度较短，经调节保证计算满足机组过渡过程稳定要求。

(3)电站厂房布置

电站厂房布置于大坝非溢流坝段下游的河床右岸，距坝轴线56.5m处，为坝后式厂房，厂房纵轴线距坝轴线73.3m，方向为NE89.3°。厂房安装一台1.5MW的卧式机组及两台6.75MW的立式机组，总装机容量15MW。电站厂房由主厂房、副厂房、安装场及尾水调节池段组成，安装场位于主厂房右侧，副厂房位于主厂房和安装场上游侧。

主厂房尺寸为31.0m×15.4m×38.2m(长×宽×高)。主厂房立式机组部分分为蝶阀室层、水轮机层和发电机层3层。主厂房建基面高程定为45.00m，蝶阀室层布置有蝶阀，两台立式机组蝶阀室高程为49.10m，卧式机组蝶阀坑底部高程为48.40m，水轮机层布置有调速器及蝶阀油压装置，水轮机层高程为54.30m，发电机层布置有控制盘柜等，两台立式机组发电机层高程为58.80m，卧式机组发电机层高程为51.30m。

副厂房尺寸为43.5m×7.9m×32.1m(长×宽×高)。副厂房分6层布置：第一层与蝶阀室同高，布置有机组滤水器；第二层与水轮机层同高，布置有消防滤水器、空压机及贮气罐，顶部布置有电缆夹层；第三层高程为 62.90m，为 10kV 及 0.4kV 配电装置室，布置有厂用变盘柜及负荷柜；第四层与发电机层高程相同，布置有滤油机、油泵、机组滤水器、励磁变及开关柜；第五层比厂外地面高程高 0.2m，为 67.00m，布置有变压器、10kV 配电装置室、柴油机房、蓄电池室等；第六层高程为 71.40m，布置有中控室、通信机房等，在副厂房的左端部设置 1 扇门，可通过高程 75.83m 的走道板上桥机。主变布置于副厂房右侧的地面，10kV 配电装置室布置于副厂房右端，从 10kV 配电装置室垂直水流向出线经厂房右侧边坡至变电所。电站厂房布置见图 5。

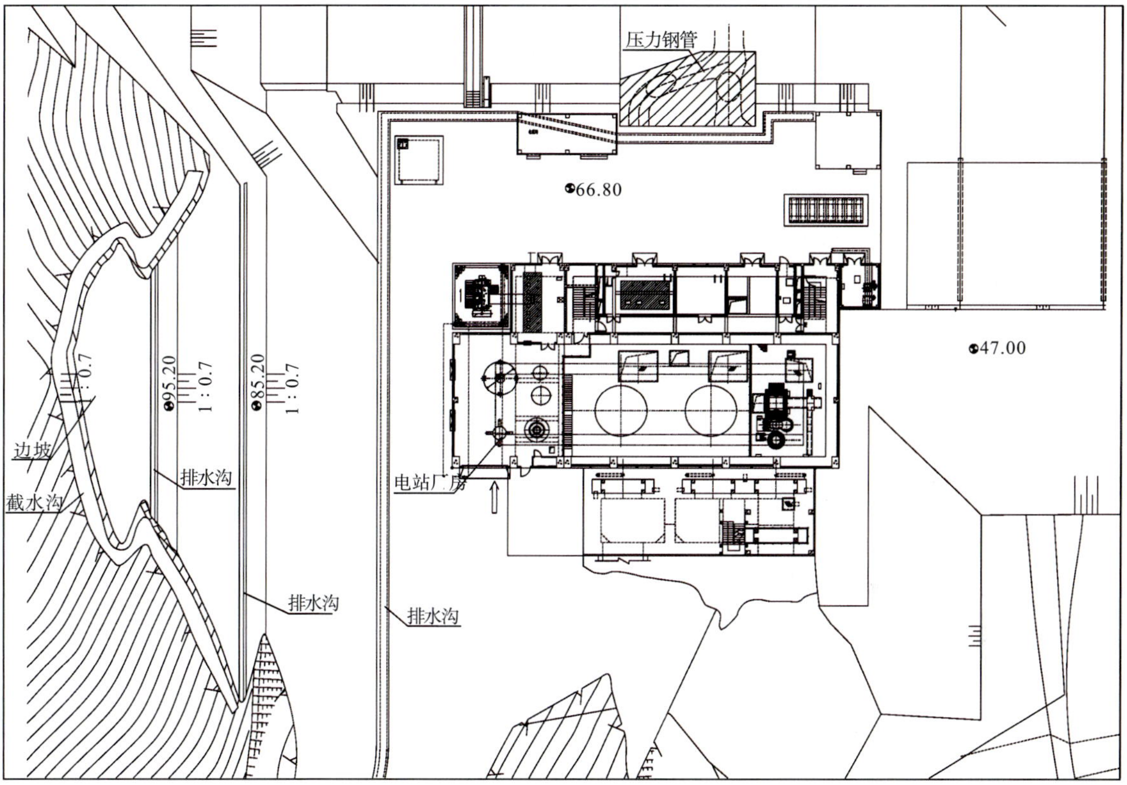

图 5　电站厂房布置图(单位:m)

(4)尾水调节池布置

为满足灌溉取水要求，在主厂房下游设尾水调节池。尾水调节池尺寸为 26.15m×10.0m×21.9m(长×宽×高)。尾水调节池布置有 3 个尾水检修闸门，尾水池下游墙左侧设尾水控制闸门，为防止大沙河的泥沙进入尾水调节池，尾水控制闸门的底坎高程为 54m，尾水平台左下角布置启闭机室，放置固定卷扬启闭机，起吊控制闸门。尾水调节池下游墙右侧预留一孔口与灌渠渠首相接。

当灌溉时，尾水控制闸门关闭，发电尾水汇入尾水调节池，通过尾水调节池下游墙右侧预留的孔口流入灌渠，在高程 62.7～66.2m 预留孔口，孔口尺寸为 4.5m×3.5m(长×宽)，尾水平台高程为 66.90m。

当不灌溉时，尾水控制闸门打开，发电尾水汇入尾水调节池后通过尾水控制闸门孔口泄入下游河道。

5 项目建成后将取得的社会效益和经济效益

(1)防洪

大沙河是菜子湖水系洪水的主要来源之一，下浒山水库工程是大沙河干流开发的唯一控制性工程，对提高大沙河中下游两岸的防洪能力具有不可替代的作用，且是控制大沙河洪水、逐步完善菜子湖湖区防洪重要的组成部分。

下浒山水库防洪保护对象包括大沙河中下游地区和菜子湖湖区，即有双重防洪任务。一是将坝址下游堤防由10年一遇防洪能力提高到20年一遇；二是在菜子湖湖区遭遇严重灾情洪水或遭遇超标准洪水时，动用全部防洪库容，可削减1969年型大洪水成灾水量约0.44亿m^3，可降低湖水位0.17m，配合堤防适当加高，可使尾闾地区防洪能力提高到20年一遇。

(2)灌溉

大沙河干流两岸为丘陵区，是安庆市的重要农业区，是粮食与经济作物的主产区之一。由于区内降水与农业需水矛盾较大，又缺少大型灌溉工程调剂，是有名的老旱区。区内现有水利设施水源不足，灌溉保证率低，抗旱能力弱，严重影响农业生产的发展。

根据《规划报告》和《安庆市水资源开发总体规划》安排，大沙河两岸为下浒山水库灌区。灌区范围涉及潜山、怀宁、桐城等县(市)。灌区内农业灌溉用水需要由下浒山水库工程引水加以解决。下浒山水库工程控制灌溉面积35.08万亩，多年平均需下浒山水库引水的毛水量为0.99亿m^3。

(3)城镇供水

2020年，为怀宁县的高河镇、金拱镇、马庙镇、公岭镇，桐城市的青草镇，潜山县的源潭镇共6个乡镇，提供年引水量0.13亿m^3，日均供水量3.6万t。

(4)水力发电

安庆市水力资源丰富，但开发利用率不高。下浒山水库调节性能好，调峰作用较大，是安庆市规模较大的电源点之一。下浒山水库坝址多年平均年径流量为3.39亿m^3，水库调节库容1.28亿m^3，库容系数37.5%，具有多年调节性能。电站装机容量15MW，设计多年平均年发电量0.3505亿kW·h，保证出力0.58MW。工程位于安庆以北能源缺乏地区，地理位置适中，输电距离较短，调节性能较好，可有效地缓解电网调峰容量不足的紧张局面，弥补该地区煤炭资源不足的现状，促进地区工农业持续发展。

撰稿/陈玉婷、黄红飞

滁河防洪治理工程

▲ 滁　河

滁河位于江淮之间，系长江下游左岸一级支流。其源于安徽省肥东县梁园丘陵山区，干流基本平行于长江东流，于江苏省大河口汇入长江，干流全长 269km。滁河流域地跨安徽、江苏两省，流域面积约 8000km^2。实施滁河防洪治理工程，提高了防洪保护对象的防洪能力，减少了洪涝灾害损失，促进了区域经济社会的可持续发展。

1 工程概况

1.1 建设背景与建设意义

滁河干流自古河镇以下，河道坡降平缓（0.5‰～0.25‰），河槽断面狭浅，河道弯曲，河道泄洪能力小，与干支流洪水来量很不相适应，且易受长江潮水位的顶托。滁河主要支流均集中在左岸，有小马厂河、大马厂河、襄河、清流河、来安河、沛河、皂河、八百河等8条，洪水比降在4.0‰～1.25‰，一遇暴雨，洪水很快汇入干流，峰高流急，常对平原圩区的防洪造成威胁；右岸现有驷马山水道，朱家山河、马汊河分洪道，岳子河、划子口河等人工水道，以及部分河道整治工程，分泄滁河洪水入长江。流域内无湖泊滞洪，只在干支流交汇处有小块滞洪洼地（如荒草圩、蒿子圩和汪波荡），其中荒草二圩、荒草三圩、蒿子圩、汪波东荡已辟为分洪区。

滁河防洪安全关系流域广大地区人民生命财产安全和经济社会发展，涉及安徽省滁州市城区、全椒县城、来安县城等重要城镇和石溪圩、周湖圩、民星圩、候李圩等29个重要圩区，江苏省六合区城区、南京江北新区等重要城镇和龙袍圩、玉带圩、东河圩等18个重要圩区，以及津浦铁路、京沪高铁和沪蓉高等级公路等重要交通设施的安全。

滁河洪水主要由暴雨形成，洪水发生时间与暴雨基本一致。由于支流基本垂直于干流，流程短、比降大，洪水来势猛而排泄不畅，当全流域普降暴雨时，几乎90%面积产生的洪水会迅速汇集在只有10%左右面积的圩区，加之受长江洪水顶托等影响，常造成流域洪水峰高量大、高洪水位长时间持续，致使滁河圩区易发生洪涝灾害。仅1949年以来，就已发生过15次较大的洪水灾害，平均约4年出现一次。

2008年8月，滁河流域发生大洪水，干支流多处堤防出现重大险情，滁州、全椒等城区进水，部分大型国有企业受淹停产，众多圩口溃破，津浦铁路、合宁高速公路运行受到影响。洪水发生后，水利部组织滁河治理调研，部署了流域防洪治理工作，要求抓紧实施滁河防洪治理近期工程（以下简称“近期工程”）。2014年4月，水利部批复了《滁河防洪治理近期工程的初设报告》。开展建设近期工程，有利于提高防洪保护对象的防洪能力，维护经济社会健康、快速发展。

由于近期工程立项时受投资限制，安徽省部分滁河干流堤防并未进行除险加固，同时临滁河圩口所在支流堤防防洪能力普遍较低，蓄滞洪区分洪闸也未建设，2015年滁河洪水暴露出滁河流域防洪体系仍然存在部分薄弱环节。因此，应滁州市、合肥市、马鞍山市三地业主要求，长江勘测规划设计研究有限责任公司积极推进了安徽省滁河防洪治理工程新增项目(以下简称“新增项目”)的工作。2021 年 12 月,安徽省水利厅批复了《滁河防洪治理工程新增项目初步设计报告》。新增项目实施后,可完成未纳入近期工程实施的 8 个圩区干流堤防及穿堤建筑物建设,系统治理圩区支流成圈堤防,完善近年来发展较快的汊河新区北部的山洪防洪体系,建成全部蓄滞洪区进退洪闸。结合近期工程,安徽省滁河干流圩区堤防将整体达到滁河规划防御“91 · 6”洪水要求,进一步保障区内人民财产安全,促进区域经济社会可持续健康发展。

1.2　工程简述

1.2.1　滁河防洪治理近期工程

近期工程实施前,当地政府和群众对滁河流域进行了多年治理,已初步形成堤防、分洪道、蓄滞洪区和水库相结合的防洪工程体系,但仍存在干支流及蓄滞洪区堤防不达标、分洪道过流能力不足、分洪道堤防堤身断面不达标、部分干流河道过流能力不足、苏皖两省边界三汊湾水利枢纽安全隐患等问题,难以防御流域大洪水。针对当时流域防洪存在的实际问题,按照轻重缓急,选择了建设条件成熟、综合效益好的项目作为近期工程尽快实施。

近期工程主要建设内容包括加固滁河干流堤防和分洪道工程、蓄洪区围堤、疏浚干流汊河集至马汊河口段河道、拆除重建干流跨河枢纽三汊湾节制闸工程、支流穿城段堤防工程等。滁河防洪治理近期工程主要工程特性见表 1。

表 1　滁河防洪治理近期工程主要工程特性

名称			数量及特性	备注
流域概况	滁河流域面积	总面积(km^2)	8000	
		其中:安徽境内(km^2)	6250	
		江苏境内(km^2)	1750	
	多年平均气温(℃)		15.2	
	多年平均降水量(mm)		900～1040	
工程区域基本情况	干流圩区总面积(km^2)		756.1	
	滁州城区(km^2)		45	
	全椒县城(km^2)		17	
	保护人口	总人口(万)	114.88	
		干流圩区(万)	55.88	
		安徽境内(万)	19.50	
		江苏境内(万)	36.38	
		支流穿城段堤防(万)	59	
		滁州城区(万)	45	
		全椒县城(万)	14	

续表

名称				数量及特性	备注
工程区域基本情况	干流圩区保护耕地	总面积(万亩)		66.12	
		其中:安徽境内(万亩)		35.02	
		江苏境内(万亩)		31.10	
	国民生产总值	总值(亿元)		207.03	
		干流圩区(亿元)		111.17	
		滁州城区(亿元)		55.00	
		全椒县城(亿元)		40.86	
近期工程规模	防洪治理标准			20年一遇	
	堤防设计洪水位			总体防御“91·6”洪水	
	堤防级别(级)			2、4、5	滁州穿城段、六合城区段为2级
	建筑物等别	三汊湾节制闸(级)		3	主要建筑物3级,次要建筑物4级
		乌江闸(级)		1	主要建筑物1级,次要建筑物3级
		干流其他穿堤建筑物(级)		2、4、5	与所在堤防级别相同
		滁州穿城段建筑物排涝闸(级)		2	
		全椒穿城段建筑物排涝闸(级)		4	
	设计流量	分洪道	驷马山(m^3/s)	1000	
			马汊河(m^3/s)	1220	
			岳子河(m^3/s)	200	
			划子口河(m^3/s)	300	
		三汊湾节制闸(m^3/s)		400	干流
		乌江闸(m^3/s)		1000	驷马山分洪道
		滁州清流河穿城段建筑物(总自排,m^3/s)		57.4	
		内城河片排水涵洞(m^3/s)		11.7	
		来安路片顺达包装厂排水涵洞(m^3/s)		18	
		会峰路片李郢排水涵洞(m^3/s)		17.5	
		滨河路片排水涵洞(m^3/s)		10.2	
		全椒襄河穿城段建筑物(自排,m^3/s)		19.67	
		龙江排水涵洞(m^3/s)		17	
		城东排水涵洞(m^3/s)		2.67	

续表

名称				数量及特性	备注
主要工程项目	干流堤防工程	干流圩区堤防	总长(km)	316.91	
			安徽境内(km)	157.70	
			江苏境内(km)	159.21	
		堤顶高程	2级(m)	设计水位+1.5m	
			4、5级(m)	设计水位+1.2m	蓄滞洪区围堤高程与所在干堤相同
		堤顶宽	2级(m)	6	
			4、5级(m)	5	
		设计堤坡	2级	内1∶2.5,外1∶3	
			4、5级	1∶2.5	
		干流堤防加固长度(km)		243.8	
		干流堤身加固长度(km)		204.66	
		干流堤身隐患处理长度	总长度(km)	179.85	
			锥探灌浆(km)	147.8	
			压密灌浆(km)	21.3	
			水泥土防渗墙(km)	10.75	
		干流压浸台堤段长(km)		60.47	
		干流硬护坡堤段长(km)		109.82	
		干流护岸堤段长(km)		43.52	
		白蚁防治(km)		125.65	
		填塘长(km)		123.89	
		干流堤顶路面	总长度(km)	220.37	
			混凝土路面(km)	11.46	
			泥结碎石路面(km)	208.91	
		干流堤防穿堤建筑物	总数(座)	169	
			安徽境内(拆建)(座)	101	
			安徽境内(加固接结长)(座)	3	
			江苏境内(拆建)(座)	51	
			江苏境内(加固接结长)(座)	14	
		蓄滞洪区围堤加固	长度(km)	28.72	
			锥探灌浆(km)	28.72	
			压浸台(km)	11.94	
			硬护坡(km)	0	
			堤后填塘(km)	15.58	
			堤顶泥结石道路(km)	28.72	

续表

<table>
<tr><th colspan="4">名称</th><th>数量及特性</th><th>备注</th></tr>
<tr><td rowspan="27">主要工程项目</td><td colspan="3">干流河道疏浚工程(km)</td><td>10.4</td><td>汊河集闸下—马汊河口段</td></tr>
<tr><td colspan="2" rowspan="7">干流跨河工程(三汊湾节制闸闸)</td><td>底板型式</td><td>整体筏式</td><td></td></tr>
<tr><td>总净宽(m)</td><td>3×12</td><td></td></tr>
<tr><td>闸室长(m)</td><td>16</td><td></td></tr>
<tr><td>工作闸门型式</td><td>平面定轮钢闸门</td><td></td></tr>
<tr><td>启闭机(套)</td><td>3</td><td></td></tr>
<tr><td>地基处理方案</td><td>钻孔灌注桩基础</td><td></td></tr>
<tr><td>船闸加固(项)</td><td>1</td><td>上闸首拆建、更换设备、混凝土补强</td></tr>
<tr><td rowspan="19">分洪道工程</td><td rowspan="10">驷马山分洪道</td><td>长度(km)</td><td>27.4</td><td></td></tr>
<tr><td>分洪道堤防加固(km)</td><td>22.49</td><td>两岸加培、锥探灌浆、护坡</td></tr>
<tr><td>河道疏浚及扩挖(km)</td><td>24.05</td><td>含切岭段河段长</td></tr>
<tr><td>公路桥拆建(座)</td><td>5</td><td>特大型</td></tr>
<tr><td>分洪道堤防穿堤建筑物(座)</td><td>19</td><td></td></tr>
<tr><td>乌江闸扩建(座)</td><td>1</td><td></td></tr>
<tr><td>闸型</td><td>开敞式</td><td></td></tr>
<tr><td>总净宽(m)</td><td>3×10</td><td></td></tr>
<tr><td>闸室长(m)</td><td>16</td><td></td></tr>
<tr><td>启闭机(套)</td><td>3</td><td></td></tr>
<tr><td rowspan="4">马汊河分洪道</td><td>长度(km)</td><td>13.63</td><td></td></tr>
<tr><td>切岭段扩挖(km)</td><td>6.47</td><td></td></tr>
<tr><td>冶南铁路桥拆建(座)</td><td>1</td><td></td></tr>
<tr><td>沿岸建筑物拆建(座)</td><td>7</td><td></td></tr>
<tr><td rowspan="5">岳子河分洪道</td><td>长度(km)</td><td>5.1</td><td></td></tr>
<tr><td>河道疏浚整治(km)</td><td>5</td><td>长江口 0+000～滁河入口 5+000</td></tr>
<tr><td>岳子河堤防工程长(km)</td><td>8.8</td><td>左、右岸 0+000～4+400</td></tr>
<tr><td>退堤重建堤防长(km)</td><td>3.2</td><td>左 0+000～3+200</td></tr>
<tr><td>加高加固堤防长(km)</td><td>5.6</td><td>左 3+200～4+400、右 0+000～4+400</td></tr>
</table>

续表

名称				数量及特性	备注
主要工程项目	分洪道工程	岳子河分洪道	穿堤建筑物拆建(座)	6	徐庄涵洞等 4 座,刘营泵站等 2 座,
			中心桥拆建(座)	1	
			长度(km)	7.7	
			河道疏浚整治(km)	7.7	
		划子口河分洪道	加固堤防工程长(km)	7.53	
			穿堤建筑物拆建(座)	3	
			划子口老闸拆除(座)	1	
			还建老闸交通桥(座)	1	
	支流穿城段堤防工程	滁州清流河	设计堤顶高程	设计水位+1.5m	2 级堤防
			新建土堤长(km)	5.67	
			生态挡墙长(km)	4	
			穿堤涵洞(座)	4	
			河道疏浚工程长(km)	10	河道中心桩号 11+100～1+100
		全椒县襄河	设计堤顶高程	设计水位+1.2m	4 级堤防
			堤防工程长(km)	4.67	其中左岸 2.67km,右岸 2.0km
			穿堤涵洞工程(座)	2	龙江、城东
工程施工	主要建筑材料数量	水泥(万 t)		18.48	
		细骨料(万 t)		37.83	
		粗骨料(万 t)		58.93	
		块石料(万 m^3)		38.91	
		钢筋(万 t)		0.92	
	高峰劳动力(人)			6180	
	总工期(月)			36	
工程占地及拆迁	永久占地(亩)			7269.33	
	临时占地(亩)			24625.06	
	搬迁人口			16602	
	拆迁房屋(万 m^2)			61.51	
投资概算	总投资(万元)			422836	

滁州市、马鞍山市、合肥市等分别成立了滁河防洪治理近期工程建设管理局(处),南京市六合区和浦口区分别成立滁河近期治理工程建设处作为项目业主单位。

设计单位为长江勘测规划设计研究有限责任公司、安徽省水利水电勘测设计院、滁州市水利勘测设计院、巢湖市水利勘测设计院、南京市水利规划设计院有限责任公司。

工程施工单位主要有安徽水安建设集团股份有限公司、安徽瑞丰水利建筑有限公司、南京市水利建筑工程总公司一公司、南京市第二基础工程公司、江苏淮阴水利建设有限公司等。

1.2.2 安徽省滁河防洪治理工程新增项目

近期工程实施后,安徽省滁河流域防洪仍存在以下问题:未纳入治理近期工程实施的8个圩区干流堤防建设标准不足,圩区支流成圈堤防基本不达标,穿堤建筑物年久失修,干流部分堤段堤岸防护设施不足,蓄滞洪区无进退洪控制设施,部分支流河口无防汛交通桥,部分圩区排涝设施不足。为了提高水利保障能力、保障区内人民生命财产安全、促进区域经济社会持续健康发展,有必要实施安徽省滁河防洪治理工程新增项目。

新增项目由干流堤防工程、支流堤防工程、穿堤建筑物及泵站工程、进退洪闸工程、江董联圩北撇洪沟连通工程和交通桥涵工程组成。工程特性见表2。

表2　安徽省滁河防洪治理工程新增项目工程特性

名称			数量及特性	备注
流域概况	滁河流域面积(km²)		8000	
	其中:安徽境内(km²)		6250	
	江苏境内(km²)		1750	
	多年平均气温(℃)		15.2	
	多年平均降水量(mm)		900～1040	
工程区域基本情况	干流圩区面积(km²)		342.5	安徽省
	保护人口(万)		17.55	安徽省
	干流圩区保护耕地(万亩)		35.51	安徽省
	国民生产总值(亿元)		40.44	安徽省
工程规模	堤防防洪治理标准		20年一遇	
	干流堤防设计洪水位(m)		总体防御“91·6”洪水	
	支流堤防设计洪水位	丁字河(m)	15.94	
		红光圩主洪沟(m)	16.9	
		瓦屋庄河(m)	18.45～16.37	
		导流河(横河)(m)	16.06～15.25	
		小万河(m)	13.56	
		新河(m)	15.26～14.86	

续表

名称			数量及特性	备注
工程规模	支流堤防设计洪水位	汪郢新河(m)	13.64～13.38	
		董青圩撇洪沟(m)	13.20～12.70	
		刘桥撇洪沟(m)	10.93	
		杨渡圩支流(m)	10.70～10.59	
		东风河(m)	14.80～14.56	
		官渡河(m)	13.98	
		夹山关撇洪渠(m)	13.78～13.56	
	堤防级别(级)		4、5	同一圩区干支流堤防级别相同
	建筑物等级	荒草二圩进退洪闸(级)	3	主要3级,次要4级
		荒草三圩进退洪闸(级)	3	主要3级,次要4级
		汪波东荡进退洪闸(级)	3	主要3级,次要4级
		蒿子圩进退洪闸(级)	3	主要3级,次要4级
		徐河排涝站(级)	3	主要3级,次要4级
		柏陈泵站(级)	3	主要3级,次要4级
		其他穿堤建筑物(级)	4、5	与所在堤防级别相同
	中型建筑物设计流量	荒草二圩进退洪闸(m^3/s)	200	平均分洪流量
		荒草三圩进退洪闸(m^3/s)	300	
		汪波东荡进退洪闸(m^3/s)	200	
		蒿子圩进退洪闸(m^3/s)	100	
		徐河排涝站(m^3/s)	12.3	抽排
		柏陈泵站(m^3/s)	12.2	
	排涝标准	农业圩区	10年一遇最大3d暴雨3d排除	
		汉河经济开发区	20年一遇最大24h暴雨24h排除	
		江董联圩北岗地(开发保留区)	10年一遇最大24h暴雨24h排除	
	江董联圩北撇洪沟	设计流量(m^3/s)	57.7	撇洪沟出口处(20年一遇)
		设计水位(m)	13.03～10.93	

续表

名称				数量及特性	备注
	堤防工程	堤防加固总长(km)		98.521	
		堤顶高程(m)		设计水位+1.2	
		堤顶宽(m)		干流堤防6, 支流堤防5	
		设计堤坡		1∶2.5	
		堤身加培长度	总长度(km)	40.506	
			干流堤防(km)	10.681	
			支流堤防(km)	29.825	
		堤身隐患处理长度	总长度(km)	39.296	
			干流堤防(km)	14.881	
			支流堤防(km)	24.415	
		压浸台堤段	总长度(km)	20.737	
			干流堤防(km)	0	
			支流堤防(km)	20.737	
		硬护坡堤段	总长度(km)	26.260	
			干流堤防(km)	14.233	
			支流堤防(km)	12.027	
		护岸堤段	总长度(km)	24.716	
			干流堤防(km)	18.626	
			支流堤防(km)	6.090	
		填塘	总长度(km)	27.351	
			干流堤防(km)	0.550	
			支流堤防(km)	26.801	
		堤顶路面	混凝土路面(km)	17.815	
			沥青路面(km)	19.383	
		中小型穿堤建筑物	总数(座)	52	
			全椒县(座)	22	
			南谯区(座)	1	
			来安县(座)	11	
			巢湖市(座)	3	
			含山县(座)	5	
			和县(座)	10	

续表

名称				数量及特性	备注
	中型水闸工程	荒草二圩进退洪闸	闸型	开敞式	
			底板型式	平底板	
			总净宽(m)	2×8	
			闸室长(m)	16	
			工作闸门型式	双吊点平面滑动门	
			启闭机(套)	2	固定式卷扬机
			地基处理方案	预应力混凝土预制管桩	
		荒草三圩进退洪闸	闸型	开敞式	
			底板型式	平底板	
			总净宽(m)	3×8	单孔净宽 8m
			闸室长(m)	16	
			工作闸门型式	双吊点平面滑动门	
			启闭机(套)	3	固定式卷扬机
			地基处理方案	预应力混凝土预制管桩	
		蒿子圩进退洪闸	闸型	开敞式	
			底板型式	平底板	
			总净宽(m)	1×8	
			闸室长(m)	16	
			底板高程(m)	8.5	
			工作闸门型式	平面滑动钢闸门	
			启闭机(套)	2	固定式卷扬机
			地基处理方案	水泥土搅拌桩	
		汪波东荡进退洪闸	闸型	开敞式	
			底板型式	平底板	
			总净宽(m)	3×8	单孔净宽 8m
			闸室长(m)	16	
			底板高程(m)	7.8	
			工作闸门型式	平面滑动钢闸门	
			启闭机(套)	3	固定式卷扬机
			地基处理方案	水泥土搅拌桩	
		江董联圩北撇洪沟连通工程	撇洪沟长(km)	5.41	
			撇洪沟堤防长(km)	4.94	
			大毛郢泵站设计流量(m^3/s)	8.7	
			程集泵站设计流量(m^3/s)	2	
			X019 县道箱涵(座)	1	复建
		交通桥工程(座)		8	

续表

名称			数量及特性	备注
工程施工	主要建筑材料数量	木材(m^3)	345	
		水泥(万 t)	1.87	
		钢筋(万 t)	0.43	
	高峰劳动力(人)		990	全部工程
	总工期(月)		24	
工程占地及拆迁	永久占地(亩)		3546.45	
	临时占地(亩)		2330.71	
	搬迁人口		459	
	拆除房屋(万 m^2)		2.55	
投资概算	静态总投资(万元)		105255.23	

新增项目的项目法人为滁州市滁河防洪治理近期工程建设管理局、马鞍山市滁河防洪治理近期工程建设管理处、合肥市水务局。设计单位为长江勘测规划设计研究有限责任公司。工程施工单位主要有天长市水电建筑安装工程公司、安徽瑞丰水利建筑有限公司、衡宇建设集团有限公司、阜阳市水力机械工程有限责任公司等。

2 勘测设计方案

2.1 滁河防洪治理近期工程

2.1.1 勘测设计概况

为治理滁河，水利部原淮河和皖、苏两省滁河规划小组于1958年和1969年先后编制了《巢滁皖流域规划》和《滁河流域规划》。长江水利委员会于1978年12月编制了《滁河防洪规划报告》。两省按规划部署兴建了大量防洪工程，初步形成了滁河防洪工程体系。

1991年6、7月，滁河流域发生大洪水后，长江水利委员会遵照水利部的指示，在皖、苏两省的配合下，在原规划基础上进行了大量方案的研究，编制提出了《滁河防洪规划报告(1994年修订)》。

2003年7月，滁河流域发生大洪水，滁州、全椒县城被淹，津浦铁路一度中断运行，滁河防洪问题再次引起广泛关注。长江水利委员会进一步收集了滁河流域的最新水情、工情和社会经济等基本资料，在《滁河防洪规划报告(1994年修订)》的基础上，于2005年8月提出《滁河流域防洪规划报告(2004年修订)》。2006年12月，水利部正式批复《滁河流域防洪规划报告(2004年修订)》。

2008 年 8 月，滁河流域发生大水后，水利部加快滁河防洪治理工作的部署，要求按照轻重缓急，选择建设条件成熟、综合效益好的项目作为近期工程尽快实施。

2009 年 6 月，长江勘测规划设计研究有限责任公司会同苏、皖两省有关设计部门完成的《滁河近期治理工程可行性研究报告》通过水利部的审查，并于 2009 年 12 月通过中国国际工程咨询公司的评估。2012 年 5 月，国家发展和改革委员会以发改农经〔2012〕1519 号文批复该可研报告。

随后受业主委托，长江勘测规划设计研究有限责任公司牵头编制完成了《滁河防洪治理近期工程初步设计报告》。2014 年，水利部以水总〔2014〕143 号文批复了该报告。

2.1.2 工程布置及主要建筑物

2.1.2.1 干流堤防和蓄滞洪区围堤及河道整治工程设计

(1)建筑物级别及设计标准

干流六合新城区堤段和南京化学工业园堤段堤防等级为 2 级；高洪圩、再安圩等 13 个一般圩区临河干流堤段堤防等级为 5 级；其他加固段 38 个重要圩区干流临河堤段，荒草二圩、荒草三圩、蒿子圩(安徽)、蒿子圩(江苏)4 个蓄滞洪区临河干流堤防和非干流堤防以及汪波东荡蓄滞洪区堤防等级为 4 级。穿堤建筑物级别与所在堤防等级相同。

三汊湾枢纽工程等别为Ⅲ等，节制闸主要建筑物级别为 3 级，次要建筑物级别为 4 级，纳入本次加固范围的船闸上闸首级别为 3 级。

(2)堤防工程设计

加固干流和蓄滞洪区堤防堤线布置基本维持原堤线不变。加固仍采用原土堤断面型式，局部段采用防洪墙型式。

2 级堤防堤顶宽度为 6m，外坡坡比为 1∶3，内坡坡比为 1∶2.5；4、5 级堤防堤顶宽度为 5m，内、外边坡坡比为 1∶2.5。堤身高度超过 6m 堤段，在背水坡堤顶以下 4m 设 2m 宽戗台。现状堤顶宽度大于设计值或现状坡比缓于设计值的维持现状。

对堤身隐患处理采取以锥探灌浆为主，压密灌浆和水泥土防渗墙为辅的堤身隐患处理措施。

对干流三汊湾以上冲刷严重堤段和三汊湾皂河口以下两岸堤防临水侧采取硬护坡，临水侧采取硬护坡，硬护坡型式为混凝土板护坡＋预制格栅块植草护坡＋草皮护坡，背水侧采用草皮护坡；干流其他加固堤段和蓄滞洪区堤防临水侧、背水侧均采用草皮护坡。同时对干流三汊湾以上冲刷严重段采用水下抛石护岸型式。

结合堤身隐患采取水泥土防渗墙、压浸台以及填塘固基等堤基渗控处理措施。

(3)汊马段河道疏浚工程

对汊河集闸至马汊河口河段河道进行疏浚，疏浚区主要位于河道左岸滩地，左岸疏浚控制线距左岸堤顶 70～90m。疏浚断面底宽为 54m，边坡 1∶3.5，底高程 0.8～1.55m。

(4)穿堤建筑物

滁河干流152座闸站需要拆除重建,17座建筑物箱涵需要接长。穿堤建筑物改建、重建、加固均在原闸址进行,原则上不迁移闸址。

(5)三汊湾节制闸

节制闸在原老闸位置拆除重建,总净宽36 m,共3孔,每孔净宽12m。节制闸同船闸在同一轴线上。闸顶交通桥采用高架式结构左侧与节制闸连接,右侧与右岸堤防顺接。

节制闸正对河道中心布置,闸室段垂直水流向长41.4m,顺水流向长16m。左岸以堤坡形式堤防连接,堤顶高程13.5m,右侧以等高程路面与隔堤相连,隔堤顶高程12.0m。

节制闸纵向全长181.54m。其中:闸室段长16.0 m;闸室下游依次为钢筋混凝土消力池、浆砌石海漫、防冲槽;闸室上游依次为钢筋混凝土护坦、浆砌石护砌、防冲槽。

船闸维修加固主要考虑以下内容:①拆除重建上游第一节翼墙和上闸首;②更换上下游闸门;③更换油压系统及电气设备。

2.1.2.2 支流穿城段堤防工程

(1)清流河滁州穿城段堤防河道工程

清流河滁州穿城段堤防工程级别为2级,各穿堤建筑物级别相应为2级。

设计范围为左岸堤防清流河大桥以上,右岸堤防会峰渠以上,按堤距不小于250m控制。左岸堤防上起高台子(L3+320),下至清流路大桥(L0+000),长3320m,堤防采用土堤形式;右岸堤防上起城西水库溢洪道(R6+350),下至会峰渠入清流河口(R0+000),长6350m,采用土堤及防洪墙结合形式。规划设计新建穿堤建筑物4座。

河道整治工程以现有主河槽为基础,根据河道平面形态布置,适当调整河道中心线和河道岸线,对河底稍加清淤、拓宽整修,对部分河滩进行适当削坡整理。河道设计底高程3.0m,设计宽度不小于30m,河道疏浚边坡按1∶3控制。河道疏浚上起1+100下至11+100,疏浚长度10km。

(2)襄河全椒穿城段堤防工程

襄河全椒穿城段堤防工程级别为4级,各穿堤建筑物级别相应为4级。

对襄河闸以下穿城段堤防工程进行标准化加培,共计4.67km,其中左堤2.67km(河道桩号9+000～11+650),右堤2.0km(10+050～11+650段为岗地)。基本维持原堤线不变,即沿现有堤线进行土堤内培加高加固。堤顶超高采用1.2m,堤顶宽度为5m,堤防内、外边坡坡比采用1∶2.5。新建穿堤建筑物2座。

2.1.2.3 分洪道设计工程

(1)工程级别和标准

岳子河两岸堤防、划子口河右岸堤防等级为2级,驷马山分洪道两岸堤防、划子口河左岸堤防等级为4级,穿堤建筑物级别与所在堤防等级相同。乌江节制闸主要建筑物级别为1级,次要建筑物级别为3级。驷马山分洪道切岭段高边坡为1级,马汊河分洪道切岭段高边坡为2～3级。跨河公路桥荷载标准采用公路-Ⅱ级。

(2)驷马山分洪道扩大工程布置

驷马山分洪道扩大工程主要由河道整治及切岭段扩挖工程、堤防加固工程、公路桥拆建工程和乌江闸扩建工程组成。

1)河道整治及切岭段扩挖工程。

河道堤防段(含江堤段和闸上堤防上、下段)以河道中心线向两侧进行扩挖,以扩挖的上开口线尽量避免破坏现有堤防为原则布置:疏浚断面按底宽分别为江堤段25m、闸上堤防段50m,河底高程由下至上分别为－1.0m、－1.4～2.2m、2.9～3.4m,比降均为1/15000,主槽边坡均为1∶3。

切岭段(红旗桥上—幸福桥上)对约8.52km(桩号11＋000～17＋326及20＋309～22＋500)河道进行疏浚,疏浚断面按底宽50m,河底高程2.2～2.7m,比降1/10000～1/15000,主槽边坡1∶3,高程每升高6m设一3m宽平台;对约2.98km(桩号17＋326～20＋309)河道考虑该段切岭较深(岗地高程大于30m)、土方较大,疏浚断面按底宽45m,河底高程2.7～2.9m,比降1/8000～1/10000,主槽边坡1∶3,高程每升高6m设一3m宽平台。

分洪道切岭石桥镇区段(桩号13＋066.6～14＋996.7,长1.98km):开挖断面沿河道右岸扩挖,达到规划设计50m底宽的要求,沿高度方向每隔6m设置一平台,平台宽度为3m,平台上、下边坡坡比均为1∶3。

2)堤防加固工程。

对上段桩号27＋400～22＋500,长4.9km堤身断面不达标的堤段,进行加高培厚设计。依现有堤线布置,采用内帮加培方式。加培后堤顶高程15.00～14.49m,堤顶宽5.0m,迎水侧边坡1∶2.5,背水侧边坡1∶2.5。

3)公路桥拆建工程。

将前进桥和团结桥桥址调整,与所在地县乡公路通畅顺接,2座桥梁均选择32m＋50m＋32m的变截面C50预应力混凝土连续箱梁结构,桥墩均采用钢筋混凝土灌注桩基础,桥台均为重力式结构。

幸福新桥和驷马河大桥为板梁桥结构,分洪道扩挖后,按现有结构进行接长。

4)乌江闸扩建工程。

根据《滁河流域防洪规划报告(2004年修订)》,驷马山分洪道扩大规模后1000m^3/s的分洪流量,一部分利用老闸加固,承担分洪流量448m^3/s,另一部分在分洪道左侧现撇洪沟处新建节制闸,承担552m^3/s分洪流量。为减小拆迁工程量,将闸址选在距泵站枢纽上游约650m处。拟定新闸底槛高程为4.0m,扩建新闸的过闸流量为552m^3/s,将现状撇洪沟断面扩大,底高程从现状的6.0m左右挖深至4.0m,底宽从现状的10.0m左右扩宽至40.0m,以利于分泄 552m^3/s 的洪水。拟建新闸规模为 3 孔、单孔净宽为 10m。另在现有撇洪沟的左侧按原规模再开挖新的撇洪沟。

(3)马汉河分洪道设计

1)河道扩挖工程布置。

马汉河分洪道扩大工程范围:桩号 K7+799.04～K1+331.92,长 6.47km,全程沿现有河道中心线两岸扩挖布置,过流断面采用两种断面型式。

桩号 K7+799.04～K3+897.20 采取的断面型式为:底宽 55m,分别在高程 7.0m、13.5m、20.0m 处设置马道,边坡坡比均为 1∶3,高程 7.0m 马道 6.0m 宽,高程 13.5m、20.0m 马道 4.5m 宽。

桩号 K3+897.20～K1+331.92 采取的断面型式为:底宽 52m,分别在高程 7.0m、13.5m、20.0m 处设置马道,13.5m 马道以下边坡坡比为 1∶4,13.5m 马道以上边坡坡比为 1∶3,7.0m 马道 6.0m 宽,13.5m、20.0m 马道 4.5m 宽。

工程起点桩号 K7+799.04 处与原河底高程保持一致,从起点至葛新桥(桩号 K7+449.18),设置 350m 渐变段,河底高程从高程 0.7m 渐变至 0.115m。从葛新桥(桩号 K7+449.18)至桩号 K2+812.35,河底高程 0.115m 渐变至−0.48m。从桩号 K2+812.35 到终点与原河底高程保持一致,设置 1480m 水平段,河底高程为−0.48m。

2)穿堤建筑物设计。

穿堤建筑物共计 7 座,均在原址拆除重建,原则上重建规模维持原状,即孔口数量、孔口尺寸、涵底高程均不变。

(4)岳子河分洪道

岳子河扩挖整治工程主要由河道整治工程、堤防工程、穿堤建筑物工程组成。

1)河道整治工程。

河道整治工程由河道入口切滩整治、上游段拓宽改造、中下游疏浚三部分组成,其中入口切滩整治工程长 400m,上游段拓宽改造 0+000～3+200 段长 3.2km,中下游疏浚 3+200～5+000 段长 1.8km。

入口切滩整治:将岳子河右堤与滁河干堤相交处的约 400m 堤线进行修整,岳子河右堤与滁河干堤通过圆弧平顺连接,沿圆弧连接段向外 50m 左右将淤高的滩地开挖至 2.7m,底宽 20m,两侧按 1∶3 放坡,使滁河洪水能较平顺流入岳子河,利于行洪。

上游段(0+000～3+200)拓宽改造,采用复式断面,河底宽 10m,河底高程 0.238～0.27m,迎水面坡比 1∶3,在 7.50m 高程设 5m 宽平台。上游段的拓宽采取退左堤的方案。

中下游(3+200～5+000)疏浚:疏浚标准为河底高程 2.20～2.50m,两岸边坡 1∶3,河底宽度不小于 18m。

2)堤防工程。

岳子河左岸滁河入口 0+000～3+200 段,退堤重建。新堤轴线外移 20～30m,增大该段河道行洪断面。其余堤段均在原堤线上内帮加高加固。

3)穿堤建筑物工程。

岳子河整治共需拆建涵洞4座,泵站2座,拆除涵洞、泵站各1座。重建穿堤建筑物规模及布置均同原建筑物。

(5)划子口河分洪道

划子口河整治工程主要由河道整治、堤防加高与加固、穿堤建筑物及桥梁工程组成。

1)河道整治工程。

河底高程由2.0m左右开挖至0.0m,沿河道中心线向两岸对称开挖,拓挖后河底宽度大部分在25～29m,其中在闸上桩号4+800和5+100附近各100m左右河段,因受堤间距的限制,河底宽度为20m;闸下桩号6+200～7+000计800m河段,河底宽度27m;桩号7+000至河口段计700m河段,河底宽度34m。整治河道0+000～7+700段,长7.7km。

2)堤防加高加固工程。

两岸堤防依现有堤线内帮加高加固堤防。

3)穿堤建筑物及桥梁工程。

划子口河整治共需拆建3座建筑物。各穿堤建筑物规模及布置均同原建筑物。拆除划子口老闸,在原老闸下游150m处还建交通桥1座。

长江勘测规划设计研究有限责任公司负责安徽和南京浦口段干流堤防设计、马汊河分洪道设计工作。

2.1.3 工程建设过程

2011年12月,江苏、安徽两省开始实施治理近期工程的年度工程,年度工程设计报告已通过了两省发展和改革委员会的审查和批复。2011年安徽省实施了滁州市清流河穿城段工程,马鞍山市含山县滁河含山联圩、和县皂角圩与小东圩堤防工程,南京市实施了蒿子圩(苏)、孟骆圩、七联圩、龙池圩及划子口河两岸堤防工程。近期工程初设报告批复后,两省开始实施剩余项目,目前已通过竣工验收。

2.2 安徽省滁河防洪治理工程新增项目

2.2.1 勘测设计概况

2017年9月,受滁州市、合肥市、马鞍山市业主共同委托,长江勘测规划设计研究有限责任公司编制完成《安徽省滁河防洪治理工程新增项目可行性研究报告》(以下简称《新增项目可研报告》)。

2017年11月和2018年1月,安徽省水利厅和长江水利委员会分别对《新增项目可研报告》进行了审查和复核。

2020年11月,长江勘测规划设计研究有限责任公司结合地方实际需求并根据复核意见,对《新增项目可研报告》进行了进一步的修改完善。

2020年12月，受安徽省发展和改革委员会委托，中铁上海设计院集团有限工司在合肥市组织召开了《新增项目可研报告》咨询评估会。当月，安徽省发展和改革委员会以皖发改农经〔2020〕801号文批复了《新增项目可研报告》。

2021年1月，长江勘测规划设计研究有限责任公司编制完成《安徽省滁河防洪治理工程新增项目初步设计报告》(以下简称《新增项目初设报告》)。

2021年3月，安徽省水利规划办公室对《新增项目初设报告》进行了审查。同月，安徽省水利厅以皖水规计函〔2021〕152号文批复了《新增项目初设报告》。

2.2.2　工程布置及主要建筑物

2.2.2.1　堤防工程

干支流堤防加固工程基本维持原堤线不变，即沿现有堤线进行堤防内培加高加固。

干、支流4、5级堤防堤顶超高均采用1.2m。干流堤防堤顶宽度6m，支流堤防堤顶宽度5m。江董联圩滁河干流堤防现状堤顶宽7.5～9.5m，设计堤顶宽按8m考虑；新河左岸堤防保护的上九联圩是保护耕地的万亩大圩，相对其他4级堤防圩区，保护重要性相对较高，新河左岸堤防设计堤顶宽按6m考虑。

加固堤防内外堤坡一般均按1∶2.5设计。现状堤坡缓于1∶2.5，且无加培要求的，维持现状堤坡。

对堤身不密实，存在洞穴、裂缝等隐患问题的堤段采用充填灌浆处理。对堤身渗透严重的堤段采用水泥土防渗墙处理。对堤防内外的坑塘进行填塘固基。

2.2.2.2　穿堤建筑物

现有穿堤建筑物均按现状排涝体系进行布设，布置相对合理，因此穿堤建筑物改建、重建、加固均在原闸址进行，原则上不迁移闸址；为了便于运行管理，对同一位置的高低涵进行合并。

庙畈排涝闸、高头排涝闸、刘中闸等27座涵闸与所在堤防级别相同，主要建筑物等级为4级；小郑斗门、大王沟斗门等10座涵闸与所在堤防级别相同，主要建筑物等级为5级。主要由上游连接段、闸室段、下游连接段三部分组成。

柏陈泵站和徐河排涝站工程等别为Ⅲ等，主要建筑物等级为3级；港口泵站、二圩泵站、司湾泵站、古河泵站、大毛郢泵站、程集泵站、红光圩排涝站、崔刘排涝站、老潘排涝站、李墩排涝站、牛庄排涝站等11个泵站工程等别为Ⅳ等，工程规模为小(1)型，主要建筑物等级为4级。主要由前池、泵房、消防泵房、压力水箱、涵洞、挡洪闸、消力池、下游渠道、管理用房等建筑物组成。

2.2.2.3　进退洪闸

(1)荒草二圩进退洪闸

荒草二圩进退洪闸设计平均分洪流量约200m^3/s。该进退洪闸为Ⅲ等工程，规模为中型，其主要建筑物等级为 3 级建筑物，次要建筑物等级为 4 级建筑物。

荒草二圩进退洪闸闸室过流总净宽 16.00m，总宽 19.50m。闸室为开敞式平底闸结构，共 2 孔，闸室为整体式两孔一联。闸底板顺流向长 16.00m，厚 1.50m，前后端均设有深 0.50m 齿槽。中墩厚 1.50m，边墩厚 1.00m。闸前防渗铺盖长 15.00m，为钢筋混凝土结构，铺盖上游端设长 15.00m、厚 0.40m 的雷诺护垫护底。闸后消能型式为综合式消力池，池深 1.60m，总长 29.40m。消力池后接混凝土护底，为混凝土透水板结构，总长 19.00m，混凝土护底后接柔性海漫，长 25.00m。海漫末端设竖直向下的防淘墙，深度为 4.50m，防淘墙与下游防冲槽竖直相接，防冲槽顶宽 22.00m，底宽 11.50m，堆石厚 3.50m，下游坡比均为 1∶3。防冲槽下游与河床以 1∶10 坡比平顺连接。消力池水平段底板和混凝土护底下设有反滤层。

闸顶交通桥布置在闸门下游侧，闸顶交通桥按与四级公路标准配套设计，交通桥汽车荷载为公路-Ⅱ级，桥梁宽度为 6.58m，其中行车道宽 5.58m，两侧人行道各宽 0.5m。上游两岸翼墙均为扶壁式挡土墙，下游两岸翼墙均为扶壁式挡土墙＋悬臂式挡土墙。两岸连接堤顶宽度由 16.00～6.00m 渐变，内外坡比均为 1∶3，与老堤防顺接。

2020 年 7 月，荒草二圩爆破分洪现场见图 1，扒口处原址新建荒草二圩进退洪闸见图 2。

图 1　2020 年 7 月荒草二圩爆破分洪现场

图 2　荒草二圩进退洪闸

(2)荒草三圩进退洪闸

荒草三圩进退洪闸设计平均分洪流量约 300m³/s。该进退洪闸为Ⅲ等工程，规模为中型，其主要建筑物等级为 3 级建筑物，次要建筑物等级为 4 级建筑物。

荒草三圩进退洪闸闸室过流总净宽 24.00m，总宽 29.00m。闸室为开敞式平底闸结构，共 3 孔，闸室为整体式三孔一联。其余布置参照荒草二圩进退洪闸。

(3)蒿子圩进退洪闸和汪波东荡进退洪闸

蒿子圩和汪波东荡进退洪闸设计平均分洪流量分别为 100m³/s 和 200m³/s，均为Ⅲ等工程，规模为中型，其主要建筑物等级为 3 级建筑物，次要建筑物等级为 4 级建筑物。

蒿子圩进退洪闸闸室过流总净宽 8.00m，总宽 10.00m。左、右岸混凝土空箱式岸墙段长度分别为 10.50m、7.50m。闸室为开敞式平底闸结构，共 1 孔。其余布置参照荒草二圩进退洪闸。

汪波东荡进退洪闸闸室过流总净宽 24.00m，总宽 29.00m。左、右岸混凝土空箱式岸墙段长度分别为 10.50m、7.50m。闸室为开敞式平底闸结构，共 3 孔。其余布置参照荒草二圩进退洪闸。

2.2.3 工程建设过程

新增项目于 2021 年 10 月开工建设，施工期总工期 24 个月，目前施工进度已完成 60%。

3 工程特点

1)项目涉及安徽、江苏两省，涉及全椒、南谯、来安、巢湖、含山、和县、六合、浦口等多个区(县)，各方诉求存在不同或矛盾，协调工作量大。

2)项目涉及的干支流堤防长，穿堤涵闸、泵站建筑物众多，各建筑物水文地质条件、设计规模及复杂程度各有异同，设计工作量大。

3)滁河防洪治理近期工程和新增工程均按照流域防洪规划拟定的防御对象(“91・6”洪水)和设计水位对干流堤防开展了达标建设，堤防设计水位接近 1991 年 6 月洪水位。但是，由于暴雨洪水分布特征变化、河道淤积等多方面原因，滁河干流特别是襄河口闸以上河段行洪能力不足的问题仍然突出。以 2020 年洪水为例，降雨主要分布在滁河上游流域，相比于“91・6”洪水，上游来水明显增大。滁河上游干流乌龙坝闸—下湾陈段，属于无堤防段，河道蜿蜒曲折，部分河段岸坡受弯道迎流顶冲、风浪等影响冲刷较为严重；晋集闸—金银浆段，河道微弯顺直，边滩发育。从总体上来看，干流河道淤积严重，且沿程存在多处卡口，行洪能力不足，汛期河道水位抬升明显。2020 年暴雨期间，晋集闸—金银浆段最高水位超设计水位 1m 以上，洪涝灾害严重。此外，滁河上游防洪工程措施相对单一，汛期主要依靠堤防工程来防御洪水，缺乏蓄滞超额洪水的工程措施，面对近年来上游暴雨集中的情况，分蓄洪能力不足的问题将更加严峻。针对以上问题，长江勘测规划设计研究有限责任公司正开展新一轮滁河防洪治理工程勘测设计。

4 工程效益

滁河防洪治理工程实施后，具有较好的社会效益和环境效益，将使滁河干支流的防洪能力达到 20 年一遇，降低了洪灾发生频率，避免由洪灾而造成的大量人员伤亡和财产损失，减轻了大洪水防汛抢险、救灾给社会正常生产生活造成的影响，促进该区内人民安居乐业和国民经济持续稳定发展；保护和改善该区生态环境，避免洪水泛滥可能产生的瘟疫流行、水质恶化带来的严重后果，为该区内社会经济稳定发展创造良好的外部环境。

撰稿/彭兴、余剑平

巴基斯坦卡洛特水电站

▲ 卡洛特水电站

中巴经济走廊首个水电投资项目卡洛特水电站位于巴基斯坦旁遮普省卡胡塔。工程为单一发电任务的水电站，电站装机容量720MW(4×180MW)，多年平均年发电量 32.06 亿 kW·h。卡洛特水电站按照中国标准进行设计，是巴基斯坦首个完全使用中国技术和中国标准建设水电项目。

1 工程概况

卡洛特水电站(图 1)是巴基斯坦境内吉拉姆河规划的 5 个梯级电站的第 4 级,上一级为阿扎德帕坦,下一级为曼格拉。坝址位于巴基斯坦旁遮普省与巴控克什米尔交界处已建卡洛特桥上游 1km 处,下距曼格拉大坝 74km,西距伊斯兰堡直线距离约 55km。坝址处控制流域面积 26700km^2,多年平均流量 819m^3/s,多年平均年径流量 258.3 亿 m^3。工程为单一发电任务的水利枢纽,水库正常蓄水位 461m,正常蓄水位以下库容 1.52 亿 m^3,电站装机容量 720MW(4×180MW),保证出力 116.1MW,多年平均年发电量 32.06 亿 kW·h,年利用小时数 4452h。卡洛特水电站的建设符合巴基斯坦电力布局和经济社会可持续发展的战略决策。

图 1　卡洛特水电站效果图

巴基斯坦卡洛特水电站是“一带一路”首个大型水电投资建设项目,也是我国在“中巴经济走廊”的首个水电投资项目,工程总投资约 17.4 亿美元,由丝路基金和中国进出口银行、中国开发银行、国际金融公司共同组成的银团提供融资。

2015 年 4 月 20 日,习近平主席访问巴基斯坦,与巴基斯坦国家领导人共同见证了卡洛特水电站项目破土动工。2016 年 12 月项目主体工程全面开工建设,2017 年 2 月 22 日工程融资关闭,2018 年 9 月 22 日实现大江截流,2021 年 11 月 20 日下闸蓄水,2022 年 6 月工程完建。卡洛特水电站采用 BOOT(建设、拥有、运营和移交)的投资模式,建成后由中方运营维护,30 年后无偿转让给巴基斯坦政府。电站未来可为巴基斯坦提供源源不竭的清洁水电能源,促进国家能源结构的优化升级。

卡洛特水电站项目从设计到施工全部采用我国技术和标准。电站投资方三峡南亚投资有限责任公司专门聘请了以澳大利亚雪山公司为牵头方的联营体为业主工程师，代表业主对项目的图纸和施工方案进行审核。长江勘测规划设计研究有限责任公司为该项目的设计单位。

卡洛特水电站的开发建设符合中巴两国经济社会发展和能源发展战略要求，是两国进行两国技术经济合作、发展长期睦邻友好关系的具体举措，符合吉拉姆河水电规划，是吉拉姆河干流水电开发布局的重要工程。卡洛特水电站项目无论是在开发建设期，还是在投产运行期，均可直接拉动和促进当地经济社会的发展，增加地区人民就业，切实提高当地人民生活水平和生活质量，是工程所在地的重要工程，是当地百姓的造福工程，是拉动和促进地方经济社会全面发展的希望工程，是中巴两国睦邻友好的友谊工程。

2 枢纽布置

卡洛特水电站枢纽布置方案为：沥青混凝土心墙堆石坝布置在河湾湾头，溢洪道斜穿河湾地块山脊布置，出口在最下游，控制段布置泄洪表孔和泄洪排沙孔；电站进水口布置在溢洪道引水渠左侧靠近控制段，厂房布置在卡洛特大桥上游；导流洞布置在电站与大坝之间。设计施工总工期 60 个月。

卡洛特水电站枢纽建筑物由沥青混凝土心墙堆石坝、溢洪道和引水发电系统组成。根据我国标准，该工程为Ⅱ等大(2)型工程，永久性主要水工建筑物大坝、溢洪道、引水发电建筑物等为 2 级建筑物，次要建筑物为 3 级建筑物，主要和次要水工建筑物结构安全级别均为Ⅱ级。

根据地形地质条件，结合施工及运行要求，经综合比选，最终确定了如图 2 所示的枢纽布置。挡水建筑物为沥青混凝土心墙堆石坝，最大坝高 95.5 m，坝址处的河道呈“几”字形，布置在弯道顶部，坝轴线为直线，方位角 NE 62.43°，与原河流接近正交；泄洪建筑物布置在右岸(凸岸)山脊上，出口在最下游，其控制段为设置闸门的泄洪表孔和泄洪排沙孔。引水发电建筑物布置在吉拉姆河右岸二级阶地，位于导流洞与溢洪道之间，采用引水式地面厂房，进水口位于溢洪道进水渠左侧岸坡，主厂房位于原卡洛特大桥上游约 130 m 处，主要建筑物包括进水口、引水隧洞、地面厂房、升压站及尾水渠等。导流建筑物由右岸 3 条导流隧洞组成，布置在右岸电站与沥青混凝土心墙堆石坝之间。上、下游围堰均为土石围堰。卡洛特水电站枢纽布置见图 2。

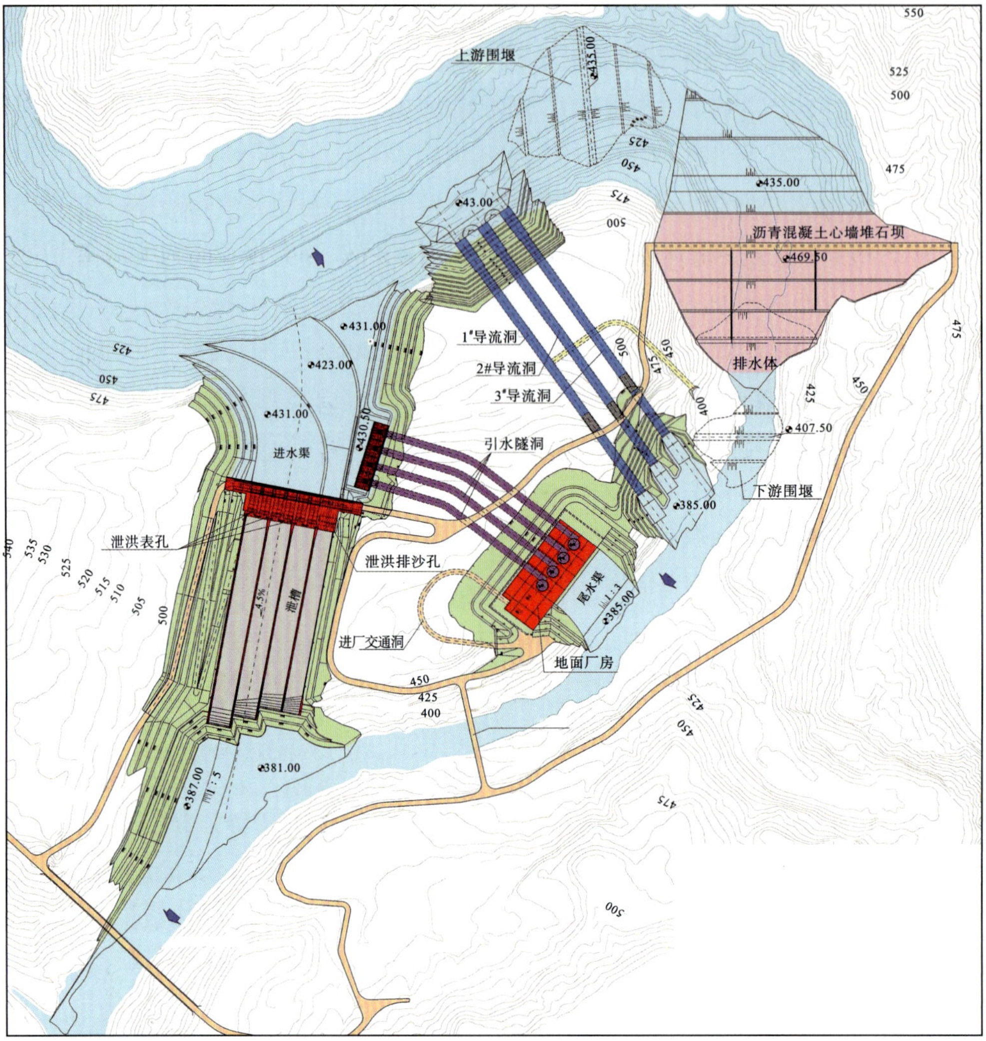

图2　卡洛特水电站枢纽平面布置图(单位:m)

3　主要建筑物

3.1　沥青混凝土心墙堆石坝

沥青混凝土心墙堆石坝主要由沥青混凝土心墙(底部设混凝土基座)、过渡层、堆石Ⅰ区、堆石Ⅱ区、堆石Ⅲ区、排水体和上下游护坡等组成。坝顶高程为469.5m,坝顶轴线长460.0m,坝顶宽12.0m,最大坝高95.5m,坝顶上游设置防浪墙,防浪墙与沥青混凝土心墙形成防渗整体。大坝上游坝坡高程435m以上坡比为1∶2.25,高程435m以下坡比为1∶2.85,在高程435m设置宽25m的马道,并在高程449.5m、415m和395m分别设置宽3.0m的马道。大坝下游坝坡高程410.0m以上坡比为1∶2.25,高程410.0m以下坡比为

1：2，并在下游坝面高程 429.5m、449.5m 各设置宽 3.0m 的马道。下游排水体顶部高程 410.0m，平台宽 6m。

沥青混凝土心墙顶部高程 468.70m，高于水库校核洪水位 467.06m，满足规范的超高要求。沥青混凝土心墙断面为梯形，顶部为高度 70cm 的等厚段，厚度为 60cm，以下逐渐加厚，上、下游坡度均为 1：0.004；心墙底部为高 3m 的大放脚，大放脚上、下游坡度均为 1：0.3。大放脚与高 2.0m 的混凝土基座相接，相接部位采用半径为 496.7cm 的圆弧衔接。

清除大坝坝基范围内覆盖层，对心墙混凝土基座下部基岩进行整体固结灌浆。沥青混凝土心墙坝坝基防渗帷幕线路沿沥青混凝土心墙坝基座轴线向两岸山体内延伸，线路全长约 700m。帷幕设计防渗标准为：高程 445m 以下灌浆后基岩透水率 $q\leqslant 3$Lu，高程 445m 以上灌浆后基岩透水率 $q\leqslant 5$Lu。大坝河床坝段帷幕底线为高程 335m，两岸帷幕底线逐渐抬升至高程 445m。大坝高程 445m 以下布置双排帷幕灌浆孔，孔距 2.5m，高程 445m 以上布置单排帷幕灌浆孔。

施工中的卡洛特沥青混凝土心墙堆石坝见图 3。

图 3　施工中的卡洛特沥青混凝土心墙堆石坝

3.2 泄洪消能建筑物

卡洛特水电站溢洪道进口布置在“几”字形河湾地块的右岸，穿越河湾地段后，下游出口位于河湾的尾部，呈近 SEE 向，溢洪道轴线与下游河道夹角约为 35°。溢洪道轴线选择弧线接直线型式，圆弧段位于进水渠内，直线段长 624.8m，溢洪道轴线总长 795.3m。溢洪道建筑物为 2 级建筑物，由进水渠、控制段、泄槽、挑流鼻坎及下游消能区组成。

考虑水流衔接要求，溢洪道进水渠纵轴线采用弧线接直线型式，弧线半径为 500m，夹角 19.38°，弧线长 170.5m，直线长 80m，总长 250.5m。进水渠大部分渠底高程为 431.00m，泄洪排沙孔前局部渠底高程降低为 423.00m。进水渠进口为非对称喇叭形，底宽在顺水流方向逐渐收窄，至控制段前与溢流前缘等宽。进水渠首端底宽约 370m，末端底宽 150.4m。首末端底宽之比约为 2.5，在设计洪水工况下进水渠内堰前控制断面平均流速约 3m/s，校核洪水工况平均流速约 4m/s。

溢洪道控制段为常态混凝土重力坝，共设 12 个坝段，其左侧 1 号、2 号和右侧 11 号、12 号为非溢流坝段，3～10 号坝段为溢流坝段，坝顶长度 218m。溢流坝段 3 号坝段宽 19.80m，4 号坝段宽 23.70m，5～9 号坝段宽均为 19.00m，10 号坝段宽 21.50m。溢流坝段总宽 160.00m，共布置 2 个有压泄洪排沙孔和 6 个泄洪表孔。溢流坝段上游坝面为铅直面，顺流向长 53.38m。3 号和 4 号坝段集中布置泄洪排沙孔，排沙孔进口底板高程为 423.00m，孔口尺寸为 9m×10m(宽×高)，2 个泄洪排沙孔之间隔墙厚 6m，隔墙中部设置横缝。表孔布置在 5～10 号坝段，表孔堰顶高程 439.00m，孔口尺寸为 14m×22m(宽×高)，采用孔中分缝形式。表孔左边墩厚 4.7m，中墩厚 5m，右边墩厚 4.5m。

泄槽轴线采用直线，与控制段坝轴线垂直，泄槽底板纵坡 $i=4.5\%$。考虑到电站运行要求，泄槽由中隔墙分为 4 个区，即 2 个泄洪排沙孔成一个泄洪区、6 个表孔每 2 个孔成一个泄洪区。泄洪排沙孔泄洪宽度为 18.0m，单个表孔宽度 14.0m，溢流前缘宽度 102.0m。为适应天然地形地质条件，挑流鼻坎在平面上采用差动式布置，泄洪排沙孔区和表孔左区平齐，其他相邻两区平面差动距离均为 20m，泄槽段 4 个区从左至右轴线长度依次为 258.43m、258.43m、278.43m 和 298.43m。泄槽横断面为矩形。

溢洪道尾部采用挑流消能，和泄槽分区相对应，分为 4 个挑流鼻坎，表孔右区挑流鼻坎采用连续式，反弧半径 60m，挑角 30°；泄洪排沙孔区、表孔左区及表孔中区挑流鼻坎采用扭鼻坎型式。从左至右挑流鼻坎坎顶高程依次为 414.10～418.95m、418.95～414.10m、418.05～413.20m 和 417.15m。

溢洪道出口下游消能区采用预挖形式。挑流鼻坎末端基础开挖高程 404.50m，向下游按 1∶0.7 坡比开挖至消能区防淘墙顶高程 381.00～387.00m，高程 391.50m 设置宽 3m 马道。消能区工程防护措施采用护岸不护底形式。卡洛特溢洪道平面布置见图 4。

图 4　卡洛特溢洪道平面布置图

3.3　引水发电建筑物

电站进水口由引水渠、进水塔、交通桥等建筑物组成。引水渠底宽 108m，长 12～23m，前缘设拦沙坎，坎顶高程 440.00m；进水塔采用岸塔式，由 4 个独立塔体结构组成，总体尺寸 108m×20.9m×41m（长×宽×高），顺水流向依次布置拦污栅、检修闸门和工作闸门各一道，塔顶通过交通桥与边坡马道相接，与上坝公路连通。引水隧洞紧接进水塔布置，采用一机一洞引水，平面上 4 条洞轴线按平行直线加弧线布置，弧段转弯 20.62°，洞轴线间距为 27m，洞径为 9.6～7.9m。发电厂房布置在卡洛特大桥上游约 130m 处，主厂房建基面高程为 358.50m，机组安装高程为 382.50m，尾水平高程 419.00m。总尺寸为 160.90m×56.5m×60.5m（长×宽×高），由机组段及其右侧安装场段组成，其中机组段长 111.40m，单机单段布置，分缝宽度 27m，安装场段长 49.5m，分两段布置。厂房主机间上、下游侧设有副厂房，与主机一起形成筒体结构。厂区交通由厂前平台、上游副厂房顶部、4 号机组左侧平台、尾水平台及进厂交通洞共同组成。进厂公路及进厂交通洞布置于安装场段右侧，地面高程为 419.00m，通过宽平台与对外公路相接。升压站布置在主厂房上游侧边坡回填形成的独立平台上，纵轴线与主厂房轴线平行，分 4 段布置，平面尺寸为 111.4m×16m（长×宽），主变压器、GIS 室及出线门构依次布置在高程 419.00m、431.00m 及 444.00m。尾水渠底宽 111.40m，尾水管出口以 1∶3 的反坡连接至高程 385.80m 平底段，并与主河床相接。

4　工 程 特 点

坝址区属中低山地貌，两岸山顶高程为 510～850m。在坝址上游，吉拉姆河先沿 SSE 向流入，在坝址上游约 650m 处以 124°的大转弯折向 NE 流，在坝址处形成一个“几”字形弯道。转向 SSW 之后逐渐转向 SEE 流，并在右岸（凸岸）形成宽约 700m 的山块，之后逐渐流向 SEE 流。坝址河段河谷形态总体为不对称“V”形谷。大坝位于“几”字形河湾的中部。河谷与岩层走向小角度相交，为较为典型的纵向谷。河床高程 380～390m。左岸岸坡发育二级河流阶地，均为基座阶地。右岸岸坡地形受岩性控制，高程 420m 以下地形坡度 35°～40°；

高程 420～440m 地形相对较缓，坡度一般为 12°～25°，高程 440～455m 为陡崖，高 6～9m；高程 455m 以上地形较陡，一般约 40°。在工程枢纽布置中，充分考虑和利用了这些地形地貌特点。

卡洛特水电站坝址位于印度板块与欧亚板块碰撞形成的喜马拉雅造山带西构造结南侧。区域内构造活动及地震活动强烈，分布有 MMT、MCT、MBT、MFT 及 MZF 等规模巨大的深断裂，且部分为地震活跃的断裂，区域构造稳定性差。距离坝址 26km 的 Raisi 逆冲断层在 2005 年曾发生过 7.6 级地震。中国地震局地质研究所确定场址区地震基本烈度为Ⅷ度，50 年超越概率为 10%的基岩水平峰值加速度值为 263.3gal(0.26g)。区内出露地层主要为新近系中新统纳格利组(N_1na)以及多克帕坦组(N_1dh)地层，岩性主要为中砂岩、细砂岩、泥质粉砂岩及粉砂质泥岩等。不同岩性所占大致比例分别为：泥岩、粉砂质泥岩占 23.8%，泥质粉砂岩、粉砂岩占 32.0%，中粗砂岩占 38.0%，细砂岩占 6.2%，总体呈不等厚互层状。岩石胶结成岩较差，较软弱，属较软岩—软岩。经综合比较，选择了能较好适应坝基工程地质条件，且基础处理工程相对较为简单的沥青混凝土心墙堆石坝。

卡洛特沥青混凝土心墙堆石坝高 95.5m，是目前在建的世界最高全断面沥青混凝土心墙软岩堆石坝。筑坝材料为新近系陆源碎屑沉积的砂岩为主，泥质粉砂岩补充。由于地质时代较新，岩石总体成岩胶结程度较差，岩石以软岩—软岩为主。其软化系数较小，浸水饱和后损失强度较大。对环境变化的敏感性很强，现场刚开采的各种软岩料尚有一定强度，但稍经风雨、日晒，其强度就会迅速降低，颗粒加剧破碎。软岩筑坝工程规模大，技术难度高。

卡洛特工程洪水峰高量大。校核洪水标准为 5000 年一遇，相应洪峰流量为 29600m³/s。设计洪水标准为 500 年一遇，相应洪峰流量为 20700m³/s。消能防冲洪水标准为 50 年一遇，相应洪峰流量为 12200m³/s。最大泄洪落差 51.25m。溢洪道建基岩体质量类别均属 $Ⅲ_C$～$Ⅳ_C$ 类，岩性软弱，具微弱透水性，防渗条件较好。微风化泥质粉砂岩、粉砂质泥岩互层抗冲能力差，地基地质条件差，应采取防冲刷和防淘刷措施。

引水发电系统布置在右岸，电站装机容量 720MW。电站额定水头 65m，设计引水流量 312.1m³/s，安装 4 台单机 180MW 混流式机组。卡洛特水电站地面厂房 500 年一遇校核尾水位 418.08m，最低发电尾水位 386.66m，最大尾水变幅 31.42m。厂房建基面高程 358.50m，下游最大挡水水头约 60m，厂房结构挡水压力大。地面厂房抗震设防类别为丙类，设计地震加速度代表值取基准期 50 年内超越概率 10%的地震动峰值加速度，其值为 0.26g。副厂房布置在主厂房的上、下游以形成箱体结构。基础采用封闭抽排，解决高尾水和高地震问题。

卡洛特水电站的开发任务为发电，以促进地区经济社会发展。水库正常蓄水位 461m，死水位 451m，具有日调节性能。电站装机容量 720MW，保证出力 116.1MW(P=90%)，多年平均年发电量 32.06 亿 kW·h，年利用小时数 4452h。

根据水文分析成果，按 1970—2010 年水沙资料统计，卡洛特水电站坝址以上流域多年平均悬移质年输沙量为 3315 万 t，推移质输沙量为 497 万 t，总输沙量为 3812 万 t，多年平均年径流量为 258.3 亿 m^3，多年平均悬移质年含沙量为 1.28kg/m^3。卡洛特水电站入库泥沙量较大，而库容相对较小，水库正常蓄水位以下的库容仅 1.52 亿 m^3，库沙比为 5.2。若采用蓄水运用方式，水库泥沙淤积将较为严重，无法保持长期有效库容，危及电站的正常运行。若采用汛期定期放空水库敞泄排沙运用方式，水库排沙效果较好，可以保持较大的长期有效库容，但是对电站发电效益影响较大。因此，卡洛特水库不宜采用蓄水运用方式或汛期定期放空水库敞泄排沙运用方式。为兼顾发电与排沙，卡洛特水电站采用汛期低水位排沙的运行方式，在汛期的主要来沙期间，当入库流量超过拟定的排沙流量，将水库水位降至排沙水位运行，以增大库区水面比降和水流流速，从而有利于水库排沙走沙，以实现电站长期有效运行。

卡洛特水电站水轮机为立轴混流式结构，采用金属蜗壳以及常规的弯肘型尾水管。机组采用两根主轴结构。电站水轮机转轮直径 6.177m，转轮采用焊接结构。转轮的上冠、下环、叶片材料采用铸钢 04Cr13Ni5Mo。叶片采用五轴数控机床进行加工，再与上冠、下环组焊成整体并进行精加工。在上冠上设间隙式止漏环，以减小顶盖下腔压力，进而减小主轴密封漏水量。在下环上也设置间隙式止漏环。在转轮上冠上采用不开泄水孔的结构型式。电站发电水头不高，但变幅较大，过机泥沙含量较大，因此在机组设计的过程中适当降低了机组的参数水平，采用了成熟、可靠的结构型式，同时机组的主要过流部件也增加了抗磨涂层，这些措施均为机组的安全稳定运行提供了有力保障。

沥青混凝土心墙堆石坝总填筑量 410 万 m^3，其中反滤、过渡、排水料 40 万 m^3，堆石料约 370 万 m^3。工程填筑量大，施工强度高。填筑坝料种类多，且要与沥青混凝土心墙同步上升，施工工艺复杂。坝体填筑最高月平均强度约 27 万 m^3，高峰月强度 35 万 m^3。由于枢纽区河谷狭窄，上坝道路的布置采用岸坡与坝坡相结合的布置方式，保证上坝强度及满足各料源和沥青混凝土的上坝运输要求。

施工中的卡洛特水电站见图 5。

图 5　施工中的卡洛特水电站

5 关键技术问题

5.1 泥沙问题

卡洛特水电站坝址以上流域多年平均悬移质年输沙量约3315万t，多年平均悬移质年含沙量为1.28kg/m^3，属中等含沙河流，但相对于库容而言，入库沙量较大，水库库沙比5.2，且级配较粗。根据类似工程经验和前期相关研究成果，成库后库区泥沙淤积较为严重。卡洛特水电站为该流域的第4级电站，上游N-J水电站已经建成发电，其他电站也将陆续开发，综合考虑电站开发时序，开展了一维、三维泥沙淤积计算和坝区1∶100泥沙物理模型试验研究。借鉴我国在多沙河流上的长期研究成果，结合工程特点，选择“蓄清排浑”的运用方式处理该站水库泥沙问题。研究结果表明：对于选定的排沙水位451m方案，水库运行20年后，坝区河段泥沙基本达到动态平衡，电站取水口和排沙中孔口门前仅有少量淤积，能满足坝前冲沙和电站进水口“门前清”，基本可保证电站正常取水。

5.2 高沥青混凝土心墙软岩堆石坝设计技术

卡洛特沥青混凝土心墙堆石坝是世界最高的全断面软岩堆石坝。世界范围内百米级高度的沥青混凝土心墙软岩堆石坝建设经验不多。研究的主要关键技术问题有：通过大量的室内击实、压缩、剪切、渗透试验及对试验资料的系统整理分析深入研究了沥青混凝土心墙软岩堆石坝的各种坝料特性；高沥青混凝土心墙软岩堆石坝的静动力应力应变分析，坝坡稳定分析，心墙的拱效应作用及心墙发生水力劈裂的可能性研究；根据枢纽建筑物软岩开挖料和转存料的数量、岩石特性及料物平衡规划进行坝料分区及坝体结构优化研究，特别是对坝体变形的影响引起心墙开裂的可能性以及其对坝料分区的要求，不均匀基础变形对坝体变形的影响；枢纽区地震烈度较高，需要进行高坝动力反应特性抗震研究，提出有效提高坝体抗震性能的坝体设计及抗震措施；研究坝体及坝基岩体的渗流特性，分析坝体及坝基内的渗流场分布，研究设置专门的排水通道及针对保护细颗粒稳定的反滤料合理级配和结构设计。

下闸蓄水后的沥青混凝土心墙堆石坝见图6。

图6 下闸蓄水后的沥青混凝土心墙堆石坝

5.3 泄洪消能及防冲设计

该工程校核洪水标准时总泄洪流量为 $29600m^3/s$，全部由溢洪道下泄，溢洪道上下游水头差为 42.31～51.45m，表孔和泄洪排沙孔的最大单宽流量分别为 $302m^2/s$ 和 $233m^2/s$，下游消能区基岩主要为砂岩、粉砂质泥岩与泥质粉砂岩互层。表孔和泄洪排沙孔均推荐采用挑流消能，设计工况下表孔和泄洪排沙孔下游的最大冲坑深度分别为 32.84m 和 40.06m。因此，需要重点研究溢洪道泄流能力、高速水流掺气减蚀、下游消能防冲等问题。同时，还需要研究泄洪时消力塘的支护型式和消能效果，泄洪雾化对建筑物边坡、下游卡洛特复建大桥和环境的影响，并应采取的防护措施。

溢洪道泄洪运用见图 7。

图 7 溢洪道泄洪运用

5.4 引水隧洞洞室群围岩稳定分析及支护措施

隧洞的围岩由 N_1dh 组及 N_1na 组弱风化—微风化泥质粉砂岩与粉砂质泥岩互层及砂岩组成，完整性总体较好。砂岩一般为较软岩，泥质粉砂岩与粉砂质泥岩一般为软岩，岩体以Ⅲ、Ⅳ类为主，局部Ⅴ类。根据巴方及业主工程师的要求，采用其熟悉的 Q 系统分类，对围岩分类并进行围岩级别的界定研究。Q 系统分类方法中，主要考虑了岩体质量指标 RQD、节理组数 Jn、节理面粗糙度 Jr、节理蚀变程度 Ja、裂隙水影响因素 Jw 以及地应力影响因素 SRF 等 6 项指标；研究 3 条引水隧洞洞室最小覆盖层厚度、隧洞之间最小距离；地下洞室规模大、地质条件复杂，受软岩地层层面和结构面影响较大，须通过有限元方法分析地应力、渗流、岩体力学特性及断层等结构面对围岩稳定的影响。根据计算得出的围岩应力、位移等数值，提出相应的支护措施。

5.5 安全监测设计

根据高沥青混凝土心墙堆石坝的应力变形特点，结合国内外土工观测仪器的特点，重点研究高沥青混凝土心墙堆石坝位移变形及应力的监测技术、对仪器性能指标的影响、仪器埋设及安装技术以及资料分析处理系统等，提出合理的安全监测设计方案。这样既可有效避免仪器埋设时的施工干扰，提高仪器埋设成活率，又能获取反映高沥青混凝土心墙堆石坝各阶段实际工作性态的可靠观测资料，还可提供能及时对观测资料进行整理分析的手段，以便验证设计，指导施工，为卡洛特大坝的施工质量及安全运行提供技术支持和保证，为高沥青混凝土心墙堆石坝的设计施工及运行管理积累经验。

5.6 施工系统仿真与快速施工措施

结合卡洛特高沥青混凝土心墙堆石坝施工特点，分析和模拟该坝施工的动态过程，研究其坝基开挖、坝体填筑等各个施工环节之间的相互影响和作用机制，确定施工模拟模型的耦合机制，为施工全过程动态仿真模型的建立和方案优化奠定理论基础。研究了高沥青混凝土心墙堆石坝施工有关施工道路布置、料物平衡、料物流向、土石方开挖、土石方运输、施工机械合理配套及坝体填筑方案的综合优化模型，提出该坝快速施工的有效措施。

5.7 施工导流及河道水流控制措施

根据水文特性、地形地质条件和枢纽建筑物布置特点，卡洛特水电站采用围堰一次拦断河床、围堰全年挡水、导流隧洞泄流的导流方式。根据规范并综合考虑各方面因素，确定上、下游围堰及导流隧洞为 4 级建筑物，初期导流设计洪水标准采用 10 年一遇洪水，相应最大洪峰流量为 $6740m^3/s$。后期导流设计洪水标准采用 200 年一遇洪水，相应最大洪峰流量为 $17300m^3/s$。由于工程施工期洪水流量大，而河谷较狭窄、岩性软弱，因此设计布置了 3 条直径 12.5m 的圆形断面导流隧洞。洞径大、闸门下闸水头高、出口消能防冲问题解决难度大是该工程的主要特点，为此进行了 1∶100 导流水工模型试验研究，从水力学角度分析论证导流方案的可行性与合理性，并提出了有效的解决措施。

5.8 特殊气候条件下沥青混凝土施工技术

卡洛特水电站大坝为沥青混凝土心墙堆石坝，地处亚热带季风气候区，高温季节月平均气温较高，最高气温达 47～50℃，且气温年变幅较大，同时位于软弱岩层基础上，所在地区地震烈度较高，对沥青混凝土的施工提出了极高要求。在可行性研究和初步设计阶段对沥青混凝土原材料和各项性能进行了深入研究，提出了设计推荐配合比、原材料和沥青混凝土的指标要求。进入施工期，全程参与指导沥青混凝土碾压试验、拌和楼生产及现场摊铺碾压，通过对温度指标、碾压参数、施工工艺的控制和动态调整，确保了沥青混凝土的施工质量。大坝监测成果表明，沥青混凝土心墙和坝体变形、应力和防渗性能指标均满足要求，沥青混凝土心墙工作状态正常。

撰稿/张超、万云辉、鄢双红

马来西亚沐若水电站

▲ 沐若水电站

沐若水电站位于马来西亚砂捞越州拉让河源头沐若河上，为拉让河流域第一梯级。坝址属热带雨林地区，控制流域面积约为 2750km^2。工程主要任务是发电，电站装机容量 944MW；水库正常蓄水位 540m，相应库容 120.43 亿 m^3。沐若水电站由碾压混凝土重力坝、坝身无闸控泄洪表孔、坝后生态电站以及右岸进水口、引水隧洞、地面厂房等建筑物组成。

1 建设背景及建设意义

1.1 建设背景

马来西亚砂捞越州雨量充沛且分布均匀，境内适合修坝建库，水电开发潜力大。1979年，砂捞越能源公司对全州电力开发进行了总体规划，德国和瑞士公司组成的SAMA联合体提交了《电力系统开发总体规划报告》，沐若水电站是规划的4个最佳水电项目之一，装机容量992MW。

1993年，瑞士苏黎世Electrowatt工程服务公司对沐若水电站进行了可行性研究，并于1994年编制完成《沐若水电项目工程可行性研究报告》。该报告确定水库库容120亿m^3，装机容量900MW(4×225MW)，多年平均年发电量56.8亿kW·h。同时对枢纽布置基本格局和主要建筑物型式、尺寸开展了进一步研究。该工程分成两大部分，即坝区和厂区。坝区位于沐若河一侧直线的河段上，主要建筑物包括1座141m高的混凝土面板堆石坝、无闸控斜槽溢洪道、1条泄水洞和生态流量放水管。电站厂房位于坝址下游的沐若河右岸，进水口位于沐若河支流Sungai Saah库湾上，距坝址约7.5km。大坝与电站之间布置引水隧洞、调压井、斜井和压力钢管。

2007年8月，马来西亚砂捞越能源公司委托三峡技术经济发展有限公司对沐若水电项目进行技术咨询。受三峡技术经济发展有限公司委托，长江设计公司开展了技术建议书编制工作。通过对可行性研究报告提供的水文、气象、地质等基础资料以及设计方案进行分析，技术建议书对坝型选择、导流建筑物、引水隧洞和厂房布置、装机容量及机组安装高程、施工规划等方面进行了系统的研究论证，对可研报告提出多项重大变更设计，主要包括：①坝型由面板堆石坝改为碾压混凝土重力坝；②泄洪方式由普通溢洪道挑流消能改为坝身台阶式溢洪道衔接挑流消能；③利用生态流量增设生态电站；④将引水隧洞的斜井调整为竖井；⑤装机高程由210m抬高至218m；⑥电站装机容量由900MW(4×225MW)增大到944MW(4×236MW)；⑦主变压器由单相调整为三相。2007年11月，长江设计公司完成技术建议书。

2008年10月，三峡技术经济发展有限公司与砂捞越能源公司签订EPC承包合同。长江设计公司为 EPC 合同设计方，承担各主要建筑物土建、机电、金结及导流隧洞设计工作。施工组织及围堰设计由 EPC 合同施工方——中国水利水电第八工程局承担。根据合同规定，设计采用中国规范，其中压力容器、消防等设计同时需要满足当地强制性要求及标准。设计分为初步设计、详细设计和施工详图设计 3 个阶段。长江设计公司在对水文、地质等基础资料进行必要复核和补充的基础上，进一步对技术建议书的枢纽建筑物布置进行了研究，将坝轴线由直线调整为弧线，以充分利用第 10 段巨厚层砂岩，增大坝体整体性，并确定了保护“圣石”的布置方案。同时完成了地质勘察、大坝设计、引水发电系统设计、机电设计及金属结构设计等专题研究报告。

1.2 建设意义

沐若水电站装机容量 944MW，正常蓄水位以下库容 120.43 亿 m^3，是马来西亚第二大水电项目，且是砂捞越政府有史以来第一个自己组织兴建的水电站。大坝为碾压混凝土重力坝，最大坝高 146m，是马来西亚最高的混凝土坝。大坝自 2011 年 1 月底开浇碾压混凝土，2013 年底全线到顶，浇筑混凝土总量近 166 万 m^3，施工高峰月浇筑强度达到 12 万 m^3，高峰年超过 110 万 m^3，是马来西亚施工进度最快的大型水电项目。电站为引水式，引水隧洞长 2.7km，额定发电水头 300m，是马来西亚发电水头最高的大型电站。大坝坝身设生态放水孔，向电站厂房与大坝之间 12km 长的河道泄放生态流量，并在坝后设生态电站，利用生态流量发电，在保护生态环境的同时，充分开发利用水资源。在 EPC 投标过程中，经勘测设计方长江设计公司和牵头方三峡技术经济发展有限公司的共同努力，最终全面采用中国规范作为设计标准，并在项目实施过程中得到了由西方发达国家技术专家组成的独立评审团的认同，为中国规范走向世界迈出了有力的步伐。

2 勘测设计方案

沐若水电站位于马来西亚砂捞越州拉让河源头沐若河上，为拉让河流域第一梯级，距下一梯级巴贡水电站约 70km，距民都鲁市约 200km。坝址属热带雨林地区，植被茂密，人迹稀少。坝址控制流域面积约为 2750km^2。

工程主要任务是发电，电站装机容量 944MW；水库正常蓄水位 540m，相应库容 120.43 亿 m^3，死水位 515.00m，调节库容 54.75 亿 m^3；设计洪水位 541.91m，校核洪水位 542.46m。PMF 洪水位 545.79m，相应库容 139.69 亿 m^3。

沐若水电站主要包括大坝建筑物和引水发电建筑物两个部分，其中大坝建筑物包括碾压混凝土重力坝、坝身无闸控泄洪表孔、坝后生态电站等；引水发电建筑物包括进水口、引水隧洞、调压井、河岸式地面厂房等。工程采用河床一次性断流、隧洞泄流、围堰全年挡水的导流方案。工程特性表见表 1,枢纽总布置见图 1。

表 1　　沐若水电站工程特性表

序号	项目名称	数量
1	水库大坝名称	沐若水电站
2	地点(省/区、县/市)	马来西亚砂捞越州
3	河流	沐若河
4	开工时间	2008 年
5	完工时间	2015 年
6	工程等别	Ⅰ等大(1)型
7	大坝级别	1 级
8	工程完成投资(亿元)	66
9	坝址控制流域面积(km^2)	2750
10	多年平均年径流量(亿 m^3)	76.37
11	多年平均流量(m^3/s)	242
12	设计标准洪水流量(P=0.1%,m^3/s)	5050
13	校核标准洪水流量(P=0.02%,m^3/s)	7040
14	PMF(m^3/s)	16000
15	年泥沙沉积量(m^3)	4.9×10^6
16	校核洪水位(m)	542.46
17	设计洪水位(m)	541.91
18	正常蓄水位(m)	540.00
19	总库容(亿 m^3)	139.69
20	正常蓄水位以下库容(亿 m^3)	120.43
21	坝型	碾压混凝土重力坝
22	地震基本烈度/设防烈度	Ⅵ/Ⅶ
23	最大坝高(m)	146
24	坝顶长度(m)	439.68
25	溢流表孔孔数	4
26	单宽流量($m^3/(s\cdot m)$)	7.04
27	消能方式	坝身台阶式泄槽+挑流
28	设计泄洪流量(m^3/s)	270
29	校核泄洪流量(m^3/s)	380
30	装机容量(MW)	944
31	多年平均年发电量(亿 kW·h)	55.4
32	平均保证出力(MW)	600.7
33	生态电站装机容量(MW)	7.4
34	生态电站多年平均年发电量(亿 kW·h)	0.65

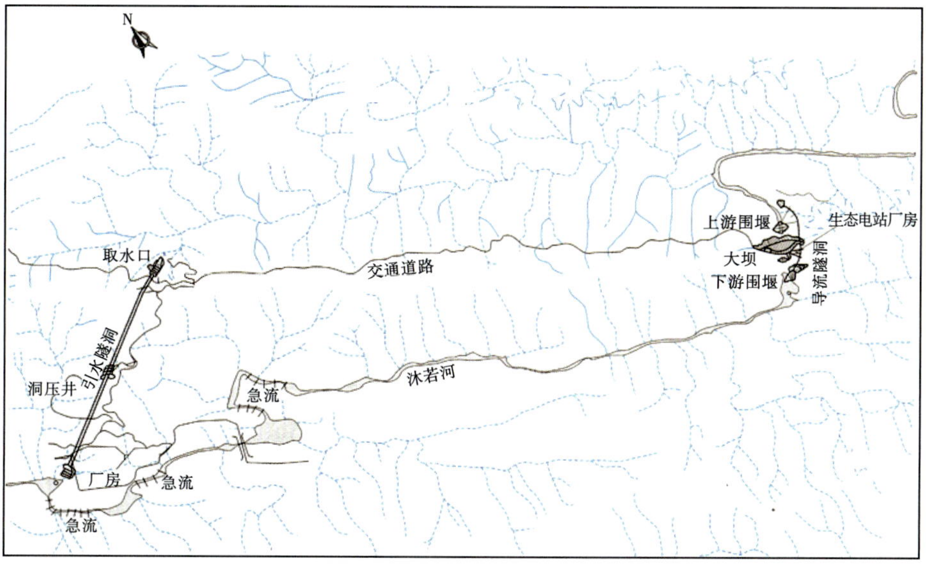

图 1　沐若水电站枢纽总布置

2.1　碾压混凝土重力坝

坝址处两岸山脊不完全对称，左岸山脊位于右岸山脊上游，岩层垂直于河流流向，但各岩层左岸较右岸向上游错开约 35m。为充分利用力学性能较好的岩石，坝轴线采用弧线布置，半径 893m，溢流坝段中心线方位角 25.23°，右岸轴线与地形衔接，岸边坝段往上游方向逆时针转动约 21°。整个大坝轴线长 439.68m，分成 21 个坝段，见图 2。其中，9～11 号坝段为溢流坝段，16 号坝段以右的坝段将“圣石”下部作为坝体的一部分联合受力。

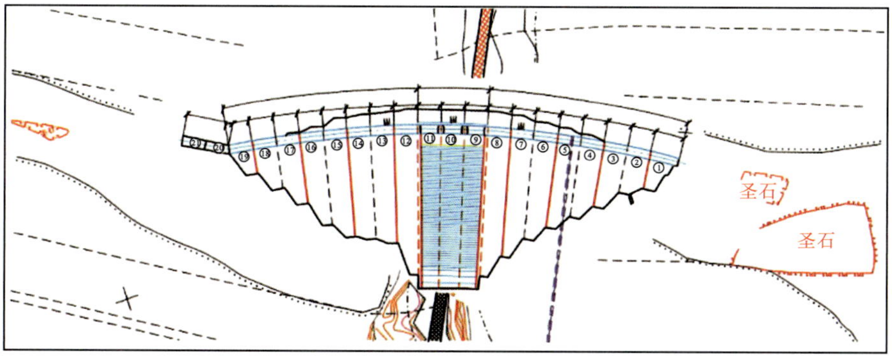

图 2　大坝布置

大坝为碾压混凝土重力坝，坝顶高程 546m，河床最低建基面高程 400m，最大坝高 146m；大坝上游坝坡在 470m 以下为 1∶0.2，以上为垂直，下游坝坡 1∶0.7～1∶0.8，最大底宽 150m。

2.2 泄水建筑物

水库在正常蓄水位540.00m以下的库容为120.43亿m^3，对应的水库面积245km^2，正常蓄水位540.00m与死水位515.00m之间的有效调节库容为54.75亿m^3，库容和水库面积大，具有较强的蓄水能力和滞洪能力。沐若水库调洪起始水位采用正常蓄水位，并采用敞泄方式进行洪水调节。

沐若水电站泄水建筑物采用无闸控表孔，布置在河床中间9～11号坝段。堰顶高程同正常蓄水位540m，溢流堰净宽54.00m，设4个孔。泄水槽分2区以便于检修，两侧边墙高5m，中隔墙高3.5m。在表孔上游设检修门，检修门挡水高度按5年一遇洪水设计。

由于下泄的单宽流量较小，校核洪水的下泄单宽流量仅7.04$m^3/(s\cdot m)$，因此表孔采用坝身台阶式泄槽＋挑流的消能方式。起始台阶高程535.57m，挑流的末级台阶高程415.57m，台阶高1.0m，宽0.8m；台阶下游接反弧段及挑坎，反弧半径15m，挑坎高程410m，挑角25°。

为避免小流量下水流完全不起挑，直接从鼻坎上跌落冲刷坝趾，溢流坝段下游设长24m的护坦。

2.3 引水发电系统

沐若水电站引水发电建筑物包括进水口、引水隧洞、调压井、河岸式地面厂房、尾水渠、开关站等。

进水口包括引水渠、进水塔和交通桥。引水隧洞2条，采用二机一洞布置，从进口到出口依次为渐变段、上平段、调压井段、上弯段、竖井段、下弯段和下平段。调压井为直径25m的简单式调压井、顶高程558.00m，底高程498.00m，为钢筋混凝土结构。

河岸式地面厂房布置在大坝下游约12km的河道右岸，厂房纵轴线近平行于河道流向。自左至右依次布置有安装场、机组段、右侧副厂房，在右侧回填区域布置有室外透平油库和柴油机房。

主厂房下游为尾水管、墩墙及尾水平台，布置有机组检修闸门及其启闭门机，尾水平台高程239.00m。尾水管出口接尾水渠并进入下游河道。

主厂房上游侧239.00m高程平台处为275kV地面变电所，变电所平面尺寸102.50m×37.30m(长×宽)，布置有4台主变压器、GIS室及GIS控制室等，发电机低压母线经过上游副厂房后与主变压器相接，经GIS后向第一线塔出线。

电站机修车间、绝缘油库及其油处理室等其他辅助设施，布置在安装场左侧边坡258.00m高程的平台区域。

3 工程特点及科技创新

3.1 工程特点及难点

沐若水电站地质条件及环境气候条件复杂、技术难度高，存在人文社会环境要求、巨型水库高坝枢纽布置、大坝布置及基础处理、高坝结构设计、碾压混凝土坝坝体防渗、高坝泄洪消能、大型调压井布置及结构设计、混凝土细骨料超量石粉替代部分粉煤灰、复杂条件下碾压混凝土施工及温控等诸多技术难题，工程主要特点及难点如下：

(1)人文、社会、环境要求高，水文资料缺乏，枢纽布置难度大

马来西亚为多民族、多宗教、联邦制国家，尊重宗教信仰，保护土著居民。砂捞越州位于东马来西亚，工程所在地环境艰苦，条件落后，土著本南人信仰原始宗教，坝址右岸危岩体被奉为“圣石”，受其朝拜。枢纽布置须考虑坝址右岸“圣石”危岩体保护。

马来西亚是英联邦成员国，法律法规制度完善，执法严格，环境保护要求高，民众环保意识强，NGO 组织能量大，对于重大工程，政府聘请专门环保执业工程师驻地跟踪执法。枢纽布置须尽量减少料场开采、工程占地，尽量利用已有资源增加生态环境效益。

马来西亚水电人才缺乏，工程地处偏远，沐若河水文站点稀少，水文资料采用巡回式测数，可信度低。水库总库容高达 139.69 亿 m^3，其溃坝流量将达 30 万 m^3/s 量级，而下游巴贡水电站采用面板堆石坝，无抵抗漫顶能力，一旦连溃将造成毁灭性灾难。枢纽布置须选择安全可靠且易于被当地政府和民众心理接受的坝型，以及泄洪方式简单、消能安全的泄洪消能建筑物。

(2)坝基岩体陡倾、软硬相间，被河床断层错开 40m，右岸“圣石”危岩体需保护，大坝布置及基础处理设计难度大

工程所在河段地形十分开阔，风化深厚，仅坝址处两岸“薄刀锋”砂岩耸立，无其他可选坝址，坝线调整余地亦十分有限。坝基岩体属早第三纪始新世滨海相、第三系贝拉加组的 Pelagus 段地层，褶皱强烈，裂隙发育，顺软弱岩层剪切破坏严重，泥化明显，无区域性大断裂通过。由老至新(上游至下游)划分为 16 个亚段。大坝采用碾压混凝土重力坝，坝基岩层陡倾，软硬相间，主要为第 10 亚段厚层砂岩，岩性较好，强度高，变形模量 9～12GPa，厚约 127m，小于河床坝段坝底长度(138m)；部分为第 9 亚段与第 11 亚段砂页岩互层岩体，页岩厚达 10m，变形模量仅 0.4～0.6GPa，软弱破碎，承载能力低，受力后变形大。坝基岩体被斜交河床断层错断，错距 40m，河床部位第 10 亚段砂岩衔接齐平厚度仅 87m，近 1/3 的坝基将落于之外性状较差岩体上，受力不均，稳定性差。坝基地质平面见图 3。

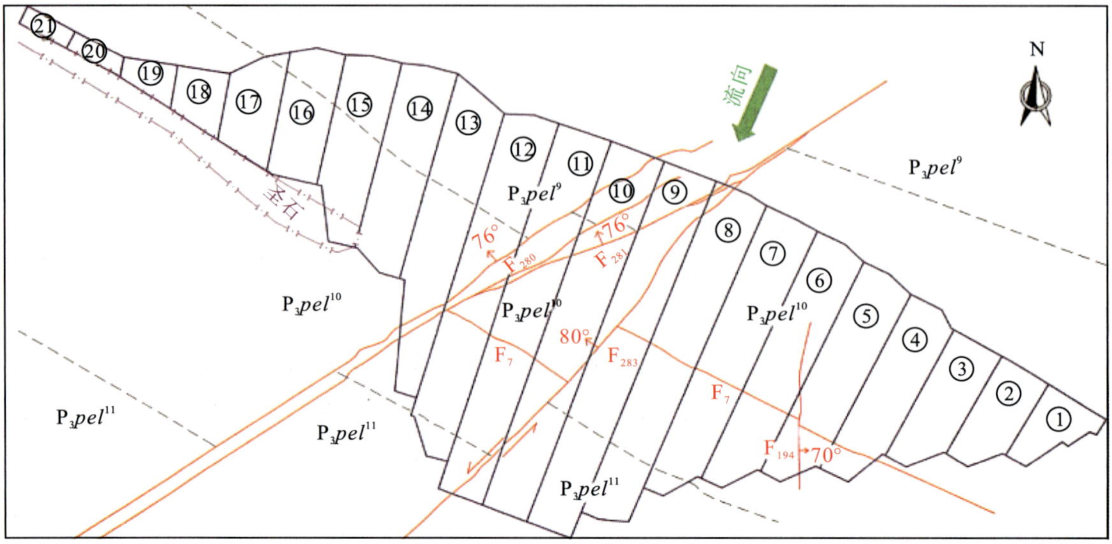

图 3　坝基地质平面

坝址右岸“圣石”高达 100 多米，竖向被软弱夹层(T3)分为上、下游两部分，核心部分仅厚 10 余米，中下部受缓倾角裂隙切割，为高耸危岩体。“圣石”上游第 10 亚段砂岩厚约 35m，其中靠近第 9 亚段大部分风化深达 20m 之多，地形急剧下降，紧贴“圣石”风化深度较浅地砂岩厚仅十几米。右岸 16～21 号坝段，位于“圣石”上游，按常规设计，底宽 25～35m，远超“圣石”上游新鲜砂岩宽度，在不挖除“圣石”的前提下，坝基上游部分将落入深风化岩体部位及第 9 段的页岩部位，开挖及混凝土量大，且坝基受力不均匀，变形大，稳定性差。

(3)碾压混凝土坝坝体防渗

大坝采用碾压混凝土，工期紧，受热带高温多雨气候影响大，EPC 合同对经济性要求高，大坝防渗体设计难度大。

(4)大坝泄洪水头高达 140m，坝后岩体软弱易冲刷，消能防冲设计难度大

大坝最大坝高 146m，泄洪水头最高约 130m。坝址所在河谷狭窄，谷底宽 30～60m，河道纵坡较陡，达 26‰。坝基下游主要为第 11 亚段、第 12 亚段薄层砂页岩互层岩体，易冲刷。

大坝泄洪水头高，冲击力度大，河谷狭窄，河道纵坡陡，坝后基岩易冲刷，过大的冲坑深度将直接危及重力坝稳定和两岸岸坡稳定，消能防冲设计难度大。

(5)单薄山体软弱狭小空间下大型调压井布置及结构设计

引水发电系统沿线岩层陡倾，总体走向 290°～310°。地层主要为砂岩、页岩及砂页岩互层。引水隧洞与岩层大角度相交，有利于开挖洞室稳定；但洞室围岩以Ⅲ、Ⅳ类为主，裂隙及地下水发育，对稳定不利。进水口、调压井及厂房后边坡主要为逆向坡，与岩层交角较小或近平行，岩层主要为砂页岩互层，边坡岩体风化较严重、风化深度大，其次地表径流及地下水丰富，因此边坡稳定问题突出。引水隧洞布置有两个直径 28m、深度 75m 的调压井，调压井

所处位置山体单薄，布置场地狭小，岩体为砂页岩互层、风化深厚，地下水丰富，调压井布置难度大，围岩稳定问题突出。

(6)混凝土细骨料超量石粉替代部分粉煤灰

石粉是微细岩石粉末，形貌与水泥颗粒相似，为形状不规则的多棱体。碾压混凝土中胶凝材料和水的用量较少，当细骨料中含有适量的石粉时，因与掺合料的细度基本相当，石粉在砂浆中能够替代部分掺合料，与胶凝材料一起起到填充空隙和包裹砂粒表面的作用，即相当于增加了胶凝材料浆体，能在一定程度上改善灰浆量较少的碾压混凝土拌和物的和易性，增进混凝土的匀质性、密实性、抗渗性，提高混凝土的强度及断裂韧性，改善施工层面的胶黏性能，减少胶凝材料用量，降低绝热温升。适当掺加石粉，可降低成本，对混凝土质量影响不大。但石粉含量超标，将对混凝土骨料胶结、混凝土强度有较为不利影响。

沐若水电站料场砂岩骨料呈微弱风化，吸水率大，表观密度值偏小，平均值为 2.538g/cm^3，大坝砂石系统生产的细骨料细度模数偏小，石粉含量偏高。系统多次改造后，人工砂石粉含量仍保持在 22%～27%，细度模数为 2.2～2.6，如何利用石粉含量超标骨料，需突破规范标准。

(7)工程区高温多雨，太阳辐射强，混凝土施工及温控设计难度大

工程区属热带雨林气候，最低温度 18℃，年平均气温 26.5℃，季节性温度变化不大。流域降雨呈微弱季节性，年降雨量 4456mm，雨季长达 7 个月，降雨频繁，日降雨随机性大。太阳辐射强，蒸发量大，空气相对湿度全年都比较高，平均在 86%以上。

在高气温、强太阳辐射环境下，混凝土表面的水分蒸发加快，表层混凝土失水，初凝时间缩短、V_c 值增大，振动碾难以压实。降雨导致水灰比增高，使混凝土强度及可碾性降低。降雨径流导致灰浆、砂浆流失，形成薄弱夹层。雨后处理，阻碍混凝土连续上升，影响施工进度。混凝土施工及温控设计难度大。

3.2 科技创新

针对以上这些难题开展了一系列技术创新，主要成果如下：

(1)“以人为本、安全优先、环境协调”的枢纽布置

沐若水电站坝址处两岸岩体明显突出，尤其是右岸岩体，高耸单薄，神奇险峻，被当地土著本南人称作“圣石”，加以朝拜。“圣石”实为危岩体，三面临空，裂隙发育。本着“尊重文明，以人为本”的诚心，通过多方案的比选研究，采用弧形坝轴线布置，利用右岸山体作为大坝的一部分，使大坝与“圣石”融为一体，和谐共处，保留了“圣石”，保护了当地自然文化资源。当地居民朝拜“圣石”见图 4。

图4 当地居民朝拜“圣石”

考虑沐若水电站地处深山雨林的土著地区，环境敏感，对大坝的安全性和运行的自动化程度要求更高。通过系统研究论证，巧妙解决了坝基软硬相间岩体受力及右岸“圣石”保护问题，重力坝石料用量少，对环境影响小；坝身开敞式无闸控泄洪表孔，实现无人值守，运行方便，溃坝风险小，避免了大坝自溃及下游巴贡大坝连溃风险，充分体现了安全优先的设计理念。

为保证下游河道内的水生态环境，尽量减少对水生态环境的不利影响，下泄了 $8m^3/s$ 的生态基流。为充分利用生态基流的水能，在大坝下游设置两台单机容量 3.7MW 的生态机组，同时解决了电站保安及库区移民点的供电需求。

(2)“平弧立桥”大坝布置及基础处理设计

碾压混凝土重力坝高 146m，河床溢流段基底长 138m。坝基岩性较好的第 10 段砂岩厚 127m，且被斜交河床断层错开 40m，部分坝段将有近 1/3 落在岩性很差的页岩或薄层砂页岩互层基础上，坝基受力极不均匀，变形、应力及稳定均难以满足要求。大坝平面上采用弧形布置，使得坝基主要受力部位落在条件较好的砂岩上，确保了大坝的稳定。右岸采用直线布置，大坝紧贴“圣石”，与之融为一体，联合受力，既保留了“圣石”，加强了“圣石”的稳定性，又减少了大坝的工程量。大坝弧形＋直线复合坝轴线布置见图 5。

坝址基础岩体存在上下游岩体软弱易风化，中部岩体较坚硬但裂隙发育的特点，并存在河床斜交断层可能引起的渗透问题。常规处理中需将软弱易风化的页岩和河床断层破碎带进行掏挖并换填混凝土。通过地质分析和大坝受力计算，采用将坝踵向上游拓展，对页岩上游的砂岩予以利用，形成跨过承载力小的软弱岩体，搭接两段砂岩的混凝土“桥”(“桥式”扩大基础)，解决坝基软硬相间地层、完整岩体范围不足且坝基遭遇大位错地层筑坝难题，避免大规模的掏挖岩体及填塘混凝土，解决了大坝变形、应力和稳定问题，简化了基础处理措施，大大减小了基础处理工程量，开拓了坝基处理新途径。“桥式”扩大基础见图 6。

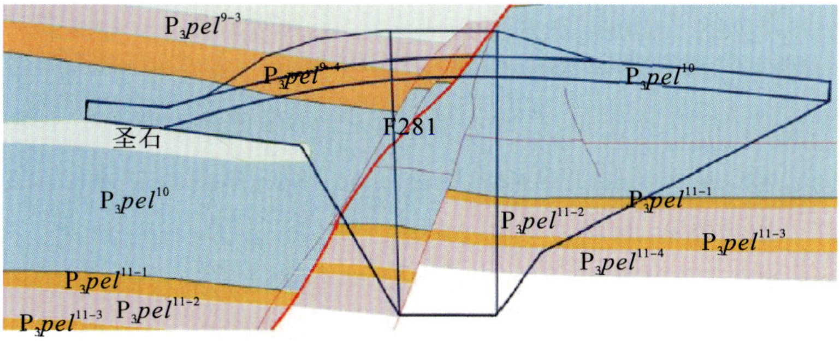

图 5　弧形＋直线复合坝轴线布置

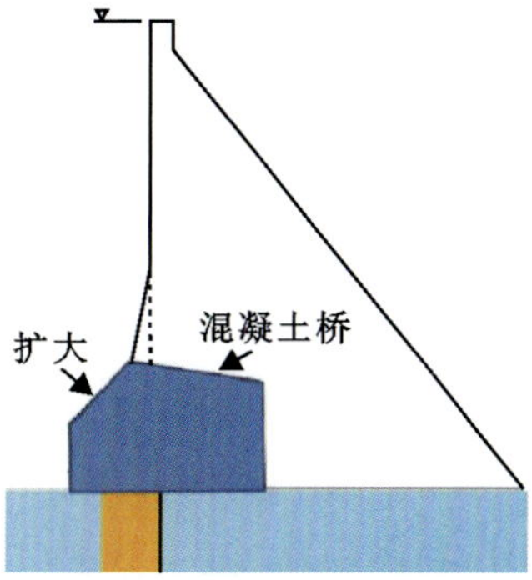

图 6　“桥式”扩大基础

(3)“前坝后石”“上分下合”的“圣石”保护

坝址右岸“圣石”高达 100 多米，被竖向软弱夹层及缓倾角裂隙切割，为高耸危岩体，“圣石”浅风化砂岩厚度仅十几米。突破常规思路，提出了“扶壁式”坝体结构型式，缩减了建基面宽度，避免了坝基深厚覆盖层开挖和混凝土回填，大大减小了工程量。通过调整坝基开挖面倾角和上游坝坡倾角，使混凝土坝体与“圣石”上游岩体始终处于“正压力”结合为主的状态，坝体与岩体连接良好。坝体位于“圣石”上游，上部与“圣石”分离，下部与“圣石”结合，既隔离了上游库水压力对“圣石”上部危岩体的作用，又充分利用“圣石”根部体积大的部分与大坝联合受力，增强了大坝稳定性。

(4)碾压混凝土高坝坝体防渗

通过对国内外现有碾压混凝土坝坝体防渗技术经验的分析总结，根据沐若水电站工程特点和大坝坝体防渗设计具体要求，提出施工方便高效、经济性高、防渗效果优的工程措施。

碾压混凝土重力坝的防渗结构型式有二级配碾压混凝土防渗、变态混凝土防渗、常态混凝土“金包银”式防渗、常态混凝土薄层防渗等。各种形式均有应用，其中，二级配碾压混凝土防渗型式施工快、造价低、应用多。国内的江垭、棉花滩、高坝洲等水利水电工程，在施工防渗层时采用二级配碾压混凝土和变态混凝土现场拌制振捣，积累了成功的经验。但该型式通常还配有辅助防渗层，且须打孔检查并补强灌浆，工序较多。经研究，沐若水电站工程采用二级配碾压混凝土防渗方案，完全依靠混凝土坝体防渗，可靠性高，寿命长。同时，经试验探索，取消了其他工程中通常采用的辅助防渗层，并采用了排水孔周边不加浆振捣，保证排水通畅的新措施。

在沐若水电站大坝防渗设计中，首次提出了“设置坝体上游防渗区＋强化碾压层面施工质量＋利用坝面排水孔全面压水检查浇筑缺陷＋灌浆强化处理浇筑缺陷”的先进坝体防渗设计理念。该技术完全依靠坝体本身防渗，可靠性更高，寿命更长。沐若水电站水库蓄水后，大坝渗漏量很小，监测成果显示大坝全部渗漏（含坝基）仅2.81L/s，表明这一先进技术和设计理念在沐若水电站项目中的应用取得了成功。

(5)无闸控超高坝面台阶泄洪消能设计

坝址河谷狭窄，纵坡较陡，坝后地质条件较差，高水头泄洪消能问题突出。针对性提出了“宽尾墩＋前置掺气挑坎＋坝面台阶”的消能新技术，台阶总高度首次突破100m，达120m，世界第一高。大坝采用坝身无闸孔表孔泄洪，坝面设台阶，堰顶闸墩末端采用宽尾墩型式，并在台阶首部前置掺气坎，避免了大流量下台阶负压过大。台阶消能率高达80%，坝面台阶泄洪掺气充分，水体透白，如同瀑布，与周边环境协调。

大坝建成后，经历了长时间高水位连续泄洪检验，并经历了超校核洪水的检验，台阶消能效果良好。洪水过后，坝面台阶完好无损，下游河床基本无冲刷。无闸控超高坝面台阶消能技术成功应用，简化了下游消能设施，减小了工程量，大大提升了台阶消能方式应用水平。大坝泄洪消能见图7。

图7　大坝泄洪消能

(6)软弱地层狭小空间大型调压井布置及结构设计

根据引水系统总体布置及调保要求，沐若水电站设两座上游调压井，其井筒开挖直径28m、井深75m。调压井所处部位的外侧山体单薄，布置场地狭小。井周围岩为陡倾砂页岩互层，岩体软弱，全强风化层深厚，地表降雨强度大，地下水发育深，相对于该处软弱岩体的不利地质条件而言，常规设计条件下的井筒间距难以满足洞间围岩稳定及施工期安全要求。调压井设计具有规模大、建造条件复杂、工程风险控制难度大的特点。为此，设计采取了以下措施及对策。

1)在调压井布置上，根据开挖揭示的地质条件，提出了大型地面调压井连通升管与上部井筒偏心布置、增加两相邻井筒间距的布置型式，解决了调压井井筒间围岩间距不足的问题。

2)在施工保障措施方面，为保证直径 28m 的两个调压井在全强风化的砂页岩互层岩体中的开挖稳定，采用了分层开挖、分层初期衬砌(初期钢筋混凝土衬砌厚 0.5m，高 3m)的逆作工法。在井筒自上而下完成开挖后，再进行自下而上的井筒二次衬砌，以保证施工安全及施工质量(图 8)。

图 8 调压井开挖施工

3)在衬砌结构设计上，研究采用了“永临结合、分期支护、分段实施”的多层环复合衬砌结构的设计思路，充分利用先期实施的 0.5m 厚初期衬砌，在保障井筒开挖施工安全的同时，减少后期衬砌结构的厚度及配筋，以取得技术及经济效益。

(7)混凝土细骨料超量石粉替代部分粉煤灰

微弱风化砂岩骨料在大体积碾压混凝土(RCC)的应用，沐若水电站属首例。工程进行 RCC 配合比设计时，开展砂岩人工砂石粉含量对碾压混凝土性能影响研究与试验，对石粉在混凝土中的作用重新认识，并通过施工工艺论证，超量石粉替代粉煤灰方案在沐若水电站中成功应用。

试验研究表明，沐若水电站工程的砂岩石粉颗粒较粗，需水比较大，但以一定比例进行掺加时，需水量比、细度以及各龄期水泥胶砂强度比均达到Ⅱ级粉煤灰及以上的要求，等效于掺入Ⅱ级粉煤灰。不同石粉掺量对混凝土强度影响的试验研究表明，混凝土抗压强度随石粉掺量的增大而减小。综合考虑沐若水电站工程人工砂石粉含量及沐若工程技术标准要求，沐若水电站工程碾压混凝土石粉掺量宜为人工砂质量的 3%～5%。相应地，为合理经济地进行微弱风化砂岩骨料的生产和使用，沐若水电站工程碾压混凝土人工砂石粉含量按 22%～27%控制，混凝土性能可满足设计要求。

室内试验结果表明，按合适比例掺加石粉的混凝土各项性能均可以满足设计指标要求，部分指标甚至稍有提升。现场实际浇筑表明，按设计配合比生产的混凝土工作性能良好，取出的混凝土芯样表面光滑、骨料分布均匀，结构致密，混凝土质量优良。超量石粉替代粉煤灰方案的实施，不仅节省了粉煤灰用量，还使工程避免了另选料场增加征地或水洗骨料工艺对环境破坏等不利影响，同时工程质量亦得到保证，社会效益和经济效益显著，为后续类似工程积累了丰富经验。

(8)高温多雨强日照条件下碾压混凝土施工及温控设计

坝址地区临近赤道，属典型的热带雨林气候，全年均为高温多雨强日照天气，高温环境对碾压混凝土温控、连续施工和层间结合等均有非常不利的影响。按“主动降温并减少温升”的思路，采取了风冷骨料、冷水拌合措施，使混凝土出机口温度在21℃以下；采取了避开高温强日照时段浇筑以及遮阳运输措施，提出了浇筑层倾斜摊铺碾压，减少太阳辐射升温。斜层摊铺碾压见图9。

图9　斜层摊铺碾压

全年降雨频率高、雨量大、雨季持续时间长，降雨随机性大，多雨环境对薄层上升的干硬性碾压混凝土影响更大。按“主动避雨和加快排雨”的思路，采取了供料、输送全线雨篷封闭的避雨措施，并研制了防雨滚筒，配备了专业队伍，实现降雨开始时快速覆盖；提出了浇筑层倾斜摊铺碾压，保证雨水迅速自流排泄。

4　运行情况及荣誉

4.1　工程运行情况

沐若水电站于2008年10月开工，2010年4月截流，2013年9月水库开始蓄水，2014年

11 月蓄至正常蓄水位开始发电，2015 年 5 月竣工交付使用。自 2013 年 9 月蓄水运行以来，大坝、泄水建筑物、引水发电建筑物及机电设备运行正常，大坝最大水平位移 33.3mm、坝体及坝基最大渗漏量 2.81L/s，工程质量优良。

2014 年 1 月 30 日大坝溢流堰顶浇筑完成，2014 年 11 月 25 日大坝溢洪道正式开始过流，2015 年 2 月 12 日达到该次过流最高水位 542.78m，库水位 542m 以上运行时间 30 天。溢洪道运行过程中观察表明，进水口堰顶段水流均匀、平顺、稳定，台阶段水流掺气充分，反弧挑坎段水舌起挑、入水落点正常。总体而言，溢洪道运行的水流流态和特性与设计研究结果非常相似，均满足设计要求。

4.2 荣誉

2013 年 5 月，第四届世界水电大会在沙捞越召开，沐若水电站作为马来西亚水电示范项目被指定为考察工程；2015 年 9 月，荣获国际大坝委员会第三届碾压混凝土坝里程碑工程奖。2015 年 12 月，荣获第三届武汉设计双年展“十大最有影响的设计工程”奖。2016 年 6 月，荣获 2016 年中国电力优质工程奖。2016 年 11 月，荣获“境外工程鲁班奖”。2016 年 12 月，荣获 2016 年湖北省优秀工程设计奖一等奖。

研究成果获得多项专利，其中包括“软硬相间陡倾岩层混凝土重力坝的结构布置”，专利证书号：第 7190720 号；“岩前混凝土重力坝布置结构”，专利证书号：第 7190701 号等。

撰稿/丁建新、崔玉柱

缅甸密松水电站

▲ 密松水电站

密松水电站位于缅甸恩梅开江与迈立开江汇合口下游的伊洛瓦底江干流河段上，是伊洛瓦底江上游流域水电开发的最下游一级，也是梯级中规模最大的水电工程。该工程开发任务以发电为主，兼顾密支那市防洪。

1 工程概况

1.1 地理位置

密松水电站位于缅甸恩梅开江与迈立开江汇合口下游的伊洛瓦底江(以下简称“伊江”)干流河段上,坝址下距密支那市约 40km。与缅甸曼德勒、仰光的直线距离分别约为 450km 和 1020km,与我国昆明、南宁、广州的直线距离分别约为 500km、1100km 和 1600km。

1.2 工程任务

根据伊江上游流域开发需要和工程所处的地理位置及开发条件,拟定密松水电站的开发任务是以发电为主,兼顾密支那市防洪。

(1)发电

密松水电站水库正常蓄水位 245m,水库总库容 132.82 亿 m^3,调节库容 45.03 亿 m^3,库容系数 2.8%。考虑其培水电站的调蓄作用,电站保证出力 1247MW,装机容量 6000MW,多年平均年发电量 293.4 亿 kW·h;考虑上游 6 座梯级电站的调蓄作用,电站保证出力 1729MW,多年平均年发电量 307.3 亿 kW·h。工程建设条件、技术经济指标好。

(2)防洪

密松水电站坝址下距密支那市约 40km,控制流域面积 4.73 万 km^2,占密支那以上流域面积的 98.8%,水库预留 8.5 亿 m^3 防洪库容,可将密支那市防洪能力提高到 20 年一遇。

1.3 兴建缘由

伊江上游流域落差大、水量丰沛,水力资源丰富,具有良好的开发价值,且该流域与我国南方地区相邻,具备进行电力合作和电力交易的区位优势。缅甸政府引进中国电力投资集团公司(现国家电力投资集团,以下简称“国电投”)开发伊江上游流域水力资源,带来大量的国外投资,可改善当地交通条件,带动当地商贸、物流、建材、旅游等相关产业的快速发展,促进地方经济发展。密松水电站是伊江上游流域梯级中规模最大的水电工程,也是该流域水电开发规划拟建设的第一批梯级电站,发电效益巨大。

1.4 枢纽布置

密松水电站枢纽布置方案为:河床布置混凝土面板堆石坝;左岸 1 号垭口和右岸 4 号垭

口布置黏土心墙堆石坝;左岸1号垭口西侧开挖明渠并布置溢流坝,坝身布置泄洪表孔、泄洪中孔和导流底孔;左岸1号山包布置引水式电站。大坝上、下游布置全年挡水土石围堰,采用溢流坝坝身导流底孔、泄洪中孔结合坝身预留缺口导流。

缅甸密松水电站工程特性见表1。

表1　　缅甸密松水电站工程特性

<table>
<tr><th colspan="3">名称</th><th>数量及特性</th><th>备注</th></tr>
<tr><td rowspan="16">水文</td><td colspan="1" rowspan="2">流域面积</td><td>全流域(万 km²)</td><td>41.0</td><td></td></tr>
<tr><td>坝址以上(万 km²)</td><td>4.73</td><td></td></tr>
<tr><td colspan="2">利用的水文系列(年)</td><td>10</td><td>1971—2010年</td></tr>
<tr><td colspan="2">多年平均年径流量(亿 m³)</td><td>1577</td><td></td></tr>
<tr><td rowspan="3">代表性流量</td><td>多年平均流量(m³/s)</td><td>5000</td><td></td></tr>
<tr><td>设计洪水(P=0.1%,m³/s)</td><td>51000</td><td></td></tr>
<tr><td>校核洪水(P=0.01%,m³/s)</td><td>68800</td><td></td></tr>
<tr><td rowspan="2">洪量</td><td>设计洪量(7d,0.1%,亿 m³)</td><td>225</td><td></td></tr>
<tr><td>校核洪量(7d,0.01%,亿 m³)</td><td>298</td><td></td></tr>
<tr><td rowspan="3">泥沙</td><td>多年平均悬移质年输沙量(万 t)</td><td>7020</td><td></td></tr>
<tr><td>多年平均含沙量(kg/m³)</td><td>0.446</td><td></td></tr>
<tr><td>多年平均推移质年输沙量(万 t)</td><td>421</td><td></td></tr>
<tr><td rowspan="4">天然水位</td><td>实测最低水位(m)</td><td>137.13</td><td rowspan="4">根据密松坝址2007年、2008年上坝址资料统计</td></tr>
<tr><td>相应流量(m³/s)</td><td>856</td></tr>
<tr><td>实测最高水位(m)</td><td>151.86</td></tr>
<tr><td>相应流量(m³/s)</td><td>22500</td></tr>
<tr><td rowspan="14">水库</td><td rowspan="5">水库水位</td><td>校核洪水位(m)</td><td>248.26</td><td></td></tr>
<tr><td>设计洪水位(m)</td><td>245.0</td><td></td></tr>
<tr><td>正常蓄水位(m)</td><td>245.0</td><td></td></tr>
<tr><td>汛期防洪限制水位(m)</td><td>242.5</td><td></td></tr>
<tr><td>死水位(m)</td><td>230.0</td><td></td></tr>
<tr><td rowspan="7">水库容积</td><td>总库容(亿 m³)</td><td>132.82</td><td></td></tr>
<tr><td>正常蓄水位以下库容(亿 m³)</td><td>120.72</td><td></td></tr>
<tr><td>调洪库容(亿 m³)</td><td>20.60</td><td></td></tr>
<tr><td>防洪库容(亿 m³)</td><td>8.5</td><td></td></tr>
<tr><td>调节库容(亿 m³)</td><td>45.03</td><td></td></tr>
<tr><td>死库容(亿 m³)</td><td>75.69</td><td></td></tr>
<tr><td>库容系数(%)</td><td>2.8</td><td></td></tr>
<tr><td colspan="2">调节性能</td><td>年调节</td><td></td></tr>
<tr><td colspan="2">水量利用系数(%)</td><td>82.3</td><td>密松、其培水电站联合运行</td></tr>
</table>

续表

名称				数量及特性	备注
工程效益指标	发电效益	装机容量(MW)		6000	
		保证出力(MW)		1247/1729	密松、其培水电站联合运行/全梯级联合运行
		多年平均年发电量(亿 kW·h)		293.4/307.3	
		装机发电年利用小时数(h)		4890/5122	
	防洪效益			密支那市防洪能力提高到 20 年一遇	
主要建筑物及设备	挡水建筑物	河床主坝	型式	混凝土面板堆石坝	
			地基特性	安山岩、沉积岩	
			地震基本/设防烈度(度)	Ⅷ/Ⅸ	
			坝顶高程(m)	252.5	
			最大坝高(m)	139.5	
			坝顶长度(m)	1277.8	
		1 号垭口副坝	型式	黏土心墙堆石坝	
			地基特性	沉积岩、安山岩、花岗闪长岩	
			地震基本/设防烈度(度)	Ⅷ/Ⅸ	
			坝顶高程(m)	252.5	
			最大坝高(m)	85.0	
			坝顶长度(m)	1032.0	
		4 号垭口副坝	型式	黏土心墙堆石坝	
			地基特性	沉积岩、安山岩	
			地震基本/设防烈度(度)	Ⅷ/Ⅸ	
			坝顶高程(m)	252.5	
			最大坝高(m)	99.0	
			坝顶长度(m)	1448.0	
	泄水建筑物	泄水建筑物型式		溢流坝	
		地基特性		安山岩	
		表孔	数量(孔)	12	
			溢流堰顶高程(m)	222.0	
			孔口尺寸(宽×高,m×m)	14×23	
			最大单宽流量(P=0.01%,$m^3/(s\cdot m)$)	272.6	
			消能方式	跌坎式底流	
			设计泄洪流量(m^3/s)	36707	
			校核泄洪流量(m^3/s)	45795	

续表

名称				数量及特性	备注
主要建筑物及设备	泄水建筑物	中孔	数量(孔)	11	
			进口底坎高程(m)	165.0	
			孔口尺寸(宽×高,m×m)	5×8	
			最大单宽流量(P=0.01%,m^3/(s·m))	261.3	
			消能方式	挑流	
			设计泄洪流量(m^3/s)	11493	
			校核泄洪流量(m^3/s)	14370	
	输水建筑物	额定流量(m^3/s)		898.3	
		进水口型式		岸塔式	
		地基特性		安山岩	
		进水口底槛高程(m)		196	
		引水管型式		隧洞	
		条数(条)		8	
		地基特性		安山岩	
		长度(m)		275.63	
		断面直径(m)		13.5	
		衬砌型式		钢筋混凝土	
		设计水头(m)		155.3	
	发电厂房及开关站	型式		岸边引水式	地面厂房
		地基特性		安山岩	
		主厂房尺寸(长×宽×高,m×m×m)		401.1×66.6×84.1	
		厂房顶高程(m)		178.20	
		水轮机安装高程(m)		131.3	
		尾水管底板高程(m)		100.8	
		机组中心距(m)		37.2	
		500kV 变电站(座)		1	位于上游副厂房
		型式		封闭式	地面
		面积(长×宽)/层数(m×m/层)		313.6×18/2	屋面为出线场
	主要机电设备	水轮机台数(台)		8	
		发电机台数(台)		8	
		主变压器数量(台)		25	含 1 台备用

续表

名称			数量及特性	备注
	输电线路	电压(kV)	500	
		回路数	4	
施工特性	施工导流 施工导流	导流方式	围堰一次拦断、底孔+中孔+坝体缺口导流	
		导流底孔型式	有压短管	
		数量(孔)	10	
		孔口尺寸(宽×高,m×m)	9×14.5	
	施工期限	准备工期(月)	35	
		第一台机组发电工期(月)	83	
		总工期(月)	96	

密松水电站的项目法人为国家电投集团云南国际电力投资有限公司,设计单位为长江勘测规划设计研究有限责任公司(以下简称“长江设计公司”)。

2 勘察设计及工程建设

2.1 勘察设计概况

2006年10月31日,缅甸原总理梭温在第三届中国—东盟博览会上代表缅甸政府邀请国电投开发伊江上游水电项目。国电投经慎重考虑,决定开发伊江上游水电项目,工程的勘察设计工作随之启动。自2005年以来,完成了水文、测量、地质、工程勘察及工程设计等大量工作,主要勘测设计过程如下:

2005年4月,长江设计公司受国电投委托,与有关单位联合对密松水电站坝址进行了现场考察,收集了部分地形地质资料,经分析研究,提出了《缅甸伊洛瓦底江密支那以上流域水电开发设想及密松水电站开发方案》。

2006年7月,国电投与长江设计公司等单位共同组织,对密松水电站坝址进行了查勘。

2006年10月,长江设计公司地质、钻探、测量、水文等专业工作人员赴缅甸,于11月1日正式进驻密松基地,开展现场外业工作。

2007年1月,国电投正式委托长江设计公司开展流域规划和密松水电站的前期勘测设计工作,4月正式签署了《缅甸伊洛瓦底江密松水电站预可行性研究阶段勘测设计工作协议》。

2007年3月,长江设计公司完成了《缅甸伊洛瓦底江密松水电站预可行性研究勘测设计工作大纲》,并通过了国电投组织的审查。

2007年3—4月，根据河流规划，结合恩梅开江和迈立开江汇合口以下河段的地形条件，在两江汇合口以下伊江干流长约7km河段内初步选择了密松水电站上、中、下3个坝址；随着地勘工作的深入，长江设计公司组织有关人员进行了现场查勘，查阅了最新的地勘成果，由于下坝址地形宽阔，地质条件复杂，决定将上、中坝址作为预可行性研究阶段的比较坝址。

2007年5月，提出了枢纽布置、主要建筑物的初步方案，估算了工程量，匡算了工程投资，分析计算了密松水电站的经济指标。

2007年9月，长江设计公司提出了《缅甸伊洛瓦底江密松、其培水电站工程场地地震安全性评价报告》，中国地震局于2008年1月审查通过了该报告。

2008年1月，根据地质勘探资料揭示的上、中坝址地质条件，长江设计公司再次组织有关人员查勘现场，初步确定以中坝址为预可行性研究阶段的代表坝址。

2008年6月，长江设计公司提出了《缅甸伊洛瓦底江密松水电站预可行性研究报告》。同年7月，国电投组织有关专家对该报告进行了咨询。该报告推荐密松水电站正常蓄水位230m，装机容量4200MW。

2008年11月，长江设计公司根据近两年的水文测验资料，推求的密支那水文站水位流量成果和缅甸第一电力部提供的新的1∶50000地形图资料，对密松、其培、腊撒3个梯级电站，从梯级水位衔接、死水位和装机利用小时等方面进行了优化，推荐密松水电站正常蓄水位245m，电站装机容量6000MW。

2008年11月，结合国电投对《缅甸伊洛瓦底江密松水电站预可行性研究报告》的咨询意见，按照国电投西南水电项目部会议纪要（工字〔2008〕年第11期）的要求，长江设计公司重新编制完成了《缅甸水电项目密松水电站预可行性研究报告》。该报告推荐密松水电站正常蓄水位245m，装机容量6000MW。

2009年3月底，长江设计公司正式提交了《缅甸水电项目密松水电站可行性研究坝址选择专题报告（咨询稿）》。

2009年6月，长江设计公司提交了《伊江上游水电项目密松、其培水电站可行性研究水文气象专题报告》。

2009年7月，长江设计公司完成了《缅甸水电项目密松水电站可行性研究正常蓄水位选择专题报告》以及《缅甸水电项目密松水电站可行性研究坝址选择专题报告》。

2009年10月，长江设计公司全面完成《缅甸水电项目密松水电站可行性研究总报告》以及其他专题报告。

2010年7月，长江设计公司完成了《伊江上游水电项目密松水电站招标设计报告》。2010年9月，完成了《伊江上游水电项目密松水电站泄洪消能建筑物Ⅰ标段土建工程施工招标文件》《伊江上游水电项目密松水电站泄洪消能建筑物Ⅱ标段土建工程施工招标文件》和《伊江上游水电项目密松水电站引水发电系统Ⅰ标段土建工程施工招标文件》。

2.2 建设过程

密松水电站前期工程于2009年12月21日开工。

2011年9月30日项目被搁置。截至项目搁置时，已全部完成电站坝区移民，项目“四通一平”已全面开始施工，主体工程溢洪道及引水发电系统土石方也已开挖施工。

2013年1月4日，密松水电站设备物资开始撤离缅甸，3月22日撤离全部完成。

目前项目仍处于搁置状态。

2.3 工程等别及设计标准

2.3.1 工程等别和建筑物级别

密松水电站为Ⅰ等大(1)型工程，主坝、副坝、泄洪建筑物、电站引水系统、电站厂房等主要永久性水工建筑物为1级建筑物，次要建筑物为3级建筑物；主要永久性水工建筑物结构安全级别为Ⅰ级，次要建筑物结构安全级别为Ⅱ级。

2.3.2 洪水设计标准

各水工建筑物的洪水设计标准及相应频率的洪峰流量见表2。

表2 各水工建筑物洪水设计标准

建筑物名称	正常运用		非常运用	
	洪水重现期(年)	洪峰流量(m^3/s)	洪水重现期(年)	洪峰流量(m^3/s)
壅、泄洪建筑物	1000	51000	10000	68800
电站厂房	200	44700	1000	51000
消能防冲建筑物	100	41900		

2.3.3 抗震设计标准

该工程场地地震基本烈度为Ⅷ度。壅水建筑物设计地震加速度代表值取基准期100年内超越概率2%的地震动峰值加速度，其值为0.33g；非壅水建筑物设计地震加速度代表值取基准期50年内超越概率5%的地震动峰值加速度，其值为0.21g。壅水建筑物及重要泄水建筑物按“最大可信地震”校核其不发生库水失控下泄灾变。“最大可信地震”水平向峰值加速度代表值取基准期100年内超越概率1%的地震动峰值加速度，其水平向峰值加速度代表值为0.4g。

2.4 主要建筑物简介

2.4.1 挡水建筑物

(1)混凝土面板堆石坝

混凝土面板堆石坝布置在主河床，左坝端为1号山包，右坝端为2号山包，坝轴线为直线，方位角为NE35.03°，与原河流流向接近正交。混凝土面板堆石坝主要由趾板（标准板、防渗板）、面板及其止水系统、大坝填筑体、坝顶防浪墙等组成。大坝上游设置铺盖，左岸下游坝脚设置量水堰。

混凝土面板堆石坝坝顶高程252.5m，河床趾板建基面高程113.0m，最大坝高139.5m。坝顶宽12.0m，坝顶长1277.8m。坝顶设高4.2m的"L"形防浪墙，墙底高程249.5m，墙顶高程253.7m。大坝上游坝坡1∶1.4；下游分别在高程228.5m、203.5m和178.5m设有水平马道，马道宽3.0m，下游高程164.5m设有永久进厂公路，宽16.75m；高程228.5m马道以上下游坝坡1∶1.6，其余下游坝坡1∶1.5。坝顶预留沉降超高为0.4m。下游高程216.5m以上坡面采用钢筋混凝土格栅防护，以下坡面采用1.0m厚的干砌石护坡。

坝体从上游至下游依次分为盖重区（1B）、黏土铺盖区（1A）、垫层区（2A）、特殊垫层区（2B）、过渡区（3A）、主堆石区（3B）、下游堆石区（3C）和下游护坡（P），下游围堰与坝体结合，从上游至下游各分区间满足水力过渡要求。对下游围堰防渗体，后期拆除至高程146.0m，确保下游坝体排水通畅。

（2）副坝

1号、4号垭口副坝均为黏土心墙堆石坝，坝顶高程252.5m，坝顶宽度10m，上游坝坡1∶2.5，下游坝坡1∶2.2～1∶2.5，坝顶长度分别为1032m、1448m，最大坝高分别为85m、99m。大坝下游坝坡自坝顶以下每20m高差设一级马道，马道宽3.0m。黏土心墙顶宽4m，上、下游坡比均为1∶0.2。1号垭口黏土心墙堆石坝的右坝端与溢流坝采用侧墙式连接。

副坝主要由黏土心墙、反滤层、过渡层、坝壳堆石体和上下游护坡等组成，从黏土心墙往上、下游均满足水力过渡的要求。

2.4.2 泄洪消能建筑物

泄洪消能建筑物采用溢流坝型式。溢流坝布置在1号垭口西侧，由进水渠、溢流坝、消力池、混凝土海漫及下游明渠等组成。

进水渠渠底高程135m，底宽240m，渠长约837m。

溢流坝由13个溢流坝段和7个非溢流坝段组成，坝顶高程252.5m，坝顶长度427.55m，最大坝高135.5m。坝身共布置12个表孔、11个中孔和10个导流底孔。表孔堰顶高程为222m，孔口尺寸为14m×23m（宽×高），采用跌坎式底流消能；中孔采用无压坝身泄水孔型式，进口底板高程165m，孔口尺寸为5m×8m（宽×高），采用挑流消能。导流底孔进口底板高程135m，孔口尺寸为9m×14.5m（宽×高），采用底流消能。

消力池底板高程122m，池长210m，底宽278m，消力池尾部布置尾坎，尾坎后接长45m的混凝土海漫，海漫末端以1∶5的反坡与下游明渠相接。下游明渠底高程130m，底宽278m，渠长约1685m，采用浆砌石衬护。

2.4.3 引水发电建筑物

引水发电建筑物由进水口、引水隧洞、地面厂房及尾水渠等组成。

进水口位于1号山包上游侧斜坡地带，为岸塔式。进水塔尺寸为297.60m×28m×62.0m（长×宽×高，下同），分8段布置，底板高程196.0m，建基面高程190.5m，塔顶高程252.50m。检修闸门靠上游布置，静水启闭，工作闸门靠下游布置，动水闭门、静水启门。

引水隧洞位于1号山包中，共8条，单机单洞平行布置，洞径为13.5m，洞轴线间距为37.20m，单洞长275.63m，进口中心高程202.75m，出口中心高程131.30m。上平段至下弯段采用钢筋混凝土衬砌，下弯段及下平段采用钢衬。钢衬（压力钢管）长115.1m，直径为13.5～12.0m，末端36.5m按明管设计，其余按洞内埋管设计，钢管采用60kg/f级钢板制造，管壁厚度为44～60mm。

电站厂房布置在1号山包下游侧，主厂房尺寸为401.1m×38.50m×84.10m，从右至左依次布置安Ⅰ段、安Ⅱ段、8个机组段及副安装场。安Ⅰ段兼为卸货场，楼面高程与厂前区同高，为164.5m，安Ⅱ段、发电机层及副安装场楼面高程为149.9m。安Ⅰ段及安Ⅱ段桥机为双层布置，同向转运，机组段及副安装场桥机为单层布置，桥机采用墙体支撑，下游采用墙体挡水。

副厂房位于主厂房上游侧，为混凝土框架剪力墙结构，副厂房尺寸为361.10m×18m×48m，其上游为主变运输平台，宽15.05m，地面高程为164.50m。主变压器、SF_6封闭开关室及中央控制室布置在上游副厂房内，屋面为出线场。

尾水平台高程164.50m，宽16m。尾水闸门布置在尾水管扩散段中部，单机组段分3孔布置，底板采用整体式结构。

尾水渠底宽297.60m，采用折线布置，长约900m。从尾水管出口以1∶4的反坡连接至高程135.0m平底段，其后与天然河床相接。水流与河床交角约75°。

进厂公路布置于安Ⅰ段下游侧，高程为164.5m。右侧与面板堆石坝下游围堰堰顶公路相接。厂区交通由厂前区、主变运输平台、尾水平台及副安装场左侧平台组成。

3 工程建设意义

3.1 推动缅甸电力发展

缅甸经济中心位于南部的仰光和中部的曼德勒，用电负荷也集中于此。从缅甸能源分布分析，石油和天然气主要集中在内陆中部及南部沿海，煤炭资源、水力资源主要集中在北部、东北部的克钦邦和掸邦。

国民经济持续快速发展，必须电力先行。随着缅甸经济的快速增长和人民生活水平的不断提高，电力缺口较大。据预测，缅甸2025年最大用电负荷7065MW、2030年为12630MW。从电力盈亏分析来看，2025年缅甸最大电力缺口约438.56MW；在考虑密松水电站投产情况下，2030年缅甸电网电力缺口还有5316.56MW。

伊江水力资源丰富，密支那以上流域（干流）水力资源理论蕴藏量平均功率总量约

21500MW，总能量约 1883 亿 kW·h。为有效利用丰富的水力资源，缅甸政府积极引进外资开发本国的水力资源，开发密松水电站将大大改善缅甸电网的电力供应水平，从而促进缅甸经济社会发展。因此，开发密松水电站是缅甸电力发展的需要，符合缅甸政府的电力布局和战略决策。

3.2 为伊江上游流域水电开发的重要梯级

伊江上游流域水量充沛、稳定，落差大且集中，水力资源极为丰富。整个流域面积为 4.79 万 km^2，多年平均流量达 5080m^3/s，多年平均年径流量 1602 亿 m^3，其左、右两源恩梅开江、迈立开江的落差分别为 1010m 和 4470m。根据该河段的地形地质条件，在流域和河段规划研究中，自上而下选择了耶南、广朗普、匹撒、乌托、其培、密松及支流迈立开江的腊撒等 7 级开发方案。密松水电站是伊江上游流域水力资源开发的大型骨干电源，是合理开发利用伊江水力资源中不可缺少的重要梯级工程。

3.3 促进地方经济社会发展

密松水电站所在的缅北克钦邦人口少、经济发展水平低，但柚木、藤条等自然资源丰富。由于缺乏必需的资金、技术和设备，丰富的自然资源基本处于未开发的原始状态。

密松水电站的建设将注入大量资金，且需要大量的钢材、水泥等建材及劳动力，可改善当地交通条件，带动当地商贸、物流、建材、旅游等相关产业的快速发展，增加当地居民的就业机会；工程坚持开发性移民方针，所有移民迁建新址都将统一规划、建设，移民生活条件将得到提高；工程建成后可为缅甸经济社会发展提供大量的电能，同时增加国家财政收入。

伊江洪水频发，沿江城市洪涝灾害时有发生，结合水电开发控制伊江洪水，可有效减轻下游洪水灾害。密松水库控制流域面积 4.73 万 km^2，占密支那以上流域面积的 98.8%，预留防洪库容 8.5 亿 m^3，可使密支那市防洪标准由现状的 5 年一遇提高到 20 年一遇。

密松水电站的建设对促进地方经济发展、提高下游防洪标准、提升当地人民生活水平有重要作用。

撰稿/殷鸣、胡清义

缅甸其培水电站

▲ 其培水电站

其培水电站位于缅甸北部的克钦山区，是恩梅开江干流水电开发的最下游梯级，上游与乌托水电站衔接，下游为伊洛瓦底江的密松水电站。伊洛瓦底江上游水力资源开发是中缅两国互惠互利、共同发展的战略项目。其培水电站符合伊洛瓦底江上游流域规划布局，是合理开发利用伊洛瓦底江上游水力资源中不可缺少的重要梯级工程。其培水电站开发任务是发电。工程建设将对所在地和供电区经济社会的发展起到积极的促进作用。

1 建设背景

1.1 地理位置

伊洛瓦底江(以下简称“伊江”)发源于我国西藏自治区察隅县境内伯舒拉岭山脉西南麓,于云南省贡山县马库出境流入缅甸后称恩梅开江,在密支那上游约45km处的密松与西源迈立开江汇合后始称伊江。

恩梅开江全长353km,为伊江的主源,流域面积约2.42万km^2(含我国境内流域面积0.42万km^2),天然落差约1010m。

其培水电站位于缅甸北部的克钦山区,是恩梅开江干流水电开发的最下游梯级,上游与乌托水电站衔接,下游为伊江的密松水电站。坝址下距其培市7.5km,距恩梅开江和迈立开江两江汇合口约104km,距缅甸克钦邦首府密支那市约150km。与缅甸曼德勒、仰光的直线距离分别约480km、1040km,与我国昆明、南宁、广州的直线距离分别约为450km、1050km和1550km。

1.2 工程任务

坝址控制流域面积20220km^2,多年平均流量2090m^3/s,多年平均年径流量659.7亿m^3。其培水电站开发任务是发电。工程建设将对所在地和供电区经济社会的发展起到积极的促进作用。

其培水电站正常蓄水位为400m,电站装机容量3400MW,与下游密松梯级联合运行时,电站保证出力563MW,多年平均年发电量171.4亿kW·h;全梯级7座水电站联合运行时,电站保证出力816MW,多年平均年发电量178.2亿kW·h。

1.3 兴建缘由

伊江上游流域落差大、水量丰沛,水力资源丰富,具有较好的开发价值,且该流域与我国南方地区相邻,具备进行电力合作和电力交易的地理条件。缅甸政府引进中国电力投资集团公司(现国家电力投资集团)开发伊江上游流域水力资源,带来大量的国外投资,可改善当地交通条件,带动当地商贸、物流、建材、旅游等相关产业的快速发展,促进地方经济发展。其培水电站是该流域水电开发规划拟建设的第一批梯级电站,发电效益大。

1.4 枢纽布置

其培水电站枢纽布置为：河床布置碾压混凝土重力坝，泄洪建筑物布置在主河床坝段，引水发电建筑物布置在右坝肩苗木山脊南侧，坝式进水口布置在右岸非溢流坝段与连接坝段之间，导流洞布置在右岸，出口于苗木河，其出口明渠结合电站尾水渠布置，出口位于泄洪消能区下游河床。

其培水枢纽布置见图1。

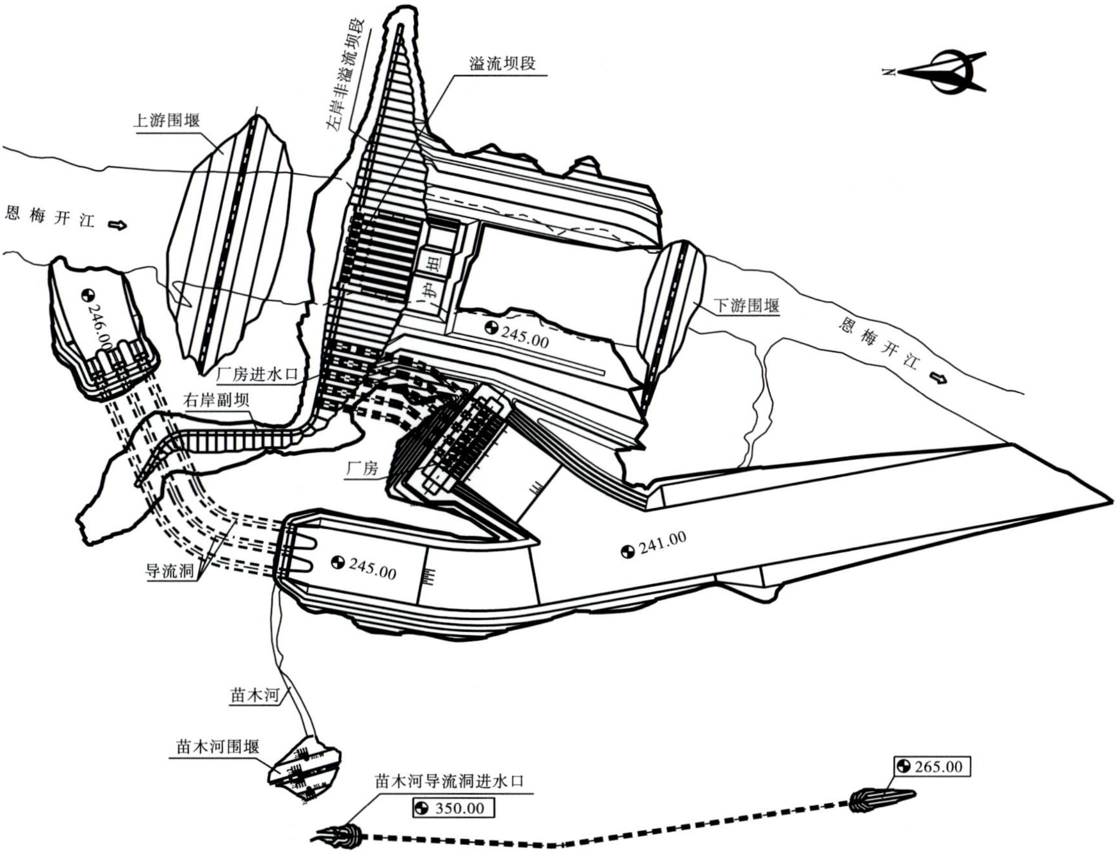

图1　其培水电站枢纽布置图(单位:m)

其培水电站主要工程特性见表1。

表1　其培水电站主要工程特性

名称			数量及特性	备注
水文	流域面积	全流域(km^2)	410000	
		坝址以上(km^2)	20200	
	利用的水文系列(年)		40	1971—2010年
	多年平均年径流量(亿m^3)		659.7	

续表

名称			数量及特性	备注
水文	代表性流量	多年平均流量(m^3/s)	2090	
		实测最大流量(m^3/s)	12600	2008 年 10 月 28 日
		实测最小流量(m^3/s)	285	2010 年 2 月 10 日
		调查历史最大流量(m^3/s)	21400	1979 年
		设计洪水流量($P=0.1\%$,m^3/s)	29800	
		校核洪水流量($P=0.02\%$,m^3/s)	4000	
		施工导流流量($P=2\%$,m^3/s)	22800	
	洪量	设计最大洪量($P=0.1\%$,7d,亿 m^3)	100	
		校核最大洪量($P=0.02\%$,7d,亿 m^3)	133	
	泥沙	多年平均悬移质年输沙量(万 t)	1990	
		多年平均含沙量(kg/m^3)	0.30	
		实测最大含沙量(kg/m^3)	2.4	
		多年平均推移质年输沙量(万 t)	119	
水库	水库水位	校核洪水位(m)	404.98	
		设计洪水位(m)	400	
		正常蓄水位(m)	400	
		死水位(m)	385	
	正常蓄水位水库面积(km^2)		33.1	
	水库容积	总库容(校核洪水位以下库容,亿 m^3)	25	
		调节库容(正常蓄水位至死水位,亿 m^3)	4.67	
		死库容(死水位以下,亿 m^3)	18.65	
	库容系数(%)		0.71	
	调节性能(考虑上游梯级调蓄后)		季调节	
工程效益指标	发电效益	装机容量(MW)	3400	
		保证出力($P=90\%$,MW)	563/816	密松、其培水电站联合运行/全梯级联合运行
		多年平均年发电量(亿 kW·h)	171.4/178.2	
		年利用小时数(h)	5042/5241	
主要建筑物	地震动峰值加速度		0.17g	50 年超越概率 10%
			0.37g	100 年超越概率 2%
	挡水建筑物	型式	碾压混凝土重力坝	
		坝顶高程(m)	408	
		最大坝高(m)	206	
		坝轴线长度(m)	1319	

续表

名称			数量及特性	备注
主要建筑物	泄水建筑物	型式	坝身表孔＋深孔	
		数量(个)	8 表孔，2 深孔	
		孔口尺寸(宽×高，m×m)	表孔 14m×23m，深孔 7m×9m	
		设计泄洪流量(m^3/s)	表孔 24173，深孔 4377	
		校核泄洪流量(m^3/s)	表孔 33752，深孔 4518	
	引水发电建筑物	型式	坝身引水式地面厂房	
		设计引水流量(m^3/s)	541.1	
		压力管道长度(m)	1947.7	
		压力管道条数(条)	5	
		压力管道内径(m)	9.6	
		主厂房尺寸(长×宽×高，m×m×m)	252.50m×33.6m×76.4m	
		主要机电设备台数(台)	5	
		额定水头(m)	140	

其培水电站的项目法人为国家电投集团云南国际电力投资有限公司(以下简称“国电投”)，设计单位为长江勘测规划设计研究有限责任公司(以下简称“长江设计公司”)。

2 勘察设计及工程建设

2.1 设计过程简介

2.1.1 规划阶段主要工作

2005 年 4 月，长江设计公司与有关单位联合对伊江进行了现场考察，收集了部分地形地质与水文资料，经分析研究，提出了《缅甸伊洛瓦底江密支那以上流域水电开发设想及密松水电站开发方案》。

2007 年 9 月，长江设计公司委托云南省地震工程研究院提出了《缅甸伊洛瓦底江密松、其培水电站工程场地地震安全性评价报告》，中国地震局于 2008 年 1 月审查通过了该报告。

2007 年 10 月 12—26 日，国电投与缅甸联邦第一电力部草签了《缅甸恩梅开江、迈立开江流域和伊洛瓦底江密松水电站以上流域水电项目开发、拥有和运行协议备忘录》(以下简称“MOA”)。

2007年底，长江设计公司编制完成《缅甸恩梅开江、迈立开江流域和伊洛瓦底江密松水电站水电开发规划报告》，提出流域开发任务主要是发电，同时具有防洪等效益；推荐七级开发方案；推荐经济技术综合条件较好的密松、其培水电站为近期开工项目。

随着流域水文、地形和地质等资料的积累、补充，以及对流域水电开发的认识和理念逐渐清晰、完善，长江设计公司开展了上述流域规划的优化研究工作，在不改变流域梯级布局的前提下，对7座水电梯级的坝址、特征水位、装机规模、枢纽布置等进行了优化调整。其中，推荐密松水电站正常蓄水位245m，电站装机容量6000MW，其培水电站正常蓄水位400m，电站装机容量3400MW。

2.1.2 预可行性研究阶段主要工作

2007年1月，国电投南方公司正式委托长江设计公司开展其培水电站的前期勘测设计工作，2007年4月11日正式签署了《缅甸恩梅开江其培水电站预可行性研究阶段勘测设计工作协议》。

2007年4月初，全面开展预可行性研究勘测设计工作。2008年6月，长江设计公司完成了《缅甸恩梅开江其培水电站预可行性研究报告》。推荐其培水电站正常蓄水位400m，电站装机容量2800MW。2008年7月，国电投组织有关专家对该报告进行了咨询。

2008年11月，长江设计公司根据近两年的水文测验资料和缅甸第一电力部提供的新的地形图资料进行了优化，推荐其培水电站正常蓄水位400m，电站装机容量3400MW。根据上述变化，结合国电投对《缅甸恩梅开江其培水电站预可行性研究报告》的咨询意见，按照国电投西南水电项目部会议纪要(工字〔2008〕年第11期)的要求，长江设计公司重新编制完成了《缅甸水电项目其培水电站预可行性研究报告》。2009年5月19—21日，中国水利水电建设工程咨询公司在北京对该报告进行了咨询。

2.1.3 可行性研究阶段主要工作

(1)坝址选择专题工作

随着地质勘探工作的深入，揭示出芒童及拉太坝址顺河断层主断带宽度大、性状差，河床承压水及有害气体问题突出，长江设计公司开展了寻找新坝址的工作。2009年7月，根据其培市—浪盘河河段的工程地质测绘，按照不淹其培市、与密松水位衔接和断层未穿过河床的原则提出苗木坝址，并于2010年2月编制完成了《伊江上游水电项目其培水电站可行性研究坝址选择专题报告》。该报告以拉太坝址(距其培市约12.4km)、芒童坝址(距其培市约10.5km)和苗木坝址(距其培市约7.5km)3个坝址作为比较坝址，推荐苗木坝址。2010年3月27—29日，中国水利水电建设工程咨询公司在昆明对该报告进行了咨询，咨询同意报告推荐的苗木坝址。

(2)水文专题工作

2010 年 4 月，长江设计公司提交了《伊江上游水电项目其培水电站可行性研究水文气象专题报告》。2010 年 6 月 3 日，国电投云南国际电力投资有限公司组织专家在昆明对该报告进行了咨询，咨询基本同意该报告。

(3)坝型比选及枢纽布置专题工作

经对苗木坝址的地形地质条件进行深入研究，通过对碾压混凝土重力坝和混凝土面板堆石坝，各两坝线共 9 种枢纽布置方案进行综合比较后，长江设计公司于 2010 年 5 月编制完成了《伊江上游水电项目其培水电站可行性研究坝型比选和枢纽布置专题报告》，报告推荐碾压混凝土重力坝。2010 年 6 月 29—30 日，中国水利水电建设工程咨询公司在北京对该报告进行了咨询。咨询同意报告推荐碾压混凝土重力坝和枢纽布置。

(4)正常蓄水位专题工作

2010 年 5 月，长江设计公司编制完成了《伊江上游水电项目其培水电站可行性研究正常蓄水位选择专题报告》，报告推荐正常蓄水位 400m。2010 年 6 月 29—30 日，中国水利水电建设工程咨询公司在北京对该报告进行了咨询。咨询同意推荐正常蓄水位为 400m。

(5)科研试验工作

为配合设计论证工作，针对工程特性和在水工、岩基、土工、材料等方面需要解决的重大技术问题，开展了大量的科学试验和计算分析工作。

(6)可研报告及其他专题工作

其培水电站可行性研究设计工作从 2009 年 2 月开始，2010 年 8 月长江设计公司全面完成其培水电站可行性研究报告以及除工程安全监测设计、泄洪消能专题报告和消防设计专题报告外的所有专题报告。2010 年 8 月 30 日至 9 月 1 日，中国电力建设集团有限公司水电水利规划设计总院在北京对可行性研究报告进行了审查。

2.2 建设过程

其培水电站前期工程于 2009 年 12 月 21 日开工，2011 年 9 月 30 日项目被搁置。截至项目搁置时，已全部完成电站坝区移民，项目“四通一平”已全面开始施工。

2.3 工程等别和设计安全标准

2.3.1 工程等别和建筑物级别

其培水电站正常蓄水位 400m，校核洪水位 404.98m，水库总库容 25 亿 m^3，电站装机容量 3400MW(5×680MW)。根据《防洪标准》(GB 50201—94)和《水电枢纽工程等级划分及设计安全标准》(DL 5180—2003)的规定，确定本工程为Ⅰ等大(1)型工程，大坝、泄水建筑物、引水发电建筑物等主要永久性水工建筑物为 1 级建筑物，次要建筑物为 3 级建筑物；主要永久性水工建筑物结构安全级别为Ⅰ级，次要建筑物结构安全级别为Ⅱ级。

2.3.2 洪水标准

根据《防洪标准》(GB 50201—94)和《水电枢纽工程等级划分及设计安全标准》(DL 5180—2003)的规定，确定各水工建筑物的洪水设计标准及相应频率的洪峰流量见表2。

表2　　水工建筑物洪水设计标准

坝型	建筑物名称	正常运用		非常运用	
		洪水重现期(年)	洪峰流量(m^3/s)	洪水重现期(年)	洪峰流量(m^3/s)
混凝土坝	壅水、泄水建筑物	1000	29800	5000	40000
	电站厂房	200	26100	1000	29800
	消能防冲建筑物	100	24400		

2.3.3 抗震标准

根据国家地震安全性评定委员会审查通过的《缅甸伊洛瓦底江密松、其培水电站工程场地地震安全性评价报告》，工程场址区50年超越概率10%的地震动峰值水平加速度为0.17g，相应地震基本烈度按Ⅷ度考虑。

按照《水工建筑物抗震设计规范》(DL 5073—2000)规定，其培水电站壅水建筑物抗震设防类别为甲类，非壅水建筑物抗震设防类别为乙类。对于壅水建筑物，设计地震加速度代表值取基准期100年内超越概率2%的地震动峰值加速度，其值为0.37g；对于非壅水建筑物，设计地震加速度代表值取基准期50年内超越概率5%的地震动峰值加速度，其值为0.23g。根据《水电工程防震抗震研究设计及专题报告编制暂行规定》(水电规计〔2008〕24号)的规定，壅水建筑物校核地震加速度代表值取基准期100年内超越概率1%的基岩地震动峰值加速度，其值为0.45g。

2.4 主要建筑物设计

2.4.1 挡水建筑物

(1)大坝布置

其培水电站挡水建筑物为碾压混凝土重力坝，坝顶高程408m，最大坝高206m。从左至右依次为左岸非溢流坝段、河床溢流坝段、右岸非溢流坝段、厂房进水口坝段和连接坝段，共分62个坝段，坝轴线总长1319m。

左岸非溢流坝段、河床溢流坝段、右岸非溢流坝段和厂房进水口坝段为直线布置，走向282.75°，与河流流向接近正交。为充分利用地形、节省工程投资，连接坝段在苗木山脊处向上游顺时针旋转，坐落在苗左垭口上，然后再逆时针旋转接右岸山体。为了提高连接坝段的抗震性，在转折处均采用弧线布置。

(2)大坝结构

大坝基本断面呈三角形,顶点设在坝顶高程 408m 处。坝体上游面高程 300m 以下坡比为 1∶0.25,300m 以上直立;坝体下游面坝坡比为 1∶0.78,顶部设一圆弧面直立坡面相接,圆弧半径为 25m。

左岸非溢流坝段共分 20 个坝段(1# ～20# 坝段),1# 坝段宽 22m,2# ～19# 坝段宽度均为 20m,20# 坝段宽 24m,总长 406m。河床溢流坝段共分 9 个坝段(21# ～29# 坝段),总长 188m。左、右两个边溢流坝段(21# 、29# 坝段)宽度为 24m,中间 7 个坝段宽度均为 20m。右岸非溢流坝段共分 5 个坝段(30# ～34# 坝段),每个坝段宽度均为 24m,总长 120m。厂房进水口坝段共分 5 个坝段(35# ～39# 坝段),每个坝段宽度均为 29m,总长 145m。连接坝段共分 23 个坝段(40# ～62# 坝段),每个坝段坝轴线上宽度均为 20m,总长 460m。

2.4.2 泄洪消能建筑物

泄洪建筑物布置在主河床,由溢流坝段和下游消能区组成。泄洪中心线与坝轴线方向垂直,走向 192.75°,泄洪中心线与大坝轴线交点坐标为 X=2870717.626,Y=415371.624,泄洪中心线与大坝坝趾交点坐标为 X=2870570.800,Y=415338.029。

溢流坝段布置在河床中间,共分 9 个坝段(21# ～29# 坝段),总长 188m。左、右两个边溢流坝段(21# 、29# 坝段)宽度为 24m,中间 7 个坝段宽度均为 20m。共设 8 个表孔、2 个深孔和 2 个导流底孔,溢流坝段采用表孔孔中分缝的布置型式。

8 个表孔布置于 21# ～29# 坝段,孔口尺寸为 14m×23m(宽×高),堰顶高程 377m;2 个深孔布置在 21# 和 29# 坝段,采用有压短管后接明流泄槽的无压坝身泄水孔形式,孔口尺寸为 7m×9m(宽×高),深孔进口底板高程为 315m;2 个导流底孔布置于 22# 和 28# 坝段,采用有压长管后接明流泄槽的坝身泄水孔形式,孔口尺寸为 7m×11m(宽×高),导流底孔进口底板高程为 275m。表孔、深孔和导流底孔均采用挑流消能(图 2)。

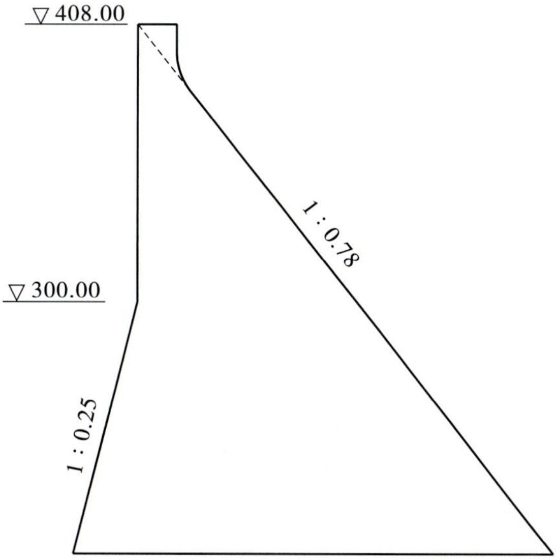

图 2　大坝基本断面图(单位:m)

下游消能区采用护岸不护底的天然水垫塘消能，在大坝坝趾下游布置护坦保护大坝坝脚基础。

护坦由大坝坝趾处向下游延伸至桩号 0＋182m（自坝轴线算起，以下相同）处，长 21.32～31.46m。护坦基础高程与大坝坝趾建基面基本相同，两侧均延伸至高程 220m 与护岸相接，厚度为 2m，靠下游设 3m 深齿槽。

在两岸开挖边坡高程 275～220m 采用混凝土护岸，厚度为 1m。两侧护岸基本对称布置，护岸自大坝坝趾向下游延伸至桩号 0＋592m 处，距最高坝段坝址长 431.32m，距护坦尾部长 410m。为防止对护岸坡脚的淘刷，在护岸坡脚下做混凝土防淘墙，防淘墙深 7～16m，防淘墙最低高程 205m。

2.4.3 引水发电建筑物

引水发电建筑物位于主河床右岸苗木山脊南侧，由坝式进水口、引水压力管道、上游副厂房、地面厂房及尾水渠等建筑物组成。

(1)坝式进水口

进水口布置于主河床右岸，位于碾压混凝土重力坝 35# ～39# 坝段，为坝式进水口。

进水口宽度为 145m，分 5 段布置，各机组进水口坝段长均为 29m。流道底板高程为 358.00m，流道中心线与坝段中心线重合，坝顶高程为 408.00m，高度为 50m。进水口顺流向依次布置拦污栅段、检修门、喇叭口、工作闸门及渐变段。检修闸门为反钩门，紧靠坝轴线布置，设下游止水，在静水启闭，工作闸门位于大坝坝体，设下游止水，动水闭门、静水启门。

(2)引水压力管道

其培水电站引水压力管道共 5 条，单机引水流量为 541.1m^3/s，采用单机单管布置，平面上为平行直线接弧线再接平行直线布置，弧线段半径为 60m，中心角为 145°，洞轴线间距为 29～32.4m。

根据引水线路地形地质条件，引水压力管道立面上采用坝后背管接隧洞的布置型式。依次由上平段、上弯段、斜直段、下弯段和下平段组成。进口中心线与坝轴线垂直，高程为 362.80m，下平段垂直于主厂房纵轴线，中心线与机组安装高程相同，为 234.00m。1# ～5# 机组引水压力管道长分别为 350.82m、370.18m、389.54m、408.90m 和 428.26m，总长为 1947.70m，其中明管段长 499.68m，隧洞段长 1448.02m，全程采用钢衬，洞径均为 9.6m。

(3)发电厂房

主厂房位于苗木山包山脊下游侧，总尺寸为 252.5m×33.6m×76.4m（长×宽×高），从左至右依次为辅助安装场段、主机段、安Ⅱ段（下部布置集水井）和安Ⅰ段，相应长度分别为 24.5m、162.0m、42.0m 和 24.0m，主机段分 5 段布置，安装 5 台单机容量为 680MW 的水轮发电机组，总装机容量 3400MW。

尾水渠底宽为 162.00m，从尾水管出口以 1∶4 的反坡连接至高程 241.00m 平底段，顺导流洞出口明渠与下游天然河床相接。

3 建设意义

3.1 伊江上游水电开发的重要梯级

伊江上游水力资源开发是中缅两国互惠互利、共同发展的战略项目。其培水电站符合伊江上游流域规划布局，是合理开发利用伊江上游水力资源中不可缺少的重要梯级工程，也是规划推荐的近期开发工程。其开工建设，标志着伊江上游流域水电开发的全面启动。

3.2 开发伊江上游水电符合中缅两国能源布局和战略决策

(1)符合缅甸电力布局和战略决策

缅甸负荷中心位于南部的仰光和中部的曼德勒。缅甸能源资源丰富，石油和天然气主要集中在中部内陆及南部沿海地区，煤炭资源、水力资源主要集中在北部、东北部的克钦邦和掸邦，开发利用程度均较低。

缅甸电力发展长期计划中，主要开发境内南部的油气资源和中部的水力资源，以满足经济社会对电力的需求；同时积极引用外资开发本国的水力资源，向国外拓展电力消纳渠道，鼓励兴建具有向周边邻国送电区位优势的外送型水电项目，将资源优势转化为经济优势，从而促进缅甸经济社会的可持续发展。伊江上游水电开发符合缅甸政府电力布局和经济社会可持续发展的战略决策。

(2)符合我国电力布局和战略决策

从我国的能源分布分析，煤炭资源主要集中在华北地区和西北地区，水力资源主要集中在西南地区。而东部沿海、京广铁路沿线及以东的经济发达地区，既缺煤炭资源，又缺水力资源，且能源资源开发利用程度已很高。为支撑东部、南部沿海地区经济社会可持续发展，我国已形成“西电东送、北煤南运”的大格局。开发伊江上游水力资源作为我国“西电东送”的补充，符合我国电力布局和能源战略要求。

(3)具有广阔的市场空间

我国南方电网中，云南省是主要的能源基地，除满足本省电力需求外，尚需承担向两广及泰国送电，按电源规划、用电需求及外送要求进行电力平衡分析，2025 年云南省电力盈余约 6372MW；广西壮族自治区和广东省是能源缺乏的受电地区，根据经济发展的电力需求和电源规划，在考虑已规划的接受外区送电规模的条件下，2025 年电力缺口尚达 16299MW 和 43490.3MW。可以看出，到 2025 年，广东电网即使全部接纳伊江上游水电，还有较大的电力缺口，具有广阔的市场空间。

(4)中缅两国加强能源合作、互利共赢的需要

我国能源资源总量比较丰富,但人均能源资源拥有量在世界上处于较低水平。为满足经济社会发展对能源的需求,在稳步提高国内安全供给能力的同时积极参与国际能源合作是十分必要的。中缅两国山水相依、村寨相连,长期以来保持着睦邻友好关系,在能源、经济、贸易等方面有着良好的合作基础。2009 年上半年,中华人民共和国国家发展和改革委员会能源局和缅甸联邦第一电力部签署了政府部门间框架合作协议,全面推动了中缅两国能源合作进程。

开发伊江上游水力资源,是将缅甸的资源优势转化为经济优势的有效途径,有利于缅甸经济社会的可持续发展。同时开发该流域水力资源,将大量优质电能送至我国缺电的南方地区,有利于减轻日趋严重的能源供应和环境保护压力。

开发伊江上游水力资源是中缅两国加强能源合作、互利共赢的需要。

3.3 对实现国家减排目标有积极作用

为应对全球气候变暖的严峻形势,我国政府提出"到 2020 年中国单位国内生产总值二氧化碳排放比 2005 年下降 40%～45%"的减排目标。水电是成熟的可再生清洁能源,大力发展水电是实现国家减排目标的重要手段之一。

其培水电站的建设可减少化石燃料的消耗,相当于每年可节省原煤约 723 万 t,减排二氧化碳约 1550 万 t。其培水电站的建设对实现 2020 年国家减排目标有积极作用。

3.4 可促进地方和受电地区经济社会发展

(1)可促进地方经济发展

其培水电站所在的缅北克钦邦人口少、经济发展水平低,但柚木、藤条等自然资源丰富。由于缺乏必需的资金、技术和设备,丰富的自然资源基本处于未开发的原始状态。

其培水电站的建设将注入大量资金,可改善当地交通条件,带动当地商贸、物流、建材、旅游等相关产业的快速发展,增加当地居民的就业机会,对促进地方经济发展、提高当地人民生活水平有着重要作用。

(2)促进受电地区经济社会可持续发展

其培水电站初拟供电范围为我国南方地区的广东省,广东省作为我国重要的工业基地,是我国经济最发达的地区之一,经济增长速度高于全国平均水平。近年来,广东省电力需求高速增长,由于新增电源容量小于新增负荷,使广东省电力缺口逐年加大,电力供需矛盾日渐突出,电力供应日趋紧张。广东省电网电源结构不均衡,电力系统以火电为主,需消耗大量的一次能源煤炭或石油,不符合我国能源可持续发展战略和我国低碳经济的发展要求。

随着其培水电站的建设,其大量清洁的电力电量输送至广东省,可明显提高广东省电力系统中的水电比重、改善电网的电源结构;同时可降低广东省对传统化石能源的依赖,对发

展广东省低碳经济具有重要作用，可促进广东省经济社会的可持续发展。

3.5 工程技术可行、经济合理，无重大制约因素

(1)工程技术可行、经济合理

其培水电站枢纽总体布置格局为河床布置混凝土重力坝。电站厂房为岸边引水式电站，位于主河床右岸苗木山脊南侧。施工采用围堰一次性拦断河床、隧洞泄流的导流方式。不存在制约工程建设的因素，工程技术方案可行。

其培水电站是经济合理、财务可行的项目。经济内部收益率为8.75%，大于社会基准折现率8%；以全部投资中方财务内部收益率8%为控制条件测算，其培水电站上网电价为0.303元/(kW·h)，至广东省下网电价0.4265元/(kW·h)，电价水平与国内近期开发水电项目电价和广东省燃煤火电标杆电价相当。

(2)在建设征地、环境保护方面没有制约性因素

其培水电站工程区占地及库区淹没特点是人口、房屋、专项设施少，林地较多；工程建设过程中，将采取水土保持、生态环境保护、施工废污水处理等措施，消除或减缓环境方面的不利影响。本工程在建设征地和环境保护方面没有限制性因素。

撰稿/黄元、孔凡辉

缅甸孟东水电站

▲ 孟东水电站

孟东水电站位于缅甸萨尔温江干流中游河段，推荐坝址在缅甸掸邦南部的万萨拉村上游约 19km 处，控制流域面积约 183265km²。2010 年 11 月，由中、泰、缅三国企业组成的联合体，与缅甸政府签订 MOU，采用 BOT 方式进行开发。工程主要任务是发电，水库正常蓄水位 290m，相应库容 27.42 亿 m^3，电站装机容量 2680MW，多年平均年发电量 131.56 亿 kW·h。工程由碾压混凝土重力坝、坝身泄水孔、坝后电站及左岸美派河挡水坝和泄水隧洞等建筑物组成。

1 项目概况

1.1 项目投资方

由中国三峡集团有限公司牵头，联合中国水利水电建设总公司（现中国电力建设集团公司）和中国南方电网公司组成中方联合体，并联合泰国 EGATi 公司和缅甸 IGOEC 公司组成孟东水电站开发联合体，于 2010 年 11 月 10 日与缅甸政府签订孟东水电站开发 MOU，正式启动孟东水电站开发的前期研究工作。

1.2 工程概况

(1)工程地理位置

孟东水电站位于萨尔温江中部河段，坝址在缅甸掸邦南部的万萨拉村上游约 19km 处，距掸邦首府东枝 316km，距大其力 246km。电站所在位置距内比都的直线距离约 270km，距泰国最北方城市清莱的直线距离约 140km，距我国云南省景洪市直线距离约 280km。

(2)河流规划情况

萨尔温江发源于西藏自治区北部唐古拉山南麓安多县境内的吉热格帕山，在我国境内称怒江，自云南省潞西市流出进入缅甸，始称萨尔温江。萨尔温江贯穿缅甸东北部，流经缅甸掸邦高原的掸邦和克伦邦，并通过缅泰边境形成长约 120km 的缅泰界河，最后在缅甸境内的毛淡棉莫塔马湾汇入印度洋的安达曼海。

萨尔温江（不含我国境内，以下同）干流全长约 1230km，流域总面积约 18.9 万 km^2，落差约 520m，河道平均比降约 0.4‰，河口多年平均年径流量约 2525 亿 m^3，在中南半岛的国际河流中，其径流量仅次于湄公河和伊洛瓦底江。萨尔温江流域水力资源十分丰富，落差大，水量稳定，具有较高的水能经济开发价值。来自缅甸本国、泰国、日本、中国及欧洲的咨询机构先后对萨尔温江干流的水电开发进行过局部或整体的研究工作。

综合已有的规划研究成果，萨尔温江干流分五级开发，总装机 14960MW，自上游往下游依次是：滚弄（装机 1400MW，正常蓄水位 519m）、纳沃帕（装机 1200MW，正常蓄水位 445m）、孟东（装机 7000MW，正常蓄水位 395m）、育瓦迪（装机 4000MW，正常蓄水位 215m）、哈吉（装机 1360MW，正常蓄水位 48m）。2016—2017 年，按缅甸电力部要求，开展了纳沃帕至孟东河段分级开发方案研究，最终批准本河段采用“万甘（395m）+孟东（290m）”两级开发方案。萨尔温江干流梯级电站位置见图 1。

(3)主要工程特性

缅甸孟东水电站主要工程特性见表1。

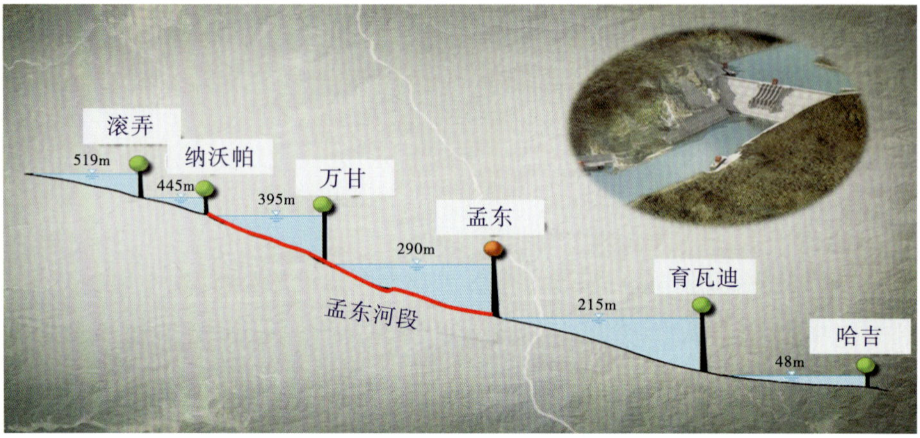

图1　萨尔温江干流梯级电站位置示意图

表1　孟东水电站工程特性

名称			数量及特性
水文	流域面积	全流域(万 km^2)	32.5
		坝址以上(万 km^2)	18.33
	多年平均年径流量(亿 m^3)		909
	多年平均流量(m^3/s)		2880
	洪水	设计洪水1($P=0.1\%$,m^3/s)	21100
		设计洪水2($P=0.01\%$,m^3/s)	24800
		校核洪水(m^3/s)	31100
	多年平均含沙量(kg/m^3)		0.777
水库	水库水位	校核洪水位(m)	296.30
		设计洪水位(m)	291.77
		正常蓄水位(m)	290.00
		死水位(m)	280.00
	回水长度(km)		193
	水库容积	总库容(亿 m^3)	34.26
		正常蓄水位以下库容(亿 m^3)	27.42
		调节库容(亿 m^3)	8.46
		死库容(亿 m^3)	18.96
	设计洪水位最大泄量(m^3/s)		22908
	校核洪水位最大泄量(m^3/s)		28493

续表

名称			数量及特性
工程效益指标	装机指标	装机满发最大引水流量(m^3/s)	4580
		装机容量(MW)	2680
		保证出力($P=90\%$,MW)	550
	发电效益	多年平均年发电量(亿 kW·h)	131.56
		装机年利用小时数(h)	4909
主要建筑物	大坝	大坝坝型	碾压混凝土重力坝
		地震基本烈度/设防烈度	Ⅶ/Ⅷ
		最大坝高(m)	122
		坝顶长(m)	672
	泄水建筑物	泄洪表孔孔数、尺寸(个,m×m)	5,14×22.5
		泄洪深孔孔口数量、尺寸(个, m×m)	4,6×9
	电站厂房	电站厂房型式	坝后式
		装机台数(台)	8
施工工期	总工期(月)		122

1.3 建设意义

(1)开发优势资源,促进缅甸经济社会发展

孟东水电站是萨尔温江干流水力资源开发的重要梯级,电站装机容量 2680MW、多年平均年发电量 131.56 亿 kW·h。孟东水电站无论是建设期还是运营期,均可对缅甸经济社会发展起到很好的带动和促进作用,是工程所在地的重要工程,是缅甸百姓的造福工程,是拉动和促进缅甸经济社会全面发展的希望工程,是缅、中、泰三国睦邻友好的友谊工程。

(2)符合缅、中、泰三国经济社会发展和能源发展战略要求

缅甸具有丰富的水力资源,目前开发利用程度低。开发建设孟东水电站,是将缅甸的资源优势转化为经济优势的有效途径,有利于缅甸的经济社会可持续发展,符合缅甸政府电力布局和经济社会可持续发展的战略决策。

随着我国经济的不断发展,越来越多的国家和地区,尤其是发展中国家和地区,也希望加强与我国多种形式的技术经济合作。孟东水电站建成后供电缅、泰两国,可以在一定程度上减少化石能源消耗;孟东水电站采用 BOT 方式运作,其建设运营也符合我国企业发展“走出去”战略。

萨尔温江位于缅甸东部,是距离泰国较近的缅甸水电“富矿”,合作开发位于萨尔温江干流的孟东水电站,符合泰国扩大与周边国家电力贸易的能源发展战略,是泰国未来经济社会发展的重要能源保障。

(3)进行区域技术经济合作、加强长期睦邻友好关系的具体举措

孟东水电站是萨尔温江干流梯级开发的重要梯级，坝址距离中、泰两国边界直线距离均在200km左右，具备进行水电开发合作和电力交易的区位优势。可利用我国的巨型电站规划、设计、施工和运营技术以及中、泰两国的资金优势，与缅甸合作开发建设孟东水电站。一方面可将缅甸丰富的水力资源优势转变为经济优势，促进缅甸国民经济加快发展；另一方面，可将孟东水电站发出的清洁电能送至受电电网，有利于减轻各受电地区日趋严重的能源供应和环境保护压力，为受电地区经济社会可持续发展提供能源保障。可见，开发建设孟东水电站，是缅、中、泰三国互惠互利、共同发展的需要，可以此项目为契机加强三国区域技术经济合作，属“多赢”的战略项目，是加强缅、中、泰三国长期睦邻友好关系的具体举措。

1.4 设计过程

受项目牵头方中国三峡集团有限公司的委托，长江勘测规划设计研究有限责任公司(以下简称“长江设计公司”)承担了孟东水电站的预可研、可研勘测设计工作及可研审查后的孟东河段开发方案研究工作。

2011年2月，长江设计公司组织人员和设备进场，开展现场勘测工作。

2012年7月，长江设计公司向缅甸电力一部(MOEP1)正式提交了《缅甸萨尔温江孟东水电站可行性研究初步报告》。

2013年9月，长江设计公司向缅甸电力部(MOEP1、MOEP2合并为MOEP)正式提交了《缅甸萨尔温江孟东水电站可行性研究报告》，推荐方案采用上坝址，正常蓄水位395m，挡水建筑物采用碾压混凝土重力坝，最大坝高241m，电站采用两岸布置的地下厂房，总装机7000MW。

2015年9月9—11日，缅甸电力部主持孟东水电站可行性研究报告审查会，瑞士Stucky咨询公司派人参会，总体审查意见认为：孟东水电站规模巨大，可研报告开展了挑战性的分析与研究工作，采用的研究方法合理正确，总体研究成果翔实，可作为类似巨型规模水电项目研究的范例。但审查会议纪要同时指出：

1)孟东项目工程规模巨大、库容大，可能存在较大的环境和社会风险，建议重点关注项目方案涉及的重大环境和社会问题。

2)建议考虑降低坝高，尽量不超过耶瓦项目的坝高，由此可大大降低项目环境和社会影响；若此前可研报告所选的坝址拥有较好的地质和地形优势，也可在原坝址上考虑各种坝高方案。

3)需要研究孟东坝址至纳沃帕坝址河段采用分级开发方案是否具备技术可行性和较低的社会和环境影响。

根据可研审查意见及缅甸电力部来函要求，长江设计公司随即开展孟东水电站坝址至纳沃帕水电站坝址河段的分级开发研究工作。2016年3月，长江设计公司完成《缅甸萨尔温江纳沃帕至孟东河段水电开发方案研究》，按照“技术经济可行、环境和社会影响可接受”的原则，并

从有利于项目推进的角度考虑，推荐采用“万甘（395m）＋孟东（315m）”两级开发方案。缅甸电力和能源部（MOEE）同意两级开发方案，但对孟东水电站坝高提出了限制要求。据此，长江设计公司研究比较了孟东水电站正常蓄水位 315m、300m、290m 和 280m 四种方案。

2017 年 1 月，缅甸电力和能源部签发了官方函件，明确孟东水电站按照正常蓄水位 290m、装机容量 2650MW 方案开展后续可研更新及 ESIA 工作。

2018 年 2 月，长江设计公司开展正常蓄水位 290m 可行性研究设计工作，2018 年 12 月完成了《缅甸萨尔温江孟东水电站正常蓄水位 290m 可行性研究报告》。

受缅甸国内局势和新冠疫情影响，孟东水电站相关工作目前处于暂停状态。

2 勘测设计方案

2.1 工程等别和设计标准

2.1.1 工程等别及建筑物级别

孟东水电站以发电为主，其主要建筑物包括大坝、电站厂房和泄洪建筑物。电站正常蓄水位为 290m，校核洪水位 296.30m，水库总库容为 34.26 亿 m^3，电站装机容量 2680MW。按照库容和装机容量划分，本工程为Ⅰ等大（1）型工程，挡水、泄洪、引水发电等主要建筑物为 1 级建筑物，其他次要建筑物为 3 级建筑物。主要建筑物结构安全级别为Ⅰ级，次要建筑物结构安全级别为Ⅱ级。

2.1.2 洪水设计标准

主要建筑物洪水设计标准及相应频率的洪峰流量见表 2。

表 2　　主要建筑物洪水设计标准

主坝坝型	建筑物名称	正常运用		非常运用		备注
		洪水重现期（年）	洪峰流量（m^3/s）	洪水重现期（年）	洪峰流量（m^3/s）	
混凝土坝	壅、泄水建筑物	1000	21100（考虑一孔失效）	PMF	31100	国际标准
		10000	24800			
	电站厂房	1000	21100	10000	24800	
	消能防冲建筑物	200	18200			中国标准
	壅、泄水建筑物	1000	23800	5000	27300	
	电站厂房	200	20100	1000	23800	
	消能防冲建筑物	100	17500			

2.1.3 抗震标准

孟东水电站基本地震烈度为Ⅶ度，挡水建筑物高度超过100m，抗震设防类别为甲类。挡水建筑物设计地震加速度代表值的概率水准取基准期100年内超越概率2%，相应地震水平加速度为324.2cm/s²；校核地震加速度代表值的概率水准取基准期100年内超越概率1%，相应地震水平加速度为377.0cm/s²。泄洪建筑物、引水发电建筑物等设计地震加速度代表值的概率水准取基准期50年内超越概率5%，相应地震水平加速度为195.4cm/s²。竖向加速度代表值取水平向的2/3。

2.2 地质条件

(1)区域地质及构造稳定性

近场区无活动断裂通过，其历史地震和现代地震均与构造活动无关，为弥散地震，坝址及其附近发育的断层为非活动断层，工程近场区和场址区的区域构造稳定性较好。

工程场址50年超越概率10%基岩地震动峰值水平加速度为145.4cm/s²，相应的地震基本烈度为Ⅶ度；50年超越概率5%基岩地震动峰值水平加速度为195.4cm/s²；100年超越概率2%、1%基岩地震动峰值水平加速度分别为324.2cm/s²、377.0cm/s²。

(2)地层岩性

坝址区浅表零散分布第四系崩(坡)积层、残坡积层和冲积层。其中，第四系崩(坡)积层、残坡积层分布于岸坡或斜坡底部，崩(坡)积层厚5～20m；第四系残坡积层厚3～20m；第四系冲积层分布于萨尔温江及美派河河床、漫滩，厚4～26m，总体具上细下粗结构。

坝址区基岩地层为古生界石炭系下统(C_1s)浅变质岩，枢纽建筑物涉及的基岩地层主要为C_1s^{12}～C_1s^{15}层。C_1s^{12}层为变质灰岩及大理岩，薄层—中厚层。C_1s^{13}层为板岩夹含钙质板岩，顶部夹极薄—薄层变质灰岩，分布于上游围堰附近。$C_1{}^{14}s$层可分为5个亚层，$C_1{}^{14-1}s$、C_1s^{14-3}、C_1s^{14-5}层为大理岩及变质灰岩，极薄层—薄层夹中厚层；C_1s^{14-2}、C_1s^{14-4}层为含炭质钙质板岩，夹极薄层变质灰岩。C_1s^{15}层实测地层厚度大于256m，以砂质板岩为主，夹少量板岩和透镜状变质砂岩。

大坝、厂房建筑物主要位于C_1s^{14}层上，东侧部分位于C_1s^{15}层。C_1s^{14}层岩石钻孔芯样见图2。

(3)地质构造

坝址区岩层总体走向50°～70°，与萨尔温江流向近于正交，倾向SE，在美派河河口及附近地段岩层受扭曲影响，走向变为35°～15°，倾向E；岩层倾角以45°～75°为主。

坝址区主要构造形迹为断层和裂隙，左岸局部基岩地层受$F_S{}^{40}$断层拖曳影响形成褶曲。

C_1s^{14-1}、C_1s^{14-3}、C_1s^{14-5} 变质灰岩

C_1s^{14-1}、C_1s^{14-3}、C_1s^{14-5} 大理岩

C_1s^{14-2} 含炭质钙质板岩

C_1s^{14-4} 含炭质钙质板岩

图 2　C_1s^{14} 层岩石钻孔芯样

(4)岩溶

中坝址区岩层由浅变质的可溶岩和非可溶岩相间分布构成，可溶岩岩性为变质灰岩、大理岩，非可溶岩岩性主要为板岩、砂质板岩、含炭质钙质板岩。变质灰岩、大理岩以极薄层—薄层为主，加之经浅变质作用矿物重结晶使岩石变得致密后可溶性减弱。

中坝址未发现有岩溶系统、岩溶泉及较大规模的溶洞，地表岩溶形态主要表现为浅表溶缝、溶槽，地下岩溶形态主要表现为溶缝(隙)。

(5)水文地质

坝址区两岸岸坡地下水位低平，埋深大；美派河河漫滩及阶地一带地下水埋深相对较浅，一般为 8～25m。环境水对混凝土无腐蚀性。

(6)岩体风化

坝址区变质碳酸盐岩岩体风化表现为溶蚀风化，变质碎屑岩岩体风化带自上而下可划分为全强、弱、微风化带，全强风化带两岸岸坡铅直厚度一般为 5～18m，河床无分布；弱风化带两岸岸坡铅直厚度为 3～10m，河床一般无分布。

(7)岩体卸荷

坝址处谷坡岩体右岸强卸荷带水平深度一般为10～25m；左岸岸坡因萨尔温江及美派河外侧两面双向临空，强卸荷带水平深度较右岸略深，一般为15～30m。

(8)不良地质现象

中坝址区不良地质现象现有1处小规模崩塌体(M1)、1处不利结构体(即上坝址区3#不利结构体)及2处地表长溶蚀缝(KL1、KL2)。

2.3 枢纽布置

按照与缅甸政府签署的MOU，孟东水电站选坝河段位于掸邦南部万萨拉村上游10～20km范围内，河段长约10km。根据此河段的地形地质条件，考虑河谷宽度、地形完整性、岩体性状、枢纽布置适应性等因素，初拟了上、中、下3个比选坝址。上坝址和中坝址相距约1.5km，上、下两坝址相距7.5km，上坝址距万萨拉村19km。通过技术经济比较，推荐中坝址作为选定坝址。

中坝址位于支流美派河与萨尔温江的汇口处，从地形地质条件看，两岸没有合适的位置布置电站和泄洪建筑物，因此不宜采用当地材料坝。对于混凝土坝方案，由于左岸有支流美派河汇入，没有提供拱座的地形条件，因此不适合采用混凝土拱坝。而采用混凝土重力坝，可充分利用美派河河口的滩地增加挡水前缘宽度，在河床内布置泄水建筑物和坝后式地面厂房。因此选用混凝土重力坝。

根据坝址区的地形地质条件和工程特点，枢纽布置总体格局确定为萨尔温江主河道布置碾压混凝土重力坝和坝身泄水孔，左岸美派河河口布置坝后式厂房，右岸布置导流隧洞。枢纽布置主要研究了左坝肩接美派河左岸或右岸两种方案。两种方案的主要差别在于是否将美派河纳入孟东水电站库区。综合分析，两种方案布置格局基本一致，向上游偏转，可大幅缩短坝轴线长度，减少坝体工程量，避免穿过F_S^{40}断层影响带，降低地质风险，施工布置相对较好，经济指标较优，因此推荐向上游偏转为枢纽布置方案。

推荐的枢纽布置格局为：挡水建筑物采用碾压混凝土重力坝，萨尔温江主河道坝身布置泄水建筑物，左岸美派河河口的滩地布置坝后式厂房，采用全年挡水围堰，右岸布置导流洞。厂房以左布置心墙土石坝封堵美派河，另设泄洪洞将美派河水排至下游萨尔温江。孟东水电站枢纽布置见图3。

2.4 主要建筑物

2.4.1 挡水建筑物

挡水建筑物采用碾压混凝土重力坝，最低建基面高程175m，坝顶高程297m，最大坝高122m，坝顶总长672m，宽12m，大坝下游坝坡1∶0.73，大坝上游面高程220m以下设

1∶0.25 的斜坡。左岸非溢流坝段坝顶高程 297.00m，坝顶宽 12m，大坝下游坝坡 1∶0.60，上游面高程 250m 以下设 1∶0.25 的贴坡。左岸非溢流坝段与安装场之间的区域用土石回填至高程 240.0m。

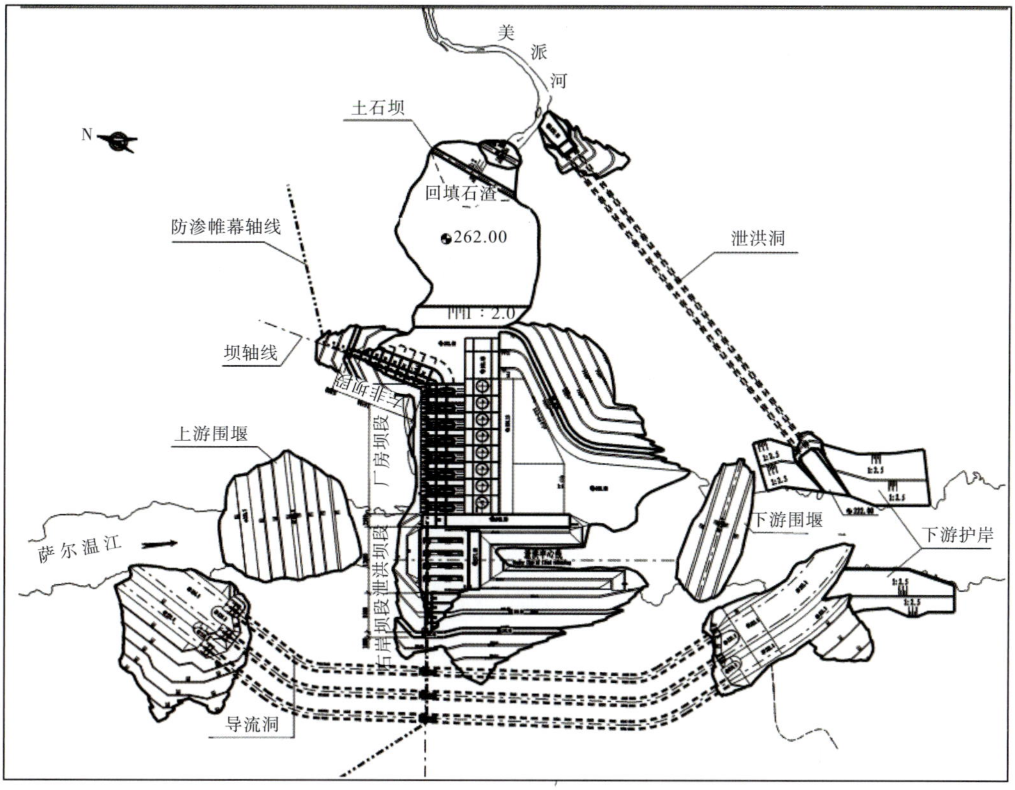

图 3　孟东水电站枢纽布置图(单位:m)

2.4.2　泄洪消能建筑物

泄水建筑物布置在萨尔温江主河床处，设 5 个表孔和 4 个深孔，表孔孔口尺寸 14m×22.5m(宽×高)，堰顶高程 267.5m。深孔进口孔底高程 240.0m，孔口控制尺寸 6m×9m(宽×高)。表孔和深孔均采用挑流消能方式。

下游消能区左侧为厂坝导墙，右侧为萨尔温江右岸山体。为保证工程运行安全，在坝址下游 20m 范围内布置混凝土护坦保护坝脚，护坦段混凝土厚 3m，此范围以外设置护岸、防淘墙保护导墙和消能区右岸岸坡，防淘墙底高程 160m。消能区右岸高程 220m 以下边坡坡比为 1∶0.35，高程 220m 以上根据岩石条件坡比分别为 1∶0.5、1∶0.6、1∶1.5 和 1∶0.75，每 15m 高设一级 3m 宽马道。高程 250m 以下消能区边坡采用混凝土衬砌保护，高程 220m 以下衬砌厚 3m，高程 220～250m 边坡衬砌厚 2m，高程 250m 以上边坡采用喷射混凝土保护。

2.4.3 引水发电系统

电站采用坝后式厂房，布置在左岸挡水坝段下游侧，厂房左侧为美派河河道，施工期作为回填渣场，右侧为厂坝导墙，与泄洪坝段隔开。厂房主要建筑物包括主厂房、副厂房、安装场、尾水渠、进厂交通等。厂区平面上从左至右依次为安Ⅰ段、安Ⅱ段、1#～8#机组段，厂房采用一机一缝结构型式，安Ⅰ段长27m，安Ⅱ段长56m，标准机组段长34m，边机组段长39m，厂房总长360m；水流向依次为厂坝平台、副厂房、主厂房、尾水平台、尾水渠。副厂房跨度17m，主厂房跨度36m，尾水平台宽15.5m，厂房水流向总宽68.5m。水轮机安装高程205.5m，建基面高程177.6m，主厂房屋顶高程定为269m，厂房最大高度为91.4m。厂房总体尺寸为360m×68.5m×91.4m(长×宽×高)。尾水渠平面上采用斜向(与厂房轴线夹角25°)岸坡线平顺连接至下游河道，渠底宽25～104m。厂区地面高程为240m，进厂公路布置在左岸下游山坡，由安Ⅰ段左侧进厂。

2.4.4 美派河挡泄水建筑物

孟东水电站厂房位于美派河内，为保证美派河水流不影响电站运行，在厂房安装场左侧设土石坝封堵美派河，并在土石坝上游设泄洪洞将美派河水排至下游萨尔温江。美派河土石坝采用黏土心墙坝，与初期美派河围堰结合。美派河土石坝围堰顶高程为237.0m，采用混凝土防渗墙下接灌浆帷幕防渗。在美派河围堰下游侧加高修建黏土心墙坝，坝顶高程262m，上下游坡比均采用1∶2。土石坝与安装场及左岸非溢流坝段下游区域采用弃渣进行回填，回填区顶部与土石坝顶齐平，在高程262.0m形成约6.5万m^2的平地，供后期建设管理营地使用。

美派河布置2条泄洪洞，进口位于美派河左岸，底高程为230m，出口位于萨尔温江左岸，大坝下游820m处，出口底板高程222m。单条泄洪洞长约790m，采用混凝土衬砌的城门洞形，净断面尺寸7m×9m(宽×高)。泄洪洞进口处设检修门一道，供枯水期2条泄洪洞检修使用。

2.4.5 导流建筑物

施工导流采用全年挡水围堰一次拦断河床、导流隧洞泄流的导流方式。

大坝上游土石围堰堰顶高程264m，最大堰高约66.3m，防渗墙最大深度41.5m。下游土石围堰堰顶高程233m，最大堰高约35m，防渗墙最大深度32m。

3条导流隧洞呈两低一高布置于右岸，1#和2#低导流隧洞同高程布置于靠河床侧，进、出口底板高程分别为204m和203m，洞长分别为1040m和1059.4m；3#高导流隧洞布置于靠山侧，进、出口底板高程取223m和210m，洞长1111m。3条隧洞均采用城门洞形断面，断面尺寸为15m×19m(宽×高)，过水面积为260.86m^2，总长3210.4m。为解决向下游供水问题，在溢流坝段内布置坝身临时供水孔，进口底部高程210m，出口尺寸为5m×8m(宽×高)。

5 工程特点和难点

(1)项目地理位置偏僻,现场勘探工作难度大

孟东水电站位于萨尔温江中部河段,坝址在缅甸掸邦南部的万萨拉村上游约19km处,距掸邦首府东枝316km,距大其力246km。现场勘探主要存在以下问题:

1)进场交通道路条件极差。

2)坝址区植被茂密,蚊虫猖獗。

3)项目位于政府与地方武装交错控制的敏感地区,安全环境复杂。

4)人员和设备进场有严格的审批程序,进出现场手续烦琐。

通过精心组织,地质勘探人员克服重重困难,多次进驻坝址现场开展勘察工作,取得了丰富的勘探成果,为可行性研究设计奠定了坚实的基础。

(2)地形、地质条件复杂

坝址位于萨尔温江与其支流美派河交汇河段,坝址区内萨尔温江河谷呈"V"形,总体属横向谷,左岸受断层牵引作用影响,岩层走向与河流近平行,为逆向坡;河谷两岸地形陡峻,谷坡岩体随着河谷的下切,卸荷作用明显,强卸荷带水平深度为15~30m。美派河汇入口附近地段,其河谷谷底相对宽缓,发育漫滩及Ⅰ级阶地。

坝址区基岩以可溶岩为主,相间分布非可溶岩;可溶岩地层岩性为石炭系(C)变质灰岩及大理岩,非可溶岩为石炭系(C)板岩类夹变质砂岩。可溶岩中溶缝(隙)发育,发育的顺河向和横河向结构面受卸荷、溶蚀风化作用影响,形成顺畅的裂隙性网络地下水径流系统,水文地质条件复杂。

坝基岩体中局部层面或裂隙面溶蚀风化夹泥现象及局部溶蚀风化加强夹层发育。层面或裂隙面溶蚀风化夹泥铅直厚度一般为0.1~0.5m,主要由黏性土构成;可溶岩中局部发育有溶蚀风化加强夹层,铅直厚度一般为0.5~7m,水平宽度一般为0.3~4m,最宽可达18m,夹层岩体破碎,性状差。层面或裂隙面溶蚀风化夹泥及局部溶蚀风化加强夹层对大坝抗滑稳定及坝基沉降变形不利。

大坝左岸坝肩东侧发育有F_S^{40}断层,其延伸长度大于4000m,断层破碎带宽度大于10m,影响带宽度约180m。受该断层影响,大坝左坝肩地段浅部一定深度内岩体完整程度及强度明显变差,对枢纽布置影响很大。

(3)投资方为联合体,沟通协调难度大

孟东水电站开发联合体包含了中、缅、泰三方,各方关注点不完全相同。设计方案要考虑各方的利益诉求,设计难度较大。

(4)国际项目的设计标准问题

项目可研报告需要缅甸电力部审批,缅甸国内的公司不具备审查项目设计方案的能力。缅甸电力部一般委托西方发达国家的咨询公司开展技术审查工作。2015年9月,缅甸电力部委托瑞士STUCKY公司对孟东水电站正常蓄水位395m高坝方案进行了审查。西方咨询公司一般采用国际大坝委员会和美国的相关规范或标准,在洪水计算方法、泄洪孔口布置原则和结构安全标准等方面和我国标准均有一定的差异,协调沟通难度较大。通过开展中外相关设计规范对比研究,理清中外设计规范的异同,加强与国际咨询公司技术人员的沟通,最终设计方案获得了国际咨询公司的认可。

撰稿/向友国、吴树良、王辉、韩前龙、饶光辉、王曙东、代开锋、李月伟、廖仁强

缅甸道耶坎二级水电站

▲ 道耶坎二级水电站

缅甸国内河流密布，主要河流有伊洛瓦底江、萨尔温江、钦敦江和湄公河，支流遍布全国。其中伊洛瓦底江、萨尔温江和湄公河均发源于中国。道耶坎二级水电站位于缅甸锡唐河流域，东吁市以东 21km。水库总库容 4.426 亿 m^3，调节库容 3.163 亿 m^3，具有年调节性能。电站装机容量为 120MW，多年平均年发电量为 6.047 亿 kW·h。该电站是以发电为主，兼有灌溉及其他效益的Ⅱ等大(2)型工程。

1 建设背景

1.1 缅甸水能资源

缅甸国内河流密布，主要河流有伊洛瓦底江、萨尔温江、钦敦江和湄公河，支流遍布全国。其中伊洛瓦底江、萨尔温江和湄公河均发源于中国。伊洛瓦底江为缅甸第一大河，流域面积 43 万 km^2，水量充沛，水流平缓，从北向南依次流经克钦邦、曼德勒和仰光等 6 个省份，最后从仰光注入印度洋，全长 2200km，总落差 4768m，全河平均比降为 2.1‰，入海口平均流量为 13600m^3/s。萨尔温江为缅甸第二大河，由云南潞西出境进入缅甸，在缅甸境内全长 1660km，流域面积约 20.5 万 km^2，经过掸邦、克耶邦、克伦邦和孟邦，最后由莫塔马湾归入印度洋。湄公河由西双版纳进入缅甸，主要流经缅甸掸邦与老挝、泰国的边境线。截至目前，水力发电依然是缅甸的主力电源，截至 2018 年 9 月，缅甸水力发电装机占总装机的 57.7%。

1.2 缅甸电力系统现状及水电能源开发需求

据《2019 年缅甸年鉴》统计，截至 2018 年过渡财年末，缅甸全国电力总装机容量为 5651 MW，比 2017/2018 财年末新增 9MW。其中，水电 3259 MW，占 57.6%；天然气发电 1779MW，占 31.5%；火电 496 MW，占 8.8%；柴油发电 117 MW，占 2.1%。2018 年过渡财年缅甸总发电量为 111.29 亿 kW·h，总消耗电量为 94.73 亿 kW·h。据缅甸电力能源部统计，2019 年 12 月缅甸实现全国 50%家庭供电。

2 项目概况

2.1 项目参与方背景

（1）项目业主及土建施工方——亚洲世界有限公司（AWC）（以下简称亚洲公司）

缅甸亚洲世界有限公司（AWC）成立于 1992 年，是一家领先的多元化集团，其核心业务是基础设施领域。AWC 在卓越运营以及在缅甸开展和完成众多标志性和关键基础设施开发项目方面建立了良好的信誉。其中包括道路和高速公路、机场、港口、发电厂和电信塔。主要运营管理着仰光国际机场、内比都国际机场和亚洲世界港口码头等重要基础设施。

（2）设计咨询方——长江勘测规划设计研究院（以下简称“长江设计院”）

长江设计院是由水利部长江水利委员会出资设立的国有独资企业。长江设计院是以水利水电勘察设计为主业，为工程建设全行业全过程提供技术服务的国有科技型企业和国际承包商。2007 年 11 月，长江设计院参加缅甸道耶坎二级水电站咨询服务投标，于 2008 年 2 月 16 日与缅甸亚洲世界有限公司签订缅甸道耶坎二级水电站咨询服务合同。长江设计院采用“全过程全方位咨询”模式，为道耶坎二级水电站项目提供咨询服务。

（3）设备采购与安装承包商——中国机械进出口集团有限公司

中国机械进出口集团有限公司（以下简称“中机公司”）成立于 1950 年，1998 年成为中央直接管理的国有重要骨干企业中国通用技术（集团）控股有限责任公司的全资子公司，是新中国最早的以经营机电产品进出口贸易和国际工程承包业务为主的大型国有外贸公司。

2.2 设计概况

2007 年 11 月，长江设计院参加缅甸道耶坎二级水电站咨询服务投标，于 2008 年 2 月 16 日与亚洲公司签订缅甸道耶坎二级水电站咨询服务合同。

2007 年 12 月，日本关西公司向亚洲公司提交了道耶坎水电工程报告——《基础设计报告》。

根据长江设计院与亚洲公司所签订的咨询服务协议，2008 年 4 月长江设计院对《基础设计报告》进行复核并提出《基础设计复核报告》。《基础设计复核报告》的依据主要为《基础设计报告》，并结合新的水文资料与现场查勘所了解的信息，重点对水文、地质等基本资料进行了复核，由于基础资料的不足，对工程规模、动能指标、工程总布置与主要建筑物的型式仅提出了调整与改进的建议，没有深入进行研究。

缅甸道耶坎二级水电站详细设计是对道耶坎水电工程《基础设计报告》工作的深化和优化。根据长江设计院与亚洲公司签订的咨询服务合同的要求，将对该报告进行复核，并对缅甸道耶坎二级水电站主体工程（包含大坝、副坝、溢洪道、引水发电系统、输变电、电气等）进行必要的比选论证和详细设计，进行施工组织设计、进度安排和工程造价计算等，并于 2008 年 8 月编制《详细设计报告》。该报告根据新获取的水文、地质资料，对《基础设计报告》设计方案重新进行复核的同时，对原设计方案进行了修改、补充和完善。

2008 年 4 月，长江设计院开始进行道耶坎二级水电站工程施工阶段的设计咨询工作。参加设计工作的技术人员，本着安全可靠、技术先进、经济合理的原则精心设计，并结合现场实际情况，开展优化设计，根据供图协议及工程实际进展情况，及时提供施工详图和有关技术文件。2008 年 4 月，长江设计院组建了道耶坎二级水电站工程现场咨询服务部，派出了精干的技术队伍进驻现场，进行设计技术服务和建设咨询工作。设计咨询人员在现场解释设计意图指导现场施工，和业主、施工等建设各方一起研究和处理施工中出现的重大技术问题，保证了工程需要，同时对提高设计质量和工程质量起到了一定的作用。

2.3 工程设计大事记

2008 年 2 月 16 日，长江设计院与亚洲公司签订缅甸道耶坎二级水电站咨询服务合同。

2008 年 4 月，长江设计院对《基础设计报告》进行复核并提出《基础设计复核报告》。

2008 年 8 月，长江设计院编制《详细设计报告》。

2009 年 1 月，长江设计院编制《缅甸 THAUKYEGAT(2)水电站大坝及溢洪道工程施工招标文件》。

2009 年 7 月 23—28 日，长江设计院专家组一行 11 人赴缅甸道耶坎二级水电站，开展技术咨询。专家们全面回答了亚洲公司提出的工程技术问题，还就业主关心的导流洞工期进度作了详细的分析，为下阶段设计工作提出了建设性意见。

2010 年 3 月 28 日，缅甸时任总理吴登盛莅临道耶坎二级水电站工地，并接见长江设计院道耶坎二级水电站技术咨询服务部人员。

2010 年 6 月 8 日，缅甸道耶坎二级水电站防淘墙部位开始浇筑第一仓混凝土。

2010 年 8 月 11—14 日，中国电力投资集团云南国际电力投资有限公司应亚洲世界公司邀请，组织评估专家组对长江设计院承担的缅甸道耶坎二级水电站工程设计和工程建设进行第三方评估，并顺利通过。

2010 年 10 月 23 日上午，缅甸道耶坎二级水电站截流成功。

2011 年 3 月 30 日，电站厂房 2#、3# 机高程 33.00m 以下部分进行了填塘混凝土浇筑，标志着电站厂房的混凝土施工正式拉开了序幕。到 2012 年 7 月 30 日，电站厂房一、二期混凝土全部完成。2012 年 8 月 30 日，厂房全部封顶。

2011 年 3 月 10 日大坝开始填筑，2012 年 2 月 15 日完成大坝主体填筑施工，历时 343 天。

2011 年 8 月 26 日，缅甸副总统吴丁昂敏乌来道耶坎工地视察工程建设进展，对长江设计院的咨询服务表示慰问。

2012 年 5 月 4 日，国家电力投资集团有限公司副总经理张晓鲁一行来道耶坎参观，对亚洲公司的实力和长江设计院的咨询服务工作表示高度的肯定。

2012 年 8 月 21 日，缅甸道耶坎二级水电站首台机组转子吊装完成。

2012 年 9 月 26 日，缅甸政府电力部对道耶坎二级水电站下闸蓄水进行检查和验收。

2012 年 10 月 11 日，缅甸道耶坎二级水电站按预定目标成功实现下闸蓄水。

2013 年 1 月 2 日，缅甸勃固省省长对道耶坎二级水电站进行视察。

2013 年 1 月 19 日，第一台机组并网发电。

3 建设意义

缅甸于 2014 年制定了《国家电力发展规划》。按照该规划，到 2030 年，缅甸电力总装机容量将达到 28784MW，其中天然气发电 4986MW（17.32%）、火电 2760MW（9.59%）。根据 2018 年装机容量计算，距离 2030 年还有 12 年，尚有 23133MW 的缺口。

道耶坎二级水电站主要工程任务为发电，电站多年平均年径流量为 42.2 亿 m^3，正常蓄水位为 127m，死水位 95m，调节库容 3.026 亿 m^3，库容系数 7.17%，具有年调节性能。电站装机容量 120MW，多年平均年发电量 6.047 亿 kW·h，保证出力 32.3MW，既可为坝址所在区域居民用电和工业用电提供电能，还可为国家电网提供大量质优价廉的电力电量，从而促进缅甸的国民经济发展。

道耶坎二级工程所提供的清洁电能资源，与修建同等规模火电站相比，相当于每年减少火电用煤 37.2 万 t，减排二氧化碳 80 万 t，减排二氧化硫等有害气体 0.5 万 t，同时还避免了火电站运行过程中的废水、废热污染问题，在节能减排方面贡献巨大。

4 勘测设计方案

4.1 水文

4.1.1 流域概况

道耶坎河是锡唐河左岸一级支流，流域形状为长条形。从河源到与锡唐河汇合处，主河长约 120km。河源处高程为 1450m，河口为 40m。道耶坎二级水电站坝址以上流域面积约 2152km^2。

4.1.2 水文气象

工程所在流域气候为热带气候，受季风的影响，一年分为两季，即雨季和旱季。雨季通常从 5 月中旬持续至 10 月中旬，其降雨量可占全年的 90%左右。流域年均降雨量约 2692mm。多年极大风速 6.4m/s，风向东南向，最小风速 0.2m/s，风向南北向。

4.1.3 径流

采用 1999—2007 年逐日平均流量系列，其坝址多年平均流量为 126m^3/s，多年平均年径流量为 39.8 亿 m^3，年设计径流成果见表 1。

表 1　　年设计径流成果

频率（%）	10	20	50	75	90	95
设计年平均流量（m^3/s）	178	161	131	110	93.3	84.1

4.1.4 洪水

道耶坎二级水电站设计洪水成果见表 2。

表 2　　道耶坎二级水电站设计洪水成果

项目	5 年	10 年	20 年	30 年	50 年	100 年	200 年	500 年	1000 年	5000 年	10000 年
洪峰流量（m^3/s）	1410	1670	1930	2090	2350	2680	3040	3560	4000	5170	5740
最大 24h 洪量（$\times10^6 m^3$）	101.8	119.3	137.1	147.8	165.6	188.3	213.3	250.2	280.7	365.2	408.2

4.1.5　泥沙

本流域植被较好，河流含沙量不大，悬移质年输沙量为 153 万 t，推移质输沙量为 30.6 万 t，年输沙总量为 184 万 t。

4.2　工程地质

4.2.1　地震

由于本工程未进行专门地震危险性分析，没有取得概率水准对应的地震加速度值。根据经验判断，大坝等挡水建筑物地震加速度设计值取 0.3g，对其他附属建筑物地震加速度设计值取 0.2g（对应抗震设防烈度为Ⅷ度）。

4.2.2　水库

近坝库段库岸总体稳定，远坝库段的滑坡等灾害由于峡谷河槽的约束，对坝址的影响也不大。

由于河湾区岩石为变质岩，无大的结构面穿过，属裂隙性透水岩体，同时库内坡面上分布有厚度较大的黏土或砾质土铺盖层，有较好的防渗作用，因此发生河湾渗漏的可能性不大。

4.2.3　主要建筑物工程地质

趾板建基岩体整体质量较差，以强风化岩体为主，弱风化及全风化次之。

引水发电系统：引水洞进口左侧边坡在施工期间产生蠕滑；厂房基础开挖揭露一断层破碎带。

溢洪道：挑流鼻坎段，地质条件复杂，左侧以全风化物质为主。

导流工程：导流洞施工过程中进口边坡失稳，洞室围岩成洞条件差；大坝帷幕河床部位防渗下限在高程－10m，大坝斜坡部位高程－10～90m，两岸延伸部位 90m。

4.2.4　天然建筑材料

天然砂石骨料料源取自道耶坎河，其粗骨料的粒度模数及堆积密度满足要求，针片状偏高；细骨料的细度模数基本满足要求、含泥量偏大、堆积密度满足要求。

大坝堆石料料源为花岗岩及玄武岩，单轴抗压强度高，储量及质量满足要求。

土料主要分布于副坝下游，其储量满足要求，质量基本满足要求。

4.3 枢纽布置及主要建筑物

4.3.1 设计标准

4.3.1.1 工程等级及建筑物标准

道耶坎二级水电站正常蓄水位为127.00m，总库容4.47亿m^3，调节库容3.026亿m^3，电站装机容量为120MW，年平均发电量为6.047亿kW·h。

该工程属于Ⅱ等大(2)型工程，大坝、溢洪道、引水发电系统等主要建筑物为2级建筑物，次要建筑物为3级建筑物，临时建筑物为4级建筑物。水工建筑物结构安全级别为Ⅱ级。

4.3.1.2 洪水标准

各水工建筑物的洪水标准及相应频率的洪峰流量见表3。

表3　各水工建筑物的洪水标准及相应频率的洪峰流量

建筑物名称	防洪设计标准					
	设计		校核		复核	
	洪峰频率(%)	洪峰流量(m^3/s)	洪峰频率(%)	洪峰流量(m^3/s)	洪峰频率(%)	洪峰流量(m^3/s)
挡水建筑物、泄水建筑物	0.2 (500年一遇)	3560	0.02 (5000年一遇+20%)	6200	PMF	6890
引水发电建筑物	0.5(200年一遇)	3040	0.2(500年一遇)	3560	/	/
消能防冲建筑物	2(50年一遇)	2350	/	/	/	/

4.3.1.3 抗震标准

壅水建筑物采用地震加速度峰值0.3g作为本工程的地震设计参数，其余各水工建筑物按Ⅷ度作为基本设计烈度，相应的地震加速度峰值为0.2g。

4.3.1.4 特征水位及流量

道耶坎二级水电站的特征水位、流量见表4。

表4　道耶坎二级水电站的特征水位、流量

名称	洪峰流量(m^3/s)	库水位(m)	下泄流量(m^3/s)	下游水位(m)
P=2%	2350	127	2350	56.62
P=0.5%	3040	127	3040	57.22
设计洪水P=0.2%	3560	127	3560	57.65
校核洪水P=0.02%+20%	6200	130.34	5490	58.74

续表

名称	洪峰流量(m^3/s)	库水位(m)	下泄流量(m^3/s)	下游水位(m)
PMF	6890	131.23	6000	59.00
正常蓄水位		127		
死水位		95		
电站单机引水流量			70.1	48.90

4.3.2 枢纽布置

大坝布置于WWS向河谷的主河床，为混凝土面板堆石坝，坝顶高程133m，河床趾板基础高程42m，最大坝高91m，坝顶长度381m。面板顶高程129m，坝顶上游面布置防浪墙，防浪墙顶高程134.2m，墙高5.2m。

3个副坝布置于大坝左岸上游副坝区的几个垭口处，距离大坝直线距离约2500m，为均质土坝，坝顶高程均为134.0m，其中1号副坝最大坝高20.8m，坝顶长度98m，2号副坝最大坝高30.3m，坝顶长度147.0m，3号副坝最大坝高46.2m，坝顶长度254m。

溢洪道布置于大坝上游左岸的鞍部山体，距离大坝直线距离约700m，共布置5孔10m×12m的有闸控制溢流表孔，表孔堰顶高程115m。溢洪道坝顶高程133.0m，最大坝高34.0m，控制段坝顶长度140.8m。

非常溢洪道布置在1#副坝与2#副坝中间的小山包上，底部开挖高程127.0m。非常溢洪道流道中间设置挡水埂，顶部高程127.5m，挡水埂顶部宽5m，长92m。

引水发电系统布置在左岸，主要由引水隧洞和厂房等组成。引水隧洞进口位于大坝上游，从NNW向的河道左岸取水，出口及厂房位于大坝下游。引水隧洞长538m，厂房为岸边地面厂房。引水隧洞进水口高程77m，上游设置拦沙坎，坎顶高程80.0m，引水洞直径8.5m，出口采用斜三岔管，岔管直径3.5m。厂房宽66.1m，长34.60m，开关站宽75m，长68m。电站装机容量120MW，3台单机容量40MW的混流式水轮机组，保证出力32.3MW。

导流建筑物由导流洞、上下游围堰组成。导流洞布置在左岸，进口位于引水隧洞上游，出口位于厂房下游。按20年一遇洪水设计(最大洪峰流量1930m^3/s)，导流洞长500m，隧洞为马蹄形，断面尺寸为10m×10.9m(宽×高)，净过流断面面积为95m^2，隧洞进口高程50m。上、下游围堰高程分别为84m和55m。道耶坎二级水电站枢纽布置见图1。

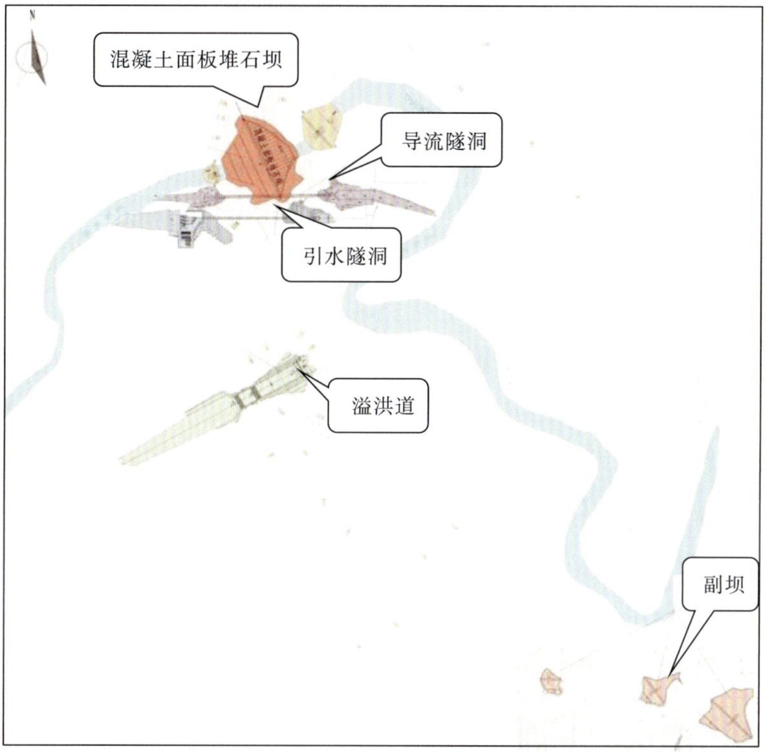

图 1　道耶坎二级水电站枢纽布置图

4.3.3　建筑物设计

4.3.3.1　大坝

大坝直线布置，坝顶长度 362.0m，坝顶宽度 10m，最大坝高 91.0m，上坝体断面上游坝坡为 1∶1.4，为提高大坝抗震性能，下游坝坡上缓下陡，下游坝坡在高程 109.0m 以上为 1∶1.6，高程 109.0m 以下为 1∶1.5，并在下游坝面高程 109.0m、高程 84.0m 和高程 55m 设 3m 宽马道。大坝主要分为上游铺盖区、盖重区、垫层区、过渡区、主堆石区、下游堆石区、下游护坡和压坡等部分（图 2）。

图 2　道耶坎二级水电站大坝

4.3.3.2　副坝

1#、2#副坝断面设计基本相同：坝顶宽度8.0m，上游坝面坡比为1∶3.5，下游坝面坡比为1∶3。大坝上游设50cm厚的堆石护坡，下游设50cm厚的砌石护坡，护坡下部均设厚50cm的垫层。坝下游均设有排水棱体，排水棱体上下游坡比为1∶2，顶部预留宽1.5m的马道，便于运行期检查、维护，下游排水棱体顶高程120.0m。

1#副坝坝顶长度98.0m，最大坝高20.8m。

2#副坝坝顶长度147.0m，最大坝高30.3m。

3#副坝坝顶宽度8.0m，坝顶长度254.0m，最大坝高46.2m。上游坝面坡比为1∶3.5，下游坝面坡比为1∶3。大坝上游设50cm厚的堆石护坡，50cm厚的垫层、30cm厚的反滤层；下游设50cm厚的砌石护坡，护坡下部设厚50cm的垫层，下游排水棱体顶部高程110.0m，排水棱体下游坡比1∶2。

4.3.3.3　溢洪道

溢洪道位于面板坝左侧，建坝基岩为弱风化砂岩，由进水渠、控制段、泄槽、挑流鼻坎、下游消能区等组成(图3)。

图3　道耶坎二级水电站溢洪道

引水渠渠底高程110m，渠底宽75m，中心轴线长54.3m。

溢洪道控制段由9个坝段组成，坝顶长度140.8m。3#～7#坝段为控制段5个表孔坝段，孔口尺寸为10m×12m。溢流堰采用低堰，堰型曲线为WES曲线，堰顶高程115m。WES曲线下接1∶1直线段和R=25m的反弧段。溢洪道两岸交通通过布置在闸墩上部的交通桥连接。

泄槽净宽70m，上缓下陡，上半段坡比1∶100，下半段坡比1∶2.5，中间采用竖坡曲线衔接。

尾坎段基础设置高程52m、宽1.5m齿脚与泄槽挑坎衔接，再由1∶0.5斜坡过渡到底板高程 55m。尾坎顶部为长约 6.2m 的小平台，平台后接 1∶1.5 的斜坡，斜坡下游接底板高程为 50.0m 的明渠。平台及下游斜坡上布置厚 0.8m 的混凝土板，并在斜坡末端布置防淘齿墙，防止水舌冲刷挑坎基础。

非常溢洪道布置在 1# 副坝与 2# 副坝中间的小山包上，底部开挖高程 127.0m。上下游流道喷厚度 7cm 强度 C20 混凝土护底。流道中间设置挡水埂，顶部高程 127.5m，顶部总宽 5.0m，由填土和干砌石组成，其中填土总宽 4.4m，上下游各设顶宽 0.3m 的干砌石护坡，护坡坡度 1∶1.5。挡水埂长度 92m。

4.3.3.4　引水发电建筑物

引水发电建筑物布置在河道左岸，利用左岸河湾山脊地形布置引水隧洞引水至厂房，电站厂房为引水式岸边厂房，厂房安装 3 台单机容量 40MW 的混流式水轮发电机组，总装机容量 120MW。引水发电建筑物由引水系统、电站厂房、尾水渠及地面开敞式开关站组成。

引水系统主要由进水口、闸门竖井、引水隧洞、压力钢管、岔管及镇墩等建筑物组成，引水线路全长约 650m。

进水口为平底喇叭口形，顶部及侧面均采用圆弧过渡，进水口底部高程为 77.00m，进水口顶部高程为 94.31m。

进水口后由一段圆形截面隧洞与闸门竖井连接。闸门竖井中设检修闸门一套，闸门孔口尺寸为 6.68m×8.5m（宽×高），闸门底坎高程为 77.00m。

引水隧洞采用三机一洞型式布置，开挖断面呈马蹄形，衬砌后断面为圆形，洞径 8.5m。

在引水隧洞钢衬段末端接钢岔管，岔管主管直径 8.5m，分别引入电站 1#、2# 和 3# 水轮发电机组，支管管径为 3.5m。

电站厂房位于大坝下游的左岸滩地上，厂房尺寸为 66.70m×37.70m×39.40m（长×宽×高）。厂房建基面高程 35.00m，机组安装高程 46.50m，发电机层高程 57.50m，桥机轨顶高程 69.90m，屋面钢桁架支承平台高程 74.40m；尾水平台宽 7m，平台高程 59.00m（图 4）。

图 4　道耶坎二级水电站电站厂房

4.3.3.5 导流建筑物

导流隧洞布置在左岸，进口底板高程 50m，出口底板高程 48m。导流隧洞进口段长 487.104m，其中进口明渠长 462.104m，喇叭口和进水塔段长 25m。

5 工程特点及科技创新

5.1 一种新型的水电项目咨询模式

5.1.1 主要问题

道耶坎二级水电站是缅甸第一个由民营企业投资、建设和运营的水电项目。项目业主和主要土建施工单位都为亚洲公司，是其首次涉足水电行业。参与电站建设的管理人员和大多数施工人员，大部分未参与过水电站的建设。

5.1.2 解决措施

项目创新性地采用“全过程全方位咨询”的新型水电项目咨询模式。

“全过程”是指咨询单位提供从设计、招标、建设和试运行整个项目过程的咨询。“全方位”是指咨询单位提供设计、建设管理、施工管理、监理、技术培训和编制操作规程等全方位的咨询工作。

在项目实施的过程中，咨询单位应用 FIDIC 的先进理念，根据道耶坎二级水电站的实际情况，采用“全过程全方位咨询”的新型水电项目咨询模式，解决了一系列具有开创性和挑战性的技术难题。协助一个首次涉足水电行业的企业用 53 个月时间建成(同期缅甸国内水电建设周期一般为 8～10 年)，创造了缅甸水电建设新速度，并独自成功运营一个 120MW 装机的水电项目，还为当地系统培养了一批建设管理、水电施工和电站运行等整套技术管理人员。

5.2 深厚全强风化岩层上修建高水头趾板

5.2.1 主要问题

面板坝一般由厚度不到 1m 的混凝土趾板、面板及止水组成防渗体系，其关键在于趾板定线及建基面的选择。按一般的设计理念，高水头趾板基础要进入弱风化岩层，而本工程坝基岩体岩性软弱，岩石风化强烈，呈不均匀风化，全强风化深度较厚，多为 30～40m，左右岸全风化槽发育，局部达 60～80m。如要求趾板基础全部进入弱风化岩层则工程量增加较多。

5.2.2 解决措施

咨询单位经过分析研究，将趾板基础大多位于强风化岩体之上。

考虑到坝基岩体复杂，在设计过程中根据现场开挖揭露的地质，对趾板线和趾板建基面高程进行动态设计。将坝轴线和趾板线向上游平移 20m，通过坝轴线调整，使右岸趾板线避开风化槽的最深处，风化槽深度由原 30m 减小到 2m，大幅度减小了趾板基础处理的工程量和基础处理的难度。河床趾板建基面向由高程 36m 抬高至高程 42m，水平方向往坝轴线方向平移 8.4m。

本工程因地制宜，通过对趾板建基面岩体质量要求的调整，动态设计趾板线和趾板建基面，节约了工程量，有效保证了趾板质量和施工进度，取得了良好的经济效益。

5.3 软弱地区边坡处理及洞室开挖支护

5.3.1 主要问题

工程区岩体为片岩、变质砂岩、砂岩、千枚岩、石英砂岩等，岩性软弱。岩石风化强烈，呈碎裂风化特征，又具夹层风化特征，岩石软硬程度差异大，又呈不均匀风化的特点。全强风化深度较厚，多为 30～40m，左右岸全风化槽发育，局部达 60～80m。边坡稳定条件和洞室成洞条件较差。

5.3.2 解决措施

溢洪道、导流洞进口、厂房进水口等建筑物边坡多处于强风化岩层，大直径导流洞和引水隧洞多次穿过软弱岩层，工程实践中咨询单位总结提出一套软弱地区边坡处理及洞室开挖支护的设计方法，并提出了相应的设计原则、分析方法及技术标准，有效保证了边坡稳定和地下洞室成洞。

工程运行两年多来，隧洞围岩稳定性良好，边坡稳定，主要建筑物运行良好。

5.4 软弱岩层消能防冲设计

5.4.1 主要问题

道耶坎二级泄槽挑坎下游地质条件较差，消能区底板高程以上基本位于全风化区，为防止泄槽挑坎基础被淘刷，且有效改善水流对消能区边坡的冲刷，如按传统的刚性防护方法则工程量巨大。

5.4.2 解决措施

咨询单位采取“柔性防护，先冲后护的原则”，齿墙底高程由高程 45m 抬高至 47m，明渠底板采用厚 80cm 柔性排垫底，明渠扩散段下游不进行专门的衬砌，节省了大量的施工时间和资金。

目前，溢洪道已多次泄洪，并经历最大泄量 549m^3/s 的泄洪考验。水力学原型观测和汛后检查表明，泄洪消能主要建筑物完好无损，泄洪对其他建筑物的正常运行亦无影响，下游冲刷与设计咨询单位预测一致。

6 工程建成后取得的社会效益和经济效益

道耶坎二级水电站运行2年监测资料发现，面板坝最大沉降0.83m，最大渗漏量小于10L/s，各建筑物及机组运行良好。电站位于负荷中心，工程的顺利投产，极大地缓解了缅甸电力供应的紧张局面。工程在缅甸国内广受好评，受到了缅甸国家总统登盛和时任缅甸第一电力部部长佐敏等的高度赞扬，是中缅合作建设的典范水电站，已成为缅甸国家水电建设培训基地。

6.1 提供了大量清洁能源，为保障缅甸电力供应和节能减排做出重要贡献

截至2008年，缅甸国家装机容量仅1860MW，电力供应紧缺。以缅甸第二大城市曼德勒为例，缅甸政府给当地居民提供的电力仅仅持续到晚上8点左右。道耶坎二级工程电站装机容量120MW，多年平均年发电量6亿kW·h，电站位于负荷中心。工程的顺利投产，极大地缓解了缅甸电力供应的紧张局面，为经济社会可持续发展做出了巨大贡献。

道耶坎二级水电站工程所提供的清洁电能资源，与修建同等规模火电站相比，相当于每年减少火电用煤37.2万t，减排二氧化碳80万t，减排二氧化硫等有害气体0.5万t，同时还避免了火电站运行过程中的废水、废热污染问题，在节能减排方面贡献巨大。

6.2 增加就业，改善基础设施，促进经济发展

本工程多达18亿人民币的投资增加了当地的就业，工程需要大量的物资带动了当地的经济发展，造福了当地大约3000名村民。

电站发电后提供的大量清洁可再生能源，促进了工厂企业的发展，改善了生活条件，刺激当地电器销售，营造出新的供给与需求市场，增加大量就业。水库可用于养殖，下游可发挥供水与灌溉效益。

工程地处缅甸中部，位于缅族和少数民族——克伦族聚集区交界处，以前走陆路到达库区克伦族聚集区需要1天时间，现在走水路只要2小时，且航运比陆运便宜，这样大量生活必需品可以走水路直接到达克伦族居民手中。

水电站建设涉及191户居民拆迁，这些居民目前已搬迁到水电站附近的新村。新村里建有教堂、学校和医疗所。水电站还给移民新村安装电路，让村民用上了电。

因此，道耶坎二级工程在增加就业，改善基础设施，促进经济发展上发挥了积极作用。

6.3 注重环保，强调建筑与自然环境和人文环境协调

道耶坎二级水电站为置身于缅甸道耶坎河大自然中的大型构筑物，在满足水电站安全运行的功能要求下，充分考虑当地的社会风俗习惯，合理运用各种建筑技术手段，以“适用、经济、美观”为原则，塑造具有现代水电工程特色的新形象。在建筑风格和空间处理上注重整体性，各主体建筑物统一协调，以求和谐一致的风格。注重建筑与环境的相互依存和相互协调，实现主体工程和自然环境的完美结合。

道耶坎二级水电站建设过程中进行专项环保论证，投入专项资金进行环境保护、水土保持整治。通过实施水土保持工程，在防治施工区水土流失的同时美化施工区景观和生态环境，一个新的生态环境系统逐渐重塑。开展陆生生态和水生生态保护，通过就地保护、迁地保护的方式反哺自然。

撰稿/吴超、孔凡辉

刚果(金)大英加水电站

▲ 大英加水电站

大英加水电站位于刚果河下游刚果(金)境内,工程规模巨大。刚果河下游在大约 200km 的河段富集了相当于 4 个三峡工程的水能资源,特别是大英加项目可以利用 25km 的河湾进行集中开发,移民极少,环境影响小,开发建设条件好。大英加水电站分多期开发,电站群总装机容量达 50475MW,多年平均年发电量 3578 亿 kW · h。

1 项目开发条件

(1)大流量、高水头,巨大水能优势

刚果河流域面积380万km^2,干流两次穿越赤道,支流广泛分布于赤道两侧,因此刚果河获得了南北半球的丰富降水和交替补给,水量充沛,流量巨大且年内变化小。河口多年平均流量42000m^3/s,是长江的2倍,尼罗河的16倍,最大流量达81000m^3/s,居非洲首位,仅次于南美洲的亚马孙河而居世界第二位。

刚果河的英加河段多年平均流量约40000m^3/s,河水湍急,形成松格急流、英加急流、坎扎急流等,在约25km河段内,河流落差约百米,是世界上水能资源集中的河段,水能优势及发电效益巨大。

(2)地质构造稳定、岩石品质良好、施工场地开阔,工程建设条件优越

大英加水电站工程区地处中非刚果盆地西部边缘,西非沿海地带和工程区所在的下刚果省地区被认为是大陆稳定地带,工程近场区及场址区无活动断裂带通过。地震基本烈度小于Ⅵ度,与我国三峡水电站相当。工程区150km范围内发生破坏性地震风险的可能性小。

大英加水电站工程区地层主要由前寒武纪系流纹岩、石英岩、绿片岩、闪岩、花岗岩、片麻岩构成。基岩属中硬岩和硬岩,岩石完整、品质良好,完全满足大坝、电站厂房、溢洪道等建基条件和天然建材开采要求。

工程区河流为"Z"形弯河道,英加3低水头电站引水渠、进水塔和厂房均布置在河间地块的峡谷内,创造了天然的干地施工条件,简化了施工导流程序。另外,河间地块宽阔,易于施工场地、设备及道路的布置。

(3)水运、陆运、空运对外交通便利

坝址距马塔迪港口约50km,进口物资可通过海运至马塔迪。刚果河右岸有公路从坝址经过,通过此公路可达到首都金沙萨,以及金扎奥、博马、塞凯班扎、巴纳纳和马塔迪等临近城市。其中金沙萨—马塔迪公路里程约323km;马塔迪—坝址公路里程约50km;金扎奥—坝址公路里程约41km;博马—坝址公路里程约87km;巴纳纳—坝址公路里程约183km。

下刚果省现有两条铁路:第一条为马塔迪至首都金沙萨,线路里程约286km;第二条为马塔迪下游城市博马—切拉,线路里程约94km。金沙萨、马塔迪及大英加水电站工程区内现均建有机场,可满足部分物资运输及人员进出需要。

本工程规模较大，外运物资种类及数量较多，各种物资可根据其来源地不同分别通过水运、铁路、公路及航空运输至坝址施工区。工程所需的重大件设备可船运至马塔迪港，然后通过公路运输至英加水电站坝址。

2 项目建设意义

(1)为刚果(金)乃至非洲人民摆脱贫困创造条件

水能资源是刚果(金)最具优先开发条件的富集资源。根据我国经济社会快速发展的实践经验，大型水电项目建设对经济的拉动效应显著。①按我国经验估算，大英加水电项目直接用于电站枢纽建设和输电网络建设的资金达到800亿美元，可拉动非洲区域性的相关投资1600亿～2000亿美元；②建设期间平均每年可增加就业人数约10万，成为推动当地经济增长的新动力；③可改善工程周边地区的交通运输条件，对发展地方经济、促进物资交流、建设区域内综合运输网具有重要作用，通过建设综合交通体系带动工程周边地区与外界人、财、物的交流，改善当地产业结构；④工程建成发电后，可带动矿产开发、交通运输、建筑市政等相关产业的发展，初估可贡献工业增加值(GDP值)约1700亿美元，将对刚果(金)乃至整个非洲的经济社会发展起到关键的支撑作用；⑤开发大英加水电站，将会大大改善居民的生产生活水平，有力促进地区经济社会的快速发展，为刚果(金)摆脱贫困创造有利条件。

(2)可支撑非洲地区经济社会发展，并成为清洁能源中心

能源是维持经济社会发展的血液。经济社会要发展，能源必须先行。进入21世纪以来，非洲国家大多进入了经济快速发展轨道，保持了经济增长态势，处于工业化初期阶段和中期发展阶段。这决定了未来10～30年内，非洲的能源、采掘业、制造业等产业将处于高速发展之中，工业和民用电力消费需求规模将快速增长，迫切需要增加电力供应。

大英加水电站是全球规模最大的水电站，开发条件优越，环境、社会影响敏感因素较小；工程位于非洲中部，地理位置优越，按我国现有特高压输电技术经济输电距离可达3000km考虑，大英加水电站的供电范围可覆盖科特迪瓦、加纳、尼日利亚、苏丹、埃塞俄比亚、南非等多个国家，使非洲3/5的国家、70%的人口受益。大英加水电站及其电网建设，将促进刚果(金)国内电网的进一步完善，同时也将影响北至埃及、西至尼日利亚、南至南非等非洲各国的电网建设。届时，大英加水电站的大量清洁、优质电能将源源不断地输往周边国家，成为支撑非洲地区经济社会发展的清洁能源中心。远期，紧邻大英加水电站的皮奥卡、马塔迪水电站建成后，3座巨型水电站的总装机容量达79000MW，每年可向非洲提供6040亿kW·h清洁、优质电能，非洲地区清洁能源中心的作用将更加凸显。

(3)有助于中非经济体系相互融合与发展

非洲资源虽然禀赋突出，矿产、油气种类丰富，储量大，但非洲国家普遍面临“基础设施滞后、人才不足、资金技术短缺”三大发展瓶颈，迫切需要从原材料贸易主导的经济模式走向

工业化和农业现代化之路。我国经济经过30多年的高速发展，已成为世界第二大经济实体，积累了充足的资本与技术经验。我国愿意同非洲在产业发展上进行优势互补，形成中非工业化、中非农业现代化等合作空间广阔和双赢的局面。而依托于大英加水电站项目，有利于满足刚果（金）迫切的用电需求；有利于发掘区域内市场潜力，促进投资和消费，创造需求和就业，变资源优势为经济优势，使刚果（金）乃至非洲人民摆脱贫困。还有助于巩固中非传统友谊，有助于建立长久牢固的中非命运共同体，还可有助于中非经济深度合作的实现。

（4）中方企业愿意开展国际合作，发挥技术优势

众所周知，我国拥有丰富的大型水电站的开发经验，目前由三峡集团开发在建或已建成的千万级千瓦水电共有5座。截至2015年底，我国水电总装机容量达到3.2亿kW，居世界第一位，工程设计、建设和管理的整体技术水平处于国际领先地位，拥有包括规划、设计、施工、装备制造、输变电等在内的全产业链整合能力。我国完全具备开发大英加水电站的经济、技术实力。而大英加水电站规模巨大，影响范围深远，是非洲重要战略机遇期中难得的重大项目，已经呈现不同层次、各种方式的国际参与。因此，以三峡集团、国家电网牵头的中国水电行业企业整合并组建涵盖全产业链的中方联营体，愿意与刚果（金）及国际力量开展合作，共同开发大英加水电站，发挥中方优势。

3 大英加水电站开发方案

3.1 特征水位

3.1.1 正常蓄水位

3.1.1.1 前期研究成果

在19世纪70年代前的研究中，大英加水电站正常蓄水位为190m。在1971年和1974年的研究方案中，EDF（法国电力集团）将正常蓄水位提高至205m。

2013年AECOM-RSM/EDF（美国艾奕康集团/法国电力集团）编写的《英加水电站开发和相关电网并网研究分析可行性研究分析报告》，推荐正常蓄水位205m方案。

3.1.1.2 大英加水电站正常蓄水位拟定考虑因素

参考前期研究成果，分析影响大英加水电站正常蓄水位选择的主要控制因素，即发电效益、地形地质、枢纽布置、库区淹没等。

（1）发电效益

随着正常蓄水位的抬高，发电效益增加，初步估算，正常蓄水位190m、195m、200m与205m方案相比较，发电量分别减少11%、8%、4%。

(2)地形地质

刚果河干流库区属低山丘陵地貌，没有低于205m的低矮垭口分布，库盆基岩主要为相对不透水的火成岩、变质碎屑岩，没有可溶岩分布，水库区地形地质封闭条件较好。水库库岸主要为岩质岸坡，水库蓄水后库岸整体稳定性好，不存在大规模的库岸坍塌的可能。工程区主要分布Inga、Gangila系变质流纹岩、绿片岩和绢云母石英岩等，微新岩体渗透性微弱，通过修建刚果河大坝、2号泄水闸、西基拉水坝、马坦巴堤坝、1号副坝、2号副坝，可使库区地形地质封闭。地形地质条件不制约英加3水电站正常蓄水位的选择。

(3)枢纽布置

在枢纽布置方面，随着大英加水电站正常蓄水位的降低，枢纽泄洪设施规模浪费加大，即总体工程量、投资随之增加，电站经济性降低；若正常蓄水位过低，刚果河大坝至电站厂房进水口之间部分过水断面过水能力将受限；当正常蓄水位越低时，电站进水口布置受泥沙淤积的影响越大。初步分析，正常蓄水位低于200m时，刚果河向邦迪河谷过水断面不足，为将渠道水面比降和流速控制在通常范围内，将需要对部分渠道进行扩挖，以满足邦迪河谷电站引水发电。从枢纽布置方面初步研究，大英加水电站正常蓄水位在200～205m较合适。

(4)库区淹没

当正常蓄水位190m时，水库回水淹没区超过两国界河分界点皮奥卡至托姆贝·马塔卡瀑布底部，影响刚果(金)和刚果(布)之间3.5km的共同边境河段，不能排除与刚果(布)政府间的交涉问题。当正常蓄水位205m时，回水将影响刚果(金)和刚果(布)边境河段约38km。对小于中等洪水流量，回水影响对此35km共同边境几乎可以忽略不计，且所影响的边境河段为山区地形，两岸山高坡陡，不适宜人类居住(不排除有零星居民居住的可能)。

洛兹镇位于刚果河大坝上游约120km处，约13500人(2010年数据)，是位于河流右岸一个单独大区的行政和经济中心。该镇有一个码头，可通过渡轮过河，然后接入通向金沙萨的国家公路。鉴于洛兹镇的重要性，大英加水电站正常蓄水位选择以尽量少淹没洛兹镇为前提。大英加水电站正常蓄水位205m时，遇10年一遇洪水，洛兹镇的水位约为207.9m，洛兹镇的低洼部分将受到影响。

据估算，正常蓄水位205m方案，预计包括洛兹镇在内将有1050户居民受到回水淹没影响，可能达到6300人(平均按6人/户计)。在下阶段研究中需要对库区淹没情况进行详细调查。

3.1.1.3 正常蓄水位初拟方案

根据以上分析，大英加水电站坝址以上库区移民较少，有利于项目的实施。从发电效益、地形地质、枢纽布置，库区洛兹镇、刚果(金)和刚果(布)边界河段的淹没影响等方面综合考虑，尤其从有利于后期大英加水电站开发出发，初拟大英加水电站正常蓄水位205m。

3.1.2 死水位

结合前期研究成果，从既保持水库有一定的泥沙淤积库容，又使电站有一定的运行灵活性等方面考虑，经初步日调节库容计算，初拟死水位为 203m。

3.2 总体开发方案

(1)英加水电站总规模

英加水电站包括英加 1 电站、英加 2 电站、生态电站、大英加电站、西基拉电站等。各电站的装机容量、多年平均年发电量见表 1。

表 1　　英加水电站水能指标

项目	装机容量(MW)	多年平均年发电量(GW·h)
生态电站	2700	20603
西基拉电站	1800	13523
大英加电站	44200	308396
英加 1、英加 2 电站	1775	15237
合计	50475	357759

(2)大英加水电站开发方式及枢纽布置

大英加水电站在该河段上游端西基拉岛处修筑大坝拦断刚果河，并在邦迪河河口修建大坝，河水淹没邦迪河谷形成水库。在邦迪河口至其上游约 2km 范围的刚果河岸边修建电站群。大英加水电站总布置见图 1。

大英加水电站电力以外送他国为主，潜在购电国包括南非、埃及、尼日利亚等，最长输电距离超过 3000km，属大容量、远距离输电项目。从输电的稳定性、安全性、经济性等方面考虑，本书暂按装机年利用小时数 7000h 左右初拟装机容量。根据大英加水电站的水头特性，初选技术成熟的单机容量 850MW 的水轮发电机组。装机台数为 52 台(其中 4 台机组备用)，总装机容量 44200MW，按 48 台机组正常发电运行考虑，总额定发电流量为 $33811m^3/s$。

大英加水电站暂分 4 期开发，即英加 3、英加 4、英加 5、英加 6。每期安装 13 台机组(其中 1 台备用)，装机容量 11050MW。

第一期开发英加 3 水电站。在该河段上游端西基拉岛处布置拦河大坝，截断刚果河蓄水形成水库，淹没右岸部分山沟至英加河段下游河段附近，在刚果河右岸邦迪河口上游约 2km 处修建引水式电站。在西基拉岛右侧河滩地及右岸山梁低凹部位分别布置 1 号泄水闸和 2 号泄水闸控制库水进入刚果河下游河道。在水库沿线左侧依次设置西基拉坝、马坦巴坝，阻止库水流回刚果河，在沿线右侧依次设置 2 号副坝、1 号副坝，阻止库水流入邦迪河谷内。在 1 号副坝上游开挖引水渠，设置电站进水口及压力钢管将水引入刚果河右岸的发电厂房。最后发电尾水排入刚果河内。

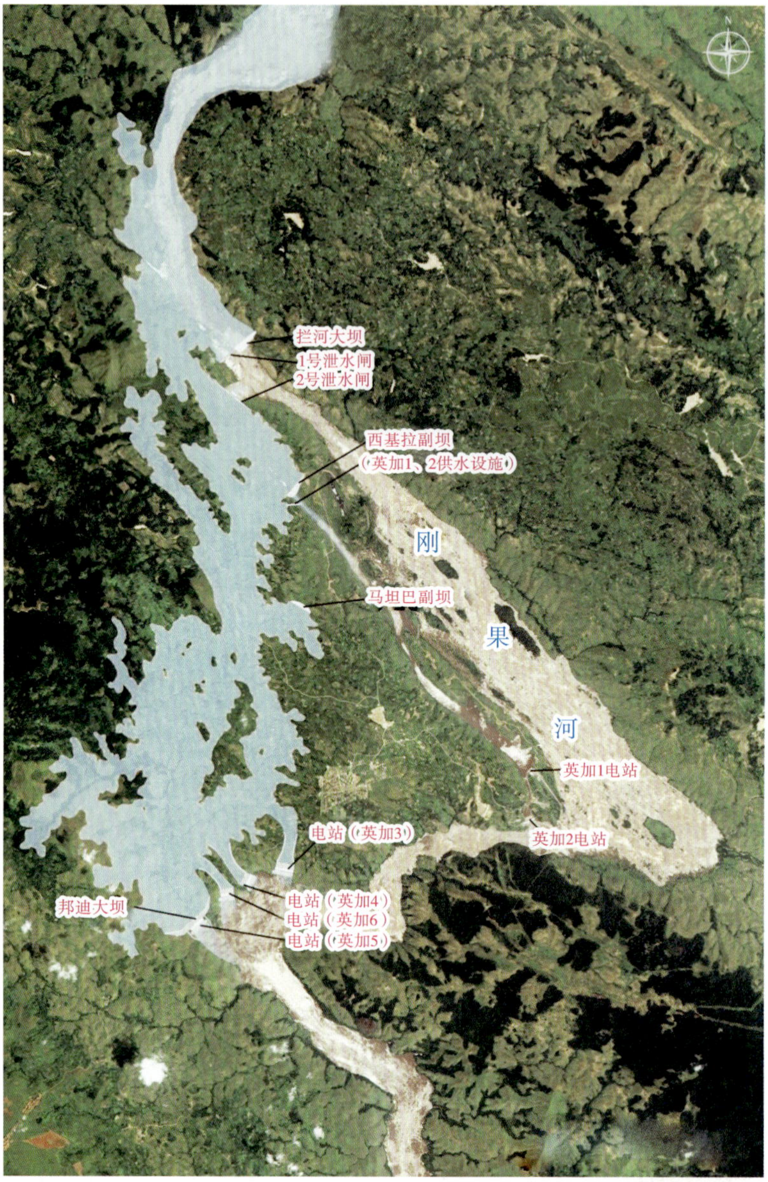

图 1　大英加水电站总体布置图

第二期开发位于英加 3 水电站下游的英加 4 水电站。主要工程除新建英加 4 水电站的引水发电建筑物，还包括拆除 1 号副坝，并在其西侧约 1.4km 处新建 1 座副坝。

第三期开发位于邦迪河口的英加 5 水电站。主要工程包括新建邦迪挡水坝及坝后式厂房，并拆除部分阻止库水流入邦迪河谷的副坝。

第四期开发位于英加 4 水电站和英加 5 水电站之间的英加 6 水电站。主要工程为新建英加 6 水电站的引水发电建筑物。

4 英加 3 水电站设计方案

4.1 工程总体布置

刚果河水库校核洪水位 207.74m，正常蓄水位 205m，总库容 50 亿 m^3，正常蓄水位相应库容 41.3 亿 m^3。英加 3 水电站发电设施主要由挡(泄)水建筑物、引水发电建筑物、机电设备设施组成。英加 3 水电站总布置见图 2。

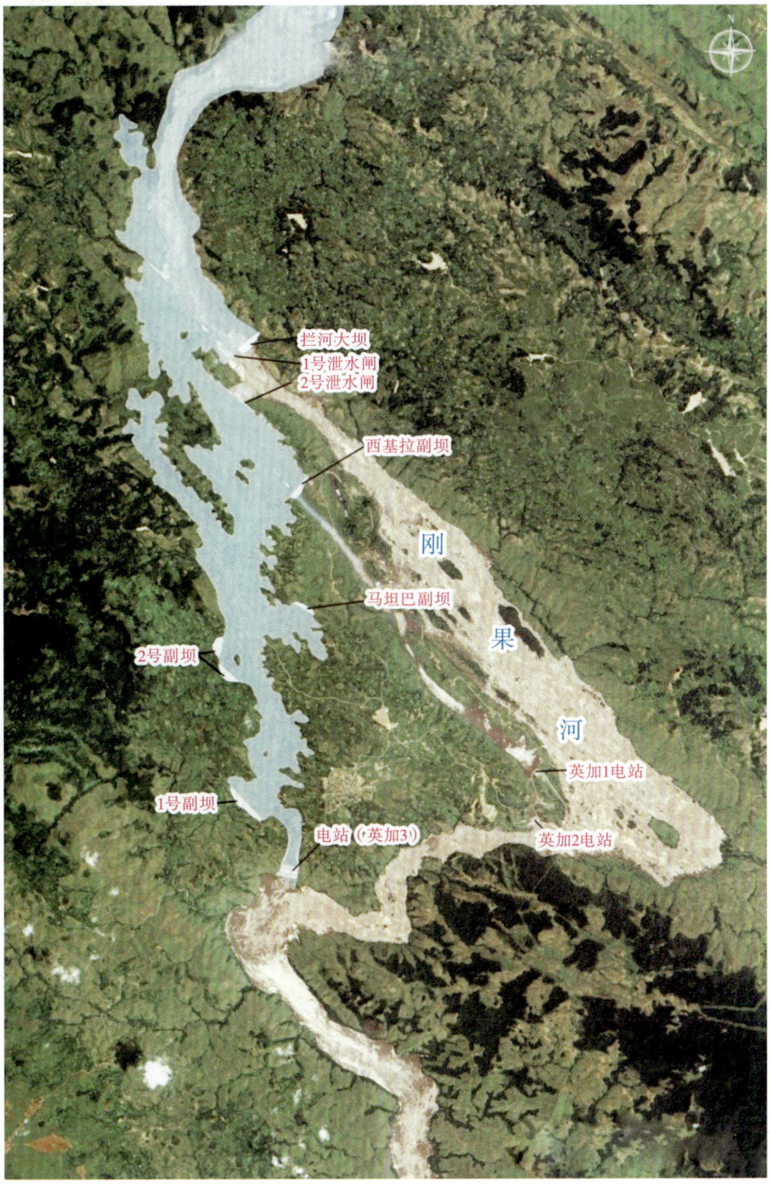

图 2　英加 3 水电站总布置图

4.2 挡(泄)水建筑物

英加 3 水电站挡(泄)水建筑物由拦河大坝、1 号泄水闸、2 号泄水闸、西基拉坝、马坦巴坝、1 号副坝、2 号副坝组成。

拦河大坝位于刚果河左侧主河道上，为心墙堆石坝。坝顶高程 212m，坝顶轴线长 570m，最大坝高 147m。

1 号泄水闸位于刚果河右岸河滩上，为混凝土重力坝。坝顶高程 210m，坝顶轴线长 728.5m，最大坝高 77m。1 号泄水闸布置有 13 个表孔、14 个中孔及 27 个导流底孔。

2 号泄水闸位于刚果河与右岸西基拉山谷之间的山梁上，中间为混凝土重力坝，两端接土石坝。坝顶高程 210～212m，坝顶轴线长 1185m，最大坝高 77m。2 号泄水闸布置有 6 个中孔、6 个导流底孔及长 400m 的滚水堰。

西基拉坝位于西基拉河谷上，为黏土心墙堆石坝，坝顶轴线长 1028m，最大坝高约 60m。

马坦巴坝位于西基拉河谷右岸，为黏土心墙堆石坝，坝顶轴线长 568m，最大坝高约 40m。

1 号副坝位于电站引水渠渠首右岸，为黏土心墙堆石坝，坝顶轴线长 1042m，最大坝高约 70m。

2 号副坝位于电站引水渠右岸，为黏土心墙堆石坝，坝顶轴线长 1384m，最大坝高约 70m。

4.3 引水发电建筑物

引水发电建筑物由引水渠、坝式进水口、压力钢管、地面厂房及尾水渠组成。

引水明渠长 1280m，底宽 140.0m，底板高程 174.5～174.0m。

坝式进水口，共 13 个，进水口长 474.0m，高 40.0m。设工作拦污栅、检修拦污栅、检修闸门、工作闸门各一道。

压力钢管共 13 条，直径 11.0m，单管长度为 340.4m，钢管轴线进口高程为 180.5m，出口高程 47.0m。

地面厂房包括主厂房、副厂房、安装场，厂房总体尺寸为 561.8m×83.1m×96.5m(长×宽×高)。

尾水渠宽度 462.8m，底高程 19.5～52.5m，长 280.0m。

4.4 机电设备设施

电站装设 13 台单机容量 850MW 水轮发电机组。水轮机额定水头为 135m。水轮机为立轴混流式，俯视顺时针旋转，额定转速为 93.75r/min，额定流量 691.5m^3/s。水轮机安装高程为 47.0m。发电机为立轴三部轴承的伞式结构，采用密闭自循环空气冷却方式，额定电压 22kV，额定功率因数 0.9。

英加 3 水电站采用 8 回 500kV 的交流线路送出。发电机与变压器的组合方式采用联合单元接线(备用发电机和变压器采用单元接线),每台发电机端均设有发电机断路器;500kV 侧采用 3/2 断路器接线,并设母线分段断路器。

电站采用全计算机监控设计,计算机监控系统采用分层分布式的网络结构,主要设备采用冗余配置方案。设置机组、500kV 开关站、厂用电、电站公用设备现地控制单元(LCU),其中 PLC 采用双 CPU、双网络接口设置。发变组保护、500kV 保护均按双重化配置。

4.5 建设和运行日程

4.5.1 建设日程

引水与发电设施,工程建设实施阶段总工期为 84 个月(7 年),首台发电工期 60 个月(5 年),工程完建期 24 个月(2 年)。以上工期均不含施工准备期,工程建设实施前完成施工准备工程。

施工准备工程主要工作内容如下:①对外交通工程包括马塔迪左岸物资及重大件转运专用码头、工程进场公路、至英加镇复建公路(含桥梁)。②场内施工主干道。③营地包括业主建设管理营地、施工承包商营地。④主要施工附属企业包括施工供电工程,施工供水工程,砂石加工系统,存弃渣场、料场的防护及排水设施等。

刚果(金)英加 3 水电站发电设施主体工程有两条施工关键线路,均为控制工期的关键线路。

线路①:准备工程→导流明渠(2 号泄水闸)及 1 号泄水闸施工→导流明渠及 1 号泄水闸过流→截流戗堤平抛垫底至 120m 高程→刚果河截流戗堤施工→主河床截流→大坝填筑至 175m 高程(高程满足施工期挡水条件)→高程 175m 以下防渗墙施工→大坝继续填筑至坝顶高程→泄水闸底孔分批下闸封堵→底孔全部下闸、水库蓄水,首台机组投产发电→剩余机组安装、调试投产。

线路②:准备工程→主厂房岸坡及基坑开挖→主厂房混凝土浇筑及一期埋件安装施工→首台机组安装、调试投产→剩余机组安装、调试投产。

施工控制性进度如下:

第 1 年 7 月工程开工,开始导流明渠(2 号泄水闸)开挖、1 号泄水闸基础开挖,以及电站厂房土石方开挖。

第 3 年 3 月,2 号泄水闸过流,第 3 年 9 月 1 号泄水闸底孔过流,第 3 年 4 月至第 4 年 3 月底截流戗堤平抛垫底至 120m 高程。

第 4 年 4 月,截流戗堤进占,8 月底刚果河主河床截流,第 5 年 8—12 月大坝填筑到顶。

第 2 年 10 月开始主厂房混凝土浇筑,第 5 年 6 月底第一批主厂房封顶,厂房混凝土施工直线工期 33 个月。

第 5 年 7 月开始 1 号机组本体安装,工期 12 个月。

第 5 年 12 月，泄水闸底孔开始分批下闸封堵。

第 6 年 6 月底，底孔全部下闸、水库蓄水，首台机组投产发电。以后每间隔 4 个月 2 台机组投入运行，工期 24 个月。

第 8 年 6 月底（商业运营约定日期），13 台机组全部发电、工程完工。

4.5.2 运行日程

(1)投产准备期

该时期为第一台机组投入商业运行前的 24 个月，即第 4 年 7 月 1 日至第 6 年 6 月 30 日。

(2)接机发电期

该时期为从第一台机组投入商业运行之日到最后一台机组投入商业运行，即第 6 年 6 月 30 日至第 8 年 6 月 30 日。

(3)运营初期

该时期为最后一台机组投入商业运行之后的 12 个月，即第 8 年 7 月 1 日至第 9 年 6 月 30 日。

(4)稳定运营期

该时期衔接运营初期，持续到特许经营权结束之日。

(5)特许经营权末期

该时期为特许经营权结束之日前的 24 个月，根据合同或其他约束性文件，可以延续到特许经营权结束之后的 12 个月。

4.6 工程投资及电价

按照 2017 年上半年价格水平进行估算，英加 3 水电站工程投资为 690.81 亿元，其中刚果河大坝为 256.91 亿元，发电站为 298.79 亿元，其他生产成本为 135.11 亿元。

英加 3 水电站发电引水流量为 8453m^3/s，发电用水有充分保障，发电模拟计算中，坝前水位按正常蓄水位 205m 计。根据英加 3 水电站水头特征、电网容量及机组的制造水平，初选水力发电机组的单机容量为 850MW，台数为 13 台（其中 1 台备用），总装机容量为 11050MW。发电模拟时，按 12 台机正常运行考虑。发电指标中已扣除主变损耗及厂用电。经计算，英加 3 水电站多年平均年发电量为 88652GW·h，均为保证电量。

由于英加 3 水电站工程建设的资金来源及融资方式尚未确定，本阶段初步拟定资本金按固定资产投资的 20%计，另外 80%采用商业银行贷款。贷款年利率 6.4%，按半年计息，考虑建设期海外投资保险费、融资费用、外汇管制费等费用，经计算，英加水电站固定资产总投资为 13920 百万美元。考虑特许经营期 30 年，按满足项目资本金财务内部收益率 19%测算，英加 3 水电站上网电价约为 2.654 美分/(kW·h)。若所得税全免，上网电价约为 2.515 美分/(kW·h)。

5 项目开发面临的困难与挑战

(1)英加 3 水电站电能消纳尚存在不确定性,制约着大英加水电站的开发

非洲电力市场消纳能力不足,目前尚难以消纳整个大英加水电站的电能,英加 3 水电站的电能将主要在非洲南部电力联盟(SAPP)消纳。2025 年刚果(金)SNEL 电网的电力缺口约为 2000MW;南非 ESKOM 电网计划接收英加 3 水电站 2500MW 的电力,但送电距离达 3300km,且输电线路将穿越数个国家,实施难度大、输电经济性差;坦桑尼亚 TANESCO 电网存在电量缺口,即使南非未按协定接纳 2500MW,也可以接纳部分英加 3 水电站的电量;另外,位于刚果(金)与南非之间的博茨瓦纳、津巴布韦、纳米比亚、莫桑比克等国家也存在电力缺口,可作为英加 3 水电站电能的潜在消纳对象。从宏观角度分析,近期英加 3 水电站的电能被市场吸纳,但具体的输电线路设计方案、输电协议还没有落实。可见,英加 3 水电站的电力市场尚存在不确定性。

(2)金融机构以主权担保为核心的风险控制模式难以推广运用

非洲地区国家的政府没有充足的财政资金来支持大面积的基础设施规划建设,而不容乐观的财政状况以及基础设施项目基本无收益等因素加大了投融资的资金风险,成为投融资问题的主要障碍。同时,落后的基础设施现状及政府的低效率使项目投资运营成本增大,阻碍了引进资本推动项目建设的进程。

金融机构以主权担保为核心的风控模式,将难以在刚果(金)大英加水电站中推广运用。

6 项目开发建议

(1)从战略高度重视大英加水电站的主导权

21 世纪是非洲的重要战略机遇期。从国家利益出发,世界各国加大了非洲事务工作力度。西方国家利用国际货币基金组织、世界银行等机构,纷纷深度参与非洲事务;美国推出“电力非洲”计划,强化对非洲的影响。非洲与我国经济互补性好,是“一带一路”战略的重要组成部分,双方正在实施中非工业化、中非农业现代化、中非基础设施等“十大合作计划”。

大英加水电站是 21 世纪全球最大的水电基础设施工程,对非洲将产生重大而深远的影响。谁获得了大英加水电站开发权,谁就站在了清洁可再生能源开发利用的世界最高峰,就在非洲拥有重要的话语权和影响力。为此,建议从国家战略高度重视大英加水电站的主导权,争取与刚果(金)签署国家层面的大英加水电项目合作协议,成立以中国、非盟、刚果(金)为主的大英加项目协调委员会,避免权力更迭带来政策的不延续性;同时将我国的水电开发、电网公司与矿产(含油气)资源开发公司联合在一起,共同投资非洲矿产开发以及电力基础设施,通过矿产、油气资源开发与电力基础设施开发的捆绑,一方面化解英加电力消纳难

题，另一方面因成为英加电力的重要客户而提升我国企业在英加水电站项目中的竞争力。

(2)将大英加水电站项目作为中非互利合作的典范

中非经济互补性和发展水平的差异决定了双方的合作空间广阔和双赢局面，非洲国家普遍存在“基础设施滞后、人才不足、资金短缺”三大发展瓶颈，迫切需要从原材料贸易主导的经济模式走向工业化和农业现代化之路，而我国则可以通过深化对非经济合作来弥补贸易不足，完成深化改革、加大开放的转型目标。

在中非大英加水电站项目合作开发中，应保障刚果(金)和非洲其他国家的利益，建议我国金融、保险机构落实优惠条件和创新融资模式，改革我国金融机构以主权担保为核心的风险控制模式，研究制定刚方以矿产、油气资源为担保换取银行贷款的金融政策以及出口信贷保险优惠，为项目提供融资支持；建议我国与非洲联合组建投资主体，体现支持非洲基础设施发展的立场，促进当地社会进步和就业发展，以利于项目的推动实施，为中非互利合作提供示范。

(3)建立中方主导、国际广泛合作的项目开发模式

大英加水电项目已成为国际各方力量在非洲的角力场，建议充分运用“股权多元化”和“融资银团化、国际化”的理念，选择引导有实力的、可靠的合作伙伴以投资者的身份参加大英加水电站项目的开发，积极探索引入非洲当地银行以及欧美银行加入银团；把大英加水电项目打造成中、非、欧、美的利益结合点，形成中非、中欧、中美多边共同利益关系，让西方国家在中非合作进程中少制造麻烦，开创在非洲地区由中方主导、国际(非洲与欧美等)携手合作、务实外交的良好局面。

(4)分期开发、分步消纳，使投资风险处于可控范围内

大英加水电项目需要由中国政府、非盟、刚果(金)政府为主成立英加项目协调委员会，负责制定项目开发、电量销售政策和法规，协调电量输送、电费回收等事项。大英加水电站项目开发和电量销售可分三步进行：

第一步，开发英加3低水头电站，电量主要在刚果(金)国内消纳，包括城市民用和矿产开采冶炼，按经济发展预测，当地消纳能力在2000MW左右，剩余电能需要靠外部措施进行消化。请求政府鼓励协调我国企业在刚果(金)新增2000MW左右的矿产开发项目(如电解铝、铜钴矿石冶炼、钶钽铁矿石冶炼、水泥厂等)。

第二步，加高邦迪大坝，开发英加3高水头电站，形成7900MW的产能。这时需要建设大英加电站周边1000km范围内输电网，此范围包括喀麦隆、安哥拉、中非等7个国家，进一步扩大我国企业在刚果(金)及周边国家的投资，共同消纳英加3高水头电站新增的3000MW左右的电能。

第三步，逐步兴建英加3水电站至英加8水电站，同时分步建设大英加电站周边3000km范围内输电网。此范围包括科特迪瓦、加纳、尼日利亚、苏丹、埃塞俄比亚、南非等31个国家，根据需求发展，逐步推进，以需求定规模。

撰稿/周华、杜威、颜家军

安哥拉凯古路凯巴萨水电站

▲ 凯古路凯巴萨水电站

凯古路凯巴萨水电站位于安哥拉的母亲河——宽扎河的中段，是该流域 8 个梯级电站的第 3 级，总库容 4.36 亿 m^3，总装机容量 2172MW，是目前中资企业在非洲承建的最大水电站。工程建设符合可持续发展的能源发展战略的要求，电站的建设和运行，将直接带动和促进安哥拉经济社会的发展，为安哥拉基础设施建设和矿业振兴提供不竭动力。

1 工程背景

1.1 安哥拉电力系统现状及水电能源开发需求

安哥拉电力系统主要由5个独立系统构成，分别是北部、中部、南部、东部和卡宾达省电网系统。受长达27年内战的影响，整个电网系统遭受了严重破坏，安哥拉目前电力需求缺口很大，包括首都罗安达在内的很多城市或地方，均不能确保日常正常用电。2016年估算的年总装机容量约为2170MW，总发电量约85kW·h，暂无法完全保障工农业生产基本需求。此外，根据安哥拉战略和电力部门转型进程(PTSE)的目标和愿望，随着国内住宅消费的增加，国家财富通过服务业的增长以及国家的工业化，预计到2025年能源消耗将达到7.2GW。

尽管安哥拉主要河流众多，有很大的水能潜力，但开发程度很低。安哥拉政府在2010年4月宣布，计划在2010—2018年通过多渠道筹资，在发电领域投资180亿美元。安哥拉能源水利部2013—2017年的总预算为147亿美元，其中76.2亿美元用于供电系统建设，59.2亿美元用于水电、风电、太阳能等清洁能源开发，7.13亿美元用于供水系统建设。目前，随着位于宽扎河上安哥拉装机容量最大的拉乌卡水电站完建并发电，安哥拉电力供应得到明显改观。

1.2 早期开发研究

自从2002年安哥拉的武装冲突结束后，国家开始进行基础设施恢复。随着该国采矿业的着力推进，安哥拉国内生产总值(PIB)的平均增长率亦迅速提高。据估计，2007—2013年，国内生产总值的平均增长率保持在每年10%以上。为维持国内生产总值的高增长率，电力能源是一个基本的要素，除了对经济方面的影响外，电力能源还是改善安哥拉人民生活质量的一个必不可少的工具。

为了扩大安哥拉电力能源的发展，宽扎河中游开发办公室(GAMEK)聘请了安哥拉社会经济替代品供应商——诺伯特里切特建筑公司(Odebrecht)进行了位于宽扎河流域中部上游的NHangue、拉乌卡和凯古路凯巴萨地区的水电站可行性研究。Odebrecht公司聘请的巴西Intertechne顾问公司于2008年9月完成了《拉乌卡和凯古路凯巴萨地区水电站工程可行性研究》。

在此基础上，GAMEK于2009年委托德国雷米尔顾问公司对Intertechne/Odebrecht

编制的上述研究成果开展两个阶段审查:第一阶段针对宽扎河流域中部的水电开发原则,第二阶段针对拟议的《拉乌卡水电站和凯古路凯巴萨水电站可行性》。德国雷米尔顾问公司于2009年12月完成《实地调查拉乌卡和凯古路凯巴萨报告》,2010年6月完成了《宽扎河拉乌卡和凯古路凯巴萨水电开发方案可行性研究审查报告》。

2012年10月,巴西 Intertechne 顾问公司修编完成了《凯古路凯巴萨水电工程可行性研究报告》。

2014年12月,葡萄牙 COBA 工程环境咨询公司完成《凯古路凯巴萨水电站基础设计》。

1.3 EPC项目跟踪及合同商务推进节点

2013年2月,中国葛洲坝集团国际工程有限公司(以下简称"葛洲坝国际公司")委托长江勘测规划设计研究有限责任公司(以下简称"长江设计公司")参与安哥拉凯古路凯巴萨水电站 EPC 投标工作,双方协定 EPC 投标工作按"电站可行性研究报告进行咨询评估"+"EPC 建议书编制"两阶段推进。同年6月,葛洲坝国际公司在北京组织专家完成对长江设计公司编制的《安哥拉凯古路凯巴萨水电站可行性研究咨询评估报告》评审。

2015年6月,中国葛洲坝集团股份有限公司、宝瑞尔投资有限公司和中国葛洲坝集团 & 尼亚拉控股有限公司三家公司组成的联合体与 GAMEK 签订了凯古路凯巴萨水电站 EPC 合同。

2015年7月,长江设计公司完成了供业主 GMAKE 在中国银行融资所需的《安哥拉凯古路凯巴萨水电可行性研究报告(中英文版)》,同年12月,报告通过中国国际工程咨询公司的审查。

2016年11月,安哥拉财政部和中国工商银行正式签署了《安哥拉凯古路凯巴萨水电站融资协议》。

2016年12月7日,项目业主 GAMEK 总裁 BARROS 一行到访长江设计公司,总包方中国葛洲坝集团股份有限公司和安哥拉 NIARA 公司的代表陪同。

2016年12月25日,中国出口信用保险公司正式承保安哥拉凯古路凯巴萨水电站项目。

2017年9月27日,长江设计公司与联合体正式签订《安哥拉凯古路凯巴萨水电站项目勘测、设计及技术服务合同》,合同总金额6600万美元。

截至2020年12月,该项目中国葛洲坝集团股份有限公司累计完成工程量约10亿元人民币,累计收到业主方支付款项1.02亿美元,最后一次收款时间为2019年8月,之后由葛洲坝集团股份有限公司垫资进行,目前累计垫资约7亿元人民币。

1.4 EPC项目参建各方背景及责任

(1)项目业主——GAMEK

安哥拉能源水利部为安哥拉共和国水行政主管部门,负责拟订水利战略规划和政策,起草有关法律法规草案，制定部门规章，保障安哥拉全国水资源的合理开发利用。其下辖的宽扎河中游开发办公室全面负责宽扎河中游水利水电开发工作。

(2)业主工程师——葡萄牙COBA工程环境咨询公司

COBA工程环境咨询公司长期参与安哥拉的水电潜能开发，特别是在宽扎河流域。20世纪80年代，COBA公司设计了坎班贝二级和卡潘达水电站。从2012年起，COBA工程环境咨询公司与GAMEK签订的合同涉及宽扎河流域所有在建或拟建的水电工程。

(3)总包方——中国葛洲坝集团股份有限公司

2015年6月，中国葛洲坝集团股份有限公司、BOREAL INVESTMENTS LIMITED及CGGC&NIARA-HOLDING，LDA三家公司组成的联合体与GAMEK签订凯古路凯巴萨水电站EPC合同，2018年7月变更为由中国葛洲坝集团股份有限公司独家总承包，由其控股的葛洲坝国际公司组织项目实施。

(4)设计分包方——长江设计公司、中水北方勘测设计研究有限责任公司

2016年10月27日和11月21日，凯古路凯巴萨项目联营体管理委员会在葛洲坝国际公司总部召开的设计分包任务划分专题会议中明确：由中水北方勘测设计研究有限责任公司(原水利部天津院，以下称“中水北方公司”)作为长江设计公司分包，承担大坝、副坝、生态电站、220kV变电站、400kV变电站的土建和金结设计任务；中水北方公司设计工作范围以外的设计及技术服务工作由长江设计公司全面负责。

2017年9月，长江设计公司与葛洲坝凯古路凯巴萨项目联营体正式签订《安哥拉凯古路凯巴萨水电站项目勘测、设计及技术服务合同》，2019年9月中水北方公司与长江设计公司正式签订《安哥拉凯古路凯巴萨水电站项目大坝、副坝、生态电站等工程设计及技术分包合同》。

2 工程设计及建设概况

2.1 宽扎河流域梯级开发情况

宽扎河流域属于非洲大陆的大西洋斜坡，位于安哥拉共和国中北部，发源于海拔1500m的比耶高原希腾博东南大约80km处，自南向北流淌。在马兰热市的附近地区转而向西流去，基本成为东西走向的河流，在首都罗安达南56km的巴拉—社宽扎注入大西洋。

宽扎河上、中游主要在比耶省和马兰热省境内，下游经过南宽扎省、北宽扎省和罗安达省，是安哥拉具有重要经济价值的河流，为安哥拉主要的水力潜能区。其总流域长约956km，流域面积15.7万km^2，多年平均流量836m^3/s，多年平均年径流量263亿m^3，约占安哥拉境内总流域量的12%。宽扎河上、中游流经山地，下游流经平原，总落差约1400m。

宽扎河流域的气候分为两季，即旱季(6—12月)、雨季(1—5月)。宽扎河主要受降雨影

响，季节性特征明显，枯水期为 6—12 月，年流量最小值一般发生在 9 月和 10 月，丰水期为 1—5 月，年流量最大值一般发生在 4 月。

宽扎河水能资源丰富，安哥拉能源水利部初步规划宽扎河按 18 级开发，其中宽扎河中段为最具水力发电潜力区域，河段全长 191km，总落差达到 934m，河段平均比降为 4.9%。该段规划有 8 个梯级电站，总装机容量 6561MW，多年平均年发电量 32710GW·h。其中已建成有 Capanda 水电站（第 1 级）、拉乌卡水电站（第 2 级）和 Cambambe 水电站（第 8 级），在建的有凯古路凯巴萨水电站（第 3 级），其他 4 个梯级电站（Zenzo Ⅰ、Zenzo Ⅱ、Túmulo do Caçcador、Luime）系规划拟建水电站。宽扎河中段梯级开发示意图见图 1，各梯级开发方案主要指标见表 1。

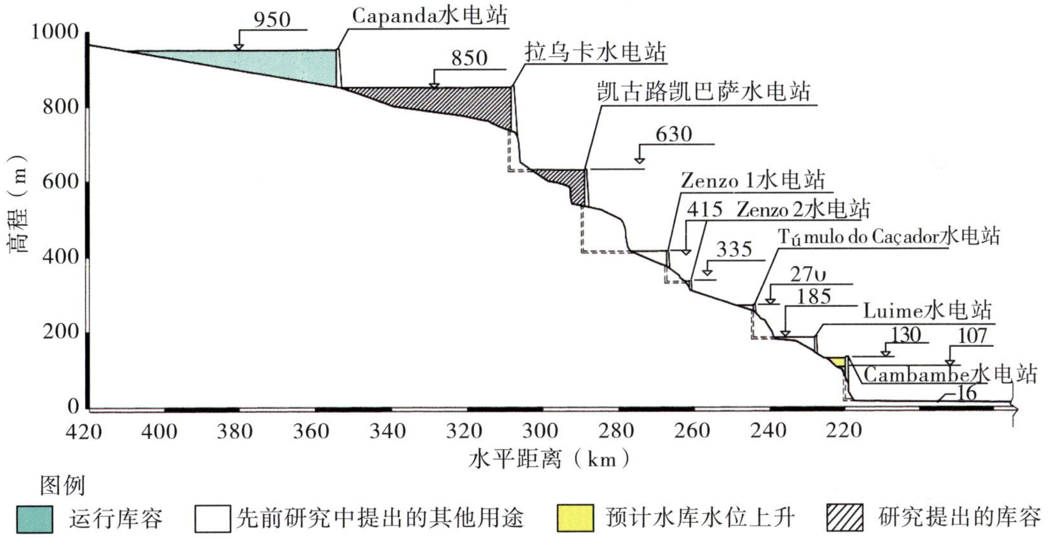

图 1　宽扎河中段梯级开发示意图（单位：m）

表 1　宽扎河中段梯级开发方案主要指标

电站	级	正常蓄水位(m)	库容(亿 m^3)	装机(MW)	多年平均年发电量(GW·h)	电站类型	建设情况
Capanda	1	950	48	520	3000	坝后	已建
拉乌卡	2	850	54.8	2060	9030	引水	已建
凯古路凯巴萨	3	630	4.36	2172	8566	引水	在建
Zenzo Ⅰ	4	415	1.08	450	2700	引水	拟建
Zenzo Ⅱ	5	335	0.045	120	700	坝后	拟建
Túmulo do Caçcador	6	270	0.235	450	2700	引水	拟建
Luime	7	185	1.83	330	1500	坝后	拟建
Cambambe	8	130	0.8	580	4100	引水	已建

注：基于 Sonefe 和 Energoprojekt 公司进行的宽扎河中段水电潜力研究。

安哥拉全国用电负荷主要集中在首都罗安达。随着安哥拉国内的经济社会发展，罗安达地区的用电负荷将进一步增长。宽扎河中段距离这一负荷中心较近，且交通较为方便，为此，安哥拉政府将宽扎河干流水电开发的重点放在已建成的 Capanda-Cambambe 水电站之间的宽扎河中段上。

2.2 EPC 项目勘察设计及工程建设大事记

2015 年 10 月 16 日，导流洞地质补充勘探开工。

2016 年 9 月 5 日，宽扎河大桥地质补充勘探开工。

2016 年 11 月 30 日，主体工程地质补充勘探开工。

2017 年 6 月 7 日，主体工程一期补充勘察全部结束。

2017 年 6 月 11 日，主体工程二期补充勘察正式施钻。

2017 年 8 月 4 日，凯古路凯巴萨水电站开工仪式正式举行。

2018 年 11 月 15 日，凯古路凯巴萨水电站进厂交通洞正式进入洞挖施工。

2018 年 12 月 31 日，凯古路凯巴萨水电站导流洞出口正式进入洞挖施工。

2019 年 9 月 29 日，凯古路凯巴萨水电站 1# 导流洞上半洞贯通。

2019 年 12 月 17 日，凯古路凯巴萨水电站 2# 导流洞上半洞贯通。

2020 年 2 月 12 日，凯古路凯巴萨水电站 1# 导流洞全部贯通。

2020 年 2 月 18 日，上一梯级的拉乌卡水电站最大下泄流量达 $2434m^3/s$。

2020 年 7 月 15 日，导流洞首仓混凝土浇筑。

2020 年 10 月 15 日，进厂交通洞全线贯通，抵达主厂房安装间 412.2m 高程处。

2021 年 2 月 5 日，尾水隧洞交通洞（TATR）开挖至桩号 0+200.0，受制于机电设备分包方 VOITH 工作进度影响，COBA 要求该隧洞停止继续开挖。

2021 年 3 月 20 日，调压室隧洞交通洞（TACH）开挖至桩号 0+100.0，受制于机电设备分包方 VOITH 工作进度影响，COBA 要求该隧洞停止继续开挖。

长江设计公司开展现场勘察设计工作见图 2。

图 2　长江设计公司开展现场勘察设计工作

3 工程布置及主要建筑物设计

3.1 总体布置

凯古路凯巴萨水电站是宽扎河规划的8个梯级电站的第3级，上一级为拉乌卡水电站，下一级为Zenzo Ⅰ水电站。坝址处控制流域面积112663km^2，多年平均流量591m^3/s，多年平均年径流量约214亿m^3。水库正常蓄水位630m，总库容4.36亿m^3，电站总装机容量2172MW(4×530MW+1×52MW)，多年平均年发电量8566GW·h。

枢纽布置为：挡水建筑物采用1座主坝和2座副坝，主坝采用碾压混凝土重力坝，布置在主河床，坝轴线长553m。为了封闭左岸垭口，布置2座碾压混凝土副坝，坝高分别为36m和4m，坝轴线长分别为525m和192m。在厂房进水口、副坝和主坝之间的山脊上布置帷幕灌浆系统。泄洪建筑物布置在主河床，共设5个表孔和2个底孔，最大下泄流量10020m^3/s。表孔尺寸为12.4m×17.5m(宽×高)，堰顶高程612.5m，主要用于泄洪。底孔管径为6m，出口尺寸为5.0m×5.1m(宽×高)，主要用于放空水库和在电站不能正常使用时调控下游流量，正常蓄水位时下泄流量为1348m^3/s。

左岸布置4台530MW的发电机组，厂房采用地下厂房，4条引水隧洞均长约306m，圆形断面，洞径9m、7.5m(钢衬段)；主厂房尺寸为221.0m×26.5m×67.6m(长×宽×高)；2条尾水隧洞长分别为5133m、5161m；整个引水发电系统横穿右岸河谷，可获得下游河道和瀑布约120m水头。为了利用60m^3/s的生态水流，布置1台52MW的生态发电机组，厂房为坝后式厂房。

右岸布置2条导流洞，断面为城门洞形，断面尺寸为14.4m×14.4m(宽×高)，长度分别为442.35m、383.90m，大坝上下游采用全年土石围堰，最大高度分别为24m、13m。

安哥拉凯古路凯巴萨水电站首部枢纽建筑物及效果图见图3。

3.2 导流建筑物

凯古路凯巴萨水电站施工采用全年土石围堰一次性拦断河床、隧洞泄流的导流方式。导流建筑物包括上、下游围堰，导流隧洞等(图4)。

(1)上、下游围堰

上游围堰位于坝轴线上游约120.0m处，为全年挡水土石围堰，堰顶高程554.0m，围堰轴线长211.3m，顶宽8.0m，最大堰高约26.5m。截流戗堤位于上游堰脚，截流设计流量550m^3/s，相应水位540.2m，戗堤顶高程542.0m。截流戗堤从迎水侧到背水侧填筑分区分别为黏土、过渡料、反滤料、石渣料，黏土水下抛填边坡1∶5，水上施工边坡1∶2.5。围堰在截流戗堤的保护下施工，从上游至下游填筑分区分别为上游石渣料、上游过渡料、黏土心墙、下游反滤料、过渡料、石渣料，黏土心墙坡比为1∶5，石渣料坡比为1∶1.5。

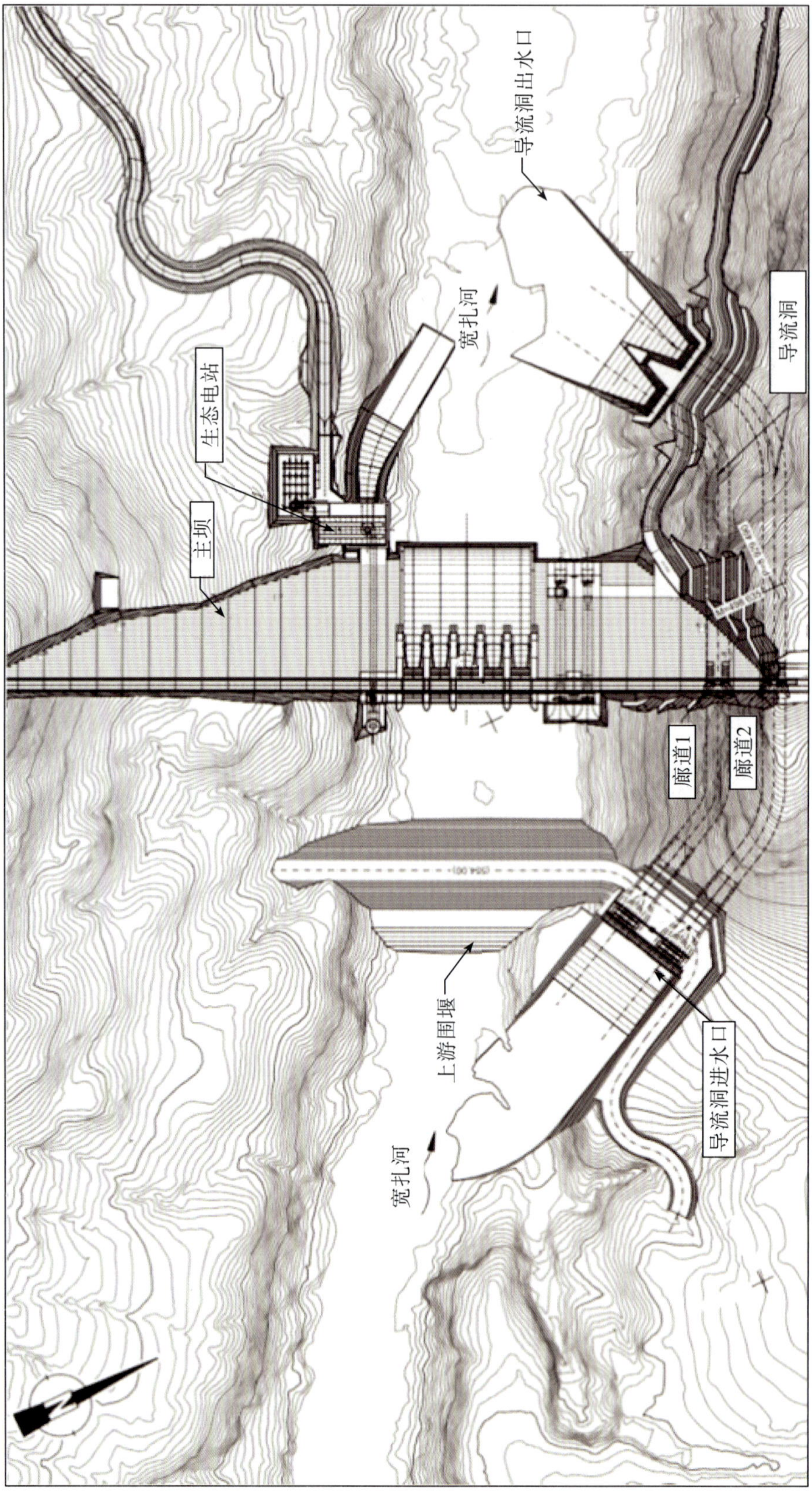

图3 安哥拉凯古路凯巴萨水电站首部枢纽建筑物及效果图

图 4　导流洞进口、导流洞出口远眺

下游围堰位于坝轴线下游约 150.0m 处，为全年挡水土石围堰，堰顶高程 543.0m，围堰轴线长约 148.0m，顶宽 14.0m，最大堰高约 21.0m。围堰从迎水侧到背水侧填筑分区分别为抛填黏土、反滤料、过渡料、石渣料，黏土水下抛填边坡 1∶5，水上干地碾压边坡 1∶2.5，背水侧石渣料坡比为 1∶1.5。

(2)导流隧洞

凯古路凯巴萨水电站施工在右岸布置 2 条导流隧洞，进口高程 529.0m，出口高程 527.0m。导流洞采用下沉式设计，洞身由进口明洞段、进口渐变段和洞身标准段组成，2 条导流隧洞长分别为 414.95m、356.94m。

导流隧洞断面型式选用马蹄形断面，净过流断面尺寸为 14.4m×14.4m(宽×高)，单洞面积 173m^2，隧洞总过水面积 346m^2。

围岩开挖初期支护措施主要为喷锚支护，并根据需要布设挂网钢筋，隧洞进口 13m 和出口 12m 范围内采用钢支撑支护。

进口明渠分为引渠段、斜坡段和水平段，明渠底高程 537.0m，以 1∶4 的坡降连接进口闸室底板 529.0m，进口明渠边坡进行喷锚支护，底板不支护。

2 条导流隧洞出口经渐变后汇合形成出口明渠，出口明渠分为斜坡段和尾渠段，明渠两侧扩散角为 10°，渐变段底高程由 527.0m 渐变至高程 533.0m，渐变段长 36.0m，逆坡比为 1∶6，尾渠段长 58.5～80.0m。出口明渠坡比进行锚喷支护，渐变段底板进行 20cm 厚钢筋混凝土衬砌。

3.3　挡水建筑物

挡水建筑物包括 1 座主坝和 2 座副坝，均为碾压混凝土重力坝。

3.3.1 主坝

主坝布置在主河道，坝轴线为折线，与河流流向接近正交。坝顶高程633.3m，最大坝高108.0m，坝顶全长526.0m。大坝自左向右依次布置有左岸非溢流坝段（15个坝段）、生态流量电站进水口坝段（1个坝段）、表孔溢流坝段（6个坝段）、底孔泄流坝段（2个坝段）、右岸非溢流坝（6个坝段）。坝段宽度17.0m，坝顶宽度9.0m。

（1）非溢流坝段

非溢流坝段坝顶高程633.3m，基本三角形顶点为632.0m高程，下游坡坡比为1∶0.8，上游面上部为垂直，自高程560.0m以下为1∶0.2斜坡。根据坝顶交通、观测及设备布置等需要，非溢流坝段坝顶宽度确定为9.0m。另根据建筑物功能要求，表孔、底孔及生态流量电站进水口坝段坝顶宽度分别为34.95m、18.50m、29.22m。

（2）生态流量电站进水口坝段

生态流量电站进水口型式为坝式进水口，取水口底高程612.00m，水流经过坝后背管进入厂房；进水口结构包括进口拦污栅、进口段、闸门段、渐变段及压力钢管段。进水口前设平板式拦污栅一扇，采用抓斗式清污机清污，亦可在适当时候提出检修，拦污栅与进水口底板垂直，尺寸为6.00m×10.00m（宽×高），过栅流速为1.0m/s；进水口采用平底喇叭口形式，孔口尺寸为6.00m×9.36m（宽×高）；检修门与事故门之间设2.0m压坡段，事故门由液压启闭机操作，事故门后接长5.00m的方变圆渐变段；渐变段后接坝后引水背管，引水压力钢管长126.62m，管径4.00m，分为上弯段、斜坡段、下弯段、下平段及渐变段，在引水压力钢管前端设有伸缩节。下平段与厂房进水管相连。水流经过坝后背管进入厂房；坝段长17m，坝顶最大宽度26.30m，上游侧布置门机轨道，中间布置坝顶交通，下游侧布置坝顶电气控制室。

（3）表孔溢流坝段

表孔溢流面堰面曲线为WES曲线，曲线后接0.8∶1（H∶V）的斜坡；堰顶高程为612.50m，堰上设检修闸门、弧形工作闸门，边墩、中墩厚度均为4.60m，采用挑流消能，挑坎高程为550.00m，半径为25.00m。堰上设检修闸门、弧形工作闸门，边墩、中墩厚度均为4.60m。交通桥位于表孔检修闸门下游，交通桥上部结构为后张预应力混凝土空心板桥，每跨14m，共5跨。

（4）底孔泄流坝段

底孔泄流坝段长34.00m，共2个坝段，孔径为6.00m，进水口尺寸为6.00m×7.50m（宽×高），出口尺寸为5.00m×5.10m（宽×高），进水口底高程为545.00m。进口设有检修闸门，出口设有弧形工作闸门，主要用于放空水库和在电站不能正常使用时调控下游流量。为解决底孔泄流冲刷下游岸坡问题，弧形工作闸门出口后接出口偏转段，将挑坎设置成扭鼻坎，顺流向向河床中心线偏转17.75°，1#、2#底孔扭鼻坎中心线长度均为18.52m，挑坎高程550m。

3.3.2 副坝

副坝布置在主厂房进水口下游附近，以便封闭左岸垭口。1# 副坝布置位于引水发电系统进水口西南侧，轴线为直线。坝顶高程 633.30m，坝顶长度 525.00m，坝顶宽度 9.00m，最大坝高 41.50m，共 24 个坝段，坝段宽度 22.00m（边坝段 19.00m）。

2# 副坝与 1# 副坝相邻，位于 1# 副坝与引水发电系统进水口之间，坝轴线为直线接圆弧段（半径为 218.00m）。坝顶高程 633.30m，坝顶中心线长 191.46m，坝顶宽度 9.00m，最大坝高 7.00m。大坝共 9 个坝段，坝段长度为 22.00m（左岸边坝段 14.61m，右岸圆弧坝段为 17.74m 和 27.11m）。

副坝的断面尺寸、坝体结构、基础处理等与主坝非溢流坝段一致。

3.4 引水发电建筑物

主电站装机 4 台，总装机容量 2120MW，额定流量 1100m^3/s。输水建筑物布置在左岸山体，包括进水口、引水隧洞、尾水调压室、尾水洞及尾水出口。输水建筑物上覆岩体主要为片麻岩，局部掺杂花岗岩。

（1）进水口

进水口位于大坝上游约 2.4km 处。引水渠平面上呈直线布置。渠底开挖高程 615.0m（渠首）、606.0m（渠末），两高程间以 1∶4 斜坡相连，渠宽约 140m。进水塔采用岸塔式钢筋混凝土结构。塔顶高程为 633.0m，按淹没深度确定底板顶面高程为 606.3m，建基面高程为 605.0m。进水塔前沿宽度为 136.0m，单机单塔，单塔宽 34.0m。进水塔顺流向依次布置拦污栅、检修闸门、弧形工作闸门。拦污栅为倾斜式活动拦污栅，每台机 2 个栅孔，孔口尺寸为 7.8m×16.7m（宽×高），额定过栅流速 1.0m/s。闸门段设平面检修门和工作门各一道，孔口尺寸分别为 8.0m×10.5m（宽×高）和 8.0m×10.25m（宽×高），均由塔顶门机起吊。

（2）引水隧洞

引水隧洞在岩体中开挖，采用单机单洞，4 条隧洞平行布置，轴线间距 34.0m，单洞长约 306.0m。平面上采用直线布置，进水塔与主厂房垂直。立面上由上弯段、竖井段、下弯段和下平高压段等组成，不设调压井，上、下弯段半径 31.5m。下平高压段中心线高程与水轮机安装高程相同，为 395.0m。隧洞采用圆形断面，上弯段、竖井段及部分下平高压段洞径为 9.0m，厂房前 60m 下平高压段洞径为 6.5m。引水隧洞采用喷锚支护（初期支护）和钢筋混凝土（钢板）复合衬砌型式。

（3）地下厂房

水电站的额定功率为 2120MW，总流量为 1100m^3/s，额定水头为 209.2m。配备有 4 台 530MW 额定功率的混流式发电机组。

地下厂房最大开挖尺寸为 221.0m×27.5m×67.6m（长×宽×高）。机组段自上而下共分为发电机层、水轮机层和蜗壳层3层。水轮机装机高程为395.0m。尾水管底板顶高程为375.5m，发电机层地面高程为412.4m。采用岩锚式吊车梁，桥机轨顶高程为426.4m；由桥式起重机的尺寸、使用要求，厂房拱顶高程为440.0m，开挖高度67.6m。主厂房跨度在426.4m高程以下为26.5m，顶拱跨度为27.5m。

安装场位于主厂房右端，其长度为70m，跨度与主厂房相同，地面高程与发电机层同高。

母线洞位于主厂房下游侧，通过4条单洞汇集到平行于厂房的长条形母线廊道中，廊道内设置两个出线竖井，出线竖井通向位于山顶的变电站。母线洞单机单洞，洞轴线与厂房轴线垂直。洞断面形状为圆拱直墙形，前段长7.8m，开挖尺寸为12.6m×13.55m（宽×高），在进入主变洞前12.45m缩小开挖尺寸为7m×8m（宽×高）。母线廊道开挖尺寸7m×8m（宽×高），两侧设置通向外界和主厂房的交通洞。出线竖井断面为圆形，开挖直径10.00m，底面高程409.15m，每个出线竖井汇集两台机母线，出线竖井直接与地面变电站相连。

中控室建筑物位于地面，也位于大坝上游左岸，分为两层，标高分别为642.50m和647.40m，建筑占地面积562.86m^2。地面建筑物的最大高度为9.1m。400kV的变电站安装在一个矩形开挖平台上，占地面积26850.9m^2，地面标高652.0m，配备有4个主要变压器控制板和4个400kV线路板。变电站建筑位于平台的北部顶端，共两层，楼高9.50m。建筑下层由2个前室、2个控制室（位于井道顶端）和通风室，以及1个配电室组成。建筑顶楼有一个通向大坝的通道。

(4)调压井

调压井结构主要由底部汇流室、阻抗板、398.7m以下闸门槽段、436.0m高程以下椭圆形调压井、436.0m高程以上闸门廊道等组成。

尾水调压井采用下部独立、上部连通阻抗式长廊型布置，下接尾水支洞，上接调压室廊道。每个调压井平面面积为1049m^2，高63.8m。尾水检修闸门设在调压井内，一洞两门，闸门孔口尺寸4.4m×11.2m（宽×高），检修门槽兼作阻抗孔。调压室在398.0m高程以下为2个相互独立的圆形调压室以对应下游2条尾水隧洞。调压室在434.5m上部连通成为廊道，顶拱高程为453.5m，长138.8m。调压井洞身顺水流向跨度19.0m，廊道跨度24.0m。调压井垂直水流向的开挖长度分别为53.0m、53.0m，其间岩柱宽15.0m。调压井交通洞自右侧进入。

调压井前尾水支洞轴线与主厂房垂直，洞轴线间距34.0m，长约100m，两条尾水支洞在调压井后以45°角斜交并入尾水洞。尾水支洞断面为城门洞形，结构尺寸为11.2m×11.2m（宽×高）。调压井后尾水隧洞平面上采用“直线＋弯段＋直段”布置方式，洞轴线间距68.0m，隧洞入口轴线与调压室纵轴线垂直，出口轴线与尾水出口正交。立面上采用斜坡布置方式，全部为有压隧洞。隧洞入口底高程375.0m，出口底高程396.0m。尾水隧洞采用两机一洞，长度分别为5133m、5161m。断面为城门洞形，断面尺寸为16m×16m（宽×高）。

(5)尾水出口

尾水塔采用2个平台，斜靠尾水渠边坡布置，每个进水塔嵌入开挖边坡内。平台顶高程420.0m，高于最高尾水位418.06m，底板最低高程392.5m，塔高27.5m。每个尾水塔设置2扇检修闸门孔，孔口宽度9m，中间设置2m宽中墩。塔间留有宽13.4～25.4m的岩墩，岩墩后建有2个出口检修门门库。

4 工程建设重要节点及施工面貌

2017年8月4日，凯古路凯巴萨水电站开工仪式在工程场址正式举行，时任总统多斯桑托斯出席奠基仪式(图5)。

2020年3月10日两条导流洞洞挖全线贯通(图6)。

图5　项目开工奠基仪式

图6　2020年3月10日两条导流洞洞挖全线贯通

2020年7月15日，导流洞进口衬砌段首仓混凝土开始浇筑。目前已完成进口底板及进水塔后渐变段衬砌(图7)。

图7　导流洞进口衬砌段首仓混凝土浇筑

2020 年 10 月 14 日，作为通往主电站引水隧洞、地下厂房、调压室、尾水洞前段、通风竖井、母线竖井、交通竖井等唯一的施工通道——进场交通洞洞挖全线贯通（图 8）。

图 8　2020 年 10 月 14 日进场交通洞洞挖全线贯通

2020 年 5 月至今，尾水出口及尾水渠全面开挖支护施工（图 9）。

图 9　尾水隧洞及尾水渠全面开挖支护施工进程中

2020 年 7 月 23 日，宽扎河大桥开始浇筑 4 号桥墩，2021 年 6 月 9 日浇宽扎河右岸桥台钢梁顶推前最后一仓混凝土（图 10）。

图 10　宽扎河大桥桥墩及桥台

5 工程设计及建设实施难点

凯古路凯巴萨水电站是长江设计公司参与的第一个基于“欧美及国际设计标准、业主工程师审查制度”的 EPC 项目主体工程设计分包合同项目。凯古路凯巴萨水电站业主 GAMEK 在本项目中聘请了之前负责该项目基础设计的葡萄牙 COBA 工程环境咨询公司和葡萄牙 AIBC 公司分别作为本项目负责设计文件审批和现场施工监管的外籍业主工程师。

本项目设计工作开展具有标准高、审查严格、沟通难度大的特点。由于设计理念、习惯和工作模式差异大，设计人员不仅需要在理解、掌握欧洲规范基础上提供多语种设计文件（中文版、英文版和葡文版），还需要提交翔实的计算报告、试验报告及原始数据等支撑文件以形成完整的设计文件包报审。不仅如此，业主工程师审查标准十分严格和细致，对图纸和报告中的每个细节均可能提出较多意见，设计人员需要花费大量的时间完成修改、材料补充并与业主工程师、监理详细解释，最后通过设计升版文件的方式对成果进行更新并再次报审。另外，由于项目官方语言为葡萄牙语，各类技术问题只能借助英语进行反复沟通协商（图 11）。

地质编录作为土建工程项目平稳实施的重要一环，现场地质岩土工作在施工期间须严格执行葡萄牙监理工程师根据欧洲规范制定的标准，即实行“一循环一爆破一编录”作业模式，编录范围包含顶拱、边墙及每循环掌子面，每个循环隧洞围岩须分别采用 Q-Barton、RMR、GSI 进行分级，每个循环两侧边墙、顶拱以及掌子面须进行拍照并提交照片成果。此外，监理工程师还要求按隧洞展开提交锚杆点布图，现场地质编录完成后，需要即时返回办公室开展内业资料处理并当天提交监理审批以及开展支护施工。作为凯古路凯巴萨地下厂房工程的核心通道——全长 1486m 的进厂交通洞，在为期 701 天的洞挖施工阶段，长江设计公司地质人员共计完成 440 次现场编录，提交了 2640 页编录成果资料（图 12）。

图 11　中方技术人员与现场葡萄牙监理沟通设计和施工事宜

图 12　进厂交通洞洞挖全过程完成的地质编录实物成果资料

6 工程建设意义及社会效益、经济效益

建设凯古路凯巴萨水电站，符合可持续发展的能源发展战略的要求。电站建设期可直接为当地提供约8000个就业岗位；电站建成后，强大的电力供应，可减少不可再生的石油和煤炭资源的消耗273.3万t，减少温室气体排放量720万t；库区形成后，能够大幅改善水资源利用条件，为周边民众提供更为优质的水源，切实提高人民生活水平；电站的建设和运行，将直接带动和促进安哥拉经济社会的发展，为安哥拉基础设施建设和矿业振兴提供不竭动力。

(1)带动和促进当地经济社会发展

受内战影响，目前安哥拉当地经济社会发展相对落后，总体经济特征以农业与矿产为主体。

凯古路凯巴萨水电站总装机容量2172MW，工程规模较大。项目建设期，结合工程建设，在与当地相关规划相协调的基础上，开展基础设施建设，如在施工道路建设中，考虑地区交通规划要求合理安排等，同时随着凯古路凯巴萨水电站项目的建设，大量的资金、建材和人员流动可带动当地交通运输业、旅游业等第三产业的发展；改善投资环境，有利于招商引资，促进建材、通信、机电维修加工及水电相关产业的发展；增加当地财政收入，新增就业岗位，为当地经济社会发展提供资金，使当地人民加快摆脱贫困落后的局面，提高生活水平和生活质量，为维持本地区的社会稳定和繁荣创造条件。水电站建成投产后，将当地丰富的水能资源优势转化为经济优势，形成电力支柱产业或优势发展产业，大大增加地方财政税收收入。总之，开发凯古路凯巴萨水电站，在改变当地产业结构、转变经济发展模式、实现经济跨越式发展等方面可发挥不可替代的重要作用。

凯古路凯巴萨水电站项目无论是在开发建设期，还是在投产运行期，均可直接拉动和促进当地经济社会的发展，增加地区就业，切实提高当地人民生活水平和生活质量，是工程所在地的重要工程，是促进当地经济社会全面发展的希望工程。

(2)符合可持续发展的能源发展战略要求

水电是开发技术成熟、近期可大规模开发利用的非化石可再生能源。安哥拉水力资源丰富，在实现非化石能源发展目标中占有十分重要的地位。

凯古路凯巴萨水电站的建设和运行，将直接带动和促进安哥拉经济社会的发展，为安哥拉基础设施建设和矿业振兴提供不竭动力。电站建成后，强大的电力供应，可减少不可再生的石油和煤炭资源的消耗273.3万t，减少温室气体排放量720万t；此外，库区形成后能够大幅改善水资源利用条件，为周边民众提供更为优质的水源，切实提高人民生活水平。因此，本工程的建设符合可持续发展的能源发展战略要求。

(3)符合宽扎河干流水电规划，是宽扎河干流水电开发的重要梯级

根据宽扎河水电规划，宽扎河的中段部分按Capanda—拉乌卡—凯古路凯巴萨—Zenzo

Ⅰ—Zenzo Ⅱ—Túmulo do Caçcador—Luime—Cambambe 等 8 个梯级开发。凯古路凯巴萨水电站位于安哥拉宽扎河的中段部分的上游，是宽扎河规划的 8 个梯级电站的第 3 级，因此，开发建设位于该河段的凯古路凯巴萨水电站符合宽扎河水电规划。

凯古路凯巴萨水电站正常蓄水位 630.0m，死水位 624.0m，总库容 4.36 亿 m^3，调节库容 0.926 亿 m^3。电站总装机容量 2172MW，多年平均年发电量 8566GW·h。由大电站和生态电站两部分组成，其中大电站装机容量 2120MW，多年平均年发电量为 8123GW·h；生态电站装机容量 52MW，多年平均年发电量为 443GW·h。凯古路凯巴萨水电站是合理开发利用宽扎河水力资源不可缺少的重要梯级工程。

(4)符合安哥拉电力发展的战略要求

2002 年安哥拉内战结束时，电力系统发展相对滞后，电力覆盖率低、发电能力受制约、发电成本高等因素导致安哥拉电力极度紧缺，包括首都在内的很多城市或地方均不能正常用电，电力系统只能满足不到 20%的全国人口用电需求。

电力能源不仅在战后安哥拉基础设施的修复和矿业的振兴方面起到至关重要的作用，同时也影响着安哥拉人民生活质量的提高。根据安哥拉能源水利部指导下完成的安哥拉电力解决方案，要改善安哥拉全国能源供应状况，解决安哥拉南、北、中部地区电力供应，需要建设 5000km 的输电线路、8 座 620MW 变电站、5100MW 的装机容量。

尽管安哥拉有很大的水能潜力，但开发很少。凯古路凯巴萨水电站装机容量 2172MW，位于宽扎河中段区域，属于北方电力系统，约占安哥拉电力总消耗的 75%。凯古路凯巴萨水电站的开发建设和投产运营，不仅为安哥拉经济社会的发展提供了电力保障，还可以将发电收入用于其他基础设施建设、矿产等自然资源开发等项目，变资源优势为经济优势，进而逐步提高人民的生活水平，促进安哥拉经济社会的和谐发展。

撰稿/刘琨、樊少鹏、向岳峰、张志坚

图书在版编目（CIP）数据

长江设计集团改革发展20年重大工程科技创新．重大水利水电 /
长江设计集团有限公司编著．
-- 武汉：长江出版社，2022.9
ISBN 978-7-5492-8493-1
Ⅰ．①长… Ⅱ．①长… Ⅲ．①水利工程－技术革新－湖北
②水利水电工程－技术革新－湖北 Ⅳ．①TV

中国版本图书馆CIP数据核字(2022)第162433号

长江设计集团改革发展20年重大工程科技创新．重大水利水电
长江设计集团有限公司　编著

责任编辑： 郭利娜　闫彬　许泽涛
装帧设计： 彭微
出版发行： 长江出版社
地　　址： 武汉市江岸区解放大道1863号
邮　　编： 430010
网　　址： http://www.cjpress.com.cn
电　　话： 027-82926557（总编室）
027-82926806（市场营销部）
经　　销： 各地新华书店
印　　刷： 湖北金港彩印有限公司
规　　格： 787mm×1092mm
开　　本： 16
印　　张： 46.25
彩　　页： 8
字　　数： 1120千字
版　　次： 2022年9月第1版
印　　次： 2022年9月第1次
书　　号： ISBN 978-7-5492-8493-1
定　　价： 568.00元